# 高等代数选讲

吴水艳　主编



西安电子科技大学出版社

# 内容简介

本书内容包括多项式、行列式、线性方程组、矩阵、二次型、线性空间、线性变换、λ-矩阵和欧氏空间. 章节编排与《高等代数》(北京大学数学系,第四版)的内容安排一致. 书中精选了一些典型例题和练习题(主要是陕西省各高等院校近十几年的研究生入学试题),对一些问题给出不同的思路和方法,由浅入深地介绍了高等代数的解题方法. 从而使学习者打开思路和掌握技巧,加深对高等代数主要内容的理解,达到培养学习者独立分析问题和解决问题能力的目的.

本书可以作为"高等代数选讲"课程的教材,也可以作为研究生入学考试的复习指导书或理工科"线性代数"课程的参考书.

**图书在版编目(CIP)数据**

高等代数选讲/吴水艳主编. —西安:西安电子科技大学出版社,2019.1
(2021.8 重印)
ISBN 978-7-5606-5127-9

Ⅰ. ① 高… Ⅱ. ① 吴… Ⅲ. ① 高等代数—高等学校—教学参考资料
Ⅳ. ① O15

中国版本图书馆 CIP 数据核字(2018)第 299845 号

策划编辑 刘统军
责任编辑 王 斌 雷鸿俊
出版发行 西安电子科技大学出版社(西安市太白南路 2 号)
电 话 (029)88202421 88201467 邮 编 710071
网 址 www.xduph.com 电子邮箱 xdupfxb001@163.com
经 销 新华书店
印刷单位 广东虎彩云印刷有限公司
版 次 2019 年 2 月第 1 版 2021 年 8 月第 4 次印刷
开 本 787 毫米×1092 毫米 1/16 印张 18
字 数 429 千字
定 价 39.00 元
ISBN 978-7-5606-5127-9 / O
**XDUP 5429001-4**

# 前　言

“高等代数”是本科数学类专业最重要的基础课程之一，也是理工科大学各专业的重要数学工具，对数学专业的许多后续课程有直接的影响，涉及学生数学素质的培养，同时也是数学类专业硕士研究生入学考试的必考课程．本课程的特点是概念多，理论抽象，方法灵活多样，系统性强，各部分知识联系紧密．在长期的教学实践过程中，我们体会到学生能基本掌握教材的基本概念和基本理论，但要灵活运用基本概念和基础理论去准确地分析问题和解决问题还是有很大的困难，有时对问题束手无策．本书系统地总结了高等代数的基本概念、基本理论，并通过典型例题的解析来介绍高等代数解题的基本方法和技巧，以达到提高考研应试能力及数学素养的目的．

本书由咸阳师范学院数学与信息科学学院吴水艳编写，咸阳师范学院数学与信息科学学院杨长恩教授在本书的编写过程中给予了精心指导，在此致以诚挚的感谢．

限于编者的水平，书中难免存在不妥之处，敬请广大读者指正．

编　者

2018 年 9 月于咸阳师范学院

# 目　　录

# 第1章　多　项　式

### △ 本章重点

(1) 多项式的概念、运算、性质.

(2) 整除，最大公因式，互素的概念、性质、求法、应用.

(3) 不可约多项式的概念、性质，多项式因式分解定理，复数域和实数域上的多项式的标准分解式及复数域和实数域上的不可约多项式的判定.

(4) 多项式函数、多项式的根、多项式的有理根的求法.

### △ 本章难点

(1) 最大公因式的定义.

(2) 一元多项式的整除性及一元多项式的整除.

(3) 最大公因式、互素及不可约多项式等概念的联系与区别.

## 1.1　整　　除

在这一章中，我们假设 $P$ 是一个数域，$P[x]$ 为数域 $P$ 上的一元多项式环.

### 一、整除

对于任意的 $f(x)$，$g(x)\in P[x]$，$g(x)\neq 0$，存在唯一多项式 $q(x)$，$r(x)\in P[x]$，使 $f(x)=g(x)q(x)+r(x)$ 成立，其中，$r(x)=0$ 或 $\partial(r(x))<\partial(g(x))$.

设 $f(x)$，$g(x)\in P[x]$，若存在 $h(x)\in P[x]$，使 $f(x)=g(x)h(x)$，则称 $g(x)$ 整除 $f(x)$，记为 $g(x)\mid f(x)$，且 $g(x)$ 称为 $f(x)$ 的因式.

**1. 整除的基本性质**

(1) 传递性. 若 $f(x)\mid g(x)$，$g(x)\mid h(x)$，则 $f(x)\mid h(x)$.

(2) 互相整除的两个多项式相差一个非零常数倍. 若 $f(x)\mid g(x)$，$g(x)\mid f(x)$，则 $f(x)=cg(x)$，其中，$c$ 为非零常数.

(3) 一个多项式整除几个多项式就能整除它们的组合. 若 $f(x)\mid g_i(x)$，$i=1, 2, \cdots, r$，则 $f(x)\mid(u_1(x)g_1(x)+u_2(x)g_2(x)+\cdots+u_r(x)g_r(x))$，其中，$u_i(x)$ 是数域 $P$ 上的任意多项式.

(4) 任一多项式都整除它自身.

(5) 任一多项式都整除零多项式.

(6) 零多项式只能整除零多项式.

(7) 零次多项式能整除任一多项式，但它只能被零次多项式整除.

(8) 两个多项式之间的整除关系不因系数域的扩大而改变.

**2. 整除性的证明**

整除性的证明常采用以下几种方式：

(1) 利用多项式的定义与性质，并结合运算公式

$$x^n - a^n = (x-a)(x^{n-1} + ax^{n-2} + \cdots + a^{n-2}x + a^{n-1})$$
$$x^{2n+1} + a^{2n+1} = (x+a)(x^{2n} - ax^{2n-1} + \cdots - a^{2n-1}x + a^{2n})$$

(2) 利用不可约多项式的性质.

(3) 利用数学归纳法.

(4) 利用根与一次因式的关系(根).

(5) 利用标准分解式.

(6) 利用多项式互素的性质.

## 二、最大公因式

设 $f(x)$，$g(x) \in P[x]$，$P[x]$ 中的多项式 $d(x)$ 称为 $f(x)$、$g(x)$ 的一个最大公因式，如果它满足两个条件：$d(x)$ 是 $f(x)$、$g(x)$ 的公因式，$f(x)$、$g(x)$ 的公因式全是 $d(x)$ 的因式，则 $P[x]$ 中的任意两个多项式在 $P[x]$ 中存在一个最大公因式，且任意两个最大公因式之间相差一个非零常数倍(存在唯一性定理).

**判定定理** $d(x)=(f(x), g(x))$ 的充要条件为 $d(x) \mid f(x)$，$d(x) \mid g(x)$，且存在多项式 $u(x)$、$v(x)$，使 $u(x)f(x)+v(x)g(x)=d(x)$，即 $f(x)=d(x)f_1(x)$，$g(x)=d(x)g_1(x)$，且$(f_1(x), g_1(x))=1$.

最大公因式的性质如下：

(1) 若 $d(x)$ 称为 $f(x)$、$g(x)$ 的一个最大公因式，则存在 $u(x)$，$v(x) \in P[x]$，使 $d(x)=u(x)f(x)+v(x)g(x)$.

**注** 若 $f(x)$、$g(x)$、$d(x)$ 满足 $d(x)=u(x)f(x)+v(x)g(x)$，则 $d(x)$ 未必是 $f(x)$，$g(x)$ 的最大公因式.

(2) 设 $f(x)=g(x)q(x)+r(x)$，则$(f(x), g(x))=(g(x), r(x))$.

(3) $(f(x), g(x))=(f(x)+g(x), f(x)-g(x))$.

(4) $(f(x)h(x), g(x)h(x))=(f(x), g(x))h(x)$，其中，$h(x)$ 为首 1 多项式.

(5) 最大公因式不因数域的扩大而改变.

最大公因式的证明方法如下：

(1) 定义法.

(2) 多项式 $d(x)$ 为 $f(x)$、$g(x)$ 的最大公因式的充要条件为存在多项式 $u(x)$、$v(x)$，使得 $u(x)f(x)+v(x)g(x)=d(x)$，且 $d(x) \mid f(x)$、$d(x) \mid g(x)$.

(3) 反证法.

(4) 设 $f(x)=q(x)g(x)+r(x)$，则$(f(x), g(x))=(g(x), r(x))$.

(5) 利用互素的性质.

## 三、多项式互素

在 $P[x]$ 中，两个多项式 $f(x)$、$g(x)$ 称为互素，如果$(f(x), g(x))=1$.

互素的基本性质如下：

(1) 若$(f(x), g(x)) = 1$，$(f(x), h(x)) = 1$，则$(f(x), g(x)h(x)) = 1$.

(2) 若 $f(x) \mid h(x)$，$g(x) \mid h(x)$，$(f(x), g(x)) = 1$，则 $f(x)g(x) \mid h(x)$.

(3) 若 $f(x) \mid g(x)h(x)$，$(f(x), g(x)) = 1$，则 $f(x) \mid h(x)$.

(4) 若$(f(x), g(x)) = 1$，则$(f(x) + g(x), f(x)g(x)) = 1$.

(5) 若$(f(x), g(x)) = 1$ 的充要条件是存在 $u(x)$，$v(x) \in P[x]$，使 $u(x)f(x) + v(x)g(x) = 1$.

## 四、不可约多项式

数域 $P$ 上次数 $\geqslant 1$ 的多项式 $p(x)$ 称为数域 $P$ 上的不可约多项式，如果它不能表示成数域 $P$ 上的两个次数比 $p(x)$ 低的多项式的乘积.

不可约多项式的基本性质如下所述. 设 $p(x)$ 为数域 $P$ 上的不可约多项式，则有：

(1) $cp(x)$ 为数域 $P$ 上的不可约多项式，其中，$0 \neq c \in P$.

(2) $f(x)$，$p(x) \in P[x]$，则 $p(x) \mid f(x)$或$(p(x), f(x)) = 1$.

(3) 设任意 $f(x)$，$g(x) \in P[x]$，若 $p(x) \mid f(x)g(x)$，则必有 $p(x) \mid f(x)$ 或 $p(x) \mid g(x)$.

(4) 若 $p(x) \mid f_1(x)f_2(x)\cdots f_s(x)$，其中，$s \geqslant 2$，则 $p(x)$ 至少可以整除这些多项式中的一个.

不可约多项式的判别方法如下：

(1) 定义法.

(2) 反证法.

(3) Eisenstein(艾森斯坦) 判别法. 此方法只适合于判定有理数域上多项式的不可约性. 注意，不能直接用判别法的情况是当素数找不到时，可以进行线性替换，再应用此判别法.

下面介绍不可约多项式的因式分解及唯一性定理.

(1) 数域 $P$ 上每一个次数 $\geqslant 1$ 的多项式 $f(x)$ 都可以唯一地分解成数域 $P$ 上一些不可约多项式的乘积. 若有两个分解式

$$f(x) = p_1(x)p_2(x)\cdots p_s(x) = q_1(x)q_2(x)\cdots q_t(x)$$

则有 $s = t$，且适当排列因式的次序后有 $p_i(x) = c_i q_i(x)$，$i = 1, 2, \cdots, s$. 其中，$c_i(i = 1, 2, \cdots, s)$ 是一些非零常数. 多项式 $f(x) = cp_1^{r_1}(x)p_2^{r_2}(x)\cdots p_s^{r_s}(x)$，其中，$c$ 是 $f(x)$ 的首项系数，$p_1(x)$，$p_2(x)$，$\cdots$，$p_s(x)$ 是不同的首项系数为1的不可约多项式，而 $r_1$，$r_2$，$\cdots$，$r_s$ 是正整数. 这种分解式称为标准分解式.

(2) 复数域、实数域上的不可约多项式及其分解的唯一性定理.

① 每个次数 $\geqslant 1$ 的复系数多项式在复数域上都可以唯一地分解成一次因式的乘积.

② 复数域上任意一个次数大于 1 的多项式都是可约的.

③ 每个次数 $\geqslant 1$ 的实系数多项式在实数域上都可以唯一地分解成一次与二次不可约因式的乘积.

④ 实系数多项式 $f(x)$ 在实数域上不可约的充要条件是 $\partial(f(x)) = 1$ 或 $f(x) = ax^2 + bx + c$ 且 $b^2 - 4ac < 0$.

(3) 有理数域 **Q** 上不可约多项式的 Eisenstein 判别法.

设 $f(x)=a_nx^n+a_{n-1}x^{n-1}+\cdots+a_0$ 是一个整系数多项式，如果有一个素数 $p$，使得

① $p$ 不整除 $a_n$；

② $p \mid a_{n-1}, a_{n-2}, \cdots, a_0$；

③ $p^2$ 不整除 $a_0$，

则 $f(x)$ 在有理数域上不可约.

(4) 有理数域 **Q** 上存在任意次不可约多项式(如 $x^n+2$).

## 五、重因式

不可约多项式 $p(x)$ 称为 $f(x)$ 的 $k$ 重因式，有 $p^k(x) \mid f(x)$，且 $p^{k+1}(x)$ 不整除 $f(x)$. 若 $p(x)$ 是 $f(x)$ 的 $k$ 重因式，则 $p(x)$ 是 $f'(x)$ 的 $k-1$ 重因式.

重因式的判定方法如下：

(1) $f(x)$ 无(有) 重因式的充要条件为$(f(x), f'(x))=1$($(f(x), f'(x))\neq 1$ 或 $f(x)$，$f'(x)$ 有公共根).

(2) $p(x)$ 为 $f(x)$ 的 $k+1$ 重因式的充要条件为 $p(x)$ 为 $f'(x)$ 的 $k$ 重因式，且 $P(x)\mid f(x)$ ($p(x)$为 $f(x)$的重因式的充要条件为 $p(x)$为 $f(x)$、$f'(x)$的公因式).

(3) 待定系数法.

(4) $\dfrac{f(x)}{(f(x), f'(x))}$ 是一个与 $f(x)$ 有相同的不可约因式、无重因式的多项式.

**注** 重因式与重根的区别是：由多项式有重根可知多项式有重因式，但多项式有重因式未必多项式有(重) 根.

**典型例题**

**例 1** 当 $a$、$b$、$c$ 取何值时，多项式 $f(x)=x-5$ 与 $g(x)=a(x-2)^2+b(x+1)+c(x^2-x+2)$ 相等.

**解** 由题意得

$$\begin{aligned}g(x)&=a(x-2)^2+b(x+1)+c(x^2-x+2)\\&=(a+c)x^2+(b-4a-c)x+(4a+b+2c)\end{aligned}$$

又 $f(x)=g(x)$，由多项式相等的定义有

$$a+c=0,\ b-4a-c=1,\ 4a+b+2c=-5$$

可得 $a=-\dfrac{6}{5}$，$b=-\dfrac{13}{5}$，$c=\dfrac{6}{5}$.

**注** 多项式相等的证明方法有以下几种：

(1) 定义法. 证明同次项的系数相等.

(2) 利用多项式函数相等. 证明多项式是零多项式常用反证法，由根的个数定理引出矛盾.

(3) 利用次数定理. 常用反证法.

(4) 利用整除证明多项式互相整除，再比较首项系数相等.

**例 2** 设 $f(x)=x^2-4x+a$，存在唯一的 3 次首 1 多项式 $g(x)$，使得

$$f(x) \mid g(x), g(x) \mid f^2(x)$$

求 $a$ 和 $g(x)$.

**解** 由已知，可设

$$g(x) = (x^2 - 4x + a)(x + b) = x^3 + (b - 4)x^2 + (a - 4b)x + ab$$

且

$$f^2(x) = (x^2 - 4x + a)^2 = (x^3 + (b - 4)x^2 + (a - 4b)x + ab)(x + c)$$

则

$$\begin{aligned} & x^4 - 8x^3 + (16 + 2a)x^2 - 8ax + a^2 \\ = & x^4 + (c + b - 4)x^3 + (bc - 4c + a - 4b)x^2 + (ab + ac - 4bc)x + abc \end{aligned}$$

比较多项式的系数，可得 $a = 4(b = -2)$，$g(x) = (x - 2)^3$.

**例 3** 证明：$x^d - 1 \mid x^n - 1$ 的充要条件为 $d \mid n$.

**证明** 方法一 必要性（反证法） 若 $d$ 不能整除 $n$，则有 $n = dk + r$，$0 < r < d$，于是

$$x^n - 1 = x^{dk+r} - 1 = x^{dk}x^r - x^r + x^r - 1 = x^r(x^{dk} - 1) + x^r - 1$$

由于 $r < d$，$x^d - 1$ 不能整除 $x^r - 1$，而 $x^d - 1 \mid x^{dk} - 1$，则 $x^d - 1$ 不能整除 $x^r(x^{dk} - 1) + x^r - 1$，矛盾.

充分性 若 $d \mid n$，则有自然数 $k$，使 $n = dk$，于是

$$x^n - 1 = x^{dk} - 1 = (x^d)^k - 1 = (x^d - 1)[(x^d)^{k-1} + \cdots + x^d + 1]$$

由定义有 $x^d - 1 \mid x^n - 1$.

方法二（单位根） 充分性 设 $d \mid n$，且 $\varepsilon$ 为一个 $d$ 次单位根，则 $1, \varepsilon, \varepsilon^2, \cdots, \varepsilon^{d-1}$ 为 $x^d - 1$ 的所有根，从而 $\varepsilon^n = 1$，于是$(\varepsilon^s)^n = (\varepsilon^n)^s$，$s = 0, 1, 2, \cdots, d - 1$，即 $x^d - 1$ 的根全为 $x^n - 1$ 的根，故 $x^d - 1 \mid x^n - 1$.

必要性 设 $x^d - 1 \mid x^n - 1$，且 $\varepsilon$ 为一个 $d$ 次单位根，$\varepsilon^d = 1$，则 $\varepsilon$ 也为 $x^n - 1$ 的根，从而 $\varepsilon^n = 1$. 设 $n = dk + r$，$0 \leqslant r < d$，于是 $\varepsilon^n = \varepsilon^{dk+r} = \varepsilon^r = 1$，由于 $\varepsilon$ 为一个 $d$ 次单位根，因此 $r = 0$，即 $d \mid n$.

**注** 此类题一般常用解法如下：

(1) 将 $x^n - 1$ 拆成两部分的和，一部分能整除，另一部分不能整除，则整体就不能整除.

(2) 对于 $x^n - 1$ 类问题，可以采用单位根及其性质.

**例 4** 证明：$x^9 + x^8 + \cdots + x + 1 \mid x^{9999} + x^{8888} + \cdots + x^{1111} + 1$.

**证明** 设

$$f(x) = x^{9999} + x^{8888} + \cdots + x^{1111} + 1, \quad g(x) = x^9 + x^8 + \cdots + x + 1$$

由于$x^{10} - 1 = (x - 1)g(x)$，则 $g(x) \mid (x^{10} - 1)$. 又

$$\begin{aligned} f(x) &= (x^{9999} - x^9) + (x^{8888} - x^8) + \cdots + (x^{1111} - x) + g(x) \\ &= x^9(x^{9990} - 1) + x^8(x^{8880} - 1) + \cdots + x(x^{1110} - 1) + g(x) \end{aligned}$$

由例3有 $x^{10} - 1 \mid x^{iii0} - 1$，$i = 1, 2, \cdots, 9$，从而 $g(x) \mid x^{iii0} - 1$，$g(x) \mid x^i(x^{iii0} - 1)$，即 $g(x) \mid f(x)$.

**例 5** 设$(f(x), g(x)) = 1$，则$(f(x), f(x) + g(x)) = 1$.

**证明** 方法一（利用互素定义） 设$(f(x), f(x) + g(x)) = d(x)$，则

$$d(x) \mid f(x), d(x) \mid f(x) + g(x)$$

即

$$d(x) \mid f(x),\ d(x) \mid g(x)$$

故 $d(x)$ 为 $f(x)$，$g(x)$ 的最大公因式；又 $(f(x),\ g(x))=1$，则 $d(x) \mid 1$，而 $d(x)$ 为首 1 多项式，则 $d(x)=1$，故

$$(f(x),\ f(x)+g(x))=1$$

方法二（利用互素性质） 由于 $(f(x),\ g(x))=1$，则存在 $u(x)$、$v(x)$，使得

$$u(x)\ f(x)+v(x)g(x)=1$$

从而有

$$u(x)f(x)-v(x)f(x)+v(x)f(x)+v(x)g(x)=1$$

即

$$(u(x)-v(x))f(x)+v(x)(f(x)+g(x))=1$$

则

$$(f(x),\ f(x)+g(x))=1$$

**例 6** 设 $(f(x),\ g(x))=1$，$(f(x),\ h(x))=1$，则 $(f(x),\ g(x)h(x))=1$.

**证明** 由题意可知，存在 $u_1(x)$、$v_1(x)$ 及 $u_2(x)$、$v_2(x)$，使得

$$u_1(x)f(x)+v_1(x)g(x)=1,\ u_2(x)f(x)+v_2(x)h(x)=1$$

将两式相乘，得

$$[u_1(x)u_2(x)f(x)+v_1(x)u_2(x)g(x)+u_1(x)v_2(x)h(x)]f(x)$$
$$+[v_1(x)v_2(x)]g(x)h(x)=1$$

所以 $(f(x),\ g(x)h(x))=1$.

**例 7** 证明：$(f(x),\ g(x))=1$ 的充要条件是 $(f(x)g(x),\ f(x)+g(x))=1$.

**证明** 必要性： 因为 $(f(x),\ g(x))=1$，所以存在多项式 $u(x)$、$v(x)$，使得

$$u(x)f(x)+v(x)g(x)=1$$

则有

$$(u(x)-v(x))f(x)+v(x)(f(x)+g(x))=1$$

则

$$(f(x),\ f(x)+g(x))=1$$

同理

$$(g(x),\ f(x)+g(x))=1$$

所以由上题有

$$(f(x)g(x),\ f(x)+g(x))=1$$

充分性 因为 $(f(x)g(x),\ f(x)+g(x))=1$，则存在 $u(x)$，$v(x)\in P[x]$，使得

$$u(x)f(x)g(x)+v(x)(f(x)+g(x))=1$$

即

$$(u(x)g(x)+v(x))f(x)+v(x)g(x)=1$$

所以

$$(f(x),\ g(x))=1$$

**例 8** 设 $(f(x),\ g(x))=1$，则 $(f^n(x),\ g^n(x))=1$，$n$ 为正整数.

**证明** 若 $(f(x),\ g(x))=1$，则存在 $u(x)$、$v(x)$，使得

$$u(x)f(x)+v(x)g(x)=1$$

等式两边同时 $n$ 次幂，有

$$(u(x)f(x)+v(x)g(x))^n=1^n，即\ u_1(x)f(x)+v^n(x)g^n(x)=1$$

可得$(f(x),\ g^n(x))=1$，从而存在$m(x)$、$n(x)$，使得$m(x)f(x)+n(x)g^n(x)=1$等式两边同时 $n$ 次幂，有

$$m^n(x)f^n(x)+n_1(x)g^n(x)=1$$

从而

$$(f^n(x),\ g^n(x))=1$$

**例 9** 设多项式 $f(x)$、$g(x)$ 不全为 0，证明：$(f(x),\ g(x))^n=(f^n(x),\ g^n(x))$.

**证明** 设 $d(x)=(f(x),\ g(x))$，则存在多项式 $f_1(x)$、$g_1(x)$，使得

$$f(x)=d(x)f_1(x),\ g(x)=d(x)g_1(x),\ (f_1(x),\ g_1(x))=1$$

故

$$(f_1^n(x),\ g_1^n(x))=1$$

从而

$$\begin{aligned}(f^n(x),\ g^n(x))&=(d^n(x)f_1^n(x),\ d^n(x)g_1^n(x))\\&=d^n(x)(f_1^n(x),\ g_1^n(x))=d^n(x)\\&=(f(x),\ g(x))^n\end{aligned}$$

**例 10** 设 $f(x)$，$g(x)$，$h(x)$ 为实系数多项式，且

$$(x^2+1)h(x)+(x-1)f(x)+(x-2)g(x)=0 \qquad ①$$

$$(x^2+1)h(x)+(x+1)f(x)+(x+2)g(x)=0 \qquad ②$$

证明：$x^2+1$ 分别整除 $f(x)$ 和 $g(x)$.

**证明** *方法一* 由题意，①－② 得

$$f(x)=-2g(x) \qquad ③$$

③ 代入 ① 得

$$(x^2+1)h(x)=xg(x)$$

则

$$(x^2+1)\mid xg(x)$$

但 $x^2+1$ 在实数域上不可约，且 $x^2+1$ 不整除 $x$，从而$(x^2+1)\mid g(x)$；

又因为 $f(x)=-2g(x)$，所以$(x^2+1)\mid f(x)$.

*方法二* 把 $x=i$ 代入 ①、② 得

$$\begin{cases}(i-1)f(i)-(i-2)g(i)=0\\(i+1)f(i)+(i+2)g(i)=0\end{cases}$$

则

$$f(i)=g(i)=0$$

故

$$(x-i)\mid f(x),\ (x-i)\mid g(x)$$

类似代入 $x=-i$，可得 $f(-i)=g(-i)=0$，故

$$(x+i)\mid f(x),\ (x+i)\mid g(x)$$

又$(x+i,\ x-i)=1$，从而

$$(x^2+1)\mid f(x),\ (x^2+1)\mid g(x)$$

**例 11** 设 $P$ 是一个数域，多项式 $f(x)$，$g(x)\in P[x]$ 具有性质——当 $h(x)\in P[x]$，且 $f(x)\mid h(x)$、$g(x)\mid h(x)$ 时，必有 $f(x)g(x)\mid h(x)$，证明：$(f(x),\ g(x))=1$.

**证明** 不妨设 $(f(x),\ g(x))=d(x)\neq 1$，则

$$f(x)=d(x)f_1(x),\ g(x)=d(x)g_1(x),\ (f_1(x),\ g_1(x))=1$$

取 $h(x)=d(x)f_1(x)g_1(x)$，则 $f(x)\mid h(x)$、$g(x)\mid h(x)$，但 $f(x)g(x)$ 不整除 $h(x)$，矛盾，故 $(f(x),\ g(x))=1$.

**例 12** 证明：$f(x)\mid g(x)$ 的充要条件为 $f^k(x)\mid g^k(x)$，$k\in \mathbf{Z}^+$.

**证明** 必要性 显然成立.

充分性 设 $f^k(x)\mid g^k(x)$，则 $f^k(x)$ 为 $f^k(x)$、$g^k(x)$ 的最大公因式，有

(1) 若 $f(x)=0$，则 $g(x)=0$，从而 $f(x)\mid g(x)$.

(2) 若 $f(x)\neq 0$，设 $d(x)=(f(x),\ g(x))$，则

$$f(x)=d(x)f_1(x),\ g(x)=d(x)g_1(x),\ (f_1(x),\ g_1(x))=1$$

故

$$(f_1^k(x),\ g_1^k(x))=1$$

进一步有

$$\begin{aligned}(f^k(x),\ g^k(x))&=(d^k(x)f_1^k(x),\ d^k(x)g_1^k(x))\\&=d^k(x)(f_1^k(x),\ g_1^k(x))=d^k(x)\end{aligned}$$

从而有非 0 常数 $c$，使 $f^k(x)=cd^k(x)=d^k(x)f_1^k(x)$，所以 $f_1^k(x)=c$，即 $f_1(x)$ 为非 0 常数 $c_1$，且有 $f(x)=c_1d(x)$，由于 $c_1d(x)\mid d(x)$，因此 $f(x)\mid g(x)$.

**例 13** 设 $p(x)$ 是数域 $P$ 上次数 $\geqslant 1$ 的多项式，则 $p(x)$ 在数域 $P$ 上不可约的充要条件为对于任意多项式 $f(x)\in P[x]$，均有 $p(x)\mid f(x)$ 或 $(p(x),\ f(x))=1$.

**证明** 必要性 若 $p(x)$ 为不可约多项式，则对于任意多项式 $f(x)\in P[x]$，若 $p(x)$ 不整除 $f(x)$，令 $(p(x),\ f(x))=d(x)$，则 $d(x)\mid p(x)$，但 $p(x)$ 不整除 $d(x)$，而 $p(x)$ 的因式只有平凡因式，故 $d(x)=1$，结论成立.

充分性（反证法） 若 $p(x)$ 为可约多项式，则 $p(x)$ 可以分解成两个次数比它低的多项式 $f(x)$、$g(x)$ 的积，即 $p(x)=f(x)g(x)$，这时，$p(x)$ 不整除 $f(x)$，且 $(p(x),\ f(x))\neq 1$，与已知矛盾.

**例 14** 证明：$p(x)$ 为不可约多项式的充要条件为对任意两多项式 $f(x)$、$g(x)$，由 $p(x)\mid f(x)g(x)$ 一定可推出 $p(x)\mid f(x)$ 或 $p(x)\mid g(x)$.

**证明** 必要性 若 $p(x)$ 为不可约多项式，$p(x)\mid f(x)g(x)$，$p(x)$ 不整除 $f(x)$，则 $(p(x),\ f(x))=1$，由互素的基本性质有 $p(x)\mid g(x)$.

充分性（反证法） 若 $p(x)$ 为可约多项式，则 $p(x)$ 可以分解成两个次数比它低的多项式 $p_1(x)$、$p_2(x)$ 的积，即 $p(x)=p_1(x)p_2(x)$，这时，$p(x)\mid p_1(x)p_2(x)$，但 $p(x)$ 既不整除 $p_1(x)$，也不整除 $p_2(x)$，与已知矛盾！故 $p(x)$ 为不可约多项式.

**例 15** 证明：次数 $>0$ 且首项系数为 1 的多项式 $f(x)$ 是一个不可约多项式的方幂的充要条件为对任意的多项式 $g(x)$ 必有 $(f(x),\ g(x))=1$，或者对某一正整数 $m$ 都有 $f(x)\mid g^m(x)$.

**证明** 必要性 设 $f(x)=p^s(x)$，其中，$p(x)$ 是不可约多项式，则对任意多项式

$g(x)$，有

$$(p(x),\ g(x)) = 1 \qquad ①$$

或

$$p(x) \mid g(x) \qquad ②$$

对于①，有$(f(x),\ g(x)) = 1$.

对于②，有 $p^s(x) \mid g^s(x)$，此即 $f(x) \mid g^s(x)$. 再令 $m = s$，即必要性得证.

充分性（反证法）　设 $f(x)$ 不是某一个多项式的方幂，则 $f(x) = p_1^{\lambda_1}(x)p_2^{\lambda_2}(x)\cdots p_n^{\lambda_n}(x)$，其中，$n > 1$，$\lambda_i(i = 1, 2, \cdots, n)$ 是正整数. 取 $g(x) = p_1(x)$，则由题设知 $f(x)$ 与 $g(x)$ 满足 $(f(x),\ g(x)) = 1$ 或 $f(x) \mid g^m(x)$（$m$ 为某一正整数），但这是不可能的，得证.

**例 16**　设 $f_1(x) = af(x) + bg(x)$，$g_1(x) = cf(x) + dg(x)$，且 $ad - bc \neq 0$，证明：

$$(f(x),\ g(x)) = (f_1(x),\ g_1(x))$$

**证明**　设 $d(x) = (f(x),\ g(x))$，则由已知得 $d(x) \mid f_1(x)$，$d(x) \mid g_1(x)$. 设 $\varphi(x)$ 是 $f_1(x)$ 与 $g_1(x)$ 的任一公因式，只需证明 $\varphi(x) \mid d(x)$ 即可. 因为

$$f_1(x) = af(x) + bg(x),\ g_1(x) = cf(x) + dg(x)$$

所以

$$f(x) = \frac{d}{ad - bc}f_1(x) - \frac{b}{ad - bc}g_1(x)$$

$$g(x) = \frac{c}{ad - bc}f_1(x) + \frac{a}{ad - bc}g_1(x)$$

又因为 $\varphi(x) \mid f_1(x)$、$\varphi(x) \mid g_1(x)$，则 $\varphi(x) \mid d(x)$，故 $d(x)$ 也是 $f_1(x)$ 与 $g_1(x)$ 的最大公因式.

**例 17**　设 $P$ 为数域，$f_i = f_i(x) \in P[x]$，$g_i = g_i(x) \in P[x]$，$i = 1, 2$，证明：

$$(f_1,\ g_1)(f_2,\ g_2) = (f_1f_2,\ f_1g_2,\ g_1f_2,\ g_1g_2)$$

**证明**　由最大公因式的定义可知，存在 $u_1$，$v_1$，$u_2$，$v_2$，使

$$u_1f_1 + v_1g_1 = (f_1,\ g_1),\ u_2f_2 + v_2g_2 = (f_2,\ g_2)$$

且$(f_1,\ g_1)$、$(f_2,\ g_2)$是 $f_1f_2$、$f_1g_2$、$g_1f_2$、$g_1g_2$ 的公因式，有

$$(f_1,\ g_1)(f_2,\ g_2) = u_1u_2f_1f_2 + u_1v_2f_1g_2 + v_1u_2g_1f_2 + v_1v_2g_1g_2$$

可得结论.

**例 18**　求多项式 $x^m + a^m$ 与 $x^n + a^n$ 的最大公因式.

**解**　设 $d = (m, n)$，令 $m = m_1d$，$n = n_1d$，若 $m_1$、$n_1$ 均为奇数，则 $x^d + a^d$ 为多项式 $x^m + a^m$ 和 $x^n + a^n$ 的最大公因式；若 $m_1$、$n_1$ 中至少有一个是偶数，则$(x^m + a^m,\ x^n + a^n) = 1$.

## 1.2　根

### 一、根的概念与判定

若 $f(x)$ 在 $x = \alpha$ 时，函数值 $f(\alpha) = 0$，则 $\alpha$ 称为 $f(x)$ 的一个根或零点. $\alpha$ 是 $f(x)$ 的根的充要条件是$(x - \alpha) \mid f(x)$.

若 $\alpha_1$，$\alpha_2$，$\cdots$，$\alpha_m$ 为 $f(x)$ 的 $m$ 个不同根，则$(x - \alpha_1)(x - \alpha_2)\cdots(x - \alpha_m) \mid f(x)$.

根的性质如下：

(1) $n$ 次多项式 $f(x)$ 在复数域上恰有 $n$ 个复根(重根按重数计算).

(2) 数域 $P$ 上 $n$ 次多项式 $f(x)$ 的根的个数 $\leqslant n$.

(3) 单位根 $x^n-1=(x-1)(x-\varepsilon)\cdots(x-\varepsilon^{n-1})$，其中，$1+\varepsilon+\cdots+\varepsilon^{n-1}=0$，$\varepsilon=\cos\frac{2\pi}{n}+\mathrm{i}\sin\frac{2\pi}{n}$.

(4) 整系数多项式 $f(x)=a_nx^n+a_{n-1}x^{n-1}+\cdots+a_0$，若 $\alpha=\frac{r}{s}$ 是 $f(x)$ 的一个有理根，其中，$r$ 和 $s$ 互素，则必有 $s\mid a_n$，$r\mid a_0$.

(5) $f(x)$ 在复数域 $\mathbf{C}$ 中无重根的充要条件为 $(f(x), f'(x))=1$.

首 1 的整系数多项式的有理根为整数根：$f(x)=(x-\alpha)g(x)$，$g(x)\in\mathbf{Z}[x]$. 若 $\alpha=\frac{r}{s}$ 是 $f(x)$ 的有理根，则 $f(x)=(x-\alpha)g(x)$，$g(x)\in\mathbf{Q}[x]$，故 $f(x)=(sx-r)\frac{g(x)}{s}$，由 $sx-r$ 为本原多项式，从而 $\frac{g(x)}{s}\in\mathbf{Z}[x]$.

(6) 若 $\alpha$ 是实系数多项式 $f(x)$ 的一个非实的复根，则 $\bar{\alpha}$ 也是 $f(x)$ 的根，且 $\alpha$ 与 $\bar{\alpha}$ 有相同的重数，从而奇数次实系数多项式必有实根.

## 二、根与系数的关系

设 $f(x)=x^n+a_1x^{n-1}+a_2x^{n-2}+\cdots+a_n$ 的 $n$ 个根为 $x_1, x_2, \cdots, x_n$，则

$$-a_1=\sum_{i=1}^{n}x_i,\ a_2=\sum_{i<j}x_ix_j,\ \cdots,$$

$$(-1)^k a_k=\sum_{i_1<i_2<\cdots<i_k}x_{i_1}x_{i_2}\cdots x_{i_k},\ (-1)^n a_n=x_1\cdots x_n$$

## 三、余数定理

设 $f(x)\in P[x]$，$\alpha\in P$，用多项式 $x-\alpha$ 去除 $f(x)$ 所得的余式是一个常数，这个常数等于 $f(\alpha)$.

## 四、多元多项式

设 $P$ 是数域，$x_1, x_2, \cdots, x_n$ 为文字，形式为 $ax_1^{k_1}x_2^{k_2}\cdots x_n^{k_n}$，$a\in P$，$k_1, k_2, \cdots, k_n\in\mathbf{Z}^*$ 的式子称为一个单项式；此类单项式之和，记 $f(x_1, x_2, \cdots, x_n)=\sum\limits_{k_1k_2\cdots k_n}a_{k_1k_2\cdots k_n}x_1^{k_1}x_2^{k_2}\cdots x_n^{k_n}$，称为 $n$ 元多项式；当 $n\geqslant 2$ 时统称为多元多项式.

所有系数在数域 $P$ 上的 $n$ 元多项式的全体称为 $P$ 上的 $n$ 元多项式环. 多元多项式中系数不为零的单项式的最高次数称为该多元多项式的次数.

任一个 $m$ 次多项式 $f(x_1, x_2, \cdots, x_n)$ 都可唯一表示成

$$f(x_1, x_2, \cdots, x_n)=\sum_{i=1}^{m}f_i(x_1, x_2, \cdots, x_n)$$

其中，$f(x_1, x_2, \cdots, x_n)$ 为 $i$ 次齐次多项式，称 $f(x_1, x_2, \cdots, x_n)$ 为 $i$ 次齐次成分.

设$ax_1^{k_1}x_2^{k_2}\cdots x_n^{k_n}$与$bx_1^{l_1}x_2^{l_2}\cdots x_n^{l_n}$为某一$n$元多项式中的两项，当$k_1=l_1$，…，$k_{i-1}=l_{i-1}$，$k_i>l_i$，$(i\leqslant n)$时，将$ax_1^{k_1}x_2^{k_2}\cdots x_n^{k_n}$排到$bx_1^{l_1}x_2^{l_2}\cdots x_n^{l_n}$的前面；也可由$(k_1, k_2, \cdots, k_n)$与$(l_1, l_2, \cdots, l_n)$给出，当$k_1=l_1$，…，$k_{i-1}=l_{i-1}$，$k_i>l_i$，$(i\leqslant n)$时，$ax_1^{k_1}x_2^{k_2}\cdots x_n^{k_n}$排到$bx_1^{l_1}x_2^{l_2}\cdots x_n^{l_n}$的前面，记为$(k_1, k_2, \cdots, k_n)>(l_1, l_2, \cdots, l_n)$. 通常将$n$元多项式中各单项式按这种先后次序排列的方法称为字典排序法. 按字典排序法写出的第一个系数不为零的单项式称为$n$元多项式的首项.

**注**　多元多项式的首项不一定是最高次数项，如$f=2x_1x_2^2x_3^2+x_1^2x_2^2+x_1^3$次数为5，按字典排序法排序为$f=x_1^3+x_1^2x_2^2+2x_1x_2^2x_3^2$，首项为$x_1^3$，次数为3.

若$f(x_1, x_2, \cdots, x_n)\neq 0$，$g(x_1, x_2, \cdots, x_n)\neq 0$，则$f(x_1, x_2, \cdots, x_n)\cdot g(x_1, x_2, \cdots, x_n)$的首项等于$f$首项与$g$首项之积.

设$f(x)$、$g(x)$为$n$元多项式，则$f(x)=g(x)$的充要条件为对于$\forall c_1, c_2, \cdots, c_n$，有$f(c_1, \cdots, c_n)=g(c_1, \cdots, c_n)$.

**注**　多元多项式为一元多项式的推广，其中，整除、最大公因式、不可约、因式分解均可平移过来.

## 五、对称多项式

设$f(x_1, x_2, \cdots, x_n)$为数域$P$上的$n$元多项式，若对于$\forall i, j$，$1\leqslant i<j\leqslant n$，都有

$$f(x_1, \cdots, x_i, \cdots, x_j, \cdots, x_n)=f(x_1, \cdots, x_j, \cdots, x_i, \cdots, x_n)$$

则这个多项式称为对称多项式.

$n$元多项式

$$\sigma_1=x_1+x_2+\cdots+x_n$$
$$\sigma_2=x_1x_2+x_1x_3+\cdots+x_1x_n+\cdots+x_{n-1}x_n$$
$$\sigma_3=x_1x_2x_3+x_1x_2x_4+\cdots+x_1x_2x_n+\cdots+x_{n-2}x_{n-1}x_n$$
$$\vdots$$
$$\sigma_n=x_1x_2\cdots x_n$$

都为对称多项式，通常称之为初等对称多项式.

对称多项式定理及有关结论：

对于任一个$n$元对称多项式$f(x_1, x_2, \cdots, x_n)$，都有一个$n$元多项式$\varphi(\sigma_1, \sigma_2, \cdots, \sigma_n)$，使得$f(x_1, x_2, \cdots, x_n)=\varphi(\sigma_1, \sigma_2, \cdots, \sigma_n)$，即任一对称多项式都能表示成初等对称多项式的多项式.

对称多项式的和、乘积仍为对称多项式；对称多项式的多项式仍为对称多项式.

### 典型例题

**例1**　当$a$、$b$满足什么条件时，多项式$f(x)=x^4+4ax+b$有重根？

**解**　*方法一*　由题意有

$$f'(x)=4x^3+4a$$

用$f'(x)$除$f(x)$得余式$r_1(x)=3ax+b$，有

当$a=b=0$时，$f'(x)$、$f(x)$有3次最大公因式.

当 $a \neq 0$ 时，$r_1(x)$ 除 $f'(x)$ 得余式 $r(x) = \dfrac{4 \times (27a^4 - b^3)}{27a^3}$，当 $27a^4 - b^3 = 0$ 时，$f'(x)$、$f(x)$ 有 2 次最大公因式. 总之，当 $27a^4 - b^3 = 0$ 时，$f(x)$ 有重根.

方法二　当 $a = 0$ 时，只有当 $b = 0$，$f(x) = x^4$ 才有重根.

当 $a \neq 0$ 时，设 $\alpha$ 是 $f(x)$ 的重根，则 $\alpha$ 也是 $f'(x)$ 的根，即

$$f(\alpha) = \alpha^4 + 4a\alpha + b = 0$$
$$f'(\alpha) = 4\alpha^3 + 4a = 0$$

解得 $\alpha = -\dfrac{b}{3a}$，于是

$$\left(-\frac{b}{3a}\right)^3 = \alpha^3 = -\alpha$$

即

$$27a^4 - b^3 = 0$$

总之，当 $27a^4 - b^3 = 0$ 时，$f(x)$ 有重根.

**例 2**　若 $f(x) \mid f(x^n)$，则非零多项式 $f(x)$ 的根只能是零或单位根.

**证明**　设 $c$ 是 $f(x)$ 的任意一个根，由已知可知，有多项式 $g(x)$，使 $f(x^n) = f(x)g(x)$，代入 $c$，有 $f(c^n) = 0$，则 $c^n$ 也是 $f(x)$ 的根，依次得 $c, c^n, c^{n^2}, \cdots$ 均是 $f(x)$ 的根；又因 $f(x)$ 是非零多项式，故次数为有限次，其根的个数有限，则有正整数 $k, l(k < l)$，使 $c^{n^k} = c^{n^l}$，于是，$c^{n^k}(c^{n^l - n^k} - 1) = 0$，则 $c$ 只能是零或单位根.

**例 3**　设 $f(x) = a_0 + a_1x + \cdots + a_nx^n$ 为整系数多项式，$a_0$、$a_n$、$f(1)$ 均为奇数，证明：$f(x)$ 无有理根.

**证明**（反证法）　假设 $f(x)$ 有有理根 $\dfrac{r}{s}$，则 $s \mid a_n$，$r \mid a_0$. 由 $a_0$、$a_n$ 为奇数知，$s$、$r$ 均为奇数. 又因为 $\dfrac{f(x)}{x - r/s} \in \mathbf{Z}[x]$，故 $\dfrac{f(1)}{1 - r/s} \in \mathbf{Z}$，则 $\dfrac{sf(1)}{s - r} \in \mathbf{Z}$，与 $s$、$r$、$f(1)$ 为奇数矛盾，即 $f(x)$ 无有理根.

**例 4**　设 $f(x)$ 为一个整系数多项式，若 $f(0)$、$f(1)$ 都为奇数，则 $f(x)$ 没有整数根.

**证明**（反证法）　若 $f(x)$ 有整数根 $\alpha$，则 $x - \alpha \mid f(x)$. 设 $f(x) = (x - \alpha)q(x)$，则 $q(x)$ 也是整系数多项式. 将 $x = 0$，$x = 1$ 代入得 $f(0) = (-\alpha)q(0)$，$f(1) = (1 - \alpha)q(1)$. 由于 $f(0)$、$f(1)$ 都为奇数，则 $\alpha$、$1 - \alpha$ 都为奇数，显然矛盾，故 $f(x)$ 没有整数根.

**推广**　设 $f(x)$ 为一个有理系数多项式，若存在一个奇数 $a$ 和偶数 $b$，使 $f(a)$、$f(b)$ 都为奇数，则 $f(x)$ 没有整数根.

**例 5**　设 $f(x) = (x^{10} - x^9 + x^8 - x^7 + \cdots + 1)(x^{10} + x^9 + \cdots + x + 1)$，求 $f(x)$ 奇次项系数和.

**解**　因为 $f(-x) = f(x)$，故 $f(x)$ 为偶函数，则 $f(x)$ 的奇次项系数全为 0，从而 $f(x)$ 奇次项系数和为 0.

**例 6**　证明：对任意非负整数 $n$，有 $(x^2 + x + 1) \mid (x^{n+2} + (x+1)^{2n+1})$.

**证明**（利用三次单位根）　设 $\alpha$ 为 $x^2 + x + 1$ 的根，则 $\alpha^2 + \alpha + 1 = 0$，从而有

$$\begin{aligned}\alpha^{n+2} + (\alpha+1)^{2n+1} &= \alpha^n \cdot \alpha^2 + (\alpha+1)^{2n+1} = -(\alpha+1)\alpha^n + (\alpha+1)^{2n+1} \\ &= (\alpha+1)[(\alpha+1)^{2n} - \alpha^n] = (\alpha+1)[(\alpha^2 + 2\alpha + 1)^n - \alpha^n]\end{aligned}$$

$$= (\alpha+1)[\alpha^n - \alpha^n] = 0$$

则 $\alpha$ 为 $x^{n+2}-(x+1)^{2n+1}$. 由于 $x^2+x+1$ 无重根，则$(x^2+x+1)\mid(x^{n+2}+(x+1)^{2n+1})$.

**例 7** 设 $f_1(x)$，$f_2(x)\in\mathbf{R}[x]$，$f(x)=f_1(x)+if_2(x)$，且$(f_1(x),f_2(x))=d(x)\neq 1$，证明：$f(x)$ 与 $d(x)$ 有相同的实根集.

**证明** 因 $d(x)=(f_1(x),f_2(x))$，设 $f_1(x)=d(x)h_1(x)$，$f_2(x)=d(x)h_2(x)$，$(h_1(x),h_2(x))=1$，则 $f(x)=d(x)(h_1(x)+ih_2(x))$，$h_i(x)\in\mathbf{R}[x]$，故 $d(x)$ 的根必为 $f(x)$ 的根.

反之，对于 $\forall x_0\in\mathbf{R}$，若 $f(x_0)=0$，则 $d(x_0)[h_1(x_0)+ih_2(x_0)]=0$. 若 $d(x_0)\neq 0$，则 $h_1(x_0)=h_2(x_0)=0$，即$(x-x_0)$ 整除 $h_i(x)(i=1,2)$，矛盾，故 $d(x_0)=0$，结论得证.

**例 8** 证明：$x^n+ax^{n-m}+b$ 不能有不为零的重数大于 2 的根.

**证明** 设 $f(x)=x^n+ax^{n-m}+b$，则 $f'(x)=x^{n-m-1}[nx^m+(n-m)a]$. 又 $f'(x)$ 的非零根都是多项式 $g(x)=nx^m+(n-m)a$ 的根，而 $g(x)$ 的 $m$ 个根都是单根，故 $f'(x)$ 没有不为零且重数大于 2 的根.

**例 9** 证明：$(x^2+x+1)\mid(x^{2012}+x^{2011}+1)$.

**证明**（利用三次单位根） 因为 $x^2+x+1$ 的两个根为 $\varepsilon$ 和 $\varepsilon^2$，其中，$\varepsilon=\cos\dfrac{2\pi}{3}+i\sin\dfrac{2\pi}{3}$，则 $\varepsilon^3=1$，从而

$$\varepsilon^{2012}+\varepsilon^{2011}+1=\varepsilon^2+\varepsilon+1=0,\ (\varepsilon^2)^{2012}+(\varepsilon^2)^{2011}+1=\varepsilon+\varepsilon^2+1=0$$

结论成立.

**例 10** 对于任意非负整数 $n$，令 $f_n(x)=x^{n+2}-(x+1)^{2n+1}$，则$(x^2+x+1,f_n(x))=1$.

**证明** 由题意得

$$\begin{aligned}f_n(x)&=x^{n+2}-(x+1)(x^2+2x+1)^n=x^{n+2}-(x+1)(x^2+x+1+x)^n\\&=x^{n+2}-(x+1)[(x+x+1)^n+nx(x+x+1)^{n-1}+\cdots+nx^{n-1}(x+x+1)+x^n]\\&=x^n(x^2+x+1)-(x+1)[(x^2+x+1)^n+nx(x^2+x+1)^{n-1}+\cdots\\&\quad+nx^{n-1}(x^2+x+1)]-2x^n(x+1)\end{aligned}$$

又

$$(x^2+x+1,x^n)=1,\ (x^2+x+1,x+1)=1$$

则 $x^2+x+1$ 不能整除 $x^n(x+1)$，从而一定不整除 $f_n(x)$.

又 $x^2+x+1$ 在实数域上不可约，则

$$(x^2+x+1,f_n(x))=1$$

**例 11** 求 7 次多项式 $f(x)$，使$(x-1)^4\mid f(x)+1$，$(x+1)^4\mid f(x)-1$.

**解** *方法一* 由于 $x=1$ 为 $f(x)+1$ 的四重根，则 $x=1$ 为 $f'(x)$ 的三重根，从而 $x=-1$ 也为 $f'(x)$ 的三重根. 又因为 $\partial f'(x)<\partial f(x)=7$，则 $\partial f'(x)=6$，于是

$$f'(x)=a(x-1)^3(x+1)^3$$

即

$$f(x)=a\left(\frac{1}{7}x^7-\frac{3}{5}x^5+x^3-x\right)+b\quad(a、b\text{待定})$$

又因为 $f(1)=-1$，$f(-1)=1$，则有

$$a\left(\frac{1}{7}-\frac{3}{5}\right)+b=-1,\ a\left(-\frac{1}{7}+\frac{3}{5}\right)+b=1$$

解之得 $a=\frac{35}{16}$，$b=0$，故

$$f(x)=\frac{5}{16}x^7-\frac{21}{16}x^5+\frac{35}{16}x^3-\frac{35}{16}x \quad 或 \quad f(x)=5x^7-21x^5+35x^3-35x$$

*方法二* 令 $f(x)=(x-1)^4q_1(x)-1=(x+1)^4q_2(x)+1$，则

$$f(-x)=(x+1)^4q_1(-x)-1=(x-1)^4q_2(-x)+1$$

即

$$f(-x)=-f(x)$$

于是设 $f(x)=Ax^7+Bx^5+Cx^3+Dx$，又 $f(1)=-1$，则

$$(x-1)^4\mid f(x)+1,\ (x-1)^3\mid f'(x),\ (x-1)^2\mid f''(x),\ (x-1)\mid f'''(x)$$

即

$$A+B+C+D=-1,\ 4B+20A=1,\ -84A-20B=0,\ 35A+10B+C=0$$

解之得 $A=\frac{5}{16}$，$B=-\frac{21}{16}$，$C=\frac{35}{16}$，$D=-\frac{35}{16}$，故

$$f(x)=\frac{5}{16}x^7-\frac{21}{16}x^5+\frac{35}{16}x^3-\frac{35}{16}x$$

**例 12** 求一个次数最低的实系数多项式，使其被 $x^2+1$ 除余 $x+1$，被 $x^3+x^2+1$ 除余 $x^2-1$.

**解** *方法一* 由题意得，令 $f(x)=(x^2+1)m(x)+(x+1)$，则存在多项式 $n(x)$，使

$$(x^2+1)m(x)+(x+1)=(x^3+x^2+1)n(x)+(x^2-1)$$

显然 $\partial f(x)\geqslant 2$，为求最小次数的 $f(x)$，令 $n(x)=ax+b$，取 $x=i$，得

$$i+1=-i(ai+b)-2$$

即

$$(b+1)i+(-a+3)=0$$

所以 $a=3$，$b=-1$，从而 $n(x)=3x-1$. 可以验证

$$f(x)=(x^3+x^2+1)n(x)+(x^2-1)=3x^4+2x^3+3x-2$$

即为所求.

*方法二* 同方法一，有多项式 $m(x)$、$n(x)$，使

$$\begin{aligned}(x^2+1)m(x)+(x+1)&=(x^3+x^2+1)n(x)+(x^2-1)=f(x)\\&=[x(x^2+1)+(x^2+1)-x]n(x)+(x^2+1)-2\end{aligned}$$

从而有 $-xn(x)-2-(x+1)$ 为 $x^2+1$ 的倍式，且 $\partial n(x)\geqslant 1$. 设 $n(x)=ax+b$，则

$$-xn(x)-2-(x+1)=-x(ax+b)-x-3=(-a)(x^2+1)$$

比较两边同次项的系数有 $b+1=0$，$-a=-3$，即 $a=3$，$b=-1$，从而

$$f(x)=3x^4+2x^3+3x-2$$

**例 13** 求一个次数尽可能低的多项式 $f(x)$，使得 $f(0)=3$，$f(1)=4$，$f(2)=9$，$f(3)=18$，并求 $f\left(\frac{1}{2}\right)$、$f\left(\frac{5}{2}\right)$.

**解** 由 Lagrange(拉格朗日) 插值公式有

$$f(x)=3\times\frac{(x-1)(x-2)(x-3)}{(0-1)(0-2)(0-3)}+4\times\frac{x(x-2)(x-3)}{(1-0)(1-2)(1-3)}$$
$$+9\times\frac{x(x-1)(x-3)}{(2-0)(2-1)(2-3)}+18\times\frac{x(x-1)(x-2)}{(3-0)(3-1)(3-2)}$$
$$=2x^2-x+3$$

则 $f\left(\frac{1}{2}\right)=3$，$f\left(\frac{5}{2}\right)=13$.

**例 14** 设 $f(x)$ 是整多项式，$g(x)=f(x)+1$ 至少有三个互不相等的整数根，证明：$f(x)$ 无整数根.

**证明** 假定 $f(x)$ 有整数根 $c$，由已知，可设 $x_1$、$x_2$、$x_3$ 是 $g(x)$ 的三个互不相等的整数根，则

$$f(x)=(x-x_1)(x-x_2)(x-x_3)h(x)-1$$

故 $(c-x_1)(c-x_2)(c-x_3)h(c)=1$，那么三个不同的数 $c-x_1$、$c-x_2$、$c-x_3$ 同时为 $\pm1$，矛盾！

**例 15** 设 $f(x_1, x_2, x_3)=\begin{vmatrix} x_1 & x_2 & x_3 \\ x_3 & x_1 & x_2 \\ x_2 & x_3 & x_1 \end{vmatrix}$，把 $f(x)$ 表示为初等对称多项式的多项式.

**解** 由于 $f(x)=x_1^3+x_2^3+x_3^3-3x_1x_2x_3$，其首项指数序只能为 $(3, 0, 0)$，$(2, 1, 0)$，$(1, 1, 1)$. 故可设 $f(x)=\sigma_1^3+A\sigma_1\sigma_2+B\sigma_3$. 令 $x_1=1$，$x_2=1$，$x_3=0$，得

$$2=8+2A,\ A=-3$$

由 $x_1=x_2=1$，$x_3=-1$ 得 $4=1+3-B$，$B=0$，故

$$f(x)=\sigma_1^3-3\sigma_1\sigma_2$$

**例 16** 将多项式 $f=x_1^2+x_2^2+x_3^2+x_4^2+(x_1x_2+x_3x_4)(x_1x_3+x_2x_4)(x_1x_4+x_2x_3)$ 表示成初等对称多项式的形式.

**解** *方法一* 逐步消去首项法.

令 $g=x_1^2+x_2^2+x_3^2+x_4^2$，$h=(x_1x_2+x_3x_4)(x_1x_3+x_2x_4)(x_1x_4+x_2x_3)$，分别化 $g$ 和 $h$ 为初等对称多项式.

对于 $g$：$g$ 的首项为 $x_1^2$，有 $\varphi_1=\sigma_1^{2-0}\sigma_2^{0-0}\sigma_3^{0-0}\sigma_4^0=\sigma_1^2$，则

$$g_1=g-\varphi_1=(x_1^2+x_2^2+x_3^2+x_4^2)-(x_1+x_2+x_3+x_4)^2$$
$$=-2(x_1x_2+x_1x_3+x_1x_4+x_2x_3+x_2x_4+x_3x_4)=-2\sigma_2$$

从而

$$g=g_1+\varphi_1=-2\sigma_2+\sigma_1^2$$

对于 $h$：$h$ 的首项为 $x_1^3x_2x_3x_4$，有 $\psi_1=\sigma_1^{3-1}\sigma_2^{1-1}\sigma_3^{1-1}\sigma_4^1=\sigma_1^2\sigma_4$，则

$$h_1=h-\psi_1$$
$$=(x_1x_2+x_3x_4)(x_1x_3+x_2x_4)(x_1x_4+x_2x_3)-(x_1+x_2+x_3+x_4)x_1x_2x_3x_4$$
$$=x_1^2x_2^2x_3^2+x_1^2x_2^2x_4^2+x_1^2x_3^2x_4^2+x_2^2x_3^2x_4^2-2(x_1^2x_2^2x_3x_4+x_1^2x_2x_3^2x_4+x_1^2x_2x_3x_4^2$$
$$+x_1x_2^2x_3^2x_4+x_1x_2^2x_3x_4^2+x_1x_2x_3^2x_4^2)$$

$h_1$ 的首项为 $x_1^2x_2^2x_3^2$，有 $\psi_2=\sigma_1^{2-2}\sigma_2^{2-2}\sigma_3^{2-0}\sigma_4^0=\sigma_1^2$，则

$$h_2=h_1-\psi_2=-4x_1x_2x_3x_4(x_1x_2+x_1x_3+x_1x_4+x_2x_3+x_2x_4+x_3x_4)=-4\sigma_2\sigma_4$$

从而有

$$h = h_1 + \psi_1 = (h_2 + \psi_2) + \psi_1 = -4\sigma_2\sigma_4 + \sigma_3^2 + \sigma_1^2\sigma_4$$

故

$$f = (-2\sigma_2 + \sigma_1^2) + (-4\sigma_2\sigma_4 + \sigma_3^2 + \sigma_1^2\sigma_4)$$

*方法二* 待定系数法.

由于 $g$ 的首项为 $x_1^2$，写出不先于首项的所有二次指数组及相应的初等对称多项式方幂的乘积，如表 1-1 所示.

**表 1-1 乘积表示 1**

| 指数组 | 对应 $\sigma$ 的方幂乘积 |
|---|---|
| 2 0 0 0 | $\sigma_1^{2-0}\sigma_2^{0-0}\sigma_3^{0-0}\sigma_4^0 = \sigma_1^2$ |
| 1 1 0 0 | $\sigma_1^{1-1}\sigma_2^{1-0}\sigma_3^{0-0}\sigma_4^0 = \sigma_2$ |

故 $g = \sigma_1^2 + a\sigma_2$，$a$ 待定. 取 $x_1 = x_2 = x_3 = x_4 = 1$，则 $\sigma_1 = 4$，$\sigma_2 = 6$，$g = 4$，故可得$a = -2$，即 $g = \sigma_1^2 - 2\sigma_2$.

$h$ 的首项为 $x_1^3x_2x_3x_4$，写出不先于首项的所有二次指数组及相应的初等对称多项式方幂的乘积，如表 1-2 所示.

**表 1-2 乘积表示 2**

| 指数组 | 对应 $\sigma$ 的方幂乘积 |
|---|---|
| 3 1 1 1 | $\sigma_1^{3-1}\sigma_2^{1-1}\sigma_3^{1-1}\sigma_4^1 = \sigma_1^2\sigma_4$ |
| 2 2 2 0 | $\sigma_1^{2-2}\sigma_2^{2-2}\sigma_3^{2-0}\sigma_4^0 = \sigma_3^2$ |
| 2 2 1 1 | $\sigma_1^{2-2}\sigma_2^{2-1}\sigma_3^{1-1}\sigma_4^1 = \sigma_2\sigma_4$ |

故 $h = \sigma_1^2\sigma_4 + a\sigma_3^2 + b\sigma_2\sigma_4$，$a$、$b$ 待定.

取 $x_1 = x_2 = x_3 = x_4 = 1$，则 $\sigma_1 = 4$，$\sigma_2 = 6$，$\sigma_3 = 4$，$\sigma_4 = 1$，$h = 4$，取 $x_1 = x_2 = x_3 = 1$，$x_4 = 0$，则 $\sigma_1 = 3$，$\sigma_2 = 3$，$\sigma_3 = 1$，$\sigma_4 = 0$，$h = 1$，从而有

$$1 = 3^2 \times 0 + a \times 1^2 + b \times 3 \times 0,\ 8 = 4^2 \times 1 + a \times 4^2 + b \times 6 \times 1$$

解得 $a = 1$，$b = -4$，故

$$h = -4\sigma_2\sigma_4 + \sigma_3^2 + \sigma_1^2\sigma_4$$

从而

$$f = (-2\sigma_2 + \sigma_1^2) + (-4\sigma_2\sigma_4 + \sigma_3^2 + \sigma_1^2\sigma_4)$$

## 1.3 综合应用

**例 1** 求出所有多项式 $f(x)$，使得$(x-1)f(x+1)-(x+2)f(x) \equiv 0$.

**解** 由已知可得，$f(1) = f(-1) = f(0) = 0$，故可设 $f(x) = x(x-1)(x+1)g(x)$，$g(x)$ 为多项式，于是由$(x-1)f(x+1)-(x+2)f(x) \equiv 0$ 可得 $g(x+1) \equiv g(x)$. 若设 $\partial(g(x)) = l > 0$，则在复数域 $\mathbf{C}$ 上 $g(x)$ 有且仅有 $l$ 个根.

若 $g(\alpha) = 0$，则 $g(\alpha+1) = 0$，$g(\alpha+2) = 0$，$g(\alpha+3) = 0$，…，即 $g(x)$ 有无穷多个根，矛盾. 故 $g(x)$ 为常数多项式 $k$，于是 $f(x) = kx(x-1)(x+1)$，$k$ 为任意常数.

**例 2** 证明：数域 $P$ 上多项式 $f(x)=kx$ 的充要条件为对 $\forall a, b\in P$，有 $f(a+b)=f(a)+f(b)$.

**证明** *必要性* 易证.

*充分性* *方法一* 设 $f(x)=a_nx^n+a_{n-1}x^{n-1}+\cdots+a_1x+a_0$，由题设，对 $\forall c\in P$，有 $f(2c)=f(c)+f(c)=2f(c)$，所以

$$0=f(2c)-2f(c)=(2^n-2)a_nc^n+(2^{n-1}-2)a_{n-1}c^{n-1}+\cdots+(2^2-2)a_2c^2-a_0$$

因为 $2^i-2\neq 0$，$i=2, 3, \cdots, n$，结合 $c$ 的任意性得 $a_n=\cdots=a_2=a_0=0$，所以 $f(x)=a_1x$，即 $f(x)=kx$，$k$ 为任意常数.

*方法二* 设 $f(x)=a_nx^n+a_{n-1}x^{n-1}+\cdots+a_1x+a_0$，因为 $f(a+0)=f(a)+f(0)$，$a\in P$，所以 $f(0)=0$，即 $f(x)$ 的常数项为 0.

当 $f(0)=0$ 时，结论成立.

当 $f(0)\neq 0$ 时，设 $\partial f(x)=n>1$，此时 $f(x)\neq a_nx^n$（否则，$f(1+1)=f(2)=a_n2^n$，$f(1+1)=f(1)+f(1)=2a_n$，则 $a_n2^n=2a^n$，即 $n=1$，矛盾）. 由于 $f(x)$ 有非零复根 $\alpha$，且由题设有 $f(2\alpha)=f(\alpha)+f(\alpha)=0$，$f(3\alpha)=f(\alpha)+f(2\alpha)=0$，…，说明 $f(x)$ 有无穷多个根，与 $f(0)\neq 0$ 矛盾，因此 $f(x)$ 为常数项为 0 的一次多项式.

*方法三* 由条件有 $f(0+0)=f(0)+f(0)$，从而 $f(0)=0$，$f(x)$ 的常数项为零，且 $f(x)=xg(x)$.

下证 $g(x)$ 为常数. 对任意正整数 $m$，有

$$f(m)=mg(1),\ f(m)=mg(m)$$

故 $g(m)=f(1)=g(1)$，即 $g(x)-g(1)=0$ 有无穷解，$g(x)=g(1)$，令 $g(1)=k$，则 $f(x)=kx$.

*方法四* 对任意正整数 $m$，由条件有 $f(m)=mf(1)$，即 $f(x)-xf(1)$ 有无穷根，因此 $f(x)-xf(1)=0$，$f(x)=xf(1)$，令 $f(1)=k$，则 $f(x)=kx$.

**注** 各类方法的出发点不同.

**例 3** 求所有满足条件 $xp(x-1)=(x-2)p(x)$，$x\in \mathbf{R}$ 的多项式 $p(x)$.

**解** 由题意，令 $x=0, 1$，得 $p(0)=p(1)=0$，则 $x(x-1)$ 是 $p(x)$ 的因子.

设 $p(x)=x(x-1)q(x)$，$q(x)\in \mathbf{R}[x]$，则

$$p(x-1)=(x-1)(x-2)q(x-1)$$

将两式代入已知等式可得 $q(x)=q(x-1)$，从而有

$$q(0)=q(1)=q(2)=\cdots$$

即有无穷多个 $x$，使得 $q(x)$ 均为同一个值 $a$，所以 $q(x)=a$，从而

$$p(x)=ax(x-1)=ax^2-ax$$

$a$ 为常数. 不难验证，对于任意常数 $a$，命题均成立.

**例 4** 设非零多项式 $f(x)$ 满足 $f'(x)\mid f(x)$，$\partial f(x)=n$，则 $f(x)$ 有 $n$ 重根.

**证明** 由于 $f'(x)\mid f(x)$，则 $f'(x)$ 为 $f'(x)$、$f(x)$ 的一个最大公因式，$(f'(x), f(x))$ 为 $n-1$ 次多项式，从而有 $\dfrac{f(x)}{(f(x), f'(x))}$ 为一次多项式. 令 $\dfrac{f(x)}{(f(x), f'(x))}=a(x+b)$，$a\neq 0$，由 $\dfrac{f(x)}{(f(x), f'(x))}$ 与 $f(x)$ 有完全相同的不可约因式，且首项系数相同，从而可得

$f(x)=a(x+b)^n$，$a\neq 0$.

**注** 该命题也可以表述为：数域$P$上次数大于零的多项式$f(x)$能被它的导数$f'(x)$整除的充要条件为$f(x)=a(x-b)^n$.

**例5** 设$f(x)$是数域$P$上一个$n>0$次多项式，证明：$f'(x)\mid f(x)$的充要条件为$f(x)$有$n$重根.

**证明** 充分性 因为$f(x)$有$n$重根，$f(x)$的次数为$n$，故$f(x)=a(x-b)^n$，于是$f'(x)=an(x-b)^{n-1}$，因而$f'(x)\mid f(x)$.

必要性 方法一(标准分解法) 设$f(x)=ap_1^{k_1}(x)p_2^{k_2}(x)\cdots p_r^{k_r}(x)$，其中，$p_i(x)$为$P$上首1的互异的不可约多项式，$\sum\limits_{i=1}^{r}k_i=n$，则$f(x)=p_1^{k_1-1}(x)p_2^{k_2-1}(x)\cdots p_r^{k_r-1}(x)g(x)$，$g(x)$不能被$p_i(x)$整除，由$f'(x)\mid f(x)$有$g(x)\mid p_1(x)p_2(x)\cdots p_r(x)$，从而$g(x)$只能是非零常数，即$g(x)=c\neq 0$. 设$\partial p_i(x)=n_i$，则$\sum\limits_{i=1}^{r}n_ik_i=n$，$\sum\limits_{i=1}^{r}n_i=1$，而$n_i$为整数，则$n_1=k_1=1$，于是$f(x)=ap_1^n(x)$. 设$p_1(x)=x-b$，则$f(x)=a(x-b)^n$，即$f(x)$有$n$重根.

方法二(待定系数法) 设$f(x)=a_nx^n+a_{n-1}x^{n-1}+\cdots+a_1x+a_0$，$a_n\neq 0$，则

$$f'(x)=na_nx^{n-1}+(n-1)a_{n-1}x^{n-2}+\cdots+a_1$$

由$f'(x)\mid f(x)$及$\partial f'(x)+1=\partial f(x)$知，存在多项式$cx+d$，使得

$$f(x)=(cx+d)f'(x)$$

因而$c=\dfrac{1}{n}$，此时

$$f(x)=\left(\frac{1}{n}x+d\right)f'(x)=\frac{1}{n}(x+nd)f'(x)=\frac{1}{n}(x-b)f'(x)$$

于是$(f(x),f'(x))=\dfrac{1}{na_n}f'(x)$为首1的$n-1$次多项式，故

$$\frac{f(x)}{(f(x),f'(x))}=\frac{\frac{1}{n}(x-b)f'(x)}{\frac{1}{na_n}f'(x)}=a_n(x-b)$$

而$\dfrac{f(x)}{(f(x),f'(x))}$包含$f(x)$的所有不可约因式，所以$f(x)$的不可约因式只能是$x-b$及其非零常数倍，$f(x)$为$n$次的，则$f(x)=a(x-b)^n$，$f(x)$有$n$重根.

方法三(重因式法) 由于$f'(x)\mid f(x)$，令$nf(x)=(x-b)f'(x)$，求导得

$$(n-1)f'(x)=(x-b)f''(x),\ \cdots,\ f^{(n-1)}(x)=(x-b)f^{(n)}(x),\ f^{(n)}(x)=n!a$$

$a$为首项系数，由后向前依次回代，可得$f(x)=a(x-b)^n$，即$f(x)$有$n$重根.

方法四(重根法) 设$\alpha$为$f(x)$的$r$重根，则

$$f(x)=(x-\alpha)^rg(x),\ g(\alpha)\neq 0$$

从而

$$f'(x)=(x-\alpha)^{r-1}(rg(x)+(x-\alpha)g'(x))$$

即$x-\alpha$不能整除$rg(x)+(x-\alpha)g'(x)$. 由于$f'(x)\mid f(x)$，则

$$rg(x)+(x-\alpha)g'(x)\mid g(x)$$

从而有 $g(x)\mid g'(x)$，即 $\partial(g(x))=0$，$r=n$，$g(x)=b$，于是

$$f(x)=b(x-\alpha)^n,\ a,\ b\in P$$

即 $f(x)$ 有 $n$ 重根.

方法五（数学归纳法） 当 $n=1$ 时命题成立. 假设 $n=k-1$ 时命题成立，则对于 $n=k$ 时的情形，由于 $f'(x)\mid f(x)$，则

$$f(x)=c(x-d)f'(x),\ f'(x)=cf'(x)+c(x-d)f''(x)$$

即

$$(1-c)f'(x)=c(x-d)f''(x)$$

从而有

$$f''(x)\mid f'(x)$$

又

$$\partial f'(x)=k-1$$

则

$$f'(x)=c_1(x-b)^{k-1}$$

从而

$$f(x)=cc_1(x-d)(x-b)^{k-1}$$

进一步有

$$f'(x)=cc_1(x-b)^{k-2}[(x-b)+(n-1)(x-d)]$$

与 $f'(x)=c(x-b)^{k-1}$ 比较可得 $b=d$，令 $a=cc_1$，则 $f(x)=a(x-b)^k$. 因此，对于任意自然数 $n$，$f(x)$ 有 $n$ 重根.

**例 6** 证明：$1+x+\frac{x^2}{2!}+\cdots+\frac{x^n}{n!}$ 没有重因式.

**证明** 方法一（反证法） 设 $f(x)=1+x+\frac{x^2}{2!}+\cdots+\frac{x^n}{n!}$ 有重因式，则

$$f'(x)=1+x+\frac{x^2}{2!}+\cdots+\frac{x^{n-1}}{(n-1)!}$$

可见，$f(x)=f'(x)+\frac{x^n}{n!}$，即 $f(x)$、$f'(x)$ 应有公因式，$f(x)-f'(x)=d(x)h(x)=\frac{x^n}{n!}$，即为 $x$ 的幂函数，则 $d(x)=cx^k(c\neq 0,\ k\geqslant 1)$，从而 $f(x)=d(x)g(x)=cx^kg(x)$，但 $f(x)$ 不含 $x$ 的因式，矛盾，故 $f(x)$ 没有重因式.

方法二（根） 由于 0 不是 $f'(x)$ 的根，则 $(x^n,\ f'(x))=1$，从而

$$(f(x),\ f'(x))=\left(f'(x),\ f'(x)+\frac{x^n}{n!}\right)=\left(f'(x),\ \frac{x^n}{n!}\right)=1$$

故 $f(x)$ 没有重因式.

**例 7** 设 $m$、$n$ 都是大于 1 的整数，有

$$f(x)=x^{m-1}+x^{m-2}+\cdots+x+1,\ g(x)=x^{n-1}+x^{n-2}+\cdots+x+1$$

证明：$(f(x),\ g(x))=1$ 的充要条件为 $(m,\ n)=1$.

**证明** 必要性（反证法） 若 $(m,\ n)=d>1$，由已知得，$x^m-1=(x-1)f(x)$，$x^n-1=(x-1)g(x)$，而 $(x^d-1)\mid(x^m-1)$，$(x^d-1)\mid(x^n-1)$，使 $f(x)$ 与 $g(x)$ 有公共的非 1 的根，矛盾.

**充分性（反证法）** 若$(f(x), g(x))\neq 1$，则$x^m-1$与$x^n-1$有公共的非1的根$c$，又$(m, n)=1$，则有整数$a$、$b$，使$am+bn=1$，故$c=c^{am+bn}=(c^m)^a(c^n)^b=1$，矛盾.

**例 8** 设$f_1(x)$，$f_2(x)$，$g_1(x)$，$g_2(x)\in P[x]$，$a\in P$，$f_1(a)=0$，$g_2(a)\neq 0$，且$f_1(x)g_1(x)+f_2(x)g_2(x)=x-a$，证明：$(f_1(x), f_2(x))=x-a$.

**证明** 由已知得

$$f_1(a)g_1(a)+f_2(a)g_2(a)=f_2(a)g_2(a)=0$$

于是$f_2(a)=0$，又$f_1(a)=0$，故$x-a$是$f_1(x)$、$f_2(x)$的公因式，而对于$f_1(x)$、$f_2(x)$的任意公因式$h(x)$，有$h(x)\mid f_i(x)$ $(i=1, 2)$，从而

$$h(x)\mid f_1(x)g_1(x)+f_2(x)g_2(x)\Rightarrow h(x)\mid x-a$$

故$x-a$是$f_1(x)$、$f_2(x)$的最大公因式，即$(f_1(x), f_2(x))=x-a$.

**例 9** 设$f(x)\in \mathbf{Z}[x]$，$f(x)$被$x-1$、$x-2$、$x-3$除后的余式分别是4、8、16，求$f(x)$被$(x-1)(x-2)(x-3)$除后的余式.

**分析** 设$f(x)$被$(x-1)(x-2)(x-3)$除后的余式为$ax^2+bx+c$，由已知条件确定$a$、$b$、$c$.

**解** 设$(x-1)(x-2)(x-3)$除$f(x)$的商式为$q(x)$，余式为$r(x)=ax^2+bx+c$，即

$$f(x)=q(x)(x-1)(x-2)(x-3)+ax^2+bx+c$$

由余数定理得

$$\begin{cases}a+b+c=4\\4a+2b+c=8\\9a+3b+c=16\end{cases}$$

解得$a=2$，$b=-2$，$c=4$，所以$r(x)=2x^2-2x+4$.

**例 10** 设$f(x)$，$g(x)\in P[x]$，$(x^2+x+1)\mid f(x^3)+xg(x^3)$，证明$(x-1)\mid f(x)$，$(x-1)\mid g(x)$.

**证明** 因为$x^2+x+1$的两个根为$\varepsilon$和$\varepsilon^2$，其中，$\varepsilon=\cos\dfrac{2\pi}{3}+i\sin\dfrac{2\pi}{3}$，所以$\varepsilon$和$\varepsilon^2$也是$f_1(x^3)+xf_2(x^3)$的根，且$\varepsilon^3=1$，故

$$\begin{cases}f_1(1)+\varepsilon f_2(1)=0\\f_1(1)+\varepsilon^2 f_2(1)=0\end{cases}$$

解得$f_1(1)=0$，$f_2(1)=0$. 得证.

**例 11** 设$f_1(x)$、$f_2(x)$、$f_3(x)$、$f_4(x)$为四个多项式，且满足$(x^4+x^3+x^2+x+1)\mid(f_1(x^5)+xf_2(x^5)+x^2f_3(x^5)+x^3f_4(x^5))$，证明：$(x-1)\mid f_i(x)$，$i=1, 2, 3, 4$.

**证明** 取$x^5-1$除1外的所有零点$\varepsilon_1$、$\varepsilon_2$、$\varepsilon_3$、$\varepsilon_4$，它们互不相等，由已知得，有多项式$g(x)$，使得

$$f_1(x^5)+xf_2(x^5)+x^2f_3(x^5)+x^3f_4(x^5)=(1+x+x^2+x^3+x^4)g(x)$$

把$\varepsilon_1$、$\varepsilon_2$、$\varepsilon_3$、$\varepsilon_4$分别代入，得

$$f_1(1)+\varepsilon_1 f_2(1)+\varepsilon_1^2 f_3(1)+\varepsilon_1^3 f_4(1)=0$$
$$f_1(1)+\varepsilon_2 f_2(1)+\varepsilon_2^2 f_3(1)+\varepsilon_2^3 f_4(1)=0$$
$$f_1(1)+\varepsilon_3 f_2(1)+\varepsilon_3^2 f_3(1)+\varepsilon_3^3 f_4(1)=0$$
$$f_1(1)+\varepsilon_4 f_2(1)+\varepsilon_4^2 f_3(1)+\varepsilon_4^3 f_4(1)=0$$

其系数行列式为

$$\begin{vmatrix} 1 & \varepsilon_1 & \varepsilon_1^2 & \varepsilon_1^3 \\ 1 & \varepsilon_2 & \varepsilon_2^2 & \varepsilon_2^3 \\ 1 & \varepsilon_3 & \varepsilon_3^2 & \varepsilon_3^3 \\ 1 & \varepsilon_4 & \varepsilon_4^2 & \varepsilon_4^3 \end{vmatrix} = \prod_{1\leqslant i<j\leqslant 4} (\varepsilon_j - \varepsilon_i) \neq 0$$

故 $f_i(1) = 0\ (i = 1, 2, 3, 4)$，结论成立.

**注**　该命题也可以推广至 $n$ 个多项式的情况.

**例 12**　证明 $g(x) = 1 + x^2 + x^4 + \cdots + x^{2n} \mid f(x) = 1 + x^4 + x^8 + \cdots + x^{4n}$ 的充要条件为 $n$ 是偶数.

**分析**　由 $(x^2 - 1)g(x) = x^{2n+2} - 1$，$(x^4 - 1)f(x) = x^{4n+4} - 1$ 找 $f(x)$ 和 $g(x)$ 的关系.

**证明**　*充分性*　由 $(x^2 - 1)g(x) = x^{2n+2} - 1$，$(x^4 - 1)f(x) = x^{4n+4} - 1$，得

$$(x^4 - 1)f(x) = (x^{2n+2} + 1)(x^2 - 1)g(x)$$

故

$$(x^2 + 1)f(x) = (x^{2n+2} + 1)g(x)$$

若 $n$ 为偶数，则 $n + 1$ 为奇数，这时 $(x^2 + 1) \mid (x^{2n+2} + 1)$. 设 $x^{2n+2} + 1 = (x^2 + 1)k(x)$，则有 $f(x) = k(x)g(x)$，从而 $g(x) \mid f(x)$.

*必要性*　若 $g(x) \mid f(x)$，则 $(x^2 + 1) \mid (x^{2n+2} + 1)$，则 $n + 1$ 为奇数，$n$ 必为偶数.

**例 13**　设 $f_1(x), \cdots, f_{n-1}(x) \in \mathbf{Q}[x]$，有

$$(x^{n-1} + x^{n-2} + \cdots + x + 1) \mid (f_1(x^n) + xf_2(x^n) + \cdots + x^{n-2}f_{n-1}(x^n))$$

证明：$(x - 1)^{n-1} \left| \prod_{i=1}^{n-1} f_i(x) \right.$.

**证明**　由已知有多项式 $h(x)$ 使

$$f_1(x^n) + xf_2(x^n) + \cdots + x^{n-2}f_{n-1}(x^n) = (x^{n-1} + x^{n-2} + \cdots + x + 1)h(x)$$

把 $x^n - 1$ 除 1 外的 $n - 1$ 个互异根 $\varepsilon_1, \varepsilon_2, \cdots, \varepsilon_{n-1}$ 代入得

$$\begin{cases} f_1(1) + \varepsilon_1 f_2(1) + \cdots + \varepsilon_1^{n-2} f_{n-1}(1) = 0 \\ f_1(1) + \varepsilon_2 f_2(1) + \cdots + \varepsilon_2^{n-2} f_{n-1}(1) = 0 \\ \qquad\vdots \\ f_1(1) + \varepsilon_{n-1} f_2(1) + \cdots + \varepsilon_{n-1}^{n-2} f_{n-1}(1) = 0 \end{cases} \qquad ①$$

系数矩阵的行列式为

$$\begin{vmatrix} 1 & \varepsilon_1 & \varepsilon_1^2 & \cdots & \varepsilon_1^{n-2} \\ 1 & \varepsilon_2 & \varepsilon_2^2 & \cdots & \varepsilon_2^{n-2} \\ \vdots & \vdots & \vdots & \vdots & \vdots \\ 1 & \varepsilon_{n-1} & \varepsilon_{n-1}^2 & \cdots & \varepsilon_{n-1}^{n-2} \end{vmatrix} = \prod_{1\leqslant i<j\leqslant n-1} (\varepsilon_j - \varepsilon_i) \neq 0$$

从而 ① 只有零解

$$(f_1(1), f_2(1), \cdots, f_{n-1}(1)) = (\underbrace{0, 0, \cdots, 0}_{n-1})$$

则 $(x - 1)^{n-1} \left| \prod_{i=1}^{n-1} f_i(x) \right.$.

**例 14** 设 $f_1(x), \cdots, f_n(x) \in \mathbf{Q}[x]$，有

$$(x^{n-1}+x^{n-2}+\cdots+x+1)\mid(f_1(x^n)+xf_2(x^n)+\cdots+x^{n-1}f_n(x^n))$$

证明：存在某一常数 $c$，使 $(x-1)^n \Big| \prod_{i=1}^{n}(f_i(x)-c)$.

**分析** 只需证有一常数 $c$，使 $f_i(1)-c=0$，$i=1, 2, \cdots, n$.

**证明** 由已知得，存在多项式 $h(x)$，使

$$f_1(x^n)+xf_2(x^n)+\cdots+x^{n-1}f_n(x^n)=(x^{n-1}+x^{n-2}+\cdots+x+1)h(x)$$

把 $x^n-1$ 除 1 外的 $n-1$ 个相异根 $\varepsilon_1, \varepsilon_2, \cdots, \varepsilon_{n-1}$ 代入得

$$\begin{cases} f_1(1)+\varepsilon_1 f_2(1)+\cdots+\varepsilon_1^{n-1}f_n(1)=0 \\ f_1(1)+\varepsilon_2 f_2(1)+\cdots+\varepsilon_2^{n-1}f_n(1)=0 \\ \qquad\vdots \\ f_1(1)+\varepsilon_{n-1} f_2(1)+\cdots+\varepsilon_{n-1}^{n-1}f_n(1)=0 \end{cases} \qquad ①$$

故 $f_1(1), f_2(1), \cdots, f_n(1)$ 是齐次线性方程组

$$\begin{cases} x_1+\varepsilon_1 x_2+\cdots+\varepsilon_1^{n-1}x_n=0 \\ x_1+\varepsilon_2 x_2+\cdots+\varepsilon_2^{n-1}x_n=0 \\ \qquad\vdots \\ x_1+\varepsilon_{n-1} x_2+\cdots+\varepsilon_{n-1}^{n-1}x_n=0 \end{cases} \qquad ②$$

的一组解，由范德蒙行列式的值可知，② 的系数矩阵秩为 $n-1$，因此其基础解系中只能含有一个向量. 而 $(\underbrace{1, 1, \cdots, 1}_{n个1})$ 是② 的一组解，故 $(f_1(1), f_2(1), \cdots, f_n(1))=c(\underbrace{1, 1, \cdots, 1}_{n个1})$，其中，$c$ 为常，所以 $(x-1)^n \Big| \prod_{i=1}^{n}(f_i(x)-c)$.

**例 15** 设 $p$ 是素数，则 $\sum_{k=0}^{p-1}x^k \Big| 1+\sum_{k=1}^{p-1}x^{C_p^k+k}$.

**证明** *方法一* 设 $f(x)=\sum_{k=0}^{p-1}x^k$，则 $f(x)\mid x^p-1$，又

$$1+\sum_{k=1}^{p-1}x^{C_p^k+k}=x(x^p-1)+x^2(x^{\frac{p(p-1)}{2!}}-1)+\cdots+x^{p-1}(x^p-1)+f(x)$$

而 $p$ 是素数，故 $p\mid C_p^k$，$0<k<p$，则有 $x^p-1\mid x^{C_p^k}-1$，$k=1\sim p-1$，由上式得 $f(x)\mid 1+\sum_{k=1}^{p-1}x^{C_p^k+k}$.

*方法二* （根）设 $f(x)=\sum_{k=0}^{p-1}x^k$，则在复数域上有

$$f(x)=(x-\omega_1)(x-\omega_2)\cdots(x-\omega_{p-1})$$

其中，$\omega_i(i=1, \cdots, p-1)$ 为不等于 1 的 $p$ 次单位根，则 $\omega_i^p=1$. 由于 $p$ 是素数，故有 $p\mid C_p^k$，$0<k<p$，从而 $(\omega_i)^{C_p^k}=1$.

设 $g(x)=1+\sum_{k=1}^{p-1}x^{C_p^k+k}$，于是

$$g(\omega_i)=1+\sum_{k=1}^{p-1}(\omega_i)^{C_p^k}\omega_i^k=1+\sum_{k=1}^{p-1}\omega_i^k=f(\omega_i)=0$$

则

$$x-\omega_i \mid g(x),\ i=1\sim p-1$$

又由于 $x-\omega_1$，$x-\omega_2$，…，$x-\omega_{p-1}$ 两两互素，由互素多项式的性质知，$(x-\omega_1)\cdots(x-\omega_{p-1}) \mid g(x)$，即 $f(x) \mid g(x)$.

**例 16** 求一个 3 次多项式 $f(x)$，使得 $f(x)+1$ 能被 $(x-1)^2$ 整除，而 $f(x)-1$ 能被 $(x+1)^2$ 整除.

**解** *方法一* 设 $f(x)=kx^3+ax^2+bx+c$，则由已知 $\begin{cases} k+a+b+c+1=0 \\ 3k+2a+b=0 \\ -k+a-b+c-1=0 \\ 3k-2a+b=0 \end{cases}$ 可得 $\begin{cases} k=\dfrac{1}{2} \\ a=0 \\ b=-\dfrac{3}{2} \\ c=0 \end{cases}$，故 $f(x)=\dfrac{1}{2}x^3-\dfrac{3}{2}x$.

*方法二* 由题可知，$\pm 1$ 都是多项式 $f'(x)$ 的根，从而设 $f'(x)=a(x-1)(x+1)$，则有 $f(x)=\dfrac{1}{3}ax^3-ax+b$. 又 $f(1)+1=0$，$f(-1)-1=0$，则 $a=\dfrac{3}{2}$，$b=0$. 因此，$f(x)=\dfrac{1}{2}x^3-\dfrac{3}{2}x$.

**例 17** 设 $f(x)=6x^4+3x^3+ax^2+bx-1$，$g(x)=x^4-2ax^3+\dfrac{3}{4}x^2-5bx-4$，$a, b\in \mathbf{Z}$，求使 $f(x)$、$g(x)$ 有公共有理根的全部 $a$、$b$，并求出相应的有理根.

**解** 令 $h(x)=4g(x)=4x^4-8ax^3+3x^2-20bx-16$ 与 $g(x)$ 同根，而 $f(x)$ 可能有有理根 $\pm 1$、$\pm\dfrac{1}{2}$、$\pm\dfrac{1}{3}$、$\pm\dfrac{1}{6}$，$h(x)$ 可能有有理根 $\pm 1$、$\pm 2$、$\pm 4$、$\pm 8$、$\pm 16$、$\pm\dfrac{1}{2}$、$\pm\dfrac{1}{4}$，其公共有理根的可能值是 $\pm 1$、$\pm\dfrac{1}{2}$.

(1) 当 $f(1)=0$，$h(1)=0$ 时，有 $\begin{cases} a+b=-8 \\ 8a+20b=-9 \end{cases}$，可得 $\begin{cases} a=-\dfrac{151}{12} \\ b=\dfrac{55}{12} \end{cases}$，故 1 非其公共根.

(2) 当 $f(-1)=h(-1)=0$ 时，有 $\begin{cases} a-b=-2 \\ 8a+20b=9 \end{cases}$，可得 $\begin{cases} a=-\dfrac{31}{28} \\ b=\dfrac{25}{28} \end{cases}$，故 $-1$ 非其公共有理根.

(3) 当 $f\left(-\dfrac{1}{2}\right)=h\left(-\dfrac{1}{2}\right)=0$ 时，有 $\begin{cases} a-2b=4 \\ a+10b=15 \end{cases}$，可得 $\begin{cases} a=\dfrac{35}{6} \\ b=\dfrac{11}{12} \end{cases}$，故 $-\dfrac{1}{2}$ 非其公共有

理根.

(4) 若 $f\left(\frac{1}{2}\right)=h\left(\frac{1}{2}\right)=0$ 时，有 $\begin{cases}a+2b=1\\a+10b=-15\end{cases}$，可得 $a=5$，$b=-2$，故 $\frac{1}{2}$ 为其公共有理根，此时 $a=5$，$b=-2$.

**例 18** 设 $a_1$，…，$a_n$ 为互不相同的整数，$f(x)=(x-a_1)\cdots(x-a_n)-1$.

(1) 证明：$f(x)$ 在有理数域 **Q** 上不可约；

(2) 对于整数 $t\neq-1$，$h(x)=(x-a_1)\cdots(x-a_n)+t$ 在有理数域 **Q** 上是否可约？为什么？

**解** (1) (反证法) 若 $f(x)=g(x)h(x)$，$\partial(g(x))>0$，$\partial(h(x))>0$，$g(x)$，$h(x)\in\mathbf{Z}[x]$，$g(a_i)h(a_i)=f(a_i)=-1(i=1,2,\cdots,n)$，由 $g(a_i)$、$h(a_i)$ 均为整数，则 $g(a_i)$、$h(a_i)$ 均为 $\pm1$ 且反号，即 $g(a_i)+h(a_i)=0(i=1,2,\cdots,n)$. 令 $F(x)=g(x)+h(x)$，则 $F(x)=0$ 或 $\partial(F(x))<n$. 若 $\partial(F(x))<n$，又 $F(a_i)=0$，$i=1$，…，$n$，从而矛盾；若 $F(x)=0$，则有 $g(x)=-h(x)$，$f(x)=-h^2(x)$，而 $f(x)$ 首项系数为 1，矛盾，故得证.

(2) 当整数 $t\neq-1$ 时，$h(x)=(x-a_1)\cdots(x-a_n)+t$ 在有理数域 **Q** 上的可约性不定. 例如，$x(x-2)+1$ 在 **Q** 上可约，而 $x(x-3)+1$ 在 **Q** 上不可约.

**例 19** 设 $f(x)=(x-a_1)(x-a_2)\cdots(x-a_n)+1$，其中，$a_1$，$a_2$，…，$a_n$ 为互异整数，证明：$f(x)$ 在 **Q** 上可约的充要条件为 $f(x)$ 为整系数多项式的完全平方.

**证明** *充分性* 显然.

*必要性* 若 $f(x)$ 在 **Q** 上可约，则 $f(x)=g(x)h(x)$，$\partial(g(x))>0$，$\partial(h(x))>0$，$g(x)$，$h(x)\in\mathbf{Z}[x]$，则 $g(a_i)h(a_i)=f(a_i)=1$，$(i=1,2,\cdots,n)$. 由 $g(a_i)$，$h(a_i)\in\mathbf{Z}$ 得，$g(a_i)$、$h(a_i)(i=1,2,\cdots,n)$ 同时为 $-1$ 或 1. 令 $F(x)=g(x)-h(x)$，则 $F(x)=0$ 或 $\partial(F(x))<n$. 当 $\partial(F(x))<n$ 时，$F(a_i)=g(a_i)-h(a_i)=0(i=1,\cdots,n)$，矛盾，故 $F(x)=0$，有 $g(x)=h(x)$，则 $f(x)=g^2(x)$.

**例 20** 设 $a_1$，…，$a_n$ 为互不相同的整数，$f(x)=(x-a_1)^2\cdots(x-a_n)^2+1$，证明：$f(x)$ 在有理数域 **Q** 上不可约.

**证明** (反证法) 假定 $f(x)$ 在有理数域上可约，则有两个比它次数低的有理多项式 $g(x)$、$h(x)$，使 $f(x)=g(x)h(x)$，则

$$1=f(a_i)=g(a_i)h(a_i)\ (i=1,2,\cdots,n)$$

故

$$g(a_i)=h(a_i)=\pm1\ (i=1,2,\cdots,n)$$

又

$$f'(x)=g'(x)h(x)+g(x)h'(x)$$

$$0=f'(a_i)=g'(a_i)h(a_i)+g(a_i)h'(a_i)=g(a_i)(g'(a_i)+h'(a_i))(i=1,2,\cdots,n)$$

则 $a_1$，$a_2$，…，$a_n$ 是 $g'(x)+h'(x)$ 的 $n$ 个不同根. 对 $g(x)$、$h(x)$ 做如下分析：

(1) 当 $\partial(g(x))=\partial(h(x))=n$ 时，$g'(x)+h'(x)$ 有 $n$ 个不同根 $a_1$，$a_2$，…，$a_n$ 且次数低于 $n$，从而 $g'(x)+h'(x)=0\Rightarrow g(x)+h(x)=c$ 为常数. $g(x)=-h(x)+c$ 代入 $f(x)=g(x)h(x)$ 后产生矛盾！故 $\partial(g(x))\neq\partial(h(x))$.

(2) 若 $g(a_i)=h(a_i)\equiv1(-1)(i=1,2,\cdots,n)$，则 $g(x)+h(x)+2(-2)$ 有 $2n$ 个不同且次数低于 $2n$ 的根使 $g(x)+h(x)+2(-2)=0$，代入 $f(x)=g(x)h(x)$ 后产生矛盾！

因此

$$g(a_i)=h(a_i)\neq 1(-1)\ (i=1,2,\cdots,n)$$

(3) 可设 $g(a_1)=h(a_1)=g(a_2)=h(a_2)=\cdots=g(a_k)=h(a_k)=1$，而

$$g(a_{k+1})=h(a_{k+1})=g(a_{k+2})=h(a_{k+2})=\cdots=g(a_n)=h(a_n)=-1$$

则

$$g(x)+h(x)-2=(x-a_1)^2(x-a_2)^2\cdots(x-a_k)^2u(x)$$

$u(x)$ 是整系数多项式，有

$$g(x)+h(x)+2=(x-a_{k+1})^2(x-a_{k+2})^2\cdots(x-a_n)^2v(x)$$

$v(x)$ 是整系数多项式，有

$$g(a_j)+h(a_j)-2=(a_j-a_1)^2(a_j-a_2)^2\cdots(a_j-a_k)^2u(a_j)=-4\ (j=k+1,\cdots,n)$$

$$g(a_i)+h(a_i)+2=(a_i-a_{k+1})^2(a_i-a_{k+2})^2\cdots(a_i-a_n)^2v(a_i)=4\ (i=1,\cdots,k)$$

这样，当 $i\neq j$ 时，$a_i-a_j=\pm1,\pm2$ 只能有四种情况，而由已知 $a_1,a_2,\cdots,a_n$ 互异整数知，$n\leqslant 3$. 又 $f(x)$ 无有理根，故 $g(x)$、$h(x)$ 只能一个为 4 次，另一个为 2 次. 不妨设 $\partial(g(x))=4$，$\partial(h(x))=2$，则 $g(a_1)=h(a_1)$，$g(a_2)=h(a_2)$，$g(a_3)=h(a_3)$ 中至少有两个同为 1 或 $-1$. 不失一般性，设 $g(a_1)=h(a_1)=g(a_2)=h(a_2)=1$，则 $a_1$、$a_2$ 均是 $g(x)+h(x)-2$ 的二重根，故 $g(x)+h(x)-2=\pm(x-a_1)^2(x-a_2)^2$. 而 $h(x)-1=\pm(x-a_1)(x-a_2)$，因此

$$g(x)-1=\pm(x-a_1)^2(x-a_2)^2\mp(x-a_1)(x-a_2)$$

$$g(x)h(x)=(x-a_1)^3(x-a_2)^3+1$$

与已知矛盾！

## 练 习 题

1. 求一个次数最低的多项式 $f(x)$，使得 $f(x)$ 被 $(x-1)^2$ 除所得余式为 $2x$，被 $(x+1)^2$ 除所得余式为 $3x$.

2. $x^{2012}+1$ 除以 $(x-1)^2$，则余式为________.

3. 若 $x-2$ 为 $f(x)+5$ 的三重因式，$x+3$ 为 $f(x)-2$ 的二重因式，求四次多项式 $f(x)$.

4. 对于实多项式 $f(x)=x^5+a_4x^4+a_3x^3+a_2x^2+a_1x+a_0$ 的任一根 $\alpha$，都有 $\dfrac{1}{\alpha}$，$1-\alpha$ 也是根，求 $f(x)$.

5. 求多项式 $f(x)$，使它的各个根分别等于多项式 $f(x)=x^4-3x^2+7$ 的各个根减去 1.

6. 证明对于任意非负整数 $n$，令 $f_n(x)=x^{n+2}-(x+1)^{2n+1}$，则 $(x^2+x+1,f_n(x))=1$.

7. 求多项式 $f(x)=x^3+3ax+b$ 有重根的条件.

8. 求 $f(x)=x^7+2x^6-6x^5-8x^4+17x^3+6x^2-20x+8$ 的有理根.

9. 若 $(x-1)^2\mid Ax^4+Bx^2+1$，求 $A$、$B$.

10. 求多项式 $f(x)=x^3-6x^2+15x-14$ 的有理根.

11. 设 $P$ 是一数域，多项式 $f(x),g(x)\in P[x]$ 具有如下性质：当 $h(x)\in P[x]$，且 $f(x)\mid h(x)$、$g(x)\mid h(x)$ 时，必有 $f(x)g(x)\mid h(x)$. 证明：$(f(x),g(x))=1$.

12. 若 $f(x) \mid f(x^n)$，则非零多项式 $f(x)$ 的根只能是零或单位根.

13. 设 $f(x)=6x^4+3x^3+ax^2+bx-1$，$g(x)=x^4-2ax^3+\frac{3}{4}x^2-5bx-4$，$a, b\in \mathbf{Z}$，求使 $f(x)$、$g(x)$ 有公共有理根的全部 $a$、$b$，并求出相应的有理根.

14. 将多项式 $f=(2x_1-x_2-x_3)(2x_2-x_1-x_3)(2x_3-x_1-x_2)$ 表示成初等对称多项式的乘积.

15. 设 $x_1$、$x_2$、$x_3$ 为多项式 $f=x^3+5x^2-2x-7$ 的根，$s_k=x_1^k+x_2^k+x_3^k(k=1, 2, 3, 4)$，试求 $s_1$、$s_2$、$s_3$、$s_4$.

16. 设 $x_1$、$x_2$、$x_3$ 为多项式 $f=x^3+ax+1$ 的全部复根.

(1) 求 $\begin{vmatrix} x_1 & x_2 & x_3 \\ x_2 & x_3 & x_1 \\ x_3 & x_1 & x_2 \end{vmatrix}$；

(2) $s_k=x_1^k+x_2^k+x_3^k(k=1, 2, 3, 4)$，求 $\begin{vmatrix} s_0 & s_1 & s_2 \\ s_1 & s_2 & s_3 \\ s_2 & s_3 & s_4 \end{vmatrix}$.

17. 把对称多项式 $f(x_1, x_2, x_3)=(x_1x_2+x_3)(x_2x_3+x_1)(x_1x_3+x_2)$ 用初等对称多项式表示出来.

# 第 2 章 行 列 式

### ▲ 本章重点

（1）理解 $n$ 阶行列式的定义、应用，会确定行列式的任一项的符号；理解矩阵和初等变换的定义；理解子式、余子式、代数余子式的概念；理解克莱姆法则；理解拉普拉斯定理.

（2）掌握行列式的性质和按行(列)展开定理，会用性质和按行(列)展开定理计算行列式的值；掌握利用初等变换计算行列式的值；掌握行列式的按行(列)展开定理，会用降阶法、加边法、递推法计算行列式的值；会用其求解线性方程组；掌握行列式的乘法规则.

### ▲ 本章难点

行列式的计算方法和技巧.

## 2.1 基本概念与基本理论

### 一、行列式的概念与性质

**1. 定义**

$n$ 阶行列式等于所有取自不同行，不同列的 $n$ 个元素的乘积的代数和，即

$$D=|a_{ij}|_n=\sum_{j_1\cdots j_n}(-1)^{\tau(j_1\cdots j_n)}a_{1j_1}\cdots a_{nj_n}=\sum_{i_1\cdots i_n}(-1)^{\tau(i_1\cdots i_n)}a_{i_1 1}\cdots a_{i_n n}$$

**2. 性质**

（1）行列式的转置等于行列式 $D^{\mathrm{T}}=D$.

（2）基本三性质：① 某一行(列) 的 $k$ 倍加到另一行(列)，行列式的值不变；② 行(列)的公因子可提出；③ 交换任意两行(列)，行列式的值反号.

（3）拆项法：$\begin{vmatrix} a_{11} & a_{12} & \cdots & a_{1n} \\ \vdots & \vdots & & \vdots \\ b_1+c_1 & b_2+c_2 & \cdots & b_n+c_n \\ \vdots & \vdots & & \vdots \\ a_{n1} & a_{n2} & \cdots & a_{nn} \end{vmatrix}=\begin{vmatrix} a_{11} & a_{12} & \cdots & a_{1n} \\ \vdots & \vdots & & \vdots \\ b_1 & b_2 & \cdots & b_n \\ \vdots & \vdots & & \vdots \\ a_{n1} & a_{n2} & \cdots & a_{nn} \end{vmatrix}+\begin{vmatrix} a_{11} & a_{12} & \cdots & a_{1n} \\ \vdots & \vdots & & \vdots \\ c_1 & c_2 & \cdots & c_n \\ \vdots & \vdots & & \vdots \\ a_{n1} & a_{n2} & \cdots & a_{nn} \end{vmatrix}$.

（4）若行列式两行(列)元素对应相同，则行列式的值为 0.

（5）若行列式两行(列)元素对应成比例，则行列式的值为 0.

（6）行列式的一行(列)的倍数加到另一行(列)，行列式的值不变.

(7) 上、下三角形行列式：$\begin{vmatrix} a_{11} & 0 & \cdots & 0 \\ a_{21} & a_{22} & \cdots & 0 \\ \vdots & \vdots & & \vdots \\ a_{n1} & a_{n2} & \cdots & a_{nn} \end{vmatrix} = \begin{vmatrix} a_{11} & a_{12} & \cdots & a_{1n} \\ 0 & a_{22} & \cdots & a_{2n} \\ \vdots & \vdots & & \vdots \\ 0 & 0 & \cdots & a_{nn} \end{vmatrix} = a_{11}a_{22}\cdots a_{nn}$

$$\begin{vmatrix} a_{11} & \cdots & a_{1,n-1} & a_{1n} \\ a_{21} & \cdots & a_{2,n-1} & 0 \\ \vdots & & \vdots & \vdots \\ a_{n1} & \cdots & 0 & 0 \end{vmatrix} = \begin{vmatrix} 0 & \cdots & 0 & a_{1n} \\ 0 & \cdots & a_{2,n-1} & a_{2n} \\ \vdots & & \vdots & \vdots \\ a_{n1} & \cdots & a_{n,n-1} & a_{nn} \end{vmatrix} = (-1)^{\frac{n(n-1)}{2}} a_{1n}a_{2(n-1)}\cdots a_{n1}.$$

(8) 范德蒙行列式：$\begin{vmatrix} 1 & 1 & \cdots & 1 \\ a_1 & a_2 & \cdots & a_n \\ \vdots & \vdots & & \vdots \\ a_1^{n-1} & a_2^{n-1} & \cdots & a_n^{n-1} \end{vmatrix} = \prod\limits_{1\leqslant i<j\leqslant n}(a_j - a_i).$

## 二、行列式按行(列) 展开

### 1. 子式、余子式与代数余子式

在 $n$ 阶行列式中取 $k$ 行 $k$ 列的交叉位置的元素按原来的顺序构成此行列式的一个 $k$ 阶子式；在 $n$ 阶行列式中去掉元素 $a_{ij}$ 所在的第 $i$ 行和第 $j$ 列的元素后按原来的位置顺序构成一个 $n-1$ 阶行列式，称其为元素 $a_{ij}$ 的余子式，记为 $M_{ij}$，称 $A_{ij}=(-1)^{i+j}M_{ij}$ 为元素 $a_{ij}$ 的代数余子式.

### 2. 行列式按行(列) 展开定理

$$a_{1j}A_{1k}+\cdots+a_{nj}A_{nk}=\begin{cases} D, & j=k \\ 0, & j\neq k \end{cases},\quad a_{i1}A_{j1}+\cdots+a_{in}A_{jn}=\begin{cases} D, & j=i \\ 0, & j\neq i \end{cases}$$

### 3. 拉普拉斯定理

$n(n\geqslant 2)$阶行列式中任意取定 $k(1\leqslant k\leqslant n-1)$个行列，则由这 $k$ 个行列的元素组成的一切 $k$ 阶子式与它们的代数余子式的乘积之和等于该行列式.

## 三、求行列式的若干方法

(1) 定义法. 适合非零元素较少的行列式.

(2) 三角化法. 利用性质化为已知的行列式.

(3) 滚动相消法. 若两行元素的值比较接近，采用相邻两行(列) 一行(列) 加上另一行(列) 的若干倍.

(4) 拆分法.

(5) 加边法. 注意加边的位置和元素.

(6) 归纳法. 与阶数有关.

(7) 递推降阶法. 若 $n$ 阶行列式 $D_n$ 满足 $aD_n+bD_{n-1}+cD_{n-2}=0$，则有特征方程

$$ax^2+bx+c=0$$

当$\Delta\neq 0$，则方程有两复根 $x_1$、$x_2$，且 $D_n=Ax_1^{n-1}+Bx_2^{n-1}$，$A$、$B$ 为待定系数，令 $n=1$，2 而求得. 当 $\Delta=0$，则方程有重根 $x_1=x_2$，则 $D_n=(A+nB)x_1^{n-1}$，$A$、$B$ 为待定系数，令 $n=1$，2 而求得.

(8) 利用重要公式与结论：① 三角公式；② 范德蒙公式；③ 爪形行列式公式；④ $a$、$b$ 行列式公式. 例如

$$\begin{vmatrix} a & b & \cdots & b \\ b & a & \cdots & b \\ \vdots & \vdots & & \vdots \\ b & b & \cdots & a \end{vmatrix} = (a-b)^{n-1}[a+(n-1)b]$$

# 2.2 行列式的计算方法

## 一、提公因子法

若行列式的一行(列)有公因子，则该公因子可以提到行列式的外面.

**例 1** 计算 $D = \begin{vmatrix} f_0(x_1) & f_0(x_2) & \cdots & f_0(x_n) \\ f_1(x_1) & f_1(x_2) & \cdots & f_1(x_n) \\ \vdots & \vdots & & \vdots \\ f_{n-1}(x_1) & f_{n-1}(x_2) & \cdots & f_{n-1}(x_n) \end{vmatrix}$，$f_i(x) = \sum_{i=0}^{i} a_{ik} x^{i-k}$.

**解** 原行列式 $D_n = \begin{vmatrix} a_{00} & a_{00} & \cdots & a_{00} \\ a_{10}x_1 + a_{11} & a_{10}x_2 + a_{11} & \cdots & a_{10}x_n + a_{11} \\ \vdots & \vdots & & \vdots \\ \sum_{i=0}^{n-1} a_{(n-1)i} x_1^{n-i+1} & \sum_{i=0}^{n-1} a_{(n-1)i} x_2^{n-i+1} & \cdots & \sum_{i=0}^{n-1} a_{(n-1)i} x_n^{n-i+1} \end{vmatrix}$

$$= a_{00} \begin{vmatrix} 1 & 1 & \cdots & 1 \\ a_{10}x_1 + a_{11} & a_{10}x_2 + a_{11} & \cdots & a_{10}x_n + a_{11} \\ \vdots & \vdots & & \vdots \\ \sum_{i=0}^{n-1} a_{(n-1)i} x_1^{n-i+1} & \sum_{i=0}^{n-1} a_{(n-1)i} x_2^{n-i+1} & \cdots & \sum_{i=0}^{n-1} a_{(n-1)i} x_n^{n-i+1} \end{vmatrix}$$

$$= a_{00} \begin{vmatrix} 1 & 1 & \cdots & 1 \\ a_{10}x_1 & a_{10}x_2 & \cdots & a_{10}x_n \\ \vdots & \vdots & & \vdots \\ \sum_{i=0}^{n-1} a_{(n-1)i} x_1^{n-i+1} & \sum_{i=0}^{n-1} a_{(n-1)i} x_2^{n-i+1} & \cdots & \sum_{i=0}^{n-1} a_{(n-1)i} x_n^{n-i+1} \end{vmatrix}$$

$$= \prod_{i=0}^{n-1} a_{i0} \begin{vmatrix} 1 & 1 & \cdots & 1 \\ x_1 & x_2 & \cdots & x_n \\ \vdots & \vdots & & \vdots \\ x_1^{n-1} & x_2^{n-1} & \cdots & x_n^{n-1} \end{vmatrix} = \prod_{i=0}^{n-1} a_{i0} \prod_{1 \leqslant j < i \leqslant n} (x_i - x_j)$$

## 二、消去变换法

消去变换法也称为滚动相消法.

**例 2** 计算行列式 $D=\begin{vmatrix}1 & 2 & 3 & \cdots & n\\ x & 1 & 2 & \cdots & n-1\\ x & x & 1 & \cdots & n-2\\ \vdots & \vdots & \vdots & & \vdots\\ x & x & x & \cdots & 1\end{vmatrix}$.

**解** 从第二行开始每行乘以 $-1$ 加到前一行，令右下角的 $1=x+(1-x)$，再拆分为两个行列式

$$D_n=\begin{vmatrix}1-x & 1 & 1 & \cdots & 1 & 1\\ 0 & 1-x & 1 & \cdots & 1 & 1\\ 0 & 0 & 1-x & \cdots & 1 & 1\\ \vdots & \vdots & \vdots & & \vdots & \vdots\\ 0 & 0 & 0 & \cdots & 1-x & 1\\ x & x & x & & x & 1\end{vmatrix}$$

$$=\begin{vmatrix}1-x & 1 & 1 & \cdots & 1 & 0\\ 0 & 1-x & 1 & \cdots & 1 & 0\\ 0 & 0 & 1-x & \cdots & 1 & 0\\ \vdots & \vdots & \vdots & & \vdots & \vdots\\ 0 & 0 & 0 & \cdots & 1-x & 0\\ x & x & x & \cdots & x & 1-x\end{vmatrix}+\begin{vmatrix}1-x & 1 & 1 & \cdots & 1 & 1\\ 0 & 1-x & 1 & \cdots & 1 & 1\\ 0 & 0 & 1-x & \cdots & 1 & 1\\ \vdots & \vdots & \vdots & & \vdots & \vdots\\ 0 & 0 & 0 & \cdots & 1-x & 1\\ x & x & x & \cdots & x & x\end{vmatrix}$$

$$=(1-x)^n+(-1)^{n-1}x^n$$

$$=(-1)^n[(x-1)^n-x^n]$$

需要注意的是，用第二个行列式的每列减去最后一列.

## 三、降阶递推法

(1) 若 $D_n=pD_{n-1}$，则 $D_n=p^{n-1}D_1$.

(2) 若 $D_n=pD_{n-1}+q$，再寻找 $D_n$ 与 $D_{n-1}$ 之间的关系，使其形成关于 $D_n$ 与 $D_{n-1}$ 的二元一次方程组，消去 $D_{n-1}$ 求得 $D_n$.

(3) 若 $D_n=pD_{n-1}+qD_{n-2}$，$n>2$，$q\neq 0$.

① 设 $\alpha$、$\beta$ 为特征方程 $x^2-px-q=0$ 的根，则 $\alpha+\beta=p$，$\alpha\beta=-q$，于是有

$$D_n-\beta D_{n-1}=\alpha(D_{n-1}-\beta D_{n-2}),\ D_n-\alpha D_{n-1}=\beta(D_{n-1}-\alpha D_{n-2})$$

从而有

$$D_n-\beta D_{n-1}=\alpha^{n-2}(D_2-\beta D_1),\ D_n-\alpha D_{n-1}=\beta^{n-2}(D_2-\alpha D_1)$$

若 $\alpha\neq\beta$，则 $D_n=\dfrac{\alpha^{n-1}(D_2-\beta D_1)-\beta^{n-1}(D_2-\alpha D_1)}{\alpha-\beta}$.

若 $\alpha=\beta$，则 $D_n-\alpha D_{n-1}=\alpha(D_{n-1}-\alpha D_{n-2})$，即 $D_n-\alpha D_{n-1}=\alpha^{n-2}(D_2-\alpha D_1)$，于是有 $D_{n-1}-\alpha D_{n-1}=\alpha^{n-3}(D_2-\alpha D_1)$，$D_n=\alpha^2D_{n-2}+2\alpha^{n-2}(D_2-\alpha D_1)$，以此类推可得

$$D_n=\alpha^{n-1}D_1+(n-1)\alpha^{n-2}(D_2-\alpha D_1)$$

② 若特征方程 $x^2-px-q=0$ 的判别式 $\Delta\neq 0$，则方程有两个不等的复根 $x_1\neq x_2$，于是 $D_n=Ax_1^{n-1}+Bx_2^{n-1}$，其中，$A$、$B$ 待定，取 $n=1$、$n=2$ 代入 $D_n=Ax_1^{n-1}+Bx_2^{n-1}$ 可得

$A$、$B$；若特征方程 $x^2-px-q=0$ 的判别式 $\Delta=0$，则方程有两个相等的复根 $x_1=x_2$，于是 $D_n=(A+nB)x_1^{n-1}$，其中，$A$、$B$ 待定，取 $n=1$、$n=2$ 代入 $D_n=(A+nB)x_1^{n-1}$ 可得 $A$、$B$.

**例 3** 计算行列式 $D_n=\begin{vmatrix} c & a & 0 & \cdots & 0 & 0 \\ b & c & a & \cdots & 0 & 0 \\ 0 & b & c & \cdots & 0 & 0 \\ \vdots & \vdots & \vdots & & \vdots & \vdots \\ 0 & 0 & 0 & \cdots & c & a \\ 0 & 0 & 0 & \cdots & b & c \end{vmatrix}$.

**解** 由于 $D_n=cD_{n-1}-baD_{n-2}$，设 $\alpha$、$\beta$ 为特征方程 $x^2-cx+ba=0$ 的根，则

$$\alpha=\frac{c+\sqrt{c^2-4ab}}{2},\ \beta=\frac{c-\sqrt{c^2-4ab}}{2}$$

若 $c^2-4ab\neq 0$，则 $\alpha\neq\beta$，于是

$$D_n=\frac{\alpha^{n-1}(D_2-\beta D_1)-\beta^{n-1}(D_2-\alpha D_1)}{\alpha-\beta}$$

易得

$$D_2-\beta D_1=\alpha^2,\ D_2-\alpha D_1=\beta^2$$

则

$$D_n=\frac{\alpha^{n+1}-\beta^{n+1}}{\alpha-\beta}=\frac{\left(c+\sqrt{c^2-4ab}\right)^{n+1}-\left(c-\sqrt{c^2-4ab}\right)^{n-1}}{2^{n+1}\sqrt{c^2-4ab}}.$$

若 $c^2-4ab=0$，则 $\alpha=\beta$，于是

$$D_n=\alpha^{n-1}D_1+(n-1)\alpha^{n-2}(D_2-\alpha D_1)=\left(\frac{c}{2}\right)^n(n+1)$$

## 四、分离线性因子

把行列式看成是含有其中的一个或多个字母的多项式，在变换时，若发现它可被一些线性因子所整除且这些线性因子互素，则它可被这些因子的积整除.

**例 4** 计算行列式 $D=\begin{vmatrix} 1 & 2 & 3 & \cdots & n \\ 1 & x+1 & 3 & \cdots & n \\ 1 & 2 & x+1 & \cdots & n \\ \vdots & \vdots & \vdots & & \vdots \\ 1 & 2 & 3 & \cdots & x+1 \end{vmatrix}$.

**解** 令 $f(x)=D$，易见对 $i=1,2,\cdots,n-1$，$f(i)=0$，即 $(x-1),\cdots,(x-n+1)$ 是 $f(x)$ 的因子且它们互素，故 $\prod\limits_{i=1}^{n-1}(x-i)$ 是 $f(x)$ 的因子，比较 $x^{n-1}$ 的系数有

$$f(x)=\prod_{i=1}^{n-1}(x-i)=D$$

## 五、拆分行列式

若行列式某行(列)是两行(列)的和，将行列式分解为两个行列式的和.

**例 5** 计算行列式 $D_n=\begin{vmatrix}1+a_1x_1 & 2+a_2x_1 & \cdots & n+a_nx_1\\ 1+a_1x_2 & 2+a_2x_2 & \cdots & n+a_nx_2\\ \vdots & \vdots & & \vdots\\ 1+a_1x_n & 2+a_2x_n & \cdots & n+a_nx_n\end{vmatrix}$.

**解** 将行列式分解为若干个行列式的和，易见在 $n>2$ 时，每个行列式至少有两列成比例，故 $D_n=0$，有

当 $n=2$ 时，直接计算

$$D_2=\begin{vmatrix}1+a_1x_1 & 2+a_2x_1\\ 1+a_1x_2 & 2+a_2x_2\end{vmatrix}=\begin{vmatrix}1 & ax_2x_1\\ 1 & ax_2x_2\end{vmatrix}+\begin{vmatrix}a_1x_1 & 2\\ a_1x_2 & 2\end{vmatrix}=(x_1-x_2)(2a_1-a_2)$$

当 $n=1$ 时，则

$$D_1=1+a_1x_1$$

## 六、变换元素法

令

$$D=\begin{vmatrix}a_{11} & a_{12} & \cdots & a_{1n}\\ a_{21} & a_{22} & \cdots & a_{2n}\\ \vdots & \vdots & & \vdots\\ a_{n1} & a_{n2} & \cdots & a_{nn}\end{vmatrix},\ D_1=\begin{vmatrix}a_{11}+x & a_{12}+x & \cdots & a_{1n}+x\\ a_{21}+x & a_{22}+x & \cdots & a_{2n}+x\\ \vdots & \vdots & & \vdots\\ a_{n1}+x & a_{n2}+x & \cdots & a_{nn}+x\end{vmatrix}$$

则 $D_1=D+x\sum\limits_{i,\ j=1}^{n}A_{ij}$，其中，$A_{ij}$ 是 $a_{ij}$ 的代数余子式.

**例 6** 计算行列式 $D_n=\begin{vmatrix}a_1 & x & \cdots & x\\ x & a_2 & \cdots & x\\ \vdots & \vdots & & \vdots\\ x & x & \cdots & a_n\end{vmatrix}$.

**分析** 行列式中每个元素减去 $x$.

**解** 由于 $D=\begin{vmatrix}a_1-x & 0 & \cdots & 0\\ 0 & a_2-x & \cdots & 0\\ \vdots & \vdots & & \vdots\\ 0 & 0 & \cdots & a_n-x\end{vmatrix}$，于是

$$\begin{aligned}D_n&=(a_1-x)\cdots(a_n-x)+x\sum_{i=1}^{n}(a_1-x)\cdots(a_{i-1}-x)(a_{i+1}-x)\cdots(a_n-x)\\&=x(a_1-x)\cdots(a_n-x)\left(\frac{1}{x}+\frac{1}{a_1-x}+\cdots+\frac{1}{a_n-x}\right)\end{aligned}$$

**例 7** 证明：$|D|=|a_{ij}|_n$ 的代数余子式之和为

$$D_1=\begin{vmatrix}1 & 1 & \cdots & 1\\ a_{21}-a_{11} & a_{22}-a_{12} & \cdots & a_{2n}-a_{1n}\\ \vdots & \vdots & & \vdots\\ a_{n1}-a_{11} & a_{n2}-a_{12} & \cdots & a_{nn}-a_{1n}\end{vmatrix}$$

**证明**　由于 $\begin{vmatrix} a_{11}+x & a_{12}+x & \cdots & a_{1n}+x \\ a_{21}+x & a_{22}+x & \cdots & a_{2n}+x \\ \vdots & \vdots & & \vdots \\ a_{n1}+x & a_{n2}+x & \cdots & a_{nn}+x \end{vmatrix} = D + x\sum_{i,\ j=1}^{n} A_{ij}$，当 $x=1$ 时，有

$$\sum_{i,\ j=1}^{n} A_{ij} = \begin{vmatrix} a_{11}+1 & a_{12}+1 & \cdots & a_{1n}+1 \\ a_{21}+1 & a_{22}+1 & \cdots & a_{2n}+1 \\ \vdots & \vdots & & \vdots \\ a_{n1}+1 & a_{n2}+1 & \cdots & a_{nn}+1 \end{vmatrix} - \begin{vmatrix} a_{11} & a_{12} & \cdots & a_{1n} \\ a_{12} & a_{12} & \cdots & a_{2n} \\ \vdots & \vdots & & \vdots \\ a_{n1} & a_{n2} & \cdots & a_{nn} \end{vmatrix}$$

$$= \begin{vmatrix} a_{11}+1 & a_{12}+1 & \cdots & a_{1n}+1 \\ a_{21}-a_{11} & a_{22}-a_{12} & \cdots & a_{2n}-a_{1n} \\ \vdots & \vdots & & \vdots \\ a_{n1}-a_{11} & a_{n2}-a_{12} & \cdots & a_{nn}-a_{1n} \end{vmatrix} - \begin{vmatrix} a_{11} & a_{12} & \cdots & a_{1n} \\ a_{21}-a_{11} & a_{22}-a_{12} & \cdots & a_{2n}-a_{1n} \\ \vdots & \vdots & & \vdots \\ a_{n1}-a_{11} & a_{n2}-a_{12} & \cdots & a_{nn}-a_{1n} \end{vmatrix}$$

$$= \begin{vmatrix} 1 & 1 & \cdots & 1 \\ a_{21}-a_{11} & a_{22}-a_{12} & \cdots & a_{2n}-a_{1n} \\ \vdots & \vdots & & \vdots \\ a_{n1}-a_{11} & a_{n2}-a_{12} & \cdots & a_{nn}-a_{1n} \end{vmatrix} = D_1$$

**例 8**　设行列式 $D_n(x) = \begin{vmatrix} a_{11}+x & a_{12}+x & \cdots & a_{1n}+x \\ a_{21}+x & a_{22}+x & \cdots & a_{2n}+x \\ \vdots & \vdots & & \vdots \\ a_{n1}+x & a_{n2}+x & \cdots & a_{nn}+x \end{vmatrix}$，(1) 将其表示为按 $x$ 的幂排列的多项式；(2) 证明行列式所有元素的代数余子式的和等于行列式，即

$$D' = \begin{vmatrix} 1 & 1 & \cdots & 1 \\ a_{21}-a_{11} & a_{22}-a_{12} & \cdots & a_{2n}-a_{1n} \\ a_{31}-a_{11} & a_{32}-a_{12} & \cdots & a_{3n}-a_{1n} \\ \vdots & \vdots & & \vdots \\ a_{n1}-a_{11} & a_{n2}-a_{12} & \cdots & a_{nn}-a_{1n} \end{vmatrix}$$

**解**　(1) 由题意得

$$D_n(x) = \begin{vmatrix} a_{11}+x & a_{12}+x & \cdots & a_{1n}+x \\ a_{21}+x & a_{22}+x & \cdots & a_{2n}+x \\ \vdots & \vdots & & \vdots \\ a_{n1}+x & a_{n2}+x & \cdots & a_{nn}+x \end{vmatrix}$$

$$= \begin{vmatrix} a_{11} & a_{12}+x & \cdots & a_{1n}+x \\ a_{21} & a_{22}+x & \cdots & a_{2n}+x \\ \vdots & \vdots & & \vdots \\ a_{n1} & a_{n2}+x & \cdots & a_{nn}+x \end{vmatrix} + \begin{vmatrix} x & a_{12}+x & \cdots & a_{1n}+x \\ x & a_{22}+x & \cdots & a_{2n}+x \\ \vdots & \vdots & & \vdots \\ x & a_{n2}+x & \cdots & a_{nn}+x \end{vmatrix}$$

$$=\begin{vmatrix} a_{11} & a_{12}+x & \cdots & a_{1n}+x \\ a_{21} & a_{22}+x & \cdots & a_{2n}+x \\ \vdots & \vdots & & \vdots \\ a_{n1} & a_{n2}+x & \cdots & a_{nn}+x \end{vmatrix}+x(A_{11}+A_{21}+\cdots+A_{n1})$$

$$=\begin{vmatrix} a_{11} & a_{12} & \cdots & a_{1n}+x \\ a_{21} & a_{22} & \cdots & a_{2n}+x \\ \vdots & \vdots & & \vdots \\ a_{n1} & a_{n2} & \cdots & a_{nn}+x \end{vmatrix}+\begin{vmatrix} a_{11} & x & \cdots & a_{1n}+x \\ a_{21} & x & \cdots & a_{2n}+x \\ \vdots & \vdots & & \vdots \\ a_{n1} & x & \cdots & a_{nn}+x \end{vmatrix}+x(A_{11}+A_{21}+\cdots+A_{n1})$$

$$=\begin{vmatrix} a_{11} & a_{12} & \cdots & a_{1n}+x \\ a_{21} & a_{22} & \cdots & a_{2n}+x \\ \vdots & \vdots & & \vdots \\ a_{n1} & a_{n2} & \cdots & a_{nn}+x \end{vmatrix}+x(A_{11}+A_{21}+\cdots+A_{n1})+x(A_{12}+A_{22}+\cdots+A_{n2})$$

$$=\left(\sum_{i,\ j=1}^{n}A_{ij}\right)x+|A|$$

(2) 由于

$$D_n(x)=\begin{vmatrix} a_{11}+x & a_{12}+x & \cdots & a_{1n}+x \\ a_{21}+x & a_{22}+x & \cdots & a_{2n}+x \\ \vdots & \vdots & & \vdots \\ a_{n1}+x & a_{n2}+x & \cdots & a_{nn}+x \end{vmatrix}=\begin{vmatrix} a_{11}+x & a_{12}+x & \cdots & a_{1n}+x \\ a_{21}-a_{11} & a_{22}-a_{12} & \cdots & a_{2n}-a_{1n} \\ \vdots & \vdots & & \vdots \\ a_{n1}-a_{11} & a_{n2}-a_{12} & \cdots & a_{nn}-a_{1n} \end{vmatrix}$$

$$D_n'(x)=\begin{vmatrix} 1 & a_{12}+x & \cdots & a_{1n}+x \\ 1 & a_{22}+x & \cdots & a_{2n}+x \\ \vdots & \vdots & & \vdots \\ 1 & a_{n2}+x & \cdots & a_{nn}+x \end{vmatrix}+\begin{vmatrix} a_{11}+x & 1 & \cdots & a_{1n}+x \\ a_{21}+x & 1 & \cdots & a_{2n}+x \\ \vdots & \vdots & & \vdots \\ a_{n1}+x & 1 & \cdots & a_{nn}+x \end{vmatrix}+\cdots$$

$$+\begin{vmatrix} a_{11}+x & a_{12}+x & \cdots & 1 \\ a_{21}+x & a_{22}+x & \cdots & 1 \\ \vdots & \vdots & & \vdots \\ a_{n1}+x & a_{n2}+x & \cdots & 1 \end{vmatrix}$$

$$=\begin{vmatrix} 1 & 1 & \cdots & 1 \\ a_{21}-a_{11} & a_{22}-a_{12} & \cdots & a_{2n}-a_{1n} \\ a_{31}-a_{11} & a_{32}-a_{12} & \cdots & a_{3n}-a_{1n} \\ \vdots & \vdots & & \vdots \\ a_{n1}-a_{11} & a_{n2}-a_{12} & \cdots & a_{nn}-a_{1n} \end{vmatrix}$$

而 $D_n'(x)=\left(\left(\sum_{i,\ j=1}^{n}A_{ij}\right)x+|A|\right)'=\sum_{i,\ j=1}^{n}A_{ij}=D_n'(0)$.

## 七、加边法

在行列式中加上一行一列，并使得行列式值不变，再计算行列式. 注意加边的位置在哪里和所加的元素是什么.

**例 9**　计算行列式 $D_n=\begin{vmatrix}3 & 1 & \cdots & 1\\ 1 & 3 & \cdots & 1\\ \vdots & \vdots & & \vdots\\ 1 & 1 & \cdots & 3\end{vmatrix}$.

**解**　可得行列式

$$D_n=\begin{vmatrix}3 & 1 & \cdots & 1\\ 1 & 3 & \cdots & 1\\ \vdots & \vdots & & \vdots\\ 1 & 1 & \cdots & 3\end{vmatrix}=\begin{vmatrix}1 & 1 & 1 & \cdots & 1\\ 0 & 3 & 1 & \cdots & 1\\ 0 & 1 & 3 & \cdots & 1\\ \vdots & \vdots & \vdots & & \vdots\\ 0 & 1 & 1 & \cdots & 3\end{vmatrix}$$

$$=\begin{vmatrix}1 & 1 & 1 & \cdots & 1\\ -1 & 2 & 0 & \cdots & 0\\ -1 & 0 & 2 & \cdots & 0\\ \vdots & \vdots & \vdots & & \vdots\\ -1 & 0 & 0 & \cdots & 2\end{vmatrix}$$

$$=2^n\begin{vmatrix}1+\frac{n}{2} & \frac{1}{2} & \frac{1}{2} & \cdots & \frac{1}{2}\\ 0 & 1 & 0 & \cdots & 0\\ 0 & 0 & 1 & \cdots & 0\\ \vdots & \vdots & \vdots & & \vdots\\ 0 & 0 & 0 & \cdots & 1\end{vmatrix}=\left(1+\frac{n}{2}\right)2^n$$

**例 10**　计算行列式 $D=\begin{vmatrix}1 & 1 & \cdots & 1\\ x_1^2 & x_2^2 & \cdots & x_n^2\\ \vdots & \vdots & & \vdots\\ x_1^n & x_2^n & \cdots & x_n^n\end{vmatrix}$.

**解**　令 $D_1=\begin{vmatrix}1 & 1 & \cdots & 1 & 1\\ x_1 & x_2 & \cdots & x_n & z\\ x_1^2 & x_2^2 & \cdots & x_n^2 & z^2\\ \vdots & \vdots & & \vdots & \vdots\\ x_1^n & x_2^n & \cdots & x_n^n & z^n\end{vmatrix}=\prod\limits_{1\leqslant k<i\leqslant n}(x_i-x_k)\prod\limits_{i=1}^{n}(z-x_i)$；令 $f(z)=D_1$，$(-1)^{n+2}D$ 是 $f(z)$ 中 $z$ 的系数，由等式右边知 $z$ 的系数为 $(-1)^{n-1}\sum\limits_{i=1}^{n}\frac{1}{x_i}\prod\limits_{i=1}^{n}x_i\prod\limits_{1\leqslant k<i\leqslant n}(x_i-x_k)$，则有

$$D=(-1)^{n+3}(-1)^{n-1}\sum_{i=1}^{n}\frac{1}{x_i}\prod_{i=1}^{n}x_i\prod_{1\leqslant k<i\leqslant n}(x_i-x_k)=\sum_{i=1}^{n}\frac{1}{x_i}\prod_{i=1}^{n}x_i\prod_{1\leqslant k<i\leqslant n}(x_i-x_k)$$

## 八、拉普拉斯展开法

运用公式 $D=M_1A_1+M_2A_2+\cdots+M_tA_t$ 来计算行列式的值.

**例 11** 计算行列式 $D=\begin{vmatrix} 1 & 0 & x_1 & 0 & \cdots & x_1^{n-1} & 0 \\ 0 & 1 & 0 & y_1 & \cdots & 0 & y_1^{n-1} \\ 1 & 0 & x_2 & 0 & \cdots & x_2^{n-1} & 0 \\ 0 & 1 & 0 & y_2 & \cdots & 0 & y_2^{n-1} \\ \vdots & \vdots & \vdots & \vdots & & \vdots & \vdots \\ 1 & 0 & x_n & 0 & \cdots & x_n^{n-1} & 0 \\ 0 & 1 & 0 & y_n & \cdots & 0 & y_n^{n-1} \end{vmatrix}$.

**解** 取 1，3 …，$2n-1$ 行，则 1，3，…，$2n-1$ 列展开得

$$D=\begin{vmatrix} 1 & x_1 & \cdots & x_1^{n-1} \\ 1 & x_2 & \cdots & x_2^{n-1} \\ \vdots & \vdots & & \vdots \\ 1 & x_n & \cdots & x_n^{n-1} \end{vmatrix}\cdot\begin{vmatrix} 1 & y_1 & \cdots & y_1^{n-1} \\ 1 & y_2 & \cdots & y_2^{n-1} \\ \vdots & \vdots & & \vdots \\ 1 & y_n & \cdots & y_n^{n-1} \end{vmatrix}=\prod_{1\leqslant i<j\leqslant n}(x_j-x_i)(y_j-y_i)$$

## 九、乘法变换法

**例 12** 设 $S_k=x_1^k+x_2^k+\cdots+x_n^k$，$k=0,1,\cdots,2n-2$，计算

$$D=\begin{vmatrix} S_0 & S_1 & \cdots & S_{n-1} \\ S_1 & S_2 & \cdots & S_n \\ \vdots & \vdots & & \vdots \\ S_{n-1} & S_n & \cdots & S_{2n-2} \end{vmatrix}.$$

**分析** 利用行列式的乘法规则.

**解** 可得行列式

$$D=\begin{vmatrix} n & \sum\limits_{i=1}^n x_i & \cdots & \sum\limits_{i=1}^n x_i^{n-1} \\ \sum\limits_{i=1}^n x_i & \sum\limits_{i=1}^n x_i^2 & \cdots & \sum\limits_{i=1}^n x_i^n \\ \vdots & \vdots & & \vdots \\ \sum\limits_{i=1}^n x_i^{n-1} & \sum\limits_{i=1}^n x_i^n & \cdots & \sum\limits_{i=1}^n x_i^{2n-2} \end{vmatrix}$$

$$=\begin{vmatrix} 1 & 1 & \cdots & 1 \\ x_1 & x_2 & \cdots & x_n \\ \vdots & \vdots & & \vdots \\ x_1^{n-1} & x_2^{n-1} & \cdots & x_n^{n-1} \end{vmatrix}\cdot\begin{vmatrix} 1 & x_1 & \cdots & x_1^{n-1} \\ 1 & x_2 & \cdots & x_2^{n-1} \\ \vdots & \vdots & & \vdots \\ 1 & x_n & \cdots & x_n^{n-1} \end{vmatrix}$$

$$=\sum_{1\leqslant i<j\leqslant n}(x_j-x_i)^2$$

## 十、综合法

对于有些行列式，在求解的过程中可以使用不同的方法.

**例 13** 计算行列式 $D=\begin{vmatrix} 0 & a_2 & a_3 & \cdots & a_{n-1} & a_n \\ b_1 & 0 & a_3 & \cdots & a_{n-1} & a_n \\ b_1 & b_2 & 0 & \cdots & a_{n-1} & a_n \\ \vdots & \vdots & \vdots & & \vdots & \vdots \\ b_1 & b_2 & b_3 & \cdots & 0 & a_n \\ b_1 & b_2 & b_3 & \cdots & b_{n-1} & 0 \end{vmatrix}$.

**解** 将第 $n$ 行 $n$ 列 0 写成 $a_n-a_n$，再拆分

$$D=\begin{vmatrix} 0 & a_2 & a_3 & \cdots & a_{n-1} & a_n \\ b_1 & 0 & a_3 & \cdots & a_{n-1} & a_n \\ b_1 & b_2 & 0 & \cdots & a_{n-1} & a_n \\ \vdots & \vdots & \vdots & & \vdots & \vdots \\ b_1 & b_2 & b_3 & \cdots & 0 & a_n \\ b_1 & b_2 & b_3 & \cdots & b_{n-1} & a_n \end{vmatrix}+\begin{vmatrix} 0 & a_2 & a_3 & \cdots & a_{n-1} & 0 \\ b_1 & 0 & a_3 & \cdots & a_{n-1} & 0 \\ b_1 & b_2 & 0 & \cdots & a_{n-1} & 0 \\ \vdots & \vdots & \vdots & & \vdots & \vdots \\ b_1 & b_2 & b_3 & \cdots & 0 & 0 \\ b_1 & b_2 & b_3 & \cdots & b_{n-1} & -a_n \end{vmatrix}$$

$$=\begin{vmatrix} 0 & a_2 & a_3 & \cdots & a_{n-1} & a_n \\ b_1 & -a_2 & 0 & \cdots & 0 & 0 \\ 0 & b_2 & -a_3 & \cdots & 0 & 0 \\ \vdots & \vdots & \vdots & & \vdots & \vdots \\ 0 & 0 & 0 & \cdots & -a_{n-1} & 0 \\ 0 & 0 & 0 & \cdots & b_{n-1} & 0 \end{vmatrix}+(-1)^{2n}(-a_n)D_{n-1}$$

$$=(-1)^{n+1}a_nb_1b_2\cdots b_{n-1}+(-a_n)D_{n-1}$$

$$=(-1)^{n+1}a_nb_1b_2\cdots b_{n-1}+(-a_n)[(-1)^na_{n-1}b_1\cdots b_{n-2}-a_{n-1}D_{n-2}]$$

$$=(-1)^{n+1}(a_nb_1b_2\cdots b_{n-1}+a_na_{n-1}b_1\cdots b_{n-2}+\cdots+a_na_{n-1}\cdots a_2b_1)$$

## 典型例题

**例 1** 计算行列式 $D=\begin{vmatrix} 1 & 2 & 3 & \cdots & n \\ 2 & 1 & 2 & \cdots & n-1 \\ 3 & 2 & 1 & \cdots & n-2 \\ \vdots & \vdots & \vdots & & \vdots \\ n & n-1 & n-2 & \cdots & 1 \end{vmatrix}$.

**分析** 利用滚动相消法.

**解** 先从最后一行起每行减去前一行，再在每列加上第一列

$$D=\begin{vmatrix} 1 & 2 & 3 & \cdots & n \\ 2 & 1 & 2 & \cdots & n-1 \\ 3 & 2 & 1 & \cdots & n-2 \\ \vdots & \vdots & \vdots & & \vdots \\ n & n-1 & n-2 & \cdots & 1 \end{vmatrix}=\begin{vmatrix} 1 & 2 & 3 & 4 & \cdots & n \\ 1 & -1 & -1 & -1 & \cdots & -1 \\ 1 & 1 & -1 & -1 & \cdots & -1 \\ \vdots & \vdots & \vdots & \vdots & & \vdots \\ 1 & 1 & 1 & 1 & \cdots & -1 \end{vmatrix}$$

$$=\begin{vmatrix}1&3&4&5&\cdots&n+1\\1&0&0&0&\cdots&0\\1&2&0&0&\cdots&0\\\vdots&\vdots&\vdots&\vdots&&\vdots\\1&2&2&2&\cdots&0\end{vmatrix}$$

$$=(-1)^{n+1}(n+1)\begin{vmatrix}1&0&0&0&\cdots&0\\1&2&0&0&\cdots&0\\1&2&2&0&\cdots&0\\\vdots&\vdots&\vdots&\vdots&&\vdots\\1&2&2&2&\cdots&2\end{vmatrix}=(-1)^{n+1}(n+1)2^{n-2}$$

**例 2** 计算行列式 $D_{2n}=\begin{vmatrix}a&&&&&b\\&\ddots&&&\iddots&\\&&a&b&&\\&&b&a&&\\&\iddots&&&\ddots&\\b&&&&&a\end{vmatrix}$.

**分析** 利用递推降阶法.

**解** 分别按第 1、$2n$ 行，第 1、$2n$ 列展开，有

$$D_{2n}=\begin{vmatrix}a&b\\b&a\end{vmatrix}D_{2n-2}=(a^2-b^2)D_{2n-2}=(a^2-b^2)^2D_{2n-4}=\cdots=(a^2-b^2)^n$$

**例 3** 计算行列式 $D_{n+1}=\begin{vmatrix}(b_0+a_0)^n&(b_1+a_0)^n&\cdots&(b_n+a_0)^n\\(b_0+a_1)^n&(b_1+a_1)^n&\cdots&(b_n+a_1)^n\\\vdots&\vdots&&\vdots\\(b_0+a_n)^n&(b_1+a_n)^n&\cdots&(b_n+a_n)^n\end{vmatrix}$

**分析** 利用二项展开式、行列式乘法规则.

**解** 行列式

$$D_{n+1}=\begin{vmatrix}C_n^0&C_n^1a_0&C_n^2a_0^2&\cdots&C_n^na_0^n\\C_n^0&C_n^1a_1&C_n^2a_1^2&\cdots&C_n^na_1^n\\\vdots&\vdots&&\vdots&\vdots\\C_n^0&C_n^1a_n&C_n^2a_n^2&\cdots&C_n^na_n^n\end{vmatrix}\cdot\begin{vmatrix}b_0^n&b_1^n&\cdots&b_n^n\\b_0^{n-1}&b_1^{n-1}&\cdots&b_n^{n-1}\\\vdots&\vdots&&\vdots\\b_0&b_1&\cdots&b_n\\1&1&\cdots&1\end{vmatrix}$$

$$=C_n^0C_n^1C_n^2\cdots C_n^n\begin{vmatrix}1&a_0&a_0^2&\cdots&a_0^n\\1&a_1&a_1^2&\cdots&a_1^n\\\vdots&\vdots&&\vdots&\vdots\\1&a_n&a_n^2&\cdots&a_n^n\end{vmatrix}\cdot(-1)^{\frac{n(n+1)}{2}}\begin{vmatrix}1&1&\cdots&1\\b_0&b_1&\cdots&b_n\\\vdots&\vdots&&\vdots\\b_0^{n-1}&b_1^{n-1}&\cdots&b_n^{n-1}\\b_0^n&b_1^n&\cdots&b_n^n\end{vmatrix}$$

$$=C_n^0C_n^1C_n^2\cdots C_n^n\prod_{0\leqslant j<i\leqslant n}(a_i-a_j)\cdot(-1)^{\frac{n(n+1)}{2}}\prod_{0\leqslant j<i\leqslant n}(b_i-b_j)$$

**例 4** 计算行列式 $D=\begin{vmatrix} 0 & a_1+a_2 & a_1+a_3 & \cdots & a_1+a_n \\ a_2+a_1 & 0 & a_2+a_3 & \cdots & a_2+a_n \\ a_3+a_1 & a_3+a_2 & 0 & \cdots & a_3+a_n \\ \vdots & \vdots & \vdots & & \vdots \\ a_n+a_1 & a_n+a_2 & a_n+a_3 & \cdots & 0 \end{vmatrix}$ $(a_i\neq 0,\ i=1,\ 2,\ \cdots,\ n)$.

**解** 对行列式进行加边两次，有

$$D=\begin{vmatrix} 1 & a_1 & a_2 & \cdots & a_n \\ -1 & -a_1 & a_1 & \cdots & a_1 \\ -1 & a_2 & -a_2 & \cdots & a_2 \\ \vdots & \vdots & \vdots & & \vdots \\ -1 & a_n & a_n & \cdots & -a_n \end{vmatrix}_{n+1}=\begin{vmatrix} 1 & 0 & 0 & 0 & \cdots & 0 \\ 0 & 1 & a_1 & a_2 & \cdots & a_n \\ a_1 & -1 & -a_1 & a_1 & \cdots & a_1 \\ a_2 & -1 & a_2 & -a_2 & \cdots & a_2 \\ \vdots & \vdots & \vdots & \vdots & & \vdots \\ a_n & -1 & a_n & a_n & \cdots & -a_n \end{vmatrix}_{n+2}$$

$$=\begin{vmatrix} 1 & 0 & -1 & -1 & \cdots & -1 \\ 0 & 1 & a_1 & a_2 & \cdots & a_n \\ a_1 & -1 & -2a_1 & 0 & \cdots & 0 \\ a_2 & -1 & 0 & -2a_2 & \cdots & 0 \\ \vdots & \vdots & \vdots & \vdots & & \vdots \\ a_n & -1 & 0 & 0 & \cdots & -2a_n \end{vmatrix}_{n+2}$$

将第 3，4，…，$n+2$ 列各乘以$\dfrac{1}{2}$后加到第一列，将第 3，4，…，$n+2$ 列分别乘以 $-\dfrac{1}{2a_1}$，$-\dfrac{1}{2a_2}$，…，$-\dfrac{1}{2a_n}$后加到第二列，可得

$$D=\begin{vmatrix} 1-\dfrac{n}{2} & \dfrac{1}{2}\sum\limits_{j=1}^{n}\dfrac{1}{a_j} & -1 & \cdots & -1 \\ \dfrac{1}{2}\sum\limits_{i=1}^{n}\dfrac{1}{a_i} & 1-\dfrac{n}{2} & a_1 & \cdots & a_n \\ 0 & 0 & -2a_1 & \cdots & 0 \\ \vdots & \vdots & \vdots & & \vdots \\ 0 & 0 & 0 & \cdots & -2a_n \end{vmatrix}$$

$$=(-2)^n a_1\cdots a_n\begin{vmatrix} 1-\dfrac{n}{2} & \dfrac{1}{2}\sum\limits_{j=1}^{n}\dfrac{1}{a_j} \\ \dfrac{1}{2}\sum\limits_{i=1}^{n}\dfrac{1}{a_i} & 1-\dfrac{n}{2} \end{vmatrix}$$

$$=(-2)^{n-2}a_1\cdots a_n\left[(n-2)^2-\sum_{i,\ j=1}^{n}\frac{1}{a_ia_j}\right]$$

**例 5** 计算行列式 $D_{n+1}=\begin{vmatrix} a_0x^n & a_1x^{n-1} & a_2x^{n-2} & \cdots & a_{n-1}x & a_n \\ a_0x & b_1 & 0 & \cdots & 0 & 0 \\ a_0x^2 & a_1x & b_2 & \cdots & 0 & 0 \\ \vdots & \vdots & \vdots & & \vdots & \vdots \\ a_0x^{n-1} & a_1x^{n-2} & a_2x^{n-3} & \cdots & b_{n-1} & 0 \\ a_0x^n & a_1x^{n-1} & a_2x^{n-2} & \cdots & a_{n-1}x & b_n \end{vmatrix}$.

**解** 将最后一行乘以 $-1$ 加到第一行，再从最后一行起每行减去前一行的 $x$ 倍，有

$$D=\begin{vmatrix} 0 & 0 & 0 & \cdots & 0 & 0 & a_n-b_n \\ a_0x & b_1 & 0 & \cdots & 0 & 0 & 0 \\ 0 & a_1x-b_1x & b_2 & \cdots & 0 & 0 & 0 \\ \vdots & \vdots & \vdots & & \vdots & \vdots & \vdots \\ 0 & 0 & 0 & \cdots & b_{n-2} & 0 & 0 \\ 0 & 0 & 0 & \cdots & a_{n-2}x-b_{n-2}x & b_{n-1} & 0 \\ 0 & 0 & 0 & \cdots & 0 & a_{n-1}x-b_{n-1}x & b_n \end{vmatrix}$$

$$=(-1)^{n+1+1}(a_n-b_n)a_0x\prod_{i=1}^{n-1}(a_ix-b_ix)=(-1)^na_0x^n\prod_{i=1}^{n}(b_i-a_i)$$

**例 6** 计算行列式 $D_n=\begin{vmatrix} 1 & a & a^2 & \cdots & a^{n-2} & a^{n-1} \\ a^{n-1} & 1 & a & \cdots & a^{n-3} & a^{n-2} \\ a^{n-2} & a^{n-1} & 1 & \cdots & a^{n-4} & a^{n-3} \\ \vdots & \vdots & \vdots & & \vdots & \vdots \\ a^2 & a^3 & a^4 & \cdots & 1 & a \\ a & a^2 & a^3 & \cdots & a^{n-1} & 1 \end{vmatrix}$.

**分析** 利用滚动相消法.

**解** 将行列式相邻两行中上一行减去下一行$(-a)$倍，可得

$$D_n=\begin{vmatrix} 1-a^n & 0 & 0 & \cdots & 0 & 0 \\ 0 & 1-a^n & 0 & \cdots & 0 & 0 \\ 0 & 0 & 1-a^n & \cdots & 0 & 0 \\ \vdots & \vdots & \vdots & & \vdots & \vdots \\ 0 & 0 & 0 & \cdots & 1-a^n & 0 \\ a & a^2 & a^3 & \cdots & a^{n-1} & 1 \end{vmatrix}=(1-a^n)^{n-1}$$

**例 7** 计算行列式 $D_n=\begin{vmatrix} 1+a_1-b_1 & a_1-b_2 & \cdots & a_1-b_n \\ a_2-b_1 & 1+a_2-b_2 & \cdots & a_2-b_n \\ \vdots & \vdots & & \vdots \\ a_n-b_1 & a_n-b_2 & \cdots & 1+a_n-b_n \end{vmatrix}$.

**分析** 利用降阶公式.

**解** $$D_n=\begin{vmatrix}1+a_1-b_1 & a_1-b_2 & \cdots & a_1-b_n\\ a_2-b_1 & 1+a_2-b_2 & \cdots & a_2-b_n\\ \vdots & \vdots & & \vdots\\ a_n-b_1 & a_n-b_2 & \cdots & 1+a_n-b_n\end{vmatrix}$$

$$=\left|E_n+\begin{bmatrix}a_1 & 1\\ a_2 & 1\\ \vdots & \vdots\\ a_n & 1\end{bmatrix}\begin{bmatrix}1 & 1 & \cdots & 1\\ -b_1 & -b_2 & \cdots & -b_n\end{bmatrix}\right|$$

$$=\left|E_2+\begin{bmatrix}1 & 1 & \cdots & 1\\ -b_1 & -b_2 & \cdots & -b_n\end{bmatrix}\begin{bmatrix}a_1 & 1\\ a_2 & 1\\ \vdots & \vdots\\ a_n & 1\end{bmatrix}\right|$$

$$=\left|E_2+\begin{bmatrix}\sum_{i=1}^{n}a_i & n\\ -\sum_{i=1}^{n}a_ib_i & -\sum_{i=1}^{n}b_i\end{bmatrix}\right|$$

$$=\left(1+\sum_{i=1}^{n}a_i\right)\left(1-\sum_{i=1}^{n}b_i\right)+n\sum_{i=1}^{n}a_ib_i$$

**例 8** 计算行列式$\begin{vmatrix}1+x & 2 & 3 & 4\\ 1 & 2-x & 3 & 4\\ 1 & 2 & 3+x & 4\\ 1 & 2 & 3 & 4-x\end{vmatrix}$.

**解** 由行列式的性质可得

$$\begin{vmatrix}1+x & 2 & 3 & 4\\ 1 & 2-x & 3 & 4\\ 1 & 2 & 3+x & 4\\ 1 & 2 & 3 & 4-x\end{vmatrix}=\begin{vmatrix}1+x & -2x & -3x & -4x\\ 1 & -x & 0 & 0\\ 1 & 0 & x & 0\\ 1 & 0 & 0 & -x\end{vmatrix}$$

$$=\begin{vmatrix}-2+x & 0 & 0 & 0\\ 1 & -x & 0 & 0\\ 1 & 0 & x & 0\\ 1 & 0 & 0 & -x\end{vmatrix}=x^4-2x^3$$

**例 9** 计算行列式 $D_n=\begin{vmatrix}x & 4 & 4 & \cdots & 4\\ 1 & x & 2 & \cdots & 2\\ 1 & 2 & x & \cdots & 2\\ \vdots & \vdots & \vdots & & \vdots\\ 1 & 2 & 2 & \cdots & x\end{vmatrix}$.

**解** 由行列式的性质可得

$$D_n=\begin{vmatrix} x & 4 & 4 & \cdots & 4 \\ 1 & x & 2 & \cdots & 2 \\ 1 & 2 & x & \cdots & 2 \\ \vdots & \vdots & \vdots & & \vdots \\ 1 & 2 & 2 & \cdots & x \end{vmatrix}=\begin{vmatrix} x & 4-2x & 4-2x & \cdots & 4-2x \\ 1 & x-2 & 0 & \cdots & 0 \\ 1 & 0 & x-2 & \cdots & 0 \\ \vdots & \vdots & \vdots & & \vdots \\ 1 & 0 & 0 & \cdots & x-2 \end{vmatrix}$$

$$=\begin{vmatrix} x+2(n-1) & 0 & 0 & \cdots & 0 \\ 1 & x-2 & 0 & \cdots & 0 \\ 1 & 0 & x-2 & \cdots & 0 \\ \vdots & \vdots & \vdots & & \vdots \\ 1 & 0 & 0 & \cdots & x-2 \end{vmatrix}$$

$$=(x+2(n-1))(x-2)^{n-1}$$

**例 10** 求 $f(x)=\begin{vmatrix} a_1+x & a_2 & \cdots & a_n \\ a_1 & a_2+x & \cdots & a_n \\ \vdots & \vdots & & \vdots \\ a_1 & a_2 & \cdots & a_n+x \end{vmatrix}$的根.

**分析** 本题其实是求行列式.

**解** 由于

$$f(x)=\begin{vmatrix} a_1+x & a_2 & \cdots & a_n \\ -x & x & \cdots & 0 \\ \vdots & \vdots & & \vdots \\ -x & 0 & \cdots & x \end{vmatrix}=\begin{vmatrix} x+\sum\limits_{i=1}^{n}a_i & a & \cdots & a \\ 0 & x & \cdots & 0 \\ \vdots & \vdots & & \vdots \\ 0 & 0 & \cdots & x \end{vmatrix}=\left(x+\sum_{i=1}^{n}a_i\right)x^{n-1}$$

则 0 为其 $n-1$ 重根，$-\sum\limits_{i=1}^{n}a_i$ 为其单根.

**例 11** 计算行列式 $D=\begin{vmatrix} \alpha^n & (\alpha-1)^n & \cdots & (\alpha-(n-1))^n & (\alpha-n)^n \\ \alpha^{n-1} & (\alpha-1)^{n-1} & \cdots & (\alpha-(n-1))^{n-1} & (\alpha-n)^{n-1} \\ \vdots & \vdots & & \vdots & \vdots \\ \alpha & \alpha-1 & \cdots & \alpha-(n-1) & \alpha-n \\ 1 & 1 & \cdots & 1 & 1 \end{vmatrix}$.

**分析** 利用范德蒙行列式.

**解** 将行列式进行换行，使其变成范德蒙行列式

$$D=(-1)^{\frac{n(n+1)}{2}}\begin{vmatrix} 1 & 1 & \cdots & 1 & 1 \\ \alpha & \alpha-1 & \cdots & \alpha-(n-1) & \alpha-n \\ \vdots & \vdots & & \vdots & \vdots \\ \alpha^{n-1} & (\alpha-1)^{n-1} & \cdots & (\alpha-(n-1))^{n-1} & (\alpha-n)^{n-1} \\ \alpha^n & (\alpha-1)^n & \cdots & (\alpha-(n-1))^n & (\alpha-n)^n \end{vmatrix}$$

$$=(-1)^{\frac{n(n+1)}{2}}\prod_{n\geqslant i>j\geqslant 0}((a-i)-(a-j))$$

**例 12** 计算行列式$\begin{vmatrix} a_0 & a_1 & a_2 & \cdots & a_n \\ -x & x & 0 & \cdots & 0 \\ 0 & -x & x & \cdots & 0 \\ \vdots & \vdots & \vdots & & \vdots \\ 0 & 0 & 0 & \cdots & x \end{vmatrix}$.

**解** 将行列式的所有列加到第一列，则

$$\begin{vmatrix} a_0 & a_1 & a_2 & \cdots & a_n \\ -x & x & 0 & \cdots & 0 \\ 0 & -x & x & \cdots & 0 \\ \vdots & \vdots & \vdots & & \vdots \\ 0 & 0 & 0 & \cdots & x \end{vmatrix} = \begin{vmatrix} a_0+\cdots+a_n & a & a & \cdots & a \\ 0 & x & 0 & \cdots & 0 \\ 0 & -x & x & \cdots & 0 \\ \vdots & \vdots & \vdots & & \vdots \\ 0 & 0 & 0 & \cdots & x \end{vmatrix} = (a_0+\cdots+a_n)x^n$$

**例 13** 计算行列式 $D_{n+1} = \begin{vmatrix} 0 & 1 & 1 & \cdots & 1 \\ 1 & 0 & x & \cdots & x \\ 1 & x & 0 & \cdots & x \\ \vdots & \vdots & \vdots & & \vdots \\ 1 & x & x & \cdots & 0 \end{vmatrix}$.

**解** 将行列式的第一行的 $-x$ 倍加到其他各行，则

$$D_{n+1} = \begin{vmatrix} 0 & 1 & 1 & \cdots & 1 \\ 1 & 0 & x & \cdots & x \\ 1 & x & 0 & \cdots & x \\ \vdots & \vdots & \vdots & & \vdots \\ 1 & x & x & \cdots & 0 \end{vmatrix} = \begin{vmatrix} 0 & 1 & 1 & \cdots & 1 \\ 1 & -x & 0 & \cdots & 0 \\ 1 & 0 & -x & \cdots & 0 \\ \vdots & \vdots & \vdots & & \vdots \\ 1 & 0 & 0 & \cdots & -x \end{vmatrix} = (-1)^n n x^{n-1}$$

**例 14** 设 $n$ 维向量 $\boldsymbol{\alpha} = (1, 0, \cdots, 0, 1)^{\mathrm{T}}$，矩阵 $\boldsymbol{A} = \boldsymbol{\alpha}\boldsymbol{\alpha}^{\mathrm{T}}$，计算 $|a\boldsymbol{E} - \boldsymbol{A}^n|$.

**解** 由已知有

$$|a\boldsymbol{E} - \boldsymbol{A}^n| = \begin{vmatrix} a-2^{n-1} & 0 & \cdots & 0 & -2^{n-1} \\ 0 & a & \cdots & 0 & 0 \\ \vdots & \vdots & & \vdots & \vdots \\ 0 & 0 & \cdots & a & 0 \\ -2^{n-1} & 0 & \cdots & 0 & a-2^{n-1} \end{vmatrix} = a^{n-1}(a-2^n)$$

**例 15** 计算行列式 $D_{n+1} = \begin{vmatrix} a_1^n & a_1^{n-1}b_1 & \cdots & a_1 b_1^{n-1} & b_1^n \\ a_2^n & a_2^{n-1}b_2 & \cdots & a_2 b_2^{n-1} & b_2^n \\ a_3^n & a_3^{n-1}b_3 & \cdots & a_3 b_3^{n-1} & b_3^n \\ \vdots & \vdots & & \vdots & \vdots \\ a_{n+1}^n & a_{n+1}^{n-1}b_{n+1} & \cdots & a_{n+1} b_{n+1}^{n-1} & b_{n+1}^n \end{vmatrix}$ $(a_i \neq 0, i=1, 2, \cdots, n+1)$.

**解** 对行列式的每行提取公因子 $a_i^n (i = 1, 2, \cdots, n+1)$，则

$$D_{n+1} = \begin{vmatrix} a_1^n & a_1^{n-1}b_1 & \cdots & a_1 b_1^{n-1} & b_1^n \\ a_2^n & a_2^{n-1}b_2 & \cdots & a_2 b_2^{n-1} & b_2^n \\ a_3^n & a_3^{n-1}b_3 & \cdots & a_3 b_3^{n-1} & b_3^n \\ \vdots & \vdots & & \vdots & \vdots \\ a_{n+1}^n & a_{n+1}^{n-1}b_{n+1} & \cdots & a_{n+1} b_{n+1}^{n-1} & b_{n+1}^n \end{vmatrix}$$

$$= a_1^n a_2^n \cdots a_{n+1}^n \begin{vmatrix} 1 & \frac{b_1}{a_1} & \left(\frac{b_1}{a_1}\right)^2 & \cdots & \left(\frac{b_1}{a_1}\right)^n \\ 1 & \frac{b_2}{a_2} & \left(\frac{b_2}{a_2}\right)^2 & \cdots & \left(\frac{b_2}{a_2}\right)^n \\ 1 & \frac{b_3}{a_3} & \left(\frac{b_3}{a_3}\right)^2 & \cdots & \left(\frac{b_3}{a_3}\right)^n \\ \vdots & \vdots & \vdots & & \vdots \\ 1 & \frac{b_{n+1}}{a_{n+1}} & \left(\frac{b_{n+1}}{a_{n+1}}\right)^2 & \cdots & \left(\frac{b_{n+1}}{a_{n+1}}\right)^n \end{vmatrix} = a_1^n a_2^n \cdots a_{n+1}^n \prod_{n+1 \geqslant i > j \geqslant 1} \left(\frac{b_i}{a_i} - \frac{b_j}{a_j}\right)$$

**例 16** 计算行列式 $D_n = \begin{vmatrix} 2 & 1 & 1 & \cdots & 1 \\ 1 & 3 & 1 & \cdots & 1 \\ 1 & 1 & 4 & \cdots & 1 \\ \vdots & \vdots & \vdots & & \vdots \\ 1 & 1 & 1 & \cdots & n+1 \end{vmatrix}$.

**解** $$D_n = \begin{vmatrix} 2 & 1 & 1 & \cdots & 1 \\ 1 & 3 & 1 & \cdots & 1 \\ 1 & 1 & 4 & \cdots & 1 \\ \vdots & \vdots & \vdots & & \vdots \\ 1 & 1 & 1 & \cdots & n+1 \end{vmatrix} = \begin{vmatrix} 2 & 1 & 1 & \cdots & 1 \\ -1 & 2 & 0 & \cdots & 0 \\ -1 & 0 & 3 & \cdots & 0 \\ \vdots & \vdots & \vdots & & \vdots \\ -1 & 0 & 0 & \cdots & n \end{vmatrix} = n!\left(2 + \sum_{i=2}^{n} \frac{1}{i}\right)$$

**例 17** 计算行列式 $D_n = \begin{vmatrix} x & a_2 & a_3 & \cdots & a_n \\ a_1 & x & a_3 & \cdots & a_n \\ a_1 & a_2 & x & \cdots & a_n \\ \vdots & \vdots & \vdots & & \vdots \\ a_1 & a_2 & a_3 & \cdots & x \end{vmatrix}$.

**解** $$D_n = \begin{vmatrix} x & a_2 & a_3 & \cdots & a_n \\ a_1 & x & a_3 & \cdots & a_n \\ a_1 & a_2 & x & \cdots & a_n \\ \vdots & \vdots & \vdots & & \vdots \\ a_1 & a_2 & a_3 & \cdots & x \end{vmatrix} = \begin{vmatrix} x & a_2 & a_3 & \cdots & a_n \\ a_1 - x & x - a_2 & 0 & \cdots & 0 \\ a_1 - x & 0 & x - a_3 & \cdots & 0 \\ \vdots & \vdots & \vdots & & \vdots \\ a_1 - x & 0 & 0 & \cdots & x - a_n \end{vmatrix}$$

$$= x \prod_{i=2}^{n} (x - a_i) + \sum_{i=2}^{n} a_i \sum_{j \neq i,\ j=1}^{n} (x - a_j)$$

**例 18** 计算行列式 $D_n = \begin{vmatrix} 1 & 1 & \cdots & 1 & 2-n \\ 1 & 1 & \cdots & 2-n & 1 \\ \vdots & \vdots & & \vdots & \vdots \\ 1 & 2-n & \cdots & 1 & 1 \\ 2-n & 1 & \cdots & 1 & 1 \end{vmatrix}$.

**解** $D_n=\begin{vmatrix}1&1&\cdots&1&2-n\\1&1&\cdots&2-n&1\\\vdots&\vdots&&\vdots&\vdots\\1&2-n&\cdots&1&1\\2-n&1&\cdots&1&1\end{vmatrix}=\begin{vmatrix}1&1&\cdots&1&1\\1&1&\cdots&2-n&1\\\vdots&\vdots&&\vdots&\vdots\\1&2-n&\cdots&1&1\\2-n&1&\cdots&1&1\end{vmatrix}$

$$=\begin{vmatrix}1&1&\cdots&1&1\\0&0&\cdots&1-n&0\\\vdots&\vdots&&\vdots&\vdots\\0&1-n&\cdots&0&0\\1-n&0&\cdots&0&0\end{vmatrix}=(-1)^{\frac{n(n+1)}{2}}(1-n)^{n-1}$$

**例 19** 计算行列式 $D_n=\begin{vmatrix}a&b&b&\cdots&b\\c&a&b&\cdots&b\\c&c&a&\cdots&b\\\vdots&\vdots&\vdots&&\vdots\\c&c&c&\cdots&a\end{vmatrix}$.

**分析** 利用拆分法.

**解** 由于

$$D_n=\begin{vmatrix}a&b&b&\cdots&b\\c&a&b&\cdots&b\\c&c&a&\cdots&b\\\vdots&\vdots&\vdots&&\vdots\\c&c&c&\cdots&a\end{vmatrix}=\begin{vmatrix}c&b&b&\cdots&b\\c&a&b&\cdots&b\\c&c&a&\cdots&b\\\vdots&\vdots&\vdots&&\vdots\\c&c&c&\cdots&a\end{vmatrix}+\begin{vmatrix}a-c&0&0&\cdots&0\\c&a&b&\cdots&b\\c&c&a&\cdots&b\\\vdots&\vdots&\vdots&&\vdots\\c&c&c&\cdots&a\end{vmatrix}$$

$$=c(a-b)^{n-1}+(a-c)D_{n-1}$$

$$D_n=\begin{vmatrix}a&b&b&\cdots&b\\c&a&b&\cdots&b\\c&c&a&\cdots&b\\\vdots&\vdots&\vdots&&\vdots\\c&c&c&\cdots&a\end{vmatrix}=\begin{vmatrix}b&b&b&\cdots&b\\c&a&b&\cdots&b\\c&c&a&\cdots&b\\\vdots&\vdots&\vdots&&\vdots\\c&c&c&\cdots&a\end{vmatrix}+\begin{vmatrix}a-b&0&0&\cdots&0\\c&a&b&\cdots&b\\c&c&a&\cdots&b\\\vdots&\vdots&\vdots&&\vdots\\c&c&c&\cdots&a\end{vmatrix}$$

$$=b(a-c)^{n-1}+(a-b)D_{n-1}$$

当 $b=c$ 时，则

$$D_n=(a-b)^{n-1}[a+(n-1)b]$$

当 $b\neq c$ 时，则

$$D_n=\frac{c(a-b)^n-b(a-c)^n}{c-b}$$

类似地有

$$D_n=\begin{vmatrix}x&a&a&\cdots&a\\-a&x&a&\cdots&a\\-a&-a&x&\cdots&a\\\vdots&\vdots&\vdots&&\vdots\\-a&-a&-a&\cdots&x\end{vmatrix}$$

**例 20** 计算行列式 $D=\begin{vmatrix} a & b & c & d \\ b & a & d & c \\ c & d & a & b \\ d & c & b & a \end{vmatrix}$.

**解** 方法一 由于

$$
\begin{aligned}
D &= (a+b+c+d)\begin{vmatrix} 1 & b & c & d \\ 1 & a & d & c \\ 1 & d & a & b \\ 1 & c & b & a \end{vmatrix} \\
&= (a+b+c+d)\begin{vmatrix} a-b & d-c & c-d \\ d-b & a-c & b-d \\ c-b & b-c & a-d \end{vmatrix} \\
&= (a+b+c+d)\begin{vmatrix} a-b+d-c & d-c & c-d \\ d-b+a-c & a-c & b-d \\ 0 & b-c & a-d \end{vmatrix} \\
&= (a+b+c+d)(a-b+d-c)\begin{vmatrix} 1 & d-c & c-d \\ 1 & a-c & b-d \\ 0 & b-c & a-d \end{vmatrix} \\
&= (a+b+c+d)(a-b+d-c)(a+b-c-d)(a-b+c-d)
\end{aligned}
$$

方法二 由于 $A=\begin{vmatrix} 1 & 1 & 1 & 1 \\ 1 & 1 & -1 & -1 \\ 1 & -1 & 1 & -1 \\ 1 & -1 & -1 & 1 \end{vmatrix}=-16\neq 0$，而

$$
\begin{aligned}
&\begin{vmatrix} a & b & c & d \\ b & a & d & c \\ c & d & a & b \\ d & c & b & a \end{vmatrix}\begin{vmatrix} 1 & 1 & 1 & 1 \\ 1 & 1 & -1 & -1 \\ 1 & -1 & 1 & -1 \\ 1 & -1 & -1 & 1 \end{vmatrix} \\
=&\begin{vmatrix} a+b+c+d & a+b-c-d & a-b+c-d & a-b-c+d \\ a+b+c+d & a+b-c-d & -a+b-c+d & -a+b+c-d \\ a+b+c+d & -a-b+c+d & a-b+c-d & a-b-c+d \\ a+b+c+d & -a-b+c+d & -a+b-c+d & -a+b+c-d \end{vmatrix} \\
=&(a+b+c+d)(a+b-c-d)(a-b+c-d)(a-b-c+d)A
\end{aligned}
$$

故 $D=(a+b+c+d)(a-b+d-c)(a+b-c-d)(a-b+c-d)$.

**例 21** 计算行列式 $D_n=\begin{vmatrix} 1 & 2 & \cdots & n-1 & n \\ 1 & x+1 & \cdots & n-1 & n \\ \vdots & \vdots & & \vdots & \vdots \\ 1 & 2 & \cdots & x+1 & n \\ 1 & 2 & \cdots & n-1 & x+1 \end{vmatrix}$.

**分析** 利用加边法提取线性因子.

**解** *方法一* 通过加边可得

$$D_n=\begin{vmatrix}1&2&\cdots&n-1&n\\1&x+1&\cdots&n-1&n\\\vdots&\vdots&&\vdots&\vdots\\1&2&\cdots&x+1&n\\1&2&\cdots&n-1&x+1\end{vmatrix}=\begin{vmatrix}1&1&2&\cdots&n-1&n\\0&1&2&\cdots&n-1&n\\0&1&x+1&\cdots&n-1&n\\\vdots&\vdots&\vdots&&\vdots&\vdots\\0&1&2&\cdots&x+1&n\\0&1&2&\cdots&n-1&x+1\end{vmatrix}$$

$$=\begin{vmatrix}1&1&2&\cdots&n-1&n\\-1&0&0&\cdots&0&0\\-1&0&x-1&\cdots&0&0\\\vdots&\vdots&\vdots&&\vdots&\vdots\\-1&0&0&\cdots&x-n+2&0\\-1&0&0&\cdots&0&x-n+1\end{vmatrix}$$

$$=(x-1)(x-2)\cdots(x-n+1)$$

*方法二* 设 $f(x)=D_n$，当 $x=1,2,\cdots,n-1$ 时，则 $f(x)=0$，从而 $x-1$，$x-2$，$\cdots$，$x-n+1$ 为 $f(x)$ 的因子，进而 $(x-1)(x-2)\cdots(x-n+1)$ 为 $f(x)$ 的因子；又 $f(x)$ 中 $x^{n-1}$ 的系数为 1，且 $\partial f(x)=n-1$，则 $f(x)=(x-1)(x-2)\cdots(x-n+1)$.

**例 22** 计算行列式 $D_n=\begin{vmatrix}1+x_1&1+x_1^2&\cdots&1+x_1^n\\1+x_2&1+x_2^2&\cdots&1+x_2^n\\\vdots&\vdots&&\vdots\\1+x_n&1+x_n^2&\cdots&1+x_n^n\end{vmatrix}$.

**分析** 利用加边法、变换元素法.

**解** 由于

$$D_n=\begin{vmatrix}1+x_1&1+x_1^2&\cdots&1+x_1^n\\1+x_2&1+x_2^2&\cdots&1+x_2^n\\\vdots&\vdots&&\vdots\\1+x_n&1+x_n^2&\cdots&1+x_n^n\end{vmatrix}=\begin{vmatrix}1&0&0&\cdots&0\\1&1+x_1&1+x_1^2&\cdots&1+x_1^n\\1&1+x_2&1+x_2^2&\cdots&1+x_2^n\\\vdots&\vdots&\vdots&&\vdots\\1&1+x_n&1+x_n^2&\cdots&1+x_n^n\end{vmatrix}$$

$$=\begin{vmatrix}1&-1&-1&\cdots&-1\\1&x_1&x_1^2&\cdots&x_1^n\\1&x_2&x_2^2&\cdots&x_2^n\\\vdots&\vdots&\vdots&&\vdots\\1&x_n&x_n^2&\cdots&x_n^n\end{vmatrix}=\begin{vmatrix}2-1&0-1&0-1&\cdots&0-1\\1&x_1&x_1^2&\cdots&x_1^n\\1&x_2&x_2^2&\cdots&x_2^n\\\vdots&\vdots&\vdots&&\vdots\\1&x_n&x_n^2&\cdots&x_n^n\end{vmatrix}$$

$$=\begin{vmatrix}2&0&0&\cdots&0\\1&x_1&x_1^2&\cdots&x_1^n\\1&x_2&x_2^2&\cdots&x_2^n\\\vdots&\vdots&\vdots&&\vdots\\1&x_n&x_n^2&\cdots&x_n^n\end{vmatrix}+\begin{vmatrix}-1&-1&-1&\cdots&-1\\1&x_1&x_1^2&\cdots&x_1^n\\1&x_2&x_2^2&\cdots&x_2^n\\\vdots&\vdots&\vdots&&\vdots\\1&x_n&x_n^2&\cdots&x_n^n\end{vmatrix}$$

$$= 2\prod_{i=1}^{n} x_i \begin{vmatrix} 1 & x_1 & \cdots & x_1^{n-1} \\ 1 & x_2 & \cdots & x_2^{n-1} \\ \vdots & \vdots & & \vdots \\ 1 & x_n & \cdots & x_n^{n-1} \end{vmatrix} + \begin{vmatrix} -1 & -1 & -1 & \cdots & -1 \\ 0 & x_1 - 1 & x_1^2 - 1 & \cdots & x_1^n - 1 \\ 0 & x_2 - 1 & x_2^2 - 1 & \cdots & x_2^n - 1 \\ \vdots & \vdots & \vdots & & \vdots \\ 0 & x_n - 1 & x_n^2 - 1 & \cdots & x_n^n - 1 \end{vmatrix}$$

$$= 2\prod_{i=1}^{n} x_i \prod_{1 \leqslant j < i \leqslant n} (x_i - x_j) - \prod_{i=1}^{n} (x_i - 1) \begin{vmatrix} 1 & x_1 + 1 & \cdots & x_1^{n-1} + \cdots + x_1 + 1 \\ 1 & x_2 + 1 & \cdots & x_2^{n-1} + \cdots + x_2 + 1 \\ \vdots & \vdots & & \vdots \\ 1 & x_n + 1 & \cdots & x_n^{n-1} + \cdots + x_n + 1 \end{vmatrix}$$

$$= 2\prod_{i=1}^{n} x_i \prod_{1 \leqslant j < i \leqslant n} (x_i - x_j) - \prod_{i=1}^{n} (x_i - 1) \begin{vmatrix} 1 & x_1 & \cdots & x_1^{n-1} \\ 1 & x_2 & \cdots & x_2^{n-1} \\ \vdots & \vdots & & \vdots \\ 1 & x_n & \cdots & x_n^{n-1} \end{vmatrix}$$

$$= 2\prod_{i=1}^{n} x_i \prod_{1 \leqslant j < i \leqslant n} (x_i - x_j) - \prod_{i=1}^{n} (x_i - 1) \prod_{1 \leqslant j < i \leqslant n} (x_i - x_j)$$

**例 23** 计算行列式 $D = \begin{vmatrix} 1 & a & a^2 & \cdots & a^n \\ b_{11} & 1 & a & \cdots & a^{n-1} \\ b_{21} & b_{22} & 1 & \cdots & a^{n-2} \\ \vdots & \vdots & \vdots & & \vdots \\ b_{n1} & b_{n2} & b_{n3} & \cdots & 1 \end{vmatrix}$.

**解** 将行列式中相邻两行的下一行的$(-a)$倍加到上一行，可得

$$D = \begin{vmatrix} 1 & a & a^2 & \cdots & a^n \\ b_{11} & 1 & a & \cdots & a^{n-1} \\ b_{21} & b_{22} & 1 & \cdots & a^{n-2} \\ \vdots & \vdots & \vdots & & \vdots \\ b_{n1} & b_{n2} & b_{n3} & \cdots & 1 \end{vmatrix} = \begin{vmatrix} 1 - ab_{11} & 0 & 0 & \cdots & 0 \\ b_{11} - ab_{21} & 1 - ab_{22} & 0 & \cdots & 0 \\ b_{21} - ab_{31} & b_{22} - ab_{32} & 1 - ab_{33} & \cdots & 0 \\ \vdots & \vdots & \vdots & & \vdots \\ b_{n1} & b_n^2 & b_{n3} & \cdots & 1 \end{vmatrix}$$

$$= \prod_{i=1}^{n} (1 - ab_{ii})$$

**例 24** 设 $\boldsymbol{A} = (a_{ij})_{n \times n}$，$a_{ij} = a_i - b_j$，(1) 求 $|\boldsymbol{A}|$；(2) 当 $n \geqslant 2$ 时，且 $a_1 \neq a_2$，$b_1 \neq b_2$，求 $\boldsymbol{Ax} = \boldsymbol{0}$ 解空间的维数与一组基.

**解** (1) 由于

$$|A| = \begin{vmatrix} a_1 - b_1 & a_1 - b_2 & \cdots & a_1 - b_n \\ a_2 - b_1 & a_2 - b_2 & \cdots & a_2 - b_n \\ \vdots & \vdots & & \vdots \\ a_n - b_1 & a_n - b_2 & \cdots & a_n - b_n \end{vmatrix}$$

$$= \begin{vmatrix} a_1 - b_1 & a_1 - b_2 & \cdots & a_1 \\ a_2 - b_1 & a_2 - b_2 & \cdots & a_2 \\ \vdots & \vdots & & \vdots \\ a_n - b_1 & a_n - b_2 & \cdots & a_n \end{vmatrix} + \begin{vmatrix} a_1 - b_1 & a_1 - b_2 & \cdots & -b_n \\ a_2 - b_1 & a_2 - b_2 & \cdots & -b_n \\ \vdots & \vdots & & \vdots \\ a_n - b_1 & a_n - b_2 & \cdots & -b_n \end{vmatrix}$$

$$= \begin{vmatrix} -b_1 & -b_2 & \cdots & a_1 \\ -b_1 & -b_2 & \cdots & a_2 \\ \vdots & \vdots & & \vdots \\ -b_1 & -b_2 & \cdots & a_n \end{vmatrix} + \begin{vmatrix} a_1 & a_1 & \cdots & -b_n \\ a_2 & a_2 & \cdots & -b_n \\ \vdots & \vdots & & \vdots \\ a_n & a_n & \cdots & -b_n \end{vmatrix} = 0$$

其中，$|A|_{1\times 1} = a_1 - b_1$，$|A|_{2\times 2} = (a_1 - a_2)(b_1 - b_2)$.

(2) 由(1)可知，$\boldsymbol{A}$ 存在不为零的二阶子式，则 $R(\boldsymbol{A}) = 2$，从而 $\boldsymbol{Ax} = \boldsymbol{0}$ 的解空间的维数为 $n-2$，原线性方程组的同解方程组为

$$\begin{cases} (a_1 - b_1)x_1 + (a_1 - b_2)x_2 + \cdots + (a_1 - b_n)x_n = 0 \\ (a_2 - b_1)x_1 + (a_2 - b_2)x_2 + \cdots + (a_2 - b_n)x_n = 0 \end{cases}$$

解得其一基础解系，即为原线性方程组的一组基.

**例 25** 已知3阶矩阵 $\boldsymbol{A}$ 与 $\boldsymbol{B} = \begin{bmatrix} 1 & 0 & 1 \\ 0 & 1 & 2 \\ -2 & 3 & -2 \end{bmatrix}$ 相似，求 $|3\boldsymbol{A}^{-1} + \boldsymbol{A}^2|$ 的值.

**分析** 由于 $\boldsymbol{A}$ 与 $\boldsymbol{B}$ 相似，则存在可逆矩阵 $\boldsymbol{T}$，使 $\boldsymbol{T}^{-1}\boldsymbol{BT} = \boldsymbol{A}$，从而可得 $|3\boldsymbol{A}^{-1} + \boldsymbol{A}^2| = |3\boldsymbol{B}^{-1} + \boldsymbol{B}^2|$.

**解** 因 $\boldsymbol{A}$ 与 $\boldsymbol{B}$ 相似，则存在可逆矩阵 $\boldsymbol{T}$，使 $\boldsymbol{T}^{-1}\boldsymbol{BT} = \boldsymbol{A}$，从而

$$|3\boldsymbol{A}^{-1} + \boldsymbol{A}^2| = |3\boldsymbol{T}^{-1}\boldsymbol{B}^{-1}\boldsymbol{T} + \boldsymbol{T}^{-1}\boldsymbol{B}^2\boldsymbol{T}| = |3\boldsymbol{B}^{-1} + \boldsymbol{B}^2|，\boldsymbol{B}^{-1} = \frac{1}{6}\begin{bmatrix} 4 & -3 & 1 \\ 4 & 0 & 2 \\ -2 & 3 & -1 \end{bmatrix}$$

故 $|3\boldsymbol{A}^{-1} + \boldsymbol{A}^2| = 176$.

**例 26** 设 $\boldsymbol{A}$ 为 $n$ 阶矩阵，$\boldsymbol{\alpha}_1, \boldsymbol{\alpha}_2, \cdots, \boldsymbol{\alpha}_n$ 为线性无关的 $n$ 维向量. $\boldsymbol{A\alpha}_i = \boldsymbol{\alpha}_{i+1}(i = 1, 2, \cdots, n-1)$，$\boldsymbol{A\alpha}_n = \boldsymbol{\alpha}_1$，求 $|\boldsymbol{A}|$.

**分析** 以 $\boldsymbol{\alpha}_1, \boldsymbol{\alpha}_2, \cdots, \boldsymbol{\alpha}_n$ 为列做 $n$ 阶矩阵 $\boldsymbol{B}$，求出 $\boldsymbol{A}$、$\boldsymbol{B}$ 的关系，进而求出 $|\boldsymbol{A}|$.

**解** 令 $\boldsymbol{B} = (\boldsymbol{\alpha}_1, \boldsymbol{\alpha}_2, \cdots, \boldsymbol{\alpha}_n)$，由 $\boldsymbol{\alpha}_1, \boldsymbol{\alpha}_2, \cdots, \boldsymbol{\alpha}_n$ 线性无关，则 $|\boldsymbol{B}| \neq 0$，由已知

$$\boldsymbol{AB} = \boldsymbol{A}(\boldsymbol{\alpha}_1, \boldsymbol{\alpha}_2, \cdots, \boldsymbol{\alpha}_n) = (\boldsymbol{\alpha}_2, \boldsymbol{\alpha}_3, \cdots, \boldsymbol{\alpha}_n, \boldsymbol{\alpha}_1),$$

$$|\boldsymbol{A}||\boldsymbol{B}| = |\boldsymbol{AB}| = |\boldsymbol{\alpha}_2, \boldsymbol{\alpha}_3, \cdots, \boldsymbol{\alpha}_n, \boldsymbol{\alpha}_1| = (-1)^{n-1}|\boldsymbol{B}|$$

故 $|\boldsymbol{A}| = (-1)^{n-1}$.

**例 27** 设 $a_i$、$b_i$ 满足 $\sum\limits_{i=1}^{n} a_i b_i = 0$，求 $\boldsymbol{A} = \begin{bmatrix} a_1^2 + b_1^2 & a_1 a_2 + b_1 b_2 & \cdots & a_1 a_n + b_1 b_n \\ a_2 a_1 + b_2 b_1 & a_2^2 + b_2^2 & \cdots & a_2 a_n + b_2 b_n \\ \vdots & \vdots & & \vdots \\ a_n a_1 + b_n b_1 & a_n a_2 + b_n b_2 & \cdots & a_n^2 + b_n^2 \end{bmatrix}$ 特征值和 $|\boldsymbol{A}|$.

**解** 由于 $\boldsymbol{A} = \begin{bmatrix} a_1 & b_1 \\ a_2 & b_2 \\ \vdots & \vdots \\ a_n & b_n \end{bmatrix} \begin{bmatrix} a_1 & a_2 & \cdots & a_n \\ b_1 & b_2 & \cdots & b_n \end{bmatrix}$，由降阶公式有

$$|\lambda \boldsymbol{E}_n - \boldsymbol{A}| = \lambda^{n-2} \left| \lambda \boldsymbol{E}_2 - \begin{bmatrix} a_1 & a_2 & \cdots & a_n \\ b_1 & b_2 & \cdots & b_n \end{bmatrix} \begin{bmatrix} a_1 & b_1 \\ a_2 & b_2 \\ \vdots & \vdots \\ a_n & b_n \end{bmatrix} \right|$$

$$=\lambda^{n-2}\begin{vmatrix}\lambda-\sum_{i=1}^{n}a_i^2 & -\sum_{i=1}^{n}a_ib_i\\ -\sum_{i=1}^{n}a_ib_i & \lambda-\sum_{i=1}^{n}b_i^2\end{vmatrix}=\lambda^{n-2}\left(\lambda-\sum_{i=1}^{n}a_i^2\right)\left(\lambda-\sum_{i=1}^{n}b_i^2\right)$$

从而 $\boldsymbol{A}$ 的特征值为 $0(n-2$ 重)、$\sum_{i=1}^{n}a_i^2$、$\sum_{i=1}^{n}b_i^2$，同时 $|\boldsymbol{A}|=\begin{cases}a_1^2+b_1^2 & n=1\\ (a_1b_2-a_2b_1)^2 & n=2.\\ 0 & n>2\end{cases}$

**推广** 求 $\boldsymbol{B}=\begin{bmatrix}a_1^2+b_1^2+1 & a_1a_2+b_1b_2 & \cdots & a_1a_n+b_1b_n\\ a_2a_1+b_2b_1 & a_2^2+b_2^2+1 & \cdots & a_2a_n+b_2b_n\\ \vdots & \vdots & & \vdots\\ a_na_1+b_nb_1 & a_na_2+b_nb_2 & \cdots & a_n^2+b_n^2+1\end{bmatrix}$ 的行列式的值.（将已知矩阵分解为 $\boldsymbol{B}=\boldsymbol{A}+\boldsymbol{E}$，求出 $\boldsymbol{A}$ 的特征值，即上题结果，则 $\boldsymbol{B}$ 的特征值为 $\boldsymbol{A}$ 的所有特征值加上 1，$|\boldsymbol{B}|$ 为其所有特征值的乘积.）

## 练 习 题

1. 设 $f(x)=\begin{vmatrix}x+a_{11} & a_{12} & a_{13} & a_{14}\\ a_{21} & x+a_{22} & a_{23} & a_{24}\\ a_{31} & a_{32} & x+a_{33} & a_{34}\\ a_{41} & a_{42} & a_{43} & x+a_{44}\end{vmatrix}$，则 $x^3$ 的系数为________.

2. 计算行列式 $D=\begin{vmatrix}2 & -1 & 0 & 0\\ 0 & 2 & -1 & 0\\ 0 & 0 & 2 & -1\\ -1 & 0 & 0 & 2\end{vmatrix}=$ ________，$D=\begin{vmatrix}0 & 0 & 0 & a & b\\ 0 & 0 & a & b & 0\\ 0 & a & b & 0 & 0\\ a & b & 0 & 0 & 0\\ b & 0 & 0 & 0 & 0\end{vmatrix}=$ ________.

3. 设 $D=\begin{vmatrix}1 & -2 & 2\\ -2 & -1 & -k\\ 3 & k & 1\end{vmatrix}=0$，则 $k=$ ________.

4. 设关于 $x$ 的一元二次方程 $\begin{vmatrix}x & 1 & a\\ 1 & x-1 & 1\\ 1 & 1 & 1\end{vmatrix}=0$ 有二重根，则 $a=$ ________.

5. 当 $a=$ ________时，齐次线性方程组 $\begin{cases}ax_1+ax_2+x_3=0\\ ax_1+x_2+ax_3=0\\ x_1+ax_2+ax_3=0\end{cases}$ 只有零解.

6. 当 $a$、$b$ 满足条件________时，非齐次线性方程组 $\begin{cases}ax_1+x_2+x_3+1\\ 2x_1-x_2+bx_3=-1\\ -x_1+2x_2+bx_3=1\end{cases}$ 有唯一解.

7. 设4阶矩阵$\boldsymbol{A}=(\boldsymbol{\alpha}, 2\boldsymbol{\gamma}_2, 3\boldsymbol{\gamma}_3, 4\boldsymbol{\gamma}_4)$，$\boldsymbol{B}=(\boldsymbol{\beta}, \boldsymbol{\gamma}_2, \boldsymbol{\gamma}_3, \boldsymbol{\gamma}_4)$，其中，$\boldsymbol{\alpha}$，$\boldsymbol{\beta}$，$\boldsymbol{\gamma}_2$，$\boldsymbol{\gamma}_3$，$\boldsymbol{\gamma}_4$为4维列向量，且$|\boldsymbol{A}|=8$，$|\boldsymbol{B}|=1$，则$|\boldsymbol{A}-\boldsymbol{B}|=$ ________，$|\boldsymbol{A}-\boldsymbol{B}|=$ ________.

8. 设$\boldsymbol{A}$为$n$阶矩阵，$\boldsymbol{\alpha}_1, \boldsymbol{\alpha}_2, \cdots, \boldsymbol{\alpha}_n$为线性无关的$n$维向量．$\boldsymbol{A}\boldsymbol{\alpha}_i=\boldsymbol{\alpha}_{i+1}(i=1, 2, \cdots, n-1)$，$\boldsymbol{A}\boldsymbol{\alpha}_n=\boldsymbol{\alpha}_1$，求$|\boldsymbol{A}|$.

9. 计算行列式：

$$D_n=\begin{vmatrix} 6 & 3 & 0 & \cdots & 0 \\ 3 & 6 & 3 & \cdots & 0 \\ 0 & 3 & 6 & \cdots & 0 \\ \vdots & \vdots & \vdots & & \vdots \\ 0 & 0 & 0 & \cdots & 6 \end{vmatrix}; \quad D_n=\begin{vmatrix} 9 & 4 & 0 & \cdots & 0 \\ 5 & 9 & 4 & \cdots & 0 \\ 0 & 5 & 9 & \cdots & 0 \\ \vdots & \vdots & \vdots & & \vdots \\ 0 & 0 & 0 & \cdots & 9 \end{vmatrix};$$

$$D_{n+1}=\begin{vmatrix} x & a_1 & a_2 & a_3 & \cdots & a_n \\ a_1 & x & a_2 & a_3 & \cdots & a_n \\ a_1 & a_2 & x & a_3 & \cdots & a_n \\ \vdots & \vdots & \vdots & \vdots & & \vdots \\ a_1 & a_2 & a_3 & a_4 & \cdots & x \end{vmatrix};$$

$$D=\begin{vmatrix} 5 & 2 & 2 & \cdots & 2 & 2 \\ -2 & 5 & 2 & \cdots & 2 & 2 \\ -2 & -2 & 5 & \cdots & 2 & 2 \\ \vdots & \vdots & \vdots & & \vdots & \vdots \\ -2 & -2 & -2 & \cdots & 5 & 2 \\ -2 & -2 & -2 & \cdots & -2 & 5 \end{vmatrix}; \quad \begin{vmatrix} a_1+\lambda_1 & a_1 & \cdots & a_1 \\ \lambda_2 & a_2+\lambda_2 & \cdots & \lambda_2 \\ \vdots & \vdots & & \vdots \\ \lambda_n & \lambda_n & \cdots & a_n+\lambda_n \end{vmatrix} \quad (\lambda_i \neq 0, i=1, 2, \cdots, n);$$

$$D_{n+1}=\begin{vmatrix} a & a & \cdots & a & 0 \\ 1 & 0 & \cdots & 0 & b \\ 0 & 1 & \cdots & 0 & b \\ \vdots & \vdots & & \vdots & \vdots \\ 0 & 0 & \cdots & 1 & b \end{vmatrix}; \quad D_{n+1}=\begin{vmatrix} a_1 & a_2 & \cdots & a_n & 0 \\ 1 & 0 & \cdots & 0 & b_1 \\ 0 & 1 & \cdots & 0 & b_2 \\ \vdots & \vdots & \vdots & & \vdots \\ 0 & 0 & \cdots & 1 & b_n \end{vmatrix};$$

$$\boldsymbol{A}=\begin{bmatrix} 2a_1b_1 & a_1b_2+a_2b_1 & \cdots & a_1b_n+a_nb_1 \\ a_2b_1+a_1b_2 & 2a_2b_2 & \cdots & a_2b_n+a_nb_2 \\ \vdots & \vdots & & \vdots \\ a_nb_1+a_1b_n & a_nb_2+a_2b_n & \cdots & 2a_nb_n \end{bmatrix}，求|\boldsymbol{A}|；\quad D=\begin{vmatrix} a & b & c & d \\ -b & a & -d & c \\ -c & d & a & -b \\ -d & -c & b & a \end{vmatrix}.$$

# 第3章 线性方程组

### ▲ 本章重点

（1）理解线性方程组的初等变换、系数矩阵、增广矩阵、向量、线性组合、线性相关性、极大无关组、矩阵的秩、基础解系的概念.

（2）掌握消元法、矩阵的初等变换、秩、线性方程组有解的判定定理、齐次线性方程组和非齐次线性方程组的解的性质和结构.

### ▲ 本章难点

线性方程组有解判别法和解的结构；矩阵的秩的概念及求法；向量组的极大无关组的求法.

## 3.1 消元法

### 一、线性方程组的概念

线性方程组的一般形式为齐次线性方程组、非齐次线性方程组.

### 二、线性方程组的求解

**1. 消元法解线性方程组及其解的判定**

消元法的求解过程为：消元、回代(初等方法).

线性方程组 $\boldsymbol{AX}=\boldsymbol{B}$ 解的判定：当 $R(\boldsymbol{A})\neq R(\boldsymbol{AB})$ 时，方程组无解；当 $R(\boldsymbol{A})=R(\boldsymbol{AB})$ 时，方程组有解；当 $R(\boldsymbol{A})=R(\boldsymbol{AB})=$ 变量个数时，方程组有唯一解；当 $R(\boldsymbol{A})=R(\boldsymbol{AB})<$ 变量个数时，方程组有无穷多解. 消元法即对系数矩阵的增广矩阵做初等行变换，化为简化阶梯型后进行判定.（$R$ 表示矩阵或向量组的秩.）

**2. 克莱姆法则**

当变元的个数等于未知量个数时，可以采用克莱姆法则求解.（注意复习该法则的具体内容及应用.）

**典型例题**

**例 1** 若 $a_1$，$a_2$，$a_3$，$a_4$ 互异，证明：方程组$\begin{cases}x_1+a_1x_2+a_1^2x_3=a_1^3\\x_1+a_2x_2+a_2^2x_3=a_2^3\\x_1+a_3x_2+a_3^2x_3=a_3^3\\x_1+a_4x_2+a_4^2x_3=a_4^3\end{cases}$无解.

**证明**　设方程组为 $\boldsymbol{AX}=\boldsymbol{b}$，则系数行列式的子式 $D_1=\begin{vmatrix}1 & a_1 & a_1^2\\ 1 & a_2 & a_2^2\\ 1 & a_3 & a_3^2\end{vmatrix}\neq 0$，从而其系数增广矩阵的行列式 $D=\begin{vmatrix}1 & a_1 & a_1^2 & a_1^3\\ 1 & a_2 & a_2^2 & a_2^3\\ 1 & a_3 & a_3^2 & a_3^3\\ 1 & a_4 & a_4^2 & a_4^3\end{vmatrix}\neq 0$，即线性方程组系数矩阵的秩不等于其增广矩阵的秩，故线性方程组无解.

**例 2**　求解线性方程组 $\begin{cases}2x_1+4x_2+x_3+x_4=5\\ -x_1-2x_2-2x_3+x_4=-4\\ x_1+2x_2-x_3+2x_4=1\end{cases}$.

**解**　对增广矩阵做初等行变换，有

$$\begin{bmatrix}2 & 4 & 1 & 1 & 5\\ -1 & -2 & -2 & 1 & -4\\ 1 & 2 & -1 & 2 & 1\end{bmatrix}\to\begin{bmatrix}1 & 2 & -1 & 2 & 1\\ 0 & 0 & -3 & 3 & -3\\ 0 & 0 & 3 & -3 & 3\end{bmatrix}\to\begin{bmatrix}1 & 2 & 0 & 1 & 2\\ 0 & 0 & 1 & -1 & 1\\ 0 & 0 & 0 & 0 & 0\end{bmatrix}$$

由于系数矩阵的秩等于增广矩阵的秩，都为 2 且小于 3，因此方程组有无穷解，同解方程组为 $\begin{cases}x_1=2-2x_2-x_4\\ x_3=1+x_4\end{cases}$，取 $x_2$、$x_4$ 为自由未知量，则原线性方程组的全部解为 $x_1=2-2k_1-k_2$，$x_2=k_1$，$x_3=1+k_2$，$x_4=k_2$（$k_1$、$k_2$ 为任意常数）.

**例 3**　解方程组 $\begin{cases}x_1+x_2+\cdots+x_n=2\\ x_1+C_2^1x_2+\cdots+C_n^1x_n=2\\ x_1+C_3^2x_2+\cdots+C_{n+1}^2x_n=2\\ \qquad\vdots\\ x_1+C_n^{n-1}x_2+\cdots+C_{2n-2}^{n-1}x_n=2\end{cases}$.

**解**　利用公式 $C_n^r-C_{n-1}^{r-1}=C_{n-1}^r$，线性方程组的系数矩阵的行列式为

$$D=\begin{vmatrix}1 & 1 & 1 & \cdots & 1\\ 1 & C_2^1 & C_3^1 & \cdots & C\\ 1 & C_3^2 & C_4^2 & \cdots & C\\ \vdots & \vdots & \vdots & & \vdots\\ 1 & C_n^{n-1} & C_{n+1}^{n-1} & \cdots & C_{2n-2}^{n-1}\end{vmatrix}=\begin{vmatrix}1 & 1 & 1 & \cdots & 1\\ 0 & C_1^1 & C_2^1 & \cdots & C_{n-1}^2\\ 0 & C_2^2 & C_3^2 & \cdots & C_n^2\\ \vdots & \vdots & \vdots & & \vdots\\ 0 & C_{n-1}^{n-1} & C_n^{n-1} & \cdots & C_{2n-1}^{n-1}\end{vmatrix}=\cdots$$

$$=\begin{vmatrix}1 & 1 & 1 & \cdots & 1\\ 0 & C_1^1 & C_2^1 & \cdots & C_{n-1}^1\\ 0 & 0 & C_2^2 & \cdots & C_{n-1}^2\\ \vdots & \vdots & \vdots & & \vdots\\ 0 & 0 & 0 & \cdots & C_{n-1}^{n-1}\end{vmatrix}=1\neq 0$$

由克莱姆法则知，原线性方程组有唯一解，$D_1=2D$，$D_i=0(i=2,3,\cdots,n)$，则其解为$(2,0,\cdots,0)$.

## 3.2 线性相关性

设 $V$ 是数域 $P$ 上的向量空间，$\boldsymbol{\alpha}$，$\boldsymbol{\alpha}_1$，…，$\boldsymbol{\alpha}_s$，$\boldsymbol{\beta}$，$\boldsymbol{\beta}_1$，…，$\boldsymbol{\beta}_t \in V$.

**1. 向量(组)定义**

若干个维数相同的向量放在一起构成一个向量组.

**2. 线性组合**

如果存在数域 $P$ 中的一组数 $k_1$，$k_2$，…，$k_s$，使 $\boldsymbol{\alpha}=k_1\boldsymbol{\alpha}_1+k_2\boldsymbol{\alpha}_2+\cdots+k_s\boldsymbol{\alpha}_s$，则称向量 $\boldsymbol{\alpha}$ 是向量组 $\boldsymbol{\alpha}_1$，$\boldsymbol{\alpha}_2$，…，$\boldsymbol{\alpha}_s$ 的线性组合，或称向量 $\boldsymbol{\alpha}$ 可由向量组 $\boldsymbol{\alpha}_1$，$\boldsymbol{\alpha}_2$，…，$\boldsymbol{\alpha}_s$ 线性表出(示).

**3. 等价**

如果向量组 $\boldsymbol{\alpha}_1$，$\boldsymbol{\alpha}_2$，…，$\boldsymbol{\alpha}_s$ 中每一个向量 $\boldsymbol{\alpha}_i(i=1,\cdots,s)$ 都可经向量组 $\boldsymbol{\beta}_1$，$\boldsymbol{\beta}_2$，…，$\boldsymbol{\beta}_t$ 线性表出，则向量组 $\boldsymbol{\alpha}_1$，$\boldsymbol{\alpha}_2$，…，$\boldsymbol{\alpha}_s$ 称为可经向量组 $\boldsymbol{\beta}_1$，$\boldsymbol{\beta}_2$，…，$\boldsymbol{\beta}_t$ 线性表出. 若两个向量组可互相线性表出，则称两个向量组等价. 等价具有反身性、对称性和传递性.

**4. 线性相关**

如果存在数域 $P$ 中不全为零的数 $k_1$，$k_2$，…，$k_s$，使 $k_1\boldsymbol{\alpha}_1+k_2\boldsymbol{\alpha}_2+\cdots+k_s\boldsymbol{\alpha}_s=\mathbf{0}$，则称向量组 $\boldsymbol{\alpha}_1$，$\boldsymbol{\alpha}_2$，…，$\boldsymbol{\alpha}_s$ 线性相关. 当 $s=1$ 时，$\boldsymbol{\alpha}_1$ 线性相关的充要条件为 $\boldsymbol{\alpha}_1=\mathbf{0}$；当 $s>1$ 时，$\boldsymbol{\alpha}_1$，$\boldsymbol{\alpha}_2$，…，$\boldsymbol{\alpha}_s$ 线性相关的充要条件为其中有一个向量可以由其余向量线性表出，或其中有一个向量可以由前面的向量线性表出).

如果只有当 $k_1=k_2=\cdots=k_s=0$ 时上式才成立，则称向量组 $\boldsymbol{\alpha}_1$，$\boldsymbol{\alpha}_2$，…，$\boldsymbol{\alpha}_s$ 线性无关. 当 $s=1$ 时，$\boldsymbol{\alpha}_1$ 线性无关的充要条件为 $\boldsymbol{\alpha}\neq\mathbf{0}$；当 $s>1$ 时，$\boldsymbol{\alpha}_1$，$\boldsymbol{\alpha}_2$，…，$\boldsymbol{\alpha}_s$ 线性无关的充要条件为其中任一个向量都不可以由其余向量线性表出(也称为线性表示).

**5. 线性表出与线性相关的关系**

(1) $\boldsymbol{\alpha}_1$，$\boldsymbol{\alpha}_2$，…，$\boldsymbol{\alpha}_s(s\geqslant 2)$ 线性相关的充要条件为其中至少有一个向量可由其余 $s-1$ 个向量线性表出. $\boldsymbol{\alpha}_1$，$\boldsymbol{\alpha}_2$，…，$\boldsymbol{\alpha}_s$ 线性无关的充要条件为每一个都不为其余向量的线性组合.

(2) $\boldsymbol{\alpha}_1$，$\boldsymbol{\alpha}_2$，…，$\boldsymbol{\alpha}_s$ 线性无关，$\boldsymbol{\alpha}_1$，$\boldsymbol{\alpha}_2$，…，$\boldsymbol{\alpha}_s$，$\boldsymbol{\beta}$ 线性相关，则 $\boldsymbol{\beta}$ 由 $\boldsymbol{\alpha}_1$，$\boldsymbol{\alpha}_2$，…，$\boldsymbol{\alpha}_s$ 唯一线性表出.

(3) $\boldsymbol{\alpha}_1$，$\boldsymbol{\alpha}_2$，…，$\boldsymbol{\alpha}_s$ 可由 $\boldsymbol{\beta}_1$，$\boldsymbol{\beta}_2$，…，$\boldsymbol{\beta}_t$ 线性表出，且 $s>t$，则 $\boldsymbol{\alpha}_1$，$\boldsymbol{\alpha}_2$，…，$\boldsymbol{\alpha}_s$ 必线性相关.

(4) 若 $\boldsymbol{\alpha}_1$，$\boldsymbol{\alpha}_2$，…，$\boldsymbol{\alpha}_s$ 线性无关，且可由 $\boldsymbol{\beta}_1$，$\boldsymbol{\beta}_2$，…，$\boldsymbol{\beta}_t$ 线性表出，则 $s\leqslant t$.

(5) 两个线性无关的等价的向量组必含有相同个数的向量.

(6) 任意 $n+1$ 个 $n$ 维向量必线性相关.

**6. 线性相关与线性无关的判别**

设 $\boldsymbol{\alpha}_1$，$\boldsymbol{\alpha}_2$，…，$\boldsymbol{\alpha}_s$ 是一个 $n$ 维列向量组，构造 $n\times s$ 矩阵 $\mathbf{A}=(\boldsymbol{\alpha}_1,\boldsymbol{\alpha}_2,\cdots,\boldsymbol{\alpha}_s)$.

(1) 当 $s=1$ 时，$\boldsymbol{\alpha}_1$ 线性无关的充要条件为 $\boldsymbol{\alpha}_1\neq\mathbf{0}$，$\boldsymbol{\alpha}_1$ 线性相关的充要条件为 $\boldsymbol{\alpha}_1=\mathbf{0}$.

(2) 当 $s=2$ 时，$\boldsymbol{\alpha}_1$、$\boldsymbol{\alpha}_2$ 线性相关(线性无关)的充要条件为 $\boldsymbol{\alpha}_1$、$\boldsymbol{\alpha}_2$ 对应分量成(不成)

比例.

(3) 当 $2 < s \leqslant n$ 时，$\boldsymbol{\alpha}_1, \boldsymbol{\alpha}_2, \cdots, \boldsymbol{\alpha}_s$ 线性相关(线性无关)的充要条件为 $\boldsymbol{A}$ 的秩小于 $s$(等于 $s$).

(4) 当 $s = n$ 时，$\boldsymbol{\alpha}_1, \boldsymbol{\alpha}_2, \cdots, \boldsymbol{\alpha}_s$ 线性相关(线性无关)的充要条件为 $|\boldsymbol{A}| = 0$($|\boldsymbol{A}| \neq 0$).

(5) 部分相关则整体相关，整体无关则部分无关.

(6) 设 $\boldsymbol{\alpha}_i = (\alpha_{i1}, \alpha_{i2}, \cdots, \alpha_{in})$，$\boldsymbol{\beta}_i = (\alpha_{i1}, \alpha_{i2}, \cdots, \alpha_{in}, b_{i1}, b_{i2}, \cdots, b_{in})(i = 1, 2, \cdots, s)$，若 $\boldsymbol{\beta}_1, \boldsymbol{\beta}_2, \cdots, \boldsymbol{\beta}_s$ 线性相关，则 $\boldsymbol{\alpha}_1, \boldsymbol{\alpha}_2, \cdots, \boldsymbol{\alpha}_s$ 也线性相关，若 $\boldsymbol{\alpha}_1, \boldsymbol{\alpha}_2, \cdots, \boldsymbol{\alpha}_s$ 线性无关，则 $\boldsymbol{\beta}_1, \boldsymbol{\beta}_2, \cdots, \boldsymbol{\beta}_s$ 也线性无关.

**7. 极大线性无关组与向量组的秩**

(1) 向量组中的一个部分组称为一个极大线性无关组，若这个部分组本身线性无关，且从这向量组中任意添一个向量(如果有的话)，则所得的部分向量组都线性相关. 向量组的极大线性无关组所含向量的个数称为这个向量组的秩.

(2) 极大线性无关组和向量组本身等价.

(3) 等价向量组的秩相等；反之不然.

(4) 若 $(\boldsymbol{\beta}_1, \boldsymbol{\beta}_2, \cdots, \boldsymbol{\beta}_m) = (\boldsymbol{\alpha}_1, \boldsymbol{\alpha}_2, \cdots, \boldsymbol{\alpha}_s)\boldsymbol{A}$，$\boldsymbol{\alpha}_1, \boldsymbol{\alpha}_2, \cdots, \boldsymbol{\alpha}_s$ 线性无关，则 $R(\boldsymbol{\beta}_1, \boldsymbol{\beta}_2, \cdots, \boldsymbol{\beta}_m) = R(\boldsymbol{A})$.

**典型例题**

**例 1** 若向量组 $\boldsymbol{\alpha}, \boldsymbol{\beta}, \boldsymbol{\gamma}$ 线性无关，则向量组 $\boldsymbol{\alpha}+\boldsymbol{\beta}, \boldsymbol{\beta}+\boldsymbol{\gamma}, \boldsymbol{\gamma}+\boldsymbol{\alpha}$ 也线性无关.

**推广** 若向量组 $\boldsymbol{\alpha}_1, \cdots, \boldsymbol{\alpha}_r$ 线性无关，讨论向量组 $\boldsymbol{\alpha}_1+\boldsymbol{\alpha}_2, \boldsymbol{\alpha}_2+\boldsymbol{\alpha}_3, \cdots, \boldsymbol{\alpha}_{r-1}+\boldsymbol{\alpha}_r, \boldsymbol{\alpha}_r+\boldsymbol{\alpha}_1$ 的线性相关性.

**解** 设 $k_1(\boldsymbol{\alpha}_1+\boldsymbol{\alpha}_2)+k_2(\boldsymbol{\alpha}_2+\boldsymbol{\alpha}_3)+\cdots+k_{r-1}(\boldsymbol{\alpha}_{r-1}+\boldsymbol{\alpha}_r)+k_r(\boldsymbol{\alpha}_r+\boldsymbol{\alpha}_1)=\boldsymbol{0}$，即 $(k_1+k_r)\boldsymbol{\alpha}_1+(k_1+k_2)\boldsymbol{\alpha}_2+\cdots+(k_{r-1}+k_r)\boldsymbol{\alpha}_r=\boldsymbol{0}$，由于 $\boldsymbol{\alpha}_1, \cdots, \boldsymbol{\alpha}_r$ 线性无关，因此有 $\begin{cases} k_1+k_r=0 \\ k_1+k_2=0 \\ \vdots \\ k_{r-1}+k_r=0 \end{cases}$

系数行列式为

$$D = \begin{vmatrix} 1 & 0 & 0 & \cdots & 1 \\ 1 & 1 & 0 & \cdots & 0 \\ 0 & 1 & 1 & \cdots & 0 \\ \vdots & \vdots & \vdots & & \vdots \\ 0 & 0 & 0 & \cdots & 1 \end{vmatrix} = 1+(-1)^{1+r} = \begin{cases} 2(r\text{ 为奇数}) \\ 0(r\text{ 为偶数}) \end{cases}$$

即当 $r$ 为奇数时，方程组只有零解，则 $\boldsymbol{\alpha}_1+\boldsymbol{\alpha}_2, \boldsymbol{\alpha}_2+\boldsymbol{\alpha}_3, \cdots, \boldsymbol{\alpha}_{r-1}+\boldsymbol{\alpha}_r, \boldsymbol{\alpha}_r+\boldsymbol{\alpha}_1$ 线性无关；当 $r$ 为偶数时，方程组有非零解，则向量组线性相关.

**注** 此类命题有推广命题：

**命题** 若向量组 $\boldsymbol{\alpha}, \boldsymbol{\beta}, \boldsymbol{\gamma}$ 线性无关，则向量组 $\boldsymbol{\alpha}, \boldsymbol{\alpha}+\boldsymbol{\beta}, \boldsymbol{\alpha}+\boldsymbol{\beta}+\boldsymbol{\gamma}$ 也线性无关.

**推广** 若向量组 $\boldsymbol{\alpha}_1, \cdots, \boldsymbol{\alpha}_r$ 线性无关，讨论向量组 $\boldsymbol{\alpha}_1, \boldsymbol{\alpha}_1+\boldsymbol{\alpha}_2, \boldsymbol{\alpha}_1+\boldsymbol{\alpha}_2+\boldsymbol{\alpha}_3, \cdots, \boldsymbol{\alpha}_1+\cdots+\boldsymbol{\alpha}_r$ 的线性相关性.

**例 2** 若向量组 $\boldsymbol{\alpha}_1$、$\boldsymbol{\alpha}_2$、$\boldsymbol{\alpha}_3$ 线性无关，试问当常数 $m$、$k$ 满足什么条件时，向量组 $k\boldsymbol{\alpha}_2-\boldsymbol{\alpha}_1$、$m\boldsymbol{\alpha}_3-\boldsymbol{\alpha}_2$、$\boldsymbol{\alpha}_1-\boldsymbol{\alpha}_3$ 线性无关？线性相关？

**解** 设 $x_1(k\boldsymbol{\alpha}_2-\boldsymbol{\alpha}_1)+x_2(m\boldsymbol{\alpha}_3-\boldsymbol{\alpha}_2)+x_3(\boldsymbol{\alpha}_1-\boldsymbol{\alpha}_3)=\mathbf{0}$，即

$$(x_3-x_1)\boldsymbol{\alpha}_1+(kx_1-x_2)\boldsymbol{\alpha}_2+(mx_2-x_3)\boldsymbol{\alpha}_3=\mathbf{0}$$

由于 $\boldsymbol{\alpha}_1$、$\boldsymbol{\alpha}_2$、$\boldsymbol{\alpha}_3$ 线性无关，则 $\begin{cases}-x_1+x_3=3\\kx_1-x_2=0\\mx_2-x_3=0\end{cases}$，系数行列式为 $D=km-1$.

(1) 当 $km-1\neq 0$ 时，方程组只有零解，向量组线性无关.

(2) 当 $km-1=0$ 时，方程组有非零解，向量组线性相关.

**例 3** 设向量 $\boldsymbol{\alpha}_1,\boldsymbol{\alpha}_2,\cdots,\boldsymbol{\alpha}_n$ 线性无关，证明：$\boldsymbol{\alpha}_1+\boldsymbol{\alpha}_2,\boldsymbol{\alpha}_2+\boldsymbol{\alpha}_3,\cdots\boldsymbol{\alpha}_{n-1}+\boldsymbol{\alpha}_n,\boldsymbol{\alpha}_n+\boldsymbol{\alpha}_1$ 线性无关的充要条件为 $n$ 为奇数.

**证明** 对于 $\forall x_1,x_2,\cdots,x_n\in P$，有

$$x_1(\boldsymbol{\alpha}_1+\boldsymbol{\alpha}_2)+x_2(\boldsymbol{\alpha}_2+\boldsymbol{\alpha}_3)+\cdots+x_{n-1}(\boldsymbol{\alpha}_{n-1}+\boldsymbol{\alpha}_n)+x_n(\boldsymbol{\alpha}_n+\boldsymbol{\alpha}_1)=\mathbf{0}$$

即 $(x_1+x_n)\boldsymbol{\alpha}_1+(x_1+x_2)\boldsymbol{\alpha}_2+\cdots+(x_{n-1}+x_n)\boldsymbol{\alpha}_n=\mathbf{0}$，$\boldsymbol{\alpha}_1,\boldsymbol{\alpha}_2,\cdots,\boldsymbol{\alpha}_n$ 线性无关，则

$$\begin{cases}x_1+x_n=0\\x_1+x_2=0\\\qquad\vdots\\x_{n-1}+x_n=0\end{cases}\qquad ①$$

故 $\boldsymbol{\alpha}_1+\boldsymbol{\alpha}_2,\cdots,\boldsymbol{\alpha}_n+\boldsymbol{\alpha}_1$ 线性无关的充要条件为 ① 仅有 0 解，即

$$\begin{vmatrix}1&0&\cdots&0&1\\1&1&\cdots&0&0\\\vdots&\vdots&&\vdots&\vdots\\0&0&\cdots&1&1\end{vmatrix}=1+(-1)^{1+n}\neq 0 \text{ 的充要条件为 } n \text{ 为奇数}$$

**例 4** (1) 设 $\boldsymbol{\alpha}_1=(2,1,2,2,-4)$，$\boldsymbol{\alpha}_2=(1,1,-1,0,2)$，$\boldsymbol{\alpha}_3=(0,1,2,1,-1)$，$\boldsymbol{\alpha}_4=(-1,-1,-1,-1,1)$，$\boldsymbol{\alpha}_5=(1,2,1,1,1)$. 求秩$(\boldsymbol{\alpha}_1,\boldsymbol{\alpha}_2,\boldsymbol{\alpha}_3,\boldsymbol{\alpha}_4,\boldsymbol{\alpha}_5)$和其极大线性无关组，并把其余向量表示成极大线性无关组的线性组合.

(2) 求向量组 $\boldsymbol{\alpha}_1(1,0,0,1,4)$，$\boldsymbol{\alpha}_2=(0,1,0,2,5)$，$\boldsymbol{\alpha}_3=(0,0,1,3,6)$，$\boldsymbol{\alpha}_4=(1,2,3,14,32)$，$\boldsymbol{\alpha}_5=(4,5,6,32,77)$ 的一个极大无关组.

**解** (1) 令

$$\mathbf{A}=(\boldsymbol{\alpha}_1^{\mathrm{T}},\boldsymbol{\alpha}_2^{\mathrm{T}},\boldsymbol{\alpha}_3^{\mathrm{T}},\boldsymbol{\alpha}_4^{\mathrm{T}},\boldsymbol{\alpha}_5^{\mathrm{T}})=\begin{bmatrix}2&1&0&-1&1\\1&1&1&-1&2\\2&-1&2&-1&1\\2&0&1&-1&1\\-4&2&-1&1&1\end{bmatrix}\to\begin{bmatrix}1&0&0&-\frac{1}{3}&0\\0&1&0&-\frac{1}{3}&1\\0&0&1&-\frac{1}{3}&1\\0&0&0&0&0\\0&0&0&0&0\end{bmatrix}$$

故 $\boldsymbol{\alpha}_1,\boldsymbol{\alpha}_2,\boldsymbol{\alpha}_3$ 为其极大线性无关组，有

$$\begin{cases}\boldsymbol{\alpha}_4=-\frac{1}{3}\boldsymbol{\alpha}_1-\frac{1}{3}\boldsymbol{\alpha}_2-\frac{1}{3}\boldsymbol{\alpha}_3\\\boldsymbol{\alpha}_5=\boldsymbol{\alpha}_2+\boldsymbol{\alpha}_3\end{cases}$$

(2) 类似(1)，此处略.

**例5** 设 $\boldsymbol{\alpha}_1=(1+a, 1, 1, 1)^{\mathrm{T}}$，$\boldsymbol{\alpha}_2=(2, 2+a, 2, 2)^{\mathrm{T}}$，$\boldsymbol{\alpha}_3=(3, 3+a, 3, 3)^{\mathrm{T}}$，$\boldsymbol{\alpha}_4=(4, 4, 4, 4+a)^{\mathrm{T}}$，当 $a$ 为何值时，$\boldsymbol{\alpha}_1$，$\boldsymbol{\alpha}_2$，$\boldsymbol{\alpha}_3$，$\boldsymbol{\alpha}_4$ 线性相关？当 $\boldsymbol{\alpha}_1$，$\boldsymbol{\alpha}_2$，$\boldsymbol{\alpha}_3$，$\boldsymbol{\alpha}_4$ 线性相关时，求其一个极大无关组，并将其余向量用其表示.

**解** 记 $\boldsymbol{A}=(\boldsymbol{\alpha}_1, \boldsymbol{\alpha}_2, \boldsymbol{\alpha}_3, \boldsymbol{\alpha}_4)$，则

$$|\boldsymbol{A}|=\begin{vmatrix}1+a & 2 & 3 & 4\\ 1 & 2+a & 3 & 4\\ 1 & 2 & 3+a & 4\\ 1 & 2 & 3 & 4+a\end{vmatrix}=(a+10)a^4$$

当 $|\boldsymbol{A}|=0$，即 $a=0$ 或 $a=-10$ 时，$\boldsymbol{\alpha}_1$，$\boldsymbol{\alpha}_2$，$\boldsymbol{\alpha}_3$，$\boldsymbol{\alpha}_4$ 线性相关.

当 $a=0$ 时，$R(\boldsymbol{A})=1$，则 $\boldsymbol{\alpha}_1$ 为 $\boldsymbol{\alpha}_1$，$\boldsymbol{\alpha}_2$，$\boldsymbol{\alpha}_3$，$\boldsymbol{\alpha}_4$ 的一个极大无关组，且 $\boldsymbol{\alpha}_2=2\boldsymbol{\alpha}_1$，$\boldsymbol{\alpha}_3=3\boldsymbol{\alpha}_1$，$\boldsymbol{\alpha}_4=4\boldsymbol{\alpha}_1$.

当 $a=-10$ 时，对矩阵做初等变换，有

$$\boldsymbol{A}=\begin{bmatrix}-9 & 2 & 3 & 4\\ 1 & -8 & 3 & 4\\ 1 & 2 & -7 & 4\\ 1 & 2 & 3 & -6\end{bmatrix}\rightarrow\begin{bmatrix}0 & 0 & 0 & 0\\ 1 & -1 & 0 & 0\\ 1 & 0 & -1 & 0\\ 1 & 0 & 0 & -1\end{bmatrix}\xlongequal{\Delta}(\boldsymbol{\beta}_1, \boldsymbol{\beta}_2, \boldsymbol{\beta}_3, \boldsymbol{\beta}_4)$$

由于 $\boldsymbol{\beta}_2$，$\boldsymbol{\beta}_3$，$\boldsymbol{\beta}_4$ 为 $\boldsymbol{\beta}_1$，$\boldsymbol{\beta}_2$，$\boldsymbol{\beta}_3$，$\boldsymbol{\beta}_4$ 的极大无关组，且 $\boldsymbol{\beta}_1=-\boldsymbol{\beta}_2-\boldsymbol{\beta}_3-\boldsymbol{\beta}_4$，故 $\boldsymbol{\alpha}_2$，$\boldsymbol{\alpha}_3$，$\boldsymbol{\alpha}_4$ 为 $\boldsymbol{\alpha}_1$，$\boldsymbol{\alpha}_2$，$\boldsymbol{\alpha}_3$，$\boldsymbol{\alpha}_4$ 的一个极大无关组，且 $\boldsymbol{\alpha}_1=-\boldsymbol{\alpha}_2-\boldsymbol{\alpha}_3-\boldsymbol{\alpha}_4$.

**例6** 设 $\boldsymbol{\alpha}_1$，$\boldsymbol{\alpha}_2$，$\boldsymbol{\alpha}_3$ 线性无关，$\boldsymbol{\alpha}_2$，$\boldsymbol{\alpha}_3$，$\boldsymbol{\alpha}_4$ 线性相关，证明：$\boldsymbol{\alpha}_1$ 不能由 $\boldsymbol{\alpha}_2$，$\boldsymbol{\alpha}_3$，$\boldsymbol{\alpha}_4$ 线性表出.

**证明** (反证法)若 $\boldsymbol{\alpha}_1$ 可由 $\boldsymbol{\alpha}_2$，$\boldsymbol{\alpha}_3$，$\boldsymbol{\alpha}_4$ 线性表出，由已知有 $\boldsymbol{\alpha}_2$，$\boldsymbol{\alpha}_3$ 线性无关，则 $\boldsymbol{\alpha}_4$ 可由 $\boldsymbol{\alpha}_1$，$\boldsymbol{\alpha}_2$，$\boldsymbol{\alpha}_3$ 线性表出，则$(\boldsymbol{\alpha}_1, \boldsymbol{\alpha}_2, \boldsymbol{\alpha}_3)$与$(\boldsymbol{\alpha}_2, \boldsymbol{\alpha}_3, \boldsymbol{\alpha}_4)$等价. $3=R(\boldsymbol{\alpha}_1, \boldsymbol{\alpha}_2, \boldsymbol{\alpha}_3)=R(\boldsymbol{\alpha}_2, \boldsymbol{\alpha}_3, \boldsymbol{\alpha}_4)\leqslant 2$，矛盾.

**例7** 若 $\boldsymbol{\alpha}_1$，$\boldsymbol{\alpha}_2$，…，$\boldsymbol{\alpha}_n$ 线性相关，但其中任意 $n-1$ 个线性无关，证明：

(1) 若 $k_1\boldsymbol{\alpha}_1+k_2\boldsymbol{\alpha}_2+\cdots+k_n\boldsymbol{\alpha}_n=\mathbf{0}$，则 $k_1$，$k_2$，…，$k_n$ 或全为0，或全不为0.

(2) 若 $\begin{cases}k_1\boldsymbol{\alpha}_1+k_2\boldsymbol{\alpha}_2+\cdots+k_n\boldsymbol{\alpha}_n=\mathbf{0}\\ l_1\boldsymbol{\alpha}_1+l_2\boldsymbol{\alpha}_2+\cdots+l_n\boldsymbol{\alpha}_n=\mathbf{0}\end{cases}(l_1\neq 0)$，则 $\dfrac{k_1}{l_1}=\dfrac{k_2}{l_2}=\cdots=\dfrac{k_n}{l_n}$.

**证明** (1) 分两种情况讨论：

① 若 $k_i=0$，则

$$k_1\boldsymbol{\alpha}_1+k_2\boldsymbol{\alpha}_2+\cdots+k_{i-1}\boldsymbol{\alpha}_{i-1}+k_{i+1}\boldsymbol{\alpha}_{i+1}+\cdots+k_n\alpha_n=\mathbf{0}$$

由于 $\boldsymbol{\alpha}_1$，$\boldsymbol{\alpha}_2$，…，$\boldsymbol{\alpha}_{i-1}$，$\boldsymbol{\alpha}_{i+1}$，…，$\boldsymbol{\alpha}_n$ 线性无关，因此

$$k_1=k_2=\cdots=k_{i-1}=k_{i-1}=\cdots=k_n=0$$

② 若 $k_i\neq 0$，$k_j=0(i\neq j)$，则由 ① 产生矛盾，故

$$k_j\neq 0,\ j=1, 2, \cdots, i-1, i+1, \cdots, n$$

(2) 由于 $l_1\neq 0$，因此

$$\boldsymbol{\alpha}_1=-\frac{l_2}{l_1}\boldsymbol{\alpha}_2-\frac{l_3}{l_1}\boldsymbol{\alpha}_3-\cdots\frac{l_n}{l_1}\boldsymbol{\alpha}_n,\ \left(k_2-\frac{k_1l_2}{l_1}\right)\boldsymbol{\alpha}_2+\cdots+\left(k_n-\frac{k_1l_n}{l_1}\right)\boldsymbol{\alpha}_n=\mathbf{0}$$

由于 $\boldsymbol{\alpha}_2$，…，$\boldsymbol{\alpha}_n$ 线性无关，有

$$k_2-\frac{k_1l_2}{l_1}=\cdots=k_n-\frac{k_1l_n}{l_1}=0,\text{故}\frac{k_1}{l_1}=\frac{k_2}{l_2}=\cdots=\frac{k_n}{l_n}$$

**例 8** 设$\lambda\in\mathbf{R}$，$\boldsymbol{\alpha}_1$，$\boldsymbol{\alpha}_2$，…，$\boldsymbol{\alpha}_n(n>2)$线性无关，讨论向量组$\boldsymbol{\alpha}_1+\lambda\boldsymbol{\alpha}_2$，$\boldsymbol{\alpha}_2+\lambda^2\boldsymbol{\alpha}_3$，…，$\boldsymbol{\alpha}_{n-1}+\lambda^{n-1}\boldsymbol{\alpha}_n$，$\boldsymbol{\alpha}_n+\lambda^n\boldsymbol{\alpha}_1$的线性相关性.

**解** 设

$$x_1(\boldsymbol{\alpha}_1+\lambda\boldsymbol{\alpha}_2)+x_2(\boldsymbol{\alpha}_2+\lambda^2\boldsymbol{\alpha}_3)+\cdots+x_{n-1}(\boldsymbol{\alpha}_{n-1}+\lambda^{n-1}\boldsymbol{\alpha}_n)+x_n(\boldsymbol{\alpha}_n+\lambda^n\boldsymbol{\alpha}_1)=\mathbf{0}$$

即

$$(x_1+\lambda^nx_n)\boldsymbol{\alpha}_1+(\lambda x_1+x_2)\boldsymbol{\alpha}_2+\cdots+(\lambda^{n-2}x_{n-2}+x_{n-1})\boldsymbol{\alpha}_{n-1}+(\lambda^{n-1}x_{n-1}+x_n)\boldsymbol{\alpha}_n=\mathbf{0}$$

由于$\boldsymbol{\alpha}_1$，$\boldsymbol{\alpha}_2$，…，$\boldsymbol{\alpha}_n$线性无关，因此

$$x_1+\lambda^nx_n=0,\ \lambda x_1+x_2=0,\ \cdots,\ \lambda^{n-1}x_{n-2}+x_{n-1}=0,\ \lambda^{n-1}x_{n-1}+x_n=0,$$

其系数行列式为

$$\begin{vmatrix}1&0&0&\cdots&0&\lambda^n\\\lambda&1&0&\cdots&0&0\\0&\lambda^2&1&\cdots&0&0\\0&0&\lambda^3&\cdots&0&0\\\vdots&\vdots&\vdots&&\vdots&\vdots\\0&0&0&\cdots&\lambda^{n-1}&1\end{vmatrix}=1+(-1)^{n+1}\lambda^{\frac{n(n+1)}{2}}$$

有以下三种情况：

(1) 当$\lambda=1$时，若$n$为奇数，则所论向量组线性无关；若$n$为偶数，则所论向量组线性相关.

(2) 当$\lambda=-1$时，$4\mid(n+1)(n+2)$，所论向量组线性无关；否则，所论向量组线性相关.

(3) 在其他情况时，所论向量组线性无关.

**例 9** 已知向量组$\boldsymbol{\alpha}_1$，$\boldsymbol{\alpha}_2$，…，$\boldsymbol{\alpha}_s$线性无关，当参数$t_1$、$t_2$满足什么条件时，向量组

$$\boldsymbol{\beta}_1=t_1\boldsymbol{\alpha}_1+t_2\boldsymbol{\alpha}_2,\ \boldsymbol{\beta}_2=t_1\boldsymbol{\alpha}_2+t_2\boldsymbol{\alpha}_3,\ \cdots,\ \boldsymbol{\beta}_{s-1}=t_1\boldsymbol{\alpha}_{s-1}+t_2\boldsymbol{\alpha}_s,\ \boldsymbol{\beta}_s=t_1\boldsymbol{\alpha}_s+t_2\boldsymbol{\alpha}_1$$

线性无关.

**解** 设

$$x_1(t_1\boldsymbol{\alpha}+t_2\boldsymbol{\alpha}_2)+x_2(t_1\boldsymbol{\alpha}_2+t_2\boldsymbol{\alpha}_3)+\cdots+x_{s-1}(t_1\boldsymbol{\alpha}_{s-1}+t_2\boldsymbol{\alpha}_s)+x_x(t_1\boldsymbol{\alpha}_s+t_2\boldsymbol{\alpha}_1)=\mathbf{0}$$

即

$$(x_1t_1+x_st_2)\boldsymbol{\alpha}_1+(x_2t_1+x_1t_2)\boldsymbol{\alpha}_2+\cdots+(x_{s-1}t_1+x_{s-2}t_2)\boldsymbol{\alpha}_{s-1}+(x_st_1+x_{s-1}t_2)\boldsymbol{\alpha}_s=\mathbf{0}$$

由$\boldsymbol{\alpha}_1$，$\boldsymbol{\alpha}_2$，…，$\boldsymbol{\alpha}_s$线性无关，有

$$x_1t_1+x_st_2=0,\ x_2t_1+x_1t_2=0,\ \cdots,\ x_{s-1}t_1+x_{s-2}t_2=0,\ x_st_1+x_{s-1}t_2=0$$

则关于$x_1$，$x_2$，…，$x_s$的线性方程组的系数矩阵行列式为

$$\begin{vmatrix}t_1&0&\cdots&0&t_2\\t_2&t_1&\cdots&0&0\\\vdots&\vdots&&\vdots&\vdots\\0&0&\cdots&t_1&0\\0&0&\cdots&t_2&t_1\end{vmatrix}=t_1^s+(-1)^{s+1}t_2^s$$

因此当$t_1^s+(-1)^{s+1}t_2^s\neq0$时，所论向量组线性无关.

**例 10** 设$\boldsymbol{\alpha}_1$，$\boldsymbol{\alpha}_2$，…，$\boldsymbol{\alpha}_m$，$\boldsymbol{\beta}$为$m+1$个向量，且$\boldsymbol{\beta}=\boldsymbol{\alpha}_1+\boldsymbol{\alpha}_2+\cdots+\boldsymbol{\alpha}_m$，$m>1$，证

明：$\boldsymbol{\beta}-\boldsymbol{\alpha}_1$，$\boldsymbol{\beta}-\boldsymbol{\alpha}_2$，…，$\boldsymbol{\beta}-\boldsymbol{\alpha}_m$ 线性无关的充要条件为 $\boldsymbol{\alpha}_1$，$\boldsymbol{\alpha}_2$，…，$\boldsymbol{\alpha}_m$ 线性无关.

**证明** 由已知得

$$\boldsymbol{\alpha}_1=\frac{2-m}{m-1}(\boldsymbol{\beta}-\boldsymbol{\alpha}_1)+\frac{1}{m-1}(\boldsymbol{\beta}-\boldsymbol{\alpha}_2)+\cdots+\frac{1}{m-1}(\boldsymbol{\beta}-\boldsymbol{\alpha}_m)$$

$$\boldsymbol{\alpha}_2=\frac{1}{m-1}(\boldsymbol{\beta}-\boldsymbol{\alpha}_1)+\frac{2-m}{m-1}(\boldsymbol{\beta}-\boldsymbol{\alpha}_2)+\cdots+\frac{1}{m-1}(\boldsymbol{\beta}-\boldsymbol{\alpha}_m)$$

$$\vdots$$

$$\boldsymbol{\alpha}_m=\frac{1}{m-1}(\boldsymbol{\beta}-\boldsymbol{\alpha}_1)+\frac{1}{m-1}(\boldsymbol{\beta}-\boldsymbol{\alpha}_2)+\cdots+\frac{2-m}{m-1}(\boldsymbol{\beta}-\boldsymbol{\alpha}_m)$$

从而 $\boldsymbol{\alpha}_1$，$\boldsymbol{\alpha}_2$，…，$\boldsymbol{\alpha}_m$ 可由 $\boldsymbol{\beta}-\boldsymbol{\alpha}_1$，$\boldsymbol{\beta}-\boldsymbol{\alpha}_2$，…，$\boldsymbol{\beta}-\boldsymbol{\alpha}_m$ 线性表出. 显然，$\boldsymbol{\beta}-\boldsymbol{\alpha}_1$，$\boldsymbol{\beta}-\boldsymbol{\alpha}_2$，…，$\boldsymbol{\beta}-\boldsymbol{\alpha}_m$ 可由 $\boldsymbol{\alpha}_1$，$\boldsymbol{\alpha}_2$，…，$\boldsymbol{\alpha}_m$ 线性表出，则这两个向量组等价且秩相等，故 $\boldsymbol{\beta}-\boldsymbol{\alpha}_1$，$\boldsymbol{\beta}-\boldsymbol{\alpha}_2$，…，$\boldsymbol{\beta}-\boldsymbol{\alpha}_m$ 线性无关的充要条件为 $\boldsymbol{\alpha}_1$，$\boldsymbol{\alpha}_2$，…，$\boldsymbol{\alpha}_m$ 线性无关.

**例 11** 设 $\boldsymbol{\alpha}_1$，$\boldsymbol{\alpha}_2$，…，$\boldsymbol{\alpha}_n$ 线性无关，请问当 $k$ 为何值时，$k\boldsymbol{\alpha}_1-\boldsymbol{\alpha}_2-\cdots-\boldsymbol{\alpha}_n$，$-\boldsymbol{\alpha}_1+k\boldsymbol{\alpha}_2-\boldsymbol{\alpha}_3-\cdots-\boldsymbol{\alpha}_n$，…，$-\boldsymbol{\alpha}_1-\boldsymbol{\alpha}_2-\cdots-\boldsymbol{\alpha}_{n-1}+k\boldsymbol{\alpha}_n$ 线性无关，并证明.

**解** 若

$$x_1(k\boldsymbol{\alpha}_1-\boldsymbol{\alpha}_2-\cdots-\boldsymbol{\alpha}_n)+\cdots+x_n(-\boldsymbol{\alpha}_1-\boldsymbol{\alpha}_2-\cdots-\boldsymbol{\alpha}_{n-1}+k\boldsymbol{\alpha}_n)=\mathbf{0}$$

即

$$(kx_1-x_2-\cdots-x_n)\boldsymbol{\alpha}_1+(-x_1+kx_2-\cdots-x_n)\boldsymbol{\alpha}_2+\cdots+(-x_1-\cdots-x_{n-1}+kx_n)\boldsymbol{\alpha}_n=\mathbf{0}$$

由 $\boldsymbol{\alpha}_1$，$\boldsymbol{\alpha}_2$，…，$\boldsymbol{\alpha}_n$ 线性无关，则

$$\begin{cases}kx_1-x_2-\cdots-x_n=0\\-x_1+kx_2-\cdots-x_n=0\\\qquad\vdots\\-x_1-x_2-\cdots-x_{n-1}+kx_n=0\end{cases}$$

令 $\mathbf{A}=\begin{bmatrix}k&-1&\cdots&-1\\-1&k&\cdots&-1\\\vdots&\vdots&&\vdots\\-1&-1&\cdots&k\end{bmatrix}$，则所求向量组线性无关的充要条件为 $|\mathbf{A}|=[k-(n-1)]\cdot(k+1)^{n-1}\neq0$，即 $k\neq n-1$，$k\neq-1$.

**例 12** 设在向量组 $\boldsymbol{\alpha}_1$，$\boldsymbol{\alpha}_2$，…，$\boldsymbol{\alpha}_r$ 中，$\boldsymbol{\alpha}_1\neq\mathbf{0}$，并且每一个 $\boldsymbol{\alpha}_i$ 都不能表示成它的前 $i-1$ 个向量 $\boldsymbol{\alpha}_1$，$\boldsymbol{\alpha}_2$，…，$\boldsymbol{\alpha}_{i-1}$ 的线性组合($2\leqslant i\leqslant r$)，证明：$\boldsymbol{\alpha}_1$，$\boldsymbol{\alpha}_2$，…，$\boldsymbol{\alpha}_r$ 线性无关.

**证明** 假定 $\boldsymbol{\alpha}_1$，$\boldsymbol{\alpha}_2$，…，$\boldsymbol{\alpha}_r$ 线性相关，则有不全为零的 $r$ 个数 $k_1$，$k_2$，…，$k_r$，使 $k_1\boldsymbol{\alpha}_1+k_2\boldsymbol{\alpha}_2+\cdots+k_\gamma\boldsymbol{\alpha}_r=\mathbf{0}$. 若 $r=1$，则 $k_1\boldsymbol{\alpha}_1=\mathbf{0}$，由已知得 $\boldsymbol{\alpha}_1\neq\mathbf{0}$，则 $k_1=0$，结论成立. 当 $r\geqslant2$ 时，设 $k_r=k_{r-1}=\cdots=k_{i+1}=0$，$k_i\neq0$，则 $\boldsymbol{\alpha}_i=-\dfrac{k_1}{k_i}\boldsymbol{\alpha}_1-\dfrac{k_2}{k_i}\boldsymbol{\alpha}_2-\cdots-\dfrac{k_{i-1}}{k_i}$，与已知矛盾！故 $\boldsymbol{\alpha}_1$，$\boldsymbol{\alpha}_2$，…，$\boldsymbol{\alpha}_r$ 线性无关.

**例 13** 已知 $\boldsymbol{\alpha}_1=(1,3,0,3)^{\mathrm{T}}$，$\boldsymbol{\alpha}_2=(2,5,1,7)^{\mathrm{T}}$，$\boldsymbol{\alpha}_3=(0,1,-1,a)^{\mathrm{T}}$，$\boldsymbol{\alpha}_4=(2,4,b,8)^{\mathrm{T}}$. 请问：

(1) 当 $a$、$b$ 为何值时，$\boldsymbol{\beta}$ 不能由 $\boldsymbol{\alpha}_1$，$\boldsymbol{\alpha}_2$，$\boldsymbol{\alpha}_3$ 线性表出？

(2) 当 $a$、$b$ 为何值时，$\boldsymbol{\beta}$ 可由 $\boldsymbol{\alpha}_1$，$\boldsymbol{\alpha}_2$，$\boldsymbol{\alpha}_3$ 唯一线性表出？

(3) 当 $a$、$b$ 为何值时，$\boldsymbol{\beta}$ 可由 $\boldsymbol{\alpha}_1$，$\boldsymbol{\alpha}_2$，$\boldsymbol{\alpha}_3$ 线性表出且表达式不唯一？试写出表示式.

**解** 令 $D=|\boldsymbol{\alpha}_1,\boldsymbol{\alpha}_2,\boldsymbol{\alpha}_3,\boldsymbol{\beta}|=(a+1)(b-2)$.

(1) 当 $a\neq-1$, $b\neq2$ 时, $\boldsymbol{\beta}$ 不能由 $\boldsymbol{\alpha}_1,\boldsymbol{\alpha}_2,\boldsymbol{\alpha}_3$ 线性表出.

(2) 当 $a\neq-1$, $b=2$ 时, $\boldsymbol{\beta}$ 可由 $\boldsymbol{\alpha}_1,\boldsymbol{\alpha}_2,\boldsymbol{\alpha}_3$ 唯一线性表出.

(3) 当 $a=-1$, $b=2$ 时, $\boldsymbol{\beta}$ 可由 $\boldsymbol{\alpha}_1,\boldsymbol{\alpha}_2,\boldsymbol{\alpha}_3$ 线性表出且表达式不唯一, 且 $\boldsymbol{\beta}=(2k-2)\boldsymbol{\alpha}_1+(2-k)\boldsymbol{\alpha}_2-k\boldsymbol{\alpha}_3$, $k$ 为任意常数.

**例 14** 若 $\boldsymbol{\alpha}_1,\boldsymbol{\alpha}_2,\cdots,\boldsymbol{\alpha}_r$ 线性无关, 则 $\boldsymbol{\alpha}_1,\boldsymbol{\alpha}_2,\cdots,\boldsymbol{\alpha}_r,\boldsymbol{\beta}$ 线性相关的充要条件为 $\boldsymbol{\beta}$ 可由 $\boldsymbol{\alpha}_1,\boldsymbol{\alpha}_2,\cdots,\boldsymbol{\alpha}_r$ 线性表出.

**证明** 充分性 易证.

必要性 设 $k_1\boldsymbol{\alpha}_1+k_2\boldsymbol{\alpha}_2+\cdots+k_r\boldsymbol{\alpha}_r+k\boldsymbol{\beta}=\boldsymbol{0}$, 则 $k_1,k_2,\cdots,k_r,k$ 不全为零; 若 $k=0$, 则 $k_1\boldsymbol{\alpha}_1+k_2\boldsymbol{\alpha}_2+\cdots+k_r\boldsymbol{\alpha}_r=\boldsymbol{0}$, 而 $\boldsymbol{\alpha}_1,\boldsymbol{\alpha}_2,\cdots,\boldsymbol{\alpha}_r$ 线性无关, 从而 $k_1,k_2,\cdots,k_r$ 全为零, 矛盾. 因此 $k\neq0$, 从而有 $\boldsymbol{\beta}=-\dfrac{k_1}{k}\boldsymbol{\alpha}_1-\dfrac{k_2}{k}\boldsymbol{\alpha}_2-\cdots-\dfrac{k_\gamma}{k}\boldsymbol{\alpha}_r$, 即 $\boldsymbol{\beta}$ 可由 $\boldsymbol{\alpha}_1,\boldsymbol{\alpha}_2,\cdots,\boldsymbol{\alpha}_r$ 线性表出.

**例 15** 设 $\boldsymbol{\alpha}_1,\boldsymbol{\alpha}_2,\cdots,\boldsymbol{\alpha}_r$ 线性无关, 而 $\boldsymbol{\alpha}_1,\boldsymbol{\alpha}_2,\cdots,\boldsymbol{\alpha}_r,\boldsymbol{\beta},\boldsymbol{\gamma}$ 线性相关, 证明: 要么 $\boldsymbol{\beta}$ 与 $\boldsymbol{\gamma}$ 中至少有一个可被 $\boldsymbol{\alpha}_1,\boldsymbol{\alpha}_2,\cdots,\boldsymbol{\alpha}_r$ 线性表出, 要么 $\boldsymbol{\alpha}_1,\boldsymbol{\alpha}_2,\cdots,\boldsymbol{\alpha}_r,\boldsymbol{\beta}$ 与 $\boldsymbol{\alpha}_1,\boldsymbol{\alpha}_2,\cdots,\boldsymbol{\alpha}_r$ 等价.

**证明** 由于 $\boldsymbol{\alpha}_1,\boldsymbol{\alpha}_2,\cdots,\boldsymbol{\alpha}_r,\boldsymbol{\beta},\boldsymbol{\gamma}$ 线性相关, 则存在不全为零的数 $k_1,k_2,\cdots,k_r,l_1,l_2(l_1,l_2$ 不全为零), 使得 $k_1\boldsymbol{\alpha}_1+k_2\boldsymbol{\alpha}_2+\cdots+k_r\boldsymbol{\alpha}_r+l_1\boldsymbol{\beta}+l_2\boldsymbol{\gamma}=\boldsymbol{0}$. 如果 $l_1,l_2$ 中一个为零, 则另一个可由 $\boldsymbol{\alpha}_1,\boldsymbol{\alpha}_2,\cdots,\boldsymbol{\alpha}_r$ 线性表出; 如果 $l_1,l_2$ 全不为零, 则有 $\boldsymbol{\beta}=-\sum\limits_{i=1}^{n}\dfrac{k_i}{l_1}\boldsymbol{\alpha}_i-\dfrac{l_2}{l_1}\boldsymbol{\gamma}$, $\boldsymbol{\gamma}=-\sum\limits_{i=1}^{n}\dfrac{k_i}{l_2}\boldsymbol{\alpha}_i-\dfrac{l_1}{l_2}\boldsymbol{\beta}$, 则 $\boldsymbol{\alpha}_1,\boldsymbol{\alpha}_2,\cdots,\boldsymbol{\alpha}_r,\boldsymbol{\beta}$ 与 $\boldsymbol{\alpha}_1,\boldsymbol{\alpha}_2,\cdots,\boldsymbol{\alpha}_r,\boldsymbol{\gamma}$ 等价.

**例 16** 设 $\sigma$ 是线性空间 $V$ 上的线性变换, 如果 $\sigma^{k-1}\boldsymbol{\xi}\neq\boldsymbol{0}$, $\sigma^k\boldsymbol{\xi}=\boldsymbol{0}$, 证明: $\boldsymbol{\xi},\sigma\boldsymbol{\xi},\cdots,\sigma^{k-1}\boldsymbol{\xi}(k>0)$ 线性无关.

**证明** 设 $x_0\boldsymbol{\xi}+x_1\sigma\boldsymbol{\xi}+\cdots+x_{k-1}\sigma^{k-1}\boldsymbol{\xi}=\boldsymbol{0}$, 式子两边同做变换 $\sigma^{k-1}$, 则

$$x_0\sigma^{k-1}\boldsymbol{\xi}+x_1\sigma^k\boldsymbol{\xi}+\cdots+x_{k-1}\sigma^{2k-2}\boldsymbol{\xi}=\boldsymbol{0}$$

由于 $\sigma^k\boldsymbol{\xi}=\boldsymbol{0}$, 则 $x_0\sigma^{k-1}\boldsymbol{\xi}=\boldsymbol{0}$, 又 $\sigma^{k-1}\boldsymbol{\xi}\neq\boldsymbol{0}$, 则 $x_0=0$. 同理可得 $x_2=x_3=\cdots=x_{k-1}=0$, 即结论成立.

**例 17** (替换定理) 设向量组 $\boldsymbol{\alpha}_1,\boldsymbol{\alpha}_2,\cdots,\boldsymbol{\alpha}_r$ 线性无关, 并且每个 $\boldsymbol{\alpha}_i$ 都可由向量组 $\boldsymbol{\beta}_1,\boldsymbol{\beta}_2,\cdots,\boldsymbol{\beta}_s$ 线性表出, 则 $r\leqslant s$. 对 $\boldsymbol{\beta}_1,\boldsymbol{\beta}_2,\cdots,\boldsymbol{\beta}_s$ 中向量重新编号, 使得用 $\boldsymbol{\alpha}_1,\boldsymbol{\alpha}_2,\cdots,\boldsymbol{\alpha}_r$ 替换 $\boldsymbol{\beta}_1,\boldsymbol{\beta}_2,\cdots,\boldsymbol{\beta}_s$ 后, 所得的向量组 $\boldsymbol{\alpha}_1,\cdots,\boldsymbol{\alpha}_r,\boldsymbol{\beta}_{r+1},\cdots,\boldsymbol{\beta}_s$ 与 $\boldsymbol{\beta}_1,\boldsymbol{\beta}_2,\cdots,\boldsymbol{\beta}_s$ 等价.

**证明** 对 $\boldsymbol{\alpha}_1,\boldsymbol{\alpha}_2,\cdots,\boldsymbol{\alpha}_r$ 向量组的个数 $r$ 应用数学归纳法.

当 $r=1$ 时, $\boldsymbol{\alpha}_1$ 线性无关, 则 $\boldsymbol{\alpha}_1\neq\boldsymbol{0}$, 且 $1\leqslant s$, $\boldsymbol{\alpha}_1$ 可由 $\boldsymbol{\beta}_1,\boldsymbol{\beta}_2,\cdots,\boldsymbol{\beta}_s$ 线性表出

$$\boldsymbol{\alpha}_1=k_1\boldsymbol{\beta}_1+k_2\boldsymbol{\beta}_2+\cdots+k_s\boldsymbol{\beta}_s$$

由于 $\boldsymbol{\alpha}_1\neq\boldsymbol{0}$, 则至少有一个 $k_i\neq0$, 不妨 $k_1\neq0$, 从而有

$$\boldsymbol{\beta}_1=\frac{1}{k_1}\boldsymbol{\alpha}_1-\frac{k_2}{k_1}\boldsymbol{\beta}_2-\cdots-\frac{k_s}{k_1}\boldsymbol{\beta}_s$$

即 $\boldsymbol{\alpha}_1$ 可以由 $\boldsymbol{\beta}_1,\boldsymbol{\beta}_2,\cdots,\boldsymbol{\beta}_s$ 线性表出, $\boldsymbol{\beta}_1$ 可以由 $\boldsymbol{\alpha}_1,\boldsymbol{\beta}_2,\cdots,\boldsymbol{\beta}_s$ 线性表出, 从而有 $\boldsymbol{\alpha}_1,\boldsymbol{\beta}_2,\cdots,\boldsymbol{\beta}_s$ 与 $\boldsymbol{\beta}_1,\boldsymbol{\beta}_2,\cdots,\boldsymbol{\beta}_s$ 等价.

假设 $r>1$ 且当对于 $\boldsymbol{\alpha}_1, \boldsymbol{\alpha}_2, \cdots, \boldsymbol{\alpha}_r$ 中含有 $r-1$ 个向量时成立，则对于 $\boldsymbol{\alpha}_1, \boldsymbol{\alpha}_2, \cdots, \boldsymbol{\alpha}_r$ 而言，由于 $\boldsymbol{\alpha}_1, \boldsymbol{\alpha}_2, \cdots, \boldsymbol{\alpha}_r$ 线性无关，则 $\boldsymbol{\alpha}_1, \boldsymbol{\alpha}_2, \cdots, \boldsymbol{\alpha}_{r-1}$ 也线性无关，从而由假设有 $r-1\leqslant s$，用 $\boldsymbol{\alpha}_1, \boldsymbol{\alpha}_2, \cdots, \boldsymbol{\alpha}_{r-1}$ 替换 $\boldsymbol{\beta}_1, \boldsymbol{\beta}_2, \cdots, \boldsymbol{\beta}_s$ 中的前 $r-1$ 个向量，得到 $\boldsymbol{\alpha}_1, \cdots, \boldsymbol{\alpha}_{r-1}, \boldsymbol{\beta}_r, \cdots, \boldsymbol{\beta}_s$ 与 $\boldsymbol{\beta}_1, \boldsymbol{\beta}_2, \cdots, \boldsymbol{\beta}_s$ 等价. 由于 $\boldsymbol{\alpha}_r$ 可以由 $\boldsymbol{\beta}_1, \boldsymbol{\beta}_2, \cdots, \boldsymbol{\beta}_s$ 线性表出，因此 $\boldsymbol{\alpha}_r$ 可以由 $\boldsymbol{\alpha}_1, \cdots, \boldsymbol{\alpha}_{r-1}, \boldsymbol{\beta}_r, \cdots, \boldsymbol{\beta}_s$ 线性表出，即

$$\boldsymbol{\alpha}_r = k_1\boldsymbol{\alpha}_1 + \cdots + k_{r-1}\boldsymbol{\alpha}_{r-1} + l_r\boldsymbol{\beta}_r + \cdots + l_s\boldsymbol{\beta}_s$$

若所有 $l_j$ 为零或无 $l_r\boldsymbol{\beta}_r + \cdots + l_s\boldsymbol{\beta}_s$，则

$$\boldsymbol{\alpha}_r = k_1\boldsymbol{\alpha}_1 + \cdots + k_{r-1}\boldsymbol{\alpha}_{r-1}$$

即 $\boldsymbol{\alpha}_r$ 可以由 $\boldsymbol{\alpha}_1, \boldsymbol{\alpha}_2, \cdots, \boldsymbol{\alpha}_{r-1}$ 与 $\boldsymbol{\alpha}_1, \boldsymbol{\alpha}_2, \cdots, \boldsymbol{\alpha}_r$ 线性表出，故至少有一个 $l_j\neq 0$，从而 $r-1<s$，即 $r\leqslant s$. 适当地对 $\boldsymbol{\beta}_r, \boldsymbol{\beta}_{r+1}, \cdots, \boldsymbol{\beta}_s$ 编号，令 $l_r\neq 0$，则

$$\boldsymbol{\beta}_r = -\frac{k_1}{l_r}\boldsymbol{\alpha}_1 - \cdots - \frac{k_{r-1}}{l_r}\boldsymbol{\alpha}_{r-1} + \frac{1}{l_r}\boldsymbol{\alpha}_r - \frac{l_{r+1}}{l_r}\boldsymbol{\beta}_{r+1} - \cdots - \frac{l_s}{l_r}\boldsymbol{\beta}_s$$

即 $\boldsymbol{\beta}_r$ 可由 $\boldsymbol{\alpha}_1, \cdots, \boldsymbol{\alpha}_r, \boldsymbol{\beta}_{r+1}, \cdots, \boldsymbol{\beta}_s$ 线性表出，这样在 $\boldsymbol{\alpha}_1, \cdots, \boldsymbol{\alpha}_{r-1}, \boldsymbol{\beta}_r, \cdots, \boldsymbol{\beta}_s$ 中除 $\boldsymbol{\beta}_r$ 外，其余向量都在 $\boldsymbol{\alpha}_1, \cdots, \boldsymbol{\alpha}_r, \boldsymbol{\beta}_{r+1}, \cdots, \boldsymbol{\beta}_s$ 出现，且线性表出，即 $\boldsymbol{\alpha}_1, \cdots, \boldsymbol{\alpha}_{r-1}, \boldsymbol{\beta}_r, \cdots, \boldsymbol{\beta}_s$ 与 $\boldsymbol{\alpha}_1, \cdots, \boldsymbol{\alpha}_r, \boldsymbol{\beta}_{r+1}, \cdots, \boldsymbol{\beta}_s$ 相互线性表出，二者等价. 由归纳假设可知，$\boldsymbol{\alpha}_1, \cdots, \boldsymbol{\alpha}_{r-1}, \boldsymbol{\beta}_r, \cdots, \boldsymbol{\beta}_s$ 与 $\boldsymbol{\beta}_1, \boldsymbol{\beta}_2, \cdots, \boldsymbol{\beta}_s$ 等价，从而 $\boldsymbol{\alpha}_1, \cdots, \boldsymbol{\alpha}_r, \boldsymbol{\beta}_{r+1}, \cdots, \boldsymbol{\beta}_s$ 与 $\boldsymbol{\beta}_1, \boldsymbol{\beta}_2, \cdots, \boldsymbol{\beta}_s$ 等价.

**例 18** 设 $\boldsymbol{\alpha}_1=(1, 2, 0)^{\mathrm{T}}$，$\boldsymbol{\alpha}_2=(1, a+2, -3a)^{\mathrm{T}}$，$\boldsymbol{\alpha}_3=(-1, -b-2, a+2b)^{\mathrm{T}}$，$\boldsymbol{\beta}=(1, 3, -3)^{\mathrm{T}}$. 试讨论：

(1) 当 $a$、$b$ 为何值时，$\boldsymbol{\beta}$ 不能由 $\boldsymbol{\alpha}_1, \boldsymbol{\alpha}_2, \boldsymbol{\alpha}_3$ 线性表出.

(2) 当 $a$、$b$ 为何值时，$\boldsymbol{\beta}$ 可唯一由 $\boldsymbol{\alpha}_1, \boldsymbol{\alpha}_2, \boldsymbol{\alpha}_3$ 线性表出？试写出表达式.

(3) 当 $a$、$b$ 为何值时，$\boldsymbol{\beta}$ 可由 $\boldsymbol{\alpha}_1, \boldsymbol{\alpha}_2, \boldsymbol{\alpha}_3$ 线性表出且表达式不唯一？试写出表达式.

**解** 设 $k_1\boldsymbol{\alpha}_1 + k_2\boldsymbol{\alpha}_2 + k_3\boldsymbol{\alpha}_3 = \boldsymbol{\beta}$，则

$$\begin{cases} k_1 + k_2 - k_3 = 1 \\ 2k_1 + (a+2)k_2 - (b+2)k_3 = 3 \\ -3ak_2 + (a+2b)k_3 = -3 \end{cases}$$

对增广矩阵做初等行变换，有

$$(\boldsymbol{A\beta}) = \begin{bmatrix} 1 & 1 & 1 & 1 \\ 2 & a+2 & -b-2 & 3 \\ 0 & -3a & a+2b & 3 \end{bmatrix} \to \begin{bmatrix} 1 & 1 & -1 & 1 \\ 0 & a & -b & 1 \\ 0 & 0 & a-b & 0 \end{bmatrix}$$

(1) 当 $a=0$ 时，若 $b\neq 0$，则 $(\boldsymbol{A\beta}) \to \begin{bmatrix} 1 & 1 & -1 & 1 \\ 0 & 0 & -b & 1 \\ 0 & 0 & 0 & -1 \end{bmatrix}$，方程组无解；若 $b=0$，则

$(\boldsymbol{A\beta}) \to \begin{bmatrix} 1 & 1 & -1 & 1 \\ 0 & 0 & 0 & 1 \\ 0 & 0 & 0 & 0 \end{bmatrix}$，方程组无解. 也就是说，当 $a=0$、$b$ 为任意值时，$\boldsymbol{\beta}$ 不能由 $\boldsymbol{\alpha}_1$，$\boldsymbol{\alpha}_2, \boldsymbol{\alpha}_3$ 线性表出.

(2) 当 $a\neq 0$ 时，若 $a\neq b$，则 $R(\mathbf{A}) = R(\boldsymbol{A\beta}) = 3$，方程组有唯一解 $\left[1-\frac{1}{a}, \frac{1}{a}, 0\right]^{\mathrm{T}}$，即 $\boldsymbol{\beta}$ 可唯一由 $\boldsymbol{\alpha}_1, \boldsymbol{\alpha}_2, \boldsymbol{\alpha}_3$ 线性表出，$\boldsymbol{\beta} = \left(1-\frac{1}{a}\right)\boldsymbol{\alpha}_1 + \frac{1}{a}\boldsymbol{\alpha}_2$.

(3) 当 $a \neq 0$ 时，若 $a = b$，则

$$(\boldsymbol{A\beta}) \rightarrow \begin{bmatrix} 1 & 1 & -1 & 1 \\ 0 & a & -b & 1 \\ 0 & 0 & a-b & 0 \end{bmatrix} \rightarrow \begin{bmatrix} 1 & 0 & 0 & 1-\frac{1}{a} \\ 0 & 1 & -1 & \frac{1}{a} \\ 0 & 0 & 0 & 0 \end{bmatrix}$$

$$R(\boldsymbol{A}) = R(\boldsymbol{A\beta}) = 2 < 3$$

方程组有无穷多解，一般解为 $\begin{cases} k_1 = 1 - \frac{1}{a} \\ k_2 = \frac{1}{a} + k_3 \end{cases}$，$k_3$ 为自由未知量，即 $\boldsymbol{\beta}$ 可由 $\boldsymbol{\alpha}_1$，$\boldsymbol{\alpha}_2$，$\boldsymbol{\alpha}_3$ 线性表出且表达式不唯一，$\boldsymbol{\beta} = \left(1 - \frac{1}{a}\right)\boldsymbol{\alpha}_1 + \left(\frac{1}{a} + k_3\right)\boldsymbol{\alpha}_2 + k_3\boldsymbol{\alpha}_3$.

**例 19** 试构造无穷多个 $n$ 维向量使得其中任意 $n$ 个均线性无关.

**解** 对 $k = 1, 2, \cdots, n, n+1, \cdots$，令 $\boldsymbol{\alpha}_k = (1, k, k^2, \cdots, k^{n-1})$，对于任意 $n$ 个互不相等的自然数 $t_1, t_2, \cdots, t_n$，$\begin{vmatrix} 1 & t_1 & \cdots & t_1^{n-1} \\ 1 & t_2 & \cdots & t_2^{n-1} \\ \vdots & \vdots & & \vdots \\ 1 & t_n & \cdots & t_n^{n-1} \end{vmatrix} \neq 0$，则 $\boldsymbol{\alpha}_{t1}, \boldsymbol{\alpha}_{t2}, \cdots \boldsymbol{\alpha}_{tn}$ 是线性无关的.

## 3.3 矩阵的秩和线性方程组解的结构

下面介绍矩阵的秩和线性方程组解的结构的基本概念与基本理论.

(1) 矩阵的行向量组的秩称为矩阵的行秩，矩阵的列向量组的秩称为矩阵的列秩．矩阵的行秩与列秩相等，统称为矩阵的秩.

(2) $n \times n$ 矩阵 $\boldsymbol{A}$ 的行列式为零的充要条件为 $\boldsymbol{A}$ 的秩小于 $n$.

(3) 矩阵的秩是 $r$ 的充要条件为矩阵中有一个 $r$ 阶子式不为零，同时，所有的 $r+1$ 阶子式全为零.

(4) 初等变换不改变矩阵的秩.

(5) 矩阵秩的求法：化成阶梯形后非 0 行的个数为矩阵的秩.

(6) $R(\boldsymbol{A}) = \boldsymbol{0}$ 的充要条件为 $\boldsymbol{A} = \boldsymbol{0}$，$R(\boldsymbol{A}) = R(\boldsymbol{A}^{\mathrm{T}})$.

(7) $s \times n$ 矩阵 $\boldsymbol{A}$ 的秩不超过 $\min\{s, n\}$.

(8) 矩阵的阶梯形、简化阶梯形、标准简化阶梯形 $\boldsymbol{A}_{mn} \xrightarrow{\text{行初等变换}} \begin{bmatrix} \boldsymbol{E}_r & \boldsymbol{C}_{r(n-r)} \\ \boldsymbol{0} & \boldsymbol{0} \end{bmatrix}$，$\boldsymbol{A}$、$\boldsymbol{B}$ 等价的充要条件为存在可逆矩阵 $\boldsymbol{P}$、$\boldsymbol{Q}$，使 $\boldsymbol{PAQ} = \boldsymbol{B}$.

(9) 方程组表示方法：

① $\begin{cases} a_{11}x_1 + a_{12}x_2 + \cdots + a_{1n}x_n = b_1 \\ \qquad\vdots \\ a_{m1}x_1 + a_{m2}x_2 + \cdots + a_{mn}x_n = b_m \end{cases}$.

② $AX=\beta$，其中，$A=\begin{bmatrix}a_{11} & \cdots & a_{1n}\\ \vdots & & \vdots \\ a_{m1} & \cdots & a_{mn}\end{bmatrix}$，$X=(x_1, \cdots, x_n)^T$，$\alpha_i=(a_{1i}, \cdots, a_{mi})^T$ $(i=1\sim n)$，$\beta=(b_1, \cdots, b_m)^T$.

③ $x_1\alpha_1+x_2\alpha_2+\cdots+x_n\alpha_n=\beta$，导出组 $AX=0$，$\overline{A}=(A, \beta)$.

(10) 方程组 $AX=\beta$ 解的情况：

① $R(A)=R(A, \beta)=n$，解唯一.

② $R(A)=R(A, \beta)<n$，解有无穷多个.

③ $R(A)<R(A, \beta)$(或 $R(A)+1=R(A, \beta)$)，无解.

④ $R(A)=n$，$AX=0$ 只有零解.

⑤ $R(A)<n$，$AX=0$ 有无穷多个非零解.

⑥ $A_{nn}X=0$ 有非零解的充要条件为 $|A|=0$，$A_{nn}X=0$ 只有零解的充要条件为 $|A|\neq 0$.

(11) 克莱姆法则：$A_{nn}X=\beta$，当 $|A|\neq 0$ 时，有唯一解 $x_i=\dfrac{D_i}{D}(i=1, 2, \cdots, n)$.

(12) 齐次线性方程组 $AX=0$ 的解的线性组合仍为其解，$AX=0$ 的解向量构成一个向量空间. $AX=0$ 的基础解系为其解向量所构成的向量空间的基，基础解系中解向量的个数 = 解空间的维数 = 未知量的个数 − $A$ 的秩.

(13) $AX=0$ 的通解 $\eta=k_1\eta_1+k_2\eta_2+\cdots+k_{n-r}\eta_{n-r}$，其中，$n$ 是未知量的个数，秩 $A=r$；$AX=\beta$ 的解 $X=X_0+k_1\eta_1+k_2\eta_2+\cdots+k_{n-r}\eta_{n-r}$，$X_0$ 是 $AX=\beta$ 的一个特解，$\eta_1$，$\eta_2$，…，$\eta_{n-4}$ 是其导出组 $AX=0$ 的一个基础解系.

## 典型例题

**例 1** 当 $k$ 取何值时，方程组 $AX=\beta$ 有唯一解、无解、无穷解？当有无穷解时，求其通解，$A=\begin{bmatrix}1 & k & 1\\ 1 & -1 & 1\\ k & 1 & 2\end{bmatrix}$，$\beta=\begin{bmatrix}1\\1\\1\end{bmatrix}$.

**解** 对增广矩阵做初等行变换，有

$$(A, \beta)=\begin{bmatrix}1 & k & 1 & 1\\ 1 & -1 & 1 & 1\\ k & 1 & 2 & 1\end{bmatrix}\rightarrow\begin{bmatrix}1 & k & 1 & 1\\ 0 & k+1 & 0 & 0\\ 0 & 0 & 2-k & 1-k\end{bmatrix}$$

(1) 若 $k\neq -1$，$k\neq 2$，则有 $R(A)=R(A\beta)=3$，即方程组 $AX=\beta$ 有唯一解.

(2) 若 $k=2$，则 $2=R(A)<R(A\beta)=3$，即方程组 $AX=\beta$ 无解.

(3) 若 $k=-1$，则 $R(A)=R(A\beta)=2<3$，即方程组 $AX=\beta$ 有无穷解，解得通解 $\eta=\left(\dfrac{1}{3}, 0, \dfrac{2}{3}\right)^T+k(1, 1, 0)^T$，$k$ 为任意常数.

**例 2** 已知线性方程组 $\begin{cases}x_1+2x_2+3x_3=0\\ 2x_1+3x_2+5x_3=0\\ x_1+x_2+ax_3=0\end{cases}$ ① 和 $\begin{cases}x_1+bx_2+cx_3+0\\ 2x_1+b^2x_2+(c+1)x_3=0\end{cases}$ ② 同

解，求 $a$、$b$、$c$.

**解** 方程组 ① 的系数行列式为

$$\begin{vmatrix} 1 & 2 & 3 \\ 2 & 3 & 5 \\ 1 & 1 & a \end{vmatrix} = 2 - a = 0$$

得 $a = 2$，则系数矩阵为

$$\begin{bmatrix} 1 & 2 & 3 \\ 2 & 3 & 5 \\ 1 & 1 & 2 \end{bmatrix} \to \begin{bmatrix} 1 & 0 & 1 \\ 0 & 1 & 1 \\ 0 & 0 & 0 \end{bmatrix}$$

故两方程组有同解$(-1, -1, 1)$，代入方程组 ② 得$\begin{cases} -b + c = 1 \\ -b^2 + (c+1) = 2 \end{cases}$，故 $a = 2$，$b = 1$，$c = 2$ 及 $a = 2$，$b = 0$，$c = 1$(舍去).

**例 3** 设线性方程组$\begin{cases} x_1 + x_2 + x_3 = 0 \\ x_1 + 2x_2 + ax_3 = 0 \\ x_1 + 4x_2 + a^2 x_3 = 0 \end{cases}$ ① 与方程组 $x_1 + 2x_2 + x_3 = a - 1$ ② 有公共解，求 $a$ 的值及所有公共解.

**解** *方法一* 由于方程组 ① 和方程组 ② 有公共解，即联立的方程组 ③ 有解，即

$$\begin{cases} x_1 + x_2 + x_3 = 0 \\ x_1 + 2x_2 + ax_3 = 0 \\ x_1 + 4x_2 + a^2 x_3 = 0 \\ x_1 + 2x_2 + x_3 = a - 1 \end{cases} \tag{③}$$

对增广矩阵做初等变换，有

$$\overline{\mathbf{A}} = \begin{bmatrix} 1 & 1 & 1 & 0 \\ 1 & 2 & a & 0 \\ 1 & 4 & a^2 & 0 \\ 1 & 2 & 1 & a-1 \end{bmatrix} \to \begin{bmatrix} 1 & 0 & 1 & 1-a \\ 0 & 1 & 0 & a-1 \\ 0 & 0 & a-1 & 1-a \\ 0 & 0 & 0 & (a-1)(a-2) \end{bmatrix} \triangleq \boldsymbol{B}$$

由于方程组 ③ 有解，则有$(a-1)(a-2) = 0$，即 $a = 1$，$a = 2$.

(1) 当 $a = 1$ 时，$\boldsymbol{B} = \begin{bmatrix} 1 & 0 & 1 & 0 \\ 0 & 1 & 0 & 0 \\ 0 & 0 & 0 & 0 \\ 0 & 0 & 0 & 0 \end{bmatrix}$，可得方程组 ①、② 的公共解 $\boldsymbol{x} = k(-1, 0, 1)^{\mathrm{T}}$，其中，$k$ 为任意常数.

(2) 当 $a = 2$ 时，$\boldsymbol{B} = \begin{bmatrix} 1 & 0 & 1 & -1 \\ 0 & 1 & 0 & 1 \\ 0 & 0 & 1 & -1 \\ 0 & 0 & 0 & 0 \end{bmatrix} \to \begin{bmatrix} 1 & 0 & 0 & 0 \\ 0 & 1 & 0 & 1 \\ 0 & 0 & 1 & -1 \\ 0 & 0 & 0 & 0 \end{bmatrix}$，可得方程组 ①、② 的公共解为$\begin{bmatrix} 0 \\ 1 \\ -1 \end{bmatrix}$.

*方法二*　方程组 ① 的行列式为

$$\begin{vmatrix}1 & 1 & 1\\1 & 2 & a\\1 & 4 & a^2\end{vmatrix}=(a-1)(a-2)$$

当 $a\neq 1$，$a\neq 2$ 时，方程组 ① 只有零解，而零解不是方程组 ② 的解；当 $a=1$ 时，对方程组 ① 的系数阵做初等行变换，有

$$\begin{bmatrix}1 & 1 & 1\\1 & 2 & 1\\1 & 4 & 1\end{bmatrix}\to\begin{bmatrix}1 & 0 & 1\\0 & 1 & 0\\0 & 0 & 0\end{bmatrix}$$

其通解为 $\boldsymbol{x}=k(-1,0,1)^{\mathrm{T}}$，$k$ 为任意常数，此解也为方程组 ② 的解，故为公共解. 当 $a=2$ 时，对方程组 ① 的系数阵做初等行变换，有

$$\begin{bmatrix}1 & 1 & 1\\1 & 2 & 2\\1 & 4 & 4\end{bmatrix}\to\begin{bmatrix}1 & 0 & 0\\0 & 1 & 1\\0 & 0 & 0\end{bmatrix}$$

其通解为 $\boldsymbol{x}=k(0,-1,1)^{\mathrm{T}}$，$k$ 为任意常数，将此解代入方程组 ② 得 $k=-1$，故公共解为 $\boldsymbol{x}=(0,1,-1)^{\mathrm{T}}$.

**例 4**　求以 $\boldsymbol{\beta}_1=(1,-1,1,0)^{\mathrm{T}}$，$\boldsymbol{\beta}_2=(1,1,0,1)^{\mathrm{T}}$，$\boldsymbol{\beta}_3=(2,0,1,1)^{\mathrm{T}}$ 为解向量的齐次线性方程组.

**分析**　此题为反求方程组问题，利用齐次线性方程组的解与系数矩阵的行向量是正交的.

**解**　易知 $\boldsymbol{\beta}_1$，$\boldsymbol{\beta}_2$，$\boldsymbol{\beta}_3$ 的极大无关组为 $\boldsymbol{\beta}_1$，$\boldsymbol{\beta}_2$，构造矩阵 $\boldsymbol{B}=(\boldsymbol{\beta}_1^{\mathrm{T}},\boldsymbol{\beta}_2^{\mathrm{T}})$ 为系数矩阵的齐次线性方程组，其基础解系为 $\boldsymbol{\alpha}_1=\left[-\frac{1}{2},\frac{1}{2},1,0\right]^{\mathrm{T}}$，$\boldsymbol{\alpha}_2=\left[-\frac{1}{2},-\frac{1}{2},0,1\right]^{\mathrm{T}}$，所求齐次线性方程组为

$$\begin{cases}-\frac{1}{2}x_1+\frac{1}{2}x_2+x_3=0\\-\frac{1}{2}x_1-\frac{1}{2}x_2+x_4=0\end{cases}$$

即

$$\begin{cases}x_1-x_2-2x_3=0\\x_1+x_2-2x_4=0\end{cases}$$

**例 5**　设 $\boldsymbol{\alpha}_1=(1,2,-1,0,4)$，$\boldsymbol{\alpha}_2=(-1,3,2,4,1)$，$\boldsymbol{\alpha}_3=(2,9,-1,4,13)$，$W=L(\boldsymbol{\alpha}_1,\boldsymbol{\alpha}_2,\boldsymbol{\alpha}_3)$ 是由这三个向量生成的线性空间 $P^5$ 的子空间.

(1) 求以 $W$ 为其解空间的齐次线性方程组；

(2) 求以 $V=\{\boldsymbol{\eta}+\boldsymbol{\alpha}\mid\boldsymbol{\alpha}\in W\}$ 为解集的非齐次线性方程组，其中，$\boldsymbol{\eta}=(1,2,1,2,1)$.

**解**　对矩阵做初等行变换，有

$$(\boldsymbol{\alpha}_1,\boldsymbol{\alpha}_2,\boldsymbol{\alpha}_3)\to\begin{bmatrix}1 & 0 & 3\\0 & 1 & 1\\0 & 0 & 0\\0 & 0 & 0\\0 & 0 & 0\end{bmatrix}$$

可得 $\boldsymbol{\alpha}_1$，$\boldsymbol{\alpha}_2$ 为 $\boldsymbol{\alpha}_1$，$\boldsymbol{\alpha}_2$，$\boldsymbol{\alpha}_3$ 的一个极大无关组，即 $W=L(\boldsymbol{\alpha}_1,\boldsymbol{\alpha}_2)$.

(1) 以 $\boldsymbol{\alpha}_1$，$\boldsymbol{\alpha}_2$ 为行向量做矩阵 $\boldsymbol{A}$，解线性方程组 $\boldsymbol{AX}=\boldsymbol{0}$ 可得基础解系 $\boldsymbol{\beta}_1=(7,-1,5,0,0)^{\mathrm{T}}$，$\boldsymbol{\beta}_2=(8,-4,0,5,0)^{\mathrm{T}}$，$\boldsymbol{\beta}_3=(-2,-1,0,0,1)^{\mathrm{T}}$，取

$$\boldsymbol{B}=\begin{bmatrix}7&-1&5&0&0\\8&-4&0&5&0\\-2&-1&0&0&1\end{bmatrix}$$

则所求方程组为

$$\begin{cases}7x_1-x_2+5x_3=0\\8x_1-4x_2+5x_4=0\\-2x_1-x_2+x_5=0\end{cases}$$

(2) 由(1)中所得 $\boldsymbol{B}$，得线性方程组 $\boldsymbol{BX}=\boldsymbol{B\eta}$，则该线性方程组是以 $V$ 为解集的非齐次线性方程组. 事实上，对 $V$ 中任意向量 $\boldsymbol{\eta}+\boldsymbol{\alpha}$，$\boldsymbol{\alpha}\in V$ 有 $\boldsymbol{B}(\boldsymbol{\eta}+\boldsymbol{\alpha})=\boldsymbol{B\eta}$，即 $\boldsymbol{\eta}+\boldsymbol{\alpha}$ 为 $\boldsymbol{BX}=\boldsymbol{B\eta}$ 的解. 又若 $\boldsymbol{\xi}$ 是 $\boldsymbol{BX}=\boldsymbol{B\eta}$ 的解，则 $\boldsymbol{\xi}-\boldsymbol{\eta}$ 是齐次线性方程组 $\boldsymbol{BX}=\boldsymbol{0}$ 的解，则存在系数 $k_1$、$k_2$，使得 $\boldsymbol{\xi}-\boldsymbol{\eta}=k_1\boldsymbol{\alpha}_1+k_2\boldsymbol{\alpha}_2$，即 $\boldsymbol{\xi}=\boldsymbol{\eta}+k_1\boldsymbol{\alpha}_1+k_2\boldsymbol{\alpha}_2$，说明 $\boldsymbol{\xi}\in V$，则所求方程组为

$$\begin{cases}7x_1-x_2+5x_3=0\\8x_1-4x_2+5x_4=10\\-2x_1-x_2+x_5=-3\end{cases}$$

**注** 这几个命题实质为反求方程组，通常采用下面的方法：

(1) 求齐次线性方程组. 求以 $n$ 维列向量组 $\boldsymbol{\alpha}_1$，$\boldsymbol{\alpha}_2$，…，$\boldsymbol{\alpha}_m$ 为解的齐次线性方程组：设 $\boldsymbol{\alpha}_1$，$\boldsymbol{\alpha}_2$，…，$\boldsymbol{\alpha}_m$ 线性无关(若线性相关，取其极大无关组)，令 $\boldsymbol{\alpha}_1$，$\boldsymbol{\alpha}_2$，…，$\boldsymbol{\alpha}_m$ 为行向量构成矩阵 $\boldsymbol{A}$，设 $\boldsymbol{AX}=\boldsymbol{0}$ 的基础解系 $\boldsymbol{\beta}_1$，$\boldsymbol{\beta}_2$，…，$\boldsymbol{\beta}_{n-m}$，其按行向量构成矩阵 $\boldsymbol{B}$，则方程组 $\boldsymbol{BX}=\boldsymbol{0}$(即为所求方程组) 的一个基础解系为 $\boldsymbol{\alpha}_1$，$\boldsymbol{\alpha}_2$，…，$\boldsymbol{\alpha}_m$.

(2) 求非齐次线性方程组. 与齐次线性方程组不同，以任意向量组为解的非齐次线性方程组不一定存在.

(3) 设 $\boldsymbol{\alpha}_i=(a_{i1},a_{i2},\cdots,a_{in})^{\mathrm{T}}(i=1,2,\cdots,t)$ 线性无关，以 $\boldsymbol{\alpha}_1-\boldsymbol{\alpha}_t$，$\boldsymbol{\alpha}_2-\boldsymbol{\alpha}_t$，…，$\boldsymbol{\alpha}_{t-1}-\boldsymbol{\alpha}_t$ 为基础解系的齐次线性方程组为 $\boldsymbol{BX}=\boldsymbol{0}$，$\boldsymbol{B}$ 为 $(n-(t-1))\times n$ 矩阵，则 $\boldsymbol{BX}=\boldsymbol{0}$ 的全部解可由 $\boldsymbol{\alpha}_1$，…，$\boldsymbol{\alpha}_t$ 线性表出.

**例 6** 设 4 元齐次线性方程组为 $\begin{cases}2x_1+3x_2-x_3=0\\x_1+2x_2+x_3-x_4=0\end{cases}$ ①，另一个 4 元齐次线性方程组 ② 的基础解系为 $\boldsymbol{\alpha}_1=(2,-1,a+2,1)^{\mathrm{T}}$，$\boldsymbol{\alpha}_2=(-1,2,4,a+8)^{\mathrm{T}}$.

(1) 求方程组 ① 的一个基础解系；

(2) 当 $a$ 为何值时，方程组 ①、② 有非零公共解？试求出全部非零公共解.

**解** (1) 对方程组 ① 的系数矩阵做初等变换，有

$$\boldsymbol{A}=\begin{bmatrix}2&3&-1&0\\1&2&1&-1\end{bmatrix}\to\begin{bmatrix}1&0&-5&3\\0&1&3&-2\end{bmatrix}$$

得 ① 的一个基础解系为 $\boldsymbol{\beta}_1=(5,-3,1,0)^{\mathrm{T}}$，$\boldsymbol{\beta}_2=(-3,2,0,1)^{\mathrm{T}}$.

(2) 令 $\boldsymbol{B}=(\boldsymbol{\beta}_1,\boldsymbol{\beta}_2,\boldsymbol{\alpha}_1,\boldsymbol{\alpha}_2)$，做初等行变换，有

$$B=\begin{bmatrix}5&-3&2&-1\\-3&2&-1&2\\1&0&a+2&4\\0&1&1&a+8\end{bmatrix}\rightarrow\begin{bmatrix}1&0&a+2&4\\0&1&1&a+8\\0&0&-5(a+1)&3(a+1)\\0&0&3(a+1)&-2(a+1)\end{bmatrix}$$

需要注意的是，当$a\neq1$时，$\begin{bmatrix}-5(a+1)\\3(a+1)\end{bmatrix}$与$\begin{bmatrix}3(a+1)\\-2(a+1)\end{bmatrix}$做任何非零的线性组合都不可能使之为零，而要方程组①、②有非零公共解，则$a=-1$，此时有

$$B\rightarrow\begin{bmatrix}1&0&1&4\\0&1&1&7\\0&0&0&0\\0&0&0&0\end{bmatrix}\rightarrow\begin{bmatrix}\frac{7}{3}&-\frac{4}{3}&1&0\\-\frac{1}{3}&\frac{1}{3}&0&1\\0&0&0&0\\0&0&0&0\end{bmatrix}$$

即$\boldsymbol{\beta}_1$，$\boldsymbol{\beta}_2$与$\boldsymbol{\alpha}_1$，$\boldsymbol{\alpha}_2$可相互线性表出，则方程组①、②的所有非零公共解为$k_1\boldsymbol{\beta}_1+k_2\boldsymbol{\beta}_2$，$k_1$、$k_2$为任意常数.

**例7**　设$\boldsymbol{A}$为3阶方阵，$\boldsymbol{\beta}_1$，$\boldsymbol{\beta}_2$，$\boldsymbol{\beta}_3$为非齐次线性方程组$\boldsymbol{AX}=\boldsymbol{b}$的三个线性无关的解向量，则$\boldsymbol{AX}=\boldsymbol{b}$的通解为$k_1(\boldsymbol{\beta}_1-\boldsymbol{\beta}_2)+k_2(\boldsymbol{\beta}_1-\boldsymbol{\beta}_3)+\boldsymbol{\beta}_1$，$k_1$、$k_2$为任意常数.

**提示**　利用齐次线性方程组根的性质，只要验证$k_1(\boldsymbol{\beta}_1-\boldsymbol{\beta}_2)+k_2(\boldsymbol{\beta}_1-\boldsymbol{\beta}_3)$为齐次线性方程组$\boldsymbol{AX}=\boldsymbol{0}$的通解.

**例8**　设$\boldsymbol{A}=(\boldsymbol{\alpha}_1,\boldsymbol{\alpha}_2,\cdots,\boldsymbol{\alpha}_n)_{m\times n}$，则线性方程组$\boldsymbol{A}x=\boldsymbol{\beta}$有解的充要条件为$\boldsymbol{\beta}$可由$\boldsymbol{\alpha}_1$，$\boldsymbol{\alpha}_2$，…，$\boldsymbol{\alpha}_n$线性表出.

**证明**　*必要性*　由于线性方程组$\boldsymbol{Ax}=\boldsymbol{\beta}$有解，则$R(\boldsymbol{A})=R(\boldsymbol{A},\boldsymbol{\beta})$，从而$\boldsymbol{\alpha}_1$，$\boldsymbol{\alpha}_2$，…，$\boldsymbol{\alpha}_n$，$\boldsymbol{\beta}$线性相关. 若$R(\boldsymbol{A})=R(\boldsymbol{A},\boldsymbol{\beta})<n$，则$\boldsymbol{\alpha}_1$，$\boldsymbol{\alpha}_2$，…，$\boldsymbol{\alpha}_n$与$\boldsymbol{\alpha}_1$，$\boldsymbol{\alpha}_2$，…，$\boldsymbol{\alpha}_n$，$\boldsymbol{\beta}$等价，即$\boldsymbol{\alpha}_1$，$\boldsymbol{\alpha}_2$，…，$\boldsymbol{\alpha}_n$与$\boldsymbol{\alpha}_1$，$\boldsymbol{\alpha}_2$，…，$\boldsymbol{\alpha}_n$，$\boldsymbol{\beta}$有相同的极大无关组，故$\boldsymbol{\beta}$可由$\boldsymbol{\alpha}_1$，$\boldsymbol{\alpha}_2$，…，$\boldsymbol{\alpha}_n$线性表出. 若$R(\boldsymbol{A})=R(\boldsymbol{A},\boldsymbol{\beta})=n$，则$\boldsymbol{\alpha}_1$，$\boldsymbol{\alpha}_2$，…，$\boldsymbol{\alpha}_n$与$\boldsymbol{\alpha}_1$，$\boldsymbol{\alpha}_2$，…，$\boldsymbol{\alpha}_n$，$\boldsymbol{\beta}$等价，且$\boldsymbol{\alpha}_1$，$\boldsymbol{\alpha}_2$，…，$\boldsymbol{\alpha}_n$线性无关，而$\boldsymbol{\alpha}_1$，$\boldsymbol{\alpha}_2$，…，$\boldsymbol{\alpha}_n$，$\boldsymbol{\beta}$线性相关，故$\boldsymbol{\beta}$可由$\boldsymbol{\alpha}_1$，$\boldsymbol{\alpha}_2$，…，$\boldsymbol{\alpha}_n$线性表出.

*充分性*　由于$\boldsymbol{\beta}$可由$\boldsymbol{\alpha}_1$，$\boldsymbol{\alpha}_2$，…，$\boldsymbol{\alpha}_n$线性表出，则$\boldsymbol{\alpha}_1$，$\boldsymbol{\alpha}_2$，…，$\boldsymbol{\alpha}_n$与$\boldsymbol{\alpha}_1$，$\boldsymbol{\alpha}_2$，…，$\boldsymbol{\alpha}_n$，$\boldsymbol{\beta}$等价，即$R(\boldsymbol{A})=R(\boldsymbol{A},\boldsymbol{\beta})$，故线性方程组$\boldsymbol{Ax}=\boldsymbol{\beta}$有解.

**例9**　设$\boldsymbol{A}\in\mathbf{R}^{n\times n}$，证明：$\boldsymbol{AX}=\boldsymbol{\beta}$对$\forall\boldsymbol{\beta}\in\mathbf{R}^n$有解的充要条件为$R(\boldsymbol{A})=n$.

**证明**　*必要性*　取$\boldsymbol{\beta}=\boldsymbol{\varepsilon}_i=(0,\cdots,0,1,0,\cdots,0)^{\mathrm{T}}(i=1,2,\cdots,n)$，则$\boldsymbol{AX}=\boldsymbol{\beta}$均有解记为$\boldsymbol{X}_1$，$\boldsymbol{X}_2$，…，$\boldsymbol{X}_n$，则$\boldsymbol{A}(\boldsymbol{X}_1,\boldsymbol{X}_2,\cdots,\boldsymbol{X}_n)=\boldsymbol{E}$，故$\boldsymbol{A}$可逆，即$R(\boldsymbol{A})=n$.

*充分性*　由于$R(\boldsymbol{A})=n$，则$|\boldsymbol{A}|\neq0$，由克莱姆法则可知结论成立.

**例10**　设$\boldsymbol{A}=(a_{ij})_{sn}$，$\boldsymbol{\beta}=(b_1,b_2,\cdots,b_n)$，则$\boldsymbol{AX}=\boldsymbol{0}$的解均为$\boldsymbol{\beta X}=\boldsymbol{0}$的解的充要条件为$\boldsymbol{\beta}$为$\boldsymbol{A}$的行向量$\boldsymbol{\alpha}_1$，$\boldsymbol{\alpha}_2$，…，$\boldsymbol{\alpha}_s$的线性组合.

**证明**　$\boldsymbol{AX}=\boldsymbol{0}$的解均为$\boldsymbol{\beta X}=\boldsymbol{0}$的解的充要条件为$R(\boldsymbol{A})=R\begin{pmatrix}\boldsymbol{A}\\\boldsymbol{\beta}\end{pmatrix}$，即$\boldsymbol{A}$的行向量组的极大无关组$\boldsymbol{\alpha}_{i1}$，$\boldsymbol{\alpha}_{i2}$，…，$\boldsymbol{\alpha}_{ir}$也为$\begin{bmatrix}\boldsymbol{A}\\\boldsymbol{\beta}\end{bmatrix}$的行向量组$\boldsymbol{\alpha}_1$，$\boldsymbol{\alpha}_2$，…，$\boldsymbol{\alpha}_s$，$\boldsymbol{\beta}$的极大无关组，从而$\boldsymbol{\beta}$可由$\boldsymbol{\alpha}_{i1}$，$\boldsymbol{\alpha}_{i2}$，…，$\boldsymbol{\alpha}_{ir}$线性表出的充要条件为$\boldsymbol{\beta}$可由$\boldsymbol{\alpha}_1$，$\boldsymbol{\alpha}_2$，…，$\boldsymbol{\alpha}_s$线性表出.

**例 11** 证明：实系数方程 $\boldsymbol{AX}=\boldsymbol{0}$ 与 $\boldsymbol{A}^{\mathrm{T}}\boldsymbol{AX}=\boldsymbol{0}$ 同解.

**证明** 易知 $\boldsymbol{AX}=\boldsymbol{0}$ 的解均为 $\boldsymbol{A}^{\mathrm{T}}\boldsymbol{AX}=\boldsymbol{0}$ 的解．对于 $\boldsymbol{A}^{\mathrm{T}}\boldsymbol{AX}=\boldsymbol{0}$ 的任意解 $\boldsymbol{Y}_0$，有 $\boldsymbol{Y}_0^{\mathrm{T}}\boldsymbol{A}^{\mathrm{T}}\boldsymbol{AY}_0=\boldsymbol{0}$，即 $(\boldsymbol{AY}_0)^{\mathrm{T}}(\boldsymbol{AY}_0)=\boldsymbol{0}$. 令 $\boldsymbol{AY}_0=(b_1, b_2, \cdots, b_n)^{\mathrm{T}}\in\mathbf{R}^n$，则

$$(\boldsymbol{AY}_0)^{\mathrm{T}}(\boldsymbol{AY}_0)=b_1^2+b_2^2+\cdots+b_n^2=0\Rightarrow b_1=b_2=\cdots=b_n=0\Rightarrow \boldsymbol{AY}_0=\boldsymbol{0}$$

故 $\boldsymbol{AX}=\boldsymbol{0}$ 与 $\boldsymbol{A}^{\mathrm{T}}\boldsymbol{AX}=\boldsymbol{0}$ 同解.

**例 12** 证明：$\boldsymbol{AX}=\boldsymbol{\beta}$ 有解的充要条件为 $\boldsymbol{A}^{\mathrm{T}}\boldsymbol{Z}=\boldsymbol{0}$ 的解 $\boldsymbol{Z}$ 满足 $\boldsymbol{\beta}^{\mathrm{T}}\boldsymbol{Z}=\boldsymbol{0}$.

**证明** 必要性 设 $\boldsymbol{AX}_0=\boldsymbol{\beta}$，且 $\boldsymbol{A}^{\mathrm{T}}\boldsymbol{Z}_0=\boldsymbol{0}$，则 $\boldsymbol{\beta}^{\mathrm{T}}=\boldsymbol{X}_0^{\mathrm{T}}\boldsymbol{A}^{\mathrm{T}}$，从而 $\boldsymbol{\beta}^{\mathrm{T}}\boldsymbol{Z}_0=\boldsymbol{X}_0^{\mathrm{T}}\boldsymbol{A}^{\mathrm{T}}\boldsymbol{Z}_0=\boldsymbol{0}$.

充分性 由 $\begin{bmatrix}\boldsymbol{A}^{\mathrm{T}}\\ \boldsymbol{\beta}^{\mathrm{T}}\end{bmatrix}\boldsymbol{Z}=\boldsymbol{0}$ 与 $\boldsymbol{A}^{\mathrm{T}}\boldsymbol{Z}=\boldsymbol{0}$ 同解，得 $R\begin{pmatrix}\boldsymbol{A}^{\mathrm{T}}\\ \boldsymbol{\beta}^{\mathrm{T}}\end{pmatrix}=R(\boldsymbol{A}^{\mathrm{T}})$，故 $R(\boldsymbol{A}, \boldsymbol{\beta})=R(\boldsymbol{A})$，则 $\boldsymbol{AX}=\boldsymbol{\beta}$ 有解.

**例 13** 证明：对任意 $n$ 阶实数矩阵 $\boldsymbol{A}$，$\boldsymbol{A}^{\mathrm{T}}\boldsymbol{AX}=\boldsymbol{A}^{\mathrm{T}}\boldsymbol{\beta}$ 一定有解.

**证明** 由于 $R(\boldsymbol{A}^{\mathrm{T}}\boldsymbol{A}, \boldsymbol{A}^{\mathrm{T}}\boldsymbol{\beta})=R(\boldsymbol{A}^{\mathrm{T}}(\boldsymbol{A}, \boldsymbol{\beta}))\leqslant R(\boldsymbol{A}^{\mathrm{T}})=R(\boldsymbol{A}^{\mathrm{T}}\boldsymbol{A})$，又 $R(\boldsymbol{A}^{\mathrm{T}}\boldsymbol{A}, \boldsymbol{A}^{\mathrm{T}}\boldsymbol{\beta})\geqslant R(\boldsymbol{A}^{\mathrm{T}}\boldsymbol{A})$，故 $R(\boldsymbol{A}^{\mathrm{T}}\boldsymbol{A}, \boldsymbol{A}^{\mathrm{T}}\boldsymbol{\beta})=R(\boldsymbol{A}^{\mathrm{T}}\boldsymbol{A})$，原方程组有解.

**例 14** 实系数方程 $\boldsymbol{AX}=\boldsymbol{\beta}$，$\boldsymbol{A}$ 为 $m\times n(m\geqslant n)$ 矩阵，$\boldsymbol{\beta}$ 为 $m$ 维向量，若已知方程有唯一解. 证明：$\boldsymbol{A}^{\mathrm{T}}\boldsymbol{A}$ 非奇异，且唯一解为 $\boldsymbol{X}=(\boldsymbol{A}^{\mathrm{T}}\boldsymbol{A})^{-1}\boldsymbol{A}^{\mathrm{T}}\boldsymbol{\beta}$.

**证明** 因为 $\boldsymbol{AX}=\boldsymbol{\beta}$ 的解唯一，则 $R(\boldsymbol{A})=R(\boldsymbol{A}, \boldsymbol{\beta})=n=R(\boldsymbol{A}^{\mathrm{T}}\boldsymbol{A})$，即 $\boldsymbol{A}^{\mathrm{T}}\boldsymbol{A}$ 可逆，$\boldsymbol{A}^{\mathrm{T}}\boldsymbol{AX}=\boldsymbol{A}^{\mathrm{T}}\boldsymbol{\beta}$，$\boldsymbol{X}=(\boldsymbol{A}^{\mathrm{T}}\boldsymbol{A})^{-1}\boldsymbol{A}^{\mathrm{T}}\boldsymbol{\beta}$.

**例 15** 求齐次线性方程组

$$\begin{cases}6x_1-2x_2+2x_3+5x_4+7x_5=0\\ 9x_1-3x_2+4x_3+8x_4+9x_5=0\\ 6x_1-2x_2+6x_3+7x_4+x_5=0\\ 3x_1-x_2+4x_3+4x_4-x_5=0\end{cases}$$

的基础解系及通解.

**解** 对系数矩阵做行初等变换，有

$$\boldsymbol{A}=\begin{bmatrix}6&-2&2&5&7\\ 9&-3&4&8&9\\ 6&-2&6&7&1\\ 3&-1&4&4&-1\end{bmatrix}\to\begin{bmatrix}0&0&-4&-2&6\\ 0&0&-2&-1&3\\ 0&0&-8&-4&12\\ 3&-1&4&4&-1\end{bmatrix}$$

$$\to\begin{bmatrix}1&-\frac{1}{3}&0&\frac{2}{3}&\frac{5}{3}\\ 0&0&1&\frac{1}{2}&-\frac{3}{2}\\ 0&0&0&0&0\\ 0&0&0&0&0\end{bmatrix}$$

其一般解为

$$\begin{cases}x_1=\frac{1}{3}x_2-\frac{2}{3}x_4-\frac{5}{3}x_5\\ x_3=-\frac{1}{2}x_4+\frac{3}{2}x_5\end{cases}$$

故其基础解系为

$$\boldsymbol{\eta}_1=(1,3,0,0,0)^{\mathrm T},\ \boldsymbol{\eta}_2=(4,0,3,-6,0)^{\mathrm T},\ \boldsymbol{\eta}_3=(10,0,-9,0,-6)^{\mathrm T}$$

通解为 $a\boldsymbol{\eta}_1+b\boldsymbol{\eta}_2+c\boldsymbol{\eta}_3$，$a$、$b$、$c$ 为任意数.

**例 16** 解方程组 $\begin{cases}x_1+ax_2+a^2x_3=a^3\\x_1+bx_2+b^2x_3=b^3\\x_1+cx_2+c^2x_3=c^3\end{cases}$.

**解** 由于方程组的系数矩阵的行列式为 $(b-a)(c-a)(c-b)$，则

(1) 当 $a$、$b$、$c$ 互不相同时，$x_1=abc$，$x_2=-(ab+ac+bc)$，$x_3=a+b+c$.

(2) 当 $a$、$b$、$c$ 中有两个相同时，不妨设 $b=c$(其余情况类似可得)，$x_1+abx_3-a^2b-ab^2$，$x_2=-(a+b)x_3+a^2+ab+b^2$.

(3) 当 $a$、$b$、$c$ 相同时，$x_1=a^3-ax_2-a^2x_3$.

**例 17** 求齐次线性方程组

$$\begin{cases}5x_1+6x_2-2x_3+7x_4+4x_5=0\\2x_1+3x_2-1x_3+4x_4+2x_5=0\\7x_1+9x_2-3x_3+5x_4+6x_5=0\\5x_1+9x_2-3x_3+x_4+6x_5=0\end{cases}$$

的基础解系及通解.

**解** 对方程组的系数矩阵做初等行变换，有

$$\boldsymbol{A}=\begin{bmatrix}5&6&-2&7&4\\2&3&-1&4&2\\7&9&-3&5&6\\5&9&-3&1&6\end{bmatrix}\rightarrow\begin{bmatrix}1&0&0&0&0\\0&1&-\frac{1}{3}&0&\frac{2}{3}\\0&0&0&1&0\\0&0&0&0&0\end{bmatrix}$$

原线性方程组的一般解为

$$\begin{cases}x_1=0\\x_2=\dfrac{1}{3}x_3-\dfrac{2}{3}x_5\\x_4=0\end{cases}$$

故其基础解系为

$$\boldsymbol{\eta}_1=(0,1,3,0,0)^{\mathrm T},\ \boldsymbol{\eta}_2=(0,-2,0,0,3)^{\mathrm T}$$

通解为 $k_1\boldsymbol{\eta}_1+k_2\boldsymbol{\eta}_2$，$k_1$、$k_2$ 为任意数.

**例 18** 解方程组 $\begin{cases}(1+\lambda)x_1+x_2+x_3=\lambda^2+2\lambda\\x_1+(1+\lambda)x_2+x_3=\lambda^3+2\lambda^2\\x_1+x_2+(1+\lambda)x_3=\lambda^4+2\lambda^3\end{cases}$.

**解** 由于方程组的系数矩阵的行列式为 $\lambda^2(\lambda+3)$，则

(1) 当 $\lambda\neq 0$ 且 $\lambda\neq -3$ 时，

$$x_1=\frac{(\lambda+2)(2-\lambda^2)}{\lambda+3},\ x_2=\frac{(\lambda+2)(2\lambda-1)}{\lambda+3},\ x_3=\frac{(\lambda+2)(\lambda^3+2\lambda^2-\lambda-1)}{\lambda+3}.$$

(2) 当 $\lambda=0$ 时，$x_1=1-x_2-x_3$.

(3) 当 $\lambda=-3$ 时，无解.

**例 19** 设实矩阵 $\boldsymbol{A}=\begin{bmatrix}2 & 2\\2 & a\end{bmatrix}$，$\boldsymbol{B}=\begin{bmatrix}4 & b\\3 & 0\end{bmatrix}$，若矩阵方程 $\boldsymbol{AX}=\boldsymbol{B}$ 有解，$\boldsymbol{BX}=\boldsymbol{A}$ 无解，请问 $a$、$b$ 应满足什么条件?

**解** 设 $\boldsymbol{X}=\begin{bmatrix}x_1 & x_2\\x_3 & x_4\end{bmatrix}$，因 $\boldsymbol{AX}=\boldsymbol{B}$ 有解，$\boldsymbol{BX}=\boldsymbol{A}$ 无解，即线性方程组

$$\begin{cases}2x_1+2x_3=4\\2x_2+2x_4=b\\2x_1+ax_3=3\\2x_2+ax_4=0\end{cases}\text{有解，}\begin{cases}4x_1+bx_3=2\\4x_2+bx_4=2\\3x_1=2\\3x_2=a\end{cases}\text{无解，则}$$

$$\begin{bmatrix}2 & 0 & 2 & 0 & 4\\0 & 2 & 0 & 2 & b\\2 & 0 & a & 0 & 3\\0 & 2 & 0 & a & 0\end{bmatrix}\rightarrow\begin{bmatrix}2 & 0 & 2 & 0 & 4\\0 & 2 & 0 & 2 & b\\0 & 0 & a-2 & 0 & -1\\0 & 0 & 0 & a-2 & -b\end{bmatrix}$$

故 $a\neq 2$.

$$\begin{bmatrix}4 & 0 & b & 0 & 2\\0 & 4 & 0 & b & 2\\3 & 0 & 0 & 0 & 2\\0 & 3 & 0 & 0 & a\end{bmatrix}\rightarrow\begin{bmatrix}3 & 0 & 0 & 0 & 2\\0 & 3 & 0 & 0 & a\\0 & 0 & b & 0 & -\dfrac{2}{3}\\0 & 0 & 0 & b & 2-\dfrac{4}{3}a\end{bmatrix}$$

故 $b=0$.

总之，$\boldsymbol{AX}=\boldsymbol{B}$ 有解，$\boldsymbol{BY}=\boldsymbol{A}$ 无解，$a$、$b$ 应满足的条件是 $a\neq 2$，$b=0$.

**例 20** 已知齐次线性方程组

$$\begin{cases}(a_1+b)x_1+a_2x_2+\cdots+a_nx_n=0\\a_1x_1+(a_2+b)x_2+\cdots+a_nx_n=0\\\qquad\vdots\\a_1x_1+a_2x_2+\cdots+(a_n+b)x_n=0\end{cases}$$

其中，$\sum\limits_{i=1}^{n}a_i\neq 0$. 试讨论当 $a_1$，…，$a_n$ 和 $b$ 满足何种条件时：

(1) 方程组仅有零解；

(2) 方程组有非零解，此时用基础解系线性表出所有解.

**解** 对系数矩阵做初等行变换，有

$$\begin{bmatrix}a_1+b & a_2 & \cdots & a_n\\a_1 & a_2+b & \cdots & a_n\\\vdots & \vdots & & \vdots\\a_1 & a_2 & \cdots & a_n+b\end{bmatrix}\rightarrow\begin{bmatrix}a_1+b & a_1 & \cdots & a_n\\-b & b & \cdots & 0\\\vdots & \vdots & & \vdots\\-b & 0 & \cdots & b\end{bmatrix}$$

故当 $b\neq-\sum\limits_{i=1}^{n}a_i$ 且 $b\neq 0$ 时，方程组仅有零解；当 $b=-\sum\limits_{i=1}^{n}a_i\neq 0$ 时，其系数矩阵的秩为

$n-1$，故全部解可表示为 $k(1, 1, \cdots, 1)$，$k$ 为任意数；当 $b=0$ 时，由于 $\sum_{i=1}^{n} a_i \neq 0$，不失一般性，设 $a_1 \neq 0$，故全部解可线性表出为

$$k_1\left(-\frac{a_2}{a_1}, 1, 0, \cdots, 0\right)+k_2\left(-\frac{a_3}{a_1}, 0, 1, \cdots, 0\right)+\cdots+k_{n-1}\left(-\frac{a_n}{a_1}, 0, \cdots, 0, 1\right)$$

**例 21**　当参数 $a$、$b$ 取什么值时，方程组

$$\begin{cases} x_1+x_2+x_3+x_4=1 \\ 3x_1+2x_2+x_3+x_4=a \\ x_2+2x_3+2x_4=3 \\ 5x_1+4x_2+(a+3)x_3+3x_4=b \end{cases}$$

有解？当线性方程组有解时，求其通解(要求将其通解用其特解与其导出组的基础解系表示).

**解**　对增广矩阵做初等行变换，有

$$\begin{bmatrix} 1 & 1 & 1 & 1 & 1 \\ 3 & 2 & 1 & 1 & a \\ 0 & 1 & 2 & 2 & 3 \\ 5 & 4 & a+3 & 3 & b \end{bmatrix} \to \begin{bmatrix} 1 & 1 & 1 & 1 & 1 \\ 0 & -1 & -2 & -2 & a-3 \\ 0 & 1 & 2 & 2 & 3 \\ 0 & -1 & a-2 & -2 & b-5 \end{bmatrix} \to \begin{bmatrix} 1 & 0 & -1 & -1 & -2 \\ 0 & 1 & 2 & 2 & 3 \\ 0 & 0 & 0 & 0 & a \\ 0 & 0 & a & 0 & b-2 \end{bmatrix}$$

故原方程组有解的充要条件是 $a=0$，$b=2$，且当线性方程组有解时，其通解为 $\boldsymbol{x}=(-2, 3, 0, 0)^{\mathrm{T}}+k_1(1, -2, 1, 0)^{\mathrm{T}}+k_2(1, -2, 0, 1)^{\mathrm{T}}$，$k_1$、$k_2$ 为任意数.

**例 22**　设 $\boldsymbol{\eta}_0$ 为线性方程组 $\boldsymbol{AX}=\boldsymbol{b}$ 的一个解，$\boldsymbol{\eta}_1$，$\boldsymbol{\eta}_2$，…，$\boldsymbol{\eta}_t$ 是它的导出方程组 $\boldsymbol{AX}=0$ 的一个基础解系，令 $\boldsymbol{\gamma}_1=\boldsymbol{\eta}_0$，$\boldsymbol{\gamma}_{i+1}=\boldsymbol{\eta}_i+\boldsymbol{\eta}_0$，$i=1, 2, \cdots, t$，证明：$\boldsymbol{AX}=\boldsymbol{b}$ 的任一解 $\boldsymbol{\gamma}$ 可表示为 $\boldsymbol{\gamma}=u_1\boldsymbol{\gamma}_1+u_2\boldsymbol{\gamma}_2+\cdots+u_{t+1}\boldsymbol{\gamma}_{t+1}$，其中，$u_1+u_2+\cdots+u_{t+1}=1$.

**证明**　由已知得，$\boldsymbol{AX}=\boldsymbol{b}$ 的任一解

$$\boldsymbol{\gamma}=\boldsymbol{\eta}_0+k_1\boldsymbol{\eta}_1+k_2\boldsymbol{\eta}_2+\cdots+k_t\boldsymbol{\eta}_t=(1-k_1-\cdots-k_t)\boldsymbol{\gamma}_1+k_1\boldsymbol{\gamma}_2+\cdots+k_t\boldsymbol{\gamma}_{t+1}$$

令 $u_1=(1-k_1-\cdots-k_t)$，$u_2=k_1$，…，$u_{t+1}=k_t$，结论得证.

**例 23**　讨论当 $a$、$b$ 取什么值时，方程组 $\begin{cases} ax_1+3x_2+3x_3=3 \\ x_1+4x_2+x_3=1 \\ 2x_1+2x_2+bx_3=2 \end{cases}$ 有唯一解、有无穷解、无解？在有解时，求一般解.

**解**　所求方程组的系数行列式为

$$D=\begin{vmatrix} a & 3 & 3 \\ 1 & 4 & 1 \\ 2 & 2 & b \end{vmatrix}=4ab-12-2a-3b$$

$$D_1=9b-18, \ D_2=(b-2)(a-3), \ D_3=6a-18$$

(1) 当 $4ab-12-2a-3b \neq 0$ 时，方程组有唯一解 $x_1=\dfrac{9b-18}{4ab-12-2a-3b}$，$x_2=\dfrac{(a-3)(b-2)}{4ab-12-2a-3b}$，$x_3=\dfrac{6a-18}{4ab-12-2a-3b}$.

(2) 当 $4ab-12-2a-3b=0$，且 $a \neq 3$ 或 $b \neq 2$ 时，方程组无解.

(3) 当 $4ab-12-2a-3b=0$ 时，若 $a=3(b=2)$，则 $b=2(a=3)$，方程组有无穷

解，此时一般解为$\begin{cases}x_1=1-x_3\\x_2=0\end{cases}$.

**例 24** 当平面$\pi_i:\boldsymbol{A}_ix+\boldsymbol{B}_iy+\boldsymbol{C}_iz+\boldsymbol{D}_i=0(i=1,2,3)$满足什么条件时，无公共点且平面两两相交？

**解** 三平面无公共点，$R(\boldsymbol{A})<R(\boldsymbol{A},\boldsymbol{\beta})$. 平面两两相交，$\boldsymbol{A}$中任意两行不成比例，$R(\boldsymbol{A})=2$. $R(\boldsymbol{A},\boldsymbol{\beta})=3$，$\boldsymbol{\alpha}_i=(\boldsymbol{A}_i,\boldsymbol{B}_i,\boldsymbol{C}_i)$，$\overline{\boldsymbol{\alpha}}_i=(\boldsymbol{A}_i,\boldsymbol{B}_i,\boldsymbol{C}_i,-\boldsymbol{D}_i)(i=1,2,3)$，$\boldsymbol{\alpha}_1$，$\boldsymbol{\alpha}_2$，$\boldsymbol{\alpha}_3$线性无关，$\boldsymbol{\alpha}_1$，$\boldsymbol{\alpha}_2$，$\boldsymbol{\alpha}_3$中任意两向量线性无关，$\overline{\boldsymbol{\alpha}}_1$，$\overline{\boldsymbol{\alpha}}_2$，$\overline{\boldsymbol{\alpha}}_3$线性无关.

**例 25** $n$元线性方程

$$\begin{cases}a_{11}x_1+a_{12}x_2+\cdots+a_{1n}x_n=0\\a_{21}x_1+a_{22}x_2+\cdots+a_{2n}x_n=0\\\qquad\vdots\\a_{n-1,1}x_1+a_{n-1,2}x_2+\cdots+a_{n-1,n}x_n=0\end{cases}$$

的系数矩阵$\boldsymbol{A}=(a_{ij})_{(n-1)\times n}$，设$M_i$为$\boldsymbol{A}$中划去第$i$列剩下的$(n-1)\times(n-1)$矩阵的行列式. 证明：

(1) $(M_1,-M_2,\cdots,(-1)^{n-1}M_n)$是方程组的解；

(2) 若$\boldsymbol{A}$的秩为$n-1$，则方程组的全部解为$(M_1,-M_2,\cdots,(-1)^{n-1}M_n)$的倍数.

**证明** (1) 设$D=\begin{vmatrix}a_{11}&a_{12}&\cdots&a_{1n}\\a_{21}&a_{22}&\cdots&a_{2n}\\\vdots&\vdots&&\vdots\\a_{n1}&a_{n2}&\cdots&a_{nn}\end{vmatrix}$，则$(-1)^{n+1}(M_1,-M_2,\cdots,(-1)^{n-1}M_n)$是$D$的第$n$行的代数余子式，故

$$(-1)^{n+1}[a_{i1}M_1-a_{i2}M_2+\cdots+a_{in}(-1)^{n-1}M_n]=0$$

则

$$a_{i1}M_1-a_{i2}M_2+\cdots+a_{in}(-1)^{n-1}M_n=0\ (i=1,2,\cdots,n)$$

故$(M_1,-M_2,\cdots,(-1)^{n-1}M_n)$是方程组的解.

(2) 若$\boldsymbol{A}$的秩为$n-1$，则方程组的基础解系中只有一个解，且

$$(M_1,-M_2,\cdots,(-1)^{n-1}M_n)\neq 0$$

由(1)可知方程组的全部解为$(M_1,-M_2,\cdots,(-1)^{n-1}M_n)$的倍数.

**例 26** 设$\boldsymbol{A}=\begin{bmatrix}1&a&a&0\\a&1&0&c\\a&0&1&c\\0&c&c&1\end{bmatrix}$，$\boldsymbol{\beta}=\begin{bmatrix}1\\0\\0\\1\end{bmatrix}$，讨论当$a$、$c$为何值时，$\boldsymbol{AX}=\boldsymbol{\beta}$有唯一解、无解、无穷多解，在有无穷多解时求其通解.

**解** 对增广矩阵做初等变换，有

$$\begin{bmatrix}1&a&a&0&1\\a&1&0&c&0\\a&0&1&c&0\\0&c&c&1&1\end{bmatrix}\to\begin{bmatrix}1&0&2a&0&1\\0&1&-1&0&0\\0&0&1-2a^2&c&-a\\0&0&2c&1&1\end{bmatrix}\to\begin{bmatrix}1&0&2a&0&1\\0&1&-1&0&0\\0&0&1-2a^2-2c^2&0&-a-c\\0&0&2c&1&1\end{bmatrix}$$

(1) 当$1-2a^2-2c^2\neq 0$时，有唯一解.

(2) 当 $1-2a^2-2c^2\neq 0$，$a\neq -c$ 时，无解.

(3) 当 $1-2a^2-2c^2\neq 0$，$a=-c$ 时，有无穷解，此时通解为 $(1,0,0,1)^{\mathrm{T}}+k(-2a,1,1-2c)^{\mathrm{T}}$，$a=-c=\pm 1/2$.

**例 27**　设线性方程组

$$\begin{cases}ax_1+bx_2+bx_3+\cdots+bx_n=0\\ bx_1+ax_2+bx_3+\cdots+bx_n=0\\ \qquad\vdots\\ bx_1+bx_2+\cdots+bx_{n-1}+ax_n=0\end{cases}$$

其中，$a\neq 0$，$b\neq 0$，$n\geqslant 2$.

(1) 当 $a$、$b$ 为何值时，方程组仅有零解？

(2) 当 $a$、$b$ 为何值时，方程组有无穷解？此时求出它的全部解.

**解**　线性方程组的系数矩阵行列式为

$$D=\begin{vmatrix}a&b&\cdots&b\\ b&a&\cdots&b\\ \vdots&\vdots&&\vdots\\ b&b&\cdots&a\end{vmatrix}=[a+(n-1)b](a-b)^{n-1}$$

(1) 当 $a\neq b$ 且 $a\neq(1-n)b$ 时，方程组仅有零解.

(2) 当 $a=b$ 或 $a=(1-n)b$ 时，方程组有无穷解.

当 $a=(1-n)b$ 时，$\boldsymbol{X}=k(\boldsymbol{\varepsilon}_1+\boldsymbol{\varepsilon}_2+\cdots+\boldsymbol{\varepsilon}_n)$；当 $a=b$ 时，$\boldsymbol{X}=k(\boldsymbol{\varepsilon}_1-\boldsymbol{\varepsilon}_2)+k_2(\boldsymbol{\varepsilon}_1-\boldsymbol{\varepsilon}_3)+\cdots+k_{n-1}(\boldsymbol{\varepsilon}_1-\boldsymbol{\varepsilon}_n)$，其中，$\boldsymbol{\varepsilon}_i$ 为单位向量.

**例 28**　设 $\boldsymbol{\alpha}_1,\boldsymbol{\alpha}_2,\cdots,\boldsymbol{\alpha}_s$ 为 $n$ 元方程组 $\boldsymbol{AX}=\boldsymbol{0}$ 的基础解系，$\boldsymbol{\beta}\in P^n$，证明：$\boldsymbol{A\beta}\neq\boldsymbol{0}$ 的充要条件为 $\boldsymbol{\beta}$，$\boldsymbol{\beta}+\boldsymbol{\alpha}_1,\cdots,\boldsymbol{\beta}+\boldsymbol{\alpha}_s$ 线性无关.

**证明**　证明其逆否命题 $\boldsymbol{A\beta}=\boldsymbol{0}$ 的充要条件为 $\boldsymbol{\beta}$，$\boldsymbol{\beta}+\boldsymbol{\alpha}_1,\cdots,\boldsymbol{\beta}+\boldsymbol{\alpha}_s$ 线性相关成立.

必要性　由 $\boldsymbol{A\beta}=\boldsymbol{0}$ 和已知得 $\boldsymbol{\beta}$，$\boldsymbol{\beta}+\boldsymbol{\alpha}_1,\cdots,\boldsymbol{\beta}+\boldsymbol{\alpha}_s$ 均为 $\boldsymbol{AX}=\boldsymbol{0}$ 的解，而 $\boldsymbol{AX}=\boldsymbol{0}$ 的解空间的维数为 $s$，故 $\boldsymbol{\beta}$，$\boldsymbol{\beta}+\boldsymbol{\alpha}_1,\cdots,\boldsymbol{\beta}+\boldsymbol{\alpha}_s$ 线性相关.

充分性　由 $\boldsymbol{\beta}$，$\boldsymbol{\beta}+\boldsymbol{\alpha}_1,\cdots,\boldsymbol{\beta}+\boldsymbol{\alpha}_s$ 线性相关知，有不全为 0 的数 $a_0,a_1,\cdots,a_s$，使

$$a_0\boldsymbol{\beta}+a_1(\boldsymbol{\beta}+\boldsymbol{\alpha}_1)+\cdots+a_s(\boldsymbol{\beta}+\boldsymbol{\alpha}_s)=\boldsymbol{0}$$

则 $(a_0+a_1+\cdots+a_s)\boldsymbol{\beta}+a_1\boldsymbol{\alpha}_1+\cdots+a_s\boldsymbol{\alpha}_s=\boldsymbol{0}$.

若 $a_0+a_1+\cdots+a_s=0$，则 $a_1=\cdots=a_s=0\Rightarrow a_0=0$ 矛盾，故 $a_0+a_1+\cdots+a_s\neq 0$，从而 $\boldsymbol{\beta}=\dfrac{-1}{a_1+a_2+\cdots+a_s}(a_1\boldsymbol{\alpha}_1+\cdots+a_s\boldsymbol{\alpha}_s)$ 为 $\boldsymbol{AX}=\boldsymbol{0}$ 的解.

**例 29**　设 $\boldsymbol{AX}=\boldsymbol{\beta}$ 为 $n$ 元非齐次线性方程组，$R(\boldsymbol{A},\boldsymbol{\beta})=R(\boldsymbol{A})=r$，证明：$\boldsymbol{AX}=\boldsymbol{\beta}$ 的解向量组的秩为 $n-r+1$.

**证明**　由 $(\boldsymbol{A},\boldsymbol{\beta})=R(\boldsymbol{A})=r$，故 $\boldsymbol{AX}=\boldsymbol{\beta}$ 有解，且 $\boldsymbol{AX}=\boldsymbol{0}$ 的解空间的维数为 $n-r$. 设 $\boldsymbol{\eta}_1,\boldsymbol{\eta}_2,\cdots,\boldsymbol{\eta}_{n-r}$ 为其基础解系，又设 $\boldsymbol{X}_0$ 为 $\boldsymbol{AX}=\boldsymbol{\beta}$ 的解，则 $\boldsymbol{AX}=\boldsymbol{\beta}$ 的任意解：

$$\begin{aligned}\boldsymbol{X}&=\boldsymbol{X}_0+k_1\boldsymbol{\eta}_1+k_2\boldsymbol{\eta}_2+\cdots+k_{n-r}\boldsymbol{\eta}_{n-r}\\ &=(1-k_1-\cdots-k_{n-r})\boldsymbol{X}_0+k_1(\boldsymbol{\eta}_1+\boldsymbol{X}_0)+\cdots+k_{n-r}(\boldsymbol{\eta}_{n-r}+\boldsymbol{X}_0)\end{aligned}$$

从而 $\boldsymbol{X}_0,\boldsymbol{\eta}_1+\boldsymbol{X}_0,\cdots,\boldsymbol{\eta}_{n-r}+\boldsymbol{X}_0$ 是 $\boldsymbol{AX}=\boldsymbol{\beta}$ 的解，且可表示其任一解. 若

$$x_0\boldsymbol{X}_0+x_1(\boldsymbol{\eta}_1+\boldsymbol{X}_0)+\cdots+x_{n-r}(\boldsymbol{\eta}_{n-r}+\boldsymbol{X}_0)=\boldsymbol{0}$$

则$(x_0+x_1+\cdots+x_{n-r})\boldsymbol{X}_0+x_1\boldsymbol{\eta}_1+\cdots+x_{n-r}\boldsymbol{\eta}_{n-r}=\mathbf{0}$，即

$$(x_0+x_1+\cdots+x_{n-r})\boldsymbol{A}\boldsymbol{X}_0=(x_0+x_1+\cdots+x_{n-r})\boldsymbol{\beta}=\mathbf{0}$$
$$\Rightarrow x_0+x_1+\cdots+x_{n-r}=0\ (\boldsymbol{\beta}\neq\mathbf{0})$$

从而$x_1\boldsymbol{\eta}_1+\cdots+x_{n-r}\boldsymbol{\eta}_{n-r}=\mathbf{0}\Rightarrow x_1=\cdots=x_{n-r}=0\Rightarrow x_0=0$，即$\boldsymbol{X}_0$，$\boldsymbol{\eta}_1+\boldsymbol{X}_0$，…，$\boldsymbol{\eta}_{n-r}+\boldsymbol{X}_0$线性无关，可得结论成立.

**例 30** 设$\boldsymbol{A}$是$s\times n$矩阵，$R(\boldsymbol{A})=s<n$. 证明：对于任意$s$维非零向量$\boldsymbol{\beta}$，$\boldsymbol{AX}=\boldsymbol{\beta}$都有解，且解集中含有$n-s+1$个线性无关的解.

**证明** 由$s=R(\boldsymbol{A})\leqslant R((\boldsymbol{A},\boldsymbol{\beta}))\leqslant s$(增广矩阵的行数)可知，$\boldsymbol{AX}=\boldsymbol{\beta}$的系数矩阵的秩等于其增广矩阵的秩，有解. 设$\boldsymbol{\eta}_0$为其一个解，$\boldsymbol{\eta}_1$，$\boldsymbol{\eta}_2$，…，$\boldsymbol{\eta}_{n-s}$是它的导出方程组的一个基础解系，令$\boldsymbol{\gamma}_1=\boldsymbol{\eta}_0$，$\boldsymbol{\gamma}_2=\boldsymbol{\eta}_1+\boldsymbol{\eta}_0$，…，$\boldsymbol{\gamma}_{n-s+1}=\boldsymbol{\eta}_{n-s}+\boldsymbol{\eta}_0$，则它们都是$\boldsymbol{AX}=\boldsymbol{\beta}$的解，$x_1$，$x_2$，…，$x_{n-s+1}$为任意$n-s+1$个数. 若$x_1\boldsymbol{\gamma}_1+x_2\boldsymbol{\gamma}_2+\cdots+x_{n-s+1}\boldsymbol{\gamma}_{n-s+1}=\mathbf{0}$，则

$$(x_1+x_2+\cdots+x_{n-s+1})\boldsymbol{\eta}_0+x_2\boldsymbol{\eta}_1+x_3\boldsymbol{\eta}_2+\cdots+x_{n-s+1}\boldsymbol{\eta}_{n-s}=\mathbf{0}$$

两边左乘以$\boldsymbol{A}$，得$(x_1+x_2+\cdots+x_{n-s+1})\boldsymbol{\beta}=\mathbf{0}$，由$\boldsymbol{\beta}\neq\mathbf{0}$，得$x_1+x_2+\cdots+x_{n-s+1}=0$，于是$x_2\boldsymbol{\eta}_1+x_3\boldsymbol{\eta}_2+\cdots+x_{n-s+1}\boldsymbol{\eta}_{n-s}=\mathbf{0}$，由$\boldsymbol{\eta}_1$，$\boldsymbol{\eta}_2$，…，$\boldsymbol{\eta}_{n-s}$是基础解系知线性无关，则$x_2=x_3=\cdots=x_{n-s+1}=0$，从而$x_1=0$，因此有$n-s+1$个解向量$\boldsymbol{\gamma}_1$，$\boldsymbol{\gamma}_2$，…$\boldsymbol{\gamma}_{n-s+1}$线性无关.

**例 31** 设非齐次线性方程组$\boldsymbol{AX}=\boldsymbol{\beta}$的系数矩阵的秩为$r$，$\boldsymbol{\eta}_1$，…，$\boldsymbol{\eta}_{n-r+1}$是它的$n-r+1$个线性无关的解，证明：它的任意解可线性表出为$k_1\boldsymbol{\eta}_1+\cdots+k_{n-r+1}\boldsymbol{\eta}_{n-r+1}$的形式，其中，$k_1+\cdots+k_{n-r+1}=1$.

**证明** 由已知有$\boldsymbol{A}(\boldsymbol{\eta}_i-\boldsymbol{\eta}_1)=\boldsymbol{A\eta}_i-\boldsymbol{A\eta}_1=\boldsymbol{\beta}-\boldsymbol{\beta}=\mathbf{0}$，$i=2,3,\cdots,n-r+1$，故$\boldsymbol{AX}=\mathbf{0}$的解向量有$n-r$个向量$\boldsymbol{\eta}_i-\boldsymbol{\eta}_1(i=2,3,\cdots,n-r+1)$.

又$\forall x_1$，$x_2$，…，$x_{n-r}\in P$(数域)，若

$$x_1(\boldsymbol{\eta}_2-\boldsymbol{\eta}_1)+x_2(\boldsymbol{\eta}_3-\boldsymbol{\eta}_1)+\cdots+x_{n-r}(\boldsymbol{\eta}_{n-r+1}-\boldsymbol{\eta}_1)=\mathbf{0}$$

即

$$x_1\boldsymbol{\eta}_2+x_2\boldsymbol{\eta}_3+\cdots+x_{n-r}\boldsymbol{\eta}_{n-r+1}-(x_1+x_2+\cdots+x_{n-r})\boldsymbol{\eta}_1=\mathbf{0}$$

而$\boldsymbol{\eta}_1$，$\boldsymbol{\eta}_2$，…，$\boldsymbol{\eta}_{n-r+1}$线性无关，于是$x_1=x_2=\cdots=x_{n-r}=0$，从而$\boldsymbol{\eta}_i-\boldsymbol{\eta}_1(i=2,3,\cdots,n-r+1)$线性无关是$\boldsymbol{AX}=\mathbf{0}$的基础解系.

$\boldsymbol{AX}=\boldsymbol{\beta}$的任一解向量为

$$\boldsymbol{\eta}=\boldsymbol{\eta}_1+a_1(\boldsymbol{\eta}_2-\boldsymbol{\eta}_1)+\cdots+a_{n-r}(\boldsymbol{\eta}_{n-r+1}-\boldsymbol{\eta}_1)=k_1\boldsymbol{\eta}_1+k_2\boldsymbol{\eta}_2+\cdots+k_{n-r+1}\boldsymbol{\eta}_{n-r+1}$$

其中，$k_i=a_i(i=2,3,\cdots,n-r+1)$，$k_1=1-a_2-a_3-\cdots-a_{n-r+1}$，$k_1+k_2+\cdots+k_{n-r+1}=1$.

**例 32** 设多项式$f(x)=c_0+c_1x+c_2x^2+\cdots+c_nx^n$，用克莱姆法则证明：若$f(x)$有$n+1$个不同的根，则$f(x)$为零多项式.

**证明** 若$f(x)$有$n+1$个不同的根$a_1$，$a_2$，…，$a_n$，$a_{n+1}$，则

$$\begin{cases}c_0+c_1a_1+c_2a_1^2+\cdots+c_na_1^n=0\\ c_0+c_1a_2+c_2a_2^2+\cdots+c_na_2^n=0\\ \qquad\vdots\\ c_0+c_1a_{n+1}+c_2a_{n+1}^2+\cdots+c_na_{n+1}^n=0\end{cases}$$

可看成是以$c_0$，$c_1$，$c_2$，…，$c_n$为$n+1$个未知量的$n+1$个方程形成的齐次线性方程组，而其系数行列式为

$$\begin{vmatrix} 1 & a_1 & a_1^2 & \cdots & a_1^n \\ 1 & a_2 & a_2^2 & \cdots & a_2^n \\ \vdots & \vdots & \vdots & & \vdots \\ 1 & a_{n+1} & a_{n+1}^2 & \cdots & a_{n+1}^n \end{vmatrix} = \prod_{1\leqslant i<j\leqslant n+1} (a_j - a_i) \neq 0$$

故本例的方程组只有零解，$f(x)$ 为零多项式.

**例 33** 是否存在实数 $x_1$，$x_x$，…，$x_n$，使得 $\sum_{k=1}^{n} k^i x_k = (n+1)^i (i=1, 2, \cdots, n)$，给出结论并证明.

**解** 存在. 因为以实数 $x_1$，$x_2$，…，$x_n$ 为未知量的线性方程组 $\sum_{k=1}^{n} k^i x_k = (n+1)^i (i = 1, 2, \cdots, n)$ 的系数行列式为

$$\begin{vmatrix} 1 & 2 & 3 & \cdots & n \\ 1 & 2^2 & 3^2 & \cdots & n^2 \\ \vdots & \vdots & \vdots & & \vdots \\ 1 & 2^n & 3^n & \cdots & n^n \end{vmatrix} = n! \begin{vmatrix} 1 & 1 & 1 & \cdots & 1 \\ 1 & 2 & 3 & \cdots & n \\ 1 & 2^2 & 3^2 & \cdots & n^2 \\ \vdots & \vdots & \vdots & & \vdots \\ 1 & 2^{n-1} & 3^{n-1} & \cdots & n^{n-1} \end{vmatrix} = n! \prod_{1\leqslant i<j\leqslant n} (j-i) \neq 0$$

由克莱姆法则知，实数 $x_1$，$x_2$，…，$x_n$ 存在且唯一.

**例 34** 设互不相同实数 $x_1$，$x_2$，…，$x_n$，$y_1$，$y_2$，…，$y_n$ 为任意一组实数，证明：存在一个次数小于 $n$ 的多项式 $P(x)$，使得 $P(x_i) = y_i (i = 1, 2, \cdots, n)$.

**证明** 设 $P(x) = c_0 + c_1 x + c_2 x^2 + \cdots + c_{n-1} x^{n-1}$，则由已知得

$$\begin{cases} c_0 + c_1 x_1 + c_2 x_1^2 + \cdots + c_{n-1} x_1^{n-1} = y_1 \\ c_0 + c_1 x_2 + c_2 x_2^2 + \cdots + c_{n-1} x_2^{n-1} = y_2 \\ \qquad \vdots \\ c_0 + c_1 x_n + c_2 x_n^2 + \cdots + c_{n-1} x_n^{n-1} = y_n \end{cases}$$

可看成是以 $c_0$，$c_1$，$c_2$，…，$c_{n-1}$ 为 $n$ 个未知量的 $n$ 个方程形成的齐次线性方程组，其系数行列式为

$$\begin{vmatrix} 1 & x_1 & x_1^2 & \cdots & x_1^{n-1} \\ 1 & x_2 & x_2^2 & \cdots & x_2^{n-1} \\ \vdots & \vdots & \vdots & & \vdots \\ 1 & x_n & x_n^2 & \cdots & x_n^{n-1} \end{vmatrix} = \prod_{1\leqslant i<j\leqslant n} (x_j - x_i) \neq 0$$

故 $c_0$，$c_1$，$c_2$，…，$c_{n-1}$ 只有唯一解，从而存在一个次数小于 $n$ 的多项式 $P(x)$，使得 $P(x_i) = y_i (i = 1, 2, \cdots, n)$.

**例 35** 设 $\boldsymbol{A} \in \mathbf{Z}^{n\times n}$，$\lambda = \dfrac{q}{p}$，$(p, q) = 1$，且 $p \neq 1$，证明：$\boldsymbol{AX} = \lambda \boldsymbol{X}$ 只有 0 解.

**证明** 若 $\boldsymbol{AX} = \lambda \boldsymbol{X}$ 有非零解 $\boldsymbol{X}_0$，则 $(\lambda \boldsymbol{E} - \boldsymbol{A})\boldsymbol{X}_0 = \boldsymbol{0}$，故 $|\lambda \boldsymbol{E} - \boldsymbol{A}| = 0$，则 $\lambda$ 为 $f_{\boldsymbol{A}}(x)$ 的根，而 $f_{\boldsymbol{A}}(x) = x^n + \cdots + (-1)^n |\boldsymbol{A}| \in \mathbf{Z}[x]$ 的有理根均为 $|\boldsymbol{A}|$ 的因子，即 $f_{\boldsymbol{A}}(x) = |x\boldsymbol{E} - \boldsymbol{A}| = 0$ 不会有非整有理数根，矛盾，故结论成立.

**例 36** 设 3 阶方阵 $\boldsymbol{B}$ 的每一列均为方程组 $\begin{cases} x_1 + 2x_2 - 2x_3 = 1 \\ 2x_1 - x_2 + \lambda x_3 = 2 \\ 3x_1 + x_2 - x_3 = -1 \end{cases}$ 的解，且 $R(\boldsymbol{B}) = 2$.

(1) 求 $\lambda$；

(2) 设 $\boldsymbol{A}$ 为该线性方程组的系数矩阵，求$(\boldsymbol{AB})^n$.

**解** (1) 由 $R(\boldsymbol{B})=2$ 知，原方程组的解不唯一，从而其系数行列式为 $|\boldsymbol{A}|=5\lambda-5=0$，$\lambda=1$.

(2) 由于 $\boldsymbol{AB}=\begin{bmatrix}1&1&1\\2&2&2\\-1&-1&-1\end{bmatrix}$，则$(\boldsymbol{AB})^2=\begin{bmatrix}2&2&2\\4&4&4\\-2&-2&-2\end{bmatrix}=2\boldsymbol{AB}$，从而

$$(\boldsymbol{AB})^3=\boldsymbol{AB}(2\boldsymbol{AB})=2(\boldsymbol{AB})^2=2^2\boldsymbol{AB}$$

故$(\boldsymbol{AB})^n=2^{n-1}\boldsymbol{AB}$.

**例 37** 设向量组 $\boldsymbol{\alpha}_1,\boldsymbol{\alpha}_2,\cdots,\boldsymbol{\alpha}_m$ 线性无关，$(\boldsymbol{\beta}_1,\boldsymbol{\beta}_2,\cdots,\boldsymbol{\beta}_s)=(\boldsymbol{\alpha}_1,\boldsymbol{\alpha}_2,\cdots,\boldsymbol{\alpha}_m)\boldsymbol{A}_{ms}$，$\boldsymbol{A}=\boldsymbol{A}_{ms}=(\boldsymbol{A}_1,\boldsymbol{A}_2,\cdots,\boldsymbol{A}_s)$. 证明：

(1) 若 $\boldsymbol{A}_{i1},\boldsymbol{A}_{i2},\cdots,\boldsymbol{A}_{ir}$ 为 $\boldsymbol{A}_1,\boldsymbol{A}_2,\cdots,\boldsymbol{A}_s$ 的极大无关组，则 $\boldsymbol{\beta}_{i1},\boldsymbol{\beta}_{i2},\cdots,\boldsymbol{\beta}_{ir}$ 为 $\boldsymbol{\beta}_1,\boldsymbol{\beta}_2,\cdots,\boldsymbol{\beta}_s$ 的极大无关组；

(2) $R(\boldsymbol{\beta}_1,\boldsymbol{\beta}_2,\cdots,\boldsymbol{\beta}_s)=R(\boldsymbol{A})$.

**证明** (1) 证明 $\boldsymbol{\beta}_{i1},\boldsymbol{\beta}_{i2},\cdots,\boldsymbol{\beta}_{ir}$ 线性无关. 由已知得

$$(\boldsymbol{\beta}_{i1},\boldsymbol{\beta}_{i2},\cdots,\boldsymbol{\beta}_{ir})=(\boldsymbol{\alpha}_1,\boldsymbol{\alpha}_2,\cdots,\boldsymbol{\alpha}_m)(\boldsymbol{A}_{i1},\boldsymbol{A}_{i2},\cdots,\boldsymbol{A}_{ir})$$

令 $x_1\boldsymbol{\beta}_{i1}+x_2\boldsymbol{\beta}_{i2}+\cdots+x_r\boldsymbol{\beta}_{ir}=\boldsymbol{0}$，则

$$\boldsymbol{0}=(\boldsymbol{\beta}_{i1},\boldsymbol{\beta}_{i2},\cdots,\boldsymbol{\beta}_{ir})\begin{bmatrix}x_1\\x_2\\\vdots\\x_r\end{bmatrix}=(\boldsymbol{\alpha}_1,\boldsymbol{\alpha}_2,\cdots,\boldsymbol{\alpha}_m)(\boldsymbol{A}_{i1},\boldsymbol{A}_{i2},\cdots,\boldsymbol{A}_{ir})\begin{bmatrix}x_1\\x_2\\\vdots\\x_r\end{bmatrix}$$

由 $\boldsymbol{\alpha}_1,\boldsymbol{\alpha}_2,\cdots,\boldsymbol{\alpha}_m$ 线性无关知，$(\boldsymbol{A}_{i1},\boldsymbol{A}_{i2},\cdots,\boldsymbol{A}_{ir})\begin{bmatrix}x_1\\x_2\\\vdots\\x_r\end{bmatrix}=\boldsymbol{0}$，又 $\boldsymbol{A}_{i1},\boldsymbol{A}_{i2},\cdots,\boldsymbol{A}_{ir}$ 线性无关，故 $x_1=x_2=\cdots=x_r=0$，从而 $\boldsymbol{\beta}_{i1},\boldsymbol{\beta}_{i2},\cdots,\boldsymbol{\beta}_{ir}$ 线性无关. 任取 $\boldsymbol{\beta}_k$，则 $\boldsymbol{\beta}_k=(\boldsymbol{\alpha}_1,\boldsymbol{\alpha}_2,\cdots,\boldsymbol{\alpha}_m)\boldsymbol{A}_k$. 由于 $\boldsymbol{A}_k$ 可由 $\boldsymbol{A}_{i1},\boldsymbol{A}_{i2},\cdots,\boldsymbol{A}_{ir}$ 线性表出，因此 $\boldsymbol{A}_k=l_1\boldsymbol{A}_{i1}+l_2\boldsymbol{A}_{i2}+\cdots+l_r\boldsymbol{A}_{ir}$，即

$$\boldsymbol{\beta}_k=(\boldsymbol{\alpha}_1,\boldsymbol{\alpha}_2,\cdots,\boldsymbol{\alpha}_m)(\boldsymbol{A}_{i1},\boldsymbol{A}_{i2},\cdots,\boldsymbol{A}_{ir})\begin{bmatrix}l_1\\l_2\\\vdots\\l_r\end{bmatrix}=l_1\boldsymbol{\beta}_{i1}+l_2\boldsymbol{\beta}_{i2}+\cdots+l_r\boldsymbol{\beta}_{ir}$$

也就是 $\boldsymbol{\beta}_{i1},\boldsymbol{\beta}_{i2},\cdots,\boldsymbol{\beta}_{ir}$ 为 $\boldsymbol{\beta}_1,\boldsymbol{\beta}_2,\cdots,\boldsymbol{\beta}_s$ 的极大线性无关组.

(2) 设 $\boldsymbol{A}_{i1},\boldsymbol{A}_{i2},\cdots,\boldsymbol{A}_{ir}$ 为 $\boldsymbol{A}_1,\boldsymbol{A}_2,\cdots,\boldsymbol{A}_s$ 的极大无关组，则 $R(\boldsymbol{A})=r$，由(1)可得 $R(\boldsymbol{\beta}_1,\boldsymbol{\beta}_2,\cdots,\boldsymbol{\beta}_s)=r$，故 $R(\boldsymbol{\beta}_1,\boldsymbol{\beta}_2,\cdots,\boldsymbol{\beta}_s)=R(\boldsymbol{A})$.

**例 38** 已知非齐次线性方程组$\begin{cases}x_1+x_2+x_3+x_4=-1\\4x_1+3x_2+5x_3-x_4=-1\\ax_1+x_2+3x_3-bx_4=1\end{cases}$有 3 个线性无关的解.

(1) 证明：该线性方程组系数矩阵 $\boldsymbol{A}$ 的秩为 2；

(2) 求 $a$、$b$ 的值；

(3) 写出该方程组的通解.

**解** (1) 由题意可得原线性方程组有无穷多解，则系数矩阵的秩等于增广矩阵的秩，其导出组的基础解系含2个自由未知量，则方程组的系数矩阵的增广矩阵的秩为 $n-2=4=2=2$，从而 $R(\mathbf{A})=2$.

(2) 由于 $R(\mathbf{A})=2$，即增广矩阵的秩为2，有

$$\begin{bmatrix}1&1&1&1&-1\\4&3&5&-1&-1\\a&1&3&-b&1\end{bmatrix}\to\begin{bmatrix}1&1&1&1&-1\\0&-1&1&-5&3\\0&0&4-2a&-5+4a-b&4-2a\end{bmatrix}$$

即 $\begin{cases}4-2a=0\\-5+4a-b=0\end{cases}$，解得 $\begin{cases}a=2\\b=3\end{cases}$.

(3) 由(2)可得原方程组的同解方程组为 $\begin{cases}x_1+2x_3-4x_4=2\\x_2-x_3+5x_4=-3\end{cases}$，通解为 $\boldsymbol{\eta}=(2,3,0,0)^{\mathrm{T}}+k_1(-2,1,1,0)^{\mathrm{T}}+k_2(4,-5,0,1)^{\mathrm{T}}$，$k_1$、$k_2$ 为任意常数.

## 练 习 题

**一、判断题**

1. 若 $0\cdot\boldsymbol{\alpha}_1+\mathbf{0}\cdot\boldsymbol{\alpha}_2+\cdots+\mathbf{0}\cdot\boldsymbol{\alpha}_n=\mathbf{0}$，则 $\boldsymbol{\alpha}_1,\boldsymbol{\alpha}_2,\cdots,\boldsymbol{\alpha}_n$ 线性无关. ( )

2. 若 $\boldsymbol{\alpha}_1,\cdots,\boldsymbol{\alpha}_n$ 线性相关，则对任意组不全为零的数 $k_1,\cdots,k_n$，都有 $k_1\boldsymbol{\alpha}_1+\cdots+k_n\boldsymbol{\alpha}_n=\mathbf{0}$. ( )

3. 若有一组不全为零的数 $k_1,k_2,\cdots,k_n$，使得 $k_1\boldsymbol{\alpha}_1+k_2\boldsymbol{\alpha}_2+\cdots+k_n\boldsymbol{\alpha}_n\neq\mathbf{0}$，则 $\boldsymbol{\alpha}_1,\boldsymbol{\alpha}_2,\cdots,\boldsymbol{\alpha}_n$ 线性无关. ( )

4. 若 $\boldsymbol{\alpha}_1,\boldsymbol{\alpha}_2,\cdots,\boldsymbol{\alpha}_n$ 线性无关，则 $k_1\boldsymbol{\alpha}_1+k_2\boldsymbol{\alpha}_2+\cdots+k_n\boldsymbol{\alpha}_n+k\boldsymbol{\beta}=\mathbf{0}$ 中的 $k_1,k_2,\cdots,k_n$ 必全为零. ( )

5. 若 $\boldsymbol{\alpha}_1,\boldsymbol{\alpha}_2,\cdots,\boldsymbol{\alpha}_n$ 线性无关，则线性组合 $k_1\boldsymbol{\alpha}_1+k_2\boldsymbol{\alpha}_2+\cdots+k_n\boldsymbol{\alpha}_n$ 中的系数必全为零. ( )

6. 若向量组线性相关，则该组中任一向量都可由其余向量线性表出. ( )

7. 若 $\boldsymbol{\beta}$ 不能由 $\boldsymbol{\alpha}_1,\boldsymbol{\alpha}_2,\cdots,\boldsymbol{\alpha}_n$ 线性表出，则 $\boldsymbol{\alpha}_1,\boldsymbol{\alpha}_2,\cdots,\boldsymbol{\alpha}_n,\boldsymbol{\beta}$ 线性无关. ( )

8. 两个等价向量组，若一个线性无关，则另一个也必定线性无关. ( )

9. 两个等价向量组必含有相同的向量个数. ( )

**二、解答题**

1. 判定 $\boldsymbol{\beta}$ 能否由 $\boldsymbol{\alpha}_1$、$\boldsymbol{\alpha}_2$、$\boldsymbol{\alpha}_3$、$\boldsymbol{\alpha}_4$ 线性表出，若可以，给出线性表示式.

$$\boldsymbol{\beta}=(1,2,1,1),\ \boldsymbol{\alpha}_1=(1,1,1,1),\ \boldsymbol{\alpha}_2=(1,1,-1,-1),$$
$$\boldsymbol{\alpha}_3=(1,-1,1,-1),\ \boldsymbol{\alpha}_4=(1,-1,-1,1)$$

$\left(\text{提示：}\boldsymbol{\beta}=\dfrac{5}{4}\boldsymbol{\alpha}_1+\dfrac{1}{4}\boldsymbol{\alpha}_2-\dfrac{1}{4}\boldsymbol{\alpha}_3-\dfrac{1}{4}\boldsymbol{\alpha}_4.\right)$

2. 设向量组 $\boldsymbol{\alpha}_1,\cdots,\boldsymbol{\alpha}_r$ 线性无关，若 $\boldsymbol{\alpha}_1,\cdots,\boldsymbol{\alpha}_r,\boldsymbol{\alpha}_{r+1}$ 线性相关，则 $\boldsymbol{\alpha}_{r+1}$ 可由 $\boldsymbol{\alpha}_1,\cdots,\boldsymbol{\alpha}_r$ 线性表出.

3. 讨论矩阵 $\boldsymbol{A}=\begin{bmatrix}1&1&1&1\\0&-1&1&b\\2&3&a&4\\3&5&1&7\end{bmatrix}$ 的秩，求 $\boldsymbol{A}=\begin{bmatrix}a&b&b&b&b\\b&a&b&b&b\\b&b&a&b&b\\b&b&b&a&b\\b&b&b&b&a\end{bmatrix}$ 的秩.

4. 解方程组 $\begin{cases}\frac{1}{2}x_1+\frac{1}{3}x_2+x_3=1\\x_1+\frac{5}{3}x_2+3x_3=3\\2x_1+\frac{4}{3}x_2+5x_3=2\end{cases}$ 和 $\begin{cases}x_1+x_2+x_3+x_4+x_5=0\\3x_1+2x_2+x_3+x_4-x_5=0\\x_2+2x_3+2x_4+6x_5=0\\5x_1+4x_2+3x_3+3x_4-x_5=0\end{cases}$.

5. 设 $R(\boldsymbol{\alpha}_1,\cdots,\boldsymbol{\alpha}_n)=n$，$\boldsymbol{\beta}_1=\boldsymbol{\alpha}_1+\boldsymbol{\alpha}_2$，$\boldsymbol{\beta}_2=\boldsymbol{\alpha}_2+\boldsymbol{\alpha}_3$，$\cdots$，$\boldsymbol{\beta}_n=\boldsymbol{\alpha}_n+\boldsymbol{\alpha}_1$.

(1) 证明：$\boldsymbol{\alpha}_1,\boldsymbol{\alpha}_2,\cdots,\boldsymbol{\alpha}_n$ 与 $\boldsymbol{\beta}_1,\boldsymbol{\beta}_2,\cdots,\boldsymbol{\beta}_n$ 等价的充要条件为 $n$ 为奇数；

(2) 当 $n$ 为偶数时，求 $R(\boldsymbol{\beta}_1,\cdots,\boldsymbol{\beta}_n)$.

6. 证明：若向量组 $\boldsymbol{\alpha}_1,\boldsymbol{\alpha}_2,\cdots,\boldsymbol{\alpha}_r$ 线性无关，$\boldsymbol{\alpha}_1,\boldsymbol{\alpha}_2,\cdots,\boldsymbol{\alpha}_r,\boldsymbol{\beta}$ 线性相关，则向量 $\boldsymbol{\beta}$ 可以由向量组 $\boldsymbol{\alpha}_1,\boldsymbol{\alpha}_2,\cdots,\boldsymbol{\alpha}_r$ 线性表出.

7. 请问：当 $k$ 取何值时，方程组 $\boldsymbol{A}x=\boldsymbol{b}$ 有唯一解、无解、无穷多解？当有无穷多解时，求出其通解，其中，$\boldsymbol{A}=\begin{bmatrix}1&k&1\\1&-1&1\\k&1&2\end{bmatrix}$，$b=(1,1,1)$.

8. 设有数域 $F$ 上的齐次线性方程组 $\begin{cases}ax_1+x_2+\cdots+x_n=0\\x_1+ax_2+\cdots+x_n=0\\\qquad\vdots\\x_1+x_2+\cdots+ax_n=0\end{cases}$ $(n\geqslant 2)$，试讨论当 $a$ 为何值时，方程组仅有零解、无穷多解？当有无穷多解时，给出方程组的基础解系.

9. 证明：方程组 $\boldsymbol{A}x=\boldsymbol{b}$，$\boldsymbol{A}=(a_{ij})_{n\times n}$，$\boldsymbol{b}=(b_1,\cdots,b_n)^{\mathrm{T}}$，则对于任意 $b_1,\cdots,b_n$ 都有解的充要条件为 $|\boldsymbol{A}|\neq 0$.

10. 设齐次线性方程组 $\begin{cases}a_{11}x_1+a_{12}x_2+\cdots+a_{1n}x_n=0\\a_{21}x_1+a_{22}x_2+\cdots+a_{2n}x_n=0\\\qquad\vdots\\a_{n1}x_1+a_{n2}x_2+\cdots+a_{nn}x_n=0\end{cases}$ 的系数矩阵 $\boldsymbol{A}$ 的行列式 $|\boldsymbol{A}|=0$，而 $\boldsymbol{A}$ 中元素 $a_{ij}$ 的代数余子式是 $\boldsymbol{A}_{ij}$，且 $\boldsymbol{A}_{ij}=\boldsymbol{0}$，证明：$\boldsymbol{\eta}_i=(\boldsymbol{A}_{i1},\boldsymbol{A}_{i2},\cdots,\boldsymbol{A}_{ii},\cdots,\boldsymbol{A}_{in})$ 是这个线性方程组的一个基础解系.

11. 若向量组 $\boldsymbol{\alpha}_1,\boldsymbol{\alpha}_2,\cdots,\boldsymbol{\alpha}_n$ 线性无关，而向量组 $\boldsymbol{\alpha}_1,\boldsymbol{\alpha}_2,\cdots,\boldsymbol{\alpha}_n,\boldsymbol{\beta}$ 线性相关，则向量 $\boldsymbol{\beta}$ 可由向量组 $\boldsymbol{\alpha}_1,\boldsymbol{\alpha}_2,\cdots,\boldsymbol{\alpha}_n$ 线性表出，且表示式唯一.

**三、单项选择题**

1. 以下各向量组中线性无关的是（ ）.

A. (2, −3, 4, 1), (5, 2, 7, 1), (−1, −3, 5, 5)

B. (12, 0, 2), (1, 1, 1), (3, 2, 1), (4, 78, 16)

C. (2, 3, 1, 4), (0, 0, 0, 0), (3, 1, 2, 4)

D. (1, 2, −3, 1), (3, 6, −9, 3), (3, 0, 7, 7)

2. 若 $\boldsymbol{\alpha}$, $\boldsymbol{\beta}$, $\boldsymbol{\gamma}$ 线性无关，$\boldsymbol{\alpha}$, $\boldsymbol{\beta}$, $\boldsymbol{\delta}$ 线性相关，则(　　).

A. $\boldsymbol{\alpha}$ 必可由 $\boldsymbol{\beta}$, $\boldsymbol{\gamma}$, $\boldsymbol{\delta}$ 线性表出　　B. $\boldsymbol{\beta}$ 必可由 $\boldsymbol{\alpha}$, $\boldsymbol{\gamma}$, $\boldsymbol{\delta}$ 线性表出

C. $\boldsymbol{\delta}$ 必可由 $\boldsymbol{\alpha}$, $\boldsymbol{\beta}$, $\boldsymbol{\gamma}$ 线性表出　　D. $\boldsymbol{\delta}$ 必不可由 $\boldsymbol{\alpha}$, $\boldsymbol{\beta}$, $\boldsymbol{\gamma}$ 线性表出

3. 以下命题中错误的是(　　).

A. 包含零向量的向量组必然线性相关

B. 若向量组 $\boldsymbol{\alpha}_1, \cdots, \boldsymbol{\alpha}_r$ 线性无关，而 $\boldsymbol{\alpha}_1, \cdots, \boldsymbol{\alpha}_r, \boldsymbol{\beta}$ 线性相关，则 $\boldsymbol{\beta}$ 可表示为 $\boldsymbol{\alpha}_1, \cdots, \boldsymbol{\alpha}_r$ 的线性组合

C. 若向量组 $\boldsymbol{\alpha}_1, \cdots, \boldsymbol{\alpha}_r, \boldsymbol{\alpha}_{r+1}$ 线性无关，则 $\boldsymbol{\alpha}_1, \cdots, \boldsymbol{\alpha}_r$ 也线性无关

D. 若向量组 $\boldsymbol{\alpha}_1, \cdots, \boldsymbol{\alpha}_r$ 线性无关，则每个 $\boldsymbol{\alpha}_i$ 可表示为其余向量的线性组合

4. 设 $\boldsymbol{A}_{n\times m} = (\boldsymbol{\alpha}_1, \boldsymbol{\alpha}_2, \cdots, \boldsymbol{\alpha}_m)$, $\boldsymbol{\beta}_{n\times m} = (\boldsymbol{\beta}_1, \boldsymbol{\beta}_2, \cdots, \boldsymbol{\beta}_m)$，其中，$\boldsymbol{\alpha}_1, \boldsymbol{\alpha}_2, \cdots, \boldsymbol{\alpha}_m$ 线性无关，则 $\boldsymbol{\beta}_1, \boldsymbol{\beta}_2, \cdots, \boldsymbol{\beta}_m$ 线性无关的充要条件为(　　).

A. 向量组 $\boldsymbol{\alpha}_1, \boldsymbol{\alpha}_2, \cdots, \boldsymbol{\alpha}_m$ 可由 $\boldsymbol{\beta}_1, \boldsymbol{\beta}_2, \cdots, \boldsymbol{\beta}_m$ 线性表出

B. 向量组 $\boldsymbol{\beta}_1, \boldsymbol{\beta}_2, \cdots, \boldsymbol{\beta}_m$ 可由 $\boldsymbol{\alpha}_1, \boldsymbol{\alpha}_2, \cdots, \boldsymbol{\alpha}_m$ 线性表出

C. 向量组 $\boldsymbol{\alpha}_1, \boldsymbol{\alpha}_2, \cdots, \boldsymbol{\alpha}_m$ 与 $\boldsymbol{\beta}_1, \boldsymbol{\beta}_2, \cdots, \boldsymbol{\beta}_m$ 等价

D. $\boldsymbol{A}$ 与 $\boldsymbol{B}$ 等价

**四、填空题**

1. 若 $\boldsymbol{A} = \begin{bmatrix} 1 & 2 & 1 & 1 \\ 3 & 2 & \lambda & 1 \\ 5 & 6 & 3 & \mu \end{bmatrix}$, $R(\boldsymbol{A}) = 2$，则 $\lambda =$ ________, $\mu =$ ________.

2. 若 $\boldsymbol{A} = \begin{bmatrix} 1 & 1 & 1 & -1 \\ 1 & 3 & x & 1 \\ 2 & 0 & 3 & -4 \\ 3 & 5 & y & -1 \end{bmatrix}$, $R(\boldsymbol{A}) = 2$，则 $x =$ ________, $y =$ ________.

3. 若 $\boldsymbol{A} = \begin{bmatrix} a & -1 & ax - y \\ 1 & a & x + ay \\ b & c & bx + cy \end{bmatrix}$，则 $R(\boldsymbol{A}) =$ ________.

4. 设向量组 $\boldsymbol{\alpha}_1 = (a, 0, c)$, $\boldsymbol{\alpha}_2 = (b, c, 0)$, $\boldsymbol{\alpha}_3 = (0, a, b)$ 线性无关，则 $a$、$b$、$c$ 必满足关系式________.

5. 设 $\boldsymbol{A} = \begin{bmatrix} 1 & 2 & -2 \\ 2 & 1 & 2 \\ 3 & 0 & 4 \end{bmatrix}$，向量 $\boldsymbol{\alpha} = \begin{bmatrix} a \\ 1 \\ 1 \end{bmatrix}$，已知 $\boldsymbol{A\alpha}$ 与 $\boldsymbol{\alpha}$ 线性相关，则 $a =$ ________.

6. 设向量组 $\boldsymbol{\alpha}_1, \boldsymbol{\alpha}_2, \cdots, \boldsymbol{\alpha}_r$ 线性无关，且有 $\boldsymbol{\beta}_1 = \boldsymbol{\alpha}_2 + \boldsymbol{\alpha}_3 + \cdots + \boldsymbol{\alpha}_r$, $\boldsymbol{\beta}_2 = \boldsymbol{\alpha}_1 + \boldsymbol{\alpha}_3 + \cdots + \boldsymbol{\alpha}_r$, $\cdots$, $\boldsymbol{\beta}_r = \boldsymbol{\alpha}_1 + \boldsymbol{\alpha}_2 + \cdots + \boldsymbol{\alpha}_{r-1}$, $\boldsymbol{\beta}_{r+1} = \boldsymbol{\alpha}_2 + \boldsymbol{\alpha}_3 + \cdots + \boldsymbol{\alpha}_r$，则 $\boldsymbol{\beta}_1, \boldsymbol{\beta}_2, \cdots, \boldsymbol{\beta}_r, \boldsymbol{\beta}_{r+1}$ 线性________(填“相关”、“无关”).

# 第4章 矩　　阵

**本章重点**

(1) 理解矩阵的概念，注意矩阵与行列式的区别；理解矩阵的加法、数乘、乘法、转置、高次幂、逆矩阵、伴随矩阵、分块矩阵、初等变换、初等矩阵的概念.

(2) 掌握矩阵的各类运算，包括矩阵乘积的行列式、秩的公式，分块矩阵的初等变换及应用，矩阵可逆的充要条件，逆矩阵的求法，矩阵秩的等式、不等式的证明.

**本章难点**

用初等变换求矩阵的逆矩阵、初等变换与初等矩阵的关系以及分块矩阵的应用.

## 4.1 矩阵及其运算

### 一、矩阵的概念

由 $m\times n$ 个数 $a_{ij}$，$i=1, 2, \cdots, m$，$j=1, 2, \cdots, n$ 排列成一个 $m$ 行 $n$ 列的矩形数表，称为一个 $m\times n$ 矩阵；零矩阵、负矩阵、$\boldsymbol{A}$ 的负矩阵、$n$ 阶方阵矩阵 $\boldsymbol{A}_{n\times n}$ 的行列式、矩阵相等.

### 二、矩阵的运算

**1. 线性运算**

设 $\boldsymbol{A}=(a_{ij})_{m\times n}$，$\boldsymbol{B}=(b_{ij})_{m\times n}$，定义 $\boldsymbol{A}$、$\boldsymbol{B}$ 的加法为 $\boldsymbol{A}+\boldsymbol{B}=(a_{ij}+b_{ij})_{m\times n}$，记为 $\boldsymbol{C}=\boldsymbol{A}+\boldsymbol{B}$.

设 $\boldsymbol{A}=(a_{ij})_{m\times n}$，$c$ 是一个数，定义 $c$ 与 $\boldsymbol{A}$ 的数乘为 $c\boldsymbol{A}=(ca_{ij})_{m\times n}$，记为 $c\boldsymbol{A}$.

(1) 线性运算规律：设 $\boldsymbol{A}$、$\boldsymbol{B}$、$\boldsymbol{C}$ 都是同型矩阵，$k, l\in P$，则有

① $\boldsymbol{A}+\boldsymbol{B}=\boldsymbol{B}+\boldsymbol{A}$；② $\boldsymbol{A}+(\boldsymbol{B}+\boldsymbol{C})=(\boldsymbol{A}+\boldsymbol{B})+\boldsymbol{C}$；③ $\boldsymbol{A}+\boldsymbol{0}=\boldsymbol{A}$；④ $\boldsymbol{A}+(-\boldsymbol{A})=\boldsymbol{0}$；⑤ $1\boldsymbol{A}=\boldsymbol{A}$；⑥ $(kl)\boldsymbol{A}=k(l\boldsymbol{A})=l(k\boldsymbol{A})$；⑦ $(k+l)\boldsymbol{A}=k\boldsymbol{A}+l\boldsymbol{A}$；⑧ $k(\boldsymbol{A}+\boldsymbol{B})=k\boldsymbol{A}+k\boldsymbol{B}$.

(2) 矩阵相等：同型矩阵 $\boldsymbol{A}=(a_{ij})_{s\times n}$，$\boldsymbol{B}=(b_{ij})_{s\times n}$，若 $a_{ij}=b_{ij}$，则 $\boldsymbol{A}=\boldsymbol{B}$.

**2. 乘法**

设 $\boldsymbol{A}=(a_{ij})_{m\times n}$，$\boldsymbol{B}=(b_{ij})_{n\times t}$，定义 $\boldsymbol{A}$、$\boldsymbol{B}$ 的乘法为

$$\boldsymbol{C}=\boldsymbol{AB}=(c_{ij})_{m\times t},\ c_{ij}=a_{i1}b_{1j}+a_{i2}b_{2j}+\cdots+a_{in}b_{nj}$$

矩阵乘法不适合乘法的交换律. 其运算规律：

(1) 结合律：$(\boldsymbol{AB})\boldsymbol{C}=\boldsymbol{A}(\boldsymbol{BC})=\boldsymbol{ABC}$.

(2) 分配律：$\boldsymbol{A}(\boldsymbol{B}+\boldsymbol{C})=\boldsymbol{AB}+\boldsymbol{AC}$，$(\boldsymbol{A}+\boldsymbol{B})\boldsymbol{C}=\boldsymbol{AC}+\boldsymbol{BC}$.

(3) $k(\boldsymbol{AB})=(k\boldsymbol{A})\boldsymbol{B}=\boldsymbol{A}(k\boldsymbol{B})$.

(4) $E_{m\times m}A_{m\times n}=A_{m\times n}=A_{m\times n}E_{n\times n}$.

**注** 数的乘法与矩阵乘法的区别：① 数一定有乘法；矩阵不一定有. ② 数的乘法一定适合交换律；矩阵的乘法不适合交换律. ③ 数无零因子：$a\neq 0$，$b\neq 0\Rightarrow ab\neq 0$；矩阵有零因子：$A\neq 0$，$B\neq 0\Rightarrow AB=0$. ④ 消去律不成立：$AB=AC$ 不能有 $B=C$，$BA=CA$ 不能有 $B=C$，如 $A=\begin{bmatrix}0&0\\0&1\end{bmatrix}$，$B=\begin{bmatrix}0&1\\0&0\end{bmatrix}$，$C=\begin{bmatrix}0&0\\1&0\end{bmatrix}$.

**3. 矩阵方幂**

设 $A$ 是 $n$ 阶方阵，$A^m=\underbrace{AA\cdots A}_{m个A}$ 称为矩阵 $A$ 的 $m$ 次幂.

运算规律：

(1) $A^mA^n=A^{m+n}$.

(2) $(A^m)^n=A^{mn}$.

(3) 若 $AB=BA$，则

$$(A+B)^n=A^n+C_n^1A^{n-1}B+C_n^2A^{n-2}B^2+\cdots+C_n^{n-1}AB^{n-1}+B^n$$

(4) 矩阵多项式. 设 $f(x)=a_0+a_1x+a_2x^2+\cdots+a_mx^m$，对于 $A_{n\times n}$，定义

$$f(A)=a_0E_{n\times n}+a_1A+a_2A^2+\cdots+a_mA^m$$

(5) $0A=A=A0$.

**注** $(AB)^k\neq A^kB^k$，$(AB)^k=A^kB^k\Leftrightarrow AB=BA$.

**4. 方阵的行列式**

方阵 $A$ 的元素构成的行列式称为 $A$ 的行列式，记为 $|A|$.

**性质** 设 $A$、$B$ 为 $n$ 阶方阵，$k$ 为数，则 ① $|A^{\mathrm{T}}|=|A|$；② $|kA|=k^n|A|$；③ $|AB|=|A||B|$，$|A_1A_2\cdots A_s|=|A_1||A_2|\cdots|A_s|$.

矩阵的乘法适合结合律，则可定义方阵的高次幂. 计算一个矩阵的高次幂常考虑以下方法：

(1) 归纳递推法. 先求出 $A^2$，$A^3$，…，在此基础上归纳出 $A^n$ 的一般形式，再用数学归纳法给予证明(有的可直接推出结果).

(2) 二项展开法. 若一个 $n$ 阶方阵可分解成两个可交换的矩阵之和，即 $A=B+C$，$BC=CB$，则有 $A^n=(B+C)^n$，可用二项展开定理展开，此时若 $B$、$C$ 中有一个为幂零阵，则方幂易计算.

(3) 秩为1. 对秩为1的 $n$ 阶方阵 $A$，总存在 $n$ 维列向量 $\alpha$ 和 $\beta$，使得 $A=\alpha\beta^{\mathrm{T}}$ 由矩阵乘法适合结合律有 $A^n=(\alpha\beta^{\mathrm{T}})^n=\alpha(\beta^{\mathrm{T}}\alpha)(\beta^{\mathrm{T}}\alpha)\cdots(\beta^{\mathrm{T}}\alpha)\beta^{\mathrm{T}}=(\beta^{\mathrm{T}}\alpha)^{n-1}A$，其中，$\beta^{\mathrm{T}}\alpha$ 为一个常数.

(4) 哈密尔顿－凯莱定理. 此定理结合带余除法进行降次：设 $A\in P^{n\times n}$，对 $\forall t\in N$，必存在 $q(x)$ 和 $r(x)$，使得 $x^t=f_A(x)q(x)+r(x)$，其中，$f_A(x)$ 为 $A$ 的特征多项式，当 $r(x)\neq 0$ 时，有 $\partial r(x)<\partial f_A(x)$，且 $A^t=r(A)$，若 $r(x)=0$ 时，则 $A^t=0$.

(5) 相似对角形. 若存在可逆矩阵 $P$，使得 $P^{-1}AP=\mathrm{diag}(\lambda_1,\lambda_2,\cdots,\lambda_n)$，则

$$A^t=P\mathrm{diag}(\lambda_1^t,\cdots,\lambda_n^t)P^{-1}$$

**5. 矩阵的转置**

矩阵 $A=(a_{ij})_{m\times n}$ 的转置为 $n\times m$ 的矩阵 $A^{\mathrm{T}}$，$A^{\mathrm{T}}$ 的第 $k$ 行为 $A$ 的第 $k$ 列，$1\leqslant k\leqslant n$，

$\boldsymbol{A}^{\mathrm{T}}$ 的第 $r$ 列为 $\boldsymbol{A}$ 的第 $r$ 行，$1 \leqslant r \leqslant m$.

矩阵的转置满足运算规律：

(1) $(\boldsymbol{A}^{\mathrm{T}})^{\mathrm{T}} = \boldsymbol{A}$；(2) $(\boldsymbol{A}+\boldsymbol{B})^{\mathrm{T}} = \boldsymbol{A}^{\mathrm{T}} + \boldsymbol{B}^{\mathrm{T}}$；(3) $(a\boldsymbol{A})^{\mathrm{T}} = a\boldsymbol{A}^{\mathrm{T}}$；(4) $(\boldsymbol{AB})^{\mathrm{T}} = \boldsymbol{B}^{\mathrm{T}}\boldsymbol{A}^{\mathrm{T}}$；(5) 若 $\boldsymbol{A}$ 为方阵，则 $|\boldsymbol{A}^{\mathrm{T}}| = |\boldsymbol{A}|$；(6) $R(\boldsymbol{A}) = R(\boldsymbol{A}^{\mathrm{T}})$.

**6. 特殊矩阵(方阵)**

(1) 单位矩阵：设 $\boldsymbol{A} = (a_{ij})_{n\times n}$，$a_{ij} = 0(i \neq j)$，$a_{ii} = 1$，则称 $\boldsymbol{A}$ 为 $n$ 阶单位矩阵，记为 $\boldsymbol{I}_{n\times n}$，$\boldsymbol{E}_{n\times n}$.

**性质** $\boldsymbol{E}_{m\times m}\boldsymbol{A}_{m\times n} = \boldsymbol{A}_{m\times n}\boldsymbol{E}_{n\times n} = \boldsymbol{A}_{m\times n}$，$\boldsymbol{A}^0 = \boldsymbol{E}$.

(2) 数量矩阵：设 $\boldsymbol{A} = (a_{ij})_{n\times n}$，$a_{ij} = 0(i \neq j)$，$a_{ii} = a$，则称 $\boldsymbol{A}$ 为 $n$ 阶数量矩阵.

**性质** $k\boldsymbol{A} = (k\boldsymbol{E})\boldsymbol{A} = \boldsymbol{A}(k\boldsymbol{E})$，$(k+l)\boldsymbol{A} = k\boldsymbol{A} + l\boldsymbol{A}$，$(k\boldsymbol{E})(l\boldsymbol{E}) = (kl)\boldsymbol{E}$.

(3) 对角矩阵：设 $\boldsymbol{A} = (a_{ij})_{n\times n}$，$a_{ij} = 0(i \neq j)$，$a_{ii} \neq 0$，则称 $\boldsymbol{A}$ 为 $n$ 阶对角矩阵.

**性质** $\boldsymbol{A}_{n\times n}$、$\boldsymbol{B}_{n\times n}$ 为对角矩阵，则 $\boldsymbol{A}+\boldsymbol{B}$、$k\boldsymbol{A}$、$\boldsymbol{AB}$ 仍为 $n$ 阶对角矩阵.

(4) 三角矩阵：设 $\boldsymbol{A} = (a_{ij})_{n\times n}$，$a_{ij} = 0(i > j;\ i = 1, 2, \cdots, n,\ j = 1, 2, \cdots, n)$，则称 $\boldsymbol{A}$ 为 $n$ 阶上三角矩阵；设 $\boldsymbol{A} = (a_{ij})_{n\times n}$，$a_{ij} = 0(i < j;\ i = 1, 2, \cdots, n,\ j = 1, 2, \cdots, n)$，则称 $\boldsymbol{A}$ 为 $n$ 阶下三角矩阵.

**性质** $\boldsymbol{A}_{n\times n}$、$\boldsymbol{B}_{n\times n}$ 为同型且同结构三角矩阵，则 $\boldsymbol{A}+\boldsymbol{B}$、$k\boldsymbol{A}$、$\boldsymbol{AB}$ 仍为同阶同结构三角矩阵.

(5) 对称矩阵与反对称矩阵：若 $\boldsymbol{A}^{\mathrm{T}} = \boldsymbol{A}$，$a_{ij} = a_{ji}$，$1 \leqslant i, j \leqslant n$，则方阵 $\boldsymbol{A}$ 为对称矩阵；若 $\boldsymbol{A}^{\mathrm{T}} = -\boldsymbol{A}$，$a_{ij} = -a_{ji}$，$1 \leqslant i, j \leqslant n$，则方阵 $\boldsymbol{A}$ 为反对称矩阵.

**性质** 若 $\boldsymbol{A}_{n\times n}$、$\boldsymbol{B}_{n\times n}$ 为对称矩阵，则 $\boldsymbol{A}+\boldsymbol{B}$、$\boldsymbol{A}-\boldsymbol{B}$、$k\boldsymbol{A}$ 仍为对称矩阵；若 $\boldsymbol{A}_{n\times n}$、$\boldsymbol{B}_{n\times n}$ 为反对称矩阵，则 $\boldsymbol{A}+\boldsymbol{B}$、$\boldsymbol{A}-\boldsymbol{B}$、$k\boldsymbol{A}$ 仍为反对称矩阵.

**7. 矩阵的迹**

设 $\boldsymbol{A}$ 是 $n$ 阶方阵，则 $a_{11} + a_{22} + \cdots + a_{nn}$ 称为方阵 $\boldsymbol{A}$ 的迹，记为 $\mathrm{tr}(\boldsymbol{A})$.

**性质** (1) $\mathrm{tr}(\boldsymbol{A}+\boldsymbol{B}) = \mathrm{tr}(\boldsymbol{A}) + \mathrm{tr}(\boldsymbol{B})$；(2) $\mathrm{tr}(k\boldsymbol{A}) = k\,\mathrm{tr}(\boldsymbol{A})$；(3) $\mathrm{tr}(\boldsymbol{A}^{\mathrm{T}}) = \mathrm{tr}(\boldsymbol{A})$；(4) $\mathrm{tr}(\boldsymbol{AB}) = \mathrm{tr}(\boldsymbol{BA})$；(5) $\mathrm{tr}(\boldsymbol{A}^{-1}\boldsymbol{BA}) = \mathrm{tr}(\boldsymbol{B})$.

**典型例题**

**例 1** 设 $n$ 阶方阵 $\boldsymbol{A} = \begin{bmatrix} 0 & 1 & & \\ & 0 & \ddots & \\ & & \ddots & 1 \\ & & & 0 \end{bmatrix}$(幂零阵)，求 $\boldsymbol{A}^n$.

**解** 由于 $\boldsymbol{A} = (\boldsymbol{0}, \boldsymbol{\varepsilon}_1, \boldsymbol{\varepsilon}_2, \cdots, \boldsymbol{\varepsilon}_{n-1})$，则

$\boldsymbol{A}^2 = \boldsymbol{A}(\boldsymbol{0}, \boldsymbol{\varepsilon}_1, \boldsymbol{\varepsilon}_2, \cdots, \boldsymbol{\varepsilon}_{n-1}) = (\boldsymbol{0}, \boldsymbol{A\varepsilon}_1, \boldsymbol{A\varepsilon}_2, \cdots, \boldsymbol{A\varepsilon}_{n-1}) = (\boldsymbol{0}, \boldsymbol{0}, \boldsymbol{\varepsilon}_1, \cdots, \boldsymbol{\varepsilon}_{n-2})$

一般地，$\boldsymbol{A}^k = (\boldsymbol{0}, \cdots, \boldsymbol{0}, \boldsymbol{\varepsilon}_1, \cdots, \boldsymbol{\varepsilon}_{n-k})$，由此可得 $\boldsymbol{A}^n = (\boldsymbol{0}, \boldsymbol{0}, \cdots, \boldsymbol{0}) = \boldsymbol{0}$.

**例 2** 若 $\boldsymbol{A} = \begin{bmatrix} \lambda & 1 & 0 \\ 0 & \lambda & 1 \\ 0 & 0 & \lambda \end{bmatrix}$，求 $\boldsymbol{A}^k$.

**解** *方法一* 由于 $\boldsymbol{A} = \begin{bmatrix} \lambda & 0 & 0 \\ 0 & \lambda & 0 \\ 0 & 0 & \lambda \end{bmatrix} + \begin{bmatrix} 0 & 1 & 0 \\ 0 & 0 & 1 \\ 0 & 0 & 0 \end{bmatrix} = \lambda\boldsymbol{E} + \boldsymbol{B}$，则 $\boldsymbol{A}^k = (\lambda\boldsymbol{E} + \boldsymbol{B})^k$，其中，

$\boldsymbol{B}^2=\begin{bmatrix}0&0&1\\0&0&0\\0&0&0\end{bmatrix}$，$\boldsymbol{B}^3=\boldsymbol{0}$，从而 $\boldsymbol{A}^k=(\lambda\boldsymbol{E}+\boldsymbol{B})^k=\boldsymbol{C}_k^0\lambda^k\boldsymbol{E}^k+\boldsymbol{C}_k^1\lambda^{k-1}\boldsymbol{B}+\boldsymbol{C}_k^2\lambda^{k-2}\boldsymbol{B}^2$.

方法二 数学归纳法.

**例3** 设 $a$ 为是实数，$\boldsymbol{A}=\begin{bmatrix}a&1&&\\&a&\ddots&\\&&\ddots&1\\&&&a\end{bmatrix}\in\mathbf{R}^{100\times100}$，求 $\boldsymbol{A}^{50}$ 的第一行所有元素之和.

**解** 设 $\boldsymbol{A}=a\boldsymbol{E}+\boldsymbol{J}$，而 $\boldsymbol{EJ}=\boldsymbol{JE}$，则

$$\boldsymbol{A}^{50}=(a\boldsymbol{E}+\boldsymbol{J})^{50}=\mathrm{C}_{50}^0a^{50}\boldsymbol{E}^{50}+\mathrm{C}_{50}^1a^{49}\boldsymbol{E}^{49}\boldsymbol{J}+\cdots+\mathrm{C}_{50}^{49}a\boldsymbol{EJ}^{49}+\mathrm{C}_{50}^{50}\boldsymbol{J}^{50}$$

由于 $\boldsymbol{E}$，$\boldsymbol{J}$，$\boldsymbol{J}^2$，…，$\boldsymbol{J}^{50}$ 每个矩阵的第一行元素之和均为1，从而 $\boldsymbol{A}^{50}$ 的第一行所有元素之和为 $\mathrm{C}_{50}^0a^{50}+\mathrm{C}_{50}^1a^{49}+\cdots+\mathrm{C}_{50}^{50}=(a+1)^{50}$.

**例4** 已知 $\boldsymbol{A}=\begin{bmatrix}1&a&b\\0&1&a\\0&0&1\end{bmatrix}$，求 $\boldsymbol{A}^n$.

**解** 由于

$$\boldsymbol{A}^2=\begin{bmatrix}1&2a&a^2+2b\\0&1&2a\\0&0&1\end{bmatrix},\ \boldsymbol{A}^3=\begin{bmatrix}1&3a&3a^2+3b\\0&1&3a\\0&0&1\end{bmatrix},\ \cdots\cdots$$

由此猜测 $\boldsymbol{A}^n=\begin{bmatrix}1&na&\dfrac{n(n-1)}{2}a^2+nb\\0&1&na\\0&0&1\end{bmatrix}$.

用数学归纳法进行证明猜测：

当 $n=1$，2 时，命题成立；

假设当 $n=k$ 时，命题成立，即

$$\boldsymbol{A}^k=\begin{bmatrix}1&ka&\dfrac{k(k-1)}{2}a^2+kb\\0&1&ka\\0&0&1\end{bmatrix}$$

则当 $n=k+1$ 时，有

$$\boldsymbol{A}^{k+1}=\boldsymbol{A}^k\boldsymbol{A}\begin{bmatrix}1&ka&\dfrac{k(k-1)}{2}a^2+kb\\0&1&ka\\0&0&1\end{bmatrix}\begin{bmatrix}1&a&b\\0&1&a\\0&0&1\end{bmatrix}$$

$$=\begin{bmatrix}1&(k+1)a&\dfrac{k(k+1)}{2}a^2+(k+1)a\\0&1&(k+1)a\\0&0&1\end{bmatrix}$$

命题成立；从而对于任意自然数 $n$，命题都成立.

**例 5** 若 $\boldsymbol{A}=\begin{bmatrix} ar & as & at \\ br & bs & bt \\ cr & cs & ct \end{bmatrix}$，求 $\boldsymbol{A}^k$.

**解** 将 $\boldsymbol{A}$ 分解为低秩矩阵的乘积. 由于 $\boldsymbol{A}=\begin{bmatrix} a \\ b \\ c \end{bmatrix}(r, s, t)=\boldsymbol{\alpha\beta}^{\mathrm{T}}$，则

$$\boldsymbol{A}^k=(\boldsymbol{\alpha\beta}^{\mathrm{T}})^k=\boldsymbol{\alpha}(\boldsymbol{\beta}^{\mathrm{T}}\boldsymbol{\alpha})^{k-1}\boldsymbol{\beta}^{\mathrm{T}}$$

**例 6** 设 $\boldsymbol{A}=\begin{bmatrix} 1 & 2 & 2 \\ 2 & 1 & 2 \\ 2 & 2 & 1 \end{bmatrix}$，求 $\boldsymbol{A}^k$.

**解** 利用矩阵的相似变换易求 $\boldsymbol{A}$ 的特征值为 $\lambda_1=\lambda_2=-1$，$\lambda_3=5$，对于 $\lambda_1=\lambda_2=-1$，有线性无关的特征向量 $\boldsymbol{\alpha}_1=(1, 0, -1)^{\mathrm{T}}$，$\boldsymbol{\alpha}_2=(0, 1, -1)^{\mathrm{T}}$，对于 $\lambda_3=5$，有特征向量 $\boldsymbol{\alpha}_3=(1, 1, 1)^{\mathrm{T}}$. 令 $\boldsymbol{P}=(\boldsymbol{\alpha}_1, \boldsymbol{\alpha}_2, \boldsymbol{\alpha}_3)$，则 $\boldsymbol{P}$ 可逆，且有 $\boldsymbol{P}^{-1}\boldsymbol{A}P=\mathrm{diag}(-1, -1, 5)$，$\boldsymbol{B}^k=\mathrm{diag}((-1)^k, (-1)^k, 5^k)$，从而 $\boldsymbol{A}=\boldsymbol{PBP}^{-1}$，$\boldsymbol{A}^k=\boldsymbol{PB}^k\boldsymbol{P}^{-1}$，即

$$\boldsymbol{A}^k=\frac{1}{3}\begin{bmatrix} (-1)^k2+5^k & (-1)^{k+1}+5^k & (-1)^{k+1}+5^k \\ (-1)^k+5^k & (-1)^k2+5^k & (-1)^{k+1}+5^k \\ (-1)^k+5^k & (-1)^{k+1}+5^k & (-1)^k2+5^k \end{bmatrix}$$

**例 7** 设 $\boldsymbol{A}=\begin{bmatrix} 3 & -10 & -6 \\ 1 & -4 & -3 \\ -1 & 5 & 4 \end{bmatrix}$，求 $\boldsymbol{A}^{100}$.

**解** *方法一* 特征多项式法. 由于 $\boldsymbol{A}$ 的特征多项式为

$$f(\lambda)=|\lambda\boldsymbol{E}-\boldsymbol{A}|=(\lambda-1)^3=\lambda^3-3\lambda^2+3\lambda+1$$

令 $\lambda^{100}=f(\lambda)q(\lambda)+r(\lambda)$，其中，$r(\lambda)=a\lambda^2+b\lambda+c$，即 $\lambda^{100}=f(\lambda)q(\lambda)+a\lambda^2+b\lambda+c$，由于 $f(1)=f'(1)=f''(1)=0$，于是令 $\lambda=1$，则

$$\lambda^{100}=f(\lambda)q(\lambda)+a\lambda^2+b\lambda+c$$

$$100\lambda^{99}=(f(\lambda)q(\lambda))'+2a\lambda+b,\ 9900\lambda^{98}=(f(\lambda)q(\lambda))''+2a$$

都有 1 为根，从而 $1=a+b+c$，$100=2a+b$，$9800=2a$，解得 $a=4950$，$b=-9800$，$c=4851$. 因此将 $\boldsymbol{A}$ 代入后得

$$\boldsymbol{A}^{100}=f(\boldsymbol{A})q(\boldsymbol{A})+4950\boldsymbol{A}^2-9800\boldsymbol{A}+4851\boldsymbol{E}=\begin{bmatrix} 201 & -1000 & -6800 \\ 100 & -499 & -300 \\ -100 & 500 & 301 \end{bmatrix}$$

*方法二* 最小多项式法. 易得 $\boldsymbol{A}$ 的最小多项式为 $m(\lambda)=(\lambda-1)^2=\lambda^2-2\lambda+1$，令 $\lambda^{100}=m(\lambda)q(\lambda)+r(\lambda)$，其中，$r(\lambda)=a\lambda+b$，由于 $m(1)=0$，于是令 $\lambda=1$，则 $\lambda^{100}=m(\lambda)q(\lambda)+a\lambda+b$，$100\lambda^{99}=(m(\lambda)q(\lambda))'+a$ 都有 1 为根，从而 $1=a+b$，$100=a$，即 $a=100$，$b=-99$，故

$$\boldsymbol{A}^{100}=m(\boldsymbol{A})q(\boldsymbol{A})+100\boldsymbol{A}-98\boldsymbol{E}$$

$$=\begin{bmatrix} 201 & -1000 & -6800 \\ 100 & -499 & -300 \\ -100 & 500 & 301 \end{bmatrix}$$

**例 8** 证明：$\begin{bmatrix} \frac{3}{2} & -\frac{1}{2} \\ \frac{1}{2} & \frac{1}{2} \end{bmatrix}^{100} = \begin{bmatrix} 51 & -50 \\ 50 & -49 \end{bmatrix}$.

**解** 此题可证明一般的结论 $\begin{bmatrix} \frac{3}{2} & -\frac{1}{2} \\ \frac{1}{2} & \frac{1}{2} \end{bmatrix}^{n} = \begin{bmatrix} \frac{n+2}{2} & -\frac{n}{2} \\ \frac{n}{2} & -\frac{n-2}{2} \end{bmatrix}$. 可应用归纳法进行证明. 当 $n=1$ 时命题成立；假设当 $n=k$ 时结论成立，则当 $n=k+1$ 时，有

$$\begin{bmatrix} \frac{3}{2} & -\frac{1}{2} \\ \frac{1}{2} & \frac{1}{2} \end{bmatrix}^{k+1} = \begin{bmatrix} \frac{\frac{3}{2}}{2} & -\frac{1}{2} \\ \frac{1}{2} & \frac{1}{2} \end{bmatrix}^{k} \begin{bmatrix} \frac{3}{2} & -\frac{1}{2} \\ \frac{1}{2} & \frac{1}{2} \end{bmatrix} = \begin{bmatrix} \frac{k+2}{2} & -\frac{k}{2} \\ \frac{k}{2} & -\frac{k-2}{2} \end{bmatrix} \begin{bmatrix} \frac{3}{2} & -\frac{1}{2} \\ \frac{1}{2} & \frac{1}{2} \end{bmatrix}$$

$$= \begin{bmatrix} \frac{(k+1)+2}{2} & -\frac{k+1}{2} \\ \frac{k+1}{2} & -\frac{(k+1)-2}{2} \end{bmatrix}$$

故对任意自然数 $n$ 命题都成立. 取 $n=100$，即可.（本题的证法在数学方法论上称为一般化方法.）

**例 9** 求 $\boldsymbol{C}^n = \begin{bmatrix} 3 & -1 \\ -9 & 3 \end{bmatrix}^n$.

**解** 由于 $\boldsymbol{C} = \begin{bmatrix} 3 & -1 \\ -9 & 3 \end{bmatrix} = \begin{bmatrix} 1 \\ -3 \end{bmatrix}(3, -1)$，则

$$\boldsymbol{C}^n = \begin{bmatrix} 3 & -1 \\ -9 & 3 \end{bmatrix}^n = \left[\begin{bmatrix} 1 \\ -3 \end{bmatrix}(3, -1)\right]^n$$

$$= \begin{bmatrix} 1 \\ -3 \end{bmatrix}\left[(1, -3)\begin{bmatrix} 3 \\ -1 \end{bmatrix}\right]^{n-1}(3, -1) = 6^{n-1}\begin{bmatrix} 1 \\ -3 \end{bmatrix}(3, -1)$$

$$= 6^{n-1}\begin{bmatrix} 3 & -1 \\ -9 & 3 \end{bmatrix} = 6^{n-1}\boldsymbol{C}$$

**例 10** 设 $\boldsymbol{A} = (a_{ij}) \in P^{n\times n}$，则 $\boldsymbol{A}$ 的迹为 $\mathrm{tr}(\boldsymbol{A}) = a_{11} + a_{22} + \cdots + a_{nn}$.

(1) 证明：$\mathrm{tr}(\boldsymbol{A}+\boldsymbol{B}) = \mathrm{tr}(\boldsymbol{A}) + \mathrm{tr}(\boldsymbol{B})$，$\mathrm{tr}(\boldsymbol{AB}) = \mathrm{tr}(\boldsymbol{BA})$，$\mathrm{tr}(\lambda\boldsymbol{A}) = \lambda\mathrm{tr}(\boldsymbol{A})$，$\mathrm{tr}(\boldsymbol{A}) = \mathrm{tr}(\boldsymbol{A}^{\mathrm{T}})$，$\mathrm{tr}(\boldsymbol{AA}^{\mathrm{T}}) = \sum_{i,j} a_{ij}^2$.

(2) 设 $\boldsymbol{A}$、$\boldsymbol{B}$ 是 $n$ 阶实对称阵，$\boldsymbol{C}$ 是 $n$ 阶实反对称阵，且 $\boldsymbol{A}^2 + \boldsymbol{B}^2 = \boldsymbol{C}^2$，证明：$\boldsymbol{A} = \boldsymbol{B} = \boldsymbol{C} = \boldsymbol{0}$.

**证明** (1) 根据定义可以证明.

(2) 设 $\boldsymbol{A} = (a_{ij})_{n\times n}$，$\boldsymbol{B} = (b_{ij})_{n\times n}$，$\boldsymbol{C} = (c_{ij})_{n\times n}$. 考察等式两边的对角线元素，可得

$$\sum_{i=1}^{n} a_{ji}^2 + \sum_{i=1}^{n} b_{ji}^2 = -\sum_{i=1}^{n} c_{ji}^2, \ 1 \leqslant j \leqslant n$$

又因为 $\boldsymbol{A}$、$\boldsymbol{B}$、$\boldsymbol{C}$ 为 $n$ 阶实矩阵，故 $a_{ij} = b_{ij} = c_{ij} = 0$.

**例 11** 求所有可与$\begin{bmatrix}1 & a\\0 & 1\end{bmatrix}$相乘可交换的矩阵，$0\neq a\in\mathbf{R}$.

**提示** 利用矩阵相等，$\begin{bmatrix}1 & a\\0 & 1\end{bmatrix}\begin{bmatrix}b_1 & b_2\\b_3 & b_4\end{bmatrix}=\begin{bmatrix}b_1 & b_2\\b_3 & b_4\end{bmatrix}\begin{bmatrix}1 & a\\0 & 1\end{bmatrix}$.

**例 12** 对任意方阵 $\mathbf{A}$，$\mathbf{A}^{\mathrm{T}}+\mathbf{A}$ 为对称矩阵，$\mathbf{A}-\mathbf{A}^{\mathrm{T}}$ 为反对称矩阵.

**提示** 利用对称矩阵与反对称矩阵的定义.

**例 13** 任一方阵 $\mathbf{A}$ 可以表示为对称矩阵与反对称矩阵之和.

**证明** 由于 $\mathbf{A}=\dfrac{\mathbf{A}+\mathbf{A}^{\mathrm{T}}}{2}+\dfrac{\mathbf{A}-\mathbf{A}^{\mathrm{T}}}{2}$，其中，$\dfrac{\mathbf{A}+\mathbf{A}^{\mathrm{T}}}{2}$ 为对称矩阵，$\dfrac{\mathbf{A}-\mathbf{A}^{\mathrm{T}}}{2}$ 为反对称矩阵.

**例 14** 奇数阶反对称矩阵的行列式等于零.

**解** 由于 $\mathbf{A}^{\mathrm{T}}=-\mathbf{A}\Rightarrow|\mathbf{A}|=|\mathbf{A}^{\mathrm{T}}|=|-\mathbf{A}|=(-1)^n|\mathbf{A}|$，则当 $n$ 为奇数时，则 $|\mathbf{A}|=-|\mathbf{A}|\Rightarrow|\mathbf{A}|=0$.

**例 15** 设 $\mathbf{A}_{n\times n}$、$\mathbf{B}_{n\times n}$ 为 $n$ 阶对称矩阵，则 $\mathbf{A}_{n\times n}$、$\mathbf{B}_{n\times n}$ 可交换的充要条件为 $\mathbf{AB}$ 为对称矩阵.

**提示** 利用对称矩阵的定义.

**例 16** 设 $\mathbf{A}$ 是秩为 1 的 $n$ 阶矩阵，则 $\mathbf{A}=\begin{pmatrix}a_1\\a_2\\\vdots\\a_n\end{pmatrix}(b_1, b_2, \cdots, b_n)$；$\mathbf{A}^2=k\mathbf{A}$；$\mathbf{A}^m=k^{m-1}\mathbf{A}$，$m\in\mathbf{Z}^+$.

**解** 由于 $R(\mathbf{A})=1$，则 $\mathbf{A}$ 的任意两行成比例，可设

$$\mathbf{A}=\begin{bmatrix}b_1 & b_2 & \cdots & b_n\\k_2b_1 & k_2b_2 & \cdots & k_2b_n\\\vdots & \vdots & & \vdots\\k_2b_1 & k_2b_2 & \cdots & k_nb_n\end{bmatrix}=\begin{bmatrix}1\\k_2\\\vdots\\k_n\end{bmatrix}(b_1, b_2, \cdots, b_n)$$

令$(1, k_2, \cdots, k_n)=(a_1, a_2, \cdots, a_n)$即可得证.

$$\mathbf{A}^2=\begin{bmatrix}1\\k_2\\\vdots\\k_n\end{bmatrix}(b_1, b_2, \cdots, b_n)\begin{bmatrix}1\\k_2\\\vdots\\k_n\end{bmatrix}(b_1, b_2, \cdots, b_n)=k\begin{bmatrix}1\\k_2\\\vdots\\k_n\end{bmatrix}(b_1, b_2, \cdots, b_n)=k\mathbf{A}$$

其中，$k=b_1+\sum\limits_{i=1}^{n}k_ib_i$. 从而 $\mathbf{A}^3=k\mathbf{A}^2=k(k\mathbf{A})=k^2\mathbf{A}, \cdots, \mathbf{A}^n=k^{n-1}\mathbf{A}$.

**例 17** 设列矩阵 $\boldsymbol{X}=(x_1, x_2, \cdots, x_n)^{\mathrm{T}}$ 满足 $\boldsymbol{X}^{\mathrm{T}}\boldsymbol{X}=1$，$\boldsymbol{E}_{n\times n}$ 为单位矩阵，$\boldsymbol{H}=\boldsymbol{E}-2\boldsymbol{X}^{\mathrm{T}}\boldsymbol{X}$，证明：$\boldsymbol{H}$ 为对称矩阵，且 $\boldsymbol{HH}^{\mathrm{T}}=\boldsymbol{E}$.

**证明** 由于 $\boldsymbol{H}^{\mathrm{T}}=(\boldsymbol{E}-2\boldsymbol{XX}^{\mathrm{T}})^{\mathrm{T}}=\boldsymbol{E}-2(\boldsymbol{XX}^{\mathrm{T}})^{\mathrm{T}}=\boldsymbol{E}-2\boldsymbol{XX}^{\mathrm{T}}=\boldsymbol{H}$，$\boldsymbol{H}$ 是对称矩阵；从而有

$$\begin{aligned}\boldsymbol{HH}^{\mathrm{T}}&=\boldsymbol{H}^2=(\boldsymbol{E}-2\boldsymbol{XX}^{\mathrm{T}})^2=\boldsymbol{E}-4\boldsymbol{XX}^{\mathrm{T}}+4(\boldsymbol{XX}^{\mathrm{T}})(\boldsymbol{XX}^{\mathrm{T}})\\&=\boldsymbol{E}-4\boldsymbol{XX}^{\mathrm{T}}+4\boldsymbol{X}(\boldsymbol{X}^{\mathrm{T}}\boldsymbol{X})\boldsymbol{X}^{\mathrm{T}}=\boldsymbol{E}-4\boldsymbol{XX}^{\mathrm{T}}+4\boldsymbol{XX}^{\mathrm{T}}=\boldsymbol{E}\end{aligned}$$

**例 18** 设 $\boldsymbol{A}$ 为 $n$ 阶实对称矩阵，且 $\boldsymbol{A}^2=\boldsymbol{0}$，则 $\boldsymbol{A}=\boldsymbol{0}$.

**证明** 设 $\boldsymbol{A}=(a_{ij})_{n\times n}$，由于 $\boldsymbol{A}^{\mathrm{T}}=\boldsymbol{A}$，则

$$\boldsymbol{A}^2=\boldsymbol{A}\boldsymbol{A}^{\mathrm{T}}=\begin{bmatrix}a_{11}&a_{12}&\cdots&a_{1n}\\a_{21}&a_{22}&\cdots&a_{2n}\\\vdots&\vdots&&\vdots\\a_{n1}&a_{n2}&\cdots&a_{nn}\end{bmatrix}\begin{bmatrix}a_{11}&a_{21}&\cdots&a_{n1}\\a_{12}&a_{22}&\cdots&a_{n2}\\\vdots&\vdots&&\vdots\\a_{1n}&a_{2n}&\cdots&a_{nn}\end{bmatrix}=\begin{bmatrix}\sum_{k=1}^{n}a_{1k}^2&&*\\&\ddots&\\*&&\sum_{k=1}^{n}a_{nk}^2\end{bmatrix}$$

$$=0\Rightarrow\sum_{k=1}^{n}a_{ik}^2=0,\ i=1\sim n$$

又 $a_{ik}$ 皆为实数，$i$，$k=1$，2，…，$n$，则 $a_{ik}=0$，即 $\boldsymbol{A}=\boldsymbol{0}$.

# 4.2 矩阵的初等变换

## 一、初等变换

对矩阵做以下三种变换：① 互换 $i$、$j$ 两行(列)；② 用数 $0\neq c\in P$ 乘以矩阵的第 $i$ 行(列)；③ 用数 $0\neq c\in P$ 乘以矩阵的第 $i$ 行(列) 加至第 $j$ 行(列)，以上三种变换称为矩阵的行(列) 初等变换.

**性质** 对矩阵 $\boldsymbol{A}_{m\times n}$ 进行一次初等行变换，相当于在 $\boldsymbol{A}_{m\times n}$ 左乘一个对应的 $m$ 阶初等矩阵，对矩阵 $\boldsymbol{A}_{m\times n}$ 进行一次初等列变换，相当于在 $\boldsymbol{A}_{m\times n}$ 右乘一个对应的 $n$ 阶初等矩阵.

## 二、初等矩阵

### 1. 初等矩阵的定义

由单位矩阵经过一次初等变换得到的矩阵称为初等矩阵. 初等矩阵有以下三种情况：

(1) 互换 $i$、$j$ 两行(列)，记为 $\boldsymbol{P}(i, j)$.

(2) 用数 $0\neq c\in P$ 乘以矩阵的第 $i$ 行(列)，记为 $\boldsymbol{P}(i(c))$.

(3) 用数 $0\neq c\in P$ 乘以矩阵的第 $i$ 行(列) 加至第 $j$ 行(列)，记为 $\boldsymbol{P}(i(c), j)$，以上三种变换称为矩阵的行(列) 初等变换.

**性质**

(1) 初等矩阵的转置仍为初等矩阵.

(2) 初等矩阵均可逆，其逆矩阵仍为同类的初等矩阵：$\boldsymbol{P}(i, j)^{-1}=\boldsymbol{P}(i, j)$，$\boldsymbol{P}(i(c))^{-1}=\boldsymbol{P}(i(c^{-1}))$，$\boldsymbol{P}(i(c), j)^{-1}=\boldsymbol{P}(i(-c), j)$.

### 2. 等价矩阵

(1) 矩阵 $\boldsymbol{A}$ 经过一系列初等变换后变成矩阵 $\boldsymbol{B}$，则称矩阵 $\boldsymbol{A}$、$\boldsymbol{B}$ 等价. 矩阵的等价关系具有反身性、对称性和传递性.

(2) 秩为 $r$ 的矩阵 $\boldsymbol{A}_{m\times n}$ 等价于形为 $\begin{bmatrix}\boldsymbol{E}_r&\boldsymbol{0}\\\boldsymbol{0}&\boldsymbol{0}\end{bmatrix}_{m\times n}$ 的矩阵，称为矩阵 $\boldsymbol{A}_{m\times n}$ 的标准形，它是唯一确定的.

(3) 矩阵等价的充要条件：两个矩阵 $\boldsymbol{A}_{m\times n}$、$\boldsymbol{B}_{m\times n}$ 等价的充要条件为它们有相同的秩；两个矩阵 $\boldsymbol{A}_{m\times n}$、$\boldsymbol{B}_{m\times n}$ 等价的充要条件为存在可逆矩阵 $\boldsymbol{P}_1, \boldsymbol{P}_2, \cdots, \boldsymbol{P}_n, \boldsymbol{Q}_1, \boldsymbol{Q}_2, \cdots, \boldsymbol{Q}_n$，使得 $\boldsymbol{B}=\boldsymbol{P}_1\boldsymbol{P}_2\cdots\boldsymbol{P}_n\boldsymbol{A}\boldsymbol{Q}_1\boldsymbol{Q}_2\cdots\boldsymbol{Q}_n$.

任意矩阵 $\boldsymbol{A}=(a_{ij})_{m\times n}$ 必可经过一系列初等变换化为矩阵 $\begin{bmatrix}\boldsymbol{E}_r & \boldsymbol{0}\\ \boldsymbol{0} & \boldsymbol{0}\end{bmatrix}$.

## 三、逆矩阵

### 1. 定义

设 $\boldsymbol{A}$ 是 $n$ 阶方阵，若存在一个 $n$ 阶方阵 $\boldsymbol{B}$，使得 $\boldsymbol{AB}=\boldsymbol{BA}=\boldsymbol{E}$，则称 $\boldsymbol{B}$ 为 $\boldsymbol{A}$ 的逆矩阵，$\boldsymbol{A}$ 是可逆的(或称为非奇异矩阵)，否则称为非可逆矩阵(或称为奇异矩阵).

设 $\boldsymbol{A}$、$\boldsymbol{B}$ 为 $n$ 阶方阵，若 $\boldsymbol{AB}=\boldsymbol{E}$，则 $\boldsymbol{A}$、$\boldsymbol{B}$ 皆为可逆矩阵，且 $\boldsymbol{A}^{-1}=\boldsymbol{B}$，$\boldsymbol{B}^{-1}=\boldsymbol{A}$.

设 $\boldsymbol{A}$ 是数域 $P$ 上的 $n$ 阶方阵，若 $|\boldsymbol{A}|\neq 0$，则称 $\boldsymbol{A}$ 是非退化的；若 $|\boldsymbol{A}|=0$，则称 $\boldsymbol{A}$ 是退化的.

设 $\boldsymbol{A}$、$\boldsymbol{B}$ 为数域 $P$ 上的 $n$ 阶方阵，则 $\boldsymbol{AB}$ 为退化的充要条件为 $\boldsymbol{A}$、$\boldsymbol{B}$ 中至少一个为退化的.

$n$ 阶方阵 $\boldsymbol{A}$ 可逆的充要条件为 $\boldsymbol{A}$ 的标准形为单位矩阵 $\boldsymbol{E}$，即 $\boldsymbol{A}$ 与单位矩阵等价的充要条件为 $\boldsymbol{A}$ 能表示成一些初等矩阵的积，即 $\boldsymbol{A}=\boldsymbol{Q}_1\boldsymbol{Q}_2\cdots\boldsymbol{Q}_t$.

矩阵 $\boldsymbol{A}_{s\times n}$、$\boldsymbol{B}_{s\times n}$ 等价的充要条件为存在 $s$ 阶可逆矩阵 $\boldsymbol{P}$ 及 $n$ 阶可逆矩阵 $\boldsymbol{Q}$，使 $\boldsymbol{B}=\boldsymbol{PAQ}$.

对任一矩阵 $\boldsymbol{A}_{s\times n}$，存在可逆矩阵 $\boldsymbol{P}_{s\times s}$、$\boldsymbol{Q}_{n\times n}$，使 $\boldsymbol{PAQ}=\begin{bmatrix}\boldsymbol{E}_r & \boldsymbol{0}\\ \boldsymbol{0} & \boldsymbol{0}\end{bmatrix}$，其中，$r=R(\boldsymbol{A})$.

可逆矩阵可经过一系列初等行(列)变换化成单位矩阵.

**注** 若 $n$ 阶方阵 $\boldsymbol{A}$ 可逆，则其逆矩阵唯一，记为 $\boldsymbol{A}^{-1}$.(事实上，若存在 $\boldsymbol{B}$、$\boldsymbol{B}_1$，使 $\boldsymbol{AB}=\boldsymbol{BA}=\boldsymbol{E}$，$\boldsymbol{AB}_1=\boldsymbol{B}_1\boldsymbol{A}=\boldsymbol{E}$，则 $\boldsymbol{B}=\boldsymbol{BE}=\boldsymbol{B}(\boldsymbol{AB}_1)=(\boldsymbol{BA})\boldsymbol{B}_1=\boldsymbol{EB}_1=\boldsymbol{B}_1$)；只有 $n$ 阶方阵可讨论是否可逆；并非任一非零方阵有逆，如 $\boldsymbol{A}=\begin{bmatrix}1 & 1\\ 0 & 0\end{bmatrix}$；若 $\boldsymbol{AB}=\boldsymbol{AC}$，且 $\boldsymbol{A}$ 可逆，则 $\boldsymbol{B}=\boldsymbol{C}$；若 $\boldsymbol{BA}=\boldsymbol{CA}$，且 $\boldsymbol{A}$ 可逆，则 $\boldsymbol{B}=\boldsymbol{C}$；一般 $\boldsymbol{A}^{-1}\boldsymbol{BA}=\boldsymbol{B}$ 不成立.

### 2. 可逆矩阵性质

(1) 若 $\boldsymbol{A}$ 可逆，则 $\boldsymbol{A}^{-1}$ 也可逆，且 $(\boldsymbol{A}^{-1})^{-1}=\boldsymbol{A}$.

(2) 若 $\boldsymbol{A}$、$\boldsymbol{B}$ 可逆，则 $\boldsymbol{AB}$ 可逆，且 $(\boldsymbol{AB})^{-1}=\boldsymbol{B}^{-1}\boldsymbol{A}^{-1}$；(若 $n$ 阶方阵 $\boldsymbol{A}_i$，$1\leqslant i\leqslant r$，则

$$(\boldsymbol{A}_1\boldsymbol{A}_2\cdots\boldsymbol{A}_r)^{-1}=\boldsymbol{A}_r^{-1}\boldsymbol{A}_{r-1}^{-1}\cdots\boldsymbol{A}_2^{-1}\boldsymbol{A}_1^{-1}$$

(3) 若 $\boldsymbol{A}$ 可逆，$c$ 为非零数，则 $c\boldsymbol{A}$ 可逆且 $(c\boldsymbol{A})^{-1}=c^{-1}\boldsymbol{A}^{-1}$.

(4) 若 $\boldsymbol{A}$ 可逆，则 $\boldsymbol{A}^{\mathrm{T}}$ 可逆，且 $(\boldsymbol{A}^{\mathrm{T}})^{-1}=(\boldsymbol{A}^{-1})^{\mathrm{T}}$.

(5) 若 $\boldsymbol{A}$ 可逆，则 $\boldsymbol{A}^k$ 可逆，且 $(\boldsymbol{A}^k)^{-1}=(\boldsymbol{A}^{-1})^k$.

(6) $|\boldsymbol{A}^{-1}|=|\boldsymbol{A}|^{-1}$.

(7) 若 $\boldsymbol{A}$ 可逆，则 $\boldsymbol{A}^*$ 可逆，且 $(\boldsymbol{A}^*)^{-1}=\dfrac{\boldsymbol{A}}{|\boldsymbol{A}|}=(\boldsymbol{A}^{-1})^*$.

设 $\boldsymbol{A}$、$\boldsymbol{B}$ 是 $n$ 阶矩阵，则 $|\boldsymbol{AB}|=|\boldsymbol{A}||\boldsymbol{B}|$.

设 $\boldsymbol{A}$ 是 $n$ 阶矩阵，则下列命题等价：① $\boldsymbol{A}$ 可逆；② 存在 $\boldsymbol{B}$，使得 $\boldsymbol{AB}=\boldsymbol{I}$；③ 存在 $\boldsymbol{B}$，使得 $\boldsymbol{BA}=\boldsymbol{E}$；④ $|\boldsymbol{A}|\neq 0$；⑤ $\boldsymbol{A}$ 等价于单位阵；⑥ $\boldsymbol{A}$ 可以表示成若干个初等矩阵的乘积.

由此可得：$\boldsymbol{A}$、$\boldsymbol{B}$ 等价的充要条件是存在可逆矩阵 $\boldsymbol{P}$、$\boldsymbol{Q}$，使得 $\boldsymbol{PAQ}=\boldsymbol{B}$.

**3. 矩阵可逆的条件**

设 $\boldsymbol{A}$ 是 $n$ 阶可逆矩阵，则以下条件等价：① $\boldsymbol{A}$ 可逆；② $\boldsymbol{A}$ 非退化，即 $|\boldsymbol{A}|\neq 0$，且 $\boldsymbol{A}^{-1}=\dfrac{1}{|\boldsymbol{A}|}\boldsymbol{A}^*$；③ $\boldsymbol{A}$ 满秩，即 $R(\boldsymbol{A})=n$；④ 存在 $n$ 阶方阵 $\boldsymbol{B}$，使得 $\boldsymbol{AB}=\boldsymbol{E}$(或 $\boldsymbol{BA}=\boldsymbol{E}$)；⑤ $\boldsymbol{A}$ 的等价标准形为 $n$ 阶单位矩阵；⑥ $\boldsymbol{A}$ 能表示成一些初等矩阵的乘积；⑦ $\boldsymbol{A}$ 的特征值均不为零.

**4. 逆矩阵的求法**

(1) 伴随矩阵法：$\boldsymbol{A}^{-1}=\dfrac{1}{|\boldsymbol{A}|}\boldsymbol{A}^*$，注意伴随矩阵的求法.

(2) 初等变换法：初等行变换 $(\boldsymbol{AE})\rightarrow(\boldsymbol{EA}^{-1})$，初等列变换 $\begin{bmatrix}\boldsymbol{A}\\ \boldsymbol{E}\end{bmatrix}\rightarrow\begin{bmatrix}\boldsymbol{E}\\ \boldsymbol{A}^{-1}\end{bmatrix}$. 对于方阵 $\boldsymbol{A}$，当 $|\boldsymbol{A}|\neq 0$ 时，存在初等矩阵 $\boldsymbol{P}_1$，$\boldsymbol{P}_2$，…，$\boldsymbol{P}_s$，使得 $\boldsymbol{P}_1\boldsymbol{P}_2\cdots\boldsymbol{P}_s\boldsymbol{A}=\boldsymbol{E}$，存在初等矩阵 $\boldsymbol{Q}_1$，$\boldsymbol{Q}_2$，…，$\boldsymbol{Q}_t$，使得 $\boldsymbol{AQ}_1\boldsymbol{Q}_2\cdots\boldsymbol{Q}_t=\boldsymbol{E}$，则 $\boldsymbol{A}^{-1}=\boldsymbol{P}_1\boldsymbol{P}_2\cdots\boldsymbol{P}_s$，$\boldsymbol{A}^{-1}=\boldsymbol{Q}_1\boldsymbol{Q}_2\cdots\boldsymbol{Q}_t$.

## 四、矩阵的秩

**1. 定义**

矩阵 $\boldsymbol{A}_{m\times n}$ 的行秩和列秩称为矩阵的秩；矩阵 $\boldsymbol{A}_{m\times n}$ 的最高阶非零子式阶数为 $r$，则矩阵 $\boldsymbol{A}_{m\times n}$ 的秩为 $r$.

**2. 性质**

(1) 矩阵 $\boldsymbol{A}_{m\times n}$ 的秩为 $0\leqslant R(\boldsymbol{A})\leqslant\min\{m, n\}$，当 $R(\boldsymbol{A})=0$ 时，则 $\boldsymbol{A}=\boldsymbol{0}$；当 $R(\boldsymbol{A})=\min\{m, n\}$，则称 $\boldsymbol{A}_{m\times n}$ 为满秩矩阵.

(2) 设 $\boldsymbol{A}_{m\times n}$、$\boldsymbol{B}_{m\times n}$ 为数域 $P$ 上的矩阵，则 $R(\boldsymbol{AB})\leqslant\min\{R(\boldsymbol{A}), R(\boldsymbol{B})\}$，即乘积的秩不超过各因子的秩. 事实上，$R(\boldsymbol{AB})\leqslant R(\boldsymbol{A})$，$R(\boldsymbol{AB})\leqslant R(\boldsymbol{B})$，有

$$R(\boldsymbol{A})+R(\boldsymbol{B})-n\leqslant R(\boldsymbol{AB})\leqslant\min\{R(\boldsymbol{A}), R(\boldsymbol{B})\}(n\text{ 为 }\boldsymbol{A}\text{ 的列数})$$

则 $R(\boldsymbol{A})-R(\boldsymbol{B})\leqslant R(\boldsymbol{A}\pm\boldsymbol{B})\leqslant R(\boldsymbol{A})+R(\boldsymbol{B})$.

(3) 设 $\boldsymbol{A}=\boldsymbol{A}_1\boldsymbol{A}_2\cdots\boldsymbol{A}_n$，则 $R(\boldsymbol{A})\leqslant\min\{R(\boldsymbol{A}_1), R(\boldsymbol{A}_2), \cdots, R(\boldsymbol{A}_n)\}$.

(4) 初等变换不改变矩阵的秩.

(5) $R(\boldsymbol{A})=R(\boldsymbol{A}^{\mathrm{T}})=R(k\boldsymbol{A})$，$k\neq 0$.

(6) 对于矩阵 $\boldsymbol{A}_{m\times n}$，有可逆矩阵 $\boldsymbol{P}_{m\times m}$、$\boldsymbol{Q}_{n\times n}$，使得 $R(\boldsymbol{PA})=R(\boldsymbol{AQ})=R(\boldsymbol{A})$.

(7) 对于矩阵 $\boldsymbol{A}_{m\times n}$，则 $R(\boldsymbol{A})=r$ 的充要条件为存在可逆矩阵 $\boldsymbol{P}_{m\times m}$、$\boldsymbol{Q}_{n\times n}$，使得 $\boldsymbol{PAQ}=\begin{bmatrix}\boldsymbol{E}_r & \boldsymbol{0}\\ \boldsymbol{0} & \boldsymbol{0}\end{bmatrix}$.

(8) 设 $\boldsymbol{A}$、$\boldsymbol{B}$ 为 $n$ 阶方阵，且 $\boldsymbol{AB}=\boldsymbol{0}$，则 $R(\boldsymbol{A})+R(\boldsymbol{B})\leqslant n$.

(9) $R\begin{bmatrix}\boldsymbol{A} & \boldsymbol{C}\\ \boldsymbol{0} & \boldsymbol{B}\end{bmatrix}\geqslant R(\boldsymbol{A})+R(\boldsymbol{B})$，$\max\{R(\boldsymbol{A}), R(\boldsymbol{B})\}\leqslant R\begin{bmatrix}\boldsymbol{A}\\ \boldsymbol{B}\end{bmatrix}\leqslant R(\boldsymbol{A})+R(\boldsymbol{B})$；$R\begin{bmatrix}\boldsymbol{A} & \boldsymbol{0}\\ \boldsymbol{0} & \boldsymbol{B}\end{bmatrix}=R(\boldsymbol{A})+R(\boldsymbol{B})$.

(10) 设 $\boldsymbol{A}_{m\times n}$ 为实矩阵，则 $R(\boldsymbol{A}^{\mathrm{T}}\boldsymbol{A})=R(\boldsymbol{A}\boldsymbol{A}^{\mathrm{T}})=R(\boldsymbol{A})$；当 $\boldsymbol{A}$ 为方阵时，有

$$R(\boldsymbol{A}^{*})=\begin{cases}n, & R(\boldsymbol{A})=n\\1, & R(\boldsymbol{A})=n-1\\0, & R(\boldsymbol{A})<n-1\end{cases}$$

## 五、矩阵方程、矩阵多项式

### 1. 矩阵方程

线性方程组用矩阵表示为：

(1) 矩阵方程 $\boldsymbol{AX}=\boldsymbol{B}$，$\boldsymbol{A}=(a_{ij})_{n\times n}$，$\boldsymbol{X}=(x_1, x_2, \cdots, x_n)^{\mathrm{T}}$，$\boldsymbol{B}=(b_1, b_2, \cdots, b_n)^{\mathrm{T}}$ 若 $\boldsymbol{A}$ 为可逆矩阵，则 $\boldsymbol{X}=\boldsymbol{A}^{-1}\boldsymbol{B}$.

(2) 矩阵方程 $\boldsymbol{XA}=\boldsymbol{B}$，若 $\boldsymbol{A}$ 为可逆矩阵，则 $\boldsymbol{X}=\boldsymbol{BA}^{-1}$.

(3) 矩阵方程 $\boldsymbol{AXB}=\boldsymbol{C}$，若 $\boldsymbol{A}$、$\boldsymbol{B}$ 为可逆矩阵，则 $\boldsymbol{X}=\boldsymbol{A}^{-1}\boldsymbol{C}\boldsymbol{B}^{-1}$.

### 2. 矩阵多项式

设 $f(x)=a_0+a_1x+a_2x^2+\cdots+a_nx^n$ 为 $x$ 的 $n$ 次多项式，$\boldsymbol{A}$ 为 $n$ 阶矩阵，称

$$f(\boldsymbol{A})=a_0\boldsymbol{E}+a_1\boldsymbol{A}+a_2\boldsymbol{A}^2+\cdots+a_n\boldsymbol{A}^n$$

为 $\boldsymbol{A}$ 为 $n$ 次多项式.

**性质**

(1) 若 $\boldsymbol{A}^k$、$\boldsymbol{A}^l$ 与 $\boldsymbol{E}$ 可交换，则多项式 $f(\boldsymbol{A})$、$g(\boldsymbol{A})$ 也可交换，即 $f(\boldsymbol{A})g(\boldsymbol{A})=g(\boldsymbol{A})f(\boldsymbol{A})$.

(2) 矩阵 $\boldsymbol{A}$ 的多项式可以像数 $x$ 的多项式一样相乘或分解因式.

① 若 $\boldsymbol{A}=\boldsymbol{PBP}^{-1}$，则 $\boldsymbol{A}^k=\boldsymbol{PB}^k\boldsymbol{P}^{-1}$，从而

$$\begin{aligned}f(\boldsymbol{A})&=a_0\boldsymbol{E}+a_1\boldsymbol{A}+a_2\boldsymbol{A}^2+\cdots+a_n\boldsymbol{A}^n\\&=\boldsymbol{P}a_0\boldsymbol{EP}^{-1}+\boldsymbol{P}a_1\boldsymbol{BP}^{-1}+\cdots+\boldsymbol{P}a_n\boldsymbol{B}^n\boldsymbol{P}^{-1}=\boldsymbol{P}f(\boldsymbol{B})\boldsymbol{P}^{-1}\end{aligned}$$

② 已知对角矩阵 $\boldsymbol{B}=\mathrm{diag}(\lambda_1, \lambda_2, \cdots, \lambda_n)$，则 $\boldsymbol{B}^k=\mathrm{diag}(\lambda_1^k, \lambda_2^k, \cdots, \lambda_n^k)$，从而

$$\begin{aligned}f(\boldsymbol{B})&=a_0\boldsymbol{E}+a_1\boldsymbol{B}+a_2\boldsymbol{B}^2+\cdots+a_n\boldsymbol{B}^n\\&=a_0\begin{bmatrix}1&&\\&\ddots&\\&&1\end{bmatrix}+a_1\begin{bmatrix}\lambda_1&&\\&\ddots&\\&&\lambda_n\end{bmatrix}+\cdots+a_n\begin{bmatrix}\lambda_1^n&&\\&\ddots&\\&&\lambda_n^n\end{bmatrix}=\begin{bmatrix}f(\lambda_1)&&\\&\ddots&\\&&f(\lambda_n)\end{bmatrix}\end{aligned}$$

### 3. 矩阵多项式的逆

**例 1** 设 $\boldsymbol{A}$ 为 $n$ 阶方阵，$\mathbf{C}$ 为复数域，$f(x)$，$g(x)\in\mathbf{C}[x]$，且 $f(\boldsymbol{A})=\boldsymbol{0}$，证明：(1) $g(\boldsymbol{A})$ 可逆的充分条件为 $(f(x), g(x))=1$；(2) 此时存在 $u(x)$，$v(x)\in\mathbf{C}[x]$ 使得 $u(x)f(x)+v(x)g(x)=1$，且 $(g(\boldsymbol{A}))^{-1}=v(\boldsymbol{A})$.

**证明** (1) 设多项式 $f(x)$，$g(x)$ 互素，则 $f(x)$，$g(x)$ 在复数域 $\mathbf{C}$ 上无公共根. 由于 $f(\boldsymbol{A})=\boldsymbol{0}$，则 $f(\boldsymbol{A})$ 的特征值均为 0，即 $f(\boldsymbol{A})$ 的特征值 $f(\lambda_i)=0$，从而 $g(\lambda_i)\neq 0$，即 $g(\boldsymbol{A})$ 无 0 特征值，故 $g(\boldsymbol{A})$ 可逆.

(2) 当 $(f(x), g(x))=1$，必有 $u(x)$，$v(x)\in\mathbf{C}[x]$ 使得 $u(x)f(x)+v(x)g(x)=1$，即

$$u(\boldsymbol{A})f(\boldsymbol{A})+v(\boldsymbol{A})g(\boldsymbol{A})=\boldsymbol{E},\ v(\boldsymbol{A})g(\boldsymbol{A})=\boldsymbol{E}$$

即 $(g(\boldsymbol{A}))^{-1}=v(\boldsymbol{A})$.

**典型例题**

**例 1** 若 $A^3+A^2+A+E=0$，则 $A$ 可逆；设 $(E-CB^{-1})^{T}AB^{T}=E$，则 $A^{-1}=$ ________.

**解** 利用矩阵可逆的定义. 由题可知，$B$ 可逆，则 $B^{T}(E-CB^{-1})^{T}AB^{T}(B^{T})^{-1}=B^{T}E(B^{T})^{-1}$，$B^{T}(E-CB^{-1})^{T}A=E$，即 $A^{-1}=B^{T}(E-CB^{-1})^{T}=[(E-CB^{-1})B]^{T}=(B-C)^{T}$.

**例 2** 若 $A\neq E$，$A^2=E$，则 $A+E$ 不可逆.

**解** 利用矩阵可逆的定义. 由于 $A\neq E$，则 $|A|\neq 1$；又 $A^2=E$，则 $|A|\cdot|A+E|=|A(A+E)|=|A^2+A|=|A+E|$，即 $(|A|-1)|A+E|=0$，$|A+E|=0$，故 $A+E$ 不可逆.

**例 3** 设 $n$ 阶方阵 $A$ 满足 $A^2-3A-10E=0$，则 $A$ 与 $A-4E$ 皆可逆，并求其逆.

**解** 由于 $A(A-3E)=10E$，则 $A$ 可逆，且 $A^{-1}=\frac{1}{10}(A-3E)$；又 $(A+E)(A-4E)=6E$，则 $A-4E$ 可逆，且 $(A-4E)^{-1}=\frac{1}{6}(A+E)$.

**例 4** 若 $A$、$B$、$A+B$ 为可逆矩阵，则 $A^{-1}+B^{-1}$ 也可逆.

**解** 由于 $B(A^{-1}+B^{-1})A(A+B)^{-1}=E$，即 $(A^{-1}+B^{-1})A(A+B)^{-1}B=E$，又 $A(A+B)^{-1}B(A^{-1}+B^{-1})=E$，则 $(A+B)^{-1}=A(A+B)^{-1}B$.

**例 5** 设矩阵 $A$ 的伴随矩阵为 $A^{*}=\begin{bmatrix}1&0&0&0\\0&1&0&0\\1&0&1&0\\0&-3&0&8\end{bmatrix}$，$ABA^{-1}=BA^{-1}+3E$，求矩阵 $B$.

**解** 由于 $AA^{*}=|A|E$，则 $|A|=2$，$A$ 可逆；由

$$ABA^{-1}=BA^{-1}+3E\Rightarrow B=A^{-1}B+3E\Rightarrow(E-A^{-1})B=3E$$

从而有 $B=3(E-A^{-1})^{-1}=3\left(E-\frac{A^{*}}{|A|}\right)^{-1}=6(2E-A^{*})^{-1}$.

**例 6** 设方阵 $A$ 满足 $A^2-A-2E=0$. (1) $A$、$A-E$ 都是可逆矩阵，并求之；(2) 证明：$A+E$、$A-2E$ 不可能同时为可逆矩阵.

**证明** (1) 由 $A^2-A-2E=0$ 可知，$\frac{1}{2}A(A-E)=E$，则 $A$，$A-E$ 都是可逆矩阵，且 $(A-E)^{-1}=\frac{1}{2}A$，$A^{-1}=\frac{1}{2}(A-E)$；

(2) 由 $A^2-A-2E=0$ 可知，$(A-2E)(A+E)=0$，若 $A-2E$ 可逆，则有

$$A+E=(A-2E)^{-1}(A-2E)(A+E)=0$$

即 $A+E$ 不可逆.

**例 7** 若 $A^2=B^2=E$，且 $|A|+|B|=0$，证明：$A+B$ 是不可逆矩阵.

**证明** 只要证明 $|A+B|=0$ 即可. 由于

$$|A(A+B)|=|A^2+AB|=|E+AB|=|B^2+AB|=|(A+B)B|=|A+B||B|$$

则 $(|A|-|B|)|A+B|=0$，又 $|A|+|B|=0$，$|A|^2=|B|^2=1$，则 $|A|-|B|\neq 0$，从而 $|A+B|=0$，结论成立.

**注** 对于矩阵不可逆的证明，还常常采用反证法.

**例 8** 设 $\boldsymbol{A}$、$\boldsymbol{B}$ 为 $n$ 阶方阵，当 $\boldsymbol{AB}=\boldsymbol{0}$ 时，则 $R(\boldsymbol{A})+R(\boldsymbol{B})\leqslant n$.

**证明** 记 $\boldsymbol{B}=(\boldsymbol{\beta}_1,\boldsymbol{\beta}_2,\cdots,\boldsymbol{\beta}_n)$，由 $\boldsymbol{AB}=\boldsymbol{A}(\boldsymbol{\beta}_1,\boldsymbol{\beta}_2,\cdots,\boldsymbol{\beta}_n)=(\boldsymbol{A\beta}_1,\boldsymbol{A\beta}_2\cdots,\boldsymbol{A\beta}_n)=\boldsymbol{0}$，知 $\boldsymbol{\beta}_1,\boldsymbol{\beta}_2,\cdots,\boldsymbol{\beta}_n$ 为方程组 $\boldsymbol{AX}=\boldsymbol{0}$ 的解，则 $R(\boldsymbol{B})=R(\boldsymbol{\beta}_1,\boldsymbol{\beta}_2,\cdots,\boldsymbol{\beta}_n)\leqslant n-R(\boldsymbol{A})$，即 $R(\boldsymbol{A})+R(\boldsymbol{B})\leqslant n$.

**例 9** 设矩阵 $\boldsymbol{Q}=\begin{bmatrix}1&2&3\\2&4&t\\3&6&9\end{bmatrix}$，$\boldsymbol{P}_{3\times3}\neq\boldsymbol{0}$，$\boldsymbol{PQ}=\boldsymbol{0}$，则下面结论(　　)正确.

A. 当 $t=6$ 时，$R(\boldsymbol{P})=1$　　B. 当 $t=6$ 时，$R(\boldsymbol{P})=2$

C. 当 $t\neq6$ 时，$R(\boldsymbol{P})=1$　　D. 当 $t\neq6$ 时，$R(\boldsymbol{P})=2$

**提示** 对 $t$ 分两种情况讨论：当 $t=6$ 时，$\boldsymbol{Q}=\begin{bmatrix}1&2&3\\2&4&6\\3&6&9\end{bmatrix}$，$\boldsymbol{P}_{3\times3}\neq0$，$\boldsymbol{PQ}=\boldsymbol{0}$，则 $1\leqslant R(\boldsymbol{P})\leqslant2$；当 $t\neq6$ 时，则 $1\leqslant R(\boldsymbol{P})\leqslant1$.

**例 10** 设齐次线性方程组 $\begin{cases}\lambda x_1+x_2+\lambda^2x_3=0\\x_1+\lambda x_2+x_3=0\\x_1+x_2+\lambda x_3=0\end{cases}$ 的系数矩阵为 $\boldsymbol{A}$，若存在 $\boldsymbol{B}_{3\times3}\neq\boldsymbol{0}$，使得 $\boldsymbol{AB}=\boldsymbol{0}$，则(　　).

A. $\lambda=-2$ 且 $|\boldsymbol{B}|=0$　　B. $\lambda=-2$ 且 $|\boldsymbol{B}|\neq0$

C. $\lambda=1$ 且 $|\boldsymbol{B}|=0$　　D. $\lambda=1$ 且 $|\boldsymbol{B}|\neq0$

**提示** 注意利用条件 $\boldsymbol{AB}=\boldsymbol{0}$，即 $\boldsymbol{B}$ 的列向量为 $\boldsymbol{AX}=\boldsymbol{0}$ 的非零解，从而 $\boldsymbol{A}$ 不可逆，$|\boldsymbol{B}|=0$.

**例 11** 设矩阵 $\boldsymbol{A}=\begin{bmatrix}1&1&2\\2&2&4\\3&3&6\end{bmatrix}$，求一个秩为 2 的 3 阶矩阵 $\boldsymbol{B}$，使得 $\boldsymbol{AB}=\boldsymbol{0}$.

**解** 由于 $R(\boldsymbol{A})=1$，则 $\boldsymbol{AX}=\boldsymbol{0}$ 的解空间的维数为 2，可取 $\boldsymbol{AX}=\boldsymbol{0}$ 的线性无关的解向量作为 $\boldsymbol{B}$ 的前两列，取 $\boldsymbol{AX}=\boldsymbol{0}$ 的任意解为第三列，且满足 $R(\boldsymbol{B})=2$，方程组的基础解系为 $(-1,1,0)^{\mathrm{T}}$，$(-2,0,1)^{\mathrm{T}}$，故所求矩阵为 $\boldsymbol{B}=\begin{bmatrix}-1&-2&0\\1&0&0\\0&1&0\end{bmatrix}$.

**例 12** 将矩阵 $\boldsymbol{A}_{3\times3}$ 的第一、第二列交换得到 $\boldsymbol{B}$，把 $\boldsymbol{B}$ 第二列加到第三列得到 $\boldsymbol{C}$，则满足 $\boldsymbol{AQ}=\boldsymbol{C}$ 的可逆矩阵 $\boldsymbol{Q}$ 为(　　).

A. $\begin{bmatrix}0&1&0\\1&0&0\\1&0&1\end{bmatrix}$　　B. $\begin{bmatrix}0&1&0\\1&0&1\\0&0&1\end{bmatrix}$

C. $\begin{bmatrix}0&1&0\\1&0&0\\0&1&1\end{bmatrix}$　　D. $\begin{bmatrix}0&1&1\\1&0&0\\0&0&1\end{bmatrix}$

**提示** 利用初等矩阵的性质.

**例 13** 将可逆矩阵 $\boldsymbol{A}$ 的第一、第二行交换得到 $\boldsymbol{B}$，$\boldsymbol{A}^*$ 与 $\boldsymbol{B}^*$ 为其伴随矩阵，则有

(　　).

A. 交换 $A^*$ 的第一、第二列得 $B^*$　　B. 交换 $A^*$ 的第一、第二行得 $-B^*$

C. 交换 $A^*$ 的第一、第二列得 $-B^*$　　D. 交换 $A^*$ 的第一、第二行得 $B^*$

**提示**　利用矩阵的伴随矩阵的定义及其性质.

**例 14**　证明 $R(AB)\leqslant\min\{R(A), R(B)\}$.

**证明**　设 $AB=C$，则可知 $C$ 的行向量是 $B$ 的行向量的线性组合，说明 $R(C)\leqslant R(B)$；另一方面，$C$ 的列向量是 $A$ 的列向量的线性组合，说明 $R(C)\leqslant R(A)$，故结论成立.

**例 15**　设 $A$ 是 $n$ 阶方阵，则存在一个 $n$ 阶非零矩阵 $B$ 使得 $AB=0$ 充要条件为 $|A|=0$.

**证明**　*充分性*　若存在非零矩阵 $B$ 使得 $AB=0$，则令 $B_i$ 是 $B$ 的第 $i$ 列，有 $AB_i=0$，$B$ 不为零矩阵，则至少存在一个 $B_j\neq 0$ 使得 $AB_j=0$，即方程 $Ax=0$ 有非零解，故 $|A|=0$.

*必要性*　设 $A_i$ 是 $A$ 的第 $i$ 列，由 $|A|=0$ 可知 $A$ 的列向量 $A_1, A_2, \cdots, A_n$ 线性相关，则存在一组不全为零的数 $b_1, b_2, \cdots, b_n$ 使得 $b_1A_1+b_2A_2+\cdots+b_nA_n=0$，令 $B=\begin{bmatrix} b_1 & 0 & \cdots & 0 \\ b_2 & 0 & \cdots & 0 \\ \vdots & \vdots & & \vdots \\ b_n & 0 & \cdots & 0 \end{bmatrix}$，易证 $AB=0$，$B$ 为非零方阵.

**例 16**　设 $A$ 为 $n$ 阶方阵，且 $AA^{\mathrm{T}}=E$，$|A|<0$，则 $|A+E|=0$.

**证明**　由于

$$|A+E|=|A+AA^{\mathrm{T}}|=|A(E+A^{\mathrm{T}})|=|A||E+A^{\mathrm{T}}|=|A||(E+A^{\mathrm{T}})^{\mathrm{T}}|=|A||E+A|$$

又 $AA^{\mathrm{T}}=E$，则有 $|A|^2=1$，而 $|A|<0$，则 $|A|=-1$，于是 $|A+E|=-|A+E|$，即 $|A+E|=0$.

**例 17**　设矩阵 $A=\begin{bmatrix} 4 & 6 & 0 \\ -3 & -5 & 0 \\ -3 & -6 & 1 \end{bmatrix}$，$g(A)=A^3-4A^2+A+6E$，求 $g(A)$ 的逆矩阵.

**解**　由于矩阵 $A$ 的特征多项式 $f(x)=(x-1)^2(x+2)$ 与 $g(x)=(x+1)(x-2)(x-3)$ 是互素的，则 $g(A)$ 可逆；又 $(-x^2+x+7)f(x)+(x^2+3x+1)g(x)=20$，得 $g(A)=\dfrac{1}{20}(A^2+3A+E)$.

**例 18**　矩阵 $A_{n\times n}$ 满足 $A^2=A$，则 $A+E$ 可逆，并求其逆矩阵.

**证明**　令 $f(x)=x^2-x$，$g(x)=x+1$，由于 $(f(x), g(x))=1$ 且 $f(A)=0$，则 $g(A)=A+E$，由于 $1\cdot f(x)+(2-x)g(x)=2$，$E\cdot f(A)+(2E-A)g(A)=2E$，即 $(2E-A)g(A)=2E$，$(g(A))^{-1}=E-\dfrac{1}{2}A$.

**例 19**　已知 $P=\begin{bmatrix} 1 & 0 & 0 \\ 2 & -1 & 0 \\ 2 & 1 & 1 \end{bmatrix}$，$B=\begin{bmatrix} 1 & & \\ & 0 & \\ & & -1 \end{bmatrix}$，$AP=PB$，求 $A$、$A^5$.

**提示**　利用条件 $AP=PB$，$A=PBP^{-1}$，$A^k=PB^kP^{-1}$.

**例 20**　已知 $P=\begin{bmatrix} -1 & 1 & 1 \\ 1 & 0 & 2 \\ 1 & 1 & -1 \end{bmatrix}$，$B=\begin{bmatrix} 1 & & \\ & 2 & \\ & & -3 \end{bmatrix}$，$AP=PB$，求 $f(A)=A^3+$

$2A^2-3A$.

**提示** 利用例19的思想方法.

**例21** $n$阶方阵$A$不可逆的充要条件是存在不为零的矩阵$B$，使得$AB=0$.

**证明** *必要性* 若$A$可逆，则由$AB=0$有$B=0$，矛盾.

*充分性* 若$A$是奇异矩阵，则存在可逆矩阵$P$、$Q$，使得$PAQ=\begin{bmatrix}E_r & 0\\ 0 & 0\end{bmatrix}$，令$C=\begin{bmatrix}0 & 0\\ 0 & E_{n-r}\end{bmatrix}$，则$PAQC=0$，故$AQC=0$，令$B=QC$，则有结论.

**例22** 设$AB=A+B$，证明：(1) $A-E$可逆；(2)$AB=BA$.

**提示** $(A-E)(B-E)=E$；由$(B-E)(A-E)=E$，得$BA=A+B$，从而$AB=BA$.

**例23** 设$A$为$n$阶可逆矩阵，若$A$的每一行元素之和等于常数$c\neq 0$，则$A^{-1}$的每一行元素之和等于$c^{-1}$.

**证明** (1) 将$|A|$的第二、第三、…… 列加到第一列，从第一列提出$c$，按第一列展开得$|A|=c(A_{11}+A_{21}+\cdots+A_{n1})$，由于$|A|\neq 0$，则$\frac{A_{11}}{|A|}+\frac{A_{21}}{|A|}+\cdots+\frac{A_{n1}}{|A|}=c^{-1}$，即$A^{-1}$的第一行元素之和等于$c^{-1}$；同理可得其他行元素的和等于$c^{-1}$.

## 4.3 分块矩阵及其初等变换

### 一、分块矩阵

#### 1. 定义

对于矩阵$A_{m\times n}$，用若干条横线与纵线将$A_{m\times n}$分成

$$A=\begin{bmatrix}A_{11} & A_{12} & \cdots & A_{1s}\\ A_{21} & A_{22} & \cdots & A_{2s}\\ \vdots & \vdots & & \vdots\\ A_{r1} & A_{r2} & \cdots & A_{rs}\end{bmatrix}$$

称为$A_{m\times n}$的一个分块矩阵，每一个分块的方法称为$A$一种分法.

特殊分法：$A_{m\times n}$按行分只有一列，按列分只有一行.

#### 2. 分块矩阵的运算

(1) 分块矩阵相等：分块矩阵$A=(A_{ij})_{r\times s}$，$B=(B_{ij})_{l\times k}$，若$r=l$，$s=k$，且$A_{ij}=B_{ij}$，则$A=B$.

(2) 分块矩阵的加法：设$A_{m\times n}$、$B_{m\times n}$有相同的分块，即$A=(A_{ij})_{r\times s}$，$B=(B_{ij})_{r\times s}$，且$A_{ij}$和$B_{ij}$具有相同的型，则$A+B=(A_{ij}+B_{ij})_{r\times s}$.

(3) 分块矩阵的数量乘法：设$A_{m\times n}$为分块矩阵，$\lambda\in P$，则$\lambda A=(\lambda A_{ij})$.

(4) 分块矩阵的乘法：设$A$、$B$矩阵可以进行乘法运算，其分块矩阵能进行运算的条件为$A$的列分法与$B$的行分法必须一致.

(5) 分块矩阵的转置：设$A_{m\times n}$为分块矩阵，则$A^{T}=(A_{ij}{}^{T})^{T}$.

**3. 准对角矩阵**

形如 $\boldsymbol{A}=\begin{bmatrix}\boldsymbol{A}_1 & \boldsymbol{0} & \cdots & \boldsymbol{0}\\ \boldsymbol{0} & \boldsymbol{A}_2 & \cdots & \boldsymbol{0}\\ \vdots & \vdots & & \vdots\\ \boldsymbol{0} & \boldsymbol{0} & \cdots & \boldsymbol{A}_t\end{bmatrix}$ 的分块矩阵，其中，$\boldsymbol{A}_i$ 为 $n_i$ 阶方阵，称其为准对角矩阵.

**性质**

(1) 设准对角矩阵 $\boldsymbol{A}$ 和 $\boldsymbol{B}$ 的阶数相同，并且分法相同，则

$$\boldsymbol{A}=\begin{bmatrix}\boldsymbol{A}_1 & \boldsymbol{0} & \cdots & \boldsymbol{0}\\ \boldsymbol{0} & \boldsymbol{A}_2 & \cdots & \boldsymbol{0}\\ \vdots & \vdots & & \vdots\\ \boldsymbol{0} & \boldsymbol{0} & \cdots & \boldsymbol{A}_t\end{bmatrix},\ \boldsymbol{B}=\begin{bmatrix}\boldsymbol{B}_1 & \boldsymbol{0} & \cdots & \boldsymbol{0}\\ \boldsymbol{0} & \boldsymbol{B}_2 & \cdots & \boldsymbol{0}\\ \vdots & \vdots & & \vdots\\ \boldsymbol{0} & \boldsymbol{0} & \cdots & \boldsymbol{B}_t\end{bmatrix}$$

则

$$\boldsymbol{A}+\boldsymbol{B}=\begin{bmatrix}\boldsymbol{A}_1+\boldsymbol{B}_1 & \boldsymbol{0} & \cdots & \boldsymbol{0}\\ \boldsymbol{0} & \boldsymbol{A}_2+\boldsymbol{B}_2 & \cdots & \boldsymbol{0}\\ \vdots & \vdots & & \vdots\\ \boldsymbol{0} & \boldsymbol{0} & \cdots & \boldsymbol{A}_t+\boldsymbol{B}_t\end{bmatrix},\ \boldsymbol{AB}=\begin{bmatrix}\boldsymbol{A}_1\boldsymbol{B}_1 & \boldsymbol{0} & \cdots & \boldsymbol{0}\\ \boldsymbol{0} & \boldsymbol{A}_2\boldsymbol{B}_2 & \cdots & \boldsymbol{0}\\ \vdots & \vdots & & \vdots\\ \boldsymbol{0} & \boldsymbol{0} & \cdots & \boldsymbol{A}_t\boldsymbol{B}_t\end{bmatrix}$$

(2) 准对角矩阵的逆为

$$\boldsymbol{A}=\begin{bmatrix}\boldsymbol{A}_1 & \boldsymbol{0} & \cdots & \boldsymbol{0}\\ \boldsymbol{0} & \boldsymbol{A}_2 & \cdots & \boldsymbol{0}\\ \vdots & \vdots & & \vdots\\ \boldsymbol{0} & \boldsymbol{0} & \cdots & \boldsymbol{A}_t\end{bmatrix}$$

$\boldsymbol{A}$ 可逆的充要条件为 $\boldsymbol{A}_i$ 可逆，且

$$\boldsymbol{A}^{-1}=\begin{bmatrix}\boldsymbol{A}_1^{-1} & \boldsymbol{0} & \cdots & \boldsymbol{0}\\ \boldsymbol{0} & \boldsymbol{A}_2^{-1} & \cdots & \boldsymbol{0}\\ \vdots & \vdots & & \vdots\\ \boldsymbol{0} & \boldsymbol{0} & \cdots & \boldsymbol{A}_t^{-1}\end{bmatrix}$$

$$\boldsymbol{B}=\begin{bmatrix}\boldsymbol{0} & \cdots & \boldsymbol{0} & \boldsymbol{B}_1\\ \boldsymbol{0} & \cdots & \boldsymbol{B}_2 & \boldsymbol{0}\\ \vdots & & \vdots & \vdots\\ \boldsymbol{B}_t & \cdots & \boldsymbol{0} & \boldsymbol{0}\end{bmatrix}$$

若 $\boldsymbol{B}$ 可逆，则 $\boldsymbol{B}_i$ 可逆，且

$$\boldsymbol{B}^{-1}=\begin{bmatrix}\boldsymbol{0} & \cdots & \boldsymbol{0} & \boldsymbol{B}_t^{-1}\\ \boldsymbol{0} & \cdots & \boldsymbol{B}_{t-1}^{-1} & \boldsymbol{0}\\ \vdots & & \vdots & \vdots\\ \boldsymbol{B}_1^{-1} & \cdots & \boldsymbol{0} & \boldsymbol{0}\end{bmatrix}$$

**注** 一些特殊分块矩阵乘积：

(1) 一般线性方程组 $\boldsymbol{AX}=\boldsymbol{\beta}$，$\boldsymbol{A}=(\boldsymbol{\alpha}_1,\cdots,\boldsymbol{\alpha}_n)$，则$(\boldsymbol{\alpha}_1,\cdots,\boldsymbol{\alpha}_n)\begin{bmatrix}x_1\\ \vdots\\ x_n\end{bmatrix}=\boldsymbol{\beta}$.

(2) 若 $\boldsymbol{A}_{m\times n}=(\boldsymbol{A}_1,\boldsymbol{A}_2,\cdots,\boldsymbol{A}_n)$，$\boldsymbol{D}=\mathrm{diag}(\lambda_1,\cdots,\lambda_n)$，则

$$\boldsymbol{AD}=(\boldsymbol{A}_1,\cdots,\boldsymbol{A}_n)\begin{bmatrix}\lambda_1 & \cdots & 0\\ \vdots & & \vdots\\ 0 & \cdots & \lambda_n\end{bmatrix}=(\lambda_1\boldsymbol{A}_1,\cdots,\lambda_n\boldsymbol{A}_n)$$

若 $\boldsymbol{A}_{m\times n}=(\boldsymbol{A}_2,\boldsymbol{A}_2,\cdots,\boldsymbol{A}_n)^{\mathrm{T}}$，$\boldsymbol{D}=\mathrm{diag}(\lambda_1,\cdots,\lambda_n)$，则 $\boldsymbol{DA}=\begin{bmatrix}\lambda_1 & \cdots & 0\\ \vdots & & \vdots\\ 0 & \cdots & \lambda_n\end{bmatrix}\begin{bmatrix}\boldsymbol{A}_1\\ \vdots\\ \boldsymbol{A}_n\end{bmatrix}=\begin{bmatrix}\lambda_1\boldsymbol{A}_1\\ \vdots\\ \lambda_n\boldsymbol{A}_n\end{bmatrix}$.

(3) 设矩阵 $\boldsymbol{A}=(a_{ij})_{m\times n}$，$\boldsymbol{B}=(b_{ij})_{m\times s}$，$\boldsymbol{AB}=\boldsymbol{C}=(c_{ij})_{n\times s}$，若把 $\boldsymbol{B}$、$\boldsymbol{C}$ 按行分块，则

$$\boldsymbol{AB}=\begin{bmatrix}a_{11} & \cdots & a_{1m}\\ \vdots & & \vdots\\ a_{n1} & \cdots & a_{nm}\end{bmatrix}\begin{bmatrix}\boldsymbol{B}_1\\ \vdots\\ \boldsymbol{B}_m\end{bmatrix}=\begin{bmatrix}\boldsymbol{C}_1\\ \vdots\\ \boldsymbol{C}_n\end{bmatrix}$$

即 $\boldsymbol{C}$ 的行向量可由 $\boldsymbol{B}$ 行向量线性表出，则 $R(\boldsymbol{C})\leqslant R(\boldsymbol{B})$；把 $\boldsymbol{A}$、$\boldsymbol{C}$ 按行分块，则

$$\boldsymbol{AB}=(\boldsymbol{A}_1,\cdots,\boldsymbol{A}_n)\begin{bmatrix}b_{11} & \cdots & b_{1s}\\ \vdots & & \vdots\\ b_{m1} & \cdots & b_{ms}\end{bmatrix}=(\boldsymbol{C}_1,\cdots,\boldsymbol{C}_n)$$

即 $\boldsymbol{C}$ 的列向量可由 $\boldsymbol{B}$ 列向量线性表出，则 $R(\boldsymbol{C})\leqslant R(\boldsymbol{A})$.

## 二、分块矩阵的初等变换

$\boldsymbol{E}$ 分块成为$\begin{bmatrix}\boldsymbol{E}_m & \boldsymbol{0}\\ \boldsymbol{0} & \boldsymbol{E}_n\end{bmatrix}$，做一次初等变换可得

$$\begin{bmatrix}\boldsymbol{0} & \boldsymbol{E}_n\\ \boldsymbol{E}_m & \boldsymbol{0}\end{bmatrix},\begin{bmatrix}\boldsymbol{0} & \boldsymbol{E}_m\\ \boldsymbol{E}_n & \boldsymbol{0}\end{bmatrix};\begin{bmatrix}\boldsymbol{P} & \boldsymbol{0}\\ \boldsymbol{0} & \boldsymbol{E}_n\end{bmatrix},\begin{bmatrix}\boldsymbol{E}_m & \boldsymbol{0}\\ \boldsymbol{0} & \boldsymbol{P}\end{bmatrix};\begin{bmatrix}\boldsymbol{E}_m & \boldsymbol{P}\\ \boldsymbol{0} & \boldsymbol{E}_n\end{bmatrix},\begin{bmatrix}\boldsymbol{E}_m & \boldsymbol{0}\\ \boldsymbol{P} & \boldsymbol{E}_n\end{bmatrix}$$

且

$$\begin{bmatrix}\boldsymbol{0} & \boldsymbol{E}_n\\ \boldsymbol{E}_m & \boldsymbol{0}\end{bmatrix}\begin{bmatrix}\boldsymbol{A} & \boldsymbol{B}\\ \boldsymbol{C} & \boldsymbol{D}\end{bmatrix}=\begin{bmatrix}\boldsymbol{C} & \boldsymbol{D}\\ \boldsymbol{A} & \boldsymbol{B}\end{bmatrix};\ \begin{bmatrix}\boldsymbol{P} & \boldsymbol{0}\\ \boldsymbol{0} & \boldsymbol{E}_n\end{bmatrix}\begin{bmatrix}\boldsymbol{A} & \boldsymbol{B}\\ \boldsymbol{C} & \boldsymbol{D}\end{bmatrix}=\begin{bmatrix}\boldsymbol{PA} & \boldsymbol{PB}\\ \boldsymbol{C} & \boldsymbol{D}\end{bmatrix};$$

$$\begin{bmatrix}\boldsymbol{E}_m & \boldsymbol{0}\\ \boldsymbol{P} & \boldsymbol{E}_n\end{bmatrix}\begin{bmatrix}\boldsymbol{A} & \boldsymbol{B}\\ \boldsymbol{C} & \boldsymbol{D}\end{bmatrix}=\begin{bmatrix}\boldsymbol{A} & \boldsymbol{B}\\ \boldsymbol{C}+\boldsymbol{PA} & \boldsymbol{D}+\boldsymbol{PB}\end{bmatrix}$$

特别地，若 $\boldsymbol{A}$ 可逆，令 $\boldsymbol{P}=-\boldsymbol{CA}^{-1}$，上式变成$\begin{bmatrix}\boldsymbol{E}_m & \boldsymbol{0}\\ -\boldsymbol{CA}^{-1} & \boldsymbol{E}_n\end{bmatrix}\begin{bmatrix}\boldsymbol{A} & \boldsymbol{B}\\ \boldsymbol{C} & \boldsymbol{D}\end{bmatrix}=\begin{bmatrix}\boldsymbol{A} & \boldsymbol{B}\\ \boldsymbol{0} & \boldsymbol{D}-\boldsymbol{CA}^{-1}\boldsymbol{B}\end{bmatrix}$.

**典型例题**

**例 1** 设 $\boldsymbol{A}$、$\boldsymbol{B}$ 为 $n$ 阶方阵，则当 $\boldsymbol{AB}=\boldsymbol{0}$ 时，$R(\boldsymbol{A})+R(\boldsymbol{B})\leqslant n$.

**证明** 由 $\boldsymbol{AB}=\boldsymbol{0}$，则 $\boldsymbol{A}(\boldsymbol{B}_1,\cdots,\boldsymbol{B}_n)=\boldsymbol{0}$，$\boldsymbol{B}_i$ 为 $\boldsymbol{B}$ 的列向量，有

$$(\boldsymbol{AB}_1,\cdots,\boldsymbol{AB}_n)=\boldsymbol{0}\Rightarrow\boldsymbol{AB}_i=\boldsymbol{0},\ i=1,2,\cdots,n$$

即 $\boldsymbol{B}$ 的每个列向量皆为齐次线性方程组 $\boldsymbol{AX}=\boldsymbol{0}$ 的解向量，故 $\boldsymbol{B}_i$ 可由 $\boldsymbol{AX}=\boldsymbol{0}$ 的基础解系

线性表出，即

$$R(\boldsymbol{B}_1, \cdots, \boldsymbol{B}_n) \leqslant n - R(\boldsymbol{A}) \Rightarrow R(\boldsymbol{B}) \leqslant n - R(\boldsymbol{A}) \Rightarrow R(\boldsymbol{A}) + R(\boldsymbol{B}) \leqslant n$$

**例 2**　(1) 设 $\boldsymbol{A} = \begin{bmatrix} 1 & 0 & 0 & 0 \\ 0 & 1 & 0 & 0 \\ -1 & 2 & 1 & 0 \\ 1 & 1 & 0 & 1 \end{bmatrix}$，$\boldsymbol{B} = \begin{bmatrix} 1 & 0 & 1 & 0 \\ -1 & 2 & 0 & 1 \\ 1 & 0 & 4 & 1 \\ -1 & -1 & 2 & 0 \end{bmatrix}$求 $\boldsymbol{AB}$.

(2) 已知 $\boldsymbol{A} = \begin{bmatrix} 5 & 0 & 0 \\ 0 & 3 & 1 \\ 0 & 2 & 1 \end{bmatrix}$，求 $\boldsymbol{A}^{-1}$.

**提示**　利用分块矩阵.

**例 3**　设 $\boldsymbol{D} = \begin{bmatrix} \boldsymbol{A} & \boldsymbol{0} \\ \boldsymbol{C} & \boldsymbol{B} \end{bmatrix}$，其中，$\boldsymbol{A}_{k\times k}$、$\boldsymbol{B}_{r\times r}$ 为可逆矩阵，则 $\boldsymbol{D}$ 可逆，并求其逆.

**解**　由于 $\boldsymbol{A}$、$\boldsymbol{B}$ 可逆，则 $\boldsymbol{D}$ 可逆；设 $\boldsymbol{D}^{-1} = \begin{bmatrix} \boldsymbol{X}_1 & \boldsymbol{X}_2 \\ \boldsymbol{X}_3 & \boldsymbol{X}_4 \end{bmatrix}$，则 $\boldsymbol{DD}^{-1} = \boldsymbol{D}^{-1}\boldsymbol{D} = \boldsymbol{E}$，从而 $\boldsymbol{D}$ 可逆，且 $\boldsymbol{D}^{-1} = \begin{bmatrix} \boldsymbol{A}^{-1} & \boldsymbol{0} \\ -\boldsymbol{B}^{-1}\boldsymbol{C}\boldsymbol{A}^{-1} & \boldsymbol{B}^{-1} \end{bmatrix}$.

**例 4**　设 $\boldsymbol{T} = \begin{bmatrix} \boldsymbol{A} & \boldsymbol{0} \\ \boldsymbol{C} & \boldsymbol{D} \end{bmatrix}$，$\boldsymbol{A}$、$\boldsymbol{D}$ 可逆，求 $\boldsymbol{T}^{-1}$.

**解**　由于

$$\begin{bmatrix} \boldsymbol{E}_m & \boldsymbol{0} \\ -\boldsymbol{C}\boldsymbol{A}^{-1} & \boldsymbol{E}_n \end{bmatrix}\begin{bmatrix} \boldsymbol{A} & \boldsymbol{0} \\ \boldsymbol{C} & \boldsymbol{D} \end{bmatrix} = \begin{bmatrix} \boldsymbol{A} & \boldsymbol{0} \\ \boldsymbol{0} & \boldsymbol{D} \end{bmatrix} \text{及} \begin{bmatrix} \boldsymbol{A} & \boldsymbol{0} \\ \boldsymbol{0} & \boldsymbol{D} \end{bmatrix}^{-1} = \begin{bmatrix} \boldsymbol{A}^{-1} & \boldsymbol{0} \\ \boldsymbol{0} & \boldsymbol{D}^{-1} \end{bmatrix}$$

有

$$\boldsymbol{T}^{-1} = \left[\begin{bmatrix} \boldsymbol{E}_m & \boldsymbol{0} \\ -\boldsymbol{C}\boldsymbol{A}^{-1} & \boldsymbol{E}_n \end{bmatrix}^{-1}\begin{bmatrix} \boldsymbol{A} & \boldsymbol{0} \\ \boldsymbol{C} & \boldsymbol{D} \end{bmatrix}\right]^{-1} = \begin{bmatrix} \boldsymbol{A}^{-1} & \boldsymbol{0} \\ \boldsymbol{0} & \boldsymbol{D}^{-1} \end{bmatrix}\begin{bmatrix} \boldsymbol{E}_m & \boldsymbol{0} \\ -\boldsymbol{C}\boldsymbol{A}^{-1} & \boldsymbol{E}_n \end{bmatrix} = \begin{bmatrix} \boldsymbol{A}^{-1} & \boldsymbol{0} \\ -\boldsymbol{D}^{-1}\boldsymbol{C}\boldsymbol{A}^{-1} & \boldsymbol{D}^{-1} \end{bmatrix}$$

**例 5**　设 $\boldsymbol{A} = \begin{bmatrix} 1 & 1 & 1 & 1 \\ 1 & -1 & 1 & -1 \\ 1 & 1 & -1 & -1 \\ 1 & -1 & -1 & 1 \end{bmatrix}$，求 $\boldsymbol{A}^{-1}$.

**解**　把 $\boldsymbol{A}$ 分块成为

$$\boldsymbol{A} = \begin{bmatrix} \boldsymbol{A}_1 & \boldsymbol{A}_1 \\ \boldsymbol{A}_1 & -\boldsymbol{A}_1 \end{bmatrix}, \boldsymbol{A}_1 = \begin{bmatrix} 1 & 1 \\ 1 & -1 \end{bmatrix}$$

则 $\boldsymbol{A}_1^{-1} = -\dfrac{1}{2}\begin{bmatrix} -1 & -1 \\ -1 & 1 \end{bmatrix} = \dfrac{1}{2}\boldsymbol{A}_1$，又

$$\begin{bmatrix} \boldsymbol{E} & \boldsymbol{E} \\ \boldsymbol{0} & \boldsymbol{E} \end{bmatrix}\begin{bmatrix} \boldsymbol{A}_1 & \boldsymbol{A}_1 \\ \boldsymbol{A}_1 & -\boldsymbol{A}_1 \end{bmatrix}\begin{bmatrix} \boldsymbol{E} & \boldsymbol{0} \\ \boldsymbol{E} & \boldsymbol{E} \end{bmatrix} = \begin{bmatrix} 2\boldsymbol{A}_1 & \boldsymbol{0} \\ \boldsymbol{A}_1 & -\boldsymbol{A}_1 \end{bmatrix}\begin{bmatrix} \boldsymbol{E} & \boldsymbol{0} \\ \boldsymbol{E} & \boldsymbol{E} \end{bmatrix} = \begin{bmatrix} 2\boldsymbol{A}_1 & \boldsymbol{0} \\ \boldsymbol{0} & -\boldsymbol{A}_1 \end{bmatrix}$$

则 $\boldsymbol{A} = \begin{bmatrix} \boldsymbol{E} & \boldsymbol{E} \\ \boldsymbol{0} & \boldsymbol{E} \end{bmatrix}^{-1}\begin{bmatrix} 2\boldsymbol{A}_1 & \boldsymbol{0} \\ \boldsymbol{0} & \boldsymbol{A}_1 \end{bmatrix}\begin{bmatrix} \boldsymbol{E} & \boldsymbol{0} \\ \boldsymbol{E} & \boldsymbol{E} \end{bmatrix}^{-1}$，从而

$$A^{-1}=\left[\begin{bmatrix}E&E\\0&E\end{bmatrix}^{-1}\begin{bmatrix}2A_1&0\\0&A_1\end{bmatrix}\begin{bmatrix}E&0\\E&E\end{bmatrix}^{-1}\right]^{-1}=\begin{bmatrix}E&0\\E&E\end{bmatrix}\begin{bmatrix}\frac{1}{2}A_1^{-1}&0\\0&-A_1^{-1}\end{bmatrix}\begin{bmatrix}E&E\\0&E\end{bmatrix}$$

$$=\begin{bmatrix}E&0\\E&E\end{bmatrix}\begin{bmatrix}\frac{1}{4}A_1&0\\0&-\frac{1}{2}A_1\end{bmatrix}\begin{bmatrix}E&E\\0&E\end{bmatrix}=\begin{bmatrix}\frac{1}{4}A_1&0\\\frac{1}{4}A_1&-\frac{1}{2}A_1\end{bmatrix}\begin{bmatrix}E&E\\0&E\end{bmatrix}$$

$$=\begin{bmatrix}\frac{1}{4}A_1&\frac{1}{4}A_1\\\frac{1}{4}A_1&-\frac{1}{4}A_1\end{bmatrix}=\frac{1}{4}A$$

**例 6** 证明 $|AB|=|A|\cdot|B|$ 其中，$A$、$B$ 为 $n$ 阶方阵.

**证明** 做 $\begin{bmatrix}E_n&A\\0&E_n\end{bmatrix}\begin{bmatrix}A&0\\-E&B\end{bmatrix}=\begin{bmatrix}0&AB\\-E&B\end{bmatrix}$，再做 $2n$ 阶矩阵 $P_{ij}=\begin{bmatrix}E_n&E_{ij}\\0&E_n\end{bmatrix}$，$E_{ij}$ 的 $(i,j)$ 位置元素不为零，其余为零. 由初等矩阵与初等变换的关系，得

$$P_{11}\cdots P_{1n}\cdots P_{n1}\cdots P_{nn}\begin{bmatrix}E_n&O\\0&E_n\end{bmatrix}=\begin{bmatrix}1&\cdots&\cdots&a_{11}&\cdots&a_{1n}\\&\ddots&&\ddots&\ddots&\vdots\\&&1&a_{n1}&\ddots&a_{nn}\\&&&1&&\\&&&&\cdots&1\end{bmatrix}=\begin{bmatrix}E_n&A\\0&E_n\end{bmatrix}$$

则其行列式为

$$\left|\begin{bmatrix}E_n&A\\0&E_n\end{bmatrix}\begin{bmatrix}A&0\\-E&B\end{bmatrix}\right|=\left|P_{11}\cdots P_{1n}\cdots P_{n1}\cdots P_{nn}\begin{bmatrix}A&0\\-E&B\end{bmatrix}\right|=\begin{vmatrix}A&0\\-E&B\end{vmatrix}=|A|\cdot|B|$$

又 $\left|\begin{bmatrix}0&AB\\-E&B\end{bmatrix}\right|=(-1)^n\begin{vmatrix}AB&0\\B&-E\end{vmatrix}=(-1)^n|AB|\cdot|-E|=|AB|$，则 $|AB|=|A|\cdot|B|$.

**例 7** 设矩阵 $A=\begin{bmatrix}3&4&0&0\\4&-3&0&0\\0&0&2&0\\0&0&2&2\end{bmatrix}$，求 $|A^8|$ 及 $A^4$.

**解** 设 $A_1=\begin{bmatrix}3&4\\4&-3\end{bmatrix}$，$A_2=\begin{bmatrix}2&0\\2&2\end{bmatrix}$，则 $A=\begin{bmatrix}A_1&0\\0&A_2\end{bmatrix}$，于是 $|A|^8=|A^8|=(|A_1||A_2|)^8=10^{16}$；

另一方面，由于

$$A^2=\begin{bmatrix}A_1^2&0\\0&A_2^2\end{bmatrix},\ A^4=A^2A^2=\begin{bmatrix}A_1^2&0\\0&A_2^2\end{bmatrix}\begin{bmatrix}A_1^2&0\\0&A_2^2\end{bmatrix}=\begin{bmatrix}A_1^4&0\\0&A_2^4\end{bmatrix},$$

$$A_1^2=\begin{bmatrix}5^2&0\\0&5^2\end{bmatrix},\ A_1^4=\begin{bmatrix}5^4&0\\0&5^4\end{bmatrix},\ A_2^2=\begin{bmatrix}2^2&0\\2^3&2^2\end{bmatrix},\ A_2^4=\begin{bmatrix}2^4&0\\2^5&2^4\end{bmatrix}$$

则 $\boldsymbol{A}^4=\begin{bmatrix}5^4&0&0&0\\0&5^4&0&0\\0&0&2^4&0\\0&0&2^5&2^4\end{bmatrix}$.

**例 8** 设矩阵 $\boldsymbol{T}=\begin{bmatrix}\boldsymbol{A}&\boldsymbol{B}\\\boldsymbol{C}&\boldsymbol{D}\end{bmatrix}$，其中，$\boldsymbol{A}_{m\times m}$、$\boldsymbol{D}_{n\times n}$ 为可逆矩阵.（1）证明：$\boldsymbol{T}$ 可逆的充要条件为 $\boldsymbol{D}-\boldsymbol{C}\boldsymbol{A}^{-1}\boldsymbol{B}$ 可逆；（2）当 $\boldsymbol{T}$ 可逆时，求其逆矩阵.

**解** （1）由于

$$\begin{bmatrix}\boldsymbol{A}&\boldsymbol{B}\\\boldsymbol{C}&\boldsymbol{D}\end{bmatrix}\to\begin{bmatrix}\boldsymbol{A}&\boldsymbol{B}\\\boldsymbol{0}&\boldsymbol{D}-\boldsymbol{C}\boldsymbol{A}^{-1}\boldsymbol{B}\end{bmatrix}\to\begin{bmatrix}\boldsymbol{A}&\boldsymbol{0}\\\boldsymbol{0}&\boldsymbol{D}-\boldsymbol{C}\boldsymbol{A}^{-1}\boldsymbol{B}\end{bmatrix}$$

$$\begin{bmatrix}\boldsymbol{E}_m&\boldsymbol{0}\\-\boldsymbol{C}\boldsymbol{A}^{-1}&\boldsymbol{E}_n\end{bmatrix}\begin{bmatrix}\boldsymbol{A}&\boldsymbol{B}\\\boldsymbol{C}&\boldsymbol{D}\end{bmatrix}\begin{bmatrix}\boldsymbol{E}_m&-\boldsymbol{A}^{-1}\boldsymbol{B}\\\boldsymbol{0}&\boldsymbol{E}_n\end{bmatrix}=\begin{bmatrix}\boldsymbol{A}&\boldsymbol{0}\\\boldsymbol{0}&\boldsymbol{D}-\boldsymbol{C}\boldsymbol{A}^{-1}\boldsymbol{B}\end{bmatrix}$$

两边取行列式可得 $|\boldsymbol{T}|=\begin{vmatrix}\boldsymbol{A}&\boldsymbol{B}\\\boldsymbol{C}&\boldsymbol{D}\end{vmatrix}=|\boldsymbol{A}||\boldsymbol{D}-\boldsymbol{C}\boldsymbol{A}^{-1}\boldsymbol{B}|$，又 $|\boldsymbol{A}|\neq\boldsymbol{0}$，则 $\boldsymbol{T}$ 可逆的充要条件为 $|\boldsymbol{D}-\boldsymbol{C}\boldsymbol{A}^{-1}\boldsymbol{B}|\neq\boldsymbol{0}$，即 $\boldsymbol{D}-\boldsymbol{C}\boldsymbol{A}^{-1}\boldsymbol{B}$ 可逆.

（2）当 $\boldsymbol{T}$ 可逆时，由(1)有

$$\left[\begin{bmatrix}\boldsymbol{E}_n&\boldsymbol{0}\\-\boldsymbol{C}\boldsymbol{A}^{-1}&\boldsymbol{E}_n\end{bmatrix}\boldsymbol{T}\begin{bmatrix}\boldsymbol{E}_m&-\boldsymbol{A}^{-1}\boldsymbol{B}\\\boldsymbol{0}&\boldsymbol{E}_n\end{bmatrix}\right]^{-1}=\begin{bmatrix}\boldsymbol{A}&\boldsymbol{0}\\\boldsymbol{0}&\boldsymbol{D}-\boldsymbol{C}\boldsymbol{A}^{-1}\boldsymbol{B}\end{bmatrix}^{-1}$$

即

$$\begin{bmatrix}\boldsymbol{E}_m&-\boldsymbol{A}^{-1}\boldsymbol{B}\\\boldsymbol{0}&\boldsymbol{E}_n\end{bmatrix}^{-1}\boldsymbol{T}^{-1}\begin{bmatrix}\boldsymbol{E}_m&\boldsymbol{0}\\-\boldsymbol{C}\boldsymbol{A}^{-1}&\boldsymbol{E}_n\end{bmatrix}^{-1}=\begin{bmatrix}\boldsymbol{A}&\boldsymbol{0}\\\boldsymbol{0}&\boldsymbol{D}-\boldsymbol{C}\boldsymbol{A}^{-1}\boldsymbol{B}\end{bmatrix}^{-1}$$

从而

$$\begin{aligned}\boldsymbol{T}^{-1}&=\begin{bmatrix}\boldsymbol{E}_m&-\boldsymbol{A}^{-1}\boldsymbol{B}\\\boldsymbol{0}&\boldsymbol{E}_n\end{bmatrix}\begin{bmatrix}\boldsymbol{A}&\boldsymbol{0}\\\boldsymbol{0}&\boldsymbol{D}-\boldsymbol{C}\boldsymbol{A}^{-1}\boldsymbol{B}\end{bmatrix}^{-1}\begin{bmatrix}\boldsymbol{E}_m&\boldsymbol{0}\\-\boldsymbol{C}\boldsymbol{A}^{-1}&\boldsymbol{E}_n\end{bmatrix}\\&=\begin{bmatrix}\boldsymbol{A}^{-1}+\boldsymbol{A}^{-1}\boldsymbol{B}(\boldsymbol{D}-\boldsymbol{C}\boldsymbol{A}^{-1}\boldsymbol{B})^{-1}\boldsymbol{C}\boldsymbol{A}^{-1}&-\boldsymbol{A}^{-1}\boldsymbol{B}(\boldsymbol{D}-\boldsymbol{C}\boldsymbol{A}^{-1}\boldsymbol{B})^{-1}\\-(\boldsymbol{D}-\boldsymbol{C}\boldsymbol{A}^{-1}\boldsymbol{B})^{-1}\boldsymbol{C}\boldsymbol{A}^{-1}&(\boldsymbol{D}-\boldsymbol{C}\boldsymbol{A}^{-1}\boldsymbol{B})^{-1}\end{bmatrix}\end{aligned}$$

## 4.4 矩阵的秩的证明

**例 1** 设 $\boldsymbol{A}$、$\boldsymbol{B}$ 为 $m\times n$ 矩阵，则 $R(\boldsymbol{A}+\boldsymbol{B})\leqslant R(\boldsymbol{A})+R(\boldsymbol{B})$.

**证明** 设 $\boldsymbol{A}=(\boldsymbol{\alpha}_1,\boldsymbol{\alpha}_2,\cdots,\boldsymbol{\alpha}_n)$，$\boldsymbol{B}=(\boldsymbol{\beta}_1,\boldsymbol{\beta}_2,\cdots,\boldsymbol{\beta}_n)$，$R(\boldsymbol{A})=r$，$R(\boldsymbol{B})=s$，不妨令 $\boldsymbol{\alpha}_{i_1},\boldsymbol{\alpha}_{i_2},\cdots,\boldsymbol{\alpha}_{i_n}$ 及 $\boldsymbol{\beta}_{i_1},\boldsymbol{\beta}_{i_2},\cdots,\boldsymbol{\beta}_{i_s}$ 分别为矩阵 $\boldsymbol{A}$、$\boldsymbol{B}$ 列向量的极大无关组，于是

$$\boldsymbol{A}+\boldsymbol{B}=(\boldsymbol{\alpha}_1+\boldsymbol{\beta}_1,\boldsymbol{\alpha}_2+\boldsymbol{\beta}_2,\cdots,\boldsymbol{\alpha}_n+\boldsymbol{\beta}_n)$$

的任一列向量必为 $\boldsymbol{\alpha}_i+\boldsymbol{\beta}_i=\sum\limits_{t=1}^{r}k_t\boldsymbol{\alpha}_{i_t}+\sum\limits_{k=1}^{s}l_k\boldsymbol{\beta}_{i_k}$，$i=1,2,\cdots,n$，即列向量组 $\boldsymbol{A}+\boldsymbol{B}$ 可由

$$\boldsymbol{\alpha}_{i_1},\boldsymbol{\alpha}_{i_2},\cdots,\boldsymbol{\alpha}_{i_n},\boldsymbol{\beta}_{i_1},\boldsymbol{\beta}_{i_2},\cdots,\boldsymbol{\beta}_{i_s}$$

线性表出，所以，列向量组 $\boldsymbol{A}+\boldsymbol{B}$ 的秩 $\leqslant$ 向量组 $\boldsymbol{\alpha}_{i_1},\boldsymbol{\alpha}_{i_2},\cdots,\boldsymbol{\alpha}_{i_n},\boldsymbol{\beta}_{i_1},\boldsymbol{\beta}_{i_2},\cdots,\boldsymbol{\beta}_{i_s}$ 的秩 $\leqslant r+s$，即 $R(\boldsymbol{A}+\boldsymbol{B})\leqslant R(\boldsymbol{A})+R(\boldsymbol{B})$.

**例 2** 设 $\boldsymbol{A}$、$\boldsymbol{B}$ 为 $m\times n$ 矩阵，则 $R(\boldsymbol{A}\pm\boldsymbol{B})\leqslant R(\boldsymbol{A})+R(\boldsymbol{B})$.

**证明** 设$\boldsymbol{A}=(\boldsymbol{\alpha}_1,\boldsymbol{\alpha}_2,\cdots,\boldsymbol{\alpha}_n)$，$\boldsymbol{B}=(\boldsymbol{\beta}_1,\boldsymbol{\beta}_2,\cdots,\boldsymbol{\beta}_n)$，$\boldsymbol{A}+\boldsymbol{B}=(\boldsymbol{\gamma}_1,\boldsymbol{\gamma}_2,\cdots,\boldsymbol{\gamma}_n)$，其中，$\boldsymbol{\gamma}_i=\boldsymbol{\alpha}_i+\boldsymbol{\beta}_i$，$i=1\sim n$；令$R(\boldsymbol{A})=r$，$R(\boldsymbol{B})=s$，则不妨设$\boldsymbol{\alpha}_1,\boldsymbol{\alpha}_2,\cdots,\boldsymbol{\alpha}_r,\boldsymbol{\beta}_1,\boldsymbol{\beta}_2,\cdots,\boldsymbol{\beta}_s$为$\boldsymbol{A}$、$\boldsymbol{B}$的极大无关组，由于$\boldsymbol{\gamma}_i$可由$\boldsymbol{\alpha}_i,\boldsymbol{\beta}_i$线性表出，即可由$\boldsymbol{\alpha}_1,\boldsymbol{\alpha}_2,\cdots,\boldsymbol{\alpha}_r,\boldsymbol{\beta}_1,\boldsymbol{\beta}_2,\cdots,\boldsymbol{\beta}_s$线性表出，则$\boldsymbol{\gamma}_i$的秩不超过$\boldsymbol{\alpha}_1,\boldsymbol{\alpha}_2,\cdots,\boldsymbol{\alpha}_r,\boldsymbol{\beta}_1,\boldsymbol{\beta}_2,\cdots,\boldsymbol{\beta}_s$的秩，即向量个数，故

$$R(\boldsymbol{A}+\boldsymbol{B})\leqslant r+s=R(\boldsymbol{A})+R(\boldsymbol{B})$$

又$R(\boldsymbol{B})=R(-\boldsymbol{B})$，有

$$R(\boldsymbol{A}-\boldsymbol{B})=R(\boldsymbol{A}+(-\boldsymbol{B}))\leqslant R(\boldsymbol{A})+R(-\boldsymbol{B})=R(\boldsymbol{A})+R(\boldsymbol{B})$$

**例 3** 设$\boldsymbol{A}$、$\boldsymbol{B}$为$m\times n$矩阵，则$R(\boldsymbol{A}\pm\boldsymbol{B})\geqslant R(\boldsymbol{A})-R(\boldsymbol{B})$.

**证明** 由上题结论可知

$$R(\boldsymbol{A})=R(\boldsymbol{A}\pm\boldsymbol{B}\mp\boldsymbol{B})\leqslant R(\boldsymbol{A}\pm\boldsymbol{B})+R(\boldsymbol{B})$$

则$R(\boldsymbol{A}\pm\boldsymbol{B})\geqslant R(\boldsymbol{A})-R(\boldsymbol{B})$.

**例 4** 证明：对于$\boldsymbol{A}_{n\times n}(n\geqslant 2)$，则$R(\boldsymbol{A}^*)=\begin{cases}n, & R(\boldsymbol{A})=n\\1, & R(\boldsymbol{A})=n-1.\\0, & R(\boldsymbol{A})\leqslant n-1\end{cases}$

**证明** 当$R(\boldsymbol{A})=n$时，$\boldsymbol{A}$可逆，又$\boldsymbol{A}^*=|\boldsymbol{A}|\boldsymbol{A}^{-1}$，则$\boldsymbol{A}^*$可逆，即$R(\boldsymbol{A}^*)=n$；当$R(\boldsymbol{A})=n-1$时，$\boldsymbol{A}$中至少有一个$n-1$阶子式不为零，即$\boldsymbol{A}^*$中至少有一个元素不为零，则$R(\boldsymbol{A}^*)\geqslant 1$，同时$R(\boldsymbol{A})=n-1$知$|\boldsymbol{A}|=0$，由于$\boldsymbol{A}\boldsymbol{A}^*=|\boldsymbol{A}|\boldsymbol{E}=\boldsymbol{0}$，故$R(\boldsymbol{A})+R(\boldsymbol{A}^*)\leqslant n$，即$R(\boldsymbol{A}^*)\leqslant 1$，则$R(\boldsymbol{A}^*)=1$；当$R(\boldsymbol{A})<n-1$时，$\boldsymbol{A}$的所有$n-1$阶子式都为零，即$\boldsymbol{A}^*=\boldsymbol{0}$，则$R(\boldsymbol{A}^*)=0$.

**例 5** （费罗贝纽斯不等式）对于矩阵$\boldsymbol{A}_{m\times n}$、$\boldsymbol{B}_{n\times s}$、$\boldsymbol{C}_{s\times t}$，则

$$R(\boldsymbol{ABC})\geqslant R(\boldsymbol{AB})+R(\boldsymbol{BC})-R(\boldsymbol{B})$$

**证明** *方法一* 只要证$R(\boldsymbol{ABC})+R(\boldsymbol{B})\geqslant R(\boldsymbol{AB})+R(\boldsymbol{BC})$. 事实上，由于

$$\begin{bmatrix}\boldsymbol{ABC} & \boldsymbol{0}\\ \boldsymbol{0} & \boldsymbol{B}\end{bmatrix}\to\begin{bmatrix}\boldsymbol{ABC} & \boldsymbol{AB}\\ \boldsymbol{0} & \boldsymbol{B}\end{bmatrix}\to\begin{bmatrix}\boldsymbol{0} & \boldsymbol{AB}\\ -\boldsymbol{BC} & \boldsymbol{B}\end{bmatrix}\to\begin{bmatrix}\boldsymbol{AB} & \boldsymbol{0}\\ \boldsymbol{B} & -\boldsymbol{BC}\end{bmatrix},$$

$$\begin{bmatrix}\boldsymbol{E} & \boldsymbol{A}\\ \boldsymbol{0} & \boldsymbol{E}\end{bmatrix}\begin{bmatrix}\boldsymbol{ABC} & \boldsymbol{0}\\ \boldsymbol{0} & \boldsymbol{B}\end{bmatrix}\begin{bmatrix}\boldsymbol{E} & \boldsymbol{0}\\ -\boldsymbol{C} & \boldsymbol{E}\end{bmatrix}\begin{bmatrix}\boldsymbol{0} & \boldsymbol{E}\\ \boldsymbol{E} & \boldsymbol{0}\end{bmatrix}=\begin{bmatrix}\boldsymbol{AB} & \boldsymbol{0}\\ \boldsymbol{B} & -\boldsymbol{BC}\end{bmatrix}$$

即

$$R\begin{pmatrix}\boldsymbol{ABC} & \boldsymbol{0}\\ \boldsymbol{0} & \boldsymbol{B}\end{pmatrix}=R\begin{pmatrix}\boldsymbol{AB} & \boldsymbol{0}\\ \boldsymbol{B} & -\boldsymbol{BC}\end{pmatrix}\geqslant R(\boldsymbol{AB})+R(\boldsymbol{BC})$$

*方法二* 由于

$$\begin{bmatrix}\boldsymbol{AB} & \boldsymbol{0}\\ \boldsymbol{B} & \boldsymbol{BC}\end{bmatrix}\to\begin{bmatrix}\boldsymbol{AB} & -\boldsymbol{ABC}\\ \boldsymbol{B} & \boldsymbol{0}\end{bmatrix}\to\begin{bmatrix}\boldsymbol{0} & -\boldsymbol{ABC}\\ \boldsymbol{B} & \boldsymbol{0}\end{bmatrix}\to\begin{bmatrix}-\boldsymbol{ABC} & \boldsymbol{0}\\ \boldsymbol{0} & \boldsymbol{B}\end{bmatrix},$$

$$\begin{bmatrix}\boldsymbol{E} & -\boldsymbol{A}\\ \boldsymbol{0} & \boldsymbol{E}\end{bmatrix}\begin{bmatrix}\boldsymbol{AB} & \boldsymbol{0}\\ \boldsymbol{B} & \boldsymbol{BC}\end{bmatrix}\begin{bmatrix}\boldsymbol{E} & -\boldsymbol{C}\\ \boldsymbol{0} & \boldsymbol{E}\end{bmatrix}\begin{bmatrix}\boldsymbol{0} & \boldsymbol{E}\\ \boldsymbol{E} & \boldsymbol{0}\end{bmatrix}=\begin{bmatrix}-\boldsymbol{ABC} & \boldsymbol{0}\\ \boldsymbol{0} & \boldsymbol{B}\end{bmatrix}$$

则$R\begin{pmatrix}-\boldsymbol{ABC} & \boldsymbol{0}\\ \boldsymbol{0} & \boldsymbol{B}\end{pmatrix}=R\begin{pmatrix}\boldsymbol{AB} & \boldsymbol{0}\\ \boldsymbol{B} & \boldsymbol{BC}\end{pmatrix}\geqslant R(\boldsymbol{AB})+R(\boldsymbol{BC})$.

**例 6** （希尔维斯特不等式）对于矩阵$\boldsymbol{A}=(a_{ij})_{s\times n}$和$\boldsymbol{B}=(b_{ij})_{n\times m}$，则$R(\boldsymbol{AB})\geqslant R(\boldsymbol{A})+R(\boldsymbol{B})-n$.

**证明** 只要证$R(\boldsymbol{AB})+n\geqslant R(\boldsymbol{A})+R(\boldsymbol{B})$. 事实上，由于

$$\begin{bmatrix} \boldsymbol{E}_n & \boldsymbol{0} \\ \boldsymbol{0} & \boldsymbol{AB} \end{bmatrix} \to \begin{bmatrix} \boldsymbol{E} & \boldsymbol{0} \\ \boldsymbol{A} & \boldsymbol{AB} \end{bmatrix} \to \begin{bmatrix} \boldsymbol{E} & -\boldsymbol{B} \\ \boldsymbol{A} & \boldsymbol{0} \end{bmatrix} \to \begin{bmatrix} -\boldsymbol{B} & \boldsymbol{E} \\ \boldsymbol{0} & \boldsymbol{A} \end{bmatrix},$$

$$\begin{bmatrix} \boldsymbol{E} & \boldsymbol{0} \\ \boldsymbol{A} & \boldsymbol{E} \end{bmatrix}\begin{bmatrix} \boldsymbol{E}_n & \boldsymbol{0} \\ \boldsymbol{0} & \boldsymbol{AB} \end{bmatrix}\begin{bmatrix} \boldsymbol{E} & -\boldsymbol{B} \\ \boldsymbol{0} & \boldsymbol{E} \end{bmatrix}\begin{bmatrix} \boldsymbol{0} & \boldsymbol{E} \\ \boldsymbol{E} & \boldsymbol{0} \end{bmatrix} = \begin{bmatrix} -\boldsymbol{B} & \boldsymbol{E} \\ \boldsymbol{0} & \boldsymbol{A} \end{bmatrix}$$

则 $R\begin{pmatrix} \boldsymbol{E}_n & \boldsymbol{0} \\ \boldsymbol{0} & \boldsymbol{AB} \end{pmatrix} = R\begin{pmatrix} -\boldsymbol{B} & \boldsymbol{E} \\ \boldsymbol{0} & \boldsymbol{A} \end{pmatrix} \geqslant R(\boldsymbol{A}) + R(\boldsymbol{B})$.

**例 7** 对于矩阵 $\boldsymbol{A}_{m\times r}$，证明：$\boldsymbol{A}$ 为列满秩的充要条件是存在可逆矩阵 $\boldsymbol{P}_{m\times m}$，使得 $\boldsymbol{A} = \boldsymbol{P}\begin{bmatrix} \boldsymbol{E}_{r\times r} \\ \boldsymbol{0} \end{bmatrix}$；$\boldsymbol{A}$ 为行满秩的充要条件是存在可逆矩阵 $\boldsymbol{Q}_{r\times r}$，使得 $\boldsymbol{A} = (\boldsymbol{E}_{m\times m}, \boldsymbol{0})\boldsymbol{Q}$.

**证明** （列满秩）充分性 由于 $\boldsymbol{P}_{m\times m}$ 可逆，$\boldsymbol{A} = \boldsymbol{P}\begin{bmatrix} \boldsymbol{E}_{r\times r} \\ \boldsymbol{0} \end{bmatrix}$，则 $R(\boldsymbol{A}) = R\begin{pmatrix} \boldsymbol{E}_{r\times r} \\ \boldsymbol{0} \end{pmatrix} = r$；

必要性 由于 $R(\boldsymbol{A}) = r$，则存在 $m$ 阶可逆矩阵 $\boldsymbol{P}_0$，$r$ 阶可逆矩阵 $\boldsymbol{Q}_0$，使得

$$\boldsymbol{A} = \boldsymbol{P}_0\begin{bmatrix} \boldsymbol{E}_r \\ \boldsymbol{0} \end{bmatrix}\boldsymbol{Q}_0 = \boldsymbol{P}_0\begin{bmatrix} \boldsymbol{Q}_0 \\ \boldsymbol{0} \end{bmatrix} = \boldsymbol{P}_0\begin{bmatrix} \boldsymbol{Q}_0 & \boldsymbol{0} \\ \boldsymbol{0} & \boldsymbol{E}_{m-r} \end{bmatrix}\begin{bmatrix} \boldsymbol{E}_r \\ \boldsymbol{0} \end{bmatrix} \overset{\Delta}{=} \boldsymbol{P}\begin{bmatrix} \boldsymbol{E}_r \\ \boldsymbol{0} \end{bmatrix}$$

（行满秩）充分性显然；对于必要性，由于 $\boldsymbol{A}$ 为行满秩，则 $\boldsymbol{A}^{\mathrm{T}}$ 为列满秩，由列满秩的结论：存在可逆矩阵 $\boldsymbol{P}$，使得 $\boldsymbol{A}^{\mathrm{T}} = \boldsymbol{P}\begin{bmatrix} \boldsymbol{E}_m \\ \boldsymbol{0} \end{bmatrix}$，从而 $\boldsymbol{A} = (\boldsymbol{E}_{m\times m}, \boldsymbol{0})\boldsymbol{P}^{\mathrm{T}} \overset{\Delta}{=} (\boldsymbol{E}_{m\times m}, \boldsymbol{0})\boldsymbol{Q}$.

**例 8** 设 $\boldsymbol{A}$、$\boldsymbol{B}$ 为数域 $P$ 上的 $n$ 阶方阵，且 $\boldsymbol{AB} = \boldsymbol{BA}$，证明：$R(\boldsymbol{A}+\boldsymbol{B}) \leqslant R(\boldsymbol{A}) + R(\boldsymbol{B}) - R(\boldsymbol{AB})$.

**证明** 只要证 $R(\boldsymbol{A}+\boldsymbol{B}) + R(\boldsymbol{AB}) \leqslant R(\boldsymbol{A}) + R(\boldsymbol{B})$. 事实上，由于

$$\begin{bmatrix} \boldsymbol{E} & \boldsymbol{0} \\ \boldsymbol{E} & \boldsymbol{E} \end{bmatrix}\begin{bmatrix} \boldsymbol{A} & \boldsymbol{0} \\ \boldsymbol{0} & \boldsymbol{B} \end{bmatrix}\begin{bmatrix} \boldsymbol{E} & \boldsymbol{E} \\ \boldsymbol{0} & \boldsymbol{E} \end{bmatrix} = \begin{bmatrix} \boldsymbol{A} & \boldsymbol{A} \\ \boldsymbol{A} & \boldsymbol{A}+\boldsymbol{B} \end{bmatrix}$$

由于 $\boldsymbol{AB} = \boldsymbol{BA}$，则

$$\begin{bmatrix} \boldsymbol{A} & \boldsymbol{A} \\ \boldsymbol{A} & \boldsymbol{A}+\boldsymbol{B} \end{bmatrix}\begin{bmatrix} \boldsymbol{A}+\boldsymbol{B} & \boldsymbol{0} \\ -\boldsymbol{A} & \boldsymbol{E} \end{bmatrix} = \begin{bmatrix} \boldsymbol{AB} & \boldsymbol{A} \\ \boldsymbol{0} & \boldsymbol{A}+\boldsymbol{B} \end{bmatrix},$$

$$R(\boldsymbol{A}) + R(\boldsymbol{B}) = R\begin{pmatrix} \boldsymbol{A} & \boldsymbol{0} \\ \boldsymbol{0} & \boldsymbol{B} \end{pmatrix} = R\begin{pmatrix} \boldsymbol{A} & \boldsymbol{A} \\ \boldsymbol{A} & \boldsymbol{A}+\boldsymbol{B} \end{pmatrix} \geqslant R\begin{pmatrix} \boldsymbol{AB} & \boldsymbol{A} \\ \boldsymbol{0} & \boldsymbol{A}+\boldsymbol{B} \end{pmatrix} \geqslant R(\boldsymbol{AB}) + R(\boldsymbol{A}+\boldsymbol{B})$$

**例 9** 对于矩阵 $\boldsymbol{A}_{s\times n}$，则 $R(\boldsymbol{E}_s - \boldsymbol{AA}^{\mathrm{T}}) - R(\boldsymbol{E}_n - \boldsymbol{A}^{\mathrm{T}}\boldsymbol{A}) = s - n$.

**证明** 做矩阵 $\boldsymbol{B} = \begin{bmatrix} \boldsymbol{E}_s & \boldsymbol{A} \\ \boldsymbol{A}^{\mathrm{T}} & \boldsymbol{E}_n \end{bmatrix}$，由于

$$\begin{bmatrix} \boldsymbol{E}_s & \boldsymbol{A} \\ \boldsymbol{A}^{\mathrm{T}} & \boldsymbol{E}_n \end{bmatrix} \to \begin{bmatrix} \boldsymbol{E}_s - \boldsymbol{AA}^{\mathrm{T}} & \boldsymbol{A} \\ \boldsymbol{0} & \boldsymbol{E}_n \end{bmatrix} \to \begin{bmatrix} \boldsymbol{E}_s - \boldsymbol{AA}^{\mathrm{T}} & \boldsymbol{0} \\ \boldsymbol{0} & \boldsymbol{E}_n \end{bmatrix},$$

$$\begin{bmatrix} \boldsymbol{E}_s & \boldsymbol{A} \\ \boldsymbol{A}^{\mathrm{T}} & \boldsymbol{E}_n \end{bmatrix} \to \begin{bmatrix} \boldsymbol{E}_s & \boldsymbol{A} \\ \boldsymbol{0} & \boldsymbol{E}_n - \boldsymbol{A}^{\mathrm{T}}\boldsymbol{A} \end{bmatrix} \to \begin{bmatrix} \boldsymbol{E}_s & \boldsymbol{0} \\ \boldsymbol{0} & \boldsymbol{E}_n - \boldsymbol{A}^{\mathrm{T}}\boldsymbol{A} \end{bmatrix}$$

即

$$R(\boldsymbol{B}) = R\begin{pmatrix} \boldsymbol{E}_s - \boldsymbol{AA}^{\mathrm{T}} & \boldsymbol{0} \\ \boldsymbol{0} & \boldsymbol{E}_n \end{pmatrix} = R\begin{pmatrix} \boldsymbol{E}_s & \boldsymbol{0} \\ \boldsymbol{0} & \boldsymbol{E}_n - \boldsymbol{A}^{\mathrm{T}}\boldsymbol{A} \end{pmatrix}$$

即 $R(\boldsymbol{B}) = R(\boldsymbol{E} - \boldsymbol{AA}^{\mathrm{T}}) + n = R(\boldsymbol{E} - \boldsymbol{A}^{\mathrm{T}}\boldsymbol{A}) + s$，故 $R(\boldsymbol{E}_s - \boldsymbol{AA}^{\mathrm{T}}) - R(\boldsymbol{E}_n - \boldsymbol{A}^{\mathrm{T}}\boldsymbol{A}) = s - n$.

**例 10** 设 $\boldsymbol{A}$ 是 $n$ 阶方阵，证明：(1) 若 $\boldsymbol{A}^{k-1}\boldsymbol{\alpha}\neq\boldsymbol{0}$，而 $\boldsymbol{A}^{k}\boldsymbol{\alpha}=\boldsymbol{0}$，则 $\boldsymbol{\alpha}$，$\boldsymbol{A\alpha}$，$\boldsymbol{A}^2\boldsymbol{\alpha}$，…，$\boldsymbol{A}^{k-1}\boldsymbol{\alpha}(k>0)$ 线性无关；(2) $R(\boldsymbol{A}^n)=R(\boldsymbol{A}^{n+1})=R(\boldsymbol{A}^{n+2})=\cdots\cdots$

**证明** (1) 设 $l_0\boldsymbol{\alpha}+l_1\boldsymbol{A\alpha}+l_2\boldsymbol{A}^2\boldsymbol{\alpha}+\cdots+l_{k-1}\boldsymbol{A}^{k-1}\boldsymbol{\alpha}=\boldsymbol{0}$，等式两端同乘 $\boldsymbol{A}^{k-1}$，得 $l_0\boldsymbol{A}^{k-1}\boldsymbol{\alpha}=\boldsymbol{0}$，由于 $\boldsymbol{A}^{k-1}\boldsymbol{\alpha}\neq\boldsymbol{0}$，则 $l_0=0$，有 $l_1\boldsymbol{A\alpha}+l_2\boldsymbol{A}^2\boldsymbol{\alpha}+\cdots+l_{k-1}\boldsymbol{A}^{k-1}\boldsymbol{\alpha}=\boldsymbol{0}$，等式两端同乘 $\boldsymbol{A}^{k-2}$，得 $l_1\boldsymbol{A}^{k-1}\boldsymbol{\alpha}=\boldsymbol{0}$，由于 $\boldsymbol{A}^{k-1}\boldsymbol{\alpha}\neq\boldsymbol{0}$，则 $l_1=0$；同理可得 $l_2=l_3=\cdots=l_{k-1}=0$，故 $\boldsymbol{\alpha}$，$\boldsymbol{A\alpha}$，$\boldsymbol{A}^2\boldsymbol{\alpha}$，…，$\boldsymbol{A}^{k-1}\boldsymbol{\alpha}$ 线性无关.

(2) *方法一* 命题转换为证明方程组 $\boldsymbol{A}^{n+1}\boldsymbol{X}=\boldsymbol{0}$ 与 $\boldsymbol{A}^n\boldsymbol{X}=\boldsymbol{0}$ 有完全相同的解；事实上，若 $\boldsymbol{X}_1$ 为 $\boldsymbol{A}^n\boldsymbol{X}=\boldsymbol{0}$ 的解，则 $\boldsymbol{A}^n\boldsymbol{X}_1=\boldsymbol{0}$，从而等式两端左乘 $\boldsymbol{A}$ 得 $\boldsymbol{A}^{n+1}\boldsymbol{X}_1=\boldsymbol{0}$，即 $\boldsymbol{A}^n\boldsymbol{X}=\boldsymbol{0}$ 的解都是 $\boldsymbol{A}^{n+1}\boldsymbol{X}=\boldsymbol{0}$ 的解；若 $\boldsymbol{X}_1$ 为 $\boldsymbol{A}^{n+1}\boldsymbol{X}=\boldsymbol{0}$ 的解，则 $\boldsymbol{A}^{n+1}\boldsymbol{X}_1=\boldsymbol{0}$，从而必为 $\boldsymbol{A}^n\boldsymbol{X}=\boldsymbol{0}$ 的解，否则若 $\boldsymbol{A}^n\boldsymbol{X}_1\neq\boldsymbol{0}$，则 $n+1$ 个 $n$ 维向量 $\boldsymbol{A}^n\boldsymbol{X}_1$，$\boldsymbol{A}^{n-1}\boldsymbol{X}_1$，…，$\boldsymbol{AX}_1$，$\boldsymbol{X}_1$ 线性无关(即 $k_0\boldsymbol{X}_1+k_1\boldsymbol{AX}_1+\cdots+k_n\boldsymbol{A}^n\boldsymbol{X}_1=\boldsymbol{0}$，分别用 $\boldsymbol{A}^n$，$\boldsymbol{A}^{n-1}$，… 相乘，可得 $k_0=k_1=\cdots=k_n=0$)，矛盾. 即 $\boldsymbol{A}^{n+1}\boldsymbol{X}=\boldsymbol{0}$ 的解都是 $\boldsymbol{A}^n\boldsymbol{X}=\boldsymbol{0}$ 的解. 故 $R(\boldsymbol{A}^n)=R(\boldsymbol{A}^{n+1})$；同理可证 $R(\boldsymbol{A}^{n+1})=R(\boldsymbol{A}^{n+2})$；即 $R(\boldsymbol{A}^n)=R(\boldsymbol{A}^{n+1})=R(\boldsymbol{A}^{n+2})=\cdots\cdots$

*方法二* 由方阵的性质有 $n\geqslant R(\boldsymbol{A}^0)\geqslant R(\boldsymbol{A})\geqslant R(\boldsymbol{A}^2)\geqslant\cdots\geqslant R(\boldsymbol{A}^n)\geqslant R(\boldsymbol{A}^{n+1})\geqslant 0$，则在这 $n+2$ 个矩阵中必有一个 $0\leqslant k\leqslant n$，使得 $R(\boldsymbol{A}^k)=R(\boldsymbol{A}^{k+1})$，从而方程组 $\boldsymbol{A}^k\boldsymbol{X}=\boldsymbol{0}$ 与 $\boldsymbol{A}^{k+1}\boldsymbol{X}=\boldsymbol{0}$ 有完全相同的解；进而 $\boldsymbol{A}^{k+1}\boldsymbol{X}=\boldsymbol{0}$ 与 $\boldsymbol{A}^{k+2}\boldsymbol{X}=\boldsymbol{0}$ 有完全相同的解；以此类推. 从而 $R(\boldsymbol{A}^n)=R(\boldsymbol{A}^{n+1})=R(\boldsymbol{A}^{n+2})=\cdots\cdots$

*方法三* (反证法) 若 $R(\boldsymbol{A}^n)\neq R(\boldsymbol{A}^{n+1})$，则 $R(\boldsymbol{A}^n)>R(\boldsymbol{A}^{n+1})$，即 $\boldsymbol{A}^{n+1}\boldsymbol{\alpha}=\boldsymbol{0}$ 的解不全为 $\boldsymbol{A}^n\boldsymbol{\alpha}=\boldsymbol{0}$ 的解，从而存在 $\boldsymbol{\beta}\neq\boldsymbol{0}$ 使 $\boldsymbol{A}^n\boldsymbol{\beta}\neq\boldsymbol{0}$，而 $\boldsymbol{A}^{n+1}\boldsymbol{\beta}=\boldsymbol{0}$，由(1) 有 $\boldsymbol{\beta}$，$\boldsymbol{A\beta}$，$\boldsymbol{A}^2\boldsymbol{\beta}$，…，$\boldsymbol{A}^{n-1}\boldsymbol{\beta}$，$\boldsymbol{A}^n\boldsymbol{\beta}$ 线性无关，而 $n+1$ 个 $n$ 维向量必线性相关，矛盾，故 $R(\boldsymbol{A}^n)=R(\boldsymbol{A}^{n+1})$；同理可得 $R(\boldsymbol{A}^{n+1})=R(\boldsymbol{A}^{n+2})$，即 $R(\boldsymbol{A}^n)=R(\boldsymbol{A}^{n+1})=R(\boldsymbol{A}^{n+2})=\cdots\cdots$

**例 11** 设 $\boldsymbol{A}$、$\boldsymbol{B}$ 为数域 $P$ 上的 $n$ 阶方阵，若 $\boldsymbol{AB}=\boldsymbol{0}$，则 $R(\boldsymbol{A})+R(\boldsymbol{B})\leqslant n$.

**证明** 设 $R(\boldsymbol{A})=r$，$R(\boldsymbol{B})=s$，由 $\boldsymbol{AB}=\boldsymbol{0}$ 可得 $\boldsymbol{B}$ 的每一列为齐次线性方程组 $\boldsymbol{AX}=\boldsymbol{0}$ 的解. 当 $r=n$ 时，得方程组只有零解，即 $\boldsymbol{B}=\boldsymbol{0}$，故结论成立；当 $r<n$ 时，方程组有非零解，基础解系中含 $n-r$ 个向量，从而 $\boldsymbol{B}$ 的列向量组的秩 $\leqslant n-r$，即 $R(\boldsymbol{B})\leqslant n-r$；故 $R(\boldsymbol{A})+R(\boldsymbol{B})\leqslant n$.

**例 12** 设 $\boldsymbol{A}$ 为数域 $P$ 上的 $n$ 阶方阵，若 $\boldsymbol{A}^2=\boldsymbol{E}$，则 $R(\boldsymbol{A}+\boldsymbol{E})+R(\boldsymbol{A}-\boldsymbol{E})=n$.

**证明** *方法一* 由 $\boldsymbol{A}^2=\boldsymbol{E}$ 可得 $(\boldsymbol{A}+\boldsymbol{E})(\boldsymbol{A}-\boldsymbol{E})=\boldsymbol{0}$，由上题有 $R(\boldsymbol{A}+\boldsymbol{E})+R(\boldsymbol{A}-\boldsymbol{E})\leqslant n$；又

$$R(\boldsymbol{A}+\boldsymbol{E})+R(\boldsymbol{A}-\boldsymbol{E})\geqslant R[(\boldsymbol{A}+\boldsymbol{E})-(\boldsymbol{A}-\boldsymbol{E})]=R(2\boldsymbol{E})=n$$

故 $R(\boldsymbol{A}+\boldsymbol{E})+R(\boldsymbol{A}-\boldsymbol{E})=n$.

*方法二* 构造分块矩阵 $\begin{bmatrix}\boldsymbol{A}+\boldsymbol{E} & \boldsymbol{0}\\ \boldsymbol{0} & \boldsymbol{A}-\boldsymbol{E}\end{bmatrix}$，由于

$$\begin{bmatrix}\boldsymbol{E} & \boldsymbol{0}\\ -\boldsymbol{E} & \boldsymbol{E}\end{bmatrix}\begin{bmatrix}\boldsymbol{A}+\boldsymbol{E} & \boldsymbol{0}\\ \boldsymbol{0} & \boldsymbol{A}-\boldsymbol{E}\end{bmatrix}\begin{bmatrix}\boldsymbol{E} & \boldsymbol{E}\\ \boldsymbol{0} & \boldsymbol{E}\end{bmatrix}=\begin{bmatrix}\boldsymbol{A}+\boldsymbol{E} & \boldsymbol{A}+\boldsymbol{E}\\ -\boldsymbol{A}-\boldsymbol{E} & -2\boldsymbol{E}\end{bmatrix},$$

$$\begin{bmatrix}\boldsymbol{E} & \frac{1}{2}(\boldsymbol{A}+\boldsymbol{E})\\ \boldsymbol{0} & \boldsymbol{E}\end{bmatrix}\begin{bmatrix}\boldsymbol{A}+\boldsymbol{E} & \boldsymbol{A}+\boldsymbol{E}\\ -\boldsymbol{A}-\boldsymbol{E} & -2\boldsymbol{E}\end{bmatrix}\begin{bmatrix}\boldsymbol{E} & \boldsymbol{0}\\ -\frac{1}{2}(\boldsymbol{A}+\boldsymbol{E}) & \boldsymbol{E}\end{bmatrix}=\begin{bmatrix}\frac{1}{2}(\boldsymbol{E}-\boldsymbol{A}^2) & \boldsymbol{0}\\ \boldsymbol{0} & -2\boldsymbol{E}\end{bmatrix}$$

从而有 $R(\boldsymbol{A}+\boldsymbol{E})+R(\boldsymbol{A}-\boldsymbol{E})=R(\boldsymbol{E}-\boldsymbol{A}^2)+n$，则 $R(\boldsymbol{A}+\boldsymbol{E})+R(\boldsymbol{A}-\boldsymbol{E})=n$ 的充要条

件为 $R(\boldsymbol{E}-\boldsymbol{A}^2)=\boldsymbol{0}$，即 $\boldsymbol{A}^2=\boldsymbol{E}$.

**例 13** 设 $\boldsymbol{A}$ 为数域 $P$ 上的 $n$ 阶方阵，若 $\boldsymbol{A}^2=\boldsymbol{A}$，则 $R(\boldsymbol{A}-\boldsymbol{E})+R(\boldsymbol{A})=n$.

**证明** *方法一* 由 $\boldsymbol{A}^2=\boldsymbol{A}$ 可得 $\boldsymbol{A}(\boldsymbol{A}-\boldsymbol{E})=\boldsymbol{0}$，又由于 $R(\boldsymbol{A}-\boldsymbol{E})+R(\boldsymbol{A})\leqslant n$，且 $R(\boldsymbol{E}-\boldsymbol{A})=R(\boldsymbol{A}-\boldsymbol{E})$，则 $n=R(\boldsymbol{E})=R(\boldsymbol{A}+\boldsymbol{E}-\boldsymbol{A})\leqslant R(\boldsymbol{A})+R(\boldsymbol{E}-\boldsymbol{A})=R(\boldsymbol{A})+R(\boldsymbol{A}-\boldsymbol{E})$，故 $R(\boldsymbol{A}-\boldsymbol{E})+R(\boldsymbol{A})=n$.

*方法二* 构造分块矩阵，由于

$$\begin{bmatrix}\boldsymbol{E} & \boldsymbol{0}\\ -\boldsymbol{E} & \boldsymbol{E}\end{bmatrix}\begin{bmatrix}\boldsymbol{A} & \boldsymbol{0}\\ \boldsymbol{0} & \boldsymbol{A}-\boldsymbol{E}\end{bmatrix}\begin{bmatrix}\boldsymbol{E} & \boldsymbol{E}\\ \boldsymbol{0} & \boldsymbol{E}\end{bmatrix}=\begin{bmatrix}\boldsymbol{A} & \boldsymbol{A}\\ -\boldsymbol{A} & -\boldsymbol{E}\end{bmatrix},$$

$$\begin{bmatrix}\boldsymbol{E} & \boldsymbol{A}\\ \boldsymbol{0} & \boldsymbol{E}\end{bmatrix}\begin{bmatrix}\boldsymbol{A} & \boldsymbol{A}\\ -\boldsymbol{A} & -\boldsymbol{E}\end{bmatrix}\begin{bmatrix}\boldsymbol{E} & \boldsymbol{0}\\ -\boldsymbol{A} & \boldsymbol{E}\end{bmatrix}=\begin{bmatrix}\boldsymbol{A}-\boldsymbol{A}^2 & \boldsymbol{0}\\ \boldsymbol{0} & -\boldsymbol{E}\end{bmatrix}$$

从而 $R(\boldsymbol{A})+R(\boldsymbol{A}-\boldsymbol{E})=R(\boldsymbol{A}-\boldsymbol{A}^2)+n$，则 $R(\boldsymbol{A})+R(\boldsymbol{A}-\boldsymbol{E})=n$ 的充要条件为 $R(\boldsymbol{A}-\boldsymbol{A}^2)=0$，即 $\boldsymbol{A}^2=\boldsymbol{A}$.

**例 14** 设矩阵 $\boldsymbol{A}_{s\times n}$，则 $R(\boldsymbol{E}-\boldsymbol{A}^{\mathrm{T}}\boldsymbol{A})-R(\boldsymbol{E}-\boldsymbol{A}\boldsymbol{A}^{\mathrm{T}})=n-s$.

**证明** 构造分块阵 $\boldsymbol{B}=\begin{bmatrix}\boldsymbol{E} & \boldsymbol{A}\\ \boldsymbol{A}^{\mathrm{T}} & \boldsymbol{E}\end{bmatrix}$，由于

$$\begin{bmatrix}\boldsymbol{E} & \boldsymbol{A}\\ \boldsymbol{A}^{\mathrm{T}} & \boldsymbol{E}\end{bmatrix}\begin{bmatrix}\boldsymbol{E} & \boldsymbol{0}\\ -\boldsymbol{A}^{\mathrm{T}} & \boldsymbol{E}\end{bmatrix}=\begin{bmatrix}\boldsymbol{E}-\boldsymbol{A}\boldsymbol{A}^{\mathrm{T}} & \boldsymbol{A}\\ \boldsymbol{0} & \boldsymbol{E}\end{bmatrix}$$

则

$$R(\boldsymbol{B})=R\left(\begin{bmatrix}\boldsymbol{E} & \boldsymbol{A}\\ \boldsymbol{A}^{\mathrm{T}} & \boldsymbol{E}\end{bmatrix}\begin{bmatrix}\boldsymbol{E} & \boldsymbol{0}\\ -\boldsymbol{A}^{\mathrm{T}} & \boldsymbol{E}\end{bmatrix}\right)=R\begin{pmatrix}\boldsymbol{E}-\boldsymbol{A}\boldsymbol{A}^{\mathrm{T}} & \boldsymbol{A}\\ \boldsymbol{0} & \boldsymbol{E}\end{pmatrix}=R(\boldsymbol{E}-\boldsymbol{A}\boldsymbol{A}^{\mathrm{T}})+n$$

又由于

$$\begin{bmatrix}\boldsymbol{E} & \boldsymbol{A}\\ \boldsymbol{0} & \boldsymbol{E}-\boldsymbol{A}^{\mathrm{T}}\boldsymbol{A}\end{bmatrix}=\begin{bmatrix}\boldsymbol{E} & \boldsymbol{0}\\ -\boldsymbol{A}^{\mathrm{T}} & \boldsymbol{E}\end{bmatrix}\begin{bmatrix}\boldsymbol{E} & \boldsymbol{A}\\ \boldsymbol{A}^{\mathrm{T}} & \boldsymbol{E}\end{bmatrix}$$

则

$$R(\boldsymbol{B})=R\left(\begin{bmatrix}\boldsymbol{E} & \boldsymbol{0}\\ -\boldsymbol{A}^{\mathrm{T}} & \boldsymbol{E}\end{bmatrix}\boldsymbol{B}\right)=R\begin{pmatrix}\boldsymbol{E} & \boldsymbol{A}\\ \boldsymbol{0} & \boldsymbol{E}-\boldsymbol{A}^{\mathrm{T}}\boldsymbol{A}\end{pmatrix}=R(\boldsymbol{E}-\boldsymbol{A}^{\mathrm{T}}\boldsymbol{A})+s$$

即结论成立.

## 4.5 对称矩阵与反对称矩阵

### 一、定义

设 $\boldsymbol{A}$ 为 $n$ 阶矩阵，若 $\boldsymbol{A}^{\mathrm{T}}=\boldsymbol{A}$，则 $\boldsymbol{A}$ 为对称矩阵；若 $\boldsymbol{A}^{\mathrm{T}}=-\boldsymbol{A}$，则 $\boldsymbol{A}$ 为反对称矩阵. 对角阵是对称矩阵，反对称矩阵的对角元素为 0，零矩阵既是对称矩阵，也是反对称矩阵.

### 二、性质

(1) 两个 $n$ 阶(反)对称矩阵的和与差仍为(反)对称矩阵.

(2) (反)对称矩阵的转置、伴随矩阵仍为(反)对称矩阵.

(3) 可逆的(反)对称矩阵的逆矩阵也是(反)对称矩阵.

(4) 若 $\boldsymbol{A}$、$\boldsymbol{B}$ 均为 $n$ 阶(反)对称矩阵，则 $\boldsymbol{AB}$ 为对称矩阵的充要条件为 $\boldsymbol{AB}=\boldsymbol{BA}$.

(5) 若 $\boldsymbol{A}$ 为 $n$ 阶对称矩阵，$\boldsymbol{B}$ 为 $n$ 阶反对称矩阵，则 $\boldsymbol{AB}$ 为反对称矩阵的充要条件为 $\boldsymbol{AB}=\boldsymbol{BA}$.

(6) $\boldsymbol{A}=(a_{ij})_{n\times n}$ 为对称矩阵的充要条件为 $a_{ij}=a_{ji}$.

(7) $\boldsymbol{A}=(a_{ij})_{n\times n}$ 为对称矩阵的充要条件为 $a_{ij}=-a_{ji}$.

(8) 反对称矩阵的迹为零.

(9) $\boldsymbol{A}$ 为对称矩阵，$R(\boldsymbol{A})=r$，则 $\boldsymbol{A}$ 可表示成 $r$ 个秩为 1 的对称矩阵之和.

(10) $\boldsymbol{A}$ 为复对称矩阵，$R(\boldsymbol{A})=r$，则 $\boldsymbol{A}$ 合同于 $\mathrm{diag}(d_1, \cdots, d_r, 0, \cdots, 0)$，$d_i=1$；$\boldsymbol{A}$ 为实对称矩阵，$R(\boldsymbol{A})=r$，则 $\boldsymbol{A}$ 合同于 $\mathrm{diag}(d_1, \cdots, d_r, 0, \cdots, 0)$，$d_i=1$ 或 $-1$.

(11) $\boldsymbol{A}$ 为反对称矩阵，则 $\boldsymbol{A}$ 合同于 $\mathrm{diag}\left(\begin{bmatrix}0 & 1\\ -1 & 0\end{bmatrix}, \cdots, \begin{bmatrix}0 & 1\\ -1 & 0\end{bmatrix}, 0, \cdots, 0\right)$.

(12) 实对称矩阵的特征值均为实数；实反对称矩阵的特征值为零或纯虚数.

(13) 实对称矩阵关于 $n$ 维欧氏空间的一组标准正交基对应的线性变换为对称变换；实反对称矩阵关于 $n$ 维欧氏空间的一组标准正交基对应的线性变换为反对称变换.

(14) 实对称矩阵的属于不同特征值的特征向量必正交；实对称矩阵必正交相似对角矩阵.

## 典型例题

**例 1** 设 $\boldsymbol{A}$ 是正交矩阵，且 $\boldsymbol{A}$ 的特征值均为实数，则 $\boldsymbol{A}$ 是对称矩阵.

**证明** 由于 $\boldsymbol{A}$ 的特征值均为实数，则存在正交矩阵 $\boldsymbol{T}$ 使得 $\boldsymbol{T}^{-1}\boldsymbol{AT}$ 为三角矩阵；不妨 $\boldsymbol{T}^{-1}\boldsymbol{AT}$ 为上三角矩阵，又 $\boldsymbol{A}$ 为正交矩阵，则 $\boldsymbol{T}^{-1}\boldsymbol{AT}$ 也为正交矩阵，从而 $\boldsymbol{T}^{-1}\boldsymbol{AT}$ 为主对角线上是 1 或 $-1$ 的对角矩阵.

令 $\boldsymbol{T}^{-1}\boldsymbol{AT}=\begin{bmatrix}\boldsymbol{E}_t & \\ & -\boldsymbol{E}_{n-t}\end{bmatrix}$，$\boldsymbol{A}=\boldsymbol{T}\begin{bmatrix}\boldsymbol{E}_t & \\ & -\boldsymbol{E}_{n-t}\end{bmatrix}\boldsymbol{T}^{-1}$，$\boldsymbol{A}^{\mathrm{T}}=\left[\boldsymbol{T}\begin{bmatrix}\boldsymbol{E}_t & \\ & -\boldsymbol{E}_{n-t}\end{bmatrix}\boldsymbol{T}^{-1}\right]^{\mathrm{T}}=$ $\boldsymbol{T}\begin{bmatrix}\boldsymbol{E}_t & \\ & -\boldsymbol{E}_{n-t}\end{bmatrix}\boldsymbol{T}^{\mathrm{T}}=\boldsymbol{A}$，故 $\boldsymbol{A}$ 为对称矩阵.

**例 2** 设 $\boldsymbol{A}$ 为 $n$ 阶实反对称矩阵，$\boldsymbol{B}=\mathrm{diag}(a_1, \cdots, a_n)$，其中，$a_i>0$，$i=1,2,\cdots,n$，则 $|\boldsymbol{A}+\boldsymbol{B}|>0$.

**证明** 由于 $\boldsymbol{B}=\mathrm{diag}(a_1, \cdots, a_n)$，$a_i>0$，则 $\boldsymbol{B}$ 为正定矩阵，从而存在可逆矩阵 $\boldsymbol{P}$ 使得 $\boldsymbol{P}^{\mathrm{T}}\boldsymbol{BP}=\boldsymbol{E}$；又由于 $(\boldsymbol{P}^{\mathrm{T}}\boldsymbol{AP})^{\mathrm{T}}=\boldsymbol{P}^{\mathrm{T}}\boldsymbol{A}^{\mathrm{T}}\boldsymbol{P}=-\boldsymbol{P}^{\mathrm{T}}\boldsymbol{AP}$，则 $\boldsymbol{P}^{\mathrm{T}}\boldsymbol{AP}$ 为反对称矩阵，从而存在可逆矩阵 $\boldsymbol{Q}$ 使得 $\boldsymbol{Q}^{-1}(\boldsymbol{P}^{\mathrm{T}}\boldsymbol{AP})\boldsymbol{Q}=\begin{bmatrix}\lambda_1 & & * \\ & \ddots & \\ & & \lambda_n\end{bmatrix}$，其中，$\lambda_i$ 为 0 或纯虚数，则

$$\boldsymbol{Q}^{-1}\boldsymbol{P}^{\mathrm{T}}(\boldsymbol{A}+\boldsymbol{B})\boldsymbol{PQ}=\begin{bmatrix}\lambda_1+1 & & * \\ & \ddots & \\ & & \lambda_n+1\end{bmatrix}，故 |\boldsymbol{A}+\boldsymbol{B}|=\frac{(\lambda_1+1)\cdots(\lambda_n+1)}{|\boldsymbol{P}|^2}>0.$$

**例 3** (1) 设 $\boldsymbol{A}_{n\times n}$ 为实对称矩阵，则 $\boldsymbol{A}^2=\boldsymbol{A}$ 的充要条件为存在列满秩矩阵 $\boldsymbol{P}_{n\times n}$ 使得 $\boldsymbol{A}=\boldsymbol{P}(\boldsymbol{P}^{\mathrm{T}}\boldsymbol{P})^{-1}\boldsymbol{P}^{\mathrm{T}}$.

(2) 设 $A_{n\times n}$ 为实对称矩阵，$A^2=A$，则 $A_{n\times n}$ 可表示为实对称矩阵之积.

**证明** (1) *必要性* 由于 $A$ 为实对称矩阵，且 $A^2=A$，则存在正交矩阵 $T$ 使得 $A=T^{\mathrm{T}}\begin{bmatrix}E_r & 0\\ 0 & 0\end{bmatrix}T$，从而有 $A=T^{\mathrm{T}}\begin{bmatrix}E_r\\ 0\end{bmatrix}(E_r,\ 0)T=T^{\mathrm{T}}\begin{bmatrix}E_r\\ 0\end{bmatrix}E_r(E_r,\ 0)T$. 令 $P=T^{\mathrm{T}}\begin{bmatrix}E_r\\ 0\end{bmatrix}$，则 $R(P)=r$，且 $A=P(P^{\mathrm{T}}P)^{-1}P^{\mathrm{T}}$.

*充分性* 由于 $A=P(P^{\mathrm{T}}P)^{-1}P^{\mathrm{T}}$，则 $A^2=P(P^{\mathrm{T}}P)^{-1}P^{\mathrm{T}}P(P^{\mathrm{T}}P)^{-1}P^{\mathrm{T}}=P(P^{\mathrm{T}}P)^{-1}P^{\mathrm{T}}=A$.

(2) 由于 $A^2=A$ 可知 $A$ 可对角化，则存在可逆矩阵 $P$，使得

$$A=P^{-1}\begin{bmatrix}E_r & 0\\ 0 & 0\end{bmatrix}P=P^{-1}\begin{bmatrix}E_r & 0\\ 0 & 0\end{bmatrix}(P^{-1})^{\mathrm{T}}P^{\mathrm{T}}\begin{bmatrix}E_r & 0\\ 0 & 0\end{bmatrix}P$$

其中，$P^{-1}\begin{bmatrix}E_r & 0\\ 0 & 0\end{bmatrix}(P^{-1})^{\mathrm{T}}$ 与 $P^{\mathrm{T}}\begin{bmatrix}E_r & 0\\ 0 & 0\end{bmatrix}P$ 均为对称矩阵，即 $A$ 可表示为实对称矩阵之积.

**例 4** 设 $A_{n\times n}$ 为实对称矩阵，满足 $A^3-6A^2+11A-6E=0$，则 $A_{n\times n}$ 为正定矩阵.

**证明** 由于 $\lambda^3-6\lambda^2+11\lambda-6=0$ 的根为 $\lambda_1=1$，$\lambda_2=2$，$\lambda_3=3$，则 $A$ 的特征值只可能为 1、2、3(可以有重根)，即 $A$ 的特征值全为正数，故 $A_{n\times n}$ 为正定矩阵.

**例 5** 设 $A_{n\times n}$ 为实对称矩阵，$\lambda$ 为 $A$ 的最大特征值，则 $\lambda=\max\limits_{|\alpha|=1,\ \alpha\in\mathbf{R}^{n\times 1}}\{(A\alpha,\ \alpha)\}$.

**证明** 由于 $A$ 为实对称矩阵，则存在正交矩阵 $T$，使得 $A=T^{\mathrm{T}}\mathrm{diag}(\lambda_1,\ \cdots,\ \lambda_n)T$，从而 $(A\alpha,\ \alpha)=\alpha^{\mathrm{T}}A\alpha=\alpha^{\mathrm{T}}T^{\mathrm{T}}\mathrm{diag}(\lambda_1,\ \cdots,\ \lambda_n)T\alpha$，令 $\alpha=(a_1,\ \cdots,\ a_n)^{\mathrm{T}}$，则

$$\alpha^{\mathrm{T}}A\alpha=\lambda_1a_1^2+\cdots+\lambda_na_n^2\leqslant\lambda(a_1^2+\cdots+a_n^2)=\lambda$$

不妨设 $\lambda=\lambda_1$，令 $T\alpha=(1,\ 0,\ \cdots,\ 0)^{\mathrm{T}}$，则 $\alpha^{\mathrm{T}}\alpha=1$，且 $(A\alpha,\ \alpha)=\lambda$，从而 $\lambda=\max\limits_{|\alpha|=1,\ \alpha\in\mathbf{R}^{n\times 1}}\{(A\alpha,\ \alpha)\}$.

**例 6** 设 $A_{n\times n}$、$B_{n\times n}$ 均为实对称矩阵，$A$ 正定，则 $A-B$ 半正定的充要条件为 $BA^{-1}$ 的特征值小于等于 1.

**证明** 由于 $A$ 正定，则存在可逆矩阵 $P$，使得 $P^{\mathrm{T}}AP=E$，$P^{\mathrm{T}}BP=\mathrm{diag}(\lambda_1,\ \cdots,\ \lambda_n)$，从而有 $P^{\mathrm{T}}(A-B)P=\mathrm{diag}(1-\lambda_1,\ \cdots,\ 1-\lambda_n)$；又 $|\lambda E-BA^{-1}|=0$ 的充要条件为 $|\lambda E-B|=0$，$|P^{\mathrm{T}}(A-B)P|=0$ 的充要条件为 $\begin{vmatrix}1-\lambda_1 & & \\ & \ddots & \\ & & 1-\lambda_N\end{vmatrix}=0$，即 $\lambda_1,\ \cdots,\ \lambda_n$ 为 $BA^{-1}$ 的特征值，故 $A-B$ 半正定的充要条件为 $1-\lambda_i\geqslant 0$，$i=1,\ 2,\ \cdots,\ n$，即 $\lambda_i\leqslant 1$，故 $BA^{-1}$ 的特征值小于等于 1.

**例 7** 设 $A_{n\times n}$ 为正定矩阵，$B_{n\times n}$ 为实对称矩阵，则 $A+iB$ 可逆.

**证明** 由 $A_{n\times n}$ 为正定矩阵，$B_{n\times n}$ 为实对称矩阵，则存在可逆矩阵 $P$，使得 $P^{\mathrm{T}}AP=E$，$P^{\mathrm{T}}BP=\mathrm{diag}(\lambda_1,\ \cdots,\ \lambda_n)$，则 $1+i\lambda_j\neq 0$，$j=1,\ 2,\ \cdots,\ n$；又 $|P^{\mathrm{T}}(A+iB)P|=(1+i\lambda_1)\cdots(1+i\lambda_n)\neq 0$，故 $A+iB$ 可逆.

**例 8** 设 $A_1$、$A_2$ 为 $n$ 阶正定矩阵，$B_1$、$B_2$ 为 $n$ 阶实对称矩阵，则存在可逆矩阵 $C$，使得 $C^{\mathrm{T}}A_1C=A_2$，$C^{\mathrm{T}}B_1C=B_2$ 的充要条件为 $|\lambda A_1-B_1|=0$ 与 $|\lambda A_2-B_2|=0$ 同解.

**证明** *必要性* 由于 $C^{\mathrm{T}}A_1C=A_2$，$C^{\mathrm{T}}B_1C=B_2$，则 $C^{\mathrm{T}}\lambda A_1C=\lambda A_2$，即 $C^{\mathrm{T}}(\lambda A_1-B_1)C=\lambda A_2-B_2$，从而有 $|\lambda A_1-B_1|=|\lambda A_2-B_2|$，即 $|\lambda A_1-B_1|=0$ 与 $|\lambda A_2-B_2|=0$ 同解.

充分性　由于 $A_1$ 正定，$B_1$ 对称，则存在可逆矩阵 $P_1$，使得 $P_1^TA_1P_1=E$，$P_2^TB_2P_2=\text{diag}(\lambda_1,\cdots,\lambda_n)$，同样存在可逆矩阵 $P_2$，使得 $P_2^TA_2P_2=E$，$P_2^TB_2P_2=\text{diag}(\mu_1,\cdots,\mu_n)$，故 $|\lambda A_1-B_1|=0$，即 $|\lambda P_1^TA_1P_1-P_1^TB_1P_1|=0$ 有根为 $\lambda_1,\cdots,\lambda_n$，同样 $|\lambda A_2-B_2|=0$ 有根为 $\mu_1,\cdots,\mu_n$；不妨 $\lambda_i=\mu_i$，$i=1,2,\cdots,n$；令 $C=P_1P_2^{-1}$，则有

$$C^TA_1C=(P_1P_2^{-1})^TA_1(P_1P_2^{-1})=(P_2^{-1})^TP_1A_1P_1P_2^{-1}=(P_2^T)^{-1}EP_2^{-1}$$
$$=(P_2^T)^{-1}P_2^TA_2P_2P_2^{-1}=A_2$$

即 $C^TA_1C=A_2$；同理有 $C^TB_1C=B_2$.

**例 9**　设 $A$ 为实对称矩阵，$B$ 为实反对称矩阵，$AB=BA$，$A-B$ 可逆，则 $(A+B)(A-B)^{-1}$ 为正交矩阵.

**证明**　由于 $A-B$ 可逆，则 $A+B=(A-B)^T$，且可逆；又 $AB=BA$，则 $(A+B)(A-B)=(A-B)(A+B)$，从而有

$$\begin{aligned}(A+B)(A-B)^{-1}[(A+B)(A-B)^{-1}]^T&=(A+B)(A-B)^{-1}(A+B)^{-1}(A-B)\\&=(A+B)[(A+B)(A-B)]^{-1}(A-B)\\&=(A+B)[(A-B)(A+B)]^{-1}(A-B)\\&=(A+B)(A+B)^{-1}(A-B)^{-1}(A-B)\\&=E\end{aligned}$$

即 $(A+B)(A-B)^{-1}$ 为正交矩阵.

**例 10**　设 $A$ 为正交矩阵且 $-1$ 不是 $A$ 的特征值，则 $B=(A-E)(A+E)^{-1}$ 是反对称矩阵且 $A=(E+B)(E-B)^{-1}$.

**证明**　由于 $-1$ 不是 $A$ 的特征值，则 $A+E$ 可逆；又 $A$ 为正交矩阵，则 $A^T=A^{-1}$，且 $A+E$ 为正交矩阵，从而有

$$\begin{aligned}A(A+E)^{-1}&=A(A+E)^T=A(A^T+E)\\&=AA^T+A=A+AA^T=A+A^TA=(A^T+E)A\\&=(A+E)^TA=(A+E)^{-1}A\end{aligned}$$

即 $A(A+E)^{-1}=(A+E)^{-1}A$，进一步有

$$\begin{aligned}B^T&=[(A-E)(A+E)^{-1}]^T=(A^T+E)^{-1}(A^T-E)=(A^T+A^TA)^{-1}(A^T-E)\\&=[A^{-1}(E+A)]^{-1}(A^{-1}-E)=(E+A)^{-1}A(A^{-1}-E)=(E+A)^{-1}(E-A)\\&=-(A-E)(A+E)^{-1}=-B\end{aligned}$$

从而 $B$ 为反对称矩阵，且有

$$\begin{aligned}(E+B)(E-B)^{-1}&=[E+(A-E)(A+E)^{-1}][E-(A-E)(A+E)^{-1}]^{-1}\\&=[(A+E+A-E)(A+E)^{-1}][(A+E-A+E)(A+E)^{-1}]^{-1}\\&=[2A(A+E)^{-1}][2E(A+E)^{-1}]^{-1}\\&=2A(A+E)^{-1}(A+E)\frac{1}{2}E=A\end{aligned}$$

**例 11**　设 $A_{n\times n}$ 是实矩阵，$c$ 为实数，则对于任意 $n$ 维非零实列向量 $\alpha$ 均有 $\dfrac{\alpha^TA\alpha}{\alpha^T\alpha}=c$ 的充要条件为存在实反对称矩阵 $B$，使得 $A=cE+B$.

**证明**　充分性　对于 $\forall\alpha\neq 0$，有 $\alpha^TA\alpha=c\alpha^T\alpha+\alpha^TB\alpha$，而 $\alpha^TB\alpha=0$，则 $\dfrac{\alpha^TA\alpha}{\alpha^T\alpha}=c$.

*必要性*　*方法一*　由于 $\boldsymbol{A}=\frac{\boldsymbol{A}+\boldsymbol{A}^{\mathrm{T}}}{2}+\frac{\boldsymbol{A}-\boldsymbol{A}^{\mathrm{T}}}{2}$，则对于 $\forall\boldsymbol{\alpha}\neq\boldsymbol{0}$，$\boldsymbol{\alpha}^{\mathrm{T}}\boldsymbol{\alpha}=1$，$c=\boldsymbol{\alpha}^{\mathrm{T}}\boldsymbol{A}\boldsymbol{\alpha}=\boldsymbol{\alpha}^{\mathrm{T}}(\frac{\boldsymbol{A}+\boldsymbol{A}^{\mathrm{T}}}{2})\boldsymbol{\alpha}$. 其中，$\boldsymbol{\alpha}^{\mathrm{T}}\left(\frac{\boldsymbol{A}-\boldsymbol{A}^{\mathrm{T}}}{2}\right)\boldsymbol{\alpha}=0$，而 $\frac{\boldsymbol{A}+\boldsymbol{A}^{\mathrm{T}}}{2}$ 为实对称矩阵，则存在正交矩阵 $\boldsymbol{T}$，使 $\boldsymbol{T}^{\mathrm{T}}(\frac{\boldsymbol{A}+\boldsymbol{A}^{\mathrm{T}}}{2})\boldsymbol{T}=\mathrm{diag}(\lambda_1, \cdots, \lambda_n)$；由 $\boldsymbol{\alpha}^{\mathrm{T}}(\frac{\boldsymbol{A}+\boldsymbol{A}^{\mathrm{T}}}{2})\boldsymbol{\alpha}=c$，取 $\boldsymbol{T}^{\mathrm{T}}\boldsymbol{\alpha}=(0, \cdots, 0, 1, 0, \cdots, 0)$，则 $\lambda_1=\cdots=\lambda_n=c$，从而 $\frac{\boldsymbol{A}+\boldsymbol{A}^{\mathrm{T}}}{2}=c\boldsymbol{E}$，即 $\boldsymbol{A}=c\boldsymbol{E}+\boldsymbol{B}$，$\boldsymbol{B}$ 为反对称矩阵.

*方法二*　要证 $\boldsymbol{B}$ 为反对称矩阵，只要证 $\boldsymbol{A}-c\boldsymbol{E}$ 为反对称矩阵，只要证对于 $\forall\boldsymbol{\alpha}\neq\boldsymbol{0}$，$\boldsymbol{\alpha}\in\boldsymbol{R}^n$，$\boldsymbol{\alpha}^{\mathrm{T}}(\boldsymbol{A}-c\boldsymbol{E})\boldsymbol{\alpha}=0$，即 $\boldsymbol{\alpha}^{\mathrm{T}}\boldsymbol{A}\boldsymbol{\alpha}=c\boldsymbol{\alpha}^{\mathrm{T}}\boldsymbol{\alpha}$，符合已知条件 $\frac{\boldsymbol{\alpha}^{\mathrm{T}}\boldsymbol{A}\boldsymbol{\alpha}}{\boldsymbol{\alpha}^{\mathrm{T}}\boldsymbol{\alpha}}=c$，即 $\boldsymbol{A}-c\boldsymbol{E}$ 为反对称矩阵，令 $\boldsymbol{A}-c\boldsymbol{E}=\boldsymbol{B}$，则 $\boldsymbol{A}=c\boldsymbol{E}+\boldsymbol{B}$.

**例 12**　设 $\boldsymbol{A}$ 是实数域上 $m\times n$ 列满秩矩阵，$\boldsymbol{A}$ 可以分解为 $\boldsymbol{A}=\boldsymbol{Q}\boldsymbol{R}$，其中，$\boldsymbol{Q}$ 是列向量为正交单位向量组的 $m\times n$ 矩阵，$\boldsymbol{R}$ 为正线上三角形矩阵，则对于 $\forall\boldsymbol{\beta}\in\boldsymbol{R}^n$，$\boldsymbol{R}^{-1}\boldsymbol{Q}^{\mathrm{T}}\boldsymbol{\beta}$ 为线性方程组 $\boldsymbol{A}^{\mathrm{T}}\boldsymbol{A}\boldsymbol{X}=\boldsymbol{A}^{\mathrm{T}}\boldsymbol{\beta}$ 的唯一解.

**证明**　设 $\boldsymbol{Q}$ 的列向量组为 $\boldsymbol{\varepsilon}_1, \cdots, \boldsymbol{\varepsilon}_n$，则 $\boldsymbol{Q}^{\mathrm{T}}\boldsymbol{Q}=(\boldsymbol{\varepsilon}_1^{\mathrm{T}}, \cdots, \boldsymbol{\varepsilon}_n^{\mathrm{T}})^{\mathrm{T}}(\boldsymbol{\varepsilon}_1, \cdots, \boldsymbol{\varepsilon}_n)=(\boldsymbol{\varepsilon}_i^{\mathrm{T}}\boldsymbol{\varepsilon}_j)_{n\times n}=\boldsymbol{E}$，从而有 $\boldsymbol{A}^{\mathrm{T}}\boldsymbol{A}(\boldsymbol{R}^{-1}\boldsymbol{Q}^{\mathrm{T}}\boldsymbol{\beta})=\boldsymbol{A}^{\mathrm{T}}\boldsymbol{Q}\boldsymbol{R}\boldsymbol{R}^{-1}\boldsymbol{Q}^{\mathrm{T}}\boldsymbol{\beta}=\boldsymbol{A}^{\mathrm{T}}\boldsymbol{Q}\boldsymbol{Q}^{\mathrm{T}}\boldsymbol{\beta}=\boldsymbol{A}^{\mathrm{T}}\boldsymbol{\beta}$，即 $\boldsymbol{R}^{-1}\boldsymbol{Q}^{\mathrm{T}}\boldsymbol{\beta}$ 为 $\boldsymbol{A}^{\mathrm{T}}\boldsymbol{A}\boldsymbol{X}=\boldsymbol{A}^{\mathrm{T}}\boldsymbol{\beta}$ 的解；由于 $R(\boldsymbol{A}^{\mathrm{T}}\boldsymbol{A})=R(\boldsymbol{A})=n$，故 $\boldsymbol{R}^{-1}\boldsymbol{Q}^{\mathrm{T}}\boldsymbol{\beta}$ 为线性方程组 $\boldsymbol{A}^{\mathrm{T}}\boldsymbol{A}\boldsymbol{X}=\boldsymbol{A}^{\mathrm{T}}\boldsymbol{\beta}$ 的唯一解.

**例 13**　设 $\boldsymbol{A}_{n\times n}$ 是实对称矩阵，$\boldsymbol{B}_{n\times n}$ 是实方阵，若 $\boldsymbol{A}\boldsymbol{B}^{\mathrm{T}}+\boldsymbol{B}\boldsymbol{A}$ 的特征值全为大于1，则 $\boldsymbol{A}$ 可逆.

**证明**　由于 $\boldsymbol{A}\boldsymbol{B}^{\mathrm{T}}+\boldsymbol{B}\boldsymbol{A}$ 的特征值全为大于1，则 $\boldsymbol{A}\boldsymbol{B}^{\mathrm{T}}+\boldsymbol{B}\boldsymbol{A}$ 为正定矩阵；又 $\boldsymbol{A}_{n\times n}$ 是实对称矩阵，则 $\boldsymbol{A}$ 可以对角化，从而 $\boldsymbol{A}$ 有 $n$ 个特征向量. 设 $\lambda$ 为 $\boldsymbol{A}$ 的任一特征值，$\boldsymbol{\alpha}$ 为其特征向量，$\boldsymbol{A}\boldsymbol{\alpha}=\lambda\boldsymbol{\alpha}$，则 $0<\boldsymbol{\alpha}^{\mathrm{T}}(\boldsymbol{A}\boldsymbol{B}^{\mathrm{T}}+\boldsymbol{B}\boldsymbol{A})\boldsymbol{\alpha}=\boldsymbol{\alpha}^{\mathrm{T}}\boldsymbol{A}\boldsymbol{B}^{\mathrm{T}}\boldsymbol{\alpha}+\boldsymbol{\alpha}^{\mathrm{T}}\boldsymbol{B}\boldsymbol{A}\boldsymbol{\alpha}=(\boldsymbol{A}\boldsymbol{\alpha})^{\mathrm{T}}\boldsymbol{B}^{\mathrm{T}}\boldsymbol{\alpha}+\boldsymbol{\alpha}^{\mathrm{T}}\boldsymbol{B}\boldsymbol{A}\boldsymbol{\alpha}=2\lambda\boldsymbol{\alpha}^{\mathrm{T}}\boldsymbol{B}^{\mathrm{T}}\boldsymbol{\alpha}$，从而 $\lambda\neq 0$，故 $\boldsymbol{A}$ 可逆.

**例 14**　设 $\boldsymbol{A}_{n\times n}$ 是实对称矩阵，则存在幂零矩阵 $\boldsymbol{B}_i$，$i=1, 2, \cdots, n$，使得 $\boldsymbol{A}=\sum_{i=1}^{n}\lambda_i\boldsymbol{B}_i$，$\lambda_i\in\mathbf{R}$.

**证明**　由于 $\boldsymbol{A}_{n\times n}$ 是实对称矩阵，则存在正交矩阵 $\boldsymbol{T}$ 使得 $\boldsymbol{A}=\boldsymbol{T}^{\mathrm{T}}\mathrm{diag}(\lambda_1, \cdots, \lambda_n)\boldsymbol{T}$；令

$$\boldsymbol{B}_i=\boldsymbol{T}^{\mathrm{T}}\mathrm{diag}(0, \cdots, 0, \lambda_i, 0, \cdots, 0)\boldsymbol{T}$$

则 $\boldsymbol{B}_i^2=\boldsymbol{B}_i$ 且 $\boldsymbol{A}=\sum_{i=1}^{n}\lambda_i\boldsymbol{B}_i$.

**例 15**　设 $\boldsymbol{A}_{n\times n}$、$\boldsymbol{B}_{n\times n}$ 为实对称矩阵，则 $\mathrm{tr}(\boldsymbol{A}\boldsymbol{B}\boldsymbol{A}\boldsymbol{B})\leqslant\mathrm{tr}(\boldsymbol{A}\boldsymbol{A}\boldsymbol{B}\boldsymbol{B})$.

**证明**　*方法一*　由于 $\boldsymbol{A}$ 为实对称矩阵，则存在正交矩阵 $\boldsymbol{T}$ 使得 $\boldsymbol{T}^{\mathrm{T}}\boldsymbol{A}\boldsymbol{T}=\mathrm{diag}(\lambda_1, \cdots, \lambda_n)$；令 $\boldsymbol{T}^{\mathrm{T}}\boldsymbol{B}\boldsymbol{T}=(b_{ij})$，则 $\mathrm{tr}(\boldsymbol{A}\boldsymbol{B}\boldsymbol{A}\boldsymbol{B})\leqslant\mathrm{tr}(\boldsymbol{A}\boldsymbol{A}\boldsymbol{B}\boldsymbol{B})$ 等价于

$\mathrm{tr}(\boldsymbol{T}^{\mathrm{T}}\boldsymbol{A}\boldsymbol{T}\boldsymbol{T}^{\mathrm{T}}\boldsymbol{B}\boldsymbol{T}\boldsymbol{T}^{\mathrm{T}}\boldsymbol{A}\boldsymbol{T}\boldsymbol{T}^{\mathrm{T}}\boldsymbol{B}\boldsymbol{T})\leqslant\mathrm{tr}(\boldsymbol{T}^{\mathrm{T}}\boldsymbol{A}\boldsymbol{T}\boldsymbol{T}^{\mathrm{T}}\boldsymbol{A}\boldsymbol{T}\boldsymbol{T}^{\mathrm{T}}\boldsymbol{B}\boldsymbol{T}\boldsymbol{T}^{\mathrm{T}}\boldsymbol{B}\boldsymbol{T})=\mathrm{tr}[(\boldsymbol{T}^{\mathrm{T}}\boldsymbol{A}\boldsymbol{T})^2(\boldsymbol{T}^{\mathrm{T}}\boldsymbol{B}\boldsymbol{T})^2]$，即

$\mathrm{tr}(\mathrm{diag}(\lambda_1, \cdots, \lambda_n)(b_{ij})\mathrm{diag}(\lambda_1, \cdots, \lambda_n)(b_{ij}))\leqslant\mathrm{tr}[(\mathrm{diag}(\lambda_1, \cdots, \lambda_n))^2(b_{ij})^2]$，而

$\mathrm{diag}(\lambda_1, \cdots, \lambda_n)(b_{ij})=(\lambda_i b_{ij})_{n\times n}$，且 $\boldsymbol{B}^{\mathrm{T}}=\boldsymbol{B}$，从而

$\mathrm{tr}(\mathrm{diag}(\lambda_1, \cdots, \lambda_n)(b_{ij})\mathrm{diag}(\lambda_1, \cdots, \lambda_n)(b_{ij}))=(\lambda_1^2b_{11}^2+\cdots+\lambda_1\lambda_n b_{1n}b_{n1})+\cdots+(\lambda_n\lambda_1 b_{1n}b_{n1}+\cdots+\lambda_n^2b_n^2)$

$\mathrm{tr}[(\mathrm{diag}(\lambda_1, \cdots, \lambda_n))^2(b_{ij})^2]=\lambda_1^2(b_{11}^2+\cdots+b_{1n}^2)+\cdots+\lambda_n^2(b_{n1}^2+\cdots+b_{nn}^2)$

所以有 $(\lambda_1^2b_{11}^2+\cdots+\lambda_1\lambda_n b_{1n}b_{n1})+\cdots+(\lambda_n\lambda_1 b_{1n}b_{n1}+\cdots+\lambda_n^2b_n^2)\leqslant\lambda_1^2(b_{11}^2+\cdots+b_{1n}^2)+\cdots+$

$\lambda_n^2(b_{n1}^2+\cdots+b_{nn}^2)$.

*方法二* 由 $A$ 为实方阵，则 $\mathrm{tr}(A^{\mathrm{T}}A)\geqslant 0$；令 $C=AB-BA$，则

$0\leqslant\mathrm{tr}(CC^{\mathrm{T}})=\mathrm{tr}((AB-BA)(BA-AB))=\mathrm{tr}(AB^2A)-\mathrm{tr}((BAB)A)-\mathrm{tr}(ABA\,B)+\mathrm{tr}(A^2B^2)=2\mathrm{tr}(A^2B^2)-2\mathrm{tr}(ABAB)$，故 $\mathrm{tr}(ABAB)\leqslant\mathrm{tr}(AABB)$.

**例 16** (1) 设 $A_{n\times n}$ 为半正定矩阵，则对于任意自然数 $m$，存在 $n$ 阶实对称矩阵 $B$ 使得 $A=B^m$.

(2) 设 $A_{n\times n}$、$C_{n\times n}$ 为实对称矩阵且 $A$ 正定，若 $AC+CA=0$，则 $C=0$.

**证明** (1) 由于 $A$ 为半正定矩阵，则存在正交矩阵 $T$ 使得 $A=T^{\mathrm{T}}\mathrm{diag}(\lambda_1,\cdots,\lambda_n)T$，$\lambda_i\geqslant 0$，$i=1,2,\cdots,n$，令 $B=T^{\mathrm{T}}\mathrm{diag}(\sqrt[m]{\lambda_1},\cdots,\sqrt[m]{\lambda_n})T$，则 $B$ 为实对称矩阵且 $A=B^m$.

(2) *方法一* 设 $\lambda$ 为 $C$ 的特征值，$\boldsymbol{\alpha}$ 为其特征向量，即 $C\boldsymbol{\alpha}=\lambda\boldsymbol{\alpha}$，故

$$0=\boldsymbol{\alpha}^{\mathrm{T}}(AC+CA)\boldsymbol{\alpha}=\boldsymbol{\alpha}^{\mathrm{T}}AC\boldsymbol{\alpha}+\boldsymbol{\alpha}^{\mathrm{T}}CA\boldsymbol{\alpha}=\lambda\boldsymbol{\alpha}^{\mathrm{T}}A\boldsymbol{\alpha}+\lambda\boldsymbol{\alpha}^{\mathrm{T}}A\boldsymbol{\alpha}=2\lambda\boldsymbol{\alpha}^{\mathrm{T}}A\boldsymbol{\alpha}$$

由于 $A$ 为正定矩阵，则 $\boldsymbol{\alpha}^{\mathrm{T}}A\boldsymbol{\alpha}>0$，从而 $\lambda=0$；又 $C$ 为实对称矩阵，则 $C=0$.

*方法二* 由于 $A$ 为实对称矩阵，则存在正交矩阵 $T$ 使得 $A=T^{\mathrm{T}}\mathrm{diag}(\lambda_1,\cdots,\lambda_n)T$，$\lambda_i\geqslant 0$，$i=1,2,\cdots,n$；由于 $AC+CA=0$，则 $T^{\mathrm{T}}ATT^{\mathrm{T}}CT+T^{\mathrm{T}}CTT^{\mathrm{T}}AT=0$；设 $T^{\mathrm{T}}CT=(c_{ij})$，则对于任意的 $i=1,2,\cdots,n$，$j=1,2,\cdots,n$，$(\lambda_i+\lambda_j)c_{ij}=0$，即 $c_{ij}=0$，从而 $C=0$.

**例 17** 设 $B_{n\times n}$ 为半正定矩阵，$m$ 为一个自然数，$AB^m=B^mA$，则 $AB=BA$.

**证明** 由于 $B$ 为半正定矩阵，则存在正交矩阵 $T$，使得 $T^{\mathrm{T}}BT=\mathrm{diag}(\lambda_1E_1,\cdots,\lambda_sE_s)$，$\lambda_i\geqslant 0$，$i=1,2,\cdots,s$，$\lambda_i\neq\lambda_j$，$i\neq j$，则 $T^{\mathrm{T}}B^mT=\mathrm{diag}(\lambda_1^mE_1,\cdots,\lambda_s^mE_s)$；由于 $AB^m=B^mA$，则 $T^{\mathrm{T}}ATT^{\mathrm{T}}B^mT=T^{\mathrm{T}}B^mTT^{\mathrm{T}}AT$，而 $\lambda_i^m\neq\lambda_j^m$，从而 $T^{\mathrm{T}}AT=\mathrm{diag}(A_1,\cdots,A_s)$，则

$T^{\mathrm{T}}ATT^{\mathrm{T}}BT=T^{\mathrm{T}}BTT^{\mathrm{T}}AT$，即 $AB=BA$.

**例 18** 设 $S$ 为 $n$ 阶正定矩阵，证明：(1) 存在唯一的正定矩阵 $P$ 使得 $S=P^2$；(2) 若 $A$ 为 $n$ 阶实对称矩阵，则 $AS$ 的特征值全为实数.

**证明** (1) 由于 $S$ 为 $n$ 阶正定矩阵，则存在正交矩阵 $T$ 使得 $S=T^{\mathrm{T}}\mathrm{diag}(\lambda_1E_{t_1},\cdots,\lambda_sE_{t_s})T$，$\lambda_i\neq\lambda_j>0$，$i\neq j$，$E_{t_i}$ 为 $t_i$ 阶的单位矩阵；令 $P=T^{\mathrm{T}}\mathrm{diag}(\sqrt{\lambda_1E_{t_1}},\cdots,\sqrt{\lambda_sE_{t_s}})T$，则 $P$ 为正定矩阵且 $S=P^2$.

*唯一性* 若还存在正定矩阵 $Q$ 使得 $S=Q^2$，则 $Q$ 的特征值也为 $\sqrt{\lambda_1},\cdots,\sqrt{\lambda_1},\cdots,\sqrt{\lambda_s},\cdots,\sqrt{\lambda_s}$，进一步存在正交矩阵 $M$ 满足 $Q=M^{\mathrm{T}}\mathrm{diag}(\sqrt{\lambda_1}E_{t_1},\cdots,\sqrt{\lambda_s}E_{t_s})M$，从而 $T^{\mathrm{T}}\mathrm{diag}(\lambda_1E_{t_1},\cdots,\lambda_sE_{t_s})T=M^{\mathrm{T}}\mathrm{diag}(\lambda_1E_{t_1},\cdots,\lambda_sE_{t_s})M$，即

$MT^{\mathrm{T}}\mathrm{diag}(\lambda_1E_{t_1},\cdots,\lambda_sE_{t_s})=\mathrm{diag}(\lambda_1E_{t_1},\cdots,\lambda_sE_{t_s})MT^{\mathrm{T}}$，则 $MT^{\mathrm{T}}$ 与 $\mathrm{diag}(\lambda_1E_{t_1},\cdots,\lambda_sE_{t_s})$ 可交换，从而 $MT^{\mathrm{T}}$ 为正交矩阵，$\mathrm{diag}(\sqrt{\lambda_1}E_{t_1},\cdots,\sqrt{\lambda_s}E_{t_s})MT^{\mathrm{T}}=MT^{\mathrm{T}}\mathrm{diag}(\sqrt{\lambda_1}E_{t_1},\cdots,\sqrt{\lambda_s}E_{t_s})$，即 $P=Q$.

(2) 设 $\lambda$ 为 $AS$ 的特征值，$\boldsymbol{\alpha}$ 为其特征向量，则 $AS\boldsymbol{\alpha}=\lambda\boldsymbol{\alpha}$，从而 $SAS\boldsymbol{\alpha}=\lambda S\boldsymbol{\alpha}$，即 $\overline{\boldsymbol{\alpha}}^{\mathrm{T}}SAS\,\boldsymbol{\alpha}=\lambda\overline{\boldsymbol{\alpha}}^{\mathrm{T}}S\boldsymbol{\alpha}$ 易知 $\lambda$ 为实数.

**例 19** 设 $A_{n\times n}$、$B_{n\times n}$ 为实对称矩阵，$A$ 的特征值为 $\lambda_1\leqslant\lambda_2\leqslant\cdots\leqslant\lambda_n$，$B$ 的特征值为 $\mu_1\leqslant\mu_2\leqslant\cdots\leqslant\mu_n$，则 $A+B$ 的特征值 $\delta$ 满足 $\lambda_1+\mu_1\leqslant\delta\leqslant\lambda_n+\mu_n$.

**证明** 由于 $A_{n\times n}$、$B_{n\times n}$ 为实对称矩阵，则存在正交矩阵 $T_1$、$T_2$，使得

$T_1^{\mathrm{T}}AT_1=\mathrm{diag}(\lambda_1,\cdots,\lambda_n)$，$T_2^{\mathrm{T}}BT_2=\mathrm{diag}(\mu_1,\cdots,\mu_n)$，从而 $T_1^{\mathrm{T}}(A-\lambda_1E)T_1=\mathrm{diag}(0,\lambda_2-\lambda_1,$

$\cdots, \lambda_n - \lambda_1)$，$T_2^{\mathrm{T}}(B - \lambda_1 E)T_2 = \mathrm{diag}(0, \mu_2 - \mu_1, \cdots, \mu_n - \mu_1)$，则 $A - \lambda_1 E$ 与 $B - \lambda_1 E$ 为半正定矩阵，从而$(A - \lambda_1 E) + (B - \lambda_1 E) = (A + B) - (\lambda_1 + \mu_1)E$ 也为半正定矩阵，而 $A + B$ 为实对称矩阵，则存在正交矩阵 $T$ 使得 $T^{\mathrm{T}}(A + B)T = \mathrm{diag}(\delta_1, \cdots, \delta_n)$，从而

$$T^{\mathrm{T}}((A + B) - (\lambda_1 + \mu_1)E)T = \mathrm{diag}(\delta_1 - \lambda_1 - \mu_1, \cdots, \delta_n - \lambda_1 - \mu_1)$$

即 $\delta_i - \lambda_1 - \mu_1 \geqslant 0$，$i = 1, 2, \cdots, n$，从而 $\delta_i \geqslant \lambda_1 + \mu_1$；同理 $\delta_i \leqslant \lambda_n + \mu_n$.

**例 20**　证明：(1) 设 $A$ 为 $n$ 阶正定矩阵，$B$ 为实对称矩阵，则存在正交矩阵 $P$ 使得 $P^{\mathrm{T}}AP$、$P^{\mathrm{T}}BP$ 同时为对角矩阵. (2) 设 $A$、$B$ 为实对称矩阵，$A$ 与 $B$ 相似，则 $A$ 正定的充要条件为 $B$ 正定.

**证明**　(1) 由于 $A$ 正定，则存在可逆矩阵 $C$ 使得 $C^{\mathrm{T}}AC = E$，而 $C^{\mathrm{T}}BC$ 仍为实对称矩阵，从而存在正交矩阵 $T$ 使得 $T^{\mathrm{T}}C^{\mathrm{T}}BCT$ 为对角矩阵；令 $P = CT$，则 $P$ 可逆且使得 $P^{\mathrm{T}}AP$，$P^{\mathrm{T}}BP$ 同时为对角矩阵.

(2) 由于 $A$、$B$ 为实对称矩阵且相似，则存在正交矩阵 $T_1$、$T_2$ 使得 $T_1^{\mathrm{T}}AT_1 = \mathrm{diag}(\lambda_1, \cdots, \lambda_n) = T_2^{\mathrm{T}}BT_2$，即 $A$、$B$ 合同，故 $A$ 正定的充要条件为 $B$ 正定.

**例 21**　设 $A$ 为 $n$ 阶正定矩阵，$B$ 为 $n$ 阶实对称矩阵，$AB$ 为实对称矩阵，则 $AB$ 正定的充要条件为 $B$ 正定.

**证明**　由于 $A$ 正定，则存在可逆矩阵 $P$ 使得 $P^{\mathrm{T}}AP = E$，从而 $P^{\mathrm{T}}ABP = P^{\mathrm{T}}APP^{-1}BP = P^{-1}BP$.

*必要性*　由于 $AB$ 正定，$P^{-1}BP$ 正定，则 $B$ 正定.

*充分性*　由于 $B$ 正定，$P^{-1}BP$ 正定，则 $AB$ 正定.

**例 22**　设 $A$ 是秩为 $r$ 的 $n$ 阶实对称矩阵，则 $A$ 的满秩分解是 $A = HSH^{\mathrm{T}}$，其中，$H$ 是 $n \times r$ 列满秩矩阵，$S$ 是 $r$ 阶可逆矩阵.

**证明**　由于 $A$ 为实对称阵，且 $R(A) = r$，则存在可逆矩阵 $P$，使 $A = P\begin{bmatrix} E_p & 0 & 0 \\ 0 & -E_q & 0 \\ 0 & 0 & 0 \end{bmatrix}P^{\mathrm{T}}$，$r = p + q$.

令 $S = \begin{bmatrix} E_p & 0 \\ 0 & -E_q \end{bmatrix}$，$H = P\begin{bmatrix} E_p & 0 \\ 0 & E_q \end{bmatrix}$，则 $A = P\begin{bmatrix} E_p & 0 \\ 0 & E_q \end{bmatrix}\begin{bmatrix} E_p & 0 \\ 0 & -E_q \end{bmatrix}\begin{bmatrix} E_p & 0 \\ 0 & E_q \end{bmatrix}P^{\mathrm{T}}$，

从而 $A = HSH^{\mathrm{T}}$.

**例 23**　设 $A$ 为 $n$ 阶可逆实矩阵，则存在正交矩阵 $T_1$、$T_2$，使得 $T_1AT_2 = \mathrm{diag}(\lambda_1, \cdots, \lambda_n)$，其中，$0 < \lambda_n \leqslant \cdots \leqslant \lambda_1$，且 $\lambda_n^2, \cdots, \lambda_1^2$ 为 $AA^{\mathrm{T}}$ 的所有特征值.

**证明**　由于 $A$ 是可逆矩阵，则 $A = BT$，其中，$B$ 是正定矩阵，$T$ 是正交矩阵，且 $AA^{\mathrm{T}} = B^2$；由于 $B$ 为正定矩阵，则存在正交矩阵 $T_1$，使得 $T_1BT_1^{-1} = \mathrm{diag}(\lambda_1, \cdots, \lambda_n)$，其中，$\lambda_1, \cdots, \lambda_n$ 为 $B$ 的特征值，从而 $\lambda_1^2, \cdots, \lambda_n^2$ 为 $AA^{\mathrm{T}}$ 的所有特征值；不妨 $0 < \lambda_n \leqslant \cdots \leqslant \lambda_1$，则 $A = BT = T_1^{-1}\mathrm{diag}(\lambda_1, \cdots, \lambda_n)T_1T$，即 $T_1AT^{-1}T_1^{-1} = \mathrm{diag}(\lambda_1, \cdots, \lambda_n)$，令 $T_2 = T^{-1}T_1^{-1}$，则 $T_1AT_2 = \mathrm{diag}(\lambda_1, \cdots, \lambda_n)$.

**例 24**　设 $A$ 是 $n$ 阶实对称矩阵，且满足 $A^2 + 2A = 0$，$R(A) = r$，求 $|A + 3E|$.

**解**　设 $A\alpha = \lambda\alpha$，$\alpha \neq 0$，则有$(A^2 + 2A)\alpha = (\lambda^2 + 2\lambda)\alpha = 0$，即 $\lambda^2 + 2\lambda = 0$，从而 $A$ 的特征值为 0、$-2$；由于 $A$ 为实对称矩阵，则 $A$ 相似于对角阵 $B$，从而可知 $R(B) =$

$R(\boldsymbol{A})=r$，即 $-2$ 是 $\boldsymbol{A}$ 的 $k$ 重特征值，$\boldsymbol{P}^{-1}\boldsymbol{AP}=\boldsymbol{B}=\begin{bmatrix}-2\boldsymbol{E}_k & \boldsymbol{0}\\ \boldsymbol{0} & \boldsymbol{0}\end{bmatrix}$，故

$$|\boldsymbol{A}+3\boldsymbol{E}|=|\boldsymbol{PBP}^{-1}+3\boldsymbol{E}|=|\boldsymbol{P}(\boldsymbol{B}+3\boldsymbol{E})\boldsymbol{P}^{-1}|=|\boldsymbol{B}+3\boldsymbol{E}|=\begin{vmatrix}\boldsymbol{E}_k & \boldsymbol{0}\\ \boldsymbol{0} & 3\boldsymbol{E}_{n-k}\end{vmatrix}=3^{n-k}$$

**例 25** 设 $\boldsymbol{A}$ 为 $n$ 阶正定矩阵，则 $|\boldsymbol{A}+\boldsymbol{E}|>1$.

**证明** *方法一* 由于 $\boldsymbol{A}$ 为正定矩阵，则存在正交矩阵 $\boldsymbol{Q}$ 使得 $\boldsymbol{Q}^{-1}\boldsymbol{AQ}=\boldsymbol{Q}^{\mathrm{T}}\boldsymbol{AQ}=\mathrm{diag}(\lambda_1,\cdots,\lambda_n)$，$\lambda_i>0$，$i=1,2,\cdots,n$，从而

$|\boldsymbol{A}+\boldsymbol{E}|=|\boldsymbol{Q}\mathrm{diag}(\lambda_1,\cdots,\lambda_n)\boldsymbol{Q}^{-1}+\boldsymbol{QQ}^{-1}|=|\boldsymbol{Q}\mathrm{diag}(\lambda_1+1,\cdots,\lambda_n+1)\boldsymbol{Q}^{-1}|=(\lambda_1+1)\cdots(\lambda_n+1)>1$.

*方法二* 设 $\lambda_1,\cdots,\lambda_n$ 为 $\boldsymbol{A}$ 的特征值，由于 $\boldsymbol{A}$ 为正定矩阵，则 $\lambda_i>0$，$i=1,2,\cdots,n$；又 $\boldsymbol{A}+\boldsymbol{E}$ 的特征值为 $\lambda_1+1,\cdots,\lambda_n+1$，从而 $|\boldsymbol{A}+\boldsymbol{E}|=(\lambda_1+1)\cdots(\lambda_n+1)>1$.

**例 26** 设 $\boldsymbol{A}$ 为实反对称矩阵，则 $|\boldsymbol{A}+\boldsymbol{E}|\neq 0$.

**证明** 由于 $\boldsymbol{A}$ 为实反对称矩阵，则 $\boldsymbol{A}$ 的特征值为零或纯虚数，从而 $-1$ 不是 $\boldsymbol{A}$ 的特征值，从而 $|(-1)\boldsymbol{E}-\boldsymbol{A}|\neq 0$，即 $|\boldsymbol{A}+\boldsymbol{E}|\neq 0$.

**例 27** 设 $\boldsymbol{A}$ 为实反对称矩阵，证明：(1) $|\boldsymbol{A}|\geqslant 0$，仅当 $n$ 为奇数时，$|\boldsymbol{A}|=0$；(2) 当 $\boldsymbol{A}$ 可逆时，$|\boldsymbol{A}|>0$，且 $\boldsymbol{A}^{-1}$ 也是反对称矩阵.

**证明** (1) 由于 $\boldsymbol{A}$ 的特征多项式 $|\lambda\boldsymbol{E}-\boldsymbol{A}|$ 是 $\lambda$ 的 $n$ 次多项式，则 $\boldsymbol{A}$ 的虚特征值成对出现；设 $\boldsymbol{A}$ 的特征值为 $\underbrace{0,\cdots,0}_{n-2s\text{个}0}$，$\pm a_1 i,\cdots,\pm a_s i$，则 $|\boldsymbol{A}|\geqslant 0$；当 $n$ 为奇数时，$\boldsymbol{A}$ 一定有一个特征值为 0，则 $|\boldsymbol{A}|=0$.

(2) 当 $\boldsymbol{A}$ 可逆时，则 $\boldsymbol{A}$ 无零特征值，从而 $|\boldsymbol{A}|=a_1^2\cdots a_s^2>0$；又

$$(\boldsymbol{A}^{-1})^{\mathrm{T}}=(\boldsymbol{A}^{\mathrm{T}})^{-1}=(-\boldsymbol{A})^{-1}=-\boldsymbol{A}^{-1}$$

即 $\boldsymbol{A}^{-1}$ 也为反对称矩阵.

**例 28** 设 $\boldsymbol{A}$ 为 $n$ 阶反对称矩阵，则当 $n$ 为奇数时，$\boldsymbol{A}^*$ 为对称矩阵；当 $n$ 为偶数时，$\boldsymbol{A}^*$ 为反对称矩阵.

**证明** 由于 $\boldsymbol{A}^*$ 中每个元素均为 $\boldsymbol{A}$ 的 $n-1$ 阶子式，故对于任意 $k$ 有 $(k\boldsymbol{A})^*=k^{n-1}\boldsymbol{A}^*$；又 $\boldsymbol{A}$ 为反对称矩阵，则 $(\boldsymbol{A}^*)^{\mathrm{T}}=(\boldsymbol{A}^{\mathrm{T}})^*=(-\boldsymbol{A})^*=(-1)^{n-1}\boldsymbol{A}^*$；当 $n$ 为奇数时，$(\boldsymbol{A}^*)^{\mathrm{T}}=\boldsymbol{A}^*$，则 $\boldsymbol{A}^*$ 为对称矩阵；当 $n$ 为偶数时，$(\boldsymbol{A}^*)^{\mathrm{T}}=(\boldsymbol{A}^{\mathrm{T}})^*=(-\boldsymbol{A})^*=-\boldsymbol{A}^*$，则 $\boldsymbol{A}^*$ 为反对称矩阵.

**例29** 设 $\boldsymbol{A}$、$\boldsymbol{B}$ 为 $n$ 阶对称矩阵，$\boldsymbol{A}$ 是正定矩阵，则存在实可逆矩阵 $\boldsymbol{T}$ 使得 $\boldsymbol{T}^{\mathrm{T}}\boldsymbol{AT}=\boldsymbol{E}$，$\boldsymbol{T}^{\mathrm{T}}\boldsymbol{BT}=\mathrm{diag}(b_1,\cdots,b_n)$.

**证明** 由于 $\boldsymbol{A}$ 为正定矩阵，则存在可逆矩阵 $\boldsymbol{P}$，使得 $\boldsymbol{P}^{\mathrm{T}}\boldsymbol{AP}=\boldsymbol{E}$，而 $\boldsymbol{P}^{\mathrm{T}}\boldsymbol{BP}$ 为对称矩阵，故存在正交矩阵 $\boldsymbol{Q}$，使得 $\boldsymbol{Q}^{\mathrm{T}}\boldsymbol{P}^{\mathrm{T}}\boldsymbol{BPQ}=\mathrm{diag}(b_1,\cdots,b_n)$，且 $\boldsymbol{Q}^{\mathrm{T}}\boldsymbol{P}^{\mathrm{T}}\boldsymbol{APQ}=\boldsymbol{E}$，令 $\boldsymbol{T}=\boldsymbol{PQ}$，则 $\boldsymbol{T}^{\mathrm{T}}\boldsymbol{AT}=\boldsymbol{E}$，$\boldsymbol{T}^{\mathrm{T}}\boldsymbol{BT}=\mathrm{diag}(b_1,\cdots,b_n)$.

**例 30** 设 $\boldsymbol{A}$ 为实对称矩阵，其特征值 $\lambda_1\leqslant\cdots\leqslant\lambda_n$，则对于任意实向量 $\boldsymbol{X}$ 有 $\lambda_1\boldsymbol{X}^{\mathrm{T}}\boldsymbol{X}\leqslant\boldsymbol{X}^{\mathrm{T}}\boldsymbol{AX}\leqslant\lambda_n\boldsymbol{X}^{\mathrm{T}}\boldsymbol{X}$.

**证明** 由于 $\boldsymbol{A}$ 为实对称矩阵，则存在正交矩阵 $\boldsymbol{T}$ 使得 $\boldsymbol{T}^{\mathrm{T}}\boldsymbol{AT}=\mathrm{diag}(\lambda_1,\cdots,\lambda_n)$，从而 $\boldsymbol{A}-\lambda_1\boldsymbol{E}$ 的特征值为非负的，即 $\boldsymbol{A}-\lambda_1\boldsymbol{E}$ 为半正定矩阵，从而对于 $\forall\boldsymbol{X}\neq 0$ 有 $\boldsymbol{X}^{\mathrm{T}}(\boldsymbol{A}-\lambda_1\boldsymbol{E})\boldsymbol{X}\geqslant 0$，$\boldsymbol{X}^{\mathrm{T}}\boldsymbol{AX}\geqslant\lambda_1\boldsymbol{X}^{\mathrm{T}}\boldsymbol{X}$. 同理有 $\boldsymbol{X}^{\mathrm{T}}\boldsymbol{AX}\leqslant\lambda_n\boldsymbol{X}^{\mathrm{T}}\boldsymbol{X}$，即结论.

**例 31** 设 $\boldsymbol{A}_1$，…，$\boldsymbol{A}_m$ 是实对称矩阵，且 $\sum_{i=1}^{m}\boldsymbol{A}_i^2=\boldsymbol{0}$，则对于 $i=1\sim m$，$\boldsymbol{A}_i=\boldsymbol{0}$.

**证明** 由于 $\boldsymbol{A}_1$，…，$\boldsymbol{A}_m$ 为实对称矩阵，则 $\boldsymbol{A}_i=\boldsymbol{A}_i^{\mathrm{T}}$；又 $\boldsymbol{A}_i^2=\boldsymbol{A}_i\boldsymbol{A}_i^{\mathrm{T}}$ 是半正定矩阵，则对于任意的实向量 $\boldsymbol{X}$ 有 $\boldsymbol{X}^{\mathrm{T}}\boldsymbol{A}_i\boldsymbol{A}_i^{\mathrm{T}}\boldsymbol{X}\geqslant 0$，即 $\sum_{i=1}^{m}\boldsymbol{X}^{\mathrm{T}}\boldsymbol{A}_i\boldsymbol{A}_i^{\mathrm{T}}\boldsymbol{X}\geqslant 0$；又 $\sum_{i=1}^{m}\boldsymbol{A}_i^2=\sum_{i=1}^{m}\boldsymbol{A}_i\boldsymbol{A}_i^{\mathrm{T}}=\boldsymbol{0}$，则 $\sum_{i=1}^{m}\boldsymbol{X}^{\mathrm{T}}\boldsymbol{A}_i\boldsymbol{A}_i^{\mathrm{T}}\boldsymbol{X}=0$，即 $\boldsymbol{X}^{\mathrm{T}}\boldsymbol{A}_i\boldsymbol{A}_i^{\mathrm{T}}\boldsymbol{X}=0$；由 $\boldsymbol{X}$ 的任意性可知，$\boldsymbol{A}_i\boldsymbol{A}_i^{\mathrm{T}}=\boldsymbol{0}$，即 $\boldsymbol{A}_i=\boldsymbol{0}$.

**例 32** 设 $\boldsymbol{A}$、$\boldsymbol{B}$ 为实对称矩阵，其最大和最小特征值分别为 $a_n$，$b_n$ 和 $a_1$，$b_1$，则 $\boldsymbol{A}+\boldsymbol{B}$ 的最大和最小特征值 $\lambda_n$，$\lambda_1$ 满足 $\lambda_n\leqslant a_n+b_n$，$\lambda_n\geqslant a_1+b_1$.

**证明** 由于 $\boldsymbol{A}$、$\boldsymbol{B}$ 为实对称矩阵，则其特征值全为实数；设 $\boldsymbol{A}$ 的特征值为 $a_1$，…，$a_n$，$\boldsymbol{B}$ 的特征值为 $b_1$，…，$b_n$，且 $a_1\leqslant\cdots\leqslant a_n$，$b_1\leqslant\cdots\leqslant b_n$，则存在正交矩阵 $\boldsymbol{T}$ 使得 $\boldsymbol{T}^{\mathrm{T}}\boldsymbol{A}\boldsymbol{T}=\mathrm{diag}(a_1,\cdots,a_n)$，于是有 $\boldsymbol{T}^{\mathrm{T}}(\boldsymbol{A}-a_1\boldsymbol{E})\boldsymbol{T}=\mathrm{diag}(a_1-a_1,a_2-a_1,\cdots,a_n-a_1)$，$a_i-a_1\geqslant 0$，从而 $\boldsymbol{A}-a_1\boldsymbol{E}$ 是半正定矩阵；同理 $\boldsymbol{B}-b_1\boldsymbol{E}$ 为半正定矩阵，从而 $(\boldsymbol{A}-a_1\boldsymbol{E})+(\boldsymbol{B}-b_1\boldsymbol{E})$ 是半正定矩阵，其特征值 $\geqslant 0$；设 $\lambda$ 为 $\boldsymbol{A}+\boldsymbol{B}$ 的任一特征值，则 $\lambda-(a_1+b_1)\geqslant 0$ 即 $\lambda\geqslant a_1+b_1$，特别 $\lambda_1\geqslant a_1+b_1$；同理 $\lambda_n\leqslant a_n+b_n$.

**例 33** 设 $\boldsymbol{A}=(a_{ij})_{m\times n}$ 为实矩阵，$\boldsymbol{\beta}=(b_1,\cdots,b_m)^{\mathrm{T}}$ 为 $m$ 维列向量，则线性方程组 $\boldsymbol{AX}=\boldsymbol{\beta}$ 有解的充要条件为属于 $\mathbf{R}^m$ 的向量 $\boldsymbol{\beta}$ 与齐次线性方程组 $\boldsymbol{A}^{\mathrm{T}}\boldsymbol{X}=\boldsymbol{0}$ 的解空间正交.

**证明** 必要性 设 $\boldsymbol{X}_0$ 是 $\boldsymbol{AX}=\boldsymbol{\beta}$ 的解，即 $\boldsymbol{AX}_0=\boldsymbol{\beta}$；设 $\boldsymbol{X}_1$ 是 $\boldsymbol{A}^{\mathrm{T}}\boldsymbol{X}=\boldsymbol{0}$ 的任意解，则 $\boldsymbol{A}^{\mathrm{T}}\boldsymbol{X}_1=\boldsymbol{0}$，从而 $(\boldsymbol{\beta},\boldsymbol{X}_1)=\boldsymbol{\beta}^{\mathrm{T}}\boldsymbol{X}_1=(\boldsymbol{AX}_0)^{\mathrm{T}}\boldsymbol{X}_1=\boldsymbol{X}_0^{\mathrm{T}}\boldsymbol{A}^{\mathrm{T}}\boldsymbol{X}_1=\boldsymbol{0}$，即结论成立.

充分性 由于 $\boldsymbol{\beta}$ 与 $\boldsymbol{A}^{\mathrm{T}}\boldsymbol{X}=\boldsymbol{0}$ 的任意解正交，则线性方程组 $\boldsymbol{A}^{\mathrm{T}}\boldsymbol{X}=\boldsymbol{0}$ 与 $\begin{cases}\boldsymbol{A}^{\mathrm{T}}\boldsymbol{X}=\boldsymbol{0}\\ \boldsymbol{\beta}^{\mathrm{T}}\boldsymbol{X}=\boldsymbol{0}\end{cases}$ 同解，即 $R(\boldsymbol{A}^{\mathrm{T}})=R\begin{bmatrix}\boldsymbol{A}^{\mathrm{T}}\\ \boldsymbol{\beta}\end{bmatrix}$，$R(\boldsymbol{A})=R(\boldsymbol{A},\boldsymbol{\beta})$，从而 $\boldsymbol{AX}=\boldsymbol{\beta}$ 有解.

**例 34** 设 $\boldsymbol{A}$ 为实对称正定矩阵，$\boldsymbol{B}$ 为实对称半正定矩阵，则 $\mathrm{tr}(\boldsymbol{BA}^{-1})\mathrm{tr}(\boldsymbol{A})\geqslant\mathrm{tr}(\boldsymbol{B})$.

**证明** 由于 $\boldsymbol{A}$ 为实对称正定矩阵，$\boldsymbol{B}$ 为实对称半正定矩阵，则存在可逆矩阵 $\boldsymbol{C}$ 使得 $\boldsymbol{C}^{\mathrm{T}}\boldsymbol{BC}=\mathrm{diag}(\lambda_1,\cdots,\lambda_n)$，$\boldsymbol{C}^{\mathrm{T}}\boldsymbol{AC}=\boldsymbol{E}$，从而 $\boldsymbol{C}^{\mathrm{T}}\boldsymbol{BCC}^{-1}\boldsymbol{A}^{-1}(\boldsymbol{C}^{\mathrm{T}})^{-1}=\mathrm{diag}(\lambda_1,\cdots,\lambda_n)$，即 $\mathrm{tr}(\boldsymbol{BA}^{-1})=\lambda_1+\cdots+\lambda_n$，由迹的性质可得 $(\lambda_1+\cdots+\lambda_n)\mathrm{tr}\boldsymbol{A}_1\geqslant\mathrm{tr}(\boldsymbol{A}_1\mathrm{diag}(\lambda_1,\cdots,\lambda_n))$，$\boldsymbol{A}_1=(\boldsymbol{C}^{\mathrm{T}}\boldsymbol{C})^{-1}$，即结论.

## 4.6 降阶公式

**例 1** 设 $\boldsymbol{A}$、$\boldsymbol{B}$、$\boldsymbol{C}$、$D$ 都是 $n$ 阶方阵，其中，$|\boldsymbol{A}|\neq 0$，且 $\boldsymbol{AC}=\boldsymbol{CA}$，则 $\begin{vmatrix}\boldsymbol{A}&\boldsymbol{B}\\ \boldsymbol{C}&\boldsymbol{D}\end{vmatrix}=|\boldsymbol{AD}-\boldsymbol{CB}|$.

**证明** 利用分块矩阵的乘法有

$$\begin{bmatrix}\boldsymbol{E}&\boldsymbol{0}\\ -\boldsymbol{CA}^{-1}&\boldsymbol{E}\end{bmatrix}\begin{bmatrix}\boldsymbol{A}&\boldsymbol{B}\\ \boldsymbol{C}&\boldsymbol{D}\end{bmatrix}\begin{bmatrix}\boldsymbol{E}&-\boldsymbol{A}^{-1}\boldsymbol{B}\\ \boldsymbol{0}&\boldsymbol{E}\end{bmatrix}=\begin{bmatrix}\boldsymbol{A}&\boldsymbol{0}\\ \boldsymbol{0}&\boldsymbol{D}-\boldsymbol{CA}^{-1}\boldsymbol{B}\end{bmatrix}$$

两边取行列式得

$$\begin{vmatrix}\boldsymbol{E}&\boldsymbol{0}\\ -\boldsymbol{CA}^{-1}&\boldsymbol{E}\end{vmatrix}\begin{vmatrix}\boldsymbol{A}&\boldsymbol{B}\\ \boldsymbol{C}&\boldsymbol{D}\end{vmatrix}\begin{vmatrix}\boldsymbol{E}&-\boldsymbol{A}^{-1}\boldsymbol{B}\\ \boldsymbol{0}&\boldsymbol{E}\end{vmatrix}=\begin{vmatrix}\boldsymbol{A}&\boldsymbol{0}\\ \boldsymbol{0}&\boldsymbol{D}-\boldsymbol{CA}^{-1}\boldsymbol{B}\end{vmatrix},$$

$$\begin{vmatrix} A & B \\ C & D \end{vmatrix} = \begin{vmatrix} A & 0 \\ 0 & D-CA^{-1}B \end{vmatrix} = |A||D-CA^{-1}B|$$

$$= |AD-ACA^{-1}B| \xlongequal{AC=CA} |AD-CB|$$

**例 2** 设 $P=\begin{bmatrix} A & B \\ C & D \end{bmatrix}$，其中，$A_{r\times r}$，$D_{(n-r)\times(n-r)}$，证明：(1) 若 $A$ 可逆，则 $|P|=|A||D-CA^{-1}B|$；(2) 若 $D$ 可逆，则 $|P|=|D||A-CD^{-1}B|$.

**提示** 利用上题的思想方法，此处证明略.

**例 3** 计算 $|P|=\begin{vmatrix} 1+a_1 & 1 & \cdots & 1 \\ 1 & 1+a_2 & \cdots & 1 \\ \vdots & \vdots & & \vdots \\ 1 & 1 & \cdots & 1+a_n \end{vmatrix}$，$\prod a_i \neq 0$.

**解** 通过加边化成箭形，令 $|P|=\begin{vmatrix} A & B \\ C & D \end{vmatrix}$，有

$A=(1)$，$B=(1,1,\cdots,1)$，$C=(-1,-1,\cdots,-1)^{\mathrm{T}}$，$D=\mathrm{diag}(a_1,a_2,\cdots,a_n)$
则

$$|P|=|A||D-CA^{-1}B|=|1|\left|\begin{bmatrix} a_1 & & \\ & \ddots & \\ & & a_n \end{bmatrix}-\begin{bmatrix} -1 \\ \vdots \\ -1 \end{bmatrix}(1)(1,1,\cdots,1)\right|$$

$$=|D||A-BD^{-1}C|=a_1a_2\cdots a_n\left|1-(1,1,\cdots,1)\begin{bmatrix} a_1^{-1} & & \\ & \ddots & \\ & & a_n^{-1} \end{bmatrix}\begin{bmatrix} -1 \\ \vdots \\ -1 \end{bmatrix}\right|$$

$$=a_1a_2\cdots a_n\left(1+\sum a_i^{-1}\right).$$

**例 4** 设 $A_{n\times m}$、$B_{m\times n}$，则 $\begin{vmatrix} E_m & B \\ A & E_m \end{vmatrix}=|E_n-AB|=|E_m-BA|$.

**证明** 由于 $\begin{bmatrix} E_m & 0 \\ -A & E_n \end{bmatrix}\begin{bmatrix} E_m & B \\ A & E_n \end{bmatrix}=\begin{bmatrix} E_m & B \\ 0 & E_n-AB \end{bmatrix}$，式子两边取行列式得

$$\begin{vmatrix} E_m & 0 \\ -A & E_n \end{vmatrix}\begin{vmatrix} E_m & B \\ A & E_n \end{vmatrix}=\begin{vmatrix} E_m & B \\ 0 & E_n-AB \end{vmatrix}=|E_m||E_n-AB|=|E_n-AB|$$

又由于 $\begin{bmatrix} E_m & B \\ A & E_n \end{bmatrix}\begin{bmatrix} E_m & 0 \\ -A & E_n \end{bmatrix}=\begin{bmatrix} E_m-BA & B \\ 0 & E_n \end{bmatrix}$，式子两边取行列式得

$$\begin{vmatrix} E_m & B \\ A & E_n \end{vmatrix}\begin{vmatrix} E_m & 0 \\ -A & E_n \end{vmatrix}=\begin{vmatrix} E_m-BA & B \\ 0 & E_n \end{vmatrix}=|E_n||E_m-BA|=|E_m-BA|$$

即 $\begin{vmatrix} E_m & B \\ A & E_m \end{vmatrix}=|E_n-AB|=|E_m-BA|$.

**例 5** 设 $A_{n\times m}$、$B_{m\times n}$，$\lambda\neq 0$，则 $|\lambda E_n-AB|=\lambda^{n-m}|\lambda E_m-BA|$.

**证明** 类似于上题有 $\begin{bmatrix} E_m & 0 \\ -A & E_n \end{bmatrix}\begin{bmatrix} \lambda E_m & B \\ \lambda A & \lambda E_n \end{bmatrix}=\begin{bmatrix} \lambda E_m & B \\ 0 & \lambda E_n-AB \end{bmatrix}$，式子两边取行列

式得

$$\begin{vmatrix} E_m & 0 \\ -A & E_n \end{vmatrix}\begin{vmatrix} \lambda E_m & B \\ \lambda A & \lambda E_n \end{vmatrix} = \begin{vmatrix} \lambda E_m & B \\ 0 & \lambda E_n - AB \end{vmatrix}$$
$$= |\lambda E_m||\lambda E_n - AB|$$
$$= \lambda^m |\lambda E_n - AB|$$

又由于$\begin{bmatrix} \lambda E_m & B \\ \lambda A & \lambda E_n \end{bmatrix}\begin{bmatrix} E_m & 0 \\ -A & E_n \end{bmatrix} = \begin{bmatrix} \lambda E_m - BA & B \\ 0 & \lambda E_n \end{bmatrix}$，式子两边取行列式得

$$\begin{vmatrix} \lambda E_m & B \\ \lambda A & \lambda E_n \end{vmatrix}\begin{vmatrix} E_m & 0 \\ -A & E_n \end{vmatrix} = \begin{vmatrix} \lambda E_m - BA & B \\ 0 & \lambda E_n \end{vmatrix}$$
$$= |\lambda E_n||\lambda E_m - BA|$$
$$= \lambda^n |\lambda E_m - BA|$$

即

$$\lambda^m |\lambda E_n - AB| = \lambda^n |\lambda E_m - BA|$$

**例6** 设有 $A_{n\times m}$、$B_{m\times n}$，$AB$、$BA$ 的特征多项式分别为 $f_{AB}(\lambda)$、$f_{BA}(\lambda)$，当 $m \geqslant n$ 时，$f_{AB}(\lambda) = \lambda^{m-n} f_{BA}(\lambda)$.

**证明** 设 $R(A) = r$，则存在可逆矩阵 $P_{m\times m}$、$Q_{n\times n}$，使 $PAQ = \begin{bmatrix} E_r & 0 \\ 0 & 0 \end{bmatrix}$，令

$$Q^{-1}BP^{-1} = \begin{bmatrix} B_1 & B_2 \\ B_3 & B_4 \end{bmatrix}$$

$B_1$ 为 $r$ 阶方阵，则

$$PABP^{-1} = PAQQ^{-1}BP^{-1} = \begin{bmatrix} B_1 & B_2 \\ 0 & 0 \end{bmatrix}$$

$$Q^{-1}BAQ = Q^{-1}BPP^{-1}AQ\begin{bmatrix} B_1 & 0 \\ B_3 & 0 \end{bmatrix}$$

于是有

$$f_{AB}(\lambda) = |\lambda E_m - AB| = \begin{vmatrix} \lambda E_r - B_1 & -B_2 \\ 0 & \lambda E_{m-r} \end{vmatrix} = \lambda^{m-r} |\lambda E_r - B_1|,$$

$$f_{BA}(\lambda) = |\lambda E_n - BA| = \begin{vmatrix} \lambda E_r - B_1 & -0 \\ -B_3 & \lambda E_{n-r} \end{vmatrix} = \lambda^{n-r} |\lambda E_r - B_1|$$

比较两式有

$$|\lambda E_r - B_1| = \lambda^{r-m} f_{AB}(\lambda) = \lambda^{r-n} f_{BA}(\lambda)\text{，即 } f_{AB}(\lambda) = \lambda^{m-n} f_{BA}(\lambda)$$

## 练 习 题

1. 已知3阶方阵 $A$ 按列分块为 $A = (\alpha_1, \alpha_2, \alpha_3)$，且 $|A| = 5$，若 $B = (\alpha_1 + 2\alpha_2, 3\alpha_1 + 4\alpha_3, 5\alpha_2)$，求 $|B|$.

2. 设4阶方阵 $A = (\alpha, \gamma_2, \gamma_3, \gamma_4)$，$B = (\beta, \gamma_2, \gamma_3, \gamma_4)$，其中，$\alpha$、$\beta$、$\gamma_2$、$\gamma_3$、$\gamma_4$ 均为4维列向量，且 $|A| = 4$，$|B| = 1$，则 $|A + B| =$ ________.

3. 求方阵 $\boldsymbol{A}$ 的 $n$ 次幂 $\boldsymbol{A}^n$，其中，$\boldsymbol{A}=\begin{bmatrix}3 & -1 & 2\\ -3 & 1 & -2\\ 6 & -2 & 4\end{bmatrix}$.

4. 已知 $\boldsymbol{A}=\begin{bmatrix}1 & 2 & -1\\ 2 & 3 & 2\\ -1 & 0 & 2\end{bmatrix}$，$\boldsymbol{B}=\begin{bmatrix}0 & 1 & 2\\ 2 & -1 & 0\\ -1 & -1 & 3\end{bmatrix}$，求 $\boldsymbol{A}^{\mathrm{T}}$、$\boldsymbol{B}^{\mathrm{T}}$、$\boldsymbol{A}+\boldsymbol{B}$、$\boldsymbol{A}^{\mathrm{T}}+\boldsymbol{B}^{\mathrm{T}}$、$\boldsymbol{AB}$、$\boldsymbol{BA}$.

5. 已知 $\boldsymbol{\alpha}=(1, 2, 3)$，$\boldsymbol{\beta}=\left(1, \frac{1}{2}, \frac{1}{3}\right)$，设 $\boldsymbol{A}=\boldsymbol{\alpha}^{\mathrm{T}}\boldsymbol{\beta}$，则 $\boldsymbol{A}^n=$ ________.

6. 已知 $\boldsymbol{A}=\begin{bmatrix}0 & 3 & 3\\ 1 & 1 & 0\\ -1 & 2 & 3\end{bmatrix}$，$\boldsymbol{AB}=\boldsymbol{A}+2\boldsymbol{B}$，求矩阵 $\boldsymbol{B}$.

7. 解矩阵方程 $\begin{bmatrix}2 & 5\\ 1 & 3\end{bmatrix}\boldsymbol{X}=\begin{bmatrix}4 & -6\\ 2 & 1\end{bmatrix}$.

8. 设 $\boldsymbol{A}=\begin{bmatrix}1 & 0 & 1\\ 0 & 2 & 0\\ 1 & 0 & 1\end{bmatrix}$，$\boldsymbol{AX}+\boldsymbol{E}=\boldsymbol{A}^2+\boldsymbol{X}$，求 $\boldsymbol{X}$.

9. 设 $\boldsymbol{A}, \boldsymbol{B}\in P^{3\times 3}$，$\boldsymbol{A}^*\boldsymbol{BA}=2\boldsymbol{BA}-8\boldsymbol{E}$，$\boldsymbol{A}=\begin{bmatrix}1 & 0 & 0\\ 0 & -2 & 0\\ 0 & 0 & 1\end{bmatrix}$，求 $\boldsymbol{B}$.

10. 已知 $\boldsymbol{A}=\begin{bmatrix}1 & 0 & 0\\ 2 & 2 & 0\\ 3 & 4 & 5\end{bmatrix}$，求 $(\boldsymbol{A}^*)^{-1}$.

11. 设 $n$ 阶矩阵 $\boldsymbol{A}$、$\boldsymbol{B}$ 满足 $\boldsymbol{A}^2=\boldsymbol{A}$，$\boldsymbol{B}^2=\boldsymbol{B}$，$(\boldsymbol{A}+\boldsymbol{B})^2=\boldsymbol{A}+\boldsymbol{B}$，则 $\boldsymbol{AB}=\boldsymbol{0}$.

12. 设矩阵 $\boldsymbol{A}^*$ 为 4 阶方阵 $\boldsymbol{A}$ 的伴随矩阵，若 $|\boldsymbol{A}|=\frac{1}{2}$，则 $|(3\boldsymbol{A})^{-1}-2\boldsymbol{A}^*|=$ ________.

13. 设 $\boldsymbol{A}^3=2\boldsymbol{E}$，证明：$\boldsymbol{A}+2\boldsymbol{E}$ 可逆，并求其逆矩阵.

14. 设矩阵 $\boldsymbol{A}_{4\times 3}$ 的秩为 2，$\boldsymbol{B}=\begin{bmatrix}1 & 0 & 2\\ 0 & 2 & 0\\ -1 & 0 & 3\end{bmatrix}$，则 $R(\boldsymbol{AB})=$ ________.

15. 方阵 $\boldsymbol{A}_{m\times m}$、$\boldsymbol{B}_{n\times n}$ 满足 $|\boldsymbol{A}|=a$，$|\boldsymbol{B}|=b$，$\boldsymbol{C}=\begin{bmatrix}\boldsymbol{0} & \boldsymbol{A}\\ \boldsymbol{B} & \boldsymbol{0}\end{bmatrix}$，则 $|\boldsymbol{C}|=$ ________.

16. 设 $\boldsymbol{A}^*$、$\boldsymbol{B}^*$ 分别为 $n$ 阶方阵 $\boldsymbol{A}$、$\boldsymbol{B}$ 的伴随矩阵，$\boldsymbol{C}=\begin{bmatrix}\boldsymbol{A} & \boldsymbol{0}\\ \boldsymbol{0} & \boldsymbol{B}\end{bmatrix}$，则 $\boldsymbol{C}$ 的伴随矩阵 $\boldsymbol{C}^*$ 为________.

17. 设矩阵 $\boldsymbol{A}_{n\times m}$、$\boldsymbol{B}_{m\times n}$，$n<m$，若 $\boldsymbol{AB}=\boldsymbol{E}$，则 $\boldsymbol{B}$ 的列向量组线性无关.（事实上，由于 $n<m$，有 $R(\boldsymbol{B})\leqslant n$，而 $R(\boldsymbol{B})\geqslant R(\boldsymbol{AB})=R(\boldsymbol{E})=n$，$R(\boldsymbol{B})=n$）

18. 设矩阵 $\boldsymbol{A}_{n\times n}$，若 $R(\boldsymbol{A})+R(\boldsymbol{A}-\boldsymbol{E})=n$，则 $\boldsymbol{A}$ 必为幂等阵($\boldsymbol{A}^2=\boldsymbol{A}$).

19. 设方阵 $\boldsymbol{A}$ 满足 $\boldsymbol{A}^2+2\boldsymbol{A}-3\boldsymbol{E}=0$，证明：(1) $\boldsymbol{A}+4\boldsymbol{E}$ 可逆，并求其逆；(2) 设 $n$ 为

自然数，讨论 $\boldsymbol{A}+n\boldsymbol{E}$ 的可逆性.

20. 设 $\boldsymbol{A}$ 为 $n$ 阶方阵，$\boldsymbol{A}^2=\boldsymbol{A}$，则 $R(\boldsymbol{A})+R(\boldsymbol{E}-\boldsymbol{A})=n$.

21. 设 $\boldsymbol{A}$ 为 $n$ 阶矩阵，若存在唯一的 $n$ 阶矩阵 $\boldsymbol{B}$，使 $\boldsymbol{ABA}=\boldsymbol{A}$，证明 $\boldsymbol{BAB}=\boldsymbol{B}$.

22. 设 3 阶矩阵 $\boldsymbol{A}$ 与 3 维向量 $\boldsymbol{X}$，满足 $\boldsymbol{A}^3\boldsymbol{X}=3\boldsymbol{AX}-2\boldsymbol{A}^2\boldsymbol{X}$，且 $\boldsymbol{X}$，$\boldsymbol{AX}$，$\boldsymbol{A}^2\boldsymbol{X}$ 线性无关，(1) 若记 $\boldsymbol{P}=(\boldsymbol{X},\ \boldsymbol{AX},\ \boldsymbol{A}^2\boldsymbol{X})$，求 3 阶矩阵 $\boldsymbol{B}$，使 $\boldsymbol{A}=\boldsymbol{PBP}^{-1}$；(2) 计算行列式 $|\boldsymbol{A}+\boldsymbol{E}|$.

23. 设 $\boldsymbol{A}$ 是 $n$ 阶矩阵，(1) 试证：$R(\boldsymbol{A}^n)=R(\boldsymbol{A}^{n+1})$；(2) 对于任意正整数 $m$，是否有 $R(\boldsymbol{A}^n)=R(\boldsymbol{A}^{n+m})$？为什么？

24. 设 $\boldsymbol{A}$ 为 $m\times n$ 矩阵，$\boldsymbol{B}$ 为 $n\times m$ 矩阵，$\lambda$ 为任意数，则 $\lambda^n\,|\lambda\boldsymbol{E}_m-\boldsymbol{AB}|=\lambda^m\,|\lambda\boldsymbol{E}-\boldsymbol{BA}|$.

25. 若 $\boldsymbol{A}_1$，$\boldsymbol{A}_2$，…，$\boldsymbol{A}_m$ 均可逆，则存在 $f(x)$ 使 $\boldsymbol{A}_i^{-1}=f(\boldsymbol{A}_i)(1\leqslant i\leqslant m)$.

26. 解矩阵方程 $\begin{bmatrix}1 & 0 & 1\\ -1 & 1 & 1\\ 2 & -1 & 1\end{bmatrix}\boldsymbol{X}=\begin{bmatrix}1 & 1\\ 0 & 1\\ -1 & 0\end{bmatrix}$；$\begin{bmatrix}1 & 2 & 3\\ 2 & 2 & 1\\ 3 & 4 & 3\end{bmatrix}\boldsymbol{X}=\begin{bmatrix}2 & 5\\ 3 & 1\\ 4 & 3\end{bmatrix}$.

# 第5章 二 次 型

**本章重点**

(1) 理解合同变换与合同矩阵的概念，理解二次型的标准形、规范形的概念，了解惯性定理. 理解正定二次型和正定矩阵的概念.

(2) 掌握化二次型为标准形的方法；掌握正定二次型和正定矩阵的判别方法，利用正交线性替换化二次型为标准形.

**本章难点**

正定二次型与正定矩阵的判定与证明.

## 5.1 二次型及其矩阵表示

### 一、二次型与矩阵

设 $f$ 是数域 $P$ 上的 $n$ 元二次多项式，即

$$f(x_1, x_2, \cdots, x_n) = a_{11}x_1^2 + 2a_{12}x_1x_2 + \cdots + 2a_{1n}x_1x_n + a_{22}x_2^2 + \cdots + 2a_{2n}x_2x_n + \cdots + a_{nn}x_n^2$$

称 $f$ 为数域 $P$ 上的 $n$ 元二次型，简称二次型.

**注** (1) 二次型就是 $n$ 元二次齐次多项式.

(2) 交叉项的系数采用 $2a_{ij}$，主要是为了便于矩阵表示.

用矩阵乘法可将二次型改写成矩阵的形式 $f(x_1, x_2, \cdots, x_n) = \boldsymbol{X}^{\mathrm{T}}\boldsymbol{A}\boldsymbol{X}$(或 $\boldsymbol{x}^{\mathrm{T}}\boldsymbol{A}\boldsymbol{x}$)，其中，$\boldsymbol{A} = (a_{ij})_{n\times n}$，$\boldsymbol{X}$(或 $\boldsymbol{x}$) $= (x_1, \cdots, x_n)^{\mathrm{T}}$，则称矩阵 $\boldsymbol{A}$ 为二次型的矩阵，其秩为二次型的秩.

在数域 $P$ 上的 $n$ 元二次型与 $P$ 上的 $n$ 阶对称矩阵之间存在一一对应关系：

$$n\text{ 元实二次型 } f \xleftrightarrow{\text{一一对应}} n\text{ 阶实对称矩阵}$$

**注** 可将矩阵(对称矩阵)作为工具来研究二次型. 二次型 $f(x_1, x_2, \cdots, x_n) = \boldsymbol{X}^{\mathrm{T}}\boldsymbol{A}\boldsymbol{X}$ 的秩等于矩阵 $\boldsymbol{A}$ 的秩.

### 二、线性替换

设有两组变量 $x_1, x_2, \cdots, x_n$；$y_1, y_2, \cdots, y_n$，称

$$\begin{cases} x_1 = c_{11}y_1 + c_{12}y_2 + \cdots + c_{1n}y_n \\ x_2 = c_{21}y_1 + c_{22}y_2 + \cdots + c_{2n}y_n \\ \qquad\vdots \\ x_n = c_{n1}y_1 + c_{n2}y_2 + \cdots + c_{nn}y_n \end{cases}$$

为从 $x_1, x_2, \cdots, x_n$ 到 $y_1, y_2, \cdots, y_n$ 的一个线性变换，记作

$$\boldsymbol{X}=\begin{bmatrix}x_1\\x_2\\\vdots\\x_n\end{bmatrix},\ \boldsymbol{C}=\begin{bmatrix}c_{11}&c_{12}&\cdots&c_{1n}\\c_{21}&c_{22}&\cdots&c_{2n}\\\vdots&\vdots&&\vdots\\c_{n1}&c_{n2}&\cdots&c_{nn}\end{bmatrix},\ \boldsymbol{Y}=\begin{bmatrix}y_1\\y_2\\\vdots\\y_n\end{bmatrix}$$

则线性变换的矩阵表示为 $\boldsymbol{X}=\boldsymbol{CY}$. 若 $\boldsymbol{C}$ 是可逆矩阵，则称之为可逆线性变换；若 $\boldsymbol{C}$ 是正交矩阵，则称之为正交线性变换.

**定理** 二次型经过非退化线性替换后仍为二次型.

二次型的矩阵经过非退化线性替换后会发生怎样的变化呢？具有怎样的关系呢？(合同！)

## 三、矩阵合同

### 1. 定义

设 $f(x_1, x_2, \cdots, x_n)=\boldsymbol{x}^{\mathrm{T}}\boldsymbol{A}\boldsymbol{x}$，令 $\boldsymbol{x}=\boldsymbol{C}\boldsymbol{y}$（非退化线性替换），则

$$f(x_1, \cdots, x_n)=\boldsymbol{y}^{\mathrm{T}}\boldsymbol{C}^{\mathrm{T}}\boldsymbol{A}\boldsymbol{C}\boldsymbol{y}=\boldsymbol{y}^{\mathrm{T}}\boldsymbol{B}\boldsymbol{y}=g(y_1, \cdots, y_n)$$

即在非退化线性替换下，新、旧二次型的矩阵合同.

设 $\boldsymbol{A}$、$\boldsymbol{B}$ 是数域 $P$ 上的 $n$ 阶矩阵，若存在 $n$ 阶非奇异（可逆）矩阵 $\boldsymbol{C}$，使 $\boldsymbol{B}=\boldsymbol{C}^{\mathrm{T}}\boldsymbol{A}\boldsymbol{C}$，则称 $\boldsymbol{B}$ 与 $\boldsymbol{A}$ 是合同的（$\boldsymbol{A}$ 合同于 $\boldsymbol{B}$）.

### 2. 性质

合同关系是等价关系，具有如下性质：

(1) 自反性、对称性、传递性.

(2) 矩阵 $\boldsymbol{A}$、$\boldsymbol{B}$ 要求为对称矩阵.

(3) 若 $\boldsymbol{A}$ 是对称矩阵且 $\boldsymbol{B}$ 与 $\boldsymbol{A}$ 合同，则 $\boldsymbol{B}$ 是对称矩阵.

(4) 对称矩阵只能与对称矩阵合同.

(5) 合同矩阵具有相同的秩.

(6) 可逆线性变换后的二次型的矩阵与原二次型的矩阵合同.

化二次型 $f$ 为只含平方项 $\leftrightarrow$ 对称矩阵 $\boldsymbol{A}$ 寻找非奇异矩阵 $\boldsymbol{C}$，使得 $\boldsymbol{C}^{\mathrm{T}}\boldsymbol{A}\boldsymbol{C}$ 为对角阵.

$$\Downarrow$$

化二次型 $f$ 为只含平方项 $\leftrightarrow$ 寻找对称矩阵在合同关系下的标准形.

**典型例题**

**例 1** 判断下列多元多项式是否为二次型：

(1) $x_1^2+2x_1x_2+x_2+3$（  ）；

(2) $2x_1^3+3x_1^2x_2+x_1x_2x_3$（  ）；

(3) $2x_1^2+\sqrt{2}x_1x_3$（  ）；

(4) $f(x, y)=x^2+6xy+9y^2$（  ）；

(5) $f(x_1x_2x_3)=3x_1^2-4x_1x_3+x_2^2-5x_3^2$（  ）；

(6) $f(x_1x_2x_3)=2x_1x_2+x_1x_3-5x_2x_3$(　　)；

(7) $f(x, y)=x^2+6xy+y^2+8$(　　)；

(8) $f(x_1x_2x_3)=3x_1^2-4x_1x_3+x_2^2-5x_3$(　　).

**提示**　利用二次型的定义. 解略.

**例 2**　求下列二次型的矩阵.

(1) $f(x_1, x_2, x_3)=2x_1^2+3x_1x_2+x_1x_3$；

(2) $f(x_1, x_2, x_3)=2x_1^2+3x_2^2+ix_3^2$；

(3) $f(x_1, x_2, x_3)=x_2^2$.

**提示**　利用二次型的矩阵的定义，注意变元个数与矩阵阶数的关系. 解略.

**例 3**　求下列矩阵的二次型：

(1) $\boldsymbol{A}=\begin{bmatrix}1&3&0\\3&0&2\\0&2&1\end{bmatrix}$；(2) $\boldsymbol{A}=\begin{bmatrix}0&1&-1\\1&0&2\\-1&2&0\end{bmatrix}$；(3) $\boldsymbol{A}=\begin{bmatrix}2&&\\&3&\\&&0\end{bmatrix}$.

**例 4**　设 $\boldsymbol{A}$ 是 $n$ 阶对称矩阵，且对任一 $n$ 维向量 $\boldsymbol{X}$，有 $\boldsymbol{X}^{\mathrm{T}}\boldsymbol{A}\boldsymbol{X}=\boldsymbol{0}$，则 $\boldsymbol{A}=\boldsymbol{0}$.

**证明**　由于 $\boldsymbol{A}$ 是 $n$ 阶对称矩阵，因此有 $\boldsymbol{A}^{\mathrm{T}}=\boldsymbol{A}$，又由 $\boldsymbol{X}^{\mathrm{T}}\boldsymbol{A}\boldsymbol{X}=\boldsymbol{0}$，取 $\boldsymbol{X}=\boldsymbol{\varepsilon}_i(i=1\sim n)$，从而有 $\boldsymbol{\varepsilon}_i^{\mathrm{T}}\boldsymbol{A}\boldsymbol{\varepsilon}_i=\boldsymbol{0}$，则 $a_{ii}=0$，取 $\boldsymbol{X}=\boldsymbol{\varepsilon}_i+\boldsymbol{\varepsilon}_j(i\neq j)$，有 $a_{ij}=0$，故 $\boldsymbol{A}=\boldsymbol{0}$.（说明二次型的矩阵是唯一的.）

**例 5**　设 $\boldsymbol{A}$ 是 $n$ 阶对称矩阵，则存在正实数 $c$，使对任一 $n$ 维向量 $\boldsymbol{X}$，有 $|\boldsymbol{X}^{\mathrm{T}}\boldsymbol{A}\boldsymbol{X}|\leqslant c\boldsymbol{X}^{\mathrm{T}}\boldsymbol{X}$.

**证明**　由题有 $|\boldsymbol{X}^{\mathrm{T}}\boldsymbol{A}\boldsymbol{X}|=\left|\sum\limits_{i, j=1}^{n}a_{ij}x_ix_j\right|\leqslant\sum\limits_{i, j=1}^{n}|a_{ij}||x_i||x_j|$，记 $a=\max|a_{ij}|$，由 $|x_i||x_j|\leqslant\dfrac{x_i^2+x_j^2}{2}$，可得

$$|\boldsymbol{X}^{\mathrm{T}}\boldsymbol{A}\boldsymbol{X}|\leqslant\sum_{i, j=1}^{n}|a_{ij}||x_i||x_j|\leqslant\sum_{i, j=1}^{n}a|x_i||x_j|\leqslant a\sum_{i, j=1}^{n}\frac{x_i^2+x_j^2}{2}=\frac{a}{2}\left(n\sum_{i=1}^{n}x_i^2+n\sum_{j=1}^{n}x_j^2\right)=an\sum_{i=1}^{n}x_i^2=c\boldsymbol{X}^{\mathrm{T}}\boldsymbol{X}$$

**例 6**　在 $\begin{bmatrix}1&0&0\\0&-1&0\\0&0&0\end{bmatrix}\begin{bmatrix}1&0&0\\0&1&0\\0&0&-1\end{bmatrix}\begin{bmatrix}1&0&0\\0&-1&0\\0&0&-1\end{bmatrix}\begin{bmatrix}-1&0&0\\0&-1&0\\0&0&0\end{bmatrix}$ 中与矩阵 $\begin{bmatrix}1&0&0\\0&-1&2\\0&2&2\end{bmatrix}$ 合同的矩阵是(　　).

**提示**　利用合同的定义与性质.

**例 7**　已知二次型 $f(x_1, x_2, x_3)=(1-a)x_1^2+(1-a)x_2^2+2x_3^2+2(1+a)x_1x_2$ 的秩为 2.

(1) 求 $a$ 的值；

(2) 求方程组 $f(x_1, x_2, x_3)=0$ 的解.

**解**　(1) 由于二次型的秩为 2，则该二次型的矩阵的秩为 2，即其行列式为 0，得 $a=0$.

(2) 当 $a=0$ 时，有 $f(x_1, x_2, x_3)=x_1^2+x_2^2+2x_3^2+2x_1x_2=0$，即 $x_1+x_2=0$，

$x_3=0$，其通解为 $\boldsymbol{x}=k(1,-1,0)^{\mathrm{T}}$，$k$ 为任意常数.

**例 8** 求实二次型 $f(x_1,x_2,\cdots,x_n)=\sum\limits_{i=1}^{n}(a_{i1}x_1+a_{i2}x_2+\cdots+a_{in}x_n)^2$ 的矩阵与秩.

**解** 令 $\boldsymbol{A}=\begin{bmatrix}a_{11}&a_{12}&\cdots&a_{1n}\\a_{21}&a_{22}&\cdots&a_{2n}\\\vdots&\vdots&&\vdots\\a_{n1}&a_{n2}&\cdots&a_{nn}\end{bmatrix}=\begin{bmatrix}\boldsymbol{A}_1\\\boldsymbol{A}_2\\\vdots\\\boldsymbol{A}_n\end{bmatrix}$，则 $\boldsymbol{A}^{\mathrm{T}}\boldsymbol{A}=(\boldsymbol{A}_1,\boldsymbol{A}_2,\cdots,\boldsymbol{A}_n)\begin{bmatrix}\boldsymbol{A}_1\\\boldsymbol{A}_2\\\vdots\\\boldsymbol{A}_n\end{bmatrix}=\sum\limits_{i=1}^{n}\boldsymbol{A}_i^{\mathrm{T}}\boldsymbol{A}_i$，于是

$$\begin{aligned}f(x_1,x_2,\cdots,x_n)&=\sum_{i=1}^{n}((x_1,x_2,\cdots,x_n)\boldsymbol{A}_i^{\mathrm{T}})^2\\&=\sum_{i=1}^{n}(x_1,x_2,\cdots,x_n)\boldsymbol{A}_i^{\mathrm{T}}\boldsymbol{A}_i(x_1,x_2,\cdots,x_n)^{\mathrm{T}}\\&=(x_1,x_2,\cdots,x_n)\sum_{i=1}^{n}(\boldsymbol{A}_i^{\mathrm{T}}\boldsymbol{A}_i)(x_1,x_2,\cdots,x_n)^{\mathrm{T}}\\&=(x_1,x_2,\cdots,x_n)\boldsymbol{A}^{\mathrm{T}}\boldsymbol{A}(x_1,x_2,\cdots,x_n)^{\mathrm{T}}\end{aligned}$$

由于 $\boldsymbol{A}^{\mathrm{T}}\boldsymbol{A}$ 为 $n$ 阶实对称矩阵，故二次型的矩阵为 $\boldsymbol{A}^{\mathrm{T}}\boldsymbol{A}$，且 $R(\boldsymbol{A}^{\mathrm{T}}\boldsymbol{A})=R(\boldsymbol{A})$.

## 5.2 二次型的标准形、规范形

### 一、标准形

**1. 定义**

仅含有平方项的二次型称为标准形，即 $f(y_1,y_2,\cdots,y_n)=d_1y_1^2+d_2y_2^2+\cdots+d_ny_n^2$：

$$n\text{ 元标准二次型 } f\xleftrightarrow{\text{一一对应}}n\text{ 阶对角矩阵}$$

**2. 性质**

(1) 矩阵语言. 设 $\boldsymbol{A}$ 是数域 $P$ 上的 $n$ 阶对称矩阵，则必存在 $P$ 上的 $n$ 阶可逆矩阵 $\boldsymbol{C}$，使 $\boldsymbol{C}^{\mathrm{T}}\boldsymbol{AC}$ 为对角阵. 也就是说，数域 $P$ 上任一 $n$ 阶对称矩阵 $\boldsymbol{A}$ 都合同于 $n$ 阶对角矩阵 $\mathrm{diag}(d_1,d_2,\cdots,d_r,0,\cdots,0)$，其中，$d_i\neq0$，$r$ 为 $\boldsymbol{A}$ 的秩.

**证明** 不妨设 $\boldsymbol{A}$ 的 $a_{11}\neq0$，若 $a_{i1}\neq0$，则将 $-a_{11}^{-1}a_{i1}$ 加到第 $i$ 行，将 $-a_{11}^{-1}a_{i1}$ 加到第 $i$ 列，由于 $a_{i1}=a_{1i}$，这样得到的矩阵的第 $(1,i)$、$(i,1)$ 元素均为零. 因此，新得到的矩阵与 $\boldsymbol{A}$ 是合同的且为对称的. 这样可以把 $\boldsymbol{A}$ 的第 1 行与第 1 列除 $a_{11}\neq0$ 外的元素都消去，则 $\boldsymbol{A}$ 合同于矩阵

$$\begin{bmatrix}a_{11}&0&0&\cdots&0\\0&b_{22}&b_{23}&\cdots&b_{2n}\\0&b_{32}&b_{33}&\cdots&b_{3n}\\\vdots&\vdots&\vdots&&\vdots\\0&b_{n2}&b_{n3}&\cdots&b_{nn}\end{bmatrix}$$

其右下角是一个$n-1$阶对称矩阵，利用分块矩阵，可归纳假设存在可逆的$n-1$阶矩阵$\boldsymbol{D}$，使得$\begin{bmatrix}1 & \boldsymbol{0}\\ \boldsymbol{0} & \boldsymbol{D}^{\mathrm{T}}\end{bmatrix}\begin{bmatrix}a_{11} & \boldsymbol{0}\\ \boldsymbol{0} & \boldsymbol{A}_1\end{bmatrix}\begin{bmatrix}1 & \boldsymbol{0}\\ \boldsymbol{0} & \boldsymbol{D}\end{bmatrix}=\begin{bmatrix}a_{11} & \boldsymbol{0}\\ \boldsymbol{0} & \boldsymbol{D}^{\mathrm{T}}\boldsymbol{A}_1\boldsymbol{D}\end{bmatrix}$为一个对角阵，显然$\begin{bmatrix}1 & \boldsymbol{0}\\ \boldsymbol{0} & \boldsymbol{D}^{\mathrm{T}}\end{bmatrix}=\begin{bmatrix}1 & \boldsymbol{0}\\ \boldsymbol{0} & \boldsymbol{D}\end{bmatrix}$，因此，$\boldsymbol{A}$合同于对角矩阵.

(2) 二次型语言. 对于数域$P$上的任意$n$元二次型$f$，必存在非退化线性替换$\boldsymbol{x}=\boldsymbol{C}\boldsymbol{y}$，将$f$化为标准形$f=d_1y_1^2+d_2y_2^2+\cdots+d_ny_n^2$.

**注** ① 对于任何实对称矩阵$\boldsymbol{A}$，总存在可逆矩阵$\boldsymbol{C}$，使得$\boldsymbol{C}^{\mathrm{T}}\boldsymbol{A}\boldsymbol{C}$成为对角矩阵，即任意一实对称矩阵一定合同于一个对角矩阵(对角线上的元为矩阵的特征值).

② 化二次型为标准形为何强调用可逆变换呢？不变性！

③ 二次型的标准形是否唯一？不唯一！也就是说，与对称矩阵合同的对角阵一般不唯一，因为与所做的非退化线性替换有关. 二次型经过非退化线性替换所得的标准形中，系数不为零的平方项的个数是唯一确定的，与所做非退化线性替换无关.

④ 合同矩阵具有相同的秩，有相同秩的两个同级方阵是否合同？由讨论的数域决定. 例如，$\boldsymbol{A}=\boldsymbol{E}$，$\boldsymbol{B}=-\boldsymbol{E}$，在实数域上等秩不合同，在复数域上等秩合同.

⑤ 二次型的秩决定了其标准形中非零平方项的个数.

## 二、化二次型为标准形的常用方法

### 1. 配方法

设$f$是数域$P$上的$n$元二次多项式，即

$$f(x_1, x_x, \cdots, x_n)=a_{11}x_1^2+2a_{12}x_1x_2+\cdots+2a_{1n}x_1x_n+a_{22}x_2^2+\cdots+2a_{2n}x_2x_n+\cdots+a_{nn}x_n^2=\boldsymbol{x}^{\mathrm{T}}\boldsymbol{A}\boldsymbol{x}$$

(1) 若含$x_1$，将含有$x_1$的项放在一起凑成完全平方式，依次进行.

**注** ① 这样可以保证得到的变换矩阵$\boldsymbol{C}$是一个主对角线元素全不为零的上三角矩阵，从而可逆；② 不可随意配方(首先保证$\boldsymbol{C}$可逆).

(2) 若二次型中不含平方项，则做可逆线性变换

$$\begin{cases}x_i=y_i-y_j\\ x_j=y_i+y_j\\ x_k=y_k\end{cases}$$

式中，$k=1, 2, \cdots, n$；$k\neq i, j$.

化二次型为含平方项的二次型，再由(1)中方法进行配方.

### 2. 合同变换法

以下变换为二次型的矩阵的合同变换：

(1) $\boldsymbol{A}\xrightarrow[P_{ij}]{P_{ij}}$(对换$\boldsymbol{A}$的第$i$行与第$j$行，再对换第$i$列与第$j$列).

(2) $\boldsymbol{A}\xrightarrow[P_i(k)]{P_i(k)}$(对$\boldsymbol{A}$的第$i$行乘以非零数$k$，再对第$i$列乘以数$k$).

(3) $\boldsymbol{A}\xrightarrow[P(i,\ j(k))]{P(i,\ j(k))}$(对$\boldsymbol{A}$的第$i$行乘以非零数$k$加到第$j$行，再对第$i$列乘以数$k$加到第$j$列).

**注**　上述变换相当于将一个初等矩阵左乘 $\boldsymbol{A}$，再将该初等矩阵的转置右乘 $\boldsymbol{A}$.

若对 $(\boldsymbol{A} \mid \boldsymbol{E})$ 进行行初等变换 $\boldsymbol{P}^{\mathrm{T}}$，立即进行同样的列初等变换得到 $(\boldsymbol{B} \mid \boldsymbol{P}^{\mathrm{T}})$，记作 $(\boldsymbol{A} \mid \boldsymbol{E}) \to (\boldsymbol{B} \mid \boldsymbol{P}^{\mathrm{T}})$（合同变换），则 $\boldsymbol{C}^{\mathrm{T}}\boldsymbol{AC} = \boldsymbol{D}$ 等价于 $(\boldsymbol{A} \mid \boldsymbol{E}) \to (\boldsymbol{D} \mid \boldsymbol{C}^{\mathrm{T}})$（合同变换）. 也就是若将 $(\boldsymbol{A} \mid \boldsymbol{E})$ 左半边化为对角阵，则右半边的转置即为矩阵 $\boldsymbol{C}$. 同理，$\boldsymbol{C}^{\mathrm{T}}\boldsymbol{AC} = \boldsymbol{D}$ 等价于 $\begin{bmatrix}\boldsymbol{A}\\ \boldsymbol{E}\end{bmatrix} \to \begin{bmatrix}\boldsymbol{D}\\ \boldsymbol{C}\end{bmatrix}$（合同变换）.

设 $\boldsymbol{A}$ 为对称矩阵，则存在可逆矩阵 $\boldsymbol{C}$，使得 $\boldsymbol{C}^{\mathrm{T}}\boldsymbol{AC} = \mathrm{diag}(d_1, d_2, \cdots, d_n) = \boldsymbol{D}$，由 $\boldsymbol{C}$ 可知，存在初等矩阵 $\boldsymbol{P}_1, \boldsymbol{P}_2, \cdots, \boldsymbol{P}_s$，使得 $\boldsymbol{C} = \boldsymbol{P}_1\boldsymbol{P}_2\cdots\boldsymbol{P}_s$，于是

$$\boldsymbol{P}_s^{\mathrm{T}}\boldsymbol{P}_{s-1}^{\mathrm{T}}\cdots\boldsymbol{P}_1^{\mathrm{T}}\boldsymbol{AP}_1\boldsymbol{P}_2\cdots\boldsymbol{P}_s = \mathrm{diag}(d_1, d_2, \cdots, d_n) = \boldsymbol{D}$$

将 $f = \boldsymbol{x}^{\mathrm{T}}\boldsymbol{Ax}$ 化为标准形 $f = d_1y_1^2 + d_2y_2^2 + \cdots + d_ny_n^2$ 时所做的非退化线性替换为 $\boldsymbol{x} = \boldsymbol{Cy}$ 且 $\boldsymbol{C} = \boldsymbol{P}_1\boldsymbol{P}_2\cdots\boldsymbol{P}_s$，即 $\boldsymbol{P}_s^{\mathrm{T}}\boldsymbol{P}_{s-1}^{\mathrm{T}}\cdots\boldsymbol{P}_1^{\mathrm{T}}\boldsymbol{AP}_1\boldsymbol{P}_2\cdots\boldsymbol{P}_s = \boldsymbol{D}$，即 $\begin{bmatrix}\boldsymbol{A}\\ \boldsymbol{E}\end{bmatrix} \to \begin{bmatrix}\boldsymbol{D}\\ \boldsymbol{C}\end{bmatrix}$ 做相同的初等行、列变换.

**3. 正交变换法**

正交变换化二次型为标准形的步骤如下：

(1) 对 $n$ 元实二次型 $f(x_1, x_2, \cdots, x_n)$ 写出其对应的实对称矩阵 $\boldsymbol{A}$.

(2) 求出 $\boldsymbol{A}$ 的全部特征值 $\lambda_1, \lambda_2, \cdots, \lambda_n$.

(3) 对每个 $\lambda_i$，求线性方程组 $(\lambda_i\boldsymbol{E} - \boldsymbol{A})\boldsymbol{x} = \boldsymbol{0}$ 的一个基础解系 $\boldsymbol{\alpha}_{i1}, \boldsymbol{\alpha}_{i2}, \cdots, \boldsymbol{\alpha}_{ik_i}$.

(4) 将 $\boldsymbol{\alpha}_{i1}, \boldsymbol{\alpha}_{i2}, \cdots, \boldsymbol{\alpha}_{ik_i}$ 正交单位化，得 $\boldsymbol{\beta}_{i1}, \boldsymbol{\beta}_{i2}, \cdots, \boldsymbol{\beta}_{ik_i}$.

(5) 以 $\boldsymbol{\beta}_{i1}, \boldsymbol{\beta}_{i2}, \cdots, \boldsymbol{\beta}_{ik_i}, \cdots, \boldsymbol{\beta}_{s1}, \boldsymbol{\beta}_{s2}, \cdots, \boldsymbol{\beta}_{sk_s}$ 为列向量构成矩阵 $\boldsymbol{Q}$，则 $\boldsymbol{Q}$ 为正交矩阵，且 $\boldsymbol{Q}^{\mathrm{T}}\boldsymbol{AQ} = \boldsymbol{Q}^{-1}\boldsymbol{AQ}$ 为对角矩阵. 这样二次型 $f(x_1, x_2, \cdots, x_n)$ 经过正交变换 $\boldsymbol{x} = \boldsymbol{Qy}$ 化为标准形 $f = \lambda_1y_1^2 + \lambda_2y_2^2 + \cdots + \lambda_ny_n^2$.

## 三、二次型的规范形

**1. 复数域上的规范形**

设复系数的二次型 $f(x_1, x_2, \cdots, x_n) = \boldsymbol{X}^{\mathrm{T}}\boldsymbol{AX}$，$\boldsymbol{A}^{\mathrm{T}} = \boldsymbol{A} \in \mathbf{C}^{n\times n}$，经过非退化线性替换 $\boldsymbol{X} = \boldsymbol{CY}$，$\boldsymbol{C} \in \mathbf{C}^{n\times n}$ 可逆，得标准形 $f(x_1, x_2, \cdots, x_n) = \boldsymbol{Y}^{\mathrm{T}}(\boldsymbol{C}^{\mathrm{T}}\boldsymbol{AC})\boldsymbol{Y} = d_1y_1^2 + d_2y_2^2 + \cdots + d_ry_r^2$，$d_i \neq 0$，$i = 1, 2, \cdots, r$，其中，$r = R(f) = R(\boldsymbol{A})$. 再做非退化线性替换，有

$$y_1 = \frac{1}{\sqrt{d_1}}z_1, \cdots, y_r = \frac{1}{\sqrt{d_r}}z_r, y_{r+1} = z_{r+1}, \cdots, y_n = z_n$$

即 $\boldsymbol{Y} = \boldsymbol{DZ}$，$\boldsymbol{D} = \mathrm{diag}\left(\frac{1}{\sqrt{d_1}}, \cdots, \frac{1}{\sqrt{d_r}}, 1, \cdots, 1\right)$，则 $f(x_1, x_2, \cdots, x_n) = \boldsymbol{Z}^{\mathrm{T}}(\boldsymbol{D}^{\mathrm{T}}\boldsymbol{C}^{\mathrm{T}}\boldsymbol{ACD})\boldsymbol{Z} = z_1^2 + z_2^2 + \cdots + z_r^2$ 称为复二次型 $f(x_1, x_2, \cdots, x_n)$ 的规范形.

（矩阵语言：任何秩为 $r$ 的 $n$ 阶复对称矩阵 $\boldsymbol{A}$，合同于对角阵 $\mathrm{diag}(1, 1, \cdots, 1, 0, \cdots, 0)$，$R(\boldsymbol{A}) = r$.）

**注** (1) 复系数的二次型的规范形中平方项的系数只有 1 和 0 两种.

(2) 复系数的二次型的规范形是唯一的，由 $f(x_1, x_2, \cdots, x_n)$ 的秩来决定.

任一复系数的二次型经过适当的非退化线性替换可化为规范形，且规范形唯一. 任一复数对称矩阵 $\boldsymbol{A}$ 合同于对角矩阵 $\begin{bmatrix}\boldsymbol{E}_r & \boldsymbol{0}\\ \boldsymbol{0} & \boldsymbol{0}\end{bmatrix}$，其中，$r = R(\boldsymbol{A})$. 两个复对称矩阵 $\boldsymbol{A}$、$\boldsymbol{B}$ 合同充

要条件为 $R(\boldsymbol{A}) = R(\boldsymbol{B})$.

**2. 实数域上的二次型的规范形**

设实系数的二次型 $f(x_1, x_2, \cdots, x_n) = \boldsymbol{X}^{\mathrm{T}}\boldsymbol{A}\boldsymbol{X}$，$\boldsymbol{A}^{\mathrm{T}} = \boldsymbol{A} \in \mathbf{C}^{n\times n}$，经过非退化线性替换 $\boldsymbol{X} = \boldsymbol{C}\boldsymbol{Y}$，$\boldsymbol{C} \in \mathbf{R}^{n\times n}$ 可逆，得标准形

$$\begin{aligned} f(x_1, x_2, \cdots, x_n) &= \boldsymbol{Y}^{\mathrm{T}}(\boldsymbol{C}^{\mathrm{T}}\boldsymbol{A}\boldsymbol{C})\boldsymbol{Y} \\ &= d_1 y_1^2 + \cdots + d_p y_p^2 - d_{p+1} y_{p+1}^2 - \cdots - d_r y_r^2,\ d_i > 0,\ i = 1, 2, \cdots, r \end{aligned}$$

$r = R(f) = R(\boldsymbol{A})$，再做非退化线性替换：

$$y_r = \frac{1}{\sqrt{d_1}} z_1,\ \cdots,\ y_r = \frac{1}{\sqrt{d_r}} z_r,\ y_{r+1} = z_{r+1},\ \cdots,\ y_n = z_n$$

或 $\boldsymbol{Y} = \boldsymbol{D}\boldsymbol{Z}$，$\boldsymbol{D} = \mathrm{diag}\left(\frac{1}{\sqrt{d_1}}, \cdots \frac{1}{\sqrt{d_r}}, 1, \cdots, 1\right)$，则

$$f(x_1, x_2, \cdots, x_n) = \boldsymbol{Z}^{\mathrm{T}}(\boldsymbol{D}^{\mathrm{T}}\boldsymbol{C}^{\mathrm{T}}\boldsymbol{A}\boldsymbol{C}\boldsymbol{D})\boldsymbol{Z} = z_1^2 + \cdots + z_p^2 - z_{p+1}^2 - \cdots - z_r^2$$

称为实二次型 $f(x_1, x_2, \cdots, x_n)$ 的规范形.

**注** 实二次型的规范形中平方项的系数只有 1、$-1$ 和 0. 实二次型的规范形中平方项的系数中 1 的个数与 $-1$ 的个数之和等于二次型的秩，并等于矩阵的秩且唯一确定.

任一实二次型经过适当的非退化线性替换可化为规范形，且规范形唯一. 任一实对称矩阵 $\boldsymbol{A}$ 合同于对角矩阵 $\begin{bmatrix} \boldsymbol{E}_p & \boldsymbol{0} & \boldsymbol{0} \\ \boldsymbol{0} & -\boldsymbol{E}_{r-p} & \boldsymbol{0} \\ \boldsymbol{0} & \boldsymbol{0} & \boldsymbol{0} \end{bmatrix}$.

**3. 惯性定理**

实二次型 $f$ 的规范形 $y_1^2 + \cdots + y_p^2 - y_{p+1}^2 - \cdots - y_r^2$ 中正平方项的个数 $p$ 称为 $f$ 的正惯性指数，负平方项的个数 $r - p$ 称为 $f(x_1, x_2, \cdots, x_n)$ 的负惯性指数，它们的差 $p - (r - p) = 2p - r$ 称为 $f$ 的符号差.

任一实对称矩阵 $\boldsymbol{A}$ 合同于一个形式为

$$\mathrm{diag}(1, \cdots, 1, -1, \cdots, -1, 0, \cdots, 0) = \mathrm{diag}(\boldsymbol{E}_p, -\boldsymbol{E}_{r-p}, \boldsymbol{0})$$

的对角矩阵，$r = R(\boldsymbol{A})$，$p$ 为正惯性指数，$r - p$ 为负惯性指数.

实二次型 $f$、$g$ 具有相同的规范形的充要条件为 $R(f) = R(g)$，且 $f$ 的正惯性指数等于 $g$ 的正惯性指数.

实对称矩阵 $\boldsymbol{A}$ 与 $\boldsymbol{B}$ 合同的充要条件为 $R(\boldsymbol{A}) = R(\boldsymbol{B})$，且二次型 $\boldsymbol{X}^{\mathrm{T}}\boldsymbol{A}\boldsymbol{X}$ 与 $\boldsymbol{X}^{\mathrm{T}}\boldsymbol{B}\boldsymbol{X}$ 的正惯性指数相等.

实对称矩阵 $\boldsymbol{A}$ 与 $\boldsymbol{B}$ 合同的充要条件为其正特征值与负特征值的个数分别相等. 实对称矩阵 $\boldsymbol{A}$、$\boldsymbol{B}$ 相似的充要条件为其特征值全相同.

所有 $n$ 阶实对称矩阵按合同可分为 $\frac{(n+1)(n+2)}{2}$ 类.

## 典型例题

**例 1** 设 $\boldsymbol{A}$ 是 $n$ 阶复对称矩阵，且 $\boldsymbol{A}$ 的秩为 $r$，则 $\boldsymbol{A} = \boldsymbol{T}^{\mathrm{T}}\boldsymbol{T}$，其中，$\boldsymbol{T}$ 是秩为 $r$ 的 $n$ 阶矩阵.

**证明** 由于 $\boldsymbol{A}$ 合同于对角阵，即存在 $a_i \neq 0$，$1 < i < r$ 及可逆矩阵 $\boldsymbol{C}$，使得

$$A = C^{T}\operatorname{diag}(a_1, \cdots, a_r, 0, \cdots, 0)C$$

令 $d_i = \sqrt{a_i}$(取定一个根)，又令 $D = \operatorname{diag}(d_1, \cdots, d_r, 0, \cdots, 0)$，则 $A = (DC)^{T}(DC)$，取 $T = DC$ 即可.

**例 2** 化二次型 $f(x_1, x_2, x_3) = x_1^2 + 2x_1x_2 + 2x_1x_3 + 2x_2^2 + 8x_2x_3 + 5x_3^2$ 为标准形，并写出所做的线性替换.

**解** 由于 $f(x_1, x_2, x_3) = (x_1 + x_2 + x_3)^2 + x_2^2 + 6x_2x_3 + 4x_3^2 = (x_1 + x_2 + x_3)^2 + (x_2 + 3x_3)^2 - 5x_3^2$，令

$$\begin{cases} y_1 = x_1 + x_2 + x_3 \\ y_2 = x_2 + 3x_3 \\ y_3 = x_3 \end{cases}$$

即

$$\begin{cases} x_1 = y_1 - y_2 + 2y_3 \\ x_2 = y_2 - 3y_3 \\ x_3 = y_3 \end{cases}$$

可将原二次型化为标准形 $f = y_1^2 + y_2^2 - 5y_3^2$.

**例 3** 化二次型 $f(x_1, x_2, x_3) = x_1x_2 + x_1x_3 + x_2x_3$ 为标准形，并写出所用的可逆变换矩阵.

**解** 令 $\begin{cases} x_1 = y_1 + y_2 \\ x_2 = y_1 - y_2 \\ x_3 = y_3 \end{cases}$，则有

$$f = y_1^2 - y_2^2 + (y_1 + y_2)y_3 + (y_1 - y_2)y_3 = y_1^2 + 2y_1y_3 - y_2^2 = (y_1 + y_3)^2 - y_2^2 - y_3^2$$

令

$$\begin{cases} z_1 = y_1 + y_3 \\ z_2 = y_2 \\ z_3 = y_3 \end{cases}, \quad \begin{cases} y_1 = z_1 - z_3 \\ y_2 = z_2 \\ y_3 = z_3 \end{cases}$$

得标准形为 $f = z_1^2 - z_2^2 - z_3^2$，则

$$C = \begin{bmatrix} 1 & 1 & 0 \\ 1 & -1 & 0 \\ 0 & 0 & 1 \end{bmatrix}\begin{bmatrix} 1 & 0 & -1 \\ 0 & 1 & 0 \\ 0 & 0 & 1 \end{bmatrix} = \begin{bmatrix} 1 & 1 & -1 \\ 1 & -1 & -1 \\ 0 & 0 & 1 \end{bmatrix}$$

**例 4** 化二次型 $f(x_1, x_2, x_3) = -4x_1x_2 + 2x_1x_3 + 2x_2x_3$ 为标准形，并利用矩阵进行检验.

**解** 令 $\begin{cases} x_1 = y_1 + y_2 \\ x_2 = y_1 - y_2 \\ x_3 = y_3 \end{cases}$，则有

$$\begin{aligned} f(x_1, x_2, x_3) &= -4y_1^2 + 4y_2^2 + 4y_1y_3 = -4y_1^2 + 4y_1y_3 - y_3^2 + y_3^2 + 4y_2^2 \\ &= -(2y_1 - y_3)^2 + y_3^2 + 4y_2^2 \end{aligned}$$

再做非退化线性替换

$$\begin{cases} y_1 = \dfrac{1}{2}z_1 + \dfrac{1}{2}z_2 \\ y_2 = z_2 \\ y_3 = z_3 \end{cases}$$

则原二次型的标准形为 $f = - z_1 + 4z_2 + z_3$．于是相应的替换矩阵为

$$\boldsymbol{C} = \begin{bmatrix} 1 & 1 & 0 \\ 1 & -1 & 0 \\ 0 & 0 & 1 \end{bmatrix} \begin{bmatrix} \frac{1}{2} & 0 & \frac{1}{2} \\ 0 & 1 & 0 \\ 0 & 0 & 1 \end{bmatrix} = \begin{bmatrix} \frac{1}{2} & 1 & \frac{1}{2} \\ \frac{1}{2} & -1 & \frac{1}{2} \\ 0 & 0 & 1 \end{bmatrix},\ \boldsymbol{C}^{\mathrm{T}}\boldsymbol{AC} = \begin{bmatrix} -1 & & \\ & 4 & \\ & & 1 \end{bmatrix}$$

**例 5** 用初等变换法化二次型 $f(x_1, x_2, x_3) = x_1x_2 + x_1x_3 + x_2x_3$ 为标准形，并写出所用的可逆变换矩阵.

**解** 对矩阵做合同变换，有

$$\begin{bmatrix} 0 & \frac{1}{2} & \frac{1}{2} & 1 & 0 & 0 \\ \frac{1}{2} & 0 & \frac{1}{2} & 0 & 1 & 0 \\ \frac{1}{2} & \frac{1}{2} & 0 & 0 & 0 & 1 \end{bmatrix} \xrightarrow{\boldsymbol{P}(1,\ 2(1))} \begin{bmatrix} \frac{1}{2} & \frac{1}{2} & 1 & 1 & 1 & 0 \\ \frac{1}{2} & 0 & \frac{1}{2} & 0 & 1 & 0 \\ \frac{1}{2} & \frac{1}{2} & 0 & 0 & 0 & 1 \end{bmatrix} \xrightarrow[\boldsymbol{P}(1,\ 2(1))]{}$$

$$\begin{bmatrix} 1 & \frac{1}{2} & 1 & 1 & 1 & 0 \\ \frac{1}{2} & 0 & \frac{1}{2} & 0 & 1 & 0 \\ 1 & \frac{1}{2} & 0 & 0 & 0 & 1 \end{bmatrix} \xrightarrow{\boldsymbol{P}\left(1\left(-\frac{1}{2}\right),\ 2\right)} \begin{bmatrix} 1 & \frac{1}{2} & 1 & 1 & 1 & 0 \\ 0 & -\frac{1}{4} & 0 & -\frac{1}{2} & \frac{1}{2} & 0 \\ 1 & \frac{1}{2} & 0 & 0 & 0 & 1 \end{bmatrix} \xrightarrow{\boldsymbol{P}\left(1\left(-\frac{1}{2}\right),\ 2\right)}$$

$$\begin{bmatrix} 1 & 0 & 1 & 1 & 1 & 0 \\ 0 & -\frac{1}{4} & 0 & -\frac{1}{2} & \frac{1}{2} & 0 \\ 1 & 0 & 0 & 0 & 0 & 1 \end{bmatrix} \xrightarrow[\boldsymbol{P}(1(-1),\ 3)]{\boldsymbol{P}(1(-1),\ 3)} \begin{bmatrix} 1 & 0 & 0 & 1 & 1 & 0 \\ 0 & -\frac{1}{4} & 0 & -\frac{1}{2} & \frac{1}{2} & 0 \\ 0 & 0 & -1 & -1 & -1 & 1 \end{bmatrix} \xrightarrow[\boldsymbol{P}(2(2))]{\boldsymbol{P}(2(2))}$$

$$\begin{bmatrix} 1 & 0 & 0 & 1 & 1 & 0 \\ 0 & -1 & 0 & -1 & 1 & 0 \\ 0 & 0 & -1 & -1 & -1 & 1 \end{bmatrix}$$

所以得标准形 $f = z_1^2 - z_2^2 - z_3^2$，则所用矩阵为 $\boldsymbol{C} = \begin{bmatrix} 1 & -1 & -1 \\ 1 & 1 & -1 \\ 0 & 0 & 1 \end{bmatrix}$.

**例 6** 若 $\boldsymbol{A} = \boldsymbol{A}^{\mathrm{T}}$，$\boldsymbol{A} \in \mathbf{C}^{n\times n}$，$R(\boldsymbol{A}) = r$，则 $\boldsymbol{A}$ 可分解为 $n$ 个秩为 1 的对称矩阵之和.

**解** 因为 $\boldsymbol{A} = \boldsymbol{A}^{\mathrm{T}}$，则存在 $\mathbf{C}$ 上 $n$ 阶可逆矩阵 $\boldsymbol{C}$，使得 $\boldsymbol{A} = \boldsymbol{C}^{\mathrm{T}}\begin{bmatrix} \boldsymbol{E}_r & \boldsymbol{0} \\ \boldsymbol{0} & \boldsymbol{0} \end{bmatrix}\boldsymbol{C}$，则

$$\begin{bmatrix} \boldsymbol{E}_r & \boldsymbol{0} \\ \boldsymbol{0} & \boldsymbol{0} \end{bmatrix} = \boldsymbol{E}_{11} + \boldsymbol{E}_{22} + \cdots + \boldsymbol{E}_{rr}$$

令 $\boldsymbol{A}_i = \boldsymbol{C}^{\mathrm{T}}\boldsymbol{E}_{ii}\boldsymbol{C}$，$1 \leqslant i \leqslant r$，则 $R(\boldsymbol{A}_i) = 1$，$\boldsymbol{A}_i^{\mathrm{T}} = \boldsymbol{A}_i$，且 $\boldsymbol{A} = \boldsymbol{A}_1 + \boldsymbol{A}_2 + \cdots + \boldsymbol{A}_r$.

**例 7** 二次型 $f(x_1, x_2, x_3) = (x_1 - x_2)^2 + (x_2 - x_3)^2 + (x_3 - x_1)^2$ 的秩为________.

已知二次型 $f(x_1, x_2, x_3) = 5x_1^2 + 5x_2^2 + cx_3^2 - 2x_1x_2 + 6x_1x_3 - 6x_2x_3$ 的秩为 2，则 $c =$ ________.

**提示** 利用二次型的秩与对应矩阵的秩的关系来求解.

**例 8** 设 $\boldsymbol{A}$ 是 $n$ 阶实对称可逆矩阵，则 $\begin{bmatrix} \mathbf{0} & \boldsymbol{A} \\ \boldsymbol{A}^{\mathrm{T}} & \mathbf{0} \end{bmatrix}$ 的正惯性指数是________，符号差是________.

**解** 取 $\boldsymbol{P} = \dfrac{1}{\sqrt{2}}\begin{bmatrix} \boldsymbol{E} & -\boldsymbol{E} \\ \boldsymbol{A}^{-1} & \boldsymbol{A}^{-1} \end{bmatrix}$，则 $\boldsymbol{P}$ 为可逆矩阵，且 $\boldsymbol{P}^{\mathrm{T}}\begin{bmatrix} \mathbf{0} & \boldsymbol{A} \\ \boldsymbol{A}^{\mathrm{T}} & \mathbf{0} \end{bmatrix}\boldsymbol{P} = \begin{bmatrix} \boldsymbol{E} & \mathbf{0} \\ \mathbf{0} & -\boldsymbol{E} \end{bmatrix}$，正负惯性指数均为 $n$.

**例 9** 设 $\boldsymbol{A} = (a_{ij})_{n\times n}$ 为实对称可逆矩阵，则二次型 $f(x_1, \cdots, x_n) = \begin{vmatrix} 0 & x_1 & \cdots & x_n \\ -x_1 & a_{11} & \cdots & a_{1n} \\ \vdots & \vdots & & \vdots \\ -x_n & a_{n1} & \cdots & a_{nn} \end{vmatrix}$ 的矩阵是 $\boldsymbol{A}$ 的伴随矩阵 $\boldsymbol{A}^*$.

**证明** 令 $\boldsymbol{X}^{\mathrm{T}} = (x_1, \cdots, x_n)$，$\boldsymbol{A} = (a_{ij})_{n\times n}$，则

$$f(x_1, \cdots, x_n) = \begin{vmatrix} \mathbf{0} & \boldsymbol{X}^{\mathrm{T}} \\ -\boldsymbol{X} & \boldsymbol{A} \end{vmatrix} = \begin{vmatrix} \boldsymbol{X}^{\mathrm{T}}\boldsymbol{A}^{-1}\boldsymbol{X} & \boldsymbol{X}^{\mathrm{T}} \\ \mathbf{0} & \boldsymbol{A} \end{vmatrix} = \boldsymbol{A}^{\mathrm{T}} \mid \boldsymbol{A} \mid \boldsymbol{A}^{-1}\boldsymbol{X} = \boldsymbol{X}^{\mathrm{T}}\boldsymbol{A}^*\boldsymbol{X}$$

又 $(\boldsymbol{A}^*)^{\mathrm{T}} = (|\boldsymbol{A}|\boldsymbol{A}^{-1})^{\mathrm{T}} = |\boldsymbol{A}|(\boldsymbol{A}^{-1})^{\mathrm{T}} = |\boldsymbol{A}|(\boldsymbol{A}^{\mathrm{T}})^{-1} = |\boldsymbol{A}|\boldsymbol{A}^{-1} = \boldsymbol{A}^*$，即 $\boldsymbol{A}^*$ 对称且为二次型的矩阵.

**例 10** 设 $\boldsymbol{A}$ 是实对称矩阵，且 $|\boldsymbol{A}| < 0$，则存在 $n$ 维实向量 $\boldsymbol{X}$ 使 $\boldsymbol{X}^{\mathrm{T}}\boldsymbol{A}\boldsymbol{X} < 0$.

**证明** *方法一* 由于 $|\boldsymbol{A}| < 0$，则 $R(\boldsymbol{A}) = n$，且不是正定矩阵，故负惯性指数至少为 1，从而存在可逆线性替换 $\boldsymbol{X} = \boldsymbol{C}\boldsymbol{Y}$ 把二次型 $f(x_1, x_2, \cdots, x_n) = \boldsymbol{X}^{\mathrm{T}}\boldsymbol{A}\boldsymbol{X}$ 化为

$$g(y_1, y_2, \cdots, y_n) = d_1y_1^2 + d_2y_2^2 + \cdots + d_ny_n^2$$

又由于 $|\boldsymbol{A}| < 0$，则存在 $i$，使得 $d_i < 0$，不妨 $d_n < 0$，则取 $\boldsymbol{Y}^{\mathrm{T}} = (y_1, y_2, \cdots, y_n) = (0, 0, \cdots, 0, 1)$，并令 $\boldsymbol{X} = \boldsymbol{C}\boldsymbol{Y}$，有 $f(\boldsymbol{X}^{\mathrm{T}}) = g(\boldsymbol{Y}^{\mathrm{T}}) = d_n < 0$，即 $\boldsymbol{X}^{\mathrm{T}}\boldsymbol{A}\boldsymbol{X} < 0$.

*方法二* （反证法）若对于任意 $n$ 维向量 $\boldsymbol{X} \neq \mathbf{0}$ 都有 $\boldsymbol{X}^{\mathrm{T}}\boldsymbol{A}\boldsymbol{X} \geqslant 0$，即 $\boldsymbol{A}$ 为半正定矩阵，则 $\boldsymbol{A}$ 的所有主子式 $\geqslant 0$，从而 $|\boldsymbol{A}| \geqslant 0$，与 $|\boldsymbol{A}| < 0$ 矛盾，故存在 $n$ 维实向量 $\boldsymbol{x}$ 使 $\boldsymbol{X}^{\mathrm{T}}\boldsymbol{A}\boldsymbol{X} < 0$.

**例 11** 一个实二次型可以分解成两个实系数的一次齐次多项式的乘积的充要条件是它的秩为 2，符号差为 0，或它的秩为 1.

**证明** *充分性* 设实二次型 $f$ 的秩为 2，符号差为 0，则 $\boldsymbol{f}$ 可通过非退化线性替换 $\boldsymbol{X} = \boldsymbol{C}\boldsymbol{Y}$ 化为 $f = y_1^2 - y_2^2 = (y_1 - y_2)(y_1 + y_2)$，由于 $\boldsymbol{Y} = \boldsymbol{C}^{-1}\boldsymbol{X}$，即 $y_1$，$y_2$ 可由 $x_1, x_2, \cdots, x_n$ 线性表出（一次齐次多项式），因此代入上式即可. 若 $f$ 的秩为 1，则 $f$ 经过非退化线性替换得规范形 $y_1^2 = y_1y_1$，$y_1$ 可由 $x_1, x_2, \cdots, x_n$ 线性表出（一次齐次多项式），同理可得结论.

*必要性* 设 $f = (a_1x_1 + \cdots + a_nx_n)(b_1x_1 + \cdots + b_nx_n) \neq 0$，若 $(a_1, \cdots, a_n)$，$(b_1, \cdots, b_n)$ 成比例，不妨设 $b_i = ka_i$，$a_1 \neq 0$，则对 $f$ 做非退化线性替换 $y_1 = a_1x_1 + \cdots + a_nx_n$，$y_2 = x_2, \cdots, y_n = x_n$，得 $f = ky_1^2$，即秩为 1. 若 $(a_1, \cdots, a_n)$，$(b_1, \cdots, b_n)$ 不成比例，则 $(a_1, a_2)$，$(b_1, b_2)$ 不成比例，从而 $\begin{vmatrix} a_1 & a_2 \\ b_1 & b_2 \end{vmatrix} \neq 0$，则可对 $f$ 连续进行非退化线性替换，有

$$y_1 = a_1x_1 + \cdots + a_nx_n,\ y_2 = b_1x_1 + \cdots + b_nx_n,\ y_3 = x_3,\ \cdots,\ y_n = x_n$$

及 $y_1 = z_1 + z_2$, $y_2 = z_1 - z_2$, $y_3 = z_3$, $\cdots$, $y_n = z_n$，得 $f = y_1y_2 = z_1^2 - z_2^2$，即秩为 2，符号差为 0.

**例 12** 设二次型 $f(x_1, x_2, x_3) = ax_1^2 + ax_2^2 + (a-1)x_3^2 + 2x_1x_3 - 2x_2x_3$.

(1) 求二次型的矩阵的所有特征值；

(2) 若二次型的规范形为 $y_1^2 + y_2^2$，求 $a$ 的值.

**解** (1) 二次型的矩阵为 $\boldsymbol{A} = \begin{bmatrix} a & 0 & 1 \\ 0 & a & -1 \\ 1 & -1 & a-1 \end{bmatrix}$，由于

$$|\lambda \boldsymbol{E} - \boldsymbol{A}| = \begin{vmatrix} \lambda - a & 0 & -1 \\ 0 & \lambda - a & 1 \\ -1 & 1 & \lambda - a + 1 \end{vmatrix} = (\lambda - a)(\lambda - (a+1))(\lambda - (a-2))$$

则 $\boldsymbol{A}$ 的特征值为 $\lambda_1 = a$, $\lambda_2 = a+1$, $\lambda_3 = a-2$.

(2) *方法一* 由于 $f$ 的规范形为 $y_1^2 + y_2^2$，所以 $\boldsymbol{A}$ 合同于 $\mathrm{diag}(1, 1, 0)$，其秩为 2，故有 $|\boldsymbol{A}| = \lambda_1\lambda_2\lambda_3 = 0$，从而可得 $a = 0$ 或 $a = -1$ 或 $a = 2$. 当 $a = 0$ 时，$\lambda_1 = 0$, $\lambda_2 = 1$, $\lambda_3 = -2$，规范形不符合题意；当 $a = -1$ 时，$\lambda_1 = -1$, $\lambda_2 = 0$, $\lambda_3 = -3$，规范形不符合题意；当 $a = 2$ 时，$\lambda_1 = 2$, $\lambda_2 = 3$, $\lambda_3 = 0$，规范形符合题意.

*方法二* 由于 $f$ 的规范形为 $y_1^2 + y_2^2$，所以 $\boldsymbol{A}$ 的特征值有 2 个为正数，1 个为零，又 $a - 2 < a < a + 1$，则 $a = 2$.

## 5.3 正定二次型与正定矩阵

### 一、正定二次型

**1. 定义**

若实二次型 $f(x_1, x_2, \cdots, x_n)$ 对于任一组不全为零的实数 $c_1, c_2, \cdots, c_n$ 都有 $f(c_1, c_2, \cdots, c_n) > 0$，则称二次型 $f(x_1, x_2, \cdots, x_n)$ 是正定二次型；若 $f(c_1, c_2, \cdots, c_n) \geqslant 0$，则称二次型 $f(x_1, x_2, \cdots, x_n)$ 是半正定二次型；若 $f(c_1, c_2, \cdots, c_n) < 0$，则称二次型 $f(x_1, x_2, \cdots, x_n)$ 是负定二次型；若 $f(c_1, c_2, \cdots, c_n) \leqslant 0$，则称二次型 $f(x_1, x_2, \cdots, x_n)$ 是半负定二次型；若 $f(c_1, c_2, \cdots, c_n)$ 不能确定，则称二次型 $f(x_1, x_2, \cdots, x_n)$ 是不定二次型.

实二次型 $f(x_1, x_2, \cdots, x_n) = d_1x_1^2 + d_2x_2^2 + \cdots + d_nx_n^2$ 是正定的充要条件为 $d_i > 0$，$i = 1, 2, \cdots, n$.

**2. 正定性的判定**

正定二次型的判定方法：一是利用非退化线性替换不改变二次型的正定性；二是利用二次型的矩阵转换为矩阵问题来判定.

实二次型 $f(x_1, x_2, \cdots, x_n) = \boldsymbol{X}^{\mathrm{T}}\boldsymbol{A}\boldsymbol{X}$，则以下条件等价：

① $f(x_1, x_2, \cdots, x_n)$ 是正定二次型；

② $f(x_1, x_2, \cdots, x_n) = d_1x_1^2 + d_2x_2^2 + \cdots + d_nx_n^2$ 标准形是正定二次型；

③ $\boldsymbol{A}$ 合同于单位矩阵；

④ 存在可逆矩阵 $\boldsymbol{Q}$，使得 $\boldsymbol{A} = \boldsymbol{Q}^{\mathrm{T}}\boldsymbol{Q}$；

⑤ 存在可逆上三角矩阵 $\boldsymbol{H}$，使得 $\boldsymbol{A} = \boldsymbol{H}^{\mathrm{T}}\boldsymbol{H}$；

⑥ $\boldsymbol{A}$ 的特征值都是正数；

⑦ 存在正交矩阵 $\boldsymbol{Q}$，使得 $\boldsymbol{Q}^{\mathrm{T}}\boldsymbol{A}\boldsymbol{Q} = \mathrm{diag}(\lambda_1, \lambda_2, \cdots, \lambda_n)$，其中，$\lambda_i > 0$ 为 $\boldsymbol{A}$ 的特征值；

⑧ $\boldsymbol{A}$ 的顺序主子式的值都为正数；

⑨ $\boldsymbol{A}$ 的每个主子式都是正数.

利用以上判断方法易证：若 $\boldsymbol{A}$、$\boldsymbol{B}$ 是正定矩阵，$c > 0$，则 $\boldsymbol{A}+\boldsymbol{B}$、$c\boldsymbol{A}$、$\boldsymbol{A}^{-1}$、$\boldsymbol{A}^k$、$\boldsymbol{A}^*$ 也是正定矩阵.

惯性指数判别法：$n$ 元实二次型 $f(x_1, x_2, \cdots, x_n)$ 正定的充要条件为 $f$ 的正惯性指数为 $n$.

## 二、正定矩阵

### 1. 定义

设 $\boldsymbol{A}$ 为实对称矩阵，若二次型 $\boldsymbol{X}^{\mathrm{T}}\boldsymbol{A}\boldsymbol{X}$ 是正定的，则 $\boldsymbol{A}$ 为正定矩阵.

正定矩阵的行列式大于零.

### 2. 正定矩阵的判定

设 $\boldsymbol{A} \in \mathbf{R}^{n\times n}$，则以下条件相互等价：

① 实对称矩阵 $\boldsymbol{A}$ 正定；

② $\boldsymbol{A}$ 与单位矩阵 $\boldsymbol{E}$ 合同；

③ 存在正定矩阵 $\boldsymbol{B}$，使得 $\boldsymbol{A} = \boldsymbol{B}^2$ $(\boldsymbol{A} = \boldsymbol{B}^k, k \geqslant 1)$；

④ $\boldsymbol{A}$ 的所有特征值都是正数；

⑤ $\boldsymbol{A}$ 的顺序主子式的值都为正数；

⑥ $\boldsymbol{A}$ 的每个主子式都是正数；

⑦ 由 $\boldsymbol{A}$ 建立的二次型 $\boldsymbol{x}^{\mathrm{T}}\boldsymbol{A}\boldsymbol{x}$ 为正定二次型；

⑧ 存在可逆矩阵 $\boldsymbol{C}$，使得 $\boldsymbol{A} = \boldsymbol{C}^{\mathrm{T}}\boldsymbol{C}$；

⑨ $\boldsymbol{A}$ 的正惯性指数为 $n$.

**证明** ①⇒②. 由于 $\boldsymbol{A}$ 是正定矩阵，则二次型 $f(x_1, \cdots, x_n) = \boldsymbol{X}^{\mathrm{T}}\boldsymbol{A}\boldsymbol{X}$ 是正定的，从而可通过可逆线性替换 $\boldsymbol{X} = \boldsymbol{C}\boldsymbol{Y}$ 化为

$$g(y_1, \cdots, y_n) = \boldsymbol{Y}^{\mathrm{T}}(\boldsymbol{C}^{\mathrm{T}}\boldsymbol{A}\boldsymbol{C})\boldsymbol{Y} = y_1^2 + \cdots + y_n^2 = \boldsymbol{Y}^{\mathrm{T}}\boldsymbol{E}\boldsymbol{Y}$$

即 $\boldsymbol{C}^{\mathrm{T}}\boldsymbol{A}\boldsymbol{C} = \boldsymbol{E}$，$\boldsymbol{A}$ 与 $\boldsymbol{E}$ 合同.

①⇔③. 由于 $\boldsymbol{A}$ 是正定矩阵，则存在正交矩阵 $\boldsymbol{T}$ 使得

$$\boldsymbol{A} = \boldsymbol{T}^{-1}\mathrm{diag}(\lambda_1, \lambda_2, \cdots, \lambda_n)\boldsymbol{T}, \lambda_i > 0$$

对任意的正整数 $k$，令 $\boldsymbol{B} = \boldsymbol{T}^{-1}\mathrm{diag}(\sqrt[k]{\lambda_1}, \cdots, \sqrt[k]{\lambda_n})\boldsymbol{T}$，则有

$$\boldsymbol{B}^k = \boldsymbol{T}^{-1}\mathrm{diag}(\sqrt[k]{\lambda_1}, \cdots, \sqrt[k]{\lambda_n})^k\boldsymbol{T} = \boldsymbol{T}^{-1}\mathrm{diag}(\lambda_1, \cdots, \lambda_n)\boldsymbol{T} = \boldsymbol{A}$$

由 $\boldsymbol{B}$ 是正定矩阵，则对于任意非零向量 $\boldsymbol{x}$，有 $\boldsymbol{x}^{\mathrm{T}}\boldsymbol{B}\boldsymbol{x} > 0$. 又 $\boldsymbol{A} = \boldsymbol{B}^k$，则有 $\boldsymbol{A}^{\mathrm{T}} = (\boldsymbol{B}^k)^{\mathrm{T}} = (\boldsymbol{B}^{\mathrm{T}})^k = \boldsymbol{B}^k = \boldsymbol{A}$，即 $\boldsymbol{A}$ 为对称矩阵，且 $\boldsymbol{x}^{\mathrm{T}}\boldsymbol{A}\boldsymbol{x} = \boldsymbol{X}^{\mathrm{T}}\boldsymbol{B}^k\boldsymbol{x}$. 当 $k$ 为奇数时，有

$$\boldsymbol{x}^{\mathrm{T}}\boldsymbol{A}\boldsymbol{x} = \boldsymbol{x}^{\mathrm{T}}\boldsymbol{B}^k\boldsymbol{x} = (\boldsymbol{B}^{\frac{k-1}{2}}\boldsymbol{x})^{\mathrm{T}}\boldsymbol{B}(\boldsymbol{B}^{\frac{k-1}{2}}\boldsymbol{x})$$

$B$ 为正定矩阵，则 $B^{\frac{k-1}{2}}x\neq 0$，即有 $x^{T}Ax=x^{T}B^{k}x=(B^{\frac{k-1}{2}}x)^{T}B(B^{\frac{k-1}{2}}x)>0$. 当 $k$ 为偶数时，$x^{T}Ax=x^{T}B^{k}x=(B^{\frac{k}{2}}x)^{T}(B^{\frac{k}{2}}x)$. $B$ 为正定矩阵，则 $B^{\frac{k}{2}}x\neq 0$ 即有

$$x^{T}Ax=x^{T}B^{k}x=(B^{\frac{k}{2}}x)^{T}(B^{\frac{k}{2}}x)>0$$

从而对于任意不为零的向量 $x$，有 $x^{T}Ax>0$. 因此 $A$ 正定.

①⇒④. 对于任意实对称矩阵 $A$ 都存在正交矩阵 $T$ 使得 $T^{T}AT=T^{-1}AT=\mathrm{diag}(\lambda_1,\cdots,\lambda_n)$ 为对角矩阵. 若 $A$ 为正定矩阵，则 $A$ 为对称矩阵，故存在 $n$ 阶可逆矩阵 $T$，使得 $T^{T}AT=\mathrm{diag}(\lambda_1,\cdots,\lambda_n)$. 又因为 $A$ 是正定矩阵的充要条件为 $A$ 合同于单位矩阵，由合同的传递性可知 $\lambda_i>0$.

①⇒⑤. 由于 $A$ 是正定矩阵，因此二次型 $f(x_1,x_2,\cdots,x_n)=\sum\limits_{i,j=1}^{n}a_{ij}x_ix_j$ 是正定的(由定义)，对于任一个 $k$，令 $f(x_1,x_2,\cdots,x_n)=\sum\limits_{i,j=1}^{n}a_{ij}x_ix_j$，只要证明 $f(x_1,x_2,\cdots,x_k)$ 是一个 $k$ 元的正定二次型. 对于任意不全为零的实数 $x=(x_1,x_2,\cdots,x_k)$，有

$$f(x_1,x_2,\cdots,x_n)=\sum_{i,j=1}^{n}a_{ij}x_ix_j=f(x_1,\cdots,x_k,0,\cdots,0)>0$$

因此 $f(x_1,x_2,\cdots,x_k)$ 是正定的，从而与 $f(x_1,x_2,\cdots,x_k)$ 对应的矩阵的顺序主子式 $\begin{vmatrix}a_{11}&\cdots&a_{1k}\\ \vdots&&\vdots\\ a_{k1}&\cdots&a_{kk}\end{vmatrix}>0$，即结论成立.

①⇒⑥. 由于 $A$ 为正定矩阵，因此 $|A^{(m)}|=\begin{vmatrix}a_{k_1k_1}&\cdots&a_{k_1k_m}\\ \vdots&&\vdots\\ a_{k_mk_1}&\cdots&a_{k_mk_m}\end{vmatrix}$ 为 $A$ 的任一个 $m$ 阶主子式，构成两个二次型 $x^{T}Ax$ 和 $y^{T}A^{(m)}y$，对任意的 $y=(b_{k_1},\cdots,b_{k_n})^{T}\neq 0$，$x=(x_1,\cdots,x_n)^{T}\neq 0$，由 $A$ 是正定矩阵有 $x_0^{T}Ax_0>0$，从而 $x_0^{T}Ax_0=y^{T}A^{(m)}y>0$，由 $y$ 的任意性可得 $y_0^{T}A^{(m)}y_0$ 是正定二次型.

①⇔⑧. 由于 $A$ 是正定矩阵，因此有 $A$ 与 $E$ 合同，则存在可逆矩阵 $C$，使得 $A=C^{T}EC=C^{T}C$；反之亦然.

①⇒⑨. 由于 $A$ 是正定矩阵，因此二次型 $f(x_1,x_2,\cdots,x_n)=x^{T}Ax$ 经过非退化线性替换后变为标准形 $d_1y_1^2+d_2y_2^2+\cdots+d_ny_n^2$，$f(x_1,x_2,\cdots,x_n)$ 正定的充要条件为 $d_1y_1^2+d_2y_2^2+\cdots+d_ny_n^2$ 为正定二次型；而二次型是正定的充要条件为 $d_i>0$，即正惯性指数为 $n$.

## 三、正定矩阵的必要条件

(1) 实对称矩阵 $A=(a_{ij})_{n\times n}$ 正定 $\Rightarrow a_{ii}>0$，$i=1,2,\cdots,n$.

**证明** 若 $A$ 正定，则二次型 $f(x_1,x_2,\cdots,x_n)=x^{T}Ax$ 正定. 取 $x_i=(0,\cdots,0,1,0,\cdots,0)^{T}$(单位向量)，则有 $f(x_i)=x^{T}Ax=a_{ii}>0$，$i=1,2,\cdots,n$.

反之 $A=(a_{ij})_{n\times n}$ 为对称矩阵，且 $a_{ii}>0$，$i=1,2,\cdots,n$，但 $A$ 未必正定. 如 $A=\begin{bmatrix}1&-1\\-1&1\end{bmatrix}$，$f(x_1,x_2)=X^{T}AX=(x_1-x_2)^2$，当 $x_1=x_2=1$ 时，有 $f(x_1,x_2)=0$. 故

$\boldsymbol{A}$ 不正定.

(2) 实对称矩阵 $\boldsymbol{A}$ 正定 $\Rightarrow |\boldsymbol{A}|>0$.

**证明** 若 $\boldsymbol{A}$ 正定，则存在可逆矩阵 $\boldsymbol{C}$，使得 $\boldsymbol{A}=\boldsymbol{C}^{\mathrm{T}}\boldsymbol{C}$，从而 $|\boldsymbol{A}|=|\boldsymbol{C}^{\mathrm{T}}\boldsymbol{C}|=|\boldsymbol{C}|^2>0$；反之不成立，即 $\boldsymbol{A}$ 为实对称矩阵，且 $|\boldsymbol{A}|>0$，但 $\boldsymbol{A}$ 未必正定，如 $\boldsymbol{A}=\begin{bmatrix}-1 & 0\\ 0 & -1\end{bmatrix}$，$|\boldsymbol{A}|=1>0$，但 $\boldsymbol{x}^{\mathrm{T}}\boldsymbol{A}\boldsymbol{x}=-x_1^2-x_2^2$ 不是正定二次型.

## 四、半正定二次型的判定

设实二次型 $f(x_1, x_2, \cdots, x_n)=\boldsymbol{x}^{\mathrm{T}}\boldsymbol{A}\boldsymbol{x}$，下列命题等价：

(1) $f(x_1, x_2, \cdots, x_n)=\boldsymbol{x}^{\mathrm{T}}\boldsymbol{A}\boldsymbol{x}$ 是半正定的.

(2) $\boldsymbol{A}$ 半正定.

(3) 它的正惯性指数与秩相等.

(4) $\boldsymbol{A}$ 合同于非负对角阵，即存在可逆实矩阵 $\boldsymbol{C}$，使得

$$\boldsymbol{C}^{\mathrm{T}}\boldsymbol{A}\boldsymbol{C}=\mathrm{diag}(d_1, d_2, \cdots, d_n),\ d_i\geqslant 0,\ i=1, 2, \cdots, n$$

(5) 有实矩阵 $\boldsymbol{C}$，使得 $\boldsymbol{A}=\boldsymbol{C}^{\mathrm{T}}\boldsymbol{C}$(由此可得 $\boldsymbol{A}$ 半正定 $\Rightarrow |\boldsymbol{A}|\geqslant 0$.

(6) 矩阵 $\boldsymbol{A}$ 的所有主子式大于等于零.

实二次型 $f(x_1, x_2, \cdots, x_n)$ 正定的充要条件为 $-f(x_1, x_2, \cdots, x_n)$ 负定；实对称矩阵 $\boldsymbol{A}$ 正定的充要条件为 $-\boldsymbol{A}$ 负定.

实二次型 $f(x_1, x_2, \cdots, x_n)$ 半正定的充要条件为 $-f(x_1, x_2, \cdots, x_n)$ 半负定；实对称矩阵 $\boldsymbol{A}$ 半正定的充要条件为 $-\boldsymbol{A}$ 半负定.

按照二次型进行分类，$n$ 阶实对称矩阵可分为正定矩阵、负定矩阵、半正定矩阵、半负定矩阵、不定矩阵.

**典型例题**

**例 1** $f(x_1, x_2, x_3, x_4)=x_1^2+x_2^2+5x_3^2+3x_4^2$ 是正定的，$f(x_1, x_2, x_3, x_4)=x_1^2+3x_2^2+2x_3^2$ 不是正定的，二次型 $f(x_1, x_2, \cdots, x_n)=\sum_{i=1}^{n}x_i^2$ 是正定的，二次型 $f(x_1, x_2, \cdots, x_n)=\sum_{i=1}^{n-1}x_i^2$ 不是正定的.

**例 2** 实对称矩阵 $\boldsymbol{A}$ 正定，则 $\boldsymbol{A}$ 与单位矩阵合同.

**证明** 由于实对称矩阵 $\boldsymbol{A}$ 正定，则 $\boldsymbol{A}$ 可对角化，从而存在可逆矩阵 $\boldsymbol{P}$ 使得 $\boldsymbol{P}^{\mathrm{T}}\boldsymbol{A}\boldsymbol{P}=\boldsymbol{D}$，即 $\boldsymbol{A}$ 与 $\boldsymbol{D}$ 合同，其中，$\boldsymbol{D}=\mathrm{diag}(d_1, d_2, \cdots, d_n)$，$d_i>0$，$i=1, 2, \cdots, n$，则 $\boldsymbol{D}=\mathrm{diag}(\sqrt{d_1}, \sqrt{d_2}, \cdots, \sqrt{d_n})\mathrm{diag}(1, 1, \cdots, 1)\mathrm{diag}(\sqrt{d_1}, \sqrt{d_2}, \cdots, \sqrt{d_n})$，即 $\boldsymbol{D}$ 与 $\boldsymbol{E}$ 合同，故 $\boldsymbol{A}$ 与单位矩阵合同.

**例 3** 设 $\boldsymbol{A}$ 是 $n$ 阶正定矩阵，证明：

(1) $\boldsymbol{A}^{-1}$ 也是正定矩阵；

(2) $k\boldsymbol{A}(k>0)$ 是正定矩阵；

(3) $\boldsymbol{A}^*$ 是正定矩阵；

(4) $A^m$ 是正定矩阵；

(5) 若 $B$ 也是正定矩阵，则 $A+B$ 也是正定矩阵；

(6) 若 $A$、$B$ 是正定矩阵，则 $\begin{bmatrix} A & 0 \\ 0 & B \end{bmatrix}$ 是正定矩阵.

**证明** (1) *方法一* 由于 $A$ 正定，则存在可逆矩阵 $P$，使得 $P^TAP=E$，则有

$$(P^TAP)^{-1}=P^{-1}A^{-1}(P^{-1})^T=((P^{-1})^T)^TA^{-1}(P^{-1})^T=E$$

令 $Q=(P^{-1})^T$，则 $Q$ 是可逆的，且 $Q^TA^{-1}Q=E$，即 $A^{-1}$ 与单位矩阵合同，故 $A^{-1}$ 也是正定矩阵.

*方法二* 由于 $A$ 正定，则存在可逆矩阵 $C$，使得 $A=C^TC$，则有

$$A^{-1}=(C^TC)^{-1}=C^{-1}(C^{-1})^T$$

故 $A^{-1}$ 正定.

(2) 由于 $A$ 正定，对于 $\forall x\in \mathbf{R}^n$，$x\neq 0$，都有 $x^TAx>0$，因此有

$$x^T(kA)x=kx^TAx>0$$

故 $kA$ 正定.

(3) 由于 $A$ 正定，则存在可逆矩阵 $C$，使得 $A=C^TC$，于是 $|A|=|C^TC|=|C|^2>0$，又 $A^*=|A|A^{-1}$ 及 $A^{-1}=(C^TC)^{-1}=C^{-1}(C^{-1})^T$，$A^*=|A|A^{-1}=(\sqrt{|A|}C^{-1})(\sqrt{|A|}C^{-1})^T$，则 $A^*$ 是正定矩阵.

(4) *方法一* 由 $A$ 正定知，$A^m$ 为 $n$ 阶可逆对称矩阵，当 $m=2k$ 时，有

$$A^m=A^{2k}=A^kA^k=(A^k)^TEA^k$$

即 $A^m$ 与单位矩阵合同，所以 $A^m$ 是正定矩阵.

当 $m=2k+1$ 时，$A^m=A^{2k+1}=A^kAA^k=(A^k)^TAA^k$，即 $A^m$ 与正定矩阵 $A$ 合同，而 $A$ 与单位矩阵合同，故 $A^m$ 与单位矩阵合同，即 $A^m$ 为正定矩阵.

*方法二* 由于 $A$ 正定，则存在正交矩阵 $C$ 使得 $C^{-1}AC=\mathrm{diag}(\lambda_1, \cdots, \lambda_n)$，$\lambda_i>0$，$i=1, 2, \cdots, n$，则 $C^{-1}A^mC=\mathrm{diag}(\lambda_1^m, \cdots, \lambda_n^m)$，$\lambda_i^m>0$，$i=1, 2, \cdots, n$，即 $A^m$ 正定.

(5) 由于 $A$、$B$ 正定，对于 $\forall x\in \mathbf{R}^n$，$x\neq 0$，都有 $x^TAx>0$，$x^TBx>0$，因此有

$$x^T(A+B)x=x^TAx+x^TBx>0$$

故 $A+B$ 正定.

(6) 对任意的 $2n$ 维向量 $y\neq 0$，记为 $y=\begin{bmatrix} \alpha \\ \beta \end{bmatrix}$，其中，$\alpha$、$\beta$ 为 $n$ 维向量，由 $y\neq 0$ 可得 $\alpha\neq 0$ 或 $\beta\neq 0$，故 $y^T\begin{bmatrix} A & 0 \\ 0 & B \end{bmatrix}y=\alpha^TA\alpha+\beta^TB\beta>0$，故正定.

**例 4** 设 $A$、$B$ 均为正定矩阵，则 $AB$ 是正定矩阵的充要条件为 $AB=BA$.

**分析** 正定矩阵的乘积不一定是正定矩阵.

**证明** *必要性* 由于 $AB$ 为正定矩阵，则 $AB$ 为对称矩阵，从而 $(AB)^T=B^TA^T=BA=AB$，即 $AB=BA$.

*充分性* 由于 $AB=BA$，则 $AB$ 为对称矩阵. 设 $AB$ 的特征值为 $\lambda$，$\alpha$ 为特征值的非零特征向量，则 $(AB)\alpha=\lambda\alpha$，$(\alpha^TB^T)A(B\alpha)=\alpha^TB^T\lambda\alpha=\lambda\alpha^TB^T\alpha=\lambda\alpha^TB\alpha$，则 $\lambda=\dfrac{(Bx)^TA(Bx)}{x^TBx}$. 由于 $A$ 为正定矩阵，则 $(Bx)^TA(Bx)>0$，且 $B$ 为正定矩阵，$x^TBx>0$，所以

$\lambda > 0$，故 $\boldsymbol{AB}$ 为正定矩阵.

**例 5** 设 $\boldsymbol{A}$ 是正定矩阵，$\boldsymbol{B}$ 是反对称矩阵，则 $\boldsymbol{A}-\boldsymbol{B}$ 是正定矩阵.

**证明** 对于任意的 $\boldsymbol{x}\neq\boldsymbol{0}$，由 $\boldsymbol{A}$ 是正定矩阵，$\boldsymbol{B}$ 是反对称矩阵，得 $\boldsymbol{x}^{\mathrm{T}}\boldsymbol{Ax}>0$，$\boldsymbol{x}^{\mathrm{T}}\boldsymbol{Bx}<0$. 对任意 $\boldsymbol{x}\neq\boldsymbol{0}$，有 $\boldsymbol{x}^{\mathrm{T}}(\boldsymbol{A}-\boldsymbol{B})\boldsymbol{x}=\boldsymbol{x}^{\mathrm{T}}\boldsymbol{Ax}-\boldsymbol{x}^{\mathrm{T}}\boldsymbol{Bx}>0$，故 $\boldsymbol{A}-\boldsymbol{B}$ 是正定矩阵.

**例 6** 设 $\boldsymbol{A}_{m\times n}$ 满足 $R(\boldsymbol{A})=n$，证明：$\boldsymbol{A}^{\mathrm{T}}\boldsymbol{A}$ 是正定矩阵.

**证明** 由于 $(\boldsymbol{A}^{\mathrm{T}}\boldsymbol{A})^{\mathrm{T}}=\boldsymbol{A}^{\mathrm{T}}(\boldsymbol{A}^{\mathrm{T}})^{\mathrm{T}}=\boldsymbol{A}^{\mathrm{T}}\boldsymbol{A}$，则 $\boldsymbol{A}^{\mathrm{T}}\boldsymbol{A}$ 是对称矩阵. 对任意 $\boldsymbol{x}\neq\boldsymbol{0}$，由 $R(\boldsymbol{A})=n$ 可得 $\boldsymbol{Ax}\neq\boldsymbol{0}$，记 $\boldsymbol{Ax}=\boldsymbol{\alpha}$，则 $\boldsymbol{\alpha}\neq\boldsymbol{0}$，$\boldsymbol{x}^{\mathrm{T}}(\boldsymbol{A}^{\mathrm{T}}\boldsymbol{A})\boldsymbol{x}=(\boldsymbol{xA})^{\mathrm{T}}(\boldsymbol{xA})=(\boldsymbol{x}^{\mathrm{T}}\boldsymbol{A}^{\mathrm{T}})(\boldsymbol{Ax})=\boldsymbol{\alpha}^{\mathrm{T}}\boldsymbol{\alpha}=\|\boldsymbol{\alpha}\|^2>0$. 故 $\boldsymbol{A}^{\mathrm{T}}\boldsymbol{A}$ 是正定矩阵.

**例 7** 判定下面二次型是否正定：

(1) $f(x_1, x_2, x_3)=5x_1^2+x_2^2+5x_3^2+4x_1x_2-8x_1x_3-4x_2x_3$；

(2) $f(x_1, x_2, \cdots, x_n)=\sum\limits_{i=1}^{n}x_i^2+\sum\limits_{1\leqslant i<j\leqslant n}x_ix_j$；

(3) $f(x_1, x_2, \cdots, x_n)=(n+1)\sum\limits_{i=1}^{n}x_i^2+\left(\sum\limits_{i=1}^{n}x_i\right)^2$.

**解** (1) 由于 $f(x_1, x_2, x_3)$ 的矩阵 $\boldsymbol{A}=\begin{bmatrix}5 & 2 & -4\\ 2 & 1 & -2\\ -4 & -2 & 5\end{bmatrix}$，其顺序主子式为

$$|5|>0,\quad \begin{vmatrix}5 & 2\\ 2 & 1\end{vmatrix}=1>0,\quad |\boldsymbol{A}|>0$$

则 $f$ 正定.

(2) $f(x_1, x_2, \cdots, x_n)$ 的矩阵 $\boldsymbol{A}=\begin{vmatrix}1 & \frac{1}{2} & \cdots & \frac{1}{2}\\ \frac{1}{2} & 1 & \cdots & \frac{1}{2}\\ \vdots & \vdots & & \vdots\\ \frac{1}{2} & \frac{1}{2} & \cdots & 1\end{vmatrix}$，$\boldsymbol{A}$ 的第 $k$ 阶顺序主子式为

$$\begin{vmatrix}1 & \frac{1}{2} & \cdots & \frac{1}{2}\\ \frac{1}{2} & 1 & \cdots & \frac{1}{2}\\ \vdots & \vdots & & \vdots\\ \frac{1}{2} & \frac{1}{2} & \cdots & 1\end{vmatrix}_k=\frac{k+1}{2}\begin{vmatrix}1 & 1 & \cdots & 1\\ \frac{1}{2} & 1 & \cdots & \frac{1}{2}\\ \vdots & \vdots & & \vdots\\ \frac{1}{2} & \frac{1}{2} & \cdots & 1\end{vmatrix}_k=\frac{k+1}{2}\begin{vmatrix}1 & 1 & \cdots & 1\\ 0 & \frac{1}{2} & \cdots & 0\\ \vdots & \vdots & & \vdots\\ 0 & 0 & \cdots & \frac{1}{2}\end{vmatrix}_k$$

$$=\frac{k+1}{2}\left(\frac{1}{2}\right)^{k-1}=\frac{k+1}{2^k}>0$$

则 $f$ 正定.

(3) 由于

$$(n+1)\sum_{i=1}^{n}x_i^2+\left(\sum_{i=1}^{n}x_i\right)^2=(x_1, x_2, \cdots, x_n)\begin{bmatrix}n & -1 & \cdots & -1\\ -1 & n & \cdots & -1\\ \vdots & \vdots & & \vdots\\ -1 & -1 & \cdots & n\end{bmatrix}\begin{pmatrix}x_1\\ x_2\\ \vdots\\ x_n\end{pmatrix}=\boldsymbol{x}^{\mathrm{T}}\boldsymbol{Ax}$$

由 $|\lambda E-A|=0$ 可得特征值为 $\lambda_1=\lambda_2=\cdots=\lambda_{n-1}=n+1$，$\lambda_n=1$，由于所有特征值均大于 0，故 $A$ 正定，即二次型正定.

**例 8** 证明：若实对称矩阵 $A$ 正定，则 $A$ 的任意一个 $k$ 阶主子式都大于零.

**证明** *方法一* 若 $n$ 阶实对称矩阵 $A$ 正定，而 $|A_k|$ 为 $A$ 的任一个 $k$ 阶主子式，则 $|A_k|$ 也是实对称矩阵. 由于 $A$ 是正定的，故 $f(x_1, x_2, \cdots, x_n)=x^TAx$ 对任意不全为零的实数 $c_1, c_2, \cdots, c_n$ 都有 $f(c_1, c_2, \cdots, c_n)>0$，从而对于不全为零的数 $c_{i_1}, c_{i_2}, \cdots, c_{i_k}$ 有

$$f(0, \cdots, c_{i_1}, 0, \cdots, c_{i_2}, 0, \cdots, c_{i_k}, \cdots, 0)>0$$

对于变量为 $x_{i_1}, \cdots, x_{i_k}$，矩阵为 $A_k$ 的二次型 $g(x_{i_1}, x_{i_2}, \cdots, x_{i_k})$ 有

$$g(c_{i_1}, c_{i_2}, \cdots, c_{i_k})=f(0, \cdots c_{i_1}, 0, \cdots, c_{i_2}, 0, \cdots, c_{i_k}, \cdots, 0)>0$$

即 $g$ 是正定二次型，从而 $A_k$ 是正定的，故 $|A_k|>0$.

*方法二* 见 5.3 节正定矩阵的判定 ⑤.

**例 9** 二次型 $f=tx_1^2+tx_2^2+tx_3^2+2x_1x_2+2x_1x_3-2x_2x_3$，当 $t$ 满足什么条件时，二次型正定？当 $t$ 满足什么条件时，二次型负定？

**解** 二次型对应的矩阵为 $A=\begin{bmatrix} t & 1 & 1 \\ 1 & t & -1 \\ 1 & -1 & t \end{bmatrix}$，则

$$A_1=t,\ A_2=\begin{vmatrix} t & 1 \\ 1 & t \end{vmatrix}=t^2-1,\ A_3=\begin{vmatrix} t & 1 & 1 \\ 1 & t & -1 \\ 1 & -1 & t \end{vmatrix}=(t+1)^2(t-2)$$

当 $t>0$，$t^2-1>0$，$(t+1)^2(t-2)>0$，即当 $t>2$ 时，二次型是正定的；当 $-t>0$，$t^2-1>0$，$-(t+1)^2(t-2)>0$，即当 $t<-1$ 时，二次型是负定的.

**例 10** 设 $A$ 为实对称矩阵，证明：

(1) 当实数 $t$ 充分大时，矩阵 $tE+A$ 是正定矩阵；

(2) 当实数 $s$ 充分小时，矩阵 $E+sA$ 是正定矩阵.

**证明** (1) 设 $tE+A$ 的 $k$ 阶顺序主子式为

$$P_k=\begin{vmatrix} t+a_{11} & \cdots & a_{1k} \\ \vdots & & \vdots \\ a_{k1} & \cdots & t+a_{kk} \end{vmatrix}=t^k+a_1t^{k-1}+\cdots+a_k$$

取 $t_1$，使得当 $t\geqslant t_1$ 时 $P_1=t+a_{11}>0$；取 $t_2$，使得当 $t\geqslant t_2$ 时 $P_2=\begin{vmatrix} t+a_{11} & a_{12} \\ a_{21} & t+a_{22} \end{vmatrix}>0$，…，取 $t_n$，使得当 $t\geqslant t_n$ 时 $P_n=|tE+A|>0$. 令 $t_0=\max\{t_1, t_2, \cdots, t_n\}$，则当 $t\geqslant t_0$ 时，$P_k>0$，$k=1, 2, \cdots, n$，故 $tE+A$ 是正定矩阵.

(2) 当 $s$ 充分小时，$\frac{1}{s}$ 为充分大，由 (1) 有 $\frac{1}{s}E+A$ 是正定矩阵，由此可得 $s\left(\frac{1}{s}E+A\right)=E+sA$ 正定.

**例 11** 证明：任两个 $n$ 阶正定矩阵都合同，且正定矩阵只能与正定矩阵合同.

**证明** 设 $A$、$B$ 是任两个 $n$ 阶正定矩阵，则 $A$、$B$ 均与 $n$ 阶单位矩阵合同，从而 $A$ 与 $B$ 合同. 另外，若 $A$ 为正定矩阵，则 $A$ 与 $E$ 合同，若 $A$ 与 $B$ 合同，则 $B$ 与 $E$ 合同，即 $B$ 为正

定矩阵.

**例 12** 设 $\boldsymbol{A}$、$\boldsymbol{B}$ 为正定矩阵，$a$、$b>0$，则 $a\boldsymbol{A}+b\boldsymbol{B}$ 为正定矩阵.

**证明** 由于 $\boldsymbol{A}$、$\boldsymbol{B}$ 为正定矩阵，则对于任意向量 $\boldsymbol{x}\neq\boldsymbol{0}$，有 $\boldsymbol{x}^{\mathrm{T}}\boldsymbol{A}\boldsymbol{x}>0$，$\boldsymbol{x}^{\mathrm{T}}\boldsymbol{B}\boldsymbol{x}>0$，由于 $a$、$b>0$，则有 $\boldsymbol{x}^{\mathrm{T}}(a\boldsymbol{A}+b\boldsymbol{B})\boldsymbol{x}=\boldsymbol{x}^{\mathrm{T}}\boldsymbol{A}\boldsymbol{x}+\boldsymbol{x}^{\mathrm{T}}\boldsymbol{B}\boldsymbol{x}>0$，故 $a\boldsymbol{A}+b\boldsymbol{B}$ 为正定矩阵.

**例 13** 实对称矩阵 $\boldsymbol{A}_{m\times m}$ 为正定矩阵，$\boldsymbol{B}_{m\times n}$ 为实矩阵，则 $\boldsymbol{B}^{\mathrm{T}}\boldsymbol{A}\boldsymbol{B}$ 为正定矩阵的充要条件是 $\boldsymbol{B}$ 的秩为 $n$.

**证明** *充分性* 由于 $\boldsymbol{A}$ 为对称正定矩阵，则 $(\boldsymbol{B}^{\mathrm{T}}\boldsymbol{A}\boldsymbol{B})^{\mathrm{T}}=\boldsymbol{B}^{\mathrm{T}}\boldsymbol{A}^{\mathrm{T}}(\boldsymbol{B}^{\mathrm{T}})^{\mathrm{T}}=\boldsymbol{B}^{\mathrm{T}}\boldsymbol{A}\boldsymbol{B}$，即 $\boldsymbol{B}^{\mathrm{T}}\boldsymbol{A}\boldsymbol{B}$ 为对称矩阵，又 $\boldsymbol{B}$ 的秩为 $n$，则线性方程组 $\boldsymbol{B}\boldsymbol{x}=\boldsymbol{0}$ 只有零解，对任意向量 $\boldsymbol{x}\neq\boldsymbol{0}$，有 $\boldsymbol{B}\boldsymbol{x}\neq\boldsymbol{0}$，而 $\boldsymbol{A}$ 为 正定矩阵，对于 $\boldsymbol{B}\boldsymbol{x}\neq\boldsymbol{0}$，有 $(\boldsymbol{B}\boldsymbol{x})^{\mathrm{T}}\boldsymbol{A}(\boldsymbol{B}\boldsymbol{x})>0$，即当 $\boldsymbol{x}\neq\boldsymbol{0}$ 时，$(\boldsymbol{B}\boldsymbol{x})^{\mathrm{T}}\boldsymbol{A}(\boldsymbol{B}\,\boldsymbol{x})=\boldsymbol{x}^{\mathrm{T}}(\boldsymbol{B}^{\mathrm{T}}\boldsymbol{A}\boldsymbol{B})\boldsymbol{x}>0$，则 $\boldsymbol{B}^{\mathrm{T}}\boldsymbol{A}\boldsymbol{B}$ 为正定矩阵.

*必要性* 由于 $\boldsymbol{B}^{\mathrm{T}}\boldsymbol{A}\boldsymbol{B}$ 是正定矩阵，则对于任意 $\boldsymbol{x}\neq\boldsymbol{0}$，有 $\boldsymbol{x}^{\mathrm{T}}(\boldsymbol{B}^{\mathrm{T}}\boldsymbol{A}\boldsymbol{B})\boldsymbol{x}>0$，即 $(\boldsymbol{B}\boldsymbol{x})^{\mathrm{T}}\boldsymbol{A}(\boldsymbol{B}\boldsymbol{x})>0$，可得 $\boldsymbol{B}\boldsymbol{x}\neq\boldsymbol{0}$，而 $\boldsymbol{B}\boldsymbol{x}=\boldsymbol{0}$ 只有零解，故 $\boldsymbol{B}$ 的秩为 $n$.

**例 14** 设 $\boldsymbol{A}_{m\times m}$、$\boldsymbol{B}_{n\times n}$ 为正定矩阵，矩阵 $\boldsymbol{C}=\begin{bmatrix}\boldsymbol{A} & \boldsymbol{0}\\ \boldsymbol{0} & \boldsymbol{B}\end{bmatrix}$，则 $\boldsymbol{C}$ 是正定矩阵.

**证明** *方法一* 由于 $\boldsymbol{C}^{\mathrm{T}}=\begin{bmatrix}\boldsymbol{A} & \boldsymbol{0}\\ \boldsymbol{0} & \boldsymbol{B}\end{bmatrix}^{\mathrm{T}}=\begin{bmatrix}\boldsymbol{A}^{\mathrm{T}} & \boldsymbol{0}\\ \boldsymbol{0} & \boldsymbol{B}^{\mathrm{T}}\end{bmatrix}=\begin{bmatrix}\boldsymbol{A} & \boldsymbol{0}\\ \boldsymbol{0} & \boldsymbol{B}\end{bmatrix}=\boldsymbol{C}$，因此 $\boldsymbol{C}$ 是对称矩阵. 设 $\boldsymbol{A}$ 的顺序主子式为 $P_1$，$P_2$，…，$P_m=|\boldsymbol{A}|$，$\boldsymbol{B}$ 的顺序主子式为 $Q_1$，$Q_2$，…，$Q_n=|\boldsymbol{B}|$，则 $\boldsymbol{C}$ 的顺序主子式为 $P_1$，$P_2$，…，$P_{m-1}$，$|\boldsymbol{A}|$，$|\boldsymbol{A}|Q_1$，…，$|\boldsymbol{A}|Q_{n-1}$，$|\boldsymbol{A}||\boldsymbol{B}|$，由于 $\boldsymbol{A}$、$\boldsymbol{B}$ 为正定矩阵，则 $P_i>0$，$Q_j>0$，故 $\boldsymbol{C}$ 的各级顺序主子式都大于零，$\boldsymbol{C}$ 为正定矩阵.

*方法二* 对任意的 $m+n$ 维向量 $\boldsymbol{y}\neq\boldsymbol{0}$，记为 $\boldsymbol{y}=\begin{bmatrix}\boldsymbol{\alpha}\\ \boldsymbol{\beta}\end{bmatrix}$，其中，$\boldsymbol{\alpha}$ 为 $m$ 维列向量，$\boldsymbol{\beta}$ 为 $n$ 维列向量，由 $\boldsymbol{y}\neq\boldsymbol{0}$ 可得 $\boldsymbol{\alpha}\neq\boldsymbol{0}$ 或 $\boldsymbol{\beta}\neq\boldsymbol{0}$，不妨 $\boldsymbol{\alpha}\neq\boldsymbol{0}$，由于 $\boldsymbol{A}_{m\times m}$、$\boldsymbol{B}_{n\times n}$ 为正定矩阵，则 $\boldsymbol{\alpha}^{\mathrm{T}}\boldsymbol{A}\boldsymbol{\alpha}>0$，$\boldsymbol{\beta}^{\mathrm{T}}\boldsymbol{B}\boldsymbol{\beta}\geqslant 0$，故

$$\boldsymbol{y}^{\mathrm{T}}\begin{bmatrix}\boldsymbol{A} & \boldsymbol{0}\\ \boldsymbol{0} & \boldsymbol{B}\end{bmatrix}y=(\boldsymbol{\alpha},\ \boldsymbol{\beta})\begin{bmatrix}\boldsymbol{A} & \boldsymbol{0}\\ \boldsymbol{0} & \boldsymbol{B}\end{bmatrix}\begin{bmatrix}\boldsymbol{\alpha}\\ \boldsymbol{\beta}\end{bmatrix}=\boldsymbol{\alpha}^{\mathrm{T}}\boldsymbol{A}\boldsymbol{\alpha}+\boldsymbol{\beta}^{\mathrm{T}}\boldsymbol{B}\boldsymbol{\beta}>0$$

因此 $\boldsymbol{C}$ 正定.

*方法三* 设 $\boldsymbol{A}$ 的特征值为 $\lambda_1$，$\lambda_2$，…，$\lambda_m$，$\boldsymbol{B}$ 的特征值为 $\mu_1$，$\mu_2$，…，$\mu_n$，又因为 $\boldsymbol{A}_{m\times m}$、$\boldsymbol{B}_{n\times n}$ 为正定矩阵，则 $\lambda_i>0(i=1,\ 2,\ \cdots,\ m)$，$\mu_j>0(j=1,\ 2,\ \cdots,\ n)$，易知 $\boldsymbol{C}$ 为对称矩阵. 由

$$|\lambda\boldsymbol{E}-\boldsymbol{C}|=\begin{vmatrix}\lambda\boldsymbol{E}_m-\boldsymbol{A} & \boldsymbol{0}\\ \boldsymbol{0} & \lambda\boldsymbol{E}_n-\boldsymbol{B}\end{vmatrix}=|\lambda\boldsymbol{E}_m-\boldsymbol{A}||\lambda\boldsymbol{E}_n-\boldsymbol{B}|=0$$

可知，$\boldsymbol{C}$ 的特征值为 $\lambda_1$，$\lambda_2$，…，$\lambda_m$，$\mu_1$，$\mu_2$，…，$\mu_n$，且均大于零，故 $\boldsymbol{C}$ 是正定矩阵.

**例 15** 设矩阵 $\boldsymbol{A}_{n\times n}$ 是正定矩阵，$\boldsymbol{B}_{m\times n}$ 为实对称矩阵，则存在可逆矩阵 $\boldsymbol{T}$ 使得 $\boldsymbol{T}^{\mathrm{T}}\boldsymbol{A}\boldsymbol{T}$ 与 $\boldsymbol{T}^{\mathrm{T}}\boldsymbol{B}\boldsymbol{T}$ 均为对角矩阵.

**证明** 由于 $\boldsymbol{A}_{n\times n}$ 是正定矩阵，则存在可逆矩阵 $\boldsymbol{T}_1$ 使得 $\boldsymbol{T}_1^{\mathrm{T}}\boldsymbol{A}\boldsymbol{T}_1=\boldsymbol{E}$. 令 $\boldsymbol{T}_1^{\mathrm{T}}\boldsymbol{B}\boldsymbol{T}_1=\boldsymbol{B}_1$，则 $\boldsymbol{B}_1$ 仍为实对称矩阵，存在正交矩阵 $\boldsymbol{T}_2$，使得 $\boldsymbol{T}_2^{\mathrm{T}}\boldsymbol{B}_1\boldsymbol{T}_2=\mathrm{diag}(\mu_1,\ \cdots,\ \mu_n)$. 取 $\boldsymbol{T}=\boldsymbol{T}_1\boldsymbol{T}_2$，则 $\boldsymbol{T}^{\mathrm{T}}\boldsymbol{A}\boldsymbol{T}=\boldsymbol{E}$，$\boldsymbol{T}^{\mathrm{T}}\boldsymbol{B}\boldsymbol{T}=\boldsymbol{T}_2^{\mathrm{T}}(\boldsymbol{T}_1^{\mathrm{T}}\boldsymbol{B}\boldsymbol{T}_1)\boldsymbol{T}_2=\mathrm{diag}(\mu_1,\ \cdots,\ \mu_n)$.

**例 16** 设 $\boldsymbol{A}$ 正定，$\boldsymbol{B}$ 半正定，证明：$|\boldsymbol{A}+\boldsymbol{B}|\geqslant|\boldsymbol{A}|+|\boldsymbol{B}|$.（① 设 $\boldsymbol{A}$ 正定，$\boldsymbol{B}$ 半正定，则 $|\boldsymbol{A}+\boldsymbol{B}|\geqslant|\boldsymbol{A}|$. ② 设 $\boldsymbol{A}$、$\boldsymbol{B}$ 半正定，则 $|\boldsymbol{A}+\boldsymbol{B}|\geqslant\boldsymbol{A}$. ③ 设 $\boldsymbol{A}$、$\boldsymbol{B}$ 正定，则 $|\boldsymbol{A}+\boldsymbol{B}|>|\boldsymbol{A}|$.）

**证明** 由于 $\boldsymbol{A}$ 正定，$\boldsymbol{B}$ 半正定，因此存在可逆矩阵 $\boldsymbol{T}$，使得

$$\boldsymbol{T}^{\mathrm{T}}\boldsymbol{A}\boldsymbol{T}=\boldsymbol{E},\ \boldsymbol{T}^{\mathrm{T}}\boldsymbol{B}\boldsymbol{T}=\mathrm{diag}(\mu_1,\cdots,\mu_n)$$

又因为 $\boldsymbol{B}$ 半正定，则 $\boldsymbol{T}^{\mathrm{T}}\boldsymbol{B}\boldsymbol{T}$ 半正定，故 $\mu_i\geqslant 0$，$i=1\sim n$. 又 $|\boldsymbol{T}^{\mathrm{T}}||\boldsymbol{A}||\boldsymbol{T}|=|\boldsymbol{E}|=1$，$|\boldsymbol{T}^{\mathrm{T}}||\boldsymbol{B}||\boldsymbol{T}|=\mu_1\mu_2\cdots\mu_n$，则 $|\boldsymbol{T}^{\mathrm{T}}|(|\boldsymbol{A}|+|\boldsymbol{B}|)|\boldsymbol{T}|=1+\mu_1\mu_2\cdots\mu_n$，即

$$\boldsymbol{T}^{\mathrm{T}}(\boldsymbol{A}+\boldsymbol{B})\boldsymbol{T}=\mathrm{diag}(1+\mu_1,\cdots,1+\mu_n)$$

则

$$|\boldsymbol{T}^{\mathrm{T}}||\boldsymbol{A}+\boldsymbol{B}||\boldsymbol{T}|=(1+\mu_1)\cdots(1+\mu_n)$$

从而 $|\boldsymbol{T}^{\mathrm{T}}|(|\boldsymbol{A}|+|\boldsymbol{B}|)\boldsymbol{T}\leqslant|\boldsymbol{T}^{\mathrm{T}}||\boldsymbol{A}+\boldsymbol{B}||\boldsymbol{T}|$，又 $|\boldsymbol{T}^{\mathrm{T}}|=|\boldsymbol{T}|$，$|\boldsymbol{T}|^2>0$，则 $|\boldsymbol{A}+\boldsymbol{B}|\geqslant|\boldsymbol{A}|+|\boldsymbol{B}|$.

**例 17** 设 $\boldsymbol{A}_{n\times n}$ 为实方阵，试求 $b$ 的取值范围，使 $\boldsymbol{A}$ 为正定矩阵，其中，$\boldsymbol{A}=\begin{vmatrix} b+8 & 3 & \cdots & \cdots & 3 \\ 3 & b & 1 & \cdots & 1 \\ \vdots & 1 & & & \vdots \\ \vdots & \vdots & & & 1 \\ 3 & 1 & \cdots & 1 & b \end{vmatrix}$.

**解** 记 $\boldsymbol{\alpha}=(3,1,\cdots,1)^{\mathrm{T}}$，$|\boldsymbol{A}_k|$ 为 $\boldsymbol{A}$ 的 $k$ 阶顺序主子式，则

$$|\boldsymbol{A}_k|=\left|(b-1)\boldsymbol{E}+\begin{bmatrix}3\\1\\\vdots\\1\end{bmatrix}(3,1,\cdots,1)\right|=|(b-1)\boldsymbol{E}+\boldsymbol{\alpha}\boldsymbol{\alpha}^{\mathrm{T}}|$$

$$=(b-1)^{k-1}|(b-1)\boldsymbol{E}_1+\boldsymbol{\alpha}^{\mathrm{T}}\boldsymbol{\alpha}|=(b-1)^{k-1}(b-1+9+k-1)$$

$$=(b-1)^{k-1}(b+k+7)$$

由于 $\boldsymbol{A}_{n\times n}$ 正定的充要条件为 $|\boldsymbol{A}_k|>0$，因此 $\boldsymbol{A}_{n\times n}$ 为正定矩阵的充要条件为 $b>1$，$b>-(k+7)$，即 $b>1$.

**注** 具体矩阵正定性的证明问题，一般可通过顺序主子式全大于零或特征值全为正数来证明.

**例 18** 设 $\boldsymbol{A}$、$\boldsymbol{C}$ 是正定矩阵，$\boldsymbol{B}$ 是满足 $\boldsymbol{A}\boldsymbol{X}+\boldsymbol{X}\boldsymbol{A}=\boldsymbol{C}$ 的唯一解，证明：$\boldsymbol{B}$ 正定.

**证明** *方法一* 由题意有 $\boldsymbol{AB}+\boldsymbol{BA}=\boldsymbol{C}$，则 $(\boldsymbol{AB}+\boldsymbol{BA})^{\mathrm{T}}=\boldsymbol{C}^{\mathrm{T}}$，即 $\boldsymbol{B}^{\mathrm{T}}\boldsymbol{A}^{\mathrm{T}}+\boldsymbol{A}^{\mathrm{T}}\boldsymbol{B}^{\mathrm{T}}=\boldsymbol{C}^{\mathrm{T}}=\boldsymbol{C}$，又 $\boldsymbol{AB}+\boldsymbol{BA}=\boldsymbol{C}$，则 $\boldsymbol{B}^{\mathrm{T}}=\boldsymbol{B}$. 设 $\lambda$ 为 $\boldsymbol{B}$ 的任意特征值，$\boldsymbol{Bx}=\lambda\boldsymbol{x}$，$\boldsymbol{x}\neq\boldsymbol{0}$，则

$$\boldsymbol{x}^{\mathrm{T}}\boldsymbol{Cx}=\boldsymbol{x}^{\mathrm{T}}\boldsymbol{ABx}+\boldsymbol{x}^{\mathrm{T}}\boldsymbol{BAx}=\boldsymbol{x}^{\mathrm{T}}\boldsymbol{A}\lambda\boldsymbol{x}+(\boldsymbol{Bx})^{\mathrm{T}}\boldsymbol{Ax}=\lambda\boldsymbol{x}^{\mathrm{T}}\boldsymbol{Ax}+(\lambda\boldsymbol{x})^{\mathrm{T}}\boldsymbol{Ax}=2\lambda\boldsymbol{x}^{\mathrm{T}}\boldsymbol{Ax}$$

又 $\boldsymbol{A}$、$\boldsymbol{C}$ 正定，$\boldsymbol{x}\neq\boldsymbol{0}$，则 $\lambda>0$，即 $\boldsymbol{B}$ 正定.

*方法二* 有 $\boldsymbol{B}^{\mathrm{T}}=\boldsymbol{B}$. 由于 $\boldsymbol{B}$ 为对称矩阵，因此存在正交矩阵 $\boldsymbol{T}$，使得 $\boldsymbol{T}^{-1}\boldsymbol{BT}=\mathrm{diag}(\lambda_1,\cdots\lambda_n)$，且

$$\boldsymbol{T}^{-1}\boldsymbol{ABT}+\boldsymbol{T}^{-1}\boldsymbol{BAT}=\boldsymbol{T}^{-1}\boldsymbol{ATT}^{-1}\boldsymbol{BT}+\boldsymbol{T}^{-1}\boldsymbol{BTT}^{-1}\boldsymbol{AT}=\boldsymbol{T}^{-1}\boldsymbol{CT}$$

令 $\boldsymbol{T}^{-1}\boldsymbol{AT}=(\boldsymbol{\alpha}_{ij})_{n\times n}$，$\boldsymbol{T}^{-1}\boldsymbol{CT}=(c_{ij})_{n\times n}$，则有

$$\begin{bmatrix}\lambda_1 a_{11} & & * \\ & \ddots & \\ * & & \lambda_n a_{nn}\end{bmatrix}+\begin{bmatrix}\lambda_1 a_{11} & & * \\ & \ddots & \\ * & & \lambda_n a_{nn}\end{bmatrix}=\begin{bmatrix}c_{11} & & * \\ & \ddots & \\ * & & c_{nn}\end{bmatrix}$$

即 $2\lambda_i a_{ii}=c_{ii}$，又因为 $\boldsymbol{A}$、$\boldsymbol{C}$ 正定，则 $a_{ii}>0$，$c_{ii}>0$，从而 $\lambda_i>0$，故 $\boldsymbol{B}$ 正定.

**注** 如果已知抽象矩阵满足矩阵关系式，则在证明其正定时可考虑其特征值大于零.

**例 19** 设 $\boldsymbol{A}=\begin{bmatrix}\boldsymbol{B} & \boldsymbol{b}\\ \boldsymbol{b}^{\mathrm{T}} & a\end{bmatrix}$为正定矩阵，其中，$\boldsymbol{B}_{n\times n}$、$\boldsymbol{b}$ 为 $n$ 维列向量，证明：若 $\boldsymbol{b}\neq\boldsymbol{0}$，则有 $|\boldsymbol{A}|<|\boldsymbol{B}|\cdot a$.

**证明** 由于 $\boldsymbol{A}=\begin{bmatrix}\boldsymbol{B} & \boldsymbol{b}\\ \boldsymbol{b}^{\mathrm{T}} & a\end{bmatrix}$为正定矩阵，因此 $\boldsymbol{B}$ 也为正定矩阵，即 $|\boldsymbol{B}|>0$. 又

$$\begin{bmatrix}\boldsymbol{E} & \boldsymbol{0}\\ -\boldsymbol{b}^{\mathrm{T}}\boldsymbol{B}^{-1} & \boldsymbol{E}\end{bmatrix}\begin{bmatrix}\boldsymbol{B} & \boldsymbol{b}\\ \boldsymbol{b}^{\mathrm{T}} & a\end{bmatrix}=\begin{bmatrix}\boldsymbol{B} & \boldsymbol{b}\\ \boldsymbol{0} & a-\boldsymbol{b}^{\mathrm{T}}\boldsymbol{B}^{-1}\boldsymbol{b}\end{bmatrix}$$

则

$$|\boldsymbol{A}|=\begin{vmatrix}\boldsymbol{B} & \boldsymbol{b}\\ \boldsymbol{b}^{\mathrm{T}} & a\end{vmatrix}=\begin{vmatrix}\boldsymbol{B} & \boldsymbol{b}\\ \boldsymbol{0} & a-\boldsymbol{b}^{\mathrm{T}}\boldsymbol{B}^{-1}\boldsymbol{b}\end{vmatrix}=|\boldsymbol{B}|(a-\boldsymbol{b}^{\mathrm{T}}\boldsymbol{B}^{-1}\boldsymbol{b})=a|\boldsymbol{B}|-|\boldsymbol{B}|\boldsymbol{b}^{\mathrm{T}}\boldsymbol{B}^{-1}\boldsymbol{b}$$

又因 $\boldsymbol{B}$ 为正定矩阵，故 $\boldsymbol{B}^{-1}$ 也为正定矩阵，所以当 $\boldsymbol{b}\neq\boldsymbol{0}$ 时有 $\boldsymbol{b}^{\mathrm{T}}\boldsymbol{B}^{-1}\boldsymbol{b}>0$，得出结论.

**例 20** 设 $\boldsymbol{X}$、$\boldsymbol{Y}$ 为 $n$ 维列向量，$\boldsymbol{A}$ 为 $n$ 阶实方阵，证明：

(1) 若 $\boldsymbol{A}$ 为半正定矩阵，则 $(\boldsymbol{X}^{\mathrm{T}}\boldsymbol{A}\boldsymbol{Y})^2\leqslant(\boldsymbol{X}^{\mathrm{T}}\boldsymbol{A}\boldsymbol{X})(\boldsymbol{Y}^{\mathrm{T}}\boldsymbol{A}\boldsymbol{Y})$；

(2) 若 $\boldsymbol{A}$ 为正定矩阵，则 $(\boldsymbol{X}^{\mathrm{T}}\boldsymbol{Y})^2\leqslant(\boldsymbol{X}^{\mathrm{T}}\boldsymbol{A}\boldsymbol{X})(\boldsymbol{Y}^{\mathrm{T}}\boldsymbol{A}^{-1}\boldsymbol{Y})$.

**证明** (1) 由于 $\boldsymbol{A}$ 为半正定矩阵，则存在正交矩阵 $\boldsymbol{T}$，使得 $\boldsymbol{T}^{\mathrm{T}}\boldsymbol{A}\boldsymbol{T}=\mathrm{diag}(\lambda_1,\cdots,\lambda_n)$，其中特征值 $\lambda_i\geqslant0$，$i=1,2,\cdots,n$. 令 $\boldsymbol{X}^{\mathrm{T}}\boldsymbol{T}=(x_1,\cdots,x_n)$，$\boldsymbol{T}^{\mathrm{T}}\boldsymbol{Y}=(y_1,\cdots,y_n)^{\mathrm{T}}$，则

$$(\boldsymbol{X}^{\mathrm{T}}\boldsymbol{A}\boldsymbol{Y})^2=(\boldsymbol{X}^{\mathrm{T}}\boldsymbol{T}(\boldsymbol{T}^{\mathrm{T}}\boldsymbol{A}\boldsymbol{T})\boldsymbol{T}^{\mathrm{T}}\boldsymbol{Y})^2=(\lambda_1x_1y_1+\lambda_2x_2y_2+\cdots+\lambda_nx_ny_n)^2$$

$$\begin{aligned}(\boldsymbol{X}^{\mathrm{T}}\boldsymbol{A}\boldsymbol{X})(\boldsymbol{Y}^{\mathrm{T}}\boldsymbol{A}\boldsymbol{Y})&=(\boldsymbol{X}^{\mathrm{T}}\boldsymbol{T}(\boldsymbol{T}^{\mathrm{T}}\boldsymbol{A}\boldsymbol{T})\boldsymbol{T}^{\mathrm{T}}\boldsymbol{X})(\boldsymbol{Y}^{\mathrm{T}}\boldsymbol{T}(\boldsymbol{T}^{\mathrm{T}}\boldsymbol{A}\boldsymbol{T})\boldsymbol{T}^{\mathrm{T}}\boldsymbol{Y})\\&=(\lambda_1x_1^2+\cdots+\lambda_nx_n^2)(\lambda_1x_1^2+\cdots+\lambda_nx_n^2)\end{aligned}$$

由柯西公式可得 $(\boldsymbol{X}^{\mathrm{T}}\boldsymbol{A}\boldsymbol{Y})^2\leqslant(\boldsymbol{X}^{\mathrm{T}}\boldsymbol{A}\boldsymbol{X})(\boldsymbol{Y}^{\mathrm{T}}\boldsymbol{A}\boldsymbol{Y})$.

(2) 由 $\boldsymbol{A}$ 正定，则存在正交矩阵 $\boldsymbol{T}$，使得 $\boldsymbol{T}^{\mathrm{T}}\boldsymbol{A}\boldsymbol{T}=(\mathrm{diag}\lambda_1,\cdots,\lambda_n)$，$\lambda_i>0$，$i=1,2,\cdots,n$，有

$$\boldsymbol{T}^{\mathrm{T}}\boldsymbol{A}^{-1}\boldsymbol{T}=\mathrm{diag}(\lambda_1^{-1},\cdots,\lambda_n^{-1})$$

取 $\boldsymbol{X}^{\mathrm{T}}\boldsymbol{T}=(x_1,\cdots,x_n)$，$\boldsymbol{T}^{\mathrm{T}}\boldsymbol{Y}=(y_1,\cdots,y_n)^{\mathrm{T}}$，则

$$(\boldsymbol{X}^{\mathrm{T}}\boldsymbol{Y})^2=(\boldsymbol{X}^{\mathrm{T}}\boldsymbol{T}\boldsymbol{T}^{\mathrm{T}}\boldsymbol{Y})^2=(x_1y_1+x_2y_2+\cdots+x_ny_n)^2$$

$$\begin{aligned}(\boldsymbol{X}^{\mathrm{T}}\boldsymbol{A}\boldsymbol{X})(\boldsymbol{Y}^{\mathrm{T}}\boldsymbol{A}^{-1}\boldsymbol{Y})&=(\boldsymbol{X}^{\mathrm{T}}\boldsymbol{T}(\boldsymbol{T}^{\mathrm{T}}\boldsymbol{A}\boldsymbol{T})\boldsymbol{T}^{\mathrm{T}}\boldsymbol{X})(\boldsymbol{Y}^{\mathrm{T}}\boldsymbol{T}(\boldsymbol{T}^{\mathrm{T}}\boldsymbol{A}^{-1}\boldsymbol{T})\boldsymbol{T}^{\mathrm{T}}\boldsymbol{Y})\\&=(\lambda_1x_1^2+\cdots+\lambda_nx_n^2)(\lambda_1^{-1}y_1^2+\cdots+\lambda_n^{-1}y_n^2)\end{aligned}$$

所以 $(\boldsymbol{X}^{\mathrm{T}}\boldsymbol{Y})^2\leqslant(\boldsymbol{X}^{\mathrm{T}}\boldsymbol{A}\boldsymbol{X})(\boldsymbol{Y}^{\mathrm{T}}\boldsymbol{A}^{-1}\boldsymbol{Y})$.

**例 21** 证明：$n$ 阶可逆对称方阵 $\boldsymbol{A}$ 为正定矩阵的充要条件为对任意 $n$ 阶正定矩阵 $\boldsymbol{B}$，有 $\mathrm{tr}(\boldsymbol{AB})>0$.

**证明** *必要性* *方法一* 由于 $\boldsymbol{A}$ 为正定矩阵，则存在可逆矩阵 $\boldsymbol{P}$ 使得 $\boldsymbol{A}=\boldsymbol{P}^{\mathrm{T}}\boldsymbol{P}$，从而 $(\boldsymbol{P}^{\mathrm{T}})^{-1}\boldsymbol{ABP}^{\mathrm{T}}=\boldsymbol{PBP}^{\mathrm{T}}$. 若 $\boldsymbol{B}$ 为正定矩阵，则 $\boldsymbol{PBP}^{\mathrm{T}}$ 为正定矩阵，从而 $\boldsymbol{PBP}^{\mathrm{T}}$ 的特征值均大于零，即 $\boldsymbol{AB}$ 的特征值都大于零，故 $\mathrm{tr}(\boldsymbol{AB})>0$.

*方法二* 由于 $\boldsymbol{A}$ 为正定矩阵，则存在正交矩阵 $\boldsymbol{P}$ 使得 $\boldsymbol{A}=\boldsymbol{P}^{\mathrm{T}}\mathrm{diag}(\lambda_1,\cdots,\lambda_n)\boldsymbol{P}$，从而 $\boldsymbol{AB}=\boldsymbol{P}^{\mathrm{T}}\mathrm{diag}(\lambda_1,\cdots,\lambda_n)\boldsymbol{PB}$，$\boldsymbol{PABP}^{\mathrm{T}}=\mathrm{diag}(\lambda_1,\cdots,\lambda_n)\boldsymbol{PBP}^{\mathrm{T}}$. 由于 $\mathrm{tr}(\boldsymbol{B})>0$，$\lambda_i>0$，因此 $\mathrm{tr}(\boldsymbol{AB})>0$.

*充分性* (反证法)设 $n$ 阶可逆对称方阵 $\boldsymbol{A}$ 不是正定矩阵，则存在正交矩阵 $\boldsymbol{T}$ 使 $\boldsymbol{T}^{\mathrm{T}}\boldsymbol{A}\boldsymbol{T}=\mathrm{diag}(\lambda_1,\cdots,\lambda_n)$，并且存在某个 $\lambda_i<0$(否则与 $\boldsymbol{A}$ 可逆不正定矛盾). 令 $\boldsymbol{B}=\boldsymbol{T}\mathrm{diag}(\mu_1,\cdots,$

$\boldsymbol{\mu}_n)\boldsymbol{T}^{\mathrm{T}}$，$\mu_i>0$，$\sum\lambda_i\mu_i<0$，则有

$$\mathrm{tr}(\boldsymbol{AB})=\mathrm{tr}(\boldsymbol{T}^{\mathrm{T}}\boldsymbol{ABT})=\mathrm{tr}[(\boldsymbol{T}^{\mathrm{T}}\boldsymbol{AT})(\boldsymbol{T}^{\mathrm{T}}\boldsymbol{BT})]=\sum\lambda_i\mu_i<0$$

矛盾.

**例 22** 设 $c$ 为实数，$\boldsymbol{\alpha}$ 为实数域上的 $n$ 维列向量，$1+c\boldsymbol{\alpha}^{\mathrm{T}}\boldsymbol{\alpha}>0$，证明：$n$ 阶矩阵 $\boldsymbol{B}=\boldsymbol{E}+c\boldsymbol{\alpha}\boldsymbol{\alpha}^{\mathrm{T}}$ 为实正定矩阵.

**证明** *方法一* 显然 $\boldsymbol{B}$ 为对称矩阵，且当 $\boldsymbol{X}\neq\boldsymbol{0}$ 时，有

$$\boldsymbol{X}^{\mathrm{T}}\boldsymbol{BX}=\boldsymbol{X}^{\mathrm{T}}\boldsymbol{EX}+\boldsymbol{X}^{\mathrm{T}}c\boldsymbol{\alpha}\boldsymbol{\alpha}^{\mathrm{T}}\boldsymbol{X}=\boldsymbol{X}^{\mathrm{T}}\boldsymbol{X}+c(\boldsymbol{\alpha}^{\mathrm{T}}\boldsymbol{X})^2$$

当 $c\geqslant 0$ 时，有 $\boldsymbol{X}^{\mathrm{T}}\boldsymbol{BX}>0$；当 $c<0$ 时，有

$$\boldsymbol{X}^{\mathrm{T}}\boldsymbol{BX}=\boldsymbol{X}^{\mathrm{T}}\boldsymbol{X}+c(\boldsymbol{\alpha}^{\mathrm{T}}\boldsymbol{X})^2\geqslant\boldsymbol{X}^{\mathrm{T}}\boldsymbol{X}+c(\boldsymbol{X}^{\mathrm{T}}\boldsymbol{X})(\boldsymbol{\alpha}^{\mathrm{T}}\boldsymbol{\alpha})=\boldsymbol{X}^{\mathrm{T}}\boldsymbol{X}(1+c\boldsymbol{\alpha}^{\mathrm{T}}\boldsymbol{\alpha})>0$$

*方法二* 显然，$c\boldsymbol{\alpha}\boldsymbol{\alpha}^{\mathrm{T}}$ 为实对称矩阵，所以存在正交矩阵 $\boldsymbol{P}$ 使 $\boldsymbol{P}^{-1}(c\boldsymbol{\alpha}\boldsymbol{\alpha}^{\mathrm{T}})\boldsymbol{P}=\boldsymbol{\Lambda}$. 又

$$|\lambda\boldsymbol{E}-c\boldsymbol{\alpha}\boldsymbol{\alpha}^{\mathrm{T}}|=\lambda^{n-1}(\lambda-c\boldsymbol{\alpha}^{\mathrm{T}}\boldsymbol{\alpha})$$

故 $\boldsymbol{P}^{-1}(c\boldsymbol{\alpha}\boldsymbol{\alpha}^{\mathrm{T}})\boldsymbol{P}=\mathrm{diag}(0,\cdots,0,c\boldsymbol{\alpha}^{\mathrm{T}}\boldsymbol{\alpha})$，则 $\boldsymbol{P}^{-1}(\boldsymbol{E}+c\boldsymbol{\alpha}\boldsymbol{\alpha}^{\mathrm{T}})\boldsymbol{P}=\mathrm{diag}(1,\cdots,1,1+c\boldsymbol{\alpha}^{\mathrm{T}}\boldsymbol{\alpha})$. 又 $1+c\boldsymbol{\alpha}^{\mathrm{T}}\boldsymbol{\alpha}>0$，则 $\boldsymbol{B}=\boldsymbol{E}+c\boldsymbol{\alpha}\boldsymbol{\alpha}^{\mathrm{T}}$ 的特征值均为正数，而 $\boldsymbol{E}+c\boldsymbol{\alpha}\boldsymbol{\alpha}^{\mathrm{T}}$ 为对称矩阵，则 $\boldsymbol{B}=\boldsymbol{E}+c\boldsymbol{\alpha}\boldsymbol{\alpha}^{\mathrm{T}}$ 为实正定矩阵.

**例 23** 设 $\boldsymbol{A}$、$\boldsymbol{B}$ 为 $m\times n$ 的实矩阵，$R(\boldsymbol{A}+\boldsymbol{B})=n$，证明：$\boldsymbol{A}^{\mathrm{T}}\boldsymbol{A}+\boldsymbol{B}^{\mathrm{T}}\boldsymbol{B}$ 为正定矩阵.

**证明** 显然，$\boldsymbol{A}^{\mathrm{T}}\boldsymbol{A}$、$\boldsymbol{B}^{\mathrm{T}}\boldsymbol{B}$ 均为实对称矩阵，则 $\boldsymbol{A}^{\mathrm{T}}\boldsymbol{A}+\boldsymbol{B}^{\mathrm{T}}\boldsymbol{B}$ 也为实对称矩阵. 由于 $R(\boldsymbol{A}+\boldsymbol{B})=n$，因此 $(\boldsymbol{A}+\boldsymbol{B})\boldsymbol{x}=\boldsymbol{0}$ 只有零解. 当 $\boldsymbol{\alpha}$ 为非零实列向量时，$(\boldsymbol{A}+\boldsymbol{B})\boldsymbol{\alpha}\neq\boldsymbol{0}$，即 $\boldsymbol{A\alpha}$、$\boldsymbol{B\alpha}$ 不会全为零，从而有

$$\boldsymbol{\alpha}^{\mathrm{T}}(\boldsymbol{A}^{\mathrm{T}}\boldsymbol{A}+\boldsymbol{B}^{\mathrm{T}}\boldsymbol{B})\boldsymbol{\alpha}=\boldsymbol{\alpha}^{\mathrm{T}}\boldsymbol{A}^{\mathrm{T}}\boldsymbol{A\alpha}+\boldsymbol{\alpha}^{\mathrm{T}}\boldsymbol{B}^{\mathrm{T}}\boldsymbol{B\alpha}=\|\boldsymbol{A\alpha}\|^2+\|\boldsymbol{B\alpha}\|^2>0$$

即 $\boldsymbol{A}^{\mathrm{T}}\boldsymbol{A}+\boldsymbol{B}^{\mathrm{T}}\boldsymbol{B}$ 为正定矩阵.

**例 24** 设 $\boldsymbol{A}$ 为 $c$ 阶方阵，且对于任意向量 $\boldsymbol{\alpha}\neq\boldsymbol{0}$，都有 $\boldsymbol{\alpha}^{\mathrm{T}}\boldsymbol{A\alpha}>0$，证明：存在正定矩阵 $\boldsymbol{B}$ 和反对称矩阵 $\boldsymbol{C}$，使得 $\boldsymbol{A}=\boldsymbol{B}+\boldsymbol{C}$，且对于任意向量 $\boldsymbol{\alpha}$，都有 $\boldsymbol{\alpha}^{\mathrm{T}}\boldsymbol{A\alpha}=\boldsymbol{\alpha}^{\mathrm{T}}\boldsymbol{B\alpha}$，$\boldsymbol{\alpha}^{\mathrm{T}}\boldsymbol{C\alpha}=\boldsymbol{0}$.

**证明** 令 $\boldsymbol{B}=\dfrac{\boldsymbol{A}+\boldsymbol{A}^{\mathrm{T}}}{2}$，$\boldsymbol{C}=\dfrac{\boldsymbol{A}-\boldsymbol{A}^{\mathrm{T}}}{2}$，则 $\boldsymbol{B}^{\mathrm{T}}=\dfrac{\boldsymbol{A}+\boldsymbol{A}^{\mathrm{T}}}{2}=\boldsymbol{B}$，$\boldsymbol{C}^{\mathrm{T}}=\dfrac{-\boldsymbol{A}+\boldsymbol{A}^{\mathrm{T}}}{2}=-\boldsymbol{C}$，即 $\boldsymbol{B}$ 为对称矩阵，$\boldsymbol{C}$ 为反对称矩阵. 对于任意向量 $\boldsymbol{\alpha}$，有

$$\boldsymbol{\alpha}^{\mathrm{T}}\boldsymbol{B\alpha}=\boldsymbol{\alpha}^{\mathrm{T}}\frac{\boldsymbol{A}+\boldsymbol{A}^{\mathrm{T}}}{2}\boldsymbol{\alpha}=\frac{1}{2}\boldsymbol{\alpha}^{\mathrm{T}}\boldsymbol{A\alpha}+\frac{1}{2}\boldsymbol{\alpha}^{\mathrm{T}}\boldsymbol{A}^{\mathrm{T}}\boldsymbol{\alpha}=\boldsymbol{\alpha}^{\mathrm{T}}\boldsymbol{A\alpha}>0$$

即 $\boldsymbol{B}$ 为正定矩阵. 又有

$$\boldsymbol{\alpha}^{\mathrm{T}}\boldsymbol{C\alpha}=\boldsymbol{\alpha}^{\mathrm{T}}\frac{\boldsymbol{A}-\boldsymbol{A}^{\mathrm{T}}}{2}\boldsymbol{\alpha}=\frac{1}{2}\boldsymbol{\alpha}^{\mathrm{T}}\boldsymbol{A\alpha}-\frac{1}{2}\boldsymbol{\alpha}^{\mathrm{T}}\boldsymbol{A}^{\mathrm{T}}\boldsymbol{\alpha}=0$$

并且 $\boldsymbol{\alpha}^{\mathrm{T}}\boldsymbol{A\alpha}=\boldsymbol{\alpha}^{\mathrm{T}}\boldsymbol{B\alpha}$，$\boldsymbol{\alpha}^{\mathrm{T}}\boldsymbol{C\alpha}=0$.

**例 25** 设 $\boldsymbol{D}=\begin{bmatrix}\boldsymbol{A} & \boldsymbol{C}\\ \boldsymbol{C}^{\mathrm{T}} & \boldsymbol{B}\end{bmatrix}$为正定矩阵，其中，$\boldsymbol{A}_{m\times m}$、$\boldsymbol{B}_{n\times n}$ 为对称矩阵.

(1) 计算 $\boldsymbol{P}^{\mathrm{T}}\boldsymbol{DP}$，$\boldsymbol{P}=\begin{bmatrix}\boldsymbol{E}_m & -\boldsymbol{A}^{-1}\boldsymbol{C}\\ \boldsymbol{0} & \boldsymbol{E}_n\end{bmatrix}$；

(2) 利用(1) 的结果判定矩阵 $\boldsymbol{B}-\boldsymbol{C}^{\mathrm{T}}\boldsymbol{A}^{-1}\boldsymbol{C}$ 是否为正定矩阵，并证明所得的结论.

**解** (1) 由于 $\boldsymbol{P}^{\mathrm{T}}=\begin{bmatrix}\boldsymbol{E}_m & \boldsymbol{0}\\ -\boldsymbol{C}^{\mathrm{T}}\boldsymbol{A}^{-1} & \boldsymbol{E}_n\end{bmatrix}$，则

$$\boldsymbol{P}^{\mathrm{T}}\boldsymbol{DP}=\begin{bmatrix}\boldsymbol{E}_m & \boldsymbol{0}\\ -\boldsymbol{C}^{\mathrm{T}}\boldsymbol{A}^{-1} & \boldsymbol{E}_n\end{bmatrix}\begin{bmatrix}\boldsymbol{A} & \boldsymbol{C}\\ \boldsymbol{C}^{\mathrm{T}} & \boldsymbol{B}\end{bmatrix}\begin{bmatrix}\boldsymbol{E}_m & -\boldsymbol{A}^{-1}\boldsymbol{C}\\ \boldsymbol{0} & \boldsymbol{E}_n\end{bmatrix}=\begin{bmatrix}\boldsymbol{A} & \boldsymbol{0}\\ \boldsymbol{0} & \boldsymbol{B}-\boldsymbol{C}^{\mathrm{T}}\boldsymbol{A}^{-1}\boldsymbol{C}\end{bmatrix}$$

(2) 矩阵 $\boldsymbol{B}-\boldsymbol{C}^{\mathrm{T}}\boldsymbol{A}^{-1}\boldsymbol{C}$ 为正定矩阵. 由(1) 的结果可知，$\boldsymbol{D}$ 合同于矩阵

$$\boldsymbol{M}=\begin{bmatrix}\boldsymbol{A} & \boldsymbol{0}\\ \boldsymbol{0} & \boldsymbol{B}-\boldsymbol{C}^{\mathrm{T}}\boldsymbol{A}^{-1}\boldsymbol{C}\end{bmatrix}$$

又 $\boldsymbol{D}$ 为正定矩阵，则 $\boldsymbol{M}$ 为正定矩阵. 易知 $\boldsymbol{B}-\boldsymbol{C}^{\mathrm{T}}\boldsymbol{A}^{-1}\boldsymbol{C}$ 为对称矩阵，则 $\boldsymbol{M}$ 为对称矩阵. 对于任意 $\boldsymbol{\alpha}=(\underbrace{0,0,\cdots,0}_{m个0})^{\mathrm{T}}$，$\boldsymbol{\beta}=(b_1,b_2,\cdots,b_n)^{\mathrm{T}}$，则

$$\boldsymbol{\beta}^{\mathrm{T}}(\boldsymbol{B}-\boldsymbol{C}^{\mathrm{T}}\boldsymbol{A}^{-1}\boldsymbol{C})\boldsymbol{\beta}=(\boldsymbol{\alpha}^{\mathrm{T}},\boldsymbol{\beta}^{\mathrm{T}})\begin{bmatrix}\boldsymbol{A} & \boldsymbol{0}\\ \boldsymbol{0} & \boldsymbol{B}-\boldsymbol{C}^{\mathrm{T}}\boldsymbol{A}^{-1}\boldsymbol{C}\end{bmatrix}\begin{bmatrix}\boldsymbol{\alpha}\\ \boldsymbol{\beta}\end{bmatrix}>0$$

即 $\boldsymbol{B}-\boldsymbol{C}^{\mathrm{T}}\boldsymbol{A}^{-1}\boldsymbol{C}$ 正定.

**例 26** 设 $\boldsymbol{A}_{n\times n}$、$\boldsymbol{B}_{n\times n}$ 为实对称矩阵，且 $\boldsymbol{A}$ 正定，证明：$\boldsymbol{A}+\boldsymbol{B}$ 为正定矩阵的充要条件为 $\boldsymbol{BA}^{-1}$ 的特征值均大于 $-1$.

**证明** 由于 $\boldsymbol{A}$ 为正定矩阵，$\boldsymbol{B}$ 为实对称矩阵，则存在可逆矩阵 $\boldsymbol{P}$，使得 $\boldsymbol{P}^{\mathrm{T}}\boldsymbol{AP}=\boldsymbol{E}$，$\boldsymbol{P}^{\mathrm{T}}\boldsymbol{BP}=\mathrm{diag}(\mu_1,\cdots,\mu_n)=\boldsymbol{\Lambda}$，从而有 $\boldsymbol{A}+\boldsymbol{B}=(\boldsymbol{P}^{\mathrm{T}})^{-1}(\boldsymbol{E}+\boldsymbol{\Lambda})\boldsymbol{P}^{-1}$ 正定，$\boldsymbol{E}+\boldsymbol{\Lambda}$ 正定的充要条件为 $1+\mu_i>0$，即 $\mu_i>-1$. 又 $\boldsymbol{BA}^{-1}=(\boldsymbol{P}^{\mathrm{T}})^{-1}\boldsymbol{\Lambda P}^{-1}PP^{\mathrm{T}}=(\boldsymbol{P}^{\mathrm{T}})^{-1}\boldsymbol{\Lambda P}^{\mathrm{T}}$，则 $\boldsymbol{BA}^{-1}$ 与 $\boldsymbol{\Lambda}$ 相似，从而 $\mu_i$ 为 $\boldsymbol{BA}^{-1}$ 的特征值，即 $\mu_i>-1$. 故 $\boldsymbol{A}+\boldsymbol{B}$ 为正定矩阵的充要条件为 $\boldsymbol{BA}^{-1}$ 的特征值均大于 $-1$.

**例 27** 设 $\boldsymbol{A}^2$ 为 $n$ 阶正定矩阵，$\boldsymbol{B}$ 为 $n$ 阶实对称矩阵，证明：$\boldsymbol{A}^2-\boldsymbol{B}$ 为正定矩阵的充要条件为 $\boldsymbol{A}^{-1}\boldsymbol{BA}^{-1}$ 的特征值均小于 1.

**证明** 由于 $\boldsymbol{A}^2$ 为正定矩阵，$\boldsymbol{B}$ 为实对称矩阵，则存在可逆矩阵 $\boldsymbol{P}$，使得 $\boldsymbol{P}^{\mathrm{T}}\boldsymbol{A}^2\boldsymbol{P}=\boldsymbol{E}$，$\boldsymbol{P}^{\mathrm{T}}\boldsymbol{BP}=\mathrm{diag}(\mu_1,\cdots,\mu_n)=\boldsymbol{\Lambda}$，从而有 $\boldsymbol{A}^2-\boldsymbol{B}=(\boldsymbol{P}^{\mathrm{T}})^{-1}(\boldsymbol{E}-\Lambda)\boldsymbol{P}^{-1}$ 正定，$\boldsymbol{E}-\boldsymbol{\Lambda}$ 正定的充要条件为 $1-\mu_i>0$，即 $\mu_i<1$. 又 $\boldsymbol{BA}^{-2}=(\boldsymbol{P}^{\mathrm{T}})^{-1}\boldsymbol{\Lambda P}^{-1}\boldsymbol{PP}^{\mathrm{T}}=(\boldsymbol{P}^{\mathrm{T}})^{-1}\boldsymbol{\Lambda P}^{\mathrm{T}}$，$\boldsymbol{BA}^{-2}=\boldsymbol{A}(\boldsymbol{A}^{-1}\boldsymbol{BA}^{-1})\boldsymbol{A}^{-1}$，则 $\boldsymbol{BA}^{-2}$ 与 $\boldsymbol{A}^{-1}\boldsymbol{BA}^{-1}$、$\boldsymbol{\Lambda}$ 相似，即 $\boldsymbol{A}^{-1}\boldsymbol{BA}^{-1}$ 与 $\boldsymbol{\Lambda}$ 相似，从而 $\mu_i$ 为 $\boldsymbol{A}^{-1}\boldsymbol{BA}^{-1}$ 的特征值，即 $\mu_i<1$. 故 $\boldsymbol{A}^2-\boldsymbol{B}$ 为正定矩阵的充要条件为 $\boldsymbol{A}^{-1}\boldsymbol{BA}^{-1}$ 的特征值均小于 1.

## 练 习 题

1. 设二次型 $f(x_1,x_2,x_3)=2x_1^2+x_2^2+x_3^2+2x_1x_2+tx_2x_3$ 是正定的，则 $t$ 的取值范围是________.

2. 设 $n$ 元实二次型 $f(x_1,x_2,\cdots,x_n)=\sum\limits_{i=1}^{n}(x_i+a_ix_{i+1})$，当 $a_1,a_2,\cdots,a_n$ 满足________条件时正定.

3. 试问当 $t$ 为何值时，实二次型 $f(x_1,x_2,x_3,x_4)=t(x_1^2+x_2^2+x_3^2+x_4^2)+2x_1x_2+2x_1x_3-2x_2x_3+x_4^2$ 正定.

4. 设实 $n$ 元二次型 $f(x_1,x_2,\cdots,x_n)=\sum\limits_{i=1}^{s}(a_{i1}x_1+a_{i2}x_2+\cdots+a_{in}x_n)^2$，证明：该二次型的秩等于 $\boldsymbol{A}=(a_{ij})_{s\times n}$ 的秩.

5. 设二次型 $f(x_1,x_2,x_3,x_4)=k(x_1^2+x_2^2+x_3^2+x_4^2)+2x_1x_2+2x_1x_3-2x_1x_4-2x_2x_3+2x_2x_4+2x_3x_4$.

(1) 若 $f(x_1, x_2, x_3, x_4)$ 为正定二次型，求 $k$ 的范围；

(2) 若 $f(x_1, x_2, x_3, x_4)$ 通过正交变换化为标准形 $3y_1^2+3y_2^2+3y_3^2-x_4^2$，求 $k$ 的值.

6. 设 $\boldsymbol{A}$、$\boldsymbol{B}$ 都是 $n\times n$ 半正定实对称矩阵，请问 $\boldsymbol{A}+\boldsymbol{B}$ 是否必为半正定的？若是，请说明理由；若不是，请给出反例.

7. 设 $\boldsymbol{A}$、$\boldsymbol{B}$ 都是 $n\times n$ 半正定实矩阵，证明：$\boldsymbol{AB}$ 的特征值全是非负实数.

8. (1) 如果 $\sum\limits_{i=1}^{n}\sum\limits_{j=1}^{n}a_{ij}x_ix_j\ (a_{ij}=a_{ji})$ 是正定二次型，那么

$$f(y_1, y_2, \cdots, y_n)=\begin{vmatrix} a_{11} & a_{12} & \cdots & a_{1n} & y_1 \\ a_{21} & a_{22} & \cdots & a_{2n} & y_2 \\ \vdots & \vdots & & \vdots & \vdots \\ a_{n1} & a_{n2} & \cdots & a_{nn} & y_n \\ y_1 & y_2 & \cdots & y_n & 0 \end{vmatrix}$$

是负定二次型.

(2) 如果 $\boldsymbol{A}=(a_{ij})$ 是正定矩阵，那么 $|\boldsymbol{A}|\leqslant a_{nn}P_{n-1}$，这里 $P_{n-1}$ 是 $\boldsymbol{A}$ 的 $n-1$ 阶顺序主子式.

(3) 如果 $\boldsymbol{A}=(a_{ij})$ 是正定矩阵，那么 $|\boldsymbol{A}|\leqslant a_{11}a_{22}\cdots a_{nn}$.

9. 若 $\boldsymbol{B}$ 是正定矩阵，$\boldsymbol{A}-\boldsymbol{B}$ 是半正定矩阵，试证明：

(1) 方程 $|\boldsymbol{A}-\lambda\boldsymbol{B}|=0$ 的所有根 $\lambda\geqslant 1$；

(2) $|\boldsymbol{A}|\geqslant|\boldsymbol{B}|$.

10. 设 $\boldsymbol{A}$ 为 $n$ 阶正定矩阵，$\boldsymbol{C}$ 为 $n$ 阶半正定矩阵，证明：$|\boldsymbol{A}+\boldsymbol{C}|\geqslant|\boldsymbol{A}|+|\boldsymbol{C}|$，当且仅当 $\boldsymbol{C}=0$ 时，等号成立.

11. 设 $\boldsymbol{A}$ 为 $n$ 阶实矩阵，且 $\boldsymbol{A}^2$ 是正定矩阵，$\boldsymbol{B}$ 为 $n$ 阶实对称矩阵，则 $\boldsymbol{A}^2-\boldsymbol{B}$ 正定的充要条件是 $\boldsymbol{A}^{-1}\boldsymbol{B}\boldsymbol{A}^{-1}$ 的特征值均小于 1.

12. 设 $\boldsymbol{A}$、$\boldsymbol{B}$ 为 $n$ 阶实方阵，已知 $\boldsymbol{A}$、$\boldsymbol{B}$、$\boldsymbol{A}-\boldsymbol{B}$ 正定，证明：$\boldsymbol{B}^{-1}-\boldsymbol{A}^{-1}$ 正定.

13. 若 $\boldsymbol{A}$ 为实矩阵，证明：$R(\boldsymbol{A})=R(\boldsymbol{A}^{\mathrm{T}}\boldsymbol{A})$.

14. 设 $\boldsymbol{A}$ 是 $n$ 阶实对称矩阵，满足 $\boldsymbol{A}^3-3\boldsymbol{A}^2+4\boldsymbol{A}-3\boldsymbol{E}=0$，证明：$\boldsymbol{A}$ 为正定矩阵.

15. 设 $\boldsymbol{A}$ 是 $n$ 阶正定矩阵，证明：$|\boldsymbol{A}+2\boldsymbol{E}|>2^n$.

# 第6章 线性空间

### ▲本章重点

(1) 理解集合、映射、线性空间、线性组合、向量组的等价、线性相关、线性无关、基、维数、坐标、过渡矩阵、子空间、和子空间、交子空间、生成子空间、线性方程组的解空间、直和的概念与运算.

(2) 掌握单射、满射、可逆映射的条件与判定；掌握线性空间的性质；掌握线性相(无)关、基的性质会求向量关于给定基的坐标；掌握向量在不同基下的坐标公式；掌握子空间、生成子空间的性质；掌握维数定理；掌握直和的充要条件；线性空间的基与维数、过渡矩阵、子空间的和与直和.

### ▲本章难点

直和的判定，两个线性空间的同构的判定.

## 6.1 线性空间的定义与性质

### 一、映射

设 $M$、$M'$是两个非空集合，集合 $M$ 到集合 $M'$的一个映射是指一个法则，它使 $M$ 中每一个元素 $a$ 都有 $M'$中一个确定的元素 $a'$与之对应. 记为 $\sigma$: $M \to M'$或 $M \xrightarrow{\sigma} M'$. 若映射 $\sigma$ 使元素 $a' \in A'$与元素 $a \in M$ 对应，则就记 $\sigma(a)=a'$，$a'$就称为 $a$ 在映射 $\sigma$ 下的像，而 $a$ 称为 $a'$在映射 $\sigma$ 下的一个原像.

**注** (1) $M$ 到 $M$ 的映射有时也称为 $M$ 到自身的变换.

(2) $M$ 到 $M'$的映射 $\sigma$ 应注意：① $M$ 与 $M'$可以相同，可以不同；② 对于 $M$ 中每个元素 $a$，需要有 $M'$中一个唯一确定的元素 $a'$与之对应；③ 一般，$M'$中元素不一定都是 $M$ 中元素的像；④ $M$ 中不相同元素的像可能相同；⑤ 两个集合之间可以建立多个映射.

(3) 对于映射 $\sigma$: $M \to M'$，集合 $\sigma(M)=\{\sigma(a) \mid a \in M\}$称之为 $M$ 在映射 $\sigma$ 下的像，通常记为 $\mathrm{Im}\sigma$，显然有 $\mathrm{Im}\sigma \subseteq M'$.

另外，还有相等映射、恒等映射 $\varepsilon$、映射的乘积、满射、单射、双射、可逆映射等.

### 二、线性空间的定义

在第 3 章讨论的数域 $P$ 上的 $n$ 维向量空间，定义两个向量的加法与数乘运算，并且满足一些重要的规律.

设 $V$ 是一个非空集合，$P$ 是一个数域，在集合 $V$ 中定义了一种代数运算，称为加法：对 $\forall \boldsymbol{\alpha}, \boldsymbol{\beta} \in V$，在 $V$ 中都存在唯一的一个运算 $\boldsymbol{\gamma}$ 与它们对应，称 $\boldsymbol{\gamma}$ 为 $\boldsymbol{\alpha}$、$\boldsymbol{\beta}$ 的和，记为 $\boldsymbol{\gamma}=\boldsymbol{\alpha}+\boldsymbol{\beta}$；在 $P$ 与 $V$ 的元素之间定义了一种运算，称为数量乘法：$\forall \boldsymbol{\alpha} \in V$，$\forall k \in P$，在 $V$ 中都存在唯一的一个运算 $\delta$ 与它们对应，称 $\delta$ 为 $k$ 与 $\boldsymbol{\alpha}$ 的数量乘积，记为 $\delta=k\boldsymbol{\alpha}$. 如果加法和数量乘法满足规则，即加法：① $\boldsymbol{\alpha}+\boldsymbol{\beta}=\boldsymbol{\beta}+\boldsymbol{\alpha}$；② $(\boldsymbol{\alpha}+\boldsymbol{\beta})+\boldsymbol{\gamma}=\boldsymbol{\alpha}+(\boldsymbol{\beta}+\boldsymbol{\gamma})$；③ 在 $V$ 中有一个元素 0，对 $\forall \boldsymbol{\alpha} \in V$，有 $\boldsymbol{\alpha}+\mathbf{0}=\boldsymbol{\alpha}$(具有这个性质的元素 0 称为 $V$ 的零元素)；④ 对 $\forall \boldsymbol{\alpha} \in V$，都有 $V$ 中的一个元素 $\boldsymbol{\beta}$，使得 $\boldsymbol{\alpha}+\boldsymbol{\beta}=\mathbf{0}$($\boldsymbol{\beta}$ 称为 $\boldsymbol{\alpha}$ 的负元素)；数量乘法：⑤ $1\boldsymbol{\alpha}=\boldsymbol{\alpha}$；⑥ $k(l\boldsymbol{\alpha})=kl\boldsymbol{\alpha}=l(k\boldsymbol{\alpha})=(kl)\boldsymbol{\alpha}$；加法和数量乘法：⑦ $(k+l)\boldsymbol{\alpha}=k\boldsymbol{\alpha}+l\boldsymbol{\alpha}$；⑧ $k(\boldsymbol{\alpha}+\boldsymbol{\beta})=k\boldsymbol{\alpha}+k\boldsymbol{\beta}$，则称 $V$ 为数域 $P$ 上的线性空间.

**注** (1) 凡是满足以上八条规则的加法和数量乘法也称为线性运算.

(2) 线性空间的元素也称为向量，线性空间也称为向量空间. 但这里的向量不一定是有序数对.

(3) 线性空间的判定：若集合对于定义的加法和数量乘法运算不封闭，或者运算封闭但不满足八条规则中的任一条，则此集合就不构成线性空间.

## 三、线性空间的简单性质

(1) 零元素是唯一的.

**证明** 假设线性空间 $V$ 有两个零元素 $\mathbf{0}_1$、$\mathbf{0}_2$，则有 $\mathbf{0}_1=\mathbf{0}_1+\mathbf{0}_2=\mathbf{0}_2$.

(2) $\forall \boldsymbol{\alpha} \in V$ 的负元素是唯一的，记为 $-\boldsymbol{\alpha}$.

**证明** 假设 $\boldsymbol{\alpha}$ 有两个负元素 $\boldsymbol{\beta}$，$\boldsymbol{\gamma}$，则有

$$\boldsymbol{\alpha}+\boldsymbol{\beta}=\mathbf{0},\ \boldsymbol{\alpha}+\boldsymbol{\gamma}=\mathbf{0},\ \boldsymbol{\beta}=\boldsymbol{\beta}+\mathbf{0}=\boldsymbol{\beta}+(\boldsymbol{\alpha}+\boldsymbol{\gamma})=(\boldsymbol{\beta}+\boldsymbol{\alpha})+\boldsymbol{\gamma}=(\boldsymbol{\alpha}+\boldsymbol{\beta})+\boldsymbol{\gamma}=\mathbf{0}+\boldsymbol{\gamma}=\boldsymbol{\gamma}.$$

利用负元素，我们可以定义减法：$\boldsymbol{\alpha}-\boldsymbol{\beta}=\boldsymbol{\alpha}+(-\boldsymbol{\beta})$.

(3) 若 $k\boldsymbol{\alpha}=\mathbf{0}$，则 $k=0$ 或 $\boldsymbol{\alpha}=\mathbf{0}$.

**证明** 假设 $k\neq 0$，则 $\boldsymbol{\alpha}=(k^{-1}k)\boldsymbol{\alpha}=k^{-1}(k\boldsymbol{\alpha})=k^{-1}\mathbf{0}=\mathbf{0}$.

## 四、常见的线性空间

**例 1** 向量集合 $P^n$ 为数域 $P$ 上的线性空间.

**例 2** 数域 $P$ 上的次数小于 $n$ 的多项式的全体，再添上零多项式做成的集合，按多项式的加法和数量乘法构成数域 $P$ 上的一个线性空间，$P[x]_n=\{f(x)=a_{n-1}x^{n-1}+\cdots+a_1x+a_0 \mid a_i \in P, i=0, 1, \cdots, n-1\}$.

**例 3** 数域 $P$ 上 $m\times n$ 矩阵的全体做成的集合，按矩阵的加法与数乘，构成数域 $P$ 上的一个线性空间，记为 $P^{m\times n}$.

**例 4** 任一数域 $P$ 按照本身的加法与乘法构成一个数域 $P$ 上的线性空间.

**例 5** 全体正实数 $\mathbf{R}^+$，(1) 加法和数乘定义为：$\forall a, b \in \mathbf{R}^+$，$\forall k \in \mathbf{R}$，$a \oplus b=\log_a b$，$k \circ \boldsymbol{\alpha}=\boldsymbol{\alpha}^k$.

(2) 加法与数乘定义为：$\forall a, b \in \mathbf{R}^+$，$\forall k \in \mathbf{R}$，$a \oplus b=ab$，$k \circ \boldsymbol{\alpha}=\boldsymbol{\alpha}^k$；判断 $\mathbf{R}^+$ 是否构成实数域 $\mathbf{R}$ 上的线性空间.

**解** (1) $\mathbf{R}^+$ 不构成实数域 $\mathbf{R}$ 上的线性空间. 因为$\oplus$运算不封闭，如 $2 \oplus \frac{1}{2}=\mathrm{lb}\,\frac{1}{2}=$

$-1\notin\mathbf{R}^+$.

(2) $\mathbf{R}^+$构成实数域$\mathbf{R}$上的线性空间. 首先，$\mathbf{R}^+\neq\varnothing$，且加法和数乘对$\mathbf{R}^+$是封闭的. 事实上，$\forall a, b\in\mathbf{R}^+$，$a\oplus b=ab\in\mathbf{R}^+$，且$ab$唯一确定，$\forall a\in\mathbf{R}^+$，$\forall k\in\mathbf{R}$，$k\circ\boldsymbol{\alpha}=\boldsymbol{\alpha}^k\in\mathbf{R}^+$，且$a^k$唯一确定；其次，加法和数乘满足$a\oplus b=ab=ba=b\oplus a$，$(a\oplus b)\oplus c=(ab)\oplus c=(ab)c=a(bc)=a\oplus(bc)=a\oplus(b\oplus c)$；$1\in\mathbf{R}^+$，$a\oplus 1=a1=a$，$\forall a\in\mathbf{R}^+$，即1是零元；$\forall a\in\mathbf{R}^+$，$\frac{1}{a}\in\mathbf{R}^+$，且$a\oplus\frac{a}{a}=a\cdot\frac{1}{a}=1$，即$a$的负元素是$\frac{1}{a}$. 而

$$1\circ a=a^1=a,\ \forall a\in\mathbf{R}^+;\ k\circ(l\circ a)=k\circ a^l=(a^l)^k=a^{lk}=a^{kl}=(kl)\circ a;$$
$$(k+l)\quad a=a^{k+l}=a^ka^l=a^k\oplus a^l=(k\circ a)\oplus(l\circ a);$$
$$k\circ(a\oplus b)=k\circ(ab)=(ab)^k=a^kb^k=a^k\oplus b^k=(k\circ a)\oplus(k\circ b)$$

故$\mathbf{R}^+$构成实数域$\mathbf{R}$上的线性空间.

**例6** 令$V=\{f(\mathbf{A})\mid f(x)\in\mathbf{R}[x], \mathbf{A}\in\mathbf{R}^{n\times n}\}$，即$n$阶方阵$\mathbf{A}$的实系数多项式的全体，则$V$关于矩阵的加法和数乘构成实数域$\mathbf{R}$上的线性空间.

**解** 由矩阵的加法与数乘运算可知$f(\mathbf{A})+g(\mathbf{A})=h(\mathbf{A})$，$kf(\mathbf{A})=d(\mathbf{A})$，其中，$h(x)$，$d(x)\in\mathbf{R}[x]$，$k\in\mathbf{R}$，又因为$V$中含有$\mathbf{A}$的零多项式，即零矩阵$\mathbf{0}$，为$V$的零元素，以$f(x)$的各项系数的相反数为系数做成的多项式记为$-f(x)$，则$f(\mathbf{A})$有负元素$-f(\mathbf{A})$，由矩阵的加法与数乘还满足其他各条，故$V$为实数域$\mathbf{R}$上的线性空间.

**例7** 证明：数域$P$上的线性空间$V$若含有一个非零向量，则$V$一定含有无穷多个向量.

**证明** 设$\boldsymbol{\alpha}\in V$，且$\boldsymbol{\alpha}\neq\mathbf{0}$，$\forall k_1, k_2\in P$，$k_1\neq k_2$，有$k_1\boldsymbol{\alpha}$，$k_2\boldsymbol{\alpha}\in V$. 又

$$k_1\boldsymbol{\alpha}-k_2\boldsymbol{\alpha}=(k_1-k_2)\boldsymbol{\alpha}\neq\mathbf{0}$$

则$k_1\boldsymbol{\alpha}\neq k_2\boldsymbol{\alpha}$. 而数域$P$中有无限多个不同的数，所以$V$中有无穷多个不同的向量.

**注** 只含一个向量——零向量的线性空间称为零空间.

**例8** 找一个$\mathbf{R}$到$\mathbf{R}^+$的一一对应.

**解** 对于$\forall x\in\mathbf{R}$，规定$\sigma x\to 2^x$，则$\sigma$是$\mathbf{R}$到$\mathbf{R}^+$的一个映射. 因为若$2^x=2^y$，有$2^{x-y}=1$，$x=y$，则$\sigma$是单射. 又$\forall a\in\mathbf{R}^+$，存在$x=\mathrm{lb}a\in\mathbf{R}$，使得$\sigma(\mathrm{lb}a)=2^{\mathrm{lb}a}=a$，则$\sigma$是双射. 故$\sigma$是一一对应.

**例9** 令$f:x\to x$，$x\in\mathbf{R}^+$，请问：(1) $g$是不是$\mathbf{R}^+$到$\mathbf{R}^+$的双射？$g$是不是$f$的逆映射？(2) $g$是不是可逆映射？若是，求其逆.

**解** (1) $g$是$\mathbf{R}^+$到$\mathbf{R}^+$的双射：对于$\forall x, y\in\mathbf{R}^+$，若$\frac{1}{x}=\frac{1}{y}$，则$x=y$，$g$是单射. 并且$\forall x\in\mathbf{R}^+$，有$\forall\ \frac{1}{x}\in\mathbf{R}^+$，使得$g\left(\frac{1}{x}\right)=x$，即$g$为满射. 又$f\circ g(x)=f(g(x))=f\left(\frac{1}{x}\right)=\frac{1}{x}$，则$f\circ g\neq I_{\mathbf{R}^+}$，$g$不是$f$的逆映射，$f^{-1}=f$.

(2) $g$是可逆映射，$g^{-1}=g$.

**例10** 设映射$f:A\to B$，$g:B\to C$，令$h=g\circ f$，证明：(1) 若$h$是单射，则$f$也是单射；(2) 若$h$是满射，则$g$也是满射；(3) 若$f$、$g$都是双射，则$h$也是双射，且$h^{-1}=(g\circ f)^{-1}=f^{-1}\circ g^{-1}$.

**证明** (1) 若$f$不是单射，则存在$a_1$，$a_2\in A$，且$a_1\neq a_2$，但$f(a_1)=f(a_2)$，于是有

$h(a_1)=g\circ f(a_1)=g(f(a_1))=g(f(a_2))=g\circ f(a_2)=h(a_2)$，这与 $h$ 是单射相矛盾，故 $f$ 是单射.

(2) 因为 $h$ 是满射，$\forall c\in C$，$\exists a\in A$，使得 $h(a)=c$，即 $c=h(a)=g\circ f(a)=g(f(a))$，又 $f(a)\in B$，则 $g$ 是满射.

(3) $\forall c\in C$，由 $g$ 是满射，存在 $b\in B$，使得 $g(b)=c$. 又 $f$ 是满射，存在 $a\in A$，使得 $f(a)=b$，则 $h(a)=g\circ f(a)=g(f(a))=g(b)=c$，$h$ 是满射. 又若 $a_1$，$a_2\in A$，且 $a_1\neq a_2$，由于 $f$ 是单射，有 $f(a_1)\neq f(a_2)$. 又 $g$ 是单射，有 $g(f(a_1))\neq g(f(a_2))$，即 $g\circ f(a_1)\neq g\circ f(a_2)$，则 $h(a_1)\neq h(a_2)$，$h$ 为单射，故 $h$ 为双射. 又 $h(f^{-1}\circ g^{-1})=(g\circ f)(f^{-1}\circ g^{-1})=I_C$，同理$(f^{-1}\circ g^{-1})h=I_A$.

# 6.2 维数、基变换与坐标变换

(1) 如何把线性空间的全体元素表示出来？这些元素之间的关系又如何？即线性空间的如何构造？(基的问题.)

(2) 线性空间是抽象的，如何使其元素与具体的数发生联系，使其能用比较具体的数学式子来表示？怎样才能便于运算？(坐标问题.)

## 一、线性空间的维数、基与坐标

### 1. 无限维线性空间

若线性空间 $V$ 中可以找到任意多个线性无关的向量，则称 $V$ 是无限维线性空间.

**例 1** 所有实系数多项式所成的线性空间 $\mathbf{R}[x]$是无限维的.(事实上，对任意的正整数 $n$，都有 $n$ 个线性无关的向量 $1$，$x$，$x^2$，…，$x^{n-1}$.)

### 2. 有限维线性空间

(1) $n$ 维线性空间. 若在线性空间 $V$ 中有 $n$ 个线性无关的向量，但任意 $n+1$ 个向量都是线性相关的，则称 $V$ 是一个 $n$ 维线性空间，常记为 $\dim V=n$.

**注** 零空间的维数定义为 0：$\dim V=0$ 的充要条件为 $V=\{0\}$.

(2) 基. 在 $n$ 维线性空间 $V$ 中，$n$ 个线性无关的向量 $\boldsymbol{\varepsilon}_1$，$\boldsymbol{\varepsilon}_2$，…，$\boldsymbol{\varepsilon}_n$，称为 $V$ 的一组基.

(3) 坐标. 设 $\boldsymbol{\varepsilon}_1$，$\boldsymbol{\varepsilon}_2$，…，$\boldsymbol{\varepsilon}_n$ 为线性空间 $V$ 的一组基，$\boldsymbol{\alpha}\in V$，若 $\boldsymbol{\alpha}=a_1\boldsymbol{\varepsilon}_1+a_2\boldsymbol{\varepsilon}_2+\cdots+a_n\boldsymbol{\varepsilon}_n$，$a_1$，$a_2$，…，$a_n\in P$，则数 $a_1$，$a_2$，…，$a_n$ 称为 $\boldsymbol{\alpha}$ 在基 $\boldsymbol{\varepsilon}_1$，$\boldsymbol{\varepsilon}_2$，…，$\boldsymbol{\varepsilon}_n$ 下的坐标，记为 $(a_1, a_2, \cdots, a_n)$. 有时也记为 $\boldsymbol{\alpha}=(\boldsymbol{\varepsilon}_1, \boldsymbol{\varepsilon}_2, \cdots, \boldsymbol{\varepsilon}_n)\begin{bmatrix}a_1\\a_2\\\vdots\\a_n\end{bmatrix}$.

**注** 向量 $\boldsymbol{\alpha}$ 的坐标$(a_1, a_2, \cdots, a_n)$是由向量 $\boldsymbol{\alpha}$ 和基 $\boldsymbol{\varepsilon}_1$，$\boldsymbol{\varepsilon}_2$，…，$\boldsymbol{\varepsilon}_n$ 唯一确定的. 即向量 $\boldsymbol{\alpha}$ 在基 $\boldsymbol{\varepsilon}_1$，$\boldsymbol{\varepsilon}_2$，…，$\boldsymbol{\varepsilon}_n$ 下的坐标是唯一的. 但不同基下 $\boldsymbol{\alpha}$ 的坐标一般是不同的.

### 3. 线性空间的基与维数的确定

若线性空间 $V$ 中的向量组 $\boldsymbol{\alpha}_1$，$\boldsymbol{\alpha}_2$，…，$\boldsymbol{\alpha}_n$ 满足① $\boldsymbol{\alpha}_1$，$\boldsymbol{\alpha}_2$，…，$\boldsymbol{\alpha}_n$ 线性无关；② $\forall\boldsymbol{\beta}\in V$，$\boldsymbol{\beta}$ 可经 $\boldsymbol{\alpha}_1$，$\boldsymbol{\alpha}_2$，…，$\boldsymbol{\alpha}_n$ 线性表出，则 $V$ 为 $n$ 维线性空间，$\boldsymbol{\alpha}_1$，$\boldsymbol{\alpha}_1$，…，$\boldsymbol{\alpha}_n$ 为 $V$ 的一组基.

**证明** 由于 $\boldsymbol{\alpha}_1, \boldsymbol{\alpha}_2, \cdots, \boldsymbol{\alpha}_n$ 线性无关，则 $V$ 的维数至少为 $n$. 任取 $V$ 中 $n+1$ 个向量 $\boldsymbol{\beta}_1, \boldsymbol{\beta}_2, \cdots, \boldsymbol{\beta}_n, \boldsymbol{\beta}_{n+1}$，由②，此向量组可用向量组 $\boldsymbol{\alpha}_1, \boldsymbol{\alpha}_2, \cdots, \boldsymbol{\alpha}_n$ 线性表出. 若 $\boldsymbol{\beta}_1, \boldsymbol{\beta}_2, \cdots, \boldsymbol{\beta}_n, \boldsymbol{\beta}_{n+1}$ 是线性无关的，则 $n+1\leqslant n$，矛盾. 则 $V$ 中任意 $n+1$ 个向量 $\boldsymbol{\beta}_1, \boldsymbol{\beta}_2, \cdots, \boldsymbol{\beta}_n, \boldsymbol{\beta}_{n+1}$ 是线性相关的，故 $V$ 是 $n$ 维的，$\boldsymbol{\alpha}_1, \boldsymbol{\alpha}_2, \cdots, \boldsymbol{\alpha}_n$ 就是 $V$ 的一组基.

## 二、基变换

### 1. 定义

设 $V$ 是数域 $P$ 上的 $n$ 维线性空间，$\boldsymbol{\alpha}_1, \boldsymbol{\alpha}_2, \cdots, \boldsymbol{\alpha}_n$ 为 $V$ 中的一组向量，$\boldsymbol{\beta}\in V$，若 $\boldsymbol{\beta}=x_1\boldsymbol{\alpha}_1+x_2\boldsymbol{\alpha}_2+\cdots+x_n\boldsymbol{\alpha}_n$，则记作 $\boldsymbol{\beta}=(\boldsymbol{\alpha}_1, \cdots, \boldsymbol{\alpha}_n)\begin{bmatrix} x_1 \\ \vdots \\ x_n \end{bmatrix}$.

设 $V$ 是数域 $P$ 上的 $n$ 维线性空间，$\boldsymbol{\alpha}_1, \boldsymbol{\alpha}_2, \cdots, \boldsymbol{\alpha}_n, \boldsymbol{\beta}_1, \boldsymbol{\beta}_2, \cdots, \boldsymbol{\beta}_n$ 为 $V$ 中的两组向量，若

$$\begin{cases} \boldsymbol{\beta}_1=a_{11}\boldsymbol{\alpha}_1+a_{21}\boldsymbol{\alpha}_2+\cdots+a_{n1}\boldsymbol{\alpha}_n \\ \boldsymbol{\beta}_2=a_{12}\boldsymbol{\alpha}_1+a_{22}\boldsymbol{\alpha}_2+\cdots+a_{n2}\boldsymbol{\alpha}_n \\ \qquad\vdots \\ \boldsymbol{\beta}_n=a_{1n}\boldsymbol{\alpha}_1+a_{2n}\boldsymbol{\alpha}_2+\cdots+a_{nn}\boldsymbol{\alpha}_n \end{cases}$$

则记作 $(\boldsymbol{\beta}_1, \boldsymbol{\beta}_2, \cdots, \boldsymbol{\beta}_n)=(\boldsymbol{\alpha}_1, \boldsymbol{\alpha}_2, \cdots, \boldsymbol{\alpha}_n)\begin{bmatrix} a_{11} & a_{12} & \cdots & a_{1n} \\ a_{21} & a_{22} & \cdots & a_{2n} \\ \vdots & \vdots & & \vdots \\ a_{n1} & a_{n2} & \cdots & a_{nn} \end{bmatrix}$.

**注** 在形式上有下列运算规律：

(1) $\boldsymbol{\alpha}_1, \boldsymbol{\alpha}_2, \cdots, \boldsymbol{\alpha}_n\in V$，$a_1, a_2, \cdots, a_n, b_1, b_2, \cdots, b_n\in P$，则

$$(\boldsymbol{\alpha}_1, \boldsymbol{\alpha}_2, \cdots, \boldsymbol{\alpha}_n)\begin{bmatrix} a_1 \\ a_2 \\ \vdots \\ a_n \end{bmatrix}+(\boldsymbol{\alpha}_1, \boldsymbol{\alpha}_2, \cdots, \boldsymbol{\alpha}_n)\begin{bmatrix} b_1 \\ b_2 \\ \vdots \\ b_n \end{bmatrix}=(\boldsymbol{\alpha}_1, \boldsymbol{\alpha}_2, \cdots, \boldsymbol{\alpha}_n)\begin{bmatrix} a_1+b_1 \\ a_2+b_2 \\ \vdots \\ a_n+b_n \end{bmatrix}$$

若 $\boldsymbol{\alpha}_1, \boldsymbol{\alpha}_2, \cdots, \boldsymbol{\alpha}_n$ 线性无关，则 $(\boldsymbol{\alpha}_1, \boldsymbol{\alpha}_2, \cdots, \boldsymbol{\alpha}_n)\begin{bmatrix} a_1 \\ a_2 \\ \vdots \\ a_n \end{bmatrix}=(\boldsymbol{\alpha}_1, \boldsymbol{\alpha}_2, \cdots, \boldsymbol{\alpha}_n)\begin{bmatrix} b_1 \\ b_2 \\ \vdots \\ b_n \end{bmatrix}$ 的充要条件为 $\begin{bmatrix} a_1 \\ a_2 \\ \vdots \\ a_n \end{bmatrix}=\begin{bmatrix} b_1 \\ b_2 \\ \vdots \\ b_n \end{bmatrix}$.

(2) 设 $\boldsymbol{\alpha}_1, \boldsymbol{\alpha}_2, \cdots, \boldsymbol{\alpha}_n$；$\boldsymbol{\beta}_1, \boldsymbol{\beta}_2, \cdots, \boldsymbol{\beta}_n$ 为 $V$ 中的两组向量，矩阵 $\boldsymbol{A}, \boldsymbol{B}\in P^{n\times n}$，则

$$((\boldsymbol{\alpha}_1, \boldsymbol{\alpha}_2, \cdots, \boldsymbol{\alpha}_n)\boldsymbol{A})\boldsymbol{B}=(\boldsymbol{\alpha}_1, \boldsymbol{\alpha}_2, \cdots, \boldsymbol{\alpha}_n)(\boldsymbol{AB});$$

$$(\boldsymbol{\alpha}_1, \boldsymbol{\alpha}_2, \cdots, \boldsymbol{\alpha}_n)\boldsymbol{A}+(\boldsymbol{\alpha}_1, \boldsymbol{\alpha}_2, \cdots, \boldsymbol{\alpha}_n)\boldsymbol{B}=(\boldsymbol{\alpha}_1, \boldsymbol{\alpha}_2, \cdots, \boldsymbol{\alpha}_n)(\boldsymbol{A}+\boldsymbol{B});$$

$$(\boldsymbol{\alpha}_1, \boldsymbol{\alpha}_2, \cdots, \boldsymbol{\alpha}_n)\boldsymbol{A}+(\boldsymbol{\beta}_1, \boldsymbol{\beta}_2, \cdots, \boldsymbol{\beta}_n)\boldsymbol{A}=(\boldsymbol{\alpha}_1+\boldsymbol{\beta}_1, \boldsymbol{\alpha}_2+\boldsymbol{\beta}_2, \cdots, \boldsymbol{\alpha}_n+\boldsymbol{\beta}_n)\boldsymbol{A}$$

若 $\boldsymbol{\alpha}_1, \boldsymbol{\alpha}_2, \cdots, \boldsymbol{\alpha}_n$ 线性无关，则$(\boldsymbol{\alpha}_1, \boldsymbol{\alpha}_2, \cdots, \boldsymbol{\alpha}_n)\boldsymbol{A}=(\boldsymbol{\alpha}_1, \boldsymbol{\alpha}_2, \cdots, \boldsymbol{\alpha}_n)\boldsymbol{B}$ 的充要条件为 $\boldsymbol{A}=\boldsymbol{B}$.

**2. 基变换**

设 $V$ 为数域 $P$ 上 $n$ 维线性空间，$\boldsymbol{\varepsilon}_1, \boldsymbol{\varepsilon}_2, \cdots, \boldsymbol{\varepsilon}_n$；$\boldsymbol{\varepsilon}_1', \boldsymbol{\varepsilon}_2', \cdots, \boldsymbol{\varepsilon}_n'$ 为 $V$ 中的两组基，若有

$$\begin{cases}\boldsymbol{\varepsilon}_1'=a_{11}\boldsymbol{\varepsilon}_1+a_{21}\boldsymbol{\varepsilon}_2+\cdots+a_{n1}\boldsymbol{\varepsilon}_n\\ \boldsymbol{\varepsilon}_2'=a_{12}\boldsymbol{\varepsilon}_1+a_{22}\boldsymbol{\varepsilon}_2+\cdots+a_{n2}\boldsymbol{\varepsilon}_n\\ \qquad\vdots\\ \boldsymbol{\varepsilon}_n'=a_{1n}\boldsymbol{\varepsilon}_1+a_{2n}\boldsymbol{\varepsilon}_2+\cdots+a_{nn}\boldsymbol{\varepsilon}_n\end{cases} \qquad ①$$

即

$$(\boldsymbol{\varepsilon}_1', \boldsymbol{\varepsilon}_2', \cdots, \boldsymbol{\varepsilon}_n')=(\boldsymbol{\varepsilon}_1, \boldsymbol{\varepsilon}_2, \cdots, \boldsymbol{\varepsilon}_n)\begin{bmatrix}a_{11} & a_{12} & \cdots & a_{1n}\\ a_{21} & a_{22} & \cdots & a_{2n}\\ \vdots & \vdots & & \vdots\\ a_{n1} & a_{a2} & \cdots & a_{nn}\end{bmatrix} \qquad ②$$

则称矩阵 $\boldsymbol{A}=\begin{bmatrix}a_{11} & a_{12} & \cdots & a_{1n}\\ a_{21} & a_{22} & \cdots & a_{2n}\\ \vdots & \vdots & & \vdots\\ a_{n1} & a_{a2} & \cdots & a_{nn}\end{bmatrix}$ 为由基 $\boldsymbol{\varepsilon}_1, \boldsymbol{\varepsilon}_2, \cdots, \boldsymbol{\varepsilon}_n$ 到基 $\boldsymbol{\varepsilon}_1', \boldsymbol{\varepsilon}_2', \cdots, \boldsymbol{\varepsilon}_n'$ 的过渡矩阵；①或②为由基 $\boldsymbol{\varepsilon}_1, \boldsymbol{\varepsilon}_2, \cdots, \boldsymbol{\varepsilon}_n$ 到基 $\boldsymbol{\varepsilon}_1', \boldsymbol{\varepsilon}_2', \cdots, \boldsymbol{\varepsilon}_n'$ 的基变换公式.

**3. 基变换的性质**

(1) 过渡矩阵都是可逆矩阵；反之，任一可逆矩阵都可看成是两组基之间的过渡矩阵.

**证明** 若 $\boldsymbol{\alpha}_1, \boldsymbol{\alpha}_2, \cdots, \boldsymbol{\alpha}_n$；$\boldsymbol{\beta}_1, \boldsymbol{\beta}_2, \cdots, \boldsymbol{\beta}_n$ 为 $V$ 中的两组基，且由基 $\boldsymbol{\alpha}_1, \boldsymbol{\alpha}_2, \cdots, \boldsymbol{\alpha}_n$ 到 $\boldsymbol{\beta}_1, \boldsymbol{\beta}_2, \cdots, \boldsymbol{\beta}_n$ 的过渡矩阵为 $\boldsymbol{A}$，即$(\boldsymbol{\beta}_1, \boldsymbol{\beta}_2, \cdots, \boldsymbol{\beta}_n)=(\boldsymbol{\alpha}_1, \boldsymbol{\alpha}_2, \cdots, \boldsymbol{\alpha}_n)\boldsymbol{A}$①，又由基 $\boldsymbol{\beta}_1, \boldsymbol{\beta}_2, \cdots, \boldsymbol{\beta}_n$ 到 $\boldsymbol{\alpha}_1, \boldsymbol{\alpha}_2, \cdots, \boldsymbol{\alpha}_n$ 也有一个过渡矩阵 $\boldsymbol{B}$，即$(\boldsymbol{\alpha}_1, \boldsymbol{\alpha}_2, \cdots, \boldsymbol{\alpha}_n)=(\boldsymbol{\beta}_1, \boldsymbol{\beta}_2, \cdots, \boldsymbol{\beta}_n)\boldsymbol{B}$②，比较①、②两式有

$$(\boldsymbol{\beta}_1, \boldsymbol{\beta}_2, \cdots, \boldsymbol{\beta}_n)=(\boldsymbol{\beta}_1, \boldsymbol{\beta}_2, \cdots, \boldsymbol{\beta}_n)\boldsymbol{BA},\ (\boldsymbol{\alpha}_1, \boldsymbol{\alpha}_2, \cdots, \boldsymbol{\alpha}_n)=(\boldsymbol{\alpha}_1, \boldsymbol{\alpha}_2, \cdots, \boldsymbol{\alpha}_n)\boldsymbol{AB}$$

又 $\boldsymbol{\alpha}_1, \boldsymbol{\alpha}_2, \cdots, \boldsymbol{\alpha}_n$；$\boldsymbol{\beta}_1, \boldsymbol{\beta}_2, \cdots, \boldsymbol{\beta}_n$ 都线性无关，则 $\boldsymbol{AB}=\boldsymbol{BA}=\boldsymbol{E}$，即 $\boldsymbol{A}$ 可逆 $\boldsymbol{A}^{-1}=\boldsymbol{B}$.

反之，设 $\boldsymbol{A}=(a_{ij})_{n\times n}$ 为数域 $P$ 上任一可逆矩阵，任取 $V$ 的一组基 $\boldsymbol{\alpha}_1, \boldsymbol{\alpha}_2, \cdots, \boldsymbol{\alpha}_n$，令 $\boldsymbol{\beta}_j=\sum\limits_{i=1}^{n}a_{ij}\boldsymbol{\alpha}_i$，$j=1, 2, \cdots, n$，于是有$(\boldsymbol{\beta}_1, \boldsymbol{\beta}_2, \cdots, \boldsymbol{\beta}_n)=(\boldsymbol{\alpha}_1, \boldsymbol{\alpha}_2, \cdots, \boldsymbol{\alpha}_n)\boldsymbol{A}$，由 $\boldsymbol{A}$ 可逆，有

$$(\boldsymbol{\alpha}_1, \boldsymbol{\alpha}_2, \cdots, \boldsymbol{\alpha}_n)=(\boldsymbol{\beta}_1, \boldsymbol{\beta}_2, \cdots, \boldsymbol{\beta}_n)\boldsymbol{A}^{-1}$$

即 $\boldsymbol{\alpha}_1, \boldsymbol{\alpha}_2, \cdots, \boldsymbol{\alpha}_n$ 可由 $\boldsymbol{\beta}_1, \boldsymbol{\beta}_2, \cdots, \boldsymbol{\beta}_n$ 线性表出，则 $\boldsymbol{\alpha}_1, \boldsymbol{\alpha}_2, \cdots, \boldsymbol{\alpha}_n$ 与 $\boldsymbol{\beta}_1, \boldsymbol{\beta}_2, \cdots, \boldsymbol{\beta}_n$ 等价. 故 $\boldsymbol{\beta}_1, \boldsymbol{\beta}_2, \cdots, \boldsymbol{\beta}_n$ 线性无关，从而为 $V$ 的一组基，且 $\boldsymbol{A}$ 为 $\boldsymbol{\alpha}_1, \boldsymbol{\alpha}_2, \cdots, \boldsymbol{\alpha}_n$ 到 $\boldsymbol{\beta}_1, \boldsymbol{\beta}_2, \cdots, \boldsymbol{\beta}_n$ 的过渡矩阵.

(2) 若由基 $\boldsymbol{\alpha}_1, \boldsymbol{\alpha}_2, \cdots, \boldsymbol{\alpha}_n$ 到 $\boldsymbol{\beta}_1, \boldsymbol{\beta}_2, \cdots, \boldsymbol{\beta}_n$ 的过渡矩阵为 $\boldsymbol{A}$，则由基 $\boldsymbol{\beta}_1, \boldsymbol{\beta}_2, \cdots, \boldsymbol{\beta}_n$ 到 $\boldsymbol{\alpha}_1, \boldsymbol{\alpha}_2, \cdots, \boldsymbol{\alpha}_n$ 的过渡矩阵为 $\boldsymbol{A}^{-1}$.

(3) 若由基 $\boldsymbol{\alpha}_1, \boldsymbol{\alpha}_2, \cdots, \boldsymbol{\alpha}_n$ 到 $\boldsymbol{\beta}_1, \boldsymbol{\beta}_2, \cdots, \boldsymbol{\beta}_n$ 的过渡矩阵为 $\boldsymbol{A}$，由基 $\boldsymbol{\beta}_1, \boldsymbol{\beta}_2, \cdots, \boldsymbol{\beta}_n$ 到 $\boldsymbol{\gamma}_1, \boldsymbol{\gamma}_2, \cdots, \boldsymbol{\gamma}_n$ 的过渡矩阵为 $\boldsymbol{B}$，由基 $\boldsymbol{\alpha}_1, \boldsymbol{\alpha}_2, \cdots, \boldsymbol{\alpha}_n$ 到 $\boldsymbol{\gamma}_1, \boldsymbol{\gamma}_2, \cdots, \boldsymbol{\gamma}_n$ 过渡矩阵为 $\boldsymbol{AB}$.

事实上，若$(\boldsymbol{\beta}_1, \boldsymbol{\beta}_2, \cdots, \boldsymbol{\beta}_n)=(\boldsymbol{\alpha}_1, \boldsymbol{\alpha}_2, \cdots, \boldsymbol{\alpha}_n)\boldsymbol{A}$，$(\boldsymbol{\gamma}_1, \boldsymbol{\gamma}_2, \cdots, \boldsymbol{\gamma}_n)=(\boldsymbol{\beta}_1, \boldsymbol{\beta}_2, \cdots, \boldsymbol{\beta}_n)\boldsymbol{B}$，则

$$(\boldsymbol{\gamma}_1, \boldsymbol{\gamma}_2, \cdots, \boldsymbol{\gamma}_n)=(\boldsymbol{\alpha}_1, \boldsymbol{\alpha}_2, \cdots, \boldsymbol{\alpha}_n)\boldsymbol{AB}$$

## 三、坐标变换

### 1. 定义

设$V$为数域$P$上$n$维线性空间，$\boldsymbol{\varepsilon}_1, \boldsymbol{\varepsilon}_2, \cdots, \boldsymbol{\varepsilon}_n$；$\boldsymbol{\varepsilon}_1', \boldsymbol{\varepsilon}_2', \cdots, \boldsymbol{\varepsilon}_n'$为$V$中的两组基，且有

$$(\boldsymbol{\varepsilon}_1', \boldsymbol{\varepsilon}_2', \cdots, \boldsymbol{\varepsilon}_n')=(\boldsymbol{\varepsilon}_1, \boldsymbol{\varepsilon}_2, \cdots, \boldsymbol{\varepsilon}_n)\begin{bmatrix} a_{11} & a_{12} & \cdots & a_{1n} \\ a_{21} & a_{22} & \cdots & a_{2n} \\ \vdots & \vdots & & \vdots \\ a_{n1} & a_{a2} & \cdots & a_{m} \end{bmatrix} \quad ①$$

设$\boldsymbol{\xi}\in V$且$\boldsymbol{\xi}$在基$\boldsymbol{\varepsilon}_1, \boldsymbol{\varepsilon}_2, \cdots, \boldsymbol{\varepsilon}_n$与基$\boldsymbol{\varepsilon}_1', \boldsymbol{\varepsilon}_2', \cdots, \boldsymbol{\varepsilon}_n'$下的坐标分别为$(x_1, x_2, \cdots, x_n)$；$(x_1', x_2', \cdots, x_n')$，即

$$\boldsymbol{\xi}=(\boldsymbol{\varepsilon}_1, \boldsymbol{\varepsilon}_2, \cdots, \boldsymbol{\varepsilon}_n)\begin{bmatrix} x_1 \\ \vdots \\ x_n \end{bmatrix}=(\boldsymbol{\varepsilon}_1', \boldsymbol{\varepsilon}_2', \cdots, \boldsymbol{\varepsilon}_n')\begin{bmatrix} x_1' \\ \vdots \\ x_n' \end{bmatrix}$$

则

$$\begin{bmatrix} x_1 \\ \vdots \\ x_n \end{bmatrix}=\begin{bmatrix} a_{11} & a_{12} & \cdots & a_{1n} \\ a_{21} & a_{22} & \cdots & a_{2n} \\ \vdots & \vdots & & \vdots \\ a_{n1} & a_{n2} & \cdots & a_{m} \end{bmatrix}\begin{bmatrix} x_1' \\ \vdots \\ x_n' \end{bmatrix} \text{或} \begin{bmatrix} x_1' \\ \vdots \\ x_n' \end{bmatrix}=\begin{bmatrix} a_{11} & a_{12} & \cdots & a_{1n} \\ a_{21} & a_{22} & \cdots & a_{2n} \\ \vdots & \vdots & & \vdots \\ a_{n1} & a_{n2} & \cdots & a_{m} \end{bmatrix}^{-1}\begin{bmatrix} x_1 \\ \vdots \\ x_n \end{bmatrix}$$

称为$\boldsymbol{\xi}$在基变换①下的坐标变换公式.

### 2. 坐标的求法

常用的坐标的求法有：定义法和坐标变换.

**典型例题**

**例 1** 3 维几何空间$\mathbf{R}^3=\{(x, y, z)|x, y, z\in\mathbf{R}\}$，$\boldsymbol{\varepsilon}_1=(1, 0, 0)$，$\boldsymbol{\varepsilon}_2=(0, 1, 0)$，$\boldsymbol{\varepsilon}_3=(0, 0, 1)$是$\mathbf{R}^3$的一组基，$\boldsymbol{\alpha}_1=(1, 1, 1)$，$\boldsymbol{\alpha}_2=(1, 1, 0)$，$\boldsymbol{\alpha}_3=(1, 0, 0)$也是$\mathbf{R}^3$的一组基.

一般地，向量空间$P^n=\{(a_1, a_2, \cdots, a_n)|a_i\in P, i=1, 2, \cdots, n\}$为$n$维的，$\boldsymbol{\varepsilon}_1=(1, 0, \cdots, 0)$，$\boldsymbol{\varepsilon}_2=(0, 1, \cdots, 0)$，$\cdots$，$\boldsymbol{\varepsilon}_n=(0, 0, \cdots, 1)$就是$P^n$的一组基，称为$P^n$的一组标准基.

**注** ① $n$维线性空间$V$的基不是唯一的，$V$中任意$n$个线性无关的向量都是$V$的一组基；② 任意两组基向量是等价的.

**例 2** (1) 证明：线性空间$P[x]_n$是$n$维的，且$1, x, x^2, \cdots, x^{n-1}$为$P[x]_n$的一组基.

(2) 证明：$1, x-a, (x-a)^2, \cdots, (x-a)^{n-1}$也为$P[x]_n$的一组基.

**证明** (1) 首先，$1, x, x^2, \cdots, x^{n-1}$是线性无关的，其次

$$\forall f(x)=a_0+a_1x+a_2x^2+\cdots+a_{n-1}x^{n-1}\in P[x]_n$$

$f(x)$可经$1, x, x^2, \cdots, x^{n-1}$线性表出，则$1, x, x^2, \cdots, x^{n-1}$为$P[x]n$的一组基，从而$P[x]_n$是$n$维.

此时，$f(x)=a_0+a_1x+a_2x^2+\cdots+a_{n-1}x^{n-1}$ 在基 $1$，$x$，$x^2$，…，$x^{n-1}$ 下的坐标就是 $(a_0,a_1,\cdots,a_{n-1})$.

(2) 由于 $1$，$x-a$，$(x-a)^2$，…，$(x-a)^{n-1}$ 是线性无关的，对于 $\forall f(x)\in P[x]_n$，按泰勒展开公式有

$$f(x)=f(a)+f'(a)(x-a)+\cdots+\frac{f^{(n-1)}(a)}{(n-1)!}(x-a)^{n-1}$$

即 $f(x)$ 可经 $1$，$x-a$，$(x-a)^2$，…，$(x-a)^{n-1}$ 线性表出，从而 $1$，$x-a$，$(x-a)^2$，…，$(x-a)^{n-1}$ 为 $P[x]_n$ 的一组基. 此时

$$f(x)=a_0+a_1x+a_2x^2+\cdots+a_{n-1}x^{n-1}$$

在基 $1$，$x-a$，$(x-a)^2$，…，$(x-a)^{n-1}$ 下的坐标为 $\left(f(a),f'(a),\cdots,\dfrac{f^{(n-1)}(a)}{(n-1)!}\right)$.

**例 3** 数域 $P$ 上的线性空间 $P^{2\times2}$ 的维数为________，一组基为________.

**解** 因为 $\boldsymbol{E}_{11}=\begin{bmatrix}1&0\\0&0\end{bmatrix}$，$\boldsymbol{E}_{12}=\begin{bmatrix}0&1\\0&0\end{bmatrix}$，$\boldsymbol{E}_{21}=\begin{bmatrix}0&0\\1&0\end{bmatrix}$，$\boldsymbol{E}_{22}=\begin{bmatrix}0&0\\0&1\end{bmatrix}$，则 $\boldsymbol{E}_{11}$，$\boldsymbol{E}_{12}$，$\boldsymbol{E}_{21}$，$\boldsymbol{E}_{22}$ 是线性无关的. 事实上，由 $a\boldsymbol{E}_{11}+b\boldsymbol{E}_{12}+c\boldsymbol{E}_{21}+d\boldsymbol{E}_{22}=\boldsymbol{0}$，即 $\begin{bmatrix}a&b\\c&d\end{bmatrix}=\boldsymbol{0}$，有 $a=b=c=d=0$. 又对 $\forall\boldsymbol{A}=\begin{bmatrix}a_{11}&a_{12}\\a_{21}&a_{22}\end{bmatrix}\in P^{2\times2}$，有 $\boldsymbol{A}=a_{11}\boldsymbol{E}_{11}+a_{12}\boldsymbol{E}_{12}+a_{21}\boldsymbol{E}_{21}+a_{22}\boldsymbol{E}_{22}$，则 $\boldsymbol{E}_{11}$，$\boldsymbol{E}_{12}$，$\boldsymbol{E}_{21}$，$\boldsymbol{E}_{22}$ 为 $P^{2\times2}$ 的一组基，$P^{2\times2}$ 是 4 维的.

**注** 矩阵 $\boldsymbol{A}=\begin{bmatrix}a_{11}&a_{12}\\a_{21}&a_{22}\end{bmatrix}$ 在基 $\boldsymbol{E}_{11}$，$\boldsymbol{E}_{12}$，$\boldsymbol{E}_{21}$，$\boldsymbol{E}_{22}$ 下的坐标就是 $(a_{11},a_{12},a_{21},a_{22})$. 一般地，数域 $P$ 上全体 $m\times n$ 矩阵构成的线性空间 $P^{m\times n}$ 为 $m\times n$ 维的，$\boldsymbol{E}_{ij}$ $(i=1,2,\cdots,m,j=1,2,\cdots,n)$ 为 $P^{m\times n}$ 的基.

**例 4** 在线性空间 $P^4$ 中，求向量 $\boldsymbol{\xi}=(1,2,1,1)$ 在基 $\boldsymbol{\varepsilon}_1$，$\boldsymbol{\varepsilon}_2$，$\boldsymbol{\varepsilon}_3$，$\boldsymbol{\varepsilon}_4$ 下的坐标，其中，$\boldsymbol{\varepsilon}_1=(1,1,1,1)$，$\boldsymbol{\varepsilon}_2=(1,1,-1,-1)$，$\boldsymbol{\varepsilon}_3=(1,-1,1,-1)$，$\boldsymbol{\varepsilon}_4=(1,-1,-1,1)$.

**解** 设 $\boldsymbol{\xi}=x_1\boldsymbol{\varepsilon}_1+x_2\boldsymbol{\varepsilon}_2+x_3\boldsymbol{\varepsilon}_3+x_4\boldsymbol{\varepsilon}_4$，则有线性方程组

$$\begin{cases}x_1+x_2+x_3+x_4=1\\x_1+x_2-x_3-x_4=2\\x_1-x_2+x_3-x_4=1\\x_1-x_2-x_3+x_4=1\end{cases}$$

解得 $x_1=\dfrac{5}{4}$，$x_2=\dfrac{1}{4}$，$x_3=-\dfrac{1}{4}$，$x_4=-\dfrac{1}{4}$，则 $\boldsymbol{\xi}$ 在基 $\boldsymbol{\varepsilon}_1$，$\boldsymbol{\varepsilon}_2$，$\boldsymbol{\varepsilon}_3$，$\boldsymbol{\varepsilon}_4$ 下的坐标为 $\left(\dfrac{5}{4},\dfrac{1}{4},-\dfrac{1}{4},-\dfrac{1}{4}\right)$.

**例 5** 已知全体正实数 $\mathbf{R}^+$ 对于加法与数乘 $a\oplus b=ab$，$k\circ a=a^k$，$\forall a,b\in\mathbf{R}^+$，$\forall k\in\mathbf{R}$ 构成实数域 $\mathbf{R}$ 上的线性空间，求 $\mathbf{R}^+$ 的维数与一组基.

**解** 数 1 为 $\mathbf{R}^+$ 的零元素($\forall x\in\mathbf{R}^+$，$x\oplus1=x1=x$)任取 $\mathbf{R}^+$ 中一个数 $a\neq1$，则 $a$ 是线性无关的. 又 $\forall x\in\mathbf{R}^+$，有 $k=\log_a x\in\mathbf{R}$，使得 $k\circ a=a^k=a^{\log_a x}=x$，即 $x$ 可由 $a$ 线性表出. 故 $\mathbf{R}^+$ 为 1 维，任意实数 $a\neq1$ 为一组基.

**例 6**　求实数域 **R** 上的线性空间 $V$ 的维数与一组基，其中，$V=\{f(\boldsymbol{A})\mid f(x)\in P[x]$，$\boldsymbol{A}=\begin{bmatrix}1&0&0\\0&\omega&0\\0&0&\omega^2\end{bmatrix}\}$，$\omega=\dfrac{-1+i\sqrt{3}}{2}$.

**解**　由于 $\omega^2=\dfrac{-1-i\sqrt{3}}{2}$，$\omega^3=1$，则 $\omega^n=\begin{cases}1,\ n=3k\\ \omega,\ n=3k+1,\ k\in\mathbf{Z}^*\\ \omega^2,\ n=3k+2\end{cases}$；而

$$\boldsymbol{A}^2=\begin{bmatrix}1&0&0\\0&\omega^2&0\\0&0&\omega\end{bmatrix},\ \boldsymbol{A}^3=\begin{bmatrix}1&0&0\\0&1&0\\0&0&1\end{bmatrix}=\boldsymbol{E},\ \boldsymbol{A}^n=\begin{cases}\boldsymbol{E},\ n=3k\\ \boldsymbol{A},\ n=3k+1,\ k\in\mathbf{Z}^*\\ \boldsymbol{A}^2,\ n=3k+2\end{cases}$$

下证 $\boldsymbol{E}$，$\boldsymbol{A}$，$\boldsymbol{A}^2$ 线性无关，设 $k_1\boldsymbol{E}+k_2\boldsymbol{A}+k_3\boldsymbol{A}^2=\boldsymbol{0}$，可得

$$\begin{cases}k_1+k_2+k_3=0\\ k_1+\omega k_2+\omega^2k_3=0\\ k_1+\omega^2k_2+\omega k_3=0\end{cases}$$

其系数行列式为$(\omega-1)(\omega^2-1)(\omega^2-\omega)\neq0$，则方程组只有零解 $k_1=k_2=k_3=0$，故 $\boldsymbol{E}$，$\boldsymbol{A}$，$\boldsymbol{A}^2$ 线性无关. 又任意矩阵可表示成 $\boldsymbol{E}$，$\boldsymbol{A}$，$\boldsymbol{A}^2$ 的线性组合，则 $V$ 为 3 维线性空间，$\boldsymbol{E}$，$\boldsymbol{A}$，$\boldsymbol{A}^2$ 为其一组基.

**例 7**　在 $P^n$ 中，求由基 $\boldsymbol{\varepsilon}_1$，$\boldsymbol{\varepsilon}_2$，…，$\boldsymbol{\varepsilon}_n$ 到基 $\boldsymbol{\eta}_1$，$\boldsymbol{\eta}_2$，…，$\boldsymbol{\eta}_n$ 的过渡矩阵及由基 $\boldsymbol{\eta}_1$，$\boldsymbol{\eta}_2$，…，$\boldsymbol{\eta}_n$ 到基 $\boldsymbol{\varepsilon}_1$，$\boldsymbol{\varepsilon}_2$，…，$\boldsymbol{\varepsilon}_n$ 的过渡矩阵. 其中

$$\boldsymbol{\varepsilon}_1=(1,0,\cdots,0),\ \boldsymbol{\varepsilon}_2=(0,1,\cdots,0),\ \cdots,\ \boldsymbol{\varepsilon}_n=(0,0,\cdots,1),$$
$$\boldsymbol{\eta}_1=(1,1,\cdots,1),\ \boldsymbol{\eta}_2=(0,1,\cdots,1),\ \cdots,\ \boldsymbol{\eta}_n=(0,0,\cdots,1);$$

并求向量 $\boldsymbol{\alpha}=(a_1,a_2,\cdots,a_n)$在基 $\boldsymbol{\eta}_1$，$\boldsymbol{\eta}_2$，…，$\boldsymbol{\eta}_n$ 下的坐标.

**解**　由于$\begin{cases}\boldsymbol{\eta}_1=\boldsymbol{\varepsilon}_1+\boldsymbol{\varepsilon}_2+\cdots+\boldsymbol{\varepsilon}_n\\ \boldsymbol{\eta}_2=\boldsymbol{\varepsilon}_2+\cdots+\boldsymbol{\varepsilon}_n\\ \quad\vdots\\ \boldsymbol{\eta}_n=\boldsymbol{\varepsilon}_n\end{cases}$，则

$$(\boldsymbol{\eta}_1,\boldsymbol{\eta}_2,\cdots,\boldsymbol{\eta}_n)=(\boldsymbol{\varepsilon}_1,\boldsymbol{\varepsilon}_2,\cdots,\boldsymbol{\varepsilon}_n)\begin{bmatrix}1&0&\cdots&0\\1&1&\cdots&0\\\vdots&\vdots&&\vdots\\1&1&\cdots&1\end{bmatrix},$$

$$(\boldsymbol{\varepsilon}_1,\boldsymbol{\varepsilon}_2,\cdots,\boldsymbol{\varepsilon}_n)=(\boldsymbol{\eta}_1,\boldsymbol{\eta}_2,\cdots,\boldsymbol{\eta}_n)\begin{bmatrix}1&0&\cdots&0\\1&1&\cdots&0\\\vdots&\vdots&&\vdots\\1&1&\cdots&1\end{bmatrix}^{-1}$$

$$=(\boldsymbol{\eta}_1,\boldsymbol{\eta}_2,\cdots,\boldsymbol{\eta}_n)\begin{bmatrix}1&0&0&\cdots&0\\-1&1&0&\cdots&0\\0&-1&1&\cdots&0\\\vdots&\vdots&\vdots&&\vdots\\0&0&0&\cdots&1\end{bmatrix};$$

故由基 $\boldsymbol{\varepsilon}_1, \boldsymbol{\varepsilon}_2, \cdots, \boldsymbol{\varepsilon}_n$ 到基 $\boldsymbol{\eta}_1, \boldsymbol{\eta}_2, \cdots, \boldsymbol{\eta}_n$ 的过渡矩阵为 $\begin{bmatrix} 1 & 0 & \cdots & 0 \\ 1 & 1 & \cdots & 0 \\ \vdots & \vdots & & \vdots \\ 1 & 1 & \cdots & 1 \end{bmatrix}$；由基 $\boldsymbol{\eta}_1, \boldsymbol{\eta}_2, \cdots, \boldsymbol{\eta}_n$ 到基 $\boldsymbol{\varepsilon}_1, \boldsymbol{\varepsilon}_2, \cdots, \boldsymbol{\varepsilon}_n$ 的过渡矩阵为 $\begin{bmatrix} 1 & 0 & 0 & \cdots & 0 \\ -1 & 1 & 0 & \cdots & 0 \\ 0 & -1 & 1 & \cdots & 0 \\ \vdots & \vdots & \vdots & & \vdots \\ 0 & 0 & 0 & \cdots & 1 \end{bmatrix}$；$\boldsymbol{\alpha}=(a_1, a_2, \cdots, a_n)$在基 $\boldsymbol{\varepsilon}_1, \boldsymbol{\varepsilon}_2, \cdots, \boldsymbol{\varepsilon}_n$ 下的坐标就是$(a_1, a_2, \cdots, a_n)$.

设 $\boldsymbol{\alpha}$ 在基 $\boldsymbol{\eta}_1, \boldsymbol{\eta}_2, \cdots, \boldsymbol{\eta}_n$ 下的坐标为$(x_1, x_2, \cdots, x_n)$，则

$$\begin{bmatrix} x_1 \\ x_2 \\ \vdots \\ x_n \end{bmatrix} = \begin{bmatrix} 1 & 0 & 0 & \cdots & 0 \\ -1 & 1 & 0 & \cdots & 0 \\ 0 & -1 & 1 & \cdots & 0 \\ \vdots & \vdots & \vdots & & \vdots \\ 0 & 0 & 0 & \cdots & 1 \end{bmatrix} \begin{bmatrix} a_1 \\ a_2 \\ \vdots \\ a_n \end{bmatrix} = \begin{bmatrix} a_1 \\ a_2 - a_1 \\ \vdots \\ a_n - a_{n-1} \end{bmatrix}$$

所以 $\boldsymbol{\alpha}$ 在基 $\boldsymbol{\eta}_1, \boldsymbol{\eta}_2, \cdots, \boldsymbol{\eta}_n$ 下的坐标为$(a_1, a_2-a_1, \cdots, a_n-a_{n-1})$.

**例 8** 在 $P^4$ 中，求由基 $\boldsymbol{\eta}_1, \boldsymbol{\eta}_2, \boldsymbol{\eta}_3, \boldsymbol{\eta}_4$ 到基 $\boldsymbol{\xi}_1, \boldsymbol{\xi}_2, \boldsymbol{\xi}_3, \boldsymbol{\xi}_4$ 的过渡矩阵，其中，$\boldsymbol{\eta}_1=(1, 2, -1, 0)$，$\boldsymbol{\eta}_2=(1, -1, 1, 1)$，$\boldsymbol{\eta}_3=(-1, 2, 1, 1)$，$\boldsymbol{\eta}_4=(-1, -1, 0, 1)$，$\boldsymbol{\xi}_1=(2, 1, 0, 1)$，$\boldsymbol{\xi}_2=(0, 1, 2, 2)$，$\boldsymbol{\xi}_3=(-2, 1, 1, 2)$，$\boldsymbol{\xi}_4=(1, 3, 1, 2)$.

**解** 设 $\boldsymbol{\varepsilon}_1=(1, 0, 0, 0)$，$\boldsymbol{\varepsilon}_2=(0, 1, 0, 0)$，$\boldsymbol{\varepsilon}_3=(0, 0, 1, 0)$，$\boldsymbol{\varepsilon}_4=(0, 0, 0, 1)$，则有

$$(\boldsymbol{\eta}_1, \boldsymbol{\eta}_2, \boldsymbol{\eta}_3, \boldsymbol{\eta}_4)=(\boldsymbol{\varepsilon}_1, \boldsymbol{\varepsilon}_2, \boldsymbol{\varepsilon}_3, \boldsymbol{\varepsilon}_4)\begin{bmatrix} 1 & 1 & -1 & -1 \\ 2 & -1 & 2 & -1 \\ -1 & 1 & 1 & 0 \\ 0 & 1 & 1 & 1 \end{bmatrix}$$

或

$$(\boldsymbol{\varepsilon}_1, \boldsymbol{\varepsilon}_2, \boldsymbol{\varepsilon}_3, \boldsymbol{\varepsilon}_4)=(\boldsymbol{\eta}_1, \boldsymbol{\eta}_2, \boldsymbol{\eta}_3, \boldsymbol{\eta}_4)\begin{bmatrix} 1 & 1 & -1 & -1 \\ 2 & -1 & 2 & -1 \\ -1 & 1 & 1 & 0 \\ 0 & 1 & 1 & 1 \end{bmatrix}^{-1}$$

$$(\boldsymbol{\xi}_1, \boldsymbol{\xi}_2, \boldsymbol{\xi}_3, \boldsymbol{\xi}_4)=(\boldsymbol{\varepsilon}_1, \boldsymbol{\varepsilon}_2, \boldsymbol{\varepsilon}_3, \boldsymbol{\varepsilon}_4)\begin{bmatrix} 2 & 0 & -2 & 1 \\ 1 & 1 & 1 & 3 \\ 0 & 2 & 1 & 1 \\ 1 & 2 & 2 & 2 \end{bmatrix}$$

从而有

$$(\boldsymbol{\xi}_1, \boldsymbol{\xi}_2, \boldsymbol{\xi}_3, \boldsymbol{\xi}_4)=(\boldsymbol{\eta}_1, \boldsymbol{\eta}_2, \boldsymbol{\eta}_3, \boldsymbol{\eta}_4)\begin{bmatrix} 1 & 1 & -1 & -1 \\ 2 & -1 & 2 & -1 \\ -1 & 1 & 1 & 0 \\ 0 & 1 & 1 & 1 \end{bmatrix}^{-1}\begin{bmatrix} 2 & 0 & -1 & 1 \\ 1 & 1 & 1 & 3 \\ 0 & 2 & 1 & 1 \\ 1 & 2 & 2 & 2 \end{bmatrix}$$

$$=(\boldsymbol{\eta}_1,\boldsymbol{\eta}_2,\boldsymbol{\eta}_3,\boldsymbol{\eta}_4)\begin{bmatrix}1&0&0&1\\1&1&0&1\\0&1&1&1\\0&0&1&0\end{bmatrix}$$

则由基 $\boldsymbol{\eta}_1,\boldsymbol{\eta}_2,\boldsymbol{\eta}_3,\boldsymbol{\eta}_4$ 到基 $\boldsymbol{\xi}_1,\boldsymbol{\xi}_2,\boldsymbol{\xi}_3,\boldsymbol{\xi}_4$ 的过渡矩阵为 $\begin{bmatrix}1&0&0&1\\1&1&0&1\\0&1&1&1\\0&0&1&0\end{bmatrix}$.

**例 9**　已知 $P^{2\times2}$ 的两组基 $\boldsymbol{E}_{11}=\begin{bmatrix}1&0\\0&0\end{bmatrix}$，$\boldsymbol{E}_{12}=\begin{bmatrix}0&1\\0&0\end{bmatrix}$，$\boldsymbol{E}_{21}=\begin{bmatrix}0&0\\1&0\end{bmatrix}$，$\boldsymbol{E}_{22}=\begin{bmatrix}0&0\\0&1\end{bmatrix}$；$\boldsymbol{F}_{11}=\begin{bmatrix}1&0\\0&0\end{bmatrix}$，$\boldsymbol{F}_{12}=\begin{bmatrix}1&1\\0&0\end{bmatrix}$，$\boldsymbol{F}_{21}=\begin{bmatrix}1&1\\1&0\end{bmatrix}$，$\boldsymbol{F}_{22}=\begin{bmatrix}1&1\\1&1\end{bmatrix}$. 求由基 $\boldsymbol{E}_{11},\boldsymbol{E}_{12},\boldsymbol{E}_{21},\boldsymbol{E}_{22}$ 到 $\boldsymbol{F}_{11},\boldsymbol{F}_{12},\boldsymbol{F}_{21},\boldsymbol{F}_{22}$ 的过渡矩阵，并求矩阵 $\boldsymbol{A}=\begin{bmatrix}-3&5\\4&2\end{bmatrix}$ 在基 $\boldsymbol{F}_{11},\boldsymbol{F}_{12},\boldsymbol{F}_{21},\boldsymbol{F}_{22}$ 下的矩阵.

**解**　由于 $\begin{cases}\boldsymbol{F}_{11}=\boldsymbol{E}_{11}\\\boldsymbol{F}_{12}=\boldsymbol{E}_{11}+\boldsymbol{E}_{12}\\\boldsymbol{F}_{21}=\boldsymbol{E}_{11}+\boldsymbol{E}_{12}+\boldsymbol{E}_{21}\\\boldsymbol{F}_{22}=\boldsymbol{E}_{11}+\boldsymbol{E}_{12}+\boldsymbol{E}_{21}+\boldsymbol{E}_{22}\end{cases}$，则

$$(\boldsymbol{F}_{11},\boldsymbol{F}_{12},\boldsymbol{F}_{21},\boldsymbol{F}_{22})=(\boldsymbol{E}_{11},\boldsymbol{E}_{12},\boldsymbol{E}_{21},\boldsymbol{E}_{22})\begin{bmatrix}1&1&1&1\\0&1&1&1\\0&0&1&1\\0&0&0&1\end{bmatrix}$$

又 $\boldsymbol{A}=-3\boldsymbol{E}_{11}+5\boldsymbol{E}_{12}+4\boldsymbol{E}_{21}+2\boldsymbol{E}_{22}$；设 $\boldsymbol{A}$ 在基 $\boldsymbol{F}_{11},\boldsymbol{F}_{12},\boldsymbol{F}_{21},\boldsymbol{F}_{22}$ 下的坐标为 $(x_1,x_2,x_3,x_4)$，则

$$\begin{bmatrix}x_1\\x_2\\x_3\\x_4\end{bmatrix}=\begin{bmatrix}1&1&1&1\\0&1&1&1\\0&0&1&1\\0&0&0&1\end{bmatrix}^{-1}\begin{bmatrix}-3\\5\\4\\2\end{bmatrix}=\begin{bmatrix}1&1&0&0\\0&1&1&0\\0&0&1&1\\0&0&0&1\end{bmatrix}\begin{bmatrix}-3\\5\\4\\2\end{bmatrix}=\begin{bmatrix}-8\\1\\2\\2\end{bmatrix}$$

$\boldsymbol{A}$ 在基 $\boldsymbol{F}_{11},\boldsymbol{F}_{12},\boldsymbol{F}_{21},\boldsymbol{F}_{22}$ 下的坐标为 $(-8,1,2,2)$.

## 6.3　线性子空间及其运算

### 一、线性子空间

#### 1. 定义

设 $V$ 是数域 $P$ 上的线性空间，集合 $W\subseteq V(W\neq\varnothing)$，若 $W$ 对于 $V$ 中的两种运算也构成数域 $P$ 上的线性空间，则称 $W$ 为 $V$ 的一个线性子空间，简称子空间.

**注**　(1) 线性子空间也是数域 $P$ 上一个线性空间，它也有基和维数的概念.

(2) 任一线性子空间的维数不能超过整个线性空间的维数.

**2. 线性子空间的判定**

设 $V$ 是数域 $P$ 上的线性空间，集合 $W\subseteq V(W\neq\varnothing)$，若 $W$ 对于 $V$ 中的两种运算封闭，即 $\forall\boldsymbol{\alpha},\boldsymbol{\beta}\in W$，有 $\boldsymbol{\alpha}+\boldsymbol{\beta}\in W$；$\forall\boldsymbol{\alpha}\in W$，$\forall k\in P$，有 $k\boldsymbol{\alpha}\in W$，则称 $W$ 为 $V$ 的一个子空间.

设 $V$ 是数域 $P$ 上的线性空间，集合 $W\subseteq V(W\neq\varnothing)$，则 $W$ 为 $V$ 的一个子空间的充要条件为对于 $\forall\boldsymbol{\alpha},\boldsymbol{\beta}\in W$，$\forall a,b\in P$，$a\boldsymbol{\alpha}+b\boldsymbol{\beta}\in W$.

**证明** 要证明 $W$ 为数域 $P$ 上的线性空间，即证 $W$ 中的向量满足线性空间定义中的 8 条规则. 由于 $W\subseteq V$，规则(1)、(2)、(5)、(6)、(7)、(8)显然成立，下证(3)、(4)成立. 由于 $W\neq\varnothing$，则存在 $\boldsymbol{\alpha}\in W$，且对于 $\forall\boldsymbol{\alpha}\in W$，由数乘封闭，有 $-\boldsymbol{\alpha}=(-1)\boldsymbol{\alpha}\in W$，即 $W$ 中元素的负元素就是它在 $V$ 中的负元素.

**例 1** 设 $V$ 是数域 $P$ 上的线性空间，只含零向量的子集合 $W=\{\mathbf{0}\}$ 是 $V$ 的一个线性子空间，称之为 $V$ 的零子空间. 线性空间 $V$ 本身也是 $V$ 的一个子空间. 这两个子空间有时也称为平凡子空间，而其他的子空间称为非平凡子空间.

**例 2** 设 $V$ 是所有实函数所成集合构成的线性空间，则 $\mathbf{R}[x]$ 为 $V$ 的一个子空间.

**例 3** $P[x]_n$ 是 $P[x]$ 的线性子空间.

**例 4** $n$ 元齐次线性方程组 $\begin{cases}a_{11}x_1+a_{12}x_2+\cdots+a_{1n}x_n=0\\a_{21}x_1+a_{22}x_2+\cdots+a_{2n}x_n=0\\\qquad\vdots\\a_{s1}x_1+a_{s2}x_2+\cdots+a_{sn}x_n=0\end{cases}$ ①的全部解向量所成集合 $W$ 对于通常的向量加法和数乘构成的线性空间是 $n$ 维向量空间 $P^n$ 的一个子空间，则称 $W$ 为方程组①的解空间.

**注** (1) ①的解空间 $W$ 的维数 $=n-R(\mathbf{A})$，$\mathbf{A}=(a_{ij})_{s\times n}$.

(2) ①的一个基础解系就是解空间 $W$ 的一组基.

## 二、生成子空间

**1. 定义**

设 $V$ 是数域 $P$ 上的线性空间，$\boldsymbol{\alpha}_1,\boldsymbol{\alpha}_2,\cdots,\boldsymbol{\alpha}_r\in V$，则子空间

$$W=\{k_1\boldsymbol{\alpha}_1+k_2\boldsymbol{\alpha}_2+\cdots+k_r\boldsymbol{\alpha}_r\,|\,k_i\in P,\ i=1,2,\cdots,r\}$$

称为 $V$ 的由 $\boldsymbol{\alpha}_1,\boldsymbol{\alpha}_2,\cdots,\boldsymbol{\alpha}_r$ 生成的子空间；记为 $L(\boldsymbol{\alpha}_1,\boldsymbol{\alpha}_2,\cdots,\boldsymbol{\alpha}_r)$；称 $\boldsymbol{\alpha}_1,\boldsymbol{\alpha}_2,\cdots,\boldsymbol{\alpha}_r$ 为 $L(\boldsymbol{\alpha}_1,\boldsymbol{\alpha}_2,\cdots,\boldsymbol{\alpha}_r)$ 的一组生成元.

**例 5** 在 $P^n$ 中，$\boldsymbol{\varepsilon}_i=(0,\cdots,0,1,0,\cdots,0)$，$i=1,2,\cdots,n$ 为 $P^n$ 的一组基，$\forall\boldsymbol{\alpha}=(a_1,a_2,\cdots,a_n)\in P^n$，有 $\boldsymbol{\alpha}=a_1\boldsymbol{\varepsilon}_1+a_2\boldsymbol{\varepsilon}_2+\cdots+a_n\boldsymbol{\varepsilon}_n$，故 $P^n=L(\boldsymbol{\varepsilon}_1,\boldsymbol{\varepsilon}_2,\cdots,\boldsymbol{\varepsilon}_n)$，即 $P^n$ 由它的一组基生成.

类似地，$P[x]_n=L(1,x,x^2,\cdots,x^{n-1})=\{a_0+a_1x+\cdots+a_{n-1}x^{n-1}\,|\,a_i\in P,\ i=1,2,\cdots,n-1\}$.

事实上，任一有限维线性空间都可由它的一组基生成.

**2. 有关结论**

(1) 设 $W$ 为 $n$ 维线性空间 $V$ 的任一子空间，$\boldsymbol{\alpha}_1,\boldsymbol{\alpha}_2,\cdots,\boldsymbol{\alpha}_r$ 为 $W$ 的一组基，则有 $W=$

$L(\boldsymbol{\alpha}_1, \boldsymbol{\alpha}_2, \cdots, \boldsymbol{\alpha}_r)$.

(2) 结论有以下两点：

① $\boldsymbol{\alpha}_1, \boldsymbol{\alpha}_2, \cdots, \boldsymbol{\alpha}_r$；$\boldsymbol{\beta}_1, \boldsymbol{\beta}_2, \cdots, \boldsymbol{\beta}_s$ 为线性空间 $V$ 中的两组向量，则 $L(\boldsymbol{\alpha}_1, \boldsymbol{\alpha}_2, \cdots, \boldsymbol{\alpha}_r)=L(\boldsymbol{\beta}_1, \boldsymbol{\beta}_2, \cdots, \boldsymbol{\beta}_s)$的充要条件为 $\boldsymbol{\alpha}_1, \boldsymbol{\alpha}_2, \cdots, \boldsymbol{\alpha}_r$ 与 $\boldsymbol{\beta}_1, \boldsymbol{\beta}_2, \cdots, \boldsymbol{\beta}_s$ 等价.

② 生成子空间 $L(\boldsymbol{\alpha}_1, \boldsymbol{\alpha}_2, \cdots, \boldsymbol{\alpha}_r)$的维数=向量组 $\boldsymbol{\alpha}_1, \boldsymbol{\alpha}_2, \cdots, \boldsymbol{\alpha}_r$ 的秩.

**证明** ① 若 $L(\boldsymbol{\alpha}_1, \boldsymbol{\alpha}_2, \cdots, \boldsymbol{\alpha}_r)=L(\boldsymbol{\beta}_1, \boldsymbol{\beta}_2, \cdots, \boldsymbol{\beta}_s)$，则对 $\forall a_i$，$i=1, 2, \cdots, r$，有 $\boldsymbol{\alpha}_i \in L(\boldsymbol{\beta}_1, \boldsymbol{\beta}_2, \cdots, \boldsymbol{\beta}_s)$，从而 $\boldsymbol{\alpha}_i$ 可被 $\boldsymbol{\beta}_1, \boldsymbol{\beta}_2, \cdots, \boldsymbol{\beta}_s$ 线性表出. 同理每个 $\boldsymbol{\beta}_i$ 可被 $\boldsymbol{\alpha}_1, \boldsymbol{\alpha}_2, \cdots, \boldsymbol{\alpha}_r$ 线性表出，所以 $\boldsymbol{\alpha}_1, \boldsymbol{\alpha}_2, \cdots, \boldsymbol{\alpha}_r$ 与 $\boldsymbol{\beta}_1, \boldsymbol{\beta}_2, \cdots, \boldsymbol{\beta}_s$ 等价. 反之，$\boldsymbol{\alpha}_1, \boldsymbol{\alpha}_2, \cdots, \boldsymbol{\alpha}_r$ 与 $\boldsymbol{\beta}_1, \boldsymbol{\beta}_2, \cdots, \boldsymbol{\beta}_s$ 等价，$\forall \boldsymbol{\alpha} \in L(\boldsymbol{\alpha}_1, \boldsymbol{\alpha}_2, \cdots, \boldsymbol{\alpha}_r)$，$\boldsymbol{\alpha}$ 可被 $\boldsymbol{\alpha}_1, \boldsymbol{\alpha}_2, \cdots, \boldsymbol{\alpha}_r$ 线性表出，从而可被 $\boldsymbol{\beta}_1, \boldsymbol{\beta}_2, \cdots, \boldsymbol{\beta}_s$ 线性表出，即 $\boldsymbol{\alpha} \in L(\boldsymbol{\beta}_1, \boldsymbol{\beta}_2, \cdots, \boldsymbol{\beta}_r)$，则 $L(\boldsymbol{\alpha}_1, \boldsymbol{\alpha}_2, \cdots, \boldsymbol{\alpha}_r) \subseteq L(\boldsymbol{\beta}_1, \boldsymbol{\beta}_2, \cdots, \boldsymbol{\beta}_s)$，同理可得

$$L(\boldsymbol{\alpha}_1, \boldsymbol{\alpha}_2, \cdots, \boldsymbol{\alpha}_r) \supseteq L(\boldsymbol{\beta}_1, \boldsymbol{\beta}_2, \cdots, \boldsymbol{\beta}_s)$$

故 $L(\boldsymbol{\alpha}_1, \boldsymbol{\alpha}_2, \cdots, \boldsymbol{\alpha}_r)=L(\boldsymbol{\beta}_1, \boldsymbol{\beta}_2, \cdots, \boldsymbol{\beta}_s)$.

② 设向量组 $\boldsymbol{\alpha}_1, \boldsymbol{\alpha}_2, \cdots, \boldsymbol{\alpha}_r$ 的秩为 $t$，不妨设 $\boldsymbol{\alpha}_1, \boldsymbol{\alpha}_2, \cdots, \boldsymbol{\alpha}_t (t<r)$为它的一个极大无关组. 由于 $\boldsymbol{\alpha}_1, \boldsymbol{\alpha}_2, \cdots, \boldsymbol{\alpha}_r$ 与 $\boldsymbol{\alpha}_1, \boldsymbol{\alpha}_2, \cdots, \boldsymbol{\alpha}_t$ 等价，所以 $L(\boldsymbol{\alpha}_1, \boldsymbol{\alpha}_2, \cdots, \boldsymbol{\alpha}_r)=L(\boldsymbol{\alpha}_1, \boldsymbol{\alpha}_2, \cdots, \boldsymbol{\alpha}_t)$. 又 $\boldsymbol{\alpha}_1, \boldsymbol{\alpha}_2, \cdots, \boldsymbol{\alpha}_t$ 就是 $L(\boldsymbol{\alpha}_1, \boldsymbol{\alpha}_2, \cdots, \boldsymbol{\alpha}_r)$的一组基，所以 $L(\boldsymbol{\alpha}_1, \boldsymbol{\alpha}_2, \cdots, \boldsymbol{\alpha}_r)$的维数$=t$.

设 $\boldsymbol{\alpha}_1, \boldsymbol{\alpha}_2, \cdots, \boldsymbol{\alpha}_s$ 是线性空间 $V$ 中不全为零的一组向量，$\boldsymbol{\alpha}_{i_1}, \boldsymbol{\alpha}_{i_2}, \cdots, \boldsymbol{\alpha}_{i_r} (r<s)$是它的一个极大无关组，则 $L(\boldsymbol{\alpha}_1, \boldsymbol{\alpha}_2, \cdots, \boldsymbol{\alpha}_s)=L(\boldsymbol{\alpha}_{i_1}, \boldsymbol{\alpha}_{i_2}, \cdots, \boldsymbol{\alpha}_{i_r})$.

(3) 设 $\boldsymbol{\alpha}_1, \boldsymbol{\alpha}_2, \cdots, \boldsymbol{\alpha}_n$ 为 $P$ 上 $n$ 维线性空间 $V$ 的一组基，$\boldsymbol{A}$ 为 $P$ 上一个 $n \times s$ 矩阵，若 $(\boldsymbol{\beta}_1, \cdots, \boldsymbol{\beta}_s)=(\boldsymbol{\alpha}_1, \cdots, \boldsymbol{\alpha}_n)\boldsymbol{A}$，则 $L(\boldsymbol{\beta}_1, \boldsymbol{\beta}_2, \cdots, \boldsymbol{\beta}_s)$的维数$=R(\boldsymbol{A})$.

**证明** 设 $R(\boldsymbol{A})=r$，不失一般性，设 $\boldsymbol{A}$ 的前 $r$ 列线性无关，并将这 $r$ 列所构成的矩阵记为 $\boldsymbol{A}_1$，其余 $s-r$ 列构成的矩阵记为 $\boldsymbol{A}_2$，则 $\boldsymbol{A}=(\boldsymbol{A}_1, \boldsymbol{A}_2)$，且 $R(\boldsymbol{A}_1)=R(\boldsymbol{A})=r$，$(\boldsymbol{\beta}_1, \cdots, \boldsymbol{\beta}_r)=(\boldsymbol{\alpha}_1, \cdots, \boldsymbol{\alpha}_n)\boldsymbol{A}$，下证 $\boldsymbol{\beta}_1, \boldsymbol{\beta}_2, \cdots, \boldsymbol{\beta}_r$ 线性无关：

设 $k_1\boldsymbol{\beta}_1+k_2\boldsymbol{\beta}_2+\cdots+k_r\boldsymbol{\beta}_r=\boldsymbol{0}$，即$(\boldsymbol{\beta}_1, \cdots, \boldsymbol{\beta}_r)\begin{bmatrix}k_1\\ \vdots\\ k_r\end{bmatrix}=\boldsymbol{0}$，从而$(\boldsymbol{\alpha}_1, \cdots, \boldsymbol{\alpha}_n)\boldsymbol{A}_1\begin{bmatrix}k_1\\ \vdots\\ k_r\end{bmatrix}=\boldsymbol{0}$，

又 $\boldsymbol{\alpha}_1, \boldsymbol{\alpha}_2, \cdots, \boldsymbol{\alpha}_n$ 为 $V$ 的一组基，即线性无关，则 $\boldsymbol{A}_1\begin{bmatrix}k_1\\ \vdots\\ k_r\end{bmatrix}=\boldsymbol{0}$. 又 $R(\boldsymbol{A}_1)=r$，则 $k_1=\cdots=k_r=0$，故 $\boldsymbol{\beta}_1, \boldsymbol{\beta}_2, \cdots, \boldsymbol{\beta}_r$ 线性无关.

任取 $\boldsymbol{\beta}_j (j=1, 2, \cdots, s)$，将 $\boldsymbol{A}$ 的第 $j$ 列添加在 $\boldsymbol{A}_1$ 的右边构成的矩阵记为 $\boldsymbol{B}_j$，则 $(\boldsymbol{\beta}_1, \cdots, \boldsymbol{\beta}_r, \boldsymbol{\beta}_j)=(\boldsymbol{\alpha}_1, \cdots, \boldsymbol{\alpha}_n)\boldsymbol{B}_j$；设 $l_1\boldsymbol{\beta}_1+l_2\boldsymbol{\beta}_2+\cdots+l_r\boldsymbol{\beta}_r+l_{r+1}\boldsymbol{\beta}_j=\boldsymbol{0}$，即

$$(\boldsymbol{\beta}_1, \cdots, \boldsymbol{\beta}_n, \boldsymbol{\beta}_j)\begin{bmatrix}l_1\\ \vdots\\ l_r\\ l_{r+1}\end{bmatrix}=\boldsymbol{0}$$

则有$(\boldsymbol{\alpha}_1, \cdots, \boldsymbol{\alpha}_n)\boldsymbol{B}_j\begin{bmatrix}l_1\\ \vdots\\ l_r\\ l_{r+1}\end{bmatrix}=\boldsymbol{0}$，即 $\boldsymbol{B}_j\begin{bmatrix}l_1\\ \vdots\\ l_r\\ l_{r+1}\end{bmatrix}=\boldsymbol{0}$.

又 $R(\boldsymbol{B}_j)=r$，则有不全为零的数 $l_1, l_2, \cdots, l_r, l_{r+1}$，使 $l_1\boldsymbol{\beta}_1+l_2\boldsymbol{\beta}_2+\cdots+l_r\boldsymbol{\beta}_r+l_{r+1}\boldsymbol{\beta}_j=\mathbf{0}$，即 $\boldsymbol{\beta}_1, \cdots, \boldsymbol{\beta}_r, \boldsymbol{\beta}_j$ 线性相关. 故 $\boldsymbol{\beta}_1, \boldsymbol{\beta}_2, \cdots, \boldsymbol{\beta}_r$ 为 $\boldsymbol{\beta}_1, \boldsymbol{\beta}_2, \cdots, \boldsymbol{\beta}_s$ 的极大无关组，所以 $L(\boldsymbol{\beta}_1, \boldsymbol{\beta}_2, \cdots, \boldsymbol{\beta}_s)$的维数$=r=R(\boldsymbol{A})$.

**注** 由证明过程可知，若 $\boldsymbol{\alpha}_1, \boldsymbol{\alpha}_2, \cdots, \boldsymbol{\alpha}_n$ 为 $V$ 的一组基，$(\boldsymbol{\beta}_1, \cdots, \boldsymbol{\beta}_s)=(\boldsymbol{\alpha}_1, \cdots, \boldsymbol{\alpha}_n)\boldsymbol{A}$，则向量组 $\boldsymbol{\beta}_1, \boldsymbol{\beta}_2, \cdots, \boldsymbol{\beta}_s$ 与矩阵 $\boldsymbol{A}$ 的列向量组具有相同的线性相关性. 所以可对矩阵 $\boldsymbol{A}$ 做初等变换化为阶梯型来求向量组 $\boldsymbol{\beta}_1, \boldsymbol{\beta}_2, \cdots, \boldsymbol{\beta}_s$ 的一个极大无关组，从而求出生成子空间$L(\boldsymbol{\beta}_1, \boldsymbol{\beta}_2, \cdots, \boldsymbol{\beta}_s)$的维数与一组基.

(4)（扩基定理）设 $W$ 为 $n$ 维线性空间 $V$ 的一个 $m$ 维子空间，$\boldsymbol{\alpha}_1, \boldsymbol{\alpha}_2, \cdots, \boldsymbol{\alpha}_m$ 为 $W$ 的一组基，则这组向量必定可扩充为 $V$ 的一组基，即在 $V$ 中必定可找到 $n-m$ 个向量 $\boldsymbol{\alpha}_{m+1}, \boldsymbol{\alpha}_{m+2}, \cdots, \boldsymbol{\alpha}_n$，使 $\boldsymbol{\alpha}_1, \boldsymbol{\alpha}_2, \cdots, \boldsymbol{\alpha}_n$ 为 $V$ 的一组基.

**证明** 对 $n-m$ 应用数学归纳法.

当 $n-m=0$ 时，即 $n=m$，$\boldsymbol{\alpha}_1, \boldsymbol{\alpha}_2, \cdots, \boldsymbol{\alpha}_m$ 就为 $W$ 的一组基，定理成立；假设当 $n-m=k$ 时结论成立，下面我们考虑 $n-m=k+1$ 时，既然 $\boldsymbol{\alpha}_1, \boldsymbol{\alpha}_2, \cdots, \boldsymbol{\alpha}_m$ 还不是 $V$ 的一组基，它又是线性无关的，则在 $V$ 中必定有一个向量 $\boldsymbol{\alpha}_{m+1}$不能被 $\boldsymbol{\alpha}_1, \boldsymbol{\alpha}_2, \cdots, \boldsymbol{\alpha}_m$ 线性表出，把它添加进去，则 $\boldsymbol{\alpha}_1, \boldsymbol{\alpha}_2, \cdots, \boldsymbol{\alpha}_m, \boldsymbol{\alpha}_{m+1}$必定是线性无关的. 由定理可知，子空间 $L(\boldsymbol{\alpha}_1, \boldsymbol{\alpha}_2, \cdots, \boldsymbol{\alpha}_{m+1})$是 $m+1$维的. 因 $n-(m+1)=(n-m)-1=(k+1)-1=k$，由归纳假设，$L(\boldsymbol{\alpha}_1, \boldsymbol{\alpha}_2, \cdots, \boldsymbol{\alpha}_{m+1})$的基 $\boldsymbol{\alpha}_1, \boldsymbol{\alpha}_2, \cdots, \boldsymbol{\alpha}_m, \boldsymbol{\alpha}_{m+1}$可以扩充为整个空间 $V$ 的一组基，由归纳命题得证.

## 三、子空间的交

### 1. 定义

设 $V_1$、$V_2$ 为线性空间 $V$ 的子空间，则集合 $V_1\cap V_2=\{a \mid a\in V_1, a\in V_2\}$也为 $V$ 的子空间，称为 $V_1$ 和 $V_2$ 的交空间.

事实上，由于 $\mathbf{0}\in V_1$，$\mathbf{0}\in V_2$，$\mathbf{0}\in V_1\cap V_2\neq\varnothing$，任取 $\boldsymbol{\alpha}, \boldsymbol{\beta}\in V_1\cap V_2$，即 $\boldsymbol{\alpha}, \boldsymbol{\beta}\in V_1$，$\boldsymbol{\alpha}, \boldsymbol{\beta}\in V_2$，则 $\boldsymbol{\alpha}+\boldsymbol{\beta}\in V_1$，$\boldsymbol{\alpha}+\boldsymbol{\beta}\in V_2$，则 $\boldsymbol{\alpha}+\boldsymbol{\beta}\in V_1\cap V_2$；同时有 $k\boldsymbol{\alpha}\in V_1$，$k\boldsymbol{\alpha}\in V_2$，$k\boldsymbol{\alpha}\in V_1\cap V_2$，故 $V_1\cap V_2$ 为 $V$ 的子空间. 显然有 $V_1\cap V_2=V_2\cap V_1$，$(V_1\cap V_2)\cap V_3=V_1\cap(V_2\cap V_3)$.

### 2. 推广——多个子空间的交

$V_1, V_2, \cdots, V_s$ 为线性空间 $V$ 的子空间，则集合

$$V_1\cap V_2\cap\cdots\cap V_s=\bigcap_{i=1}^{s}V_i=\{\boldsymbol{\alpha} \mid \boldsymbol{\alpha}\in V_i,\ i=1\sim s\}$$

也为 $V$ 的子空间，称为 $V_1, V_2, \cdots, V_s$ 的交空间.

## 四、子空间的和

### 1. 定义

设 $V_1$、$V_2$ 为线性空间 $V$ 的子空间，则集合 $V_1+V_2=\{\boldsymbol{\alpha}_1+\boldsymbol{\alpha}_2 \mid \boldsymbol{\alpha}_1\in V_1, \boldsymbol{\alpha}_2\in V_2\}$也为 $V$ 的子空间，称为 $V_1$ 和 $V_2$ 的和空间.

事实上，由于 $\mathbf{0}\in V_1$，$\mathbf{0}\in V_2$，$\mathbf{0}=\mathbf{0}+\mathbf{0}\in V_1+V_2\neq\varnothing$，任取 $\boldsymbol{\alpha}, \boldsymbol{\beta}\in V_1+V_2$，设

$$\boldsymbol{\alpha}=\boldsymbol{\alpha}_1+\boldsymbol{\alpha}_2,\ \boldsymbol{\beta}=\boldsymbol{\beta}_1+\boldsymbol{\beta}_2$$

其中，$\boldsymbol{\alpha}_1$、$\boldsymbol{\beta}_1\in V_1$，$\boldsymbol{\alpha}_2$、$\boldsymbol{\beta}_2\in V_2$，则有

$$\boldsymbol{\alpha}+\boldsymbol{\beta}=(\boldsymbol{\alpha}_1+\boldsymbol{\alpha}_2)+(\boldsymbol{\beta}_1+\boldsymbol{\beta}_2)=(\boldsymbol{\alpha}_1+\boldsymbol{\beta}_1)+(\boldsymbol{\alpha}_2+\boldsymbol{\beta}_2)\in V_1\cap V_2$$

同时有，$k\boldsymbol{\alpha}=k(\boldsymbol{\alpha}_1+\boldsymbol{\alpha}_2)=k\boldsymbol{\alpha}_1+k\boldsymbol{\alpha}_2\in V_1+V_2$，故 $V_1+V_2$ 为 $V$ 的子空间.

显然有 $V_1+V_2=V_2+V_1$，$(V_1+V_2)+V_3=V_1+(V_2+V_3)$.

**2. 推广——多个子空间的和**

$V_1$，$V_2$，…，$V_s$ 为线性空间 $V$ 的子空间，则集合

$$\sum_{i=1}^{s}V_i=V_1+V_2+\cdots+V_s=\{\boldsymbol{\alpha}_1+\boldsymbol{\alpha}_2+\cdots+\boldsymbol{\alpha}_s \mid \boldsymbol{\alpha}_i\in V_i,\ i=1,\ 2,\ \cdots,\ s\}$$

也为 $V$ 的子空间，称为 $V_1$，$V_2$，…，$V_s$ 的和空间.

**注** $V$ 的两个子空间的并集未必为 $V$ 的子空间. 例如

$$V_1=\{(a,\ 0,\ 0)\mid a\in\mathbf{R}\},\ V_2=\{(0,\ b,\ 0)\mid b\in\mathbf{R}\}$$

皆为 $\mathbf{R}^3$ 的子空间，但它们的并集为

$$V_1\cup V_2=\{(a,\ 0,\ 0)(0,\ b,\ 0)\mid a,\ b\in\mathbf{R}\}$$

并不是 $\mathbf{R}^3$ 的子空间. 因为它对 $\mathbf{R}^3$ 的运算不封闭，如$(1,\ 0,\ 0)$，$(0,\ 1,\ 0)\in V_1\cup V_2$，而

$$(1,\ 0,\ 0)+(0,\ 1,\ 0)=(1,\ 1,\ 0)\notin V_1\cup V_2$$

**3. 子空间的交与和的性质**

(1) 设 $V_1$、$V_2$、$W$ 为线性空间 $V$ 的子空间，① 若 $W\subseteq V_1$，$W\subseteq V_2$，则 $W\subseteq V_1\cap V_2$；② 若 $W\supseteq V_1$，$W\supseteq V_2$，则 $W\supseteq V_1\cap V_2$.

(2) 设 $V_1$、$V_2$ 为线性空间 $V$ 的子空间，则有 3 个条件等价：① $V_1\subseteq V_2$；② $V_1\cap V_2=V_1$；③ $V_1+V_2=V_2$.

(3) $\boldsymbol{\alpha}_1$，$\boldsymbol{\alpha}_2$，…，$\boldsymbol{\alpha}_s$ 与 $\boldsymbol{\beta}_1$，$\boldsymbol{\beta}_2$，…，$\boldsymbol{\beta}_t$ 为线性空间 $V$ 中两组向量，则

$$L(\boldsymbol{\alpha}_1,\ \boldsymbol{\alpha}_2,\ \cdots,\ \boldsymbol{\alpha}_s)+L(\boldsymbol{\beta}_1,\ \boldsymbol{\beta}_2,\ \cdots,\ \boldsymbol{\beta}_t)=L(\boldsymbol{\alpha}_1,\ \boldsymbol{\alpha}_2,\ \cdots,\ \boldsymbol{\alpha}_s,\ \boldsymbol{\beta}_1,\ \boldsymbol{\beta}_2,\ \cdots,\ \boldsymbol{\beta}_t)$$

(4) (维数公式定理)设 $V_1$、$V_2$ 为线性空间 $V$ 的子空间，则

$$\dim V_1+\dim V_2=\dim(V_1+V_2)\dim(V_1\cap V_2)$$

或

$$\dim(V_1+V_2)=\dim V_1+\dim V_2-\dim(V_1\cap V_2)$$

**证明** 设 $\dim V_1=n_1$，$\dim V_2=n_2$，$\dim(V_1\cap V_2)=m$，取 $V_1\cap V_2$ 的一组基 $\boldsymbol{\alpha}_1$，$\boldsymbol{\alpha}_2$，…，$\boldsymbol{\alpha}_m$，由扩基定理，可扩充为 $V_1$ 的一组基，$\boldsymbol{\alpha}_1$，$\boldsymbol{\alpha}_2$，…，$\boldsymbol{\alpha}_m$，$\boldsymbol{\beta}_1$，$\boldsymbol{\beta}_2$，…，$\boldsymbol{\beta}_{n_1-m}$，它也可扩充为 $V_2$ 的一组基，$\boldsymbol{\alpha}_1$，$\boldsymbol{\alpha}_2$，…，$\boldsymbol{\alpha}_m$，$\boldsymbol{\gamma}_1$，$\boldsymbol{\gamma}_2$，…，$\boldsymbol{\gamma}_{n_2-m}$，即有 $V_1=L(\boldsymbol{\alpha}_1,\ \boldsymbol{\alpha}_2,\ \cdots,\ \boldsymbol{\alpha}_m,\ \boldsymbol{\beta}_1,\ \boldsymbol{\beta}_2,\ \cdots,\ \boldsymbol{\beta}_{n_1-m})$，$V_2=L(\boldsymbol{\alpha}_1,\ \boldsymbol{\alpha}_2,\ \cdots,\ \boldsymbol{\alpha}_m,\ \boldsymbol{\gamma}_1,\ \boldsymbol{\gamma}_2,\ \cdots,\ \boldsymbol{\gamma}_{n_2-m})$. 所以 $V_1+V_2=L(\boldsymbol{\alpha}_1,\ \cdots,\ \boldsymbol{\alpha}_m,\ \boldsymbol{\beta}_1,\ \cdots,\ \boldsymbol{\beta}_{n_1-m},\ \boldsymbol{\gamma}_1,\ \cdots,\ \boldsymbol{\gamma}_{n_2-m})$.

下证 $\boldsymbol{\alpha}_1$，…，$\boldsymbol{\alpha}_m$，$\boldsymbol{\beta}_1$，…，$\boldsymbol{\beta}_{n_1-m}$，$\boldsymbol{\gamma}_1$，…，$\boldsymbol{\gamma}_{n_2-m}$线性无关，假设有等式

$$k_1\boldsymbol{\alpha}_1+\cdots+k_m\boldsymbol{\alpha}_m+p_1\boldsymbol{\beta}_1+\cdots+p_{n_1-m}\boldsymbol{\beta}_{n_1-m}+q_1\boldsymbol{\gamma}_1+\cdots+q_{n_2-m}\boldsymbol{\gamma}_{n_2-m}=\mathbf{0}$$

令 $\boldsymbol{\alpha}=k_1\boldsymbol{\alpha}_1+\cdots+k_m\boldsymbol{\alpha}_m+p_1\boldsymbol{\beta}_1+\cdots+p_{n_1-m}\boldsymbol{\beta}_{n_1-m}=-q_1\boldsymbol{\gamma}_1-\cdots-q_{n_2-m}\boldsymbol{\gamma}_{n_2-m}$，则有 $\boldsymbol{\alpha}\in V_1$，$\boldsymbol{\alpha}\in V_2$，于是 $\boldsymbol{\alpha}\in V_1\cap V_2$，即 $\boldsymbol{\alpha}$ 可被 $\boldsymbol{\alpha}_1$，$\boldsymbol{\alpha}_2$，…，$\boldsymbol{\alpha}_m$ 线性表出；令 $\boldsymbol{\alpha}=l_1\boldsymbol{\alpha}_1+\cdots+l_m\boldsymbol{\alpha}_m$，则

$$p_1\boldsymbol{\beta}_1+\cdots+p_{n_1-m}\boldsymbol{\beta}_{n_1-m}+q_1\boldsymbol{\gamma}_1+\cdots+q_{n_2-m}\boldsymbol{\gamma}_{n_2-m}=\mathbf{0}$$

由于 $\boldsymbol{\alpha}_1$，…，$\boldsymbol{\alpha}_m$，$\boldsymbol{\gamma}_1$，…，$\boldsymbol{\gamma}_{n_2-m}$线性无关，可得 $l_1=l_2=\cdots=l_m=q_1=q_2=\cdots=q_{n_2-m}=0$，因而 $\boldsymbol{\alpha}=\mathbf{0}$，从而有 $k_1\boldsymbol{\alpha}_1+\cdots+k_m\boldsymbol{\alpha}_m+p_1\boldsymbol{\beta}_1+\cdots+p_{n_1-m}\boldsymbol{\beta}_{n_1-m}=\mathbf{0}$，由于 $\boldsymbol{\alpha}_1$，…，$\boldsymbol{\alpha}_m$，$\boldsymbol{\beta}_1$，…，$\boldsymbol{\beta}_{n_1-m}$线性无关，可得

$$k_1=\cdots=k_m=p_2=\cdots=p_{n_1-m}=0$$

所以 $\boldsymbol{\alpha}_1, \cdots, \boldsymbol{\alpha}_m, \boldsymbol{\beta}_1, \cdots, \boldsymbol{\beta}_{n_1-m}, \boldsymbol{\gamma}_1, \cdots, \boldsymbol{\gamma}_{n_2-m}$ 线性无关，因而为 $V_1+V_2$ 的一组基. 则

$$\dim(V_1+V_2)=m+(n_1-m)+(n_2-m)=n_1+n_2-m=\dim V_1+\dim V_2-\dim(V_1\cap V_2)$$

**注** 从维数公式中可以看到，子空间的和的维数往往比子空间的维数的和要小，例如，在 $\mathbf{R}^3$ 中，设子空间 $V_1=L(\boldsymbol{\varepsilon}_1, \boldsymbol{\varepsilon}_2)$，$V_2=L(\boldsymbol{\varepsilon}_2, \boldsymbol{\varepsilon}_3)$，其中，$\boldsymbol{\varepsilon}_1=(1, 0, 0)$，$\boldsymbol{\varepsilon}_2=(0, 1, 0)$，$\boldsymbol{\varepsilon}_3=(0, 0, 1)$，则 $\dim V_1=2$，$\dim V_2=2$，但

$$V_1+V_2=L(\boldsymbol{\varepsilon}_1, \boldsymbol{\varepsilon}_2)+L(\boldsymbol{\varepsilon}_2, \boldsymbol{\varepsilon}_3)=L(\boldsymbol{\varepsilon}_1, \boldsymbol{\varepsilon}_2, \boldsymbol{\varepsilon}_3)=\mathbf{R}^3$$

则 $\dim(V_1+V_2)=3$. 由此可得 $\dim(V_1\cap V_2)=1$，$V_1\cap V_2$ 是一直线.

设 $V_1$、$V_2$ 为 $n$ 维线性空间 $V$ 的两个子空间，若 $\dim V_1+\dim V_2>n$，则 $V_1$、$V_2$ 必含非零的公共向量，即 $V_1\cap V_2$ 中必含有非零向量.

**证明** 由维数公式有 $\dim(V_1+V_2)=\dim V_1+\dim V_2-\dim(V_1\cap V_2)$，又 $V_1+V_2$ 是 $V$ 的子空间，则 $\dim(V_1+V_2)\leqslant n$，若 $\dim(V_1+V_2)>n$，则 $\dim(V_1\cap V_2)>0$，故 $V_1\cap V_2$ 中含有非零向量.

## 五、子空间的直和

设 $V_1$、$V_2$ 为线性空间 $V$ 的子空间，由维数公式得

$$\dim V_1+\dim V_2=\dim(V_1+V_2)+\dim(V_1\cap V_2)$$

有两种情况：

(1) $\dim(V_1+V_2)<\dim V_1+\dim V_2$，而 $\dim(V_1+V_2)>0$，即 $V_1\cap V_2$ 必含非零向量.

(2) $\dim(V_1+V_2)=\dim V_1+\dim V_2$，此时 $\dim(V_1\cap V_2)=0$，$V_1\cap V_2$ 不含非零向量，即 $V_2\cap V_2=\{0\}$. 情形(2)是子空间的和的一种特殊情况——直和.

### 1. 定义

设 $V_1$、$V_2$ 为线性空间 $V$ 的两个子空间，若 $V_1+V_2$ 中每个向量 $\boldsymbol{\alpha}$ 的分解式 $\boldsymbol{\alpha}=\boldsymbol{\alpha}_1+\boldsymbol{\alpha}_2$，$\boldsymbol{\alpha}_1\in V_1$，$\boldsymbol{\alpha}_2\in V_2$ 是唯一的，$V_1+V_2$ 称为直和，记作 $V_1\oplus V_2$.

**注** (1) 分解式 $\boldsymbol{\alpha}=\boldsymbol{\alpha}_1+\boldsymbol{\alpha}_2$ 唯一的；即若有 $\boldsymbol{\alpha}=\boldsymbol{\alpha}_1+\boldsymbol{\alpha}_2=\boldsymbol{\beta}_1+\boldsymbol{\beta}_2$，$\boldsymbol{\alpha}_1, \boldsymbol{\beta}_1\in V_1$，$\boldsymbol{\alpha}_2, \boldsymbol{\beta}_2\in V_2$，则 $\boldsymbol{\alpha}_1=\boldsymbol{\beta}_1$，$\boldsymbol{\alpha}_2=\boldsymbol{\beta}_2$.

(2) 向量的分解式唯一，不是在任意两个子空间的和中都成立；例如，$\mathbf{R}^3$ 的子空间 $V_1=L(\boldsymbol{\varepsilon}_1, \boldsymbol{\varepsilon}_2)$，$V_2=L(\boldsymbol{\varepsilon}_2, \boldsymbol{\varepsilon}_3)$，$V_3=L(\boldsymbol{\varepsilon}_3)$，其中，$\boldsymbol{\varepsilon}_1=(1, 0, 0)$，$\boldsymbol{\varepsilon}_2=(0, 1, 0)$，$\boldsymbol{\varepsilon}_3=(0, 0, 1)$；在 $V_1+V_2$ 中，向量的分解式不唯一，如 $(2, 2, 2)=(2, 3, 0)+(0, -1, 2)=(2, 1, 0)+(0, 1, 2)$，所以 $V_1+V_2$ 不是直和. 而在 $V_1+V_3$ 中，向量 $(2, 2, 2)$ 的分解式是唯一的，$(2, 2, 2)=(2, 2, 0)+(0, 0, 2)$；事实上，对 $\forall\,\boldsymbol{\alpha}=(a_1, a_2, a_3)\in V_1+V_3$ 都有唯一分解式 $\boldsymbol{\alpha}=(a_1, a_2, 0)+(0, 0, a_3)$，故 $V_1+V_3$ 为直和.

### 2. 直和的判定

(1) $V_1+V_2$ 是直和的充要条件是零向量分解式唯一. 即若 $\boldsymbol{\alpha}_1+\boldsymbol{\alpha}_2=\mathbf{0}$，$\boldsymbol{\alpha}_1\in V_1$，$\boldsymbol{\alpha}_2\in V_2$，则 $\boldsymbol{\alpha}_1=\boldsymbol{\alpha}_2=\mathbf{0}$.

**证明** *必要性* 由于 $V_1+V_2$ 为直和，则 $\forall\,\boldsymbol{\alpha}\in V_1+V_2$，$\boldsymbol{\alpha}$ 的分解式唯一；若 $\boldsymbol{\alpha}_1+\boldsymbol{\alpha}_2=\mathbf{0}$，$\boldsymbol{\alpha}_1\in V_1$，$\boldsymbol{\alpha}_2\in V_2$，而 $\mathbf{0}$ 有分解式 $\mathbf{0}=\mathbf{0}+\mathbf{0}$，则 $\boldsymbol{\alpha}_1=\boldsymbol{\alpha}_2=\mathbf{0}$.

*充分性* 设 $\boldsymbol{\alpha}\in V_1+V_2$，它有两个分解式 $\boldsymbol{\alpha}=\boldsymbol{\alpha}_1+\boldsymbol{\alpha}_2=\boldsymbol{\beta}_1+\boldsymbol{\beta}_2$，$\boldsymbol{\alpha}_1$、$\boldsymbol{\beta}_1\in V_1$，$\boldsymbol{\alpha}_2$、$\boldsymbol{\beta}_2\in$

$V_2$，则$(\boldsymbol{\alpha}_1-\boldsymbol{\beta}_1)+(\boldsymbol{\alpha}_2-\boldsymbol{\beta}_2)=0$；其中，$\boldsymbol{\alpha}_1-\boldsymbol{\beta}_1\in V_1$，$\boldsymbol{\alpha}_2-\boldsymbol{\beta}_2\in V_2$；由零向量分解成唯一，并且$\mathbf{0}=\mathbf{0}+\mathbf{0}$，有$\boldsymbol{\alpha}_1-\boldsymbol{\beta}_1=\mathbf{0}$，$\boldsymbol{\alpha}_2-\boldsymbol{\beta}_2=\mathbf{0}$；即$\boldsymbol{\alpha}_1=\boldsymbol{\beta}_1$，$\boldsymbol{\alpha}_2=\boldsymbol{\beta}_2$，则$\boldsymbol{\alpha}$的分解式唯一，故$V_1+V_2$为直和.

(2) 和$V_1+V_2$是直和的充要条件是$V_1\cap V_2=\{0\}$.

**证明** *充分性* 若$\boldsymbol{\alpha}_1+\boldsymbol{\alpha}_2=0$，$\boldsymbol{\alpha}_1\in V_1$，$\boldsymbol{\alpha}_2\in V_2$，则有$\boldsymbol{\alpha}_1=-\boldsymbol{\alpha}_2\in V_1\cap V_2=\{\mathbf{0}\}$，即$\boldsymbol{\alpha}_1=\boldsymbol{\alpha}_2=\mathbf{0}$，故$V_1+V_2$为直和.

*必要性* 任取$\boldsymbol{\alpha}\in V_1\cap V_2$，于是零向量可表成$\mathbf{0}=\boldsymbol{\alpha}-\boldsymbol{\alpha}=\boldsymbol{\alpha}+(-\boldsymbol{\alpha})$，$\boldsymbol{\alpha}\in V_1$，$-\boldsymbol{\alpha}\in V_2$；由于$V_1+V_2$为直和，零向量分解式唯一，则$\boldsymbol{\alpha}=-\boldsymbol{\alpha}=\mathbf{0}$，故$V_1\cap V_2=\{0\}$.

(3) 和$V_1+V_2$是直和的充要条件是$\dim(V_1+V_2)=\dim V_1+\dim V_2$.

**证明** 由维数公式$\dim V_1+\dim V_2=\dim(V_1+V_2)+\dim(V_1\cap V_2)$，则有

$$\dim(V_1+V_2)=\dim V_1+\dim V_2$$

其充要条件为$\dim(V_1\cap V_2)=0$，即$V_1\cap V_2=\{0\}$的充要条件为$V_1+V_2$是直和(由(2)得知).

(4) 设$U$是线性空间$V$的一个子空间，则必存在一个子空间$W$，使$V=U\oplus W$.(这样的$W$为$U$的一个余子空间)

**证明** 取$U$的一组基$\boldsymbol{\alpha}_1,\boldsymbol{\alpha}_2,\cdots,\boldsymbol{\alpha}_m$，把它扩充为$V$的一组基$\boldsymbol{\alpha}_1,\boldsymbol{\alpha}_2,\cdots,\boldsymbol{\alpha}_m,\boldsymbol{\alpha}_{m+1},\cdots,\boldsymbol{\alpha}_n$，令$\boldsymbol{\alpha}_{m+1},\cdots,\boldsymbol{\alpha}_n\in W$，即$W=L(\boldsymbol{\alpha}_{m+1},\cdots,\boldsymbol{\alpha}_n)$，则$V=U\oplus W$.

**注** 余子空间一般不是唯一的(除非$U$是平凡子空间)；如在$\mathbf{R}^3$中，设

$$\boldsymbol{\alpha}_1=(1,1,0),\ \boldsymbol{\alpha}_2=(1,0,0),\ \boldsymbol{\beta}_1=(0,1,1),\ \boldsymbol{\beta}_2=(0,0,1)$$

令$U=L(\boldsymbol{\alpha}_1,\boldsymbol{\alpha}_2)$，$W=L(\boldsymbol{\beta}_1)$，$W=L(\boldsymbol{\beta}_2)$，则$\mathbf{R}^3=U\oplus W_1=U\oplus W_2$，而$W_1\neq W_2$.

(5) 设$\boldsymbol{\varepsilon}_1,\boldsymbol{\varepsilon}_2,\cdots,\boldsymbol{\varepsilon}_r$和$\boldsymbol{\eta}_1,\boldsymbol{\eta}_2,\cdots,\boldsymbol{\eta}_s$分别为线性子空间$V_1$、$V_2$的一组基，则$V_1+V_2$是直和的充要条件是$\boldsymbol{\varepsilon}_1,\boldsymbol{\varepsilon}_2,\cdots,\boldsymbol{\varepsilon}_r,\boldsymbol{\eta}_1,\boldsymbol{\eta}_2,\cdots,\boldsymbol{\eta}_s$线性无关.

**证明** *充分性* 由题设，$V_1=L(\boldsymbol{\varepsilon}_1,\boldsymbol{\varepsilon}_2,\cdots,\boldsymbol{\varepsilon}_r)$，$\dim V_1=r$，$V_2=L(\boldsymbol{\eta}_1,\boldsymbol{\eta}_2,\cdots,\boldsymbol{\eta}_s)$，$\dim V_2=s$，则

$$V_1+V_2=L(\boldsymbol{\varepsilon}_1,\cdots,\boldsymbol{\varepsilon}_r,\boldsymbol{\eta}_1,\cdots,\boldsymbol{\eta}_s)$$

若$\boldsymbol{\varepsilon}_1,\boldsymbol{\varepsilon}_2,\cdots,\boldsymbol{\varepsilon}_r,\boldsymbol{\eta}_1,\boldsymbol{\eta}_2,\cdots,\boldsymbol{\eta}_s$线性无关，则它是$V_1+V_2$的一组基，从而有

$$\dim(V_1+V_2)=r+s=\dim V_1+\dim V_2$$

则$V_1+V_2$为直和.

*必要性* 若$V_1+V_2$为直和，则有$\dim(V_1+V_2)=\dim V_1+\dim V_2=r+s$，从而$\boldsymbol{\varepsilon}_1,\boldsymbol{\varepsilon}_2,\cdots,\boldsymbol{\varepsilon}_r,\boldsymbol{\eta}_1,\boldsymbol{\eta}_2,\cdots,\boldsymbol{\eta}_s$的秩为$r+s$，则$\boldsymbol{\varepsilon}_1,\boldsymbol{\varepsilon}_2,\cdots,\boldsymbol{\varepsilon}_r,\boldsymbol{\eta}_1,\boldsymbol{\eta}_2,\cdots,\boldsymbol{\eta}_s$线性无关.

总之，设$V_1$、$V_2$为线性空间$V$的两个子空间，则下面命题等价：

(1) $V_1+V_2$为直和.

(2) 零向量分解式唯一.

(3) $V_1\cap V_2=\{0\}$.

(4) $\dim(V_1+V_2)=\dim V_1+\dim V_2$.(事实上，在证明直和时，首先必须为和，再利用该结论.)

(5) 对任意向量$\boldsymbol{\alpha}\in V_1+V_2$，分解式唯一.

(6) $V_1$和$V_2$的基合并是$V_1+V_2$的基.

**3. 推广——多个子空间的直和**

(1) 设 $V_1, V_2, \cdots, V_s$ 都是线性空间 $V$ 的子空间，若 $\sum_{i=1}^{s} V_i = V_1 + V_2 + \cdots + V_s$ 中每个向量 $\boldsymbol{\alpha}$ 的分解式为 $\boldsymbol{\alpha} = \boldsymbol{\alpha}_1 + \boldsymbol{\alpha}_2 + \cdots + \boldsymbol{\alpha}_s$，$\boldsymbol{\alpha}_i \in V_i$，$i = 1, 2, \cdots, s$ 是唯一的，则 $\sum_{i=1}^{s} V_i$ 就称为直和，记作 $V_1 \oplus V_2 \oplus \cdots \oplus V_s$.

(2) $V_1 + V_2 + \cdots + V_s$ 是直和的充要条件为 $V_i \cap \sum_{j=1}^{i-1} V_j = \{0\}$，$i = 1, 2, \cdots, s$.

(若 $V_i \cap \sum_{j=1}^{i-1} V_j \subseteq V_i \cap \sum_{i \neq j} V_j$，则 $V_i \cap \sum_{j=1}^{i-1} V_j = \{0\}$).

**证明** 必要性 若 $V_1 + V_2 + \cdots + V_s$ 是直和，则 $V_i \cap \sum_{i \neq j} V_j = \{0\}$，又 $V_i \cap \sum_{j=1}^{i-1} V_j \subseteq V_i \cap \sum_{i \neq j} V_j$，则 $V_i \cap \sum_{j=1}^{i-1} V_j = \{0\}$.

充分性 假设 $V_1 + V_2 + \cdots + V_s$ 不是直和，则零向量还有一个分解式

$$\mathbf{0} = \boldsymbol{\alpha}_1 + \boldsymbol{\alpha}_2 + \cdots + \boldsymbol{\alpha}_s,\ \boldsymbol{\alpha}_j \in V_j,\ j = 1, 2, \cdots, s$$

在上式中，设最后一个不为 $\mathbf{0}$ 的向量为 $\boldsymbol{\alpha}_i$，$i \leqslant s$，则上式变为 $\mathbf{0} = \boldsymbol{\alpha}_1 + \boldsymbol{\alpha}_2 + \cdots + \boldsymbol{\alpha}_i$，这时

$$\boldsymbol{\alpha}_1 + \boldsymbol{\alpha}_2 + \cdots + \boldsymbol{\alpha}_{i-1} = -\boldsymbol{\alpha}_i$$

则 $\boldsymbol{\alpha}_i \in V_i \cap (V_1 + V_2 + \cdots + V_{i-1}) = V_i \cap \sum_{j=1}^{i-1} V_j = \{0\}$，即 $\boldsymbol{\alpha}_i = \mathbf{0}$，矛盾，则 $V_1 + V_2 + \cdots + V_s$ 为直和.

(3) 判定．设 $V_1, V_2, \cdots, V_s$ 都是线性空间 $V$ 的子空间，则下面四个条件等价：

① $W = \sum_{i=1}^{s} V_i$ 为直和.

② 零向量的分解式唯一，即 $\boldsymbol{\alpha}_1 + \boldsymbol{\alpha}_2 + \cdots + \boldsymbol{\alpha}_s = \mathbf{0}$，$\boldsymbol{\alpha}_i \in V_i$，$i = 1, 2, \cdots, s$，必有 $\boldsymbol{\alpha}_i = 0$.

③ $V_j \cap \sum_{i \neq j} V_i = \{0\}$，$j = 1, 2, \cdots, s$.

④ 维数 $\dim W = \sum_{i=1}^{s} \dim V_i$.

**典型例题**

**例 1** 判断 $P^n$ 的下列子集合哪些是子空间：

$$W_1 = \{(x_1, x_2, \cdots, x_n) \mid x_1 + x_2 + \cdots + x_n = 0,\ x_i \in P\};$$
$$W_2 = \{(x_1, x_2, \cdots, x_n) \mid x_1 + x_2 + \cdots + x_n = 1,\ x_i \in P\};$$
$$W_3 = \{(x_1, x_2, \cdots, x_{n-1}, 0) \mid x_i \in P,\ i = 1, 2, \cdots, n-1\}$$

若有 $P^n$ 的子空间，求出其维数与一组基.

**解** $W_1$、$W_3$ 是 $P^n$ 的子空间，$W_2$ 不是 $P^n$ 的子空间.

事实上，$W_1$ 是 $n$ 元齐次线性方程组 $x_1 + x_2 + \cdots + x_n = 0$①的解空间. 所以 $W_1$ 的维数为 $n-1$，①的一个基础解系 $\boldsymbol{\eta}_1 = (1, -1, 0, \cdots, 0)$，$\boldsymbol{\eta}_2 = (1, 0, -1, 0, \cdots, 0)$，$\cdots$，

$\boldsymbol{\eta}_{n-1}=(1, 0, \cdots, 0, -1)$就是 $W_1$ 的一组基；而在 $W_2$ 中任取两个向量 $\boldsymbol{\alpha}$、$\boldsymbol{\beta}$，设 $\boldsymbol{\alpha}=(x_1, x_2, \cdots, x_n)$，$\boldsymbol{\beta}=(y_1, y_2, \cdots, y_n)$，则

$$\boldsymbol{\alpha}+\boldsymbol{\beta}=(x_1+y_1, x_2+y_2, \cdots, x_n+y_n)$$

$$(x_1+y_1)+(x_2+y_2)+\cdots+(x_n+y_n)=(x_1+x_2+\cdots+x_n)+(y_1+y_2+\cdots+y_n)=1+1=2$$

即 $\boldsymbol{\alpha}+\boldsymbol{\beta}\notin W_2$，则 $W_2$ 不是 $P^n$ 的子空间. 下证 $W_3$ 是 $P^n$ 的子空间. $\mathbf{0}\in W_3$，则 $W_3\neq\varnothing$；对于 $\forall\boldsymbol{\alpha}, \boldsymbol{\beta}\in W_3$，$\forall k\in P$，设 $\boldsymbol{\alpha}=(x_1, x_2, \cdots, x_{n-1}, 0)$，$\boldsymbol{\beta}=(y_1, y_2, \cdots, y_{n-1}, 0)$，则

$$\boldsymbol{\alpha}+\boldsymbol{\beta}=(x_1+y_1, x_2+y_2, \cdots, x_{n-1}+y_{n-1}, 0)\in W_3,\ k\boldsymbol{\alpha}=(kx_1, kx_2, \cdots, kx_{n-1}, 0)\in W_3$$

故 $W_3$ 是 $P^n$ 的子空间，且 $W_3$ 的维数为 $n-1$. $\boldsymbol{\varepsilon}_i=(0, \cdots, 0, 1, 0, \cdots, 0)$，$i=1, 2, \cdots, n-1$就是 $W_3$ 的一组基.

**例 2** 设 $V$ 是数域 $P$ 上的线性空间，$\boldsymbol{\alpha}_1, \boldsymbol{\alpha}_2, \cdots, \boldsymbol{\alpha}_r\in V$，令 $W=\{k_1\boldsymbol{\alpha}_1+k_2\boldsymbol{\alpha}_2+\cdots+k_r\boldsymbol{\alpha}_r \mid k_i\in P, i=1, 2, \cdots, r\}$，则 $W$ 关于 $V$ 的运算做成 $V$ 的一个子空间.

**例 3** 求 $L(\boldsymbol{\alpha}_1, \boldsymbol{\alpha}_2, \boldsymbol{\alpha}_3, \boldsymbol{\alpha}_4, \boldsymbol{\alpha}_5)$的维数与一组基，并把它扩充为 $P^4$ 的一组基，其中，$\boldsymbol{\alpha}_1=(1, -1, 2, 4)$，$\boldsymbol{\alpha}_2=(0, 3, 1, 2)$，$\boldsymbol{\alpha}_3=(3, 0, 7, 14)$，$\boldsymbol{\alpha}_4=(1, -1, 2, 0)$，$\boldsymbol{\alpha}_5=(2, 1, 5, 6)$.

**解** 对以 $\boldsymbol{\alpha}_1, \boldsymbol{\alpha}_2, \boldsymbol{\alpha}_3, \boldsymbol{\alpha}_4, \boldsymbol{\alpha}_5$ 为列向量的矩阵 $\boldsymbol{A}$ 做初等变换

$$\boldsymbol{A}=\begin{bmatrix}1&0&3&1&2\\-1&3&0&-1&1\\2&1&7&2&5\\4&2&14&0&6\end{bmatrix}\rightarrow\begin{bmatrix}1&0&3&1&2\\0&3&3&0&3\\0&1&1&0&1\\0&2&2&-4&-2\end{bmatrix}\rightarrow\begin{bmatrix}1&0&3&1&2\\0&1&1&0&1\\0&0&0&0&0\\0&0&0&-4&-4\end{bmatrix}\rightarrow\begin{bmatrix}1&0&3&1&2\\0&1&1&0&1\\0&0&0&1&1\\0&0&0&0&0\end{bmatrix}=\boldsymbol{B}$$

由 $\boldsymbol{B}$ 知，$\boldsymbol{\alpha}_1, \boldsymbol{\alpha}_2, \boldsymbol{\alpha}_4$ 为 $\boldsymbol{\alpha}_1, \boldsymbol{\alpha}_2, \boldsymbol{\alpha}_3, \boldsymbol{\alpha}_4, \boldsymbol{\alpha}_5$ 的一个极大无关组，故 $R(L(\boldsymbol{\alpha}_1, \boldsymbol{\alpha}_2, \boldsymbol{\alpha}_3, \boldsymbol{\alpha}_4, \boldsymbol{\alpha}_5))=3$，$\boldsymbol{\alpha}_1, \boldsymbol{\alpha}_2, \boldsymbol{\alpha}_4$ 就是 $L(\boldsymbol{\alpha}_1, \boldsymbol{\alpha}_2, \boldsymbol{\alpha}_3, \boldsymbol{\alpha}_4, \boldsymbol{\alpha}_5)$的一组基. 又 $\begin{vmatrix}1&0&1\\-1&3&-1\\4&2&0\end{vmatrix}=-12\neq0$，则 $\begin{bmatrix}1&0&1&0\\-1&3&-1&0\\2&1&2&1\\4&2&0&0\end{bmatrix}$可逆. 令 $\boldsymbol{\gamma}=(0, 0, 1, 0)$，则 $\boldsymbol{\alpha}_1, \boldsymbol{\alpha}_2, \boldsymbol{\alpha}_4, \boldsymbol{\gamma}$ 线性无关，从而为 $P^4$ 的一组基.

**例 4** 设 $V$ 是数域 $P$ 上的线性空间，$\boldsymbol{\alpha}_1, \boldsymbol{\alpha}_2, \boldsymbol{\alpha}_3, \boldsymbol{\alpha}_4$ 为 $V$ 的一组基，$\boldsymbol{\beta}_1, \boldsymbol{\beta}_2, \boldsymbol{\beta}_3\in V$，且 $\boldsymbol{\beta}_1=(\boldsymbol{\alpha}_1, \boldsymbol{\alpha}_2, \boldsymbol{\alpha}_3, \boldsymbol{\alpha}_4)(1, 2, 3, 4)^{\mathrm{T}}$，$\boldsymbol{\beta}_2=(\boldsymbol{\alpha}_1, \boldsymbol{\alpha}_2, \boldsymbol{\alpha}_3, \boldsymbol{\alpha}_4)(2, -1, 3, 1)^{\mathrm{T}}$，$\boldsymbol{\beta}_3=(\boldsymbol{\alpha}_1, \boldsymbol{\alpha}_2, \boldsymbol{\alpha}_3, \boldsymbol{\alpha}_4)(1, 3, 0, -3)^{\mathrm{T}}$，求 $L(\boldsymbol{\beta}_1, \boldsymbol{\beta}_2, \boldsymbol{\beta}_3)$的一组基，并把它扩充为 $V$ 的一组基.

**解** 由于$(\boldsymbol{\beta}_1, \boldsymbol{\beta}_2, \boldsymbol{\beta}_3)=(\boldsymbol{\alpha}_1, \boldsymbol{\alpha}_2, \boldsymbol{\alpha}_3, \boldsymbol{\alpha}_4)\begin{bmatrix}1&2&1\\2&-1&3\\3&3&0\\4&1&-3\end{bmatrix}$，令 $\boldsymbol{A}=\begin{bmatrix}1&2&1\\2&-1&3\\3&3&0\\4&1&-3\end{bmatrix}$，对 $\boldsymbol{A}$ 做初等变换

$$\boldsymbol{A}=\begin{bmatrix}1&2&1\\2&-1&3\\3&3&0\\4&1&-3\end{bmatrix}\rightarrow\begin{bmatrix}1&2&1\\0&-5&1\\0&-3&-3\\0&-7&-7\end{bmatrix}\rightarrow\begin{bmatrix}1&2&1\\0&-5&1\\0&1&1\\0&0&0\end{bmatrix}\rightarrow\begin{bmatrix}1&2&1\\0&1&1\\0&0&6\\0&0&0\end{bmatrix}=\boldsymbol{B}$$

由 $\boldsymbol{B}$ 知，$\boldsymbol{A}$ 的列向量线性无关，从而 $\boldsymbol{\beta}_1,\boldsymbol{\beta}_2,\boldsymbol{\beta}_3$ 线性无关，故 $\boldsymbol{\beta}_1,\boldsymbol{\beta}_2,\boldsymbol{\beta}_3$ 为 $L(\boldsymbol{\beta}_1,\boldsymbol{\beta}_2,\boldsymbol{\beta}_3)$ 的一组基. 又

$$\begin{vmatrix}1&2&1\\2&-1&3\\3&3&0\end{vmatrix}\neq 0,\Rightarrow\begin{vmatrix}1&2&1&0\\2&-1&3&3\\3&3&0&0\\4&1&0&1\end{vmatrix}\neq 0$$

令 $\boldsymbol{\beta}_4=(\boldsymbol{\alpha}_1,\boldsymbol{\alpha}_2,\boldsymbol{\alpha}_3,\boldsymbol{\alpha}_4)(0,0,0,1)^{\mathrm{T}}=\boldsymbol{\alpha}_4$，则 $\boldsymbol{\beta}_1,\boldsymbol{\beta}_2,\boldsymbol{\beta}_3,\boldsymbol{\beta}_4$ 线性无关，从而为 $V$ 的一组基.

**例 5** 在 $P^n$ 中，用 $W_1$、$W_2$ 分别表示齐次线性方程组①、②的解空间，则 $W_1\cap W_2$ 就是齐次线性方程组③的解空间.

$$\begin{cases}a_{11}x_1+a_{12}x_2+\cdots+a_{1n}x_n=0\\a_{21}x_1+a_{22}x_2+\cdots+a_{2n}x_n=0\\\qquad\vdots\\a_{s1}x_1+a_{s2}x_2+\cdots+a_{sn}x_n=0\end{cases}\quad ①\qquad\begin{cases}b_{11}x_1+b_{12}x_2+\cdots+b_{1n}x_n=0\\b_{21}x_1+b_{22}x_2+\cdots+b_{2n}x_n=0\\\qquad\vdots\\b_{t1}x_1+b_{t2}x_2+\cdots+b_{tn}x_n=0\end{cases}\quad ②$$

$$\begin{cases}a_{11}x_1+a_{12}x_2+\cdots+a_{1n}x_n=0\\\qquad\vdots\\a_{s1}x_1+a_{s2}x_2+\cdots+a_{sn}x_n=0\\b_{11}x_1+b_{12}x_2+\cdots+b_{1n}x_n=0\\\qquad\vdots\\b_{t1}x_1+b_{t2}x_2+\cdots+b_{tn}x_n=0\end{cases}\quad ③$$

**证明** 设方程组①、②、③分别为 $\boldsymbol{AX}=\boldsymbol{0}$，$\boldsymbol{BX}=\boldsymbol{0}$，$\begin{bmatrix}\boldsymbol{A}\\\boldsymbol{B}\end{bmatrix}\boldsymbol{X}=\boldsymbol{0}$，设 $W$ 为③的解空间，任取 $\boldsymbol{X}_0\in W$，有 $\begin{bmatrix}\boldsymbol{A}\\\boldsymbol{B}\end{bmatrix}\boldsymbol{X}_0=\boldsymbol{0}$，从而 $\begin{bmatrix}\boldsymbol{AX}_0\\\boldsymbol{BX}_0\end{bmatrix}=\boldsymbol{0}$，即 $\boldsymbol{AX}_0=\boldsymbol{BX}_0=\boldsymbol{0}$，则 $\boldsymbol{X}_0\in W_1\cap W_2$. 反之，任取 $\boldsymbol{X}_0\in W_1\cap W_2$，则有 $\boldsymbol{AX}_0=\boldsymbol{BX}_0=\boldsymbol{0}$，从而 $\begin{bmatrix}\boldsymbol{AX}_0\\\boldsymbol{BX}_0\end{bmatrix}=\begin{bmatrix}\boldsymbol{A}\\\boldsymbol{B}\end{bmatrix}\boldsymbol{X}_0=\boldsymbol{0}$，则 $x_0\in W$. 故 $W=W_1\cap W_2$.

**例 6** 在 $P^4$ 中，设 $\boldsymbol{\alpha}_1=(1,2,1,0)$，$\boldsymbol{\alpha}_2=(-1,1,1,1)$，$\boldsymbol{\beta}_1=(2,-1,0,1)$，$\boldsymbol{\beta}_2=(1,-1,3,7)$. 试求：(1) $L(\boldsymbol{\alpha}_1,\boldsymbol{\alpha}_2)\cap L(\boldsymbol{\beta}_1,\boldsymbol{\beta}_2)$ 的维数与一组基；(2) $L(\boldsymbol{\alpha}_1,\boldsymbol{\alpha}_2)+L(\boldsymbol{\beta}_1,\boldsymbol{\beta}_2)$ 的维数与一组基.

**解** (1) 任取 $\boldsymbol{\gamma}\in L(\boldsymbol{\alpha}_1,\boldsymbol{\alpha}_2)\cap L(\boldsymbol{\beta}_1,\boldsymbol{\beta}_2)$，设 $\boldsymbol{\gamma}=x_1\boldsymbol{\alpha}_1+x_2\boldsymbol{\alpha}_2=y_1\boldsymbol{\beta}_1+y_2\boldsymbol{\beta}_2$，即

$$x_1\boldsymbol{\alpha}_1+x_2\boldsymbol{\alpha}_2-y_1\boldsymbol{\beta}_1-y_2\boldsymbol{\beta}_2=0,\ \begin{cases}x_1-x_2-2y_1-y_2=0\\2x_1+x_2+y_1+y_2=0\\x_1+x_2-3y_2=0\\x_1-y_1-7y_2=0\end{cases}\ (*)$$

解得 $\begin{cases}x_1=-t\\x_2=4t\\y_1=-3t\\y_2=t\end{cases}$ ($t$ 为任意数)，则 $\boldsymbol{\gamma}=t(-\boldsymbol{\alpha}_1+4\boldsymbol{\alpha}_2)=t(\boldsymbol{\beta}_2-3\boldsymbol{\beta}_1)$. 令 $t=1$，则得 $L(\boldsymbol{\alpha}_1,\boldsymbol{\alpha}_2)\cap L(\boldsymbol{\beta}_1,\boldsymbol{\beta}_2)$ 的一组基 $\boldsymbol{\gamma}=-\boldsymbol{\alpha}_1+4\boldsymbol{\alpha}_2=(-5,2,3,4)$，则 $L(\boldsymbol{\alpha}_1,\boldsymbol{\alpha}_2)\cap L(\boldsymbol{\beta}_1,\boldsymbol{\beta}_2)=L(\boldsymbol{\gamma})$ 为一

维的.

(2) $L(\boldsymbol{\alpha}_1, \boldsymbol{\alpha}_2)+L(\boldsymbol{\beta}_1, \boldsymbol{\beta}_2)=L(\boldsymbol{\alpha}_1, \boldsymbol{\alpha}_2, \boldsymbol{\beta}_1, \boldsymbol{\beta}_2)$，对以 $\boldsymbol{\alpha}_1, \boldsymbol{\alpha}_2, \boldsymbol{\beta}_1, \boldsymbol{\beta}_2$ 为列向量的矩阵 $\boldsymbol{A}$ 做初等变换，有

$$\boldsymbol{A}=\begin{bmatrix}1&-1&2&1\\2&1&-1&-1\\1&1&0&3\\0&1&1&7\end{bmatrix}\to\begin{bmatrix}1&-1&2&1\\0&3&-5&-3\\0&2&-2&2\\0&1&1&7\end{bmatrix}\to\begin{bmatrix}1&-1&2&1\\0&0&-2&-6\\0&1&-1&1\\0&0&2&6\end{bmatrix}\to\begin{bmatrix}1&-1&2&1\\0&1&-1&1\\0&0&1&3\\0&0&0&0\end{bmatrix}=\boldsymbol{B}$$

由 $\boldsymbol{B}$ 知，$\boldsymbol{\alpha}_1, \boldsymbol{\alpha}_2, \boldsymbol{\beta}_1$ 为 $\boldsymbol{\alpha}_1, \boldsymbol{\alpha}_2, \boldsymbol{\beta}_1, \boldsymbol{\beta}_2$ 的一极大无关组，则 $L(\boldsymbol{\alpha}_1, \boldsymbol{\alpha}_2)+L(\boldsymbol{\beta}_1, \boldsymbol{\beta}_2)=L(\boldsymbol{\alpha}_1, \boldsymbol{\alpha}_2, \boldsymbol{\beta}_1)$为 3 维的，$\boldsymbol{\alpha}_1, \boldsymbol{\alpha}_2, \boldsymbol{\beta}_1$ 为一组基.

**例 7** 在 $P^{2\times2}$ 中，令 $W_1=\left\{\begin{bmatrix}x&y\\y&0\end{bmatrix}\middle| x, y\in P\right\}$，$W_2=\left\{\begin{bmatrix}x&0\\0&y\end{bmatrix}\middle| x, y\in P\right\}$，易知 $W_1$、$W_2$ 均为 $P^{2\times2}$ 的子空间，求 $W_1\cap W_2$、$W_1+W_2$.

**解** 任取 $\boldsymbol{X}=\begin{bmatrix}x_{11}&x_{12}\\x_{21}&x_{22}\end{bmatrix}\in W_1\cap W_2$，由 $\boldsymbol{X}\in W_1$，有 $x_{22}=0$；由 $\boldsymbol{X}\in W_2$，有 $x_{12}=x_{21}=0$；故 $\boldsymbol{X}=\begin{bmatrix}x_{11}&0\\0&0\end{bmatrix}$，从而 $W_1\cap W_2=\left\{\begin{bmatrix}x&0\\0&0\end{bmatrix}\middle| x\in P\right\}$. 再求 $W_1+W_2$，因为

$$W_1=\left\{x\begin{bmatrix}1&0\\0&0\end{bmatrix}+y\begin{bmatrix}0&1\\1&0\end{bmatrix}\middle| x, y\in P\right\}=L\left(\begin{bmatrix}1&0\\0&0\end{bmatrix}, \begin{bmatrix}0&1\\1&0\end{bmatrix}\right);$$

$$W_2=\left\{x\begin{bmatrix}1&0\\0&0\end{bmatrix}+y\begin{bmatrix}0&0\\0&1\end{bmatrix}\middle| x, y\in P\right\}=L\left(\begin{bmatrix}1&0\\0&0\end{bmatrix}, \begin{bmatrix}0&0\\0&1\end{bmatrix}\right)$$

所以

$$\begin{aligned}W_1+W_2&=L\left(\begin{bmatrix}1&0\\0&0\end{bmatrix}, \begin{bmatrix}0&1\\1&0\end{bmatrix}, \begin{bmatrix}0&0\\0&1\end{bmatrix}\right)\\&=\left\{x\begin{bmatrix}1&0\\0&0\end{bmatrix}+y\begin{bmatrix}0&1\\1&0\end{bmatrix}+z\begin{bmatrix}0&0\\0&1\end{bmatrix}\middle| x, y, z\in P\right\}=\left\{\begin{bmatrix}x&y\\y&z\end{bmatrix}\middle| x, y, z\in P\right\}\end{aligned}$$

**例 8** 设 $V_1$、$V_2$ 分别是齐次线性方程组①、②的解空间：$x_1+x_2+\cdots+x_n=0$①，$x_1=x_2=\cdots=x_n$②，则 $P^n=V_1\oplus V_2$.

**证明** 解齐次线性方程组①，得其一个基础解系

$\boldsymbol{\varepsilon}_1=(1, 0, \cdots, 0, -1)$，$\boldsymbol{\varepsilon}_2=(0, 1, \cdots, 0, -1)$，$\cdots$，$\boldsymbol{\varepsilon}_{n-1}=(0, 0, \cdots, 1, -1)$

则 $V_1=L(\boldsymbol{\varepsilon}_1, \boldsymbol{\varepsilon}_2, \cdots, \boldsymbol{\varepsilon}_{n-1})$.

解齐次线性方程组②，由 $x_1=x_2=\cdots=x_n$ 有 $\begin{cases}x_1-x_n=0\\x_2-x_n=0\\\quad\vdots\\x_{n-1}-x_n=0\end{cases}$ 得②的基础解系 $\boldsymbol{\varepsilon}=(1, 1, \cdots, 1)$，则 $V_2=L(\boldsymbol{\varepsilon})$. 考虑向量组 $\boldsymbol{\varepsilon}_1, \boldsymbol{\varepsilon}_2, \cdots, \boldsymbol{\varepsilon}_{n-1}, \boldsymbol{\varepsilon}$，由于

$$\begin{vmatrix}1&0&\cdots&0&-1\\0&1&\cdots&0&-1\\0&0&\cdots&1&-1\\\vdots&\vdots&&\vdots&\vdots\\1&1&\cdots&1&1\end{vmatrix}\neq0$$

则 $\boldsymbol{\varepsilon}_1$，$\boldsymbol{\varepsilon}_2$，…，$\boldsymbol{\varepsilon}_{n-1}$，$\boldsymbol{\varepsilon}$ 线性无关，即它为 $P^n$ 的一组基，则

$$P^n=L(\boldsymbol{\varepsilon}_1,\cdots,\boldsymbol{\varepsilon}_{n-1},\boldsymbol{\varepsilon}_n)=L(\boldsymbol{\varepsilon}_1,\cdots,\boldsymbol{\varepsilon}_n)+L(\boldsymbol{\varepsilon}_n)=V_1+V_2$$

又

$$\dim V_1+\dim V_2=(n-1)+1=n=\dim P^n$$

则 $P^n=V_1\oplus V_2$.

**例 9** 每一个 $n$ 维线性空间都可以表示成 $n$ 个一维子空间的直和.

**证明** 设 $\boldsymbol{\varepsilon}_1$，$\boldsymbol{\varepsilon}_2$，…，$\boldsymbol{\varepsilon}_n$ 是 $n$ 维线性空间 $V$ 的一组基，则

$$V=L(\boldsymbol{\varepsilon}_1,\boldsymbol{\varepsilon}_2,\cdots,\boldsymbol{\varepsilon}_n)=L(\boldsymbol{\varepsilon}_1)+L(\boldsymbol{\varepsilon}_2)+\cdots+L(\boldsymbol{\varepsilon}_n)$$

而 $\dim L(\boldsymbol{\varepsilon}_i)=1$，$i=1,2,\cdots,n$，则 $\sum\limits_{i=1}^{s}\dim L(\boldsymbol{\varepsilon}_i)=n=\dim V$，故 $V=L(\boldsymbol{\varepsilon}_1)\oplus L(\boldsymbol{\varepsilon}_2)\oplus\cdots\oplus L(\boldsymbol{\varepsilon}_n)$.

**例 10** 已知 $\boldsymbol{A}\in P^{n\times n}$，设 $V_1=\{\boldsymbol{AX}\mid \boldsymbol{X}\in P^{n\times n}\}$，$V_2=\{\boldsymbol{X}\mid \boldsymbol{X}\in P^{n\times n},\ \boldsymbol{AX}=\boldsymbol{0}\}$，证明：(1) $V_1$、$V_2$ 是 $P^n$ 的子空间；(2) 当 $\boldsymbol{A}^2=\boldsymbol{A}$ 时，则 $P^n=V_1\oplus V_2$.

**证明** (1) 由于 $\boldsymbol{0}=\boldsymbol{A0}$，则 $\boldsymbol{0}\in V_1\neq\varnothing$，任取 $\boldsymbol{A\alpha}$、$\boldsymbol{A\beta}\in V_1$，$\forall k\in P$，有

$$\boldsymbol{A\alpha}+\boldsymbol{A\beta}=\boldsymbol{A}(\boldsymbol{\alpha}+\boldsymbol{\beta})\in V_1,\quad k(\boldsymbol{A\alpha})\in V_1$$

则 $V_1$ 是 $P^n$ 的子空间. 下证 $V_2$ 是 $P^n$ 的子空间. 由于 $\boldsymbol{A0}=\boldsymbol{0}$，则 $\boldsymbol{0}\in V_2\neq\varnothing$，又 $\forall\boldsymbol{\alpha}$，$\boldsymbol{\beta}\in V_2$，$\forall k\in P$，有 $\boldsymbol{A\alpha}=\boldsymbol{0}$，$\boldsymbol{A\beta}=\boldsymbol{0}$，从而

$$\boldsymbol{A}(\boldsymbol{\alpha}+\boldsymbol{\beta})=\boldsymbol{A\alpha}+\boldsymbol{A\beta}=\boldsymbol{0}+\boldsymbol{0}=\boldsymbol{0},$$
$$\boldsymbol{A}(k\boldsymbol{\alpha})=k\boldsymbol{A\alpha}=k\boldsymbol{0}=\boldsymbol{0}$$

则 $\boldsymbol{\alpha}+\boldsymbol{\beta}\in V_2$，$k\boldsymbol{\alpha}\in V_2$，故 $V_2$ 是 $P^n$ 的子空间.

(2) 先证 $P^n=V_1+V_2$；任取 $\boldsymbol{\alpha}\in P^n$，有 $\boldsymbol{\alpha}=\boldsymbol{A\alpha}+(\boldsymbol{\alpha}+\boldsymbol{A\alpha})$，其中，$\boldsymbol{A\alpha}\in V_1$，又

$$\boldsymbol{A}(\boldsymbol{\alpha}-\boldsymbol{A\alpha})=\boldsymbol{A\alpha}-\boldsymbol{A}^2\boldsymbol{\alpha}=\boldsymbol{A\alpha}-\boldsymbol{A\alpha}=\boldsymbol{0}$$

则 $\boldsymbol{\alpha}-\boldsymbol{A\alpha}\in V_2$，于是有 $\boldsymbol{\alpha}\in V_1+V_2$，则 $P^n\subseteq V_1+V_2$；又 $V_1+V_2$ 是 $P^n$ 的子空间，则 $P^n=V_1+V_2$. 任取 $\boldsymbol{\alpha}\in V_1\cap V_2$，则 $\boldsymbol{A\alpha}=\boldsymbol{0}$，且存在 $\boldsymbol{B}EV_1$，使得 $\boldsymbol{\alpha}=\boldsymbol{A\beta}$，从而 $\boldsymbol{\alpha}=\boldsymbol{A\beta}=\boldsymbol{A}^2\boldsymbol{\beta}=\boldsymbol{A}(\boldsymbol{A\beta})=\boldsymbol{A\alpha}=\boldsymbol{0}$，则 $V_1\cap V_2=\{0\}$，所以 $P^n=V_1\oplus V_2$.

# 6.4 线性空间的同构

## 一、同构映射

设 $V$、$V'$ 都是数域 $P$ 上的线性空间，若映射 $\sigma:V\to V'$ 具有以下性质：① $\sigma$ 为双射；② $\forall\boldsymbol{\alpha}$、$\boldsymbol{\beta}\in V$，$\sigma(\boldsymbol{\alpha}+\boldsymbol{\beta})=\sigma(\boldsymbol{\alpha})+\sigma(\boldsymbol{\beta})$；③ $\forall k\in P$，$\forall\boldsymbol{\alpha}\in V$，$\sigma(k\boldsymbol{\alpha})=k\sigma(\boldsymbol{\alpha})$；则称 $\sigma$ 是 $V$ 到 $V'$ 的一个同构，并称线性空间 $V$ 到 $V'$ 同构，记作 $V\cong V'$.

**例 1** 设 $V$ 为数域 $P$ 上的 $n$ 维线性空间，$\boldsymbol{\varepsilon}_1$，$\boldsymbol{\varepsilon}_2$，…，$\boldsymbol{\varepsilon}_n$ 为 $V$ 的一组基，则 $V$ 到 $P^n$ 一一对应为 $\sigma:V\to P^n$，$\boldsymbol{\alpha}=(a_1,a_2,\cdots,a_n)$，$\forall\boldsymbol{\alpha}\in V$，这里 $(a_1,a_2,\cdots,a_n)$ 为 $\boldsymbol{\alpha}$ 在 $\boldsymbol{\varepsilon}_1$，$\boldsymbol{\varepsilon}_2$，…，$\boldsymbol{\varepsilon}_n$ 基下的坐标，就是一个 $V$ 到 $P^n$ 的同构映射，所以 $V\cong P^n$.

## 二、同构的有关结论

(1) 数域 $P$ 上任一 $n$ 维线性空间都与 $P^n$ 同构.

(2) 设 $V$、$V'$ 是数域 $P$ 上的线性空间，$\sigma$ 是 $V$ 到 $V'$ 的一个同构映射，则有：

① $\sigma(\mathbf{0})=\mathbf{0}$，$\sigma(-\boldsymbol{\alpha})=-\sigma(\boldsymbol{\alpha})$.

② $\sigma(k_1\boldsymbol{\alpha}_1+k_2\boldsymbol{\alpha}_2+\cdots+k_r\boldsymbol{\alpha}_r)=k_1\sigma(\boldsymbol{\alpha}_1)+k_2\sigma(\boldsymbol{\alpha}_2)+\cdots+k_r\sigma(\boldsymbol{\alpha}_r)$，$\boldsymbol{\alpha}_i\in V$，$k_i\in P$，$i=1,2,\cdots,r$.

③ $V$ 中向量组 $\boldsymbol{\alpha}_1,\cdots,\boldsymbol{\alpha}_r$ 线性相关(线性无关)的充要条件是它们的像 $\sigma(\boldsymbol{\alpha}_1),\sigma(\boldsymbol{\alpha}_2),\cdots,\sigma(\boldsymbol{\alpha}_r)$ 线性相关(线性无关).

④ $\dim V=\dim V'$.

⑤ $\sigma:V\to V'$ 的逆映射 $\sigma^{-1}$ 为 $V'$ 到 $V$ 的同构映射.

⑥ 若 $W$ 为 $V$ 的子空间，则 $W$ 在 $\sigma$ 下的像集 $\sigma(\boldsymbol{\alpha})=\{\sigma(\boldsymbol{\alpha})\mid\boldsymbol{\alpha}\in W\}$ 是 $V'$ 的子空间，且 $\dim W=\dim\sigma(W)$.

**证明** ① 在同构映射定义下，从 $\sigma(k\boldsymbol{\alpha})=k\sigma(\boldsymbol{\alpha})$ 中分别取 $k=0$，$k=-1$，则 $\sigma(-\boldsymbol{\alpha})=-\sigma(\boldsymbol{\alpha})$，$\sigma(\mathbf{0})=\mathbf{0}$；

② 由同构映射定义可得结论；

③ 由 $k_1\boldsymbol{\alpha}_1+k_2\boldsymbol{\alpha}_2+\cdots+k_r\boldsymbol{\alpha}r=\mathbf{0}$ 得 $k_1\sigma(\boldsymbol{\alpha}_1)+k_2\sigma(\boldsymbol{\alpha}_2)+\cdots+k_r\sigma(\boldsymbol{\alpha}_r)=\mathbf{0}$；反过来，由 $k_1\sigma(\boldsymbol{\alpha}_1)+k_2\sigma(\boldsymbol{\alpha}_2)+\cdots+k_r\sigma(\boldsymbol{\alpha}_r)=\mathbf{0}$ 得 $\sigma(k_1\boldsymbol{\alpha}_1+k_2\boldsymbol{\alpha}_2+\cdots+k_r\boldsymbol{\alpha}_r)=\mathbf{0}$；而 $\sigma$ 是一一对应的，只有 $\sigma(\mathbf{0})=\mathbf{0}$，则 $k_1\boldsymbol{\alpha}_1+k_2\boldsymbol{\alpha}_2+\cdots+k_r\boldsymbol{\alpha}_r=\mathbf{0}$，即 $\boldsymbol{\alpha}_1,\boldsymbol{\alpha}_2,\cdots,\boldsymbol{\alpha}_r$ 线性相关(线性无关)充要条件是 $\sigma(\boldsymbol{\alpha}_1),\sigma(\boldsymbol{\alpha}_2),\cdots,\sigma(\boldsymbol{\alpha}_r)$ 线性相关(线性无关)；

④ 设 $\dim V=n$，$\boldsymbol{\varepsilon}_1,\boldsymbol{\varepsilon}_2,\cdots,\boldsymbol{\varepsilon}_n$ 为 $V$ 的任意一组基，由(2)中的②、③可知，$\sigma(\boldsymbol{\varepsilon}_1),\sigma(\boldsymbol{\varepsilon}_2),\cdots,\sigma(\boldsymbol{\varepsilon}_r)$ 为 $\sigma$ 的一组基，所以 $\dim V'=n=\dim V$；

⑤ 首先，$\sigma^{-1}:V'\to V$ 为一一对应，并且 $\sigma\circ\sigma^{-1}=1_{V'}$，$\sigma^{-1}\circ\sigma=1_V$；任取 $\boldsymbol{\alpha}',\boldsymbol{\beta}'\in V'$，由于 $\sigma$ 是同构映射，有

$$\begin{aligned}\sigma(\sigma^{-1}(\boldsymbol{\alpha}'+\boldsymbol{\beta}'))&=\sigma\circ\sigma^{-1}(\boldsymbol{\alpha}'+\boldsymbol{\beta}')=\boldsymbol{\alpha}'+\boldsymbol{\beta}'=\sigma\circ\sigma^{-}1(\boldsymbol{\alpha}')+\sigma\circ\sigma^{-1}(\boldsymbol{\beta}')\\&=\sigma(\sigma^{-1}(\boldsymbol{\alpha}'))+\sigma(\sigma^{-1}(\boldsymbol{\beta}'))=\sigma(\sigma^{-1}(\boldsymbol{\alpha}')+\sigma^{-1}(\boldsymbol{\beta}'))\end{aligned}$$

再由 $\sigma$ 是单射，有 $\sigma^{-1}(\boldsymbol{\alpha}'+\boldsymbol{\beta}')=\sigma^{-1}(\boldsymbol{\alpha}')+\sigma^{-1}(\boldsymbol{\beta}')$，同理有 $\sigma^{-1}(k\boldsymbol{\alpha}')=k\sigma^{-1}(\boldsymbol{\alpha}')$，$\forall\boldsymbol{\alpha}'\in V'$，$\forall k\in P$，所以 $\sigma^{-1}$ 到 $V'$ 到 $V$ 的同构映射；

⑥ 首先，$\sigma(W)\subseteq\sigma(V)=V'$，且又 $\mathbf{0}=\sigma(\mathbf{0})\in\sigma(W)$，则 $\sigma(W)\neq\varnothing$；其次对 $\forall\boldsymbol{\alpha}',\boldsymbol{\beta}'\in\sigma(W)$，有 $W$ 中的向量 $\boldsymbol{\alpha}$，$\boldsymbol{\beta}$，使得 $\sigma(\boldsymbol{\alpha})=\boldsymbol{\alpha}'$，$\sigma(\boldsymbol{\beta})=\boldsymbol{\beta}'$，于是有 $\boldsymbol{\alpha}'+\boldsymbol{\beta}'=\sigma(\boldsymbol{\alpha})+\sigma(\boldsymbol{\beta})=\sigma(\boldsymbol{\alpha}+\boldsymbol{\beta})$，$k\boldsymbol{\alpha}'=k\sigma(\boldsymbol{\alpha})=\sigma(k\boldsymbol{\alpha})$，$\forall k\in P$，由于 $W$ 为子空间，则 $\boldsymbol{\alpha}+\boldsymbol{\beta}\in W$，$k\boldsymbol{\alpha}\in W$，从而 $\boldsymbol{\alpha}'+\boldsymbol{\beta}'\in\sigma(W)$，$k\boldsymbol{\alpha}'\in\sigma(W)$. 所以 $\sigma(W)$ 是 $V'$ 的子空间，显然 $\sigma$ 也为 $W$ 到 $\sigma(W)$ 的同构映射，即 $W\cong\sigma(W)$，故 $\dim W=\dim\sigma(W)$.

**注** 由(2)可知，同构映射保持零元、负元、线性组合及线性相关性，并且同构映射把子空间映成子空间.

(3) 两个同构映射的乘积还是同构映射.

**证明** 设 $\boldsymbol{\alpha}:V\to V'$，$\tau:V'\to V''$ 为线性空间的同构映射，则乘积 $\tau\circ\sigma$ 是 $V$ 到 $V''$ 的一一对应. 任取 $\boldsymbol{\alpha}$、$\boldsymbol{\beta}\in V$，$k\in P$ 有

$$\tau\circ\sigma(\boldsymbol{\alpha}+\boldsymbol{\beta})=\tau(\sigma(\boldsymbol{\alpha})+\sigma(\boldsymbol{\beta}))=\tau(\sigma(\boldsymbol{\alpha}))+\tau(\sigma(\boldsymbol{\beta}))=\tau\circ\sigma(\boldsymbol{\alpha})+\tau\circ\sigma(\boldsymbol{\beta}),$$

$$\tau\circ\sigma(k\boldsymbol{\alpha})=\tau(\sigma(k\boldsymbol{\alpha}))=\tau(k\sigma(\boldsymbol{\alpha}))=k\tau(\sigma(\boldsymbol{\alpha}))=k\tau\circ\sigma(\boldsymbol{\alpha})$$

则乘积 $\tau\circ\sigma$ 是 $V$ 到 $V''$ 的同构映射.

**注** 同构映射是关系，则具有性质① 反身性：$V\overset{1_V}{\cong}V$；② 对称性：$V\overset{\sigma}{\cong}V'\Rightarrow V'\overset{\sigma^{-1}}{\cong}V$；

③ 传递性：$V\overset{\sigma}{\cong}V'$，$V'\overset{\tau}{\cong}V''\Rightarrow V\overset{\tau\circ\sigma}{\cong}V''$.

(4) 数域 $P$ 上的两个有限维线性空间 $V_1$、$V_2$ 同构的充要条件为 $\dim V_1=\dim V_2$.

**证明 充分性** 由于 $V_1$、$V_2$ 同构及结论(2)中④，可得 $\dim V_1=\dim V_2$.

**必要性 方法一** 若 $\dim V_1=\dim V_2$，由性质 1 有 $V_1\cong P^n$，$V_2\cong P^n$，则 $V_1\cong V_2$.

**方法二** （构造同构映射）设 $\boldsymbol{\varepsilon}_1$，$\boldsymbol{\varepsilon}_2$，…，$\boldsymbol{\varepsilon}_n$ 和 $\boldsymbol{e}_1$，$\boldsymbol{e}_2$，…，$\boldsymbol{e}_n$ 分别为 $V_1$、$V_2$ 的一组基，定义 $\sigma$：$V_1\to V_2$，使得对于 $\forall\boldsymbol{\alpha}=a_1\boldsymbol{\varepsilon}_1+a_2\boldsymbol{\varepsilon}_2+\cdots+a_n\boldsymbol{\varepsilon}_n\in V_1$，$\sigma(\boldsymbol{\alpha})=a_1\boldsymbol{e}_1+a_2\boldsymbol{e}_2+\cdots+a_n\boldsymbol{e}_n$，则 $\sigma$ 就是 $V_1$ 到 $V_2$ 的一个映射．任取 $\boldsymbol{\alpha}$、$\boldsymbol{\beta}\in V_1$，设 $\boldsymbol{\alpha}=\sum_{i=1}^{n}a_i\boldsymbol{\varepsilon}_i$，$\boldsymbol{\beta}=\sum_{i=1}^{n}b_i\boldsymbol{\varepsilon}_i$，若 $\sigma(\boldsymbol{\alpha})=\sigma(\boldsymbol{\beta})$，即

$$\sum_{i=1}^{n}a_i\boldsymbol{e}_i=\sum_{i=1}^{n}b_i\boldsymbol{e}_i$$

则 $a_i=b_i$，$i=1,2,\cdots,n$，从而 $\boldsymbol{\alpha}=\boldsymbol{\beta}$，所以 $\sigma$ 是单射．任取 $\boldsymbol{\alpha}'\in V_2$，设 $\boldsymbol{\alpha}'=\sum_{i=1}^{n}a_i\boldsymbol{e}_i$，则有 $\boldsymbol{\alpha}=\sum_{i=1}^{n}a_i\boldsymbol{\varepsilon}_i\in V_1$，使得 $\sigma(\boldsymbol{\alpha})=\boldsymbol{\alpha}'$，则 $\sigma$ 是满射．再由 $\sigma$ 的定义，有 $\sigma(\boldsymbol{\varepsilon}_i)=\boldsymbol{e}_i$，$i=1,2,\cdots,n$，易证对 $\forall\boldsymbol{\alpha}$、$\boldsymbol{\beta}\in V_1$，$\forall k\in P$ 有 $\sigma(\boldsymbol{\alpha}+\boldsymbol{\beta})=\sigma(\boldsymbol{\alpha})+\sigma(\boldsymbol{\beta})$，$\sigma(k\boldsymbol{\alpha})=k\sigma(\boldsymbol{\alpha})$，所以 $\sigma$ 就是 $V_1$ 到 $V_2$ 的一个同构映射，故 $V_1\cong V_2$.

**例 2** 把复数域 $\mathbf{C}$ 看成是实数域 $\mathbf{R}$ 上的线性空间，则 $\mathbf{C}\cong\mathbf{R}^2$.

**证明** *方法一* 证明维数相等．首先 $\forall x\in\mathbf{C}$，$x$ 可表示成 $x=a\cdot 1+b\cdot i$，$a$、$b\in\mathbf{R}$，其次若 $a\cdot 1+b\cdot i=0$，则 $a=b=0$．从而 1，$i$ 为 $\mathbf{C}$ 的一组基，$\dim\mathbf{C}=2$；又 $\dim\mathbf{R}^2=2$，则 $\dim\mathbf{C}=\dim\mathbf{R}^2$，故 $\mathbf{C}\cong\mathbf{R}^2$.

*方法二* 构造同构映射．设对应 $\sigma$：$\mathbf{C}\to\mathbf{R}^2$，$\sigma(a+bi)=(a,b)$，则 $\sigma$ 为 $\mathbf{C}$ 到 $\mathbf{R}^2$ 的一个同构映射.

**例 3** 全体正实数 $\mathbf{R}^+$ 关于加法$\oplus$与数量乘法：$a\oplus b=ab$，$k\circ a=a^k$ 做成实数域 $\mathbf{R}$ 上的线性空间．把实数域 $\mathbf{R}$ 看成是自身上的线性空间．证明：$\mathbf{R}^+\cong\mathbf{R}$，并写出一个同构映射.

**证明** *方法一* 设对应 $\sigma$：$\mathbf{R}^+\to\mathbf{R}$，$\sigma(a)=\ln a$，$\forall a\in\mathbf{R}^+$，易证 $\sigma$ 为 $\mathbf{R}^+$ 到 $\mathbf{R}$ 的一一对应，且对于 $\forall a$，$b\in\mathbf{R}^+$，$\forall k\in\mathbf{R}$ 有

$\sigma(a\oplus b)=\sigma(ab)=\ln ab=\ln a+\ln b=\sigma(a)+\sigma(b)$，$\sigma(k\quad a)=\sigma(a^k)=\ln a^k=k\ln a=k\sigma(a)$

则 $\sigma$ 为 $\mathbf{R}^+$ 到 $\mathbf{R}$ 的一个同构映射，故 $\mathbf{R}^+\cong\mathbf{R}$.

*方法二* 设映射 $\tau$：$\mathbf{R}\to\mathbf{R}^+$，$\tau(x)=e^x$，$\forall x\in\mathbf{R}$，易证 $\tau$ 为 $\mathbf{R}$ 到 $\mathbf{R}^+$ 的一一对应，而且也为同构映射．事实上，$\tau$ 为 $\sigma$ 的逆同构映射.

## 典型例题

**例 1** 设 $\boldsymbol{A}_{m\times n}$ 是行满秩实矩阵，$m<n$，令 $\boldsymbol{B}=\boldsymbol{A}^{\mathrm{T}}\boldsymbol{A}$；(1) 证明：使得 $\boldsymbol{X}^{\mathrm{T}}\boldsymbol{B}\boldsymbol{X}=\boldsymbol{0}$ 的所有向量 $\boldsymbol{X}$ 构成 $\mathbf{R}^n$ 的一个线性子空间 $W$；(2) 求 $W$ 的维数.

**证明** (1) 将 $\boldsymbol{B}=\boldsymbol{A}^{\mathrm{T}}\boldsymbol{A}$ 代入 $\boldsymbol{X}^{\mathrm{T}}\boldsymbol{B}\boldsymbol{X}=\boldsymbol{0}$，可得 $\boldsymbol{X}^{\mathrm{T}}\boldsymbol{A}^{\mathrm{T}}\boldsymbol{A}\boldsymbol{X}=(\boldsymbol{A}\boldsymbol{X})^{\mathrm{T}}(\boldsymbol{A}\boldsymbol{X})=\boldsymbol{0}$；令 $\boldsymbol{Y}=\boldsymbol{A}\boldsymbol{X}$，则 $\boldsymbol{X}^{\mathrm{T}}\boldsymbol{A}^{\mathrm{T}}\boldsymbol{A}\boldsymbol{X}=(\boldsymbol{A}\boldsymbol{X})^{\mathrm{T}}(\boldsymbol{A}\boldsymbol{X})=\boldsymbol{Y}^{\mathrm{T}}\boldsymbol{Y}=\boldsymbol{0}$，即 $\boldsymbol{A}\boldsymbol{X}=\boldsymbol{0}$，故 $W=\{\boldsymbol{X}\mid\boldsymbol{A}\boldsymbol{X}=\boldsymbol{0}\}$，易证 $W$ 可以构成 $\mathbf{R}^n$ 的一个线性子空间，即为 $\boldsymbol{A}$ 的核空间.

**解** (2) 由于 $\boldsymbol{A}$ 为行满秩实矩阵，则 $R(\boldsymbol{A})=m$，从而 $\dim W=n-R(\boldsymbol{A})=n-m$.

**例 2** 设 $\boldsymbol{A}$ 是 $n$ 阶幂等矩阵，$\boldsymbol{A}$ 非零且不可逆，则所有与 $\boldsymbol{A}$ 可交换的矩阵集合 $V$ 关于集合的加法和乘法做成一个向量空间 $V$，并且 $V$ 的维数不超过 $n^2-2n+2$.

**证明** 令 $V=\{\boldsymbol{B}\in P^{n\times n}\mid \boldsymbol{AB}=\boldsymbol{BA},\ \boldsymbol{A}^2=\boldsymbol{A}\}$，$\forall\, \boldsymbol{B}_1,\ \boldsymbol{B}_2\in V$，$\forall\, k,\ l\in P$，则有

$$\boldsymbol{A}(k\boldsymbol{B}_1+l\boldsymbol{B}_2)=k\boldsymbol{AB}_1+l\boldsymbol{AB}_2=k\boldsymbol{B}_1\boldsymbol{A}+l\boldsymbol{B}_2\boldsymbol{A}=(k\boldsymbol{B}_1+l\boldsymbol{B}_2)\boldsymbol{A}$$

即 $k\boldsymbol{B}_1+l\boldsymbol{B}_2\in V$，$V$ 是向量空间. 由于 $\boldsymbol{A\xi}=\lambda\boldsymbol{\xi}$，$\lambda^2\boldsymbol{\xi}=\boldsymbol{A}^2\boldsymbol{\xi}=\boldsymbol{A\xi}=\lambda\boldsymbol{\xi}$，从而有 $\lambda=0,\ 1$；又 $\boldsymbol{A}$ 非零且不可逆，则 $R(\boldsymbol{A})\leqslant n-1$；当 $R(\boldsymbol{A})=n-1$ 时，则存在可逆矩阵 $\boldsymbol{T}_1$，使得 $\boldsymbol{T}_1^{-1}\boldsymbol{AT}_1=\begin{bmatrix}\boldsymbol{E}_{n-1} & \boldsymbol{0}\\ \boldsymbol{0} & 0\end{bmatrix}\triangleq\boldsymbol{\Lambda}$，由 $\boldsymbol{AB}=\boldsymbol{BA}$ 有 $\boldsymbol{\Lambda B}=\boldsymbol{B\Lambda}$，设 $\boldsymbol{B}=\begin{bmatrix}\boldsymbol{B}_1 & \boldsymbol{\alpha}\\ \boldsymbol{\beta}^{\mathrm{T}} & b_{nn}\end{bmatrix}$，$\boldsymbol{\alpha}$、$\boldsymbol{\beta}$ 为 $n-1$ 维列向量，则

$$\boldsymbol{\Lambda B}=\begin{bmatrix}\boldsymbol{E}_{n-1} & \boldsymbol{0}\\ \boldsymbol{0} & 0\end{bmatrix}\begin{bmatrix}\boldsymbol{B}_1 & \boldsymbol{\alpha}\\ \boldsymbol{\beta}^{\mathrm{T}} & b_{nn}\end{bmatrix}=\begin{bmatrix}\boldsymbol{B}_1 & \boldsymbol{\alpha}\\ \boldsymbol{0} & 0\end{bmatrix},\quad \boldsymbol{B\Lambda}=\begin{bmatrix}\boldsymbol{B}_1 & \boldsymbol{\alpha}\\ \boldsymbol{\beta}^{\mathrm{T}} & b_{nn}\end{bmatrix}\begin{bmatrix}\boldsymbol{E}_{n-1} & \boldsymbol{0}\\ \boldsymbol{0} & 0\end{bmatrix}=\begin{bmatrix}\boldsymbol{B}_1 & \boldsymbol{0}\\ \boldsymbol{\beta}^{\mathrm{T}} & 0\end{bmatrix}$$

由于 $\boldsymbol{\Lambda B}=\boldsymbol{B\Lambda}$ 有 $\boldsymbol{\alpha}=\boldsymbol{\beta}=\boldsymbol{0}$，故 $\boldsymbol{B}=\begin{bmatrix}\boldsymbol{B}_1 & \boldsymbol{0}\\ \boldsymbol{0} & b_{nn}\end{bmatrix}$为$(n-1)(n-1)+1=n^2-2n+2$ 维，由 $\boldsymbol{T}_1$ 可逆，故 $V$ 是 $n^2-2n+2$ 维.

**例 3** 设 $\boldsymbol{A}=\begin{bmatrix}1 & 0 & 0\\ 0 & 2 & 0\\ 0 & 0 & 3\end{bmatrix}$，$V=\{\boldsymbol{X}\in\mathbf{R}^{3\times 3}\mid \boldsymbol{AX}=\boldsymbol{XA}\}$. 证明：$V$ 是实数域上的线性空间，并求 $V$ 的维数.

**证明** 由 $\boldsymbol{0}\in\mathbf{R}^{3\times 3}$，$\boldsymbol{A0}=\boldsymbol{0A}=\boldsymbol{0}\Rightarrow\varnothing\neq V\subseteq\mathbf{R}^{3\times 3}$. 则对于

$$\forall\, a,\ b\in\mathbf{R}\quad \forall\,\boldsymbol{X},\ \boldsymbol{Y}\in V\Rightarrow\boldsymbol{AX}=\boldsymbol{XA},\ \boldsymbol{AY}=\boldsymbol{YA}$$

于是 $\boldsymbol{A}(a\boldsymbol{X}+b\boldsymbol{Y})=\boldsymbol{A}(a\boldsymbol{X})+\boldsymbol{A}(b\boldsymbol{Y})=a\boldsymbol{AX}+b\boldsymbol{AY}=a\boldsymbol{XA}+b\boldsymbol{YA}=(a\boldsymbol{X}+b\boldsymbol{Y})\boldsymbol{A}$，则 $a\boldsymbol{X}+b\boldsymbol{Y}\in V$，从而 $V$ 为 $\mathbf{R}^{3\times 3}$的子空间而为 $\mathbf{R}$ 上的线性空间. 对于

$$\forall\,\boldsymbol{X}=\begin{bmatrix}x_1 & x_2 & x_3\\ x_4 & x_5 & x_6\\ x_7 & x_8 & x_9\end{bmatrix}\in V,\quad \begin{bmatrix}1 & 0 & 0\\ 0 & 2 & 0\\ 0 & 0 & 3\end{bmatrix}\boldsymbol{X}=\boldsymbol{X}\begin{bmatrix}1 & 0 & 0\\ 0 & 2 & 0\\ 0 & 0 & 3\end{bmatrix},$$

$$\begin{cases}x_1-x_1=0\\ x_2-2x_2=0,\\ x_3-3x_3=0\end{cases}\begin{cases}2x_4-x_4=0\\ 2x_5-2x_5=0,\\ 2x_6-3x_6=0\end{cases}\begin{cases}3x_7-x_7=0\\ 3x_8-2x_8=0.\\ 3x_9-3x_9=0\end{cases}$$

得 $x_2=x_3=x_4=x_6=x_7=x_8=0$，故 $\boldsymbol{X}=\mathrm{diag}(x_1,\ x_5,\ x_9)$，故 $V$ 的基和维数分别为 $\boldsymbol{E}_{11}$，$\boldsymbol{E}_{22}$，$\boldsymbol{E}_{33}$，$\dim V=3$.

**例 4** 已知 $W_1=\left\{\begin{bmatrix}a & 0 & b\\ c & 0 & b\\ 0 & c & d\end{bmatrix}\middle| a,\ b,\ c,\ d\in\mathbf{R}\right\}$，$W_2=\left\{\begin{bmatrix}x & 0 & y\\ 0 & z & 0\\ 0 & 0 & 0\end{bmatrix}\middle| x,\ y,\ z\in\mathbf{R}\right\}$，求 $W_1+W_2$、$W_1\cap W_2$.

**解** 由于 $\begin{bmatrix}a & 0 & b\\ c & 0 & b\\ 0 & c & d\end{bmatrix}=a\boldsymbol{E}_{11}+b(\boldsymbol{E}_{13}+\boldsymbol{E}_{23})+c(\boldsymbol{E}_{21}+\boldsymbol{E}_{32})+d\boldsymbol{E}_{33}$，可知 $\dim W_1=4$；又由于

$$\begin{bmatrix}x & 0 & y\\ 0 & z & 0\\ 0 & 0 & 0\end{bmatrix}=x\boldsymbol{E}_{11}+y\boldsymbol{E}_{13}+z\boldsymbol{E}_{22}$$

可知 $\dim W_2=3$，则

$$\begin{bmatrix} a & 0 & b \\ c & 0 & b \\ 0 & c & d \end{bmatrix}+\begin{bmatrix} x & 0 & y \\ 0 & z & 0 \\ 0 & 0 & 0 \end{bmatrix}=(a+x)\boldsymbol{E}_{11}+(b+y)\boldsymbol{E}_{13}+c(\boldsymbol{E}_{21}+\boldsymbol{E}_{32})+z\boldsymbol{E}_{22}+b\boldsymbol{E}_{23}+d\boldsymbol{E}_{33}$$

则有 $W_1+W_2=L(\boldsymbol{E}_{11}, \boldsymbol{E}_{13}, \boldsymbol{E}_{22}, \boldsymbol{E}_{21}+\boldsymbol{E}_{32}, \boldsymbol{E}_{23}, \boldsymbol{E}_{33})$，从而 $\dim(W_1+W_2)=6$，则基为

$$\boldsymbol{E}_{11}, \boldsymbol{E}_{13}, \boldsymbol{E}_{22}, \boldsymbol{E}_{21}+\boldsymbol{E}_{32}, \boldsymbol{E}_{23}, \boldsymbol{E}_{33}$$

又 $\dim(W_1\cap W_2)=\dim W_1+\dim W_2-\dim(W_1+W_2)=4+3-6=1$，且 $\boldsymbol{E}_{11}\in W_1\cap W_2$，则其基为 $\boldsymbol{E}_{11}$.

**例 5**　设 $P[x]_4$ 为数域 $P$ 上的次数小于 4 的一元多项式全体．(1) 证明：向量组 $x^3$，$3x^3+x^2$，$-5x^3+2x^2+x$，$7x^3-3x^2+2x+1$ 构成 $P[x]_4$ 的一组基；(2) 求多项式 $f(x)=4+3x+2x^2+x^3$ 在(1)基下的坐标.

**证明**　(1) 显然 $x^3$，$x^2$，$x$，1 为 $P[x]_4$ 的一组基，则 $\dim(P[x]_4)=4$，从而

$$k_1x^3+k_2(3x^3+x^2)+k_3(-5x^3+2x^2+x)+k_4(7x^3-3x^2+2x+1)=0$$

将其整理为 $x^3$，$x^2$，$x$，1 的线性组合，可得

$$\boldsymbol{A}\begin{bmatrix} k_1 \\ k_2 \\ k_3 \\ k_4 \end{bmatrix}=\begin{bmatrix} 1 & 3 & -5 & 7 \\ 0 & 1 & 2 & -3 \\ 0 & 0 & 1 & 2 \\ 0 & 0 & 0 & 1 \end{bmatrix}\begin{bmatrix} k_1 \\ k_2 \\ k_3 \\ k_4 \end{bmatrix}=\begin{bmatrix} 0 \\ 0 \\ 0 \\ 0 \end{bmatrix}$$

解得

$$\begin{bmatrix} k_1 \\ k_2 \\ k_3 \\ k_4 \end{bmatrix}=\begin{bmatrix} 0 \\ 0 \\ 0 \\ 0 \end{bmatrix}$$

即 $x^3$，$3x^3+x^2$，$-5x^3+2x^2+x$，$7x^3-3x^2+2x+1$ 线性无关，则

$$x^3,\ 3x^3+x^2,\ -5x^3+2x^2+x,\ 7x^3-3x^2+2x+1$$

为 $P[x]_4$ 的一组基.

**解**　(2) 由$(x^3, 3x^3+x^2, -5x^3+2x^2+x, 7x^3-3x^2+2x+1)=(x^3, x^2, x, 1)\boldsymbol{A}$，$f(x)$在基 $x^3$，$x^2$，$x$，1 的坐标为$(1, 2, 3, 4)^{\mathrm{T}}$，则 $f(x)$在基 $x^3$，$3x^3+x^2$，$-5x^3+2x^2+x$，$7x^3-3x^2+2x+1$ 下的坐标为 $\boldsymbol{A}^{-1}(1, 2, 3, 4)^{\mathrm{T}}=(-124, 24, -5, 4)^{\mathrm{T}}$.

**例 6**　设向量组 $\boldsymbol{\alpha}_1, \boldsymbol{\alpha}_2, \cdots, \boldsymbol{\alpha}_s$ 和 $\boldsymbol{\beta}_1, \boldsymbol{\beta}_2, \cdots, \boldsymbol{\beta}_l$ 为 $n$ 维向量，若两组向量均线性无关，则 $L(\boldsymbol{\alpha}_1, \cdots, \boldsymbol{\alpha}_s)\cap L(\boldsymbol{\beta}_1, \cdots, \boldsymbol{\beta}_l)$的维数等于齐次线性方程组

$$k_1\boldsymbol{\alpha}_1+k_2\boldsymbol{\alpha}_2+\cdots k_s\boldsymbol{\alpha}_s+l_1\boldsymbol{\beta}_1+l_2\boldsymbol{\beta}_2+\cdots l_l\boldsymbol{\beta}_l=\boldsymbol{0}$$

的解空间的维数.

**证明**　设 $W_1=L(\boldsymbol{\alpha}_1, \boldsymbol{\alpha}_2, \cdots, \boldsymbol{\alpha}_s)$，$W_2=L(\boldsymbol{\beta}_1, \boldsymbol{\beta}_2, \cdots, \boldsymbol{\beta}_l)$，则 $\dim W_1=s$，$\dim W_2=l$；令

$$\boldsymbol{A}=(\boldsymbol{\alpha}_1, \cdots, \boldsymbol{\alpha}_s, \boldsymbol{\beta}_1, \cdots, \boldsymbol{\beta}_l),\ \boldsymbol{X}=(x_1, \cdots, x_s, y_1, \cdots, y_l)^{\mathrm{T}}$$

则齐次线性方程组 $\boldsymbol{AX}=\boldsymbol{0}$ 的解空间的维数为 $s+l-R(\boldsymbol{A})$.

又 $W_1+W_2=L(\boldsymbol{\alpha}_1, \cdots, \boldsymbol{\alpha}_s, \boldsymbol{\beta}_1, \cdots, \boldsymbol{\beta}_l)$，则 $\dim(W_1+W_2)=R(\boldsymbol{A})$，从而由维数公式有

$$\dim(W_1\cap W_2)=\dim W_1+\dim W_2-\dim(W_1+W_2)=s+l-R(\boldsymbol{A})$$

**例 7** 设 $P^{3\times 3}$ 是数域 $P$ 上的线性空间，令 $V=\{\boldsymbol{A}\in P^{3\times 3}\mid \mathrm{tr}(\boldsymbol{A})=0\}$，则 $\dim V=$ ________，$V$ 的一组基为________.

事实上，由 $\mathrm{tr}(\boldsymbol{A})=0$ 可得 9 个系数的方程组 $a_{11}+a_{22}+a_{33}=0$，其系数矩阵的秩为 1，则 $\dim V=9-1=8$，解得其一基础解系为 $\boldsymbol{E}_{11}-\boldsymbol{E}_{22}$，$\boldsymbol{E}_{11}-\boldsymbol{E}_{33}$，$\boldsymbol{E}_{12}$，$\boldsymbol{E}_{13}$，$\boldsymbol{E}_{21}$，$\boldsymbol{E}_{23}$，$\boldsymbol{E}_{31}$，$\boldsymbol{E}_{32}$，即为 $V$ 的一组基.

**例 8** 设 $\boldsymbol{\varepsilon}_1$，$\boldsymbol{\varepsilon}_2$，…，$\boldsymbol{\varepsilon}_n$ 为数域 $P$ 上的 $n$ 维线性空间 $V$ 的一组基，$W$ 是 $V$ 的非平凡子空间，$\boldsymbol{\alpha}_1$，$\boldsymbol{\alpha}_2$，…，$\boldsymbol{\alpha}_r$ 是 $W$ 的一组基，证明：在 $\boldsymbol{\varepsilon}_1$，$\boldsymbol{\varepsilon}_2$，…，$\boldsymbol{\varepsilon}_n$ 中可以找到 $n-r$ 个向量 $\boldsymbol{\varepsilon}_{i_1}$，$\boldsymbol{\varepsilon}_{i_2}$，…，$\boldsymbol{\varepsilon}_{i_{n-r}}$，使得 $\boldsymbol{\alpha}_1$，…，$\boldsymbol{\alpha}_r$，$\boldsymbol{\varepsilon}_{i_l}$，…，$\boldsymbol{\varepsilon}_{i_{n-r}}$ 为 $V$ 的一组基.

**证明** 由于 $\boldsymbol{\varepsilon}_1$，$\boldsymbol{\varepsilon}_2$，…，$\boldsymbol{\varepsilon}_n$ 为 $V$ 的一组基，则 $\boldsymbol{\alpha}_1$，$\boldsymbol{\alpha}_2$，…，$\boldsymbol{\alpha}_r$ 可由 $\boldsymbol{\varepsilon}_1$，$\boldsymbol{\varepsilon}_2$，…，$\boldsymbol{\varepsilon}_n$ 线性表出；不妨设 $\boldsymbol{\alpha}_1=k_{11}\boldsymbol{\varepsilon}_1+k_{12}\boldsymbol{\varepsilon}_2+\cdots+k_{1n}\boldsymbol{\varepsilon}_n$，$\boldsymbol{\alpha}_2=k_{21}\boldsymbol{\varepsilon}_1+k_{22}\boldsymbol{\varepsilon}_2+\cdots+k_{2n}\boldsymbol{\varepsilon}_n$，…，$\boldsymbol{\alpha}_r=k_{r1}\boldsymbol{\varepsilon}_1+k_{r2}\boldsymbol{\varepsilon}_2+\cdots+k_{r1n}\boldsymbol{\varepsilon}_n$，令 $\boldsymbol{K}=(k_{ij})_{r\times n}$，由于 $\boldsymbol{\alpha}_1$，$\boldsymbol{\alpha}_2$，…，$\boldsymbol{\alpha}_r$ 为 $W$ 的一组基，则 $R(\boldsymbol{K})=r$，取 $\boldsymbol{K}$ 的 $r$ 列：$j_1$，$j_2$，…，$j_r$ 构成 $\boldsymbol{K}_1$，其余列：$i_1$，$i_2$，…，$i_{n-r}$ 构成 $\boldsymbol{K}_2$，下证 $\boldsymbol{\alpha}_1$，…，$\boldsymbol{\alpha}_r$，$\boldsymbol{\varepsilon}_{i_1}$，…，$\boldsymbol{\varepsilon}_{i_{n-r}}$ 为 $V$ 的一组基，将 $\boldsymbol{\varepsilon}_1$，$\boldsymbol{\varepsilon}_2$，…，$\boldsymbol{\varepsilon}_n$ 调整顺序为 $\boldsymbol{\varepsilon}_{j_1}$，…，$\boldsymbol{\varepsilon}_{j_r}$，$\boldsymbol{\varepsilon}_{i_1}$，…，$\boldsymbol{\varepsilon}_{i_{n-r}}$，使得基 $\boldsymbol{\varepsilon}_{j_1}$，…，$\boldsymbol{\varepsilon}_{j_r}$，$\boldsymbol{\varepsilon}_{i_1}$，…，$\boldsymbol{\varepsilon}_{i_{n-r}}$ 到 $\boldsymbol{\alpha}_1$，…，$\boldsymbol{\alpha}_r$，$\boldsymbol{\varepsilon}_{i_1}$，…$\boldsymbol{\varepsilon}_{i_{n-r}}$ 的过渡矩阵为 $\begin{bmatrix}\boldsymbol{K}_1 & \boldsymbol{K}_2\\ \boldsymbol{0} & \boldsymbol{E}_{n-r}\end{bmatrix}$，则

$$R\begin{pmatrix}\boldsymbol{K}_1 & \boldsymbol{K}_2\\ \boldsymbol{0} & \boldsymbol{E}_{n-r}\end{pmatrix}\geqslant R\begin{pmatrix}\boldsymbol{K}_1 & \boldsymbol{0}\\ 0 & \boldsymbol{E}_{n-r}\end{pmatrix}=R(\boldsymbol{K}_1)+R(\boldsymbol{E}_{n-r})=r+(n-r)=n$$

即 $\boldsymbol{\alpha}_1$，…，$\boldsymbol{\alpha}_r$，$\boldsymbol{\varepsilon}_{i_1}$，…$\boldsymbol{\varepsilon}_{i_{n-r}}$ 是 $V$ 的一组基.

**例 9** 已知向量 $\boldsymbol{\alpha}_1=(1,2,4,3)^{\mathrm{T}}$，$\boldsymbol{\alpha}_2=(1,-1,-6,6)^{\mathrm{T}}$，$\boldsymbol{\alpha}_3=(-2,-1,2,-9)^{\mathrm{T}}$，$\boldsymbol{\alpha}_4=(1,2,-2,7)^{\mathrm{T}}$，$\boldsymbol{\beta}=(4,2,4,\boldsymbol{\alpha})^{\mathrm{T}}$. (1) 求线性子空间 $W=L(\boldsymbol{\alpha}_1,\boldsymbol{\alpha}_2,\boldsymbol{\alpha}_3,\boldsymbol{\alpha}_4)$ 的维数与一组基；(2) 求 $\boldsymbol{\alpha}$ 的值，使得 $\boldsymbol{\beta}\in W$，并求 $\boldsymbol{\beta}$ 在(1)所求基下的坐标.

**解** (1) 将已知向量构成矩阵并进行初等变换化为阶梯型可得 $\boldsymbol{\alpha}_1$，$\boldsymbol{\alpha}_2$，$\boldsymbol{\alpha}_4$ 为 $W$ 的一组基，且 $\dim W=3$，则

$$\boldsymbol{A}=(\boldsymbol{\alpha}_1,\boldsymbol{\alpha}_2,\boldsymbol{\alpha}_3,\boldsymbol{\alpha}_4,\boldsymbol{\beta})=\begin{bmatrix}1 & 1 & -2 & 1 & 4\\ 2 & -1 & -1 & 2 & 2\\ 4 & -6 & 2 & -2 & 4\\ 3 & 6 & -9 & 7 & a\end{bmatrix}\to\begin{bmatrix}1 & 0 & -1 & 0 & 4\\ 0 & 1 & -1 & 0 & 3\\ 0 & 0 & 0 & 1 & -3\\ 0 & 0 & 0 & 0 & a-9\end{bmatrix}=\boldsymbol{B}$$

(2) 由 $\boldsymbol{B}$ 可知，当 $a-9=0$，即 $a=9$ 时，$\boldsymbol{\beta}$ 可由 $W$ 的一组基 $\boldsymbol{\alpha}_1$，$\boldsymbol{\alpha}_2$，$\boldsymbol{\alpha}_4$ 线性表出，且 $\boldsymbol{\beta}=4\boldsymbol{\alpha}_1+3\boldsymbol{\alpha}_2-3\boldsymbol{\alpha}_4$，即 $\boldsymbol{\beta}$ 在基 $\boldsymbol{\alpha}_1$，$\boldsymbol{\alpha}_2$，$\boldsymbol{\alpha}_4$ 下的坐标为 $(4,3,-3)^{\mathrm{T}}$.

**例 10** 设 $\boldsymbol{A}\in\mathbf{R}^{n\times n}$，记 $S(\boldsymbol{A})=\{\boldsymbol{X}\mid\boldsymbol{AX}=\boldsymbol{XA},\ \boldsymbol{X}\in\mathbf{R}^{n\times n}\}$. (1) 证明：$S(\boldsymbol{A})$ 为 $\mathbf{R}^{n\times n}$ 的子空间；(2) 若取 $\boldsymbol{A}$ 为对角阵 $\mathrm{diag}(1,2,\cdots,n)$ 时，求 $S(\boldsymbol{A})$ 的基与维数.

**证明** (1) 由题有 $\forall\boldsymbol{A}$，$\boldsymbol{B}\in S(\boldsymbol{A})$，即 $\boldsymbol{AX}=\boldsymbol{XA}$，$\boldsymbol{BX}=\boldsymbol{XB}$，则

$$(\boldsymbol{A}+\boldsymbol{B})\boldsymbol{X}=\boldsymbol{AX}+\boldsymbol{BX}=\boldsymbol{XA}+\boldsymbol{XB}=\boldsymbol{X}(\boldsymbol{A}+\boldsymbol{B})$$

则 $\boldsymbol{A}+\boldsymbol{B}\in S(\boldsymbol{A})$，$\forall k\in\mathbf{R}$ 有 $(k\boldsymbol{A})\boldsymbol{X}=k(\boldsymbol{AX})=k(\boldsymbol{XA})=\boldsymbol{X}(k\boldsymbol{A})$，从而 $k\boldsymbol{A}\in S(\boldsymbol{A})$，故 $S(\boldsymbol{A})$ 为 $\mathbf{R}^{n\times n}$ 的子空间.

(2) 当 $\boldsymbol{A}=\mathrm{diag}(1,2,\cdots,n)$ 时，设 $\boldsymbol{X}\in S(\boldsymbol{A})$ 且 $\boldsymbol{X}=(x_{ij})_{n\times n}$，由 $\boldsymbol{AX}=\boldsymbol{XA}$ 有

$$\begin{bmatrix} x_{11} & 2x_{12} & \cdots & nx_{1n} \\ x_{21} & 2x_{22} & \cdots & nx_{2n} \\ \vdots & \vdots & & \vdots \\ x_{n1} & 2x_{n2} & \cdots & nx_{nn} \end{bmatrix} = \begin{bmatrix} x_{11} & x_{12} & \cdots & x_{1n} \\ 2x_{21} & 2x_{22} & \cdots & 2x_{2n} \\ \vdots & \vdots & & \vdots \\ nx_{n1} & nx_{n2} & \cdots & nx_{nn} \end{bmatrix}$$

则 $\boldsymbol{X}=\mathrm{diag}(x_1, x_2, \cdots, x_n)$，基为 $\boldsymbol{E}_{11}, \boldsymbol{E}_{22}, \cdots, \boldsymbol{E}_{nn}$，维数为 $n$.

**例 11** 设 $U=\left\{\boldsymbol{A}\in P^{n\times n} \middle| \boldsymbol{A}=\begin{bmatrix} a_1 & a_2 & \cdots & a_n \\ a_n & a_1 & \cdots & a_{n-1} \\ \vdots & \vdots & & \vdots \\ a_2 & a_3 & \cdots & a_1 \end{bmatrix}, a_1, \cdots, a_n\in P\right\}$，则 $U$ 是线性空间 $P^{n\times n}$ 的子空间，求其基和维数.

**解** 令 $\boldsymbol{X}=\begin{bmatrix} 0 & 1 & & & \\ & 0 & 1 & & \\ & & \ddots & \ddots & \\ & & & 0 & 1 \\ 1 & & & & 0 \end{bmatrix}=\begin{bmatrix} \boldsymbol{0} & \boldsymbol{E}_{n-1} \\ \boldsymbol{E}_1 & \boldsymbol{0} \end{bmatrix}$，则 $\boldsymbol{X}^k=\begin{bmatrix} \boldsymbol{0} & \boldsymbol{E}_{n-k} \\ \boldsymbol{E}_k & \boldsymbol{0} \end{bmatrix}$；于是对于 $\forall \boldsymbol{A}\in U$，有

$$\boldsymbol{A}=a_1\boldsymbol{E}+a_2\boldsymbol{X}+a_3\boldsymbol{X}^2+\cdots+a_{n-1}\boldsymbol{X}^{n-2}+a_n\boldsymbol{X}^{n-1}$$

令 $f(x)=a_1+a_2x+a_3x^2+\cdots+a_{n-1}x^{n-2}+a_nx^{n-1}$，则有 $\boldsymbol{A}=f(\boldsymbol{X})$.

反之，对于任一数域 $P$ 上的 $n-1$ 次多项式 $f(\boldsymbol{X})$ 有 $f(\boldsymbol{X})\in U$；对于 $\forall \boldsymbol{A}, \boldsymbol{B}\in U$，$\forall k\in P$，设 $\boldsymbol{A}=f(\boldsymbol{X})$，$\boldsymbol{B}=g(\boldsymbol{X})$，则有

$$\boldsymbol{A}+\boldsymbol{B}=f(\boldsymbol{X})+g(\boldsymbol{X})=(f+g)\boldsymbol{X}\in U, \quad k\boldsymbol{A}=kf(\boldsymbol{X})=(kf)\boldsymbol{X}\in U$$

故 $U$ 是 $P^{n\times n}$ 的子空间，$U$ 的一组基为 $\boldsymbol{E}, \boldsymbol{X}, \boldsymbol{X}^2, \cdots, \boldsymbol{X}^{n-1}$，维数为 $n$.

**例 12** 设 $\boldsymbol{M}$ 是数域 $P$ 上的 $n$ 阶方阵，$f(x)$，$g(x)$ 是数域 $P$ 上的多项式且

$$(f(x), g(x))=1$$

令 $\boldsymbol{A}=f(\boldsymbol{M})$，$\boldsymbol{B}=g(\boldsymbol{M})$，设 $V$、$V_1$，$V_2$ 分别是线性方程组 $\boldsymbol{ABX}=\boldsymbol{0}$，$\boldsymbol{AX}=\boldsymbol{0}$，$\boldsymbol{BX}=\boldsymbol{0}$ 的解，则 $V=V_1\oplus V_2$.

**证明** 由于 $(f(x), g(x))=1$，则存在 $u(x)$、$v(x)$，使得 $u(x)f(x)+v(x)g(x)=1$，即

$$u(\boldsymbol{M})f(\boldsymbol{M})+v(\boldsymbol{M})g(\boldsymbol{M})=\boldsymbol{E}, \quad \boldsymbol{A}u(\boldsymbol{M})+\boldsymbol{B}v(\boldsymbol{M})=\boldsymbol{E}$$

则对于 $\forall x\in V$，有 $\boldsymbol{X}=\boldsymbol{A}u(\boldsymbol{M})\boldsymbol{X}+\boldsymbol{B}v(\boldsymbol{M})\boldsymbol{X}=\boldsymbol{X}_1+\boldsymbol{X}_2$，其中，$\boldsymbol{X}_1=\boldsymbol{A}u(\boldsymbol{M})\boldsymbol{X}=u(\boldsymbol{M})\boldsymbol{AX}$，$\boldsymbol{X}_2=\boldsymbol{B}v(\boldsymbol{M})\boldsymbol{X}=v(\boldsymbol{M})\boldsymbol{BX}$，从而 $\boldsymbol{BX}_1=u(\boldsymbol{M})\boldsymbol{ABX}=\boldsymbol{0}$，于是 $\boldsymbol{X}_1\in V_2$；同理 $\boldsymbol{AX}_2=v(\boldsymbol{M})\boldsymbol{ABX}=\boldsymbol{0}$，于是 $\boldsymbol{X}_2\in V_1$. 若 $\boldsymbol{X}\in V_1\cap V_2$，则 $\boldsymbol{X}=\boldsymbol{A}u(\boldsymbol{M})\boldsymbol{X}+\boldsymbol{B}v(\boldsymbol{M})\boldsymbol{X}=u(\boldsymbol{M})\boldsymbol{AX}+v(\boldsymbol{M})\boldsymbol{BX}=\boldsymbol{0}$，即 $V=V_1+V_2$ 且 $V_1\cap V_2=\{0\}$，于是 $V=V_1\oplus V_2$.

**例 13** 设 $P$ 是数域，$m<n$，$\boldsymbol{A}\in P^{m\times n}$，$\boldsymbol{B}\in P^{(n-m)\times n}$，$V_1$、$V_2$ 分别是齐次线性方程组 $\boldsymbol{Ax}=\boldsymbol{0}$、$\boldsymbol{Bx}=\boldsymbol{0}$ 的解空间，证明 $P^n=V_1\oplus V_2$ 的充要条件为 $\begin{bmatrix} \boldsymbol{A} \\ \boldsymbol{B} \end{bmatrix}\boldsymbol{x}=\boldsymbol{0}$ 只有零解.

**证明** 充分性 由于 $\begin{bmatrix} \boldsymbol{A} \\ \boldsymbol{B} \end{bmatrix}\in P^{m\times n}$，若 $\begin{bmatrix} \boldsymbol{A} \\ \boldsymbol{B} \end{bmatrix}\boldsymbol{x}=\boldsymbol{0}$ 只有零解，所以 $\begin{vmatrix} \boldsymbol{A} \\ \boldsymbol{B} \end{vmatrix}\neq\boldsymbol{0}$，且 $R(\boldsymbol{A})=m$，

$R(\boldsymbol{A})=n-m$；对任意 $\boldsymbol{x}_0\in V_1\cap V_2$，则 $\boldsymbol{A}\boldsymbol{x}_0=\boldsymbol{0}$，$\boldsymbol{B}\boldsymbol{x}_0=\boldsymbol{0}$同时成立，从而$\begin{bmatrix}\boldsymbol{A}\\ \boldsymbol{B}\end{bmatrix}\boldsymbol{x}_0=\boldsymbol{0}$，即 $\boldsymbol{x}_0=\boldsymbol{0}$，故 $V_1\cap V_2=\{0\}$. 又 $V_1+V_2\subseteq P^n$，则

$$\dim(V_1+V_2)=\dim V_1+\dim V_2=(n-R(\boldsymbol{A})+(n-K(\boldsymbol{B}))=(n-m)+m=n=\dim P^n$$

从而 $P^n=V_1\oplus V_2$.

必要性 设 $P^n=V_1\oplus V_2$，假设$\begin{bmatrix}\boldsymbol{A}\\ \boldsymbol{B}\end{bmatrix}\boldsymbol{x}=\boldsymbol{0}$ 有非零解 $\boldsymbol{x}_1$，则 $\boldsymbol{A}\boldsymbol{x}_1=\boldsymbol{0}$，$\boldsymbol{B}\boldsymbol{x}_1=\boldsymbol{0}$ 同时成立，即 $\boldsymbol{x}_1\in V_1\cap V_2$ 与 $P^n=V_1\oplus V_2$ 矛盾；故$\begin{bmatrix}\boldsymbol{A}\\ \boldsymbol{B}\end{bmatrix}\boldsymbol{x}=\boldsymbol{0}$ 只有零解.

**例 14** 设 $n$ 阶方阵 $\boldsymbol{A}$、$\boldsymbol{B}$、$\boldsymbol{C}$、$D$ 两两可交换，且满足 $\boldsymbol{AC}+\boldsymbol{BD}=\boldsymbol{E}$，记 $\boldsymbol{ABX}=\boldsymbol{0}$的解空间为 $W$，$\boldsymbol{BX}=0$ 的解空间为 $W_1$，$\boldsymbol{AX}=\boldsymbol{0}$ 的解空间为 $W_2$，则 $W=W_1\oplus W_2$.

**证明** 对 $\forall\boldsymbol{\alpha}\in W$，有 $\boldsymbol{AB\alpha}=\boldsymbol{0}$，且 $\boldsymbol{\alpha}=\boldsymbol{E\alpha}=(\boldsymbol{AC}+\boldsymbol{BD})\boldsymbol{\alpha}=\boldsymbol{AC\alpha}+\boldsymbol{BD\alpha}=\boldsymbol{\alpha}_1+\boldsymbol{\alpha}_2$，其中，$\boldsymbol{\alpha}_1=\boldsymbol{AC\alpha}$，$\boldsymbol{\alpha}_1=\boldsymbol{BD\alpha}$；由于 $\boldsymbol{A}$、$\boldsymbol{B}$、$\boldsymbol{C}$、$D$ 两两可交换，从而 $\boldsymbol{B\alpha}_1=\boldsymbol{BAC\alpha}=\boldsymbol{C}(\boldsymbol{AB\alpha})=\boldsymbol{0}$，$\boldsymbol{A\alpha}_2=\boldsymbol{ABD\alpha}=\boldsymbol{D}(\boldsymbol{BA\alpha})=\boldsymbol{0}$，可知 $\boldsymbol{\alpha}_1\in W_1$，$\boldsymbol{\alpha}_2\in W_2$，即 $W=W_1+W_2$；下证为直和：任取 $\boldsymbol{\beta}\in W_1\cap W_2$，即 $\boldsymbol{\beta}\in W_1$，$\boldsymbol{\beta}\in W_2$，从而 $\boldsymbol{A\beta}=\boldsymbol{B\beta}=\boldsymbol{0}$，则

$$\boldsymbol{\beta}=\boldsymbol{E\beta}=(\boldsymbol{AC}+\boldsymbol{BD})=\boldsymbol{AC\beta}+\boldsymbol{BD\beta}=\boldsymbol{C}(\boldsymbol{A\beta})+\boldsymbol{D}(\boldsymbol{B\beta})=\boldsymbol{0}$$

即 $W_1\cap W_2=\{0\}$，故 $W=W_1\oplus W_2$.

**例 15** 若 $V=V_1\oplus V_2$，$V_1=V_{11}\oplus V_{12}$，则 $V=V_{11}\oplus V_{12}\oplus V_2$.

**证明** 由 $V=V_1\oplus V_2$，$V_1=V_{11}\oplus V_{12}$，则 $V=V_{11}\oplus V_{12}+V_2$，而

$$\dim V=\dim V_1+\dim V_2,\ \dim V_1=\dim V_{11}+\dim V_{12}$$

即 $\dim V=\dim V_{11}+\dim V_{12}+\dim V_2$. 故 $V=V_{11}\oplus V_{12}\oplus V_2$.

**例 16** 若 $V_1$、$V_2$ 是数域 $P$ 上线性空间 $V$(有限维)的两个子空间，且 $\dim(V_1+V_2)-\dim(V_1\cap V_2)=1$，则和空间 $V_1+V_2$ 与其中之一相等，交空间 $V_1\cap V_2$ 与另一空间相等.

**证明** 由维数公式有 $\dim(V_1+V_2)+\dim(V_1\cap V_2)=\dim V_1+\dim V_2$，且有 $V_1\cap V_2\subset V_1$，$V_2\subset V_1+V_2$，从而有 $\dim(V_1+V_2)\geqslant\dim V_1$. 若 $\dim(V_1+V_2)=\dim V_1$，则 $V_1+V_2=V_1$，从而 $\dim(V_1\cap V_2)=\dim V_2$，即 $V_1\cap V_2=V_2$. 若 $\dim(V_1+V_2)>\dim V_1$，即 $\dim(V_1+V_2)\geqslant\dim V_1+1$，由题设

$$\dim(V_1+V_2)-\dim(V_1\cap V_2)=1$$

从而有 $\dim(V_1\cap V_2)+1\geqslant\dim V_1+1$，即 $\dim(V_1\cap V_2)\geqslant\dim V_1$，但 $V_1\cap V_2\subset V_1$，即 $\dim(V_1\cap V_2)\leqslant\dim V_1$，从而有 $\dim(V_1\cap V_2)=\dim V_1$，即 $V_1\cap V_2\subset V_1$，由维数公式可得 $\dim(V_1+V_2)=\dim V_2$，且 $V_2\subset V_1+V_2$，即 $V_2=V_1+V_2$.

**例 17** 设 $V$ 是数域 $P$ 上的所有 $n$ 阶对称矩阵关于矩阵的加法和乘法运算构成的线性空间，令 $V_1=\{\boldsymbol{A}\in V\mid \mathrm{tr}(\boldsymbol{A})=0\}$，$V_2=\{\lambda\boldsymbol{E}_n\mid\lambda\in P\}$. (1) 证明：$V_1$、$V_2$ 都是 $V$ 的子空间；(2) 求 $V_1$、$V_2$ 的一组基和维数；(3) 证明：$V=V_1\oplus V_2$.

**证明** (1)只要证明 $V_1$、$V_2$ 对 $V$ 上规定的线性运算满足封闭性即可. $\forall\boldsymbol{A}$、$\boldsymbol{B}\in V_1$，$\lambda\in P$，$\mathrm{tr}(\boldsymbol{A})=\mathrm{tr}(\boldsymbol{B})=0$，则 $\mathrm{tr}(\boldsymbol{A}+\boldsymbol{B})=\mathrm{tr}(\boldsymbol{A})+\mathrm{tr}(\boldsymbol{B})=0$，即 $\boldsymbol{A}+\boldsymbol{B}\in V_1$；$\mathrm{tr}(\lambda\boldsymbol{A})=\lambda\mathrm{tr}(\boldsymbol{A})=0$，即 $\lambda\boldsymbol{A}\in V_1$. 从而 $V_1$ 是 $V$ 的子空间；同理可得 $V_2$ 是 $V$ 的子空间.

**解** (2) $\forall\boldsymbol{A}\in V_1$，设 $\boldsymbol{A}=(a_{ij})_{n\times n}$，则 $\mathrm{tr}(\boldsymbol{A})=0$，即 $\sum a_{ii}=0(i=1\sim n)$，有

$$A=\begin{bmatrix}0&a_{12}&\cdots&a_{1n}\\a_{21}&0&\cdots&a_{2n}\\\vdots&\vdots&&\vdots\\a_{n1}&a_{n2}&\cdots&0\end{bmatrix}+\begin{bmatrix}a_{11}&0&\cdots&0\\0&a_{22}&\cdots&0\\\vdots&\vdots&&\vdots\\0&0&\cdots&a_{nn}\end{bmatrix}$$

$$=\sum_{i\neq j}a_{ij}(E_{ij}+E_{ji})+\begin{bmatrix}-a_{22}-\cdots-a_{nn}&0&\cdots&0\\0&a_{22}&\cdots&0\\\vdots&\vdots&&\vdots\\0&0&\cdots&a_{nn}\end{bmatrix}$$

$$=\sum_{i\neq j}a_{ij}(E_{ij}+E_{ji})+\sum_{i=2}^{n}a_{ii}(E_{ii}-E_{11})$$

又 $E_{ij}+E_{ji}(i\neq j,\ i=1,2,\cdots,n)$，$E_{ii}-E_{11}(i=2,3,\cdots,n)$ 线性无关，且 $A$ 可由其线性表出，即为 $V_1$ 的一组基，$\dim V_1=\frac{n(n-1)}{2}+n-1=\frac{(n-1)(n+2)}{2}$. $V_2$ 的一组基为 $E_n$，$\dim V_2=1$.

**证明** (3) $\forall A=(a_{ij})_{n\times n}\in V$，记 $t=\sum\limits_{i=1}^{n}a_{ii}(t\neq 0)$，令 $B=A-\frac{t}{n}E_n$，则

$$\mathrm{tr}(B)=\mathrm{tr}(A)-\mathrm{tr}\left(\frac{t}{n}E_n\right)=t-\frac{t}{n}\cdot n=0$$

即 $A=B+\frac{t}{n}E_n$，$B\in V_1$，$\frac{t}{n}E_n\in V_2$，故 $V=V_1+V_2$；又

$$\dim V=\frac{n(n-1)}{2},\ \dim V_1+\dim V_2=\frac{(n-1)(n+2)}{2}+1=\frac{n(n-1)}{2}$$

即 $\dim V=\dim V_1+\dim V_2$，从而 $V=V_1\oplus V_2$.

**例 18** 证明：数域 $P$ 上任一 $n$ 维线性空间 $V$ 都与 $P^n$ 同构.

**证明** 任取 $V$ 的一组基 $\alpha_1,\alpha_2,\cdots,\alpha_n$，对于任意 $\alpha\in V$，在这组基下有唯一确定的坐标 $(x_1,x_2,\cdots,x_n)^{\mathrm T}\in P^n$，构造 $V$ 到 $P^n$ 的映射：$\sigma(\alpha)=(x_1,x_2,\cdots,x_n)^{\mathrm T}$. 对任意的 $(y_1,y_2,\cdots,y_n)^{\mathrm T}\in P^n$，令 $\beta=y_1\alpha_1+y_2\alpha_2+\cdots+y_n\alpha_n$，则 $\beta\in V$，且 $\sigma(\beta)=(y_1,y_2,\cdots,y_n)^{\mathrm T}$，故 $\sigma$ 是满射. 对任意 $\alpha=x_1\alpha_1+x_2\alpha_2+\cdots+x_n\alpha_n$，$\beta=y_1\alpha_1+y_2\alpha_2+\cdots+y_n\alpha_n\in V$，当 $\sigma(\alpha)=(x_1,x_2,\cdots,x_n)^{\mathrm T}=(y_1,y_2,\cdots,y_n)^{\mathrm T}=\sigma(\beta)$ 时，有 $\alpha=\beta$，即 $\sigma$ 是单射，且

$\sigma(\alpha+\beta)=(x_1+y_1,x_2+y_2,\cdots,x_n+y_n)^{\mathrm T}=\sigma(\alpha)+\sigma(\beta)$，$\sigma(k\alpha)=(kx_1,kx_2,\cdots,kx_n)^{\mathrm T}=k\sigma(\alpha)$，故 $\sigma$ 是 $V$ 到 $P^n$ 同构映射，即 $V$ 与 $P^n$ 同构.

**例 19** 设 $\alpha_1,\alpha_2,\cdots,\alpha_n$ 为数域 $F$ 上的向量空间 $V$ 的基，$\beta\in V$，$\beta=\sum\limits_{i=1}^{n}a_i\alpha_i$，且有 $a_r\neq 0$，证明：$\alpha_1,\alpha_2,\cdots,\alpha_{r-1},\alpha_{r+1},\cdots,\alpha_n,\beta$ 也为 $V$ 的基.

**证明** 对于 $\forall x_1,x_2,\cdots,x_{r-1},x_{r+1},\cdots,x_n,x_r\in F$，若

$$x_1\alpha_1+x_2\alpha_2+\cdots+x_{r-1}\alpha_{r-1}+x_{r+1}\alpha_{r+1}+\cdots+x_n\alpha_n+x_r\beta=0$$

由 $\beta=\sum\limits_{i=1}^{n}a_i\alpha_i$，则

$$(x_1+a_1x_r)\alpha_1+\cdots+(x_{r-1}+a_{r-1}x_r)\alpha_{r-1}+\alpha_rx_r\alpha_r+(x_{r+1}+a_{r+1}x_r)\alpha_{r+1}+\cdots+(x_n+a_nx_r)\alpha_n=0$$

由 $\alpha_1,\alpha_2,\cdots,\alpha_n$ 为基且线性无关，则

$$x_1+a_1x_r=\cdots=x_{r-1}+a_{r-1}x_r=a_rx_r=x_{r+1}+a_{r+1}x_r=\cdots=x_n+a_nx_r=0$$

由于 $a_r\neq 0\Rightarrow x_1=x_2=\cdots=x_n=0\Rightarrow \boldsymbol{\alpha}_1, \boldsymbol{\alpha}_2, \cdots, \boldsymbol{\alpha}_{r-1}, \boldsymbol{\alpha}_{r+1}, \cdots, \boldsymbol{\alpha}_n, \boldsymbol{\beta}$ 线性无关而为其基.

**例 20** 令 $\mathbf{C}^{n\times s}$ 是 $n\times s$ 级复数矩阵的全体在通常加法和数乘运算下的线性空间，假设 $\boldsymbol{A}\in\mathbf{C}^{2\times 2}$.

(1) 证明：$W=\{\boldsymbol{X}\in\mathbf{C}^{2\times 2}\mid \boldsymbol{AX}=\mathbf{0}\}$ 是 $\mathbf{C}^{2\times 2}$ 的子空间；

(2) 若 $\boldsymbol{A}=\begin{bmatrix}1 & -1\\ 2 & -2\end{bmatrix}$，求(1)中 $W$ 的一组基及维数；

(3) 设 $M\in\mathbf{C}^{n\times n}$ 的秩为 $r$，$\mathbf{C}^{n\times s}$ 的子空间 $U=\{\boldsymbol{X}\in\mathbf{C}^{n\times s}\mid M\boldsymbol{X}=\mathbf{0}\}$，求 $U$ 的维数.

**解** (1) 由于 $\mathbf{0}\in\mathbf{C}^{2\times 2}$，$\boldsymbol{A}\mathbf{0}=\mathbf{0}$，故 $\mathbf{0}\in W\neq\varnothing$，又 $\forall \boldsymbol{X}, Y\in W$，则 $\boldsymbol{AX}=\boldsymbol{A}Y=\mathbf{0}$，$\forall a, b\in\mathbf{C}$，于是 $\boldsymbol{A}(a\boldsymbol{X}+bY)=a\boldsymbol{AX}+b\boldsymbol{A}Y=\mathbf{0}$，得 $a\boldsymbol{X}+bY\in W$，从而

$$W=\{\boldsymbol{X}\in\mathbf{C}^{2\times 2}\mid \boldsymbol{AX}=\mathbf{0}\}$$

是 $\mathbf{C}^{2\times 2}$ 的子空间；

(2) 设 $\boldsymbol{X}=\begin{bmatrix}x_1 & x_2\\ x_3 & x_4\end{bmatrix}$，由 $\boldsymbol{AX}=\mathbf{0}$，得 $W$ 的一组基为 $\begin{bmatrix}1 & 0\\ 1 & 0\end{bmatrix}$，$\begin{bmatrix}0 & 1\\ 0 & 1\end{bmatrix}$，且维数为 2.

(3) $U$ 的基由齐次线性方程组 $\boldsymbol{MX}_i=\mathbf{0}$，$i=1\sim s$ 的基础解系对应构成，又 $R(\boldsymbol{M})=r$，故 $U$ 的维数为 $(n-r)s$.

**例 21** 假设 $F$ 是数域，$V$ 是 $F^n$ 的子空间，证明：$\dim V=s$ 的充要条件为存在 $\boldsymbol{A}\in F^{n\times n}$，$R(\boldsymbol{A})=n-s$，使 $V=\{\boldsymbol{X}\in F^n\mid \boldsymbol{AX}=\mathbf{0}\}$.

**证明** *必要性* 若 $\dim V=s$，则存在 $\boldsymbol{\alpha}_1, \boldsymbol{\alpha}_2, \cdots, \boldsymbol{\alpha}_s$ 为 $V$ 的基．令 $\boldsymbol{B}=(\boldsymbol{\alpha}_1, \boldsymbol{\alpha}_2, \cdots, \boldsymbol{\alpha}_s)$ 为 $n\times s$ 矩阵，存在可逆矩阵 $\boldsymbol{P}_{n\times n}$、$\boldsymbol{Q}_{s\times s}$，使 $\boldsymbol{PBQ}=\begin{bmatrix}\boldsymbol{E}_s\\ \mathbf{0}\end{bmatrix}_{n\times s}$，则存在矩阵 $\boldsymbol{A}=\begin{bmatrix}\mathbf{0} & \mathbf{0}\\ \mathbf{0} & \boldsymbol{E}_{n-s}\end{bmatrix}_{n\times n}\boldsymbol{P}$，$R(\boldsymbol{A})=n-s$，使 $\boldsymbol{AB}=\mathbf{0}$，即 $\boldsymbol{\alpha}_1, \boldsymbol{\alpha}_2, \cdots, \boldsymbol{\alpha}_s$ 是齐次线性方程组 $\boldsymbol{AX}=\mathbf{0}$ 的基础解系，并为 $V=\{\boldsymbol{X}\in F^n\mid \boldsymbol{AX}=\mathbf{0}\}$ 的基. 从而必要性成立.

*充分性* 若存在 $\boldsymbol{A}\in F^{n\times n}$，$R(\boldsymbol{A})=n-s$，使 $V=\{\boldsymbol{X}\in F^n\mid \boldsymbol{AX}=\mathbf{0}\}$，则 $\boldsymbol{AX}=\mathbf{0}$ 的基础解系可作为 $V$ 的一组基，因 $R(\boldsymbol{A})=n-s$，从而 $\dim V=s$.

**例 22** 设 $\boldsymbol{A}=(a_{ij})\in P^{n\times n}$，$a_{ij}=\begin{cases}\boldsymbol{\alpha}, & i\neq j\\ 1, & i=j\end{cases}$. (1) 求 $|\boldsymbol{A}|$；(2) 设 $W=\{\boldsymbol{X}\in P^n\mid \boldsymbol{AX}=\mathbf{0}\}$，求 $W$ 的维数与一组基.

**解** (1) 易求得 $|\boldsymbol{A}|=[1+(n-1)a](1-a)^{n-1}$.

(2) 分情况讨论：

① 当 $a\neq 1$，$a\neq -1/(n-1)$ 时，$W=\{0\}$，零维，无基．

② 当 $a=1$ 时，$\dim W=n-1$，$\boldsymbol{\varepsilon}_1-\boldsymbol{\varepsilon}_i(i=2, 3, \cdots, n)$ 为基．

③ 当 $a=-1/(n-1)$ 时，$\dim W=1$，$\boldsymbol{\varepsilon}_1+\boldsymbol{\varepsilon}_2+\cdots+\boldsymbol{\varepsilon}_n$ 为基.

**例 23** 设 $\boldsymbol{\varepsilon}_1, \boldsymbol{\varepsilon}_2, \cdots, \boldsymbol{\varepsilon}_n$ 与 $\boldsymbol{\eta}_1, \boldsymbol{\eta}_2, \cdots, \boldsymbol{\eta}_n$ 为 $V$ 的两组基，证明：(1) 两组基上坐标完全相同的全体向量的集合 $V_1\leqslant V$；(2) 设第一基到第二基过渡矩阵为 $\boldsymbol{A}$，$R(\boldsymbol{E}-\boldsymbol{A})=r$，则 $\dim V_1=n-r$.

**证明** (1) 由 $\mathbf{0}$ 在两组基中的表示的坐标相同知，$\mathbf{0}\in V_1\neq\varnothing$. $\forall \boldsymbol{\alpha}, \boldsymbol{\beta}\in V_1$，则

$$\boldsymbol{\alpha}=\sum x_i\boldsymbol{\varepsilon}_i=\sum x_i\boldsymbol{\eta}_i,\ \boldsymbol{\beta}=\sum y_i\boldsymbol{\varepsilon}_i=\sum y_i\boldsymbol{\eta}_i,\ \forall a, b\in P$$

则 $a\boldsymbol{\alpha}+b\boldsymbol{\beta}=\sum(ax_i+by_i)\boldsymbol{\varepsilon}_i=\sum(ax_i+by_i)\boldsymbol{\eta}_i\in V_1$，从而 $V_1\leqslant V$.

（2）由 $(\boldsymbol{\eta}_1,\boldsymbol{\eta}_2,\cdots,\boldsymbol{\eta}_n)=(\boldsymbol{\varepsilon}_1,\boldsymbol{\varepsilon}_2,\cdots,\boldsymbol{\varepsilon}_n)\mathbf{A}$，$\forall\boldsymbol{\alpha}=\sum x_i\boldsymbol{\varepsilon}_i=\sum x_i\boldsymbol{\eta}_i\in V_1$，则

$$\begin{aligned}\boldsymbol{\alpha}&=(\boldsymbol{\eta}_1,\boldsymbol{\eta}_2,\cdots,\boldsymbol{\eta}_n)(x_1,x_1,\cdots,x_n)^{\mathrm{T}}\\&=(\boldsymbol{\varepsilon}_1,\boldsymbol{\varepsilon}_2,\cdots,\boldsymbol{\varepsilon}_n)\mathbf{A}(x_1,x_1,\cdots,x_n)^{\mathrm{T}}=(\boldsymbol{\varepsilon}_1,\boldsymbol{\varepsilon}_2,\cdots,\boldsymbol{\varepsilon}_n)(x_1,x_1,\cdots,x_n)^{\mathrm{T}}\end{aligned}$$

即 $\mathbf{AX}=\mathbf{X}$，$(\mathbf{E}-\mathbf{A})\mathbf{X}=\mathbf{0}$. 由 $V\cong P^n$，$\dim V_1=(\mathbf{E}-\mathbf{A})\mathbf{X}=\mathbf{0}$ 的解空间的维数等于 $n-R(\mathbf{E}-\mathbf{A})=n-r$.

**例 24** 设线性空间 $V$ 的两组基 $\boldsymbol{\alpha}_1,\cdots,\boldsymbol{\alpha}_n$；$\boldsymbol{\beta}_1,\cdots,\boldsymbol{\beta}_n$.（1）求证对 $\forall i=1,2,\cdots,n$，$\exists\boldsymbol{\alpha}_{j_i}\in\{\boldsymbol{\alpha}_1,\cdots,\boldsymbol{\alpha}_n\}$，使得 $\boldsymbol{\beta}_1,\cdots,\boldsymbol{\beta}_{i-1},\boldsymbol{\alpha}_{j_i},\boldsymbol{\beta}_{i+1},\cdots,\boldsymbol{\beta}_n$ 为 $V$ 的基.（2）如果 $n=3$，对 $\forall i\in\{1,2,3\}$，是否存在 $j,k\in\{1,2,3\}$，$j\neq k$，使 $\boldsymbol{\beta}_i,\boldsymbol{\alpha}_j,\boldsymbol{\alpha}_k$ 为 $V$ 的基，为什么？

**证明** （1）由 $\boldsymbol{\beta}_1,\cdots,\boldsymbol{\beta}_n$ 为 $V$ 的基，则对 $\forall i=1,2,\cdots,n$，有 $\boldsymbol{\beta}_1,\cdots,\boldsymbol{\beta}_{i-1},\boldsymbol{\beta}_{i+1},\cdots,\boldsymbol{\beta}_n$ 线性无关，又 $\boldsymbol{\alpha}_1,\cdots,\boldsymbol{\alpha}_n$ 为基而线性无关，从而存在 $\boldsymbol{\alpha}_{j_i}$ 不能由 $\boldsymbol{\beta}_1,\cdots,\boldsymbol{\beta}_{i-1},\boldsymbol{\beta}_{i+1},\cdots,\boldsymbol{\beta}_n$ 线性表出，而使 $\boldsymbol{\beta}_1,\cdots,\boldsymbol{\beta}_{i-1},\boldsymbol{\alpha}_{j_i},\boldsymbol{\beta}_{i+1},\cdots,\boldsymbol{\beta}_n$ 线性无关而为基.

（2）存在，由前面的例题可得.

**例 25** 设 $P$ 是数域，$a_1$、$a_2$、$a_3$、$a_4$ 两两互异且和非零的数，试证：

$$\left\{\mathbf{A}_i=\begin{bmatrix}1&a_i\\a_i^2&a_i^4\end{bmatrix}\middle|a_i\in P,\ i=1,2,3,4\right\}$$

是线性空间 $M_{2\times2}(P)$ 的基.

**证明** 对于 $\forall x,y,z,u\in P$，若 $x\mathbf{A}_1+y\mathbf{A}_2+z\mathbf{A}_3+u\mathbf{A}_4=\mathbf{0}$，则

$$\begin{cases}x+y+z+u=0\\a_1x+a_2y+a_3z+a_4u=0\\a_1^2x+a_2^2y+a_3^2z+a_4^2u=0\\a_1^4x+a_2^4y+a_3^4z+a_4^4u=0\end{cases}$$. 由已知，其系数行列式为

$$\begin{vmatrix}1&1&1&1\\a_1&a_2&a_3&a_4\\a_1^2&a_2^2&a_3^2&a_4^2\\a_1^4&a_2^4&a_3^4&a_4^4\end{vmatrix}=\left(\sum_{i=1}^4a_i\right)\prod_{1\leqslant i<j\leqslant4}(a_j-a_i)\neq0$$

故 $\mathbf{A}_1$、$\mathbf{A}_2$、$\mathbf{A}_3$、$\mathbf{A}_4$ 线性无关，而 $\dim[M_{2\times2}(P)]=4$，故 $\left\{\mathbf{A}_i=\begin{bmatrix}1&a_i\\a_i^2&a_i^4\end{bmatrix}\middle|a_i\in P,\ i=1,2,3,4\right\}$ 是线性空间 $M_{2\times2}(P)$ 的基.

**例 26** 设 $\mathbf{A}$、$\mathbf{B}$ 分别为 $n\times m$、$m\times n$ 阶矩阵，$n$ 维行向量 $\boldsymbol{x}$ 满足 $\boldsymbol{x}\mathbf{AB}=\mathbf{0}$，令 $V=\{y\mid y=\boldsymbol{x}\mathbf{A},\ \boldsymbol{x}\mathbf{AB}=\mathbf{0}\}$，则 $\dim V=R(\mathbf{A})-R(\mathbf{AB})$.

**证明** 令 $W=\{\boldsymbol{x}\mid\boldsymbol{x}\mathbf{AB}=\mathbf{0}\}$，$W_1=\{\boldsymbol{x}\mid\boldsymbol{x}\mathbf{A}=\mathbf{0}\}$，则 $\dim W=n-R(\mathbf{AB})$，$\dim W_1=n-R(\mathbf{A})$，且 $W_1\subseteq W$. 设 $x_1,\cdots,x_{n-R(\mathbf{A})}$ 为 $W_1$ 的一组基，将其扩充为 $W$ 的一组基

$$x_1,\cdots,x_{n-R(\mathbf{A})},x_{n-R(\mathbf{A})+1},\cdots,x_{n-R(\mathbf{AB})}$$

对 $\forall y\in V$，则有 $y=k_1x_1+k_2x_2+\cdots+k_{n-R(\mathbf{AB})}x_{n-R(\mathbf{AB})}$，从而

$$y\mathbf{A}=k_1x_1\mathbf{A}+k_2x_2\mathbf{A}+\cdots+k_{n-R(\mathbf{AB})}x_{n-R(\mathbf{AB})}\mathbf{A}$$

即 $V=L(x_{n-R(\mathbf{A})+1}\mathbf{A},\cdots,x_{n-R(\mathbf{AB})}\mathbf{A})$ 且 $x_{n-R(\mathbf{A})+1}\mathbf{A},\cdots,x_{n-R(\mathbf{AB})}\mathbf{A}$ 线性无关（整体无关则部分无关）；有 $\dim V=(n-R(\mathbf{AB}))-(n-R(\mathbf{A}))=R(\mathbf{A})-R(\mathbf{AB})$.

**例 27** 设 $\boldsymbol{A}$、$\boldsymbol{B}$ 均为 $n$ 阶方阵，则 $R(\boldsymbol{A})+R(\boldsymbol{B})-n\leqslant R(\boldsymbol{AB})$.

**证明** 设 $W_1=\{\boldsymbol{x}\mid \boldsymbol{xA}=\boldsymbol{0}\}$，$W_2=\{\boldsymbol{xA}\mid \boldsymbol{xAB}=\boldsymbol{0}\}$，则 $W_2\subseteq W_1$，且 $\dim W_2\leqslant\dim W_1$，从而有 $\dim W_2=R(\boldsymbol{B})-R(\boldsymbol{AB})$，从而 $R(\boldsymbol{B})-R(\boldsymbol{AB})\leqslant n-R(\boldsymbol{A})$，即 $R(\boldsymbol{A})+R(\boldsymbol{B})-n\leqslant R(\boldsymbol{AB})$.

## 6.5 子空间的不完全覆盖性理论

**例 1** 设 $V_1$、$V_2$ 都是线性空间 $V$ 非平凡子空间，则 $\exists\boldsymbol{\alpha}\in V$，使 $\boldsymbol{\alpha}\notin V_1$ 及 $\boldsymbol{\alpha}\notin V_2$.

**证明** 因为 $V_1$、$V_2$ 为非平凡的子空间，故存在 $\boldsymbol{\alpha}\notin V_1$，如果 $\boldsymbol{\alpha}\notin V_2$，则命题已证．设 $\boldsymbol{\alpha}\in V_2$，则一定存在 $\boldsymbol{\beta}\notin V_2$，若 $\boldsymbol{\beta}\notin V_1$，则命题也得证．下设 $\boldsymbol{\beta}\in V_1$，于是有 $\boldsymbol{\alpha}\notin V_1$，$\boldsymbol{\alpha}\in V_2$ 及 $\boldsymbol{\beta}\in V_1$，$\boldsymbol{\beta}\notin V_2$，因而必有 $\boldsymbol{\alpha}+\boldsymbol{\beta}\notin V_1$，$\boldsymbol{\alpha}+\boldsymbol{\beta}\notin V_2$. 事实上，若 $\boldsymbol{\alpha}+\boldsymbol{\beta}\in V_1$，又 $\boldsymbol{\beta}\in V_1$，则由 $V_1$ 是子空间，必有 $\boldsymbol{\alpha}\in V_1$，这与假设矛盾，即证 $\boldsymbol{\alpha}+\boldsymbol{\beta}\notin V_1$，同理可证 $\boldsymbol{\alpha}+\boldsymbol{\beta}\notin V_2$，证毕.

**例 2** 设 $V_1$，$V_2$，…，$V_s$ 为线性空间 $V$ 的真子空间，则必存在 $\boldsymbol{\alpha}\in V$，使得 $\boldsymbol{\alpha}\notin V_i(i=1, 2, \cdots, s)$.

**证明** 用数学归纳法. 当 $n=s=1$ 时，由于 $V_1$ 为 $V$ 的真子空间，结论成立.

假设命题对 $s-1$ 时成立，即 $\exists\boldsymbol{\alpha}\in V$ 而 $\boldsymbol{\alpha}\notin V_i$，$(i=1\sim s-1)$，则：当 $\boldsymbol{\alpha}\notin V_s$ 时，命题成立；当 $\boldsymbol{\alpha}\in V_s$，存在 $\boldsymbol{\beta}\notin V_s$，若 $\boldsymbol{\beta}\notin V_1$，$V_2$，…，$V_{s-1}$其中任意一个，命题成立；若 $\boldsymbol{\beta}\in V_1$，则 $\boldsymbol{\alpha}\notin V_1$，$\boldsymbol{\alpha}\in V_s$，$\boldsymbol{\beta}\in V_1$，$\boldsymbol{\beta}\notin V_s$，从而 $\boldsymbol{\alpha}+\boldsymbol{\beta}\notin V_1$，$\boldsymbol{\alpha}+\boldsymbol{\beta}\notin V_s$.

对于 $\boldsymbol{\alpha}+\boldsymbol{\beta}$ 做同样的讨论：若 $\boldsymbol{\alpha}+\boldsymbol{\beta}\notin V_2$，…，$V_s$ 其中任意一个，则命题成立；若 $\boldsymbol{\alpha}+\boldsymbol{\beta}\in V_2$，则 $\boldsymbol{\alpha}+(\boldsymbol{\alpha}+\boldsymbol{\beta})\notin V_1$，$V_2$，$V_s$ 其中任意一个.

再对 $2\boldsymbol{\alpha}+\boldsymbol{\beta}$ 做上述讨论：若 $2\boldsymbol{\alpha}+\boldsymbol{\beta}\notin V_3$，…，$V_{s-1}$其中任意一个，则命题成立；若 $2\boldsymbol{\alpha}+\boldsymbol{\beta}\in V_3$，则 $\boldsymbol{\alpha}+(2\boldsymbol{\alpha}+\boldsymbol{\beta})=3\boldsymbol{\alpha}+\boldsymbol{\beta}\notin V_1$，$V_2$，$V_3$，$V_s$；如此进行下去，经过有限步后可得 $(m-1)\boldsymbol{\alpha}+\boldsymbol{\beta}\notin V_1$，$V_2$，…，$V_{s-1}$，$V_s(m\leqslant s)$；所以当 $n=s$ 时，命题成立.

**例 3** 证明：在有限维线性空间 $V$ 的真子空间 $V_1$，$V_2$，…，$V_r$ 外，存在 $V$ 的一组基.

**证明** 设 $\dim V=n$，若 $\boldsymbol{\varepsilon}_1\notin V_i(i=1, 2, \cdots, r)$，令 $L(\boldsymbol{\varepsilon}_1)=W_1$，同理 $\boldsymbol{\varepsilon}_2\notin V_i$，$\boldsymbol{\varepsilon}_2\notin W_1$，$\boldsymbol{\varepsilon}_1\neq 0$，$\boldsymbol{\varepsilon}_2\neq 0$，且 $\boldsymbol{\varepsilon}_1$，$\boldsymbol{\varepsilon}_2$ 线性无关(否则若线性相关，则 $\boldsymbol{\varepsilon}_2\in W_1$ 矛盾)；令 $L(\boldsymbol{\varepsilon}_1, \boldsymbol{\varepsilon}_2)=W_2$，则存在 $\boldsymbol{\varepsilon}_3\notin V_i$，$\boldsymbol{\varepsilon}_3\notin W_2$，且 $\boldsymbol{\varepsilon}_1$，$\boldsymbol{\varepsilon}_2$，$\boldsymbol{\varepsilon}_3$ 线性无关；继续进行下去，必可找到 $\boldsymbol{\varepsilon}_1$，$\boldsymbol{\varepsilon}_2$，…，$\boldsymbol{\varepsilon}_n$ 线性无关，从而是 $V$ 的一组基，且 $\boldsymbol{\varepsilon}_1$，$\boldsymbol{\varepsilon}_2$，…，$\boldsymbol{\varepsilon}_n$ 不在 $V_1$，$V_2$，…，$V_r$ 中.

**例 4** 设 $V_1$、$V_2$ 为 $n$ 维线性空间 $V$ 的两个 $m$ 维子空间$(0<m<n)$，则存在子空间 $W$ 使得 $V=V_1\oplus W=V_2\oplus W$.

**证明** 补子空间的不唯一性，对 $n-m$ 应用数学归纳法.

当 $n-m=1$ 时，$n=m+1$，$V_1$、$V_2$ 为 $V$ 的真子空间，存在 $\boldsymbol{\varepsilon}\in V$，$\boldsymbol{\varepsilon}\notin V_i$，令 $W=L(\boldsymbol{\varepsilon})$，则 $V=L(\boldsymbol{\varepsilon}_1, \cdots, \boldsymbol{\varepsilon}_{n-1}, \boldsymbol{\varepsilon})$，其中，$V_1=L(\boldsymbol{\varepsilon}_1, \cdots, \boldsymbol{\varepsilon}_{n-1})$，从而 $V=V_1\oplus W$；同理可证 $V=V_2\oplus W$.

假设命题对 $n-m=k$ 时成立，当 $n-m=k+1$，可令 $V_1=L(\boldsymbol{\alpha}_1, \cdots, \boldsymbol{\alpha}_m)$，$V_2=L(\boldsymbol{\beta}_1, \cdots, \boldsymbol{\beta}_m)$，则存在 $\boldsymbol{\varepsilon}\notin V_i$，令 $V_1'=L(\boldsymbol{\alpha}_1, \cdots, \boldsymbol{\alpha}_m, \boldsymbol{\varepsilon})$，$V_2'=L(\boldsymbol{\beta}_1, \cdots, \boldsymbol{\beta}_m, \boldsymbol{\varepsilon})$，则 $\dim V_1'=\dim V_2'=m+1$. 由于 $n-(m+1)=(n-m)-1=(k+1)-1=k$，则由假设可得存在子空间 $W'$ 使得 $V=V_1'\oplus W'$，$V=V_2'\oplus W'$，但 $V_1'=V_1\oplus L(\boldsymbol{\varepsilon})$，$V_2'=V_2\oplus L(\boldsymbol{\varepsilon})$，从而 $V=V_1\oplus$

$(L(\boldsymbol{\varepsilon})\oplus W')$，$V=V_2\oplus(L(\boldsymbol{\varepsilon})\oplus W')$；令 $W=L(\boldsymbol{\varepsilon})\oplus W'$，则 $V=V_1\oplus W=V_2\oplus W$.

举例理解：在实平面 $\mathbf{R}^2$ 中，令 $V_1=\{(a,0)\mid a\in\mathbf{R}\}$ 即 $x$ 轴上以原点为起点的所有向量，$V_2=\{(0,b)\mid b\in\mathbf{R}\}$，$V_3=\{(c,c)\mid c\in\mathbf{R}\}$，则 $\mathbf{R}^2=V_1\oplus V_2=V_1\oplus V_3$，即 $V_1$ 的补子空间不唯一.

## 练 习 题

1. 设 $\boldsymbol{A}$ 是数域 $P$ 上的 $n$ 阶矩阵，又设向量空间 $P^n$ 的两个子空间为 $W_1=\{\boldsymbol{x}\mid \boldsymbol{A}\boldsymbol{x}=\boldsymbol{0}\}$ 和 $W_2=\{\boldsymbol{x}\mid(\boldsymbol{A}-\boldsymbol{E})\boldsymbol{x}=\boldsymbol{0}\}$，则 $P^n=W_1\oplus W_2$ 的充要条件为 $\boldsymbol{A}^2=\boldsymbol{A}$.

2. 设 $\boldsymbol{A}$ 为数域 $P$ 上的 $n$ 阶方阵，$f(x)$、$g(x)$为数域 $P$ 上两互素多项式，若将齐次线性方程组 $f(\boldsymbol{A})g(\boldsymbol{B})\boldsymbol{X}=\boldsymbol{0}$、$f(\boldsymbol{A})\boldsymbol{X}=\boldsymbol{0}$、$g(\boldsymbol{B})x=\boldsymbol{0}$的解空间分别记作 $V$、$V_1$、$V_2$，证明：$V=V_1\oplus V_2$.

3. 设矩阵 $\boldsymbol{A}$ 为数域 $F$ 上的 $n$ 阶可逆矩阵，将 $\boldsymbol{A}$ 分成两块 $\boldsymbol{A}=\begin{bmatrix}\boldsymbol{A}_1\\ \boldsymbol{A}_2\end{bmatrix}$；$V_1=\{\boldsymbol{X}\mid \boldsymbol{A}_1\boldsymbol{X}=\boldsymbol{0}\}$，$V_2=\{\boldsymbol{X}\mid \boldsymbol{A}_2\boldsymbol{X}=\boldsymbol{0}\}$，证明：$F^n=V_1\oplus V_2$.

4. 设 $\boldsymbol{A}$ 为数域 $F$ 上的 $n$ 阶矩阵，$f(x)$，$g(x)\in F[x]$，证明：若 $d(x)$是 $f(x)$与 $g(x)$ 的最大公因式，则齐次线性方程组 $d(\boldsymbol{A})\boldsymbol{X}=\boldsymbol{0}$ 的解空间等于齐次线性方程组 $f(\boldsymbol{A})\boldsymbol{X}=\boldsymbol{0}$的解空间与齐次线性方程组 $g(\boldsymbol{A})\boldsymbol{X}=\boldsymbol{0}$的解空间的交集.

5. 设 $\sigma$ 是 $n$ 维欧氏空间 $V$ 的线性变换，且 $\sigma^2=\sigma$，证明：$V=\sigma^{-1}(0)\oplus\sigma V$.

6. 设 $\boldsymbol{A}\in P^{n\times n}$，(1) 证明全体与 $\boldsymbol{A}$ 可交换的矩阵组成 $P^{n\times n}$的一个子空间，记作 $\mathbf{C}(\boldsymbol{A})$；(2) 当 $\boldsymbol{A}=\mathrm{diag}(1,2,\cdots,n)$时，求 $\mathbf{C}(\boldsymbol{A})$的维数和一组基.

7. 设 $f(x)=x^n+a_{n-1}x^{n-1}+\cdots+a_1x+a_0\in P[x]$是数域 $P$ 上的不可约多项式，$\boldsymbol{\alpha}$ 是 $f(x)$的一个复数根，(1) 证明：$P[\boldsymbol{\alpha}]=\{g(\boldsymbol{\alpha})\mid g(x)\in P[x]\}$是 $P$ 上的 $n$ 维线性空间，且 $1,\boldsymbol{\alpha},\boldsymbol{\alpha}^2,\cdots,\boldsymbol{\alpha}^{n-1}$是 $P[\boldsymbol{\alpha}]$的一组基；(2) 定义 $P[\boldsymbol{\alpha}]$上的线性变换 $\sigma$：$\boldsymbol{\beta}\to\boldsymbol{\alpha\beta}$，求 $\sigma$ 在上述基下对应的矩阵 $\boldsymbol{A}$ 与$|\boldsymbol{A}|$.

8. 设 $V$ 是数域 $P$ 上的 $n$ 维线性空间，$V_1$、$V_2$ 为 $V$ 的子空间，$V=V_1\oplus V_2$，设 $\sigma$ 是 $V$ 的线性变换，证明：$\sigma$ 是 $V$ 的可逆线性变换当且仅当 $V=\sigma(V_1)\oplus\sigma(V_2)$.

9. 设 $\boldsymbol{\alpha}_1=(1,0,2,3)'$，$\boldsymbol{\alpha}_2=(2,1,-1,0)'$，$\boldsymbol{\alpha}_3=(3,1,1,3)'$，求以 $L(\boldsymbol{\alpha}_1,\boldsymbol{\alpha}_2,\boldsymbol{\alpha}_3)$ 为解空间的齐次线性方程组.

10. 设 $\mathbf{R}^4$ 的两个子空间为 $W_1=\{\boldsymbol{x}=(x_1,x_2,x_3,x_4)\mid x_1-x_2+x_3-x_4=0\}$，$W_2=\{\boldsymbol{x}=(x_1,x_2,x_3,x_4)\mid x_1+x_2+x_3+x_4=0\}$，试求：(1) $W_1+W_2$ 的基和维数；(2) $W_1\cap W_2$ 的基和维数.

11. 设线性方程组$\begin{cases}x_1+x_2+x_3+x_4=0\\ x_1+x_4=0\end{cases}$和$\begin{cases}x_1+x_2+x_3+x_4=0\\ x_3+x_4=0\end{cases}$的解空间分别为 $V_1$、$V_2$，试求：(1) $V_1$、$V_2$ 的基和维数；(2) $V_1+V_2$ 的基和维数.

12. 取 3 维向量空间 $V_3$ 的一组基为 $\boldsymbol{A}_1=\begin{bmatrix}1&0\\0&0\end{bmatrix}$，$\boldsymbol{A}_2=\begin{bmatrix}0&1\\1&0\end{bmatrix}$，$\boldsymbol{A}_3=\begin{bmatrix}0&0\\0&1\end{bmatrix}$，在 $V_3$

中定义线性变换 $\sigma(\boldsymbol{A})=\begin{bmatrix}1 & 0\\1 & 1\end{bmatrix}\boldsymbol{A}\begin{bmatrix}1 & 1\\0 & 1\end{bmatrix}$，求 $\sigma$ 在基 $\boldsymbol{A}_1$，$\boldsymbol{A}_2$，$\boldsymbol{A}_3$ 下的矩阵.

13. 设 $\boldsymbol{\alpha}_1$，$\boldsymbol{\alpha}_2$，…，$\boldsymbol{\alpha}_n$ 是 $n$ 维线性空间 $V$ 的一组基，$\boldsymbol{A}$ 是 $n\times s$ 矩阵，$(\boldsymbol{\beta}_1, \boldsymbol{\beta}_2, \cdots, \boldsymbol{\beta}_s)=(\boldsymbol{\alpha}_1, \boldsymbol{\alpha}_2, \cdots, \boldsymbol{\alpha}_n)\boldsymbol{A}$，证明：$L(\boldsymbol{\beta}_1, \boldsymbol{\beta}_2, \cdots, \boldsymbol{\beta}_s)$的维数等于 $\boldsymbol{A}$ 的秩.

14. 设 $\boldsymbol{\alpha}_1$，$\boldsymbol{\alpha}_1$，…，$\boldsymbol{\alpha}_n$ 是数域 $P$ 上 $n$ 维线性空间 $V$ 的一组基，用 $W_1$ 表示由 $\boldsymbol{\alpha}_1+\cdots+\boldsymbol{\alpha}_n$ 生成的子空间，并令 $W_2=\left\{\sum_{i=1}^{n}k_i\boldsymbol{\alpha}_i \,\middle|\, \sum_{i=1}^{n}k_i=0,\ k_i\in P\right\}$，证明：(1) $W_2$ 是 $V$ 的一个子空间；(2) $V=W_1\oplus W_2$.

15. 设 $V_1$、$V_2$ 分别是线性方程组 $x_1+x_2+\cdots x_n=0$ 与 $x_1=x_2=\cdots=x_n$ 的解空间，证明：$P^n=V_1\oplus V_2$.

16. 设 $\boldsymbol{A}=\begin{bmatrix}1 & 0 & 0\\0 & 1 & 0\\3 & 1 & 2\end{bmatrix}$，$W=\{\boldsymbol{B}\mid\boldsymbol{B}\in P^{2\times 2},\ \boldsymbol{AB}=\boldsymbol{BA}\}$，求 $W$ 的维数与一组基.

17. 设 $\boldsymbol{A}$ 为数域 $F$ 上 $n$ 阶方阵，$\boldsymbol{E}$ 是 $n$ 阶单位阵，$\boldsymbol{A}=\boldsymbol{E}^2$，$V_1$、$V_2$ 分别是线性方程组 $(\boldsymbol{E}-\boldsymbol{A})\boldsymbol{X}=\boldsymbol{0}$，$(\boldsymbol{E}+\boldsymbol{A})\boldsymbol{X}=\boldsymbol{0}$的解空间，则 $F^n=V_1\oplus V_2$，其中，$F^n$ 是所有 $n$ 维列向量所成的向量空间.

18. 设 $V$ 是数域 $F$ 上全体 $3\times 3$ 矩阵所做成的线性空间，$\boldsymbol{A}=\begin{bmatrix}0 & 0 & 0\\0 & 0 & 1\\0 & 0 & 0\end{bmatrix}$，令 $W=\{\boldsymbol{B}\in V\mid\boldsymbol{AB}=0\}$，(1) 证明：$W$ 是 $V$ 的一个子空间；(2) 求 $W$；(3) 求 $W$ 的维数和一组基.

19. 设 $\sigma\in L(V_F)$，$\sigma^2=\varepsilon$(恒等变换)，证明：$V=W_1\oplus W_2$，$W_1=\{\boldsymbol{\xi}\in V\mid\sigma(\boldsymbol{\xi})=\boldsymbol{\xi}\}$，$W_2=\{\boldsymbol{\eta}\in V\mid\sigma(\boldsymbol{\eta})=-\boldsymbol{\eta}\}$.

20. 设 $\boldsymbol{A}$ 为 $n$ 阶实对称幂等矩阵，即 $\boldsymbol{A}^{\mathrm{T}}=\boldsymbol{A}=\boldsymbol{A}^2$，且 $R(\boldsymbol{A})=r$. (1) 证明：$V=\{\boldsymbol{X}\mid\boldsymbol{XAX}^{\mathrm{T}}=\boldsymbol{0},\ \boldsymbol{X}\in\mathbf{R}^n\}$是线性空间；(2) 求 $V$ 的维数.

21. 设向量组 $\boldsymbol{\alpha}_1=(1, 0, 2, 1)^{\mathrm{T}}$，$\boldsymbol{\alpha}_2=(2, 0, 1, -1)^{\mathrm{T}}$，$\boldsymbol{\alpha}_3=(3, 0, 3, 0)^{\mathrm{T}}$，与 $\boldsymbol{\beta}_1=(1, 1, 0, 1)^{\mathrm{T}}$，$\boldsymbol{\beta}_2=(4, 1, 3, 1)^{\mathrm{T}}$，令 $W_1=L(\boldsymbol{\alpha}_1, \boldsymbol{\alpha}_2, \boldsymbol{\alpha}_3)$，$W_2=L(\boldsymbol{\beta}_1, \boldsymbol{\beta}_2)$，求 $W_1+W_2$ 与 $W_1\cap W_2$的一组基与维数.

# 第7章 线性变换

**△本章重点**

(1) 理解线性变换的定义和性质，线性变换的矩阵，线性变换的加法、数乘和乘法运算，线性变换关于不同基的矩阵和线性变换与矩阵之间的关系，哈密尔顿-凯莱定理，线性变换(矩阵)的特征值、特征向量、特征多项式和特征子空间的概念，线性变换的值域、核、秩和零度以及不变子空间的概念.

(2) 掌握线性变换下的坐标公式，会判断或证明一个变换是线性变换，掌握特征多项式的性质、线性变换(矩阵)对角化的方法、秩与零度(值域与核)的关系和求值域与核的方法.

(3) 掌握线性变换(矩阵)的特征值与特征向量的求法，线性变换的值域与核的求法，不变子空间、最小多项式的求法.

**△本章难点**

线性变换问题与矩阵问题的相互转化，不变子空间的证明.

## 7.1 线性变换的定义、运算与矩阵

### 一、线性变换

**1. 定义**

设 $V$ 为数域 $P$ 上的线性空间，若变换 $\sigma$: $V\to V$ 满足：$\forall\,\boldsymbol{\alpha}$，$\boldsymbol{\beta}\in V$，$k\in P$，有

$$\sigma(\boldsymbol{\alpha}+\boldsymbol{\beta})=\sigma(\boldsymbol{\alpha})+\sigma(\boldsymbol{\beta}),\ \sigma(k\boldsymbol{\alpha})=k\sigma(\boldsymbol{\alpha})$$

则称 $\sigma$ 为线性空间 $V$ 上的线性变换.

**注** 特殊线性变换有：单位变换(恒等变换)；零变换；由数 $K$ 决定的数乘变换.

设 $\sigma$、$\tau$ 为 $V$ 的线性变换，定义和 $\sigma+\tau$：$(\sigma+\tau)(\boldsymbol{\alpha})=\sigma(\boldsymbol{\alpha})+\tau(\boldsymbol{\alpha})$，$\forall\,\boldsymbol{\alpha}\in V$，则 $\sigma+\tau$ 也是 $V$ 的线性变换.

设 $\sigma$、$\tau$ 为 $V$ 的线性变换，定义乘积 $\sigma\tau$：$(\sigma\tau)(\boldsymbol{\alpha})=\sigma(\tau(\boldsymbol{\alpha}))$，$\forall\,\boldsymbol{\alpha}\in V$，则 $\sigma\tau$ 也是 $V$ 的线性变换.

设 $\sigma$ 为 $V$ 的线性变换，定义变换 $-\sigma$ 为：$(-\sigma)(\boldsymbol{\alpha})=-\sigma(\boldsymbol{\alpha})$，$\forall\,\boldsymbol{\alpha}\in V$，则 $-\sigma$ 也为 $V$ 的线性变换，称之为 $\sigma$ 的负变换.

设 $\sigma$ 为 $V$ 的线性变换，$k\in P$，定义 $k$ 与 $\sigma$ 的数量乘法 $k\sigma$ 为

$$(k\sigma)(\boldsymbol{\alpha})=k\sigma(\boldsymbol{\alpha}),\forall\,\boldsymbol{\alpha}\in V$$

则 $k\sigma$ 也是 $V$ 的线性变换.

设 $\sigma$ 为 $V$ 的线性变换，若有 $V$ 的线性变换 $\tau$ 使 $\sigma\tau=\tau\sigma=\varepsilon$，则称 $\sigma$ 为可逆变换，称 $\tau$ 为 $\sigma$ 的逆变换，记作 $\sigma^{-1}$.

**2. 基本性质**

(1) 满足交换律：$\sigma+\tau=\tau+\sigma$.（乘法交换律不成立，即 $\sigma\tau\neq\tau\sigma$.）

(2) 结合律：$(\sigma\tau)\delta=\sigma(\tau\delta)$；$(\sigma+\tau)+\delta=\sigma+(\tau+\delta)$.

(3) $\varepsilon\sigma=\sigma\varepsilon=\sigma$，$\varepsilon$ 为单位变换.

(4) $0+\sigma=\sigma+0=\sigma$，0 为零变换.

(5) 乘法对加法满足分配律：$\sigma(\tau+\delta)=\sigma\tau+\sigma\delta$；$(\tau+\delta)\sigma=\tau\sigma+\delta\sigma$.

(6) $(-\sigma)+\sigma=0$；$(kl)\boldsymbol{\alpha}=k(l\boldsymbol{\alpha})$；$(k+l)\boldsymbol{\alpha}=k\boldsymbol{\alpha}+l\boldsymbol{\alpha}$；$k(\sigma+\tau)=k\sigma+k\tau$；$1\sigma=\sigma$.

(7) 可逆变换 $\sigma$ 的逆变换 $\sigma^{-1}$ 也是 $V$ 的线性变换.

(8) 线性变换 $\sigma$ 可逆的充要条件为线性变换 $\sigma$ 是一一对应的.

(9) 设 $\boldsymbol{\varepsilon}_1,\boldsymbol{\varepsilon}_2,\cdots,\boldsymbol{\varepsilon}_n$ 是线性空间 $V$ 的一组基，$\sigma$ 为 $V$ 的线性变换，则 $\sigma$ 可逆的充要条件为 $\sigma(\boldsymbol{\varepsilon}_1),\sigma(\boldsymbol{\varepsilon}_2),\cdots,\sigma(\boldsymbol{\varepsilon}_n)$ 线性无关.

(10) 可逆线性变换是指把线性无关的向量组变成线性无关的向量组.

**证明**　由题有 $\sigma(\boldsymbol{\varepsilon}_1,\boldsymbol{\varepsilon}_2,\cdots,\boldsymbol{\varepsilon}_n)=(\sigma\boldsymbol{\varepsilon}_1,\sigma\boldsymbol{\varepsilon}_2,\cdots,\sigma\boldsymbol{\varepsilon}_n)=(\boldsymbol{\varepsilon}_1,\boldsymbol{\varepsilon}_2,\cdots,\boldsymbol{\varepsilon}_n)\boldsymbol{A}$，因为 $\sigma$ 可逆的充要条件为 $\boldsymbol{A}$ 可逆，$\boldsymbol{A}$ 可逆的充要条件为 $\sigma\boldsymbol{\varepsilon}_1,\sigma\boldsymbol{\varepsilon}_2,\cdots,\sigma\boldsymbol{\varepsilon}_n$ 线性无关，所以 $\sigma$ 可逆的充要条件为 $\sigma(\boldsymbol{\varepsilon}_1),\sigma(\boldsymbol{\varepsilon}_2),\cdots,\sigma(\boldsymbol{\varepsilon}_n)$ 线性无关.

**注**　$V$ 上的全体线性变换所成集合对于线性变换的加法与数量乘法构成数域 $P$ 上的一个线性空间，记作 $L(V)$.

## 二、线性变换的性质

(1) $\sigma$ 为 $V$ 的线性变换，则 $\sigma(\mathbf{0})=\mathbf{0}$，$\sigma(-\boldsymbol{\alpha})=-\sigma(\boldsymbol{\alpha})$.

(2) 线性变换保持线性组合及关系式不变，即

$$\boldsymbol{\beta}=k_1\boldsymbol{\alpha}_1+k_2\boldsymbol{\alpha}_2+\cdots+k_r\boldsymbol{\alpha}_r\Rightarrow\sigma(\boldsymbol{\beta})=k_1\sigma(\boldsymbol{\alpha}_1)+\cdots+k_r\sigma(\boldsymbol{\alpha}_r)$$

(3) 线性变换把线性相关的向量组变成线性相关的向量组(但其逆不成立).

(4) 设 $\sigma$、$\tau$ 为 $V$ 的线性变换，则 $\sigma+\tau$、$\sigma\tau$、$k\sigma$ 仍是线性变换.

(5) 设 $\boldsymbol{\varepsilon}_1,\boldsymbol{\varepsilon}_2,\cdots,\boldsymbol{\varepsilon}_n$ 为 $V$ 的一组基，$\boldsymbol{\alpha}_1,\boldsymbol{\alpha}_2,\cdots,\boldsymbol{\alpha}_n$ 为 $V$ 的任意 $n$ 个向量，存在唯一的线性变换 $\sigma$ 使得 $\sigma(\boldsymbol{\varepsilon}_i)=\boldsymbol{\alpha}_i$，$i=1,2,\cdots,n$.

## 三、线性变换的多项式

**1. 线性变换的幂**

设 $\sigma$ 为线性空间 $V$ 上的线性变换，$n$ 为自然数，定义 $\sigma^n=\underbrace{\sigma\cdots\sigma}_{n个\sigma}$ 称为 $\sigma$ 的 $n$ 次幂. 当 $n=0$ 时，规定 $\sigma^0=\varepsilon$(单位变换).

**注**　$\sigma^{m+n}=\sigma^m\sigma^n$，$(\sigma^m)^n=\sigma^{mn}$，$m\geqslant0$，$n\geqslant0$. 当 $\sigma$ 为可逆变换时，定义 $\sigma$ 的负整数幂为 $\sigma^{-n}=(\sigma^{-1})^n$. 一般地，$(\sigma\tau)^n\neq\sigma^n\tau^n$.

**2. 线性变换的多项式**

设 $f(x)=a_mx^m+\cdots+a_1x+a_0\in P[x]$，$\sigma$ 为 $V$ 的一个线性变换，则

$$f(\sigma)=a_m\sigma^m+\cdots+a_1\sigma+a_0\varepsilon$$

也是 $V$ 的一个线性变换，称 $f(\sigma)$ 为线性变换 $\sigma$ 的多项式.

**注** (1) 在 $P[x]$ 中，若 $h(x)=f(x)+g(x)$，$p(x)=f(x)g(x)$，则 $h(\sigma)=f(\sigma)+g(\sigma)$，$p(\sigma)=f(\sigma)g(\sigma)$.

(2) 对 $\forall f(x)$，$g(x)\in P[x]$，有 $g(\sigma)+f(\sigma)=f(\sigma)+g(\sigma)$，$g(\sigma)f(\sigma)=f(\sigma)g(\sigma)$，即线性变换的多项式满足加法与乘法的交换律.

(3) 设 $\sigma$ 为线性空间 $V$ 上的线性变换，$f(x)$，$g(x)\in P[x]$，且 $f(\sigma)=0$，则

① 当 $(f(x),g(x))=1$ 时，$g(\sigma)$ 可逆.

② 有 $u(x)$，$v(x)\in P[x]$ 使得 $u(x)f(x)+v(x)g(x)=1$，且 $(g(\sigma))^{-1}=v(\sigma)$.

**证明** 将线性变换转化为矩阵即可得证. 由于 $(f(x),g(x))=1$，则 $f(x)$、$g(x)$ 在复数域上无公共根，又 $f(\sigma)=0$，则 $f(\sigma)$ 的特征值都为 0，即 $f(\lambda)=0$. 由于 $g(\lambda)\neq 0$，因此 $g(\sigma)$ 无 0 特征值，即 $g(\sigma)$ 可逆.

当 $(f(x),g(x))=1$ 时，必有 $u(x)$，$v(x)\in \mathbf{C}[x]$，使得 $u(x)f(x)+v(x)g(x)=1$，即 $u(\sigma)f(\sigma)+v(\sigma)g(\sigma)=\varepsilon$. 由于 $f(\sigma)=0$，则 $v(\sigma)g(\sigma)=\varepsilon$，因此 $(g(\sigma))^{-1}=v(\sigma)$，从而 $(g(\sigma))^{-1}=v(\sigma)$.

## 四、线性变换的矩阵

### 1. 线性变换与基

(1) 设 $\boldsymbol{\varepsilon}_1$，$\boldsymbol{\varepsilon}_2$，…，$\boldsymbol{\varepsilon}_n$ 是 $V$ 的一组基，$\sigma$ 为 $V$ 的线性变换，则对任意 $\boldsymbol{\xi}\in V$，存在唯一的数 $x_1$，$x_2$，…，$x_n\in P$，使 $\boldsymbol{\xi}=x_1\boldsymbol{\varepsilon}_1+x_2\boldsymbol{\varepsilon}_2+\cdots+x_n\boldsymbol{\varepsilon}_n$，从而 $\sigma(\boldsymbol{\xi})=x_1\sigma(\boldsymbol{\varepsilon}_1)+x_2\sigma(\boldsymbol{\varepsilon}_2)+\cdots+x_n\sigma(\boldsymbol{\varepsilon}_n)$.（即 $\sigma(\boldsymbol{\xi})$ 由 $\sigma(\boldsymbol{\varepsilon}_1)$，$\sigma(\boldsymbol{\varepsilon}_2)$，…，$\sigma(\boldsymbol{\varepsilon}_n)$ 完全确定，只需要求出 $V$ 的一组基在 $\sigma$ 下的像即可.）

(2) 设 $\boldsymbol{\varepsilon}_1$，$\boldsymbol{\varepsilon}_2$，…，$\boldsymbol{\varepsilon}_n$ 是 $V$ 的一组基，$\sigma$、$\tau$ 为 $V$ 的线性变换，若 $\sigma(\boldsymbol{\varepsilon}_i)=\tau(\boldsymbol{\varepsilon}_i)$，$i=1\sim n$，则 $\sigma=\tau$.

设 $\boldsymbol{\varepsilon}_1$，$\boldsymbol{\varepsilon}_2$，…，$\boldsymbol{\varepsilon}_n$ 是 $V$ 的一组基，对 $V$ 中任意 $n$ 个向量 $\boldsymbol{\alpha}_1$，$\boldsymbol{\alpha}_2$，…，$\boldsymbol{\alpha}_n$，存在唯一线性变换 $\sigma$ 使 $\sigma(\boldsymbol{\varepsilon}_i)=\boldsymbol{\alpha}_i$，$i=1,2,\cdots,n$.

### 2. 线性变换的矩阵

设 $\boldsymbol{\varepsilon}_1$，$\boldsymbol{\varepsilon}_2$，…，$\boldsymbol{\varepsilon}_n$ 为数域 $P$ 上 $V$ 的一组基，$\sigma$ 为 $V$ 的线性变换. 基向量的像可以被基线性表出，设 $\sigma(\boldsymbol{\varepsilon}_i)=a_{i1}\boldsymbol{\varepsilon}_1+a_{i2}\boldsymbol{\varepsilon}_2+\cdots+a_{in}\boldsymbol{\varepsilon}_n$ 用矩阵表示为

$$\sigma(\boldsymbol{\varepsilon}_1,\cdots,\boldsymbol{\varepsilon}_n)=(\sigma\boldsymbol{\varepsilon}_1,\cdots,\sigma\boldsymbol{\varepsilon}_n)=(\boldsymbol{\varepsilon}_1,\cdots,\boldsymbol{\varepsilon}_n)\mathbf{A},\ \mathbf{A}=(a_{ij})_{n\times n}$$

矩阵 $\mathbf{A}$ 称为线性变换 $\sigma$ 在基 $\boldsymbol{\varepsilon}_1$，$\boldsymbol{\varepsilon}_2$，…，$\boldsymbol{\varepsilon}_n$ 下的矩阵.

**注** (1) $\mathbf{A}$ 的第 $i$ 列是 $\sigma(\boldsymbol{\varepsilon}_i)$ 在基 $\boldsymbol{\varepsilon}_1$，$\boldsymbol{\varepsilon}_2$，…，$\boldsymbol{\varepsilon}_n$ 下的坐标，它是唯一的，故 $\sigma$ 在取定一组基下的矩阵是唯一的.

(2) 单位变换在任意一组基下的矩阵皆为单位矩阵；零变换在任意一组基下的矩阵皆为零矩阵；数乘变换在任意一组基下的矩阵皆为数量矩阵.

### 3. 线性变换运算与矩阵运算的关系

设 $\boldsymbol{\varepsilon}_1$，$\boldsymbol{\varepsilon}_2$，…，$\boldsymbol{\varepsilon}_n$ 为数域 $P$ 上线性空间 $V$ 的一组基，在这组基下，$V$ 的每一个线性变换与 $P^{n\times n}$ 中的唯一一个矩阵对应，并且具有以下性质：

(1) 线性变换的和对应于矩阵的和.

(2) 线性变换的乘积对应于矩阵的乘积.

(3) 线性变换的数量乘积对应于矩阵的数量乘积.

(4) 可逆线性变换与可逆矩阵对应，且逆变换对应于逆矩阵.

**注** $L(V)\cong P^{n\times n}$，$\dim L(V)=n^2$. 事实上，任取定 $V$ 的一组基 $\boldsymbol{\varepsilon}_1$，$\boldsymbol{\varepsilon}_2$，…，$\boldsymbol{\varepsilon}_n$ 后，对 $\forall\sigma\in L(V)$，定义变换：$\varphi$：$L(V)\to P^{n\times n}$，$\varphi(\sigma)=\boldsymbol{A}$，这里 $\boldsymbol{A}$ 为 $\sigma$ 在基 $\boldsymbol{\varepsilon}_1$，$\boldsymbol{\varepsilon}_2$，…，$\boldsymbol{\varepsilon}_n$ 下的矩阵，则 $\varphi$ 就是 $L(V)$ 到 $P^{n\times n}$ 的一个同构映射.

**4. 线性变换矩阵与向量在线性变换下的像**

设线性变换 $\sigma$ 在基 $\boldsymbol{\varepsilon}_1$，$\boldsymbol{\varepsilon}_2$，…，$\boldsymbol{\varepsilon}_n$ 下的矩阵为 $\boldsymbol{A}$，$\boldsymbol{\xi}\in V$ 在基 $\boldsymbol{\varepsilon}_1$，$\boldsymbol{\varepsilon}_2$，…，$\boldsymbol{\varepsilon}_n$ 下的坐标为 $(x_1, x_2, \cdots, x_n)$，$\sigma(\boldsymbol{\xi})$ 在基 $\boldsymbol{\varepsilon}_1$，$\boldsymbol{\varepsilon}_2$，…，$\boldsymbol{\varepsilon}_n$ 下的坐标为 $(y_1, y_2, \cdots, y_n)$，则 $(y_1, y_2, \cdots, y_n)^{\mathrm{T}}=\boldsymbol{A}(x_1, x_2, \cdots, x_n)^{\boldsymbol{T}}$.

**5. 同一线性变换在不同基下矩阵之间的关系**

设线性空间 V 的线性变换 $\sigma$ 在两组基 $\boldsymbol{\varepsilon}_1$，$\boldsymbol{\varepsilon}_2$，…，$\boldsymbol{\varepsilon}_n$ 和 $\boldsymbol{\eta}_1$，$\boldsymbol{\eta}_2$，…，$\boldsymbol{\eta}_n$(分别称为基①、基②)下的矩阵分别为 $\boldsymbol{A}$、$\boldsymbol{B}$，并且从基①到基②的过渡矩阵是 $\boldsymbol{X}$，则 $\boldsymbol{B}=\boldsymbol{X}^{-1}\boldsymbol{AX}$.

## 五、相似矩阵

**1. 定义**

设 $\boldsymbol{A}$、$\boldsymbol{B}$ 为 $P$ 上的两个 $n$ 阶矩阵，若存在可逆矩阵 $\boldsymbol{X}\in P^{n\times n}$，使 $\boldsymbol{B}=\boldsymbol{X}^{-1}\boldsymbol{AX}$，则称 $\boldsymbol{A}$ 相似于 $\boldsymbol{B}$，记为 $\boldsymbol{A}\sim\boldsymbol{B}$.

**2. 性质**

(1) 相似是一个等价关系，即满足以下三条性质：

① 反身性：$\boldsymbol{A}=\boldsymbol{E}^{-1}\boldsymbol{AE}$，$\boldsymbol{A}\sim\boldsymbol{A}$.

② 对称性：$\boldsymbol{B}=\boldsymbol{X}^{-1}\boldsymbol{AX}\Rightarrow\boldsymbol{A}=\boldsymbol{Y}^{-1}\boldsymbol{BY}$，$\boldsymbol{Y}=\boldsymbol{X}^{-1}$，即 $\boldsymbol{A}\sim\boldsymbol{B}\Rightarrow\boldsymbol{B}\sim\boldsymbol{A}$.

③ 传递性：$\boldsymbol{B}=\boldsymbol{X}^{-1}\boldsymbol{AX}$，$\boldsymbol{C}=\boldsymbol{Y}^{-1}\boldsymbol{BY}\Rightarrow\boldsymbol{C}=\boldsymbol{Y}^{-1}\boldsymbol{BY}=\boldsymbol{Y}^{-1}(\boldsymbol{X}^{-1}\boldsymbol{AX})\boldsymbol{Y}=(\boldsymbol{XY})^{-1}\boldsymbol{A}(\boldsymbol{XY})$，即满足关系 $\boldsymbol{A}\sim\boldsymbol{B}$，$\boldsymbol{B}\sim\boldsymbol{C}\Rightarrow\boldsymbol{A}\sim\boldsymbol{C}$.

(2) 线性变换在不同基下的矩阵是相似的；反之，相似的两个矩阵可以看成是同一线性变换在两组不同基下的矩阵.

(3) 相似矩阵的运算性质：

① 若 $\boldsymbol{B}_1=\boldsymbol{X}^{-1}\boldsymbol{A}_1\boldsymbol{X}$，$\boldsymbol{B}_2=\boldsymbol{X}^{-1}\boldsymbol{A}_2\boldsymbol{X}$，则 $\boldsymbol{B}_1+\boldsymbol{B}_2=\boldsymbol{X}^{-1}(\boldsymbol{A}_1+\boldsymbol{A}_2)\boldsymbol{X}$，$\boldsymbol{B}_1\boldsymbol{B}_2=\boldsymbol{X}^{-1}(\boldsymbol{A}_2\boldsymbol{A}_2)\boldsymbol{X}$，即 $\boldsymbol{A}_1\boldsymbol{A}_2\sim\boldsymbol{B}_1\boldsymbol{B}_2$，$\boldsymbol{A}_1+\boldsymbol{A}_2\sim\boldsymbol{B}_1+\boldsymbol{B}_2$.

② 若 $\boldsymbol{B}=\boldsymbol{X}^{-1}\boldsymbol{AX}$，$f(x)\in P[x]$，则 $f(\boldsymbol{B})=\boldsymbol{X}^{-1}f(\boldsymbol{A})\boldsymbol{X}$. 特别地，$\boldsymbol{B}^m=\boldsymbol{X}^{-1}\boldsymbol{A}^m\boldsymbol{X}$.

**典型例题**

**例 1** 在线性空间 $V$ 中，$\sigma\boldsymbol{\xi}=\boldsymbol{\xi}+\boldsymbol{\alpha}$，$\boldsymbol{\alpha}\in V$ 是固定向量. 当 $\boldsymbol{\alpha}=\boldsymbol{0}$ 时，$\sigma\boldsymbol{\xi}=\boldsymbol{\xi}$，为恒等变换；当 $\boldsymbol{\alpha}\neq\boldsymbol{0}$ 时，$\sigma\boldsymbol{\xi}=\boldsymbol{\xi}+\boldsymbol{\alpha}$，$\sigma\boldsymbol{\eta}=\boldsymbol{\eta}+\boldsymbol{\alpha}$，$\sigma(\boldsymbol{\xi}+\boldsymbol{\eta})=\boldsymbol{\xi}+\boldsymbol{\eta}+\boldsymbol{\alpha}$，即 $\sigma(\boldsymbol{\xi}+\boldsymbol{\eta})\neq\sigma\boldsymbol{\xi}+\sigma\boldsymbol{\eta}$，故 $\sigma$ 不是线性变换.

**例 2** $V=\mathbf{R}$，$\sigma(x_1x_2x_3)=(x_1^2, x_2+x_3, x_3^2)$. 当 $\boldsymbol{\alpha}=(1, 0, 0)$，$k=2$ 时，有

$$\sigma(k\boldsymbol{\alpha})=(4, 0, 0)\neq k\sigma(\boldsymbol{\alpha})=(2, 0, 0)$$

则 $\sigma$ 不是线性变换.

**例 3** $V=P[x]$或$P[x]_n$上的求微商是一个线性变换，用$D$表示，即$D$：$V\to V$，$D(f(x))=f'(x)$，$\forall f(x)\in V$.

**例 4** 闭区间$[a,b]$上的全体连续函数构成的线性空间$\mathbf{C}(a,b)$上的变换$J$：$\mathbf{C}(a,b)\to\mathbf{C}(a,b)$，$J(f(x))=\int_a^x f(t)\mathrm{d}t$是一个线性变换.

**例 5** 在线性空间$\mathbf{R}[x]$中，线性变换

$$D(f(x))=f'(x),\ J(f(x))=\int_0^x f(t)\mathrm{d}t,\ (DJ)(f(x))=D\left(\int_0^x f(t)\mathrm{d}t\right)=f(x)$$

即$DJ=\varepsilon$，而$(DJ)(f(x))=J(f'(x))=\int_0^x f'(t)\mathrm{d}t=f(x)-f(0)$，则$DJ\neq JD$.

**例 6** 设$\boldsymbol{A}$、$\boldsymbol{B}\in P^{n\times n}$为两个取定的矩阵，定义变换$\sigma(\boldsymbol{X})=\boldsymbol{AX}$，$\tau(\boldsymbol{X})=\boldsymbol{XB}$，$\forall\boldsymbol{X}\in P^{n\times n}$，则$\sigma$、$\tau$为$P^{n\times n}$的线性变换，且对$\forall\boldsymbol{X}\in P^{n\times n}$，有

$$(\sigma\tau)(\boldsymbol{X})=\sigma(\tau(\boldsymbol{X}))=\sigma(\boldsymbol{XB})=\boldsymbol{A}(\boldsymbol{XB})=\boldsymbol{AXB},\ (\tau\sigma)(\boldsymbol{X})=\tau(\sigma(\boldsymbol{X}))=\tau(\boldsymbol{AX})=(\boldsymbol{AX})\boldsymbol{B}=\boldsymbol{AXB}$$

则$\sigma\tau=\tau\sigma$.

**例 7** 设$\boldsymbol{\varepsilon}_1,\boldsymbol{\varepsilon}_2,\cdots,\boldsymbol{\varepsilon}_n$是线性空间$V^n$的一组基，$\sigma$是$V$上的线性变换，则$\sigma$可逆的充要条件为$\sigma(\boldsymbol{\varepsilon}_1),\sigma(\boldsymbol{\varepsilon}_2),\cdots,\sigma(\boldsymbol{\varepsilon}_n)$是$V^n$的基.

**证明** *必要性* 若$\sigma$可逆，下证$\sigma(\boldsymbol{\varepsilon}_1),\sigma(\boldsymbol{\varepsilon}_2),\cdots,\sigma(\boldsymbol{\varepsilon}_n)$为$V$的基. 由于$V$是$n$维的，只需证$\sigma(\boldsymbol{\varepsilon}_1),\sigma(\boldsymbol{\varepsilon}_2),\cdots,\sigma(\boldsymbol{\varepsilon}_n)$线性无关. 设$k_1\sigma(\boldsymbol{\varepsilon}_1)+k_n\sigma(\boldsymbol{\varepsilon}_2)+\cdots+k_n\sigma(\boldsymbol{\varepsilon}_n)=\mathbf{0}$，则

$$\sigma^{-1}(k_1\sigma(\boldsymbol{\varepsilon}_1)+k_2\sigma(\boldsymbol{\varepsilon}_2)+\cdots+k_n\sigma(\boldsymbol{\varepsilon}_n))=\sigma^{-1}(\mathbf{0})=\mathbf{0}$$

从而$k_1\boldsymbol{\varepsilon}_1+k_2\boldsymbol{\varepsilon}_2+\cdots+k_n\boldsymbol{\varepsilon}_n=\mathbf{0}$，而$\boldsymbol{\varepsilon}_1,\boldsymbol{\varepsilon}_2,\cdots,\boldsymbol{\varepsilon}_n$线性无关，则$k_1=k_2=\cdots=k_n=0$.

*充分性* 若$\sigma(\boldsymbol{\varepsilon}_1),\sigma(\boldsymbol{\varepsilon}_2),\cdots,\sigma(\boldsymbol{\varepsilon}_n)$是$V$的基，则存在$V$上一个线性变换$\tau$满足$\tau(\sigma(\boldsymbol{\varepsilon}_i))=\boldsymbol{\varepsilon}_i$，即$(\tau\sigma)(\boldsymbol{\varepsilon}_i)=\boldsymbol{\varepsilon}_i$. 又由于$\boldsymbol{\varepsilon}_1,\boldsymbol{\varepsilon}_2,\cdots,\boldsymbol{\varepsilon}_n$是$V$的基，则对于$\forall\boldsymbol{\alpha}\in V$有$(\tau\sigma)(\boldsymbol{\alpha})=\boldsymbol{\alpha}$，故$\tau\sigma=\varepsilon$，即$\tau$为满射.

下证为单射. 假设$\tau(\boldsymbol{\alpha})=\tau(\boldsymbol{\beta})$且

$$\boldsymbol{\alpha}=k_1\sigma(\boldsymbol{\varepsilon}_1)+k_2\sigma(\boldsymbol{\varepsilon}_2)+\cdots+k_n\sigma(\boldsymbol{\varepsilon}_n),\ \boldsymbol{\beta}=l_1\sigma(\boldsymbol{\varepsilon}_1)+l_2\sigma(\boldsymbol{\varepsilon}_2)+\cdots+l_n\sigma(\boldsymbol{\varepsilon}_n)$$

则有$\tau(\boldsymbol{\alpha})=k_1\boldsymbol{\varepsilon}_1+k_2\boldsymbol{\varepsilon}_2+\cdots+k_n\boldsymbol{\varepsilon}_n$，$\tau(\boldsymbol{\beta})=l_1\boldsymbol{\varepsilon}_1+l_2\boldsymbol{\varepsilon}_2+\cdots+l_n\boldsymbol{\varepsilon}_n$. 由$\tau(\boldsymbol{\alpha})=\tau(\boldsymbol{\beta})$可得$k_i=l_i$，从而$\boldsymbol{\alpha}=\boldsymbol{\beta}$，即$\tau$为双射，故$\sigma$为可逆的.

**例 8** 设$\sigma$、$\tau$为线性变换，若$\sigma\tau-\tau\sigma=\boldsymbol{\varepsilon}$，则$\sigma^k\tau-\tau\sigma^k=k\sigma^{k-1}$，$k>1$.

**证明** 对$k$应用数学归纳法. 当$k=2$时，若$\sigma\tau-\tau\sigma=\varepsilon$①，对①两边左乘$\sigma$，得$\sigma^2\tau-\sigma\tau\sigma=\sigma$，右乘$\sigma$得$\sigma\tau\sigma-\tau\sigma^2=\sigma$，两式相加得$\sigma^2\tau-\tau\sigma^2=2\sigma=2\sigma^{2-1}$. 假设命题对$k-1$时成立，即$\sigma^{k-1}\tau-\tau\sigma^{k-1}=(k-1)\sigma^{k-2}$②，②左乘$\sigma$得$\sigma^k\tau-\sigma\tau\sigma^{k-1}=(k-1)\sigma^{k-1}$③，①两边右乘$\sigma^{k-1}$得$\sigma\tau\sigma^{k-1}-\tau\sigma^k=\sigma^{k-1}$④，③+④得$\sigma^k\tau-\tau\sigma^k=k\sigma^{k-1}$. 由归纳原理知，命题正确.

**例 9** 设$\sigma$是线性空间$V$的线性变换，若$\sigma^{k-1}\boldsymbol{\xi}\neq\mathbf{0}$，$\sigma^k\boldsymbol{\xi}=\mathbf{0}$，则

$$\boldsymbol{\xi},\sigma\boldsymbol{\xi},\sigma^2\boldsymbol{\xi},\cdots,\sigma^{k-1}\boldsymbol{\xi}\ (k>0)$$

线性无关.

**证明** *方法一* 由于$\sigma^{k-1}\boldsymbol{\xi}\neq\mathbf{0}$，$\sigma^k\boldsymbol{\xi}=\mathbf{0}$，令$l_0\boldsymbol{\xi}+l_1\sigma\boldsymbol{\xi}+l_2\sigma^2\boldsymbol{\xi}+\cdots+l_{k-1}\sigma^{k-1}\boldsymbol{\xi}=\mathbf{0}$，等式两端同乘以$\sigma^{k-1}$，则有$l_0\sigma^{k-1}\boldsymbol{\xi}+l_1\sigma^k\boldsymbol{\xi}+l_2\sigma^{k+1}\boldsymbol{\xi}+\cdots+l_{k-1}\sigma^{2k-2}\boldsymbol{\xi}=\mathbf{0}$，即$l_0\sigma^{k-1}\boldsymbol{\xi}=\mathbf{0}$，故$l_0=0$. 此时有

$$l_1\sigma\boldsymbol{\xi}+l_2\sigma^2\boldsymbol{\xi}+\cdots+l_{k-1}\sigma^{k-1}\boldsymbol{\xi}=\mathbf{0}$$

等式两端同乘以$\sigma^{k-2}$，同理可得$l_1=0$，$l_2=l_3=\cdots=l_{k-1}=0$，故$\boldsymbol{\xi},\sigma\boldsymbol{\xi},\sigma^2\boldsymbol{\xi},\cdots,\sigma^{k-1}\boldsymbol{\xi}$线性无关.

方法二 (反证法) 假设 $\boldsymbol{\xi}$, $\sigma\boldsymbol{\xi}$, $\sigma^2\boldsymbol{\xi}$, …, $\sigma^{k-1}\boldsymbol{\xi}$ 线性相关，则存在不全为零的数 $l_1$, $l_2$, …, $l_k$，使得

$$l_1\boldsymbol{\xi}+l_2\sigma\boldsymbol{\xi}+\cdots+l_k\sigma^{k-1}\boldsymbol{\xi}=\mathbf{0}$$

不妨令 $l_i\neq 0$, $l_1=l_2=\cdots=l_{i-1}=0$，则 $l_i\sigma^{i-1}\boldsymbol{\xi}+\cdots+l_k\sigma^{k-1}\boldsymbol{\xi}=\mathbf{0}$，等式两端同乘以 $\sigma^{k-i}$ 得 $l_i\sigma^{k-1}\boldsymbol{\xi}=\mathbf{0}$，有 $\sigma^{k-1}\boldsymbol{\xi}=\mathbf{0}$，与题设矛盾，从而 $\boldsymbol{\xi}$, $\sigma\boldsymbol{\xi}$, $\sigma^2\boldsymbol{\xi}$, …, $\sigma^{k-1}\boldsymbol{\xi}$ 线性无关.

**例 10** 设 $P$ 是数域，$\boldsymbol{A}=\begin{bmatrix}-2 & 1\\0 & -2\end{bmatrix}\in P^{2\times 2}$，$f(x)=x^2+3x+2$，定义变换 $\boldsymbol{\beta}$，有

$$\boldsymbol{\beta}(\boldsymbol{X})=f(\boldsymbol{A})\boldsymbol{X},\ \boldsymbol{X}\in P^{2\times 2}$$

证明：$\boldsymbol{\beta}$ 是数域 $P$ 上线性空间 $P^{2\times 2}$ 的线性变换.

**证明** 由于 $f(\boldsymbol{A})=\boldsymbol{A}^2+3\boldsymbol{A}+2\boldsymbol{E}=\begin{bmatrix}0 & -1\\0 & 0\end{bmatrix}\triangleq D$，则 $\boldsymbol{\beta}(\boldsymbol{X})=D\boldsymbol{X}$，$\boldsymbol{X}\in P^{2\times 2}$，对于任意 $\boldsymbol{X}_1$, $\boldsymbol{X}_2\in P^{2\times 2}$，$k\in P$，有

$$\boldsymbol{\beta}(\boldsymbol{X}_1+\boldsymbol{X}_2)=D(\boldsymbol{X}_1+\boldsymbol{X}_2)=D\boldsymbol{X}_1+D\boldsymbol{X}_2=\boldsymbol{\beta}(\boldsymbol{X}_1)+\boldsymbol{\beta}(\boldsymbol{X}_2)$$
$$\boldsymbol{\beta}(k\boldsymbol{X})=D(k\boldsymbol{X})=kD\boldsymbol{X}=k\boldsymbol{\beta}(\boldsymbol{X})$$

故结论成立.

**例 11** 设线性空间 $P^3$ 的线性变换 $\sigma$ 为 $\sigma(x_1, x_2, x_3)=(x_1, x_2, x_1+x_2)$，求 $\sigma$ 在标准基 $\boldsymbol{\varepsilon}_1$, $\boldsymbol{\varepsilon}_2$, $\boldsymbol{\varepsilon}_3$ 下的矩阵.

**解** 由于 $\sigma(\boldsymbol{\varepsilon}_1)=(1, 0, 1)$，$\sigma(\boldsymbol{\varepsilon}_2)=(0, 1, 1)$，$\sigma(\boldsymbol{\varepsilon}_3)=(0, 0, 0)$，则有

$$\sigma(\boldsymbol{\varepsilon}_1, \boldsymbol{\varepsilon}_2, \boldsymbol{\varepsilon}_3)=(\boldsymbol{\varepsilon}_1, \boldsymbol{\varepsilon}_2, \boldsymbol{\varepsilon}_3)\begin{bmatrix}1 & 0 & 0\\0 & 1 & 0\\1 & 1 & 0\end{bmatrix}$$

**例 12** 设 $\boldsymbol{\varepsilon}_1$, $\boldsymbol{\varepsilon}_2$, …, $\boldsymbol{\varepsilon}_n(m<n)$ 为 $n$ 维线性空间 $V$ 的子空间 $W$ 的一组基，把它扩充为 $V$ 的一组基 $\boldsymbol{\varepsilon}_1$, $\boldsymbol{\varepsilon}_2$, …, $\boldsymbol{\varepsilon}_n$，并定义线性变换 $\sigma$：$\begin{cases}\sigma\boldsymbol{\varepsilon}_i=\boldsymbol{\varepsilon}_i(i=1, 2, \cdots, m)\\\sigma\boldsymbol{\varepsilon}_i=0(i=m+1, m+2, \cdots, n)\end{cases}$，则

$$\sigma(\boldsymbol{\varepsilon}_1, \boldsymbol{\varepsilon}_2, \cdots, \boldsymbol{\varepsilon}_n)=(\boldsymbol{\varepsilon}_1, \boldsymbol{\varepsilon}_2, \cdots, \boldsymbol{\varepsilon}_n)\mathrm{diag}(1, \cdots, 1, 0, \cdots, 0)(m\text{ 个 }1)$$

称这样的变换 $\sigma$ 为子空间 $W$ 的一个投影.（易证 $\sigma^2=\sigma$.）

**例 13** 设 $\sigma$ 是线性空间 $V$ 的线性变换，若 $\sigma^{k-1}\boldsymbol{\xi}\neq\mathbf{0}$，$\sigma^k\boldsymbol{\xi}=\mathbf{0}$，则 $\sigma$ 在某基下矩阵为

$$\begin{bmatrix}0 & & & & \\1 & 0 & & & \\ & 1 & 0 & & \\ & & & \ddots & \\ & & & 1 & 0\end{bmatrix}$$

**证明** 由例 9 可知，$\boldsymbol{\xi}$, $\sigma\boldsymbol{\xi}$, $\sigma^2\boldsymbol{\xi}$, …, $\sigma^{k-1}\boldsymbol{\xi}$ 线性无关，可作为 $V$ 的一组基，则 $\sigma$ 在此基下的矩阵即为所求.

**例 14** 在 $\mathbf{R}^3$ 中，求关于基 $\boldsymbol{\alpha}_1=(1, 0, 0)$，$\boldsymbol{\alpha}_2=(1, 1, 0)$，$\boldsymbol{\alpha}_3=(1, 1, 1)$ 的矩阵为 $\boldsymbol{A}=\begin{bmatrix}1 & -1 & 2\\-1 & 0 & -1\\1 & 2 & 2\end{bmatrix}$ 的线性变换.

**分析** 本题为反求线性变换，注意其形式表达.

**解** 设满足条件的线性变换为$\sigma$，由题意有$\sigma(\boldsymbol{\alpha}_1,\boldsymbol{\alpha}_2,\boldsymbol{\alpha}_3)=(\boldsymbol{\alpha}_1,\boldsymbol{\alpha}_2,\boldsymbol{\alpha}_3)\boldsymbol{A}$，取$\forall\boldsymbol{\xi}\in\mathbf{R}^3$，有

$$\boldsymbol{\xi}=k_1\boldsymbol{\alpha}_1+k_2\boldsymbol{\alpha}_2+k_3\boldsymbol{\alpha}_3$$

进而

$$\begin{aligned}\sigma\boldsymbol{\xi}&=\sigma(\boldsymbol{\alpha}_1,\boldsymbol{\alpha}_2,\boldsymbol{\alpha}_3)(k_1,k_2,k_3)^{\mathrm{T}}=(\boldsymbol{\alpha}_1,\boldsymbol{\alpha}_2,\boldsymbol{\alpha}_3)\boldsymbol{A}(k_1,k_2,k_3)^{\mathrm{T}}\\&=(k_1-k_2+2k_3)\boldsymbol{\alpha}_1+(-k_1-k_3)\boldsymbol{\alpha}_2+(k_1+2k_2+2k_3)\boldsymbol{\alpha}_3\end{aligned}$$

**例 15** 设$\boldsymbol{\varepsilon}_1$，$\boldsymbol{\varepsilon}_2$为线性空间$V$的一组基，线性变换$\sigma$在这组基下的矩阵为$\boldsymbol{A}=\begin{bmatrix}2&1\\-1&0\end{bmatrix}$，$\boldsymbol{\eta}_1$，$\boldsymbol{\eta}_2$为$V$的另一组基，且$(\boldsymbol{\eta}_1,\boldsymbol{\eta}_2)=(\boldsymbol{\varepsilon}_1,\boldsymbol{\varepsilon}_2)\begin{bmatrix}1&-1\\-1&2\end{bmatrix}\triangleq(\boldsymbol{\varepsilon}_1,\boldsymbol{\varepsilon}_2)\boldsymbol{X}$.

(1) 求$\sigma$在$\boldsymbol{\eta}_1$，$\boldsymbol{\eta}_2$下的矩阵$\boldsymbol{B}$；

(2) 求$\boldsymbol{A}^k$.

**解** (1) 由题意可得，$\sigma$在基$\boldsymbol{\eta}_1$，$\boldsymbol{\eta}_2$下的矩阵为

$$\boldsymbol{B}=\begin{bmatrix}1&-1\\-1&2\end{bmatrix}^{-1}\begin{bmatrix}2&1\\-1&0\end{bmatrix}\begin{bmatrix}1&-1\\-1&2\end{bmatrix}=\begin{bmatrix}1&1\\0&1\end{bmatrix}$$

(2) 由$\boldsymbol{B}=\boldsymbol{X}^{-1}\boldsymbol{A}\boldsymbol{X}$，有$\boldsymbol{A}=\boldsymbol{X}\boldsymbol{B}\boldsymbol{X}^{-1}$，则$\boldsymbol{A}^k=\boldsymbol{X}^{-1}\boldsymbol{B}^k\boldsymbol{X}$，即

$$\boldsymbol{A}^k=\begin{bmatrix}1&-1\\-1&2\end{bmatrix}\begin{bmatrix}1&1\\0&1\end{bmatrix}^k\begin{bmatrix}1&-1\\-1&2\end{bmatrix}^{-1}=\begin{bmatrix}k+1&k\\-k&-k+1\end{bmatrix}$$

**例 16** 在线性空间$P^3$中，线性变换$\sigma$定义为

$$\sigma(\boldsymbol{\eta}_1)=(-5,0,3),\ \sigma(\boldsymbol{\eta}_2)=(0,-1,6),\ \sigma(\boldsymbol{\eta}_3)=(-5,-1,9)$$

其中，$\boldsymbol{\eta}_1=(-1,0,2)$，$\boldsymbol{\eta}_2=(0,1,1)$，$\boldsymbol{\eta}_3=(3,-1,0)$.

(1) 求$\sigma$在基$\boldsymbol{\varepsilon}_1$，$\boldsymbol{\varepsilon}_2$，$\boldsymbol{\varepsilon}_3$下的矩阵；

(2) 求$\sigma$在$\boldsymbol{\eta}_1$，$\boldsymbol{\eta}_2$，$\boldsymbol{\eta}_3$下的矩阵.

**解** (1) 由题意得

$$(\boldsymbol{\eta}_1,\boldsymbol{\eta}_2,\boldsymbol{\eta}_3)=(\boldsymbol{\varepsilon}_1,\boldsymbol{\varepsilon}_2,\boldsymbol{\varepsilon}_3)\begin{bmatrix}-1&0&3\\0&1&-1\\2&1&0\end{bmatrix}\triangleq(\boldsymbol{\varepsilon}_1,\boldsymbol{\varepsilon}_2,\boldsymbol{\varepsilon}_3)\boldsymbol{X}$$

$$\sigma(\boldsymbol{\eta}_1,\boldsymbol{\eta}_2,\boldsymbol{\eta}_3)=(\boldsymbol{\varepsilon}_1,\boldsymbol{\varepsilon}_2,\boldsymbol{\varepsilon}_3)\begin{bmatrix}-5&0&-5\\0&-1&-1\\3&6&9\end{bmatrix}$$

设$\sigma$在基$\boldsymbol{\varepsilon}_1$，$\boldsymbol{\varepsilon}_2$，$\boldsymbol{\varepsilon}_3$下的矩阵为$\boldsymbol{A}$，即$\sigma(\boldsymbol{\varepsilon}_1,\boldsymbol{\varepsilon}_2,\boldsymbol{\varepsilon}_3)=(\boldsymbol{\varepsilon}_1,\boldsymbol{\varepsilon}_2,\boldsymbol{\varepsilon}_3)\boldsymbol{A}$，则

$$\sigma(\boldsymbol{\eta}_1,\boldsymbol{\eta}_2,\boldsymbol{\eta}_3)=\sigma((\boldsymbol{\varepsilon}_1,\boldsymbol{\varepsilon}_2,\boldsymbol{\varepsilon}_3)\boldsymbol{X})=\sigma(\boldsymbol{\varepsilon}_1,\boldsymbol{\varepsilon}_2,\boldsymbol{\varepsilon}_3)\boldsymbol{X}=(\boldsymbol{\varepsilon}_1,\boldsymbol{\varepsilon}_2,\boldsymbol{\varepsilon}_3)\boldsymbol{A}\boldsymbol{X}$$

则$(\boldsymbol{\varepsilon}_1,\boldsymbol{\varepsilon}_2,\boldsymbol{\varepsilon}_3)\begin{bmatrix}-5&0&-5\\0&-1&-1\\3&6&9\end{bmatrix}=(\boldsymbol{\varepsilon}_1,\boldsymbol{\varepsilon}_2,\boldsymbol{\varepsilon}_3)\boldsymbol{A}\boldsymbol{X}$，即$\boldsymbol{A}\boldsymbol{X}=\begin{bmatrix}-5&0&-5\\0&-1&-1\\3&6&9\end{bmatrix}$，故

$$\boldsymbol{A}=\begin{bmatrix}-5&0&-5\\0&-1&-1\\3&6&9\end{bmatrix}\boldsymbol{X}^{-1}=\begin{bmatrix}-5&0&-5\\0&-1&-1\\3&6&9\end{bmatrix}\begin{bmatrix}-1&0&3\\0&1&-1\\2&1&0\end{bmatrix}^{-1}=\frac{1}{7}\begin{bmatrix}-5&20&-20\\-4&-5&-2\\27&18&24\end{bmatrix}$$

(2) 设$\sigma$在$\boldsymbol{\eta}_1$，$\boldsymbol{\eta}_2$，$\boldsymbol{\eta}_3$下的矩阵为$\boldsymbol{B}$，则$\boldsymbol{A}$，$\boldsymbol{B}$相似，且$\boldsymbol{B}=\boldsymbol{X}^{-1}\boldsymbol{A}\boldsymbol{X}$，则

$$\boldsymbol{B}=\begin{bmatrix}2&3&5\\-1&0&-1\\-1&1&0\end{bmatrix}$$

**例 17**　设 $\boldsymbol{\xi}_1$，$\boldsymbol{\xi}_2$，$\boldsymbol{\xi}_3$ 为线性空间 $V$ 的一组基，$\sigma$ 为 $V$ 的线性变换，且 $\sigma\boldsymbol{\xi}_1=\boldsymbol{\xi}_1$，$\sigma\boldsymbol{\xi}_2=\boldsymbol{\xi}_1+\boldsymbol{\xi}_2$，$\sigma\boldsymbol{\xi}_3=\boldsymbol{\xi}_1+\boldsymbol{\xi}_2+\boldsymbol{\xi}_3$.

(1) 证明：$\sigma$ 为 $V$ 的可逆变换；

(2) 求 $\tau=2\sigma-\sigma^{-1}$ 在基 $\boldsymbol{\xi}_1$，$\boldsymbol{\xi}_2$，$\boldsymbol{\xi}_3$ 下的矩阵.

**解**　(1) 由于 $\sigma(\boldsymbol{\xi}_1, \boldsymbol{\xi}_2, \boldsymbol{\xi}_3)=(\boldsymbol{\xi}_1, \boldsymbol{\xi}_2, \boldsymbol{\xi}_3)\boldsymbol{A}$，$\boldsymbol{A}=\begin{bmatrix}1&1&1\\0&1&1\\0&0&1\end{bmatrix}$，且 $|\boldsymbol{A}|=1\neq0$，则 $\boldsymbol{A}$ 可逆，从而 $\sigma$ 可逆.

(2) 由于 $\sigma^{-1}(\boldsymbol{\xi}_1, \boldsymbol{\xi}_2, \boldsymbol{\xi}_3)=(\boldsymbol{\xi}_1, \boldsymbol{\xi}_2, \boldsymbol{\xi}_3)\boldsymbol{A}^{-1}$，则 $(2\sigma-\sigma^{-1})(\boldsymbol{\xi}_1, \boldsymbol{\xi}_2, \boldsymbol{\xi}_3)=(\boldsymbol{\xi}_1, \boldsymbol{\xi}_2, \boldsymbol{\xi}_3)(2\boldsymbol{A}-\boldsymbol{A}^{-1})$，从而 $\tau=2\sigma-\sigma^{-1}$ 在基 $\boldsymbol{\xi}_1$，$\boldsymbol{\xi}_2$，$\boldsymbol{\xi}_3$ 下的矩阵为 $2\boldsymbol{A}-\boldsymbol{A}^{-1}=\begin{bmatrix}1&3&2\\0&1&3\\0&0&1\end{bmatrix}$.

**例 18**　设变换 $\sigma$：$\mathbf{R}^3\to\mathbf{R}^3$ 定义为 $\sigma\begin{bmatrix}x\\y\\z\end{bmatrix}=\begin{bmatrix}x+y+z\\2x-y+z\\y-z\end{bmatrix}$.

(1) 证明：$\sigma$ 是一个线性变换；

(2) 求 $\sigma$ 在基 $\boldsymbol{\varepsilon}_1=(1, 0, 0)^{\mathrm{T}}$，$\boldsymbol{\varepsilon}_2=(0, 1, 0)^{\mathrm{T}}$，$\boldsymbol{\varepsilon}_3=(0, 0, 1)^{\mathrm{T}}$ 下的矩阵；

(3) 求 $\sigma$ 在基 $\boldsymbol{\alpha}_1=(1, 1, 1)^{\mathrm{T}}$，$\boldsymbol{\alpha}_2=(1, -1, 2)^{\mathrm{T}}$，$\boldsymbol{\alpha}_3=(0, 1, 1)^{\mathrm{T}}$ 下的矩阵.

**解**　(1) 由于 $\sigma\begin{bmatrix}x\\y\\z\end{bmatrix}=\begin{bmatrix}x+y+z\\2x-y+z\\y-z\end{bmatrix}=\boldsymbol{A}\begin{bmatrix}x\\y\\z\end{bmatrix}$，$\boldsymbol{A}=\begin{bmatrix}1&1&1\\2&-1&1\\0&1&-1\end{bmatrix}$，对于 $\forall\,\boldsymbol{\alpha}=\begin{bmatrix}x_1\\y_1\\z_1\end{bmatrix}$，$\boldsymbol{\beta}=\begin{bmatrix}x_2\\y_2\\z_2\end{bmatrix}$，$\forall\,k, l\in\mathbf{R}$，则有 $\sigma(k\boldsymbol{\alpha}+l\boldsymbol{\beta})=k\sigma\boldsymbol{\alpha}+l\sigma\boldsymbol{\beta}$，即 $\sigma$ 是一个线性变换.

(2) 由于 $\sigma\boldsymbol{\varepsilon}_1=(1, 2, 0)^{\mathrm{T}}$，$\sigma\boldsymbol{\varepsilon}_2=(1, -1, 1)^{\mathrm{T}}$，$\sigma\boldsymbol{\varepsilon}_3=(1, 1, -1)^{\mathrm{T}}$，则 $\sigma(\boldsymbol{\varepsilon}_1, \boldsymbol{\varepsilon}_2, \boldsymbol{\varepsilon}_3)=(\boldsymbol{\varepsilon}_1, \boldsymbol{\varepsilon}_2, \boldsymbol{\varepsilon}_3)\boldsymbol{B}$，从而 $\boldsymbol{B}=(\sigma\boldsymbol{\varepsilon}_1, \sigma\boldsymbol{\varepsilon}_2, \sigma\boldsymbol{\varepsilon}_3)=\begin{bmatrix}1&1&1\\2&-1&1\\0&1&-1\end{bmatrix}$，即 $\sigma$ 在此基下的矩阵为 $\boldsymbol{B}$.

(3) 由于 $(\boldsymbol{\alpha}_1, \boldsymbol{\alpha}_2, \boldsymbol{\alpha}_3)=(\boldsymbol{\varepsilon}_1, \boldsymbol{\varepsilon}_2, \boldsymbol{\varepsilon}_3)\boldsymbol{T}$，$\boldsymbol{T}=\begin{bmatrix}1&1&0\\1&-1&1\\1&2&1\end{bmatrix}$，则 $\sigma(\boldsymbol{\alpha}_1, \boldsymbol{\alpha}_2, \boldsymbol{\alpha}_3)=\sigma(\boldsymbol{\varepsilon}_1, \boldsymbol{\varepsilon}_2, \boldsymbol{\varepsilon}_3)\boldsymbol{T}=(\boldsymbol{\varepsilon}_1, \boldsymbol{\varepsilon}_2, \boldsymbol{\varepsilon}_3)\boldsymbol{BT}=(\boldsymbol{\alpha}_1, \boldsymbol{\alpha}_2, \boldsymbol{\alpha}_3)\boldsymbol{T}^{-1}\boldsymbol{BT}$，$\sigma$ 在此基下的矩阵为

$$\boldsymbol{T}^{-1}\boldsymbol{BT}=\begin{bmatrix}\dfrac{11}{3}&\dfrac{14}{3}&2\\-\dfrac{2}{3}&-\dfrac{8}{3}&0\\-\dfrac{7}{3}&-\dfrac{7}{3}&-2\end{bmatrix}$$

**例 19**　设 $\sigma$，$\tau$ 为线性空间 $\mathbf{R}^2$ 中的线性变换，$\boldsymbol{\alpha}_1=\begin{bmatrix}1\\2\end{bmatrix}$，$\boldsymbol{\alpha}_2=\begin{bmatrix}2\\1\end{bmatrix}$，$\boldsymbol{\beta}_1=\begin{bmatrix}1\\1\end{bmatrix}$，$\boldsymbol{\beta}_2=$

$\begin{bmatrix}1\\2\end{bmatrix}$为其两组基，且 $\sigma(\boldsymbol{\alpha}_1,\boldsymbol{\alpha}_2)=(\boldsymbol{\alpha}_1,\boldsymbol{\alpha}_2)\begin{bmatrix}1&2\\2&3\end{bmatrix}$，$\tau(\boldsymbol{\beta}_1,\boldsymbol{\beta}_2)=(\boldsymbol{\beta}_1,\boldsymbol{\beta}_2)\begin{bmatrix}3&3\\2&4\end{bmatrix}$.

(1) 求 $\sigma+\tau$ 在 $\boldsymbol{\beta}_1$，$\boldsymbol{\beta}_2$ 下的矩阵；

(2) 求 $\sigma\tau$ 在 $\boldsymbol{\alpha}_1$，$\boldsymbol{\alpha}_2$ 下的矩阵.

**解** (1) 由于 $\sigma(\boldsymbol{\alpha}_1,\boldsymbol{\alpha}_2)=(\boldsymbol{\alpha}_1,\boldsymbol{\alpha}_2)\begin{bmatrix}1&2\\2&3\end{bmatrix}$，$(\boldsymbol{\beta}_1,\boldsymbol{\beta}_2)=(\boldsymbol{\alpha}_1,\boldsymbol{\alpha}_2)\boldsymbol{T}$，因此

$$\boldsymbol{T}=\begin{bmatrix}1&2\\2&1\end{bmatrix}^{-1}\begin{bmatrix}1&2\\1&1\end{bmatrix}=\begin{bmatrix}\frac{1}{3}&1\\\frac{1}{3}&0\end{bmatrix},$$

$$\sigma(\boldsymbol{\beta}_1,\boldsymbol{\beta}_2)=\sigma(\boldsymbol{\alpha}_1,\boldsymbol{\alpha}_2)\boldsymbol{T}=(\boldsymbol{\beta}_1,\boldsymbol{\beta}_2)\begin{bmatrix}\frac{1}{3}&1\\\frac{1}{3}&0\end{bmatrix}^{-1}\begin{bmatrix}1&2\\2&3\end{bmatrix}\begin{bmatrix}\frac{1}{3}&1\\\frac{1}{3}&0\end{bmatrix}=(\boldsymbol{\beta}_1,\boldsymbol{\beta}_2)\begin{bmatrix}5&6\\-\frac{2}{3}&-1\end{bmatrix}$$

又 $\tau(\boldsymbol{\beta}_1,\boldsymbol{\beta}_2)=(\boldsymbol{\beta}_1,\boldsymbol{\beta}_2)\begin{bmatrix}3&3\\2&4\end{bmatrix}$，则 $(\sigma+\tau)(\boldsymbol{\beta}_1,\boldsymbol{\beta}_2)=(\boldsymbol{\beta}_1,\boldsymbol{\beta}_2)\begin{bmatrix}8&9\\\frac{4}{3}&3\end{bmatrix}$，即 $\sigma+\tau$ 在 $\boldsymbol{\beta}_1$，$\boldsymbol{\beta}_2$ 下的矩阵为 $\begin{bmatrix}8&9\\\frac{4}{3}&3\end{bmatrix}$.

(2) 由 $(\boldsymbol{\beta}_1,\boldsymbol{\beta}_2)=(\boldsymbol{\alpha}_1,\boldsymbol{\alpha}_2)\boldsymbol{T}$，则 $\tau(\boldsymbol{\beta}_1,\boldsymbol{\beta}_2)=\tau(\boldsymbol{\alpha}_1,\boldsymbol{\alpha}_2)\boldsymbol{T}$，从而

$$\begin{aligned}\tau(\boldsymbol{\alpha}_1,\boldsymbol{\alpha}_2)&=\tau(\boldsymbol{\beta}_1,\boldsymbol{\beta}_2)\boldsymbol{T}^{-1}\\&=(\boldsymbol{\beta}_1,\boldsymbol{\beta}_2)\begin{bmatrix}3&3\\2&4\end{bmatrix}\boldsymbol{T}^{-1}\\&=(\boldsymbol{\alpha}_1,\boldsymbol{\alpha}_2)\boldsymbol{T}\begin{bmatrix}3&3\\2&4\end{bmatrix}\boldsymbol{T}^{-1}\\&=(\boldsymbol{\alpha}_1,\boldsymbol{\alpha}_2)\begin{bmatrix}5&4\\1&2\end{bmatrix}\end{aligned}$$

由

$$\sigma(\alpha_1,\alpha_2)=(\alpha_1,\alpha_2)\begin{bmatrix}1&2\\2&3\end{bmatrix}$$

$$\tau(\alpha_1,\alpha_2)=(\alpha_1,\alpha_2)\begin{bmatrix}5&4\\1&2\end{bmatrix}$$

则

$$(\sigma\tau)(\boldsymbol{\alpha}_1,\boldsymbol{\alpha}_2)=(\boldsymbol{\alpha}_1,\boldsymbol{\alpha}_2)\begin{bmatrix}1&2\\2&3\end{bmatrix}\begin{bmatrix}5&4\\1&2\end{bmatrix}=(\boldsymbol{\alpha}_1,\boldsymbol{\alpha}_2)\begin{bmatrix}7&8\\13&14\end{bmatrix}$$

从而 $\sigma\tau$ 在 $\boldsymbol{\alpha}_1$，$\boldsymbol{\alpha}_2$ 下的矩阵为 $\begin{bmatrix}7&8\\13&14\end{bmatrix}$.

**例 20** 设 $P^{n\times n}$为数域 $P$ 上的线性空间，取 $\boldsymbol{A}$，$\boldsymbol{B}$，$\boldsymbol{C}$，$\boldsymbol{D}\in P^{n\times n}$，对于 $\forall\boldsymbol{X}\in P^{n\times n}$，令 $\sigma(\boldsymbol{X})=\boldsymbol{AXB}+\boldsymbol{CX}+\boldsymbol{XD}$，证明：

(1) $\sigma$ 为 $P^{n\times n}$上的线性变换；

(2) 当 $\boldsymbol{C}=\boldsymbol{D}=\boldsymbol{0}$时 $\sigma$ 可逆的充要条件为 $|\boldsymbol{AB}|\neq0$.

**证明** (1) 利用定义易证.

(2) **充分性** 由于$|\boldsymbol{AB}|\neq 0$，因此$|\boldsymbol{A}|\neq 0$，$|\boldsymbol{B}|\neq 0$，即$\boldsymbol{A}$，$\boldsymbol{B}$可逆. 当$\boldsymbol{C}=\boldsymbol{D}=\boldsymbol{0}$时，$\sigma(\boldsymbol{X})=\boldsymbol{AXB}$. 令$\boldsymbol{Y}=\boldsymbol{AXB}$，则$\boldsymbol{X}=\boldsymbol{A}^{-1}\boldsymbol{YB}^{-1}$；令$\sigma^{-1}(\boldsymbol{X})=\boldsymbol{A}^{-1}\boldsymbol{XB}^{-1}$，则

$$\sigma\sigma^{-1}(\boldsymbol{X})=\sigma(\boldsymbol{A}^{-1}\boldsymbol{XB}^{-1})=\boldsymbol{AA}^{-1}\boldsymbol{XB}^{-1}\boldsymbol{B}=\boldsymbol{X}$$
$$\sigma^{-1}\sigma(\boldsymbol{X})=\sigma^{-1}(\boldsymbol{AXB})=\boldsymbol{A}^{-1}\boldsymbol{AXBB}^{-1}=\boldsymbol{X}$$

故$\sigma$可逆.

**必要性** 由于$\sigma$可逆，因此$\sigma$：$V\to V$为一一映射，即$\sigma$为满射，从而对于$\forall \boldsymbol{Y}\in V$，存在$\boldsymbol{X}\in V$使得$\boldsymbol{AXB}=\boldsymbol{Y}$. 当$\boldsymbol{Y}=\boldsymbol{E}$时，$|\boldsymbol{AXB}|=|\boldsymbol{E}|=1\neq 0$，即$|\boldsymbol{A}|\cdot|\boldsymbol{X}|\cdot|\boldsymbol{B}|\neq 0$，$|\boldsymbol{A}|\neq 0$，$|\boldsymbol{B}|\neq 0$，故$|\boldsymbol{AB}|\neq 0$.

## 7.2 特征值与特征向量

有限维线性空间$V$中取定一组基后，$V$的任一线性变换都可以用矩阵来表示. 为了研究线性变换性质，我们希望这个矩阵越简单越好，如对角阵. 从本节开始主要讨论如何选择一组适当的基，使$V$的某个线性变换在这组基下的矩阵就是一个对角矩阵.

### 一、特征值与特征向量

#### 1. 定义

设$\sigma$为数域$P$上线性空间$V$的一个线性变换，若对于$P$中的一个数$\lambda_0$，存在一个$V$的非零向量$\boldsymbol{\xi}$，使得$\sigma(\boldsymbol{\xi})=\lambda_0\boldsymbol{\xi}$，则称$\lambda_0$为$\sigma$的一个特征值，称$\boldsymbol{\xi}$为$\sigma$的属于特征值$\lambda_0$的特征向量.

**注** (1) 几何意义：特征向量经线性变换后方向保持相同($\lambda_0>0$)或相反($\lambda_0<0$)；$\lambda_0=0$时，$\sigma(\boldsymbol{\xi})=\boldsymbol{0}$.

(2) 若$\boldsymbol{\xi}$是$\sigma$的属于特征值$\lambda_0$的特征向量，则$k\boldsymbol{\xi}(k\in P,\ k\neq 0)$也是属于特征值$\lambda_0$的特征向量. 由此可知，特征向量不是被特征值唯一确定的，但是特征值是被特征向量所唯一确定的，即若$\sigma(\boldsymbol{\xi})=\lambda\boldsymbol{\xi}$，且$\sigma(\boldsymbol{\xi})=\mu\boldsymbol{\xi}$，则$\lambda=\mu$.

设$\boldsymbol{A}$是数域$P$上的$n$阶方阵，若存在$\lambda_0\in P$，$\boldsymbol{\alpha}\neq\boldsymbol{0}$使$\boldsymbol{A\alpha}=\lambda_0\boldsymbol{\alpha}$或$(\lambda_0\boldsymbol{E}-\boldsymbol{A})\boldsymbol{\alpha}=\boldsymbol{0}$，则称$\lambda_0$是$\boldsymbol{A}$的特征值，$\boldsymbol{\alpha}$为$\boldsymbol{A}$属于特征值$\lambda_0$的特征向量.

由此可得结论：

(1) 设$\lambda$是$\boldsymbol{A}$的特征值，则当$\boldsymbol{A}$可逆时，$\lambda\neq 0$，$\dfrac{1}{\lambda}$为$\boldsymbol{A}^{-1}$的特征值.

(2) 设$\lambda$是$\boldsymbol{A}$的特征值，则当$\boldsymbol{A}$可逆时，$\dfrac{|\boldsymbol{A}|}{\lambda}$是$\boldsymbol{A}$的伴随矩阵$\boldsymbol{A}^*$的特征值，且当$\boldsymbol{A\alpha}=\lambda\boldsymbol{\alpha}$时，$\boldsymbol{A}^*\boldsymbol{\alpha}=\dfrac{|\boldsymbol{A}|}{\lambda}\boldsymbol{\alpha}$.

由$\boldsymbol{A\alpha}=\lambda_0\boldsymbol{\alpha}$知，$\boldsymbol{\alpha}$为$\boldsymbol{A}$属于特征值$\lambda_0$的特征向量. 由于特征向量$\boldsymbol{\alpha}\neq\boldsymbol{0}$，因此$\boldsymbol{\alpha}$为齐次线性方程组$(\lambda_0\boldsymbol{E}-\boldsymbol{A})\boldsymbol{X}=\boldsymbol{0}$的非零解，从而$|\lambda\boldsymbol{E}-\boldsymbol{A}|=0$，通常称多项式$f(\lambda)=|\lambda\boldsymbol{E}-\boldsymbol{A}|$为$\boldsymbol{A}$的特征多项式. 由此可知，$\boldsymbol{A}\in P^{n\times n}$，$\boldsymbol{A}$在数域$P$上最多有$n$个特征值，也可能没有特征值，但在复数域$\mathbf{C}$上一定有$n$个特征值(重根按重数计算).

#### 2. 矩阵的特征值与特征向量之间的关系

设$\boldsymbol{\alpha}_1$，$\boldsymbol{\alpha}_2$，…，$\boldsymbol{\alpha}_n$是数域$P$上的$n$维线性空间$V$的一组基，线性变换$\sigma$在该基下的矩

阵为 $\boldsymbol{A}$，有如下结论：

(1) $\boldsymbol{A}$ 的特征值与 $\sigma$ 的特征值相同(包括重数)；

(2) 若 $\boldsymbol{\alpha}=(x_1, x_2, \cdots, x_n)^{\mathrm{T}}$ 是 $\boldsymbol{A}$ 的属于 $\lambda_0$ 的特征向量，则 $\boldsymbol{\xi}=(\boldsymbol{\alpha}_1, \boldsymbol{\alpha}_2, \cdots, \boldsymbol{\alpha}_n)\boldsymbol{\alpha}$ 是 $\sigma$ 的属于 $\lambda_0$ 的特征向量；反之亦然，即 $\boldsymbol{A\alpha}=\lambda_0\boldsymbol{\alpha}$ 的充要条件为 $\sigma\boldsymbol{\xi}=\lambda_0\boldsymbol{\xi}$，$\boldsymbol{\alpha}\neq\boldsymbol{0}$.

## 二、特征值与特征向量的求法

要求线性变换 $\sigma$ 的特征值与特征向量，应在 $V$ 中取一组基 $\boldsymbol{\varepsilon}_1, \boldsymbol{\varepsilon}_2, \cdots, \boldsymbol{\varepsilon}_n$，写出 $\sigma$ 在此基下的矩阵 $\boldsymbol{A}$，接着进行如下步骤：

(1) 解特征方程 $|\lambda\boldsymbol{E}-\boldsymbol{A}|=0$，得矩阵 $\boldsymbol{A}$ 的属于数域 $P$ 中的全部特征值 $\lambda_i(i=1\sim n)$，其中可能有重根.

(2) 对于每个不同的特征值 $\lambda_i$，解齐次线性方程组 $(\lambda_i\boldsymbol{E}-\boldsymbol{A})\boldsymbol{x}=\boldsymbol{0}$，若系数矩阵的秩 $R(\lambda_i\boldsymbol{E}-\boldsymbol{A})=r_i$，得其基础解系 $\boldsymbol{\xi}_{i1}, \boldsymbol{\xi}_{i2}, \cdots, \boldsymbol{\xi}_{i(n-r_i)}$，则 $\boldsymbol{A}$ 的属于 $\lambda_i$ 的全部特征向量为

$$k_1\boldsymbol{\xi}_{i1}+k_2\boldsymbol{\xi}_{i2}+\cdots+k_{n-r_i}\boldsymbol{\xi}_{i(n-r_i)}$$

其中，$k_1, k_2, \cdots, k_{n-r_i}$ 为任意常数.

## 三、矩阵的特征值与特征向量的性质

(1) 设 $\boldsymbol{\alpha}$、$\boldsymbol{\beta}$ 为 $\boldsymbol{A}$ 的属于特征值 $\lambda$ 的特征向量，则当 $k\boldsymbol{\alpha}+l\boldsymbol{\beta}\neq 0$ 时，$k\boldsymbol{\alpha}+l\boldsymbol{\beta}$ 仍为 $\boldsymbol{A}$ 的属于 $\lambda$ 的特征向量.

**注** 若 $\lambda$、$\mu$ 是 $\boldsymbol{A}$ 两个不同特征值，$\boldsymbol{\alpha}$、$\boldsymbol{\beta}$ 分别为 $\boldsymbol{A}$ 的属于特征值 $\lambda$、$\mu$ 的特征向量，则 $\boldsymbol{\alpha}+\boldsymbol{\beta}$ 不是 $\boldsymbol{A}$ 的特征向量.

(2) $\boldsymbol{A}$ 与 $\boldsymbol{A}^{\mathrm{T}}$ 具有相同的特征多项式，从而具有相同的特征值.

(3) 0 是 $\boldsymbol{A}$ 的特征值的充要条件为 $|\boldsymbol{A}|=0$，即 $\boldsymbol{AX}=\boldsymbol{0}$ 的非零解是 $\boldsymbol{A}$ 的属于 0 的特征向量.

(4) 设 $\boldsymbol{A}$, $\boldsymbol{B}$ 是 $n$ 阶方阵，则 $\boldsymbol{AB}$ 与 $\boldsymbol{BA}$ 有相同的特征多项式，从而具有相同的特征值.

(5) 设 $\boldsymbol{A}=(\boldsymbol{\alpha}_{ij})_{n\times n}$，$\lambda_1, \cdots, \lambda_n$ 为其特征值(重根按重数)，由根与系数可得 $\lambda_1+\cdots+\lambda_n=\mathrm{tr}(\boldsymbol{A})$，$\lambda_1\cdots\lambda_n=|\boldsymbol{A}|$.

矩阵的迹的性质如下：

① $\mathrm{tr}(k\boldsymbol{A}+l\boldsymbol{B})=k\,\mathrm{tr}(\boldsymbol{A})+l\,\mathrm{tr}(\boldsymbol{B})$.

② 相似矩阵有相同的迹.

③ $\mathrm{tr}(\boldsymbol{A})=\mathrm{tr}(\boldsymbol{A}^{\mathrm{T}})$.

④ $\mathrm{tr}(\boldsymbol{AB})=\mathrm{tr}(\boldsymbol{BA})$.

⑤ $\mathrm{tr}(\boldsymbol{AA}^{\mathrm{T}})=\sum\sum a_{ij}^2$.

(6) $\boldsymbol{A}$ 不可逆的充要条件为 $\boldsymbol{A}$ 有特征值 0.

(7) 设 $\boldsymbol{A}\in P^{m\times n}$，$\boldsymbol{B}\in P^{n\times m}$，$\lambda\neq 0$，则有 $|\lambda\boldsymbol{E}_m-\boldsymbol{AB}|=\lambda^{m-n}|\lambda\boldsymbol{E}_n-\boldsymbol{BA}|$(这是行列式的降级公式，它说明 $\boldsymbol{AB}$ 与 $\boldsymbol{BA}$ 有相同的非零特征值；当 $m=n$ 时，$|\lambda\boldsymbol{E}_m-\boldsymbol{AB}|=|\lambda\boldsymbol{E}_n-\boldsymbol{BA}|$，说明 $\boldsymbol{AB}$ 与 $\boldsymbol{BA}$ 特征多项式相同，即特征值相同).

(8) 哈密尔顿-凯莱定理(与方阵的幂密切相关). 若

$$f(\boldsymbol{A})=\boldsymbol{A}^n+b_1\boldsymbol{A}^{n-1}+\cdots+b_{n-1}\boldsymbol{A}+b_n\boldsymbol{E}$$

当 $\boldsymbol{A}$ 可逆时有 $b_n\neq0$，则

$$\boldsymbol{A}(\boldsymbol{A}^{n-1}+b_1\boldsymbol{A}^{n-1}+\cdots+b_{n-1}\boldsymbol{E})=-b_n\boldsymbol{E}$$

$$\boldsymbol{A}^{-1}=-\frac{1}{b_n}(\boldsymbol{A}^{n-1}+b_1\boldsymbol{A}^{n-2}+\cdots+b_{n-1}\boldsymbol{E})$$

(9) 相似矩阵具有相同的特征多项式；反之不成立.

(10) 设 $\sigma$ 为有限维线性空间 $V$ 的线性变换，$f(\lambda)$是 $\sigma$ 的特征多项式，则 $f(\sigma)=0$(零变换). 矩阵运算的特征值与特征向量如表 7-1 所示.

**表 7-1 矩阵运算的特征值与特征向量**

| 矩阵 | $\boldsymbol{A}$ | $k\boldsymbol{A}$ | $\boldsymbol{A}^l$ | $a\boldsymbol{A}+b\boldsymbol{E}$ | $f(\boldsymbol{A})=a_m\boldsymbol{A}^m+a_{m-1}\boldsymbol{A}^{m-1}+\cdots+a_0\boldsymbol{E}$ | $\boldsymbol{A}^{-1}$ | $\boldsymbol{A}^*$ | $\boldsymbol{X}^{-1}\boldsymbol{A}\boldsymbol{X}$ |
|---|---|---|---|---|---|---|---|---|
| 特征值 | $\lambda$ | $k\lambda$ | $\lambda^l$ | $a\lambda+b$ | $f(\lambda)=a_m\lambda^m+a_{m-1}\lambda^{m-1}+\cdots+a_0$ | $\frac{1}{\lambda}$ | $\frac{\lvert\boldsymbol{A}\rvert}{\lambda}$ | $\lambda$ |
| 特征向量 | $\boldsymbol{\alpha}$ | $\boldsymbol{\alpha}$ | $\boldsymbol{\alpha}$ | $\boldsymbol{\alpha}$ | $\boldsymbol{\alpha}$ | $\boldsymbol{\alpha}$ | $\boldsymbol{\alpha}$ | $\boldsymbol{X}^{-1}\boldsymbol{\alpha}$ |

## 四、特征子空间

设 $\sigma$ 为 $n$ 维线性空间 $V$ 的线性变换，$\lambda_0$ 是 $\sigma$ 的一个特征值，令 $V_{\lambda_0}$ 为 $\sigma$ 属于 $\lambda_0$ 的全部特征向量再添上零向量所成的集合，即 $V_{\lambda_0}=\{\boldsymbol{\alpha}\mid\sigma\boldsymbol{\alpha}=\lambda_0\boldsymbol{\alpha}\}$，则 $V_{\lambda_0}$ 是 $V$ 的一个子空间，称之为 $\sigma$ 的一个特征子空间. 事实上，$\sigma(\boldsymbol{\alpha}+\boldsymbol{\beta})=\sigma(\boldsymbol{\alpha})+\sigma(\boldsymbol{\beta})=\lambda_0\boldsymbol{\alpha}+\lambda_0\boldsymbol{\beta}=\lambda_0(\boldsymbol{\alpha}+\boldsymbol{\beta})$，$\sigma(k\boldsymbol{\alpha})=k\sigma(\boldsymbol{\alpha})=k(\lambda_0\boldsymbol{\alpha})=\lambda_0(k\boldsymbol{\alpha})$，则 $\boldsymbol{\alpha}+\boldsymbol{\beta}\in V_{\lambda_0}$，$k\boldsymbol{\alpha}\in V_{\lambda_0}$.

**注** 若 $\sigma$ 在 $n$ 维线性空间 $V$ 的某组基下的矩阵为 $\boldsymbol{A}$，则 $\dim V_{\lambda_0}=n-R(\lambda_0\boldsymbol{E}-\boldsymbol{A})$，即特征子空间 $V_{\lambda_0}$ 的维数等于齐次线性方程组$(\lambda_0\boldsymbol{E}-\boldsymbol{A})\boldsymbol{X}=\boldsymbol{0}$的解空间的维数，由该方程组得到属于 $\lambda_0$ 的全部线性无关的特征向量就是 $V_{\lambda_0}$ 的一组基.

## 五、代数重数与几何重数

线性变换 $\sigma$ 属于特征值 $\lambda_0$ 的特征子空间 $V_{\lambda_0}=\{\boldsymbol{\alpha}\mid\sigma\boldsymbol{\alpha}=\lambda_0\boldsymbol{\alpha}\}$与线性方程组$(\lambda_0\boldsymbol{E}-\boldsymbol{A})\boldsymbol{X}=\boldsymbol{0}$的解空间同构，特征子空间 $V_{\lambda_0}$ 的维数称为特征值 $\lambda_0$ 的几何重数，$\lambda_0$ 作为特征多项式 $f_A(\lambda)=\lvert\lambda\boldsymbol{E}-\boldsymbol{A}\rvert$的根的重数称为 $\lambda_0$ 的代数重数.

特征值 $\lambda_0$ 的代数重数与几何重数的联系是：设 $\lambda_0$ 是数域 $P$ 上 $n$ 维线性空间 $V$ 的线性变换 $\sigma$ 的 $n_0$ 重特征值，则有几何重数不超过代数重数，即 $\dim V_{\lambda_0}\leqslant n_0$.

**典型例题**

**例 1** 在线性空间 $V$ 中，数乘变换 $K$ 在任意一组基下的矩阵都是数量矩阵 $k\boldsymbol{E}$，其特征多项式为$\lvert\lambda\boldsymbol{E}-\boldsymbol{A}\rvert=(\lambda-k)^n$，故数乘变换 $K$ 的特征值只有数 $k$，且对 $\forall\boldsymbol{\xi}\in V$，$\boldsymbol{\xi}\neq\boldsymbol{0}$，皆有 $K(\boldsymbol{\xi})=k\boldsymbol{\xi}$，所以 $V$ 中任一非零向量皆为数乘变换 $K$ 的特征向量.

**例 2** 设线性变换 $\sigma$ 在基 $\boldsymbol{\varepsilon}_1$，$\boldsymbol{\varepsilon}_2$，$\boldsymbol{\varepsilon}_3$ 下的矩阵为 $\boldsymbol{A}=\begin{bmatrix}1&2&2\\2&1&2\\2&2&1\end{bmatrix}$，求 $\sigma$ 的特征值与特征

向量.

**解** 由于$\boldsymbol{A}$的特征多项式为$|\lambda \boldsymbol{E}-\boldsymbol{A}|=(\lambda+1)^2(\lambda-5)$，故$\sigma$的特征值为$\lambda_1=-1$（二重），$\lambda_2=5$.

把$\lambda_1=-1$代入齐次方程组$(\lambda \boldsymbol{E}-\boldsymbol{A})\boldsymbol{X}=\boldsymbol{0}$得同解方程组，即$-2x_1-2x_2-2x_3=0$，它的一个基础解系为$(1, 0, -1)$，$(0, 1, -1)$，因此属于$-1$的两个线性无关的特征向量为$\boldsymbol{\xi}_1=\boldsymbol{\varepsilon}_1-\boldsymbol{\varepsilon}_3$，$\boldsymbol{\xi}_2=\boldsymbol{\varepsilon}_2-\boldsymbol{\varepsilon}_3$，而属于$-1$的全部特征向量为$k_1\boldsymbol{\xi}_1+k_2\boldsymbol{\xi}_2$，$k_1$、$k_2$不全为零.

把$\lambda_2=5$代入齐次方程组$(\lambda \boldsymbol{E}-\boldsymbol{A})\boldsymbol{X}=\boldsymbol{0}$得同解方程组，解得它的一个基础解系为$(1, 1, 1)$，因此属于5的一个线性无关的特征向量为$\boldsymbol{\xi}_3=\boldsymbol{\varepsilon}_1+\boldsymbol{\varepsilon}_2+\boldsymbol{\varepsilon}_3$，而属于5的全部特征向量为$k_3\boldsymbol{\xi}_3$，$k_3\in P$，$k_3\neq 0$.

**例 3** 设$\boldsymbol{A}=\begin{bmatrix}1 & 0 & 2\\ 0 & -1 & 1\\ 0 & 1 & 0\end{bmatrix}$，求$2\boldsymbol{A}^8-3\boldsymbol{A}^5+\boldsymbol{A}^4+\boldsymbol{A}^2-4\boldsymbol{E}$.

**解** 由于$\boldsymbol{A}$的特征多项式$f(\lambda)=|\lambda \boldsymbol{E}-\boldsymbol{A}|=\lambda^3-2\lambda+1$，有

$$2\lambda^8-3\lambda^5+\lambda^4+\lambda^2-4=g(\lambda)$$

得$g(\lambda)=f(\lambda)(2\lambda^5+4\lambda^3-5\lambda^2+9\lambda-14)+(24\lambda^2-37\lambda+10)$. 由哈密尔顿-凯莱定理可知$f(\boldsymbol{A})=\boldsymbol{0}$，则$2\boldsymbol{A}^8-3\boldsymbol{A}^5+\boldsymbol{A}^4+\boldsymbol{A}^2-4\boldsymbol{E}=24\boldsymbol{A}^2-37\boldsymbol{A}+10\boldsymbol{E}$.

**例 4** 已知3阶矩阵$\boldsymbol{A}$满足$|\boldsymbol{A}-\boldsymbol{E}|=|\boldsymbol{A}-2\boldsymbol{E}|=|\boldsymbol{A}+\boldsymbol{E}|=\lambda$.

(1) 当$\lambda=0$时，求$|\boldsymbol{A}+3\boldsymbol{E}|$；

(2) 当$\lambda=2$时，求$|\boldsymbol{A}+3\boldsymbol{E}|$.

**解** (1) 当$\lambda=0$时，由$|\boldsymbol{A}-\boldsymbol{E}|=|\boldsymbol{A}-2\boldsymbol{E}|=|\boldsymbol{A}+\boldsymbol{E}|=0$得$\boldsymbol{A}$的三个特征值为1、2、$-1$，而$\boldsymbol{A}+3\boldsymbol{E}$的特征值为4、5、2，则$|\boldsymbol{A}+3\boldsymbol{E}|=4\times 5\times 2=40$.

(2) 当$\lambda=2$时，由题得$|\boldsymbol{E}-\boldsymbol{A}|=|2\boldsymbol{E}-\boldsymbol{A}|=|-\boldsymbol{E}-\boldsymbol{A}|=-2$. 设$\boldsymbol{A}$的特征多项式为

$$f_{\boldsymbol{A}}(\lambda)=\lambda^3+a\lambda^2+b\lambda+c$$

及$\boldsymbol{A}$的三个特征值为1、2、$-1$，即有关于$a$、$b$、$c$的齐次线性方程组，解得$a=-2$，$b=-1$，$c=0$，即$f_{\boldsymbol{A}}(\lambda)=\lambda^3-2\lambda^2-\lambda=\lambda(\lambda^2-\lambda-1)$，得$\boldsymbol{A}$的特征值为0、$1\pm\sqrt{2}$，故$\boldsymbol{A}+3\boldsymbol{E}$特征值为3、$4\pm\sqrt{2}$，因此$|\boldsymbol{A}+3\boldsymbol{E}|=3\times(4+\sqrt{2})\times(4-\sqrt{2})=42$.

**例 5** 设$\boldsymbol{\alpha}$是3维列向量，$\boldsymbol{\alpha}^{\mathrm{T}}$为$\boldsymbol{\alpha}$的转置，若$\boldsymbol{\alpha}\boldsymbol{\alpha}^{\mathrm{T}}=\begin{bmatrix}1 & -1 & 1\\ -1 & 1 & -1\\ 1 & -1 & 1\end{bmatrix}$，则$\boldsymbol{\alpha}^{\mathrm{T}}\boldsymbol{\alpha}=$________.

**解** *方法一* 利用矩阵的迹的性质得$\boldsymbol{\alpha}^{\mathrm{T}}\boldsymbol{\alpha}=\mathrm{tr}(\boldsymbol{\alpha}^{\mathrm{T}}\boldsymbol{\alpha})=\mathrm{tr}(\boldsymbol{\alpha}\boldsymbol{\alpha}^{\mathrm{T}})=3$；

*方法二* 由于$(\boldsymbol{\alpha}\boldsymbol{\alpha}^{\mathrm{T}})\boldsymbol{\alpha}=\boldsymbol{\alpha}(\boldsymbol{\alpha}^{\mathrm{T}}\boldsymbol{\alpha})=(\boldsymbol{\alpha}^{\mathrm{T}}\boldsymbol{\alpha})\boldsymbol{\alpha}$，$\boldsymbol{\alpha}\neq\boldsymbol{0}$，因此$\boldsymbol{\alpha}^{\mathrm{T}}\boldsymbol{\alpha}$为3阶矩阵$\boldsymbol{\alpha}\boldsymbol{\alpha}^{\mathrm{T}}$的非零特征值. 由于$|\lambda\boldsymbol{E}-\boldsymbol{A}|=\lambda^2(\lambda-3)$，因此得$\boldsymbol{\alpha}^{\mathrm{T}}\boldsymbol{\alpha}=3$；

*方法三* 令$\boldsymbol{\alpha}=(x, y, z)^{\mathrm{T}}$，由$\boldsymbol{\alpha}\boldsymbol{\alpha}^{\mathrm{T}}=\begin{bmatrix}x^2 & xy & xz\\ xy & y^2 & yz\\ xz & yz & z^2\end{bmatrix}=\begin{bmatrix}1 & -1 & 1\\ -1 & 1 & -1\\ 1 & -1 & 1\end{bmatrix}$可得$x^2=y^2=z^2=1$，则$\boldsymbol{\alpha}^{\mathrm{T}}\boldsymbol{\alpha}=x^2+y^2+z^2=3$.

**例 6** 设矩阵 $A$ 与 $B$ 相似，$A=\begin{bmatrix}-2&0&0\\2&x&2\\3&1&1\end{bmatrix}$，$B=\begin{bmatrix}-1&0&0\\0&2&0\\0&0&y\end{bmatrix}$，求 $x$，$y$ 的值以及可逆矩阵 $P$，使得 $P^{-1}AP=B$.

**证明** 由于 $A$ 与 $B$ 相似，因此 $A$、$B$ 有相同的特征值，又由 $B$ 的形式可得其特征值为 $-1$、2、$y$，故也为 $A$ 的特征值，因此 $|-E-A|=0$，解得 $x=0$. 由于 $A$ 与 $B$ 相似，则 $|A|=|B|$，解得 $y=-2$. 由此就可得 $A$ 的特征值为 $-1$、2、$-2$.

当 $\lambda=-1$ 时，由 $(-E-A)x=0$ 得 $x_1=(0, 2, -1)^T$；当 $\lambda=2$ 时，由 $(2E-A)x=0$ 得 $x_2=(0, 1, 1)^T$；当 $\lambda=-1$ 时，由 $(-2E-A)x=0$ 得 $x_3=(1, 0, -1)^T$；

令 $P=(x_1, x_2, x_3)$，有 $P^{-1}AP=B$.

**例 7** 设 $A$、$B$ 为 $n$ 阶方阵，则 $AB$ 与 $BA$ 有相同的特征值.

**证明** 设 $\lambda$ 为 $AB$ 的特征值，若 $\lambda=0$，则 $|0E-AB|=0$ 的充要条件为 $|AB|=0$，即 $|A||B|=|B||A|=0$，从而 $|BA|=0$ 的充要条件为 $|0E-BA|=0$，即 0 为 $BA$ 的特征值；若 $\lambda\neq0$，设 $\xi$ 是 $AB$ 属于 $\lambda$ 的特征向量，则 $AB\xi=\lambda\xi\neq0$，令 $B\xi=\eta\neq0$，则 $BA\eta=BA(B\xi)=B(AB\xi)=B(\lambda\xi)=\lambda B\xi=\lambda\eta$，故 $\lambda$ 也是 $BA$ 的特征值. 同理，$BA$ 的特征值也是 $AB$ 的特征值. 综上所述，$AB$ 与 $BA$ 有相同的特征值.

**例 8** 已知 $A=\begin{bmatrix}1&-1&-1\\-1&1&a\\-1&a&1\end{bmatrix}$ 与 $B=\begin{bmatrix}2&0&0\\0&b&0\\0&0&2\end{bmatrix}$ 相似，则 $a=$________，$b=$________.

**提示** 利用矩阵的迹及矩阵特征值的性质来求解，相似矩阵有相同特征多项式，$a=3$，$b=-1$.

**例 9** 若 $\lambda_1, \cdots, \lambda_n$ 为 $n$ 阶矩阵 $A$ 的特征值，则 $A$ 可逆的充要条件为它的特征值全不为零.

**解** 由于 $|A|=\lambda_1\cdots\lambda_n$，$A$ 可逆的充要条件为 $|A|\neq0$，即 $\lambda_1\cdots\lambda_n\neq0$，从而 $\lambda_i\neq0$，$i=1, 2, \cdots, n$.

**例 10** 设 $A=\begin{bmatrix}3&2&2\\2&3&2\\2&2&3\end{bmatrix}$，$P=\begin{bmatrix}0&1&0\\1&0&1\\0&0&1\end{bmatrix}$，$B=P^{-1}A^*P$，则 $B+2E$ 的特征值为________，特征向量为________.

**解** 由于 $A=\begin{bmatrix}2&2&2\\2&2&2\\2&2&2\end{bmatrix}+E=C+E$，$C$ 的特征值为 0、0、6，从而 $A$ 的特征值为 1、1、7，$|A|=7$，则 $A^*$ 的特征值为 7、7、1. 当特征值为 0 时，对应的特征向量为 $\alpha_2=(1, -1, 0)^T$，$\alpha_3=(1, 0, -1)^T$，当特征值为 6 时，对应的特征向量为 $\alpha_1=(1, 1, 1)^T$，则 $B+2E$ 的特征值为 $7+2=9$，$7+2=9$，$1+2=3$，对应的特征向量为 $P^{-1}\alpha_1$、$P^{-1}\alpha_2$、$P^{-1}\alpha_3$.

**例 11** 设 $A$ 为 $n$ 阶非负矩阵，即 $A=(a_{ij})_{n\times n}$，$a_{ij}\geqslant0(i, j=1, 2, \cdots, n)$ 且 $\sum\limits_{k=1}^{n}a_{ik}=1$，称 $A$ 为随机矩阵，则随机矩阵必有特征值 1，且所有特征值的绝对值不超过 1.

**证明** 令 $\boldsymbol{X}=(1,1,\cdots,1)^{\mathrm{T}}$，由 $\sum\limits_{k=1}^{n}a_{ik}=1$ 可得 $\boldsymbol{AX}=\boldsymbol{X}$，则 $\boldsymbol{A}$ 有特征值 1.

（反证） 设 $\lambda$ 为 $\boldsymbol{A}$ 的特征值，且 $|\lambda|>1$，令 $\boldsymbol{A\alpha}=\lambda\boldsymbol{\alpha}$，$\boldsymbol{\alpha}=(b_1,b_2,\cdots,b_n)^{\mathrm{T}}\neq 0$，$b_k=\max\{|b_1|,\cdots,|b_n|\}$，$b_k>0$，则 $a_{k1}b_1+a_{k2}b_2+\cdots+a_{kn}b_n=\lambda b_k$，从而 $b_k<|\lambda|b_k=|\lambda b_k|\leqslant\sum\limits_{j=1}^{n}a_{kj}|b_j|=1\cdot|b_k|=b_k$，矛盾，故所有特征值的绝对值不超过 1.

# 7.3 对角矩阵及矩阵对角化的条件

## 一、可对角化的概念

设 $\sigma$ 为 $n$ 维线性空间 $V$ 的一个线性变换，若存在 $V$ 的一组基，使得 $\sigma$ 在这组基下的矩阵为对角矩阵，则称线性变换 $\sigma$ 可对角化.

矩阵 $\boldsymbol{A}$ 是数域 $P$ 上的一个 $n$ 阶方阵，若存在一个 $P$ 上的 $n$ 阶可逆矩阵 $\boldsymbol{X}$，使 $\boldsymbol{X}^{-1}\boldsymbol{AX}$ 为对角矩阵，则称矩阵 $\boldsymbol{A}$ 可对角化.

设 $\sigma$ 为 $n$ 维线性空间 $V$ 的一个线性变换，若 $\sigma$ 在某组基下的矩阵为对角矩阵 $\boldsymbol{D}=\mathrm{diag}(\lambda_1,\cdots,\lambda_n)$，则 $\sigma$ 的特征多项式就是 $f_\sigma(\lambda)=(\lambda-\lambda_1)(\lambda-\lambda_2)\cdots(\lambda-\lambda_n)$，对角矩阵 $\boldsymbol{D}$ 主对角线上元素除排列次序外是唯一确定的，它们就是 $\sigma$ 的全部特征值(重根按重数计算).

## 二、矩阵可对角化的条件

### 1. 矩阵可对角化的充要条件

(1) $n$ 阶方阵 $\boldsymbol{A}$ 可对角化的充要条件为 $\boldsymbol{A}$ 有 $n$ 个线性无关的特征向量.

(2) $n$ 阶方阵 $\boldsymbol{A}$ 可对角化的充要条件为 $\boldsymbol{A}$ 的所有重特征值对应的线性无关的特征向量的个数等于其重数，即 $\boldsymbol{A}$ 的所有特征值的重数和为 $n$.

**例 1** 设 $\sigma$ 为 $n$ 维线性空间 $V$ 的一个线性变换，若 $\boldsymbol{\xi}_1,\boldsymbol{\xi}_2,\cdots,\boldsymbol{\xi}_k$ 分别为 $\sigma$ 的属于互不相同的特征值 $\lambda_1,\lambda_2,\cdots,\lambda_k$ 的特征向量，则 $\boldsymbol{\xi}_1,\boldsymbol{\xi}_2,\cdots,\boldsymbol{\xi}_k$ 线性无关.

**证明** 对 $k$ 应用数学归纳法. 当 $k=1$ 时，由于 $\boldsymbol{\xi}_1\neq\boldsymbol{0}$，因此 $\boldsymbol{\xi}_1$ 线性无关，命题成立. 假设对于 $k-1$ 而言结论成立，设 $\lambda_1,\lambda_2,\cdots,\lambda_k$ 为 $\sigma$ 的互不相同的特征值，$\boldsymbol{\xi}_1$ 是属于 $\lambda_i$ 的特征向量，即 $\sigma\boldsymbol{\xi}_i=\lambda_i\boldsymbol{\xi}_i$，$i=1,2,\cdots,n$.

设 $a_1\boldsymbol{\xi}_1+a_2\boldsymbol{\xi}_2+\cdots+a_n\boldsymbol{\xi}_n=\boldsymbol{0}$，$a_i\in P$①，用 $\lambda_k$ 乘①两端得

$$a_1\lambda_k\boldsymbol{\xi}_1+a_2\lambda_k\boldsymbol{\xi}_2+\cdots+a_k\lambda_k\boldsymbol{\xi}_k=\boldsymbol{0} \quad ②$$

对①两端执行线性变换 $\sigma$ 后得

$$a_1\lambda_1\boldsymbol{\xi}_1+a_2\lambda_2\boldsymbol{\xi}_2+\cdots+a_k\lambda_k\boldsymbol{\xi}_k=\boldsymbol{0} \quad ③$$

③减②得

$$a_1(\lambda_1-\lambda_k)\boldsymbol{\xi}_1+a_2(\lambda_2-\lambda_k)\boldsymbol{\xi}_2+\cdots+a_{k-1}(\lambda_{k-1}-\lambda_k)\boldsymbol{\xi}_k=\boldsymbol{0}$$

由归纳假设，$\boldsymbol{\xi}_1,\boldsymbol{\xi}_2,\cdots,\boldsymbol{\xi}_{k-1}$ 线性无关，所以有 $a_i(\lambda_i-\lambda_k)=0$，$i=1,2,\cdots,k-1$，但 $\lambda_1,\lambda_2,\cdots,\lambda_k$ 互不相同，所以 $a_1=a_2=\cdots=a_{k-1}=0$，代入①有 $a_k\boldsymbol{\xi}_k=\boldsymbol{0}$. 又由于 $\boldsymbol{\xi}_k\neq\boldsymbol{0}$，则 $a_k=0$，故 $\boldsymbol{\xi}_1,\boldsymbol{\xi}_2,\cdots,\boldsymbol{\xi}_k$ 线性无关.

**例 2** 设 $\sigma$ 为 $n$ 维线性空间 $V$ 的一个线性变换，$\lambda_1,\lambda_2,\cdots,\lambda_k$ 为 $\sigma$ 的互不相同的特征

值，而 $\xi_{i1}$，$\xi_{i2}$，…，$\xi_{ir_i}$ 是属于特征值 $\lambda_i$ 的线性无关的特征向量，则向量 $\xi_{11}$，…，$\xi_{1r_1}$，…，$\xi_{k1}$，…，$\xi_{kr_k}$ 线性无关.

**证明** $\sigma$ 的属于同一特征值 $\lambda_i$ 的特征向量的非零线性组合仍是 $\sigma$ 的属于特征值 $\lambda_i$ 的一个特征向量.

设

$$a_{11}\boldsymbol{\xi}_{11}+\cdots+a_{1r_1}\boldsymbol{\xi}_{1r_1}+\cdots+a_{k1}\boldsymbol{\xi}_{k1}+\cdots+a_{kr_k}\boldsymbol{\xi}_{kr_k}=\mathbf{0} \qquad ①$$

令

$$\boldsymbol{\eta}_i=a_{i1}\boldsymbol{\xi}_{i1}+a_{i2}\boldsymbol{\xi}_{i2}+\cdots+a_{ir_i}\boldsymbol{\xi}_{ir_i},\ i=1,2,\cdots,k$$

由①得 $\boldsymbol{\eta}_1+\boldsymbol{\eta}_2+\cdots+\boldsymbol{\eta}_k=\mathbf{0}$. 若有某个 $\boldsymbol{\eta}_i\neq\mathbf{0}$，则 $\boldsymbol{\eta}_i$ 是 $\sigma$ 的属于特征值 $\lambda_i$ 的特征向量，而 $\lambda_1$，$\lambda_2$，…，$\lambda_k$ 是互不相同的，从而有 $\boldsymbol{\eta}_i=\mathbf{0}$，$i=1\sim k$，即 $a_{i1}\boldsymbol{\xi}_{i1}+a_{i2}\boldsymbol{\xi}_{i2}+\cdots+a_{ir_i}\boldsymbol{\xi}_{ir_i}=\mathbf{0}$，而 $\boldsymbol{\xi}_{i1}$，$\boldsymbol{\xi}_{i2}$，…，$\boldsymbol{\xi}_{ir_i}$ 线性无关，所以有 $a_{i1}=\cdots=a_{ir_i}=0$，故 $\boldsymbol{\xi}_{11}$，…，$\boldsymbol{\xi}_{1r_1}$，…，$\boldsymbol{\xi}_{k1}$，…，$\boldsymbol{\xi}_{kr_k}$ 线性无关.

**注** 在复数域 **C** 上的线性空间中，若线性变换 $\sigma$ 的特征多项式没有重根，则 $\sigma$ 可对角化.

(3) $n$ 阶方阵 $\boldsymbol{A}$ 可对角化的充要条件为 $\boldsymbol{A}$ 的特征子空间的维数和为 $n$(线性空间可分解为 $n$ 个一维不变子空间之和).

(4) $n$ 阶方阵 $\boldsymbol{A}$ 可对角化的充要条件为 $\boldsymbol{A}$ 的初等因子是一次的，从而 $\boldsymbol{A}$ 的最小多项式无重根.

**2. 矩阵可对角化的其他条件**

(1) $n$ 阶方阵 $\boldsymbol{A}$ 有 $n$ 个单根(不同特征值)，则 $\boldsymbol{A}$ 可对角化.

(2) 循环矩阵可对角化.

形如 $\boldsymbol{A}=\begin{bmatrix} a_0 & a_1 & a_2 & \cdots & a_{n-1} \\ a_{n-1} & a_0 & a_1 & \cdots & a_{n-2} \\ a_{n-2} & a_{n-1} & a_0 & \cdots & a_{n-3} \\ \vdots & \vdots & \vdots & & \vdots \\ a_1 & a_2 & a_3 & \cdots & a_0 \end{bmatrix}$ 的矩阵称为 $n$ 阶循环矩阵；基本矩阵 $\boldsymbol{J}$ 满足

$$\boldsymbol{J}=\begin{bmatrix} 0 & 1 & 0 & \cdots & 0 \\ 0 & 0 & 1 & \cdots & 0 \\ \vdots & \vdots & \vdots & & \vdots \\ 0 & 0 & 0 & \cdots & 1 \\ 1 & 0 & 0 & \cdots & 0 \end{bmatrix},\ \boldsymbol{J}^2=\begin{bmatrix} 0 & 0 & 1 & \cdots & 0 \\ 0 & 0 & 0 & \cdots & 0 \\ \vdots & \vdots & \vdots & & \vdots \\ 1 & 0 & 0 & \cdots & 0 \\ 0 & 1 & 0 & \cdots & 0 \end{bmatrix},\ \cdots,\ \boldsymbol{J}^n=\begin{bmatrix} 1 & 0 & 0 & \cdots & 0 \\ 0 & 1 & 0 & \cdots & 0 \\ 0 & 0 & 1 & \cdots & 0 \\ \vdots & \vdots & \vdots & & \vdots \\ 0 & 0 & 0 & \cdots & 1 \end{bmatrix}=\boldsymbol{E}$$

称 $\boldsymbol{J}$ 为基本循环矩阵，$\boldsymbol{J}$，$\boldsymbol{J}^2$，…，$\boldsymbol{J}^n$ 为循环矩阵.

基本循环矩阵相似于标准形. 基本循环矩阵 $\boldsymbol{J}$ 的特征多项式为 $|\lambda\boldsymbol{E}-\boldsymbol{J}|=\lambda^n-1$，其特征值为 $n$ 次单位根 $\varepsilon_0=1$，$\varepsilon_1$，$\varepsilon_2$，…，$\varepsilon_{n-1}$，并且不相等，则 $\boldsymbol{J}$ 可对角化. 其对应的特征向量分别为 $\boldsymbol{x}_0=(1,1,\cdots,1)$，$\boldsymbol{x}_1=(1,\varepsilon_1,\varepsilon_1^2,\cdots,\varepsilon_1^{n-1})$，$\boldsymbol{x}_2=(1,\varepsilon_2,\varepsilon_2^2,\cdots,\varepsilon_2^{n-1})$，…，$\boldsymbol{x}_{n-1}=(1,\varepsilon_{n-1},\varepsilon_{n-1}^2,\cdots,\varepsilon_{n-1}^{n-1})$，构成矩阵 $\boldsymbol{T}=\begin{bmatrix} 1 & 1 & 1 & \cdots & 1 \\ 1 & \varepsilon_1 & \varepsilon_1 & \cdots & \varepsilon_{n-1} \\ 1 & \varepsilon_1^2 & \varepsilon_2^2 & \cdots & \varepsilon_{n-1}^2 \\ \vdots & \vdots & \vdots & & \vdots \\ 1 & \varepsilon_1^{n-1} & \varepsilon_2^{n-1} & \cdots & \varepsilon_{n-1}^{n-1} \end{bmatrix}$，则 $\boldsymbol{T}^{-1}\boldsymbol{J}\boldsymbol{T}=$

$\mathrm{diag}(1, \varepsilon_1, \varepsilon_2, \cdots, \varepsilon_{n-1})$，从而有 $T^{-1}J^2T=(T^{-1}JT)(T^{-1}JT)=\mathrm{diag}(1, \varepsilon_1^2, \varepsilon_2^2, \cdots, \varepsilon_{n-1}^2)$，$\cdots$，$T^{-1}J^{n-1}T=\mathrm{diag}(1, \varepsilon_1^{n-1}, \varepsilon_2^{n-1}, \cdots, \varepsilon_{n-1}^{n-1})$.

$n$ 阶循环矩阵 $A$ 可用基本循环矩阵 $J$ 的方幂线性表出

$$A=a_0E+a_1J+a_2J^2+\cdots+a_{n-1}J^n$$

**证明** 由于

$$\begin{aligned}T^{-1}AT&=T^{-1}(a_0E+a_1J+a_2J^2+\cdots+a_{n-1}J^n)T\\&=a_0T^{-1}ET+a_1T^{-1}JT+a_2T^{-1}J^2T+\cdots+a_{n-1}T^{-1}J^{n-1}T\\&=\mathrm{diag}(f(1), f(\varepsilon_1), f(\varepsilon_2), \cdots, f(\varepsilon_{n-1}))\end{aligned}$$

即循环矩阵 $A$ 可对角化，并且 $A$ 的特征值为 $f(1)$，$f(\varepsilon_1)$，$f(\varepsilon_2)$，$\cdots$，$f(\varepsilon_{n-1})$.

(3) 幂等矩阵可对角化.

(4) $n$ 阶方阵 $A$ 为对合矩阵，则存在可逆矩阵 $T$，使得 $T^{-1}AT=\begin{bmatrix}E_r & \\ & -E_{n-r}\end{bmatrix}$.

(5) 若 $A=k_1B_1+k_2B_2+\cdots+k_nB_n$，$k_1$，$k_2$，$\cdots$，$k_n$ 为实数，$B_1$，$B_2$，$\cdots$，$B_n$ 为对合矩阵，且两两可交换，则 $A$ 可对角化.

(6) 实对称矩阵可对角化(实对称矩阵可正交相似于对角阵).

### 3. 根据特征值和特征向量讨论矩阵是否可对角化

**示例 1** 设 $A$ 为 $n$ 阶幂等矩阵，则 $A$ 相似于对角阵，即 $A$ 可对角化.

**证明** *方法一* 设 $R(A)=r$，则齐次线性方程组 $AX=0$ 的解空间的维数为 $n-r$. 由于 $A^2=A$，有 $R(A)+R(A-E)=n$，即 $R(A-E)=n-R(A)=n-r$，而 $A(A-E)=0$，即 $A-E$ 的列向量都是齐次线性方程组 $AX=0$ 的解向量. 不妨设为 $\xi_1$，$\xi_2$，$\cdots$，$\xi_n$，构成 $AX=0$ 的基础解系. 另外，与 $A$ 的特征方程 $(\lambda E-A)X=0$ 比较，由 $(0E-A)\xi_i=0$ 可知，对于特征值 0 的特征向量，有 $n-r$ 个是线性无关的；由 $(1E-A)\xi_i=0$ 可知，对于特征值 1 的特征向量，有 $r$ 个是线性无关的. 故 $A$ 有 $n$ 个线性无关的特征向量，即 $A$ 相似于对角矩阵，从而 $A$ 可对角化.

*方法二* 由于 $A^2=A$，则 $A^2-A=0$，从而 $f(\lambda)=\lambda^2-\lambda$ 为 $A$ 的零化多项式，而 $A$ 的最小多项式满足 $m_A(\lambda)\mid f(\lambda)$，即 $m_A(\lambda)$ 无重根，故幂等矩阵 $A$ 可以对角化.

**示例 2** 设 $A$ 为 $n$ 阶方阵，$\lambda_1$，$\lambda_2$ 为 $A$ 的两个不同特征值，则 $A$ 可对角化的充要条件为存在幂等矩阵 $B$，使得 $A=\lambda_1E+(\lambda_2-\lambda_1)B$.

**证明** *必要性* 若 $A$ 可对角化，则存在可逆矩阵 $P$，使得 $P^{-1}AP=\begin{bmatrix}\lambda_1E & \\ & \lambda_2E\end{bmatrix}$，从而有

$$\begin{aligned}A&=P\begin{bmatrix}\lambda_1E_1 & \\ & \lambda_2E_2\end{bmatrix}P^{-1}=P\left[\lambda_1E+\begin{bmatrix}0 & \\ & (\lambda_2-\lambda_1)E_2\end{bmatrix}\right]P^{-1}\\&=P\lambda_1EP^{-1}+(\lambda_2-\lambda_1)P\begin{bmatrix}0 & \\ & E_2\end{bmatrix}P^{-1}=\lambda_1E+(\lambda_2-\lambda_1)P\begin{bmatrix}0 & \\ & E_2\end{bmatrix}P^{-1}\end{aligned}$$

且

$$B=P\begin{bmatrix}0 & \\ & E_2\end{bmatrix}P^{-1}=P\begin{bmatrix}0 & \\ & E_2\end{bmatrix}P^{-1}P\begin{bmatrix}0 & \\ & E_2\end{bmatrix}P^{-1}=B^2$$

即 $B$ 为幂等阵，故存在幂等矩阵 $B$ 使得 $A=\lambda_1E+(\lambda_2-\lambda_1)B$.

*充分性* 若存在 $B$ 使得 $A=\lambda_1E+(\lambda_2-\lambda_1)B$，则由于 $B$ 为幂等矩阵，存在可逆矩阵 $T$，

使得 $B=T^{-1}\begin{bmatrix}0 & \\ & E_2\end{bmatrix}T$，因此

$$A=\lambda_1E+(\lambda_2-\lambda_1)T^{-1}\begin{bmatrix}0 & \\ & E_2\end{bmatrix}T=T^{-1}\left[\lambda_1E+\begin{bmatrix}0 & \\ & (\lambda_2-\lambda_1)E_2\end{bmatrix}\right]T=T^{-1}\begin{bmatrix}\lambda_1E_1 & \\ & \lambda_2E_2\end{bmatrix}T$$

故 $TAT^{-1}=\begin{bmatrix}\lambda_1E_1 & \\ & \lambda_2E_2\end{bmatrix}$，即 $A$ 可对角化.（若 $B$ 存在，则 $B=\dfrac{A-\lambda_1E}{\lambda_2-\lambda_1}$.）

**示例 3**　设 $A$ 为 $n$ 阶方阵，$\lambda_1$、$\lambda_2$ 为 $A$ 的两个不同特征值，重数分别为 $k$ 和 $n-k$，则 $A$ 可对角化的充要条件为$(\lambda_1E-A)(\lambda_2E-A)=0$.

**证明**　*充分性*　若 $A$ 可以对角化，则存在可逆矩阵 $T$，使得 $T^{-1}AT=\begin{bmatrix}\lambda_1E_1 & \\ & \lambda_2E_2\end{bmatrix}$，$E_1$ 为 $k$ 阶单位阵，$E_2$ 为 $n-k$ 阶单位阵，于是

$$(\lambda_1E-A)(\lambda_2E-A)=T\left[\lambda_1E-\begin{bmatrix}\lambda_1E_1 & \\ & \lambda_2E_2\end{bmatrix}\right]T^{-1}T\left[\lambda_2E-\begin{bmatrix}\lambda_1E_1 & \\ & \lambda_2E_2\end{bmatrix}\right]T^{-1}$$

$$=T\begin{bmatrix}0 & \\ & (\lambda_2-\lambda_1)E_2\end{bmatrix}\begin{bmatrix}(\lambda_2-\lambda_1)E_1 & \\ & 0\end{bmatrix}T^{-1}=0$$

*必要性*　设 $A$ 的若尔当标准形为 $J=\begin{bmatrix}J_1 & \\ & J_2\end{bmatrix}$，即存在可逆矩阵 $T$ 使得 $A=TJT^{-1}=T\begin{bmatrix}J_1 & \\ & J_2\end{bmatrix}T^{-1}$，从而有

$$(\lambda_1E-A)(\lambda_2E-A)=T\begin{bmatrix}\lambda_1E_1-J_1 & \\ & \lambda_1E_2-J_2\end{bmatrix}\begin{bmatrix}\lambda_2E_1-J_1 & \\ & \lambda_2E_2-J_2\end{bmatrix}T^{-1}=0$$

所以$(\lambda_1E_1-J_1)(\lambda_2E_1-J_1)=0$，$(\lambda_1E_2-J_2)(\lambda_2E_2-J_2)=0$，而 $\lambda_2E_1-J_1$ 与 $\lambda_1E_2-J_2$ 可逆，则 $\lambda_1E_1-J_1=0$，$\lambda_2E_2-J_2=0$. 故 $\lambda_1E_1=J_1$，$\lambda_2E_2=J_2$，即 $J=\begin{bmatrix}\lambda_1E_1 & \\ & \lambda_2E_2\end{bmatrix}$，$A$ 可对角化.

**示例 4**　设 $A$ 为 $n$ 阶方阵，$\lambda_1$、$\lambda_2$ 为 $A$ 的两个不同特征值，重数分别为 $k$ 和 $n-k$，则 $A$ 可对角化的充要条件为 $R(\lambda_1E-A)=n-k$，$R(\lambda_2E-A)=k$.

**证明**　*必要性*　若 $A$ 可以对角化，则存在可逆矩阵 $T$，使得 $T^{-1}AT=\begin{bmatrix}\lambda_1E_1 & \\ & \lambda_2E_2\end{bmatrix}$，$E_1$ 为 $k$ 阶单位阵，$E_2$ 为 $n-k$ 阶单位阵，$\lambda_1E-A=T\begin{bmatrix}\lambda_1E_1-\lambda_1E_1 & \\ & \lambda_1E_2-\lambda_2E_2\end{bmatrix}T^{-1}=T\begin{bmatrix}0 & \\ & (\lambda_1-\lambda_2)E_2\end{bmatrix}T^{-1}$. 由于 $\lambda_1\neq\lambda_2$，则 $R(\lambda_1E-A)=n-k$. 同理有 $R(\lambda_2E-A)=k$.

*充分性*　设 $A$ 的若尔当标准形为 $J=\begin{bmatrix}J_1 & \\ & J_2\end{bmatrix}$，即存在可逆矩阵 $T$ 使得 $A=TJT^{-1}=T\begin{bmatrix}J_1 & \\ & J_2\end{bmatrix}T^{-1}$，从而有 $\lambda_1E-A=T\begin{bmatrix}\lambda_1E_1-J_1 & \\ & \lambda_1E_2-J_2\end{bmatrix}T^{-1}$，而 $R(\lambda_1E-A)=n-k=$

$R\begin{bmatrix}\lambda_1\boldsymbol{E}_1-\boldsymbol{J}_1 & \\ & \lambda_1\boldsymbol{E}_2-\boldsymbol{J}_2\end{bmatrix}$，则 $\lambda_1\boldsymbol{E}_1-\boldsymbol{J}_1=\boldsymbol{0}$. 同理 $\lambda_2\boldsymbol{E}_2-\boldsymbol{J}_2=\boldsymbol{0}$，即 $\lambda_1\boldsymbol{E}_1=\boldsymbol{J}_1$，$\lambda_2\boldsymbol{E}_2=\boldsymbol{J}_2$，$\boldsymbol{J}=\begin{bmatrix}\lambda_1\boldsymbol{E}_1 & \\ & \lambda_2\boldsymbol{E}_2\end{bmatrix}$，故 $\boldsymbol{A}$ 可对角化.

**示例 5** 设 $\boldsymbol{A}$ 为 $n$ 阶方阵，$\lambda_1$、$\lambda_2$ 为 $\boldsymbol{A}$ 的两个不同特征值，则 $\boldsymbol{A}$ 可对角化的充要条件为存在对合矩阵 $\boldsymbol{B}$，使得 $\boldsymbol{A}=\frac{1}{2}[(\lambda_1+\lambda_2)\boldsymbol{E}+(\lambda_1-\lambda_2)\boldsymbol{B}]$.

**证明** 必要性 若 $\boldsymbol{A}$ 可以对角化，则存在可逆矩阵 $\boldsymbol{T}$，使得 $\boldsymbol{T}^{-1}\boldsymbol{AT}=\begin{bmatrix}\lambda_1\boldsymbol{E}_1 & \\ & \lambda_2\boldsymbol{E}_2\end{bmatrix}$，则

$$\begin{aligned}\boldsymbol{A}&=\boldsymbol{T}\begin{bmatrix}\lambda_1\boldsymbol{E}_1 & \\ & \lambda_2\boldsymbol{E}_2\end{bmatrix}\boldsymbol{T}^{-1}\\&=\boldsymbol{T}\left\{\frac{1}{2}\left[(\lambda_1+\lambda_2)\boldsymbol{E}+(\lambda_1-\lambda_2)\begin{bmatrix}\boldsymbol{E}_1 & \\ & -\boldsymbol{E}_2\end{bmatrix}\right]\right\}\boldsymbol{T}^{-1}\\&=\frac{1}{2}\left[\boldsymbol{T}(\lambda_1+\lambda_2)\boldsymbol{ET}^{-1}+(\lambda_1-\lambda_2)\boldsymbol{T}\begin{bmatrix}\boldsymbol{E}_1 & \\ & -\boldsymbol{E}_2\end{bmatrix}\boldsymbol{T}^{-1}\right]\\&=\frac{1}{2}\left[(\lambda_1+\lambda_2)\boldsymbol{E}+(\lambda_1-\lambda_2)\boldsymbol{T}\begin{bmatrix}\boldsymbol{E}_1 & \\ & -\boldsymbol{E}_2\end{bmatrix}\boldsymbol{T}^{-1}\right]\end{aligned}$$

令 $\boldsymbol{B}=\boldsymbol{T}\begin{bmatrix}\boldsymbol{E}_1 & \\ & -\boldsymbol{E}_2\end{bmatrix}\boldsymbol{T}^{-1}$，则 $\boldsymbol{B}^2=\boldsymbol{T}\begin{bmatrix}\boldsymbol{E}_1 & \\ & -\boldsymbol{E}_2\end{bmatrix}\boldsymbol{T}^{-1}\boldsymbol{T}\begin{bmatrix}\boldsymbol{E}_1 & \\ & -\boldsymbol{E}_2\end{bmatrix}\boldsymbol{T}^{-1}=\boldsymbol{E}$，则 $\boldsymbol{B}$ 为对合矩阵，即存在对合矩阵 $\boldsymbol{B}$ 使得 $\boldsymbol{A}=\frac{1}{2}[(\lambda_1+\lambda_2)\boldsymbol{E}+(\lambda_1-\lambda_2)\boldsymbol{B}]$.

充分性 由于存在对合矩阵 $\boldsymbol{B}$ 使得 $\boldsymbol{A}=\frac{1}{2}[(\lambda_1+\lambda_2)\boldsymbol{E}+(\lambda_1-\lambda_2)\boldsymbol{B}]$，因此存在可逆矩阵 $\boldsymbol{T}$ 使得 $\boldsymbol{B}=\boldsymbol{T}^{-1}\begin{bmatrix}\boldsymbol{E}_1 & \\ & -\boldsymbol{E}_2\end{bmatrix}\boldsymbol{T}$，则

$$\begin{aligned}\boldsymbol{A}&=\frac{1}{2}\left[(\lambda_1+\lambda_2)\boldsymbol{E}+(\lambda_1-\lambda_2)\boldsymbol{T}^{-1}\begin{bmatrix}\boldsymbol{E}_1 & \\ & -\boldsymbol{E}_2\end{bmatrix}\boldsymbol{T}\right]\\&=\frac{1}{2}\left[\boldsymbol{T}^{-1}(\lambda_1+\lambda_2)\boldsymbol{ET}+(\lambda_1-\lambda_2)\boldsymbol{T}^{-1}\begin{bmatrix}\boldsymbol{E}_1 & \\ & -\boldsymbol{E}_2\end{bmatrix}\boldsymbol{T}\right]\\&=\boldsymbol{T}^{-1}\left\{\frac{1}{2}\left[(\lambda_1+\lambda_2)\boldsymbol{E}+(\lambda_1-\lambda_2)\begin{bmatrix}\boldsymbol{E}_1 & \\ & -\boldsymbol{E}_2\end{bmatrix}\right]\right\}\boldsymbol{T}\\&=\boldsymbol{T}^{-1}\begin{bmatrix}\lambda_1\boldsymbol{E}_1 & \\ & \lambda_2\boldsymbol{E}_2\end{bmatrix}\boldsymbol{T}\end{aligned}$$

故 $\boldsymbol{TAT}^{-1}=\begin{bmatrix}\lambda_1\boldsymbol{E}_1 & \\ & \lambda_2\boldsymbol{E}_2\end{bmatrix}$可对角化.

## 三、对角化的一般方法

设 $\sigma$ 为 $n$ 维线性空间 $V$ 的一个线性变换，$\boldsymbol{\varepsilon}_1$，$\boldsymbol{\varepsilon}_2$，…，$\boldsymbol{\varepsilon}_n$ 为 $V$ 的一组基，$\sigma$ 在这组基下的矩阵为 $\boldsymbol{A}$，对角化的步骤如下：

(1) 求出矩阵 $\boldsymbol{A}$ 的全部特征值 $\lambda_1, \lambda_2, \cdots, \lambda_k$.

(2) 对每一个特征值 $\lambda_i$，求出齐次线性方程组 $(\lambda_i\boldsymbol{E}-\boldsymbol{A})\boldsymbol{X}=\boldsymbol{0}$，$i=1, 2, \cdots, k$ 的一个基础解系(即 $\sigma$ 的属于 $\lambda_i$ 的全部线性无关的特征向量在基 $\boldsymbol{\varepsilon}_1, \boldsymbol{\varepsilon}_2, \cdots, \boldsymbol{\varepsilon}_n$ 下的坐标).

(3) 若全部基础解系所含向量个数之和等于 $n$，则 $\sigma$ 有 $n$ 个线性无关的特征向量 $\boldsymbol{\eta}_1, \boldsymbol{\eta}_2, \cdots, \boldsymbol{\eta}_n$，从而 $\sigma$(或矩阵 $\boldsymbol{A}$)可对角化. 以这些解向量为列，作一个 $n$ 阶方阵 $\boldsymbol{T}$，则 $\boldsymbol{T}$ 可逆，$\boldsymbol{T}^{-1}\boldsymbol{AT}$ 是对角矩阵，而且 $\boldsymbol{T}$ 就是 $\boldsymbol{\varepsilon}_1, \boldsymbol{\varepsilon}_2, \cdots, \boldsymbol{\varepsilon}_n$ 到基 $\boldsymbol{\eta}_1, \boldsymbol{\eta}_2, \cdots, \boldsymbol{\eta}_n$ 的过渡矩阵.

## 典型例题

**例 1**　设复数域上线性空间 $V$ 的线性变换 $\sigma$ 在某组基 $\boldsymbol{\varepsilon}_1, \boldsymbol{\varepsilon}_2, \cdots, \boldsymbol{\varepsilon}_n$ 下的矩阵为

$$\boldsymbol{A}=\begin{bmatrix}0&0&1\\0&1&0\\1&0&0\end{bmatrix}$$

问 $\sigma$ 可否对角化，在可对角化的情况下，写出基变换的过渡矩阵.

**解**　可以对角化. 由于 $\boldsymbol{A}$ 的特征多项式为 $|\lambda\boldsymbol{E}-\boldsymbol{A}|=(\lambda-1)^2(\lambda+1)$，得 $\boldsymbol{A}$ 的特征值为 1、1、$-1$，解齐次线性方程组 $(1\cdot\boldsymbol{E}-\boldsymbol{A})\boldsymbol{X}=\boldsymbol{0}$，得 $x_1=x_2$，故其基础解系为：(1, 0, 1)，(0, 1, 0)，所以 $\boldsymbol{\eta}_1=\boldsymbol{\varepsilon}_1+\boldsymbol{\varepsilon}_3$，$\boldsymbol{\eta}_2=\boldsymbol{\varepsilon}_2$ 是 $\sigma$ 的属于特征值 1 的两个线性无关的特征向量.

再解齐次线性方程组 $(-1\cdot\boldsymbol{E}-\boldsymbol{A})\boldsymbol{X}=\boldsymbol{0}$，得 $x_1=-x_3$，$x_2=0$，故其基础解系为：(1, 0, $-1$)，所以 $\boldsymbol{\eta}_3=\boldsymbol{\varepsilon}_1-\boldsymbol{\varepsilon}_3$ 是 $\sigma$ 的属于特征值 $-1$ 的两个线性无关的特征向量.

由于 $\boldsymbol{\eta}_1, \boldsymbol{\eta}_2, \boldsymbol{\eta}_3$ 线性无关，故 $\sigma$ 可对角化，且 $\sigma$ 在基 $\boldsymbol{\eta}_1, \boldsymbol{\eta}_2, \boldsymbol{\eta}_3$ 下的矩阵为对角矩阵

$$\begin{bmatrix}1&0&0\\0&1&0\\0&0&-1\end{bmatrix},\ (\boldsymbol{\eta}_1, \boldsymbol{\eta}_2, \boldsymbol{\eta}_3)=(\boldsymbol{\varepsilon}_1, \boldsymbol{\varepsilon}_2, \boldsymbol{\varepsilon}_3)\begin{bmatrix}1&0&1\\0&1&0\\1&0&-1\end{bmatrix}$$

即基 $\boldsymbol{\varepsilon}_1, \boldsymbol{\varepsilon}_2, \boldsymbol{\varepsilon}_3$ 到基 $\boldsymbol{\eta}_1, \boldsymbol{\eta}_2, \boldsymbol{\eta}_3$ 的过渡矩阵为

$$\boldsymbol{T}=\begin{bmatrix}1&0&1\\0&1&0\\0&0&-1\end{bmatrix},\ \boldsymbol{T}^{-1}\boldsymbol{AT}=\begin{bmatrix}1&0&0\\0&1&0\\0&0&-1\end{bmatrix}$$

**例 2**　问 $\boldsymbol{A}$ 是否可对角化？若可，求可逆矩阵 $\boldsymbol{T}$，使 $\boldsymbol{T}^{-1}\boldsymbol{AT}$ 为对角矩阵，其中

$$\boldsymbol{A}=\begin{bmatrix}3&2&-1\\-2&-2&2\\3&6&-1\end{bmatrix}$$

**解**　由于 $\boldsymbol{A}$ 的特征多项式为 $|\lambda\boldsymbol{E}-\boldsymbol{A}|=(\lambda-2)^2(\lambda+4)$，得 $\boldsymbol{A}$ 的特征值为 2、2、$-4$. 对于特征值 2，求解齐次线性方程组 $(2\boldsymbol{E}-\boldsymbol{A})x=\boldsymbol{0}$，得一个基础解系：($-2$, 1, 0)，(1, 0, 1)；对于特征值 $-4$，求解齐次方程组 $(-4\boldsymbol{E}-\boldsymbol{A})x=\boldsymbol{0}$，得一个基础解系：$\left(\frac{1}{3}, -\frac{2}{3}, 1\right)$；所以

$\boldsymbol{A}$ 可对角化. 令 $\boldsymbol{T}=\begin{bmatrix}-2&1&\frac{1}{3}\\1&0&-\frac{2}{3}\\0&1&1\end{bmatrix}$，则 $\boldsymbol{T}^{-1}\boldsymbol{AT}=\begin{bmatrix}2&0&0\\0&2&0\\0&0&-4\end{bmatrix}$.

**例 3** 设 $A=\begin{bmatrix} & & 1\\ & \iddots & \\ 1 & & \end{bmatrix}$ 为 $2k+1$ 阶矩阵，求可逆矩阵 $P$ 使得 $P^{-1}AP=B$ 为对角阵.

**解** 由于 $A$ 的特征多项式为 $|\lambda E-A|=(\lambda-1)^{k+1}(\lambda+1)^k$，得特征值 $\lambda=1$($k+1$ 重)、$\lambda=-1$($k$ 重).

当 $\lambda=1$ 时，方程组 $(E-A)x=0$ 的基础解系为

$$\xi_{11}=(1, 0, \cdots, 0, 1)^{\mathrm{T}}, \xi_{12}=(0, 1, 0, \cdots, 0, 1, 0)^{\mathrm{T}}, \cdots, \xi_{1k}=(0, \cdots, 1, 0, 1, \cdots, 0)^{\mathrm{T}},$$
$$\xi_{1, k+1}=(0, \cdots, 0, 1, 0, \cdots, 0)^{\mathrm{T}}$$

当 $\lambda=-1$ 时，方程组 $(-E-A)x=0$ 的基础解系为

$$\xi_{21}=(0, \cdots, 0, -1, 0, 1, \cdots, 0)^{\mathrm{T}}, \xi_{22}=(0, \cdots, -1, 0, 0, 0, 1, \cdots, 0)^{\mathrm{T}},$$
$$\xi_{2k}=(-1, 0, \cdots, 0, 0, \cdots, 0, 1)^{\mathrm{T}}$$

取 $P=\begin{bmatrix} E_k & & -B\\ & 1 & \\ B & & E_k \end{bmatrix}$，$B=\begin{bmatrix} & & 1\\ & \iddots & \\ 1 & & \end{bmatrix}$，则有 $P^{-1}AP=\begin{bmatrix} E_{k+1} & \\ & -E_k \end{bmatrix}_{2k+1}$.

**例 4** 在 $P[x]_n(n>1)$ 中，求微分变换 $D$ 的特征多项式. 并证明：$D$ 在任何一组基下的矩阵都不可能是对角矩阵(即 $D$ 不可对角化).

**解** 取 $P[x]_n$ 中基 $1, x, \frac{x^2}{2!}, \frac{x^{n-1}}{(n-1)!}$，则 $D$ 在该基下矩阵为

$$A=\begin{bmatrix} 0 & 1 & 0 & \cdots & 0\\ 0 & 0 & 1 & \cdots & 0\\ \vdots & \vdots & \vdots & & \vdots\\ 0 & 0 & 0 & \cdots & 1\\ 0 & 0 & 0 & \cdots & 0 \end{bmatrix}$$

并且 $|\lambda E-A|=\lambda^n$，则 $D$ 的特征值为 0($n$ 重). 又由于对应特征值 0 的齐次线性方程组 $-AX=0$ 的系数矩阵的秩为 $n-1$，从而方程组的基础解系只含一个向量，它小于 $P[x]_n$ 的维数 $n>1$，故 $D$ 不可对角化.

**例 5** 设 $n$ 阶矩阵 $A$、$B$ 满足 $AB=A-2B$，证明：(1) $\lambda=1$ 不是 $B$ 的特征值；(2) 若 $B$ 可对角化，则存在可逆矩阵 $P$，使 $P^{-1}AP$、$P^{-1}BP$ 都是对角矩阵.

**证明** (1) 假设 $\lambda=1$ 是 $B$ 的特征值，$X$ 是对应的特征向量，则 $BX=X$，$ABX=AX-2BX$，$AX=AX-2X$，得 $-2X=0$，矛盾.

(2) 由 $B$ 可对角化，则存在可逆矩阵 $P$，使 $P^{-1}BP=\begin{bmatrix} \lambda_1 & & \\ & \ddots & \\ & & \lambda_n \end{bmatrix}$，则 $P^{-1}APP^{-1}BP=P^{-1}AP-2P^{-1}BP$，$P^{-1}AP(P^{-1}BP-E)=-2P^{-1}BP$，由于 $P^{-1}BP-E$ 可逆，则 $P^{-1}AP=-2P^{-1}BP(P^{-1}BP-E)^{-1}$ 为对角阵.

**例 6** 设矩阵 $A=\begin{bmatrix} 2 & -1 & 1\\ x & 5 & -2\\ -3 & -3 & 6 \end{bmatrix}$ 的特征方程有一个二重根，求 $x$ 的值，并讨论 $A$ 是否对角化.

**解** (1) 由 $f_A(\lambda)=\begin{vmatrix}\lambda-2 & 1 & -1\\ -x & \lambda-5 & 2\\ 3 & 3 & \lambda-6\end{vmatrix}=(\lambda-3)(\lambda^2-10\lambda+x+19)$，故 $x=6$ 或 2.

(2) 当 $x=6$ 时，二重特征值 5，$R(5\boldsymbol{E}-\boldsymbol{A})=R\begin{bmatrix}3 & 1 & -1\\ -6 & 0 & 2\\ 3 & 3 & -1\end{bmatrix}=2$，故不可对角化.

当 $x=2$ 时，二重特征值 3，$R(3\boldsymbol{E}-\boldsymbol{A})=R\begin{bmatrix}1 & 1 & -1\\ -2 & -2 & 2\\ 3 & 3 & -3\end{bmatrix}=1$，故可对角化.

**例 7** 设 $\boldsymbol{A}$，$\boldsymbol{B}$ 是两 $n$ 阶实对称矩阵，且 $\boldsymbol{AB}=\boldsymbol{BA}$，若二次型 $f=\boldsymbol{X}^{\mathrm{T}}\boldsymbol{AX}$ 通过正交变换 $\boldsymbol{X}=\boldsymbol{PY}$ 化为标准形 $f=y_1^2+2y_2^2+\cdots+ny_n^2$，证明 $\boldsymbol{P}^{\mathrm{T}}\boldsymbol{BP}$ 是对角矩阵.

**证明** 由题意有 $\boldsymbol{P}^{\mathrm{T}}\boldsymbol{AP}=\mathrm{diag}(1,2,\cdots,n)$，则 $\boldsymbol{P}^{\mathrm{T}}\boldsymbol{APP}^{\mathrm{T}}\boldsymbol{BP}=\boldsymbol{P}^{\mathrm{T}}\boldsymbol{BPP}^{\mathrm{T}}\boldsymbol{AP}$，可得 $\mathrm{diag}(1,2,\cdots,n)\boldsymbol{P}^{\mathrm{T}}\boldsymbol{BP}=\boldsymbol{P}^{\mathrm{T}}\boldsymbol{BP}\mathrm{diag}(1,2,\cdots,n)$，从而 $\boldsymbol{P}^{\mathrm{T}}\boldsymbol{BP}$ 是对角矩阵.

**例 8** 设 $F^{n\times n}$ 是数域 $F$ 上的全体 $n$ 阶方阵构成的线性空间，对于任意 $\boldsymbol{A}\in F^{n\times n}$，定义 $F^{n\times n}$ 的变换 $\sigma(\boldsymbol{A})=\boldsymbol{A}^{\mathrm{T}}$，证明：(1) $\sigma$ 是 $F^{n\times n}$ 的线性变换；(2) $\sigma$ 可对角化.

**证明** (1) 对于任意 $\boldsymbol{A}$，$\boldsymbol{B}\in F^{n\times n}$，$k\in F$，$\sigma(\boldsymbol{A}+\boldsymbol{B})=(\boldsymbol{A}+\boldsymbol{B})^{\mathrm{T}}=\boldsymbol{A}^{\mathrm{T}}+\boldsymbol{B}^{\mathrm{T}}=\sigma(\boldsymbol{A})+\sigma(\boldsymbol{B})$，$\sigma(k\boldsymbol{A})=(k\boldsymbol{A})^{\mathrm{T}}=k\boldsymbol{A}^{\mathrm{T}}=k\sigma(\boldsymbol{A})$，故 $\sigma$ 是 $F^{n\times n}$ 的线性变换.

(2) 由于 $\sigma(\boldsymbol{A})=\boldsymbol{A}^{\mathrm{T}}$，则 $\sigma\sigma(\boldsymbol{A})=\sigma\boldsymbol{A}^{\mathrm{T}}=\boldsymbol{A}$，即 $\sigma^2=\varepsilon$，从而 $\sigma$ 的特征值为 $\pm1$，对应的特征子空间分别为 $V_1=\{\boldsymbol{A}\in V\mid\boldsymbol{A}^{\mathrm{T}}=\boldsymbol{A}\}$，$V_{-1}=\{\boldsymbol{A}\in V\mid\boldsymbol{A}^{\mathrm{T}}=-\boldsymbol{A}\}$；由于 $\dim V_1=\dfrac{n(n+1)}{2}$，$\dim V_{-1}=\dfrac{n(n-1)}{2}$ 及 $V_1\cap V_{-1}=\{0\}$，则有 $V_1\oplus V_{-1}=F$；取 $V_1$ 的一组基 $\boldsymbol{\varepsilon}_1$，$\boldsymbol{\varepsilon}_2$，$\cdots$，$\boldsymbol{\varepsilon}_{\frac{n(n+1)}{2}}$，取 $V_{-1}$ 的一组基 $\boldsymbol{\eta}_1$，$\boldsymbol{\eta}_2$，$\cdots$，$\boldsymbol{\eta}_{\frac{n(n-1)}{2}}$，则 $\sigma$ 在基 $\boldsymbol{\varepsilon}_1$，$\boldsymbol{\varepsilon}_2$，$\cdots$，$\boldsymbol{\varepsilon}_{\frac{n(n+1)}{2}}$，$\boldsymbol{\eta}_1$，$\boldsymbol{\eta}_2$，$\cdots$，$\boldsymbol{\eta}_{\frac{n(n-1)}{2}}$ 下的矩阵为 $\begin{bmatrix}\boldsymbol{E}_{\frac{n(n+1)}{2}} & \boldsymbol{0}\\ \boldsymbol{0} & -\boldsymbol{E}_{\frac{n(n-1)}{2}}\end{bmatrix}$；故 $\sigma$ 可对角化.

**例 9** 设 $\boldsymbol{\alpha}$、$\boldsymbol{\beta}$ 为实数域 $\mathbf{R}$ 上不同的 $n(>1)$ 维单位列向量，$\boldsymbol{A}=\boldsymbol{\alpha\beta}^{\mathrm{T}}\neq\boldsymbol{0}$，证明：$\boldsymbol{A}$ 可对角化的充要条件是 $\boldsymbol{\alpha}$ 与 $\boldsymbol{\beta}$ 不正交.

**证明** *必要性* 假设 $\boldsymbol{\alpha}$ 与 $\boldsymbol{\beta}$ 正交，由题意有 $\boldsymbol{A}^2=\boldsymbol{\alpha\beta}^{\mathrm{T}}\boldsymbol{\alpha\beta}^{\mathrm{T}}=\boldsymbol{\alpha}(\boldsymbol{\beta}^{\mathrm{T}}\boldsymbol{\alpha})\boldsymbol{\beta}^{\mathrm{T}}=0$，设 $\lambda$ 为 $\boldsymbol{A}$ 的任意特征值，则 $\boldsymbol{AX}=\lambda\boldsymbol{X}$，$\boldsymbol{A}^2\boldsymbol{X}=\lambda\boldsymbol{AX}=\lambda^2\boldsymbol{X}=0$，故 $\boldsymbol{A}$ 的特征值为 0，又 $R(\boldsymbol{A})=1$，则 $\boldsymbol{AX}=0$ 的基础解系有 $n-1$ 个线性无关的向量，即 $\boldsymbol{A}$ 不可对角化，矛盾，故 $\boldsymbol{\alpha}$ 与 $\boldsymbol{\beta}$ 不正交.

*充分性* 由于 $\boldsymbol{\alpha}$，$\boldsymbol{\beta}$ 不正交，设 $\boldsymbol{\alpha}^{\mathrm{T}}\boldsymbol{\beta}=k\neq0$，$\lambda$ 为 $\boldsymbol{A}$ 的特征值，$\boldsymbol{\gamma}$ 为其对应特征向量，则 $\boldsymbol{A\gamma}=\lambda\boldsymbol{\gamma}$，又 $\boldsymbol{A}^2=\boldsymbol{\alpha\beta}^{\mathrm{T}}\boldsymbol{\alpha\beta}^{\mathrm{T}}=k\boldsymbol{A}$，则 $\boldsymbol{A}^2\boldsymbol{\gamma}=k\boldsymbol{A\gamma}=k\lambda\boldsymbol{\gamma}=\lambda^2\boldsymbol{\gamma}$，从而 $(\lambda^2-k\lambda)\boldsymbol{\gamma}=0$，即 $\lambda^2-k\lambda=0$，故 $\lambda=0$，$\lambda=k$.

又 $\lambda_1+\cdots+\lambda_n=\boldsymbol{\alpha}^{\mathrm{T}}\boldsymbol{\beta}=k\neq0$，并且 $R(\boldsymbol{A})=R(\boldsymbol{\alpha\beta}^{\mathrm{T}})=1$，则 $\lambda=0$ 为 $n-1$ 重根，$k$ 为单根，从而 $\boldsymbol{A}$ 有 $n$ 个线性无关的特征向量，即 $\boldsymbol{A}$ 可对角化.

**例 10** 矩阵 $\boldsymbol{A}_{n\times n}$ 相似于对角矩阵的充要条件为对于 $\boldsymbol{A}$ 的任意特征值 $\lambda$，都有 $R(\lambda\boldsymbol{E}-\boldsymbol{A})=R((\lambda\boldsymbol{E}-\boldsymbol{A})^2)$.

**证明** *必要性* *方法一* 设 $\boldsymbol{A}$ 可对角化，则存在可逆矩阵 $\boldsymbol{T}_{n\times n}$，使得 $\boldsymbol{T}^{-1}\boldsymbol{AT}=\mathrm{diag}(\lambda_1$

$E_{n_1}$，$\lambda_2 E_{n_2}$，…，$\lambda_k E_{n_k}$），$\sum n_i=n$，$\lambda_i\neq\lambda_j$ 为 **A** 的特征值；对于 **A** 的任一特征值 $\lambda_i$，则有

$$T^{-1}(\lambda_i E-A)T=\mathrm{diag}((\lambda_i-\lambda_1)E_{n_1},\cdots,0E_{n_2},\cdots,(\lambda_i-\lambda_k)E_{n_k})$$

$$T^{-1}(\lambda_i E-A)^2T=\mathrm{diag}((\lambda_i-\lambda_1)^2E_{n_1},\cdots,0E_{n_2},\cdots,(\lambda_i-\lambda_k)^2E_{n_k})，则$$

$$R(T^{-1}(\lambda_i E-A)T)=R(T^{-1}(\lambda_i E-A)^2T)，即 R(\lambda_i E-A)=R(\lambda_i E-A)^2$$

方法二　由于 **A** 可对角化，则其最小多项式 $m_A(x)$ 只有单根；设 $\lambda_i$ 为 **A** 的任一特征值，则 $\lambda-\lambda_i$ 为 $m_A(x)$ 的单因式，从而 $m_A(x)$ 与 $(\lambda-\lambda_i)^2$ 的最大公因式是 $\lambda-\lambda_i$，则存在 $u(\lambda)$，$v(\lambda)$，使得 $u(\lambda)m_A(\lambda)+v(\lambda)(\lambda-\lambda_i)^2=\lambda-\lambda_i$，由于 $m_A(x)=0$，则 $v(A)(A-\lambda_i E)^2=A-\lambda_i E$，$R(A-\lambda_i E)\leqslant R(A-\lambda_i E)^2$. 又 $R(A-\lambda_i E)^2\leqslant R(A-\lambda_i E)$，则结论成立.

充分性　由于 $A_{n\times n}$ 可以化为约当标准形，即存在可逆矩阵 **T**，使得 $T^{-1}AT=(J_1,J_2,\cdots,J_k)$，其中，$J_i(i=1,2,\cdots,k)$ 为 $n_i$ 阶约尔当块. 若 **A** 不可对角化，则必然存在一个约当块的阶数≥2，不妨为 $J_1$，其阶数 $n_1\geqslant 2$，令 $J_1=\begin{bmatrix}\lambda_1&&&\\1&\lambda_1&&\\&\ddots&\ddots&\\&&1&\lambda_1\end{bmatrix}$，则 $T^{-1}(\lambda_1 E-A)T=$

$$\left[\lambda_1 E-\begin{bmatrix}J_1&&&\\&J_2&&\\&&\ddots&\\&&&J_k\end{bmatrix}\right]^2=\begin{bmatrix}\lambda_1E_{n_1}-J_1&&&\\&\lambda_1E_{n_2}-J_2&&\\&&\ddots&\\&&&\lambda_1E_{n_k}-J_k\end{bmatrix}，T^{-1}(\lambda_1E-A)^2T$$

$$=\lambda_1E-\begin{bmatrix}J_1&&&\\&J_2&&\\&&\ddots&\\&&&J_k\end{bmatrix}=\begin{bmatrix}(\lambda_1E_{n_1}-J_1)^2&&&\\&(\lambda_1E_{n_2}-J_2)^2&&\\&&\ddots&\\&&&(\lambda_1E_{n_k}-J_k)^2\end{bmatrix}$$

又 $\lambda_1E_{n_1}-J_1=\begin{bmatrix}0&&&\\-1&0&&\\&\ddots&\ddots&\\&&-1&0\end{bmatrix}$，$(\lambda_1E_{n_1}-J_1)^2=\begin{bmatrix}0&&&&\\0&0&&&\\1&0&\ddots&&\\&\ddots&\ddots&0&\\&&1&0&0\end{bmatrix}$，则

$R(\lambda_1E_{n_1}-J_1)^2<R(\lambda_1E_{n_1}-J_1)$，而 $R(\lambda_1E_{n_i}-J_i)^2\leqslant R(\lambda_1E_{n_i}-J_i)$，$i\neq1$，则 $R(\lambda_1E-A)^2<R(\lambda_1E-A)$，矛盾，故 **A** 可对角化.

**例 11**　若 $n$ 阶方阵 **A** 的最小多项式 $m(\lambda)$ 在上 **C** 无重因式，证明：**A** 可对角化.

**证明**　设 $f_A(\lambda)=|\lambda E-A|$，则 $f_A(A)=0$，故 $m(\lambda)\mid f_A(\lambda)$，从而 $m(\lambda)$ 的根均为 $f(\lambda)$ 的根，即 **A** 的特征值. 设 $m(\lambda)=(\lambda-\lambda_1)(\lambda-\lambda_2)\cdots(\lambda-\lambda_s)$，$\lambda_1,\cdots,\lambda_s$ 互异，令 $f_i(\lambda)=(\lambda-\lambda_1)\cdots(\lambda-\lambda_{i-1})(\lambda-\lambda_{i+1})\cdots(\lambda-\lambda_s)$，$i=1,2\cdots,s$，则 $f_1(\lambda),\cdots,f_s(\lambda)$ 互素，$\exists u_1(\lambda),\cdots,u_s(\lambda)\in \mathbf{C}[\lambda]$，使 $u_1(\lambda)f_1(\lambda)+\cdots+u_s(\lambda)f_s(\lambda)=1$，故 $m(A)=(A-\lambda_1E)(A-\lambda_2E)\cdots(A-\lambda_sE)=0$，$u_1(A)f_1(A)+\cdots+u_s(A)f_s(A)=E$. 令 $\mathbf{C}^n_{\lambda_i}=\{\alpha\mid A\alpha=\lambda_i\alpha\}$，则对 $\forall\alpha\in\mathbf{C}^n$，$u_1(A)f_1(A)\alpha+\cdots+u_s(A)f_s(A)\alpha=E\alpha=\alpha$，而有 $(A-\lambda_iE)u_i(A)f_i(A)\alpha=u_i(A)m(A)\alpha=0$，故 $u_i(A)f_i(A)\alpha\in\mathbf{C}^n_{\lambda_i}$. 从而 $\mathbf{C}^n=\mathbf{C}^n_{\lambda_1}+\mathbf{C}^n_{\lambda_2}+\cdots+\mathbf{C}^n_{\lambda_s}$，又对 $\forall\beta_i\in\mathbf{C}^n_{\lambda_i}$，$i=1,2,\cdots,s$，若

$\boldsymbol{\beta}_1+\cdots+\boldsymbol{\beta}_s=\mathbf{0}$，则 $f_i(\mathbf{A})\boldsymbol{\beta}_i=\mathbf{0}$，又 $(\lambda-\lambda_i, f_i(\lambda))=1$，$\exists u(\lambda)$，$v(\lambda)\in \mathbf{C}[\lambda]$，$u(\lambda)(\lambda-\lambda_i)+v(\lambda)f_i(\lambda)=1$，故 $u(\mathbf{A})(\mathbf{A}-\lambda_i\mathbf{E})+v(\mathbf{A})f_i(\mathbf{A})=\mathbf{E}$，于是，$u(\mathbf{A})(\mathbf{A}-\lambda_i\mathbf{E})\boldsymbol{\beta}_i+v(\mathbf{A})f_i(\mathbf{A})\boldsymbol{\beta}_i=\mathbf{E}\boldsymbol{\beta}_i=\boldsymbol{\beta}_i=\mathbf{0}$，故 $\mathbf{C}^n=\mathbf{C}^n_{\lambda_1}\oplus\mathbf{C}^n_{\lambda_2}\oplus\cdots\oplus\mathbf{C}^n_{\lambda_s}$，所以 $\mathbf{A}$ 可对角化.

# 7.4 线性变换的值域、核、不变子空间

## 一、值域与核

### 1. 定义

设 $\sigma$ 为线性空间 $V$ 的一个线性变换，集合 $\sigma(V)=\{\sigma(\boldsymbol{\alpha})\mid\boldsymbol{\alpha}\in V\}$ 称为线性变换 $\sigma$ 的值域，记为 $\mathrm{Im}\sigma$ 或 $\sigma V$；集合 $\sigma^{-1}(0)=\{\boldsymbol{\alpha}\mid\boldsymbol{\alpha}\in V, \sigma(\boldsymbol{\alpha})=\mathbf{0}\}$ 称为线性变换 $\sigma$ 的核，记为 $\mathrm{Ker}\sigma$.

**注**　$\sigma(V)$、$\sigma^{-1}(0)$ 皆为 $V$ 的子空间.

事实上，$\sigma(V)\subseteq V$，$\sigma(V)\neq\varnothing$，且对 $\forall\sigma(\boldsymbol{\alpha})$，$\sigma(\boldsymbol{\beta})\in\sigma(V)$，$\forall k\in P$，有

$$\sigma(\boldsymbol{\alpha})+\sigma(\boldsymbol{\beta})=\sigma(\boldsymbol{\alpha}+\boldsymbol{\beta})\in\sigma(V),\ k\sigma(\boldsymbol{\alpha})=\sigma(k\boldsymbol{\alpha})\in\sigma(V)$$

即 $\sigma(V)$ 对于 $V$ 的加法与数量乘法封闭，则 $\sigma(V)$ 为 $V$ 的子空间.

再看 $\sigma^{-1}(0)$，首先 $\sigma^{-1}(0)\subseteq V$，$\sigma(0)=\mathbf{0}$，则 $\mathbf{0}\in\sigma^{-1}(0)$，$\sigma^{-1}(0)\neq\varnothing$；又对于 $\forall\boldsymbol{\alpha}$，$\boldsymbol{\beta}\in\sigma^{-1}(0)$，有 $\sigma(\boldsymbol{\alpha})=\mathbf{0}$，$\sigma(\boldsymbol{\beta})=\mathbf{0}$，从而

$$\sigma(\boldsymbol{\alpha}+\boldsymbol{\beta})=\sigma(\boldsymbol{\alpha})+\sigma(\boldsymbol{\beta})=\mathbf{0},\ \sigma(k\boldsymbol{\alpha})=k\sigma(\boldsymbol{\alpha})=k\,\mathbf{0}=\mathbf{0},\ \forall k\in P$$

即 $\boldsymbol{\alpha}+\boldsymbol{\beta}\in\sigma^{-1}(0)$，$k\boldsymbol{\alpha}\in\sigma^{-1}(0)$，则 $\sigma^{-1}(0)$ 对于 $V$ 的加法与数量乘法封闭，故 $\sigma^{-1}(0)$ 为 $V$ 的子空间.

线性变换 $\sigma$ 的值域 $\sigma(V)$ 的维数称为 $\sigma$ 的秩；$\sigma$ 的核 $\sigma^{-1}(0)$ 的维数称为 $\sigma$ 的零度.

### 2. 性质

(1) 设 $\sigma$ 为 $n$ 维线性空间 $V$ 的一个线性变换，$\boldsymbol{\varepsilon}_1, \boldsymbol{\varepsilon}_2, \cdots, \boldsymbol{\varepsilon}_n$ 为 $V$ 的一组基，$\sigma$ 在这组基下的矩阵为 $\mathbf{A}$，则：① $\sigma$ 的值域 $\sigma(V)$ 是由基像组生成的子空间，即

$$\sigma(V)=L(\sigma(\boldsymbol{\varepsilon}_1), \sigma(\boldsymbol{\varepsilon}_2), \cdots, \sigma(\boldsymbol{\varepsilon}_n))$$

② $\sigma$ 的秩 $=R(\mathbf{A})$.

**证明**　① 对于 $\forall\boldsymbol{\xi}\in V$，设 $\boldsymbol{\xi}=x_1\boldsymbol{\varepsilon}_1+x_2\boldsymbol{\varepsilon}_2+\cdots+x_n\boldsymbol{\varepsilon}_n$，则

$$\sigma(\boldsymbol{\xi})=x_1\sigma(\boldsymbol{\varepsilon}_1)+x_2\sigma(\boldsymbol{\varepsilon}_2)+\cdots+x_n\sigma(\boldsymbol{\varepsilon}_n)\in L(\sigma(\boldsymbol{\varepsilon}_1), \sigma(\boldsymbol{\varepsilon}_2), \cdots, \sigma(\boldsymbol{\varepsilon}_n))$$

即 $\sigma(V)\subseteq L(\sigma(\boldsymbol{\varepsilon}_1), \sigma(\boldsymbol{\varepsilon}_2), \cdots, \sigma(\boldsymbol{\varepsilon}_n))$；对于 $\forall x_1\sigma(\boldsymbol{\varepsilon}_1)+x_2\sigma(\boldsymbol{\varepsilon}_2)+\cdots+x_n\sigma(\boldsymbol{\varepsilon}_n)$，有

$$x_1\sigma(\boldsymbol{\varepsilon}_1)+x_2\sigma(\boldsymbol{\varepsilon}_2)+\cdots+x_n\sigma(\boldsymbol{\varepsilon}_n)=\sigma(x_1\boldsymbol{\varepsilon}_1+x_2\boldsymbol{\varepsilon}_2+\cdots+x_n\boldsymbol{\varepsilon}_n)\in\sigma(V)$$

即 $\sigma(V)\supseteq L(\sigma(\boldsymbol{\varepsilon}_1), \sigma(\boldsymbol{\varepsilon}_2), \cdots, \sigma(\boldsymbol{\varepsilon}_n))$，故有 $\sigma(V)=L(\sigma(\boldsymbol{\varepsilon}_1)), (\sigma(\boldsymbol{\varepsilon}_2)), \cdots, (\sigma(\boldsymbol{\varepsilon}_n))$.

② 由①知，$\sigma$ 的秩等于基像 $\sigma(\boldsymbol{\varepsilon}_1), \sigma(\boldsymbol{\varepsilon}_2), \cdots, \sigma(\boldsymbol{\varepsilon}_n)$ 的秩，又

$$(\sigma(\boldsymbol{\varepsilon}_1), \sigma(\boldsymbol{\varepsilon}_2), \cdots, \sigma(\boldsymbol{\varepsilon}_n))=(\boldsymbol{\varepsilon}_1, \boldsymbol{\varepsilon}_2, \cdots, \boldsymbol{\varepsilon}_n)\mathbf{A}$$

由线性空间知识知 $\sigma(\boldsymbol{\varepsilon}_1), \sigma(\boldsymbol{\varepsilon}_2), \cdots, \sigma(\boldsymbol{\varepsilon}_n)$ 的秩等于矩阵 $\mathbf{A}$ 的秩，故 $\sigma$ 的秩 $=R(\mathbf{A})$.

(2) 设 $\sigma$ 为 $n$ 维线性空间 $V$ 的一个线性变换，则 $\sigma$ 的秩 $+\sigma$ 的零度 $=n$，即

$$\dim\sigma(V)+\dim\sigma^{-1}(0)=n$$

**证明**　设 $\sigma$ 的零度为 $r$，在核 $\sigma^{-1}(0)$ 中取一组基 $\boldsymbol{\varepsilon}_1, \boldsymbol{\varepsilon}_2, \cdots, \boldsymbol{\varepsilon}_r$，并扩充为 $V$ 的一组基 $\boldsymbol{\varepsilon}_1, \boldsymbol{\varepsilon}_2, \cdots, \boldsymbol{\varepsilon}_r, \cdots, \boldsymbol{\varepsilon}_n$，由定理知 $\sigma(V)$ 是由基像组 $\sigma(\boldsymbol{\varepsilon}_1), \sigma(\boldsymbol{\varepsilon}_2), \cdots, \sigma(\boldsymbol{\varepsilon}_n)$ 生成的. 但 $\sigma(\boldsymbol{\varepsilon}_i)=\mathbf{0}$，

$i=1, 2, \cdots, r$，则 $\sigma(V)=L(\sigma(\boldsymbol{\varepsilon}_{r+1}), \cdots, \sigma(\boldsymbol{\varepsilon}_n))$. 下证 $\sigma(\boldsymbol{\varepsilon}_{r+1}), \cdots, \sigma(\boldsymbol{\varepsilon}_n)$ 为 $\sigma(V)$ 的一组基(线性无关)：

设 $k_{r+1}\sigma(\boldsymbol{\varepsilon}_{r+1})+\cdots+k_n\sigma(\boldsymbol{\varepsilon}_n)=\mathbf{0}$，则有 $\sigma(k_{r+1}\boldsymbol{\varepsilon}_{r+1}+\cdots+k_n\boldsymbol{\varepsilon}_n)=\mathbf{0}$，即

$$\boldsymbol{\xi}=k_{r+1}\boldsymbol{\varepsilon}_{r+1}+\cdots+k_n\boldsymbol{\varepsilon}_n\in\sigma^{-1}(0)$$

即 $\boldsymbol{\xi}$ 可被 $\boldsymbol{\varepsilon}_1, \boldsymbol{\varepsilon}_2, \cdots, \boldsymbol{\varepsilon}_r$ 线性表出. 设 $\boldsymbol{\xi}=k_1\boldsymbol{\varepsilon}_1+k_2\boldsymbol{\varepsilon}_2+\cdots+k_r\boldsymbol{\varepsilon}_r$，于是有

$$k_1\boldsymbol{\varepsilon}_1+k_2\boldsymbol{\varepsilon}_2+\cdots+k_r\boldsymbol{\varepsilon}_r-k_{r+1}\boldsymbol{\varepsilon}_{r+1}-\cdots-k_n\boldsymbol{\varepsilon}_n=\mathbf{0}$$

由于 $\boldsymbol{\varepsilon}_1, \boldsymbol{\varepsilon}_2, \cdots, \boldsymbol{\varepsilon}_n$ 为 $V$ 的基，则 $k_i=0$，即 $\sigma(\boldsymbol{\varepsilon}_{r+1}), \cdots, \sigma(\boldsymbol{\varepsilon}_n)$ 线性无关，为 $\sigma(V)$ 的一组基，则 $\sigma$ 的秩 $=n-r$，故 $\sigma$ 的秩 $+\sigma$ 的零度 $=n$.

**注** 虽然 $\sigma(V)$ 与 $\sigma^{-1}(0)$ 的维数之和为 $n$，但 $\sigma(V)+\sigma^{-1}(0)$ 未必等于 $V$.

(3) 设 $\sigma$ 为 $n$ 维线性空间 $V$ 的一个线性变换，则①$\sigma$ 是满射的充要条件为 $\sigma(V)=V$；②$\sigma$ 是单射的充要条件为 $\sigma^{-1}(0)=\{0\}$.

**证明** ① 易证.

② 因为 $\sigma(0)=\mathbf{0}$，若 $\sigma$ 为单射，则 $\sigma^{-1}(0)=\{0\}$；反之，若 $\sigma^{-1}(0)=\{0\}$，任取 $\boldsymbol{\alpha}, \boldsymbol{\beta}\in V$，若 $\sigma(\boldsymbol{\alpha})=\sigma(\boldsymbol{\beta})$，则 $\sigma(\boldsymbol{\alpha}-\boldsymbol{\beta})=\sigma(\boldsymbol{\alpha})-\sigma(\boldsymbol{\beta})=\mathbf{0}$，从而 $\boldsymbol{\alpha}-\boldsymbol{\beta}\in\sigma^{-1}(0)=\{0\}$，即 $\boldsymbol{\alpha}=\boldsymbol{\beta}$，故 $\sigma$ 为单射.

(4) 设 $\sigma$ 为 $n$ 维线性空间 $V$ 的一个线性变换，则 $\sigma$ 是单射的充要条件为 $\sigma$ 是满射.

**证明** $\sigma$ 是单射的充要条件为 $\sigma^{-1}(0)=\{0\}$，即 $\dim\sigma^{-1}(0)=0$ 的充要条件为 $\dim\sigma(V)=n$，从而 $\sigma(V)=V$ 的充要条件为 $\sigma$ 是满射.

**3. 值域与核的求法**

设 $\sigma$ 为 $n$ 维线性空间 $V$ 的一个线性变换，求 $\sigma(V)$ 与 $\sigma^{-1}(0)$ 通常有以下两种方法.

**方法一** 取 V 的一组基 $\boldsymbol{\alpha}_1, \boldsymbol{\alpha}_2, \cdots, \boldsymbol{\alpha}_n$，由于 $\sigma(V)=L(\sigma(\boldsymbol{\alpha}_1), \sigma(\boldsymbol{\alpha}_2), \cdots, \sigma(\boldsymbol{\alpha}_n))$，则只要求出基像组 $\sigma(\boldsymbol{\alpha}_1), \sigma(\boldsymbol{\alpha}_2), \cdots, \sigma(\boldsymbol{\alpha}_n)$ 的一个极大无关组与秩，就可得 $\sigma(V)$ 的基和维数；设 $\boldsymbol{\alpha}\in\sigma^{-1}(0)$，则 $\sigma(\boldsymbol{\alpha})=\mathbf{0}$，设 $\boldsymbol{\alpha}$ 在基 $\boldsymbol{\alpha}_1, \boldsymbol{\alpha}_2, \cdots, \boldsymbol{\alpha}_n$ 下的坐标为 $\boldsymbol{X}=(x_1, x_2, \cdots, x_n)^{\mathrm{T}}$，即

$$\boldsymbol{\alpha}=(\boldsymbol{\alpha}_1, \boldsymbol{\alpha}_2, \cdots, \boldsymbol{\alpha}_n)\boldsymbol{X}=(\boldsymbol{\alpha}_1, \boldsymbol{\alpha}_2, \cdots, \boldsymbol{\alpha}_n)(x_1, x_2, \cdots, x_n)^{\mathrm{T}}$$

从而 $\boldsymbol{AX}=\mathbf{0}$，则 $\boldsymbol{\alpha}$ 在基 $\boldsymbol{\alpha}_1, \boldsymbol{\alpha}_2, \cdots, \boldsymbol{\alpha}_n$ 下的坐标恰为 $\boldsymbol{AX}=\mathbf{0}$ 的解向量，从而 $\dim\sigma^{-1}(0)=n-R(\boldsymbol{A})$，并且 $\boldsymbol{AX}=\mathbf{0}$ 的基础解系就是 $\sigma^{-1}(0)$ 的基在 $\boldsymbol{\alpha}_1, \boldsymbol{\alpha}_2, \cdots, \boldsymbol{\alpha}_n$ 下的坐标，即 $\sigma^{-1}(0)=L(\boldsymbol{\xi}_1, \boldsymbol{\xi}_2, \cdots, \boldsymbol{\xi}_n)$，其中，$\boldsymbol{\xi}_i=(\boldsymbol{\alpha}_1, \boldsymbol{\alpha}_2, \cdots, \boldsymbol{\alpha}_n)\boldsymbol{X}_i$，$\boldsymbol{X}_i$ 为 $\boldsymbol{AX}=\mathbf{0}$ 的基础解系.

**方法二** 写出 $\sigma$ 在基 $\boldsymbol{\alpha}_1, \boldsymbol{\alpha}_2, \cdots, \boldsymbol{\alpha}_n$ 下矩阵，则 $\dim\sigma(V)=R(\boldsymbol{A})$；由于 $\sigma(\boldsymbol{\alpha}_i)$ 在基 $\boldsymbol{\alpha}_1, \boldsymbol{\alpha}_2, \cdots, \boldsymbol{\alpha}_n$ 的坐标恰为 $\boldsymbol{A}$ 的第 $i$ 列向量，则 $\boldsymbol{A}$ 列向量的极大无关组对应的 $\sigma(\boldsymbol{\alpha}_1), \sigma(\boldsymbol{\alpha}_2), \cdots, \sigma(\boldsymbol{\alpha}_n)$ 的极大无关组，从而确定 $\sigma(V)$ 的基.

## 二、不变子空间

**1. 定义**

设 $\sigma$ 为数域 $\boldsymbol{P}$ 上线性空间 $V$ 中的线性变换，$W$ 是 $V$ 的子空间，若 $\forall\boldsymbol{\xi}\in W$，有 $\sigma(\boldsymbol{\xi})\in W$(即 $\sigma(W)\subseteq W$)，则称 $W$ 是 $\sigma$ 的不变子空间，简称为 $\sigma$-子空间.

**注** $V$ 的平凡子空间($V$ 及零子空间)对于 $V$ 的任意一个变换 $\sigma$ 而言，都是 $\sigma$-子空间.

**2. 不变子空间的性质**

(1) 两个 $\sigma$-子空间的交与和仍是 $\sigma$-子空间.

(2) 设 $W=L(\boldsymbol{\alpha}_1, \boldsymbol{\alpha}_2, \cdots, \boldsymbol{\alpha}_s)$，则 $W$ 是 $\sigma$ 的不变子空间的充要条件为 $\sigma(\boldsymbol{\alpha}_1), \sigma(\boldsymbol{\alpha}_2), \cdots, \sigma(\boldsymbol{\alpha}_s) \in W$.

**证明** *必要性* 显然成立.

*充分性* 任取 $\forall \boldsymbol{\xi} \in W$，设 $\boldsymbol{\xi}=k_1\boldsymbol{\alpha}_1+k_2\boldsymbol{\alpha}_2+\cdots+k_s\boldsymbol{\alpha}_s$，则 $\sigma(\boldsymbol{\xi})=k_1\sigma(\boldsymbol{\alpha}_1)+\cdots+k_s\sigma(\sigma_s)$. 由于 $\sigma(\boldsymbol{\alpha}_1), \sigma(\boldsymbol{\alpha}_2), \cdots, \sigma(\boldsymbol{\alpha}_s) \in W$，则 $\sigma(\boldsymbol{\xi}) \in W$，故 $W$ 是 $\sigma$ 的不变子空间.

(3) 设 $V_1$ 为 $\sigma$ 的不变子空间，则对于任意多项式 $f(x)$，$V_1$ 是 $f(\sigma)$ 的不变子空间.

(4) 设 $V_1$ 为 $\sigma$ 的不变子空间，$V_1$ 为 $\tau$ 的不变子空间，则 $V_1$ 也为 $\sigma+\tau$，$\sigma\tau$ 的不变子空间.

**3. 一些重要不变子空间**

(1) 线性变换 $\sigma$ 的值域 $\sigma(V)$ 与核 $\sigma^{-1}(0)$ 都是 $\sigma$ 的不变子空间.

**证明** 由于 $\sigma(V)=\{\sigma(\boldsymbol{\alpha}) \mid \boldsymbol{\alpha} \in V\} \subseteq V$，则对 $\forall \boldsymbol{\xi} \in \sigma(V)$，有 $\sigma(\boldsymbol{\xi}) \in \sigma(V)$，故 $\sigma(V)$ 是 $\sigma$ 的不变子空间. 又任取 $\boldsymbol{\xi} \in \sigma^{-1}(0)$，有 $\sigma(\boldsymbol{\xi})=\mathbf{0} \in \sigma^{-1}(0)$，则 $\sigma^{-1}(0)$ 也是 $\sigma$ 的不变子空间.

(2) 若 $\sigma\tau=\tau\sigma$，则 $\tau(V)$ 与 $\tau^{-1}(0)$ 都是 $\sigma$ 的不变子空间.

**证明** 由于 $\tau(V)=\{\tau(\boldsymbol{\alpha}) \mid \boldsymbol{\alpha} \in V\}$，则对于 $\forall \boldsymbol{\xi} \in \tau(V)$，存在 $\boldsymbol{\alpha} \in V$，使 $\boldsymbol{\xi}=\tau(\boldsymbol{\alpha})$，于是有

$$\sigma(\boldsymbol{\xi})=\sigma(\tau(\boldsymbol{\alpha}))=\sigma\tau(\boldsymbol{\alpha})=\tau\sigma(\boldsymbol{\alpha})=\tau(\sigma(\boldsymbol{\alpha})) \in \tau(V)$$

则 $\tau(V)$ 为 $\sigma$ 的不变子空间. 其次由 $\tau^{-1}(0)=\{\boldsymbol{\alpha} \mid \boldsymbol{\alpha} \in V, \tau(\boldsymbol{\alpha})=\mathbf{0}\}$，则对于 $\forall \boldsymbol{\xi} \in \tau^{-1}(0)$，有 $\tau(\boldsymbol{\xi})=\mathbf{0}$. 于是 $\tau(\sigma(\boldsymbol{\xi}))=\tau\sigma(\boldsymbol{\xi})=\sigma\tau(\boldsymbol{\xi})=\sigma(\tau(\boldsymbol{\xi}))=\sigma(\mathbf{0})=\mathbf{0}$，则 $\sigma(\boldsymbol{\xi}) \in \tau^{-1}(0)$，故 $\tau^{-1}(0)$ 是 $\sigma$ 的不变子空间.

**注** 由于 $\sigma f(\sigma)=f(\sigma)\sigma$，则 $\sigma$ 的多项式 $f(\sigma)$ 的值域与核都是 $\sigma$ 的不变子空间，其中，$f(x)$ 为 $P[x]$ 中任一多项式.

(3) 任何子空间都是数乘变换 $K$ 的不变子空间. 事实上 $\forall \boldsymbol{\xi} \in W$，$K\boldsymbol{\xi}=k\boldsymbol{\xi} \in W$.

(4) 线性变换 $\sigma$ 的特征子空间 $V_{\lambda 0}$ 是 $\sigma$ 的不变子空间. 事实上 $\forall \boldsymbol{\xi} \in V$，有 $\sigma(\boldsymbol{\xi})=\lambda_0\boldsymbol{\xi} \in V_{\lambda_0}$.

(5) 由 $\sigma$ 的特征向量生成的子空间是 $\sigma$ 的不变子空间.

**证明** 设 $\boldsymbol{\alpha}_1, \boldsymbol{\alpha}_2, \cdots, \boldsymbol{\alpha}_s$ 是 $\sigma$ 的分别属于特征值 $\lambda_1, \lambda_2, \cdots, \lambda_s$ 的特征向量，任取 $\boldsymbol{\xi} \in L(\boldsymbol{\alpha}_1, \boldsymbol{\alpha}_2, \cdots, \boldsymbol{\alpha}_s)$，设 $\boldsymbol{\xi}=k_1\boldsymbol{\alpha}_1+k_2\boldsymbol{\alpha}_2+\cdots+k_s\boldsymbol{\alpha}_s$，则

$$\sigma(\boldsymbol{\xi})=k_1\lambda_1\boldsymbol{\alpha}_1+k_2\lambda_2\boldsymbol{\alpha}_2+\cdots+k_s\lambda_s\boldsymbol{\alpha}_s \in L(\boldsymbol{\alpha}_1, \boldsymbol{\alpha}_2, \cdots, \boldsymbol{\alpha}_s)$$

则 $L(\boldsymbol{\alpha}_1, \boldsymbol{\alpha}_2, \cdots, \boldsymbol{\alpha}_s)$ 为 $\sigma$ 的不变子空间.

**注** 特别地，由 $\sigma$ 的一个特征向量生成的子空间是一个一维 $\sigma$-子空间；反之，一个一维 $\sigma$-子空间必可看成是 $\sigma$ 的一个特征向量生成的子空间. 事实上，若 $W=L(\boldsymbol{\xi})=\{k\boldsymbol{\xi} \mid k \in P, \boldsymbol{\xi} \neq \mathbf{0}\}$，则 $\boldsymbol{\xi}$ 为 $L(\boldsymbol{\xi})$ 的一组基，由于 $W$ 为 $\sigma$-子空间，则 $\sigma(\boldsymbol{\xi}) \in W$，必存在 $\lambda \in P$，使 $\sigma(\boldsymbol{\xi})=\lambda\boldsymbol{\xi}$. 故 $\boldsymbol{\xi}$ 为 $\sigma$ 的特征向量.

**4. $\sigma$ 在不变子空间 $W$ 上引起的线性变换**

设 $\sigma$ 为线性空间 $V$ 的线性变换，$W$ 是 $V$ 的一个 $\sigma$ 不变子空间，把 $\sigma$ 看成是 $W$ 上的一个线性变换，称为 $\sigma$ 在不变子空间 $W$ 上引起的线性变换，或称为 $\sigma$ 在不变子空间 $W$ 上的限制，记为 $\sigma|_W$.

**注** (1) 当 $\boldsymbol{\xi} \in W$ 时，$\sigma|_W(\boldsymbol{\xi})=\sigma(\boldsymbol{\xi})$；当 $\boldsymbol{\xi} \notin W$ 时，$\sigma|_W(\boldsymbol{\xi})$ 无意义.

(2) $\sigma|_W(W)\subseteq W$.

(3) 任一线性变换 $\sigma$ 在它核上引起的线性变换是零变换，即 $\sigma|_{\sigma^{-1}(0)}=0$；$\sigma$ 在特征子空间 $V_{\lambda_0}$ 上引起的线性变换是数乘变换，即有 $\sigma|_{V_{\lambda_0}}=\lambda_0\boldsymbol{E}$.

**5. 不变子空间与线性变换的矩阵化简**

(1) 设 $\sigma$ 为 $n$ 维线性空间 $V$ 的线性变换，$W$ 是 $V$ 的一个 $\sigma$ 不变子空间，$\boldsymbol{\varepsilon}_1, \boldsymbol{\varepsilon}_2, \cdots, \boldsymbol{\varepsilon}_k$ 为 $W$ 的一组基，把它扩充为 $V$ 的一组基 $\boldsymbol{\varepsilon}_1, \boldsymbol{\varepsilon}_2, \cdots, \boldsymbol{\varepsilon}_k, \boldsymbol{\varepsilon}_{k+1}, \cdots, \boldsymbol{\varepsilon}_n$，若 $\sigma|_W$ 在基 $\boldsymbol{\varepsilon}_1, \boldsymbol{\varepsilon}_2, \cdots, \boldsymbol{\varepsilon}_k$ 下的矩阵为 $\boldsymbol{A}_1\in P^{k\times k}$，则 $\sigma$ 在基 $\boldsymbol{\varepsilon}_1, \boldsymbol{\varepsilon}_2, \cdots, \boldsymbol{\varepsilon}_n$ 下的矩阵有形式 $\begin{bmatrix}\boldsymbol{A}_1 & \boldsymbol{A}_2\\ \boldsymbol{0} & \boldsymbol{A}_3\end{bmatrix}$；

反之，若 $\sigma(\boldsymbol{\varepsilon}_1, \boldsymbol{\varepsilon}_2, \cdots, \boldsymbol{\varepsilon}_n)=(\boldsymbol{\varepsilon}_1, \boldsymbol{\varepsilon}_2, \cdots, \boldsymbol{\varepsilon}_n)\begin{bmatrix}\boldsymbol{A}_1 & \boldsymbol{A}_2\\ \boldsymbol{0} & \boldsymbol{A}_3\end{bmatrix}$, $\boldsymbol{A}_1\in P^{k\times k}$，则由 $\boldsymbol{\varepsilon}_1, \boldsymbol{\varepsilon}_2, \cdots, \boldsymbol{\varepsilon}_k$ 生成的子空间必为 $\sigma$ 不变子空间. 事实上，因为 $W$ 是 $V$ 的一个 $\sigma$ 不变子空间，则 $\sigma(\boldsymbol{\varepsilon}_1)$, $\sigma(\boldsymbol{\varepsilon}_2)$, $\cdots$, $\sigma(\boldsymbol{\varepsilon}_k)\in W$，即 $\sigma(\boldsymbol{\varepsilon}_1)$, $\sigma(\boldsymbol{\varepsilon}_2)$, $\cdots$, $\sigma(\boldsymbol{\varepsilon}_k)$ 均可被 $\boldsymbol{\varepsilon}_1, \boldsymbol{\varepsilon}_2, \cdots, \boldsymbol{\varepsilon}_k$ 线性表出. 设

$$\begin{cases}\sigma(\boldsymbol{\varepsilon}_1)=a_{11}\boldsymbol{\varepsilon}_1+a_{21}\boldsymbol{\varepsilon}_2+\cdots+a_{k1}\boldsymbol{\varepsilon}_k\\ \sigma(\boldsymbol{\varepsilon}_2)=a_{12}\boldsymbol{\varepsilon}_1+a_{22}\boldsymbol{\varepsilon}_2+\cdots+a_{k2}\boldsymbol{\varepsilon}_k\\ \qquad\vdots\\ \sigma(\boldsymbol{\varepsilon}_k)=a_{1k}\boldsymbol{\varepsilon}_1+a_{2k}\boldsymbol{\varepsilon}_2+\cdots+a_{kk}\boldsymbol{\varepsilon}_k\end{cases}$$

从而 $\sigma(\boldsymbol{\varepsilon}_1, \cdots, \boldsymbol{\varepsilon}_n)=(\boldsymbol{\varepsilon}_1, \cdots, \boldsymbol{\varepsilon}_n)\begin{bmatrix}\boldsymbol{A}_1 & \boldsymbol{A}_2\\ \boldsymbol{0} & \boldsymbol{A}_3\end{bmatrix}$，其中

$$\boldsymbol{A}_1=\begin{bmatrix}a_{11} & \cdots & a_{1k}\\ \vdots & & \vdots\\ a_{k1} & \cdots & a_{kk}\end{bmatrix}, \boldsymbol{A}_2=\begin{bmatrix}a_{1,\ k+1} & \cdots & a_{1n}\\ \vdots & & \vdots\\ a_{k,\ k+1} & \cdots & a_{kn}\end{bmatrix}, \boldsymbol{A}_2=\begin{bmatrix}a_{k+1,\ k+1} & \cdots & a_{k+1,\ n}\\ \vdots & & \vdots\\ a_{n,\ k+1} & \cdots & a_{nn}\end{bmatrix}$$

(2) 设 $\sigma$ 为 $n$ 维线性空间 $V$ 的线性变换，$W_i$ 都有 $\sigma$ 的不变子空间，$\boldsymbol{\varepsilon}_{i1}, \boldsymbol{\varepsilon}_{i2}, \cdots, \boldsymbol{\varepsilon}_{in_i}$ 为 $W_i$ 的一组基，并且 $\sigma|_{W_i}$ 在这组基下的矩阵为 $\boldsymbol{A}_i$，$\boldsymbol{A}_i\in P^{n_i\times n_i}$，$i=1, 2, \cdots, s$，若 $V=W_1\oplus W_2\oplus\cdots\oplus W_s$，则

$$\boldsymbol{\varepsilon}_{11}, \cdots, \boldsymbol{\varepsilon}_{1n_1}, \boldsymbol{\varepsilon}_{21}, \cdots, \boldsymbol{\varepsilon}_{2n_2}, \cdots, \boldsymbol{\varepsilon}_{s1}, \cdots, \boldsymbol{\varepsilon}_{sn_s}$$

为 $V$ 的一组基，并且在这组基下 $\sigma$ 的矩阵为准对角阵 $\mathrm{diag}(\boldsymbol{A}_1, \boldsymbol{A}_2, \cdots, \boldsymbol{A}_s)$①；

反之，若 $\sigma$ 在基 $\boldsymbol{\varepsilon}_{11}, \cdots, \boldsymbol{\varepsilon}_{1n_1}, \boldsymbol{\varepsilon}_{21}, \cdots, \boldsymbol{\varepsilon}_{s1}, \cdots, \boldsymbol{\varepsilon}_{sn_s}$ 下的矩阵为准对角矩阵①，则由 $\boldsymbol{\varepsilon}_{i1}$, $\boldsymbol{\varepsilon}_{i2}, \cdots, \boldsymbol{\varepsilon}_{in_i}$ 生成的子空间 $W_i$ 为 $\sigma$ 的不变子空间，且 $V$ 具有直和分解：$V=W_1\oplus W_2\oplus\cdots\oplus W_s$. 由此即得：$V$ 的线性变换 $\sigma$ 在某些基下的矩阵为准对角形的充要条件为 $V$ 可分解为一些 $\sigma$ 的不变子空间的直和.

**6. 线性空间的直和分解**

设 $\sigma$ 为线性空间 $V$ 的线性变换，$f(\lambda)$ 是 $\sigma$ 的特征多项式，若 $f(\lambda)$ 具有分解式：$f(\lambda)=(\lambda-\lambda_1)^{r_1}(\lambda-\lambda_2)^{r_2}(\lambda-\lambda_s)^{r_s}$，再设 $V_i=\{\boldsymbol{\xi}\mid(\sigma-\lambda_i\varepsilon)^{r_i}(\boldsymbol{\xi})=\boldsymbol{0}, \boldsymbol{\xi}\in V\}$，则 $V_i$ 都是 $\sigma$ 的不变子空间，并且 $V$ 具有直和分解 $V=V_1\oplus V_2\oplus\cdots\oplus V_s$.

**证明** 令

$$f_i(\lambda)=\frac{f(\lambda)}{(\lambda-\lambda_i)^{r_i}}=(\lambda-\lambda_1)^{r_1}\cdots(\lambda-\lambda_{i-1})^{r_{i-1}}(\lambda-\lambda_{i+1})^{r_{i+1}}\cdots(\lambda-\lambda_s)^{r_s}$$

$W_i=f_i(\sigma)V$，则 $W_i$ 是 $f_i(\sigma)$ 的值域，即 $W_i$ 是 $\sigma$ 的不变子空间. 又

$$(\sigma-\lambda_i\varepsilon)^{r_i}W_i=(\sigma-\lambda_i\varepsilon)^{r_i}f_i(\sigma)V=((\sigma-\lambda_i\varepsilon)^{r_i}f_i(\sigma))V=f(\sigma)V$$

则$(\sigma-\lambda_i\varepsilon)^{r_i}W_i=0$，下证$V=V_1\oplus V_2\oplus\cdots\oplus V_s$，分为三步：

(1) 证明$V=W_1+W_2+\cdots+W_s$. 由于$(f_1(\lambda), f_2(\lambda), \cdots, f_s(\lambda))=1$，则存在多项式

$$u_1(\lambda), u_2(\lambda), \cdots, u_s(\lambda)$$

使得$u_1(\lambda)f_1(\lambda)+u_2(\lambda)f_2(\lambda)+\cdots+u_s(\lambda)f_s(\lambda)=1$，于是

$$u_1(\sigma)f_1(\sigma)+u_2(\sigma)f_2(\sigma)+\cdots+u_s(\sigma)f_s(\sigma)=\varepsilon$$

则对于$\forall\boldsymbol{\alpha}\in V$，有

$$\begin{aligned}\boldsymbol{\alpha}=\varepsilon(\boldsymbol{\alpha})&=(u_1(\sigma)f_1(\sigma)+\cdots+u_s(\sigma)f_s(\sigma))(\boldsymbol{\alpha})=u_1(\sigma)f_1(\sigma)(\boldsymbol{\alpha})+\cdots+u_s(\sigma)f_s(\sigma)(\boldsymbol{\alpha})\\&=f_1(\sigma)(u_1(\sigma)(\boldsymbol{\alpha}))+\cdots+f_s(\sigma)(u_s(\sigma)(\boldsymbol{\alpha}))\end{aligned}$$

其中，$f_i(\sigma)(u_i(\sigma)(\boldsymbol{\alpha}))\in f_i(\sigma)V=W_i$，$i=1\sim s$，则$V=W_1+\cdots+W_s$.

(2) 证明$V_1+V_2+\cdots+V_s$为直和. 即证明若$\boldsymbol{\beta}_1+\boldsymbol{\beta}_2+\cdots+\boldsymbol{\beta}_s=\mathbf{0}$，其中，$\boldsymbol{\beta}_i\in V_i$(即$(\sigma-\lambda_i\varepsilon)^{r_i}(\boldsymbol{\beta}_i)=\mathbf{0}$)，则$\boldsymbol{\beta}_i=\mathbf{0}$. 由于$(\sigma-\lambda_j)^{r_j}\mid f_i(\lambda)$，$i\neq j$，则存在$h(\lambda)$，使$f_i(\lambda)=h(\lambda)(\lambda-\lambda_j)^{r_j}$，于是

$$f_i(\sigma)=h(\sigma)(\omega-\lambda_j\varepsilon)^{r_j}$$

故$f_i(\sigma)(\boldsymbol{\beta}_j)=h(\sigma)(\sigma-\lambda_j\varepsilon)^{r_j}(\boldsymbol{\beta}_j)=h(\sigma)((\sigma-\lambda_j\varepsilon)^{r_j}(\boldsymbol{\beta}_j))=h(\sigma)(\mathbf{0})=\mathbf{0}$，$i\neq j$，用$f_i(\sigma)$作用$\boldsymbol{\beta}_1+\boldsymbol{\beta}_2+\cdots+\boldsymbol{\beta}_s=\mathbf{0}$的两端，有

$$f_i(\sigma)(\boldsymbol{\beta}_1+\boldsymbol{\beta}_2+\cdots+\boldsymbol{\beta}_s)=f_i(\sigma)(\boldsymbol{\beta}_1)+f_i(\sigma)(\boldsymbol{\beta}_2)+\cdots+f_i(\sigma)(\boldsymbol{\beta}_s)=f_i(\sigma)(\boldsymbol{\beta}_i)=\mathbf{0}$$

又$(f_i(\lambda), (\lambda-\lambda_i)^{r_i})=1$，则有多项式$u(\lambda)$，$v(\lambda)$，使得$u(\lambda)f_i(\lambda)+v(\lambda)(\lambda-\lambda_i)^{r_i}=1$，从而$u(\sigma)f_i(\sigma)+v(\sigma)(\sigma-\lambda_i\varepsilon)^{r_i}=\varepsilon$，即有

$$\begin{aligned}\boldsymbol{\beta}_i&=\varepsilon(\boldsymbol{\beta}_i)=(u(\sigma)f_i(\sigma)+v(\sigma)(\sigma-\lambda_i\varepsilon)^{r_i})(\boldsymbol{\beta}_i)\\&=u(\sigma)(f_i(\sigma)(\boldsymbol{\beta}_i))+v(\sigma)((\sigma-\lambda_i\varepsilon)^{r_i}(\boldsymbol{\beta}_i))=u(\sigma)(0)+v(\sigma)(0)\\&=0,\ i=1\sim s\end{aligned}$$

所以$V_1+V_2+\cdots+V_s$是直和.

(3) 证明$V_i=W_i$，$i=1\sim s$. 则证明$W_i=V_i=\{\boldsymbol{\xi}\mid(\sigma-\lambda_i\varepsilon)^{r_i}(\boldsymbol{\xi})=\mathbf{0}, \boldsymbol{\xi}\in V\}$即可. 由于$(\sigma-\lambda_i\varepsilon)^{r_i}W_i=\mathbf{0}$，有$W_i\subseteq((\sigma-\lambda_i\varepsilon)^{r_i})^{-1}(0)$，即$W_i\subseteq V_i$；其次任取$\boldsymbol{\alpha}\in V_i$，设$\boldsymbol{\alpha}=\boldsymbol{\alpha}_1+\boldsymbol{\alpha}_2+\cdots+\boldsymbol{\alpha}_s$，$\boldsymbol{\alpha}_i\in W_i$，即

$$\boldsymbol{\alpha}_1+\boldsymbol{\alpha}_2+\cdots+(\boldsymbol{\alpha}_i-\boldsymbol{\alpha})+\cdots+\boldsymbol{\alpha}_s=\mathbf{0}$$

令$\boldsymbol{\beta}_i=\boldsymbol{\alpha}_i(i\neq j)$，$\boldsymbol{\beta}_i=\boldsymbol{\alpha}_i-\boldsymbol{\alpha}$，由$(\sigma-\lambda_i\varepsilon)^{r_i}(\boldsymbol{\alpha}_i)=\mathbf{0}$，有

$$(\sigma-\lambda_i\varepsilon)^{r_i}(\boldsymbol{\beta}_i)=(\sigma-\lambda_i\varepsilon)^{r_i}(\boldsymbol{\alpha}_i-\boldsymbol{\alpha})=(\sigma-\lambda_i\varepsilon)^{r_i}(\boldsymbol{\alpha}_i)-(\sigma-\lambda_i\varepsilon)^{r_i}(\boldsymbol{\alpha})=\mathbf{0}$$

从而有$(\sigma-\lambda_i\varepsilon)^{r_i}(\boldsymbol{\beta}_i)=\mathbf{0}$，即$\boldsymbol{\beta}_i\in V_i$，则$\boldsymbol{\beta}_1+\boldsymbol{\beta}_2+\cdots+\boldsymbol{\beta}_s\in V_1+V_2+\cdots+V_s$；又$\boldsymbol{\beta}_1+\boldsymbol{\beta}_2+\cdots+\boldsymbol{\beta}_s=\mathbf{0}$，由$V_1+V_2+\cdots+V_s$是直和，它的零向量分解式唯一，则$\boldsymbol{\beta}_i=\mathbf{0}$，$i=1\sim s$. 于是$\boldsymbol{\alpha}=\boldsymbol{\alpha}_i\in W$，即$W_i\supseteq V_i$，故$V_i=W_i$，$i=1, 2, \cdots, s$.

综合以上即有$V_i$都是$\sigma$的不变子空间，且$V=V_1\oplus V_2\oplus\cdots\oplus V_s$.

## 典型例题

**例1** 设$\boldsymbol{A}$是一个$n$阶方阵，$\boldsymbol{A}^2=\boldsymbol{A}$，证明：$\boldsymbol{A}$相似于对角阵$\mathrm{diag}(1, \cdots, 1, 0, \cdots, 0)$.

**分析** 此矩阵问题可以转化为线性变换问题来解决.

**证明** 设$\boldsymbol{A}$是$n$维线性空间$V$的一个线性变换$\sigma$在一组基$\boldsymbol{\varepsilon}_1$，$\boldsymbol{\varepsilon}_2$，$\cdots$，$\boldsymbol{\varepsilon}_n$下的矩阵，

$\sigma(\boldsymbol{\varepsilon}_1, \boldsymbol{\varepsilon}_2, \cdots, \boldsymbol{\varepsilon}_n)=(\boldsymbol{\varepsilon}_1, \boldsymbol{\varepsilon}_2, \cdots, \boldsymbol{\varepsilon}_n)\boldsymbol{A}$，由于 $\boldsymbol{A}^2=\boldsymbol{A}$，有 $\sigma^2=\sigma$. 任取 $\forall \boldsymbol{\alpha}\in V$，则 $\boldsymbol{\alpha}=\sigma\boldsymbol{\alpha}+\boldsymbol{\alpha}-\sigma\boldsymbol{\alpha}$，从而 $\sigma\boldsymbol{\alpha}\in\sigma(V)$，而 $\sigma(\boldsymbol{\alpha}-\sigma\boldsymbol{\alpha})=\sigma\boldsymbol{\alpha}-\sigma^2\boldsymbol{\alpha}=\sigma\boldsymbol{\alpha}-\sigma\boldsymbol{\alpha}=\boldsymbol{0}$，则 $\boldsymbol{\alpha}\in\sigma^{-1}(0)$，从而 $V=\sigma(V)+\sigma^{-1}(0)$. 又因为 $\dim\sigma(V)+\dim\sigma^{-1}(0)=n$，则 $V=\sigma(V)\oplus\sigma^{-1}(0)$. 由于 $\boldsymbol{A}^2=\boldsymbol{A}$，则 $\boldsymbol{A}$ 的特征值为 1、0；设 $R(\boldsymbol{A})=r$，取 $\sigma(V)$ 的一组基 $\boldsymbol{\eta}_1, \boldsymbol{\eta}_2, \cdots, \boldsymbol{\eta}_r$，则 $\sigma\boldsymbol{\eta}_i=\boldsymbol{\eta}_i(i=1, 2, \cdots, r)$；在 $\sigma^{-1}(0)$ 中取一组基 $\boldsymbol{\eta}_{r+1}, \cdots, \boldsymbol{\eta}_n$，则 $\sigma\boldsymbol{\eta}_j=\boldsymbol{0}(j=r+1, r+2, \cdots, n)$，从而 $\boldsymbol{\eta}_1, \cdots, \boldsymbol{\eta}_r, \boldsymbol{\eta}_{r+1}, \cdots, \boldsymbol{\eta}_n$ 就是 $V$ 的一组基，显然有 $\sigma(\boldsymbol{\eta}_1, \boldsymbol{\eta}_2, \cdots, \boldsymbol{\eta}_n)=(\boldsymbol{\eta}_1, \boldsymbol{\eta}_2, \cdots, \boldsymbol{\eta}_n)\mathrm{diag}(1, \cdots, 1, 0, \cdots, 0)$，故 $\boldsymbol{A}$ 相似于对角阵 $\mathrm{diag}(1, \cdots, 1, 0, \cdots, 0)$.

**例 2** 设 $\boldsymbol{A}$ 为 $n$ 阶矩阵，$R(\boldsymbol{A})+R(\boldsymbol{E}-\boldsymbol{A})=n$，则 $\boldsymbol{A}^2=\boldsymbol{A}$.

**分析** 此矩阵问题可以转化为线性变换问题来解决.

**证明** *方法一* 设 $\boldsymbol{\varepsilon}_1, \boldsymbol{\varepsilon}_2, \cdots, \boldsymbol{\varepsilon}_n$ 为 $n$ 维线性空间 $V$ 的一组基，定义线性变换 $\sigma\in L(V)$，有

$$\sigma(\boldsymbol{\varepsilon}_1, \boldsymbol{\varepsilon}_2, \cdots, \boldsymbol{\varepsilon}_n)=(\boldsymbol{\varepsilon}_1, \boldsymbol{\varepsilon}_2, \cdots, \boldsymbol{\varepsilon}_n)\boldsymbol{A}$$

则 $(\varepsilon-\sigma)(\boldsymbol{\varepsilon}_1, \cdots, \boldsymbol{\varepsilon}_n)=(\boldsymbol{\varepsilon}_1, \cdots, \boldsymbol{\varepsilon}_n)(\boldsymbol{E}-\boldsymbol{A})$，因此 $\dim\sigma(V)=R(\boldsymbol{A})$，$\dim(\varepsilon-\sigma)(V)=R(\boldsymbol{E}-\boldsymbol{A})$，而题设有

$$R(\boldsymbol{A})+R(\boldsymbol{E}-\boldsymbol{A})=n,\ \forall \boldsymbol{\alpha}\in V,\ \boldsymbol{\alpha}=\sigma\boldsymbol{\alpha}+(\boldsymbol{\alpha}-\sigma\boldsymbol{\alpha})\in\sigma(V)+(\varepsilon-\sigma)(V)$$

则 $V=\sigma(V)+(\varepsilon-\sigma)(V)$，从而 $V=\sigma(V)\oplus(\varepsilon-\sigma)(V)$. 对于 $\forall\boldsymbol{\beta}\in\sigma(V)\cap(\varepsilon-\sigma)(V)=\{0\}$，则存在 $\boldsymbol{\alpha}\in V$ 使得 $\boldsymbol{\beta}=\sigma\boldsymbol{\alpha}$，且 $(\varepsilon-\sigma)\boldsymbol{\beta}=\boldsymbol{0}$，从而有

$$(\varepsilon-\sigma)\boldsymbol{\beta}=(\varepsilon-\sigma)\sigma\boldsymbol{\alpha}=\sigma\boldsymbol{\alpha}-\sigma^2\boldsymbol{\alpha}=\boldsymbol{0}$$

即 $\sigma^2\boldsymbol{\alpha}=\sigma\boldsymbol{\alpha}$，从而有 $\boldsymbol{A}^2=\boldsymbol{A}$.

*方法二(分块矩阵法)* 已知 $R\begin{pmatrix}\boldsymbol{E}-\boldsymbol{A} & \boldsymbol{0}\\ \boldsymbol{0} & \boldsymbol{A}\end{pmatrix}=n$，又

$$\begin{bmatrix}\boldsymbol{E}-\boldsymbol{A} & \boldsymbol{0}\\ \boldsymbol{0} & \boldsymbol{E}\end{bmatrix}\to\begin{bmatrix}\boldsymbol{E}-\boldsymbol{A} & \boldsymbol{A}\\ \boldsymbol{0} & \boldsymbol{A}\end{bmatrix}\to\begin{bmatrix}\boldsymbol{E} & \boldsymbol{A}\\ \boldsymbol{0} & \boldsymbol{A}-\boldsymbol{A}^2\end{bmatrix}\to\begin{bmatrix}\boldsymbol{E} & \boldsymbol{0}\\ \boldsymbol{0} & \boldsymbol{A}-\boldsymbol{A}^2\end{bmatrix}$$

可知，$n=R\begin{pmatrix}\boldsymbol{E}-\boldsymbol{A} & \boldsymbol{0}\\ \boldsymbol{0} & \boldsymbol{E}\end{pmatrix}=R\begin{pmatrix}\boldsymbol{E} & \boldsymbol{0}\\ \boldsymbol{0} & \boldsymbol{A}-\boldsymbol{A}^2\end{pmatrix}$，从而 $\boldsymbol{A}-\boldsymbol{A}^2=\boldsymbol{0}$，即 $\boldsymbol{A}^2=\boldsymbol{A}$.

**例 3** 设 $V$ 是数域 $P$ 上 $n$ 维线性空间，证明：$V$ 的与全体线性变换可交换的线性变换是数乘变换.

**分析** 此线性变换问题可以转化为矩阵问题来解决.

**证明** *方法一* 设 $\sigma$ 是 $V$ 的与全体线性变换可交换的线性变换，$\boldsymbol{\alpha}_1, \boldsymbol{\alpha}_2, \cdots, \boldsymbol{\alpha}_n$ 为 $V$ 的一组基，并且 $\sigma(\boldsymbol{\alpha}_1, \cdots, \boldsymbol{\alpha}_n)=(\boldsymbol{\alpha}_1, \cdots, \boldsymbol{\alpha}_n)\boldsymbol{A}$，对于任意 $\boldsymbol{B}\in P^{n\times n}$，则存在 $\tau\in L(V)$，使得 $\tau(\boldsymbol{\alpha}_1, \cdots, \boldsymbol{\alpha}_n)=(\boldsymbol{\alpha}_1, \cdots, \boldsymbol{\alpha}_n)\boldsymbol{B}$；又 $\sigma\tau=\tau\sigma$，则 $\boldsymbol{AB}=\boldsymbol{BA}$；由于 $\boldsymbol{B}\in P^{n\times n}$ 为任意方阵，则 $\boldsymbol{A}$ 为数量矩阵，从而 $\sigma$ 为数乘变换.

*方法二 利用数乘变换的定义* 设 $\sigma$ 是 $V$ 的与全体线性变换可交换的线性变换，$\boldsymbol{\alpha}_1, \boldsymbol{\alpha}_2, \cdots, \boldsymbol{\alpha}_n$ 为 $V$ 的一组基，则 $\sigma(\boldsymbol{\alpha}_1, \cdots, \boldsymbol{\alpha}_n)=(\boldsymbol{\alpha}_1, \cdots, \boldsymbol{\alpha}_n)(k_{ij})_{n\times n}$.

令 $\tau(\boldsymbol{\alpha}_i)=\boldsymbol{\alpha}_i$，$\tau(\boldsymbol{\alpha}_j)=2\boldsymbol{\alpha}_j$，则由 $\sigma\tau(\boldsymbol{\alpha}_i)=\tau\sigma(\boldsymbol{\alpha}_i)$ 有 $\sigma\tau(\boldsymbol{\alpha}_i)=\sigma(\boldsymbol{\alpha}_i)=k_{i1}\boldsymbol{\alpha}_1+k_{i2}\boldsymbol{\alpha}_2+\cdots+k_{in}\boldsymbol{\alpha}_n$，$\tau\sigma(\boldsymbol{\alpha}_i)=\tau(k_{i1}\boldsymbol{\alpha}_1+k_{i2}\boldsymbol{\alpha}_2+\cdots+k_{in}\boldsymbol{\alpha}_n)=k_{i1}\tau\boldsymbol{\alpha}_1+k_{i2}\tau\boldsymbol{\alpha}_2+\cdots+k_{in}\tau\boldsymbol{\alpha}_n=2k_{i1}\boldsymbol{\alpha}_1+\cdots+k_{ii}\boldsymbol{\alpha}_2+\cdots+2k_{in}\boldsymbol{\alpha}_n$，从而有 $-\sigma\tau(\boldsymbol{\alpha}_i)+\tau\sigma(\boldsymbol{\alpha}_i)=k_{i1}\boldsymbol{\alpha}_1+\cdots+k_{i,i-1}\boldsymbol{\alpha}_{i-1}+k_{i,i+1}\boldsymbol{\alpha}_{i+1}+\cdots+k_{in}\boldsymbol{\alpha}_n=\boldsymbol{0}$，又 $\boldsymbol{\alpha}_1, \cdots, \boldsymbol{\alpha}_{i-1}, \boldsymbol{\alpha}_{i+1}, \cdots, \boldsymbol{\alpha}_n$ 线性无关，则 $k_{ij}=0(i\neq j)$，从而 $\sigma\boldsymbol{\alpha}_i=k_{ii}\boldsymbol{\alpha}_i(i=1\sim n)$.

下证 $k_{ii}=k_{jj}(i\neq j)$：令 $\tau\boldsymbol{\alpha}_i=\boldsymbol{\alpha}_j$，$\tau\boldsymbol{\alpha}_j=\boldsymbol{\alpha}_i$，则 $\sigma\tau(\boldsymbol{\alpha}_i)=\sigma\boldsymbol{\alpha}_j=k_{jj}\boldsymbol{\alpha}_j$，$\tau\sigma(\boldsymbol{\alpha}_i)=\tau(k_{ii}\boldsymbol{\alpha}_j)=$

$k_{ii}\boldsymbol{\alpha}_j$，从而由 $\sigma\tau(\boldsymbol{\alpha}_i)=\tau\sigma(\boldsymbol{\alpha}_i)$，$k_{ii}\boldsymbol{\alpha}_j=k_{jj}\boldsymbol{\alpha}_j$，即 $k_{ii}=k_{jj}$，从而 $\sigma\boldsymbol{\alpha}_i=k\boldsymbol{\alpha}_i$，这时 $k=k_{11}=\cdots=k_{nn}$，故 $(k_{ij})_{n\times n}=k\boldsymbol{E}$，即 $\sigma$ 为数乘变换.

**例 4** 设 $\sigma$ 是数域 $P$ 上 $n$ 维线性空间 $V$ 的线性变换，若 $\sigma$ 在任意基下的矩阵都相等，则 $\sigma$ 为数乘变换.

**分析** 此线性变换问题可以转化为矩阵问题来解决.

**证明** 设 $\boldsymbol{\alpha}_1$，$\boldsymbol{\alpha}_2$，…，$\boldsymbol{\alpha}_n$ 为 $V$ 的一组基，则 $\sigma(\boldsymbol{\alpha}_1,\cdots,\boldsymbol{\alpha}_n)=(\boldsymbol{\alpha}_1,\cdots,\boldsymbol{\alpha}_n)\boldsymbol{A}$；对于任意 $\boldsymbol{B}\in P^{n\times n}$，令 $(\boldsymbol{\eta}_1,\boldsymbol{\eta}_2,\cdots,\boldsymbol{\eta}_n)=(\boldsymbol{\alpha}_1,\boldsymbol{\alpha}_2,\cdots,\boldsymbol{\alpha}_n)\boldsymbol{B}$，$\boldsymbol{\eta}_1$，$\boldsymbol{\eta}_2$，…，$\boldsymbol{\eta}_n$ 为 $V$ 的一组基，且 $\sigma(\boldsymbol{\eta}_1,\cdots,\boldsymbol{\eta}_n)=(\boldsymbol{\eta}_1,\cdots,\boldsymbol{\eta}_n)\boldsymbol{A}$，则 $\sigma(\boldsymbol{\eta}_1,\cdots,\boldsymbol{\eta}_n)=\sigma(\boldsymbol{\alpha}_1,\cdots,\boldsymbol{\alpha}_n)\boldsymbol{B}=(\boldsymbol{\alpha}_1,\cdots,\boldsymbol{\alpha}_n)\boldsymbol{AB}=(\boldsymbol{\eta}_1,\cdots,\boldsymbol{\eta}_n)\boldsymbol{B}^{-1}\boldsymbol{AB}$，从而 $\boldsymbol{A}=\boldsymbol{B}^{-1}\boldsymbol{AB}$，即 $\boldsymbol{AB}=\boldsymbol{BA}$，说明 $\boldsymbol{A}$ 与任意可逆矩阵可交换，则 $\boldsymbol{A}=k\boldsymbol{E}$，故 $\sigma$ 为数乘变换.

**例 5** 设 $\boldsymbol{\varepsilon}_1$，$\boldsymbol{\varepsilon}_2$，$\boldsymbol{\varepsilon}_3$，$\boldsymbol{\varepsilon}_4$ 是线性空间 $V$ 的一组基，已知线性变换 $\sigma$ 在此组基下的矩阵为

$$\boldsymbol{A}=\begin{bmatrix}1&0&2&1\\-1&2&1&3\\1&2&5&5\\2&-2&1&-2\end{bmatrix}$$

试求：(1) 求 $\sigma(V)$ 与 $\sigma^{-1}(0)$；(2) 在 $\sigma^{-1}(0)$ 中选一组基，把它扩充为 $V$ 的一组基，并求 $\sigma$ 在这组基下的矩阵；(3) 在 $\sigma(V)$ 中选一组基把它扩充为 $V$ 的一组基，并求 $\sigma$ 在这组基下的矩阵.

**解** (1) 先求 $\sigma^{-1}(0)$. 设 $\boldsymbol{\xi}\in\sigma^{-1}(0)$，它在 $\boldsymbol{\varepsilon}_1$，$\boldsymbol{\varepsilon}_2$，$\boldsymbol{\varepsilon}_3$，$\boldsymbol{\varepsilon}_4$ 下的坐标为 $(x_1,x_2,x_3,x_4)$，由于 $\sigma(\boldsymbol{\xi})=\boldsymbol{0}$，有 $\sigma(\boldsymbol{\xi})$ 在 $\boldsymbol{\varepsilon}_1$，$\boldsymbol{\varepsilon}_2$，$\boldsymbol{\varepsilon}_3$，$\boldsymbol{\varepsilon}_4$ 下的坐标为 $(0,0,0,0)$，故 $\boldsymbol{AX}=\boldsymbol{0}$，解得其一个基础解系，即 $\left(-2,-\dfrac{2}{3},1,0\right)$，$(-1,-2,0,1)$，从而 $\boldsymbol{\eta}_1=-2\boldsymbol{\varepsilon}_1-\dfrac{2}{3}\boldsymbol{\varepsilon}_2+\boldsymbol{\varepsilon}_3$，$\boldsymbol{\eta}_2=-\boldsymbol{\varepsilon}_1-2\boldsymbol{\varepsilon}_2+\boldsymbol{\varepsilon}_4$ 是 $\sigma^{-1}(0)$ 的一组基，则 $\sigma^{-1}(0)=L(\boldsymbol{\eta}_1,\boldsymbol{\eta}_2)$；再求 $\sigma(V)$. 由于 $\sigma$ 的零度为 2，所以 $\sigma$ 的秩为 2，即 $\dim\sigma(V)=2$. 又由矩阵 $\boldsymbol{A}$ 有

$$\sigma(\boldsymbol{\varepsilon}_1)=\boldsymbol{\varepsilon}_1-\boldsymbol{\varepsilon}_2+\boldsymbol{\varepsilon}_3+2\boldsymbol{\varepsilon}_4,\ \sigma(\boldsymbol{\varepsilon}_2)=2\boldsymbol{\varepsilon}_2+2\boldsymbol{\varepsilon}_3-2\boldsymbol{\varepsilon}_4$$

则 $\sigma(\boldsymbol{\varepsilon}_1)$，$\sigma(\boldsymbol{\varepsilon}_3)$ 线性无关，从而有 $\sigma(V)=L(\sigma(\boldsymbol{\varepsilon}_1),\sigma(\boldsymbol{\varepsilon}_2),\sigma(\boldsymbol{\varepsilon}_3),\sigma(\boldsymbol{\varepsilon}_4))=L(\sigma(\boldsymbol{\varepsilon}_1),\sigma(\boldsymbol{\varepsilon}_2))$，$\sigma(\boldsymbol{\varepsilon}_1)$，$\sigma(\boldsymbol{\varepsilon}_2)$ 为 $\sigma(V)$ 的一组基.

(2) 因为

$$(\boldsymbol{\varepsilon}_1,\boldsymbol{\varepsilon}_2,\boldsymbol{\alpha}_1,\boldsymbol{\alpha}_2)=(\boldsymbol{\varepsilon}_1,\boldsymbol{\varepsilon}_2,\boldsymbol{\varepsilon}_3,\boldsymbol{\varepsilon}_4)\begin{bmatrix}1&0&-2&-1\\0&1&-\dfrac{2}{3}&-2\\0&0&1&0\\0&0&0&1\end{bmatrix}\triangleq(\boldsymbol{\varepsilon}_1,\boldsymbol{\varepsilon}_2,\boldsymbol{\varepsilon}_3,\boldsymbol{\varepsilon}_4)\boldsymbol{D}_1$$

$|\boldsymbol{D}_1|=1\neq0$，则 $\boldsymbol{D}_1$ 可逆，从而 $\boldsymbol{\varepsilon}_1$，$\boldsymbol{\varepsilon}_2$，$\boldsymbol{\alpha}_1$，$\boldsymbol{\alpha}_2$ 线性无关，即为 $V$ 的一组基，$\sigma$ 在基 $\boldsymbol{\varepsilon}_1$，$\boldsymbol{\varepsilon}_2$，$\boldsymbol{\alpha}_1$，$\boldsymbol{\alpha}_2$ 下的矩阵为 $\boldsymbol{D}_1^{-1}\boldsymbol{AD}_1=\begin{bmatrix}5&2&0&0\\\dfrac{9}{2}&1&0&0\\1&2&0&0\\2&-2&0&0\end{bmatrix}$.

(3) 因为

$$(\sigma(\boldsymbol{\varepsilon}_1),\sigma(\boldsymbol{\varepsilon}_2),\boldsymbol{\varepsilon}_3,\boldsymbol{\varepsilon}_4)=(\boldsymbol{\varepsilon}_1,\boldsymbol{\varepsilon}_2,\boldsymbol{\varepsilon}_3,\boldsymbol{\varepsilon}_4)\begin{bmatrix}1&0&0&0\\-1&2&0&0\\1&2&1&0\\2&-2&0&1\end{bmatrix}\triangleq(\boldsymbol{\varepsilon}_1,\boldsymbol{\varepsilon}_2,\boldsymbol{\varepsilon}_3,\boldsymbol{\varepsilon}_4)\boldsymbol{D}_2$$

$|\boldsymbol{D}_2|=2\neq0$，则 $\boldsymbol{D}_2$ 可逆. 从而 $\sigma(\boldsymbol{\varepsilon}_1)$，$\sigma(\boldsymbol{\varepsilon}_2)$，$\boldsymbol{\varepsilon}_3$，$\boldsymbol{\varepsilon}_4$ 线性无关，为 $V$ 的一组基，$\sigma$ 在此基下的矩阵为 $\boldsymbol{D}_2^{-1}\boldsymbol{A}\boldsymbol{D}_2=\begin{bmatrix}5&2&1&1\\\frac{9}{2}&1&\frac{3}{2}&2\\0&0&0&0\\0&0&0&0\end{bmatrix}$

**例 6** 设 3 维线性空间 $V$ 的线性变换 $\sigma$ 在基 $\boldsymbol{\alpha}_1$，$\boldsymbol{\alpha}_2$，$\boldsymbol{\alpha}_3$ 下的矩阵为 $\boldsymbol{A}=\begin{bmatrix}1&2&2\\2&1&2\\2&2&1\end{bmatrix}$，证明：$W=L(-\boldsymbol{\alpha}_1+\boldsymbol{\alpha}_2,-\boldsymbol{\alpha}_1+\boldsymbol{\alpha}_3)$ 是 $\sigma$ 的不变子空间.

**证明** 令 $\boldsymbol{\beta}_1=-\boldsymbol{\alpha}_1+\boldsymbol{\alpha}_2$，$\boldsymbol{\beta}_2=-\boldsymbol{\alpha}_1+\boldsymbol{\alpha}_3$，由

$$\sigma(\boldsymbol{\alpha}_1,\boldsymbol{\alpha}_2,\boldsymbol{\alpha}_3)=(\boldsymbol{\alpha}_1,\boldsymbol{\alpha}_2,\boldsymbol{\alpha}_3)\boldsymbol{A},\ (\boldsymbol{\beta}_1,\boldsymbol{\beta}_2)=(\boldsymbol{\alpha}_1,\boldsymbol{\alpha}_2,\boldsymbol{\alpha}_3)\begin{bmatrix}-1&-1\\1&0\\0&1\end{bmatrix}$$

有

$$\sigma(\boldsymbol{\beta}_1,\boldsymbol{\beta}_2)=\sigma\left((\boldsymbol{\alpha}_1,\boldsymbol{\alpha}_2,\boldsymbol{\alpha}_3)\begin{bmatrix}-1&-1\\1&0\\0&1\end{bmatrix}\right)=((\boldsymbol{\alpha}_1,\boldsymbol{\alpha}_2,\boldsymbol{\alpha}_3)\boldsymbol{A})\begin{bmatrix}-1&-1\\1&0\\0&1\end{bmatrix}$$

$$=(\boldsymbol{\alpha}_1,\boldsymbol{\alpha}_2,\boldsymbol{\alpha}_3)\left[\begin{bmatrix}1&2&2\\2&1&2\\2&2&1\end{bmatrix}\begin{bmatrix}-1&-1\\1&0\\0&1\end{bmatrix}\right]=(\boldsymbol{\alpha}_1,\boldsymbol{\alpha}_2,\boldsymbol{\alpha}_3)\begin{bmatrix}1&1\\-1&0\\0&-1\end{bmatrix}$$

即 $\sigma(\boldsymbol{\beta}_1)=\boldsymbol{\alpha}_1-\boldsymbol{\alpha}_2=-\boldsymbol{\beta}_1$，$\sigma(\boldsymbol{\beta}_2)=\boldsymbol{\alpha}_1-\boldsymbol{\alpha}_3=-\boldsymbol{\beta}_2$，则 $\sigma(\boldsymbol{\beta}_1)$，$\sigma(\boldsymbol{\beta}_2)\in W$，故 $W$ 为 $\sigma$ 的不变子空间.

## 7.5 最小多项式

由哈密尔顿-凯莱定理，$\forall\boldsymbol{A}\in P^{n\times n}$，$f(\lambda)=|\lambda\boldsymbol{E}-\boldsymbol{A}|$ 是 $\boldsymbol{A}$ 的特征多项式，则 $f(\boldsymbol{A})=\boldsymbol{0}$. 因此对于任意矩阵 $\boldsymbol{A}\in P^{n\times n}$，总可以找到一个多项式 $f(x)\in P[x]$，使 $f(\boldsymbol{A})=\boldsymbol{0}$，此时也称多项式 $f(x)$ 以 $\boldsymbol{A}$ 为根. 本节讨论以矩阵 $\boldsymbol{A}$ 为根的多项式中次数最低的多项式与 $\boldsymbol{A}$ 的对角化之间的关系.

### 一、最小多项式

设 $\boldsymbol{A}\in P^{n\times n}$，在数域 $P$ 上的以 $\boldsymbol{A}$ 为根的多项式中，次数最低的首项系数为 1 的多项式称为 $\boldsymbol{A}$ 的最小多项式.

## 二、基本性质

(1) 矩阵 $\boldsymbol{A}$ 的最小多项式是唯一的.

**证明** 设 $g_1(x)$、$g_2(x)$都是 $\boldsymbol{A}$ 的最小多项式，由带余除法，$g_1(x)$可表示为 $g_1(x)=q(x)g_2(x)+r(x)$，其中，$r(x)=0$ 或 $\partial(r(x))<\partial(g_2(x))$，于是有 $g_1(\boldsymbol{A})=q(\boldsymbol{A})g_2(\boldsymbol{A})+r(\boldsymbol{A})=\boldsymbol{0}$，则 $r(\boldsymbol{A})=\boldsymbol{0}$，由最小多项式的定义有 $r(x)=0$，即 $g_2(x)\mid g_1(x)$；同理可得 $g_1(x)\mid g_2(x)$，则 $g_1(x)=cg_2(x)$，$c\neq 0$；又 $g_1(x)$，$g_2(x)$都是首 1 多项式，则 $c=1$，故 $g_1(x)=g_2(x)$.

(2) 设 $g(x)$是矩阵 $\boldsymbol{A}$ 的最小多项式，则 $f(x)$以 $\boldsymbol{A}$ 为根的充要条件为 $g(x)\mid f(x)$.

**证明** *充分性* 显然成立.

*必要性* 由带余除法 $f(x)$可表示成 $f(x)=q(x)g(x)+r(x)$，其中，$r(x)=0$ 或 $\partial(r(x))<\partial(g(x))$，于是有 $f(\boldsymbol{A})=q(\boldsymbol{A})g(\boldsymbol{A})+r(\boldsymbol{A})=\boldsymbol{0}$，则 $r(\boldsymbol{A})=\boldsymbol{0}$. 由最小多项式的定义，$r(x)=0$，则 $g(x)\mid f(x)$.

由此可知若 $g(x)$是 $\boldsymbol{A}$ 的最小多项式，则 $g(x)$整除任何一个以 $\boldsymbol{A}$ 为根的多项式，从而整除 $\boldsymbol{A}$ 的特征多项式，即有以下结论：

(3) 矩阵 $\boldsymbol{A}$ 的最小多项式是 $\boldsymbol{A}$ 的特征多项式的一个因子.

(4) 相似矩阵具有相同的最小多项式.

**证明** 设矩阵 $\boldsymbol{A}$ 与 $\boldsymbol{B}$ 相似，$g_{\boldsymbol{A}}(x)$、$g_{\boldsymbol{B}}(x)$分别为它们的最小多项式；由于 $\boldsymbol{A}$ 与 $\boldsymbol{B}$ 相似，存在可逆矩阵 $\boldsymbol{T}$，使得 $\boldsymbol{B}=\boldsymbol{T}^{-1}\boldsymbol{AT}$，从而 $g_{\boldsymbol{A}}(\boldsymbol{B})=g_{\boldsymbol{A}}(\boldsymbol{T}^{-1}\boldsymbol{AT})=\boldsymbol{T}^{-1}g_{\boldsymbol{A}}(\boldsymbol{A})\boldsymbol{T}=\boldsymbol{0}$，则 $g_{\boldsymbol{A}}(x)$以 $\boldsymbol{B}$ 为根，从而 $g_{\boldsymbol{B}}(x)\mid g_{\boldsymbol{A}}(x)$. 同理有 $g_{\boldsymbol{A}}(x)\mid g_{\boldsymbol{B}}(x)$；又 $g_{\boldsymbol{A}}(x)$、$g_{\boldsymbol{B}}(x)$都是首项系数为 1 的多项式，则 $g_{\boldsymbol{A}}(x)=g_{\boldsymbol{B}}(x)$.

**注** 该命题反之不成立，即最小多项式相同的矩阵未必相似. 例如

$$\boldsymbol{A}=\begin{bmatrix}1&1&0&0\\0&1&0&0\\0&0&1&0\\0&0&0&2\end{bmatrix},\ \boldsymbol{B}=\begin{bmatrix}1&1&0&0\\0&1&0&0\\0&0&2&0\\0&0&0&2\end{bmatrix}$$

的最小多项式皆为$(x-1)^2(x-2)$，但 $\boldsymbol{A}$ 与 $\boldsymbol{B}$ 不相似，由于

$$|\lambda\boldsymbol{E}-\boldsymbol{A}|=(x-1)^3(x-2),\ |\lambda\boldsymbol{E}-\boldsymbol{B}|=(x-1)^2(x-2)^2$$

即$|\lambda\boldsymbol{E}-\boldsymbol{A}|\neq|\lambda\boldsymbol{E}-\boldsymbol{B}|$，所以 $\boldsymbol{A}$ 与 $\boldsymbol{B}$ 不相似.

(5) 设 $\boldsymbol{A}$ 是一个准对角矩阵 $\boldsymbol{A}=\begin{bmatrix}\boldsymbol{A}_1&\boldsymbol{0}\\\boldsymbol{0}&\boldsymbol{A}_2\end{bmatrix}$，并设 $\boldsymbol{A}_1$、$\boldsymbol{A}_2$ 的最小多项式分别为 $g_1(x)$、$g_2(x)$，则 $\boldsymbol{A}$ 的最小多项式为 $g_1(x)$、$g_2(x)$的最小公倍式.

**证明** 设 $g(x)=[g_1(x),g_2(x)]$. 首先，$g(\boldsymbol{A})=\begin{bmatrix}g(\boldsymbol{A}_1)&\boldsymbol{0}\\\boldsymbol{0}&g(\boldsymbol{A}_2)\end{bmatrix}=\boldsymbol{0}$，即 $\boldsymbol{A}$ 为 $g(x)$的根. 所以 $g(x)$被 $\boldsymbol{A}$ 的最小多项式整除；其次，若 $h(\boldsymbol{A})=\boldsymbol{0}$，则 $h(\boldsymbol{A})=\begin{bmatrix}h(\boldsymbol{A}_1)&\boldsymbol{0}\\\boldsymbol{0}&h(\boldsymbol{A}_2)\end{bmatrix}=\boldsymbol{0}$，从而 $h(\boldsymbol{A}_1)=\boldsymbol{0}$，$h(\boldsymbol{A}_2)=\boldsymbol{0}$，则 $g_1(x)\mid h(x)$、$g_2(x)\mid h(x)$，即 $g(x)\mid h(x)$，故 $g(x)$为 $\boldsymbol{A}$ 的最小多项式.

**推广** 若 $\boldsymbol{A}$ 为准对角矩阵 $\mathrm{diag}\{\boldsymbol{A}_1,\boldsymbol{A}_2,\cdots,\boldsymbol{A}_3\}$，且 $\boldsymbol{A}_i$ 的最小的多项式为 $g_i(x)$，$i=$

1，2，…，$s$，则 $\boldsymbol{A}$ 的最小多项式为$[g_1(x), g_2(x), \cdots, g_s(x)]$.

**注** 当 $g_1(x), \cdots, g_s(x)$两两互素，即$(g_1(x), \cdots, g_s(x))=1$，则 $\boldsymbol{A}$ 的最小多项式为 $g_1(x), \cdots, g_s(x)$.

(6) $k$ 阶若尔当块 $\boldsymbol{J}=\begin{bmatrix} a & & & & \\ 1 & a & & & \\ & 1 & \ddots & & \\ & & \ddots & a & \\ & & & 1 & a \end{bmatrix}$的最小多项式为$(x-a)^k$.

**证明** 由于 $\boldsymbol{J}$ 的特征多项式为$(x-a)^k$，则$(\boldsymbol{J}-a\boldsymbol{E})^k=\boldsymbol{0}$，而

$$\boldsymbol{J}-a\boldsymbol{E}=\begin{bmatrix} 0 & & & & \\ 1 & 0 & & & \\ & 1 & \ddots & & \\ & & \ddots & 0 & \\ & & & 1 & 0 \end{bmatrix}\neq\boldsymbol{0},\ (\boldsymbol{J}-a\boldsymbol{E})^2=\begin{bmatrix} 0 & & & & \\ 0 & 0 & & & \\ 1 & 0 & \ddots & & \\ & \ddots & \ddots & 0 & \\ & & 1 & 0 & 0 \end{bmatrix}\neq\boldsymbol{0},\ \cdots,$$

$$(\boldsymbol{J}-a\boldsymbol{E})^{k-1}=\begin{bmatrix} 0 & & & & \\ 0 & 0 & & & \\ & 0 & \ddots & & \\ 0 & & \ddots & 0 & \\ 1 & 0 & & 0 & 0 \end{bmatrix}\neq\boldsymbol{0}$$

故结论成立.

(7) $\boldsymbol{A}\in P^{n\times n}$与对角矩阵相似的充要条件为 $\boldsymbol{A}$ 的最小多项式是 $P$ 上互素的一次因式的积.

**证明** **必要性** 由定理的推广知，显然成立.

**充分性** 根据矩阵与线性变换之间的对应关系，设 $V$ 上线性变换 $\sigma$ 在某一组基下的矩阵为 $\boldsymbol{A}$，则 $\sigma$ 的最小多项式与 $\boldsymbol{A}$ 的最小多项式相同，为 $g(x)$，则 $g(\sigma)(\boldsymbol{A})=\boldsymbol{0}$，若 $g(x)$为 $P$ 上互素的一次因式的乘积 $g(x)=(x-a_1)(x-a_2)\cdots(x-a_s)$，则 $V=V_1\oplus V_2\oplus\cdots\oplus V_s$，$V_i=\{\boldsymbol{\xi}\mid(\sigma-a_i\boldsymbol{\xi})(\boldsymbol{\xi})=\boldsymbol{0},\ \boldsymbol{\xi}\in V\}$，把 $V_1, V_2, \cdots, V_s$ 各自的基和起来就是 $V$ 的一组基. 在这组基中，每个向量都属于某个 $V_i$，即为 $\sigma$ 的特征向量，所以 $\sigma$ 在这组基下的矩阵为对角矩阵，从而 $\boldsymbol{A}$ 相似于对角矩阵.

(8) $\boldsymbol{A}\in \mathbf{C}^{n\times n}$与对角矩阵相似的充要条件为 $\boldsymbol{A}$ 的最小多项式没有重根.

## 典型例题

**例 1** 数量矩阵 $k\boldsymbol{E}$ 的最小多项式是一次多项式 $x-k$；特别地，单位矩阵的最小多项式是 $x-1$；零矩阵的最小多项式是 $x$. 反之，若矩阵 $\boldsymbol{A}$ 的最小多项式是一次多项式，则 $\boldsymbol{A}$ 一定是数量矩阵.

**例 2** 求 $\boldsymbol{A}=\begin{bmatrix} 1 & 1 & 0 \\ 0 & 1 & 0 \\ 0 & 0 & 1 \end{bmatrix}$的最小多项式.

**解** 由于 $\boldsymbol{A}$ 的特征多项式为

$$f(x)=|x\boldsymbol{E}-\boldsymbol{A}|=\begin{vmatrix}x-1 & -1 & 0\\ 0 & x-1 & 0\\ 0 & 0 & x-1\end{vmatrix}=(x-1)^3$$

则 $\boldsymbol{A}$ 的特征值为 $\lambda=1$(三重)；又 $\boldsymbol{A}-\boldsymbol{E}\neq\boldsymbol{0}$，则

$$(\boldsymbol{A}-\boldsymbol{E})^2=\boldsymbol{A}^2-2\boldsymbol{A}+\boldsymbol{E}=\begin{bmatrix}1 & 2 & 0\\ 0 & 1 & 0\\ 0 & 0 & 1\end{bmatrix}-\begin{bmatrix}2 & 2 & 0\\ 0 & 2 & 0\\ 0 & 0 & 2\end{bmatrix}+\begin{bmatrix}1 & 0 & 0\\ 0 & 1 & 0\\ 0 & 0 & 1\end{bmatrix}=\boldsymbol{0}$$

则 $\boldsymbol{A}$ 的最小多项式为 $(x-1)^2$.

**例 3**　求矩阵 $\boldsymbol{A}=\begin{bmatrix}1 & 1 & \cdots & 1\\ 1 & 1 & \cdots & 1\\ \vdots & \vdots & & \vdots\\ 1 & 1 & \cdots & 1\end{bmatrix}$ 的最小多项式.

**解**　由于 $\boldsymbol{A}$ 的特征多项式

$$f(x)=|x\boldsymbol{E}-\boldsymbol{A}|=\begin{vmatrix}x-1 & -1 & \cdots & -1\\ -1 & x-1 & \cdots & -1\\ \vdots & \vdots & & \vdots\\ -1 & -1 & \cdots & x-1\end{vmatrix}=(x-n)x^{n-1}$$

则 $\boldsymbol{A}$ 的特征值为 $\lambda_1=0(n-1$ 重$)$，$\lambda_2=n$；又 $\boldsymbol{A}\neq\boldsymbol{0}$，$\boldsymbol{A}-n\boldsymbol{E}\neq\boldsymbol{0}$，$\boldsymbol{A}^2\neq\boldsymbol{0}$，而 $\boldsymbol{A}(\boldsymbol{A}-n\boldsymbol{E})=\boldsymbol{0}$，则 $\boldsymbol{A}$ 的最小多项式为 $x(x-n)$.

**例 4**　求矩阵 $\boldsymbol{A}=\begin{bmatrix}1 & 1 & 1 & -1\\ 1 & 1 & -1 & 0\\ 0 & -1 & 1 & 1\\ -1 & 0 & 1 & 1\end{bmatrix}$ 的最小多项式.

**分析**　利用最小多项式的定义：次数最小的零化多项式. 具体步骤为：

(1) 试解 $\boldsymbol{A}=\lambda_0\boldsymbol{E}$，若有解 $\lambda_0$，则最小多项式为 $\lambda-\lambda_0$；若无解，转下一步；

(2) 试解 $\boldsymbol{A}^2=\lambda_1\boldsymbol{A}+\lambda_0\boldsymbol{E}$，若有解 $\lambda_0$，$\lambda_1$，则最小多项式为 $\lambda^2-\lambda_1\lambda-\lambda_0$；若无解，转下一步；

(3) 试解 $\boldsymbol{A}^3=\lambda_2\boldsymbol{A}^2+\lambda_1\boldsymbol{A}+\lambda_0\boldsymbol{E}$，若有解 $\lambda_0$，$\lambda_1$，$\lambda_2$，则最小多项式为 $\lambda^3-\lambda_2\lambda^2-\lambda_1\lambda-\lambda_0$；若无解，转下一步；

(4) 依次进行，直到求出即可.

**解**　试解 $\boldsymbol{A}=\lambda_0\boldsymbol{E}$，显然无解；试解 $\boldsymbol{A}^2=\lambda_0\boldsymbol{E}+\lambda_1\boldsymbol{A}$，无解；试解 $\boldsymbol{A}^3=\lambda_0\boldsymbol{E}+\lambda_1\boldsymbol{A}+\lambda_2\boldsymbol{A}^2$，得 $\lambda_0=-5$，$\lambda_1=1$，$\lambda_2=3$，即 $\boldsymbol{A}^3=-5\boldsymbol{E}+\boldsymbol{A}+3\boldsymbol{A}^2$，则 $m_{\boldsymbol{A}}(\lambda)=\lambda^3-3\lambda^2-\lambda+5$.

**例 5**　求矩阵 $\boldsymbol{A}=\begin{bmatrix}0 & 0 & 0 & 0 & 0 & -1\\ 2 & 1 & -1 & -1 & 0 & -1\\ 0 & 0 & 2 & 1 & 0 & 0\\ 0 & 0 & 0 & 2 & 0 & 0\\ 0 & 0 & 0 & 0 & 2 & 0\\ 1 & 0 & 0 & 0 & 0 & 2\end{bmatrix}$ 的最小多项式.

**解**　由 $\boldsymbol{A}$ 的特征多项式为 $f(\lambda)=(\lambda-1)^3(\lambda-2)^3$ 可知其特征值为 $\lambda_1=1$，$\lambda_2=2$(均为

三重)，易得 $R(\boldsymbol{E}-\boldsymbol{A})=5$，而 $\lambda_1=1$ 对应的特征向量只有一个，表明对应的若尔当块只有一个；而 $\lambda_2=2$，$R(2\boldsymbol{E}-\boldsymbol{A})=4$，对应的特征向量有 2 个，表明对应的若尔当块有 2 个，则 $\boldsymbol{A}$ 的若尔当标准形为

$$\begin{bmatrix} 1 & & & & & \\ 1 & 1 & & & & \\ & 1 & 1 & & & \\ & & \ddots & 2 & & \\ & & & 1 & 2 & \\ & & & & & 2 \end{bmatrix}$$

显然含 $\lambda_1=1$ 的若尔当块阶数为 3，含 $\lambda_2=2$ 的约当块的最大阶数为 2，故 $\boldsymbol{A}$ 的最小多项式为 $m_{\boldsymbol{A}}(\lambda)=(\lambda-1)^3(\lambda-2)^2$.

**例 6** 设 $\boldsymbol{A}=\begin{bmatrix} 3 & -10 & -6 \\ 1 & -4 & -3 \\ -1 & 5 & 4 \end{bmatrix}$，求 $\boldsymbol{A}^{100}$.

**分析** 最小多项式的应用：利用最小多项式可求出一个矩阵的若尔当标准形，也可给出判定矩阵多项式是否可逆及给出矩阵方幂的一个快速求法，还可判定方阵是否可对角化.

**解** 由于 $\boldsymbol{A}$ 的特征多项式 $f(\lambda)=(\lambda-1)^3$，则 $\boldsymbol{A}$ 的最小多项式可能为 $(\lambda-1)$，$(\lambda-1)^2$，$(\lambda-1)^3$. 由于 $(\boldsymbol{A}-\boldsymbol{E})^2=\boldsymbol{0}$，即 $\boldsymbol{A}$ 的最小多项式可能为 $m_{\boldsymbol{A}}(\lambda)=(\lambda-1)^2$. 令 $\lambda^{100}=q(\lambda)m_{\boldsymbol{A}}(\lambda)+r(\lambda)$，$r(\lambda)=a\lambda+b$，由于 $m_{\boldsymbol{A}}(1)=0$，令 $\lambda=1$，得 $1=a+b$，求到后再令 $\lambda=1$，得 $100=a$，即 $a=100$，$b=-99$，故

$$\boldsymbol{A}^{100}=q(\boldsymbol{A})m_{\boldsymbol{A}}(\boldsymbol{A})+a\boldsymbol{A}+b\boldsymbol{E}=0+100\boldsymbol{A}-99\boldsymbol{E}=\begin{bmatrix} 201 & -1000 & -600 \\ 100 & -499 & -300 \\ -100 & 500 & 301 \end{bmatrix}$$

**例 7** 求矩阵 $\boldsymbol{A}(\lambda)=\begin{bmatrix} \lambda & -1 & 0 & 0 \\ 0 & \lambda & -1 & 0 \\ 0 & 0 & \lambda & -1 \\ 5 & 4 & 3 & \lambda+2 \end{bmatrix}$ 的最小多项式.

**解** 由于

$$D_4=\begin{vmatrix} \lambda & -1 & 0 & 0 \\ 0 & \lambda & -1 & 0 \\ 0 & 0 & \lambda & -1 \\ 5 & 4 & 3 & \lambda+2 \end{vmatrix}=\lambda^4+2\lambda^3+3\lambda^2+4\lambda+5$$

且由于 $\begin{vmatrix} -1 & 0 & 0 \\ \lambda & -1 & 0 \\ 0 & \lambda & -1 \end{vmatrix}=-1$，则有 $D_1=D_2=D_3=1$，即

$$d_1=d_2=d_3=1,\ d_4=\lambda^4+2\lambda^3+3\lambda^2+4\lambda+5$$

则 $\boldsymbol{A}$ 的不变因子为 1、1、1、$\lambda^4+2\lambda^3+3\lambda^2+4\lambda+5$，从而 $\boldsymbol{A}$ 的最小多项式为

$$m_{\boldsymbol{A}}(\lambda)=\lambda^4+2\lambda^3+3\lambda^2+4\lambda+5$$

# 练 习 题

1. 已知 $\boldsymbol{A}\in P^{n\times n}$，$\lambda$ 为 $\boldsymbol{A}$ 的一个特征值，则

(1) $k\boldsymbol{A}(k\in P)$必有一个特征值为________；

(2) $\boldsymbol{A}^m(m\in\mathbf{Z}^+)$必有一个特征值为________；

(3) $\boldsymbol{A}$ 可逆时，$\boldsymbol{A}^{-1}$必有一个特征值为________；

(4) $\boldsymbol{A}$ 可逆时，$\boldsymbol{A}^*$ 必有一个特征值为________；

(5) $f(x)\in P[x]$，则 $f(\boldsymbol{A})$必有一个特征值为________.

(6) 设 $\varphi$ 是 $n$ 维线性空间 $V$ 的线性变换，$\mathrm{Ker}\varphi$、$\mathrm{Im}\varphi$ 分别为 $\varphi$ 的核空间、像空间，且 $\mathrm{Ker}\varphi=\mathrm{Im}\varphi$，则________(选填“必有”“未必有”)$\mathrm{Im}\varphi=\mathrm{Im}\varphi^2$.

(7) 在 $\mathbf{C}$ 上，定义线性变换 $\varphi$：$a+bi\to a-bi(a, b\in\mathbf{R})$，则 $\mathbf{C}$ 作为 $\mathbf{R}$ 上线性空间，$\varphi$ ________(选填“是”或“不是”)$\mathbf{C}$ 的线性变换；$\mathbf{C}$ 作为 $\mathbf{C}$ 上线性空间，$\varphi$ ________(选填“是”或“不是”)$\mathbf{C}$ 的线性变换.

(8) 在 $P^3$ 中有线性变换 $\sigma(x_1, x_2, x_3)=(2x_1-x_2+4x_3, 3x_2-5x_3, -x_1+3x_2)$，则 $\sigma$ 在基 $\boldsymbol{\varepsilon}_1, \boldsymbol{\varepsilon}_2, \boldsymbol{\varepsilon}_3$ 下的矩阵为________.

2. 已知 3 阶方阵 $\boldsymbol{A}$ 的特征值为 1、$-1$、2，则矩阵 $\boldsymbol{B}=\boldsymbol{A}^3-2\boldsymbol{A}^2$ 的特征值为________，行列式$|\boldsymbol{B}|=$________.

3. 已知 3 阶 $\boldsymbol{A}$ 的特征值为 1、$-1$、0，其对应的特征向量分别为 $\boldsymbol{p}_1$、$\boldsymbol{p}_2$、$\boldsymbol{p}_3$，设 $\boldsymbol{B}=\boldsymbol{A}^2-2\boldsymbol{A}+3\boldsymbol{E}$，则 $\boldsymbol{B}^{-1}$的特征值为________，特征向量为________.

4. 在线性变换 $P[x]_n$ 中，令 $D(f(x))=f(x)$，则 $D(P[x]_n)=P[x]_{n-1}$，$D^{-1}(0)=P$，所以 $D$ 的秩为 $n-1$，$D$ 的零度为 1.

5. 在下列变换中，哪些是线性变换？

(1) 在 $\mathbf{R}^3$ 中，$\sigma(x_1, x_2, x_3)=(2x_1, x_2, x_2-x_3)$.

(2) 在 $P[x]_n$ 中，$\sigma(f(x))=f^1(x)$.

(3) 在线性空间 $V$ 中，$\sigma(\boldsymbol{\xi})=\boldsymbol{\xi}+\boldsymbol{\alpha}$，$\boldsymbol{\alpha}\in V$ 非零固定.

(4) 在 $P^{n\times n}$中，$\sigma(\boldsymbol{X})=\boldsymbol{A}\boldsymbol{X}$，$\boldsymbol{A}\in P^{n\times n}$固定.

(5) 复数域 $\mathbf{C}$ 看成是自身上的线性空间，$\sigma(\boldsymbol{x})=\overline{\boldsymbol{x}}$.

(6) $\mathbf{C}$ 看成是实数域 $\mathbf{R}$ 上的线性空间，$\sigma(\boldsymbol{x})=\overline{\boldsymbol{x}}$.

6. 给出线性空间 $R^3$ 的两组基 $\boldsymbol{\varepsilon}_1, \boldsymbol{\varepsilon}_2, \boldsymbol{\varepsilon}_3$ 和 $\boldsymbol{\eta}_1, \boldsymbol{\eta}_2, \boldsymbol{\eta}_3$；$\boldsymbol{\varepsilon}_1=(1, 0, 0)$，$\boldsymbol{\varepsilon}_2=(0, 1, 0)$，$\boldsymbol{\varepsilon}_3=(0, 0, 1)$；$\boldsymbol{\eta}_1=(-1, 1, 1)$，$\boldsymbol{\eta}_2=(1, 0, -1)$，$\boldsymbol{\eta}_3=(0, 1, 1)$，则基 $\boldsymbol{\varepsilon}_1, \boldsymbol{\varepsilon}_2, \boldsymbol{\varepsilon}_3$ 到 $\boldsymbol{\eta}_1, \boldsymbol{\eta}_2, \boldsymbol{\eta}_3$ 的过渡矩阵为________. 若线性变换 $\sigma$ 在基 $\boldsymbol{\varepsilon}_1, \boldsymbol{\varepsilon}_2, \boldsymbol{\varepsilon}_3$ 下的矩阵为 $\boldsymbol{A}=\begin{bmatrix}-1 & 1 & 2\\ 2 & 2 & 0\\ 3 & 0 & 2\end{bmatrix}$，则 $\sigma$ 在基 $\boldsymbol{\eta}_1, \boldsymbol{\eta}_2, \boldsymbol{\eta}_3$ 下的矩阵为________.

7. 求正交矩阵 $\boldsymbol{T}$ 使得 $\boldsymbol{T}^{\mathrm{T}}\boldsymbol{A}\boldsymbol{T}$ 成对角矩阵.

$$\boldsymbol{A}=\begin{bmatrix}-1 & -3 & 3 & -3\\ -3 & -1 & -3 & 3\\ 3 & -3 & -1 & -3\\ -3 & 3 & -3 & -1\end{bmatrix},\ \boldsymbol{A}=\begin{bmatrix}1 & 1 & 1 & 1\\ 1 & 1 & -1 & -1\\ 1 & -1 & 1 & -1\\ 1 & -1 & -1 & 1\end{bmatrix},\ \boldsymbol{A}=\begin{bmatrix}1 & -2 & 2\\ -2 & 4 & -4\\ 2 & -4 & 4\end{bmatrix}$$

8. 对于全体正实数 $\mathbf{R}^+$，定义其上的加法和数量乘法为 $a\oplus b=ab$，$k\circ a=a^k(a, b\in \mathbf{R}^+, k\in \mathbf{R}^+)$(1) 证明：$\mathbf{R}^+$ 在上述两种运算下成为 $\mathbf{R}^+$ 上的一个线性空间；(2) 叙述欧氏空间的定义，并说明 $\mathbf{R}^+$ 可以成为欧氏空间.

9. 设线性映射 $\varphi$: $M_n(F)\to M_k(F)$满足 $\forall \boldsymbol{A}, \boldsymbol{B}\in M_n(F)$，$\varphi(\boldsymbol{AB})=\varphi(\boldsymbol{A})\varphi(\boldsymbol{B})$，$\varphi(\boldsymbol{E}_n)=\boldsymbol{E}_k$，证明：若 $\lambda$ 为 $\varphi(\boldsymbol{A})$的特征值，则 $\lambda$ 也为 $\boldsymbol{A}$ 的特征值.

10. 记 $V=M_n(R)$，$U=\{\boldsymbol{A}\in V\mid \boldsymbol{A}^{\mathrm{T}}=\boldsymbol{A}\}$，$W=\{\boldsymbol{B}\in V\mid \boldsymbol{B}^{\mathrm{T}}=-\boldsymbol{B}\}$. 在 $V$ 上定义二元函数 $f$：$V\times V\to \mathbf{R}$，$f(\boldsymbol{A}, \boldsymbol{B})=\mathrm{tr}(\boldsymbol{AB}^{\mathrm{T}})$，$\forall \boldsymbol{A}, \boldsymbol{B}\in V$. (1) 证明：$(V, f)$是欧氏空间；(2) 证明：$U\perp W$，$V=U\oplus W$；(3) 设 $\boldsymbol{A}\in V$，试求 $\boldsymbol{B}\in U$ 使得 $\boldsymbol{A}$ 与 $\boldsymbol{B}$ 的距离最短，即 $\forall \boldsymbol{D}\in U d(\boldsymbol{A}, \boldsymbol{B})\leqslant d(\boldsymbol{A}, \boldsymbol{D})$.

11. 已知 $P^{2\times 2}$的线性变换 $\Phi(\boldsymbol{X})=\boldsymbol{MX}-\boldsymbol{XM}$，其中，$\boldsymbol{M}=\begin{bmatrix}1 & 2\\0 & 3\end{bmatrix}$，$\boldsymbol{X}\in P^{2\times 2}$，求线性变换 $\Phi$ 的核与值域.

12. 设 $\boldsymbol{A}$ 是复数域上的方阵，证明：(1) $\boldsymbol{A}$ 的特征值为零的充要条件为存在正整数 $m$ 使得$|\boldsymbol{A}^m|=0$；(2) 若存在正整数 $n$ 使得 $\boldsymbol{A}^n=\boldsymbol{0}$，则必有$|\boldsymbol{A}+\boldsymbol{E}|=1$(此处 $\boldsymbol{E}$ 表示与 $\boldsymbol{A}$ 同阶的单位矩阵).

13. 设 $\boldsymbol{A}$ 是两个 $n$ 阶复数矩阵，定义 $\boldsymbol{M}_{n\times n}(\mathbf{C})$上的线性变换 $\tau(\boldsymbol{x})=\boldsymbol{AX}-\boldsymbol{XA}$，$\boldsymbol{A}$ 的特征值为 $\lambda_1, \cdots, \lambda_n$(不考虑重根). 证明：$\tau$ 的特征值必可写成 $\lambda_i-\lambda_j(1\leqslant i, j\leqslant n)$的形式.

14. 令 $\boldsymbol{T}$ 是欧氏空间 $V$ 上的线性变换，而 $\boldsymbol{T}^*$ 是 $\boldsymbol{T}$ 的伴随线性变换，即对于任意 $\boldsymbol{v}, \boldsymbol{w}\in V$有，$(\boldsymbol{T}(\boldsymbol{v}), \boldsymbol{w})=(\boldsymbol{v}, \boldsymbol{T}^*(\boldsymbol{w}))$. (1) 当 $V$ 为有限维欧氏空间，$\boldsymbol{T}$ 在一组单位正交基(或称为标准正交基)下的矩阵为 $\boldsymbol{A}$ 时，$\boldsymbol{T}^*$ 在该组基下的矩阵；(2) 证明：$(\mathrm{Im}\boldsymbol{T}^*)^{\perp}=\mathrm{Ker}\boldsymbol{T}$.

15. 设 $\sigma$ 是复数域上 $n$ 维线性空间 $V$ 的线性变换，满足 $\sigma^k=id_v$($V$ 上的恒等线性变换)，其中，$1\leqslant k\leqslant n$，证明：$\sigma$ 必然可以对角化.

16. 设 $V$ 是有限维线性空间，$\sigma$ 与 $\tau$ 是 $V$ 上的线性变换，满足下面条件：(1) $\sigma\tau=0$(零变换)；(2) $\sigma$ 的任意不变子空间是 $\tau$ 的不变子空间；(3) 设 $\sigma^5+\sigma^4+\sigma^3+\sigma^2+\sigma=0$，证明 $\tau\sigma=0$.

17. 设 $V$ 是全体次数不超过 $n$ 的实系数多项式组成的线性空间，定义线性变换 $\sigma$：$f(x)\to f(1-x)$，求 $\sigma$ 的特征值和对应的特征子空间.

18. 设 $n$ 维向量 $\boldsymbol{\alpha}=(1, 1, \cdots, 1)^{\mathrm{T}}$，$\boldsymbol{\beta}=(n, 0, \cdots, 0)^{\mathrm{T}}$，并且矩阵 $\boldsymbol{A}=\boldsymbol{\alpha\alpha}^{\mathrm{T}}$，$\boldsymbol{B}=\boldsymbol{\alpha\beta}^{\mathrm{T}}$. (1) 求 $\boldsymbol{A}$ 的特征值与特征向量；(2) 求 $\boldsymbol{B}$ 的特征值与特征向量；(3) 证明：$\boldsymbol{A}$ 与 $\boldsymbol{B}$ 相似.

19. 设 $\boldsymbol{\varepsilon}_1, \boldsymbol{\varepsilon}_2, \boldsymbol{\varepsilon}_3$ 为 $V^3$ 的一组基，$\sigma$ 是 $V$ 上的线性变换，满足 $\sigma\boldsymbol{\varepsilon}_1=\boldsymbol{\varepsilon}_1+2\boldsymbol{\varepsilon}_2+\boldsymbol{\varepsilon}_3$，$\sigma\boldsymbol{\varepsilon}_2=\boldsymbol{\varepsilon}_1+\boldsymbol{\varepsilon}_2$，$\sigma\boldsymbol{\varepsilon}_3=\boldsymbol{\varepsilon}_1+3\boldsymbol{\varepsilon}_2+2\boldsymbol{\varepsilon}_3$. (1) 求 $\sigma$ 的值域 $\mathrm{Im}\sigma$，核 $\mathrm{Ker}\sigma$；(2) 选取 $\mathrm{Im}\sigma$ 的一组基扩充为 $V$ 的一组基 $\boldsymbol{\xi}_1, \boldsymbol{\xi}_2, \boldsymbol{\xi}_3$，并求 $\sigma$ 在此基下的矩阵 $\boldsymbol{M}$；(3) 选取 $\mathrm{Ker}\sigma$ 的一组基扩充为 $V$ 的一组基 $\boldsymbol{\eta}_1, \boldsymbol{\eta}_2, \boldsymbol{\eta}_3$，并求 $\sigma$ 在此基下的矩阵 $\boldsymbol{G}$.

20. 设 $\sigma$ 为 $V^n$ 的线性变换，则 $\mathrm{Im}\sigma=\mathrm{Im}\sigma^2$ 的充要条件为 $V=\mathrm{Im}\sigma\oplus\mathrm{Ker}\sigma$.

21. 设 $\boldsymbol{A}_{3\times 3}$为实对称矩阵，特征值为 $\lambda_1=0$，$\lambda_2=\lambda_3=1$，$\boldsymbol{A}_{3\times 3}$属于 $\lambda_1$ 的特征向量为 $\boldsymbol{\alpha}_1=(0, 1, 1)^{\mathrm{T}}$，求 $\boldsymbol{A}$.

22. 设 $\boldsymbol{A}$、$\boldsymbol{B}$ 为实数域上 $n$ 阶方阵，则 $\boldsymbol{A}$ 与 $\boldsymbol{B}$ 的相似关系不随数域扩大而改变.

23. 设 $\sigma$ 是数域 $P$ 上 $n$ 维线性空间 $V$ 上的线性变换，在 $P[x]$中，$f(x)=f_1(x)f_2(x)$，且$(f_1(x), f_2(x))=1$，$\mathrm{Ker}\sigma$ 为线性变换 $\sigma$ 的核，则 $\mathrm{Ker}f(\sigma)=\mathrm{Ker}f_1(\sigma)\oplus\mathrm{Ker}f_2(\sigma)$.

24. 设正整数 $n\geqslant 2$，用 $M_{n\times n}(P)$表示数域 $P$ 上全体 $n$ 阶方阵关于矩阵加法和乘法构成

$P$ 上的线性空间，在 $M_{n\times n}(P)$ 中定义变换 $\sigma$：$\forall (a_{ij})_{n\times n}\in M_{n\times n}(P)$，$\sigma((a_{ij})_{n\times n})=(a_{ij}^{*})_{n\times n}$，其中，$a_{ij}^{*}=\begin{cases}a_{ij}, & i\neq j\\ i\cdot \mathrm{tr}(\mathbf{A}), & i=j\end{cases}$. (1) 证明 $\sigma$ 为 $M_n(P)$ 上的线性变换；(2) 求出 $\mathrm{Ker}\sigma$ 的维数与一组基；(3) 求出 $\sigma$ 的全部特征子空间.

25. 设 $\sigma$ 是数域 $\mathbf{R}$ 上 $n$ 维线性空间 $V$ 上的线性变换，$\varepsilon$ 为恒等变换，证明：$\sigma^3=\varepsilon$ 的充要条件为 $R(\varepsilon-\sigma)+R(\varepsilon+\sigma+\sigma^2)=n$.

26. 给定 $P^3$ 的两组基 $\boldsymbol{\varepsilon}_1=(1, 0, 1)$，$\boldsymbol{\varepsilon}_2=(2, 1, 0)$，$\boldsymbol{\varepsilon}_3=(1, 1, 1)$；$\boldsymbol{\eta}_1=(1, 2, -1)$，$\boldsymbol{\eta}_2=(2, 2, -1)$，$\boldsymbol{\eta}_3=(2, -1, -1)$，$\boldsymbol{T}$ 是 $P^3$ 的线性变换，且 $\boldsymbol{A\varepsilon}_i=\boldsymbol{\eta}_i\ (i=1, 2, 3)$. (1) 求 $\boldsymbol{T}$ 在基 $\boldsymbol{\varepsilon}_1$，$\boldsymbol{\varepsilon}_2$，$\boldsymbol{\varepsilon}_3$ 下的矩阵；(2) 求 $\boldsymbol{T}$ 在基 $\boldsymbol{\eta}_1$，$\boldsymbol{\eta}_2$，$\boldsymbol{\eta}_3$ 下的矩阵.

27. 设 $\boldsymbol{\varepsilon}_1$，$\boldsymbol{\varepsilon}_2$，$\boldsymbol{\varepsilon}_3$，$\boldsymbol{\varepsilon}_4$ 是 4 维线性空间 $V$ 的一组基，线性变换 $\sigma$ 在该基下的矩阵是 $\begin{bmatrix}1 & 0 & 2 & 1\\ -1 & 2 & 1 & 3\\ 1 & 2 & 5 & 5\\ 2 & -2 & 1 & -2\end{bmatrix}$，求 $\sigma$ 的值域与核.

28. 已知 $P^{2\times 2}$ 的线性变换 $\Phi(\boldsymbol{X})=\boldsymbol{MX}-\boldsymbol{XM}$，其中，$\boldsymbol{M}=\begin{bmatrix}1 & 2\\ 0 & 3\end{bmatrix}$，$\boldsymbol{X}\in P^{2\times 2}$，求 $\Phi$ 的值域与核.

# 第8章 λ-矩阵

**▲本章重点**

(1) 理解λ-矩阵的标准形及其求法；理解不变因子、行列式因子、初等因子、最小多项式的概念.

(2) 掌握λ-矩阵的不变因子、行列式因子、初等因子、最小多项式之间的关系及求法，掌握若尔当标准形、有理标准形及矩阵相似的条件.

**▲本章难点**

若尔当标准形.

## 8.1 不变因子、行列式因子、初等因子

设 $P$ 是一个数域，$P[\lambda]$为多项式环. 一个矩阵，如果它的元素是λ的多项式，即 $P[\lambda]$的元素，就称为λ-矩阵.

### 一、λ-矩阵的秩

如果在λ-矩阵$\boldsymbol{A}(\lambda)$中，有一个$r(r\geqslant 1)$级子式不为零，所有的$r+1$级子式全为零，则称$\boldsymbol{A}(\lambda)$的秩为$r$，记为$R(\boldsymbol{A}(\lambda))=r$. 若$\boldsymbol{A}(\lambda)=\boldsymbol{0}$，称$R(\boldsymbol{A}(\lambda))=0$. 若$\boldsymbol{A}$是$n$级方阵，$R(\lambda\boldsymbol{E}-\boldsymbol{A})=n$.

### 二、λ-矩阵的逆

设$\boldsymbol{A}(\lambda)$是$n\times n$的λ-矩阵，若存在$n\times n$的λ-矩阵$\boldsymbol{B}(\lambda)$，使

$$\boldsymbol{A}(\lambda)\boldsymbol{B}(\lambda)=\boldsymbol{B}(\lambda)\boldsymbol{A}(\lambda)=\boldsymbol{E}$$

称$\boldsymbol{A}(\lambda)$可逆，并且$\boldsymbol{B}(\lambda)$为$\boldsymbol{A}(\lambda)$的逆. $\boldsymbol{A}(\lambda)$可逆的充要条件为$|\boldsymbol{A}(\lambda)|=c\neq 0$，$c$为与λ无关的常数.

### 三、λ-矩阵的初等变换

λ-矩阵的初等变换，有3种：① 交换两行(或列)；② 用非零常数乘矩阵某一行(或列)；③ 把矩阵某一行(或列)的$\varphi(\lambda)$倍加到另一行(或列).

初等λ-矩阵：① $\boldsymbol{P}(i, j)$；② $\boldsymbol{P}(i(c))$；③ $\boldsymbol{P}[(i, j(\varphi(\lambda))]$.

初等λ-矩阵均可逆. 用初等λ-矩阵左乘(或右乘)某矩阵相当于对这矩阵做一次行(或列)变换.

$\boldsymbol{A}(\lambda)$经过若干次初等变换变为$\boldsymbol{B}(\lambda)$，则称$\boldsymbol{A}(\lambda)$与$\boldsymbol{B}(\lambda)$等价.

## 四、不变因子

设 $\boldsymbol{A}(\lambda)$是 $n\times n$ 矩阵，并且 $R(\boldsymbol{A}(\lambda))=r$，则 $\boldsymbol{A}(\lambda)$可经过若干次初等变换变成对角矩阵，即

$$\mathrm{diag}(d_1(\lambda),\ d_2(\lambda),\ \cdots,\ d_r(\lambda),\ 0,\ \cdots,\ 0)$$

即存在 $m$ 级可逆矩阵 $\boldsymbol{P}(\lambda)$和 $n$ 级可逆矩阵 $\boldsymbol{Q}(\lambda)$使

$$\boldsymbol{P}(\lambda)\boldsymbol{A}(\lambda)\boldsymbol{Q}(\lambda)=\mathrm{diag}(d_1(\lambda),\ d_2(\lambda),\ \cdots,\ d_r(\lambda),\ 0,\ \cdots,\ 0)$$

其中，$d_i(\lambda)$是首项系数为 1 的多项式，且 $d_i(\lambda)\mid d_{i+1}(\lambda)$，$i=1,\ 2,\ \cdots,\ r-1$，称

$$\mathrm{diag}(d_1(\lambda),\ d_2(\lambda),\ \cdots,\ d_r(\lambda),\ 0,\ \cdots,\ 0)$$

为 $\boldsymbol{A}(\lambda)$的史密斯标准形，并且标准形唯一．在上述史密斯标准形中，$d_1(\lambda)$，$d_2(\lambda)$，…，$d_r(\lambda)$称为 $\boldsymbol{A}(\lambda)$的不变因子．

设 $\boldsymbol{A}\in P^{n\times n}$，则 $R(\lambda\boldsymbol{E}-\boldsymbol{A})=n$，从而 $\lambda\boldsymbol{E}-\boldsymbol{A}\cong\mathrm{diag}(d_1(\lambda),\ \cdots,\ d_n(\lambda))$，$d_i(\lambda)\mid d_{i+1}(\lambda)$，$i=1,\ 2,\ \cdots,\ n$，则 $\boldsymbol{A}$ 的特征多项式 $f(\lambda)=|\lambda\boldsymbol{E}-\boldsymbol{A}|=d_1(\lambda)d_2(\lambda)\cdots d_n(\lambda)$，并且 $d_1(\lambda)$，$d_2(\lambda)$，…，$d_n(\lambda)$称为 $\lambda\boldsymbol{E}-\boldsymbol{A}$ 或 $\boldsymbol{A}$ 的不变因子．

## 五、行列式因子

设 λ-矩阵 $\boldsymbol{A}(\lambda)$的秩为 $r$，对于正整数 $k(1\leqslant k\leqslant r)$，$\boldsymbol{A}(\lambda)$中全部 $k$ 级子式的首项系数为 1 的最大公因式，称为 $\boldsymbol{A}(\lambda)$的 $k$ 级行列式因子，记为 $D_k(\lambda)$．

行列式因子与不变因子的关系：

设秩 $\boldsymbol{A}(\lambda)$为 $r$，则 $D_1(\lambda)=d_1(\lambda)$，$D_2(\lambda)=d_1(\lambda)d_2(\lambda)$，…，$D_r(\lambda)=d_1(\lambda)d_2(\lambda)\cdots d_r(\lambda)$，并且 $D_k(\lambda)$与 $d_k(\lambda)$相互确定$(k=1,\ 2,\ \cdots,\ r)$．

两个 λ-矩阵等价的充要条件为它们具有相同的不变因子或各级行列式因子．

## 六、初等因子

把矩阵 $\lambda\boldsymbol{E}-\boldsymbol{A}$ 的每个次数大于 0 的不变因子分解成互不相同的一次因式的方幂的乘积，所有这些一次因式的方幂(相同的按出现次数计算)称为 $\boldsymbol{A}$ 的初等因子．例如

$$\lambda\boldsymbol{E}-\boldsymbol{A}\cong\mathrm{diag}(1,\ 1,\ 1,\ (\lambda-1)(\lambda-2),\ (\lambda-1)^2(\lambda-2))$$

则 $\lambda\boldsymbol{E}-\boldsymbol{A}$ 的初等因子为 $\lambda-1$，$(\lambda-1)^2$，$\lambda-2$，$\lambda-2$．

$\boldsymbol{A}$ 与 $\boldsymbol{B}$ 等价的充要条件为 $\lambda\boldsymbol{E}-\boldsymbol{A}$ 与 $\lambda\boldsymbol{E}-\boldsymbol{B}$ 等价，即 $\lambda\boldsymbol{E}-\boldsymbol{A}$ 与 $\lambda\boldsymbol{E}-\boldsymbol{B}$ 有相同的行列式因子的充要条件为 $\lambda\boldsymbol{E}-\boldsymbol{A}$ 与 $\lambda\boldsymbol{E}-\boldsymbol{B}$ 有相同的不变因子，从而 $\boldsymbol{A}$ 与 $\boldsymbol{B}$ 有相同的初等因子．

若 $\lambda\boldsymbol{E}-\boldsymbol{A}$ 等价于对角阵 $\mathrm{diag}(h_1(\lambda),\ \cdots,\ h_n(\lambda))$，$h_i(\lambda)$的首项系数为 1，则将 $h_i(\lambda)$分解成互不相同的一次因式的方幂(相同的按出现次数计算)就是 $\boldsymbol{A}$ 的全部初等因子．

## 七、最小多项式

设 $\boldsymbol{A}\in P^{n\times n}$，$P[\lambda]$中次数最低的首项系数为 1 的以 $\boldsymbol{A}$ 为根的多项式称为 $\boldsymbol{A}$ 的最小多项式，记为 $m_{\boldsymbol{A}}(\lambda)$，即次数最低的零化多项式．矩阵 $\boldsymbol{A}$ 的最小多项式是唯一的．

若 $g(\lambda)\in P[\lambda]$，$g(\boldsymbol{A})=\boldsymbol{0}$，则 $g(\lambda)$称为 $\boldsymbol{A}$ 的零化多项式，且 $\boldsymbol{A}$ 的最小多项式 $m(\lambda)\mid g(\lambda)$．

设 $A=\begin{bmatrix} A_1 & & \\ & \ddots & \\ & & A_s \end{bmatrix}$是准对角矩阵，并且 $m_i(\lambda)$分别为 $A_i$ 的最小多项式，$m_A(\lambda)$为 $A$ 的最小多项式，则 $m_A(\lambda)=[m_1(\lambda), m_2(\lambda), \cdots, m_s(\lambda)]$(最小公倍数).

设 $A\in P^{n\times n}$，则 $m_A(\lambda)=d_n(\lambda)$，即 $A$ 的最小多项式是 $A$ 的最后一个不变因子.

$A$ 的每一个特征值都是 $A$ 的最小多项式的根，故若 $\alpha$ 是 $A$ 的特征值，$g(A)=0$，则 $(\lambda-\alpha)\mid g(\lambda)$.

**例 1** 求复数矩阵 $A=\begin{bmatrix} 1 & -1 & 2 \\ 3 & -3 & 6 \\ 2 & -2 & 4 \end{bmatrix}$的初等因子.

**解** 由于 $\lambda E-A=\begin{bmatrix} \lambda-1 & 1 & -2 \\ -3 & \lambda+3 & -6 \\ -2 & 2 & \lambda-4 \end{bmatrix}\rightarrow\begin{bmatrix} 1 & & \\ & \lambda & \\ & & \lambda(\lambda-2) \end{bmatrix}$，故 $A$ 的初等因子为$\lambda$，$\lambda$，$\lambda-2$.

# 8.2 若尔当标准形

## 一、哈密顿—凯莱定理

设 $A\in P^{n\times n}$，$A$ 的特征多项式 $f_A(\lambda)=|\lambda E-A|$，则 $f_A(A)=0$.

## 二、若尔当标准形

若尔当块 $J_0=\begin{bmatrix} \lambda_0 & & & \\ 1 & \lambda_0 & & \\ & \ddots & \ddots & \\ & & 1 & \lambda_0 \end{bmatrix}$的初等因子为$(\lambda-\lambda_0)^n$，则若尔当形矩阵为 $J=\begin{bmatrix} J_1 & & \\ & \ddots & \\ & & J_s \end{bmatrix}$，其中，$J_i=\begin{bmatrix} \lambda_i & & & \\ 1 & \lambda_i & & \\ & \ddots & \ddots & \\ & & 1 & \lambda_i \end{bmatrix}_{n_i\times n_i}$，$i=1, 2, \cdots, s$，则 $J$ 的全部初等因子为 $(\lambda-\lambda_1)^{n_1}, \cdots, (\lambda-\lambda_s)^{n_s}$.

若尔当形矩阵除去其中若尔当块的排列次序外，被它的初等因子唯一决定.

## 三、若尔当定理

设 $A\in \mathbf{C}^{n\times n}$，则存在可逆阵 $T\in \mathbf{C}^{n\times n}$，使 $T^{-1}AT=\begin{bmatrix} J_1 & & \\ & \ddots & \\ & & J_s \end{bmatrix}$为若尔当形矩阵，且这个若尔当形矩阵除去其中若尔当块的排列次序外是被矩阵 $A$ 唯一决定的，称为 $A$ 的若尔当标准形，其中，若尔当块 $J_k=\begin{bmatrix} \lambda_k & & & \\ 1 & \lambda_k & & \\ & \ddots & \ddots & \\ & & 1 & \lambda_k \end{bmatrix}\in \mathbf{C}^{n_k\times n_k}$，$k=1, 2, \cdots, s$.

## 四、性质

① 设 $\sigma$ 是复数域上 $n$ 维线性空间 $V$ 的线性变换，则在 $V$ 中必存在一组基，使 $\sigma$ 在这组基下的矩阵是若尔当标准形，且这个若尔当形矩阵除去其中若尔当块的排列次序外是被 $\sigma$ 唯一决定的.

② 设 $\boldsymbol{A}\in\mathbf{C}^{n\times n}$，则存在可逆阵 $\boldsymbol{T}\in\mathbf{C}^{n\times n}$，使 $\boldsymbol{T}^{-1}\boldsymbol{A}\boldsymbol{T}=\begin{bmatrix}\lambda_1 & & *\\ & \ddots & \\ \mathbf{0} & & \lambda_n\end{bmatrix}$，其中，$\lambda_1$，…，$\lambda_n$ 为 $\boldsymbol{A}$ 的全部特征值.

③ 设 $\boldsymbol{A}\in\mathbf{C}^{n\times n}$，$g(x)\in\mathbf{C}[x]$，若 $\lambda_1$，…，$\lambda_n$ 为 $\boldsymbol{A}$ 的全部特征值，则 $g(\boldsymbol{A})$ 的全部特征值为 $g(\lambda_1)$，…，$g(\lambda_n)$，即存在可逆阵 $\boldsymbol{T}\in\mathbf{C}^{n\times n}$，使 $\boldsymbol{T}^{-1}g(\boldsymbol{A})\boldsymbol{T}=\begin{bmatrix}g(\lambda_1) & & *\\ & \ddots & \\ \mathbf{0} & & g(\lambda_n)\end{bmatrix}$.

**典型例题**

**例 1**　求复数矩阵 $\boldsymbol{A}=\begin{bmatrix}3 & 0 & 8\\ 3 & -1 & 6\\ -2 & 0 & -5\end{bmatrix}$ 的若尔当标准形.

**解**　由于 $\lambda\boldsymbol{E}-\boldsymbol{A}=\begin{bmatrix}\lambda-3 & 0 & -8\\ -3 & \lambda+1 & -6\\ 2 & 0 & \lambda+5\end{bmatrix}\to\begin{bmatrix}1 & 0 & 0\\ 0 & \lambda+1 & 0\\ 0 & 0 & (\lambda+1)^2\end{bmatrix}$，故 $\boldsymbol{A}$ 的初等因子为 $\lambda+1$，$(\lambda+1)^2$，$\boldsymbol{A}$ 的若尔当标准形为 $\begin{bmatrix}-1 & 0 & 0\\ 0 & -1 & 0\\ 0 & 1 & -1\end{bmatrix}$.

**例 2**　设 $\boldsymbol{A}=\begin{bmatrix}-1 & -2 & 6\\ -1 & 0 & 3\\ -1 & -1 & 4\end{bmatrix}$，求 $\boldsymbol{A}^k$.

**解**　先求 $\boldsymbol{A}$ 的若尔当标准形，由于 $\lambda\boldsymbol{E}-\boldsymbol{A}=\begin{bmatrix}\lambda+1 & 2 & -6\\ 1 & \lambda & -3\\ 1 & 1 & \lambda-4\end{bmatrix}\to\begin{bmatrix}1 & & \\ & \lambda-1 & \\ & & (\lambda-1)^2\end{bmatrix}$，则其初等因子为 $\lambda-1$，$(\lambda-1)^2$，故 $\boldsymbol{A}$ 的若尔当标准形为 $J=\begin{bmatrix}1 & 0 & 0\\ 0 & 1 & 0\\ 0 & 1 & 1\end{bmatrix}$；再求可逆矩阵 $\boldsymbol{P}$，使得 $\boldsymbol{P}^{-1}\boldsymbol{A}\boldsymbol{P}=\boldsymbol{J}$，即 $\boldsymbol{A}\boldsymbol{P}=\boldsymbol{P}\boldsymbol{J}$. 设 $\boldsymbol{P}=(\boldsymbol{\alpha}_1,\boldsymbol{\alpha}_2,\boldsymbol{\alpha}_3)$，则有 $\boldsymbol{A}(\boldsymbol{\alpha}_1,\boldsymbol{\alpha}_2,\boldsymbol{\alpha}_3)=(\boldsymbol{\alpha}_1,\boldsymbol{\alpha}_2,\boldsymbol{\alpha}_3)\begin{bmatrix}1 & 0 & 0\\ 0 & 1 & 0\\ 0 & 1 & 1\end{bmatrix}$，即 $\boldsymbol{A}\boldsymbol{\alpha}_1=\boldsymbol{\alpha}_1$，$\boldsymbol{A}\boldsymbol{\alpha}_2=\boldsymbol{\alpha}_2+\boldsymbol{\alpha}_3$，$\boldsymbol{A}\boldsymbol{\alpha}_3=\boldsymbol{\alpha}_3$；对于 $\boldsymbol{A}\boldsymbol{\alpha}_2=\boldsymbol{\alpha}_2+\boldsymbol{\alpha}_3$ 有 $(\boldsymbol{E}-\boldsymbol{A})\boldsymbol{\alpha}_2=-\boldsymbol{\alpha}_3$，令 $\boldsymbol{\alpha}_2=(x_1,x_2,x_3)$，$\boldsymbol{\alpha}_3=(y_1,y_2,y_3)$，则有

$$(\boldsymbol{E}-\boldsymbol{A},\ -\boldsymbol{\alpha}_3)=\begin{bmatrix}2&2&-6&-y_1\\1&1&-3&-y_2\\1&1&-3&-y_3\end{bmatrix}\to\begin{bmatrix}2&2&-6&-y_1\\1&1&-3&-y_2\\0&0&0&y_2-y_3\end{bmatrix}$$

而$(\boldsymbol{E}-\boldsymbol{A})\boldsymbol{\alpha}_2=-\boldsymbol{\alpha}_3$有解，则$y_2=y_3$；又$\boldsymbol{A}\boldsymbol{\alpha}_3=\boldsymbol{\alpha}_3$，则有$(\boldsymbol{E}-\boldsymbol{A})\boldsymbol{\alpha}_3=\boldsymbol{0}$，即$\begin{bmatrix}2&2&-6\\1&1&-3\\1&1&-3\end{bmatrix}\begin{bmatrix}y_1\\y_2\\y_3\end{bmatrix}=0$，于是有$y_1+y_2-3y_3=0$，从而$y_1=2y_2$，令$y_2=y_3=1$，则$y_1=2$，于是$\boldsymbol{\alpha}_3=(2,1,1)^{\mathrm{T}}$；再解$(\boldsymbol{E}-\boldsymbol{A})\boldsymbol{\alpha}_2=-\boldsymbol{\alpha}_3$，得$\boldsymbol{\alpha}_2=(-1,0,0)^{\mathrm{T}}$，$\boldsymbol{\alpha}_3=(3,0,1)^{\mathrm{T}}$，即$\boldsymbol{P}=(\boldsymbol{\alpha}_1,\boldsymbol{\alpha}_2,\boldsymbol{\alpha}_3)=\begin{bmatrix}3&-1&2\\0&0&1\\1&0&1\end{bmatrix}$；由于

$$\boldsymbol{A}=\boldsymbol{P}\boldsymbol{J}\boldsymbol{P}^{-1}\boldsymbol{A}^k=\boldsymbol{P}\boldsymbol{J}^k\boldsymbol{P}^{-1}=\begin{bmatrix}3&-1&2\\0&0&1\\1&0&1\end{bmatrix}\begin{bmatrix}1&0&0\\0&1&0\\0&1&1\end{bmatrix}^k\begin{bmatrix}3&-1&2\\0&0&1\\1&0&1\end{bmatrix}^{-1}=\begin{bmatrix}1-2k&-2k&6k\\-k&1-k&3k\\-k&-k&1+3k\end{bmatrix}.$$

## 8.3 矩阵的相似对角化

(1) 设$\boldsymbol{A}\in P^{n\times n}$，$\boldsymbol{A}$的特征值全在$P$中，则$\boldsymbol{A}$可对角化的充要条件为：

① $\boldsymbol{A}$在$P^n$中有$n$个线性无关的特征向量.

② $\boldsymbol{A}$的最小多项式$d_n(\lambda)$无重根.

③ $\boldsymbol{A}$的初等因子全是一次的.

④ $\boldsymbol{A}$的每个特征值的代数重数=几何重数.

(2) 相似于对角矩阵的充分条件：

① $\boldsymbol{A}$的零化多项式无重根.

② $\boldsymbol{A}$的特征多项式无重根.

**典型例题**

**例1** 设$\boldsymbol{A}=\begin{bmatrix}13&16&16\\-5&-7&-6\\-6&-8&-7\end{bmatrix}$，求矩阵$\boldsymbol{A}$的不变因子、初等因子、若尔当标准形和有理标准形.

**解** 由于$|\lambda\boldsymbol{E}-\boldsymbol{A}|=(\lambda-1)^2(\lambda+3)$，则$\boldsymbol{A}$的特征值为$\lambda_1=1$(二重)，$\lambda_2=-3$；又1的几何重数为$3-R(\boldsymbol{E}-\boldsymbol{A})=1$，则$\boldsymbol{A}$的若尔当标准形为$\begin{bmatrix}1&0&0\\1&1&0\\0&0&-3\end{bmatrix}$，从而$\boldsymbol{A}$的初等因子为$(\lambda-1)^2$，$\lambda+3$，不变因子为$d_3(\lambda)=(\lambda-1)^2(\lambda+3)=\lambda^3+\lambda^2-5\lambda+3$，$d_1(\lambda)=d_2(\lambda)=1$，$\boldsymbol{A}$

的有理标准形为$\begin{bmatrix}0 & 0 & -3\\1 & 0 & 5\\0 & 1 & -1\end{bmatrix}$.

**例 2**　求$\boldsymbol{A}=\begin{bmatrix}1 & 1 & -1\\-3 & -3 & 3\\-2 & -2 & 2\end{bmatrix}$的全部不变因子、初等因子.

**解**　由于

$$\lambda\boldsymbol{E}-\boldsymbol{A}=\begin{bmatrix}\lambda-1 & -1 & 1\\3 & \lambda+3 & -3\\2 & 2 & \lambda-2\end{bmatrix}\to\begin{bmatrix}\lambda & -1 & 1\\0 & \lambda+3 & -3\\\lambda & 2 & \lambda-2\end{bmatrix}\to\begin{bmatrix}\lambda & 0 & 1\\0 & \lambda & -3\\\lambda & \lambda & \lambda-2\end{bmatrix}$$

$$\to\begin{bmatrix}\lambda & 0 & 1\\0 & \lambda & -3\\0 & 0 & \lambda\end{bmatrix}\to\begin{bmatrix}\lambda & 0 & 1\\3\lambda & \lambda & 0\\\lambda^3 & 0 & 0\end{bmatrix}\to\begin{bmatrix}1 & 0 & 0\\0 & \lambda & 0\\0 & 0 & \lambda^2\end{bmatrix}$$

故 $\boldsymbol{A}$ 的不变因子为 1，$\lambda$，$\lambda^2$；$\boldsymbol{A}$ 的初等因子为$\lambda$，$\lambda^2$.

**例 3**　设$\boldsymbol{B}=\begin{bmatrix}-1 & -2 & 6\\-1 & 0 & 3\\-1 & -1 & 4\end{bmatrix}$，求 $\boldsymbol{B}$ 的全部不变因子、初等因子.

**解**　由于

$$\lambda\boldsymbol{E}-\boldsymbol{B}=\begin{bmatrix}\lambda+1 & 2 & -6\\1 & \lambda & -3\\1 & 1 & \lambda-4\end{bmatrix}\to\begin{bmatrix}1 & 1 & \lambda-4\\0 & \lambda-1 & 1-\lambda\\0 & 1-\lambda & -\lambda^2+3\lambda-2\end{bmatrix}\to\begin{bmatrix}1 & 0 & 0\\0 & \lambda-1 & 0\\0 & 0 & (\lambda-1)^2\end{bmatrix}$$

故 $\boldsymbol{B}$ 的不变因子为 1，$\lambda-1$，$(\lambda-1)^2$. 初等因子为$\lambda-1$，$(\lambda-1)^2$.

**例 4**　设$\boldsymbol{B}=\begin{bmatrix}3 & 0 & 8\\3 & -1 & 6\\-2 & 0 & -5\end{bmatrix}$，求 $\boldsymbol{B}$ 的不变因子、初等因子，若尔当标准形和最小多项式.

**解**　由于

$$\lambda\boldsymbol{E}-\boldsymbol{B}=\begin{bmatrix}\lambda-3 & 0 & -8\\-3 & \lambda+1 & -6\\2 & 0 & \lambda+5\end{bmatrix}\to\begin{bmatrix}\lambda-3 & 0 & -2-2\\-3 & \lambda+1 & 0\\2 & 0 & \lambda+1\end{bmatrix}$$

$$\to\begin{bmatrix}\lambda+1 & 0 & 0\\-3 & \lambda+1 & 0\\2 & 0 & \lambda+1\end{bmatrix}\to\begin{bmatrix}1 & 0 & 0\\0 & \lambda+1 & 0\\0 & 0 & (\lambda+1)^2\end{bmatrix}$$

故 $\boldsymbol{B}$ 的不变因子为 1，$\lambda+1$，$(\lambda+1)^2$；$\boldsymbol{B}$ 的初等因子为$\lambda+1$，$(\lambda+1)^2$；若尔当标准形为

$$\begin{bmatrix}-1 & 0 & 0\\0 & -1 & 0\\0 & 1 & -1\end{bmatrix}$$

最小多项式为$(\lambda+1)^2$.

**例 5** 求 $A=\begin{bmatrix}1&0&0&0\\-1&-1&-1&0\\1&1&1&0\\2&2&2&0\end{bmatrix}$ 的最小多项式.

**解** 由于

$$\lambda E-A\to\begin{bmatrix}\lambda-1&0&0&0\\1&\lambda+1&1&0\\-1&-1&\lambda-1&0\\-2&-2&-2&\lambda\end{bmatrix}\to\begin{bmatrix}-1&-1&\lambda-1&0\\1&\lambda+1&1&0\\\lambda-1&0&0&0\\-2&-2&-2&\lambda\end{bmatrix}\to\begin{bmatrix}1&0&0&0\\0&1&\lambda^2-\lambda+1&0\\0&1-\lambda&(\lambda-1)^2&0\\0&0&-2\lambda&\lambda\end{bmatrix}$$

$$\to\begin{bmatrix}1&0&0&0\\0&1&0&0\\0&0&\lambda^3-\lambda^2&0\\0&0&-2\lambda&\lambda\end{bmatrix}\to\begin{bmatrix}1&0&0&0\\0&1&0&0\\0&0&\lambda&0\\0&0&0&\lambda^3-\lambda^2\end{bmatrix}$$

则 $d_4(\lambda)=\lambda^3-\lambda^2$，故 $A$ 的最小多项式为 $\lambda^3-\lambda^2$.

**例 6** 已知 $A=\begin{bmatrix}1&-3&0&3\\-2&-6&0&13\\0&-3&1&3\\-1&-4&0&8\end{bmatrix}$，求 $A$ 的若尔当标准形.

**解** 由于

$$\lambda E-A=\begin{bmatrix}\lambda-1&3&0&-3\\2&\lambda+6&0&-13\\0&3&\lambda-1&-3\\1&4&0&\lambda-8\end{bmatrix}\to\begin{bmatrix}0&0&0&(\lambda-1)^3\\0&1&0&0\\0&0&\lambda-1&0\\1&0&0&0\end{bmatrix}\to\begin{bmatrix}1&0&0&0\\0&1&0&0\\0&0&\lambda-1&0\\0&0&0&(\lambda-1)^3\end{bmatrix}$$

故 $A$ 的若尔当标准形为

$$\begin{bmatrix}1&0&0&0\\0&1&0&0\\0&1&1&0\\0&0&1&1\end{bmatrix}$$

**例 7** 求矩阵 $B=\begin{bmatrix}3&0&8\\3&-1&6\\-2&0&-5\end{bmatrix}$ 的若尔当标准形与有理标准形.

**解** 由于

$$\lambda E-B=\begin{bmatrix}\lambda-3&0&-8\\-3&\lambda+1&-6\\2&0&\lambda+5\end{bmatrix}\to\begin{bmatrix}\lambda-3&0&-2-2\\-3&\lambda+1&0\\2&0&\lambda+1\end{bmatrix}$$

$$\to\begin{bmatrix}\lambda+1&0&0\\-3&\lambda+1&0\\2&0&\lambda+1\end{bmatrix}\to\begin{bmatrix}1&0&0\\0&\lambda+1&0\\0&0&(\lambda+1)^2\end{bmatrix}$$

故 $B$ 的不变因子为 $1$，$\lambda+1$，$(\lambda+1)^2$；$B$ 的初等因子为 $\lambda+1$，$(\lambda+1)^2$，若尔当标准形与有

理标准形分别为

$$\begin{bmatrix}-1 & 0 & 0\\ 1 & -1 & 0\\ 0 & 0 & -1\end{bmatrix},\ \begin{bmatrix}-1 & 0 & 0\\ 0 & 0 & -1\\ 0 & 1 & -2\end{bmatrix}$$

**例 8** 相似矩阵有相同的最小多项式.

**证明** 设 $\boldsymbol{A}$ 与 $\boldsymbol{B}$ 相似，即存在可逆矩阵 $\boldsymbol{T}$，使 $\boldsymbol{T}^{-1}\boldsymbol{A}\boldsymbol{T}=\boldsymbol{B}$. 设 $m_1(\lambda)$、$m_2(\lambda)$分别为 $\boldsymbol{A}$、$\boldsymbol{B}$ 的最小多项式，并且设 $m_2(\lambda)=\lambda^s+b_{s-1}\lambda^{s-1}+\cdots+b_1\lambda+b_0$，则

$$\begin{aligned}0&=m_2(\boldsymbol{B})=\boldsymbol{B}^s+b_{s-1}\boldsymbol{B}^{s-1}+\cdots+b_1\boldsymbol{B}+b_0\boldsymbol{E}\\&=\boldsymbol{T}^{-1}(\boldsymbol{A}^s+b_{s+1}\boldsymbol{A}^{s-1}+\cdots+b_1\boldsymbol{A}+b_0\boldsymbol{E})\boldsymbol{T}=\boldsymbol{T}^{-1}m_2(\boldsymbol{A})\boldsymbol{T}\end{aligned}$$

故 $m_2(\boldsymbol{A})=\boldsymbol{0}$，$m_2(\lambda)$是 $\boldsymbol{A}$ 的零化多项式，而 $m_1(\lambda)$为 $\boldsymbol{A}$ 的最小多项式，则 $m_1(\lambda)\mid m_2(\lambda)$，类似可证 $m_2(\lambda)\mid m_1(\lambda)$，则 $m_1(\lambda)=cm_2(\lambda)$，又因为 $m_1(\lambda)$、$m_2(\lambda)$的首项系数均为 1，故 $c=1$，即 $m_1(\lambda)=m_2(\lambda)$.

**例 9** 设 $\boldsymbol{\alpha}=(a_1,\cdots,a_n)\neq\boldsymbol{0}$，$\boldsymbol{\beta}=(b_1,\cdots,b_n)\neq\boldsymbol{0}$，$\boldsymbol{\alpha}\boldsymbol{\beta}^{\mathrm{T}}=0$，令 $\boldsymbol{A}=\boldsymbol{\alpha}^{\mathrm{T}}\boldsymbol{\beta}$，求 $\boldsymbol{A}$ 的若尔当标准形及不变因子.

**解** 由已知 $\boldsymbol{A}\neq\boldsymbol{0}$，但 $\boldsymbol{A}^2=\boldsymbol{\alpha}'\boldsymbol{\beta}\boldsymbol{\alpha}'\boldsymbol{\beta}=\boldsymbol{\alpha}'(\boldsymbol{\beta}\boldsymbol{\alpha}')\boldsymbol{\beta}=\boldsymbol{\alpha}'(\boldsymbol{\alpha}\boldsymbol{\beta}')\boldsymbol{\beta}=\boldsymbol{0}$，故 $\boldsymbol{A}$ 的最小多项式为 $\lambda^2$. 而 $\lambda\boldsymbol{E}-\boldsymbol{A}$ 的一阶行列式因子 $D_1=1$，则不变因子 $d_1=1$. 又 $d_n=m(\lambda)=\lambda^2$，故 $d_2=d_3=\cdots=d_{n-1}=\lambda$，从而 $\boldsymbol{A}$ 的全部不变因子为 $1,\lambda,\lambda,\cdots,\lambda,\lambda^2$；若尔当标准形由初等因子确定，故若尔当标准形为

$$\begin{bmatrix}0 & & & & \\ & \ddots & & & \\ & & 0 & & \\ & & & 0 & \\ & & & 1 & 0\end{bmatrix}$$

**例 10** 设 $\boldsymbol{\alpha}$、$\boldsymbol{\beta}$ 均为非零 $n$ 维列向量，记为 $\boldsymbol{A}=\boldsymbol{\alpha}\boldsymbol{\beta}^{\mathrm{T}}$. (1) 求 $\boldsymbol{A}$ 的最小多项式；(2) 求 $\boldsymbol{A}$ 的若尔当标准形.

**解** (1) 由于 $\boldsymbol{A}^2=\boldsymbol{\alpha}\boldsymbol{\beta}^{\mathrm{T}}\boldsymbol{\alpha}\boldsymbol{\beta}^{\mathrm{T}}=k\boldsymbol{A}(k=\boldsymbol{\beta}^{\mathrm{T}}\boldsymbol{\alpha})$，从而 $\boldsymbol{A}$ 的特征值为 $0(n-1$ 重)、$k$，$\boldsymbol{A}$ 的零化多项式为 $x^2-kx$，而 $\boldsymbol{A}\neq\boldsymbol{0}$，$\boldsymbol{A}-k\boldsymbol{E}\neq\boldsymbol{0}$，则 $\boldsymbol{A}$ 的最小多项式为 $x^2-kx$.

(2) 当 $k=0$ 时，则 $R(\boldsymbol{A})=1$，故特征值 0 对应的线性无关的特征向量有 $n-1$ 个，$\boldsymbol{A}$ 的若尔当标准形为

$$\begin{bmatrix}\boldsymbol{0} & \\ & J_0\end{bmatrix},\ J_0=\begin{bmatrix}0 & 0\\ 1 & 0\end{bmatrix}$$

当 $k\neq0$ 时，$\boldsymbol{A}$ 可对角化，$\boldsymbol{A}$ 的若尔当标准形为 $\mathrm{diag}(k,0,\cdots,0)$(特征值的几何重数≤代数重数，则 0 为 $n-1$ 重).

**例 11** 已知矩阵 $\boldsymbol{A}=\begin{bmatrix}4 & -15 & -9\\ 0 & 1 & 0\\ 1 & -5 & -2\end{bmatrix}$，求 $\boldsymbol{A}^n$.

**解** 由于 $|\lambda\boldsymbol{E}-\boldsymbol{A}|=(\lambda-1)^3$，可得 1 为 $\boldsymbol{A}$ 的三重特征值，线性无关的特征向量为 $\boldsymbol{\xi}=(3,0,1)^{\mathrm{T}}$，$\boldsymbol{\eta}=(5,1,0)^{\mathrm{T}}$，又 $(\boldsymbol{A}-\boldsymbol{E})^2=\boldsymbol{0}$，而 $(\boldsymbol{A}-\boldsymbol{E})(1,0,0)^{\mathrm{T}}=(3,0,1)^{\mathrm{T}}\neq\boldsymbol{0}$，故取

$$T=\begin{bmatrix}1&3&5\\0&0&1\\0&1&0\end{bmatrix},\ T^{-1}AT=\begin{bmatrix}1&0&0\\1&1&0\\0&0&1\end{bmatrix}$$

$$A^n=T\begin{bmatrix}1&0&0\\1&1&0\\0&0&1\end{bmatrix}^n T^{-1}=T\left[E+\begin{bmatrix}0&0&0\\1&0&0\\0&0&0\end{bmatrix}\right]^n T^{-1}=T\begin{bmatrix}1&0&0\\n&1&0\\0&0&1\end{bmatrix}T^{-1}$$

**例 12** 求矩阵 $A=\begin{bmatrix}-1&-2&6\\-1&0&3\\-1&-1&4\end{bmatrix}$ 的若尔当标准形 $J$ 及相似变换矩阵 $P$，使 $P^{-1}AP=J$.

**解** 由于 $|\lambda E-A|=(\lambda-1)^3$，得 1 为 $A$ 的三重特征值，线性无关的特征向量为 $\xi=(-1,1,0)^T$，$\eta=(3,0,1)^T$，又 $(A-E)^2=0$，而 $(A-E)(1,0,0)^T=(2,1,1)^T\neq 0$，故取

$$P=\begin{bmatrix}1&2&3\\0&1&0\\0&1&1\end{bmatrix},\ P^{-1}AP=\begin{bmatrix}1&0&0\\1&1&0\\0&0&1\end{bmatrix}=J$$

**例 13** 设 $A$ 为 $n$ 阶方阵，证明：$R(A^n)=R(A^{n+1})=R(A^{n+2})=\cdots\cdots$

**证明** 设有可逆矩阵 $T$，使

$$A=T^{-1}JT,\ J=\begin{bmatrix}J_1&&&&&\\&\ddots&&&&\\&&J_s&&&\\&&&J_{01}&&\\&&&&\ddots&\\&&&&&J_{0t}\end{bmatrix}$$

$J_i$ 为 $r_j$ 阶若尔当块，主对角线上元素 $\lambda_i\neq 0$，则 $|J_i|=\lambda_i^{r_i}\neq 0$，$i=1,2,\cdots,s$；$J_{0j}$ 为 $r_j$ 阶若尔当块，主对角线上元素全为 0，则 $J_{0j}^{r_j}=0$，$r_j\leqslant n$，$j=1,2,\cdots,t$. 有

$$A^n=T^{-1}\begin{bmatrix}J_1^n&&&&\\&\ddots&&&\\&&J_s^n&&\\&&&0&\\&&&&\ddots\\&&&&&0\end{bmatrix}T,\ A^{n+k}=T^{-1}\begin{bmatrix}J_1^{n+k}&&&&\\&\ddots&&&\\&&J_s^{n+k}&&\\&&&0&\\&&&&\ddots\\&&&&&0\end{bmatrix}T,\ R(J_i^l)=r_i$$

$i=1,2,\cdots,s$，$l=n,n+1,\cdots$，故 $R(A^{n+k})=R(J_1^{n+k})+\cdots+R(J_s^{n+k})=r_1+\cdots+r_s$，$k=0,1,2,\cdots$，从而结论成立.

**例 14** 设 $A$ 为 $n$ 阶方阵，求证存在正整数 $m$，使 $R(A^m)=R(A^{m+1})$，并证明存在 $n$ 阶矩阵 $B$，使 $A^m=A^{m+1}B$.

**证明** 由题可知，存在可逆矩阵 $T$，使 $T^{-1}AT=\mathrm{diag}(J_1,\cdots,J_r)$，$J_{r+1},\cdots,J_t$ 为若尔

当标准形，并且前 $r$ 个若尔当块主对角线上的元素非零，后 $t-r$ 个若尔当块主对角线上的元素为零.

$$\boldsymbol{J}_i=\begin{bmatrix}\lambda_i & & & \\ 1 & \lambda_i & & \\ & \ddots & \ddots & \\ & & 1 & \lambda_i\end{bmatrix}_{n_i\times n_i},\quad i=1,\ 2,\ \cdots,\ r$$

均可逆，有

$$\boldsymbol{J}_j=\begin{bmatrix}0 & & & \\ 1 & 0 & & \\ & \ddots & \ddots & \\ & & 1 & 0\end{bmatrix}_{n_j\times n_j},\quad j=r+1,\ r+2,\ \cdots,\ t$$

取 $m=\max\{n_{r+1},\ \cdots,\ n_r\}$，$\boldsymbol{T}^{-1}\boldsymbol{A}^m\boldsymbol{T}=\mathrm{diag}(\boldsymbol{J}_1^m,\ \cdots,\ \boldsymbol{J}_r^m,\ \boldsymbol{J}_{r+1}^m,\ \cdots,\ \boldsymbol{J}_t^m)=\mathrm{diag}(\boldsymbol{J}_1^m,\ \cdots,\ \boldsymbol{J}_r^m,\ 0,\ \cdots,\ 0)$，从而 $R(\boldsymbol{A}^m)=n_1+\cdots+n_r$，$\boldsymbol{T}^{-1}\boldsymbol{A}^{m+1}\boldsymbol{T}=\mathrm{diag}(\boldsymbol{J}_1^{m+1},\ \cdots,\ \boldsymbol{J}_r^{m+1},\ 0,\ \cdots,\ 0)$，$R(\boldsymbol{A}^{m+1})=n_1+\cdots+n_r$，则秩$(\boldsymbol{A}^m)=$秩$(\boldsymbol{A}^{m+1})$. 又

$\boldsymbol{T}^{-1}\boldsymbol{A}^{m+1}\boldsymbol{T}=\mathrm{diag}(\boldsymbol{J}_1^{m+1},\ \cdots,\ \boldsymbol{J}_r^{m+1},\ 0,\ \cdots,\ 0)=\boldsymbol{T}^{-1}\boldsymbol{A}^m\boldsymbol{T}\boldsymbol{T}^{-1}\mathrm{diag}(\boldsymbol{J}_1^{m+1},\ \cdots,\ \boldsymbol{J}_r^{m+1},\ \boldsymbol{E}_{n_{r+1}},\ \cdots,\ \boldsymbol{E}_{n_t})\boldsymbol{T}$

令 $\boldsymbol{B}^{-1}=\mathrm{diag}(\boldsymbol{J}_1^{m+1},\ \cdots,\ \boldsymbol{J}_r^{m+1},\ \boldsymbol{E}_{n_{r+1}},\ \cdots,\ \boldsymbol{E}_{n_t})$，则 $\boldsymbol{A}^m=\boldsymbol{A}^{m+1}\boldsymbol{B}$.

**例 15** 设矩阵 $\boldsymbol{A}=\begin{bmatrix}1 & a & b\\ 0 & c & d\\ 0 & 0 & 1\end{bmatrix}$，$\boldsymbol{B}=\begin{bmatrix}a & 0 & 0\\ 1 & b & 0\\ d & 1 & c\end{bmatrix}$. 当参数 $a$、$b$、$c$、$d$ 满足什么条件时，矩阵 $\boldsymbol{A}$ 与 $\boldsymbol{B}$ 相似.

**解** 若矩阵 $\boldsymbol{A}$ 与 $\boldsymbol{B}$ 相似，则 $\boldsymbol{A}$ 与 $\boldsymbol{B}$ 的 3 个特征值相同，故 $a=1$，$b=1$. $\lambda\boldsymbol{E}-\boldsymbol{A}$ 的所有 2 阶子式为$(\lambda-1)(\lambda-c)$，$-d(\lambda-1)$，$d+(\lambda-c)$，$(\lambda-1)^2$，$-(\lambda-1)$，$\lambda\boldsymbol{E}-\boldsymbol{B}$ 的所有 2 阶子式为$(\lambda-1)^2$，$-(\lambda-1)$，$(\lambda-1)(\lambda-c)$，$1+d(\lambda-1)$，$-(\lambda-c)$，则 $\lambda\boldsymbol{E}-\boldsymbol{B}$ 的行列式因子为

$$D_1=1,\ D_2=1,\ D_3=(\lambda-1)^2(\lambda-c)$$

若 $\boldsymbol{A}$ 与 $\boldsymbol{B}$ 相似，则 $d-c+1\neq 0$.

**例 16** 设数域 $F$ 上的 $n$ 维线性空间 $V$ 的一个线性变换 $\boldsymbol{A}$ 在基 $\boldsymbol{\alpha}_1$，$\boldsymbol{\alpha}_2$，$\cdots$，$\boldsymbol{\alpha}_n$ 下的矩阵为

$$\boldsymbol{A}=\begin{bmatrix}-a_1 & 1 & & & & \\ -a_2 & 0 & 1 & & & \\ -a_3 & & 0 & \ddots & & \\ \vdots & & & \ddots & & \\ -a_{n-1} & & & & 0 & 1\\ -a_n & & & & & 0\end{bmatrix}$$

(1) 求 $\boldsymbol{A}$ 的特征多项式；(2) $V$ 有无循环基？若有，求之；(3) 求 $\boldsymbol{A}$ 的最小多项式，并说明理由.

**解** (1) 由于$|\lambda\boldsymbol{E}-\boldsymbol{A}|=\lambda D_{n-1}+(-1)^{n+1}(-1)^{n-1}a_n=\lambda D_{n-1}+a_n=\lambda^n+a_1\lambda^{n-1}+\cdots+$

$a_{n-1}\lambda+a_n$，即 $\boldsymbol{A}$ 的特征多项式 $f(\lambda)=\lambda^n+a_1\lambda^{n-1}+\cdots+a_{n-1}\lambda+a_n$.

(2) $V$ 只有在 $\boldsymbol{A}$ 的特征值为 0 时，即当 $a_i=0$，$i=1\sim n$ 时才有循环基，此时其循环基为 $\boldsymbol{\alpha}_n$，$\boldsymbol{\alpha}_{n-1}$，…，$\boldsymbol{\alpha}_1$.

(3) 由 $\lambda\boldsymbol{E}-\boldsymbol{A}\cong\mathrm{diag}(1,\cdots,1,f(\lambda))$，故 $f(\lambda)$为 $\boldsymbol{A}$ 的最小多项式.

**例 17** 若有正整数 $m$，使 $\boldsymbol{A}^m=\boldsymbol{E}$，证明：$\boldsymbol{A}$ 可对角化.

**证明** 由 $\boldsymbol{A}^m=\boldsymbol{E}$，则 $\boldsymbol{A}$ 有零化多项式 $f(\lambda)=\lambda^m-1$，而$(f(\lambda),f'(\lambda))=1$，即 $f(\lambda)$无重根，故 $\boldsymbol{A}$ 可对角化.

**例 18** 已知矩阵 $\boldsymbol{A}=\begin{bmatrix}1&0&0&0\\a&1&0&0\\2&3&2&0\\2&3&c&2\end{bmatrix}$. (1) 讨论当 $a$、$c$ 取何值时，$\boldsymbol{A}$ 可以对角化；(2) 当 $a=1$，$c=0$ 时，求 $\boldsymbol{A}$ 的若尔当标准形 $\boldsymbol{J}$ 及可逆矩阵 $\boldsymbol{P}$，使得 $\boldsymbol{P}^{-1}\boldsymbol{AP}=\boldsymbol{J}$.

**解** (1) 易得 $\boldsymbol{A}$ 的特征值为 1，1，2，2，故 $\boldsymbol{A}$ 可以对角化的充分必要条件是 $R(\boldsymbol{E}-\boldsymbol{A})=2$，$R(2\boldsymbol{E}-\boldsymbol{A})=2$，从而 $\boldsymbol{A}$ 可对角化的充分必要条件是 $a=c=0$.

(2) 当 $a=1$，$c=0$ 时，特征值 2 对应的特征向量为 $\boldsymbol{\alpha}=(0,0,10)$，$\boldsymbol{\beta}=(0,0,0,1)$，而$(\boldsymbol{A}-\boldsymbol{E})^2\boldsymbol{X}=\boldsymbol{0}$的解为 $\boldsymbol{\gamma}=(1,0,-5,-5)$，$\boldsymbol{\delta}=(0,1,-3,-3)$，则$(\boldsymbol{A}-\boldsymbol{E})\boldsymbol{\gamma}=\boldsymbol{\delta}\neq\boldsymbol{0}$，故 $\boldsymbol{P}=(\boldsymbol{\alpha}',\boldsymbol{\beta}',\boldsymbol{\gamma}',\boldsymbol{\delta}')$，则

$$\boldsymbol{P}^{-1}\boldsymbol{AP}=\boldsymbol{J}=\begin{bmatrix}2&0&0&0\\0&2&0&0\\0&0&1&0\\0&0&1&1\end{bmatrix}$$

**例 19** 设 $\boldsymbol{A}$、$\boldsymbol{B}$ 是两个 $n$ 阶实对称矩阵，且 $\boldsymbol{AB}=\boldsymbol{BA}$，若二次型 $f=\boldsymbol{X}^{\mathrm{T}}\boldsymbol{AX}$ 通过正交变换 $\boldsymbol{X}=\boldsymbol{PY}$ 化为标准形 $f=y_1^2+2y_2^2+\cdots+ny_n^2$，证明：$\boldsymbol{P}^{\mathrm{T}}\boldsymbol{BP}$ 是对角矩阵.

**证明** 由已知有 $\boldsymbol{P}^{\mathrm{T}}\boldsymbol{AP}=\mathrm{diag}(1,2,\cdots,n)$，则 $\boldsymbol{P}^{\mathrm{T}}\boldsymbol{APP}^{\mathrm{T}}\boldsymbol{BP}=\boldsymbol{P}^{\mathrm{T}}\boldsymbol{BPP}^{\mathrm{T}}\boldsymbol{AP}$，可得

$$\mathrm{diag}(1,2,\cdots,n)\boldsymbol{P}^{\mathrm{T}}\boldsymbol{BP}=\boldsymbol{P}^{\mathrm{T}}\boldsymbol{BP}\,\mathrm{diag}(1,2,\cdots,n)$$

从而 $\boldsymbol{P}^{\mathrm{T}}\boldsymbol{BP}$ 是对角矩阵.

**例 20** 设 $\dim V_C=n$，$\sigma$，$\tau\in L(V_C)$，$\sigma\tau=\tau\sigma$，$\sigma$，$\tau$ 的特征向量各自构成 $V_C$ 的基，证明：$V_C$ 有基，使其每个基向量既是 $\sigma$ 的特征向量，也是 $\tau$ 的特征向量.

**证明** 设$\sigma$、$\tau$ 在 $V_C$ 的基$\boldsymbol{\alpha}_1$，$\boldsymbol{\alpha}_2$，…，$\boldsymbol{\alpha}_n$ 下矩阵分别是 $\boldsymbol{A}$、$\boldsymbol{B}$；由已知有 $\boldsymbol{AB}=\boldsymbol{BA}$ 且 $\boldsymbol{A}$、$\boldsymbol{B}$ 均可对角化. 则存在可逆矩阵 $\boldsymbol{P}$，使 $\boldsymbol{P}^{-1}\boldsymbol{AP}=\begin{bmatrix}\lambda_1\boldsymbol{E}_{n_1}&&\\&\ddots&\\&&\lambda_s\boldsymbol{E}_{n_s}\end{bmatrix}$①.

又 $\lambda_1$，…，$\lambda_s$ 互异，$n_1+\cdots+n_s=n$ 且 $\boldsymbol{AB}=\boldsymbol{BA}$，故 $\boldsymbol{P}^{-1}\boldsymbol{AP}(\boldsymbol{P}^{-1}\boldsymbol{BP})=\boldsymbol{P}^{-1}\boldsymbol{BP}(\boldsymbol{P}^{-1}\boldsymbol{AP})$②.

由①、②及 $\lambda_1$，…，$\lambda_s$ 互异，故 $\boldsymbol{P}^{-1}\boldsymbol{BP}=\begin{bmatrix}\boldsymbol{B}_{n_1}&&\\&\ddots&\\&&\boldsymbol{B}_{n_s}\end{bmatrix}$③，$\boldsymbol{B}_{n_k}$ 为 $n_k$ 阶矩阵. 由 $\boldsymbol{B}$ 可对角化，初等因子全为一次的，由③，$\boldsymbol{B}_{n_k}$ 的初等因子也全为一次的，故有可逆矩阵 $\boldsymbol{R}_{n_k}$，使

$\boldsymbol{R}_{n_k}^{-1}\boldsymbol{B}_{n_k}\boldsymbol{R}_{n_k}$ 为对角矩阵，$k=1\sim s$，取

$$\boldsymbol{R}=\begin{bmatrix} R_{n_1} & & \\ & \ddots & \\ & & R_{n_s} \end{bmatrix}$$

则 $\boldsymbol{R}^{-1}\boldsymbol{P}^{-1}\boldsymbol{BPR}=\begin{bmatrix} \mu_1 & & \\ & \ddots & \\ & & \mu_n \end{bmatrix}$，令 $\boldsymbol{T}=\boldsymbol{PR}$，则 $\boldsymbol{T}$ 可逆，并且

$$\boldsymbol{T}^{-1}\boldsymbol{AT}=\begin{bmatrix} R_{n_1}^{-1} & & \\ & \ddots & \\ & & R_{n_s}^{-1} \end{bmatrix}\begin{bmatrix} \lambda_1\boldsymbol{E}_{n_1} & & \\ & \ddots & \\ & & \lambda_s\boldsymbol{E}_{n_s} \end{bmatrix}\begin{bmatrix} R_{n_1} & & \\ & \ddots & \\ & & R_{n_s} \end{bmatrix}=\begin{bmatrix} \lambda_1\boldsymbol{E}_{n_1} & & \\ & \ddots & \\ & & \lambda_s\boldsymbol{E}_{n_s} \end{bmatrix}$$

为对角矩阵，而

$$\boldsymbol{T}^{-1}\boldsymbol{BT}=\begin{bmatrix} \mu_1 & & \\ & \ddots & \\ & & \mu_n \end{bmatrix}$$

也为对角矩阵. 故 $V$ 有基 $\boldsymbol{\beta}_1$，…，$\boldsymbol{\beta}_n$，且 $(\boldsymbol{\beta}_1,\cdots,\boldsymbol{\beta}_n)=(\boldsymbol{\alpha}_1,\cdots,\boldsymbol{\alpha}_n)\boldsymbol{T}$，其中，每一个向量 $\boldsymbol{\beta}_i$ 均为 $\sigma$、$\tau$ 的特征向量.

**例 21** 若 $n$ 阶方阵 $\boldsymbol{A}$ 的最小多项式 $m(\lambda)$ 在 $\mathbf{C}$ 上无重因式，证明：$\boldsymbol{A}$ 可对角化(即 $n$ 阶方阵 $\boldsymbol{A}$ 的最后一个不变因子无重根时，$\boldsymbol{A}$ 可对角化).

**证明** 由于 $\boldsymbol{A}$ 的最小多项式 $m(\lambda)$ 无重因式，且 $m(\lambda)=d_n(\lambda)$，则 $d_1(\lambda)$，…，$d_{n-1}(\lambda)$ 无重因式. 从而 $\boldsymbol{A}$ 的初等因子无重因式，即全为一次因式. 进一步，$\boldsymbol{A}$ 的若尔当块全为一阶. 故 $\boldsymbol{A}$ 相似于对角阵，即 $\boldsymbol{A}$ 可对角化.

**例 22** 求矩阵 $\boldsymbol{P}$ 以及与 $\boldsymbol{A}$ 相似的标准形 $\boldsymbol{J}$，使 $\boldsymbol{P}^{-1}\boldsymbol{AP}=\boldsymbol{J}$，其中，$\boldsymbol{A}=\begin{bmatrix} 3 & 0 & 8 & 0 \\ 3 & -1 & 6 & 0 \\ -2 & 0 & -5 & 0 \\ 0 & 0 & 0 & 2 \end{bmatrix}$.

**解** 由于

$$|\lambda\boldsymbol{E}-\boldsymbol{A}|=\begin{vmatrix} \lambda-3 & 0 & -8 & 0 \\ -3 & \lambda+1 & -6 & 0 \\ 2 & 0 & \lambda+5 & 0 \\ 0 & 0 & 0 & \lambda-2 \end{vmatrix}=(\lambda-2)(\lambda+1)^3$$

则 $\boldsymbol{A}$ 的特征值为 $\lambda_1=2$，$\lambda_2=-1$(三重).

对于 $\lambda_1=2$，有

$$\boldsymbol{A}-2\boldsymbol{E}=\begin{bmatrix} 1 & 0 & 8 & 0 \\ 3 & -3 & 6 & 0 \\ -2 & 0 & -8 & 0 \\ 0 & 0 & 0 & 0 \end{bmatrix}$$

对于 $\lambda_2=-1$，有

$$A+E=\begin{bmatrix}4&0&8&0\\3&0&6&0\\-2&0&-4&0\\0&0&0&3\end{bmatrix}\to\begin{bmatrix}1&0&2&0\\0&0&0&1\\0&0&0&0\\0&0&0&0\end{bmatrix},\ (A+E)^2=\begin{bmatrix}0&0&0&0\\0&0&0&0\\0&0&0&0\\0&0&0&9\end{bmatrix}$$

故 $A$ 的初等因子为$(\lambda+1)^2$，$(\lambda+1)$，$\lambda-2$，从而有

$$P=\begin{bmatrix}1&4&0&0\\0&3&1&0\\0&-2&0&0\\0&0&0&1\end{bmatrix},\ P^{-1}AP=\begin{bmatrix}-1&0&0&0\\1&-1&0&0\\0&0&-1&0\\0&0&0&2\end{bmatrix}$$

**例 23** 已知 $A=\begin{bmatrix}2&-1&1&-1\\2&2&-1&-1\\1&2&-1&2\\0&0&0&3\end{bmatrix}$，求 $A$ 的若尔当标准形.

**解** 由于

$$|\lambda E-A|=\begin{vmatrix}\lambda-2&1&-1&1\\-2&\lambda-2&1&1\\-1&-2&\lambda+1&-2\\0&0&0&\lambda-3\end{vmatrix}=(\lambda-1)^3(\lambda-3)$$

则特征值 3 对应的若尔当块为一阶，而特征值 1 有

$$E-A=\begin{bmatrix}-1&1&-1&1\\-2&-1&1&1\\-1&-2&2&-2\\0&0&0&-2\end{bmatrix}\to\begin{bmatrix}-1&1&-1&1\\0&-3&3&-1\\0&0&0&-2\\0&0&0&0\end{bmatrix}$$

只有 1 个自由未知量，故 1 对应的若尔当块为一块，故 $A$ 的若尔当标准形为

$$J=\begin{bmatrix}3&0&0&0\\0&1&0&0\\0&1&1&0\\0&0&1&1\end{bmatrix}$$

## 练　习　题

1. 求矩阵 $A=\begin{bmatrix}2&0&0\\a&2&0\\b&c&-1\end{bmatrix}$的初等因子及若尔当标准形.

2. $A=\begin{bmatrix}13&16&16\\-5&-7&-6\\-6&-8&-7\end{bmatrix}$，求矩阵 $A$ 的不变因子、初等因子、约尔当标准形和有理标准形.

3. 求矩阵 $\boldsymbol{A}=\begin{bmatrix}0 & 0 & \cdots & 0 & -a_n\\ 1 & 0 & \cdots & 0 & -a_1\\ 0 & 1 & \cdots & 0 & -a_2\\ \vdots & \vdots & & \vdots & \vdots\\ 0 & 0 & \cdots & 1 & -a_{n-1}\end{bmatrix}$ 的最小多项式.

4. 设 $\boldsymbol{A}$ 为 6 阶矩阵，$\boldsymbol{A}$ 的特征多项式为 $f(\lambda)=(\lambda+1)^3(\lambda-2)^2(\lambda+3)$，$\boldsymbol{A}$ 的最小多项式为 $m(\lambda)=(\lambda+1)^2(\lambda-2)(\lambda+3)$. (1) 求 $\boldsymbol{A}$ 的所有不变因子；(2) 写出 $\boldsymbol{A}$ 的若尔当标准形.

5. 设矩阵 $\boldsymbol{A}=\begin{bmatrix}3 & 0 & 8\\ 3 & -1 & 6\\ -2 & 0 & -5\end{bmatrix}$，试求：(1) $\boldsymbol{A}$ 的不变因子、初等因子；(2) $\boldsymbol{A}$ 的若尔当标准形.

6. 求矩阵 $\boldsymbol{A}_n=\begin{bmatrix}a_1 & a_2 & \cdots & a_{n-1} & a_n\\ 0 & a_1 & \cdots & a_{n-2} & a_{n-1}\\ \vdots & \vdots & & \vdots & \vdots\\ 0 & 0 & \cdots & a_1 & a_2\\ 0 & 0 & \cdots & 0 & a_1\end{bmatrix}$，$\boldsymbol{A}=\begin{bmatrix}-1 & -2 & 6\\ -1 & 0 & 3\\ -1 & -1 & 4\end{bmatrix}$ 的不变因子及若尔当标准形.

7. 设 $\boldsymbol{A}=\begin{bmatrix}2 & -2 & 1\\ 1 & -1 & 1\\ 1 & -2 & 2\end{bmatrix}$，求 $\boldsymbol{A}$ 的不变因子、行列式因子、初等因子以及 $\boldsymbol{A}$ 的若尔当标准形.

8. 设 $\boldsymbol{A}=\begin{bmatrix}1 & 2 & 0\\ 0 & 2 & 0\\ -2 & -2 & -1\end{bmatrix}$，试求：(1) $\boldsymbol{A}$ 的特征值、初等因子；(2) $\boldsymbol{A}$ 的若尔当标准形.

9. 设矩阵 $\boldsymbol{A}=\begin{bmatrix}1 & -1 & 2\\ 3 & -3 & 6\\ 2 & -2 & 4\end{bmatrix}$，试求：(1) $\boldsymbol{A}$ 的若尔当标准形；(2) $\boldsymbol{A}$ 的不变因子、行列式因子、初等因子.

10. 设 $a$、$b$ 为实数，求矩阵 $\begin{bmatrix}0 & b\\ a & 0\end{bmatrix}$ 的若尔当标准形.

11. 设矩阵 $\boldsymbol{A}=\begin{bmatrix}0 & 3 & 3\\ 3 & -1 & 6\\ -2 & 0 & -5\end{bmatrix}$，试求：(1) $\boldsymbol{A}$ 的不变因子、初等因子；(2) $\boldsymbol{A}$ 的若尔当标准形.

12. 设 $\boldsymbol{A}=\begin{bmatrix}-1 & 1 & 0\\ -4 & 3 & 0\\ 1 & 0 & 2\end{bmatrix}$，试求：(1) $\boldsymbol{A}$ 的特征多项式；(2) $\boldsymbol{A}$ 的不变因子、行列式因子、初等因子；(3) $\boldsymbol{A}$ 的若尔当标准形.

# 第9章 欧氏空间

**△本章重点**

(1) 理解欧氏空间、内积、向量的长度、夹角、正交、度量矩阵、正交组、正交基、标准正交基和正交矩阵的概念；理解正交变换的定义及正交变换与正交矩阵的关系；理解子空间的正交与正交补的概念；理解对称变换的定义和对称变换与对称矩阵之间的关系.

(2) 理解 $n$ 维欧氏空间的标准正交基的存在性和标准正交基之间过渡矩阵的性质，掌握史密斯正交化方法；掌握正交变换的等价条件；掌握正交补的结构和存在唯一性；掌握实对称矩阵特征值的性质，掌握用正交变换把实对称矩阵即实二次型化为对角形和标准形的方法.

**△本章难点**

同构、正交变换、子空间、对称矩阵的标准形.

## 9.1 欧氏空间与标准正交基

### 一、欧氏空间

**1. 定义**

设 $V$ 是实数域 $\mathbf{R}$ 上的线性空间，对 $V$ 中任意两个向量 $\boldsymbol{\alpha}$、$\boldsymbol{\beta}$，定义一个二元实函数，记作 $(\boldsymbol{\alpha}, \boldsymbol{\beta})$，若 $(\boldsymbol{\alpha}, \boldsymbol{\beta})$ 满足性质：$\forall \boldsymbol{\alpha}, \boldsymbol{\beta}, \boldsymbol{\gamma} \in V$，$\forall k \in \mathbf{R}$，有：

(1) 对称性 $(\boldsymbol{\alpha}, \boldsymbol{\beta})=(\boldsymbol{\beta}, \boldsymbol{\alpha})$.

(2) 数乘 $(k\boldsymbol{\alpha}, \boldsymbol{\beta})=k(\boldsymbol{\alpha}, \boldsymbol{\beta})$.

(3) 可加性 $(\boldsymbol{\alpha}+\boldsymbol{\beta}, \boldsymbol{\gamma})=(\boldsymbol{\alpha}, \boldsymbol{\gamma})+(\boldsymbol{\beta}, \boldsymbol{\gamma})$.

(4) 正定性 $(\boldsymbol{\alpha}, \boldsymbol{\alpha}) \geqslant 0$，当且仅当 $\boldsymbol{\alpha}=\mathbf{0}$ 时 $(\boldsymbol{\alpha}, \boldsymbol{\alpha})=0$.

则称 $(\boldsymbol{\alpha}, \boldsymbol{\beta})$ 为 $\boldsymbol{\alpha}$、$\boldsymbol{\beta}$ 的内积. 并称这种定义了内积的实数域 $\mathbf{R}$ 上的线性空间 $V$ 为欧氏空间.

**注** 欧氏空间 $V$ 是特殊的线性空间：① $V$ 为实数域 $\mathbf{R}$ 上的线性空间；② $V$ 除向量的线性运算外，还有内积运算；③ $(\boldsymbol{\alpha}, \boldsymbol{\beta}) \in \mathbf{R}$.

**2. 常见的欧氏空间(定义了内积的线性空间)**

(1) $\mathbf{R}^n$：对于实向量 $\boldsymbol{\alpha}=(a_1, a_2, \cdots, a_n)$，$\boldsymbol{\beta}=(b_1, b_2, \cdots, b_n)$，内积 $(\boldsymbol{\alpha}, \boldsymbol{\beta})=a_1b_1+a_2b_2+\cdots+a_nb_n=\boldsymbol{\alpha}\boldsymbol{\beta}^{\mathrm{T}}$ 或 $(\boldsymbol{\alpha}, \boldsymbol{\beta})=\boldsymbol{\alpha}\boldsymbol{A}\boldsymbol{\beta}^{\mathrm{T}}$，$\boldsymbol{A}$ 为正定矩阵. 则 $\mathbf{R}^n$ 对于内积 $(\boldsymbol{\alpha}, \boldsymbol{\beta})$ 就可称为一个欧氏空间.

(2) $\mathbf{R}^{m\times n}$：对于实矩阵 $\boldsymbol{A}=(a_{ij})_{n\times n}$，$\boldsymbol{B}=(b_{ij})_{m\times n}$，内积$(\boldsymbol{A},\boldsymbol{B})=\sum\limits_{i,j=1}^{n}a_{ij}b_{ij}$构成欧氏空间.

(3) $\mathbf{R}[x]$：对于实系数多项式 $f(x)$、$g(x)$，内积 $(f(x),g(x))=\int_0^1 f(x)g(x)\mathrm{d}x$ 或 $(f(x),g(x))=\int_{-1}^1 f(x)g(x)\mathrm{d}x$.

(4) $\mathbf{C}(a,b)$：闭区间$[a,b]$上所有实连续函数所成线性空间，对于函数 $f(x)$、$g(x)$，内积$(f(x),g(x))=\int_a^b f(x)g(x)\mathrm{d}x$，则 $\mathbf{C}(a,b)$为一个欧氏空间.

**3. 内积的简单性质**

设 $V$ 为欧氏空间，对于 $\forall\boldsymbol{\alpha},\boldsymbol{\beta},\boldsymbol{\gamma}\in V$，$\forall k\in\mathbf{R}$，有

$$(\boldsymbol{\alpha},k\boldsymbol{\beta})=k(\boldsymbol{\alpha},\boldsymbol{\beta}),\ (k\boldsymbol{\alpha},k\boldsymbol{\beta})=k^2(\boldsymbol{\alpha},\boldsymbol{\beta});\ (\boldsymbol{\alpha},\boldsymbol{\beta}+\boldsymbol{\gamma})=(\boldsymbol{\alpha},\boldsymbol{\beta})+(\boldsymbol{\alpha},\boldsymbol{\gamma})$$

**推广** $(\boldsymbol{\alpha},\sum\limits_{i=1}^{n}\boldsymbol{\beta}_i)=\sum\limits_{i=1}^{n}(\boldsymbol{\alpha},\boldsymbol{\beta}_i)$；$(\mathbf{0},\boldsymbol{\beta})=0$.

**4. 向量长度的定义**

对于 $\forall\boldsymbol{\alpha}\in V$，$|\boldsymbol{\alpha}|=\sqrt{\boldsymbol{\alpha}\cdot\boldsymbol{\alpha}}$称为向量 $\boldsymbol{\alpha}$ 的长度. 特别地，当$|\boldsymbol{\alpha}|=1$ 时，称 $\boldsymbol{\alpha}$ 为单位向量.

简单性质：① $|\boldsymbol{\alpha}|\geqslant 0$，$|\boldsymbol{\alpha}|=0$ 的充要条件为 $\boldsymbol{\alpha}=\mathbf{0}$；② $|k\boldsymbol{\alpha}|=|k||\boldsymbol{\alpha}|$；③ 非零向量 $\boldsymbol{\alpha}$ 的单位化$\dfrac{1}{|\boldsymbol{\alpha}|}\boldsymbol{\alpha}$.

**5. 向量的夹角**

设 $V$ 为欧氏空间，$\boldsymbol{\alpha}$、$\boldsymbol{\beta}$ 为 $V$ 中任意两个非零向量，其夹角定义为$\langle\boldsymbol{\alpha},\boldsymbol{\beta}\rangle=\arccos\dfrac{\boldsymbol{\alpha\beta}}{|\boldsymbol{\alpha}||\boldsymbol{\beta}|}$，其中，$0\leqslant\langle\boldsymbol{\alpha},\boldsymbol{\beta}\rangle\leqslant\pi$.

在一般欧氏空间中推广上式的形式，首先应证明不等式$\left|\dfrac{\boldsymbol{\alpha\beta}}{|\boldsymbol{\alpha}||\boldsymbol{\beta}|}\right|\leqslant 1$，即$|(\boldsymbol{\alpha},\boldsymbol{\beta})\leqslant|\boldsymbol{\alpha}||\boldsymbol{\beta}|$.

**6. 柯西-布涅科夫斯基不等式**

对于欧氏空间 $V$ 中任意两个向量$\boldsymbol{\alpha}$、$\boldsymbol{\beta}$，有$|(\boldsymbol{\alpha},\boldsymbol{\beta})|\leqslant|\boldsymbol{\alpha}||\boldsymbol{\beta}|$. 当且仅当$\boldsymbol{\alpha}$，$\boldsymbol{\beta}$线性相关时，等号成立.

**7. 柯西-布涅科夫斯基不等式的应用**

(1) 柯西不等式：$|a_1b_1+a_2b_2+\cdots+a_nb_n|\leqslant\sqrt{a_1^2+a_2^2+\cdots+a_n^2}\sqrt{b_1^2+b_2^2+\cdots+b_n^2}$，$a_i$，$b_i\in\mathbf{R}$，$i=1,2,\cdots,n$.

(2) 施瓦兹不等式：$\left|\int_a^b f(x)g(x)\mathrm{d}x\right|\leqslant\sqrt{\int f^2(x)\mathrm{d}x}\sqrt{\int g^2(x)\mathrm{d}x}$.

(3) 三角不等式：对欧氏空间中的任意两个向量$\boldsymbol{\alpha}$、$\boldsymbol{\beta}$，有$|\boldsymbol{\alpha}+\boldsymbol{\beta}|\leqslant|\boldsymbol{\alpha}|+|\boldsymbol{\beta}|$.

**8. 度量矩阵**

设 $\boldsymbol{\varepsilon}_1$，$\boldsymbol{\varepsilon}_2$，$\cdots$，$\boldsymbol{\varepsilon}_n$ 为 $n$ 维欧氏空间 $V$ 的一组基，对 $V$ 中任意两个向量 $\boldsymbol{\alpha}=x_1\boldsymbol{\varepsilon}_1+$

$x_2\boldsymbol{\varepsilon}_2+\cdots+x_n\boldsymbol{\varepsilon}_n$，$\boldsymbol{\beta}=y_1\boldsymbol{\varepsilon}_1+y_2\boldsymbol{\varepsilon}_2+\cdots+y_n\boldsymbol{\varepsilon}_n$，$(\boldsymbol{\alpha},\boldsymbol{\beta})=\left[\sum_{i=1}^{n}x_i\boldsymbol{\varepsilon}_i, \sum_{j=1}^{n}y_j\boldsymbol{\varepsilon}_j\sum y_j\boldsymbol{\varepsilon}_j\right]=\sum_{j=1}^{n}\sum_{i=1}^{n}(\boldsymbol{\varepsilon}_i,\boldsymbol{\varepsilon}_j)x_iy_j$；令 $a_{ij}=(\boldsymbol{\varepsilon}_i,\boldsymbol{\varepsilon}_j)$，$\boldsymbol{A}=(a_{ij})_{n\times n}$，$\boldsymbol{X}=(x_1, x_2, \cdots, x_n)^{\mathrm{T}}$，$\boldsymbol{Y}=(y_1, y_2, \cdots, y_n)^{\mathrm{T}}$，$(\boldsymbol{\alpha},\boldsymbol{\beta})=\sum_{j=1}^{n}\sum_{i=1}^{n}a_{ij}x_iy_j=\boldsymbol{X}^{\mathrm{T}}\boldsymbol{A}\boldsymbol{Y}$. 定义矩阵

$$\boldsymbol{A}=\begin{bmatrix}(\boldsymbol{\varepsilon}_1,\boldsymbol{\varepsilon}_1) & (\boldsymbol{\varepsilon}_1,\boldsymbol{\varepsilon}_2) & \cdots & (\boldsymbol{\varepsilon}_1,\boldsymbol{\varepsilon}_n)\\ (\boldsymbol{\varepsilon}_2,\boldsymbol{\varepsilon}_1) & (\boldsymbol{\varepsilon}_2,\boldsymbol{\varepsilon}_2) & \cdots & (\boldsymbol{\varepsilon}_2,\boldsymbol{\varepsilon}_n)\\ \vdots & \vdots & & \vdots\\ (\boldsymbol{\varepsilon}_n,\boldsymbol{\varepsilon}_1) & (\boldsymbol{\varepsilon}_n,\boldsymbol{\varepsilon}_2) & \cdots & (\boldsymbol{\varepsilon}_n,\boldsymbol{\varepsilon}_n)\end{bmatrix}$$

为基 $\boldsymbol{\varepsilon}_1, \boldsymbol{\varepsilon}_2, \cdots, \boldsymbol{\varepsilon}_n$ 的度量矩阵.

**注** 度量矩阵 $\boldsymbol{A}$ 为实对称矩阵；在内积的正定下，度量矩阵 $\boldsymbol{A}$ 还是正定矩阵（事实上，对于 $\forall\boldsymbol{\alpha}\in V$，$\boldsymbol{\alpha}\neq\boldsymbol{0}$，即 $\boldsymbol{X}\neq\boldsymbol{0}$，有 $(\boldsymbol{\alpha},\boldsymbol{\alpha})=\boldsymbol{X}^{\mathrm{T}}\boldsymbol{A}\boldsymbol{X}>0$，则 $\boldsymbol{A}$ 为正定矩阵）；由 $\boldsymbol{A}$ 矩阵知，在基 $\boldsymbol{\varepsilon}_1, \boldsymbol{\varepsilon}_2, \cdots, \boldsymbol{\varepsilon}_n$ 下，向量的内积由度量矩阵 $\boldsymbol{A}$ 完全确定；对同一内积而言，不同基的度量矩阵是合同的. 设 $\boldsymbol{\varepsilon}_1, \boldsymbol{\varepsilon}_2, \cdots, \boldsymbol{\varepsilon}_n$，$\boldsymbol{\eta}_1, \boldsymbol{\eta}_2, \cdots, \boldsymbol{\eta}_n$ 为欧氏空间 $V$ 的两组基，其度量矩阵分别为 $\boldsymbol{A}$、$\boldsymbol{B}$，且 $(\boldsymbol{\eta}_1, \boldsymbol{\eta}_2, \cdots, \boldsymbol{\eta}_n)=(\boldsymbol{\varepsilon}_1, \boldsymbol{\varepsilon}_2, \cdots, \boldsymbol{\varepsilon}_n)\boldsymbol{C}$，令 $\boldsymbol{C}=(c_{ij})_{n\times n}=(\boldsymbol{C}_1, \boldsymbol{C}_2, \cdots, \boldsymbol{C}_n)$，则 $\boldsymbol{\eta}_i=\sum_{k=1}^{n}c_{ki}\boldsymbol{\varepsilon}_k$，于是

$$(\boldsymbol{\eta}_i,\boldsymbol{\eta}_j)=\left(\sum_{k=1}^{n}c_{ki}\boldsymbol{\varepsilon}_k, \sum_{k=1}^{n}c_{lj}\boldsymbol{\varepsilon}_l\right)=\sum_{j=1}^{n}\sum_{k=1}^{n}c_{ki}c_{lj}(\boldsymbol{\varepsilon}_k,\boldsymbol{\varepsilon}_l)=\sum_{j=1}^{n}\sum_{k=1}^{n}a_{kl}c_{ki}c_{lj}(\boldsymbol{\varepsilon}_k,\boldsymbol{\varepsilon}_l)=\boldsymbol{C}_i^{\mathrm{T}}\boldsymbol{A}\boldsymbol{C}_j$$

则 $\boldsymbol{B}=((\boldsymbol{\eta}_i,\boldsymbol{\eta}_j))=(\boldsymbol{C}_i^{\mathrm{T}}\boldsymbol{A}\boldsymbol{C}_j)=(\boldsymbol{C}_1^{\mathrm{T}}, \boldsymbol{C}_2^{\mathrm{T}}, \cdots, \boldsymbol{C}_n^{\mathrm{T}})^{\mathrm{T}}\boldsymbol{A}(\boldsymbol{C}_1, \boldsymbol{C}_2, \cdots, \boldsymbol{C}_n)=\boldsymbol{C}^{\mathrm{T}}\boldsymbol{A}\boldsymbol{C}$.

## 二、标准正交基

### 1. 正交向量

设 $V$ 为欧氏空间，$\boldsymbol{\alpha}$、$\boldsymbol{\beta}$ 为 $V$ 中任意两个非零向量，其夹角为直角，则称 $\boldsymbol{\alpha}$，$\boldsymbol{\beta}$ 正交，记为 $\boldsymbol{\alpha}\perp\boldsymbol{\beta}$.

**勾股定理** 设 $V$ 为欧氏空间，对于 $\forall\boldsymbol{\alpha}, \boldsymbol{\beta}\in V$，$\boldsymbol{\alpha}\perp\boldsymbol{\beta}$ 的充要条件为 $|\boldsymbol{\alpha}+\boldsymbol{\beta}|^2=|\boldsymbol{\alpha}|^2+|\boldsymbol{\beta}|^2$.

**推广** 若欧氏空间 $V$ 中向量 $\boldsymbol{\alpha}_1, \boldsymbol{\alpha}_2, \cdots, \boldsymbol{\alpha}_n$ 两两正交，即 $(\boldsymbol{\alpha}_i,\boldsymbol{\alpha}_j)=0$，$i=1, 2, \cdots, n$，$j=1, 2, \cdots, n$，则 $|\boldsymbol{\alpha}_1+\boldsymbol{\alpha}_2+\cdots+\boldsymbol{\alpha}_n|^2=|\boldsymbol{\alpha}_1|^2+|\boldsymbol{\alpha}_2|^2+\cdots+|\boldsymbol{\alpha}_n|^2$.

### 2. 正交向量组

设 $V$ 为欧氏空间，非零向量 $\boldsymbol{\alpha}_1, \boldsymbol{\alpha}_2, \cdots, \boldsymbol{\alpha}_n\in V$，如果它们两两正交，则称 $\boldsymbol{\alpha}_1, \boldsymbol{\alpha}_2, \cdots, \boldsymbol{\alpha}_n$ 为正交向量组.

**注** 若 $\boldsymbol{\alpha}\neq\boldsymbol{0}$，则 $\boldsymbol{\alpha}$ 是正交向量组；正交向量组必是线性无关的向量组；欧氏空间中线性无关向量组未必是正交向量组；$n$ 维欧氏空间中正交向量组所含向量个数小于等于 $n$.

### 3. 标准正交基

在 $n$ 维欧氏空间 $V$ 中，由 $n$ 个向量构成的正交向量组称为正交基. 由单位向量构成的正交基称为标准正交基.

**注** 由正交基的每个向量单位化，可得到一组标准正交基；$n$ 维欧氏空间 $V$ 中的一组基 $\boldsymbol{\varepsilon}_1, \boldsymbol{\varepsilon}_2, \cdots, \boldsymbol{\varepsilon}_n$ 为标准正交基的充要条件是 $(\boldsymbol{\varepsilon}_i, \boldsymbol{\varepsilon}_j)=\begin{cases}1, & i=j\\ 0, & i\neq j\end{cases}$；$n$ 维欧氏空间 $V$ 中的一组基 $\boldsymbol{\varepsilon}_1, \boldsymbol{\varepsilon}_2, \cdots, \boldsymbol{\varepsilon}_n$ 为标准正交基的充要条件是其度量矩阵 $\boldsymbol{A}=((\boldsymbol{\varepsilon}_1, \boldsymbol{\varepsilon}_j))=\boldsymbol{E}_n$.

**4. 标准正交基的构造——史密斯正交化过程**

在 $n$ 维欧氏空间 $V$ 中，任意一个正交向量组都能扩充为 $V$ 的一组正交基. 对于 $n$ 维欧氏空间 $V$ 中任意一组基 $\boldsymbol{\varepsilon}_1, \boldsymbol{\varepsilon}_2, \cdots, \boldsymbol{\varepsilon}_n$，都可找到一组标准正交基 $\boldsymbol{\eta}_1, \boldsymbol{\eta}_2, \cdots, \boldsymbol{\eta}_n$，使得 $L(\boldsymbol{\varepsilon}_1, \boldsymbol{\varepsilon}_2, \cdots, \boldsymbol{\varepsilon}_i)=L(\boldsymbol{\eta}_1, \boldsymbol{\eta}_2, \cdots, \boldsymbol{\eta}_i)$.

史密斯正交化过程：把 $\boldsymbol{\alpha}_1, \boldsymbol{\alpha}_2, \cdots, \boldsymbol{\alpha}_m$ 正交化得 $\boldsymbol{\beta}_1, \boldsymbol{\beta}_2, \cdots, \boldsymbol{\beta}_n$，有

$$\boldsymbol{\beta}_1=\boldsymbol{\alpha}_1,\ \boldsymbol{\beta}_2=\boldsymbol{\alpha}_2-\frac{(\boldsymbol{\alpha}_2, \boldsymbol{\beta}_1)}{(\boldsymbol{\beta}_1, \boldsymbol{\beta}_1)}\boldsymbol{\beta}_1,\ \cdots,\ \boldsymbol{\beta}_n=\boldsymbol{\alpha}_n-\frac{(\boldsymbol{\alpha}_n, \boldsymbol{\beta}_1)}{(\boldsymbol{\beta}_1, \boldsymbol{\beta}_1)}\boldsymbol{\beta}_1-\cdots-\frac{(\boldsymbol{\alpha}_n, \boldsymbol{\beta}_{n-1})}{(\boldsymbol{\beta}_{n-1}, \boldsymbol{\beta}_{n-1})}\boldsymbol{\beta}_{n-1};$$

单位化得到标准正交向量组 $\boldsymbol{\eta}_1, \boldsymbol{\eta}_2, \cdots, \boldsymbol{\eta}_m$，$\boldsymbol{\eta}_n=\frac{1}{|\boldsymbol{\beta}_i|}\boldsymbol{\beta}_i$.

## 三、正交矩阵

**1. 定义**

设 $\boldsymbol{A}=(a_{ij})\in\mathbf{R}^{n\times n}$，若 $\boldsymbol{A}$ 满足 $\boldsymbol{A}^{\mathrm{T}}\boldsymbol{A}=\boldsymbol{E}$，则称 $\boldsymbol{A}$ 为正交矩阵.

**2. 简单性质**

(1) $\boldsymbol{A}$ 为正交矩阵，则 $|\boldsymbol{A}|=\pm1$.

(2) 由标准正交基到标准正交基的过渡矩阵是正交矩阵.

(3) 设 $\boldsymbol{\varepsilon}_1, \boldsymbol{\varepsilon}_2, \cdots, \boldsymbol{\varepsilon}_n$ 是标准正交基，$\boldsymbol{A}$ 为正交矩阵，若 $(\boldsymbol{\eta}_1, \boldsymbol{\eta}_2, \cdots, \boldsymbol{\eta}_n)=(\boldsymbol{\varepsilon}_1, \boldsymbol{\varepsilon}_2, \cdots, \boldsymbol{\varepsilon}_n)\boldsymbol{A}$，则 $\boldsymbol{\eta}_1, \boldsymbol{\eta}_2, \cdots, \boldsymbol{\eta}_n$ 也是标准正交基.

(4) $\boldsymbol{A}\in\mathbf{R}^{n\times n}$ 为正交矩阵的充要条件是 $\boldsymbol{A}$ 的列向量组是欧氏空间 $\mathbf{R}^n$ 的标准正交基.

(5) $\boldsymbol{A}\in\mathbf{R}^{n\times n}$ 为正交矩阵的充要条件是 $\boldsymbol{A}^{-1}=\boldsymbol{A}^{\mathrm{T}}$.

(6) $\boldsymbol{A}\in\mathbf{R}^{n\times n}$ 为正交矩阵的充要条件是 $\boldsymbol{A}$ 的行向量组是欧氏空间 $\mathbf{R}^n$ 的标准正交基.

# 9.2 正交变换与对称变换

## 一、同构与子空间

**1. 欧氏空间的同构**

实数域 $\mathbf{R}$ 上欧氏空间 $V$ 与 $V'$ 若满足以下条件：若映射 $\sigma$: $V\to V'$ 为一一对应，并且适合①$\sigma(\boldsymbol{\alpha}+\boldsymbol{\beta})=\sigma(\boldsymbol{\alpha})+\sigma(\boldsymbol{\beta})$；②$\sigma(k\boldsymbol{\alpha})=k\sigma(\boldsymbol{\alpha})$，$\forall\boldsymbol{\alpha}, \boldsymbol{\beta}\in V$，$\forall k\in\mathbf{R}$；③$(\sigma(\boldsymbol{\alpha}), \sigma(\boldsymbol{\beta}))=(\boldsymbol{\alpha}, \boldsymbol{\beta})$，则 $\sigma$ 称为欧氏空间 $V$ 到 $V'$ 的同构映射.

**2. 同构的基本性质**

(1) 若 $\sigma$ 是欧氏空间 $V$ 到 $V'$ 的同构映射，则 $\sigma$ 也是线性空间 $V'$ 到 $V$ 的同构映射.

(2) 若 $\sigma$ 是有限维欧氏空间 $V$ 到 $V'$ 的同构映射，则 $\dim V=\dim V'$.

(3) 任一 $n$ 维欧氏空间 $V$ 必与 $\mathbf{R}^n$ 同构.

(4) 同构作为欧氏空间之间的关系具有：反身性；对称性；传递性.

(5) 两个有限维欧氏空间 $V$ 与 $V'$ 同构的充要条件为 $\dim V=\dim V'$.

**3. 欧氏空间的正交子空间**

(1) 设 $V_1$、$V_2$ 为欧氏空间 $V$ 中的两个子空间，若对 $\forall \boldsymbol{\alpha}\in V_1$，$\boldsymbol{\beta}\in V_2$ 都有 $(\boldsymbol{\alpha},\boldsymbol{\beta})=0$，则称子空间 $V_1$，$V_2$ 为正交的，记为 $V_1\perp V_2$；(2) 对于给定的向量 $\boldsymbol{\alpha}\in V$，若对 $\forall \boldsymbol{\beta}\in V_1$，恒有 $(\boldsymbol{\alpha},\boldsymbol{\beta})=0$，则称向量 $\boldsymbol{\alpha}$ 与子空间 $V_1$ 正交，记作 $\boldsymbol{\alpha}\perp V_1$.

**注** ① $V_1\perp V_2$ 当且仅当 $V_1$ 中每个向量都与 $V_2$ 正交；② $V_1\perp V_2$ 可得 $V_1\cap V_2=\{0\}$（由于 $\forall \boldsymbol{\alpha}\in V_1\cap V_2\Rightarrow(\boldsymbol{\alpha},\boldsymbol{\alpha})=0\Rightarrow\boldsymbol{\alpha}=\mathbf{0}$）；③ 当 $\boldsymbol{\alpha}\perp V_1$ 且 $\boldsymbol{\alpha}\in V_1$ 时，必有 $\boldsymbol{\alpha}=\mathbf{0}$.

**4. 正交子空间的性质**

(1) 两两正交的子空间的和必是直和.

(2) 设 $\boldsymbol{\alpha}_1,\cdots,\boldsymbol{\alpha}_s,\boldsymbol{\beta}_1,\cdots,\boldsymbol{\beta}_t\in V$ 欧氏空间，则 $L(\boldsymbol{\alpha}_1,\cdots,\boldsymbol{\alpha}_s)\perp L(\boldsymbol{\beta}_1,\cdots,\boldsymbol{\beta}_t)$ 的充要条件为 $\boldsymbol{\alpha}_i\perp\boldsymbol{\beta}_j$，即 $(\boldsymbol{\alpha}_i,\boldsymbol{\beta}_j)=0$；$\boldsymbol{\alpha}\perp L(\boldsymbol{\alpha}_1,\cdots,\boldsymbol{\alpha}_s)$ 的充要条件为 $\boldsymbol{\alpha}_i\perp\boldsymbol{\alpha}$，即 $(\boldsymbol{\alpha},\boldsymbol{\alpha}_i)=0$.

**5. 子空间的正交补**

若欧氏空间 $V$ 的子空间 $V_1$，$V_2$ 满足 $V_1\perp V_2$，并且 $V_1+V_2=V$，则称 $V_2$ 为 $V_1$ 的正交补. $n$ 维欧氏空间 $V$ 的每个子空间 $V_1$ 都有唯一正交补.

**注** (1) 子空间 $W$ 的正交补记为 $W^{\perp}$，即 $W^{\perp}=\{\boldsymbol{\alpha}\in V|\boldsymbol{\alpha}\perp W\}$；(2) $n$ 维欧氏空间 $V$ 的子空间 $V$ 满足：① $(W^{\perp})^{\perp}=W$；② $\dim W+\dim W^{\perp}=\dim V=n$；③ $W\oplus W^{\perp}=V$；④ $W$ 的正交补 $W^{\perp}$ 必是 $W$ 的余子空间. 但一般地，子空间 $W$ 的余子空间未必是其正交补.

设 $W$ 为欧氏空间 $V$ 的子空间，由 $V=W\oplus W^{\perp}$，对于 $\forall \boldsymbol{\alpha}\in V$，有唯一的 $\boldsymbol{\alpha}_1\in W$，$\boldsymbol{\alpha}_2\in W^{\perp}$，使 $\boldsymbol{\alpha}=\boldsymbol{\alpha}_1+\boldsymbol{\alpha}_2$，则称 $\boldsymbol{\alpha}_1$ 为 $\boldsymbol{\alpha}$ 在子空间 $W$ 上的内射影.

## 二、欧氏空间中的变换

**1. 欧氏空间的正交变换**

欧氏空间 $V$ 的线性变换 $\sigma$ 如果保持向量的内积不变，即 $(\sigma(\boldsymbol{\alpha}),\sigma(\boldsymbol{\beta}))=(\boldsymbol{\alpha},\boldsymbol{\beta})$，$\forall \boldsymbol{\alpha},\boldsymbol{\beta}\in V$，则称 $\sigma$ 为正交变换.

**注** 欧氏空间中的正交变换是几何空间中保持长度不变的正交变换的推广.

欧氏空间中的正交变换的刻画. 设 $\sigma$ 是欧氏空间 $V$ 的一个线性变换，下述命题等价：(1) $\sigma$ 是正交变换；(2) $\sigma$ 保持向量长度不变. 即 $|\sigma(\boldsymbol{\alpha})|=|\boldsymbol{\alpha}|$，$\forall \boldsymbol{\alpha}\in V$；(3) $\sigma$ 保持向量间的距离不变，即 $d(\sigma(\boldsymbol{\alpha}),\sigma(\boldsymbol{\beta})=d(\boldsymbol{\alpha},\boldsymbol{\beta})$，$\forall \boldsymbol{\alpha},\boldsymbol{\beta}\in V$.

**2. $n$ 维欧氏空间中的正交变换**

(1) 若 $\sigma$ 是 $n$ 维欧氏空间 $V$ 的正交变换，$\boldsymbol{\varepsilon}_1,\boldsymbol{\varepsilon}_2,\cdots,\boldsymbol{\varepsilon}_n$ 为 $V$ 的标准正交基，则 $\sigma(\boldsymbol{\varepsilon}_1)$，$\sigma(\boldsymbol{\varepsilon}_2)$，$\cdots$，$\sigma(\boldsymbol{\varepsilon}_n)$ 也是 $V$ 的标准正交基.

(2) 若线性变换 $\sigma$ 使 $V$ 的标准正交基 $\boldsymbol{\varepsilon}_1,\boldsymbol{\varepsilon}_2,\cdots,\boldsymbol{\varepsilon}_n$ 变成标准正交基 $\sigma(\boldsymbol{\varepsilon}_1),\sigma(\boldsymbol{\varepsilon}_2),\cdots,\sigma(\boldsymbol{\varepsilon}_n)$，则 $\sigma$ 为 $V$ 的正交变换.

(3) $n$ 维欧氏空间 $V$ 中的线性变换 $\sigma$ 是正交变换的充要条件为 $\sigma$ 在任一组标准正交基下的矩阵是正交矩阵.

(4) 欧氏空间 $V$ 的正交变换使 $V$ 到自身的同构映射，因此有：①正交变换的逆变换是正交变换(由同构的对称性可得)；②正交变换的乘积是正交变换(由同构的传递性可得).

(5) $n$ 维欧氏空间 $V$ 中正交变换的分类：设 $n$ 维欧氏空间 $V$ 中的线性变换 $\sigma$ 在标准正交基 $\boldsymbol{\varepsilon}_1, \boldsymbol{\varepsilon}_2, \cdots, \boldsymbol{\varepsilon}_n$ 下的矩阵是正交矩阵 $\boldsymbol{A}$，则 $|\boldsymbol{A}|=\pm 1$. ① 若 $|\boldsymbol{A}|=1$，则称 $\sigma$ 为第一类的(旋转)；② 若 $|\boldsymbol{A}|=-1$，则称 $\sigma$ 为第二类的.

在欧氏空间中任取一组标准正交基 $\boldsymbol{\varepsilon}_1, \boldsymbol{\varepsilon}_2, \cdots, \boldsymbol{\varepsilon}_n$，定义线性变换 $\sigma$：$\sigma\boldsymbol{\varepsilon}_1=-\boldsymbol{\varepsilon}_1$，$\sigma\boldsymbol{\varepsilon}_i=\boldsymbol{\varepsilon}_i$，$i=2\sim n$，则称 $\sigma$ 为第二类的正交变换，也称为镜面反射.

**3. 欧氏空间的对称(反对称)变换**

设 $\sigma$ 为欧氏空间 $V$ 中的线性变换，若满足 $(\sigma(\boldsymbol{\alpha}), \boldsymbol{\beta})=(\boldsymbol{\alpha}, \sigma(\boldsymbol{\beta}))$，$\forall \boldsymbol{\alpha}, \boldsymbol{\beta}\in V$，则称 $\sigma$ 为对称变换.

设 $\sigma$ 为欧氏空间 $V$ 中的线性变换，若满足 $(\sigma(\boldsymbol{\alpha}), \boldsymbol{\beta})=-(\boldsymbol{\alpha}, \sigma(\boldsymbol{\beta}))$，$\forall \boldsymbol{\alpha}, \boldsymbol{\beta}\in V$，则称 $\sigma$ 为反对称变换.

基本性质：

(1) 实对称矩阵可确定一个对称变换.

(2) 对称变换在标准正交基下的矩阵是实对称矩阵.

(3) 对称变换的特征值都是实数；反对称变换的特征值都是零或纯虚数.

(4) 对称变换的属于不同特征值的特征向量是正交的.

(5) 对称变换的不变子空间的正交补也是其不变子空间.

(6) 存在标准正交基使得对称变换在此基下的矩阵为对角阵.

**4. 标准正交基间的基变换**

设 $\boldsymbol{\varepsilon}_1, \boldsymbol{\varepsilon}_2, \cdots, \boldsymbol{\varepsilon}_n$ 与 $\boldsymbol{\eta}_1, \boldsymbol{\eta}_2, \cdots, \boldsymbol{\eta}_n$ 是 $n$ 维欧氏空间 $V$ 中的两组标准正交基，它们之间的过渡矩阵 $\boldsymbol{A}=(a_{ij})_{n\times n}$，即 $(\boldsymbol{\eta}_1, \boldsymbol{\eta}_2, \cdots, \boldsymbol{\eta}_n)=(\boldsymbol{\varepsilon}_1, \boldsymbol{\varepsilon}_2, \cdots, \boldsymbol{\varepsilon}_n)\boldsymbol{A}$ 或 $\boldsymbol{\eta}_i=a_{1i}\boldsymbol{\varepsilon}_1+a_{2i}\boldsymbol{\varepsilon}_2+\cdots+a_{ni}\boldsymbol{\varepsilon}_n$，而 $\boldsymbol{\eta}_1, \boldsymbol{\eta}_2, \cdots, \boldsymbol{\eta}_n$ 为标准正交基，则 $(\boldsymbol{\eta}_i, \boldsymbol{\eta}_j)=\begin{cases}1, & i=j\\ 0, & i\neq j\end{cases}$，即 $(\boldsymbol{\eta}_i, \boldsymbol{\eta}_j)=a_{1i}\boldsymbol{\varepsilon}_{1j}+\boldsymbol{\alpha}_{2i}\boldsymbol{\varepsilon}_{2j}+\cdots+\boldsymbol{\alpha}_{ni}\boldsymbol{\varepsilon}_{nj}=\begin{cases}1, & i=j\\ 0, & i\neq j\end{cases}$，令 $\boldsymbol{A}=(\boldsymbol{A}_1, \boldsymbol{A}_2, \cdots, \boldsymbol{A}_n)$，则

$$\boldsymbol{A}^{\mathrm{T}}\boldsymbol{A}=\begin{bmatrix}\boldsymbol{A}_1^{\mathrm{T}}\\ \vdots \\ \boldsymbol{A}_n^{\mathrm{T}}\end{bmatrix}(\boldsymbol{A}_1, \cdots, \boldsymbol{A}_n)=\boldsymbol{E}$$

## 典型例题

**例 1** 试在线性空间 $\mathbf{R}^{2\times 2}$ 中定义内积，使得 $\mathbf{R}^{2\times 2}$ 称为欧氏空间，并计算向量 $\boldsymbol{A}=\begin{bmatrix}-1 & 1\\ 1 & -1\end{bmatrix}$ 和 $\boldsymbol{B}=\begin{bmatrix}2 & 2\\ 2 & 3\end{bmatrix}$ 的长度和夹角；写出该欧氏空间的柯西不等式.

**解** 对于 $\forall \boldsymbol{X}=\begin{bmatrix}x_{11} & x_{12}\\ x_{21} & x_{22}\end{bmatrix}$，$\boldsymbol{Y}=\begin{bmatrix}y_{11} & y_{12}\\ y_{21} & y_{22}\end{bmatrix}$，规定 $(\boldsymbol{X}, \boldsymbol{Y})=x_{11}y_{11}+x_{12}y_{12}+x_{21}y_{21}+x_{22}y_{22}$；则对于 $\forall \boldsymbol{X}=\begin{bmatrix}x_{11} & x_{12}\\ x_{21} & x_{22}\end{bmatrix}$，$\boldsymbol{Y}=\begin{bmatrix}y_{11} & y_{12}\\ y_{21} & y_{22}\end{bmatrix}$，$\boldsymbol{Z}=\begin{bmatrix}z_{11} & z_{12}\\ z_{21} & z_{22}\end{bmatrix}\in\mathbf{R}^{2\times 2}$. 有(1) $(\boldsymbol{X}, \boldsymbol{Y})=(\boldsymbol{Y}, \boldsymbol{X})$；(2) $(k\boldsymbol{X}, \boldsymbol{Y})=k(\boldsymbol{X}, \boldsymbol{Y})$；(3) $(\boldsymbol{X}+\boldsymbol{Y}, \boldsymbol{Z})=(\boldsymbol{X}, \boldsymbol{Z})+(\boldsymbol{Y}, \boldsymbol{Z})$；(4) $(\boldsymbol{X}, \boldsymbol{X})\geqslant 0$；当

且仅当 $\boldsymbol{X}=0$ 时 $(\boldsymbol{X},\boldsymbol{X})=0$. 故 $\mathbf{R}^{2\times 2}$ 关于内积 $(\boldsymbol{X},\boldsymbol{Y})=x_{11}y_{11}+x_{12}y_{12}+x_{21}y_{21}+x_{22}y_{22}$ 构成欧氏空间.

向量 $\boldsymbol{A}$、$\boldsymbol{B}$ 的长度为

$|\boldsymbol{A}|=\sqrt{(\boldsymbol{A},\boldsymbol{A})}=\sqrt{(-1)^2+1^2+1^2+(-1)^2}=2$，$|\boldsymbol{B}|=\sqrt{(\boldsymbol{B},\boldsymbol{B})}=\sqrt{2^2+2^2+2^2+3^2}=\sqrt{21}$

夹角为

$$\langle\boldsymbol{A},\boldsymbol{B}\rangle=\arccos\frac{(\boldsymbol{A},\boldsymbol{B})}{|\boldsymbol{A}|\cdot|\boldsymbol{B}|}=\frac{(-1)\times 2+1\times 2+1\times 2+(-1)\times 3}{2\times\sqrt{21}}=\arccos\frac{-\sqrt{21}}{48}$$

该欧氏空间的柯西不等式为

$$|x_{11}y_{11}+x_{12}y_{12}+x_{21}y_{21}+x_{22}y_{22}|\leqslant\sqrt{x_{11}^2+x_{12}^2+x_{21}^2+x_{22}^2}\cdot\sqrt{y_{11}^2+y_{12}^2+y_{21}^2+y_{22}^2}$$

**例 2** 把向量组 $\boldsymbol{\alpha}_1=(1,1,0,0)$，$\boldsymbol{\alpha}_2=(1,0,1,0)$，$\boldsymbol{\alpha}_3=(-1,0,0,1)$，$\boldsymbol{\alpha}_4=(1,-1,-1,1)$ 变成单位正交向量组.

**解** 令 $\boldsymbol{\beta}_1=\boldsymbol{\alpha}_1=(1,1,0,0)$，$\boldsymbol{\beta}_2=\boldsymbol{\alpha}_2-\dfrac{(\boldsymbol{\alpha}_2,\boldsymbol{\beta}_1)}{(\boldsymbol{\beta}_1,\boldsymbol{\beta}_1)}\boldsymbol{\beta}_1=\left[\dfrac{1}{2},-\dfrac{1}{2},1,0\right]$，

$$\boldsymbol{\beta}_3=\boldsymbol{\alpha}_3-\frac{(\boldsymbol{\alpha}_3,\boldsymbol{\beta}_1)}{(\boldsymbol{\beta}_1,\boldsymbol{\beta}_1)}\boldsymbol{\beta}_1-\frac{(\boldsymbol{\alpha}_3,\boldsymbol{\beta}_2)}{(\boldsymbol{\beta}_2,\boldsymbol{\beta}_2)}\boldsymbol{\beta}_2=\left[-\frac{1}{3},\frac{1}{3},\frac{1}{3},1\right],$$

$$\boldsymbol{\beta}_4=\boldsymbol{\alpha}_4-\frac{(\boldsymbol{\alpha}_4,\boldsymbol{\beta}_1)}{(\boldsymbol{\beta}_1,\boldsymbol{\beta}_1)}\boldsymbol{\beta}_1-\frac{(\boldsymbol{\alpha}_4,\boldsymbol{\beta}_2)}{(\boldsymbol{\beta}_2,\boldsymbol{\beta}_2)}\boldsymbol{\beta}_2-\frac{(\boldsymbol{\alpha}_4,\boldsymbol{\beta}_3)}{(\boldsymbol{\beta}_3,\boldsymbol{\beta}_3)}\boldsymbol{\beta}_3=(1,-1,-1,1)$$

再单位化 $\boldsymbol{\eta}_1=\dfrac{1}{|\boldsymbol{\beta}_1|}\boldsymbol{\beta}_1=\left[\dfrac{1}{\sqrt{2}},\dfrac{1}{\sqrt{2}},0,0\right]$，$\boldsymbol{\eta}_2=\dfrac{1}{|\boldsymbol{\beta}_2|}\boldsymbol{\beta}_2=\left[\dfrac{1}{\sqrt{6}},-\dfrac{1}{\sqrt{6}},\dfrac{2}{\sqrt{6}},0\right]$，

$$\boldsymbol{\eta}_3=\frac{1}{|\boldsymbol{\beta}_3|}\boldsymbol{\beta}_3=\left[-\frac{1}{\sqrt{12}},\frac{1}{\sqrt{12}},\frac{1}{\sqrt{12}},\frac{3}{\sqrt{12}}\right],\ \boldsymbol{\eta}_4=\frac{1}{|\boldsymbol{\beta}_4|}\boldsymbol{\beta}_4=\left[\frac{1}{2},-\frac{1}{2},-\frac{1}{2},\frac{1}{2}\right]$$

则 $\boldsymbol{\eta}_1$，$\boldsymbol{\eta}_2$，$\boldsymbol{\eta}_3$，$\boldsymbol{\eta}_4$ 为所求.

**例 3** 在 $\mathbf{R}[x]_4$ 中定义内积为 $(f,g)=\int_{-1}^{1}f(x)g(x)\mathrm{d}x$，求 $\mathbf{R}[x]_4$ 的一组标准正交基(可由 $1,x,x^2,x^3$ 出发).

**解** 取 $\mathbf{R}[x]_4$ 中一组基 $\boldsymbol{\alpha}_1=1$，$\boldsymbol{\alpha}_2=x$，$\boldsymbol{\alpha}_3=x^2$，$\boldsymbol{\alpha}_4=x^3$：

正交化：$\boldsymbol{\beta}_1=\boldsymbol{\alpha}_1=1$；$\boldsymbol{\beta}_2=\boldsymbol{\alpha}_2-\dfrac{(\boldsymbol{\alpha}_2,\boldsymbol{\beta}_1)}{(\boldsymbol{\beta}_1,\boldsymbol{\beta}_1)}\boldsymbol{\beta}_1$，而 $(\boldsymbol{\alpha}_2,\boldsymbol{\beta}_1)=\int_{-1}^{1}x\mathrm{d}x$，则 $\boldsymbol{\beta}_2=\boldsymbol{\alpha}_2=x$；

$\boldsymbol{\beta}_3=\boldsymbol{\alpha}_3-\dfrac{(\boldsymbol{\alpha}_3,\boldsymbol{\beta}_1)}{(\boldsymbol{\beta}_1,\boldsymbol{\beta}_1)}\boldsymbol{\beta}_1-\dfrac{(\boldsymbol{\alpha}_3,\boldsymbol{\beta}_2)}{(\boldsymbol{\beta}_2,\boldsymbol{\beta}_2)}\boldsymbol{\beta}_2$，而 $(\boldsymbol{\alpha}_3,\boldsymbol{\beta}_1)=\int_{-1}^{1}x^2\mathrm{d}x=\dfrac{2}{3}$，$(\boldsymbol{\alpha}_3,\boldsymbol{\beta}_2)=\int_{-1}^{1}x^3\mathrm{d}x=0$，$(\boldsymbol{\beta}_1,\boldsymbol{\beta}_1)=\int_{-1}^{1}\mathrm{d}x=2$，则

$\boldsymbol{\beta}_3=\boldsymbol{\alpha}_3-\dfrac{1}{3}\boldsymbol{\beta}_1-0\boldsymbol{\beta}_2=x^2-\dfrac{1}{3}$；$\boldsymbol{\beta}_4=\boldsymbol{\alpha}_4-\dfrac{(\boldsymbol{\alpha}_4,\boldsymbol{\beta}_1)}{(\boldsymbol{\beta}_1,\boldsymbol{\beta}_1)}\boldsymbol{\beta}_1-\dfrac{(\boldsymbol{\alpha}_4,\boldsymbol{\beta}_2)}{(\boldsymbol{\beta}_2,\boldsymbol{\beta}_2)}\boldsymbol{\beta}_2-\dfrac{(\boldsymbol{\alpha}_4,\boldsymbol{\beta}_3)}{(\boldsymbol{\beta}_3,\boldsymbol{\beta}_3)}\boldsymbol{\beta}_3$，

而 $(\boldsymbol{\alpha}_4,\boldsymbol{\beta}_1)=\int_{-1}^{1}x^3\mathrm{d}x=0$，$(\boldsymbol{\alpha}_4,\boldsymbol{\beta}_2)=\int_{-1}^{1}x^4\mathrm{d}x=\dfrac{4}{5}$，$(\boldsymbol{\alpha}_4,\boldsymbol{\beta}_3)=\int_{-1}^{1}x^3\left[x^2-\dfrac{1}{3}\right]\mathrm{d}x=0$，

$(\boldsymbol{\beta}_2,\boldsymbol{\beta}_2)=\int_{-1}^{1}x^2\mathrm{d}x=\dfrac{2}{3}$，则 $\boldsymbol{\beta}_4=\boldsymbol{\alpha}_4-0\boldsymbol{\beta}_1-\dfrac{3}{5}\boldsymbol{\beta}_2-0\boldsymbol{\beta}_3=x^3-\dfrac{3}{5}x$.

单位化：由于 $(\boldsymbol{\beta}_1,\boldsymbol{\beta}_1)=\int_{-1}^{1}\mathrm{d}x=2$，$(\boldsymbol{\beta}_2,\boldsymbol{\beta}_2)=\int_{-1}^{1}x^2\mathrm{d}x=\dfrac{2}{3}$，$(\boldsymbol{\beta}_3,\boldsymbol{\beta}_3)=\int_{-1}^{1}\left[x^2-\dfrac{1}{3}\right]^2\mathrm{d}x=\dfrac{8}{45}=\left[\dfrac{4}{3\sqrt{10}}\right]^2$，$(\boldsymbol{\beta}_4,\boldsymbol{\beta}_4)=\int_{-1}^{1}\left[x^3-\dfrac{3}{5}x\right]^2\mathrm{d}x=\dfrac{8}{175}=\left[\dfrac{4}{5\sqrt{14}}\right]^2$，

则 $|\boldsymbol{\beta}_1|=\sqrt{2}$，$|\boldsymbol{\beta}_2|=\dfrac{2}{\sqrt{6}}$，$|\boldsymbol{\beta}_3|=\dfrac{4}{3\sqrt{10}}$，$|\boldsymbol{\beta}_4|=\dfrac{4}{5\sqrt{14}}$.

于是得 $\mathbf{R}[x]_4$ 的标准正交基为

$$\boldsymbol{\eta}_1=\frac{1}{|\boldsymbol{\beta}_1|}\boldsymbol{\beta}_1=\frac{\sqrt{2}}{2},\ \boldsymbol{\eta}_2=\frac{1}{|\boldsymbol{\beta}_2|}\boldsymbol{\beta}_2=\frac{\sqrt{6}}{2}x,\ \boldsymbol{\eta}_3=\frac{1}{|\boldsymbol{\beta}_3|}\boldsymbol{\beta}_3=\frac{\sqrt{10}}{2}(3x^2-1),\ \boldsymbol{\eta}_4=\frac{1}{|\boldsymbol{\beta}_4|}\boldsymbol{\beta}_4=\frac{\sqrt{14}}{4}(5x^3-3x)$$

**例 4** 设 $\boldsymbol{\alpha}_1$，$\boldsymbol{\alpha}_2$，$\boldsymbol{\alpha}_3$ 为欧氏空间 $V$ 的一组基，$\boldsymbol{\alpha}_1$，$\boldsymbol{\alpha}_2$，$\boldsymbol{\alpha}_3$ 的度量矩阵为 $\begin{bmatrix}2&-2&1\\-2&3&-1\\1&-1&2\end{bmatrix}$，令 $W=L(\boldsymbol{\alpha}_1+\boldsymbol{\alpha}_2,\boldsymbol{\alpha}_2+\boldsymbol{\alpha}_3)$. (1) 求 $W$ 的标准正交基；(2) 求 $W^{\perp}$ 的维数与一组基.

**解** (1) 由于 $\boldsymbol{\alpha}_1+\boldsymbol{\alpha}_2$，$\boldsymbol{\alpha}_2+\boldsymbol{\alpha}_3$ 线性无关，$W=L(\boldsymbol{\alpha}_1+\boldsymbol{\alpha}_2,\boldsymbol{\alpha}_2+\boldsymbol{\alpha}_3)$，则 $\boldsymbol{\alpha}_1+\boldsymbol{\alpha}_2$，$\boldsymbol{\alpha}_2+\boldsymbol{\alpha}_3$ 为 $W$ 的一组基. 正交单位化，取 $(\boldsymbol{\alpha}_2+\boldsymbol{\alpha}_3,\boldsymbol{\xi}_1)=(0,1,1)\begin{bmatrix}2&-2&1\\-2&3&-1\\1&-1&2\end{bmatrix}\begin{bmatrix}1\\1\\0\end{bmatrix}=1$，$\boldsymbol{\xi}_1=\boldsymbol{\alpha}_1+\boldsymbol{\alpha}_2$，$\boldsymbol{\xi}_2=(\boldsymbol{\alpha}_2+\boldsymbol{\alpha}_3)-\dfrac{(\boldsymbol{\alpha}_2+\boldsymbol{\alpha}_3,\boldsymbol{\xi}_1)}{(\boldsymbol{\xi}_1,\boldsymbol{\xi}_1)}\boldsymbol{\xi}_1$，$(\boldsymbol{\xi}_1,\boldsymbol{\xi}_1)=(1,1,0)\begin{bmatrix}2&-2&1\\-2&3&-1\\1&-1&2\end{bmatrix}\begin{bmatrix}1\\1\\0\end{bmatrix}=1$，则 $\boldsymbol{\xi}_2=-\boldsymbol{\alpha}_1+\boldsymbol{\alpha}_3$，标准正交基为 $\boldsymbol{\eta}_1=\boldsymbol{\alpha}_1+\boldsymbol{\alpha}_2$，$\boldsymbol{\eta}_2=-\dfrac{1}{\sqrt{2}}\boldsymbol{\alpha}_1+\dfrac{1}{\sqrt{2}}\boldsymbol{\alpha}_3$.

(2) 由于 $\dim W+\dim W^{\perp}=3$，则 $\dim W^{\perp}=3-\dim W=1$；又 $\boldsymbol{\xi}_1$，$\boldsymbol{\xi}_2$，$\boldsymbol{\alpha}_3$ 显然为 $V$ 的一组基，且 $\boldsymbol{\xi}_1$，$\boldsymbol{\xi}_2$ 正交，则 $\boldsymbol{\xi}_3=\boldsymbol{\alpha}_3-\dfrac{(\boldsymbol{\alpha}_3,\boldsymbol{\xi}_1)}{(\boldsymbol{\xi}_1,\boldsymbol{\xi}_1)}\boldsymbol{\xi}_1-\dfrac{(\boldsymbol{\alpha}_3,\boldsymbol{\xi}_2)}{(\boldsymbol{\xi}_2,\boldsymbol{\xi}_2)}\boldsymbol{\xi}_2=\dfrac{1}{2}\boldsymbol{\alpha}_1+\dfrac{1}{2}\boldsymbol{\alpha}_2$，即 $\boldsymbol{\xi}_1$，$\boldsymbol{\xi}_2$，$\boldsymbol{\xi}_3$ 为 $V$ 的正交基，从而 $W^{\perp}=L(\boldsymbol{\xi}_3)$，$\boldsymbol{\xi}_3$ 为其基.

**例 5** 在 $\mathbf{R}^4$ 中求两个单位向量，使得它们与 $\boldsymbol{\alpha}=(2,1,4,0)$，$\boldsymbol{\beta}=(-1,-1,2,2)$，$\boldsymbol{\gamma}=(3,2,5,4)$中每个正交.

**解** 设向量$(x_1,x_2,x_3,x_4)$与 $\boldsymbol{\alpha}$，$\boldsymbol{\beta}$，$\boldsymbol{\gamma}$ 都正交，则$(\boldsymbol{\alpha},\boldsymbol{\beta},\boldsymbol{\gamma})^{\mathrm{T}}(x_1,x_2,x_3,x_4)^{\mathrm{T}}=0$，解得基础解系 $\delta=(10,-12,-2,1)$，则所求向量为$\pm\dfrac{1}{\sqrt{249}}(10,-12,-2,1)$.

**例 6** 给定两个 4 维向量 $\boldsymbol{\alpha}_1=\left[\dfrac{1}{3},-\dfrac{2}{3},0,\dfrac{2}{3}\right]^{\mathrm{T}}$，$\boldsymbol{\alpha}_2=\left[-\dfrac{2}{\sqrt{6}},0,\dfrac{1}{\sqrt{6}},\dfrac{1}{\sqrt{6}}\right]^{\mathrm{T}}$，求一个 4 阶正交矩阵 $\boldsymbol{Q}$，以 $\boldsymbol{\alpha}_1$、$\boldsymbol{\alpha}_2$ 作为它的前两个列向量.

**解** 设正交矩阵为 $\boldsymbol{Q}=(\boldsymbol{\alpha}_1,\boldsymbol{\alpha}_2,\boldsymbol{\alpha}_3,\boldsymbol{\alpha}_4)$，设 $\boldsymbol{\alpha}_3$，$\boldsymbol{\alpha}_4$ 是齐次线性方程组为 $\begin{bmatrix}\boldsymbol{\alpha}_1^{\mathrm{T}}\\\boldsymbol{\alpha}_2^{\mathrm{T}}\end{bmatrix}\boldsymbol{x}=\boldsymbol{0}$，即 $\begin{cases}x_1-2x_2+2x_4=0\\-2x_1+x_3+x_4=0\end{cases}$ 的解空间的一个标准正交基，易得上述方程组的一个基础解系为 $\boldsymbol{\eta}_1=(2,1,4,0)^{\mathrm{T}}$，$\boldsymbol{\eta}_2=(-2,0,-5,1)^{\mathrm{T}}$，正交单位化后可得 $\boldsymbol{\alpha}_3=\dfrac{1}{\sqrt{21}}(2,1,4,0)^{\mathrm{T}}$，$\boldsymbol{\alpha}_4=\dfrac{1}{3\sqrt{14}}(2,8,-3,7)^{\mathrm{T}}$.

**例 7** 设 $V$ 是 $n$ 维欧氏空间，$\boldsymbol{\varepsilon}_1$，$\boldsymbol{\varepsilon}_2$，…，$\boldsymbol{\varepsilon}_n$ 是 $V$ 的一组标准正交基，令 $\boldsymbol{\xi}=a_1\boldsymbol{\varepsilon}_1+a_2\boldsymbol{\alpha}_2$

$+\cdots+a_n\boldsymbol{\varepsilon}_n$，其中，$a_1$，…，$a_n$ 是 $n$ 个不全为零的实数，对于给定的非零实数 $k$，定义 $V$ 的线性变换为 $\sigma\boldsymbol{\alpha}=\boldsymbol{\alpha}+k(\boldsymbol{\alpha},\boldsymbol{\xi})\boldsymbol{\xi}$，$\forall\boldsymbol{\alpha}\in V$. (1) 求 $\sigma$ 在基 $\boldsymbol{\varepsilon}_1$，$\boldsymbol{\varepsilon}_2$，…，$\boldsymbol{\varepsilon}_n$ 下的矩阵 $\mathbf{A}$；(2) 求 $\mathbf{A}$ 的行列式；(3) 证明：$\sigma$ 为对称变换；(4) 证明：$\sigma$ 为正交变换的充要条件为 $k=-\dfrac{2}{a_1^2+a_2^2+\cdots+a_n^2}$.

**解** (1) 由题可知

$$\begin{aligned}\sigma\boldsymbol{\varepsilon}_i&=\boldsymbol{\varepsilon}_i+k(\boldsymbol{\varepsilon}_i,a_1\boldsymbol{\varepsilon}_1+\cdots+a_n\boldsymbol{\varepsilon}_n)\boldsymbol{\xi}=\boldsymbol{\varepsilon}_i+ka_i(\boldsymbol{\varepsilon}_i,a_1\boldsymbol{\varepsilon}_1+\cdots+a_n\boldsymbol{\varepsilon}_n)\\&=ka_ia_1\boldsymbol{\varepsilon}_1+\cdots+ka_ia_{i-1}\boldsymbol{\varepsilon}_{i-1}+(ka_i^2+1)\boldsymbol{\varepsilon}_i+ka_ia_{i+1}\boldsymbol{\varepsilon}_{i+1}+\cdots+ka_ia_n\boldsymbol{\varepsilon}_n,\ i=1\sim n\end{aligned}$$

从而有

$$\sigma(\boldsymbol{\varepsilon}_1,\cdots,\boldsymbol{\varepsilon}_n)=(\boldsymbol{\varepsilon}_1,\cdots,\boldsymbol{\varepsilon}_n)\mathbf{A}=(\boldsymbol{\varepsilon}_1,\cdots,\boldsymbol{\varepsilon}_n)\begin{bmatrix}ka_1^2+1&ka_2a_1&\cdots&ka_na_1\\ka_1a_2&ka_2^2+1&\cdots&ka_na_2\\\vdots&\vdots&&\vdots\\ka_1a_n&ka_2a_n&\cdots&ka_n^2+1\end{bmatrix}$$

则 $\sigma$ 在基 $\boldsymbol{\varepsilon}_1$，$\boldsymbol{\varepsilon}_2$，…，$\boldsymbol{\varepsilon}_n$ 下的矩阵 $\mathbf{A}$.

(2) 由题可知

$$|\mathbf{A}|=\begin{vmatrix}ka_1^2+1&ka_2a_1&\cdots&ka_na_1\\ka_1a_2&ka_2^2+1&\cdots&ka_na_2\\\vdots&\vdots&&\vdots\\ka_1a_n&ka_2a_n&\cdots&ka_n^2+1\end{vmatrix}=\left|\begin{bmatrix}1&&&\\&1&&\\&&\ddots&\\&&&1\end{bmatrix}+k\begin{bmatrix}a_1\\a_2\\\vdots\\a_n\end{bmatrix}(a_1,a_2,\cdots,a_n)\right|$$

$$=1+k(a_1,a_2,\cdots,a_n)\begin{bmatrix}a_1\\a_2\\\vdots\\a_n\end{bmatrix}=1+k\sum_{k=1}^{n}a_k^2$$

(3) 由(1)可知 $\sigma$ 在标准正交基 $\boldsymbol{\varepsilon}_1$，$\boldsymbol{\varepsilon}_2$，…，$\boldsymbol{\varepsilon}_n$ 下的矩阵 $\mathbf{A}$ 为对称矩阵，则 $\sigma$ 为对称变换.

(4) $\sigma$ 为正交变换的充要条件是 $\sigma$ 在标准正交基 $\boldsymbol{\varepsilon}_1$，$\boldsymbol{\varepsilon}_2$，…，$\boldsymbol{\varepsilon}_n$ 下的矩阵 $\mathbf{A}$ 是正交的，即 $\mathbf{A}^{\mathrm{T}}\mathbf{A}=\mathbf{E}$；记 $\boldsymbol{\alpha}^{\mathrm{T}}=(a_1,a_2,\cdots,a_n)$，则 $\mathbf{A}^{\mathrm{T}}\mathbf{A}=(\mathbf{E}+k\boldsymbol{\alpha}\boldsymbol{\alpha}^{\mathrm{T}})^{\mathrm{T}}(\mathbf{E}+k\boldsymbol{\alpha}\boldsymbol{\alpha}^{\mathrm{T}})=\mathbf{E}$，即 $\mathbf{E}+2k\boldsymbol{\alpha}\boldsymbol{\alpha}^{\mathrm{T}}+k^2\boldsymbol{\alpha}^{\mathrm{T}}\boldsymbol{\alpha}\boldsymbol{\alpha}\boldsymbol{\alpha}^{\mathrm{T}}=\mathbf{E}$；由于 $k\neq0$，则 $k=-\dfrac{2}{\boldsymbol{\alpha}^{\mathrm{T}}\boldsymbol{\alpha}}=-\dfrac{2}{a_1^2+a_2^2+\cdots+a_n^2}$.

**例 8** 设 $\sigma$ 是 $n$ 维欧氏空间 $V$ 的一个线性变换，则 $\sigma$ 是对称变换的充要条件为 $\sigma$ 有 $n$ 个两两正交的特征向量.

**证明** *必要性* 由于 $\sigma$ 是对称变换，则欧氏空间 $V$ 存在一组标准正交基 $\boldsymbol{\varepsilon}_1$，$\boldsymbol{\varepsilon}_2$，…，$\boldsymbol{\varepsilon}_n$，使得 $\sigma$ 在这组基下的矩阵为对角阵，即 $\sigma(\boldsymbol{\varepsilon}_1,\cdots,\boldsymbol{\varepsilon}_n)=(\boldsymbol{\varepsilon}_1,\cdots,\boldsymbol{\varepsilon}_n)\mathrm{diag}(\lambda_1,\cdots,\lambda_n)$，$\sigma\boldsymbol{\varepsilon}_i=\lambda_i\boldsymbol{\varepsilon}_i$，$i=1\sim n$，则 $\boldsymbol{\varepsilon}_1$，$\boldsymbol{\varepsilon}_2$，…，$\boldsymbol{\varepsilon}_n$ 为 $\sigma$ 的特征向量；又它们两两正交，则 $\sigma$ 有 $n$ 个两两正交的特征向量.

*充分性* 设 $\boldsymbol{\alpha}_1$，…，$\boldsymbol{\alpha}_n$ 为 $\sigma$ 的 $n$ 个两两正交的特征向量，则它们线性无关且分别属于特征值 $\lambda_1$，…，$\lambda_n$，即 $\sigma\boldsymbol{\alpha}_i=\lambda_i\boldsymbol{\alpha}_i$；令 $\boldsymbol{\varepsilon}_i=\dfrac{\boldsymbol{\alpha}_i}{|\boldsymbol{\alpha}_i|}$，$i=1,2,\cdots,n$，则 $\boldsymbol{\varepsilon}_1$，$\boldsymbol{\varepsilon}_2$，…，$\boldsymbol{\varepsilon}_n$ 为 $V$ 的一组标准正交基，由于

$$\sigma\boldsymbol{\varepsilon}_i=\sigma\frac{\boldsymbol{\alpha}_i}{|\boldsymbol{\alpha}_i|}=\lambda_i\frac{\boldsymbol{\alpha}_i}{|\boldsymbol{\alpha}_i|}=\lambda_i\boldsymbol{\varepsilon}_i$$

则 $\sigma$ 在标准正交基下的矩阵是实对角矩阵，从而是实对称矩阵，故 $\sigma$ 是对称变换.

**例 9** 设 $\boldsymbol{A}$ 是 $n$ 阶正交矩阵，当 $n$ 为奇数时，$|\boldsymbol{A}|=1$，则 1 一定为 $\boldsymbol{A}$ 的一个特征值；$|\boldsymbol{A}|=-1$，则 $-1$ 一定为 $\boldsymbol{A}$ 的一个特征值.

**证明** (1) 若 $|\boldsymbol{A}|=1$，则 $|\boldsymbol{E}-\boldsymbol{A}|=|\boldsymbol{A}^{\mathrm{T}}\boldsymbol{A}-\boldsymbol{A}|=|\boldsymbol{A}^{\mathrm{T}}-\boldsymbol{E}|\cdot|\boldsymbol{A}|=|\boldsymbol{A}-\boldsymbol{E}|$，由于 $n$ 为奇数，则 $|\boldsymbol{A}-\boldsymbol{E}|=-|\boldsymbol{E}-\boldsymbol{A}|$，故 $|\boldsymbol{E}-\boldsymbol{A}|=0$，即 1 为 $\boldsymbol{A}$ 的一个特征值.

(2) 当 $|\boldsymbol{A}|=-1$，则 $|-\boldsymbol{E}-\boldsymbol{A}|=|-\boldsymbol{A}^{\mathrm{T}}\boldsymbol{A}-\boldsymbol{A}|=|-\boldsymbol{A}^{\mathrm{T}}-\boldsymbol{E}|\cdot|\boldsymbol{A}|=-|-\boldsymbol{A}-\boldsymbol{E}|$，即 $|-\boldsymbol{E}-\boldsymbol{A}|=0$，故 $-1$ 为 $\boldsymbol{A}$ 的一个特征值.

**例 10** 设 $\boldsymbol{A}$ 为 3 阶正交矩阵，且 $|\boldsymbol{A}|=1$，证明：(1) $\lambda=1$ 必为 $\boldsymbol{A}$ 的特征值；(2) 存在正交矩阵 $\boldsymbol{Q}$，使得 $\boldsymbol{Q}^{\mathrm{T}}\boldsymbol{A}\boldsymbol{Q}=\begin{bmatrix}1&0&0\\0&\cos\theta&\sin\theta\\0&-\sin\theta&\cos\theta\end{bmatrix}$.

**证明** (1) 由于 $|\boldsymbol{E}-\boldsymbol{A}|=(-1)^3|\boldsymbol{A}-\boldsymbol{E}|=-|\boldsymbol{A}^{\mathrm{T}}-\boldsymbol{E}|$，且 $\boldsymbol{A}$ 为正交矩阵，则 $\boldsymbol{A}^{\mathrm{T}}\boldsymbol{A}=\boldsymbol{E}$，从而有 $|\boldsymbol{E}-\boldsymbol{A}|=-|\boldsymbol{A}^{\mathrm{T}}-\boldsymbol{A}^{\mathrm{T}}\boldsymbol{A}|=-|\boldsymbol{A}^{\mathrm{T}}||\boldsymbol{E}-\boldsymbol{A}|=-|\boldsymbol{E}-\boldsymbol{A}|$，即 $|\boldsymbol{E}-\boldsymbol{A}|=0$，故 $\lambda=1$ 为 $\boldsymbol{A}$ 的特征值.

(2) 设 $\boldsymbol{\alpha}_1$ 是 $\lambda=1$ 对应的特征向量，且 $|\boldsymbol{\alpha}_1|=1$，则 $\boldsymbol{A}\boldsymbol{\alpha}_1=\boldsymbol{\alpha}_1$，将 $\boldsymbol{\alpha}_1$ 扩充为 $\mathbf{R}^3$ 的标准正交基 $\boldsymbol{\alpha}_1$，$\boldsymbol{\alpha}_2$，$\boldsymbol{\alpha}_3$，则 $\boldsymbol{A}(\boldsymbol{\alpha}_1,\boldsymbol{\alpha}_2,\boldsymbol{\alpha}_3)=(\boldsymbol{\alpha}_1,\boldsymbol{\alpha}_2,\boldsymbol{\alpha}_3)\begin{bmatrix}1&a_{12}&a_{13}\\0&a&b\\0&c&d\end{bmatrix}$；令 $\boldsymbol{Q}=(\boldsymbol{\alpha}_1,\boldsymbol{\alpha}_2,\boldsymbol{\alpha}_3)$，则 $\boldsymbol{Q}$ 是正交矩阵，从而 $\begin{bmatrix}1&a_{12}&a_{13}\\0&a&b\\0&c&d\end{bmatrix}$ 也为正交矩阵，故 $a_{12}=a_{13}=0$，且 $a^2+c^2=1$，$b^2+d^2=1$，$ab+cd=0$. 由第一式可知存在角 $\theta$，使得 $a=\cos\theta$，$c=\pm\sin\theta$，结合第二、三式及矩阵的正交性，则 $a=d=\cos\theta$，$b=\sin\theta$，$c=-\sin\theta$.

**例 11** 设 $V$ 为 $n$ 维欧氏空间，内积记为 $(\boldsymbol{\alpha},\boldsymbol{\beta})$，$\sigma$ 是 $V$ 的一个正交变换，记 $V_1=\{\boldsymbol{\alpha}\in V\mid\sigma\boldsymbol{\alpha}=\boldsymbol{\alpha}\}$，$V_2=\{\boldsymbol{\alpha}-\sigma\boldsymbol{\alpha}\mid\boldsymbol{\alpha}\in V\}$，证明：$V=V_1\oplus V_2$.

**证明** *方法一* 由题意得，对 $\forall\boldsymbol{\alpha}\in V_1\cap V_2$，则 $\boldsymbol{\alpha}=\sigma\boldsymbol{\alpha}$，且存在 $\boldsymbol{\beta}\in V$，使得 $\boldsymbol{\alpha}=\boldsymbol{\beta}-\sigma\boldsymbol{\beta}$，从而

$$(\boldsymbol{\alpha},\boldsymbol{\alpha})=(\boldsymbol{\alpha},\boldsymbol{\beta}-\sigma\boldsymbol{\beta})=(\boldsymbol{\alpha},\boldsymbol{\beta})-(\boldsymbol{\alpha},\sigma\boldsymbol{\beta})=(\boldsymbol{\alpha},\boldsymbol{\beta})-(\sigma\boldsymbol{\alpha},\sigma\boldsymbol{\beta})=0$$

即 $\boldsymbol{\alpha}=\boldsymbol{0}$；又 $V_1=(\varepsilon-\sigma)^{-1}(0)$，$V_2=(\varepsilon-\sigma)V$，$\varepsilon$ 为恒等变换，则 $\dim V_1+\dim V_2=n$，进而 $\dim(V_1+V_2)=\dim V$，即 $V=V_1\oplus V_2$.

*方法二* 由题意得，对 $\forall\boldsymbol{\beta}\in V_2$，则存在 $\boldsymbol{x}\in V$，使 $\boldsymbol{\beta}=\boldsymbol{x}-\sigma\boldsymbol{x}$；又 $\forall\boldsymbol{\alpha}\in V_1$，则 $\sigma\boldsymbol{\alpha}=\boldsymbol{\alpha}$，则有

$$\begin{aligned}(\boldsymbol{\beta},\boldsymbol{\alpha})&=(\boldsymbol{x}-\sigma\boldsymbol{x},\boldsymbol{\alpha})=(\sigma^{-1}\boldsymbol{x}-\boldsymbol{x},\sigma^{-1}\boldsymbol{\alpha})\\&=(\sigma^{-1}\boldsymbol{x},\sigma^{-1}\boldsymbol{\alpha})-(\boldsymbol{x},\sigma^{-1}\boldsymbol{\alpha})=(\boldsymbol{x},\boldsymbol{\alpha})-(\boldsymbol{x},\sigma^{-1}\boldsymbol{\alpha})=(\boldsymbol{x},\boldsymbol{\alpha})-(\boldsymbol{x},\boldsymbol{\alpha})=0\end{aligned}$$

则 $V_1\perp V_2$；若 $\boldsymbol{\gamma}\perp V_2$，则由任意 $\boldsymbol{x}\in V$，有 $\boldsymbol{x}-\sigma\boldsymbol{x}\in V_2$ 可得 $(\boldsymbol{\gamma},\boldsymbol{x}-\sigma\boldsymbol{x})=0$. 特别地 $\boldsymbol{x}=\boldsymbol{\gamma}$，有 $(\boldsymbol{\gamma},\boldsymbol{\gamma}-\sigma\boldsymbol{\gamma})=0$，即 $(\boldsymbol{\gamma},\boldsymbol{\gamma})-(\boldsymbol{\gamma},\sigma\boldsymbol{\gamma})=0$，故

$$(\sigma\boldsymbol{\gamma}-\boldsymbol{\gamma},\sigma\boldsymbol{\gamma}-\boldsymbol{\gamma})=(\sigma\boldsymbol{\gamma},\sigma\boldsymbol{\gamma})-2(\sigma\boldsymbol{\gamma},\boldsymbol{\gamma})+(\boldsymbol{\gamma},\boldsymbol{\gamma})=2(\boldsymbol{\gamma},\boldsymbol{\gamma})-2(\sigma\boldsymbol{\gamma},\boldsymbol{\gamma})=0$$

即 $\sigma\boldsymbol{\gamma}=\boldsymbol{\gamma}$，故 $\boldsymbol{\gamma}\in V_1$，即 $V_1=V_2^{\perp}$，从而 $V=V_1\oplus V_2$.

**例 12** 设 $\boldsymbol{A}$ 是正交矩阵，且 $\boldsymbol{A}$ 的特征值均为实数，则 $\boldsymbol{A}$ 是对称矩阵.

**证明** 由于 $\boldsymbol{A}$ 的特征值均为实数，则存在正交矩阵 $\boldsymbol{T}$，使得 $\boldsymbol{T}^{-1}\boldsymbol{A}\boldsymbol{T}$ 为三角矩阵；不妨

设 $T^{-1}AT$ 为上三角矩阵，又 $A$ 为正交矩阵，则 $T^{-1}AT$ 也为正交矩阵，从而 $T^{-1}AT$ 为主对角线上是 1 或 −1 的对角矩阵. 令

$$T^{-1}AT=\begin{bmatrix}E_t & 0\\ 0 & -E_{n-t}\end{bmatrix},\ A=T\begin{bmatrix}E_t & 0\\ 0 & -E_{n-t}\end{bmatrix}T^{-1},$$

$$A^{\mathrm{T}}=\left[T\begin{bmatrix}E_t & 0\\ 0 & -E_{n-t}\end{bmatrix}T^{-1}\right]^{\mathrm{T}}=T\begin{bmatrix}E_t & 0\\ 0 & -E_{n-t}\end{bmatrix}T^{\mathrm{T}}=A$$

故 $A$ 为对称矩阵.

**例 13** 设 3 阶实对称矩阵 $A$ 的秩为 2，$\lambda_1=\lambda_2=6$ 是 $A$ 的二重特征值，若 $\boldsymbol{\alpha}_1=(1,1,0)^{\mathrm{T}}$，$\boldsymbol{\alpha}_2=(2,1,1)^{\mathrm{T}}$，$\boldsymbol{\alpha}_3=(-1,2,-3)^{\mathrm{T}}$ 都是 $A$ 属于 6 的特征向量. (1) 求 $A$ 的另一个特征值和对应的特征向量；(2) 求矩阵 $A$.

**解** (1) 由于 $\lambda_1=\lambda_2=6$ 是实对称矩阵 $A$ 的二重特征值，故属于 6 的线性无关的特征向量有 2 个. 由题可得，$\boldsymbol{\alpha}_1,\boldsymbol{\alpha}_2,\boldsymbol{\alpha}_3$ 的极大无关组为 $\boldsymbol{\alpha}_1,\boldsymbol{\alpha}_2$，则 $\boldsymbol{\alpha}_1,\boldsymbol{\alpha}_2$ 为 6 对应的特征向量；又 $R(A)=2$，则 $|A|=0$，从而 $A$ 的另一个特征值为 0；设 $\lambda_3=0$ 对应的特征向量为 $\boldsymbol{\alpha}=(x_1,x_2,x_3)^{\mathrm{T}}$，则有 $(\boldsymbol{\alpha},\boldsymbol{\alpha}_1)=0$，$(\boldsymbol{\alpha},\boldsymbol{\alpha}_2)=0$，解得 $\boldsymbol{\alpha}=(-1,1,1)^{\mathrm{T}}$，即 $k\boldsymbol{\alpha}$ 为特征值 0 对应的特征向量.

(2) 令 $P=(\boldsymbol{\alpha}_1,\boldsymbol{\alpha}_2,\boldsymbol{\alpha})$，则 $P^{-1}AP=\mathrm{diag}(6,6,0)$，故 $A=P\mathrm{diag}(6,6,0)P^{-1}=\begin{bmatrix}4 & 2 & 2\\ 2 & 4 & -2\\ 2 & -2 & 4\end{bmatrix}$.

**例 14** 设 $A$ 为 $n$ 阶实反对称矩阵，$B=\mathrm{diag}(a_1,\cdots,a_n)$，其中，$a_i>0$，$i=1\sim n$，则 $|A+B|>0$.

**证明** 由于 $B=\mathrm{diag}(a_1,\cdots,a_n)$，$a_i>0$，则 $B$ 为正定矩阵，从而存在可逆矩阵 $P$ 使得 $P^{\mathrm{T}}BP=E$；又由于 $(P^{\mathrm{T}}AP)^{\mathrm{T}}=P^{\mathrm{T}}A^{\mathrm{T}}P=-P^{\mathrm{T}}AP$，则 $P^{\mathrm{T}}AP$ 为反对称矩阵，从而存在可逆矩阵 $Q$ 使得

$$Q^{-1}(P^{\mathrm{T}}AP)Q=\begin{bmatrix}\lambda_1 & & *\\ & \ddots & \\ & & \lambda_n\end{bmatrix}$$

其中，$\lambda_i$ 为 0 或纯虚数，则 $Q^{-1}P^{\mathrm{T}}(A+B)PQ=\begin{bmatrix}\lambda_1+1 & & *\\ & \ddots & \\ & & \lambda_n+1\end{bmatrix}$，故 $|A+B|=\dfrac{(\lambda_1+1)\cdots(\lambda_n+1)}{|P|^2}>0$.

## 9.3 实对称矩阵的标准形

在第 5 章有任意一个对称矩阵都合同于一个对角矩阵. 利用欧氏空间的理论，关于实对称矩阵的结果可以加强：任意一个 $n$ 阶实对称矩阵 $A$，都存在一个 $n$ 阶正交矩阵 $T$ 使得 $T^{\mathrm{T}}AT=T^{-1}AT$ 成为对角矩阵.

## 一、实对称矩阵的性质

（1）设 $\boldsymbol{A}$ 是实对称矩阵，则 $\boldsymbol{A}$ 的特征值皆为实数.

**证明**　设 $\lambda_0$ 是 $\boldsymbol{A}$ 的任意一个特征值，则有非零向量 $\boldsymbol{\xi}=(x_1, x_2, \cdots, x_n)^{\mathrm{T}}$ 满足 $\boldsymbol{A\xi}=\lambda_0\boldsymbol{\xi}$. 令 $\overline{\boldsymbol{\xi}}=(\overline{x_1}, \cdots, \overline{x_n})^{\mathrm{T}}$，为 $\boldsymbol{\xi}$ 的共轭复数，由 $\boldsymbol{A}$ 为实对称矩阵，有 $\overline{\boldsymbol{A}}=\boldsymbol{A}$，$\boldsymbol{A}^{\mathrm{T}}=\boldsymbol{A}$，$\overline{\boldsymbol{A\xi}}=\boldsymbol{A}\overline{\boldsymbol{\xi}}$，则

$$\begin{aligned}\lambda_0\overline{\boldsymbol{\xi}}^{\mathrm{T}}\boldsymbol{\xi}&=\overline{\boldsymbol{\xi}}^{\mathrm{T}}(\lambda_0\boldsymbol{\xi})=\overline{\boldsymbol{\xi}}^{\mathrm{T}}(\boldsymbol{A\xi})=(\overline{\boldsymbol{\xi}}^{\mathrm{T}}\boldsymbol{A})\boldsymbol{\xi}=(\overline{\boldsymbol{\xi}}^{\mathrm{T}}\boldsymbol{A}^{\mathrm{T}})\boldsymbol{\xi}\\&=(\boldsymbol{A}\overline{\boldsymbol{\xi}})^{\mathrm{T}}\boldsymbol{\xi}=(\overline{\boldsymbol{A\xi}})^{\mathrm{T}}\boldsymbol{\xi}=(\overline{\lambda_0\boldsymbol{\xi}})^{\mathrm{T}}\boldsymbol{\xi}=(\overline{\lambda_0}\,\overline{\boldsymbol{\xi}})^{\mathrm{T}}\boldsymbol{\xi}=\overline{\lambda_0}\,\overline{\boldsymbol{\xi}}^{\mathrm{T}}\boldsymbol{\xi}\end{aligned}$$

即 $\lambda_0\overline{\boldsymbol{\xi}}^{\mathrm{T}}\boldsymbol{\xi}=\overline{\lambda_0}\,\overline{\boldsymbol{\xi}}^{\mathrm{T}}\boldsymbol{\xi}$，由于 $\boldsymbol{\xi}$ 为非零复向量，必有 $\overline{\boldsymbol{\xi}}^{\mathrm{T}}\boldsymbol{\xi}=\overline{x_1}x_1+\overline{x_2}x_2+\cdots+\overline{x_n}x_n\neq 0$，故 $\lambda_0=\overline{\lambda_0}$，即 $\lambda_0\in\mathbf{R}$.

对应于实对称矩阵 $\boldsymbol{A}$，在 $n$ 维欧氏空间 $\mathbf{R}^n$ 上定义一个线性变换 $\sigma$：$\sigma\boldsymbol{\alpha}=\boldsymbol{A\alpha}$，$\boldsymbol{\alpha}=(x_1, \cdots, x_n)^{\mathrm{T}}$，$\sigma$ 在标准正交基 $\boldsymbol{\varepsilon}_1, \boldsymbol{\varepsilon}_2, \cdots, \boldsymbol{\varepsilon}_n$ 下的矩阵就是 $\boldsymbol{A}$.

（2）设 $\boldsymbol{A}$ 是实对称矩阵，在 $n$ 维欧氏空间 $\mathbf{R}^n$ 上定义一个线性变换 $\sigma$：$\sigma\boldsymbol{\alpha}=\boldsymbol{A\alpha}$，则对于任意 $\boldsymbol{\alpha}, \boldsymbol{\beta}\in\mathbf{R}^n$，有 $(\sigma\boldsymbol{\alpha}, \boldsymbol{\beta})=(\boldsymbol{\alpha}, \sigma\boldsymbol{\beta})$ 或 $\boldsymbol{\beta}^{\mathrm{T}}(\boldsymbol{A\alpha})=\boldsymbol{\alpha}^{\mathrm{T}}(\boldsymbol{A\beta})$.

**证明**　取 $\mathbf{R}^n$ 的一组标准正交基 $\boldsymbol{\varepsilon}_1, \boldsymbol{\varepsilon}_2, \cdots, \boldsymbol{\varepsilon}_n$，则 $\sigma$ 在 $\boldsymbol{\varepsilon}_1, \boldsymbol{\varepsilon}_2, \cdots, \boldsymbol{\varepsilon}_n$ 下的矩阵为 $\boldsymbol{A}$，即

$$\sigma(\boldsymbol{\varepsilon}_1, \cdots, \boldsymbol{\varepsilon}_n)=(\boldsymbol{\varepsilon}_1, \cdots, \boldsymbol{\varepsilon}_n)\boldsymbol{A}$$

任取 $\boldsymbol{\alpha}=(x_1, \cdots, x_n)$，$\boldsymbol{\beta}=(y_1, \cdots, y_n)\in\mathbf{R}^n$，即

$$\boldsymbol{\alpha}=x_1\boldsymbol{\varepsilon}_1+\cdots+x_n\boldsymbol{\varepsilon}_n\triangleq(\boldsymbol{\varepsilon}_1, \cdots, \boldsymbol{\varepsilon}_n)\boldsymbol{X},\ \boldsymbol{\beta}=y_1\boldsymbol{\varepsilon}_1+\cdots+y_n\boldsymbol{\varepsilon}_n\triangleq(\boldsymbol{\varepsilon}_1, \cdots, \boldsymbol{\varepsilon}_n)\boldsymbol{Y}$$

于是

$$\sigma(\boldsymbol{\alpha})=\sigma(\boldsymbol{\varepsilon}_1, \boldsymbol{\varepsilon}_2, \cdots, \boldsymbol{\varepsilon}_n)\boldsymbol{X}=(\boldsymbol{\varepsilon}_1, \boldsymbol{\varepsilon}_2, \cdots, \boldsymbol{\varepsilon}_n)\boldsymbol{AX},\ \sigma(\boldsymbol{\beta})=\sigma(\boldsymbol{\varepsilon}_1, \boldsymbol{\varepsilon}_2, \cdots, \boldsymbol{\varepsilon}_n)\boldsymbol{Y}=(\boldsymbol{\varepsilon}_1, \boldsymbol{\varepsilon}_2, \cdots, \boldsymbol{\varepsilon}_n)\boldsymbol{AY}$$

又 $\boldsymbol{\varepsilon}_1, \boldsymbol{\varepsilon}_2, \cdots, \boldsymbol{\varepsilon}_n$ 是标准正交基，则 $(\sigma(\boldsymbol{\alpha}), \boldsymbol{\beta})=(\boldsymbol{AX})^{\mathrm{T}}\boldsymbol{Y}=\boldsymbol{X}^{\mathrm{T}}\boldsymbol{A}^{\mathrm{T}}\boldsymbol{Y}=\boldsymbol{X}^{\mathrm{T}}\boldsymbol{AY}=\boldsymbol{X}^{\mathrm{T}}(\boldsymbol{AY})=(\boldsymbol{\alpha}, \sigma(\boldsymbol{\beta}))$.
又在 $\mathbf{R}^n$ 中，$\boldsymbol{\alpha}=\boldsymbol{X}$，$\boldsymbol{\beta}=\boldsymbol{Y}$，即 $\boldsymbol{\beta}^{\mathrm{T}}(\boldsymbol{A\alpha})=(\boldsymbol{\beta}, \sigma(\boldsymbol{\alpha}))=(\sigma(\boldsymbol{\alpha}), \boldsymbol{\beta})=(\boldsymbol{\alpha}, \sigma(\boldsymbol{\beta}))=\boldsymbol{\alpha}^{\mathrm{T}}(\boldsymbol{A\beta})$.

## 二、实对称矩阵的正交相似对角化

（1）实对称矩阵属于不同特征值的特征向量是正交的.

**证明**　设实对称矩阵 $\boldsymbol{A}$ 是 $\mathbf{R}^n$ 上对称变换 $\sigma$ 的在标准正交基下的矩阵，$\lambda$、$\mu$ 是 $\boldsymbol{A}$ 的两个不同特征值，$\boldsymbol{\alpha}$、$\boldsymbol{\beta}$ 分别是属于 $\lambda$、$\mu$ 的特征向量，则 $\sigma(\boldsymbol{\alpha})=\lambda\boldsymbol{\alpha}=\boldsymbol{A\alpha}$，$\sigma(\boldsymbol{\beta})=\mu\boldsymbol{\beta}=\boldsymbol{A\beta}$，由 $(\sigma(\boldsymbol{\alpha}), \boldsymbol{\beta})=(\boldsymbol{\alpha}, \sigma(\boldsymbol{\beta}))$，有 $(\lambda\boldsymbol{\alpha}, \boldsymbol{\beta})=(\boldsymbol{\alpha}, \mu\boldsymbol{\beta})$，$\lambda(\boldsymbol{\alpha}, \boldsymbol{\beta})=\mu(\boldsymbol{\alpha}, \boldsymbol{\beta})$，又 $\lambda\neq\mu$，则 $(\boldsymbol{\alpha}, \boldsymbol{\beta})=0$，即 $\boldsymbol{\alpha}$，$\boldsymbol{\beta}$ 正交.

（2）对于 $\boldsymbol{A}\in\mathbf{R}^{n\times n}$，$\boldsymbol{A}^{\mathrm{T}}=\boldsymbol{A}$，总存在正交矩阵 $\boldsymbol{T}$，使得 $\boldsymbol{T}^{\mathrm{T}}\boldsymbol{AT}=\boldsymbol{T}^{-1}\boldsymbol{AT}=\mathrm{diag}(\lambda_1, \lambda_2, \cdots, \lambda_n)$.

**证明**　设实对称矩阵 $\boldsymbol{A}$ 是 $\mathbf{R}^n$ 上对称变换 $\sigma$ 在标准正交基下的矩阵，由实对称矩阵和对称变换互相确定的关系，只需证明 $\sigma$ 有 $n$ 个特征向量而形成的标准正交基即可.

对 $\mathbf{R}^n$ 的维数 $n$ 进行归纳. 当 $n=1$ 时，结论显然成立；假设 $n-1$ 时结论成立，对于 $\mathbf{R}^n$，设其上的对称变换 $\sigma$ 有一个单位特征向量 $\boldsymbol{\alpha}_1$，其相应的特征值为 $\lambda_1$，即 $\sigma\boldsymbol{\alpha}_1=\lambda_1\boldsymbol{\alpha}_1$，$|\boldsymbol{\alpha}_1|=1$，设子空间 $L(\boldsymbol{\alpha}_1)=W$，显然 $W$ 是 $\sigma$—子空间，则 $W^{\perp}$ 也为 $\sigma$—子空间，且

$W\oplus W^{\perp}=\mathbf{R}^n$，$\dim W^{\perp}=n-1$，又对 $\forall\,\boldsymbol{\alpha}, \boldsymbol{\beta}\in W^{\perp}$，有

$$(\sigma|_{W^{\perp}}(\boldsymbol{\alpha}), \boldsymbol{\beta})=(\sigma(\boldsymbol{\alpha}), \boldsymbol{\beta})=(\boldsymbol{\alpha}, \sigma(\boldsymbol{\beta}))=(\boldsymbol{\alpha}, \sigma|_{W^{\perp}}(\boldsymbol{\beta}))$$

所以 $\sigma|_{W^\perp}$ 是 $W^\perp$ 上的对称变换．由归纳假设知 $\sigma|_{W^\perp}$ 有 $n-1$ 个特征向量 $\boldsymbol{\alpha}_2$，$\boldsymbol{\alpha}_3$，…，$\boldsymbol{\alpha}_n$ 构成 $W^\perp$ 的一组标准正交基．从而 $\boldsymbol{\alpha}_1$，$\boldsymbol{\alpha}_2$，$\boldsymbol{\alpha}_3$，…，$\boldsymbol{\alpha}_n$ 为 $\mathbf{R}^n$ 的一组标准正交基，又都是 $\mathbf{R}^n$ 的特征向量，即结论成立．

(3) 实对称矩阵正交相似实对角矩阵步骤(设 $\boldsymbol{A}\in\mathbf{R}^{n\times n}$，$\boldsymbol{A}^{\mathrm{T}}=\boldsymbol{A}$)：

① 求出 $\boldsymbol{A}$ 的所有不同特征值 $\lambda_1$，$\lambda_2$，…，$\lambda_n\in\mathbf{R}$，其重数必满足求和等于 $n$．

② 对每个 $\lambda_i$，$n$ 元齐次线性方程组 $(\lambda_i\boldsymbol{E}-\boldsymbol{A})\boldsymbol{X}=\mathbf{0}$，求出一个基础解系 $\boldsymbol{\alpha}_{i1}$，$\boldsymbol{\alpha}_{i2}$，…，$\boldsymbol{\alpha}_{in}$，即为 $\boldsymbol{A}$ 的属于特征值 $\lambda_i$ 的特征子空间 $V_{\lambda_i}$ 的一组基，利用正交化过程化为已知标准正交基 $\boldsymbol{\eta}_{i1}$，$\boldsymbol{\eta}_{i2}$，…，$\boldsymbol{\eta}_{in}$．

③ 因为 $\lambda_1$，$\lambda_2$，…，$\lambda_r$ 互不相同，所以 $V_{\lambda_i}\perp V_{\lambda_j}(i\neq j)$ 且 $\sum\dim W_{\lambda_i}=n$，则

$$\boldsymbol{\eta}_{11}, \boldsymbol{\eta}_{12}, \cdots, \boldsymbol{\eta}_{1n_1}, \cdots, \boldsymbol{\eta}_{r1}, \boldsymbol{\eta}_{r2}, \cdots, \boldsymbol{\eta}_{rn_r}$$

就是 $V$ 的一组标准正交基．将 $\boldsymbol{\eta}_{11}$，$\boldsymbol{\eta}_{12}$，…，$\boldsymbol{\eta}_{1n_1}$，…，$\boldsymbol{\eta}_{r1}$，$\boldsymbol{\eta}_{r2}$，…，$\boldsymbol{\eta}_{rn_r}$ 的分量依次作矩阵 $\boldsymbol{T}$ 的第 1，2，…，$n$ 列，则 $\boldsymbol{T}$ 是正交矩阵且使 $\boldsymbol{T}^{\mathrm{T}}\boldsymbol{A}\boldsymbol{T}=\boldsymbol{T}^{-1}\boldsymbol{A}\boldsymbol{T}$ 为对角形．

**注** (1) 对于实对称矩阵 $\boldsymbol{A}$ 使得 $\boldsymbol{T}^{\mathrm{T}}\boldsymbol{A}\boldsymbol{T}=\mathrm{diag}(\lambda_1,\cdots,\lambda_n)$ 成立的正交矩阵不是唯一的，而且对于正交矩阵 $\boldsymbol{T}$，还可进一步要求 $|\boldsymbol{T}|=1$；事实上，若用上述方法求得的正交矩阵 $\boldsymbol{T}$ 满足

$$\boldsymbol{T}^{\mathrm{T}}\boldsymbol{A}\boldsymbol{T}=\mathrm{diag}(\lambda_1,\cdots,\lambda_n),\quad |\boldsymbol{T}|=-1$$

取正交矩阵 $\boldsymbol{S}=\mathrm{diag}(-1,1,\cdots,1)$，则 $\boldsymbol{T}_1=\boldsymbol{T}\boldsymbol{S}$ 是正交矩阵且 $|\boldsymbol{T}_1|=|\boldsymbol{T}||\boldsymbol{S}|=1$，同时有

$$\begin{aligned}\boldsymbol{T}_1^{\mathrm{T}}\boldsymbol{A}\boldsymbol{T} &=(\boldsymbol{T}\boldsymbol{S})^{\mathrm{T}}\boldsymbol{A}(\boldsymbol{T}\boldsymbol{S})=\boldsymbol{S}^{\mathrm{T}}(\boldsymbol{T}^{\mathrm{T}}\boldsymbol{A}\boldsymbol{T})\boldsymbol{S}\\ &=\mathrm{diag}(-1,1,\cdots,1)\mathrm{diag}(\lambda_1,\cdots,\lambda_n)\mathrm{diag}(-1,1,\cdots,1)=\mathrm{diag}(\lambda_1,\cdots,\lambda_n)\end{aligned}$$

(2) 若不计主对角线上元素的排列的次序，与实对称矩阵 $\boldsymbol{A}$ 正交相似的对角矩阵是唯一的．

(3) 由于正交相似的矩阵也是互相合同的，故可用实对称矩阵的特征值的性质刻画其正定性，即设 $\lambda_1\geqslant\cdots\geqslant\lambda_n$ 为实对称矩阵 $\boldsymbol{A}$ 的所有特征值，则：① $\boldsymbol{A}$ 为正定的 $\Leftrightarrow\lambda_n>0$；② $\boldsymbol{A}$ 为半正定的 $\Leftrightarrow\lambda_n\geqslant0$；③ $\boldsymbol{A}$ 为负定(半负定)的 $\Leftrightarrow\lambda_1<0(\lambda_1\leqslant0)$；④ $\boldsymbol{A}$ 为不定的 $\Leftrightarrow\lambda_1>0$，且 $\lambda_n<0$．

(4) 实对称矩阵 $\boldsymbol{A}$ 的正、负惯性指数分别为正、负特征值的个数(重根按重数计)，$n-R(\boldsymbol{A})$ 是 0 为 $\boldsymbol{A}$ 的特征值的重数．

## 三、实二次型的主轴问题

### 1. 解析几何中主轴问题

将 $\mathbf{R}^2$ 上有心二次曲线或 $\mathbf{R}^3$ 上有心二次曲面通过坐标的旋转化为标准形，这个变换的矩阵是正交矩阵．

### 2. 任意 $n$ 元实二次型的正交线性替换化标准形

(1) 正交线性替换：若线性替换 $\boldsymbol{X}=\boldsymbol{C}\boldsymbol{Y}$ 的矩阵 $\boldsymbol{C}$ 是正交矩阵，则称之为正交线性替换．

(2) 任一 $n$ 元实二次型 $f(x_1,\cdots,x_n)=\sum\limits_{i=1}^{n}\sum\limits_{j=1}^{n}a_{ij}x_ix_j$，$a_{ij}=a_{ji}$ 都可以通过正交线性替换 $\boldsymbol{X}=\boldsymbol{C}\boldsymbol{Y}$ 变成平方和 $\lambda_1y_1^2+\lambda_2y_2^2+\cdots+\lambda_ny_n^2$，其中，平方项的系数 $\lambda_1$，$\lambda_2$，…，$\lambda_n$ 为 $\boldsymbol{A}$ 的全部特征值．

## 四、两个矩阵同时相似对角化的条件

对于一般的两个方阵，若 $\boldsymbol{A}$、$\boldsymbol{B}$ 可交换且满足一定条件，则 $\boldsymbol{A}$、$\boldsymbol{B}$ 可同时相似对角化.

(1) 设 $\boldsymbol{A}$，$\boldsymbol{B}\in F^{n\times n}$，$\boldsymbol{A}$、$\boldsymbol{B}$ 均可相似对角化，且 $\boldsymbol{A}$ 的特征值相等，则 $\boldsymbol{A}$、$\boldsymbol{B}$ 可同时相似对角化.

**证明** 由于 $\boldsymbol{A}$ 可相似对角化，且 $\boldsymbol{A}$ 的特征值相等，则存在可逆矩阵 $\boldsymbol{P}_1$，使得 $\boldsymbol{P}_1^{-1}\boldsymbol{A}\boldsymbol{P}_1=\mathrm{diag}(\lambda,\cdots,\lambda)=\lambda\boldsymbol{E}$；又由于 $\boldsymbol{B}$ 可相似对角化，则对于 $\boldsymbol{P}_1^{-1}\boldsymbol{B}\boldsymbol{P}_1$，存在可逆矩阵 $\boldsymbol{P}_2$，使得 $\boldsymbol{P}_2^{-1}(\boldsymbol{P}_1^{-1}\boldsymbol{A}\boldsymbol{P}_1)\boldsymbol{P}_2=\mathrm{diag}(\mu_1,\cdots,\mu_n)$，令 $\boldsymbol{P}=\boldsymbol{P}_1\boldsymbol{P}_2$，则 $\boldsymbol{P}$ 可逆，且 $\boldsymbol{P}^{-1}\boldsymbol{A}\boldsymbol{P}=\boldsymbol{P}_2^{-1}(\boldsymbol{P}_1^{-1}\boldsymbol{A}\boldsymbol{P}_1)\boldsymbol{P}_2=\boldsymbol{P}_2^{-1}\lambda\boldsymbol{E}\boldsymbol{P}_2=\lambda\boldsymbol{E}$，$\boldsymbol{P}^{-1}\boldsymbol{B}\boldsymbol{P}=\boldsymbol{P}_2^{-1}(\boldsymbol{P}_1^{-1}\boldsymbol{B}\boldsymbol{P}_1)\boldsymbol{P}_2=\mathrm{diag}(\mu_1,\cdots,\mu_n)$，即结论成立.

(2) 设 $\boldsymbol{A}$，$\boldsymbol{B}\in F^{n\times n}$，且 $\boldsymbol{A}$ 在 $F$ 中有 $n$ 个不同特征值，$\boldsymbol{AB}=\boldsymbol{BA}$，则存在可逆矩阵 $\boldsymbol{P}\in F^{n\times n}$，使得 $\boldsymbol{P}^{-1}\boldsymbol{A}\boldsymbol{P}$、$\boldsymbol{P}^{-1}\boldsymbol{B}\boldsymbol{P}$ 同时为对角阵.

**证明** 由于 $\boldsymbol{A}$ 在 $F$ 中有 $n$ 个不同特征值，则存在可逆矩阵 $\boldsymbol{P}$，使得 $\boldsymbol{P}^{-1}\boldsymbol{A}\boldsymbol{P}=\mathrm{diag}(\lambda_1,\cdots,\lambda_n)$，其中，$\lambda_1,\cdots,\lambda_n$ 为 $\boldsymbol{A}$ 的 $n$ 个不同特征值；又 $\boldsymbol{AB}=\boldsymbol{BA}$，则 $(\boldsymbol{P}^{-1}\boldsymbol{A}\boldsymbol{P})(\boldsymbol{P}^{-1}\boldsymbol{B}\boldsymbol{P})=(\boldsymbol{P}^{-1}\boldsymbol{B}\boldsymbol{P})(\boldsymbol{P}^{-1}\boldsymbol{A}\boldsymbol{P})$，故 $\boldsymbol{P}^{-1}\boldsymbol{B}\boldsymbol{P}$ 为对角阵，结论成立.

(3) 设 $\boldsymbol{A}$，$\boldsymbol{B}\in F^{n\times n}$，$\boldsymbol{A}$、$\boldsymbol{B}$ 均可相似对角化，则存在可逆矩阵 $P\in F^{n\times n}$，使得 $\boldsymbol{P}^{-1}\boldsymbol{A}\boldsymbol{P}$、$\boldsymbol{P}^{-1}\boldsymbol{B}\boldsymbol{P}$ 同时为对角阵的充要条件为 $\boldsymbol{AB}=\boldsymbol{BA}$.

(4) 设 $\boldsymbol{A}_{n\times n}$、$\boldsymbol{B}_{n\times n}$ 为循环矩阵，则存在可逆矩阵 $\boldsymbol{P}$，使得 $\boldsymbol{A}$、$\boldsymbol{B}$ 同时对角化.

**证明** 设矩阵 $\boldsymbol{A}$ 是由 $\boldsymbol{\alpha}_1,\cdots,\boldsymbol{\alpha}_n$ 构成的循环矩阵，$\boldsymbol{B}$ 是由 $\boldsymbol{\beta}_1,\cdots,\boldsymbol{\beta}_n$ 构成的循环矩阵，循环矩阵 $\boldsymbol{A}$ 的特征值为 $f(1)$，$f(\boldsymbol{\xi})$，$\cdots$，$f(\boldsymbol{\xi}^{n-1})$，其中，$f(x)=a_1+a_2x+\cdots+a_nx^{n-1}$，$\boldsymbol{\xi}$ 为单位根，属于特征值 $f(\boldsymbol{\xi}^m)$ 的特征向量为 $1,\boldsymbol{\xi}^m,\cdots,\boldsymbol{\xi}^{m(n-1)}$；令 $\boldsymbol{P}=\begin{bmatrix}1 & 1 & \cdots & 1\\ 1 & \boldsymbol{\xi} & \cdots & \boldsymbol{\xi}^{n-1}\\ \vdots & \vdots & & \vdots\\ 1 & \boldsymbol{\xi}^{n-1} & \cdots & \boldsymbol{\xi}^{(n-1)(n-1)}\end{bmatrix}$，则 $|\boldsymbol{P}|\neq 0$，即 $\boldsymbol{P}$ 的列向量线性无关，从而 $\boldsymbol{A}$ 有 $n$ 个线性无关的特征向量，即 $\boldsymbol{A}$ 可对角化，且 $\boldsymbol{P}^{-1}\boldsymbol{A}\boldsymbol{P}=\mathrm{diag}(f(1),f(\boldsymbol{\xi}),\cdots,f(\boldsymbol{\xi}^{n-1}))$；同理也存在 $g(x)$ 的特征值 $g(1)$，$g(\boldsymbol{\xi})$，$\cdots$，$g(\boldsymbol{\xi}^{n-1})$，且 $\boldsymbol{P}^{-1}\boldsymbol{B}\boldsymbol{P}=\mathrm{diag}(g(1),g(\boldsymbol{\xi}),\cdots,g(\boldsymbol{\xi}^{n-1}))$，结论成立.

(5) 设 $\boldsymbol{A}$，$\boldsymbol{B}\in F^{n\times n}$，$\boldsymbol{AB}=\boldsymbol{BA}$，$\boldsymbol{A}$、$\boldsymbol{B}$ 的初等因子全为一次的，则 $\boldsymbol{A}$、$\boldsymbol{B}$ 可同时相似于对角矩阵.

(6) 设 $\boldsymbol{A}$，$\boldsymbol{B}\in F^{n\times n}$，$\boldsymbol{AB}=\boldsymbol{BA}$，$\boldsymbol{A}$、$\boldsymbol{B}$ 的最小多项式无重根，则 $\boldsymbol{A}$、$\boldsymbol{B}$ 可同时相似于对角矩阵.

(7) 设 $\boldsymbol{A}$，$\boldsymbol{B}\in F^{n\times n}$，$\boldsymbol{AB}=\boldsymbol{BA}$，$\boldsymbol{A}^2=\boldsymbol{A}$，$\boldsymbol{B}^2=\boldsymbol{B}$，则 $\boldsymbol{A}$、$\boldsymbol{B}$ 可同时相似于对角矩阵.

(8) 设 $\boldsymbol{A}$，$\boldsymbol{B}\in F^{n\times n}$，$\boldsymbol{AB}=\boldsymbol{BA}$，$\boldsymbol{A}^2=\boldsymbol{B}^2=\boldsymbol{E}$，则 $\boldsymbol{A}$、$\boldsymbol{B}$ 可同时相似于对角矩阵.

(9) 设 $\boldsymbol{A}$，$\boldsymbol{B}\in F^{n\times n}$，$\boldsymbol{AB}=\boldsymbol{BA}$，$\boldsymbol{A}^k=\boldsymbol{B}^k=\boldsymbol{E}$，其中，$k$ 为正整数，则 $\boldsymbol{A}$、$\boldsymbol{B}$ 可同时相似于对角矩阵.

(10) 设 $\boldsymbol{A}\in F^{n\times n}$，且 $\boldsymbol{A}$ 可对角化，$\boldsymbol{A}^*$ 为 $\boldsymbol{A}$ 的伴随矩阵，则 $\boldsymbol{A}^*$、$\boldsymbol{A}$ 可同时相似于对角阵.

**证明** 由于 $\boldsymbol{A}$ 可对角化，则存在可逆矩阵 $\boldsymbol{P}$，使得 $\boldsymbol{P}^{-1}\boldsymbol{A}\boldsymbol{P}=\mathrm{diag}(\lambda_1,\cdots,\lambda_n)$，则 $(\boldsymbol{P}^{-1}\boldsymbol{A}\boldsymbol{P})^*=(\mathrm{diag}(\lambda_1,\cdots,\lambda_n))^*$，即 $\boldsymbol{P}^*\boldsymbol{A}^*(\boldsymbol{P}^{-1})^*=\mathrm{diag}(\lambda_1,\cdots,\lambda_n)^*=\mathrm{diag}(\mu_1,\cdots,$

$\mu_n$)，由于 $A^* A = AA^*$，则由(4)即证.

(11) 设 $A \in F^{n\times n}$，且 $A \pm B = AB$，$A$、$B$ 相似于对角阵，则 $A$、$B$ 可同时相似于对角阵.

**证明** 只证 $A+B=AB$ 的情况. 由于 $A+B=AB$，则 $AB-A-B+E=E$，即$(A-E)(B-E)=E$，故$(A-E)^{-1}=B-E$，于是 $E=(B-E)(A-E)=BA-B-A+E$，即 $BA=B+A$，从而 $AB=BA$.

(12) 设 $A$，$B \in F^{n\times n}$，且 $A$、$B$ 的特征值都在 $F$ 中，$AB=BA$，则存在可逆矩阵 $T \in F^{n\times n}$，使得 $T^{-1}AT$、$T^{-1}BT$ 同时为上三角阵.

**证明** 对矩阵的阶数 $n$ 应用数学归纳法. 当 $n=1$ 时，命题成立；假设结论对 $n-1$ 阶矩阵成立，由于 $AB=BA$，从而 $A$、$B$ 有公共的特征向量，设为 $\alpha_1$，将其扩充为 $F^n$ 的一组基 $\alpha_1$，…，$\alpha_n$，令 $Q=(\alpha_1, \cdots, \alpha_n)$，则 $Q$ 可逆，且 $Q^{-1}AQ=\begin{bmatrix}\lambda_1 & \alpha \\ 0 & A_1\end{bmatrix}$，$Q^{-1}BQ=\begin{bmatrix}\mu_1 & \beta \\ 0 & B_1\end{bmatrix}$，由于 $AB=BA$，可得 $A_1B_1=B_1A_1$，由归纳假设，则存在 $n-1$ 阶可逆矩阵 $Q_1$ 使得 $Q_1^{-1}A_1Q_1$、$Q_1^{-1}B_1Q_1$ 同时为上三角矩阵，令 $T=Q\begin{bmatrix}1 & 0 \\ 0 & Q\end{bmatrix}$，则 $T^{-1}AT$、$T^{-1}BT$ 同时为上三角阵.

## 典型例题

**例 1** 设 $A=\begin{bmatrix} 0 & 1 & 1 & -1 \\ 1 & 0 & -1 & 1 \\ 1 & -1 & 0 & 1 \\ -1 & 1 & 1 & 0 \end{bmatrix}$，求一个正交矩阵 $T$ 使得 $T^{\mathrm{T}}AT$ 为对角矩阵.

**解** 先求 $A$ 的特征值，由于

$$|\lambda E-A|=\begin{vmatrix} \lambda & -1 & -1 & 1 \\ -1 & \lambda & 1 & -1 \\ -1 & 1 & \lambda & -1 \\ 1 & -1 & -1 & \lambda \end{vmatrix}=\begin{vmatrix} 0 & \lambda-1 & \lambda-1 & 1-\lambda^2 \\ 0 & \lambda-1 & 0 & \lambda-1 \\ 0 & 0 & \lambda-1 & \lambda-1 \\ 1 & -1 & -1 & \lambda \end{vmatrix}=-\begin{vmatrix} \lambda-1 & \lambda-1 & 1-\lambda^2 \\ \lambda-1 & 0 & \lambda-1 \\ 0 & \lambda-1 & \lambda-1 \end{vmatrix}$$

$$=-(\lambda-1)^3\begin{vmatrix} 1 & 1 & -\lambda-1 \\ 1 & 0 & 1 \\ 0 & 1 & 1 \end{vmatrix}=(\lambda-1)^3(\lambda+3)$$

$A$ 的特征值为 $\lambda_1=1$(三重)，$\lambda_2=-3$.

当 $\lambda_1=1$ 时，求齐次线性方程组$(E-A)X=0$，得其基础解系

$$\alpha_1=(1, 1, 0, 0), \alpha_2=(1, 0, 1, 0), \alpha_3=(-1, 0, 0, 1)$$

把它们正交化得

$$\beta_1=\alpha_1=(1, 1, 0, 0), \beta_2=\alpha_2-\frac{(\alpha_2, \beta_1)}{(\beta_1, \beta_1)}\beta_1=\left[\frac{1}{2}, -\frac{1}{2}, 1, 0\right]$$

$$\beta_3=\alpha_3-\frac{(\alpha_3, \beta_1)}{(\beta_1, \beta_1)}\beta_1-\frac{(\alpha_3, \beta_2)}{(\beta_2, \beta_2)}\beta_2=\left[-\frac{1}{3}, \frac{1}{3}, \frac{1}{3}, 1\right]$$

再单位化得

$$\eta_1=\frac{1}{|\beta_1|}\beta_1=\left[\frac{1}{\sqrt{2}}, \frac{1}{\sqrt{2}}, 0, 0\right], \eta_2=\frac{1}{|\beta_2|}\beta_2=\left[\frac{1}{\sqrt{6}}, -\frac{1}{\sqrt{6}}, \frac{2}{\sqrt{6}}, 0\right],$$

$$\boldsymbol{\eta}_3=\frac{1}{|\boldsymbol{\beta}_3|}\boldsymbol{\beta}_3=\left[-\frac{1}{\sqrt{12}},\ \frac{1}{\sqrt{12}},\ \frac{1}{\sqrt{12}},\ \frac{3}{\sqrt{12}}\right]$$

这就是特征值 $\lambda_1=1$ 的 3 个单位正交特征向量，也为特征子空间的一个标准正交基.

当 $\lambda_2=-3$ 时，求齐次线性方程组 $(-3\boldsymbol{E}-\boldsymbol{A})\boldsymbol{X}=\boldsymbol{0}$，得其基础解系 $\boldsymbol{\alpha}_4=(1,\ -1,\ -1,\ 1)$，单位化得 $\boldsymbol{\eta}_4=\left[\frac{1}{2},\ -\frac{1}{2},\ -\frac{1}{2},\ \frac{1}{2}\right]$，这样 $\boldsymbol{\eta}_1$，$\boldsymbol{\eta}_2$，$\boldsymbol{\eta}_3$，$\boldsymbol{\eta}_4$ 构成 $\mathbf{R}^4$ 的一组标准正交基，它们都是 $\boldsymbol{A}$ 的特征向量，正交矩阵 $\boldsymbol{T}=(\boldsymbol{\eta}_1,\ \boldsymbol{\eta}_2,\ \boldsymbol{\eta}_3,\ \boldsymbol{\eta}_4)$，使得 $\boldsymbol{T}^{\mathrm{T}}\boldsymbol{A}\boldsymbol{T}=\mathrm{diag}(1,\ 1,\ 1,\ -3)$.

**例 2** 设 $\boldsymbol{A}=\begin{bmatrix}0&1&0&0\\1&0&0&0\\0&0&2&1\\0&0&1&2\end{bmatrix}$，求正交矩阵 $\boldsymbol{P}$，使得 $(\boldsymbol{AP})^{\mathrm{T}}(\boldsymbol{AP})$ 为对角矩阵.

**解** 由于 $(\boldsymbol{AP})^{\mathrm{T}}(\boldsymbol{AP})=\boldsymbol{P}^{\mathrm{T}}\mathbf{A}^{\mathrm{T}}\boldsymbol{AP}$，问题转化为讨论矩阵 $\mathbf{A}^{\mathrm{T}}\mathbf{A}$. 由于

$$|\lambda\boldsymbol{E}-\mathbf{A}^{\mathrm{T}}\mathbf{A}|=\begin{vmatrix}\lambda-1&0&0&0\\0&\lambda-1&0&0\\0&0&\lambda-5&-4\\0&0&-4&\lambda-5\end{vmatrix}=(\lambda-9)(\lambda-1)^3$$

则 $\mathbf{A}$ 的特征值为 $\lambda=1$(三重)，$\lambda=9$.

对于 $\lambda=1$，有 $(\boldsymbol{E}-\mathbf{A}^{\mathrm{T}}\mathbf{A})\boldsymbol{x}=\boldsymbol{0}$，得其特征向量为 $\boldsymbol{\alpha}_1=(1,\ 0,\ 0,\ 0)^{\mathrm{T}}$，$\boldsymbol{\alpha}_2=(0,\ 1,\ 0,\ 0)^{\mathrm{T}}$，$\boldsymbol{\alpha}_3=(0,\ 0,\ -1,\ 1)^{\mathrm{T}}$，单位化 $\boldsymbol{\alpha}_1=\boldsymbol{\beta}_1$，$\boldsymbol{\alpha}_2=\boldsymbol{\beta}_2$，$\boldsymbol{\beta}_3=\frac{1}{\sqrt{2}}(0,\ 0,\ -1,\ 1)^{\mathrm{T}}$；

对于 $\lambda=9$，有 $(9\boldsymbol{E}-\mathbf{A}^{\mathrm{T}}\mathbf{A})x=\boldsymbol{0}$，得其特征向量为 $\boldsymbol{\alpha}_4=(0,\ 0,\ 1,\ 1)^{\mathrm{T}}$，单位化 $\boldsymbol{\beta}_4=\frac{1}{\sqrt{2}}(0,\ 0,\ 1,\ 1)^{\mathrm{T}}$；

令 $\boldsymbol{P}=(\boldsymbol{\beta}_1,\ \boldsymbol{\beta}_2,\ \boldsymbol{\beta}_3,\ \boldsymbol{\beta}_4)$，则有 $\boldsymbol{P}^{\mathrm{T}}\mathbf{A}^{\mathrm{T}}\boldsymbol{AP}=(\boldsymbol{AP})^{\mathrm{T}}(\boldsymbol{AP})=\mathrm{diag}(1,\ 1,\ 1,\ 9)$ 为对角矩阵.

**例 3** 设 $V$ 是一个 $n$ 维欧氏空间，$\boldsymbol{\alpha}_1$，…，$\boldsymbol{\alpha}_n$ 是 $V$ 的一组标准正交基，$\sigma$ 是 $V$ 的一个线性变换，$\mathbf{A}=(a_{ij})_{n\times n}$ 是关于这组基的矩阵，证明：$a_{ji}=(\sigma\boldsymbol{\alpha}_i,\ \boldsymbol{\alpha}_j)$，$i=1,\ 2,\ \cdots,\ n$，$j=1,\ 2,\ \cdots,\ n$.

**证明** 由题意得 $\sigma(\boldsymbol{\alpha}_1,\ \cdots,\ \boldsymbol{\alpha}_n)=(\boldsymbol{\alpha}_1,\ \cdots,\ \boldsymbol{\alpha}_n)\mathbf{A}$，$(\boldsymbol{\alpha}_i,\ \boldsymbol{\alpha}_j)=\begin{cases}1 & i=j\\0 & i\neq j\end{cases}$，则有

$$(\sigma\boldsymbol{\alpha}_i,\ \boldsymbol{\alpha}_j)=(a_{1i}\boldsymbol{\alpha}_1+\cdots a_{ni}\boldsymbol{\alpha}_n,\ \boldsymbol{\alpha}_j)=a_{ji}(\boldsymbol{\alpha}_j,\ \boldsymbol{\alpha}_j)=a_{ji}$$

**例 4** 设 $\sigma$ 是欧氏空间 $V$ 的任意线性变换，证明：(1) 在欧氏空间 $V$ 上存在唯一的线性变换 $\sigma^*$，使得 $(\sigma(\boldsymbol{\alpha}),\ \boldsymbol{\beta})=(\boldsymbol{\alpha},\ \sigma^*(\boldsymbol{\beta}))$，$\sigma^*$ 为 $\sigma$ 的共轭变换；(2) 若 $\sigma$ 在 $V$ 的某组标准正交基下的矩阵为 $\mathbf{A}$，则 $\sigma^*$ 在这组基下的矩阵为 $\mathbf{A}^{\mathrm{T}}$；(3) $\mathrm{Ker}(\sigma)=(\sigma^*(V))^{\perp}$.

**证明** (1) 证明 $\sigma^*$ 为线性变换，即

$$(\sigma^*(k\boldsymbol{\alpha}+l\boldsymbol{\beta})-k\sigma^*(\boldsymbol{\alpha})-l\sigma^*(\boldsymbol{\beta}),\ \sigma^*(k\boldsymbol{\alpha}+l\boldsymbol{\beta})-k\sigma^*(\boldsymbol{\alpha})-l\sigma^*(\boldsymbol{\beta}))=0$$

对于 $\forall\boldsymbol{\gamma}\in V$ 有

$$\begin{aligned}(\boldsymbol{\gamma},\ \sigma^*(k\boldsymbol{\alpha}+l\boldsymbol{\beta})-k\sigma^*(\boldsymbol{\alpha})-l\sigma^*(\boldsymbol{\beta}))&=(\boldsymbol{\gamma},\ \sigma^*(k\boldsymbol{\alpha}+l\boldsymbol{\beta}))-(\boldsymbol{\gamma},\ k\boldsymbol{\alpha}^*(\boldsymbol{\alpha}))-(\boldsymbol{\gamma},\ l\sigma^*(\boldsymbol{\beta}))\\&=(\sigma^*(\boldsymbol{\gamma}),\ k\boldsymbol{\alpha}+l\boldsymbol{\beta})-k(\sigma^*(\boldsymbol{\gamma}),\ \boldsymbol{\alpha})-l(\sigma^*(\boldsymbol{\gamma}),\ \boldsymbol{\beta})=0\end{aligned}$$

取 $\gamma=\sigma^*(k\boldsymbol{\alpha}+l\boldsymbol{\beta})-k\sigma^*(\boldsymbol{\alpha})-l\sigma^*(\boldsymbol{\beta})$，则$(\gamma,\gamma)=0$，从而有 $\sigma^*(k\boldsymbol{\alpha}+l\boldsymbol{\beta})=k\sigma^*(\boldsymbol{\alpha})+l\sigma^*(\boldsymbol{\beta})$，故 $\sigma^*$ 就是线性变换.

**唯一性** 若还存在另一个线性变换 $\tau$，对于任意 $\boldsymbol{\alpha}$，$\boldsymbol{\beta}\in V$ 也有$(\sigma(\boldsymbol{\alpha}),\boldsymbol{\beta})=(\boldsymbol{\alpha},\tau(\boldsymbol{\beta}))$，则有

$$(\boldsymbol{\alpha},\sigma^*(\boldsymbol{\beta}))=(\boldsymbol{\alpha},\tau(\boldsymbol{\beta}))$$

故$(\boldsymbol{\alpha},(\sigma^*-\tau)(\boldsymbol{\beta}))=0$，从而$(\sigma^*-\tau)(\boldsymbol{\beta})=0$，即 $\sigma^*=\tau$.

(2) 设 $\sigma$ 在 $V$ 上的标准正交基 $\boldsymbol{\varepsilon}_1,\cdots,\boldsymbol{\varepsilon}_n$ 下矩阵为 $\boldsymbol{A}=(a_{ij})_{n\times n}$，$\sigma^*$ 在 $\boldsymbol{\varepsilon}_1,\cdots,\boldsymbol{\varepsilon}_n$ 下的矩阵为 $\boldsymbol{B}=(b_{ij})_{n\times n}$，下证 $a_{ij}=b_{ji}$：由于 $\sigma(\boldsymbol{\varepsilon}_1,\cdots,\boldsymbol{\varepsilon}_n)=(\boldsymbol{\varepsilon}_1,\cdots,\boldsymbol{\varepsilon}_n)\boldsymbol{A}$，$\tau(\boldsymbol{\varepsilon}_1,\cdots,\boldsymbol{\varepsilon}_n)=(\boldsymbol{\varepsilon}_1,\cdots,\boldsymbol{\varepsilon}_n)\boldsymbol{B}$，则

$$a_{ij}=(a_{1j}\boldsymbol{\varepsilon}_1+\cdots+a_{nj}\boldsymbol{\varepsilon}_n,\boldsymbol{\varepsilon}_i)=(\sigma(\boldsymbol{\varepsilon}_j),\boldsymbol{\varepsilon}_i)=(\boldsymbol{\varepsilon},\sigma^*(\boldsymbol{\varepsilon}))=(\boldsymbol{\varepsilon}_j,b_{li}\boldsymbol{\varepsilon}_1+\cdots+b_{ni}\boldsymbol{\varepsilon}_n)=b_{ij}$$

故 $\boldsymbol{B}=\boldsymbol{A}^{\mathrm{T}}$.

(3) 对于 $\forall\boldsymbol{\alpha}\in\operatorname{Ker}(\sigma)$ 有 $\sigma(\boldsymbol{\alpha})=\mathbf{0}$，另 $\forall\boldsymbol{\beta}\in\sigma^*(V)$ 有 $\boldsymbol{\gamma}\in V$ 使得 $\boldsymbol{\beta}=\sigma^*(\boldsymbol{\gamma})$，故

$$(\boldsymbol{\alpha},\boldsymbol{\alpha})=(\boldsymbol{\alpha},\sigma^*(\boldsymbol{\gamma}))=(\sigma(\boldsymbol{\alpha}),\boldsymbol{\gamma})=(\mathbf{0},\boldsymbol{\gamma})=0$$

即 $\boldsymbol{\alpha}\in(\sigma^*(V))^{\perp}$，从而 $\operatorname{Ker}(\sigma)\subseteq(\sigma^*(V))^{\perp}$. 对于 $\forall\boldsymbol{\alpha}\in(\sigma^*(V))^{\perp}$，有

$$(\sigma(\boldsymbol{\alpha}),\sigma(\boldsymbol{\alpha}))=(\boldsymbol{\alpha},\sigma^*(\sigma(\boldsymbol{\alpha})))=0$$

故 $\sigma(\boldsymbol{\alpha})=\mathbf{0}$，即 $\boldsymbol{\alpha}\in\operatorname{Ker}(\sigma)$，从而 $\operatorname{Ker}(\sigma)\supseteq(\sigma^*(V))^{\perp}$，故结论成立.

**例 5** 设 $W$ 为欧氏空间 $V$ 的子空间，$\boldsymbol{\alpha}$ 是 $V$ 的已知向量，试证 $\boldsymbol{\beta}$ 是 $\boldsymbol{\alpha}$ 在 $W$ 上的正交投影的充要条件为 $\forall\boldsymbol{\gamma}\in W$，有 $|\boldsymbol{\alpha}-\boldsymbol{\beta}|\leqslant|\boldsymbol{\alpha}-\boldsymbol{\gamma}|$.

**证明** 提示：若把 $V$ 看成是 3 维向量空间，把 $W$ 看成是坐标平面，就好理解. 平面外一点到平面上任意一点的最短距离是点到平面的距离.

*必要性* 若 $\boldsymbol{\beta}$ 是 $\boldsymbol{\alpha}$ 在 $W$ 上的正交投影，而 $\boldsymbol{\alpha}-\boldsymbol{\beta}\in W^{\perp}$，则 $\forall\boldsymbol{\gamma}\in W$，有$(\boldsymbol{\alpha}-\boldsymbol{\beta},\boldsymbol{\beta}-\boldsymbol{\gamma})=0$；由勾股定理有 $|\boldsymbol{\alpha}-\boldsymbol{\beta}|^2+|\boldsymbol{\beta}-\boldsymbol{\gamma}|^2=|\boldsymbol{\alpha}-\boldsymbol{\gamma}|^2$，故 $|\boldsymbol{\alpha}-\boldsymbol{\beta}|\leqslant|\boldsymbol{\alpha}-\boldsymbol{\gamma}|$.

*充分性* 若 $\boldsymbol{\beta}\in W$ 不是 $\boldsymbol{\alpha}$ 在 $W$ 上的正交投影，则 $\boldsymbol{\alpha}-\boldsymbol{\beta}\in W^{\perp}$；设 $\boldsymbol{\xi}$ 为 $\boldsymbol{\alpha}-\boldsymbol{\beta}$ 在 $W$ 上的正交投影，则由必要性的证明过程可知，$|\boldsymbol{\alpha}-\boldsymbol{\beta}-\boldsymbol{\xi}|\leqslant|\boldsymbol{\alpha}-\boldsymbol{\beta}|$，即有 $\boldsymbol{\gamma}=\boldsymbol{\beta}+\boldsymbol{\xi}\in W$ 使得 $|\boldsymbol{\alpha}-\boldsymbol{\gamma}|\leqslant|\boldsymbol{\alpha}-\boldsymbol{\beta}|$，与 $|\boldsymbol{\alpha}-\boldsymbol{\beta}|\leqslant|\boldsymbol{\alpha}-\boldsymbol{\gamma}|$ 矛盾，故 $\boldsymbol{\beta}$ 是 $\boldsymbol{\alpha}$ 在 $W$ 上的正交投影.

**例 6** 设 $\boldsymbol{\sigma}$ 是 $n$ 维欧氏空间的一个线性变换，并且$(\sigma(\boldsymbol{\alpha}),\boldsymbol{\beta})=-(\boldsymbol{\alpha},\sigma(\boldsymbol{\beta}))$，$\forall\boldsymbol{\alpha},\boldsymbol{\beta}\in V$，证明：(1) 若 $\lambda$ 是 $\sigma$ 的一个特征值，则 $\lambda=0$；(2) $V$ 中存在一组标准正交基，使得 $\sigma^2$ 在这组基下的矩阵为对角阵；(3) 设 $\sigma$ 在 $V$ 的某组基下的矩阵为 $\boldsymbol{A}$，则当把 $\boldsymbol{A}$ 看成是复数域上的 $n$ 阶方阵时，其特征值必为 0 或纯虚数.

**证明** (1) 设 $\boldsymbol{\alpha}$ 是 $\sigma$ 数域 $\lambda$ 的特征向量，则$(\sigma(\boldsymbol{\alpha}),\boldsymbol{\alpha})=(\lambda\boldsymbol{\alpha},\boldsymbol{\alpha})=\lambda(\boldsymbol{\alpha},\boldsymbol{\alpha})$；又$(\sigma(\boldsymbol{\alpha}),\boldsymbol{\alpha})=-(\boldsymbol{\alpha},\sigma(\boldsymbol{\alpha}))=-\lambda(\boldsymbol{\alpha},\boldsymbol{\alpha})$，由此可知 $\lambda=0$.

(2) 设 $\sigma$ 在某组基下的矩阵为 $\boldsymbol{A}$，则 $\boldsymbol{A}=-\boldsymbol{A}^{\mathrm{T}}$，并且 $\sigma^2$ 在此基下的矩阵为 $\boldsymbol{A}^2=-\boldsymbol{A}\boldsymbol{A}^{\mathrm{T}}$. 而 $\boldsymbol{A}\boldsymbol{A}^{\mathrm{T}}$ 是一个实对称矩阵，存在可逆矩阵 $\boldsymbol{T}$ 使得 $\boldsymbol{T}^{-1}\boldsymbol{A}\boldsymbol{A}^{\mathrm{T}}\boldsymbol{T}$ 为对称矩阵，从而 $\boldsymbol{T}^{-1}\boldsymbol{A}^2\boldsymbol{T}$ 也是对称矩阵，说明 $V$ 中必有一组基，使得 $\sigma^2$ 的矩阵为对角阵.

(3) 设 $\boldsymbol{A}\boldsymbol{\alpha}=\lambda\boldsymbol{\alpha}$，则 $\overline{\boldsymbol{\alpha}^{\mathrm{T}}}\boldsymbol{A}\boldsymbol{\alpha}=\overline{\boldsymbol{\alpha}^{\mathrm{T}}\boldsymbol{A}}\boldsymbol{\alpha}=-\overline{\boldsymbol{\alpha}^{\mathrm{T}}\boldsymbol{A}^{\mathrm{T}}}\boldsymbol{\alpha}=-\overline{(\boldsymbol{A}\boldsymbol{\alpha})^{\mathrm{T}}}\boldsymbol{\alpha}=-\bar{\lambda}\boldsymbol{\alpha}^{\mathrm{T}}\boldsymbol{\alpha}$；又 $\overline{\boldsymbol{\alpha}^{\mathrm{T}}}\boldsymbol{A}\boldsymbol{\alpha}=\lambda\overline{\boldsymbol{\alpha}^{\mathrm{T}}}\boldsymbol{\alpha}$，则有$(\lambda+\bar{\lambda})\boldsymbol{\alpha}^{\mathrm{T}}\boldsymbol{\alpha}=0$，从而 $\lambda+\bar{\lambda}=0$，即 $\lambda$ 为 0 或纯虚数.

**例 7** 设 $\boldsymbol{A}$、$\boldsymbol{B}$ 为 $n$ 阶对称矩阵，$\boldsymbol{A}$ 是正定矩阵，则存在实逆矩阵 $\boldsymbol{T}$，使得

$$\boldsymbol{T}^{\mathrm{T}}\boldsymbol{A}\boldsymbol{T}=\boldsymbol{E},\ \boldsymbol{T}^{\mathrm{T}}\boldsymbol{B}\boldsymbol{T}=\operatorname{diag}(b_1,\cdots,b_n)$$

**证明** 由于 $\boldsymbol{A}$ 正定，则存在可逆矩阵 $\boldsymbol{P}$ 使得 $\boldsymbol{P}^{\mathrm{T}}\boldsymbol{A}\boldsymbol{P}=\boldsymbol{E}$，此时 $\boldsymbol{P}^{\mathrm{T}}\boldsymbol{B}\boldsymbol{P}$ 也为对称矩阵，从

而存在正交矩阵 $\boldsymbol{Q}$ 使得 $\boldsymbol{Q}^{\mathrm{T}}\boldsymbol{P}^{\mathrm{T}}\boldsymbol{BPQ}=\mathrm{diag}(b_1, \cdots, b_n)$，且 $\boldsymbol{Q}^{\mathrm{T}}\boldsymbol{P}^{\mathrm{T}}\boldsymbol{APQ}=\boldsymbol{E}$，令 $\boldsymbol{T}=\boldsymbol{PQ}$，则命题成立.

**例 8** 设 $\sigma$ 是欧氏空间 $\mathbf{R}^n$ 的一个变换，若 $\sigma$ 保持内积不变，即 $(\sigma(\boldsymbol{\alpha}), \sigma(\boldsymbol{\alpha}))=(\boldsymbol{\alpha}, \boldsymbol{\beta})$，$\forall \boldsymbol{\alpha}, \boldsymbol{\beta}\in\mathbf{R}^n$，则 $\sigma$ 一定是线性变换，并且是正交变换.

**证明** 只需证 $(\sigma(k\boldsymbol{\alpha}+l\boldsymbol{\beta})-k\sigma(\boldsymbol{\alpha})-l\sigma(\boldsymbol{\beta}), \sigma(k\boldsymbol{\alpha}+l\boldsymbol{\beta})-k\sigma(\boldsymbol{\alpha})-l\sigma(\boldsymbol{\beta}))=0$.

**例 9** 证明：不存在正交矩阵 $\boldsymbol{A}$、$\boldsymbol{B}$，使得 $\boldsymbol{A}^2=\boldsymbol{AB}+\boldsymbol{B}^2$.

**证明** 若 $\boldsymbol{A}$、$\boldsymbol{B}$ 为正交矩阵，使得 $\boldsymbol{A}^2=\boldsymbol{AB}+\boldsymbol{B}^2$，从而有

$$\boldsymbol{A}^{-1}\boldsymbol{A}^2=\boldsymbol{A}^{-1}\boldsymbol{AB}+\boldsymbol{A}^{-1}\boldsymbol{B}^2,\ \boldsymbol{A}^2\boldsymbol{B}^{-1}=\boldsymbol{ABB}^{-1}+\boldsymbol{B}^2\boldsymbol{B}^{-1}$$

即 $\boldsymbol{A}-\boldsymbol{B}=\boldsymbol{A}^{-1}\boldsymbol{B}^2$，$\boldsymbol{A}+\boldsymbol{B}=\boldsymbol{A}^2\boldsymbol{B}^{-1}$；由于 $\boldsymbol{A}$，$\boldsymbol{B}$ 为正交矩阵，则 $\boldsymbol{A}^{-1}\boldsymbol{B}^2$，$\boldsymbol{A}^2\boldsymbol{B}^{-1}$ 也为正交矩阵，从而 $\boldsymbol{A}-\boldsymbol{B}$，$\boldsymbol{A}+\boldsymbol{B}$ 也为正交矩阵，故有

$$(\boldsymbol{A}-\boldsymbol{B})(\boldsymbol{A}-\boldsymbol{B})^{\mathrm{T}}=2\boldsymbol{E}-\boldsymbol{AB}^{\mathrm{T}}-\boldsymbol{BA}^{\mathrm{T}}=\boldsymbol{E}$$
$$(\boldsymbol{A}+\boldsymbol{B})(\boldsymbol{A}+\boldsymbol{B})^{\mathrm{T}}=2\boldsymbol{E}+\boldsymbol{AB}^{\mathrm{T}}+\boldsymbol{BA}^{\mathrm{T}}=\boldsymbol{E}$$

两式相加可得 $4\boldsymbol{E}=2\boldsymbol{E}$，矛盾.

**例 10** 设 $\boldsymbol{A}=\begin{bmatrix}0 & -1 & 4\\ -1 & 3 & a\\ 4 & a & 0\end{bmatrix}$，正交矩阵 $\boldsymbol{Q}$ 使得 $\boldsymbol{Q}^{\mathrm{T}}\boldsymbol{AQ}$ 为对角矩阵，若 $\boldsymbol{Q}$ 的第一列为 $\dfrac{1}{\sqrt{6}}(1, 2, 1)^{\mathrm{T}}$，求 $a$ 和 $\boldsymbol{Q}$.

**解** 由题意可知 $(1, 2, 1)^{\mathrm{T}}$ 是 $\boldsymbol{A}$ 的一个特征向量，于是 $\boldsymbol{A}\begin{bmatrix}1\\2\\1\end{bmatrix}=\begin{bmatrix}0 & -1 & 4\\ -1 & 3 & a\\ 4 & a & 0\end{bmatrix}\begin{bmatrix}1\\2\\1\end{bmatrix}=\lambda_1\begin{bmatrix}1\\2\\1\end{bmatrix}$，解得 $a=-1$，$\lambda_1=2$. 又由于 $|\lambda\boldsymbol{E}-\boldsymbol{A}|=(\lambda-2)(\lambda-5)(\lambda+4)$，则 $\boldsymbol{A}$ 的特征值为 2、5、$-4$. 特征值 5 的一个单位特征向量为 $\dfrac{1}{\sqrt{3}}(1, -1, 1)^{\mathrm{T}}$；特征值 $-4$ 的一个单位向量为 $\dfrac{1}{\sqrt{2}}(-1, 0, 1)^{\mathrm{T}}$，取 $\boldsymbol{Q}=\begin{bmatrix}\frac{1}{\sqrt{6}} & \frac{1}{\sqrt{3}} & -\frac{1}{\sqrt{2}}\\ \frac{2}{\sqrt{6}} & -\frac{1}{\sqrt{3}} & 0\\ \frac{1}{\sqrt{6}} & \frac{1}{\sqrt{3}} & \frac{1}{\sqrt{2}}\end{bmatrix}$，则有 $\boldsymbol{Q}^{\mathrm{T}}\boldsymbol{AQ}=\mathrm{diag}(2, 5, -4)$.

**例 11** 设 $n$ 阶矩阵 $\boldsymbol{A}$、$\boldsymbol{B}$ 满足 $\boldsymbol{A}+\boldsymbol{BA}=\boldsymbol{B}$，并且 $\lambda_1, \cdots, \lambda_n$ 是 $\boldsymbol{A}$ 的特征值，证明：(1) $\lambda_i\neq1$，$i=1, 2, \cdots, n$；(2) 若 $\boldsymbol{B}$ 是实对称矩阵，则存在正交矩阵 $\boldsymbol{P}$，使得 $\boldsymbol{P}^{-1}\boldsymbol{BP}=\mathrm{diag}\left[\dfrac{\lambda_1}{1-\lambda_1}, \cdots, \dfrac{\lambda_n}{1-\lambda_n}\right]$.

**证明** (1) 设 $\boldsymbol{Ax}_i=\lambda_i\boldsymbol{x}_i$，$\boldsymbol{x}_i\neq0$，$i=1\sim n$，由 $\boldsymbol{A}+\boldsymbol{BA}=\boldsymbol{B}$，可得 $\boldsymbol{Ax}_i+\boldsymbol{BAx}_i=\boldsymbol{Bx}_i$，从而有 $(1-\lambda_i)\boldsymbol{Bx}_i=\lambda_i\boldsymbol{x}_i$，若 $\lambda_k=1$，$1\leqslant k\leqslant n$，则有 $\lambda_k\boldsymbol{x}_k=0$；而 $\boldsymbol{x}_k\neq0$，则 $\lambda_k=0$，矛盾.

(2) 由(1)可知 $\boldsymbol{Bx}_i=\dfrac{\lambda_i}{1-\lambda_i}\boldsymbol{x}_i$，$i=1\sim n$，则 $\dfrac{\lambda_i}{1-\lambda_i}$ 为矩阵 $\boldsymbol{B}$ 的特征值；又 $\boldsymbol{B}$ 为实对称矩

阵，则存在正交矩阵 $\boldsymbol{P}$，使得 $\boldsymbol{P}^{-1}\boldsymbol{BP}=\mathrm{diag}\left[\frac{\lambda_1}{1-\lambda_1},\ \cdots,\ \frac{\lambda_n}{1-\lambda_n}\right]$.

**例 12** 设 $\boldsymbol{\alpha}$，$\boldsymbol{\beta}$ 为 3 维实单位列向量，$\boldsymbol{\alpha}^{\mathrm{T}}\boldsymbol{\beta}=0$，令 $\boldsymbol{A}=\boldsymbol{\alpha\beta}^{\mathrm{T}}+\boldsymbol{\beta\alpha}^{\mathrm{T}}$，则 $\boldsymbol{A}$ 相似于对角阵 $\mathrm{diag}(1,\ -1,\ 0)$.

**证明** 由于 $\boldsymbol{A}=\boldsymbol{\alpha\beta}^{\mathrm{T}}+\boldsymbol{\beta\alpha}^{\mathrm{T}}$ 可知 $\boldsymbol{A}^{\mathrm{T}}=(\boldsymbol{\alpha\beta}^{\mathrm{T}}+\boldsymbol{\beta\alpha}^{\mathrm{T}})^{\mathrm{T}}=\boldsymbol{A}$，则 $\boldsymbol{A}$ 为实对称矩阵，从而 $\boldsymbol{A}$ 相似于对角矩阵；又 $R(\boldsymbol{A})=R(\boldsymbol{\alpha\beta}^{\mathrm{T}}+\boldsymbol{\beta\alpha}^{\mathrm{T}})\leqslant R(\boldsymbol{\alpha\beta}^{\mathrm{T}})+R(\boldsymbol{\beta\alpha}^{\mathrm{T}})\leqslant 2$，则 $\boldsymbol{A}$ 有特征值为 0；又 $\boldsymbol{\beta}^{\mathrm{T}}\boldsymbol{\alpha}=(\boldsymbol{\beta}^{\mathrm{T}}\boldsymbol{\alpha})^{\mathrm{T}}=\boldsymbol{\alpha}^{\mathrm{T}}\boldsymbol{\beta}=0$，所以有 $\boldsymbol{A\alpha}=(\boldsymbol{\alpha\beta}^{\mathrm{T}})\boldsymbol{\alpha}+(\boldsymbol{\beta\alpha}^{\mathrm{T}})\boldsymbol{\alpha}=\boldsymbol{\alpha}(\boldsymbol{\beta}^{\mathrm{T}}\boldsymbol{\alpha})+\boldsymbol{\beta}=\boldsymbol{\beta}$，$\boldsymbol{A\beta}=(\boldsymbol{\alpha\beta}^{\mathrm{T}})\boldsymbol{\beta}+(\boldsymbol{\beta\alpha}^{\mathrm{T}})\boldsymbol{\beta}=\boldsymbol{\alpha}+\boldsymbol{\beta}(\boldsymbol{\alpha}^{\mathrm{T}}\boldsymbol{\beta})=\boldsymbol{\alpha}$，从而有 $\boldsymbol{A}(\boldsymbol{\alpha}\pm\boldsymbol{\beta})=\pm(\boldsymbol{\alpha}\pm\boldsymbol{\beta})$；又 $\boldsymbol{\alpha}^{\mathrm{T}}\boldsymbol{\beta}=0$，则 $\boldsymbol{\alpha}$，$\boldsymbol{\beta}$ 是正交的且线性无关，从而 $\boldsymbol{\alpha}\pm\boldsymbol{\beta}\neq\boldsymbol{0}$，因此 $\pm1$ 为 $\boldsymbol{A}$ 的特征值；综上所述，$\boldsymbol{A}$ 相似于对角矩阵 $\mathrm{diag}(1,\ -1,\ 0)$.

**例 13** 若 $\sigma$ 是 $n$ 维欧氏空间 $V$ 的正交变换，则 $\sigma$ 的不变子空间的正交补也是 $\sigma$ 的不变子空间.

**证明** *方法一* 设 $V$ 的子空间 $V_1$ 是 $\sigma$ 的不变子空间，由于 $V=V_1\oplus V_1^{\perp}$；取 $\boldsymbol{\varepsilon}_1,\ \cdots,\ \boldsymbol{\varepsilon}_m$ 和 $\boldsymbol{\varepsilon}_{m+1},\ \cdots,\ \boldsymbol{\varepsilon}_n$ 分别为 $V_1$ 和 $V_1^{\perp}$ 的一组标准正交基，而 $\sigma$ 是正交变换，则 $\sigma\boldsymbol{\varepsilon}_1,\ \cdots,\ \sigma\boldsymbol{\varepsilon}_m,\ \sigma\boldsymbol{\varepsilon}_{m+1},\ \cdots,\ \sigma\boldsymbol{\varepsilon}_n$ 为 $V$ 的一组标准正交基；又 $V_1$ 是 $\sigma$ 的不变子空间，则 $\sigma\boldsymbol{\varepsilon}_i\in V_1$，$i=1\sim m$，且 $\sigma\boldsymbol{\varepsilon}_1,\ \cdots,\ \sigma\boldsymbol{\varepsilon}_m$ 仍为 $V_1$ 的一组标准正交基，从而 $\sigma\boldsymbol{\varepsilon}_{m+1},\ \cdots,\ \sigma\boldsymbol{\varepsilon}_n\in V_1^{\perp}$；对于任意的 $\boldsymbol{\alpha}=k_{m+1}\boldsymbol{\varepsilon}_{m+1}+\cdots+k_n\boldsymbol{\varepsilon}_n\in V_1^{\perp}$，则有 $\sigma\boldsymbol{\alpha}=k_{m+1}\sigma\boldsymbol{\varepsilon}_{m+1}+\cdots+k_n\sigma\boldsymbol{\varepsilon}_n\in V_1^{\perp}$，故 $V_1^{\perp}$ 是 $\sigma$ 的不变子空间.

*方法二* 设 $V$ 的子空间 $V_1$ 是 $\sigma$ 的不变子空间，则 $\sigma$ 也是 $V_1$ 的线性变换，且为单射变换；又 $V_1$ 是有限维的，则 $\sigma$ 也是 $V_1$ 的满射变换. 从而对于 $V_1$ 中任意向量 $\boldsymbol{\alpha}$，有 $\boldsymbol{\beta}\in V_1$ 使得 $\sigma\boldsymbol{\beta}=\boldsymbol{\alpha}$；对于任意 $\boldsymbol{\xi}\in V_1^{\perp}$，则 $(\boldsymbol{\xi},\ \boldsymbol{\beta})=0$，从而有 $(\sigma\boldsymbol{\xi},\ \boldsymbol{\alpha})=(\sigma\boldsymbol{\xi},\ \sigma\boldsymbol{\beta})=(\boldsymbol{\xi},\ \boldsymbol{\beta})=0$，即 $\sigma\boldsymbol{\xi}$ 与 $V_1$ 中任意向量都正交，则 $\sigma\boldsymbol{\xi}\in V_1^{\perp}$，即 $V_1^{\perp}$ 是 $\sigma$ 的不变子空间.

**例 14** 设 $\boldsymbol{A}$、$\boldsymbol{B}$ 是 $n$ 阶实对称矩阵，且 $|\lambda\boldsymbol{E}-\boldsymbol{A}|=|\lambda\boldsymbol{E}-\boldsymbol{B}|$. (1) 证明：存在正交矩阵 $\boldsymbol{Q}$ 使得 $\boldsymbol{Q}^{\mathrm{T}}\boldsymbol{AQ}=\boldsymbol{B}$；(2) 设 $\boldsymbol{A}=\begin{bmatrix}2 & 3\\ 3 & 2\end{bmatrix}$，$\boldsymbol{B}=\begin{bmatrix}1 & \sqrt{8}\\ \sqrt{8} & 3\end{bmatrix}$，求正交矩阵 $\boldsymbol{Q}$，使得 $\boldsymbol{Q}^{\mathrm{T}}\boldsymbol{AQ}=\boldsymbol{B}$.

**证明** (1) 由于 $\boldsymbol{A}$、$\boldsymbol{B}$ 是 $n$ 阶实对称矩阵，且 $|\lambda\boldsymbol{E}-\boldsymbol{A}|=|\lambda\boldsymbol{E}-\boldsymbol{B}|$，则 $\boldsymbol{A}$、$\boldsymbol{B}$ 有相同的特征值，且存在正交矩阵 $\boldsymbol{Q}_1$、$\boldsymbol{Q}_2$，使得 $\boldsymbol{Q}_1^{\mathrm{T}}\boldsymbol{AQ}_1=M$，$\boldsymbol{Q}_2^{\mathrm{T}}\boldsymbol{BQ}_2=M$，即 $\boldsymbol{Q}_1^{\mathrm{T}}\boldsymbol{AQ}_1=\boldsymbol{Q}_2^{\mathrm{T}}\boldsymbol{BQ}_2$，从而有

$$\boldsymbol{B}=(\boldsymbol{Q}_2^{\mathrm{T}})^{-1}\boldsymbol{Q}_1^{\mathrm{T}}\boldsymbol{AQ}_1\boldsymbol{Q}_2^{-1}=(\boldsymbol{Q}_1\boldsymbol{Q}_2^{-1})^{\mathrm{T}}\boldsymbol{A}(\boldsymbol{Q}_1\boldsymbol{Q}_2^{-1})$$

取 $\boldsymbol{Q}=\boldsymbol{Q}_1\boldsymbol{Q}_2^{-1}$，则 $\boldsymbol{Q}^{\mathrm{T}}\boldsymbol{AQ}=\boldsymbol{B}$.

**解** (2) 由于 $\boldsymbol{A}$、$\boldsymbol{B}$ 有相同的特征值 5、$-1$；对于 $\boldsymbol{A}$，特征值 5 对应的特征向量为 $\boldsymbol{\alpha}_1=(1,\ 1)$，单位化后为 $\boldsymbol{\eta}_1=\frac{1}{\sqrt{2}}(1,\ 1)$；特征值 $-1$ 对应的特征向量为 $\boldsymbol{\alpha}_2=(1,\ -1)$，单位化后为 $\boldsymbol{\eta}_2=\frac{1}{\sqrt{2}}(1,\ -1)$；取 $\boldsymbol{Q}_1=(\boldsymbol{\eta}_1^{\mathrm{T}},\ \boldsymbol{\eta}_2^{\mathrm{T}})$，则 $\boldsymbol{Q}_1^{\mathrm{T}}\boldsymbol{AQ}_1=\mathrm{diag}(5,\ -1)$；对于 $\boldsymbol{B}$，特征值 5 对应的特征向量为 $\boldsymbol{\alpha}_1=(\frac{1}{\sqrt{2}},\ 1)$，单位化后为 $\boldsymbol{\eta}_1=\frac{\sqrt{6}}{3}(\frac{1}{\sqrt{2}},\ 1)$；特征值 $-1$ 对应的特征向量为 $\boldsymbol{\alpha}_2=(-\sqrt{2},\ 1)$，单位化后为 $\boldsymbol{\eta}_2=\frac{1}{\sqrt{3}}(-\sqrt{2},\ 1)$；取 $\boldsymbol{Q}_2=(\boldsymbol{\eta}_1^{\mathrm{T}},\ \boldsymbol{\eta}_2^{\mathrm{T}})$，则 $\boldsymbol{Q}_2^{\mathrm{T}}\boldsymbol{AQ}_2=\mathrm{diag}(5,\ -1)$. 取 $\boldsymbol{Q}=\boldsymbol{Q}_1\boldsymbol{Q}_2^{-1}=\boldsymbol{Q}_1\boldsymbol{Q}_2^{\mathrm{T}}$，则有 $\boldsymbol{Q}^{\mathrm{T}}\boldsymbol{AQ}=\boldsymbol{B}$.

**例 15** 设矩阵 $\boldsymbol{A}=\begin{bmatrix}-9 & 0 & 18\\ 0 & 9 & 18\\ 18 & 18 & 0\end{bmatrix}$，(1) 请问是否存在矩阵 $\boldsymbol{X}$，使 $\boldsymbol{A}=\boldsymbol{X}^3$？若存在，求出 $\boldsymbol{X}$；若不存在，请说明理由．(2) 将(1)的结论予以推广．

**解** (1) 由于 $\boldsymbol{A}=9\begin{bmatrix}-1 & 0 & 2\\ 0 & 1 & 2\\ 2 & 2 & 0\end{bmatrix}=9\boldsymbol{B}$，对 $\boldsymbol{B}$ 正交对角化得

$$\boldsymbol{Q}=\frac{1}{3}\begin{bmatrix}2 & 1 & -2\\ -2 & 2 & 1\\ 1 & 2 & 2\end{bmatrix},\ \boldsymbol{Q}^{-1}\boldsymbol{B}\boldsymbol{Q}=\begin{bmatrix}0 & & \\ & 3 & \\ & & -3\end{bmatrix}$$

则 $\boldsymbol{B}=\boldsymbol{Q}\begin{bmatrix}0 & & \\ & 3 & \\ & & -3\end{bmatrix}\boldsymbol{Q}^{-1}$，从而 $\boldsymbol{A}=9\boldsymbol{B}=\boldsymbol{Q}\begin{bmatrix}0 & & \\ & 27 & \\ & & -27\end{bmatrix}\boldsymbol{Q}^{-1}=\left(\boldsymbol{Q}\begin{bmatrix}0 & & \\ & 3 & \\ & & -3\end{bmatrix}\boldsymbol{Q}^{-1}\right)^3$，即取 $\boldsymbol{X}=\boldsymbol{Q}\begin{bmatrix}0 & & \\ & 3 & \\ & & -3\end{bmatrix}\boldsymbol{Q}^{-1}$，可使 $\boldsymbol{A}=\boldsymbol{X}^3$．

(2) 由(1)可得：对于任意正奇数 $m$，存在矩阵 $\boldsymbol{X}$，使 $\boldsymbol{A}=\boldsymbol{X}^m$．

**例 16** 已知二次型 $f(x_1, x_2, x_3)=ax_1^2+ax_2^2+9ax_3^2-2x_1x_2+6x_1x_3-6x_2x_3$ 且秩 $f=2$．(1) 求 $a$ 的值；(2) 用正交变换化 $f$ 为标准形，并求所用正交变换；(3) $f=-1$ 表示何种二次曲面？

**解** (1) 由于二次型的秩为 2，则二次型的矩阵的秩为 2，即行列式 $\begin{vmatrix}a & -1 & 3\\ -1 & a & -3\\ 3 & -3 & 9a\end{vmatrix}=9a^3-27a+18=0$，可得 $a=-2$，$a=1$(舍去)．

(2) 由(1)可知，二次型的矩阵为 $\boldsymbol{A}=\begin{bmatrix}-2 & -1 & 3\\ -1 & -2 & -3\\ 3 & -3 & -18\end{bmatrix}$，其特征值为 $\lambda_1=-3$，$\lambda_2=-19$，$\lambda_3=0$，对应的特征向量单位化后构成的正交矩阵为 $\boldsymbol{P}=(\boldsymbol{\eta}_1, \boldsymbol{\eta}_2, \boldsymbol{\eta}_3)$，使得 $f=-3y_1^2-19y_2^2$．

(3) 由(2)可知，$f=-3y_1^2-19y_2^2=-1$ 表示椭圆柱面．

**例 17** 用正交变换 $\boldsymbol{X}=\boldsymbol{P}\boldsymbol{Y}$ 化二次型 $f(x_1, x_2, x_3)=ax_1^2+ax_2^2+6x_3^2+8x_1x_2-4x_1x_3+4x_2x_3$ 为标准形 $7y_1^2+7y_2^2-2y_3^2$，并求所用正交变换与参数 $a$．

**解** 由题可知，二次型的矩阵为 $\boldsymbol{A}=\begin{bmatrix}a & 4 & -2\\ 4 & a & 2\\ -2 & 2 & 6\end{bmatrix}$，则 $\boldsymbol{A}$ 的特征值为 $\lambda_1=7$(二重)，$\lambda_2=-2$，从而 $\mathrm{tr}(\boldsymbol{A})=2a+6=7+7-2$，即 $a=3$；特征值对应的特征向量所构成的正交矩阵为 $\boldsymbol{P}=\frac{1}{3}\begin{bmatrix}1 & 2 & 2\\ 2 & 1 & -2\\ 2 & -2 & 1\end{bmatrix}$，所用正变换为 $\boldsymbol{X}=\frac{1}{3}\begin{bmatrix}1 & 2 & 2\\ 2 & 1 & -2\\ 2 & -2 & 1\end{bmatrix}\boldsymbol{Y}$．

**例 18** 已知二次型 $f(x_1, x_2, x_3)=x_1^2+x_2^2+x_3^2+2ax_1x_2+2x_1x_3+2bx_2x_3$ 经过正交变换化为标准形 $f=y_2^2+2y_3^2$，求参数 $a$、$b$ 及所用的正交变换.

**解** 由于二次型的矩阵为 $\boldsymbol{A}=\begin{bmatrix}1 & a & 1\\ a & 1 & b\\ 1 & b & 1\end{bmatrix}$，合同矩阵为 $\boldsymbol{B}=\begin{bmatrix}0 & 0 & 0\\ 0 & 1 & 0\\ 0 & 0 & 2\end{bmatrix}$，则 $\boldsymbol{A}\sim\boldsymbol{B}$，从而 $\boldsymbol{A}$ 对角化为 $\boldsymbol{B}$，即有关系式 $|\boldsymbol{A}|=|\boldsymbol{B}|$，即 $a=b$，$\boldsymbol{A}$ 的特征多项式为

$$|\lambda\boldsymbol{E}-\boldsymbol{A}|=\begin{vmatrix}\lambda-1 & -a & -1\\ -a & \lambda-1 & -a\\ -1 & -a & \lambda-1\end{vmatrix}=\lambda(\lambda^2-3\lambda+2-2a^2)=\lambda(\lambda-1)(\lambda-2)$$

可得 $a=b=0$，且 $\boldsymbol{A}$ 的特征值为 0、1、2，对应的特征向量为 $\boldsymbol{\alpha}_1=(-1, 0, 1)^{\mathrm{T}}$，$\boldsymbol{\alpha}_2=(0, 1, 0)^{\mathrm{T}}$，$\boldsymbol{\alpha}_3=(1, 0, 1)^{\mathrm{T}}$，将其单位化得 $\boldsymbol{\eta}_1=\frac{1}{\sqrt{2}}(-1, 0, 1)^{\mathrm{T}}$，$\boldsymbol{\eta}_2=(0, 1, 0)^{\mathrm{T}}$，$\boldsymbol{\eta}_3=\frac{1}{\sqrt{2}}(1, 0, 1)^{\mathrm{T}}$，即所做的正交变换为

$$\boldsymbol{A}(\boldsymbol{\eta}_1, \boldsymbol{\eta}_2, \boldsymbol{\eta}_3)=(\boldsymbol{\eta}_1, \boldsymbol{\eta}_2, \boldsymbol{\eta}_3)\boldsymbol{B}$$

**例 19** 设二次型 $f(x_1, x_2, x_3, x_4)=k(x_1^2+x_2^2+x_3^2+x_4^2)+2x_1x_2+2x_1x_3-2x_1x_4-2x_2x_3+2x_2x_4+2x_3x_4$.

(1) 若 $f(x_1, x_2, x_3, x_4)$为正定二次型，求 $k$ 的范围；(2) 若 $f(x_1, x_2, x_3, x_4)$通过正交变换化为标准形 $3y_1^2+3y_2^2+3y_3^2-x_4^2$，求 $k$ 的值.

**解** (1) 二次型 $f(x)=\boldsymbol{x}^{\mathrm{T}}\boldsymbol{A}\boldsymbol{x}$ 对应的矩阵为 $\boldsymbol{A}=\begin{bmatrix}k & 1 & 1 & -1\\ 1 & k & -1 & 1\\ 1 & -1 & k & 1\\ -1 & 1 & 1 & k\end{bmatrix}$，若二次型为正定的，则矩阵 $\boldsymbol{A}$ 的所有顺序主子式大于零，即 $k>0$，$\begin{vmatrix}k & 1\\ 1 & k\end{vmatrix}>0$，$\begin{vmatrix}k & 1 & 1\\ 1 & k & -1\\ 1 & -1 & k\end{vmatrix}>0$，$|\boldsymbol{A}|>0$，可解得 $k>1$.

(2) 由题意可知矩阵 $\boldsymbol{A}$ 的特征值为 $\lambda_1=3$(三重)，$\lambda_2=-1$，即$|\lambda\boldsymbol{E}-\boldsymbol{A}|=(\lambda-3)^3(\lambda+1)$，从而存在正交矩阵 $\boldsymbol{P}$，使得 $\boldsymbol{P}^{-1}\boldsymbol{A}\boldsymbol{P}=\mathrm{diag}(3, 3, 3, -1)$；由于 $\mathrm{tr}(\boldsymbol{A})=4k=3+3+3-1$，则 $k=2$.

**例 20** 设 $\boldsymbol{A}$ 是实数域 $\mathbf{R}$ 上 $n$ 阶可逆矩阵，证明存在实数域上的 $n$ 阶正定矩阵 $P$ 和 $n$ 阶正交矩阵 $\boldsymbol{Q}$，使得 $\boldsymbol{A}=P\boldsymbol{Q}$ 且这一分解式唯一.

**证明** 由于 $\boldsymbol{A}$ 为可逆矩阵，则 $\boldsymbol{A}\boldsymbol{A}^{\mathrm{T}}$ 为正定矩阵，即存在正定矩阵 $P$，使得 $\boldsymbol{A}\boldsymbol{A}^{\mathrm{T}}=P^2$（第五章正定矩阵的性质），从而 $\boldsymbol{A}=PP(\boldsymbol{A}^{\mathrm{T}})^{-1}$，令 $\boldsymbol{Q}=P(\boldsymbol{A}^{\mathrm{T}})^{-1}$，下证 $\boldsymbol{Q}$ 为正交矩阵即可. 由于 $\boldsymbol{Q}^{\mathrm{T}}\boldsymbol{Q}=\boldsymbol{A}^{-1}P^{\mathrm{T}}P(\boldsymbol{A}^{\mathrm{T}})^{-1}=\boldsymbol{A}^{-1}P^2(\boldsymbol{A}^{\mathrm{T}})^{-1}=\boldsymbol{A}^{-1}\boldsymbol{A}\boldsymbol{A}^{\mathrm{T}}(\boldsymbol{A}^{\mathrm{T}})^{-1}=\boldsymbol{E}$，故 $\boldsymbol{Q}$ 为正交矩阵.

唯一性 若存在另一组正定矩阵 $P_1$ 和正交矩阵 $\boldsymbol{Q}_1$，使得 $\boldsymbol{A}=P_1\boldsymbol{Q}_1$，则 $\boldsymbol{A}\boldsymbol{A}^{\mathrm{T}}=P_1\boldsymbol{Q}_1\boldsymbol{Q}_1^{\mathrm{T}}P_1^{\mathrm{T}}=P_1P_1^{\mathrm{T}}=P_1^2$，由于 $\boldsymbol{A}\boldsymbol{A}^{\mathrm{T}}$ 分解为正定矩阵的平方是唯一的，故 $P=P_1$，从而 $\boldsymbol{Q}_1=\boldsymbol{A}P_1^{-1}=\boldsymbol{A}P^{-1}=\boldsymbol{Q}$，即此分解式是唯一的.

**例 21** 设二次型 $f(x, y, z)=(1-a)x^2+(1-a)y^2+2z^2+2(1+a)xy$ 的秩为 2.
(1) 求参数 $a$；(2) 用正交变换化该二次型为标准形.

**解**　由题有二次型的矩阵为$\boldsymbol{A}=\begin{bmatrix}1-a & 1+a & 0\\ 1+a & 1-a & 0\\ 0 & 0 & 2\end{bmatrix}$，其秩为2，则$|\boldsymbol{A}|=-8a=0$，$a=0$. 二次型的矩阵为$\boldsymbol{A}=\begin{bmatrix}1 & 1 & 0\\ 1 & 1 & 0\\ 0 & 0 & 2\end{bmatrix}$，则$|\lambda\boldsymbol{E}-\boldsymbol{A}|=\begin{vmatrix}\lambda-1 & -1 & 0\\ -1 & \lambda-1 & 0\\ 0 & 0 & \lambda-2\end{vmatrix}=\lambda(\lambda-2)^2$，特征值为$\lambda_1=\lambda_2=2$，$\lambda_3=0$.

特征值$\lambda_1=\lambda_2=2$对应的特征向量为$\boldsymbol{\xi}_1=(1,1,0)^{\mathrm{T}}$，$\boldsymbol{\xi}_2=(0,0,1)^{\mathrm{T}}$，正交化$\boldsymbol{\alpha}_1=\boldsymbol{\xi}_1=(1,1,0)^{\mathrm{T}}$，$\boldsymbol{\alpha}_2=(0,0,1)^{\mathrm{T}}$，单位化$\boldsymbol{p}_1=\left[\frac{1}{\sqrt{2}},\frac{1}{\sqrt{2}},0\right]^{\mathrm{T}}$，$\boldsymbol{p}_2=(0,0,1)^{\mathrm{T}}$；

特征值$\lambda_3=0$对应的特征向量为$\boldsymbol{\xi}_3=(1,-1,0)^{\mathrm{T}}$，单位化$\boldsymbol{p}_3=\left[\frac{1}{\sqrt{2}},-\frac{1}{\sqrt{2}},0\right]^{\mathrm{T}}$.

故正交变换为$\begin{bmatrix}x\\ y\\ z\end{bmatrix}=\begin{bmatrix}\frac{1}{\sqrt{2}} & 0 & \frac{1}{\sqrt{2}}\\ \frac{1}{\sqrt{2}} & 0 & -\frac{1}{\sqrt{2}}\\ 0 & 1 & 0\end{bmatrix}\begin{bmatrix}x_0\\ y_0\\ z_0\end{bmatrix}$，化二次型为标准形为$f=2x_0^2+2y_0^2$.

**例22**　设$\boldsymbol{A}$为二次型$f(x)=2x_1^2+ax_2^2+ax_3^2+4x_2x_3$的矩阵，已知$a>1$，且1为$\boldsymbol{A}$的一个特征值，试用正交变换化二次型$f(x)$为标准形.

**证明**　由于$f(x)=2x_1^2+ax_2^2+ax_3^2+4x_2x_3=\boldsymbol{x}^{\mathrm{T}}\boldsymbol{A}\boldsymbol{x}$的矩阵为$\boldsymbol{A}=\begin{bmatrix}2 & 0 & 0\\ 0 & a & 2\\ 0 & 2 & a\end{bmatrix}$，且1为其一个特征值，则由$|\lambda\boldsymbol{E}-\boldsymbol{A}|=(\lambda-2)(\lambda-a-2)(\lambda-a+2)$，得$a=3$，故$\boldsymbol{A}=\begin{bmatrix}2 & 0 & 0\\ 0 & 3 & 2\\ 0 & 2 & 3\end{bmatrix}$，$\boldsymbol{A}$的特征值为2、5、1.

特征值2对应的特征向量为$\boldsymbol{\alpha}_1=(1,0,0)^{\mathrm{T}}$，特征值5对应的特征向量为$\boldsymbol{\alpha}_2=(0,1,1)^{\mathrm{T}}$，特征值1对应的特征向量为$\boldsymbol{\alpha}_3=(0,1,-1)^{\mathrm{T}}$，单位化后得到正交变换的正交矩阵为$\boldsymbol{P}=\begin{bmatrix}1 & 0 & 0\\ 0 & \sqrt{2} & \sqrt{2}\\ 0 & \sqrt{2} & -\sqrt{2}\end{bmatrix}$，即$\boldsymbol{P}^{-1}\boldsymbol{A}\boldsymbol{P}=\begin{bmatrix}2 & 0 & 0\\ 0 & 5 & 0\\ 0 & 0 & 1\end{bmatrix}$.

**例23**　设$\boldsymbol{\alpha}$是非零的$n$维实列向量，$\boldsymbol{\alpha}^{\mathrm{T}}$为$\boldsymbol{\alpha}$的转置，证明：(1) $\boldsymbol{E}+\boldsymbol{\alpha}\boldsymbol{\alpha}^{\mathrm{T}}$是正定矩阵，并求$(\boldsymbol{E}+\boldsymbol{\alpha}\boldsymbol{\alpha}^{\mathrm{T}})^{-1}$；(2) $0<\boldsymbol{\alpha}^{\mathrm{T}}(\boldsymbol{E}+\boldsymbol{\alpha}\boldsymbol{\alpha}^{\mathrm{T}})^{-1}\boldsymbol{\alpha}<1$；(3) $\boldsymbol{Q}$是$n$阶正定矩阵，是否有$0<\boldsymbol{\alpha}^{\mathrm{T}}(\boldsymbol{Q}+\boldsymbol{\alpha}\boldsymbol{\alpha}^{\mathrm{T}})^{-1}\boldsymbol{\alpha}<1$?

**证明**　(1) 对于任意非零的$n$维实列向量$\boldsymbol{X}_0$，有

$$\boldsymbol{X}_0^{\mathrm{T}}(\boldsymbol{E}+\boldsymbol{\alpha}\boldsymbol{\alpha}^{\mathrm{T}})\boldsymbol{X}_0=\boldsymbol{X}_0^{\mathrm{T}}\boldsymbol{E}\boldsymbol{X}_0+\boldsymbol{X}_0^{\mathrm{T}}\boldsymbol{\alpha}\boldsymbol{\alpha}^{\mathrm{T}}\boldsymbol{X}_0=\boldsymbol{X}_0^{\mathrm{T}}\boldsymbol{X}_0+(\boldsymbol{X}_0^{\mathrm{T}}\boldsymbol{\alpha})^2>0$$

故$\boldsymbol{E}+\boldsymbol{\alpha}\boldsymbol{\alpha}^{\mathrm{T}}$是正定矩阵. 由已知，$\boldsymbol{\alpha}^{\mathrm{T}}\boldsymbol{\alpha}>0$，而$(\boldsymbol{E}+\boldsymbol{\alpha}\boldsymbol{\alpha}^{\mathrm{T}})(\boldsymbol{E}+k\boldsymbol{\alpha}\boldsymbol{\alpha}^{\mathrm{T}})=\boldsymbol{E}+(k+1+k\boldsymbol{\alpha}^{\mathrm{T}}\boldsymbol{\alpha})\boldsymbol{\alpha}\boldsymbol{\alpha}^{\mathrm{T}}$，故$(\boldsymbol{E}+\boldsymbol{\alpha}\boldsymbol{\alpha}^{\mathrm{T}})^{-1}=\boldsymbol{E}-\frac{1}{1+\boldsymbol{\alpha}^{\mathrm{T}}\boldsymbol{\alpha}}\boldsymbol{\alpha}\boldsymbol{\alpha}^{\mathrm{T}}$.

(2) 由(1)可得 $\boldsymbol{\alpha}^{\mathrm{T}}(\boldsymbol{E}+\boldsymbol{\alpha}\boldsymbol{\alpha}^{\mathrm{T}})^{-1}\boldsymbol{\alpha}=\boldsymbol{\alpha}^{\mathrm{T}}\left[\boldsymbol{E}-\dfrac{1}{1+\boldsymbol{\alpha}^{\mathrm{T}}\boldsymbol{\alpha}}\boldsymbol{\alpha}\boldsymbol{\alpha}^{\mathrm{T}}\right]\boldsymbol{\alpha}=\dfrac{\boldsymbol{\alpha}^{\mathrm{T}}\boldsymbol{\alpha}}{1+\boldsymbol{\alpha}^{\mathrm{T}}\boldsymbol{\alpha}}$，则 $0<\boldsymbol{\alpha}^{\mathrm{T}}(\boldsymbol{E}+\boldsymbol{\alpha}\boldsymbol{\alpha}^{\mathrm{T}})^{-1}\boldsymbol{\alpha}<1$.

(3) 由 $\boldsymbol{Q}$ 是正定矩阵，$\boldsymbol{\alpha}\neq 0$ 为实列向量，则 $\boldsymbol{Q}+\boldsymbol{\alpha}\boldsymbol{\alpha}^{\mathrm{T}}$ 正定，从而 $(\boldsymbol{Q}+\boldsymbol{\alpha}\boldsymbol{\alpha}^{\mathrm{T}})^{-1}$ 为正定的. 即

$$\boldsymbol{\alpha}^{\mathrm{T}}(\boldsymbol{Q}+\boldsymbol{\alpha}\boldsymbol{\alpha}^{\mathrm{T}})^{-1}\boldsymbol{\alpha}>0$$

对于 $\forall\boldsymbol{\alpha}\neq 0$，则 $\boldsymbol{\alpha}^{\mathrm{T}}\left(\dfrac{\boldsymbol{Q}+\boldsymbol{\alpha}\boldsymbol{\alpha}^{\mathrm{T}}}{\boldsymbol{\alpha}^{\mathrm{T}}\boldsymbol{\alpha}}-\boldsymbol{E}\right)\boldsymbol{\alpha}=\dfrac{\boldsymbol{\alpha}^{\mathrm{T}}\boldsymbol{Q}\boldsymbol{\alpha}}{\boldsymbol{\alpha}^{\mathrm{T}}\boldsymbol{\alpha}}>0$，从而 $\dfrac{\boldsymbol{Q}+\boldsymbol{\alpha}\boldsymbol{\alpha}^{\mathrm{T}}}{\boldsymbol{\alpha}^{\mathrm{T}}\boldsymbol{\alpha}}-\boldsymbol{E}$ 为正定的. 进一步，$(\boldsymbol{Q}+\boldsymbol{\alpha}\boldsymbol{\alpha}^{\mathrm{T}})^{-1}\left(\dfrac{\boldsymbol{Q}+\boldsymbol{\alpha}\boldsymbol{\alpha}^{\mathrm{T}}}{\boldsymbol{\alpha}^{\mathrm{T}}\boldsymbol{\alpha}}-\boldsymbol{E}\right)=\dfrac{\boldsymbol{E}}{\boldsymbol{\alpha}^{\mathrm{T}}\boldsymbol{\alpha}}-(\boldsymbol{Q}+\boldsymbol{\alpha}\boldsymbol{\alpha}^{\mathrm{T}})^{-1}$ 为正定的.(交换律成立). 即

$$\boldsymbol{\alpha}^{\mathrm{T}}\left(\frac{\boldsymbol{E}}{\boldsymbol{\alpha}^{\mathrm{T}}\boldsymbol{\alpha}}-(\boldsymbol{Q}+\boldsymbol{\alpha}\boldsymbol{\alpha}^{\mathrm{T}})^{-1}\right)\boldsymbol{\alpha}>0$$

$$\boldsymbol{\alpha}^{\mathrm{T}}(\boldsymbol{Q}+\boldsymbol{\alpha}\boldsymbol{\alpha}^{\mathrm{T}})^{-1}\boldsymbol{\alpha}<1$$

故 $0<\boldsymbol{\alpha}^{\mathrm{T}}(\boldsymbol{Q}+\boldsymbol{\alpha}\boldsymbol{\alpha}^{\mathrm{T}})^{-1}\boldsymbol{\alpha}<1$.

**例 24** 设 $\boldsymbol{\eta}$ 是欧氏空间 $V$ 中一单位向量，定义 $\sigma\boldsymbol{\alpha}=\boldsymbol{\alpha}-2(\boldsymbol{\eta},\boldsymbol{\alpha})\boldsymbol{\eta}$，$\forall\boldsymbol{\alpha}\in V$，证明：(1) $\sigma$是正交变换，这样的正交变换称为镜面反射；(2) $\sigma$ 是第二类的；(3) 如果 $n$ 维欧氏空间中正交变换 $\sigma$ 以 1 作为一个特征值，且属于特征值 1 的特征子空间 $V_1$ 的维数为 $n-1$，那么 $\sigma$ 是镜面反射.

**证明** (1) 对于 $\forall\boldsymbol{\alpha},\boldsymbol{\beta}\in V$，$\forall k_1, k_2\in P$，有

$$\begin{aligned}\sigma(k_1\boldsymbol{\alpha}+k_2\boldsymbol{\beta})&=k_1\boldsymbol{\alpha}+k_2\boldsymbol{\beta}-2(\boldsymbol{\eta},k_1\boldsymbol{\alpha}+k_2\boldsymbol{\beta})\boldsymbol{\eta}\\&=k_1\boldsymbol{\alpha}+k_2\boldsymbol{\beta}-2k_1(\boldsymbol{\eta},\boldsymbol{\alpha})\boldsymbol{\eta}-2k_2(\boldsymbol{\eta},\boldsymbol{\beta})\boldsymbol{\eta}=k_1\sigma\boldsymbol{\alpha}+k_2\sigma\boldsymbol{\beta}\end{aligned}$$

所以 $\sigma$ 是线性变换.

又因为

$$\begin{aligned}(\sigma\boldsymbol{\alpha},\sigma\boldsymbol{\beta})&=[\boldsymbol{\alpha}-2(\boldsymbol{\eta},\boldsymbol{\alpha})\boldsymbol{\eta},\boldsymbol{\beta}-2(\boldsymbol{\eta},\boldsymbol{\beta})\boldsymbol{\eta}]\\&=(\boldsymbol{\alpha},\boldsymbol{\beta})-2(\boldsymbol{\eta},\boldsymbol{\alpha})(\boldsymbol{\eta},\boldsymbol{\beta})-2(\boldsymbol{\eta},\boldsymbol{\alpha})(\boldsymbol{\eta},\boldsymbol{\beta})+4(\boldsymbol{\eta},\boldsymbol{\alpha})(\boldsymbol{\eta},\boldsymbol{\beta})(\boldsymbol{\eta},\boldsymbol{\eta})\end{aligned}$$

注意到$(\boldsymbol{\eta},\boldsymbol{\eta})=1$，故$(\sigma\boldsymbol{\alpha},\sigma\boldsymbol{\beta})=(\boldsymbol{\alpha},\boldsymbol{\beta})$，此即 $\boldsymbol{A}$ 是正交变换.

(2) 由于 $\boldsymbol{\eta}$ 是单位向量，将它扩充成欧氏空间的一组标准正交基 $\boldsymbol{\eta},\boldsymbol{\varepsilon}_2,\cdots,\boldsymbol{\varepsilon}_n$，则

$$\begin{cases}\sigma\boldsymbol{\eta}=\boldsymbol{\eta}-2(\boldsymbol{\eta},\boldsymbol{\eta})\boldsymbol{\eta}=-\boldsymbol{\eta}\\\sigma\boldsymbol{\varepsilon}_i=\boldsymbol{\varepsilon}_i-2(\boldsymbol{\eta},\boldsymbol{\varepsilon}_i)\boldsymbol{\eta}=\boldsymbol{\varepsilon}_i(i=2,3,\cdots,n)\end{cases}$$

即 $\sigma(\boldsymbol{\eta},\boldsymbol{\varepsilon}_2,\cdots,\boldsymbol{\varepsilon}_n)=(\boldsymbol{\eta},\boldsymbol{\varepsilon}_2,\cdots,\boldsymbol{\varepsilon}_n)\begin{bmatrix}-1&&&\\&1&&\\&&\ddots&\\&&&1\end{bmatrix}$，所以 $\sigma$ 是第二类的.

(3) 由已知可得，$\sigma$ 的特征值有 $n$ 个，而 $n-1$ 个特征值为 1，另一个不妨设为 $\lambda_0$，则存在一组基 $\boldsymbol{\varepsilon}_1,\boldsymbol{\varepsilon}_2,\cdots,\boldsymbol{\varepsilon}_n$ 使 $\sigma(\boldsymbol{\varepsilon}_1,\boldsymbol{\varepsilon}_2,\cdots,\boldsymbol{\varepsilon}_n)=(\boldsymbol{\varepsilon}_1,\boldsymbol{\varepsilon}_2,\cdots,\boldsymbol{\varepsilon}_n)\begin{bmatrix}\lambda_0&&&\\&1&&\\&&\ddots&\\&&&1\end{bmatrix}$. 因为 $\sigma$ 是正交变换，所以$(\boldsymbol{\varepsilon}_1,\boldsymbol{\varepsilon}_1)=(\sigma\boldsymbol{\varepsilon}_1,\sigma\boldsymbol{\varepsilon}_1)=\lambda_0^2(\boldsymbol{\varepsilon}_1,\boldsymbol{\varepsilon}_1)$，但 $\lambda_0\neq 0, 1$，所以 $\lambda_0=-1$，于是 $\sigma\boldsymbol{\varepsilon}_1=-\boldsymbol{\varepsilon}_1$，$\sigma\boldsymbol{\varepsilon}_i=\boldsymbol{\varepsilon}_i$，$(\boldsymbol{\varepsilon}_i,\boldsymbol{\varepsilon}_1)=0(i=2,3,\cdots,n)$.

现令 $\boldsymbol{\eta}=\frac{1}{|\boldsymbol{\varepsilon}_1|}\boldsymbol{\varepsilon}_1$，则 $\boldsymbol{\eta}$ 是单位向量，且与 $\boldsymbol{\varepsilon}_2, \cdots, \boldsymbol{\varepsilon}_n$ 正交，则 $\boldsymbol{\eta}, \boldsymbol{\varepsilon}_2, \cdots, \boldsymbol{\varepsilon}_n$ 为欧氏空间 $V$ 的一组基．又因为

$$\sigma\boldsymbol{\eta}=\sigma\left[\frac{1}{|\boldsymbol{\varepsilon}_1|}\boldsymbol{\varepsilon}_1\right]=\frac{1}{|\boldsymbol{\varepsilon}_1|}\sigma\boldsymbol{\varepsilon}_1=\frac{1}{|\boldsymbol{\varepsilon}_1|}(-\boldsymbol{\varepsilon}_1)=-\boldsymbol{\eta},\ \boldsymbol{\alpha}=k_1\boldsymbol{\eta}+k_2\boldsymbol{\varepsilon}_2+\cdots+k_n\boldsymbol{\varepsilon}_n$$

且 $\sigma\boldsymbol{\alpha}=k_1\sigma\boldsymbol{\eta}+k_2\sigma\boldsymbol{\varepsilon}_2+\cdots+k_n\sigma\boldsymbol{\varepsilon}_n=-k_1\boldsymbol{\eta}+k_2\boldsymbol{\varepsilon}_2+\cdots+k_n\boldsymbol{\varepsilon}_n$，而

$$(\boldsymbol{\alpha}, \boldsymbol{\eta})=(k_1\boldsymbol{\eta}+k_2\boldsymbol{\varepsilon}_2+\cdots+k_n\boldsymbol{\varepsilon}_n, \boldsymbol{\eta})=k_1$$

所以 $\boldsymbol{\alpha}-2(\boldsymbol{\eta}, \boldsymbol{\alpha})\boldsymbol{\eta}=-k_1\boldsymbol{\eta}+k_2\boldsymbol{\varepsilon}_2+\cdots+k_n\boldsymbol{\varepsilon}_n=\sigma\boldsymbol{\alpha}$，即证.

**例 25** 设 $\mathbf{R}^{2\times2}$是 2 级矩阵构成的欧氏空间，其内积为

$$\forall \boldsymbol{A}=(a_{ij})_2,\ \boldsymbol{B}=(b_{ij})_2\in\mathbf{R}^{2\times2},\ (\boldsymbol{A}, \boldsymbol{B})=\sum_{i=1}^{2}\sum_{j=1}^{2}a_{ij}b_{ij}$$

又设 $\boldsymbol{A}_1=\begin{bmatrix}1&1\\0&0\end{bmatrix}$，$\boldsymbol{A}_2=\begin{bmatrix}0&1\\1&1\end{bmatrix}$，求由 $\boldsymbol{A}_1=\begin{bmatrix}1&1\\0&0\end{bmatrix}$，$\boldsymbol{A}_2=\begin{bmatrix}0&1\\1&1\end{bmatrix}$生成的子空间 $W=L(\boldsymbol{A}_1, \boldsymbol{A}_2)$的正交补空间 $W^{\perp}$ 的一组标准正交基.

**解** 取 $\boldsymbol{X}=\begin{bmatrix}x&y\\z&u\end{bmatrix}\in W^{\perp}$，则$(\boldsymbol{A}_1, \boldsymbol{X})=\begin{bmatrix}1&1\\0&0\end{bmatrix}\boldsymbol{X}^{\mathrm{T}}=x+y=0$，$(\boldsymbol{A}_2, \boldsymbol{X})=\begin{bmatrix}0&1\\1&1\end{bmatrix}\boldsymbol{X}^{\mathrm{T}}=y+z+u=0$，则 $W^{\perp}$ 的基为 $\begin{bmatrix}-1&1\\-1&0\end{bmatrix}$，$\begin{bmatrix}0&0\\-1&1\end{bmatrix}$，其标准正交基为 $\frac{1}{\sqrt{3}}\begin{bmatrix}-1&1\\-1&0\end{bmatrix}$，$\frac{1}{\sqrt{15}}\begin{bmatrix}1&-1\\-2&3\end{bmatrix}$.

## 练 习 题

1. 设实二次型 $f(x_1, x_2, x_3)=a(x_1^2+x_2^2+x_3^2)+2x_1x_2+2x_1x_3-2x_2x_3$.（1）记 $\boldsymbol{x}=(x_1, x_2, x_3)^{\mathrm{T}}$，$\boldsymbol{y}=(x_1, x_2, x_3)^{\mathrm{T}}$，求正交变换 $\boldsymbol{x}=\boldsymbol{P}\boldsymbol{y}$，将二次型化为标准形；（2）问当 $a$ 取何值时，$f$ 正定？

2. 已知二次型 $f(x_1, x_2, x_3)=4x_1^2+4x_2^2+ax_3^2-2x_1x_2-2bx_1x_3-2x_2x_3$ 经正交线性变换化为标准形 $2y_1^2+5y_2^2+5y_3^2$.（1）求参数 $a$、$b$；（2）求所用的正交变换.

3. 已知二次型 $f(x_1, x_2, x_3)=4x_2^2-3x_3^2+4x_1x_2-4x_1x_3+8x_2x_3$，求一个正交线性变换化二次型为标准形.

4. 已知二次型 $f(x_1, x_2, x_3)=2x_1^2+3x_2^2+3x_3^2+2ax_2x_3(a>0)$经正交变换 $\boldsymbol{X}=\boldsymbol{Q}\boldsymbol{Y}$ 化成二次型 $y_1^2+2y_2^2+5y_3^2$，求参数 $a$ 与正交矩阵 $\boldsymbol{Q}$.

5. 用正交变换化成二次型 $f(x_1, x_2, x_3)=x_1^2-2x_2^2-2x_3^2-4x_1x_2+4x_1x_3+8x_2x_3$ 为标准形，并写出所用正交变换与计算过程.

6. 用正交变换化二次型 $f(x_1, x_2, x_3)=x_1^2+4x_2^2+4x_3^2-4x_1x_2+4x_1x_3-8x_2x_3$ 为标准形.

7. 已知二次型 $f(x_1, x_2, x_3)=(1-a)x_1^2+(1-a)x_2^2+2x_3^2+2(1+a)x_1x_2$ 的秩为 2.（1）求二次型对应的矩阵 $\mathbf{A}$；（2）求 $a$ 的值；（3）求正交变换 $\boldsymbol{x}=\boldsymbol{P}\boldsymbol{y}$，把二次型化为标准形.

8. 已知二次型 $f(x_1, x_2, x_3)=2x_1^2+3x_2^2+3x_3^2+2ax_2x_3(a>0)$，通过正交变换 $\boldsymbol{x}=\boldsymbol{Q}\boldsymbol{y}$

化成标准形 $by_2^2+2y_3^2$，确定参数 $a$、$b$ 的值和所做的正交变换.

9. 若 $\sigma$ 为线性空间 $V^n$ 的一个正交变换，则 $\sigma$ 的不变子空间的正交补也是 $\sigma$ 的不变子空间.

10. 设 $\sigma$ 为欧氏空间 $V$ 的对称变换，证明：$\sigma$ 的不变子空间 $V_1$ 的正交补也是 $\sigma$ 的不变子空间.

11. 设 $\sigma$ 是数域 $P$ 上 4 维线性空间 $V$ 上的线性变换，$\boldsymbol{\varepsilon}_1$，$\boldsymbol{\varepsilon}_2$，$\boldsymbol{\varepsilon}_3$，$\boldsymbol{\varepsilon}_4$ 是 $V$ 的一组基，且 $\sigma(\boldsymbol{\varepsilon}_1)=-\boldsymbol{\varepsilon}_1-3\boldsymbol{\varepsilon}_2+3\boldsymbol{\varepsilon}_3-3\boldsymbol{\varepsilon}_4$，$\sigma(\boldsymbol{\varepsilon}_2)=-3\boldsymbol{\varepsilon}_1-\boldsymbol{\varepsilon}_2-3\boldsymbol{\varepsilon}_3+3\boldsymbol{\varepsilon}_4$，$\sigma(\boldsymbol{\varepsilon}_3)=3\boldsymbol{\varepsilon}_1-3\boldsymbol{\varepsilon}_2-\boldsymbol{\varepsilon}_3-3\boldsymbol{\varepsilon}_4$，$\sigma(\boldsymbol{\varepsilon}_4)=-3\boldsymbol{\varepsilon}_1+3\boldsymbol{\varepsilon}_2-3\boldsymbol{\varepsilon}_3-\boldsymbol{\varepsilon}_4$.（1）写出 $\sigma$ 在 $\boldsymbol{\varepsilon}_1$，$\boldsymbol{\varepsilon}_2$，$\boldsymbol{\varepsilon}_3$，$\boldsymbol{\varepsilon}_4$ 下的矩阵 $\boldsymbol{A}$；（2）求出 $\sigma$ 的全部特征值与特征向量；（3）求一个正交矩阵 $\boldsymbol{T}$，使得 $\boldsymbol{T}^{-1}\boldsymbol{AT}$ 为对角阵.

12. 设 $\sigma$ 是欧氏空间 $V$ 的线性变换，证明：在欧氏空间 $V$ 上存在唯一的线性变换 $\tau$，使得 $(\sigma(\boldsymbol{\alpha}),\boldsymbol{\beta})=(\boldsymbol{\alpha},\tau(\boldsymbol{\beta}))$.

13. 设 $F^{n\times n}$ 是数域 $F$ 上的全体 $n$ 阶方阵构成的线性空间，对于任意 $\boldsymbol{A}\in F^{n\times n}$，定义 $F^{n\times n}$ 上的变换：$\sigma(\boldsymbol{A})=\boldsymbol{A}^{\mathrm{T}}$，证明：（1）$\sigma$ 是 $F^{n\times n}$ 上的线性变换；（2）$\sigma$ 可对角化.

14. 设 $\boldsymbol{A}$、$\boldsymbol{B}$ 是两个 $n$ 阶实对称矩阵，且 $\boldsymbol{AB}=\boldsymbol{BA}$，若二次型 $f=\boldsymbol{X}^{\mathrm{T}}\boldsymbol{AX}$ 通过正交变换 $\boldsymbol{X}=\boldsymbol{PY}$ 化为标准形 $f=y_1^2+2y_2^2+\cdots+ny_n^2$，证明：$\boldsymbol{P}^{\mathrm{T}}\boldsymbol{BP}$ 是对角矩阵.

15. 欧氏空间 $V$ 的线性变换 $\boldsymbol{A}$ 成为反对称的，如果对 $V$ 中的任意向量 $\boldsymbol{\alpha}$、$\boldsymbol{\beta}$，有 $(\boldsymbol{A\alpha},\boldsymbol{\beta})=-(\boldsymbol{\alpha},\boldsymbol{A\beta})$. 证明：（1）对于有限维欧氏空间，$\boldsymbol{A}$ 为反对称矩阵的充要条件是 $\boldsymbol{A}$ 在任一组标准正交基下的矩阵是反对称矩阵；（2）若 $V_1$ 是 $\boldsymbol{A}$ 的不变子空间，则 $V_1^{\perp}$ 也是.

16. 设 $V$ 是复数域上的 $n$ 维线性空间，而线性变换 $\boldsymbol{A}$ 在基 $\boldsymbol{\varepsilon}_1$，$\boldsymbol{\varepsilon}_2$，$\cdots$，$\boldsymbol{\varepsilon}_n$ 下的矩阵是若尔当块. 证明：（1）$V$ 中包含 $\boldsymbol{\varepsilon}_1$ 的 $\boldsymbol{A}$—子空间只有 $V$ 自身；（2）$V$ 中任一非零 $\boldsymbol{A}$—子空间都包含 $\boldsymbol{\varepsilon}_n$.

17. 设 $n$ 阶矩阵 $\boldsymbol{A}$、$\boldsymbol{B}$ 满足 $\boldsymbol{AB}=\boldsymbol{A}-2\boldsymbol{B}$，证明：（1）$\lambda=1$ 不是 $\boldsymbol{B}$ 的特征值；（2）若 $\boldsymbol{B}$ 可对角化，则存在可逆矩阵 $\boldsymbol{P}$，使 $\boldsymbol{P}^{-1}\boldsymbol{AP}$、$\boldsymbol{P}^{-1}\boldsymbol{BP}$ 都是对角矩阵.

18. 设 $w\in i^n$ 为单位向量.（1）证明：$n$ 阶矩阵 $\boldsymbol{H}=\boldsymbol{E}-2\boldsymbol{ww}^{\mathrm{T}}$ 是对称的正交矩阵；（2）对于 3 维向量 $\boldsymbol{\alpha}=(1/3,2/3,2/3)^{\mathrm{T}}$，求一个单位向量 $\boldsymbol{w}$，使 $\boldsymbol{H\alpha}=(1,0,0)^{\mathrm{T}}$.

19. 设 $\boldsymbol{A}$ 是一个 $n$ 阶可逆矩阵，则 $\boldsymbol{A}$ 可以分解成一个正交矩阵 $\boldsymbol{Q}$ 与一个主对角线元素为正数的上三角形矩阵 $\boldsymbol{T}$ 的乘积.

20. 若矩阵 $\boldsymbol{A}=\begin{bmatrix}1&2&-1\\-1&4&-1\\3&a&5\end{bmatrix}$ 的特征方程有一个二重根.（1）求 $a$ 的值；（2）讨论 $\boldsymbol{A}$ 是否可对角化；（3）若可相似对角化，试求可逆矩阵 $\boldsymbol{P}$ 使 $\boldsymbol{P}^{-1}\boldsymbol{AP}$ 为对角矩阵.

21. 设 $n$ 阶矩阵 $\boldsymbol{A}$、$\boldsymbol{B}$ 满足 $\boldsymbol{AB}=3\boldsymbol{A}+\boldsymbol{B}$，证明：（1）$\boldsymbol{AB}=\boldsymbol{BA}$；（2）若 $\boldsymbol{A}$ 相似于对角矩阵，则存在可逆矩阵 $\boldsymbol{P}$，使得 $\boldsymbol{P}^{-1}\boldsymbol{AP}$、$\boldsymbol{P}^{-1}\boldsymbol{BP}$ 都是对角矩阵.

22. 设 $n$ 阶矩阵 $\boldsymbol{A}$、$\boldsymbol{B}$ 满足 $R(\boldsymbol{A})+R(\boldsymbol{B})<n$，则 $\boldsymbol{A}$、$\boldsymbol{B}$ 有公共的特征值与公共的特征向量，其中，$R(\boldsymbol{A})$ 表示矩阵 $\boldsymbol{A}$ 的秩.

23. 设 $\lambda$ 是 $n$ 阶正交矩阵 $\boldsymbol{A}$ 的复特征值，属于特征值 $\lambda$ 的特征向量为 $\boldsymbol{\alpha}$，若 $\boldsymbol{\alpha}=\boldsymbol{\beta}+\boldsymbol{\gamma}i$，其中，$\boldsymbol{\beta}$、$\boldsymbol{\gamma}$ 是实向量，则 $\boldsymbol{\beta}$、$\boldsymbol{\gamma}$ 的长度相等且它们互相正交.

24. 设 $\boldsymbol{A}$、$\boldsymbol{B}$ 是两个 $n\times n$ 实对称矩阵，且 $\boldsymbol{B}$ 是正定矩阵，则存在一个 $n\times n$ 实可逆矩阵 $\boldsymbol{P}$ 使 $\boldsymbol{P}^{\mathrm{T}}\boldsymbol{AP}$，$\boldsymbol{P}^{\mathrm{T}}\boldsymbol{BP}$ 同时成为对角阵.

25. 设二次型 $f(x, y, z)=x^2+2y^2+3z^2-4xy-4yx$. (1) 用正交变换化二次型 $f(x, y, z)$为标准形，并写出所做的正交变换；(2) 求在条件 $x^2+y^2+z^2=1$ 之下二次型 $f(x, y, z)$的最大值与最小值，并写出达到最大值与最小值时 $x$、$y$、$z$ 的值.

26. 设 $\boldsymbol{A}_{n\times n}$、$\boldsymbol{B}_{n\times n}$为实对称矩阵，则 $\boldsymbol{AB}=\boldsymbol{BA}$ 当且仅当存在正交矩阵 $\boldsymbol{Q}$，使得$\boldsymbol{Q}^{-1}\boldsymbol{AQ}$，$\boldsymbol{Q}^{-1}\boldsymbol{BQ}$ 同时为对角矩阵.

27. 设 $\boldsymbol{\eta}$ 是欧氏空间中一个单位向量，定义 $\tau(\boldsymbol{\alpha})=\boldsymbol{\alpha}-2(\boldsymbol{\eta}, \boldsymbol{\alpha})\boldsymbol{\eta}$，证明：(1) $\tau$ 是第二类正交变换，这样的正交变换称为镜面反射；(2) 如果在 $n$ 维欧氏空间中，正交变换 $\sigma$ 以 1 作为一个特征值，且属于特征值 1 的特征子空间为 $n-1$ 维，那么 $\sigma$ 是镜面反射.

28. 求正交矩阵 $\boldsymbol{T}$ 使得 $\boldsymbol{T}^{-1}\boldsymbol{AT}$ 为对角阵，其中，$\boldsymbol{A}=\begin{bmatrix}2&-2&0\\-2&1&-2\\0&-2&0\end{bmatrix}$；$\boldsymbol{A}=\begin{bmatrix}2&-1&-1\\-1&2&-1\\-1&-1&2\end{bmatrix}$；$\boldsymbol{A}=\begin{bmatrix}3&-2&-4\\-2&6&-2\\-4&-2&3\end{bmatrix}$；$\boldsymbol{A}=\begin{bmatrix}4&2&2\\2&4&2\\2&2&4\end{bmatrix}$.

29. 设 $\sigma$ 为 $n$ 维空间 $V$ 的一个线性变换，且 $\sigma^2=\varepsilon$，证明：(1) $\sigma$ 的特征值为 $\pm 1$；(2) $V=V_1\oplus V_{-1}$，$V_1$ 为特征值 1 的特征子空间，$V_{-1}$为特征值 $-1$ 的特征子空间.

30. 设线性变换 $\sigma$ 在 $n$ 维空间 $V$ 的一组基 $\boldsymbol{\varepsilon}_1$，$\boldsymbol{\varepsilon}_2$，$\boldsymbol{\varepsilon}_3$ 下的矩阵为 $\boldsymbol{A}=\begin{bmatrix}1&2&2\\2&1&2\\2&2&1\end{bmatrix}$. (1) 求$\sigma$ 的特征值及对应的特征向量；(2) 求正交矩阵 $\boldsymbol{P}$ 使得 $\boldsymbol{P}^{-1}\boldsymbol{AP}=\boldsymbol{B}$ 为对角矩阵.

31. 设 $\sigma$ 是 $n$ 维欧氏空间 $V$ 上的线性变换，满足$(\sigma(\boldsymbol{\alpha}), \boldsymbol{\beta})=-(\boldsymbol{\alpha}, \sigma(\boldsymbol{\beta}))$，$\forall \boldsymbol{\alpha}, \boldsymbol{\beta}\in V$. 证明：(1) $\sigma$ 在 $V$ 中任一组标准正交基下的矩阵是反对称矩阵；(2) $V$ 中有一组标准正交基，使得 $\sigma^2$ 在这组标准正交基下的矩阵是对称矩阵；(3) $\sigma$ 的特征值必为零或纯虚数.

32. 设 $\boldsymbol{A}$、$\boldsymbol{B}$ 都是 $n\times n$ 实对称矩阵，证明：存在正交矩阵 $\boldsymbol{P}$，使得 $\boldsymbol{P}^{-1}\boldsymbol{AP}=\boldsymbol{B}$ 的充要条件为 $\boldsymbol{A}$、$\boldsymbol{B}$ 有相同的特征多项式.

# 总复习题

## 一、单项选择题

1. 设 $\boldsymbol{\alpha}_1$、$\boldsymbol{\alpha}_2$、$\boldsymbol{\alpha}_3$ 为线性方程组 $\boldsymbol{AX}=\boldsymbol{B}$ 的 3 个解，则下列向量中(　　)仍是 $\boldsymbol{AX}=\boldsymbol{B}$ 的解.

A. $\boldsymbol{\alpha}_1-\boldsymbol{\alpha}_2$　　B. $\boldsymbol{\alpha}_1-2\boldsymbol{\alpha}_2+\boldsymbol{\alpha}_3$　　C. $\frac{3}{2}\boldsymbol{\alpha}_1+\boldsymbol{\alpha}_2-\frac{1}{2}\boldsymbol{\alpha}_3$　　D. $\boldsymbol{\alpha}_1-\boldsymbol{\alpha}_2+\boldsymbol{\alpha}_3$

2. 设 $\boldsymbol{A}$ 为 $n$ 阶方阵，则线性空间 $W=L(\boldsymbol{E}, \boldsymbol{A}, \boldsymbol{A}^2, \cdots)$ 的维数 $\dim W=$(　　).

A. $\boldsymbol{A}$ 的特征多项式的次数　　B. $\boldsymbol{A}$ 的最小多项式的次数

C. $\boldsymbol{A}$ 的初等因子的个数　　D. $\boldsymbol{A}$ 的秩

3. 对于多项式 $f(x)$，下列论断正确的是(　　).

A. 若对于任意 $a\in\mathbf{Q}$ 都有 $f(a)\in\mathbf{Q}$，则 $f(x)$ 的系数都是有理数

B. 若对于任意 $a\in\mathbf{R}$ 都有 $f(a)\in\mathbf{R}$，则 $f(x)$ 的系数都是实数

C. 若对于任意 $a\in\mathbf{Z}$ 都有 $f(a)\in\mathbf{Z}$，则 $f(x)$ 的系数都是整数

D. 若对于任意 $a>0$ 都有 $f(a)>0$，则 $f(x)$ 的系数都是正数

4. 设 $\boldsymbol{A}$ 是 $m\times n$ 矩阵($m\leqslant n$)，$\boldsymbol{b}$ 是 $m$ 维列向量，则下列命题正确的是(　　).

A. 当 $\boldsymbol{AX}=\boldsymbol{0}$ 有非零解，则 $\boldsymbol{AX}=\boldsymbol{b}$ 也有解

B. 当 $\boldsymbol{AX}=\boldsymbol{b}$ 有解时，则 $\boldsymbol{AX}=\boldsymbol{0}$ 必有无穷解

C. 当 $\boldsymbol{AX}=\boldsymbol{0}$ 有唯一解，则 $\boldsymbol{AX}=\boldsymbol{b}$ 也有唯一解

D. 当 $\boldsymbol{AX}=\boldsymbol{b}$ 无解时，则 $\boldsymbol{AX}=\boldsymbol{0}$ 仅有零解

5. 设 $f(x)$、$g(x)$ 是整系数多项式，其中，$g(x)$ 为本原多项式，若 $f(x)=g(x)h(x)$，则 $h(x)$ 是(　　).

A. 有理系数多项式　　B. 整系数多项式

C. 不一定是有理系数多项式　　D. 不一定是整系数多项式

6. 设矩阵 $\boldsymbol{A}=\begin{bmatrix}1 & 2 & 3 & 4\\5 & 7 & 0 & 1\\3 & 4 & -6 & -7\end{bmatrix}$，则 $R(\boldsymbol{A})=$(　　).

A. 1　　B. 2　　C. 3　　D. 4

7. 设 $\boldsymbol{A}=\begin{bmatrix}1 & 3\\1 & 4\end{bmatrix}$，$\boldsymbol{B}=\begin{bmatrix}3 & 5\\7 & 9\end{bmatrix}$，则 $\boldsymbol{AX}=\boldsymbol{B}$ 中矩阵 $\boldsymbol{X}=$(　　).

A. $\begin{bmatrix}-9 & -7\\4 & 4\end{bmatrix}$　　B. $\begin{bmatrix}7 & -4\\19 & -12\end{bmatrix}$　　C. $\begin{bmatrix}24 & 32\\31 & 41\end{bmatrix}$　　D. $\begin{bmatrix}8 & 29\\16 & 57\end{bmatrix}$

8. 设线性空间 $V=\left\{\begin{bmatrix}a & b\\0 & 0\end{bmatrix}\middle| a, b\in\mathbf{R}\right\}$，则 $\dim V=$(　　).

A. 1　　B. 2　　C. 3　　D. 4

9. 设 $\boldsymbol{A}$、$\boldsymbol{B}$ 是 3 阶矩阵，$\boldsymbol{E}$ 为 3 阶单位矩阵，$|\boldsymbol{A}|=2$，$\boldsymbol{A}^2+\boldsymbol{AB}+2\boldsymbol{E}=\boldsymbol{0}$，则 $|\boldsymbol{A}+\boldsymbol{B}|=$(　　).

A. 0　　B. $-1$　　C. $-4$　　D. $-2$

10. 设 $f(x)=\begin{vmatrix} x-2 & x-1 & x-2 & x-3 \\ 2x-2 & 2x-1 & 2x-2 & 2x-3 \\ 3x-3 & 3x-2 & 4x-5 & 3x-5 \\ 4x & 4x-3 & 5x-7 & 4x-3 \end{vmatrix}$，则 $f(x)=0$ 的根的个数为(　　).

A. 1　　B. 2　　C. 3　　D. 4

11. 设 $\boldsymbol{\alpha}_1$，$\boldsymbol{\alpha}_2$，$\boldsymbol{\alpha}_3$，$\boldsymbol{\beta}_1$，$\boldsymbol{\beta}_2$ 都是 4 维列向量，4 阶行列式 $|\boldsymbol{\alpha}_1, \boldsymbol{\alpha}_2, \boldsymbol{\alpha}_3, \boldsymbol{\beta}_1|=m$，$|\boldsymbol{\alpha}_1, \boldsymbol{\alpha}_2, \boldsymbol{\beta}_2, \boldsymbol{\alpha}_3|=n$，则 $|\boldsymbol{\alpha}_1, \boldsymbol{\alpha}_2, \boldsymbol{\alpha}_3, \boldsymbol{\beta}_1+\boldsymbol{\beta}_2|=$(　　).

A. $m+n$　　B. $-(m+n)$　　C. $n-m$　　D. $m-n$

12. 4 阶对称矩阵的全体按矩阵的加法和数乘所构成的线性空间 $V$ 的维数是(　　).

A. 4 维　　B. 16 维　　C. 8 维　　D. 10 维

13. 设对向量组 $\boldsymbol{\alpha}_1, \boldsymbol{\alpha}_2, \cdots, \boldsymbol{\alpha}_m$ 与 $\boldsymbol{\beta}_1, \boldsymbol{\beta}_2, \cdots, \boldsymbol{\beta}_m$，存在两组不全为零的数 $\lambda_1, \lambda_2, \cdots, \lambda_m$ 与 $k_1, k_2, \cdots, k_m$，使得 $(\lambda_1+k_1)\boldsymbol{\alpha}_1+\cdots+(\lambda_m+k_m)\boldsymbol{\alpha}_m+(-\lambda_1+k_1)\boldsymbol{\beta}_1+\cdots+(-\lambda_m+k_m)\boldsymbol{\beta}_m=\boldsymbol{0}$，则必有(　　).

A. $\boldsymbol{\alpha}_1, \boldsymbol{\alpha}_2, \cdots, \boldsymbol{\alpha}_m$ 与 $\boldsymbol{\beta}_1, \boldsymbol{\beta}_2, \cdots, \boldsymbol{\beta}_m$ 都线性相关

B. $\boldsymbol{\alpha}_1, \boldsymbol{\alpha}_2, \cdots, \boldsymbol{\alpha}_m$ 与 $\boldsymbol{\beta}_1, \boldsymbol{\beta}_2, \cdots, \boldsymbol{\beta}_m$ 都线性无关

C. $\boldsymbol{\alpha}_1+\boldsymbol{\beta}_1, \cdots, \boldsymbol{\alpha}_m+\boldsymbol{\beta}_m, \boldsymbol{\alpha}_1-\boldsymbol{\beta}_1, \cdots, \boldsymbol{\alpha}_m-\boldsymbol{\beta}_m$ 线性相关

D. $\boldsymbol{\alpha}_1+\boldsymbol{\beta}_1, \cdots, \boldsymbol{\alpha}_m+\boldsymbol{\beta}_m, \boldsymbol{\alpha}_1-\boldsymbol{\beta}_1, \cdots, \boldsymbol{\alpha}_m-\boldsymbol{\beta}_m$ 线性无关

14. 设 $\boldsymbol{A}_{n\times n}\neq\boldsymbol{0}$，$\boldsymbol{B}_{n\times n}\neq\boldsymbol{0}$，并且 $\boldsymbol{AB}=\boldsymbol{0}$，则 $\boldsymbol{A}$、$\boldsymbol{B}$ 的秩为(　　).

A. 必有一个为 0　　B. 都小于 $n$

C. 若一个等于 $n$，则另一个小于 $n$　　D. 都等于 $n$

15. 设有 $\boldsymbol{A}_{m\times n}$、$\boldsymbol{B}_{n\times m}$，则(　　).

A. 当 $m>n$ 时，必有 $|\boldsymbol{AB}|=0$　　B. 当 $m>n$ 时，必有 $|\boldsymbol{AB}|\neq 0$

C. 当 $m<n$ 时，必有 $|\boldsymbol{AB}|=0$　　D. 当 $m<n$ 时，必有 $|\boldsymbol{AB}|\neq 0$

16. 空间 4 张平面 $a_ix+b_iy+c_iz=d_i$，$i=1, 2, 3, 4$，其过同一直线的充要条件为其对应的方程组系数矩阵和增广矩阵的秩为(　　).

A. 1　　B. 2　　C. 3　　D. 4

17. 已知 $\boldsymbol{e}_1=\left(\frac{2}{3}, -\frac{2}{3}, \frac{1}{3}\right)$，$\boldsymbol{e}_2=\left(\frac{2}{3}, \frac{1}{3}, -\frac{2}{3}\right)$，$\boldsymbol{e}_3=\left(\frac{1}{3}, \frac{2}{3}, \frac{2}{3}\right)$是一组标准正交基，则向量 $\boldsymbol{\alpha}=(-1, 0, 2)$在此基下的坐标为(　　).

A. $(0, -2, 1)$　　B. $(-1, 0, 2)$　　C. $(1, 0, -2)$　　D. $(-2, 0, 1)$

18. 设 $\boldsymbol{A}=(a_{ij})_{n\times n}$ 为正交矩阵，并且 $|\boldsymbol{A}|=-1$，$\boldsymbol{A}_{ij}$ 为 $a_{ij}$ 的代数余子式($i=1, 2, \cdots, n$，$j=1, 2, \cdots, n$)，则对于任意 $i=1, 2, \cdots, n$，$j=1, 2, \cdots, n$ 都有(　　).

A. $a_{ji}=\boldsymbol{A}_{ji}$　　B. $a_{ji}=-\boldsymbol{A}_{ji}$　　C. $a_{ij}=\boldsymbol{A}_{ij}$　　D. $a_{ij}=-\boldsymbol{A}_{ij}$

19. 已知 $\boldsymbol{\alpha}$ 是 $n$ 维列向量，并且 $\boldsymbol{\alpha}^{\mathrm{T}}\boldsymbol{\alpha}=1$，若 $\boldsymbol{A}=\boldsymbol{E}-\boldsymbol{\alpha}\boldsymbol{\alpha}^{\mathrm{T}}$，行列式 $|\boldsymbol{A}|$ 的值为(　　).

A. 0　　B. $-1$　　C. 1　　D. 2

20. 设 $\boldsymbol{A}_{n\times n}\neq\boldsymbol{0}$，$\boldsymbol{E}_n$ 为单位矩阵，若 $\boldsymbol{A}^3=\boldsymbol{0}$，则(　　).

A. $\boldsymbol{E}-\boldsymbol{A}$ 不可逆，$\boldsymbol{E}+\boldsymbol{A}$ 不可逆　　B. $\boldsymbol{E}-\boldsymbol{A}$ 不可逆，$\boldsymbol{E}+\boldsymbol{A}$ 可逆

C. $\boldsymbol{E}-\boldsymbol{A}$ 可逆，$\boldsymbol{E}+\boldsymbol{A}$ 可逆　　D. $\boldsymbol{E}-\boldsymbol{A}$ 可逆，$\boldsymbol{E}+\boldsymbol{A}$ 不可逆

21. 设矩阵 $\boldsymbol{B}=\begin{bmatrix}0&0&1\\0&1&0\\1&0&0\end{bmatrix}$，已知矩阵 $\boldsymbol{A}$ 相似于 $\boldsymbol{B}$，则 $R(\boldsymbol{A}-2\boldsymbol{E})$ 与 $R(\boldsymbol{A}-\boldsymbol{E})$ 之和等于(　　).

A. 2　　B. 3　　C. 4　　D. 5

22. 设矩阵 $\boldsymbol{A}=\begin{bmatrix}1&0&-1\\2&\lambda&-1\\1&2&1\end{bmatrix}$，矩阵 $\boldsymbol{B}_{3\times3}$ 满足 $R(\boldsymbol{B})=2$，$R(\boldsymbol{AB})=1$，则 $\lambda=$(　　).

A. $-1$　　B. 1　　C. $-3$　　D. 3

23. 设 $\lambda_1$、$\lambda_2$ 是矩阵 $\boldsymbol{A}$ 的两个不同的特征值，对应的特征向量分别为 $\boldsymbol{\alpha}_1$、$\boldsymbol{\alpha}_2$，则 $\boldsymbol{\alpha}_1$，$\boldsymbol{A}(\boldsymbol{\alpha}_1+\boldsymbol{\alpha}_2)$ 线性无关的充要条件为(　　).

A. $\lambda_1\neq0$　　B. $\lambda_2\neq0$　　C. $\lambda_1=0$　　D. $\lambda_2=0$

24. 设矩阵 $\boldsymbol{A}$ 与 $\boldsymbol{B}$ 等价，$\boldsymbol{A}$ 有一个 $k$ 阶子式不等于 0，则(　　).

A. $R(\boldsymbol{B})>k$　　B. $R(\boldsymbol{B})=k$　　C. $R(\boldsymbol{B})\geqslant k$　　D. $R(\boldsymbol{B})\leqslant k$

25. 设 $\boldsymbol{A}$、$\boldsymbol{B}$ 均为非零矩阵，并且 $\boldsymbol{AB}=\boldsymbol{0}$，则下面结论正确的是(　　).

A. $\boldsymbol{A}$ 的列向量线性相关，$\boldsymbol{B}$ 的行向量线性相关

B. $\boldsymbol{A}$ 的列向量线性相关，$\boldsymbol{B}$ 的列向量线性相关

C. $\boldsymbol{A}$ 的行向量线性相关，$\boldsymbol{B}$ 的行向量线性相关

D. $\boldsymbol{A}$ 的行向量线性相关，$\boldsymbol{B}$ 的列向量线性相关

26. 设二次型 $f(x_1, x_2, x_3)=x_1^2+2x_2^2+ax_3^2-4x_1x_2-4x_2x_3$，若该二次型经过正交线性替换 $\boldsymbol{X}=\boldsymbol{CY}$ 化为标准形 $f(x_1, x_2, x_3)=2y_1^2+5y_2^2+by_3^2$，则(　　).

A. $a=3$，$b=1$　　B. $a=3$，$b=-1$

C. $a=-3$，$b=1$　　D. $a=-3$，$b=-1$

27. 在实数域 $\mathbf{R}$ 上，下列矩阵中与矩阵 $\boldsymbol{A}=\mathrm{diag}(1, 2, 3)$ 合同的是(　　).

A. $\begin{bmatrix}1&2&0\\2&-1&3\\0&3&1\end{bmatrix}$　　B. $\begin{bmatrix}1&0&4\\0&1&0\\4&0&0\end{bmatrix}$

C. $\begin{bmatrix}2&2&0\\2&2&1\\0&1&1\end{bmatrix}$　　D. $\begin{bmatrix}1&1&1\\1&2&1\\1&1&2\end{bmatrix}$

28. 设 $\boldsymbol{\alpha}$、$\boldsymbol{\beta}$、$\boldsymbol{\gamma}$ 是线性空间 $V$ 的 3 个线性无关的向量，记 $V_1=L(\boldsymbol{\alpha})$，$V_2=L(\boldsymbol{\beta})$，$V_3=L(\boldsymbol{\beta}+\boldsymbol{\gamma})$，则子空间 $(V_1+V_2)\cap V_3=$(　　).

A. $L(\boldsymbol{\alpha}+\boldsymbol{\beta}, \boldsymbol{\gamma})$　　B. $L(\boldsymbol{\beta}+\boldsymbol{\gamma})$

C. $L(\boldsymbol{\beta})$　　D. 零空间

29. 齐次线性方程组 $\boldsymbol{AX}=\boldsymbol{0}$ 与 $\boldsymbol{BX}=\boldsymbol{0}$ 同解的充要条件为(　　).

A. $R(\boldsymbol{A})=R(\boldsymbol{B})$　　B. $\boldsymbol{A}$、$\boldsymbol{B}$ 等价

C. $\boldsymbol{A}$、$\boldsymbol{B}$ 的行向量组等价　　D. $\boldsymbol{A}$、$\boldsymbol{B}$ 的列向量组等价

30. 设 $\boldsymbol{\alpha}_1,\boldsymbol{\alpha}_2,\boldsymbol{\alpha}_3,\boldsymbol{\alpha},\boldsymbol{\beta}$ 均为 4 维列向量，矩阵 $\boldsymbol{A}=(\boldsymbol{\alpha}_1,\boldsymbol{\alpha}_2,\boldsymbol{\alpha}_3,\boldsymbol{\alpha})$，$\boldsymbol{B}=(\boldsymbol{\alpha}_1,\boldsymbol{\alpha}_2,\boldsymbol{\alpha}_3,\boldsymbol{\beta})$，且 $|\boldsymbol{A}|=3$，$|\boldsymbol{B}|=2$，则 $|2\boldsymbol{A}-5\boldsymbol{B}|=$(　　).

A. $-4$　　B. 1298　　C. $-1202$　　D. 108

31. 设向量组 $\boldsymbol{\alpha}_1,\boldsymbol{\alpha}_2,\boldsymbol{\alpha}_3$ 线性无关，向量 $\boldsymbol{\beta}_1$ 可由 $\boldsymbol{\alpha}_1,\boldsymbol{\alpha}_2,\boldsymbol{\alpha}_3$ 线性表出，而向量 $\boldsymbol{\beta}_2$ 不能由 $\boldsymbol{\alpha}_1,\boldsymbol{\alpha}_2,\boldsymbol{\alpha}_3$ 线性表出，则对于任意常数 $k$，必有(　　).

A. $\boldsymbol{\alpha}_1,\boldsymbol{\alpha}_2,\boldsymbol{\alpha}_3,k\boldsymbol{\beta}_1+\boldsymbol{\beta}_2$ 线性无关　　B. $\boldsymbol{\alpha}_1,\boldsymbol{\alpha}_2,\boldsymbol{\alpha}_3,k\boldsymbol{\beta}_1+\boldsymbol{\beta}_2$ 线性相关

C. $\boldsymbol{\alpha}_1,\boldsymbol{\alpha}_2,\boldsymbol{\alpha}_3,\boldsymbol{\beta}_1+k\boldsymbol{\beta}_2$ 线性无关　　D. $\boldsymbol{\alpha}_1,\boldsymbol{\alpha}_2,\boldsymbol{\alpha}_3,\boldsymbol{\beta}_1+k\boldsymbol{\beta}_2$ 线性相关

32. 设 $\boldsymbol{A}$ 是 $m\times n$ 矩阵，$\boldsymbol{B}$ 是 $n\times m$ 矩阵，则(　　).

A. 当 $m>n$ 时，$|\boldsymbol{AB}|\neq 0$　　B. 当 $m>n$ 时，$|\boldsymbol{AB}|=0$

C. 当 $n>m$ 时，$|\boldsymbol{AB}|\neq 0$　　D. 当 $n>m$ 时，$|\boldsymbol{AB}|=0$

33. 设 $n$ 级矩阵 $\boldsymbol{A}$ 可逆($n\geqslant 2$)，$\boldsymbol{A}^*$ 为 $\boldsymbol{A}$ 的伴随矩阵，则(　　).

A. $(\boldsymbol{A}^*)^*=|\boldsymbol{A}|^{n+1}\boldsymbol{A}$　　B. $(\boldsymbol{A}^*)^*=|\boldsymbol{A}|^{n-1}\boldsymbol{A}$

C. $(\boldsymbol{A}^*)^*=|\boldsymbol{A}|^{n+2}\boldsymbol{A}$　　D. $(\boldsymbol{A}^*)^*=|\boldsymbol{A}|^{n-2}\boldsymbol{A}$

34. 设 $\boldsymbol{Q}=\begin{bmatrix}1&2&3\\2&4&t\\3&6&9\end{bmatrix}$，$\boldsymbol{P}$ 为 3 阶非零矩阵，且满足 $\boldsymbol{PQ}=0$，则(　　).

A. 当 $t=6$ 时，$\boldsymbol{P}$ 的秩必为 1　　B. 当 $t=6$ 时，$\boldsymbol{P}$ 的秩必为 2

C. 当 $t\neq 6$ 时，$\boldsymbol{P}$ 的秩必为 1　　D. 当 $t\neq 6$ 时，$\boldsymbol{P}$ 的秩必为 2

35. 已知 $\boldsymbol{\beta}_1$、$\boldsymbol{\beta}_2$ 是非齐次线性方程组 $\boldsymbol{Ax}=\boldsymbol{b}$ 的两个不同的解，$\boldsymbol{\alpha}_1,\boldsymbol{\alpha}_2$ 是 $\boldsymbol{Ax}=\boldsymbol{0}$ 的基础解系，$k_1$、$k_2$ 为任意常数，则方程组 $\boldsymbol{Ax}=\boldsymbol{b}$ 的通解必是(　　).

A. $\dfrac{\boldsymbol{\beta}_1-\boldsymbol{\beta}_2}{2}+k_1\boldsymbol{\alpha}_1+k_2(\boldsymbol{\alpha}_1+\boldsymbol{\alpha}_2)$　　B. $\dfrac{\boldsymbol{\beta}_1+\boldsymbol{\beta}_2}{2}+k_1\boldsymbol{\alpha}_1+k_2(\boldsymbol{\alpha}_1-\boldsymbol{\alpha}_2)$

C. $\dfrac{\boldsymbol{\beta}_1-\boldsymbol{\beta}_2}{2}+k_1\boldsymbol{\alpha}_1+k_2(\boldsymbol{\beta}_1+\boldsymbol{\beta}_2)$　　D. $\dfrac{\boldsymbol{\beta}_1+\boldsymbol{\beta}_2}{2}+k_1\boldsymbol{\alpha}_1+k_2(\boldsymbol{\beta}_1-\boldsymbol{\beta}_2)$

36. 设矩阵 $\boldsymbol{A}=\begin{bmatrix}a_{11}&a_{12}&a_{13}&a_{14}\\a_{21}&a_{22}&a_{23}&a_{24}\\a_{31}&a_{32}&a_{33}&a_{34}\\a_{41}&a_{42}&a_{43}&a_{44}\end{bmatrix}$，$\boldsymbol{B}=\begin{bmatrix}a_{14}&a_{13}&a_{12}&a_{11}\\a_{24}&a_{23}&a_{22}&a_{21}\\a_{34}&a_{33}&a_{32}&a_{31}\\a_{44}&a_{43}&a_{42}&a_{41}\end{bmatrix}$，$\boldsymbol{P}_1=\begin{bmatrix}0&0&0&1\\0&1&0&0\\0&0&1&0\\0&0&0&1\end{bmatrix}$，$\boldsymbol{P}_2=\begin{bmatrix}1&0&0&0\\0&0&1&0\\0&1&0&0\\0&0&0&1\end{bmatrix}$，其中，$\boldsymbol{A}$ 可逆，则 $\boldsymbol{B}^{-1}=$(　　).

A. $\boldsymbol{A}^{-1}\boldsymbol{P}_1\boldsymbol{P}_2$　　B. $\boldsymbol{P}_1\boldsymbol{A}^{-1}\boldsymbol{P}_2$　　C. $\boldsymbol{P}_1\boldsymbol{P}_2\boldsymbol{A}^{-1}$　　D. $\boldsymbol{P}_2\boldsymbol{A}^{-1}\boldsymbol{P}_1$

37. 设 $\boldsymbol{A}$ 为 $n$ 阶矩阵，$\boldsymbol{\alpha}$ 是 $n$ 维列向量，并且 $R\begin{pmatrix}\boldsymbol{A}&\boldsymbol{\alpha}\\\boldsymbol{\alpha}^{\mathrm{T}}&0\end{pmatrix}=R(\boldsymbol{A})$，则(　　).

A. $\boldsymbol{Ax}=\boldsymbol{\alpha}$ 有无穷多解　　B. $\boldsymbol{Ax}=\boldsymbol{\alpha}$ 有唯一解

C. $\begin{bmatrix}\boldsymbol{A}&\boldsymbol{\alpha}\\\boldsymbol{\alpha}^{\mathrm{T}}&0\end{bmatrix}\begin{bmatrix}x\\y\end{bmatrix}=\boldsymbol{0}$ 仅有零解　　D. $\begin{bmatrix}\boldsymbol{A}&\boldsymbol{\alpha}\\\boldsymbol{\alpha}^{\mathrm{T}}&0\end{bmatrix}\begin{bmatrix}x\\y\end{bmatrix}=\boldsymbol{0}$ 有非零解

38. 设 $\boldsymbol{A}$ 是 $m\times n$ 矩阵，$\boldsymbol{B}$ 是 $n\times m$ 矩阵，则线性方程组 $\boldsymbol{ABx}=\boldsymbol{0}$（　　）.

A. 当 $m>n$ 时，仅有零解　　B. 当 $m>n$ 时，有非零解

C. 当 $n>m$ 时，仅有零解　　D. 当 $n>m$ 时，有非零解

39. 设 $\boldsymbol{A}$ 是 $n$ 阶实对称矩阵，$\boldsymbol{P}$ 是 $n$ 阶可逆矩阵，$n$ 维列向量 $\boldsymbol{\alpha}$ 是 $\boldsymbol{A}$ 的属于特征值 $\lambda$ 的特征向量，则矩阵 $(\boldsymbol{P}^{-1}\boldsymbol{AP})^{\mathrm{T}}$ 的属于特征值 $\lambda$ 的特征向量是（　　）.

A. $\boldsymbol{P}^{-1}\boldsymbol{\alpha}$　　B. $\boldsymbol{P}^{\mathrm{T}}\boldsymbol{\alpha}$　　C. $\boldsymbol{P\alpha}$　　D. $(\boldsymbol{P}^{-1})^{\mathrm{T}}\boldsymbol{\alpha}$

40. 设 3 阶矩阵 $\boldsymbol{A}=\begin{bmatrix} a & b & b \\ b & a & b \\ b & b & a \end{bmatrix}$，$\boldsymbol{A}$ 的伴随矩阵的秩等于 1，则（　　）.

A. $a=b$ 或 $a+2b=0$　　B. $a=b$ 或 $a+2b\neq 0$

C. $a\neq b$ 且 $a+2b=0$　　D. $a\neq b$ 且 $a+2b\neq 0$

41. 设 $\boldsymbol{\alpha}_1$，$\boldsymbol{\alpha}_2$，…，$\boldsymbol{\alpha}_s$ 为 $n$ 维向量，则下列结论中不确定的是（　　）.

A. 若对于任意一组不全为 0 的数 $k_1$，$k_2$，…，$k_s$，都有 $k_1\boldsymbol{\alpha}_1+\cdots+k_s\boldsymbol{\alpha}_s\neq\boldsymbol{0}$，则 $\boldsymbol{\alpha}_1$，$\boldsymbol{\alpha}_2$，…，$\boldsymbol{\alpha}_s$ 线性无关

B. 若 $\boldsymbol{\alpha}_1$，$\boldsymbol{\alpha}_2$，…，$\boldsymbol{\alpha}_s$ 线性相关，则若对于任意一组不全为 0 的数 $k_1$，$k_2$，…，$k_s$，都有 $k_1\boldsymbol{\alpha}_1+\cdots+k_s\boldsymbol{\alpha}_s=\boldsymbol{0}$

C. $\boldsymbol{\alpha}_1$，$\boldsymbol{\alpha}_2$，…，$\boldsymbol{\alpha}_s$ 线性无关的充要条件为其秩为 $s$

D. $\boldsymbol{\alpha}_1$，$\boldsymbol{\alpha}_2$，…，$\boldsymbol{\alpha}_s$ 线性无关的充要条件为其中任意两个向量都线性无关

42. 设 $n$ 阶矩阵 $\boldsymbol{A}$ 与 $\boldsymbol{B}$ 等价，则（　　）.

A. 当 $|\boldsymbol{A}|=a\neq 0$ 时，$|\boldsymbol{B}|=a$　　B. 当 $|\boldsymbol{A}|=a\neq 0$ 时，$|\boldsymbol{B}|=-a$

C. 当 $|\boldsymbol{A}|\neq 0$ 时，$|\boldsymbol{B}|=0$　　D. 当 $|\boldsymbol{A}|=0$ 时，$|\boldsymbol{B}|=0$

43. 设 $n$ 阶矩阵 $\boldsymbol{A}$ 的伴随矩阵 $\boldsymbol{A}^*\neq 0$，$\boldsymbol{\xi}_1$，$\boldsymbol{\xi}_2$，$\boldsymbol{\xi}_3$，$\boldsymbol{\xi}_4$ 是非齐次线性方程组 $\boldsymbol{Ax}=\boldsymbol{b}$ 的互不相同的解，则导出组 $\boldsymbol{Ax}=\boldsymbol{0}$ 的基础解系（　　）.

A. 不存在　　B. 仅含一个非零解向量

C. 含有 2 个线性无关的解向量　　D. 含有 3 个线性无关的解向量

44. 设矩阵 $\boldsymbol{A}=(a_{ij})_{3\times 3}$ 满足 $\boldsymbol{A}^*=\boldsymbol{A}^{\mathrm{T}}$，且 $a_{11}$、$a_{12}$、$a_{13}$ 为 3 个相等的正数，则 $a_{11}$ 为（　　）.

A. $\dfrac{\sqrt{3}}{3}$　　B. 3　　C. $\dfrac{1}{3}$　　D. $\sqrt{3}$

45. 设 $\boldsymbol{A}$ 为 3 阶矩阵，将 $\boldsymbol{A}$ 的第二行加到第一行得矩阵 $\boldsymbol{B}$，将 $\boldsymbol{B}$ 的第一列的 $-1$ 倍加到第二列得矩阵 $\boldsymbol{C}$，令矩阵 $\boldsymbol{P}=\begin{bmatrix} 1 & 1 & 0 \\ 0 & 1 & 0 \\ 0 & 0 & 1 \end{bmatrix}$，则 $\boldsymbol{C}=$（　　）.

A. $\boldsymbol{P}^{-1}\boldsymbol{AP}$　　B. $\boldsymbol{P}^{\mathrm{T}}\boldsymbol{AP}$　　C. $\boldsymbol{PAP}^{-1}$　　D. $\boldsymbol{PAP}^{\mathrm{T}}$

46. 设向量组 $\boldsymbol{\alpha}_1$，$\boldsymbol{\alpha}_2$，$\boldsymbol{\alpha}_3$ 线性无关，则下列向量组中线性无关的是（　　）.

A. $\boldsymbol{\alpha}_1-\boldsymbol{\alpha}_2$，$\boldsymbol{\alpha}_2-\boldsymbol{\alpha}_3$，$\boldsymbol{\alpha}_3-\boldsymbol{\alpha}_1$　　B. $\boldsymbol{\alpha}_1+\boldsymbol{\alpha}_2$，$\boldsymbol{\alpha}_2+\boldsymbol{\alpha}_3$，$\boldsymbol{\alpha}_3+\boldsymbol{\alpha}_1$

C. $\boldsymbol{\alpha}_1-2\boldsymbol{\alpha}_2$，$\boldsymbol{\alpha}_2-2\boldsymbol{\alpha}_3$，$\boldsymbol{\alpha}_3-2\boldsymbol{\alpha}_1$　　D. $\boldsymbol{\alpha}_1+2\boldsymbol{\alpha}_2$，$\boldsymbol{\alpha}_2+2\boldsymbol{\alpha}_3$，$\boldsymbol{\alpha}_3+2\boldsymbol{\alpha}_1$

47. 设矩阵 $\boldsymbol{A}=\begin{bmatrix} 2 & -1 & -1 \\ -1 & 2 & -1 \\ -1 & -1 & 2 \end{bmatrix}$，$\boldsymbol{B}=\begin{bmatrix} 1 & 0 & 0 \\ 0 & 1 & 0 \\ 0 & 0 & 0 \end{bmatrix}$，则 $\boldsymbol{A}$ 与 $\boldsymbol{B}$（　　）.

A. 合同且相似　　B. 合同但不相似

C. 不合同但相似　　D. 既不合同也不相似

48. 设矩阵 $\boldsymbol{A}=\begin{bmatrix}1 & 2\\2 & 1\end{bmatrix}$，则在实数域上与 $\boldsymbol{A}$ 合同的矩阵是(　　).

A. $\begin{bmatrix}-2 & 1\\1 & -2\end{bmatrix}$　　B. $\begin{bmatrix}2 & -1\\-1 & 2\end{bmatrix}$

C. $\begin{bmatrix}2 & 1\\1 & 2\end{bmatrix}$　　D. $\begin{bmatrix}1 & -2\\-2 & 1\end{bmatrix}$

49. 设 $\boldsymbol{A}$、$\boldsymbol{B}$ 为 2 阶矩阵，$\boldsymbol{A}^*$、$\boldsymbol{B}^*$ 分别为 $\boldsymbol{A}$、$\boldsymbol{B}$ 的伴随矩阵，并且 $|\boldsymbol{A}|=2$，$|\boldsymbol{B}|=3$，则分块矩阵 $\begin{bmatrix}\boldsymbol{0} & \boldsymbol{A}\\\boldsymbol{B} & \boldsymbol{0}\end{bmatrix}$ 的伴随矩阵为(　　).

A. $\begin{bmatrix}\boldsymbol{0} & 3\boldsymbol{A}^*\\2\boldsymbol{B}^* & \boldsymbol{0}\end{bmatrix}$　　B. $\begin{bmatrix}\boldsymbol{0} & 2\boldsymbol{A}^*\\3\boldsymbol{B}^* & \boldsymbol{0}\end{bmatrix}$

C. $\begin{bmatrix}\boldsymbol{0} & 3\boldsymbol{B}^*\\2\boldsymbol{A}^* & \boldsymbol{0}\end{bmatrix}$　　D. $\begin{bmatrix}\boldsymbol{0} & 2\boldsymbol{B}^*\\3\boldsymbol{A}^* & \boldsymbol{0}\end{bmatrix}$

50. 设 $\boldsymbol{A}$、$\boldsymbol{P}$ 均为 3 阶矩阵，$\boldsymbol{P}^{\mathrm{T}}\boldsymbol{A}\boldsymbol{P}=\mathrm{diag}(1, 1, 2)$，若 $\boldsymbol{P}=(\boldsymbol{\alpha}_1, \boldsymbol{\alpha}_2, \boldsymbol{\alpha}_3)$，$\boldsymbol{Q}=(\boldsymbol{\alpha}_1+\boldsymbol{\alpha}_2, \boldsymbol{\alpha}_2, \boldsymbol{\alpha}_3)$，则 $\boldsymbol{Q}^{\mathrm{T}}\boldsymbol{A}\boldsymbol{Q}$ 为(　　).

A. $\begin{bmatrix}2 & 1 & 0\\1 & 1 & 0\\0 & 0 & 2\end{bmatrix}$　　B. $\begin{bmatrix}1 & 1 & 0\\1 & 2 & 0\\0 & 0 & 2\end{bmatrix}$

C. $\begin{bmatrix}2 & 0 & 0\\0 & 1 & 0\\0 & 0 & 2\end{bmatrix}$　　D. $\begin{bmatrix}1 & 0 & 0\\0 & 2 & 0\\0 & 0 & 2\end{bmatrix}$

51. 设 $\boldsymbol{A}$ 为 4 阶对称矩阵，$\boldsymbol{A}^2+\boldsymbol{A}=\boldsymbol{0}$，并且 $\boldsymbol{A}$ 的秩为 3，则 $\boldsymbol{A}$ 相似于(　　).

A. diag(1, 1, 1, 0)　　B. diag(1, 1, −1, 0)

C. diag(1, −1, −1, 0)　　D. diag(−1, −1, −1, 0)

52. 设向量组①：$\boldsymbol{\alpha}_1, \boldsymbol{\alpha}_2, \cdots, \boldsymbol{\alpha}_r$ 可由向量组②：$\boldsymbol{\beta}_1, \boldsymbol{\beta}_2, \cdots, \boldsymbol{\beta}_s$ 线性表示，则(　　).

A. 若向量组①线性无关，则 $r\leqslant s$　　B. 若向量组①线性无关，则 $r>s$

C. 若向量组②线性无关，则 $r\leqslant s$　　D. 若向量组②线性无关，则 $r>s$

53. 设 $\boldsymbol{A}$ 为 3 阶矩阵，将 $\boldsymbol{A}$ 的第二行加到第一行得矩阵 $\boldsymbol{B}$，交换 $\boldsymbol{B}$ 的第二行与第三行得单位矩阵，令矩阵 $\boldsymbol{P}_1=\begin{bmatrix}1 & 0 & 0\\1 & 1 & 0\\0 & 0 & 1\end{bmatrix}$，$\boldsymbol{P}_2=\begin{bmatrix}1 & 0 & 0\\0 & 0 & 1\\0 & 1 & 0\end{bmatrix}$，则 $\boldsymbol{A}=$(　　).

A. $\boldsymbol{P}_1\boldsymbol{P}_2$　　B. $\boldsymbol{P}_1^{-1}\boldsymbol{P}_2$　　C. $\boldsymbol{P}_2\boldsymbol{P}_1$　　D. $\boldsymbol{P}_2\boldsymbol{P}_1^{-1}$

54. 设 $\boldsymbol{A}$ 为 4×3 矩阵，$\boldsymbol{\eta}_1$、$\boldsymbol{\eta}_2$、$\boldsymbol{\eta}_3$ 是非齐次线性方程组 $\boldsymbol{A}\boldsymbol{x}=\boldsymbol{\beta}$ 的 3 个线性无关的解，$k_1$、$k_2$ 为任意实数，则 $\boldsymbol{A}\boldsymbol{x}=\boldsymbol{\beta}$ 的通解为(　　).

A. $\dfrac{\boldsymbol{\eta}_2+\boldsymbol{\eta}_3}{2}+k_1(\boldsymbol{\eta}_1-\boldsymbol{\eta}_1)$　　B. $\dfrac{\boldsymbol{\eta}_2-\boldsymbol{\eta}_3}{2}+k_2(\boldsymbol{\eta}_1-\boldsymbol{\eta}_1)$

C. $\dfrac{\boldsymbol{\eta}_2+\boldsymbol{\eta}_3}{2}+k_1(\boldsymbol{\eta}_3-\boldsymbol{\eta}_1)+k_2(\boldsymbol{\eta}_2-\boldsymbol{\eta}_1)$　　D. $\dfrac{\boldsymbol{\eta}_2-\boldsymbol{\eta}_3}{2}+k_1(\boldsymbol{\eta}_3-\boldsymbol{\eta}_1)+k_2(\boldsymbol{\eta}_2-\boldsymbol{\eta}_1)$

55. 将二阶方阵 $\boldsymbol{A}$ 的第二列加到第一列得矩阵 $\boldsymbol{B}$，再交换 $\boldsymbol{B}$ 的第一行与第二行得单位矩阵，则 $\boldsymbol{A}=$(　　).

A. $\begin{bmatrix}0&1\\1&1\end{bmatrix}$　B. $\begin{bmatrix}0&1\\1&-1\end{bmatrix}$　C. $\begin{bmatrix}1&1\\1&0\end{bmatrix}$　D. $\begin{bmatrix}-1&1\\1&0\end{bmatrix}$

56. 设 $\boldsymbol{A}$ 为 $n$ 阶方阵，并且 $|\boldsymbol{A}|=a\neq0$，$\boldsymbol{A}^*$ 是 $\boldsymbol{A}$ 的伴随矩阵，则 $|\boldsymbol{A}^*|=$(　　).

A. $a$　B. $\dfrac{1}{a}$　C. $a^{n-1}$　D. $a^n$

57. 假设 $\boldsymbol{A}$ 为 $n$ 阶方阵，$R(\boldsymbol{A})=r<n$，那么在 $\boldsymbol{A}$ 的 $n$ 个行向量中(　　).

A. 必有 $r$ 个行向量线性无关

B. 任意 $r$ 个行向量线性无关

C. 任意 $r$ 个行向量都构成极大线性无关组

D. 任意一个行向量都可以由其他 $r$ 个行向量线性表出

58. $n$ 维向量组 $\boldsymbol{\alpha}_1, \boldsymbol{\alpha}_2, \cdots, \boldsymbol{\alpha}_s(3\leqslant s\leqslant n)$ 线性无关的充要条件为(　　).

A. 存在一组不全为零的数 $k_1, k_2, \cdots, k_s$ 使得 $k_1\boldsymbol{\alpha}_1+k_2\boldsymbol{\alpha}_2+\cdots+k_s\boldsymbol{\alpha}_s\neq\mathbf{0}$

B. $\boldsymbol{\alpha}_1, \boldsymbol{\alpha}_2, \cdots, \boldsymbol{\alpha}_s$ 中任意两个向量都线性无关

C. $\boldsymbol{\alpha}_1, \boldsymbol{\alpha}_2, \cdots, \boldsymbol{\alpha}_s$ 中存在一个向量，它不能用其余向量线性表出

D. $\boldsymbol{\alpha}_1, \boldsymbol{\alpha}_2, \cdots, \boldsymbol{\alpha}_s$ 中任意一个向量都不能用其余向量线性表出

59. 设 $\boldsymbol{A}$ 为 $n$ 阶方阵，$|\boldsymbol{A}|=0$，则 $\boldsymbol{A}$ 中(　　).

A. 必有一列向量全为零

B. 必有两列元素对应成比例

C. 必有一列向量是其余列向量的线性组合

D. 任一列向量是其余列向量的线性组合

60. 设 $\boldsymbol{A}$、$\boldsymbol{B}$ 为 $n$ 阶方阵，则必有(　　).

A. $|\boldsymbol{A}+\boldsymbol{B}|=|\boldsymbol{A}|+|\boldsymbol{B}|$　B. $\boldsymbol{AB}=\boldsymbol{BA}$

C. $|\boldsymbol{AB}|=|\boldsymbol{BA}|$　D. $(\boldsymbol{A}+\boldsymbol{B})^{-1}=\boldsymbol{A}^{-1}+\boldsymbol{B}^{-1}$

61. 设 $n$ 元齐次线性方程组 $\boldsymbol{Ax}=\mathbf{0}$ 的系数矩阵 $\boldsymbol{A}$ 的秩为 $r$，则 $\boldsymbol{Ax}=\mathbf{0}$ 有非零解的充要条件为(　　).

A. $r=n$　B. $r<n$　C. $r\geqslant n$　D. $r>n$

62. 向量组 $\boldsymbol{\alpha}_1, \boldsymbol{\alpha}_2, \cdots, \boldsymbol{\alpha}_s$ 线性无关的充分条件为(　　).

A. $\boldsymbol{\alpha}_1, \boldsymbol{\alpha}_2, \cdots, \boldsymbol{\alpha}_s$ 均不为零向量

B. $\boldsymbol{\alpha}_1, \boldsymbol{\alpha}_2, \cdots, \boldsymbol{\alpha}_s$ 中任意两个向量的分量不成比例

C. $\boldsymbol{\alpha}_1, \boldsymbol{\alpha}_2, \cdots, \boldsymbol{\alpha}_s$ 中任意一个向量均不能用其余 $s-1$ 向量线性表出

D. $\boldsymbol{\alpha}_1, \boldsymbol{\alpha}_2, \cdots, \boldsymbol{\alpha}_s$ 中有一部分向量线性无关

63. 设 $\boldsymbol{A}$ 为 $n$ 阶可逆矩阵，$\boldsymbol{A}^*$ 是 $\boldsymbol{A}$ 的伴随矩阵，则(　　).

A. $|\boldsymbol{A}^*|=|\boldsymbol{A}|^{n-1}$　B. $|\boldsymbol{A}^*|=|\boldsymbol{A}|$

C. $|\boldsymbol{A}^*|=|\boldsymbol{A}|^n$　D. $|\boldsymbol{A}^*|=|\boldsymbol{A}|^{-1}$

64. 设 $n$ 阶方阵 $\boldsymbol{A}$、$\boldsymbol{B}$、$\boldsymbol{C}$、$\boldsymbol{E}$ 满足 $\boldsymbol{ABC}=\boldsymbol{E}$，则必有(　　).

A. $\boldsymbol{ACB}=\boldsymbol{E}$　B. $\boldsymbol{CBA}=\boldsymbol{E}$　C. $\boldsymbol{BAC}=\boldsymbol{E}$　D. $\boldsymbol{BCA}=\boldsymbol{E}$

65. 设 $\boldsymbol{A}$ 为 $n$ 阶可逆矩阵，$\lambda$ 是 $\boldsymbol{A}$ 的一个特征值，则 $\boldsymbol{A}$ 的伴随矩阵 $\boldsymbol{A}^*$ 的特征值之一是

(　　).

A. $\lambda^{-1}|\boldsymbol{A}|^n$　　B. $\lambda^{-1}|\boldsymbol{A}|$　　C. $\lambda|\boldsymbol{A}|$　　D. $\lambda|\boldsymbol{A}|^n$

66. 设 $n$ 阶方阵 $\boldsymbol{A}$、$\boldsymbol{B}$ 满足 $\boldsymbol{AB}=\boldsymbol{0}$，则必有(　　).

A. $\boldsymbol{A}=\boldsymbol{0}$ 或 $\boldsymbol{B}=\boldsymbol{0}$　　B. $\boldsymbol{A}+\boldsymbol{B}=\boldsymbol{0}$

C. $|\boldsymbol{A}|=0$ 或 $|\boldsymbol{B}|=0$　　D. $|\boldsymbol{A}|+|\boldsymbol{B}|=0$

67. 设 $\boldsymbol{A}$ 是 $m\times n$ 矩阵，$\boldsymbol{Ax}=\boldsymbol{0}$ 是非齐次线性方程组 $\boldsymbol{Ax}=\boldsymbol{b}$ 所对应的齐次线性方程组，则下列结论正确的是(　　).

A. 若 $\boldsymbol{Ax}=\boldsymbol{0}$ 仅有零解，则 $\boldsymbol{Ax}=\boldsymbol{b}$ 有唯一解

B. 若 $\boldsymbol{Ax}=\boldsymbol{0}$ 有非零解，则 $\boldsymbol{Ax}=\boldsymbol{b}$ 有无穷多解

C. 若 $\boldsymbol{Ax}=\boldsymbol{b}$ 有无穷多解，则 $\boldsymbol{Ax}=\boldsymbol{0}$ 仅有零解

D. 若 $\boldsymbol{Ax}=\boldsymbol{b}$ 有无穷多解，则 $\boldsymbol{Ax}=\boldsymbol{0}$ 有非零解

68. 要使 $\boldsymbol{\xi}_1=(1,0,2)^{\mathrm{T}}$，$\boldsymbol{\xi}_2=(0,1,-1)^{\mathrm{T}}$ 都是线性方程组 $\boldsymbol{Ax}=\boldsymbol{0}$ 的解，只要系数矩阵 $\boldsymbol{A}$ 为(　　).

A. $(-2,1,1)$　　B. $\begin{bmatrix}2 & 0 & -1\\ 0 & 1 & 1\end{bmatrix}$

C. $\begin{bmatrix}-1 & 0 & 2\\ 0 & 1 & -1\end{bmatrix}$　　D. $\begin{bmatrix}0 & 1 & 1\\ 4 & -2 & -2\\ 0 & 1 & 1\end{bmatrix}$

69. 设 $\boldsymbol{A}$ 是 $m\times n$ 矩阵，齐次线性方程组 $\boldsymbol{Ax}=\boldsymbol{0}$ 仅有零解的充分条件为(　　).

A. $\boldsymbol{A}$ 的列向量线性无关　　B. $\boldsymbol{A}$ 的列向量线性相关

C. $\boldsymbol{A}$ 的行向量线性无关　　D. $\boldsymbol{A}$ 的行向量线性相关

70. 设 $\boldsymbol{A}$、$\boldsymbol{B}$、$\boldsymbol{A}+\boldsymbol{B}$、$\boldsymbol{A}^{-1}+\boldsymbol{B}^{-1}$ 均为 $n$ 阶可逆矩阵，则 $(\boldsymbol{A}^{-1}+\boldsymbol{B}^{-1})^{-1}$ 等于(　　).

A. $\boldsymbol{A}^{-1}+\boldsymbol{B}^{-1}$　　B. $\boldsymbol{A}+\boldsymbol{B}$　　C. $\boldsymbol{A}(\boldsymbol{A}+\boldsymbol{B})^{-1}\boldsymbol{B}$　　D. $(\boldsymbol{A}+\boldsymbol{B})^{-1}$

71. 设 $\boldsymbol{\alpha}_1,\boldsymbol{\alpha}_2,\cdots,\boldsymbol{\alpha}_m$ 均为 $n$ 维向量，则下列结论正确的是(　　).

A. 若 $k_1\boldsymbol{\alpha}_1+k_2\boldsymbol{\alpha}_2+\cdots+k_m\boldsymbol{\alpha}_m=\boldsymbol{0}$，则 $\boldsymbol{\alpha}_1,\boldsymbol{\alpha}_2,\cdots,\boldsymbol{\alpha}_m$ 线性相关

B. 若对于任一组不全为零的数 $k_1,k_2,\cdots,k_m$ 都有 $k_1\boldsymbol{\alpha}_1+k_2\boldsymbol{\alpha}_2+\cdots+k_m\boldsymbol{\alpha}_m\neq\boldsymbol{0}$，则 $\boldsymbol{\alpha}_1,\boldsymbol{\alpha}_2,\cdots,\boldsymbol{\alpha}_m$ 线性无关

C. 若 $\boldsymbol{\alpha}_1,\boldsymbol{\alpha}_2,\cdots,\boldsymbol{\alpha}_m$ 线性相关，则对任一组不全为零的数 $k_1,k_2,\cdots,k_m$ 都有 $k_1\boldsymbol{\alpha}_1+k_2\boldsymbol{\alpha}_2+\cdots+k_m\boldsymbol{\alpha}_m=\boldsymbol{0}$

D. 若 $0\cdot\boldsymbol{\alpha}_1+0\cdot\boldsymbol{\alpha}_2+\cdots+0\cdot\boldsymbol{\alpha}_m=\boldsymbol{0}$，则 $\boldsymbol{\alpha}_1,\boldsymbol{\alpha}_2,\cdots,\boldsymbol{\alpha}_m$ 线性无关

72. $n$ 阶方阵 $\boldsymbol{A}$ 具有 $n$ 个不同的特征值是 $\boldsymbol{A}$ 与对角矩阵相似的(　　).

A. 充要条件　　B. 充分非必要条件

C. 必要非充分条件　　D. 既非充分也非必要条件

73. 设 $\lambda=2$ 是可逆矩阵 $\boldsymbol{A}$ 的一个特征值，则矩阵 $\left(\frac{1}{3}\boldsymbol{A}^2\right)^{-1}$ 有一个特征值等于(　　).

A. $\frac{4}{3}$　　B. $\frac{3}{4}$　　C. $\frac{1}{2}$　　D. $\frac{1}{4}$

74. 设向量组 $\boldsymbol{\alpha}_1,\boldsymbol{\alpha}_2,\boldsymbol{\alpha}_3,\boldsymbol{\alpha}_4$ 线性无关，则向量组(　　).

A. $\boldsymbol{\alpha}_1+\boldsymbol{\alpha}_2,\boldsymbol{\alpha}_2+\boldsymbol{\alpha}_3,\boldsymbol{\alpha}_3+\boldsymbol{\alpha}_4,\boldsymbol{\alpha}_4+\boldsymbol{\alpha}_1$ 线性无关

B. $\boldsymbol{\alpha}_1-\boldsymbol{\alpha}_2$，$\boldsymbol{\alpha}_2-\boldsymbol{\alpha}_3$，$\boldsymbol{\alpha}_3-\boldsymbol{\alpha}_4$，$\boldsymbol{\alpha}_4-\boldsymbol{\alpha}_1$ 线性无关

C. $\boldsymbol{\alpha}_1+\boldsymbol{\alpha}_2$，$\boldsymbol{\alpha}_2+\boldsymbol{\alpha}_3$，$\boldsymbol{\alpha}_3+\boldsymbol{\alpha}_4$，$\boldsymbol{\alpha}_4-\boldsymbol{\alpha}_1$ 线性无关

D. $\boldsymbol{\alpha}_1+\boldsymbol{\alpha}_2$，$\boldsymbol{\alpha}_2+\boldsymbol{\alpha}_3$，$\boldsymbol{\alpha}_3-\boldsymbol{\alpha}_4$，$\boldsymbol{\alpha}_4-\boldsymbol{\alpha}_1$ 线性无关

**注** 判断向量组线性相关性常用的方法：① 定义法：向量组线性相(无)关的充要条件为构成的齐次线性方程组有非零解(只有零解)；② 向量组的秩：向量组线性相(无)关的充要条件为构成矩阵的秩小于(等于)个数.

75. 设 $\boldsymbol{A}$ 是 $m\times n$ 矩阵，$\boldsymbol{C}$ 是 $n$ 阶可逆矩阵，$R(\boldsymbol{A})=r$，$R(\boldsymbol{B})=R(\boldsymbol{AC})=r_1$，则(　　).

A. $r>r_1$　　　　B. $r<r_1$

C. $r=r_1$　　　　D. $r$ 和 $r_1$ 的关系依 $\boldsymbol{C}$ 而定

76. 设有向量组 $\boldsymbol{\alpha}_1=(1,-1,2,4)$，$\boldsymbol{\alpha}_2=(0,3,1,2)$，$\boldsymbol{\alpha}_3=(3,0,7,14)$，$\boldsymbol{\alpha}_4=(1,-2,2,0)$，$\boldsymbol{\alpha}_5=(2,1,5,10)$，则该向量组的极大无关组是(　　).

A. $\boldsymbol{\alpha}_1$，$\boldsymbol{\alpha}_2$，$\boldsymbol{\alpha}_3$　　　　B. $\boldsymbol{\alpha}_1$，$\boldsymbol{\alpha}_2$，$\boldsymbol{\alpha}_4$

C. $\boldsymbol{\alpha}_1$，$\boldsymbol{\alpha}_2$，$\boldsymbol{\alpha}_5$　　　　D. $\boldsymbol{\alpha}_1$，$\boldsymbol{\alpha}_2$，$\boldsymbol{\alpha}_4$，$\boldsymbol{\alpha}_5$

77. 设 $\boldsymbol{A}=\begin{bmatrix}a_{11}&a_{12}&a_{13}\\a_{21}&a_{22}&a_{23}\\a_{31}&a_{32}&a_{33}\end{bmatrix}$，$\boldsymbol{B}=\begin{bmatrix}a_{21}&a_{22}&a_{23}\\a_{11}&a_{12}&a_{13}\\a_{31}+a_{11}&a_{32}+a_{12}&a_{33}+a_{13}\end{bmatrix}$，$\boldsymbol{P}_1=\begin{bmatrix}0&1&0\\1&0&0\\0&0&1\end{bmatrix}$，

$\boldsymbol{A}=\begin{bmatrix}1&0&0\\0&1&0\\1&0&1\end{bmatrix}$，则必有(　　).

A. $\boldsymbol{AP}_1\boldsymbol{P}_2=\boldsymbol{B}$　　B. $\boldsymbol{AP}_2\boldsymbol{P}_1=\boldsymbol{B}$　　C. $\boldsymbol{P}_1\boldsymbol{P}_2\boldsymbol{A}=\boldsymbol{B}$　　D. $\boldsymbol{P}_2\boldsymbol{P}_1\boldsymbol{A}=\boldsymbol{B}$

78. 设矩阵 $\boldsymbol{A}_{m\times n}$ 的秩为 $m$ 且 $m<n$，下述结论中正确的是(　　).

A. $\boldsymbol{A}$ 的任意 $m$ 个列向量必线性无关　　B. $\boldsymbol{A}$ 的任意一个 $m$ 阶子式不等于零

C. 若矩阵 $\boldsymbol{B}$ 满足 $\boldsymbol{BA}=\boldsymbol{0}$，则 $\boldsymbol{B}=\boldsymbol{0}$　　D. $\boldsymbol{A}$ 通过初等变换，必可以化为$(\boldsymbol{E}_m,\boldsymbol{0})$的形式

79. 设 $n$ 维行向量 $\boldsymbol{\alpha}=\left(\frac{1}{2},0,\cdots,0,\frac{1}{2}\right)$，矩阵 $\boldsymbol{A}=\boldsymbol{E}-\boldsymbol{\alpha}^{\mathrm{T}}\boldsymbol{\alpha}$，$\boldsymbol{B}=\boldsymbol{E}+2\boldsymbol{\alpha}^{\mathrm{T}}\boldsymbol{\alpha}$，则 $\boldsymbol{AB}$ 等于(　　).

A. 0　　B. $-\boldsymbol{E}$　　C. $\boldsymbol{E}$　　D. $\boldsymbol{E}+\boldsymbol{\alpha}^{\mathrm{T}}\boldsymbol{\alpha}$

80. 行列式 $\begin{vmatrix}a_1&0&0&b_1\\0&a_2&b_2&0\\0&b_3&a_3&0\\b_4&0&0&a_4\end{vmatrix}$ 的值等于(　　).

A. $a_1a_2a_3a_4-b_1b_2b_3b_4$　　　　B. $a_1a_2a_3a_4+b_1b_2b_3b_4$

C. $(a_1a_2-b_1b_2)(a_3a_4-b_3b_4)$　　　　D. $(a_2a_3-b_2b_3)(a_1a_4-b_1b_4)$

81. 设 $\boldsymbol{A}$ 为 $n$ 阶可逆矩阵，$\boldsymbol{A}^*$ 为 $\boldsymbol{A}$ 的伴随矩阵，则(　　).

A. $(\boldsymbol{A}^*)^*=|\boldsymbol{A}|^{n-1}\boldsymbol{A}$　　　　B. $(\boldsymbol{A}^*)^*=|\boldsymbol{A}|^{n+1}\boldsymbol{A}$

C. $(\boldsymbol{A}^*)^*=|\boldsymbol{A}|^{n-2}\boldsymbol{A}$　　　　D. $(\boldsymbol{A}^*)^*=|\boldsymbol{A}|^{n+2}\boldsymbol{A}$

82. 设 $\boldsymbol{\alpha}_1=(a_1,a_2,a_3)^{\mathrm{T}}$，$\boldsymbol{\alpha}_2=(b_1,b_2,b_3)^{\mathrm{T}}$，$\boldsymbol{\alpha}_3=(c_1,c_2,c_3)^{\mathrm{T}}$，则 3 条直线 $a_ix+b_iy+c_i=0$，$a_i^2+b_i^2\neq0$，$(i=1,2,3)$交于一点的充要条件为(　　).

A. $\boldsymbol{\alpha}_1$，$\boldsymbol{\alpha}_2$，$\boldsymbol{\alpha}_3$ 线性相关　　　　B. $\boldsymbol{\alpha}_1$，$\boldsymbol{\alpha}_2$，$\boldsymbol{\alpha}_3$ 线性无关

C. $R(\boldsymbol{\alpha}_1, \boldsymbol{\alpha}_2, \boldsymbol{\alpha}_3)=R(\boldsymbol{\alpha}_1, \boldsymbol{\alpha}_2)$　　D. $\boldsymbol{\alpha}_1, \boldsymbol{\alpha}_2, \boldsymbol{\alpha}_3$ 线性相关；$\boldsymbol{\alpha}_1, \boldsymbol{\alpha}_2$ 线性无关

83. 设向量组 $\boldsymbol{\alpha}_1, \boldsymbol{\alpha}_2, \boldsymbol{\alpha}_3$ 线性无关，则下列向量组中线性无关的是(　　).

A. $\boldsymbol{\alpha}_1+\boldsymbol{\alpha}_2, \boldsymbol{\alpha}_2+\boldsymbol{\alpha}_3, \boldsymbol{\alpha}_3-\boldsymbol{\alpha}_1$　　B. $\boldsymbol{\alpha}_1+\boldsymbol{\alpha}_2, \boldsymbol{\alpha}_2+\boldsymbol{\alpha}_3, \boldsymbol{\alpha}_1+2\boldsymbol{\alpha}_2+\boldsymbol{\alpha}_3$

C. $\boldsymbol{\alpha}_1+2\boldsymbol{\alpha}_2, 2\boldsymbol{\alpha}_2+3\boldsymbol{\alpha}_3, 3\boldsymbol{\alpha}_3+\boldsymbol{\alpha}_1$　　D. $\boldsymbol{\alpha}_1+\boldsymbol{\alpha}_2+\boldsymbol{\alpha}_3, 2\boldsymbol{\alpha}_1-3\boldsymbol{\alpha}_2+22\boldsymbol{\alpha}_3, 3\boldsymbol{\alpha}_1+5\boldsymbol{\alpha}_2-5\boldsymbol{\alpha}_3$

84. 设 $\boldsymbol{A}$、$\boldsymbol{B}$ 为同阶可逆矩阵，则(　　).

A. $\boldsymbol{AB}=\boldsymbol{BA}$　　B. 存在可逆矩阵 $\boldsymbol{P}$ 使得 $\boldsymbol{P}^{-1}\boldsymbol{AP}=\boldsymbol{B}$

C. 存在可逆矩阵 $\boldsymbol{C}$ 使得 $\boldsymbol{C}^{\mathrm{T}}\boldsymbol{AC}=\boldsymbol{B}$　　D. 存在可逆矩阵 $\boldsymbol{P}$、$\boldsymbol{Q}$ 使得 $\boldsymbol{PAQ}=\boldsymbol{B}$

85. 非齐次线性方程组 $\boldsymbol{Ax}=\boldsymbol{b}$ 中未知量个数为 $n$，方程个数为 $m$，系数矩阵的秩 $R(\boldsymbol{A})=r$，则(　　).

A. 当 $r=m$ 时，方程组 $\boldsymbol{Ax}=\boldsymbol{b}$ 有解

B. 当 $r=n$ 时，方程组 $\boldsymbol{Ax}=\boldsymbol{b}$ 有唯一解

C. 当 $n=m$ 时，方程组 $\boldsymbol{Ax}=\boldsymbol{b}$ 有唯一解

D. 当 $r<n$ 时，方程组 $\boldsymbol{Ax}=\boldsymbol{b}$ 有无穷多解

86. 设矩阵 $\begin{bmatrix} a_1 & b_1 & c_1 \\ a_2 & b_2 & c_2 \\ a_3 & b_3 & c_3 \end{bmatrix}$ 是满秩的，则直线 $\dfrac{x-a_3}{a_1-a_2}=\dfrac{y-b_3}{b_1-b_2}=\dfrac{z-c_3}{c_1-c_2}$ 与 $\dfrac{x-a_1}{a_2-a_3}=\dfrac{y-b_1}{b_2-b_3}=\dfrac{z-c_1}{c_2-c_3}$(　　).

A. 相交于一点　　B. 重合　　C. 平行但不重合　　D. 异面

87. 设 $\boldsymbol{A}$ 是任一 $n$ 不小于 3 阶的方阵，$\boldsymbol{A}^*$ 是其伴随矩阵，$k$ 为常数，$k\neq 0$，$\pm 1$，则必有 $(k\boldsymbol{A})^*=$(　　).

A. $k\boldsymbol{A}^*$　　B. $k^{n-1}\boldsymbol{A}^*$　　C. $k^n\boldsymbol{A}^*$　　D. $k^{-1}\boldsymbol{A}^*$

88. 设齐次线性方程组 $\begin{cases} \lambda x_1+x_2+\lambda^2 x_3=0 \\ x_1+\lambda x_2+x_3=0 \\ x_1+x_2+\lambda x_3=0 \end{cases}$ 的系数矩阵为 $\boldsymbol{A}$，若存在 3 阶矩阵 $\boldsymbol{B}\neq\boldsymbol{0}$，使得 $\boldsymbol{AB}=\boldsymbol{0}$，则(　　).

A. $\lambda=-2$ 且 $|\boldsymbol{B}|=0$　　B. $\lambda=-2$ 且 $|\boldsymbol{B}|\neq 0$

C. $\lambda=1$ 且 $|\boldsymbol{B}|=0$　　D. $\lambda=1$ 且 $|\boldsymbol{B}|\neq 0$

89. 设矩阵 $\boldsymbol{A}_{n\times n}=\begin{bmatrix} 1 & a & \cdots & a \\ a & 1 & \cdots & a \\ \vdots & \vdots & & \vdots \\ a & a & \cdots & 1 \end{bmatrix}$，$n\geqslant 3$，若 $R(\boldsymbol{A})=n-1$，则 $a$ 必为(　　).

A. 1　　B. $\dfrac{1}{1-n}$　　C. $-1$　　D. $\dfrac{1}{n-1}$

90. 若向量组 $\boldsymbol{\alpha}, \boldsymbol{\beta}, \boldsymbol{\gamma}$ 线性无关，$\boldsymbol{\alpha}, \boldsymbol{\beta}, \boldsymbol{\delta}$ 线性相关，则(　　).

A. $\boldsymbol{\alpha}$ 必可由 $\boldsymbol{\beta}, \boldsymbol{\gamma}, \boldsymbol{\delta}$ 线性表示　　B. $\boldsymbol{\beta}$ 必不可由 $\boldsymbol{\alpha}, \boldsymbol{\gamma}, \boldsymbol{\delta}$ 线性表示

C. $\boldsymbol{\delta}$ 必可由 $\boldsymbol{\alpha}, \boldsymbol{\beta}, \boldsymbol{\gamma}$ 线性表示　　D. $\boldsymbol{\delta}$ 必不可由 $\boldsymbol{\alpha}, \boldsymbol{\beta}, \boldsymbol{\gamma}$ 线性表示

91. 设向量 $\boldsymbol{\beta}$ 可由向量组 $\boldsymbol{\alpha}_1, \boldsymbol{\alpha}_2, \cdots, \boldsymbol{\alpha}_m$ 线性表出，但不能由向量组①：$\boldsymbol{\alpha}_1, \boldsymbol{\alpha}_2, \cdots, \boldsymbol{\alpha}_{m-1}$ 线性表出，即向量组②：$\boldsymbol{\alpha}_1, \boldsymbol{\alpha}_2, \cdots, \boldsymbol{\alpha}_{m-1}, \boldsymbol{\beta}$，则(　　).

A. $\boldsymbol{\alpha}_m$ 不能由①线性表出，也不能由②线性表出

B. $\boldsymbol{\alpha}_m$ 不能由①线性表出，但可由②线性表出

C. $\boldsymbol{\alpha}_m$ 可由①线性表出，也可由②线性表出

D. $\boldsymbol{\alpha}_m$ 可由①线性表出，但不可由②线性表出

92. 设 $\boldsymbol{A}$、$\boldsymbol{B}$ 为 $n$ 阶矩阵，且 $\boldsymbol{A}$ 与 $\boldsymbol{B}$ 相似，则(　　).

A. $\lambda\boldsymbol{E}-\boldsymbol{A}=\lambda\boldsymbol{E}-\boldsymbol{B}$　　　　B. $\boldsymbol{A}$ 与 $\boldsymbol{B}$ 有相同的特征值和特征向量

C. $\boldsymbol{A}$ 与 $\boldsymbol{B}$ 都相似于一个对角矩阵　　　　D. 对任意常数 $t$，$t\boldsymbol{E}-\boldsymbol{A}$ 与 $t\boldsymbol{E}-\boldsymbol{B}$ 相似

93. $n$ 维列向量组 $\boldsymbol{\alpha}_1, \cdots, \boldsymbol{\alpha}_m (m<n)$ 线性无关，则 $n$ 维列向量组 $\boldsymbol{\beta}_1, \cdots, \boldsymbol{\beta}_m$ 线性无关的充要条件为(　　).

A. 向量组 $\boldsymbol{\alpha}_1, \cdots, \boldsymbol{\alpha}_m$ 可由向量组 $\boldsymbol{\beta}_1, \cdots, \boldsymbol{\beta}_m$ 线性表出

B. 向量组 $\boldsymbol{\beta}_1, \cdots, \boldsymbol{\beta}_m$ 可由向量组 $\boldsymbol{\alpha}_1, \cdots, \boldsymbol{\alpha}_m$ 线性表出

C. 向量组 $\boldsymbol{\alpha}_1, \cdots, \boldsymbol{\alpha}_m$ 与向量组 $\boldsymbol{\beta}_1, \cdots, \boldsymbol{\beta}_m$ 等价

D. 矩阵 $\boldsymbol{A}=(\boldsymbol{\alpha}_1, \cdots, \boldsymbol{\alpha}_m)$ 与矩阵 $n=(\boldsymbol{\beta}_1, \cdots, \boldsymbol{\beta}_m)$ 等价

94. 设 $\boldsymbol{\alpha}_1, \boldsymbol{\alpha}_2, \boldsymbol{\alpha}_3$ 是 4 元非齐次线性方程组 $\boldsymbol{A}x=\boldsymbol{b}$ 的 3 个解向量，并且 $R(\boldsymbol{A})=3$，$\boldsymbol{\alpha}_1=(1, 2, 3, 4)^{\mathrm{T}}$，$\boldsymbol{\alpha}_1+\boldsymbol{\alpha}_2=(0, 1, 2, 3)^{\mathrm{T}}$，$c$ 为任意常数，则线性方程组 $\boldsymbol{A}x=\boldsymbol{b}$ 的通解为(　　).

A. $(1, 2, 3, 4)^{\mathrm{T}}+c(1, 1, 1, 1)^{\mathrm{T}}$　　　　B. $(1, 2, 3, 4)^{\mathrm{T}}+c(0, 1, 2, 3)^{\mathrm{T}}$

C. $(1, 2, 3, 4)^{\mathrm{T}}+c(2, 3, 4, 5)^{\mathrm{T}}$　　　　D. $(1, 2, 3, 4)^{\mathrm{T}}+c(3, 4, 5, 6)^{\mathrm{T}}$

95. 设 $\boldsymbol{A}$ 为 $n$ 阶实矩阵，则对于线性方程组①：$\boldsymbol{Ax}=0$ 和②：$\boldsymbol{A}^{\mathrm{T}}\boldsymbol{Ax}=0$ 必有(　　).

A. ②的解是①的解，①的解也是②的解

B. ②的解是①的解，但①的解不是②的解

C. ①的解不是②的解，②的解也不是①的解

D. ①的解是②的解，但②的解不是①的解

96. 设 $\boldsymbol{A}=\begin{bmatrix}1&1&1&1\\1&1&1&1\\1&1&1&1\\1&1&1&1\end{bmatrix}$，$\boldsymbol{B}=\begin{bmatrix}4&0&0&0\\0&0&0&0\\0&0&0&0\\0&0&0&0\end{bmatrix}$，则 $\boldsymbol{A}$ 与 $\boldsymbol{B}$(　　).

A. 合同且相似　　　　B. 合同但不相似

C. 相似但不合同　　　　D. 不合同也不相似

97. 设 $\boldsymbol{A}$、$\boldsymbol{B}$ 为 $n$ 阶矩阵，$\boldsymbol{A}^*$、$\boldsymbol{B}^*$ 分别为 $\boldsymbol{A}$、$\boldsymbol{B}$ 的伴随矩阵，分块矩阵 $\boldsymbol{C}=\begin{bmatrix}\boldsymbol{A}&\boldsymbol{0}\\\boldsymbol{0}&\boldsymbol{B}\end{bmatrix}$，则 $\boldsymbol{C}$ 的伴随矩阵为 $\boldsymbol{C}^*=$(　　).

A. $\begin{bmatrix}|\boldsymbol{A}|\boldsymbol{A}^*&\boldsymbol{0}\\\boldsymbol{0}&|\boldsymbol{B}|\boldsymbol{B}^*\end{bmatrix}$　　　　B. $\begin{bmatrix}|\boldsymbol{B}|\boldsymbol{B}^*&\boldsymbol{0}\\\boldsymbol{0}&|\boldsymbol{A}|\boldsymbol{A}^*\end{bmatrix}$

C. $\begin{bmatrix}|\boldsymbol{A}|\boldsymbol{B}^*&\boldsymbol{0}\\\boldsymbol{0}&|\boldsymbol{B}|\boldsymbol{A}^*\end{bmatrix}$　　　　D. $\begin{bmatrix}|\boldsymbol{B}|\boldsymbol{A}^*&\boldsymbol{0}\\\boldsymbol{0}&|\boldsymbol{A}|\boldsymbol{B}^*\end{bmatrix}$

98. 设有 3 张不同平面的方程 $a_{i1}x+a_{i2}y+a_{i3}z=b_i(i=1\sim3)$，它们所组成的线性方程组的系数矩阵与增广矩阵的秩都为 2，则这 3 个平面可能的位置关系为(　　).

A. 不平行　　　　B. 重合

C. 交于一直线　　　　D. 两张平面重合与第三张平面平行

99. 设向量组①：$\boldsymbol{\alpha}_1, \boldsymbol{\alpha}_2, \cdots, \boldsymbol{\alpha}_r$ 可由向量组②：$\boldsymbol{\beta}_1, \boldsymbol{\beta}_2, \cdots, \boldsymbol{\beta}_s$ 线性表示，则(　　).

A. 当 $r<s$ 时，向量组②必线性相关　　B. 当 $r>s$ 时，向量组②必线性相关

C. 当 $r<s$ 时，向量组①必线性相关　　D. 当 $r>s$ 时，向量组①必线性相关

100. 设有齐次线性方程组 $\boldsymbol{Ax}=\boldsymbol{0}$ 和 $\boldsymbol{Bx}=\boldsymbol{0}$，其中，$\boldsymbol{A}$、$\boldsymbol{B}$ 均为 $m\times n$ 矩阵，现有命题：①若 $\boldsymbol{Ax}=\boldsymbol{0}$ 的解均为 $\boldsymbol{Bx}=\boldsymbol{0}$ 的解，则 $R(\boldsymbol{A})\geqslant R(\boldsymbol{B})$；②若 $R(\boldsymbol{A})\geqslant R(\boldsymbol{B})$，则 $\boldsymbol{Ax}=\boldsymbol{0}$ 的解均是 $\boldsymbol{Bx}=\boldsymbol{0}$ 的解；③若 $\boldsymbol{Ax}=\boldsymbol{0}$ 与 $\boldsymbol{Bx}=\boldsymbol{0}$ 同解，则 $R(\boldsymbol{A})=R(\boldsymbol{B})$；④若 $R(\boldsymbol{A})=R(\boldsymbol{B})$，则 $\boldsymbol{Ax}=\boldsymbol{0}$ 与 $\boldsymbol{Bx}=\boldsymbol{0}$ 同解，则其中正确的是(　　).

A. ①②　　B. ①③　　C. ②④　　D. ③④

101. 设矩阵 $\boldsymbol{B}=\begin{bmatrix}0&0&1\\0&1&0\\1&0&0\end{bmatrix}$，已知矩阵 $\boldsymbol{A}$ 相似于 $\boldsymbol{B}$，则 $R(\boldsymbol{A})+R(\boldsymbol{B})=$(　　).

A. 2　　B. 3　　C. 4　　D. 5

102. 设矩阵 $\boldsymbol{A}$ 为 3 阶方阵，将 $\boldsymbol{A}$ 的第一列与第二列交换得 $\boldsymbol{B}$，再将 $\boldsymbol{B}$ 的第二列加到第三列得 $\boldsymbol{C}$，则满足 $\boldsymbol{AQ}=\boldsymbol{C}$ 的可逆矩阵 $\boldsymbol{Q}$ 为(　　).

A. $\begin{bmatrix}0&1&0\\1&0&0\\1&0&1\end{bmatrix}$　　B. $\begin{bmatrix}0&1&0\\1&0&1\\0&0&1\end{bmatrix}$　　C. $\begin{bmatrix}0&1&0\\1&0&0\\0&1&1\end{bmatrix}$　　D. $\begin{bmatrix}0&1&1\\1&0&0\\0&0&1\end{bmatrix}$

103. 设 $\boldsymbol{\alpha}_1, \boldsymbol{\alpha}_2, \cdots, \boldsymbol{\alpha}_n$ 与 $\boldsymbol{\beta}_1, \boldsymbol{\beta}_2, \cdots, \boldsymbol{\beta}_n$ 为线性空间 $\mathbf{R}^n$ 的两组基，且 $(\boldsymbol{\alpha}_1, \boldsymbol{\alpha}_2, \cdots, \boldsymbol{\alpha}_n)=(\boldsymbol{\beta}_1, \boldsymbol{\beta}_2, \cdots, \boldsymbol{\beta}_n)\boldsymbol{A}$，又 $\boldsymbol{\alpha}\in\mathbf{R}^n$，$\boldsymbol{\alpha}=x_1\boldsymbol{\alpha}_1+\cdots+x_n\boldsymbol{\alpha}_n=y_1\boldsymbol{\beta}_1+\cdots+y_n\boldsymbol{\beta}_n$，$(x_1, \cdots, x_n)=(y_1, \cdots, y_n)\boldsymbol{B}$，则(　　).

A. $\boldsymbol{B}=\boldsymbol{A}^{\mathrm{T}}$　　B. $\boldsymbol{B}=\boldsymbol{A}^*$　　C. $\boldsymbol{B}=(\boldsymbol{A}^{\mathrm{T}})^{-1}$　　D. $\boldsymbol{B}=\boldsymbol{A}$

104. 二次型 $f(x_1, x_2, x_3)=x_1^2+x_2^2+x_1x_3+x_2x_3$ 是(　　)二次型.

A. 正定　　B. 不定　　C. 负定　　D. 半正定

105. 设二次型 $f(x_1, x_2, x_3)=(x_1+a_1x_2)^2+(x_2+a_2x_3)^2+(x_3+a_3x_1)^2$，则当(　　)时，此二次型为正定二次型.

A. $a_1, a_2, a_3$ 为任意实数　　B. $a_1, a_2, a_3$ 不等于 0

C. $a_1, a_2, a_3$ 为非正实数　　D. $a_1, a_2, a_3$ 不等于 $-1$

106. 设 $\boldsymbol{\alpha}_1=(a_1, a_2, a_3)^{\mathrm{T}}$，$\boldsymbol{\alpha}_2=(b_1, b_2, b_3)^{\mathrm{T}}$，$\boldsymbol{\alpha}_3=(c_1, c_2, c_3)^{\mathrm{T}}$，则三条直线 $\begin{cases}a_1x+b_1y+c_1=0,\\a_2x+b_2y+c_2=0,\\a_3x+b_3y+c_3=0,\end{cases}$ 其中 $a_i^2+b_i^2\neq0$ 交于一点的充要条件为(　　).

A. $\boldsymbol{\alpha}_1, \boldsymbol{\alpha}_2, \boldsymbol{\alpha}_3$ 线性相关　　B. $\boldsymbol{\alpha}_1, \boldsymbol{\alpha}_2, \boldsymbol{\alpha}_3$ 线性无关

C. $R(\boldsymbol{\alpha}_1, \boldsymbol{\alpha}_2, \boldsymbol{\alpha}_3)=R(\boldsymbol{\alpha}_1, \boldsymbol{\alpha}_2)$　　D. $\boldsymbol{\alpha}_1, \boldsymbol{\alpha}_2, \boldsymbol{\alpha}_3$ 线性相关；$\boldsymbol{\alpha}_1, \boldsymbol{\alpha}_2$ 线性无关

107. 设 $\boldsymbol{A}=\begin{bmatrix}1&2\\4&3\end{bmatrix}$，$\boldsymbol{B}=\begin{bmatrix}a&1\\2&b\end{bmatrix}$，则 $\boldsymbol{A}$ 和 $\boldsymbol{B}$ 乘法可交换的充要条件为(　　).

A. $a=b+1$　　B. $a=b-1$　　C. $a=b$　　D. $a=2b$

108. 设 $\boldsymbol{A}$、$\boldsymbol{B}$ 分别为 $m$、$n$ 阶方阵，并且 $|\boldsymbol{A}|=a$，$|\boldsymbol{B}|=b$，$\boldsymbol{C}=\begin{bmatrix}\boldsymbol{0}&\boldsymbol{A}\\\boldsymbol{B}&\boldsymbol{0}\end{bmatrix}$，则 $|\boldsymbol{C}|=$(　　).

A. $ab$　　B. $-ab$

C. $(-1)^n ab$　　D. $(-1)^{mn} ab$

109. 设 $\sigma$ 是 $\mathbf{R}^2$ 上的线性变换，$\sigma(x_1, x_2)=(2x_1+x_2, x_1+2x_2)$，则 $\sigma$ 在基 $\boldsymbol{\alpha}_1=(1, 0)$，$\boldsymbol{\alpha}_2=(1, 1)$下的矩阵为(　　).

A. $\begin{bmatrix}1 & 3\\1 & 3\end{bmatrix}$　　B. $\begin{bmatrix}1 & 0\\1 & 3\end{bmatrix}$

C. $\begin{bmatrix}1 & 3\\0 & 3\end{bmatrix}$　　D. $\begin{bmatrix}3 & 0\\3 & 1\end{bmatrix}$

**二、判断题(正确，予以证明；错误，举出反例)**

1. 设 $\boldsymbol{\alpha}_i=(a_{i1}, a_{i2}, a_{i3}, a_{i4}, a_{i5})(i=1, 2, 3)$，$\boldsymbol{\beta}_j=(a_{1j}, a_{2j}, a_{3j})(j=1, 2, 3)$，若 $\boldsymbol{\alpha}_1$，$\boldsymbol{\alpha}_2$，$\boldsymbol{\alpha}_3$ 线性相关，则 $\boldsymbol{\beta}_1$，$\boldsymbol{\beta}_2$，$\boldsymbol{\beta}_3$ 线性相关.

2. 设 $\boldsymbol{A}$、$\boldsymbol{B}$ 均是正定矩阵，则 $\boldsymbol{AB}$ 是正定矩阵.

3. 正定的正交矩阵一定是单位矩阵.

4. 设 $f(x)$、$g(x)$、$d(x)$均为数域 $P$ 上的多项式，则 $d(x)$是 $f(x)$、$g(x)$的最大公因式的充要条件是存在多项式 $u(x)$、$v(x)$，使 $d(x)=u(x)f(x)+v(x)g(x)$.

5. 次数大于零的整系数多项式在有理数域上可约的充要条件是它在整数环上可约.

6. 设 $\boldsymbol{A}$、$\boldsymbol{B}$ 均是可对角化的矩阵，则 $\boldsymbol{A}$、$\boldsymbol{B}$ 相似的充要条件是 $\boldsymbol{A}$ 和 $\boldsymbol{B}$ 有相同的特征多项式.

7. 齐次线性方程组 $\boldsymbol{AX}=\boldsymbol{0}$ 与 $\boldsymbol{BX}=\boldsymbol{0}$ 同解的充要条件是 $R(\boldsymbol{A})=R(\boldsymbol{B})$.

8. 若 $V_1$、$V_2$、$V_3$ 是线性空间 $V$ 的子空间，并且 $V_1\cap V_2=V_1\cap V_3=V_2\cap V_3=\{0\}$，则 $V_1$、$V_2$、$V_3$ 的和 $V_1+V_2+V_3$ 是直和.

9. 设 $\Phi$ 是 $n$ 维线性空间 $V$ 的线性变换，则 $V$ 必是 $\Phi$ 的值域 $\Phi V$ 与核 $\Phi^{-1}(0)$的直和.

10. 设 $f(x)$、$g(x)$均为有理系数多项式，若在实数域上 $f(x)$能整除 $g(x)$，则在有理数域上 $f(x)$也能整除 $g(x)$.

11. 任意一个实二次型都经过非退化线性替换化成标准形，且标准形是唯一的.

12. 同一数域上的两个有限维线性空间同构的充要条件是它们有相同的维数.

13. 设 $\sigma$ 是数域 $P$ 上的有限维线性空间 $V$ 上的线性变换，若 $\mathrm{Ker}\sigma=\{0\}$，则 $\sigma$ 是 $V$ 上的可逆线性变换.

14. 正交矩阵的特征值为 $\pm 1$.

15. 设 $f(x)$是一多项式，$a$ 是 $f^{(k)}(x)$($k$ 是正整数)的根，但不是 $f^{(k+1)}(x)$的根，则 $a$ 是 $f(x)$的 $k$ 重根.

16. 方阵 $\boldsymbol{A}$ 可逆的充要条件是存在常数项不为零的多项式 $f(x)$，使 $f(\boldsymbol{A})=\boldsymbol{0}$.

17. 在 $n$ 维欧氏空间中，一组标准正交基的度量矩阵是单位矩阵.

18. 线性空间 $V$ 的任意子空间的交与并仍是 $V$ 的子空间.

19. 正交矩阵属于不同特征值的特征向量正交.

20. 设 $f(x)$、$g(x)$是实系数多项式，若在复数域上 $f(x)$能整除 $g(x)$，则在实数域上 $f(x)$也能整除 $g(x)$.

21. 若非齐线性方程组的导出组只有零解，则这个方程组存在唯一解.

22. 设 $\lambda$ 是数域 $P$ 上的 $n$ 阶方阵 $\boldsymbol{A}$ 的特征值，$\boldsymbol{\eta}$ 是数域 $P$ 上的 $n$ 维列向量，则 $\boldsymbol{\eta}$ 是 $\boldsymbol{A}$ 的特征向量的充要条件是 $\boldsymbol{A\eta}=\lambda\boldsymbol{\eta}$.

23. $n$ 维欧氏空间 $V$ 的一组基为标准正交基的充要条件是其度量矩阵是单位矩阵.

24. 实二次型的标准形是唯一的.

25. 若 $\alpha$ 是 $f'(x)$ 的 $k$ 重根，则 $\alpha$ 为 $f(x)$ 的 $k+1$ 重根.

26. 设 $\boldsymbol{A}$ 为 $m\times n$ 矩阵，$\boldsymbol{B}$ 为 $n\times m$ 矩阵，$m>n$，则 $|\boldsymbol{AB}|=0$.

27. 若 $\boldsymbol{A}$、$\boldsymbol{B}$ 均为 $n$ 阶实对称矩阵，具有相同的特征多项式，则 $\boldsymbol{A}$ 与 $\boldsymbol{B}$ 相似.

28. 设 $\boldsymbol{\alpha}_1$，$\boldsymbol{\alpha}_2$，$\boldsymbol{\alpha}_3$，$\boldsymbol{\alpha}_4$ 线性无关，则 $\boldsymbol{\alpha}_1+\boldsymbol{\alpha}_2$，$\boldsymbol{\alpha}_2+\boldsymbol{\alpha}_3$，$\boldsymbol{\alpha}_3+\boldsymbol{\alpha}_4$，$\boldsymbol{\alpha}_4+\boldsymbol{\alpha}_1$ 的秩为 3.

29. 设 $V_1$、$V_2$ 是线性空间 $V$ 的两个子空间，满足 $V_1\cap V_2=\{0\}$，则 $V=V_1\oplus V_2$.

30. 设 $\boldsymbol{A}$ 为 $n$ 阶正定矩阵，则存在正定矩阵 $\boldsymbol{B}$，使 $\boldsymbol{A}=\boldsymbol{B}^2$.

31. 假设 $\boldsymbol{A}$、$\boldsymbol{B}$、$\boldsymbol{C}$、$\boldsymbol{D}$ 是同阶方阵，则有行列式的等式 $\begin{vmatrix}\boldsymbol{A} & \boldsymbol{C}\\ \boldsymbol{B} & \boldsymbol{D}\end{vmatrix}=|\boldsymbol{A}||\boldsymbol{D}|-|\boldsymbol{B}||\boldsymbol{C}|$.

32. 假设线性空间 $V$ 是其子空间 $V_1$、$V_2$ 的直和：$V=V_1\oplus V_2$，若 $\boldsymbol{\eta}\in V$，则 $\boldsymbol{\eta}\in V_1$ 或 $\boldsymbol{\eta}\in V_2$.

33. 假设 $\boldsymbol{A}$、$\boldsymbol{B}$ 是同阶方阵，且 $\boldsymbol{A}^2=\boldsymbol{A}$，$\boldsymbol{B}^2=\boldsymbol{B}$. 若 $\boldsymbol{A}$ 与 $\boldsymbol{B}$ 的秩相同，则 $\boldsymbol{A}$ 与 $\boldsymbol{B}$ 相似.

34. 假设 $\boldsymbol{A}$、$\boldsymbol{B}$ 是同阶实对称矩阵，若 $\boldsymbol{A}$ 与 $\boldsymbol{B}$ 相似. 则 $\boldsymbol{A}$ 与 $\boldsymbol{B}$ 必合同；反之，若 $\boldsymbol{A}$ 与 $\boldsymbol{B}$ 合同，$\boldsymbol{A}$ 与 $\boldsymbol{B}$ 必相似.

**三、填空题**

1. 设行列式 $D=\begin{vmatrix}2 & 1 & 0 & 0\\ 0 & 1 & 0 & 0\\ 2 & 4 & 6 & 8\\ 1 & 3 & 0 & 1\end{vmatrix}$ 中的元素 $a_{ij}$ 的代数余子式是 $A_{ij}$，则 $A_{31}+2A_{32}+3A_{33}+4A_{34}=$________.

2. 设 $\boldsymbol{A}=\begin{bmatrix}1 & 0 & 1\\ 0 & 2 & 0\\ -2 & 0 & 1\end{bmatrix}$，而 3 阶方阵 $\boldsymbol{B}$ 满足 $\boldsymbol{A}^2\boldsymbol{B}-\boldsymbol{A}-\boldsymbol{B}=\boldsymbol{E}$，则 $|\boldsymbol{B}|=$________.

3. 若向量组 $\boldsymbol{\alpha}=(3, t+1, 5)$，$\boldsymbol{\beta}=(t, 1, 1)$，$\boldsymbol{\gamma}=(0, t, 4)$线性相关，则实数 $t$ 应满足________.

4. $n$ 元齐次线性方程组 $\boldsymbol{AX}=\boldsymbol{0}$ 有非零解的充要条件是________.

5. 若 $V=\{(a+bi, c+di)\,|\,a, b, c, d\in\mathbf{R}\}$，则 $V$ 对于通常的加法与数乘，在复数域上是________维线性空间；在实数域上是________维线性空间.

6. 多项式 $f(x)$ 被 $ax-b(a\neq 0)$ 除所得余式为________.

7. 设行列式 $D=\begin{vmatrix}3 & 0 & 4 & 0\\ 2 & 2 & 2 & 2\\ 0 & -7 & 0 & 0\\ 5 & 3 & -2 & 2\end{vmatrix}$，则第四行元素的代数余子式的和的值为________.

8. 设矩阵 $A=\begin{bmatrix}k&1&1&1\\1&k&1&1\\1&1&k&1\\1&1&1&k\end{bmatrix}$，其秩为 3，则 $k=$________.

9. 设 $A$ 为 3 阶矩阵，秩为 2，而矩阵 $B=\begin{bmatrix}1&0&2\\0&2&0\\-1&0&3\end{bmatrix}$，则 $R(AB)=$________.

10. 设 $n$ 元实二次型 $f(x_1, x_2, \cdots, x_n)=\sum\limits_{i=1}^{n}(x_i+a_ix_{i+1})^2$，当 $a_1, a_2, \cdots, a_n$ 满足________条件时正定.

11. 设 $A$ 是 $n$ 阶可逆矩阵，若 $A$ 有特征值 $\lambda$，则 $(A^*)^2+E$ 必有特征值________.

12. 设行列式 $D=\begin{vmatrix}2&3&4&5\\1&2&3&4\\1&4&9&16\\1&8&27&64\end{vmatrix}$，则第一行元素的余子式的和的值为________.

13. 设 $A=P^{-1}\Lambda P$，$P=\begin{bmatrix}-1&3\\1&2\end{bmatrix}$，$\Lambda=\begin{bmatrix}-1&0\\0&2\end{bmatrix}$，则 $A^{10}=$________.

14. 设矩阵 $A=\begin{bmatrix}1&0&0\\2&2&0\\3&3&3\end{bmatrix}$，则 $(A^*)^{-1}=$________.

15. 设 $f(x)$ 仅有实根，$a$ 是 $f'(x)$ 的重根，则 $f(a)=$________.

16. 设 $W_1$、$W_2$ 是 $n$ 维线性空间 $V$ 的两相异的 $n-1$ 维子空间，则维数 $(W_1\cap W_2)=$________.

17. 设实二次型 $f(x_1, x_2, x_3)=x_1^2+4x_2^2+4x_3^2+2\lambda x_1x_2-2x_1x_3+4x_2x_3$，当 $\lambda$ 满足________条件时正定.

18. 设 $f(x)=(x-2)^{2013}(x^2-x+2)^{2014}$，则 $f(x)$ 展开式中各项系数之和为________.

19. 设 $A$ 是正交矩阵，且 $|A|=-1$，则 $|E+A|=$________.

20. 设齐次线性方程组 $\begin{cases}\lambda x_1+x_2+\lambda^2x_3=0\\x_1+\lambda x_2+x_3=0\\x_1+x_2+\lambda x_3=0\end{cases}$ 的系数矩阵为 $A$，若存在 3 阶方阵 $B\neq 0$，使得 $AB=0$，则 $\lambda=$________，$|B|=$________.

21. 设 $\alpha_1=(2, 1, -3)^T$，$\alpha_2=(1, 0, -1)^T$，$\alpha_3=(3, 2, -5)^T$，$\beta=(1, -3, a)^T$，$\gamma=(b, -2, 1)^T$，向量组 $\alpha_1, \alpha_2, \alpha_3$ 与 $\alpha_1, \alpha_2, \alpha_3, \beta, \gamma$ 等价，则 $a=$________，$b=$________.

22. 设二次型 $f(x_1, x_2, x_3)=x_1^2+x_2^2+x_3^2+2tx_1x_2-2x_1x_3+4x_2x_3$，当 $t$ 满足________条件，$f(x)$ 正定.

23. 若 4 阶矩阵 $A$ 与 $B$ 相似，$A$ 的特征值为 $\frac{1}{2}$、$\frac{1}{3}$、$\frac{1}{4}$、$\frac{1}{5}$，则 $|B^{-1}-E|=$________.

24. 多项式 $f(x^3+1)$ 除以多项式 $x^2-1$ 的余式 $r(x)=$________.

25. 设矩阵 $\boldsymbol{A}_{n\times n}$、$\boldsymbol{B}_{n\times n}$ 满足 $\boldsymbol{A}^2=\boldsymbol{B}^2=\boldsymbol{E}$，$|\boldsymbol{A}|+|\boldsymbol{B}|=0$，则 $|\boldsymbol{A}+\boldsymbol{B}|=$________.

26. 设 $\boldsymbol{A}=\begin{bmatrix}1 & 2 & -2\\ 2 & -1 & \lambda\\ 3 & 1 & -1\end{bmatrix}$，若 $\boldsymbol{B}_{3\times 3}$ 各列为齐次线性方程组 $\boldsymbol{Ax}=\boldsymbol{0}$ 的解，则 $\lambda=$________.

27. 设 $V$ 为 $n$ 维线性空间，$U$ 和 $W$ 为 $V$ 的两个互异的 $n-1$ 维的子空间，则 $\dim(U\cap W)=$________.

28. 设二次型 $f(x_1, x_2, x_3)=x_1^2+x_2^2+5x_3^2+2\lambda x_1x_2-2x_1x_3-4x_2x_3$，则 $\lambda$ 满足________时，$f(x)$ 正定.

29. 设矩阵 $\boldsymbol{A}_{3\times 3}$ 的特征值为 1、$-1$、2，则 $|(\boldsymbol{A}^*)^2+\boldsymbol{E}|=$________.

30. 已知 $D=\begin{vmatrix}a_1 & a_2 & a_3 & a_4\\ a_1 & a_2 & a_4 & a_5\\ a_3 & a_2 & a_5 & a_4\\ a_4 & a_3 & a_6 & a_3\end{vmatrix}$，则第三列各元素的代数余子式之和的值为________.

31. 设齐次线性方程组 $\begin{cases}x_1+2x_2-2x_3=0\\ 2x_1-x_2+\lambda x_3=0\\ 3x_1+x_2-x_3=0\end{cases}$ 的系数矩阵为 $\boldsymbol{A}$，若存在 3 阶非零矩阵 $\boldsymbol{B}$ 使得 $\boldsymbol{AB}=\boldsymbol{0}$，则 $\lambda=$________.

32. 设二次型 $f(x_1, x_2, x_3)=x_1^2+4x_2^2+4x_3^2+2\lambda x_1x_2-2x_1x_3+4x_2x_3$，当 $\lambda$ 满足条件________时，二次型正定.

33. 设 $\boldsymbol{A}$ 是 $n$ 阶实对称矩阵，满足 $\boldsymbol{A}^3-3\boldsymbol{A}^2+3\boldsymbol{A}-2\boldsymbol{E}=\boldsymbol{0}$，则 $\boldsymbol{A}$ 的特征值为________.

34. 设矩阵 $\boldsymbol{A}_{3\times 3}$、$\boldsymbol{B}_{3\times 3}$，其中，$\boldsymbol{B}=\begin{bmatrix}0 & 0 & 0\\ 1 & 0 & 3\\ 0 & 1 & -2\end{bmatrix}$，若可逆矩阵 $\boldsymbol{P}_{3\times 3}$，使得 $\boldsymbol{AP}=\boldsymbol{PB}$，则 $|\boldsymbol{A}+\boldsymbol{E}|=$________.

35. 矩阵 $\boldsymbol{A}_{4\times 4}$、$\boldsymbol{B}_{5\times 5}$，且 $|\boldsymbol{A}|=2$，$|\boldsymbol{B}|=-2$，则 $|-|\boldsymbol{A}|\boldsymbol{B}|=$________，$|-|\boldsymbol{B}|\boldsymbol{A}|=$________，$|2\boldsymbol{A}^{-1}|=$________.

36. 可逆矩阵 $\boldsymbol{A}_{3\times 3}$ 的特征值为 $\frac{1}{2}$、$\frac{1}{3}$、$\frac{1}{4}$，则 $|\boldsymbol{A}-\boldsymbol{E}|=$________.

37. 矩阵 $\boldsymbol{A}_{4\times 4}$ 的秩为 3，则 $R(\boldsymbol{A}^*)=$________.

38. 矩阵 $\boldsymbol{A}_{n\times n}$、$\boldsymbol{B}_{n\times n}$ 满足 $\boldsymbol{AB}=\boldsymbol{0}$，若 $\boldsymbol{B}$ 的秩为 2，则 $\boldsymbol{A}$ 的秩为________.

39. 设 $\boldsymbol{A}$ 为 3 阶方阵，$\boldsymbol{A}^*$ 为 $\boldsymbol{A}$ 伴随阵，且 $|\boldsymbol{A}|=\frac{1}{8}$，则 $\left|\left(\frac{1}{3}\boldsymbol{A}\right)^{-1}-8\boldsymbol{A}^*\right|=$________.

40. 行列式 $D_4$ 第三行的元素为 $-1$、0、2、4，第四行元素对应的余子式为 2、20、$a$、4，则 $a=$________.

41. 设 $\boldsymbol{A}$、$\boldsymbol{B}$ 为 4 阶方阵，且 $|\boldsymbol{A}|=1$，$|\boldsymbol{B}|=3$，$\boldsymbol{A}=(\boldsymbol{\alpha}, \boldsymbol{\gamma}_2, \boldsymbol{\gamma}_3, \boldsymbol{\gamma}_4)$，$\boldsymbol{B}=(\boldsymbol{\beta}, \boldsymbol{\gamma}_2, \boldsymbol{\gamma}_3, \boldsymbol{\gamma}_4)$，而 $\boldsymbol{\alpha}, \boldsymbol{\beta}, \boldsymbol{\gamma}_2, \boldsymbol{\gamma}_3, \boldsymbol{\gamma}_4$ 为 4 维列向量，则 $|\boldsymbol{A}+\boldsymbol{B}|=$________.

42. 设实二次型 $f(x_1, x_2, x_3)=a(x_1^2+x_2^2+x_3^2)+4x_1x_2+4x_1x_3+4x_2x_3$，经正交变换 $\boldsymbol{X}=\boldsymbol{PY}$ 可化为标准形 $f=6y_1^2$，则 $a=$________.

43. 矩阵 $\boldsymbol{A}_{4\times4}=(\boldsymbol{\alpha}_1,\boldsymbol{\alpha}_2,\boldsymbol{\alpha}_3,\boldsymbol{\alpha}_4)$，$\boldsymbol{\alpha}_i$ 为 4 维列向量，$\boldsymbol{\alpha}_2$、$\boldsymbol{\alpha}_3$、$\boldsymbol{\alpha}_4$ 线性无关，$\boldsymbol{\alpha}_1=2\boldsymbol{\alpha}_2-\boldsymbol{\alpha}_3$，若$\boldsymbol{\beta}=\boldsymbol{\alpha}_1+\boldsymbol{\alpha}_2+\boldsymbol{\alpha}_3+\boldsymbol{\alpha}_4$，则 $\boldsymbol{AX}=\boldsymbol{\beta}$ 的通解为________.

44. 若 $\sigma$ 为 $V^n$ 的线性变换，则 $\sigma$ 的秩$+\sigma$ 的零度为________.

45. 给定矩阵 $\boldsymbol{A}$，并且 $\boldsymbol{A}-2\boldsymbol{E}$ 可逆，已知 $\boldsymbol{AB}=\boldsymbol{A}+2\boldsymbol{B}$，则 $\boldsymbol{B}=$________.

46. 设 $\boldsymbol{A}$ 为 $n$ 阶可逆矩阵($n\geqslant3$)，$k$ 为常数($k\neq0$，$\pm1$)，则$(k\boldsymbol{A})^*=$________.

47. 若 $\boldsymbol{\xi}_1=(1,0,2)^{\mathrm{T}}$，$\boldsymbol{\xi}_2=(0,1,-1)^{\mathrm{T}}$ 是齐次线性方程组 $\boldsymbol{Ax}=\boldsymbol{0}$ 的解，则系数矩阵 $\boldsymbol{A}=$________.

48. 设 $\boldsymbol{A}$ 为 $n$ 阶对称矩阵，$\boldsymbol{P}$ 为 $n$ 阶可逆矩阵，已知 $n$ 维列向量 $\boldsymbol{\alpha}$ 是 $\boldsymbol{A}$ 的属于特征值 $\lambda$ 的特征向量，则________是矩阵$(\boldsymbol{P}^{-1}\boldsymbol{AP})^{\mathrm{T}}$ 属于特征值 $\lambda$ 的特征向量.

49. 设 $m(x)$是 $n$ 阶方阵 $\boldsymbol{A}$ 的最小多项式，$f(x)$是 $\boldsymbol{A}$ 的特征多项式，则 $f(x)$与 $m(x)$有关系________________.

50. 在行列式 $\begin{vmatrix} 2 & -1 & x & 2x \\ 1 & 1 & x & -1 \\ 0 & x & 2 & 0 \\ x & 0 & -1 & -x \end{vmatrix}$ 中，$x^4$ 项的系数是________.

51. 已知矩阵 $\boldsymbol{A}$ 的逆矩阵 $\boldsymbol{A}^{-1}=\begin{bmatrix} 0 & 0 & 2 \\ 3 & 1 & 0 \\ 5 & 2 & 0 \end{bmatrix}$，则$\left(\dfrac{\boldsymbol{A}^*}{2}\right)^{-1}=$________.

52. 设 $\boldsymbol{\alpha}$、$\boldsymbol{\beta}$ 都是非零向量，$\boldsymbol{A}=\boldsymbol{E}-\boldsymbol{\alpha\beta}^{\mathrm{T}}$，已知 $\boldsymbol{A}^2=3\boldsymbol{E}-2\boldsymbol{A}$，则 $\boldsymbol{\alpha\beta}^{\mathrm{T}}=$________.

53. 设 4 元非齐次线性方程组的系数矩阵的秩为 3，已知 $\boldsymbol{\xi}_1$、$\boldsymbol{\xi}_2$、$\boldsymbol{\xi}_3$ 是其 3 个解向量，且 $\boldsymbol{\xi}_1+\boldsymbol{\xi}_2=(2,4,6,8)^{\mathrm{T}}$，$\boldsymbol{\xi}_2+\boldsymbol{\xi}_3=(1,2,3,4)^{\mathrm{T}}$，则该方程组的通解为________.

54. 设 $\boldsymbol{A}$、$\boldsymbol{B}$ 是 3 阶方阵，满足 $\boldsymbol{E}+\boldsymbol{B}=\boldsymbol{AB}$，$\boldsymbol{A}$ 有特征值 3、$-3$、0，则 $\boldsymbol{B}$ 的特征值为________.

55. 当 $\lambda$ 满足________时，二次型 $f(x_1,x_2,x_3)=5x_1^2+x_2^2+\lambda x_3^2+4x_1x_2-2x_1x_3-2x_2x_3$ 是正定的.

56. 设 $n$ 维向量 $\boldsymbol{\alpha}=(a,0,\cdots,0,a)^{\mathrm{T}}$，$a<0$，$\boldsymbol{E}$ 为 $n$ 阶单位矩阵，矩阵 $\boldsymbol{A}=\boldsymbol{E}-\boldsymbol{\alpha\alpha}^{\mathrm{T}}$，$\boldsymbol{B}=\boldsymbol{E}+\dfrac{1}{a}\boldsymbol{\alpha\alpha}^{\mathrm{T}}$，其中，$\boldsymbol{A}$ 和 $\boldsymbol{B}$ 互为逆矩阵，则 $a=$________.

57. 设 3 阶矩阵满足关系 $\boldsymbol{A}^{-1}\boldsymbol{BA}=6\boldsymbol{A}+\boldsymbol{BA}$，且 $\boldsymbol{A}=\begin{bmatrix} \frac{1}{3} & 0 & 0 \\ 0 & \frac{1}{4} & 0 \\ 0 & 0 & \frac{1}{7} \end{bmatrix}$，则 $\boldsymbol{B}=$________.

58. 设 $\boldsymbol{A}$ 为 3 阶方阵，且$|\boldsymbol{A}|=\dfrac{1}{2}$，$\boldsymbol{A}^*$ 为 $\boldsymbol{A}$ 的伴随矩阵，则$|(3\boldsymbol{A})^{-1}-2\boldsymbol{A}^*|=$________.

59. 已知二次型 $f(x_1,x_2,x_3)=a(x_1^2+x_2^2+x_3^2)+4x_1x_2+4x_1x_3+4x_2x_3$，经正交变换 $\boldsymbol{x}=\boldsymbol{Py}$可化为标准形 $f=6y_1^2$，则 $a=$________.

60. 设 $\boldsymbol{A}$ 为 $n$ 阶矩阵，$|\boldsymbol{A}|\neq0$，若 $\boldsymbol{A}$ 有特征值 $\lambda$，则$(\boldsymbol{A}^*)^2+\boldsymbol{E}$ 必有特征值________.

61. 设$V$是数域$P$上的一个3维线性空间，$\boldsymbol{\varepsilon}_1$，$\boldsymbol{\varepsilon}_2$，$\boldsymbol{\varepsilon}_3$是它的一组基，$f$是$V$上一个线性函数，已知$f(\boldsymbol{\varepsilon}_1+\boldsymbol{\varepsilon}_2)=1$，$f(\boldsymbol{\varepsilon}_2-2\boldsymbol{\varepsilon}_3)=-1$，$f(\boldsymbol{\varepsilon}_1+\boldsymbol{\varepsilon}_2)=-3$，则$f(2\boldsymbol{\varepsilon}_1+2\boldsymbol{\varepsilon}_2-\boldsymbol{\varepsilon}_3)=$________.

62. 设$n$维向量$\boldsymbol{\alpha}$满足$\boldsymbol{\alpha}^{\mathrm{T}}\boldsymbol{\alpha}=1$，则$|\boldsymbol{E}-2\boldsymbol{\alpha}\boldsymbol{\alpha}^{\mathrm{T}}|=$________.

63. 多项式$f(x)=x^3-3x^2+tx-1$有重根，则$t=$________.

64. 矩阵$\boldsymbol{A}=\begin{bmatrix}1&2&2\\2&1&2\\2&2&1\end{bmatrix}$的最小多项式为________.

65. 设$\boldsymbol{A}$、$\boldsymbol{B}$为$n$阶方阵，则$R(\boldsymbol{AB}-\boldsymbol{E})$与$R(\boldsymbol{A}-\boldsymbol{E})+R(\boldsymbol{B}-\boldsymbol{E})$的关系是________.

66. 设$\boldsymbol{A}$为$n$阶方阵，$\boldsymbol{AX}=\boldsymbol{0}$有非零解，$\boldsymbol{A}^*\boldsymbol{X}=\boldsymbol{0}$基础解系中至少有________向量.

67. 当$k=$________时，$\begin{bmatrix}3&2&-3\\-k&-1&k\\4&2&-3\end{bmatrix}$可对角化.

68. 已知矩阵$\boldsymbol{A}=\begin{bmatrix}1&b&1\\b&a&1\\1&1&1\end{bmatrix}$与矩阵$\boldsymbol{B}=\begin{bmatrix}0&0&0\\0&1&0\\0&0&4\end{bmatrix}$相似，则$a=$________，$b=$________.

69. 设$\boldsymbol{A}$、$\boldsymbol{B}$是$n$阶正交矩阵，且$|\boldsymbol{A}|\neq|\boldsymbol{B}|$，则$|\boldsymbol{A}+\boldsymbol{B}|=$________.

70. 在欧氏空间$\mathbf{R}^4$中，设$\boldsymbol{\alpha}=(1,2,2,3)^{\mathrm{T}}$，$\boldsymbol{\beta}=(3,1,5,1)^{\mathrm{T}}$，则$\boldsymbol{\beta}$的长度为________，$\boldsymbol{\alpha}$与$\boldsymbol{\beta}$的夹角为________.

71. 设$\boldsymbol{A}$是3阶方阵，$|\boldsymbol{A}|=\dfrac{1}{2}$，则$|\boldsymbol{A}^{-1}|=$________，$|2\boldsymbol{A}|=$________.

72. 已知3阶方阵$\boldsymbol{A}$的特征值为4、2、3，则$|\boldsymbol{A}|=$________.

73. 当$t=$________时，二次型$f=2x_1^2+x_2^2+x_3^2+2x_1x_2+tx_2x_3$正定.

74. 矩阵$\boldsymbol{A}=\begin{bmatrix}1&a&0\\2&1&0\\1&3&1\end{bmatrix}$不是可逆矩阵，则$a=$________.

75. 在欧氏空间$\mathbf{R}^4$中，设$\boldsymbol{\alpha}=(1,3,-2,1)^{\mathrm{T}}$，$\boldsymbol{\beta}=(3,-1,3,6)^{\mathrm{T}}$，则$\boldsymbol{\alpha}$与$\boldsymbol{\beta}$的夹角为________.

76. 已知3阶方阵$\boldsymbol{A}$的特征值为1、2、3，则$|\boldsymbol{A}|=$________.

77. 已知$\boldsymbol{A}$为实$n$阶正交矩阵，并且$|\boldsymbol{A}|<0$，则$|\boldsymbol{A}|=$________.

78. 在欧氏空间$\mathbf{R}^4$中，设$\boldsymbol{\alpha}=(0,2,0,3)^{\mathrm{T}}$，$\boldsymbol{\beta}=(3,0,5,0)^{\mathrm{T}}$，则$\boldsymbol{\alpha}$与$\boldsymbol{\beta}$的夹角为________.

79. 设多项式$f(x)=x^3+px^2+qx+r$的根为$a_1$，$a_2$，$a_3$，且$r\neq0$，则$a_1^2+a_2^2+a_3^2=$________.

80. 设$W=\{(x_1,x_2,x_3,0)\mid x_1-x_2-x_3=0,\ x_i\in\mathbf{R},\ i=1,2,3\}$是实数域上线性空间$\mathbf{R}^4$的子空间，则$\dim W=$________，它的一组基为________.

81. 已知可对角化矩阵$\boldsymbol{A}_{3\times3}$的特征值为$\lambda_1=\lambda_2=0$，$\lambda_3=2$，则$|2\boldsymbol{A}^*+\boldsymbol{A}^{\mathrm{T}}-\boldsymbol{E}|=$________.

82. 已知实二次型$f(x_1,x_2,x_3)=x_1^2+(k-1)x_2^2+x_3^2+2x_1x_2+2x_1x_3+2x_2x_3$经正交

变换 $\boldsymbol{x}=\boldsymbol{P}\boldsymbol{y}$ 可化为标准形 $f=3y_1^2$，则 $k=$________.

83. 若 3 维列向量 $\boldsymbol{\alpha}$，$\boldsymbol{\beta}$ 满足 $\boldsymbol{\alpha}^{\mathrm{T}}\boldsymbol{\beta}=2$，则矩阵 $\boldsymbol{\beta}\boldsymbol{\alpha}^{\mathrm{T}}$ 的非零特征值为________.

84. 设矩阵 $\boldsymbol{A}_{4\times 4}$，而 $\boldsymbol{\alpha}_1$，$\boldsymbol{\alpha}_2$，$\boldsymbol{\alpha}_3$，$\boldsymbol{\alpha}_4$ 为线性无关的向量，并且 $\boldsymbol{A}\boldsymbol{\alpha}_1=\boldsymbol{\alpha}_2$，$\boldsymbol{A}\boldsymbol{\alpha}_2=\boldsymbol{\alpha}_3$，$\boldsymbol{A}\boldsymbol{\alpha}_3=\boldsymbol{\alpha}_4$，$\boldsymbol{A}\boldsymbol{\alpha}_4=\boldsymbol{\alpha}_1$，则 $|\boldsymbol{A}|=$________.

85. 设 $g(x)=(x-c)^2$，$f(x)=x^5-5qx+4r$，则 $g(x)\,|\,f(x)$的条件为________.

86. 设 $W=\{\boldsymbol{\alpha}=(a_2x^2+a_1x+a_0)\mathrm{e}^x\,|\,a_i\in\mathbf{R}\}$是实数域上线性空间 $\mathbf{R}^3$ 的子空间，则其一组基为________，微分运算 $D$ 在这组基下的矩阵为 ________.

87. 设矩阵 $\boldsymbol{A}_{3\times 3}$与 $\boldsymbol{B}_{3\times 3}$相似，$\boldsymbol{A}$ 的伴随矩阵 $\boldsymbol{A}^*$ 的特征值为$-2$、3、$-6$，则$|\boldsymbol{B}-\boldsymbol{E}|$最大值为 ________.

88. 已知方阵 $\boldsymbol{A}$ 满足 $\boldsymbol{A}^3+2\boldsymbol{A}^2-\boldsymbol{A}-3\boldsymbol{E}=\boldsymbol{0}$，则$|\boldsymbol{A}+\boldsymbol{E}|^{-1}=$________.

89. 设二次型 $f(x_1,x_2,x_3)=t(x_1^2+x_2^2+x_3^2)+2x_1x_2+2x_1x_3$，若 $f$ 为正定二次型，则 $t$ 满足 ________.

90. 设矩阵 $\boldsymbol{A}_{4\times 4}$，而 $\boldsymbol{\alpha}_1$，$\boldsymbol{\alpha}_2$，$\boldsymbol{\alpha}_3$，$\boldsymbol{\alpha}_4$ 为线性无关的列向量，并且 $\boldsymbol{A}\boldsymbol{\alpha}_1=\boldsymbol{\alpha}_1+\boldsymbol{\alpha}_2$，$\boldsymbol{A}\boldsymbol{\alpha}_2=\boldsymbol{\alpha}_1-\boldsymbol{\alpha}_2$，$\boldsymbol{A}\boldsymbol{\alpha}_3=\boldsymbol{\alpha}_3$，$\boldsymbol{A}\boldsymbol{\alpha}_4=\boldsymbol{\alpha}_4$，则$|\boldsymbol{A}|=$________.

91. 设多项式 $f(x)=x^3+3x^2+kx+1$ 有重根，则 $k=$________.

92. 设 $W=\{\boldsymbol{\alpha}=a_2x^2+a_1x+a_0\,|\,a_1,a_2,a_0\in\mathbf{R}\}$是实数域上线性空间 $\mathbf{R}^3$ 的子空间，则其维数为________，一组基为________.

93. 设 3 阶矩阵 $\boldsymbol{A}$ 的特征值为 1、1、$\frac{1}{2}$，$\boldsymbol{A}^*$ 为 $\boldsymbol{A}$ 的伴随矩阵，则 $\left|\boldsymbol{A}^*-\left(\frac{1}{2}\boldsymbol{A}\right)^{-1}\right|=$

________.

94. 设二次型 $f(x_1,x_2,x_3)=2x_1^2+3x_2^2+3x_3^2+4x_2x_3$，则二次型通过正交变换化成的标准形为________.

95. 设 $\boldsymbol{\varepsilon}_1=(1,0)$，$\boldsymbol{\varepsilon}_2=(0,1)$为 $\mathbf{R}^2$ 的基，线性变换 $\sigma$ 在 $\boldsymbol{\varepsilon}_1$，$\boldsymbol{\varepsilon}_2$ 下的矩阵为$\begin{bmatrix}2 & 1\\-1 & 0\end{bmatrix}$，若 $\boldsymbol{\alpha}_1=-(k-1)\boldsymbol{\varepsilon}_1+k\boldsymbol{\varepsilon}_2$，$\boldsymbol{\alpha}_2=-k\boldsymbol{\varepsilon}_1+(k+1)\boldsymbol{\varepsilon}_2$，其中，$k\geqslant 2$，则 $\sigma^{-1}$ 在 $\boldsymbol{\alpha}_1$，$\boldsymbol{\alpha}_2$ 下的矩阵为________.

96. 设 $f(x)=(x-2)^{2013}(x^2-x+2)^{2014}$，则 $f(x)$展开式中各项系数之和为________.

97. 多项式 $f(x)$被 $ax-b(a\neq 0)$除所得余式为________.

98. 设 $f(x)=(x-2)^{2013}(x^2-x+2)^{2014}$，则 $f(x)$展开式中各项系数之和为________.

99. 若线性变换 $\sigma$ 关于基 $\boldsymbol{\alpha}_1$，$\boldsymbol{\alpha}_2$ 的矩阵为$\begin{bmatrix}a & b\\c & d\end{bmatrix}$，则 $\sigma$ 关于基 $3\boldsymbol{\alpha}_2$，$\boldsymbol{\alpha}_1$ 的矩阵为________.

100. $n$ 阶实对称矩阵的集合按合同分类，可分为________类.

101. 当 $a$、$b$ 满足________时，$(x-1)^2\,|\,ax^4+bx^2+1$.

102. 设 $\boldsymbol{A}$ 为 3 阶方阵，且$|\boldsymbol{A}|=5$，则$\left|\boldsymbol{A}^*-\left(\frac{1}{10}\boldsymbol{A}\right)^{-1}\right|=$________.

103. 设 $\boldsymbol{\alpha}_1$，$\boldsymbol{\alpha}_2$，$\boldsymbol{\alpha}_3$ 线性无关，则 $\boldsymbol{\alpha}_1+\boldsymbol{\alpha}_2$，$\boldsymbol{\alpha}_2+\boldsymbol{\alpha}_3$，$\boldsymbol{\alpha}_3+\boldsymbol{\alpha}_1$ 线性________.

104. 设方阵 $\boldsymbol{A}$ 满足 $\boldsymbol{A}^3-\boldsymbol{A}^2+3\boldsymbol{A}-2\boldsymbol{E}=\boldsymbol{0}$，则$(\boldsymbol{E}-\boldsymbol{A})^{-1}=$________.

105. 当 $t$ 满足________时，二次型 $f(x_1,x_2,x_3)=tx_1^2+tx_2^2+tx_3^2-4x_1x_2-4x_1x_3+$

$4x_2x_3$ 是正定的.

106. 设线性空间 $V=\{\boldsymbol{x}\mid \boldsymbol{Ax}=\boldsymbol{0},\ x\in\mathbf{R}^n\}$，其中，$\boldsymbol{A}_{m\times n}$的秩为 $r$，则 $\dim V=$________.

107. 已知向量 $\boldsymbol{\alpha}=(1,\ k,\ 1)^{\mathrm{T}}$ 是矩阵 $\boldsymbol{A}=\begin{bmatrix}2&1&1\\1&2&1\\1&1&2\end{bmatrix}$的逆矩阵 $\boldsymbol{A}^{-1}$ 的特征向量，则 $k=$________.

108. 设矩阵 $\boldsymbol{A}=\begin{bmatrix}t&1&2\\1&t&0\\2&0&4\end{bmatrix}$，则当 $t$ 满足________时，矩阵 $\boldsymbol{A}$ 为正定矩阵.

109. 已知 $\mathbf{R}^{2\times2}$ 的子空间 $W=L(\boldsymbol{A}_1,\ \boldsymbol{A}_2)$，$\boldsymbol{A}_1=\begin{bmatrix}1&1\\0&0\end{bmatrix}$，$\boldsymbol{A}_2=\begin{bmatrix}0&1\\1&1\end{bmatrix}$，则 $W^{\perp}$ 的一组标准正交基为________.

110. 当 $k=$________，$l=$________时，5 阶行列式 $D$ 的各项 $a_{12}$、$a_{2k}$、$a_{31}$、$a_{41}$、$a_{53}$取负号.

111. 设行列式 $\begin{vmatrix}1&2&a\\2&0&3\\3&6&9\end{vmatrix}$中，代数余子式 $A_{21}=3$，则 $a=$________.

112. 设 $\boldsymbol{A}$ 为 4 阶矩阵，并且 $|\boldsymbol{A}|=2$，则 $|2\boldsymbol{AA}^*|=$________.

113. 若 $\boldsymbol{A}=\begin{bmatrix}1&1&0\\1&k&0\\0&0&k-2\end{bmatrix}$是正定矩阵，则 $k$ 满足条件________.

114. 矩阵 $\boldsymbol{A}=\begin{bmatrix}7&0&0&0\\0&8&0&0\\0&0&3&4\\0&0&1&3\end{bmatrix}$的特征值为________.

115. 已知 2 阶方阵 $\boldsymbol{A}$ 可对角化，其特征值为 2，则其全部可能的若尔当标准形为________.

116. 在欧氏空间 $\mathbf{R}^4$ 中，$\boldsymbol{\alpha}=(2,\ 1,\ 3,\ 2)$，$\boldsymbol{\beta}=(1,\ 2,\ -2,\ 1)$的距离 $\boldsymbol{d}(\boldsymbol{\alpha},\ \boldsymbol{\beta})=$________.

117. 设 $\sigma$ 为变换，$V$ 为欧氏空间，若 $\forall\,\boldsymbol{\xi},\ \boldsymbol{\eta}\in V$ 都有$(\sigma(\boldsymbol{\xi}),\ \sigma(\boldsymbol{\eta}))=(\boldsymbol{\xi},\ \boldsymbol{\eta})$，则 $\sigma$ 为________变换.

118. 行列式 $|\boldsymbol{A}_n|=\begin{vmatrix}0&2&3&\cdots&n\\1&0&3&\cdots&n\\1&2&0&\cdots&n\\\vdots&\vdots&\vdots&&\vdots\\1&2&3&\cdots&0\end{vmatrix}=$________.

119. 设 $f$ 是线性空间 $P^3$ 上的一个线性函数，并且 $f(0,\ 0,\ 1)=3$，$f(0,\ 1,\ 1)=2$，$f(1,\ 1,\ 1)=1$，则 $f(3,\ 4,\ 5)=$________.

**四、计算和证明题**

1. 设 $p(x)$是数域 $F$ 上的不可约多项式，证明：$p(x)$在复数域内无重根.

2. 设 $f(x)=x^3+ax^2+bx+c(a, b, c\in\mathbf{Z})$ 且 $f(0)$、$f(1)$ 均为奇数，证明：$f(x)$ 无整根.

3. 求 $t$ 的值，使得 $f(x)=x^4+tx+3$ 有重根.

4. 如果 $(x-1)^2 \mid ax^4+bx^2+1$，求 $a$ 和 $b$.

5. 证明：次数 $>0$ 且首项系数为 1 的多项式 $f(x)$，是一个不可约多项式的方幂的充分必要条件为对任意的多项式 $g(x)$，必有 $(f(x), g(x))=1$，或者对某一正整数 $m$，有 $f(x) \mid g^m(x)$.

6. 证明：$x^n+ax^{n-m}+b$ 不能有不为零的重数大于 2 的根.

7. 证明：对于任意非负整数 $n$，有 $x^2+x+1 \mid x^{n+2}+(x+1)^{2n+1}$.

8. 叙述艾森斯坦(Eisenstein)判别法并讨论 $f(x)=x^4+x^3+x^2+x+1$ 在有理数上的可约性.

9. 设 $f(x)=x^n+a_1x^{n-1}+\cdots a_{n-1}x+p$（$p$ 为素数）是整系数多项式，并且恰有 $n$ 个不同的有理根，求 $n$ 及 $f(x)$ 的所有根.

10. 设 $f(x)=(x-a_1)\cdots(x-a_n)-1$，并且 $a_1, a_2, \cdots, a_n$ 为互异整数，证明：$f(x)$ 在有理数域上不可约.

11. 证明：对任意非负整数 $n$、$l$，有 $x^2+x+1 \mid x^{3n}+x^{3n+1}+x^{3n+2}$.

12. 设 $f(x)$ 是一个本原多项式，试证对于任意整数 $a$，多项式 $ax^{n+1}f(x)$ 与 $xf(x)+a$ 都是本原多项式.

13. 设 $(x^n-1) \mid (x-1)[f_1(x^n)+xf_2(x^n)+\cdots+x^{n-1}f_n(x^n)]$，证明：$x-1 \mid f_i(x)(i=1, 2, \cdots, n)$.

14. 设 $n\geqslant 2$，$f_1(x), f_2(x), \cdots, f_n(x)$ 都是次数不大于 $n-2$ 的多项式，$a_1, a_2, \cdots, a_n$ 是任意数，证明行列式 $D=\begin{vmatrix} f_1(a_1) & f_2(a_1) & \cdots & f_n(a_1) \\ f_1(a_2) & f_2(a_2) & \cdots & f_n(a_2) \\ \vdots & \vdots & & \vdots \\ f_1(a_n) & f_2(a_n) & \cdots & f_n(a_n) \end{vmatrix}=0$. 并举例说明"次数不大于 $n-2$"是不可缺少的.

15. 设 $p$ 为素数，将多项式 $x^{p+1}+x^p-x-1$ 在有理数域上分解成不可约多项式的积.

16. 设 $f(x)=x^3-(a_1+a_2+a_3)x^2+(a_1a_2+a_1a_3+a_2a_3)x-(a_1a_2a_3+1)$，$a_1, a_2, a_3$ 为互异的整数，证明：$f(x)$ 在有理数域上不可约.

17. 设矩阵 $\boldsymbol{A}=(a_{ij})_{n\times n}$，$a_{ij}=1$，$\forall i, j$，而 $\boldsymbol{E}$ 是单位矩阵. (1) 计算行列式 $|a\boldsymbol{E}+b\boldsymbol{A}|$；(2) 当 $a$、$b$ 满足什么条件时，$1<R(a\boldsymbol{E}+b\boldsymbol{A})<n$.

18. 设 $\boldsymbol{A}=(\boldsymbol{\alpha}_1, \boldsymbol{\alpha}_2, \boldsymbol{\alpha}_3, \boldsymbol{\alpha}_4)$ 为 4 阶矩阵，若 $(-1, 1, 0, 0)^{\mathrm{T}}-k(1, 2, 0, -1)^{\mathrm{T}}$（$k$ 为任意常数）是 $\boldsymbol{Ax}=\boldsymbol{\beta}$ 的通解. (1) 将 $\boldsymbol{\alpha}_4$ 表示成 $\boldsymbol{\alpha}_1, \boldsymbol{\alpha}_2, \boldsymbol{\alpha}_3$ 的线性组合；(2) $\boldsymbol{\alpha}_3$ 能否由 $\boldsymbol{\alpha}_1, \boldsymbol{\alpha}_2, \boldsymbol{\alpha}_4$ 线性表出？为什么？

19. 设 $\boldsymbol{A}=\begin{bmatrix} 1 & 1 & 0 \\ 1 & 0 & -1 \\ 2 & 2 & -2 \end{bmatrix}$，$\boldsymbol{A}^*\boldsymbol{X}+4\boldsymbol{A}^{-1}=\boldsymbol{A}+\boldsymbol{X}$，求 $\boldsymbol{X}$.

20. 设 $f(x)=x^5-x^3+4x^2-3x+2$，(1) 判定 $f(x)$ 在实数域 $\mathbf{R}$ 上有无重因式？如果有，求出所有的重因式及重数；(2) 求 $f(x)$ 在实数域 $\mathbf{R}$ 上的标准分解式.

21. 设 $\boldsymbol{\alpha}_1=(1, 4, 0, 2)^{\mathrm{T}}$，$\boldsymbol{\alpha}_2=(2, 7, 1, 3)^{\mathrm{T}}$，$\boldsymbol{\alpha}_3=(0, 1, -1, a)^{\mathrm{T}}$，$\boldsymbol{\beta}=(3, 10, b, 4)^{\mathrm{T}}$、(1) 当 $a$、$b$ 为何值时，$\boldsymbol{\beta}$ 不能由 $\boldsymbol{\alpha}_1$，$\boldsymbol{\alpha}_2$，$\boldsymbol{\alpha}_3$ 线性表示？(2) 当 $a$、$b$ 为何值时，$\boldsymbol{\beta}$ 能由 $\boldsymbol{\alpha}_1$，$\boldsymbol{\alpha}_2$，$\boldsymbol{\alpha}_3$ 唯一线性表示？给出表示式.

22. 求矩阵 $\boldsymbol{A}=\begin{bmatrix} a & 1 & 1 & \cdots & 1 \\ 1 & a & 1 & \cdots & 1 \\ 1 & 1 & a & \cdots & 1 \\ \vdots & \vdots & \vdots & & \vdots \\ 1 & 1 & 1 & \cdots & a \end{bmatrix}$ 的秩.

23. 根据 $a$、$b$ 的取值情况，讨论非齐次线性方程组 $\begin{cases} x_1+x_2-x_3=1 \\ 2x_1+(a+2)x_2-(b+2)x_3=3 \\ -3ax_2+(a+2b)x_3=-3 \end{cases}$ 的解；若有解，求其解.

24. 求正交矩阵 $\boldsymbol{T}$ 使得 $\boldsymbol{T}^{-1}\boldsymbol{AT}$ 为对角阵，其中，$\boldsymbol{A}=\begin{bmatrix} 2 & -2 & 0 \\ -2 & 1 & -2 \\ 0 & -2 & 0 \end{bmatrix}$.

25. 设 $\boldsymbol{A}$、$\boldsymbol{B}$ 为两个 $n$ 阶方阵，证明：$R(\boldsymbol{AB})=R(\boldsymbol{B})$ 的充要条件为 $\boldsymbol{ABX}=\mathbf{0}$ 与 $\boldsymbol{BX}=\mathbf{0}$ 同解.

26. 在欧氏空间 $\mathbf{R}^4$ 中，内积定义为：对任意 $\boldsymbol{x}$，$\boldsymbol{y}\in V$，内积 $(\boldsymbol{x}, \boldsymbol{y})=\boldsymbol{x}^{\mathrm{T}}\boldsymbol{J}\boldsymbol{y}$，其中，$\boldsymbol{J}=\begin{bmatrix} \mathbf{0} & -\boldsymbol{E}_2 \\ \boldsymbol{E}_2 & \mathbf{0} \end{bmatrix}$. 证明：$(\boldsymbol{x}, \boldsymbol{x})=0$，$(\boldsymbol{x}, \boldsymbol{y})=-(\boldsymbol{y}, \boldsymbol{x})$.

27. 设 $\sigma$ 是数域 $P$ 上 4 维线性空间 $V$ 上的线性变换，$\boldsymbol{\varepsilon}_1$，$\boldsymbol{\varepsilon}_2$，$\boldsymbol{\varepsilon}_3$，$\boldsymbol{\varepsilon}_4$ 是 $V$ 的一组基，且 $\sigma(\boldsymbol{\varepsilon}_1)=-\boldsymbol{\varepsilon}_1-3\boldsymbol{\varepsilon}_2+3\boldsymbol{\varepsilon}_3-3\boldsymbol{\varepsilon}_4$，$\sigma(\boldsymbol{\varepsilon}_2)=-3\boldsymbol{\varepsilon}_1-\boldsymbol{\varepsilon}_2-3\boldsymbol{\varepsilon}_3+3\boldsymbol{\varepsilon}_4$，$\sigma(\boldsymbol{\varepsilon}_3)=3\boldsymbol{\varepsilon}_1-3\boldsymbol{\varepsilon}_2-\boldsymbol{\varepsilon}_3-3\boldsymbol{\varepsilon}_4$，$\sigma(\boldsymbol{\varepsilon}_4)=-3\boldsymbol{\varepsilon}_1+3\boldsymbol{\varepsilon}_2-3\boldsymbol{\varepsilon}_3-3\boldsymbol{\varepsilon}_4$. (1) 写出 $\sigma$ 在 $\boldsymbol{\varepsilon}_1$，$\boldsymbol{\varepsilon}_2$，$\boldsymbol{\varepsilon}_3$，$\boldsymbol{\varepsilon}_4$ 下的矩阵 $\boldsymbol{A}$；(2) 求出 $\sigma$ 的全部特征值与特征向量；(3) 求一个正交矩阵 $\boldsymbol{T}$，使得 $\boldsymbol{T}^{-1}\boldsymbol{AT}$ 为对角阵.

28. 设 $\boldsymbol{\alpha}_1$，$\boldsymbol{\alpha}_2$，$\boldsymbol{\alpha}_3$，$\boldsymbol{\alpha}_4$ 为线性空间 $V$ 的一组基，$\sigma$ 是 $V$ 上的线性变换，$\sigma$ 在这组基下的矩阵为 $\boldsymbol{A}=\begin{bmatrix} 1 & 0 & 2 & 1 \\ -1 & 2 & 1 & 3 \\ 1 & 2 & 5 & 5 \\ 2 & -2 & 1 & -2 \end{bmatrix}$，试求：(1) $\sigma$ 的值域 $\mathrm{Im}(\sigma)$ 与核 $\mathrm{Ker}(\sigma)$；(2) $\mathrm{Im}(\sigma)\cap\mathrm{Ker}(\sigma)$；(3) $\mathrm{Im}(\sigma)+\mathrm{Ker}(\sigma)$.

29. 设 $\sigma$、$\tau$ 是 $n$ 维线性空间 $V$ 的线性变换，且 $\sigma^2=\sigma$，证明：(1) $\sigma^{-1}(0)=\{\boldsymbol{\alpha}-\sigma\boldsymbol{\alpha} \mid \boldsymbol{\alpha}\in V\}$；(2) $\sigma^{-1}(0)$，$\sigma(V)$ 是 $\tau$ 的不变子空间的充要条件为 $\sigma\tau=\tau\sigma$.

30. 设矩阵 $\boldsymbol{A}=\begin{bmatrix} 2 & 1 & 1 \\ 1 & 2 & 1 \\ 1 & 1 & a \end{bmatrix}$ 可逆，向量 $\boldsymbol{\alpha}=\begin{pmatrix} 1 \\ b \\ 1 \end{pmatrix}$ 是 $\boldsymbol{A}$ 的伴随矩阵 $\boldsymbol{A}^*$ 的特征向量，$\lambda$ 是对应的特征值，试求 $a$、$b$ 及 $\lambda$ 的值，并讨论 $\boldsymbol{A}$ 是否可对角化.

31. 设 $V$ 是数域 $P$ 上的 $n$ 维线性空间，$\sigma$，$\tau\in L(V)$，且 $\sigma$ 在 $P$ 中有 $n$ 个不同的特征

值，证明：(1) $\sigma$ 的特征向量是 $\tau$ 的特征向量的充要条件是 $\sigma\tau=\tau\sigma$；(2) 若 $\sigma\tau=\tau\sigma$，则 $\tau$ 是 $\iota$，$\sigma$，$\sigma^2$，…，$\sigma^{n-1}$ 的线性组合.

32. 设 $\boldsymbol{A}=\begin{bmatrix} 0 & 0 & \cdots & 0 & 1 \\ 1 & 0 & \cdots & 0 & 0 \\ 0 & 1 & \cdots & 0 & 0 \\ \vdots & \vdots & & \vdots & \vdots \\ 0 & 0 & \cdots & 1 & 0 \end{bmatrix}$. (1) 求 $\boldsymbol{A}$ 的不变因子组和初等因子组；(2) 求 $\boldsymbol{A}$ 的若尔当标准形.

33. 设 $x_1$、$x_2$、$x_3$ 是多项式 $f(x)=x^3+ax+1$ 的全部根，求一个 3 次多项式 $g(x)$，使 $g(x)$的全部根为 $x_1^2$、$x_2^2$、$x_3^2$.

34. 设 $F^{n\times n}$是数域 $F$ 上的全体 $n$ 阶方阵构成的线性空间，对于任意 $\boldsymbol{A}\in F^{n\times n}$，定义 $F^{n\times n}$的变换 $\sigma(\boldsymbol{A})=\boldsymbol{A}^{\mathrm{T}}$，证明：(1) $\sigma$ 是 $F^{n\times n}$的线性变换；(2) $\sigma$ 可对角化.

35. 设 $\boldsymbol{A}$ 为 $n(n>1)$阶正定矩阵，$\boldsymbol{\alpha}$ 为 $n$ 维非零列向量，令 $\boldsymbol{B}=\boldsymbol{A}\boldsymbol{\alpha}\boldsymbol{\alpha}^{\mathrm{T}}$，求 $\boldsymbol{B}$ 的最大特征值与 $\boldsymbol{B}$ 的属于这个特征值的特征子空间的维数与一组基.

36. 设 $\boldsymbol{A}$、$\boldsymbol{B}$ 是两 $n$ 阶实对称矩阵，且 $\boldsymbol{AB}=\boldsymbol{BA}$，若二次型 $f=\boldsymbol{X}^{\mathrm{T}}\boldsymbol{AX}$ 通过正交变换 $\boldsymbol{X}=\boldsymbol{PY}$ 化为标准形 $f=y_1^2+2y_2^2+\cdots+ny_n^2$，证明：$\boldsymbol{P}^{\mathrm{T}}\boldsymbol{BP}$ 是对角矩阵.

37. 计算 $n$ 阶矩阵 $\boldsymbol{A}=\begin{bmatrix} 0 & 1 & 1 & \cdots & 1 & 1 \\ -1 & 0 & 1 & \cdots & 1 & 1 \\ -1 & -1 & 0 & \cdots & 1 & 1 \\ \vdots & \vdots & \vdots & & \vdots & \vdots \\ -1 & -1 & -1 & \cdots & 0 & 1 \\ -1 & -1 & -1 & \cdots & -1 & 0 \end{bmatrix}$的特征值.

38. 设 $n$ 阶实方阵 $\boldsymbol{A}=(a_{ij})$，证明：(1) 若 $|a_{ii}|>\sum\limits_{j=1,j\neq i}^{n}|a_{ij}|$ $(i=1, 2, \cdots, n)$，则 $\boldsymbol{A}$ 可逆；(2) 若 $a_{ii}>\sum\limits_{j=1,j\neq i}^{n}|a_{ij}|$ $(i=1, 2, \cdots, n)$，则 $|\boldsymbol{A}|>0$.

39. 设 $\boldsymbol{A}$、$\boldsymbol{C}$ 为同级正定矩阵，$\boldsymbol{AX}+\boldsymbol{XA}=\boldsymbol{C}$ 有唯一解 $\boldsymbol{B}$，证明：$\boldsymbol{B}$ 是正定矩阵.

40. 设 3 阶实对称阵 $\boldsymbol{A}$ 特征值为 1、2、2，特征值 1 对应的特征向量是(1, 1, 1)，求 $\boldsymbol{A}^3$.

41. 设 $V$ 是数域 $P$ 上的线性空间，$\sigma$ 是 $V$ 上的线性变换，$f(x)$，$g(x)\in P[x]$且 $h(x)=f(x)g(x)$，证明：(1) $\mathrm{Ker}f(\sigma)+\mathrm{Ker}g(\sigma)\subseteq\mathrm{Ker}h(\sigma)$；(2) 当$(f(x), g(x))=1$ 时，$\mathrm{Ker}f(\sigma)+\mathrm{Ker}g(\sigma)=\mathrm{Ker}h(\sigma)$.

42. 设 $\boldsymbol{A}$、$\boldsymbol{B}$ 都是 $n\times n$ 矩阵，证明：$(\boldsymbol{AB})^*=\boldsymbol{B}^*\boldsymbol{A}^*$.

43. 设在向量组 $\boldsymbol{\alpha}_1$，$\boldsymbol{\alpha}_2$，…，$\boldsymbol{\alpha}_r$ 中，$\boldsymbol{\alpha}_1\neq 0$，并且每一个 $\boldsymbol{\alpha}_i$ 都不能表成它的前 $i-1$ 各向量 $\boldsymbol{\alpha}_1$，$\boldsymbol{\alpha}_2$，…，$\boldsymbol{\alpha}_{i-1}$的线性组合$(2\leqslant i\leqslant r)$，证明：$\boldsymbol{\alpha}_1$，$\boldsymbol{\alpha}_2$，…，$\boldsymbol{\alpha}_r$ 线性无关.

44. 设 $\boldsymbol{A}^*$ 为 $\boldsymbol{A}_{n\times n}$的伴随矩阵，证明：若 $\boldsymbol{A}^2=\boldsymbol{E}$，则 $R(\boldsymbol{A}^*+\boldsymbol{E})+R(\boldsymbol{A}^*-\boldsymbol{E})=n$.

45. 设 $\sigma$ 为线性空间 $V$ 上的线性变换，$\sigma V$、$\sigma^{-1}(0)$分别表示 $\boldsymbol{A}$ 的值域与核，证明以下命题等价：(1) $\sigma^2=\sigma$；(2) $\sigma V=(\varepsilon-\sigma)^{-1}(0)$；(3) $V=\sigma^{-1}(0)\oplus(\varepsilon-\sigma)^{-1}(0)$；(4) $\sigma$ 在某组基下的矩阵为 $\mathrm{diag}(1, \cdots, 1, 0, \cdots, 0)$；(5) 存在 $V$ 的子空间 $U$，$W$，使得 $V=U+W$ 且对

于任意 $\boldsymbol{\alpha}\in V$，当 $\boldsymbol{\alpha}=\boldsymbol{\alpha}_1+\boldsymbol{\alpha}_2$，$\boldsymbol{\alpha}_1\in U$，$\boldsymbol{\alpha}_2\in W$ 时，有 $\sigma\boldsymbol{\alpha}=\boldsymbol{\alpha}_1$.

46. 设 $\boldsymbol{A}$ 是正交矩阵且 $\boldsymbol{A}+\boldsymbol{E}$ 可逆，证明：若 $\boldsymbol{B}=(\boldsymbol{E}-\boldsymbol{A})(\boldsymbol{E}+\boldsymbol{A})^{-1}$，则 $\boldsymbol{B}^{\mathrm{T}}=-\boldsymbol{B}$.

47. 设 $R(\boldsymbol{A}_{m\times 4})=3$，$\boldsymbol{\alpha}_1$，$\boldsymbol{\alpha}_2$，$\boldsymbol{\alpha}_3$ 是方程组 $\boldsymbol{Ax}=\boldsymbol{0}$ 的解，已知 $\boldsymbol{\alpha}_1+\boldsymbol{\alpha}_2=(2,2,4,6)^{\mathrm{T}}$，$\boldsymbol{\alpha}_1+2\boldsymbol{\alpha}_3=(0,3,0,6)^{\mathrm{T}}$，求 $\boldsymbol{Ax}=\boldsymbol{b}$ 的通解.

48. 设 $\boldsymbol{A}^*$ 为 $\boldsymbol{A}_{n\times n}$ 的伴随矩阵，证明：若 $\boldsymbol{A}^2=\boldsymbol{A}$，则 $R(\boldsymbol{A}^*-\boldsymbol{E})=\begin{cases}0 & R(\boldsymbol{A})=n\\ n-1 & R(\boldsymbol{A})=n-1\\ n & R(\boldsymbol{A})<n-1\end{cases}$.

49. 计算行列式：(1) $D=\begin{vmatrix} a_1^n & a_1^{n-1}b_1 & \cdots & b_1^n\\ a_2^n & a_2^{n-1}b_2 & \cdots & b_2^n\\ \vdots & \vdots & & \vdots\\ a_{n+1}^n & a_{n+1}^{n-1}b_{n+1} & \cdots & b_{n+1}^n\end{vmatrix}$，$a_i\neq 0$，$i=1,2,\cdots,n+1$；

(2) $D=\begin{vmatrix} 1 & a & a^2 & \cdots & a^n\\ b_{11} & 1 & a & \cdots & a^{n-1}\\ b_{21} & b_{22} & 1 & \cdots & a^{n-2}\\ \vdots & \vdots & \vdots & & \vdots\\ b_{n1} & b_{n2} & b_{n3} & \cdots & 1\end{vmatrix}$.

50. 设 $\boldsymbol{\varepsilon}_1$，$\boldsymbol{\varepsilon}_2$，…，$\boldsymbol{\varepsilon}_n$ 是数域 $P$ 上 $n$ 维线性空间 $V$ 的一组基，$V$ 的线性变换 $\boldsymbol{T}$ 定义为 $\boldsymbol{T\varepsilon}_i=\boldsymbol{\varepsilon}_{i+1}(i=1,2,\cdots,n-1)$，$\boldsymbol{T\varepsilon}_n=\boldsymbol{0}$，(1) 求 $\boldsymbol{T}$ 在基 $\boldsymbol{\varepsilon}_1$，$\boldsymbol{\varepsilon}_2$，…，$\boldsymbol{\varepsilon}_n$ 下的矩阵 $\boldsymbol{A}$；(2) 求 $\boldsymbol{T}$ 的值域与核的维数；(3) 证明：$\boldsymbol{T}^n=\boldsymbol{0}$，$\boldsymbol{T}^{n-1}\neq\boldsymbol{0}$；(4) 若 $V$ 的另一线性变换 $\boldsymbol{S}$ 满足 $\boldsymbol{S}^n=0$，$\boldsymbol{S}^{n-1}\neq 0$，试证存在 $V$ 的一组基，使 $\boldsymbol{S}$ 在该基下的矩阵也是 $\boldsymbol{A}$.

51. 设 $\boldsymbol{\alpha}_1=(1,0,2,3)'$，$\boldsymbol{\alpha}_2=(2,1,-1,0)'$，$\boldsymbol{\alpha}_3=(3,1,1,3)'$，求以 $L(\boldsymbol{\alpha}_1,\boldsymbol{\alpha}_2,\boldsymbol{\alpha}_3)$ 为解空间的齐次线性方程组.

52. 设 $\boldsymbol{A}\in P^{n\times n}$，若 $\boldsymbol{A}^2=\boldsymbol{A}$，证明：$R(\boldsymbol{A})+R(\boldsymbol{A}-\boldsymbol{E})=n$.

53. 设 $(1,-1,1,-1)$ 是线性方程组 $\begin{cases}x_1+\lambda x_2+\mu x_3+x_4=0\\ 2x_1+x_2+x_3+2x_4=0\\ 3x_1+(2+\lambda)x_2+(4+\mu)x_3+4x_4=1\end{cases}$ 的解.

(1) 求出方程组的全部解，并用对应的齐次线性方程组的基础解系表出全部解；(2) 求出该方程组满足 $x_2=x_3$ 的全部解.

54. (1) 求矩阵 $\boldsymbol{A}=\begin{bmatrix}0 & 1 & 1 & 1\\ 0 & 0 & 1 & 1\\ 0 & 0 & 0 & 1\\ 0 & 0 & 0 & 0\end{bmatrix}$ 的若当标准形，并计算 $\mathrm{e}^{A}$；(2) 设矩阵 $\boldsymbol{B}=\begin{bmatrix}4 & 4.5 & -1\\ -3 & -3.5 & 1\\ -2 & -3 & 1.5\end{bmatrix}$，求 $\boldsymbol{B}^{2011}$(精确到小数点后 4 位).

55. 设 $\boldsymbol{\xi}_1$，$\boldsymbol{\xi}_2$，…，$\boldsymbol{\xi}_s$ 是某齐次线性方程组的基础解系，$\boldsymbol{\eta}_1$，$\boldsymbol{\eta}_2$，…，$\boldsymbol{\eta}_k$ 是该齐次线性方程组的线性无关解，证明：若 $k<s$，则在 $\boldsymbol{\xi}_1$，$\boldsymbol{\xi}_2$，…，$\boldsymbol{\xi}_s$ 中必可取出 $s-k$ 个向量使得与 $\boldsymbol{\eta}_1$，$\boldsymbol{\eta}_2$，…，$\boldsymbol{\eta}_k$ 共同构成该齐次线性方程组的一个基础解系.

56. 设 $\boldsymbol{\xi}_1$，$\boldsymbol{\xi}_2$，$\boldsymbol{\xi}_3$，$\boldsymbol{\xi}_4$ 是 4 维线性空间 $V$ 的一组基，线性变换 $\sigma$ 在该基下的矩阵是 $\begin{bmatrix} 1 & 0 & 2 & 1 \\ -1 & 2 & 1 & 3 \\ 1 & 2 & 5 & 5 \\ 2 & -2 & 1 & -2 \end{bmatrix}$，求 $\sigma$ 的值域与核.

57. 讨论当 $a$、$b$ 为何值时，方程组 $\begin{cases} x_1+x_2+x_3+x_4=0 \\ x_2+2x_3+2x_4=1 \\ -x_2+(a-3)x_3-2x_4=b \\ 3x_1+2x_2+x_3+ax_4=-1 \end{cases}$ 无解，有唯一解，有无穷多解，当有无穷多解时求一般解.

58. 矩阵 $\boldsymbol{A}=\begin{bmatrix} 11 & 4 & 12 \\ 6 & 1 & 6 \\ -12 & -4 & -13 \end{bmatrix}$，求一个可逆矩阵 $\boldsymbol{P}$，使得 $\boldsymbol{P}^{-1}\boldsymbol{AP}$ 是对角矩阵.

59. 设二次型 $f(x_1, x_2, x_3)=x_1^2+5x_2^2-2x_3^2-4x_1x_3-2x_2x_3$，求非退化线性替换将其化为标准形，并指出正惯性指数.

60. 线性方程组 $\boldsymbol{AX}=\boldsymbol{B}$ 有唯一解 $\boldsymbol{X}=(1, 2, 3)^{\mathrm{T}}$，将 $\boldsymbol{A}$ 的第一列加上第二列的 2 倍，其余列不变得到矩阵 $\boldsymbol{D}$，证明：线性方程组 $\boldsymbol{DX}=\boldsymbol{B}$ 存在唯一解，并求出其解.

61. 设 $\boldsymbol{\alpha}_1$，$\boldsymbol{\alpha}_2$，…，$\boldsymbol{\alpha}_n$ 为欧氏空间 $V$ 的一组线性无关的向量组，证明：存在 $V$ 的正交向量组 $\boldsymbol{\beta}_1$，$\boldsymbol{\beta}_2$，…，$\boldsymbol{\beta}_n$ 与其等价. 若 $\boldsymbol{\alpha}_1$，$\boldsymbol{\alpha}_2$，…，$\boldsymbol{\alpha}_n$ 线性相关，论证上述结论是否正确.

62. 设 $\mathbf{R}$、$\mathbf{C}$ 分别是实数域和复数域，矩阵 $\boldsymbol{A}=\begin{bmatrix} 2 & 0 & 0 \\ 0 & -1 & 2 \\ 0 & -1 & 1 \end{bmatrix}$，设 $V=\mathbf{R}^{3\times 3}$ 为 $\mathbf{R}$ 上的线性空间，$f$ 是 $V$ 的线性变换，并且 $f(\boldsymbol{\alpha})=\boldsymbol{A\alpha}(\forall\,\boldsymbol{\alpha}\in V)$，(1) 在 $\mathbf{C}$ 中，求 $\boldsymbol{A}$ 的特征值和对应的特征向量；(2) 在 $\mathbf{C}$ 中，求可逆矩阵 $\boldsymbol{P}$ 使得 $\boldsymbol{P}^{-1}\boldsymbol{AP}$ 为对角矩阵；(3)论证在 $\mathbf{R}$ 中 $\boldsymbol{A}$ 是否可对角化；(4) 设 $W$ 是 $f$ 的一维不变子空间，求 $W$；(5) 求 $f$ 的非平凡子空间 $V_1$、$V_2$，使得 $V=V_1\oplus V_2$，并讨论 $V_1$ 和 $V_2$ 的唯一性.

63. 设 $\boldsymbol{A}_{n\times n}$、$\boldsymbol{B}_{n\times n}$，$\boldsymbol{E}_{n\times n}$ 为单位矩阵，(1) 求 $\boldsymbol{X}_{n\times n}$，使得 $\begin{bmatrix} \boldsymbol{X} & -\boldsymbol{B} \\ \boldsymbol{0} & \boldsymbol{X} \end{bmatrix}\begin{bmatrix} \boldsymbol{E} & \boldsymbol{B} \\ \boldsymbol{A} & \boldsymbol{E} \end{bmatrix}=\begin{bmatrix} \boldsymbol{E}-\boldsymbol{BA} & \boldsymbol{0} \\ \boldsymbol{A} & \boldsymbol{E} \end{bmatrix}$；(2) 证明：行列式 $|\boldsymbol{E}-\boldsymbol{AB}|=|\boldsymbol{E}-\boldsymbol{BA}|$.

64. 设 $\boldsymbol{A}_{n\times n}$ 的全部特征值为 $\lambda_1$，$\lambda_2$，…，$\lambda_n$(可能有相同的)，证明：对于任意正整数 $k$，$\lambda_1^k$，$\lambda_2^k$，…，$\lambda_n^k$ 为 $\boldsymbol{A}^k$ 的全部特征值.

65. 令矩阵方程 $\boldsymbol{AX}-\boldsymbol{XB}=\boldsymbol{0}$，其中，$\boldsymbol{A}_{n\times n}$、$\boldsymbol{B}_{m\times m}$、$\boldsymbol{X}_{n\times m}$ 为未知矩阵 . (1) 叙述哈密尔顿一凯莱定理；(2) 证明：若 $\boldsymbol{A}$、$\boldsymbol{B}$ 没有公共的特征值，则该方程有唯一解 $\boldsymbol{X}=\boldsymbol{0}_{n\times m}$.

66. 令矩阵 $\boldsymbol{A}_{n\times n}$ 的零特征值的个数为 $s$，其特征子空间 $V=\{\boldsymbol{x}\,|\,\boldsymbol{Ax}=\boldsymbol{0}\}$ 的维数为 $k$，证明 $R(\boldsymbol{A})=R(\boldsymbol{A}^2)$ 的充要条件为 $s=k$.

67. 令 $\lambda_1\geqslant\lambda_2\geqslant\cdots\geqslant\lambda_n$ 为实对称矩阵 $\boldsymbol{A}_{n\times n}$ 的特征值，其相应的单位正交特征向量组为 $\boldsymbol{x}_1$，$\boldsymbol{x}_2$，…，$\boldsymbol{x}_n$，记 $V=L(\boldsymbol{x}_i, \boldsymbol{x}_{i+1}, \cdots, \boldsymbol{x}_j)$，其中，$1\leqslant i<j\leqslant n$，证明 $\lambda_i=\max\limits_{0\neq x\in V}\dfrac{\boldsymbol{x}^{\mathrm{T}}\boldsymbol{Ax}}{\boldsymbol{x}^{\mathrm{T}}\boldsymbol{x}}$，$\lambda_j=$

$\min\limits_{0\neq x\in V}\dfrac{\boldsymbol{x}^{\mathrm{T}}\boldsymbol{A}\boldsymbol{x}}{\boldsymbol{x}^{\mathrm{T}}\boldsymbol{x}}$.

68. 令 $\lambda=\alpha+i\beta$ 为实对称矩阵 $\boldsymbol{A}_{n\times n}$ 的特征值且 $\beta\neq0$，相应特征向量为 $\boldsymbol{v}=\boldsymbol{x}+i\boldsymbol{y}$，其中，$i=\sqrt{-1}$，证明 $L(\boldsymbol{x},\boldsymbol{y})$ 是 $\boldsymbol{A}$ 的 2 维不变子空间.

69. 设非齐次线性方程组 $\boldsymbol{AX}=\boldsymbol{\beta}(\boldsymbol{\beta}\neq0)$ 的导出组 $\boldsymbol{AX}=\boldsymbol{0}$ 的基础解系为 $\boldsymbol{\eta}_1,\boldsymbol{\eta}_2,\cdots,\boldsymbol{\eta}_r$，设 $\boldsymbol{\alpha}$ 是非齐次线性方程组 $\boldsymbol{AX}=\boldsymbol{\beta}$ 的特解，证明：向量组 $\boldsymbol{\eta}_1+\boldsymbol{\alpha},\boldsymbol{\eta}_2+\boldsymbol{\alpha},\cdots,\boldsymbol{\eta}_r+\boldsymbol{\alpha}$ 线性无关.

70. 设 $g(x),h(x)\in P[x]$，$\partial g(x)=m$，$\partial h(x)=n$，并且 $(g(x),h(x))=1$，令 $f(x)$ 是 $P$ 上次数小于 $n+m$ 的多项式，证明：存在 $r(x),s(x)\in P[x]$ 使得 $f(x)=r(x)g(x)+s(x)h(x)$，其中，$r(x)=0$ 或者 $\partial r(x)<n$，$\partial s(x)<m$.

71. 设 3 元非齐次线性方程组 $\boldsymbol{AX}=\boldsymbol{b}$ 的系数矩阵 $R(\boldsymbol{A}_{3\times3})=1$，$\boldsymbol{X}=(x_1,x_2,x_3)^{\mathrm{T}}$，$\boldsymbol{b}=(b_1,b_2,b_3)^{\mathrm{T}}\neq\boldsymbol{0}$，已知 $\boldsymbol{\eta}_1$、$\boldsymbol{\eta}_2$、$\boldsymbol{\eta}_3$ 是 $\boldsymbol{AX}=\boldsymbol{b}$ 的 3 个解向量，$\boldsymbol{\eta}_1+\boldsymbol{\eta}_2=(1,2,3)^{\mathrm{T}}$，$\boldsymbol{\eta}_2+\boldsymbol{\eta}_3=(0,-1,1)^{\mathrm{T}}$，$\boldsymbol{\eta}_3+\boldsymbol{\eta}_1=(1,0,-1)^{\mathrm{T}}$，求该方程组的基础解系.

72. 设 $\boldsymbol{A}$ 为 $n$ 阶方阵，$\boldsymbol{A}$ 的 $(i,j)$ 的元素 $a_{ij}=|i-j|$，求行列式 $|\boldsymbol{A}|$ 的值.

73. 已知 $\boldsymbol{\eta}_1,\boldsymbol{\eta}_2,\boldsymbol{\eta}_3$ 是 3 维欧氏空间 $V$ 的一组基，并且这组基的度量矩阵 $\boldsymbol{A}=\begin{bmatrix}1&-1&1\\-1&2&0\\1&0&4\end{bmatrix}$，求 $V$ 的一组标准正交基(用 $\boldsymbol{\eta}_1,\boldsymbol{\eta}_2,\boldsymbol{\eta}_3$ 表示出来).

74. 设 $f(x)$ 是一个整系数多项式，$a_1$、$a_2$、$a_3$、$a_4$ 为互不相同的整数，若 $f(a_i)=1$，$i=1,2,3,4$，证明：对于任意整数 $n$，$f(n)-1$ 一定不是素数.

75. 设 $a_1,a_2,\cdots,a_n$ 为 $n$ 个互不相同的实数，$f_1(x),f_2(x),\cdots,f_n(x)$ 为 $n$ 个次数不超过 $n-2$ 的实系数多项式，计算 $n$ 阶行列式 $D_n=\begin{vmatrix}f_1(a_1)&f_1(a_2)&\cdots&f_1(a_n)\\f_2(a_1)&f_2(a_2)&\cdots&f_2(a_n)\\\vdots&\vdots&&\vdots\\f_n(a_1)&f_n(a_2)&\cdots&f_n(a_n)\end{vmatrix}$.

76. 设 $\boldsymbol{E}$ 为 $n$ 阶单位矩阵，$\boldsymbol{A}$ 为 $n$ 阶方阵，且 $\boldsymbol{A}^2+2\boldsymbol{A}+2\boldsymbol{E}=0$. (1) 证明：对于任意实数 $a$，方阵 $a\boldsymbol{E}+\boldsymbol{A}$ 为可逆矩阵；(2) 将 $\boldsymbol{A}+3\boldsymbol{E}$ 的逆矩阵表示成 $\boldsymbol{A}$ 的多项式.

77. 设 $\boldsymbol{A}$ 为 3 阶实方阵，实数 $a$ 满足线性方程组 $\begin{cases}x_1+2x_2+x_3=3\\2x_1+(a+4)x_2-5x_3=6\\-x_1-2x_2+ax_3=-3\end{cases}$ 有无穷多解，并且 $\boldsymbol{\alpha}_1=(1,2a,-1)^{\mathrm{T}}$，$\boldsymbol{\alpha}_2=(a,a+3,a+2)^{\mathrm{T}}$，$\boldsymbol{\alpha}_3=(a-2,-1,a+1)^{\mathrm{T}}$ 为 $\boldsymbol{A}$ 的分别属于特征值 1、$-1$、0 的特征向量，试求：(1) 矩阵 $\boldsymbol{A}$；(2) 行列式 $|\boldsymbol{A}^{2017}+2\boldsymbol{E}|$.

78. 设 $\boldsymbol{B}\in\mathbf{R}^{m\times n}$，证明：$\boldsymbol{B}^{\mathrm{T}}\boldsymbol{B}$ 正定的充要条件是齐次线性方程组 $\boldsymbol{Bx}=\boldsymbol{0}$ 只有零解.

79. 设 $\boldsymbol{A}$ 为 $n$ 阶复矩阵，证明：若 $\boldsymbol{A}^2+\boldsymbol{A}=2\boldsymbol{E}$，则 $\boldsymbol{A}$ 可对角化.

80. 设 $\boldsymbol{\varepsilon}$ 是 $n$ 维欧氏空间 $V$ 的单位向量，定义 $V$ 上的线性变换 $\sigma(\boldsymbol{\alpha})=\boldsymbol{\alpha}-2(\boldsymbol{\varepsilon},\boldsymbol{\alpha})\boldsymbol{\varepsilon}$，证明：$\sigma$ 是 $V$ 上的正交变换.

81. 设 $T$ 是 $n$ 维线性空间 $V$ 的一个线性变换，$\boldsymbol{B}_1,\cdots,\boldsymbol{B}_r$ 是 $T(V)$（即 $T(V)$ 表示 $T$ 的值域）的一组基，并且 $T(\boldsymbol{\alpha}_i)=\boldsymbol{B}_i$，$i=1,2,\cdots,r$，令 $W=L(\boldsymbol{\alpha}_1,\cdots,\boldsymbol{\alpha}_r)$，证明：$V=W\oplus N(T)$（即 $N(T)$ 表示 $T$ 的核空间）.

82. 设 $V_1$、$V_2$ 是线性空间 $V$ 的两个子空间，证明：$V_1+V_2=V_1\cup V_2$ 的充要条件为 $V_1\subseteq V_2$ 或 $V_2\subseteq V_1$.

83. 化下列 $\lambda$-矩阵为标准形：

(1) $\begin{bmatrix}\lambda^3-\lambda & 2\lambda^2\\ \lambda^2+5\lambda & 3\lambda\end{bmatrix}$；　(2) $\begin{bmatrix}1-\lambda & \lambda^2 & \lambda\\ \lambda & \lambda & -\lambda\\ 1+\lambda^2 & \lambda^2 & -\lambda^2\end{bmatrix}$；

(3) $\begin{bmatrix}\lambda^2+\lambda & 0 & 0\\ 0 & \lambda & 0\\ 0 & 0 & (\lambda+1)^2\end{bmatrix}$；　(4) $\begin{bmatrix}2\lambda & 3 & 0 & 1 & \lambda\\ 4\lambda & 3\lambda+6 & 0 & \lambda+2 & 2\lambda\\ 0 & 6\lambda & \lambda & 2\lambda & 0\\ \lambda-1 & 0 & \lambda-1 & 0 & 0\\ 3\lambda-3 & 1-\lambda & 2\lambda-2 & 0 & 0\end{bmatrix}$；

(5) $\begin{bmatrix}0 & 0 & 0 & \lambda^2\\ 0 & 0 & \lambda^2-\lambda & 0\\ 0 & (\lambda-1)^2 & 0 & 0\\ \lambda^2-\lambda & 0 & 0 & 0\end{bmatrix}$；　(6) $\begin{bmatrix}3\lambda^2+2\lambda-3 & 2\lambda-1 & \lambda^2+2\lambda-3\\ 4\lambda^2+3\lambda-5 & 3\lambda-2 & \lambda^2+3\lambda-4\\ \lambda^2+\lambda-4 & \lambda-2 & \lambda-1\end{bmatrix}$.

84. 设矩阵 $\boldsymbol{A}=\begin{bmatrix}2 & 1 & 1\\ 1 & 2 & 1\\ 1 & 1 & 2\end{bmatrix}$. (1) 求正交矩阵 $\boldsymbol{P}$ 使得 $\boldsymbol{P}^{\mathrm{T}}\boldsymbol{AP}$ 为对角矩阵；(2) 试求正交矩阵 $\boldsymbol{B}$，使 $\boldsymbol{B}^2=\boldsymbol{A}$.

85. 设矩阵 $\boldsymbol{A}=\begin{bmatrix}3 & 0 & 8\\ 3 & -1 & 6\\ -2 & 0 & -5\end{bmatrix}$. (1) 求 $\boldsymbol{A}$ 的若尔当标准形；(2) 求 $\boldsymbol{A}$ 的最小多项式及 $\boldsymbol{A}^{100}$.

86. 设 $\boldsymbol{A}$ 为数域 $F$ 上的一个 $n$ 阶方阵，证明：当 $\boldsymbol{A}$ 的秩为 1 时，当且仅当存在非零 $n$ 维列向量 $\boldsymbol{\alpha}$、$\boldsymbol{\beta}$，使 $\boldsymbol{A}=\boldsymbol{\alpha\beta}^{\mathrm{T}}$.

87. 设 $\sigma$、$\tau$ 为 $n$ 维线性空间 $V$ 上的线性变换，$\varepsilon$ 为恒等变换，若 $\sigma\tau=\varepsilon$，则有 $\tau\sigma=\varepsilon$.

88. 设 $f_i$，$i=1, 2, \cdots, m$，$m<n$ 是 $n$ 维线性空间 $V$ 上 $m$ 个线性函数，即 $f_i(a\boldsymbol{\alpha}+b\boldsymbol{\beta})=af_i(x)+bf_i(x)$，证明：存在一个非零向量 $\boldsymbol{\alpha}\in V$，使得 $f_i(\boldsymbol{\alpha})=0$.

89. 设 $f(x)=\boldsymbol{x}^{\mathrm{T}}\boldsymbol{Ax}$ 是实二次型，存在 $x_1\neq x_2$ 使得 $f(x_1)+f(x_2)=0$，证明：存在 $x_3\neq 0$ 使得 $f(x_3)=0$.

90. 已知 $\boldsymbol{A}$ 为 $n$ 阶幂等矩阵，即 $\boldsymbol{A}^2=\boldsymbol{A}$，(1) 证明 $\boldsymbol{A}$ 的 Jordan 标准形为 $\begin{bmatrix}\boldsymbol{E}_r & \boldsymbol{0}\\ \boldsymbol{0} & \boldsymbol{0}\end{bmatrix}$，其中，$r=R(\boldsymbol{A})$；(2) $R(\boldsymbol{E}-\boldsymbol{A})=N(\boldsymbol{A})$，其中，$R(\boldsymbol{B})$ 是 $\boldsymbol{B}$ 的列向量生成的线性空间，$N(\boldsymbol{B})$ 为 $\boldsymbol{B}$ 的解空间，$N(\boldsymbol{B})=\{x\,|\,\boldsymbol{B}x=\boldsymbol{0}\}$.

91. 已知 $\boldsymbol{A}$ 为 $n$ 阶可逆的反对称矩阵，$\boldsymbol{B}=\begin{bmatrix}\boldsymbol{A} & \boldsymbol{v}\\ \boldsymbol{v}^{\mathrm{T}} & \boldsymbol{0}\end{bmatrix}$，其中，$\boldsymbol{v}$ 为 $n$ 维列向量，求$R(\boldsymbol{A})$.

92. 设 $\begin{bmatrix}x_{3n}\\ x_{3n+1}\\ x_{3n+2}\end{bmatrix}=\begin{bmatrix}3 & -2 & 1\\ 4 & -1 & 0\\ 4 & -3 & 2\end{bmatrix}\begin{bmatrix}x_{3n-3}\\ x_{3n-2}\\ x_{3n-1}\end{bmatrix}$，给定初值 $a_0=5$，$a_1=7$，$a_2=8$，求 $x_n$ 的通项.

93. 设$U_1$、$U_2$为$n$维线性空间$V$的两个子空间，且$\dim U_1 \leqslant m$，$\dim U_2 \leqslant m$，$m<n$，证明$V$中存在子空间$W$，且$\dim W = n-m$，满足$W \cap U_1 = W \cap U_2 = \{0\}$.

94. 设$\boldsymbol{A}$为$n$阶实对称矩阵，且$\boldsymbol{A}=\begin{bmatrix} a_1 & b_1 & & & \\ b_1 & a_2 & b_2 & & \\ & b_2 & \ddots & \ddots & \\ & & \ddots & a_{n-1} & b_{n-1} \\ & & & b_{n-1} & a_n \end{bmatrix}$，$b_j \neq 0$；证明：(1) $R(\boldsymbol{A}) \geqslant n-1$；(2) $\boldsymbol{A}$的特征值各不相同.

95. 设$\boldsymbol{A}$为$n(n>2)$阶实非零矩阵，且$a_{ij}=A_{ij}$，其中，$A_{ij}$为行列式$|\boldsymbol{A}|$中元素$a_{ij}$的代数余子式，证明$\boldsymbol{A}$可逆，并求$\boldsymbol{A}^{-1}$.

96. 证明：多项式$f(x)=ax^2+bx+c$对任意整数取值均为整数的充要条件为$2a$、$a+b$、$c$均为整数.

97. 设$\boldsymbol{A}=(\boldsymbol{\alpha}_1, \boldsymbol{\alpha}_2, \cdots, \boldsymbol{\alpha}_n)$为数域$P$上$n$阶方阵，$R(\boldsymbol{A})=n-1$且$\boldsymbol{\alpha}_n=\boldsymbol{\alpha}_1+\boldsymbol{\alpha}_2+\cdots+\boldsymbol{\alpha}_{n-1}$，若$\boldsymbol{\beta}=\boldsymbol{\alpha}_1+\boldsymbol{\alpha}_2+\cdots+\boldsymbol{\alpha}_n$，求$\boldsymbol{Ax}=\boldsymbol{\beta}$的通解.

98. 设$\boldsymbol{A}$、$\boldsymbol{B}$分别是数域$P$上的$s\times n$、$n\times s$矩阵，$R(\boldsymbol{A})$表示矩阵$\boldsymbol{A}$的秩，证明：$R(\boldsymbol{A}-\boldsymbol{ABA})=R(\boldsymbol{A})+R(\boldsymbol{E}-\boldsymbol{BA})-n$.

99. 设$V$是数域$P$上的$n$维线性空间，并且$V=U\oplus W$，任给$\boldsymbol{\alpha}\in V$，设$\boldsymbol{\alpha}=\boldsymbol{\alpha}_1+\boldsymbol{\alpha}_2$，$\boldsymbol{\alpha}_1\in U$，$\boldsymbol{\alpha}\in W$，令$\sigma(\boldsymbol{\alpha})=\boldsymbol{\alpha}_1$，证明：(1) $\sigma$是$V$上的线性变换，并且$\sigma^2=\sigma$；(2) $\sigma$的核$\mathrm{Ker}\sigma=W$，$\sigma$的像(值域)$\mathrm{Im}\sigma=U$；(3) $V$中存在一组基，使得线性变换$\sigma$在此基下的矩阵为$\begin{bmatrix} \boldsymbol{E}_r & \boldsymbol{0} \\ \boldsymbol{0} & \boldsymbol{0} \end{bmatrix}$，其中，$\boldsymbol{E}_r$是$r$阶单位矩阵，请指出$r$等于什么？

100. 设3阶对称矩阵$\boldsymbol{A}$的特征值为$\lambda_1=1$，$\lambda_2=2$，$\lambda_3=-2$，且$\boldsymbol{\alpha}_1=(1, -1, 1)^{\mathrm{T}}$是$\boldsymbol{A}$的属于$\lambda_1$的一个特征向量，记为$\boldsymbol{B}=\boldsymbol{A}^5-4\boldsymbol{A}^3+2\boldsymbol{E}$，其中，$\boldsymbol{E}$为3阶单位矩阵．(1) 验证$\boldsymbol{\alpha}_1$是矩阵$\boldsymbol{B}$的特征向量，并求$\boldsymbol{B}$的全部特征值与特征向量；(2) 求矩阵$\boldsymbol{B}$.

101. 设二次型$f(x, y, z)=x^2+2y^2+3z^2-4xy-4yz$. (1)用正交变换化二次型$f(x, y, z)$为标准形，并写出所做的正交变换；(2) 求在条件$x^2+y^2+z^2=1$之下二次型($f(x, y, z)$的最大值与最小值，并写出达到最大值和最小值时$x$、$y$、$z$所取的值.

102. 设$\boldsymbol{A}$为$n$阶实矩阵，证明：存在正交矩阵$\boldsymbol{Q}$，使得$\boldsymbol{Q}^{\mathrm{T}}\boldsymbol{AQ}=\boldsymbol{Q}^{-1}\boldsymbol{AQ}=\boldsymbol{R}$，其中，$\boldsymbol{R}$为分块上三角矩阵，其对角元上对角块为1阶或2阶方阵，每个1阶对角块为$\boldsymbol{A}$的实特征值，而每个2阶实矩阵的两个特征值为$\boldsymbol{A}$的一对共轭特征值.

103. 设$f_1(x)$、$f_2(x)$、$g_1(x)$、$g_2(x)$为数域$P$上的多项式，$a\in P$满足$f_1(a)=0$，$g_2(a)\neq 0$，且$f_1(x)g_1(x)+f_2(x)g_2(x)=x-a$，证明：$(f_1(x), f_2(x))=x-a$.

104. 设$m$是正整数，$f(x)$是整系数多项式，$f(x)$的次数$n=2m$或$n=2m+1$，$a_1$，$a_2$，…，$a_s$为互不相等的整数，$s>2m$，且$f(a_i)=1$或$-1$，$i=1, 2, \cdots, s$，证明：$f(x)$在有理数域$\mathbf{Q}$上不可约.

105. 设$a$、$b$、$c$、$d$为不全为零的实数，求出齐次线性方程组$\begin{cases} ax_1+bx_2+cx_3+dx_4=0 \\ bx_1-ax_2+dx_3-cx_4=0 \\ cx_1-dx_2-ax_3+bx_4=0 \\ dx_1+cx_2-bx_3-ax_4=0 \end{cases}$的

所有解.

106. 设$\boldsymbol{A}\in P^{n\times s}$，证明：$R(\boldsymbol{A})<n$的充要条件为：存在非零矩阵$\boldsymbol{B}$，使得$\boldsymbol{BA}=\boldsymbol{0}$.

107. 设$V$是数域$P$上的线性空间，$V$的线性变换$\sigma$在基$\boldsymbol{\varepsilon}_1$，$\boldsymbol{\varepsilon}_2$，$\boldsymbol{\varepsilon}_3$下的矩阵为$\boldsymbol{A}=\begin{bmatrix}1 & 4 & 2\\ 0 & -3 & 4\\ 0 & 4 & 3\end{bmatrix}$，向量$\boldsymbol{\eta}_1=\boldsymbol{\varepsilon}_1$，$\boldsymbol{\eta}_2=2\boldsymbol{\varepsilon}_1+\boldsymbol{\varepsilon}_2+2\boldsymbol{\varepsilon}_3$，$\boldsymbol{\eta}_3=\boldsymbol{\varepsilon}_1-2\boldsymbol{\varepsilon}_2+\boldsymbol{\varepsilon}_3$.（1）证明：$\boldsymbol{\eta}_1$，$\boldsymbol{\eta}_2$，$\boldsymbol{\eta}_3$是$V$的一组基；（2）求线性变换$\sigma$在基$\boldsymbol{\eta}_1$，$\boldsymbol{\eta}_2$，$\boldsymbol{\eta}_3$下的矩阵；（3）求矩阵$\boldsymbol{A}^{2018}$.

108. 证明：数域$P$上$n$元列向量空间$P^{n\times 1}$的任何子空间都是某个齐次线性方程组的解空间.

109. 设$\boldsymbol{A}=(a_{ij})$，$\boldsymbol{B}=(b_{ij})$都是$n$阶方阵，定义：$\boldsymbol{A}\circ\boldsymbol{B}=(a_{ij}b_{ij})$，证明：(1) 若$\boldsymbol{A}$、$\boldsymbol{B}$都是半正定的，则$\boldsymbol{A}\circ\boldsymbol{B}$也是半正定的；(2)若$\boldsymbol{A}$，$\boldsymbol{B}$都是正定的，则$\boldsymbol{A}\circ\boldsymbol{B}$也是正定的.

110. 设$(f,g)=d$，证明：对于任意正整数$n$有$(f^n, f^{n-1}g, \cdots, fg^{n-1}, g^n)=d^n$.

111. 在欧氏空间$\mathbf{R}^4$中，设$W$为$\begin{cases}2x_1+x_2+3x_3-x_4=0\\ 3x_1+2x_2-2x_4=0\\ 3x_1+x_2+9x_3-x_4=0\end{cases}$的解空间，求$W^{\perp}$.

112. 设有线性方程组$\begin{cases}x_1+5x_2-x_3-x_4=-1\\ x_1-2x_2+x_3+3x_4=3\\ 3x_1+8x_2-x_3+x_4=1\\ x_1-9x_2+3x_3+7x_4=7\end{cases}$，试用其一个特解与其导出方程组的基础解系表出其全部解.

113. 求向量组$\boldsymbol{\alpha}_1=(1, -1, 2, 2, 0)$，$\boldsymbol{\alpha}_2=(2, -2, 4, -2, 0)$，$\boldsymbol{\alpha}_3=(3, 0, 6, -1, 1)$，$\boldsymbol{\alpha}_4=(0, 3, 0, 0, 1)$的一个极大无关组，并把每个向量都用极大无关组表示出来.

114. 在复数域上求矩阵$\begin{bmatrix}4 & 5 & -2\\ -2 & -2 & 1\\ -1 & -1 & 1\end{bmatrix}$的若尔当标准形.

115. 计算行列式$D_n=\begin{vmatrix}1 & 2 & 3 & \cdots & n\\ 2 & 3 & 4 & \cdots & 1\\ 3 & 4 & 5 & \cdots & 2\\ \vdots & \vdots & \vdots & & \vdots\\ n & 1 & 2 & \cdots & n-1\end{vmatrix}$.

116. 设向量组：① $\boldsymbol{\alpha}_1$，$\boldsymbol{\alpha}_2$，…，$\boldsymbol{\alpha}_r$线性无关，且可由向量组 ② $\boldsymbol{\beta}_1$，$\boldsymbol{\beta}_2$，…，$\boldsymbol{\beta}_s$线性表出，证明：(1) $r\leqslant s$；(2) 向量组②中存在$r$个向量用向量组①中某$r$个向量代替后得到的向量组与向量组②等价.

117. 设$\boldsymbol{A}=\begin{bmatrix}3 & -1 & -3 & 1\\ -1 & 3 & 1 & -3\\ 3 & -1 & -3 & 1\\ -1 & 3 & 1 & -3\end{bmatrix}$，试求：(1) $\boldsymbol{A}$的初等因子；(2) $\boldsymbol{A}$的最小多项式$g(x)$.

118. 设$\boldsymbol{A}$为$n$阶复方阵.

(1) 证明：$\boldsymbol{A}$的最小多项式等于$\boldsymbol{A}$的特征多项式的最高次不变因子；

（2）求 $\boldsymbol{A}=\begin{bmatrix}-1 & -2 & 6\\ -1 & 0 & 3\\ -1 & -1 & 4\end{bmatrix}$的最小多项式.

119. 用正交变换将矩阵 $\boldsymbol{A}=\begin{bmatrix}-1 & 3 & -3\\ 3 & -1 & -3\\ -3 & -3 & 5\end{bmatrix}$化为对角矩阵，并求 $\boldsymbol{A}^3+3\boldsymbol{A}^2+4\boldsymbol{A}+6\boldsymbol{E}$.

120. 设 $x$、$y$ 为两个非零实数，$\Phi$、$\Psi$ 是实数域上 $n$ 维线性空间的两个线性变换，满足 $\Phi\circ\Psi=x\Phi+y\Psi$，证明：$\Phi\circ\Psi=\Psi\circ\Phi$.

# 参考文献


[1] 北京大学数学系几何与代数教研室前代数小组. 高等代数[M]. 4版. 北京：高等教育出版社，2013.

[2] 张禾瑞，郝炳新. 高等代数[M]. 4版. 北京：高等教育出版社，1999.

[3] 杨子胥. 高等代数习题解(修订版)[M]. 济南：山东科学技术出版社，2003.

[4] 马建荣，刘三阳. 线性代数选讲[M]. 北京：电子工业出版社，2011.

[5] 陈福来，唐曾林. 高等代数考研选讲[M]. 北京：国防工业出版社，2015.

[6] 李志慧，李永明. 高等代数中的典型问题与方法[M]. 北京：科学出版社，2009.

[7] 黎伯堂，刘桂真. 高等代数解题技巧与方法[M]. 济南：山东科学技术出版社，1999.

[8] 许甫华，张贤科. 高等代数解题方法[M]. 北京：清华大学出版社，2001.

[9] 刘洪星. 考研高等代数辅导：精选名校真题[M]. 北京：机械工业出版社，2013.